EUROPA-FACHBUCHREIHE
für Metallberufe

METALLTECHNIK

Metallbau- und Fertigungstechnik

Grundbildung

12. überarbeitete Auflage

Bearbeitet von Lehrern an beruflichen Schulen und Ingenieuren

Lektorat: Thomas Hillebrand

VERLAG EUROPA-LEHRMITTEL · Nourney, Vollmer GmbH & Co. KG
Düsselberger Straße 23 · 42781 Haan-Gruiten

Europa-Nr.: 10013

Autoren

Bergner, Oliver	Dipl.-Berufspädagoge	Dresden
Fehrmann, Michael	Dipl.-Ing. (FH), Studiendirektor	Waiblingen
Hillebrand, Thomas	Studiendirektor	Wipperfürth
Ignatowitz, Eckhard	Dr. Ing., Studienrat	Waldbronn
Kinz, Ullrich	Studiendirektor	Groß-Umstadt
Lämmlin, Gerhard	Dipl.-Ing., Studiendirektor	Neustadt/Wstr.

Lektorat und Leitung des Arbeitskreises:
Thomas Hillebrand, Wipperfürth

Für die Mitarbeit an der 1. bis 4. Auflage des Buches dankt der Arbeitskreis Herrn Jürgen Husemann und Herrn Volker Schmidt sowie Herrn Manfred Hahn für die Mitarbeit bis zur 10. Auflage; für wertvolle Beiträge zur Erarbeitung der Konzeption Herrn Holger Schödder. Für die Leitung des Arbeitskreises und das Lektorat an der 1. bis 8. Auflage des Buches danken die Autoren Herrn Armin Steinmüller sowie Herrn Manfred Kluge, der den Arbeitskreis von der 9. bis zur 11. Auflage geleitet hat.

Bildbearbeitung:
Zeichenbüro des Verlags Europa-Lehrmittel, Nourney, Vollmer GmbH & Co. KG,
73760 Ostfildern

Grafische Produktionen Neumann,
97222 Rimpar

Diesem Buch wurden die neuesten Ausgaben der DIN-Blätter und die VDI/VDE-Richtlinien zugrunde gelegt. Verbindlich sind jedoch nur die DIN-Blätter und die VDI/VDE-Richtlinien selbst.

Verlag für die DIN-Blätter: Beuth-Verlag GmbH, Burggrafenstraße 6, 10787 Berlin.

Verlag für die VDE-Bestimmungen: VDE-Verlag GmbH, Bismarckstraße 33, 10625 Berlin.

12. Auflage 2023
Druck 5 4 3 2
Alle Drucke derselben Auflage sind parallel einsetzbar, da sie bis auf die Korrektur von Druckfehlern identisch sind.

ISBN 978-3-7585-1281-0

Satz: Grafische Produktionen Neumann, 97222 Rimpar

Umschlag: Blick Kick Kreativ KG, 42653 Solingen

Umschlagfoto: Bildmaterial des Arbeitskreises; © Adobe Systems Software Ireland Limited: U. J. Alexander; © xy

Druck: Himmer GmbH, 86167 Augsburg

Vorwort

Dieses Lehrbuch ist eine elementare, für den Unterricht in berufsbildenden Schulen verfasste Einführung in die Technologie der Metallbearbeitung. Es enthält die in den Lehrplänen vorgesehenen fachkundlichen Inhalte der **Grundbildung im Berufsfeld Metalltechnik** der handwerklichen und industriellen Metallberufe des ersten Berufsschuljahres.

Um am Ende des ersten Schuljahres eine Schwerpunktbildung zu ermöglichen, wurden sowohl für die Installations- und Metallbautechnik als auch für die industrielle Fertigungstechnik die entsprechenden Unterrichtsinhalte gegenüber den Mindestanforderungen etwas erweitert. Großer Wert wurde auf eine verständliche und verhältnismäßig umfassende Einführung in die Werkstofftechnik gelegt.

Neben der Erfüllung der Lehrplananforderungen der Fachtheorie wird im ganzen Buch darauf geachtet, dass die in der praktischen Ausbildung erlernten Fertigkeiten in einem sinnvollen Zusammenhang mit den Erkenntnissen der Technologie dargestellt werden. Die aus der allgemeinbildenden Schule bekannten naturwissenschaftlichen Grundlagen werden dort kurz wiederholt, wo sie für das Verständnis der technologischen Zusammenhänge benötigt werden.

Um dem Schüler eine leichte Nachbereitung des Unterrichts zu ermöglichen, ist der Text in überschaubare Lerneinheiten gegliedert. Größeren thematischen Bereichen werden Unfallschutzhinweise, Arbeitsregeln und Verständnisfragen angeschlossen. Wesentliche Begriffe und Wissensinhalte werden als Merksätze oder Formeln hervorgehoben. Mehr als 1200 Bilder, Übersichten und Tabellen unterstützen die Aussagen der Texte. Sie stehen als Bilder-Paket im virtuellen Medienregal EUROPATHEK zur Verfügung. Zahlreiche Projektaufgaben unterstützen den Bezug zur Praxis. Separat erhältlich ist ein Download-Paket (Europa-Nr.: 10957D) mit den Lösungen zu allen Kenntnisfragen und den Projektaufgaben, das dem Unterrichtenden die Arbeit erleichtern kann und den Schülern zur Kontrolle dient. Weitere Projektaufgaben sind im Arbeitsbuch Metallbautechnik Grundstufe (Europa-Nr. 17390) enthalten.

Als ein Basis-Lehrgang der Metall-Technologie kann dieses Buch auch in **Fachoberschulen, Technischen Gymnasien und Berufsfachschulen** eingesetzt werden. Den Studierenden, die von der allgemeinbildenden Schule direkt zur Hochschule gehen, bietet es einen hilfreichen Einstieg in die **Grundlagen der Fertigungs- und Werkstofftechnik**.

Die jetzt vorliegende 12. Auflage aktualisiert die 11. Auflage und wurde anhand der Zusatzmaterialien unserer digitalen Bücher mit Animationen und interaktiven Simulationen dem Stand der Technik angepasst. Die Inhalte sind auch zur Darstellung auf kleinen Displays (Smartphone, Tablet) geeignet. Die vorliegende Auflage enthält einen Freischaltcode im hinteren Teil des Buches. Dessen Einlösung ermöglicht die Nutzung des **vollständigen digitalen Buches für die Dauer eines Jahres gratis** (ohne automatische Verlängerung). Über das verlagseigene Medien-Regal EUROPATHEK kann damit auf die **im Buch mit QR-Codes/Shortlinks gekennzeichneten Zusatzmaterialien** zugegriffen werden.

Als Informationsquelle beim Unterricht auf der Basis von **Lernfeldern** lässt sich dieses Buch gut gebrauchen, denn alle wesentlichen Technologie-Lerninhalte der Metalltechnik – Grundbildung sind leicht zu finden. Zum Lesen von Zeichnungen und für die Grundlagen der Technischen Mathematik sei auf die entsprechenden Lehrbücher verwiesen – Rechen- und Zeichenbeispiele finden sich aber auch hier in den technologisch dafür infrage kommenden Abschnitten.

Autoren und Verlag danken unseren Lesern für ihre kritischen Hinweise und bitten sie, auch in Zukunft die Weiterentwicklung dieses Buches mit Verbesserungsvorschlägen zu unterstützen (Lektorat@europa-Lehrmittel.de).

Sommer 2023 Autoren und Verlag

Inhaltsverzeichnis

Inhaltsverzeichnis

Lernfeld 3
Herstellen von einfachen Baugruppen

Lernfeld 4
Warten technischer Systeme

Lernfeld 1 – Fertigen von Bauelementen mit handgeführten Werkzeugen

- Vorbereiten des Fertigens von berufsspezifischen Bauelementen mit handgeführten Werkzeugen
  - Auswertung von einfachen Technischen Zeichnungen und Anordnungsplänen S. 145 ff.
  - Erstellen und Ändern von Teilzeichnungen, Skizzen für Bauelemente, Funktionseinheiten und einfachen Baugruppen S. 148 ff.
  - Erarbeitung von Stücklisten und Arbeitsplänen mithilfe von Anwendungsprogrammen S. 141
- Planen der Arbeitsschritte auf Basis der theoretischen Grundlagen der anzuwendenden Technologien
  - mit den erforderlichen Werkzeugen und deren Anwendung S. 169 ff.
  - mit den erforderlichen Werkstoffen S. 55 ff.
  - mit den erforderlichen Halbzeugen S. 65
  - mit den erforderlichen Hilfsmitteln S. 97 ff.
- Auswahl von Prüfmitteln
  - Anwendung geeigneter Prüfmittel S. 25 ff.
  - Erstellung von Prüfprotokollen S. 52 ff.
- Erprobung ausgewählter Arbeitsschritte in Versuchen
  - Bewerten der Arbeitsergebnisse S. 165 ff.
  - Ermittlung der Fertigungskosten S. 165 ff.
  - Dokumentation und Präsentation der Arbeitsergebnisse S. 159 ff.
  - Beachtung der Bestimmungen des Arbeitsschutzes und des Umweltschutzes S. 17, 104 ff., 179, 182, 184, 191, 196, 208, 218

Lernfeld 2 – Fertigen von Bauelementen mit Maschinen

- Vorbereiten des maschinellen Herstellens von berufsspezifischen Bauelementen
  - Auswertung von Gruppenzeichnungen, Anordnungsplänen und Stücklisten S. 145 ff.
  - Erstellen und Ändern von Teilzeichnungen und den dazugehörenden Arbeitsplänen auch mithilfe von Anwendungsprogrammen S. 148 ff.
  - Auswahl der Werkstoffe unter Berücksichtigung ihrer spezifischen Eigenschaften S. 55 ff.
  - Produktbezogene Zuordnung der Werkstoffe S. 55 ff.
- Planen der Fertigungsabläufe
  - Ermittlung der technologischen Daten S. 231 ff.
  - Durchführung der notwendigen Berechnungen S. 189, 226, 231, 243, 248
- Verstehen des grundsätzlichen Aufbaus und der Wirkungsweise der Maschinen
  - Auftragsbezogene Zuordnung der entsprechenden Werkzeuge S. 231 ff.
  - Beachtung funktionaler, technologischer und wirtschaftlicher Kriterien S. 231 ff.
  - Vorbereitung der Maschinen auf den Einsatz S. 231 ff.
- Entwicklung von Beurteilungskriterien
  - Auswahl von Prüfmitteln S. 33 ff.
  - Erstellung und Interpretation von Prüfprotokollen S. 52 ff.
  - Präsentation der Arbeitsergebnisse S. 159 ff.
  - Optimierung der Arbeitsabläufe S. 231 ff.
  - Entwicklung von Alternativen S. 250
- Erprobung ausgewählter Arbeitsschritte in Versuchen
  - Bewertung der Arbeitsergebnisse S. 25 ff.
  - Entwicklung von Alternativen S. 231 ff.
  - Kenntnis der Einflüsse des Fertigungsprozesses auf Maße und Oberflächengüte S. 231 ff.
  - Auseinandersetzung mit den Einflüssen des Fertigungsprozesses S. 231
  - Berücksichtigung der Bedeutung der Produktqualität S. 47 ff.
  - Beachtung der Bestimmungen des Arbeitsschutzes und des Umweltschutzes S. 17 ff., 243, 249

Lernfeld 3
Herstellen von einfachen Baugruppen

- Vorbereiten der Herstellung von einfachen Baugruppen
  - Lesen berufstypischer Gesamt- und Gruppenzeichnungen, Anordnungspläne und einfacher Schaltpläne S. 145 ff.
  - Erklären und Beschreiben der Funktionszusammenhänge der Baugruppen S. 225 ff.
  - Erstellen und Ändern von Teil- und Gruppenbezeichnungen sowie Stücklisten S. 145 ff.
  - Anwenden von Informationen aus technischen Unterlagen S. 145 ff.
  - Mit Lernprogrammen einfache Steuerungen planen und Bauteile auswählen S. 139 ff.
- Beschreiben der sachgerechten Montage von Baugruppen
  - Vergleichen von Montagevorschlägen auch unter Verwendung fach- und englischsprachiger Begriffe S. 258
  - Systematisches und normgerechtes Kennzeichnen von Einzelteilen S. 145 ff.
  - Verwenden von Montageanleitungen S. 298 ff.
  - Entwickeln von Montageplänen unter Berücksichtigung von Montagehilfsmitteln und kundenspezifischen Anforderungen S. 298 ff.
  - Unterscheiden der Fügeverfahren nach ihren Wirkprinzipien S. 258
  - Fügeverfahren anwendungsbezogen zuordnen S. 258 ff.
  - Produktbezogene Auswahl der erforderlichen Werkzeuge, Normteile und Vorrichtungen S. 298 ff.
  - Organisation einfacher Montagearbeiten im Team S. 298 ff.
- Entwickeln von Prüfkriterien für Funktionsprüfungen
  - Erstellen von Prüfplänen und Prüfprotokollen S. 25 ff.
  - Dokumentation und Präsentation von Prüfplänen und Prüfprotokollen S. 159 ff.
  - Bewerten von Prüfergebnissen S. 25 ff.
  - Beseitigen von Qualitätsmängeln S. 47 ff.
  - Optimieren von Montageabläufen S. 298 ff.
  - Berücksichtigung von deren Wirtschaftlichkeit S. 165 ff.
  - Beachtung der Bestimmungen des Arbeits- und des Umweltschutzes S. 286, 291

Lernfeld 4
Warten technischer Systeme

- Vorbereiten der Wartung von technischen Systemen
  - Ermittlung der Einflüsse auf die Betriebsbereitschaft technischer Systeme S. 223 ff., 253 ff.
  - Bewertung der Bedeutung von Instandhaltungsmaßnahmen unter den Gesichtspunkten Sicherheit, Verfügbarkeit und Wirtschaftlichkeit S. 303 ff.
  - Lesen von Anordnungsplänen, Wartungsplänen und Anleitungen auch in englischer Sprache S. 306 ff.
- Planen von Wartungsarbeiten
  - Bestimmung der notwendigen Werkzeuge und Hilfsstoffe S. 310 ff.
  - Anwendung der Grundlagen der Elektrotechnik und der Steuerungstechnik S. 109 ff., 123 ff.
  - Erklären einfacher Schaltpläne in den verschiedenen Gerätetechniken S. 141 ff.
- Ausführen von Wartungsarbeiten
  - Beachtung der Bestimmungen des Arbeits- und Umweltschutzes S. 17 ff., 314
  - Berücksichtigung besonderer Sicherheitsvorschriften für elektrische Betriebsmittel S. 119 ff.
  - Messen und Berechnen elektrischer und physikalischer Größen S. 111 ff., 253 ff.
  - Darstellung, Bewertung und Diskussion der Arbeitsergebnisse S. 159 ff.

Die Berufsausbildung – Ein neuer Lebensabschnitt beginnt

Viele Auszubildende beginnen in jedem Jahr eine Berufsausbildung in einem anerkannten Ausbildungsberuf. Zusammen mit den Eltern haben sie zum ersten Mal einen wichtigen Vertrag unterschrieben. Das damit erreichbare Facharbeiterzeugnis oder ein Gesellenbrief sind weltweit hoch anerkannt. In einem Ausbildungsvertrag verpflichten sich der Auszubildende und der Ausbilder zu bestimmten Leistungen.

Pflichten des Ausbilders sind Rechte des Auszubildenden

Der ausbildende Betrieb verpflichtet sich, berufliche Kenntnisse und Fertigkeiten zu vermitteln. Diese müssen den Anforderungen des Berufs entsprechen. Es dürfen also nur Arbeiten angeordnet werden, die zum Erlernen des Ausbildungsberufs notwendig sind. Außerdem muss er eine Ausbildungsvergütung bezahlen und Urlaubstage garantieren. Die Höhe des Lehrlingsentgelts und die Anzahl der Urlaubstage sind über die gesamte Lehrzeit fest vereinbart. Außerdem verpflichtet sich der Betrieb, seinen Azubi für den Berufsschulunterricht immer freizustellen. Wird das Ausbildungsverhältnis gekündigt, muss der Ausbilder ein Zeugnis ausstellen.

Pflichten des Auszubildenden sind Rechte des Ausbilders

Jeder Auszubildende verpflichtet sich mit seiner Unterschrift, die ihm übertragenen Aufgaben sorgfältig und gewissenhaft auszuführen. Er ist nun verpflichtet zu lernen und sich die Kenntnisse und Fähigkeiten anzueignen, die er für seinen Beruf braucht. Dazu muss er Weisungen des Ausbilders grundsätzlich befolgen. Er muss das, was er täglich tut, in einem Ausbildungsnachweisheft oder einer entsprechenden digitalen Lösung aufschreiben. Zum regelmäßigen Besuch der Berufsschule ist er nun ebenso verpflichtet wie zum Geheimhalten von betrieblichen Abläufen, Dokumenten und Berechnungen. Der Auszubildende darf keine Leistungen auf eigene Rechnung anbieten, die eigentlich der Betrieb verkauft (Wettbewerbsverbot).

Um all dies zu erreichen sind in jedem industriellen oder handwerklichen Betrieb bestimmte Verhaltensweisen unbedingt notwendig:

- Pünktlichkeit bei Arbeitsbeginn und allen weiteren verabredeten Terminen
- Sauberkeit und Ordnung am Arbeitsplatz und im gesamten Betrieb
- Zuverlässigkeit bei der Erledigung aller Aufträge und Vereinbarungen
- Ehrlichkeit im Umgang mit dem Betrieb und allen Kollegen
- Verzicht auf körperliche und seelische Gewalt gegenüber anderen
- Respektvolles und freundliches Auftreten allen Kunden und Mitarbeitern gegenüber.

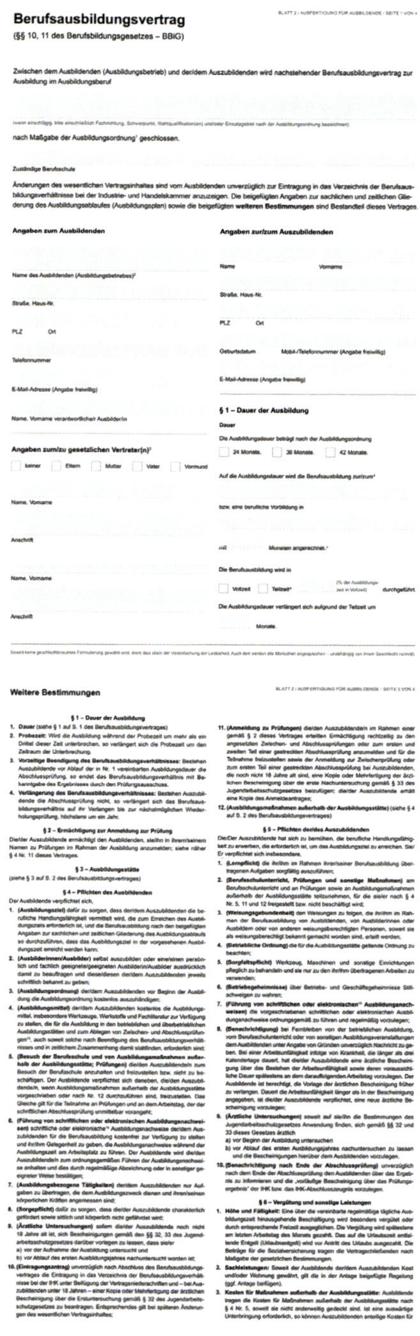
Berufsausbildungsvertrag
(§§ 10, 11 des Berufsbildungsgesetzes – BBiG)

Angaben zum Ausbildenden

Angaben zur/zum Auszubildenden

§ 1 – Dauer der Ausbildung

Angaben zum/zu gesetzlichen Vertreter(n)

Weitere Bestimmungen

1 **Berufsausbildungsvertrag**[1)]

[1)] Abdruck mit freundlicher Genehmigung des Deutschen Industrie- und Handelskammertages e.V.

Lernfeldübergreifende Fachgebiete

1 Einführung in die Fertigungstechnik

Wir leben in einem Wirtschaftssystem, das durch die Wechselwirkung von Nachfrage nach Wirtschaftsgütern und Dienstleistungen und dem dazugehörigen Angebot funktioniert.

Noch im letzten Jahrhundert bestand die Aufgabe von Handwerk und Industrie vor allem darin, den wachsenden Bedarf der Bevölkerung an Gütern zu befriedigen. In Großserien wurden viele gleiche oder ähnliche Produkte über einen langen Zeitraum hinweg unverändert hergestellt.

Durch die Globalisierung hat sich die wirtschaftliche Realität in den letzten Jahrzehnten geändert. Weil sehr viele Anbieter aus fast allen Ländern der Welt ihre Produkte in unserem Land verkaufen möchten, ist das Angebot oft höher als die Nachfrage. Um bei diesem weltweiten Wettbewerb um die Gunst des Käufers bestehen zu können, muss ein Unternehmen mehr tun, als Erzeugnisse aus Metall herzustellen. Der Käufer wird sich nur dann für Ihr Produkt entscheiden, wenn er glaubt, dass diese Ware einen Vorteil gegenüber den Konkurrenzprodukten besitzt und seinen individuellen Bedürfnissen entspricht.

1 Warenvielfalt erfordert Kundenorientierung

Bedürfnisse eines Kunden können z. B. sein:

- Leichte Bedienbarkeit des Gerätes
- Schönes Design
- Günstiger Preis
- Lange Lebensdauer
- Freundlicher Kundendienst
- Umweltfreundliche Entsorgung

Damit ein Hersteller von Waren und Dienstleistungen die Vorstellungen seiner Kunden realisieren kann, müssen alle Beschäftigten auf dieses Ziel ausgerichtet mitarbeiten. Damit wird auch der eigene Arbeitsplatz gesichert.

> ***Merke***
> Ein wichtiger Schlüssel zum Erfolg eines Unternehmens ist die Kundenorientierung.

1.1 Die Fertigung im Betrieb

Der Zweck eines Unternehmens ist die Produktion von Waren oder das Angebot von Dienstleistungen sowie die Erzielung von Gewinn.

Bevor ein Produkt angeboten werden kann, bedarf es vieler Produktionsschritte. Das erfordert meist die Aufteilung der Arbeit auf mehrere Personen und Abteilungen. Diese haben jeweils unterschiedliche Aufgaben zu erledigen (Bilder 2 und 3).

Bis vor einigen Jahren waren nur wenige Führungspersonen größerer Betriebe in der Lage, den gesamten Produktionsprozess zu überblicken. Viele Mitarbeiter wussten nicht, welche Funktion das gerade bearbeitete Werkstück am Endprodukt zu erfüllen hatte oder an welchem Tag der Kunde seine Ware erwartet. Das führte zu Missverständnissen zwischen den Mitarbeitern.

2 Abteilungen eines Fertigungsbetriebes

<table>
<tr><th>Industrie</th><th>Handwerk</th></tr>
<tr><td></td><td>Beratung des Kunden</td></tr>
<tr><td colspan="2">Arbeitsvorbereitung</td></tr>
<tr><td>Produktion vieler Teile</td><td>Fertigung weniger Teile</td></tr>
<tr><td colspan="2">Montage der Einzelteile</td></tr>
<tr><td></td><td>Installation beim Kunden</td></tr>
<tr><td colspan="2">Instandhaltung</td></tr>
<tr><td></td><td>Wartung und Reparatur</td></tr>
</table>

3 Arbeitsgebiete des Metalltechnikers

Fehler wurden erst spät bemerkt und Ausschuss und Nacharbeit führten zu hohen Kosten und Terminverzug. Deshalb musste häufig ein Strafgeld (Konventionalstrafe) bezahlt werden. Verhindert werden konnte dies nur durch kompetente Kontroll- und Führungspersonen.

Das passierte bei kleinen, handwerklichen Betrieben selten. Hier musste schon immer jeder Mitarbeiter viele Tätigkeiten beherrschen. Dadurch überblickte er den Gesamtprozess der Produktion – vom Kundenwunsch bis zur Wartung und Reparatur (Bild 3, Seite 11). Falsche und unproduktive Prozesse wurden dabei schnell entdeckt und beseitigt.

In der modernen Produktion erfordert die Aufteilung der Produktionsschritte in beispielsweise Konstruktion, Fertigung und Vertrieb zuverlässige Dokumente und Wege. Alle Personen, die mit dem Produkt befasst sind, müssen ausreichend umfassend informiert werden. Dazu dienen die Zeichnungen, Unterlagen und Programmdateien der Technischen Kommunikation (Kapitel 6). Der Metalltechniker muss die darin enthaltenen Informationen lesen, fachgerecht deuten und bei Bedarf erstellen oder ändern können. Das ist nur mit grundlegenden Kenntnissen der Fertigungstechnik möglich (Kapitel 1.3).

Der Metalltechniker sollte neben den umfangreichen Kenntnissen, die er zur Herstellung und Montage von Werkstücken benötigt (Fachkompetenz), auch über weitere Kompetenzen verfügen, die es ihm ermöglichen, verschiedene Aufgaben des Arbeitsalltages in Zusammenarbeit mit Kollegen zu lösen (Bild 1).

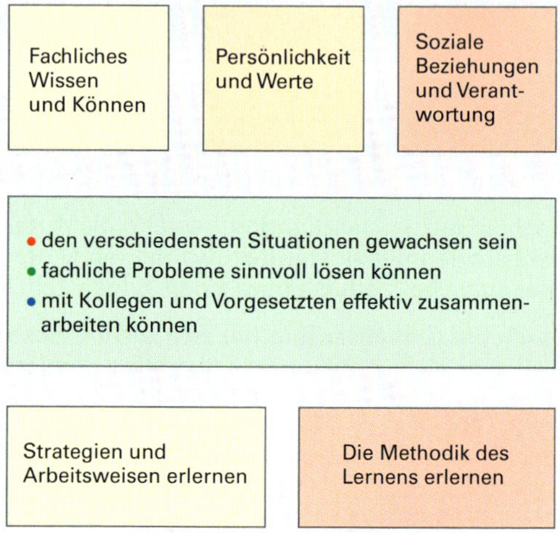

1 Anforderung an die Persönlichkeit

1.2 Das Berufsfeld Metalltechnik

Jahrhundertelang wurden technisches Berufswissen und handwerkliche Fähigkeiten vom Meister durch Vormachen, Nachmachen und Üben an seine Lehrlinge weitergegeben. Im 18. Jahrhundert erkannte man die Notwendigkeit einer theoretisch-technischen Ausbildung. Seither erfolgt die Berufsausbildung in Deutschland dual, d. h. in der Berufsschule und im Ausbildungsbetrieb.

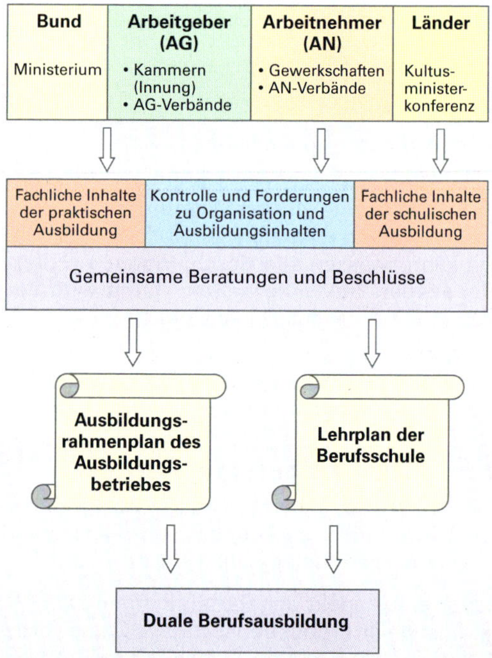

2 Das duale Berufsausbildungssystem

Die fachlichen Anforderungen an die Metalltechnikberufe ändern sich durch neue Maschinen und Fertigungsverfahren immer schneller und erfordern auch neue Ausbildungsinhalte. In der Bundesrepublik Deutschland sind Vertreter der Arbeitgeber, der Gewerkschaften und der zuständigen Ministerien ständig damit befasst, die Berufsausbildung so weiter zu entwickeln, dass der Metalltechniker für die zukünftigen Aufgaben gewappnet ist. Dabei wurde erkannt, dass neueste Fachkenntnisse nur für einen kurzen Zeitraum zu verwenden sind, weil es schon bald neue und bessere Herstellungsverfahren geben wird. Wichtiger ist es, dass ein Arbeitnehmer die Veränderungen zu seinem und zum Vorteil der Firma nutzen kann. Dazu benötigt er Techniken und Methoden, mit denen er alle Probleme und Aufgaben der Zukunft meistern kann. Diese „persönlichen Werkzeuge" können während der dualen Ausbildung im Betrieb und in der Berufsschule erlernt werden (Bild 2).

1.3 Grundlagen der Fertigungstechnik

Als wichtigstes Teilgebiet der Produktionstechnik stellt die Fertigungstechnik Methoden und Einrichtungen zur Herstellung von Produkten zur Verfügung. Sie werden genutzt, wenn ein Handwerker ein Einzelstück herstellt oder ein Industrieunternehmen Hunderttausende von gleichen Erzeugnissen produziert.

Merke

Form, Eigenschaften und Preis eines Produktes bestimmen maßgeblich die Auswahl von Fertigungsverfahren und -einrichtungen.

Die meisten industriell hergestellten Erzeugnisse durchlaufen vom **Rohzustand** des Werkstücks bis zum **Fertigzustand** mehrere **Arbeitsvorgänge**. Während dieses **Fertigungsablaufs** werden die **geometrische Form** und die **Stoffeigenschaften** des **Werkstücks** mithilfe von **Werkzeugen** oder **Wirkmedien** verändert. Mit jeder neuen **Bearbeitungsstufe** steigt der Wert des Erzeugnisses. Wirtschaftlich betrachtet nennt man diesen Vorgang einen Wertschöpfungsprozess.

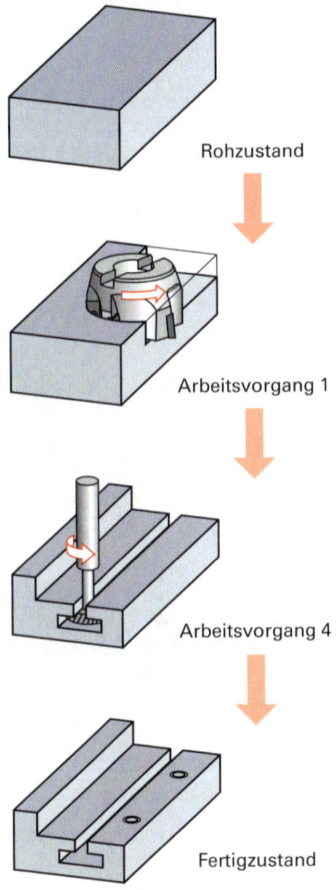

1 Schema eines Fertigungsablaufes

1.3.1 Struktur der Fertigungstechnik

Zur Fertigung eines Produktes werden die zweckmäßigsten Verfahren, Einrichtungen, Werkzeuge und Hilfsstoffe eingesetzt.

Fertigungsverfahren

Darunter versteht man alle Verfahren, mit denen Einzelteile und Baugruppen während des Fertigungsablaufs hergestellt und bearbeitet werden. Sie unterscheiden sich nach der Einwirkung von Werkzeugen und Wirkmedien (z. B. Härtemittel) auf die Werkstücke.

Fertigungseinrichtungen

Dazu gehören alle Maschinen (z. B. Werkzeugmaschinen) und Einrichtungen (z. B. Härteöfen oder Fördermittel), die am Fertigungsablauf beteiligt sind.

Fertigungsmittel

Das sind alle Werkzeuge, Wirkmedien, Vorrichtungen und Prüfmittel, die während der Fertigung auf die Werkstücke einwirken oder die zur Durchführung der Fertigung benutzt werden.

Fertigungshilfsstoffe

Sie umfassen Hilfsmittel, die zur Durchführung des Fertigungsprozesses notwendig sind, ohne dass sie in das Endprodukt eingehen. Dazu gehören Kühlmittel, Schmierstoffe und andere Materialien.

1.3.2 Einteilung der Fertigungsverfahren

Alle Fertigungsverfahren werden **sechs Hauptgruppen** zugeordnet. Die Einteilung sowie die wesentlichen Begriffe (s. Übersicht auf den folgenden Seiten) sind genormt (DIN 8580). Die Hauptgruppen unterscheiden sich danach,

- wie der **Zusammenhalt der Stoffteilchen** hergestellt oder aufgehoben wird,
- wie die **geometrische Form** des festen Körpers geschaffen wird,
- wie sich die **Stoffeigenschaften** ändern.

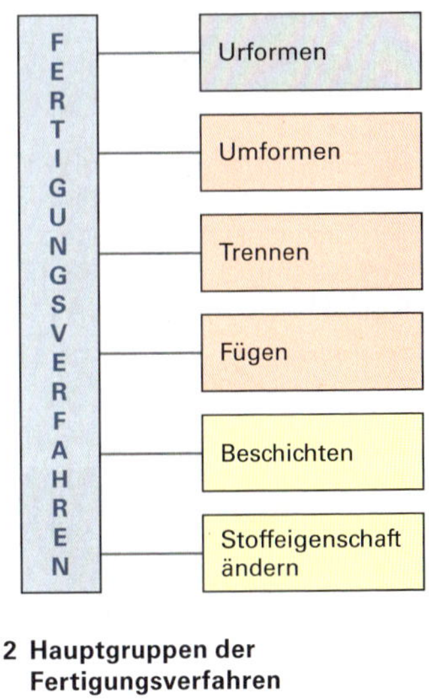

2 Hauptgruppen der Fertigungsverfahren

Fertigungshauptgruppen	Art der Fertigung	Einzelne Verfahren

1 Urformen

- Die Form des festen Körpers wird geschaffen ...
- Der Zusammenhalt der Stoffteilchen wird hergestellt ...

- aus dem festen (pulverigen) Zustand
- aus dem flüssigen oder teigigen Zustand:
- aus dem gasförmigen Zustand:
- aus dem ionisierten Zustand:

- ▶ Sintern von Metallpulvern, Pressen von Kunstharzen;
- ▶ Gießen, Spritzen und Schäumen;
- ▶ Aufdampfen;
- ▶ Galvanoplastik.

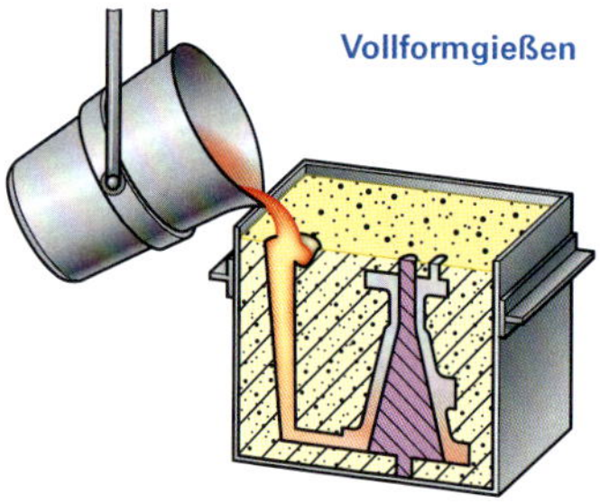
Vollformgießen

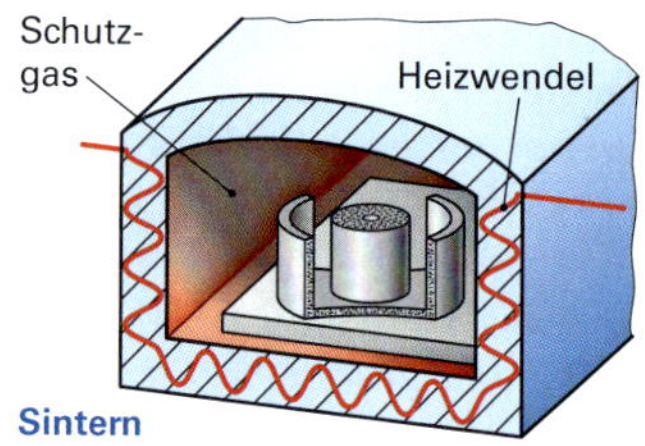

Sintern

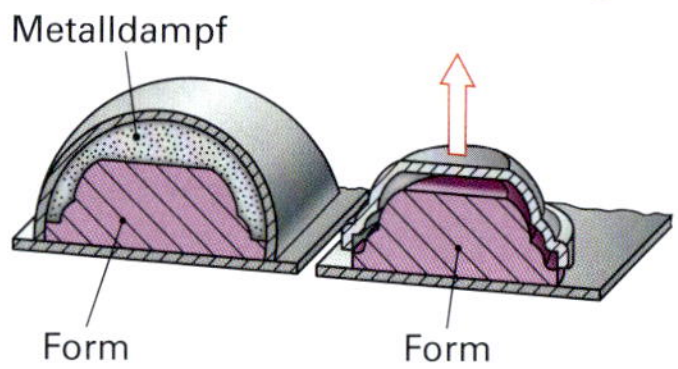

Aufdampfen

2 Umformen

- Die Form des festen Körpers wird plastisch geändert ...
- Der Zusammenhalt der Stoffteilchen und die Masse bleiben erhalten...

- durch Zugkraft:
- durch Druckkraft:
- durch Zug- und Druckkraft:
- durch Schubkraft:
- durch ein Biegemoment:

- ▶ Streckrichten, Weiten, Tiefen;
- ▶ Walzen, Schmieden, Einprägen;
- ▶ Tiefziehen, Walzziehen;
- ▶ Verdrehen, Durchsetzen;
- ▶ Biegen, Runden, Wickeln.

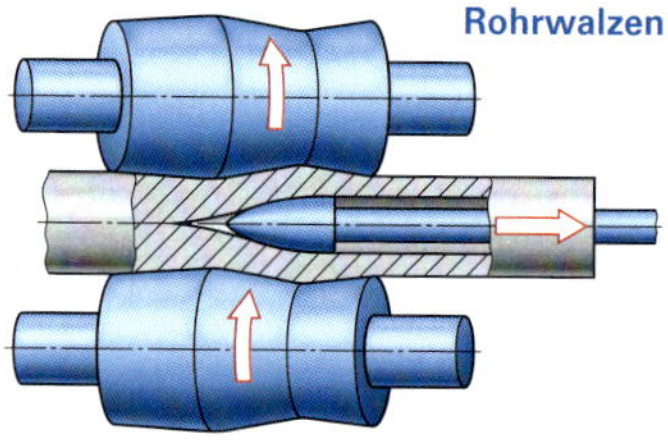
Rohrwalzen

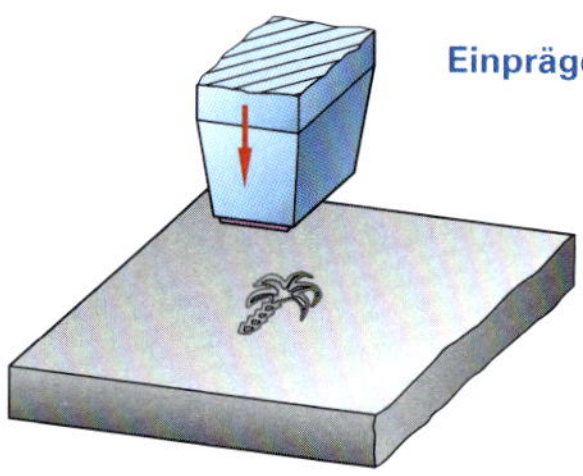
Einprägen

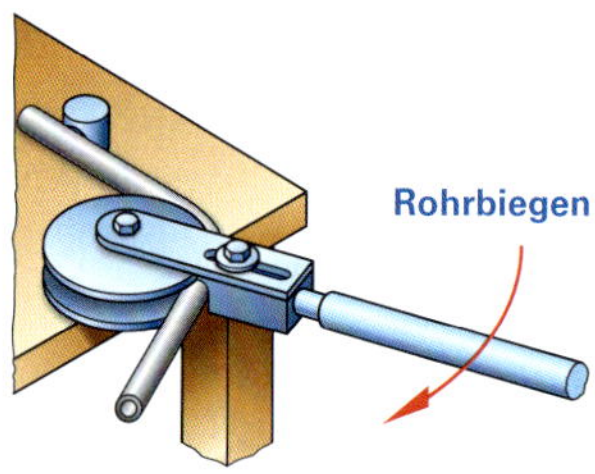
Rohrbiegen

3 Trennen

- Die Form des Werkstücks wird geändert, die Endform ist in der Ausgangsform enthalten ...
- Der Zusammenhalt der Stoffteilchen wird aufgehoben ...

- durch Zerteilen:
- durch Spanen:
- durch Abtragen:
- durch Zerlegen:
- durch Reinigen:

- ▶ Abschneiden, Reißen, Brechen;
- ▶ Bohren, Stoßen, Sägen, Schleifen;
- ▶ Brennschneiden, Ätzen, Erodieren;
- ▶ Auseinanderschrauben, Aushaken;
- ▶ Bürsten, Strahlen, Waschen.

Planschleifen
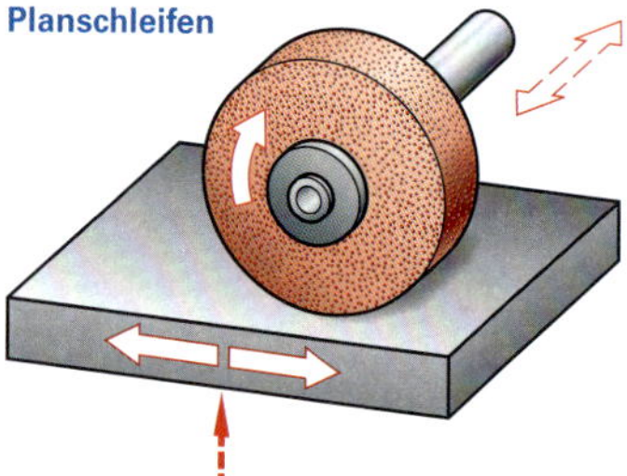

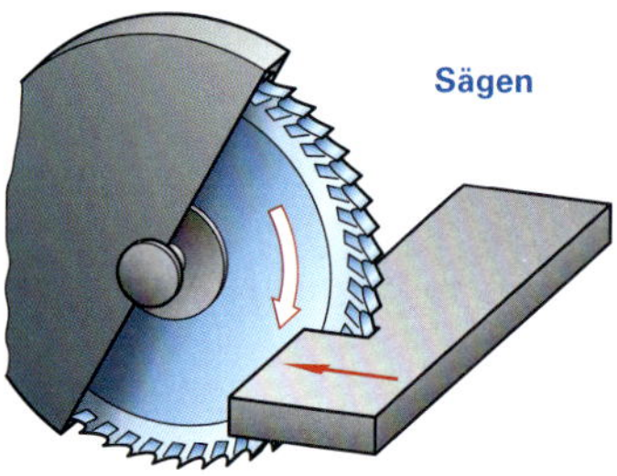
Sägen

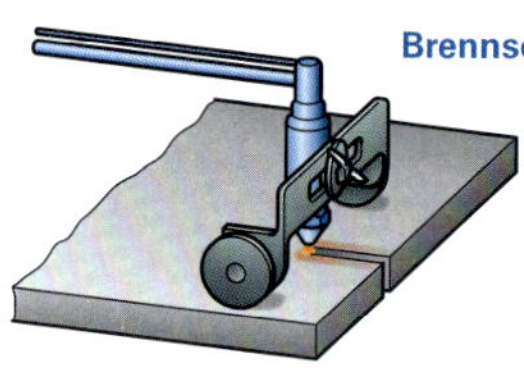
Brennschneiden

4 Fügen

- Eine neue feste Form wird geschaffen durch Zusammenbringen mehrerer Werkstücke oder mit formlosem Stoff...
- Der Zusammenhalt der Stoffteilchen wird im Ganzen vermehrt oder auch örtlich neu geschaffen ...

- durch Zusammenlegen:
- durch Füllen:
- durch An- und Einpressen:
- durch Urformen:
- durch Umformen:
- durch Stoffverbinden:

- ▶ Einlegen, Ineinanderschieben;
- ▶ Einfüllen, Tränken;
- ▶ Verschrauben, Klemmen;
- ▶ Ausgießen, Umgießen;
- ▶ Falzen, Vernieten, Verlappen;
- ▶ Schweißen, Löten, Kleben.

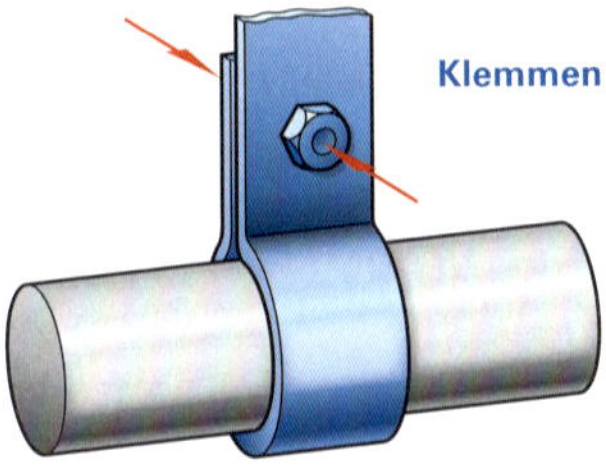
Klemmen

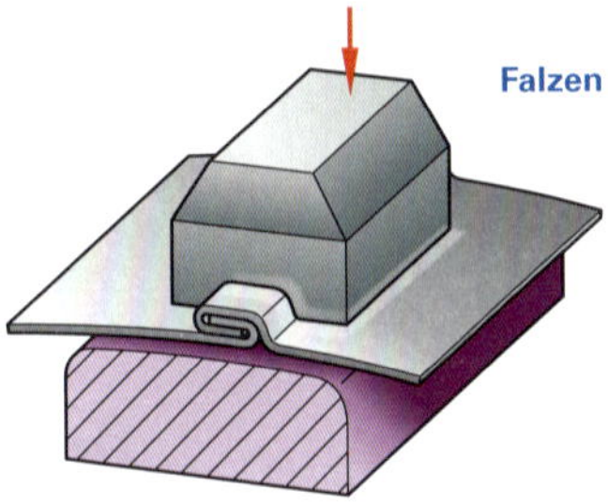
Falzen

Schutzgas-schweißen
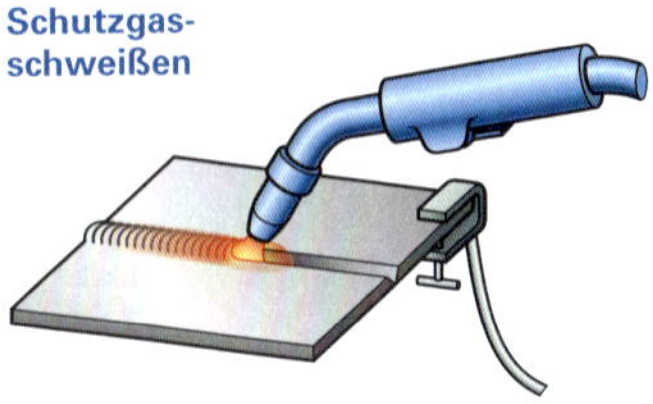

5 Beschichten

- Ein neuer Zusammenhalt der Stoffteilchen wird hergestellt ...
- Stoffteilchen werden auf einen festen Körper aufgebracht ...

- aus dem gas- oder dampfförmigen Zustand:
- aus dem flüssigen, breiigen oder pastenförmigen Zustand:
- aus dem ionisierten Zustand:
- aus dem festen (körnigen oder pulverigen) Zustand:

- ▶ Aufdampfen;
- ▶ Anstreichen, Spritzlackieren, Auftragschweißen;
- ▶ Galvanisieren;
- ▶ Pulveraufspritzen, hammerplattieren.

Aufschmelzen
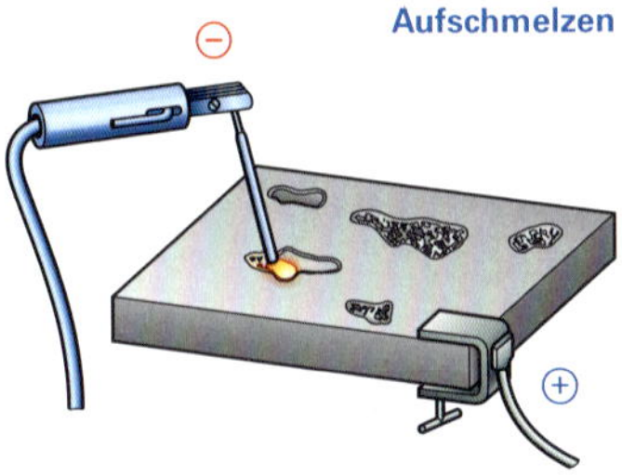

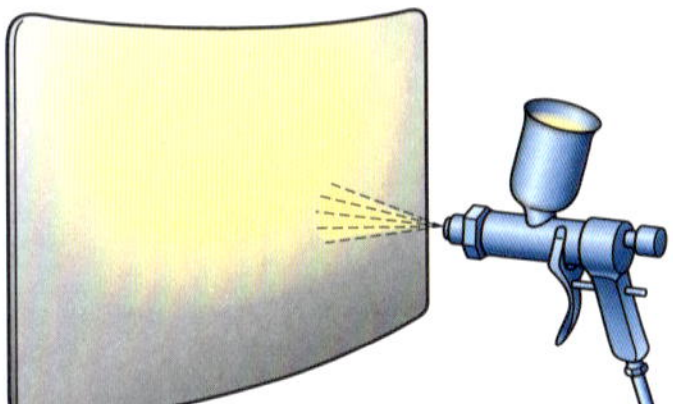
Lackieren

Galvanisieren
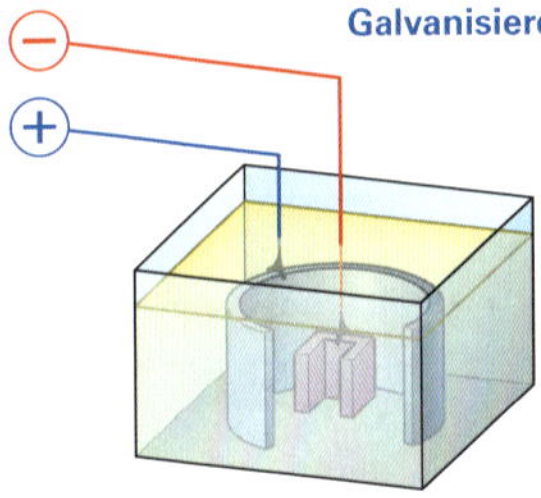

6 Stoffeigenschaft ändern

- Die feste Form des Werkstücks bleibt erhalten ...
- Die Lage der Stoffteilchen ändert sich und damit ändern sich die Eigenschaften des Werkstoffs ...

- durch Umlagern von Stoffteilchen:
- durch Aussondern von Stoffteilchen:
- durch Einbringen von Stoffteilchen:

- ▶ Glühen, Härten, Anlassen; Vergüten, Magnetisieren;
- ▶ Entkohlen (Tempern);
- ▶ Aufkohlen (Zementieren), Nitrieren.

Flammhärten
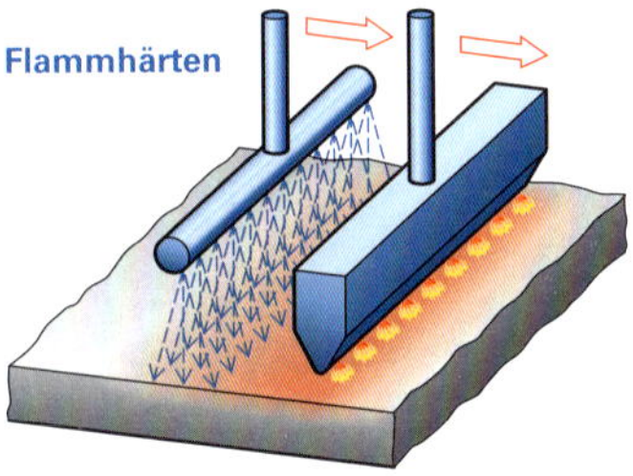

Magnetisieren
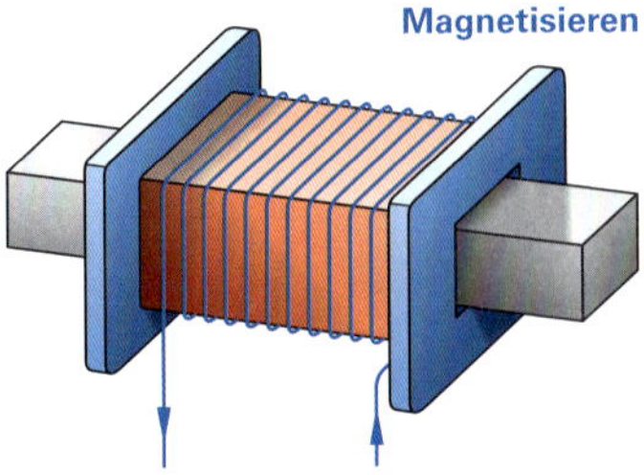

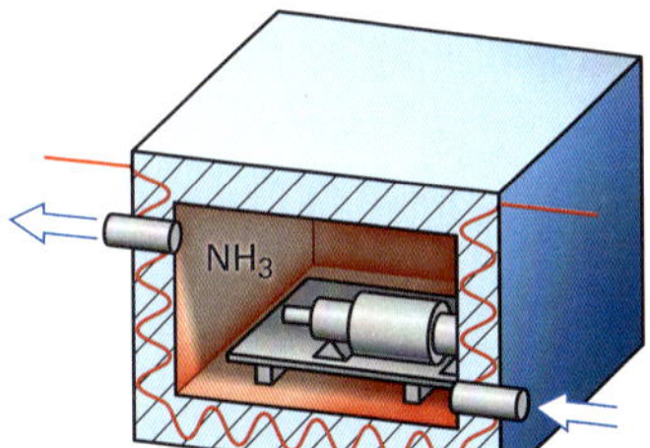

Nitrieren

1.3.3 Fertigungsablauf

Zur Herstellung der meisten Produkte ist eine Reihe aufeinanderfolgender Fertigungsverfahren erforderlich. Am Beispiel einer Welle, die Teil einer größeren Baugruppe ist (z. B. Generator im Großkraftwerk), wird dies in der nachfolgenden Übersicht gezeigt.

Urformen

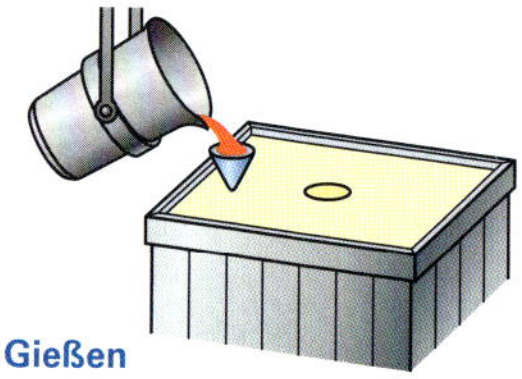

Gießen

Umformen

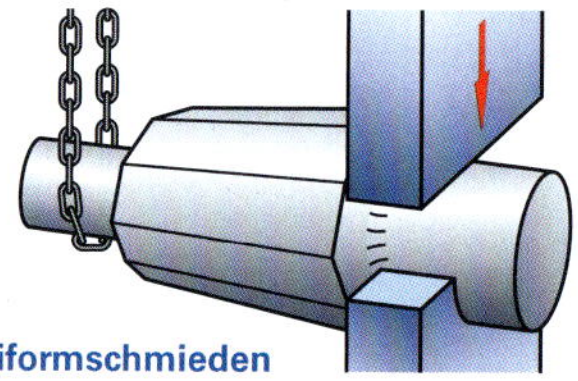

Freiformschmieden

Trennen

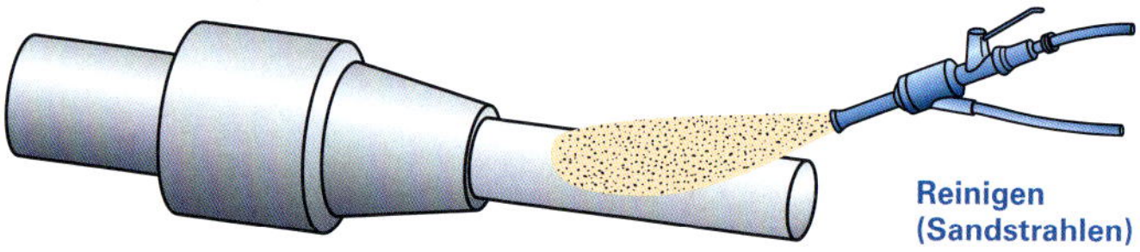

Reinigen (Sandstrahlen)

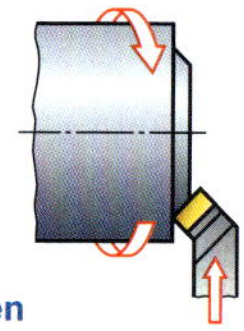

Plandrehen

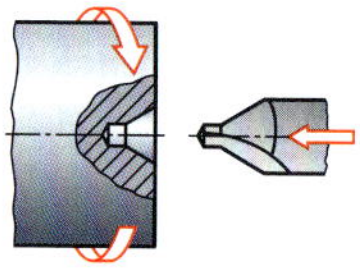

Zentrieren

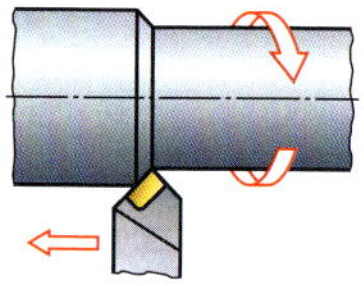

Langrunddrehen

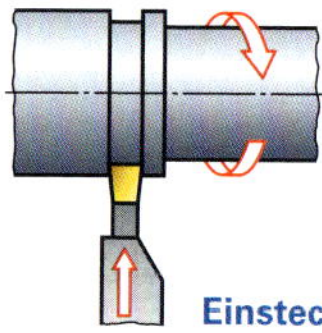

Einstechen

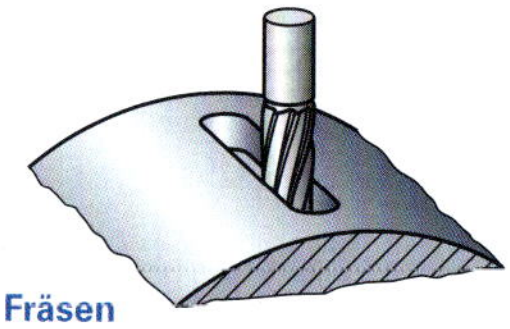

Fräsen

Stoffeigenschaft ändern

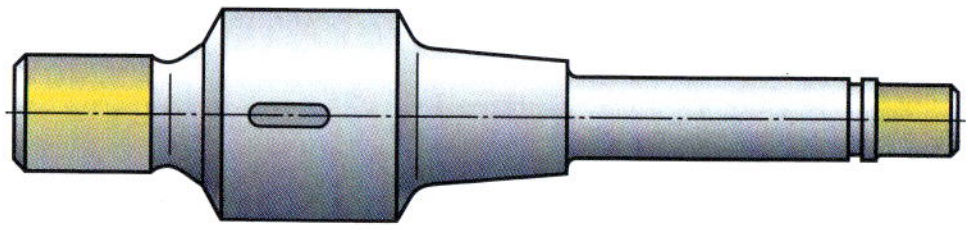

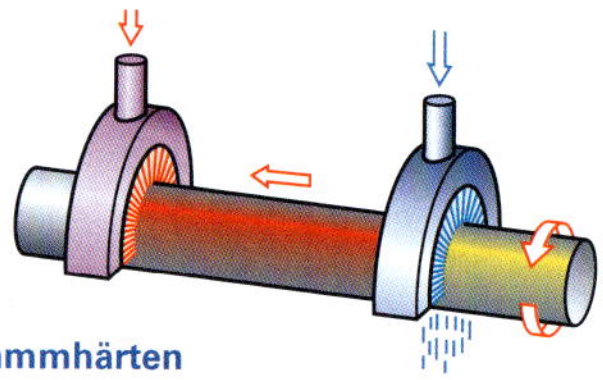

Flammhärten

Trennen

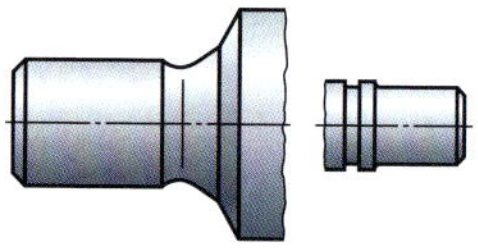

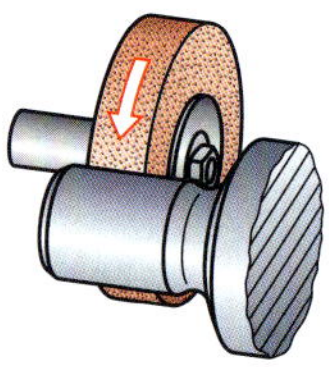

Rundschleifen

Beschichten

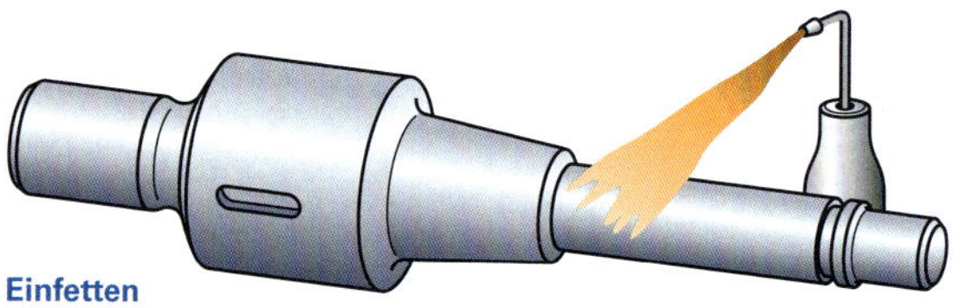

Einfetten

Fügen

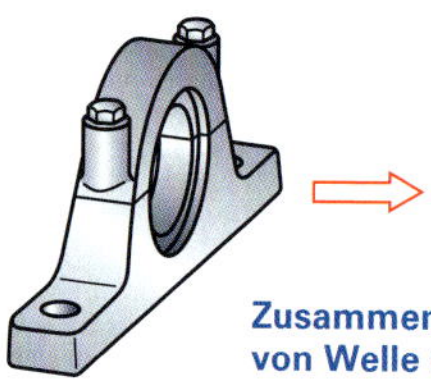

Zusammenbauen – Montage von Welle und Lagergehäuse

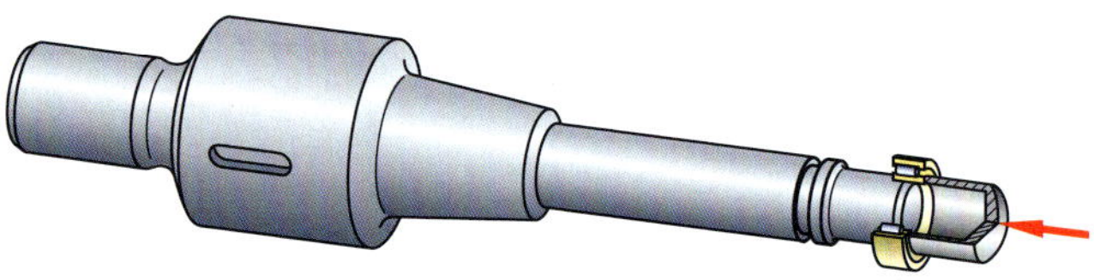

Einpressen eines Lagers

1.4 Arbeitsschutz

Die Arbeitswelt mit ihren Anlagen, Maschinen und Geräten sowie Werkzeugen und Hilfsmitteln ist voller Gefahrenquellen. Pro Jahr werden ungefähr eine Million Arbeitsunfälle angezeigt, davon sind ca. 2000 tödlich. Die Unfallkosten betragen über 6 Milliarden EURO, die Folgekosten noch einmal mehr als 20 Milliarden.

Ist der Einzelne in einer **Gefährdungssituation**, können Leichtsinn, Unaufmerksamkeit und Unkenntnis schnell einen Unfall herbeiführen, an dessen Folgen er sein Leben lang leiden muss.

1.4.1 Unfallverhütung

Merke

Maßnahmen zur Unfallverhütung am Arbeitsplatz werden durchgeführt, um Menschen und Einrichtungen vor Schäden zu bewahren.

Träger der gesetzlichen Unfallversicherung im gewerblichen Bereich sind die **Berufsgenossenschaften**, bei denen jeder Berufstätige in Industrie und Handwerk versichert sein muss. Sie haben **Unfallverhütungsvorschriften (UVV)** erlassen, die in jedem Betrieb ausgelegt werden müssen. Jeder Betriebsangehörige muss darüber informiert werden und sie sorgfältig beachten.

Durch **sicherheitswidriges Verhalten** können Krankheiten, körperliche Behinderung und Sachschäden entstehen. Sicherheitswidrig verhält sich, wer durch Nichtbeachten von Vorschriften und Sicherheitszeichen sich, Arbeitskollegen sowie Anlagen und Einrichtungen gefährdet.

Gefährdungen sind unterschiedlich, sodass für viele Arbeitsplätze **Sicherheitsbelehrungen** stattfinden. Außerdem gibt es Sicherheitslehrbriefe, die über die Berufsgenossenschaften erhältlich sind.

Jeder Auszubildende sollte außerdem aus den „Allgemeinen Vorschriften“ (DGUV Vorschrift 1) wenigstens die Paragrafen 15 bis 18 genau kennen.

1.4.2 Allgemeine Sicherheitsmaßnahmen

- **Gefahren müssen beseitigt werden.** Zuerst sind Mängel an Maschinen, Anlagen und Werkzeugen sofort dem Verantwortlichen zu melden.
- **Alle gefährlichen Stellen** müssen abgeschirmt und gekennzeichnet werden. Die dazu angebrachten Sicherheitsvorrichtungen und Schilder dürfen nicht entfernt werden.
- Eine **Gefährdung des Arbeitenden** ist durch Schutzbrillen, Schutzschilder oder andere Schutzausrüstungen zu verhindern.

1 Die wichtigsten Gefahrenarten	
bewegte Gegenstände	z. B. rotierendes Werkzeug, schwebende oder fallende Lasten
elektrische Spannung	z. B. spannungsführende Anlagenteile, Blitz
Chemikalien	z. B. Giftstoffe, Säuren und Laugen, Kühlschmiermittel, gesundheitsschädliche Stoffe
heiße Oberflächen	z. B. Lichtbogen, glühende Werkstücke, siedende Flüssigkeiten
Lärm	z. B. beim Richten von Blech
Strahlung	z. B. Radioaktivität, Röntgenstrahlen, UV-Strahlen
Materialschäden	wie z. B. Defekte an Absturzsicherungen, Schleifscheiben u. a. m.

2 Maßnahmen zur Arbeitssicherheit
Gesetze Arbeitssicherheitsgesetz, Bundes-Immissionsschutzgesetz, Jugendarbeitsschutzgesetz
Verordnungen Gefahrenstoffverordnung, Arbeitszeitordnung, Arbeitsstättenverordnung u. a. m.
Unfallverhütungsvorschriften (UVV)
Regeln der Technik DIN-Normen, VOB u. a. m.

DGUV
Deutsche Gesetzliche Unfallversicherung
Spitzenverband

3 Logo der Unfallkassen und Berufsgenossenschaften

4 Schutzausrüstungen für (Beispiele)	
Kopf	Schutzhelm, Haarnetz
Gesicht	Brille, Schutzschild
Gehör	Stöpsel, Kapseln
Lunge	Atemmaske mit Filtergerät oder Frischluftgerät
Hände, Füße	Handschuhe, Sicherheitsschuhe
Körper	Sicherheitsgurte, Fangleinen, Schutzkleidung

1.4.3 Unfallursachen

Wer die Gefahren kennt und sich vorsichtig, aufmerksam und der möglichen Gefährdung entsprechend angemessen verhält, hat eine große Chance, sein Leben ohne ernsten Unfall zu bestehen.

Zu Unfällen kann es aus ganz unterschiedlichen Gründen kommen:

Menschliches Versagen: Leichtsinn, Unwissenheit, aber auch Überheblichkeit führen oft zur Vernachlässigung des Sicherheitsdenkens. Viele Sicherheitseinrichtungen (z. B. Lichtschranken, automatische Abschalteinrichtungen) sollen deshalb für zusätzliche Sicherheit sorgen.

Technische Mängel: so wie kein Mensch perfekt ist, zeigen sich auch an Maschinen und Einrichtungen manchmal Defekte, mit deren Auftreten kein Konstrukteur gerechnet hatte. Dazu gehören Werkstoffermüdungen, undichte Stellen in Leitungen, gelockerte Verbindungen oder versteckte Korrosionserscheinungen.

Höhere Gewalt tritt auf, wenn Unfälle durch Sturmschäden, Blitzeinschlag, Überschwemmungen oder ähnliche unvorhersehbare Ereignisse eintreten.

1.4.4 Sicherheitszeichen

Die meisten Gefahren sind nicht offen zu erkennen. Deshalb hat der Gesetzgeber Zeichen vorgeschrieben, die auf Gefahrenquellen hinweisen und ein bestimmtes Verhalten verlangen. Eine Auswahl davon zeigen die nebenstehenden Abbildungen. Zur Kennzeichnung von Gefährdungen und für die Sicherheit am Arbeitsplatz werden verwendet:

- **Rettungszeichen** haben eine quadratische oder rechteckige Form, sie sind grün und weiß;
- **Verbotszeichen** signalisieren die verbotene Handlung rot durchgestrichen in einem roten Kreis;
- **Warnzeichen** sind orange-gelbe schwarzumrandete Dreiecke, im Innenfeld befindet sich ein Symbol der Gefahr;
- **Gebotszeichen** stellen auf blauer Kreisfläche in weiß die gebotene Schutzmaßnahme dar.
- **Gefährliche Arbeitsstoffe** signalisiert im rotem Quadrat ein Symbol der Gefahr;

Überprüfen Sie Ihre Kenntnisse

1. Berichten Sie über den Inhalt der letzten Sicherheitsbelehrung an Ihrem Arbeitsplatz.
2. Beschreiben Sie die Sicherheitsmaßnahmen an Ihrem Arbeitsplatz. Welche Sicherheitszeichen befinden sich in Ihrer Arbeitsumgebung?
3. Erklären Sie, wie man durch sein persönliches Verhalten Unfälle vermeiden kann.

1 Sicherheitsfarben	
Grün	Rettung, Hilfe, Sicherheit
Rot	Unterlassen! Verboten!
Gelb	Warnung! Gefahr!
Blau	Gebote, Hinweise

Erste Hilfe

Richtungspfeil (nicht genormt)

Notausgang (links)

2 Rettungszeichen

Für Fußgänger verboten

keine offene Flamme; Feuer, offene Zündquelle und Rauchen verboten

Für Flurförderzeuge verboten

Mit Wasser löschen verboten

3 Verbotszeichen

Warnung vor elektrischer Spannung

Warnung vor schwebender Last

4 Warnzeichen

Atemschutz benutzen

Handschutz benutzen

5 Gebotszeichen

1.4.5 Erste Hilfe bei Unfällen im Betrieb

Jeder vierte Bundesbürger ist mindestens ein Mal in seinem Leben auf eine Erste-Hilfe-Maßnahme angewiesen. Dabei geht es nicht selten um Leben oder Tod! Die Arbeitsplätze in den Werkstätten sind zwar weitgehend durch Vorschriften und Sicherheitsmaßnahmen geschützt, jedoch führen insbesondere das Außer-Kraft-setzen von Schutzeinrichtungen oder Unkenntnis weiterhin zu Unfällen oder anderen Notsituationen.

Es ist eigentlich unfassbar. Aber ungefähr 80 % der Menschen, die erkennen, dass andere Hilfe benötigen, tun das einzig Falsche – nämlich nichts. Als Gründe geben sie später bspw. an, sie hätten Angst gehabt, sich zu blamieren, Falsches zu tun und deshalb rechtliche Konsequenzen zu erwarten oder sich mit irgendeiner Krankheit anzustecken. Alle Bedenken sind jedoch unbegründet. Zumindest sofort Hilfe über den telefonischen **Notruf 112** oder lautes Rufen zu organisieren, sollte jedem möglich sein (Bild 1).

Merke

Der größte Fehler, den man beim Entdecken einer Notsituation machen kann, ist es, nichts zu tun oder gar den Ort tatenlos zu verlassen.

1 Rettungsleitstelle

Findet man eine hilflose oder offensichtlich stark verletzte Person auf, ist die Situation für den Ersthelfer meist unklar. Deshalb gilt es, sich ruhig und ohne selbst in Panik zu geraten einen Überblick zu verschaffen. Anschließend ist es oft wichtig die Unfallstelle zu sichern und die Liegestelle des Verletzten abzugrenzen. Manchmal muss der Verletzte aus einem Gefahrenbereich, wie den Wirkbereich einer Maschine oder dem Einfluss giftiger Dämpfe gerettet werden. Dabei muss unbedingt auf die eigene Sicherheit geachtet werden!

2 Defibrillator

Sprechen Sie während dieser Maßnahmen weitere anwesende Personen direkt an: „Sie in dem roten T-Shirt. Rufen sie den Notruf an!" oder „Herr Müller besorgen Sie schnell einen Verbandskasten!" Damit verhindert man, dass Menschen einfach nur zusehen, obwohl Hilfe dringend nötig ist. Das ist ein leider häufig zu beobachtendes Phänomen.

Ein Mensch braucht meine Hilfe – Was tun? Sollte der Verletzte ansprechbar sein, ist es immer sinnvoll, ihn zu beruhigen, zu trösten und nicht allein zu lassen, bis weitere Helfer eintreffen. Menschliche Zuwendung empfinden viele Betroffene als die wichtigste Hilfe nach dem Unfall. Ist der Verletzte nicht ansprechbar, müssen die Atmung geprüft und manchmal die Atemwege frei gemacht werden.

Ist bei einer hilfebedürftigen Person keine Atmung feststellbar, sucht der Helfer die Brustmitte und beginnt mit der **Herzdruckmassage**. Dazu wird der Brustkorb ungefähr zwei Mal pro Sekunde 5 bis 6 cm tief eingedrückt. Nach 30 Wiederholungen wird durch Mund oder Nase zwei Mal hintereinander ein Atemzug Luft eingepresst. Dabei ist die jeweils andere Körperöffnung luftdicht abzuschließen. Diese Tätigkeiten müssen fortgeführt werden, bis eine selbstständige Atmung feststellbar ist oder der Sanitäter des Rettungsdienstes übernommen hat.

Unter bestimmten Bedingungen ist der Betrieb verpflichtet, einen Automatisierten Externen Defibrillator (AED) anzuschaffen. Der Gebrauch ist am Gerät beschrieben oder wird durch eine Spracheinrichtung erklärt. Beenden Sie die Herzdruckmassage erst, wenn sich eine zweite Person ausreichend mit der Handhabung vertraut gemacht hat und der Einsatz sofort beginnen kann (Bild 2).

Atmet der Verletzte normal, sollte er in die **Stabile Seitenlage** gebracht werden. Diese gewährleistet eine bequeme Lage für den Betroffenen sowie die Freiheit der Atemwege.

Was tun bei stark blutenden Wunden?

Beim Umgang mit Maschinen und Werkzeugen zur Bearbeitung von Stählen treten kleine Verletzungen nicht selten auf. Diese sollten immer mit einem Wundverband vom betrieblichen Ersthelfer versorgt werden.

Starke Blutungen sollten nach Möglichkeit keimfrei abgedeckt und die weitere Blutung durch Druck unterbunden werden. Wurden Gliedmaßen abgerissen, sind diese zu suchen und dem Rettungssanitäter mitzugeben.

Merke

Alle Arbeitsunfälle müssen im betrieblichen Unfallbuch zeitnah vermerkt werden. Nur so können mögliche spätere Komplikationen als Arbeitsunfall bei der Gesetzlichen Unfallversicherung (DGUV) geltend gemacht werden.

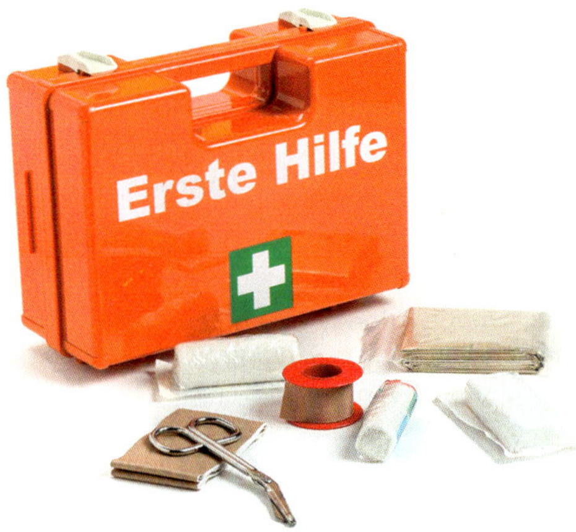

1 Sanitätskasten

Schock – die unterschätze Gefahr

Der Schock im medizinischen Sinne ist eine lebensbedrohlichen Reaktion des Körpers, der versucht seinen Blutdruck zu stabilisieren. Manchmal entsteht dadurch eine schwere Kreislaufstörung, die beispielsweise durch allergische Reaktionen, Herzversagen, starken Flüssigkeitsverlust, Blutverlust oder Blutvergiftung zustande kommt. Personen, die an einem Schock leiden, frieren oder zittern bei blasser, kalter Haut und haben kalten Schweiß auf der Stirn. Diese Erkennungsmerkmale müssen aber nicht alle gleichzeitig auftreten. Helfen kann hier vorerst nur das Höherlegen der Beine, zudecken um Wärmeverluste zu vermeiden und eine ruhige Zuwendung. Dabei müssen Atmung und Bewusstsein ständig kontrolliert werden.

Brandverletzungen

Bei der Bearbeitung von Metallen ist der Umgang mit heißen Werkstücken, Maschinenteilen oder Flüssigkeiten wie zum Beispiel Öle oder Schutzüberzüge selbstverständlich. Unfälle, bei denen Verbrennungen am Körper entstehen, passieren deshalb nicht nur beim Schweißen. Sollte eine Stelle am Unfallopfer brennen, muss das Feuer natürlich sofort gelöscht werden. Heiße Kleidungsstücke müssen schnell entfernt werden. Kleben diese an der Haut, dürfen sie **nicht** entfernt werden. Die Brandwunden sind anschließend mit nach Möglichkeit fließendem kalten Wasser ca. 10 Minuten zu kühlen. Der Betroffene muss gegen Auskühlung geschützt werden. Das geht am besten mit einer Rettungsdecke, die in jedem Sanitätskasten vorhanden sein muss (Bild 1).

Verätzungen und Vergiftungen

Säuren oder Laugen werden beispielsweise beim Galvanisieren oder der Werkstoffprüfung eingesetzt. Auch ätzende Gase, wie das zum Reinigen eingesetzte Chlor, können den Körper schwer schädigen. Diese Stoffe können die Haut, Augen sowie Nasen- und Mundschleimhäute, aber auch innere Organe zerstören. Verätzte Stellen ähneln Brandwunden und werden auch ähnlich behandelt. Äußerlich muss möglichst schnell mit viel Wasser dauerhaft gespült werden. Hat der Verletzte die Flüssigkeit verschluckt, darf ein Erbrechen nicht künstlich erzeugt werden. Stattdessen soll in kleinen Schlucken möglichst viel Wasser getrunken werden. Verätzte Kleidungsstücke sind schnell auszuziehen. Wurde ein sonstiger giftiger Stoff verschluckt, muss der Mund kräftig ausgespült sowie die Art des Giftes und die verschluckte Menge ermittelt werden. Giftreste sind dem Rettungsteam zu zeigen.

Unfälle durch elektrischen Strom

Alle Werkzeugmaschinen werden mit elektrischem Strom, oft auch mit Kraftstrom betrieben. Wartungsfehler, verschlissene Stromkabel oder Manipulationen am Gerät provozieren Unfälle. Gelangt elektrischer Strom in den Körper, bringt dieser unsere normalen Körperfunktionen durcheinander. Die Muskulatur verkrampft, das Herz schlägt unregelmäßig oder kann aufhören zu schlagen, Körperflüssigkeiten können im Extremfall kochen. Wichtig für den Ersthelfer ist der Selbstschutz. Zuerst also Aus-Schalter betätigen, Stecker ziehen oder Sicherungen entfernen. Rettung aus Hochspannungsbereichen darf nur vom Fachpersonal durchgeführt werden! Die Erstversorgung erfolgt je nach Verletzung. Atmung und Kreislauf müssen ständig kontrolliert werden.

1.5 Kennzeichnen und Anreißen

Grundlage für die Fertigung eines Werkstücks war über Jahrzehnte und ist auch heute noch in großen Teilen der Produktion die **technische Zeichnung**. In der bisherigen Fertigung werden zu Beginn die Zeichnungsmaße auf das Rohteil oder auf das Halbfertigteil übertragen (Bild 1). Diese „Übertragungsarbeiten“ müssen sorgsam vorgenommen werden. Sie sind aus diesem Grund sehr zeitaufwändig und damit auch kostenintensiv.

Deshalb wurden in der Serienfertigung auch bisher schon Hilfsmittel hergestellt, in denen die Abmessungen der technischen Zeichnung enthalten sind, z. B. Bohrlehren oder andere **Schablonen**. Somit wird das Anreißen jedes einzelnen Werkstückes, zumindest in der Serienfertigung, vermieden.

Hinzu treten in neuerer Zeit die Möglichkeiten der computerunterstützten Fertigung. Hierbei sind die wichtigen Daten zur Fertigung eines Werkstückes im **Programm** einer Werkzeugmaschine gespeichert. Dadurch entfällt das zeitraubende Anreißen von Werkstücken. Diese können nunmehr in fast gleichbleibender Qualität und in rascher Folge gefertigt werden.

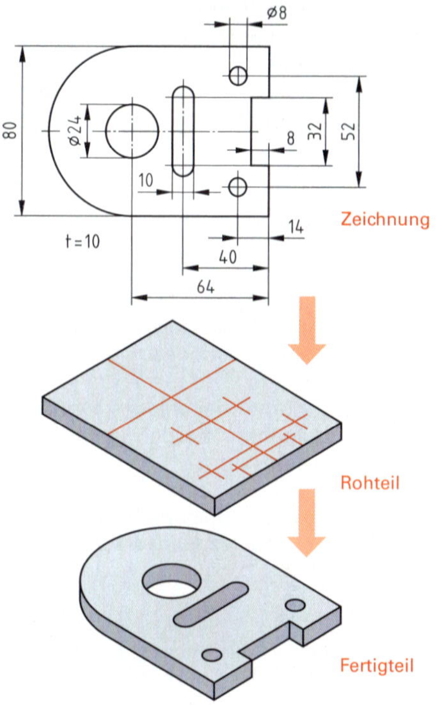

1 Anreißen am Rohteil

1.5.1 Maßübertragung aus Zeichnungen

Beim Anreißen geht man zweckmäßig von bearbeiteten Außenflächen des Werkstücks aus. Dazu werden zwei Außenflächen des Rohteils so bearbeitet, dass zwei zueinander rechtwinklige, ebene Flächen entstehen (Bild 2). Ausgehend von diesen beiden Flächen werden alle Maße auf das zukünftige Werkstück übertragen. Man bezeichnet diese Flächen als Maßbezugsebenen.

Bei symmetrischen Werkstücken werden häufig die Werkstückmittellinien als Maßbezugslinien herangezogen (Bilder 1 und 2).

Merke

Maßbezugsebenen beim Anreißen sind die Werkstückflächen, von denen aus alle Maße angerissen werden.

Bei der Eintragung der Maße in eine technische Zeichnung unterscheidet man **absolute** und **inkrementale Bemaßung**. In der herkömmlichen Fertigung wird üblicherweise jedes angegebene Maß am Schnittpunkt der Maßbezugsebenen, dem Bezugspunkt, orientiert (Bild 2). Dies entspricht der absoluten Bemaßung.

In Zeichnungen, welche für den Bereich der CNC-Fertigung erstellt werden, ist darüber hinaus die inkrementale (relative) Bemaßung üblich. Hierbei wird, ausgehend von einem Anfangspunkt, eine Maßreihe gebildet. Die nachfolgenden Maße ergeben sich aus Zuwächsen (Inkrementen) zum jeweils vorhergehenden Maß.

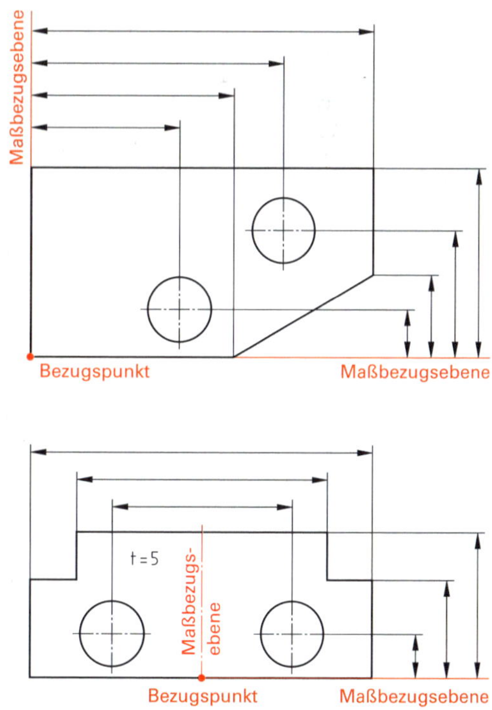

2 Maßbezugsebenen

1.5.2 Anreißen und Körnen

Beim Anreißen überträgt man alle für die Fertigung wichtigen Maße, Umrisse, Aussparungen und Bohrungen auf das Rohteil und markiert sie durch Risslinien (Bild 1, Seite 21).

Merke

Unter **Anreißen** versteht man das Markieren von wichtigen Maßen durch Risslinien auf dem Werkstück.

Viele Risslinien sind nach der Bearbeitung nicht mehr sichtbar. Daher werden wichtige Risslinien zu Kontrollzwecken gesondert markiert. Dies geschieht durch kleine kegelförmige Vertiefungen, die mit einem Körner geschlagen werden. Auch Bohrungsmittelpunkte werden gekörnt, um das Anbohren zu erleichtern.

Zum Markieren von Risslinien werden Körner (Bild 1) mit einem Spitzenwinkel von 40° benutzt, um die Oberfläche möglichst wenig zu beschädigen.

Zum Körnen von Bohrungsmittelpunkten nimmt man Körner mit einem Spitzenwinkel von 90°, um eine gute Führung der Bohrerspitze zu gewährleisten.

Merke

Als **Körnen** bezeichnet man das Markieren von Risslinien und Bohrungsmittelpunkten durch kleine Vertiefungen.

Beim **Körnen** ist auf das Ansetzen im Schnittpunkt der Risslinien und auf senkrechte Haltung zu achten (Bild 2). Neben dem Markieren von Risslinien dienen Körnungen auch zur Lagekontrolle von Bohrungen. Dazu wird mithilfe eines Zirkels (Bild 3) ein Kreis mit dem Fertigmaß der Bohrung angerissen. Auf diesem Kreisriss werden nun Körnungen geschlagen. Nach dem Bohren sollten nur noch halbe Körnungen stehenbleiben, da sonst die Bohrung verlaufen ist (Bild 4).

Anreißen und Körnen müssen so vorgenommen werden, wie es ihr jeweiliger Zweck erfordert. Risslinien müssen gut sichtbar sein und dürfen während der Fertigung nicht verlorengehen. Daher werden anzureißende Flächen oft mit einer Farbschicht versehen. Bei Stahl nimmt man meist blauen oder violetten Anreißlack. Bei Leichtmetallen kommt überwiegend roter Anreißlack zur Anwendung.

Merke

Das fertig bearbeitete Werkstück darf nicht durch Risslinien und/oder Körnungen beschädigt sein.

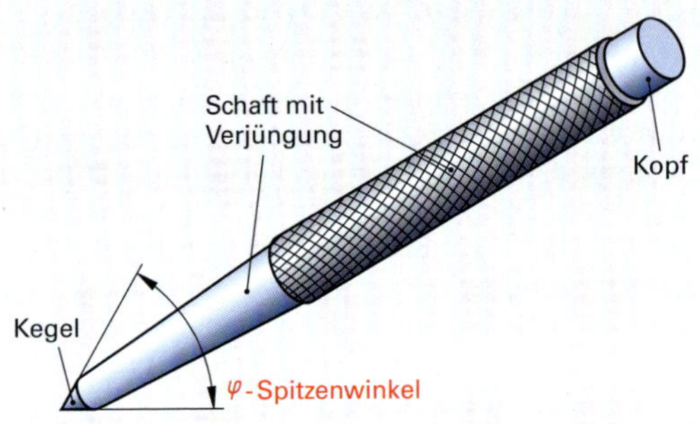

1 Körner

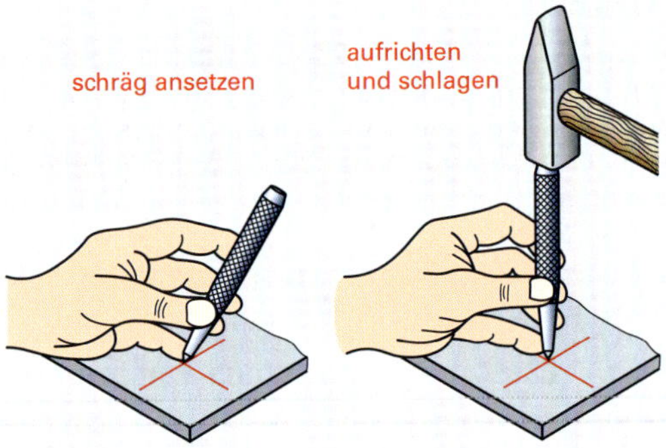

2 Richtiges Körnen

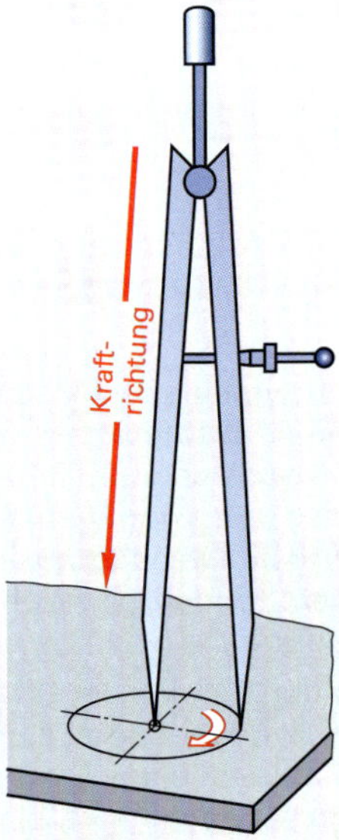

3 Anreißen mit dem Zirkel

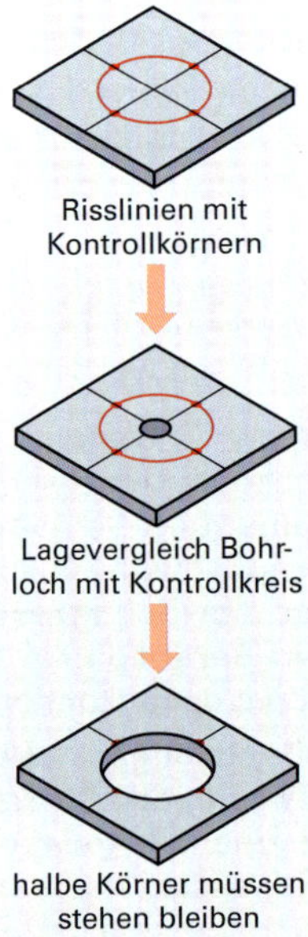

4 Lagekontrolle beim Bohren

1.5.3 Anreißarbeiten und -werkzeuge

Gerade Linien reißt man mit Stahllineal und Reißnadel an. Parallele Linien werden mithilfe eines Anschlagwinkels oder eines Streichmaßes gezogen (Bild 1).

Winkel werden mit einem Winkelmesser oder einem Universalwinkelmesser angerissen. Den Mittelpunkt zylindrischer Teile kann man mit einem Zentrierwinkel ermitteln, indem man zwei Linien aus unterschiedlichen Richtungen zieht (Bild 2).

Bei allen Anreißarbeiten ist auf die richtige Stellung der Reißnadel zu achten, um gerade Risslinien zu erhalten (Bild 3).

Für viele Anreißarbeiten ist eine **Stahlreißnadel** mit gehärteter Spitze das geeignete Werkzeug. Bei sehr harten oder verzunderten Werkstückoberflächen verwendet man Stahlreißnadeln mit Hartmetallspitzen, um den Verschleiß der Spitze zu vermindern. Für besonders empfindliche Oberflächen benutzt man Messingreißnadeln (Kupfer-Zink-Legierungen) oder nur einen Bleistift.

Anreißplatten (Bild 4) bestehen aus Grauguss oder Granit. Sie besitzen eine sehr ebene Oberfläche. Diese dient zur Lagerung der anzureißenden Werkstücke. Sie ist in der Regel auch Maßbezugsebene, von der aus angerissen wird.

Besitzt das anzureißende Werkstück keine ebenen Auflageflächen, muss es mithilfe von Vorrichtungen in die richtige Lage gebracht und dort fixiert werden. Werkstücke mit kreisförmigem Querschnitt werden in Prismen gelagert (Bild 4).

Zum Anreißen von parallelen Linien auf der Anreißplatte benutzt man z. B. einen Parallelreißer mit Standmaß. Die Reißnadel des Parallelreißers wird mittels des Standmaßes eingestellt. Für genauere Arbeiten verwendet man ein Höhenmess- und Anreißgerät (Bild 4 und Bild 1, Seite 24), das mittels Nonius oder Digitalanzeige sehr genau einstellbar ist.

Aus den „Höhenreißern" älterer Bauart haben sich in jüngerer Zeit **Anreiß- und Messgeräte** entwickelt, welche, wie der Name schon sagt, die Möglichkeiten eines genauen Messgerätes mit den Möglichkeiten eines Anreißgerätes verbinden (Bild 1, Seite 24). Zum Wechsel der Einsatzmöglichkeiten ist lediglich der Taststift durch eine Anreißnadel zu ersetzen. Wie bei fast allen modernen Messgeräten hat auch hier die Computertechnik Einzug gehalten und die Anwendungsmöglichkeiten dieser Geräte sind dadurch beträchtlich erweitert worden.

Die Messwerterfassung erfolgt in vielen Fällen, wie beispielsweise auch bei digital anzeigenden Messschiebern, optoelektronisch. Hierbei dient ein Glasmaßstab als Maßverkörperung.

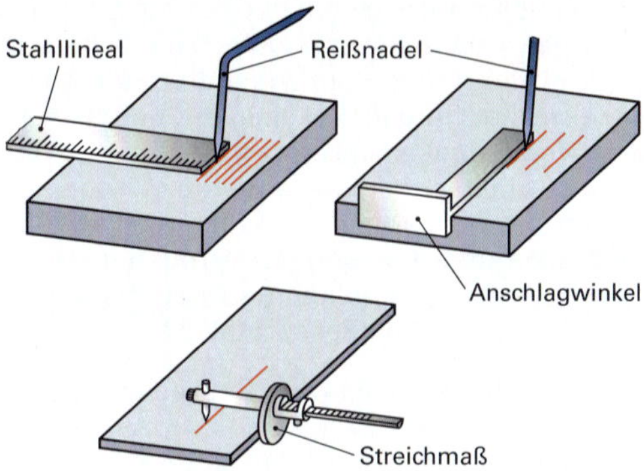

1 **Anreißarbeiten**

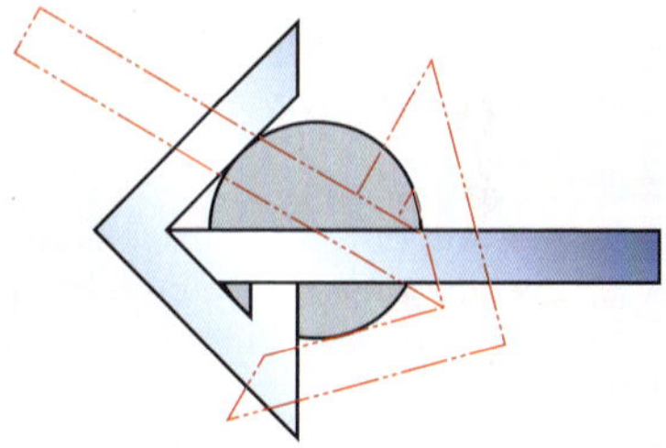

2 **Zentrierwinkel**

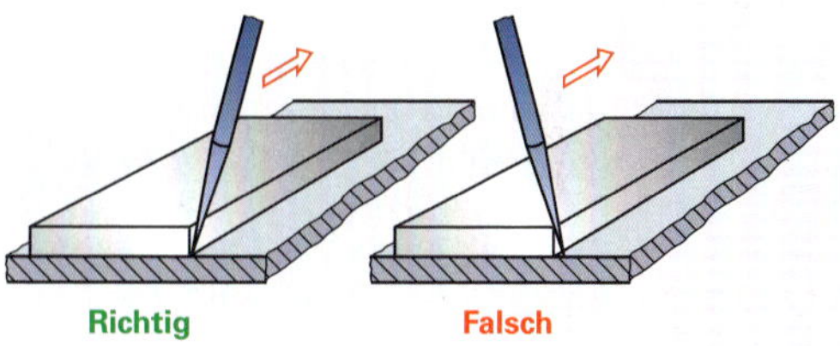

3 **Anreißen mit der Reißnadel**

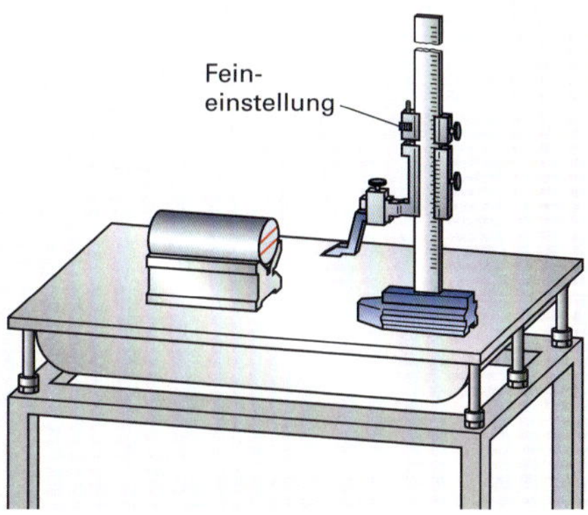

4 **Anreißen auf der Anreißplatte**

Mit einem entsprechenden Taster sind Messungen von Bohrungen, Nuten und Abständen sowie Tastungen nach oben und unten möglich. Auch die Ermittlung von Bohrungsmittenabständen kann geleistet werden. Bei einigen Geräten ist für diese Messaufgabe ein sogenannter Zentriertastkopf als Zubehör nötig. Bei anderen Messgeräten werden die Bohrungsmittenabstände aus den entsprechenden Messungen errechnet. Messwerte können gespeichert und gegebenenfalls ausgedruckt werden (Messprotokoll).

Rechtwinklige Koordinaten: Bei rechtwinkligen Koordinaten bilden zwei bzw. drei Achsen die Maßbezugsebenen für die Bemaßung und in der Regel auch zum Anreißen. Von einem Bezugspunkt (Koordinatenursprung) ausgehend wird das Werkstück mit X-, Y- und Z-Koordinaten versehen (Bild 2). Als Bezugspunkt dient oft eine Werkstückecke. Die Achsen stehen senkrecht aufeinander. Ihr Schnittpunkt ist der Nullpunkt, von dem aus alle Maße gezählt werden.

Merke

Bei der Bemaßung durch rechtwinklige Koordinaten werden alle Maße auf ein rechtwinkliges Koordinatensystem (Achsenkreuz) bezogen.

Polarkoordinaten: Die Maßangabe in Polarkoordinaten ist meist nur für Teilbereiche eines Werkstückes sinnvoll; bei dem dargestellten Werkstück zum Beispiel für die Angabe der Bohrungen auf dem Teilkreis.

Bei der Bemaßung mittels Polarkoordinaten wird der Bezugspunkt der Bemaßung ebenfalls auf eine „markante" Stelle des Werkstücks gelegt und bildet den Pol (Koordinatenursprung). Die Lage eines Werkstückpunkts wird nun bestimmt durch seinen (Längen-)Abstand vom Pol (Radius r) und den Winkel (φ = phi), den die Nullachse mit einer gedachten Linie zu dem entsprechenden Werkstückpunkt einschließt (Bild 3). Bei Bedarf ist eine Umrechnung von Polarkoordinaten in rechtwinklige Koordinaten oder umgekehrt mithilfe der Winkelfunktionen möglich.

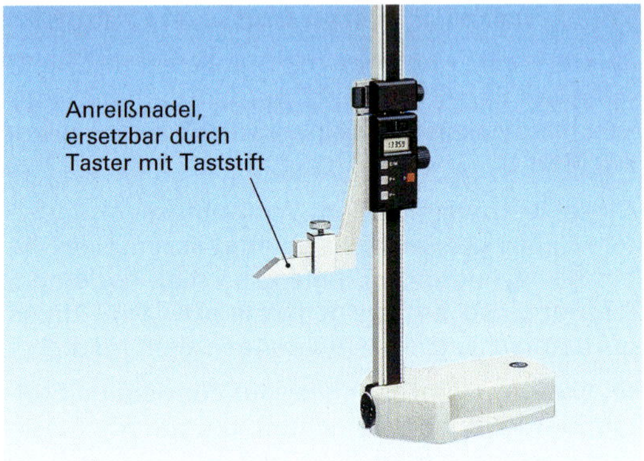

1 Anreiß- und Messgerät

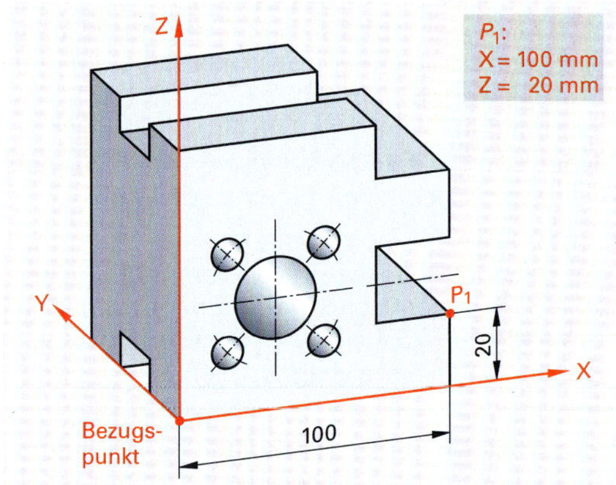

2 Rechtwinklige Koordinaten

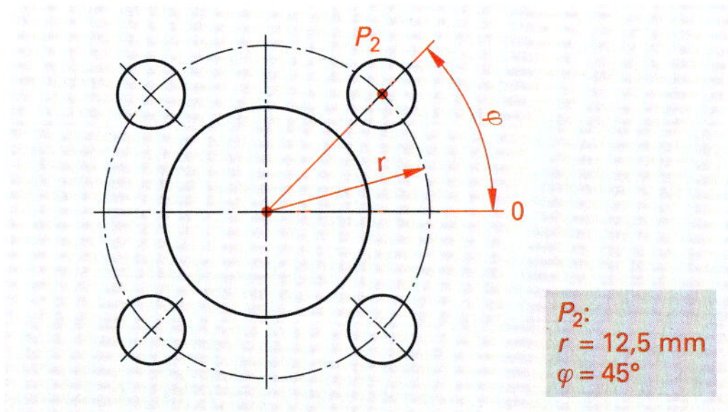

3 Polarkoordinaten

Überprüfen Sie Ihre Kenntnisse

1. Welchem Zweck dienen Anreißen und Körnen?
2. Was versteht man unter einer Maßbezugsebene und welche Anforderungen werden in der Praxis an sie gestellt?
3. Weshalb kommen beim Körnen Körner mit unterschiedlichem Spitzenwinkel zum Einsatz?
4. Welche Aufgaben haben Kontrollkörnungen?
5. Wozu dienen Anreißlacke?
6. Geben Sie zwei Möglichkeiten an, parallele Risslinien zu erzeugen.
7. Wann verwendet man einen Zentrierwinkel?
8. Aus welchen Werkstoffen bestehen Reißnadeln und bei welchen Werkstücken kommen sie zum Einsatz?
9. Welche Anforderungen muss eine Anreißplatte erfüllen?
10. Welche Messmöglichkeiten bieten neuere Anreiß- und Messgeräte?
11. Was versteht man unter rechtwinkligen Koordinaten, was unter Polarkoordinaten?

2 Prüftechnik und Qualitätsmanagement

2.1 Grundlagen der Prüftechnik

Eine wichtige Voraussetzung für die passgenaue Montage von Bauteilen ist die genaue Prüfung der geforderten Abmessungen aller Einzelteile. Das Prüfen in der Technik wird unter genau festgelegten Bedingungen durchgeführt.

2.1.1 Vergleich Sollzustand – Istzustand

Um zu prüfen, muss man den vorgegebenen Zustand der zu prüfenden Größe kennen. Diesen Zustand nennt man **Sollzustand**.

Beim Prüfen des Reifenluftdruckes eines Kraftfahrzeugreifens wird beispielsweise der Sollzustand (Bild 1) vom Kraftfahrzeug- oder Reifenhersteller vorgegeben. Den **tatsächlichen Reifenluftdruck** ermittelt man mithilfe geeigneter Prüfmittel. Diesen Zustand nennt man **Istzustand**. Der Vergleich zwischen Soll- und Istzustand liefert das Ergebnis des Prüfens. Weicht der Istzustand vom Sollzustand ab (Bild 1), so erniedrigt oder erhöht man den Reifenluftdruck, bis der Sollzustand erreicht ist.

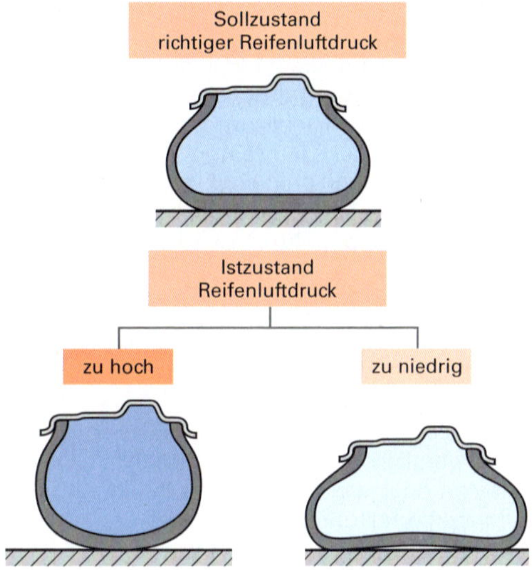

1 Vergleich Ist- und Sollzustand

Merke

Unter **Prüfen** versteht man das **Vergleichen eines vorliegenden Zustandes (Istzustand) mit einem geforderten Zustand (Sollzustand).**

2.1.2 Subjektives und objektives Prüfen

Prüfen kann mithilfe der persönlichen Sinneswahrnehmung subjektiv erfolgen. Beispiele sind Sehen (Bild 2) oder Fühlen. Mithilfe von Prüfmitteln kann objektiv geprüft werden, z. B. das Messen mit einem Reifenluftdruck-Messgerät (Bild 3).

Subjektives Prüfen erlaubt meist nur **grobe Aussagen** über den Istzustand. Beispielsweise ist durch subjektives Prüfen feststellbar, dass der Reifenluftdruck eines Autoreifens deutlich zu hoch oder deutlich zu niedrig ist. **Objektives Prüfen** gestattet dagegen die **genaue Angabe** der Abweichung vom Sollzustand.

Beispiel:	Sollzustand	p	=	1,9 bar
	Istzustand	p_1	=	2,5 bar
	Abweichung	Δp	=	**0,6 bar**

2 Subjektives Prüfen durch Augenschein

Merke

In der **Technik** wird üblicherweise objektiv geprüft. Abweichungen des Istzustandes vom Sollzustand können somit exakt erfasst werden. Das Prüfen erfolgt mithilfe von Prüfmitteln.

3 Objektives Prüfen mit Prüfmittel

Überprüfen Sie Ihre Kenntnisse

1 Handelt es sich bei den Beispielen um objektives oder subjektives Prüfen?

a) Das Fahrgeräusch eines Mopeds ist zu laut.

b) Der Ölpeilstab des Motors zeigt einen Ölstand an der Minimummarke.

c) Anlässlich einer Verkehrskontrolle ermitteln die Polizeibeamten bei dem Fahrer eines Pkw einen Alkoholgehalt von 0,6 Promille.

2.1.3 Prüfen – Messen – Lehren

Das **Prüfen von Werkstücken muss so genau wie erforderlich** erfolgen. Je genauer die entsprechenden Abmessungen eingehalten werden müssen, desto aufwändiger ist der Prüf- und auch der Fertigungsvorgang. Jeder überflüssige Prüfvorgang verursacht unnötige Kosten. Daher muss vor dem Fertigen festgelegt werden, welche Maße zu überprüfen sind, mit welchem Prüfmittel und zu welchem Zeitpunkt in der Fertigung die Prüfung durchgeführt werden soll. Die Prüfung selbst kann durch Messen oder Lehren erfolgen (Übersicht 1).

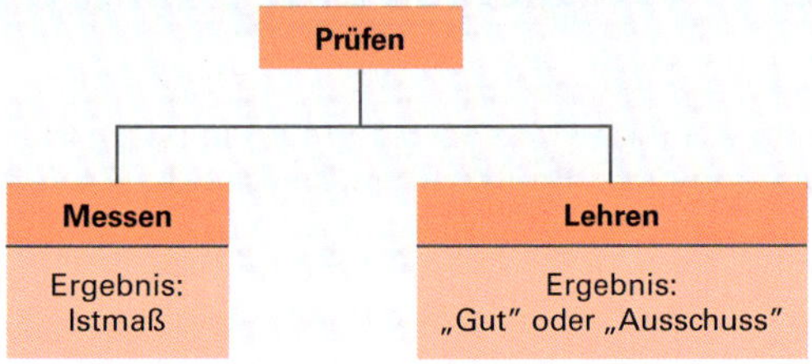

Übersicht 1: Einteilung des Prüfens

Merke

Prüfen heißt feststellen, ob der Prüfgegenstand die vorgeschriebenen Anforderungen erfüllt.

Beim **Messen** wird die zu prüfende Größe mit ihrer Einheit verglichen. Dabei wird festgestellt, welches Vielfache oder welchen Teil dieser Einheit die zu prüfende Werkstückgröße darstellt. Die Messung geschieht mithilfe geeigneter Messgeräte, z. B. mit einem Stahlmaßstab oder einem Messschieber. Das Ergebnis der Messung ist ein Messwert.

Messwert der Länge	=	Zahlenwert	·	Einheit
		⇓		⇓
l	**=**	**35**	**·**	**mm**

l = 35 mm bedeutet also, dass die Einheit 1 mm 35-mal in der gemessenen Länge enthalten ist (Bild 2).

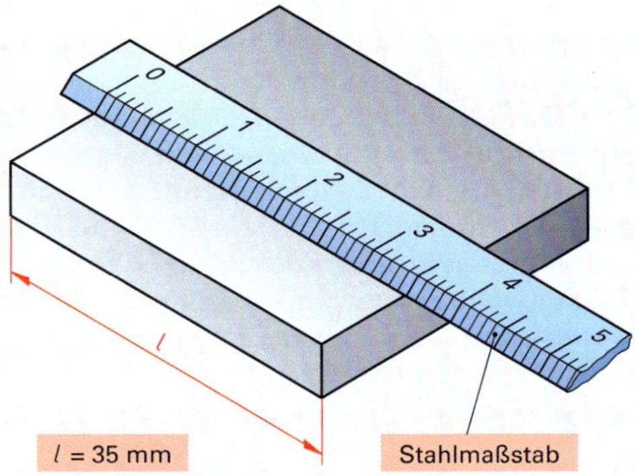

2 Messvorgang

Merke

Messen ist das Vergleichen einer Größe mit einer dementsprechenden Einheit mithilfe von geeigneten Messgeräten. Dabei ermittelt man das tatsächlich vorhandene Maß, das Istmaß.

Beim **Lehren** wird die zu prüfende Größe mit einer Lehre verglichen. Eine Lehre verkörpert ein Maß oder eine Form (Bild 3). Beim Lehren ergibt sich kein Messwert. Es wird lediglich festgestellt, ob das Maß oder die Form des Werkstückes von der Lehre abweicht oder nicht. Sind die durch Lehren ermittelten Abweichungen größer als die zulässigen Abweichungen, so ist das Werkstück Ausschuss oder muss nachgearbeitet werden.

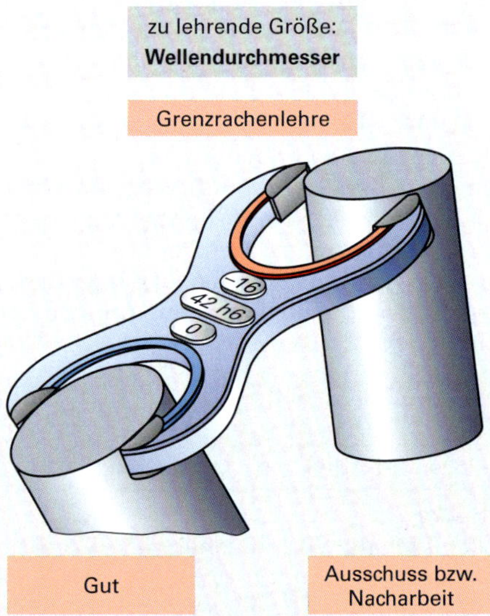

3 Lehren

Merke

Beim **Lehren** vergleicht man die Form oder das Maß eines Werkstückes mit einer Lehre. Das Ergebnis des Lehrens zeigt an, ob das Werkstück an dieser Stelle gut ist oder eine unzulässige Abweichung vorliegt.

Überprüfen Sie Ihre Kenntnisse

1 Beschreiben Sie knapp, was unter Prüfen, Messen und Lehren zu verstehen ist und grenzen Sie diese Begriffe voneinander ab!

2 Begründen Sie, weshalb Prüfvorgänge in der Technik „so genau wie erforderlich" erfolgen sollen.

2.1.4 Prüfarten

Prinzipiell entspricht das Prüfen von Werkstücken in der Metalltechnik, z. B. das Prüfen eines Klemmstückes (Bild 1), dem beschriebenen Prüfbeispiel des Reifenluftdrucks (Seite 25). Auch bei dem Klemmstück wird ein Istzustand mit einem Sollzustand verglichen. Allerdings weichen die Prüfungen bei der Herstellung eines solchen Werkstückes in Art und Umfang vom Beispiel des Reifenluftdrucks ab. In der Regel werden bis zum Erreichen des Fertigteiles verschiedenartige Prüfungen durchgeführt. Diese können, je nach Erfordernis, mit fortschreitendem Fertigungsprozess mehrfach erfolgen.

Materialprüfungen erfolgen meist schon vor Beginn der Fertigung. Sie sollen verhindern, dass ein Werkstück aufgrund eines Materialfehlers (z. B. ein Lunker in einem größeren Gussteil) unbrauchbar ist, bzw. unbrauchbar wird.

Maß- und Formprüfungen (Bild 1) werden im Fertigungsablauf fortlaufend vorgenommen, um fehlerhafte Werkstücke nacharbeiten oder rechtzeitig aussondern zu können. Dadurch werden unnötige Kosten vermieden.

Funktionsprüfungen werden nach der Fertigung einzelner Werkstücke und nach ihrem Zusammenbau zu Baugruppen durchgeführt. Danach wird das funktionsgerechte Zusammenwirken dieser Bauteile überprüft.

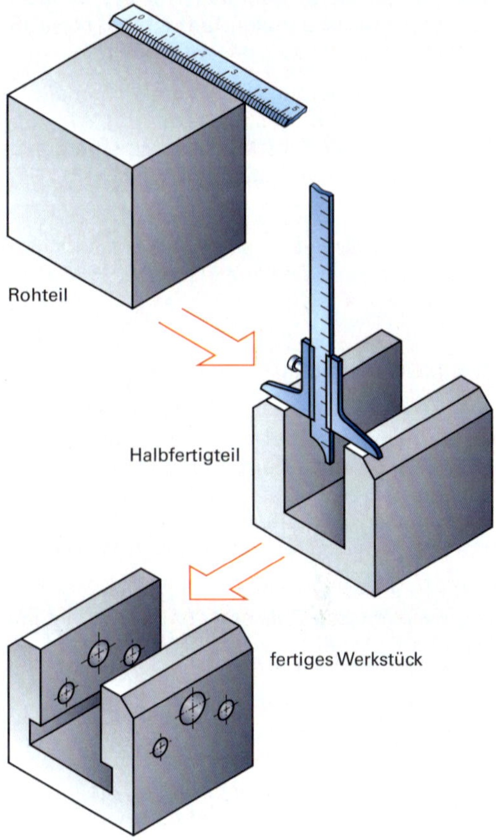

1 Maßprüfungen im Fertigungsablauf

2.1.5 Maßangaben

Die Form eines Werkstückes wird vom Konstrukteur in der technischen Zeichnung nach funktionalen und fertigungstechnischen Gesichtspunkten bestimmt (Bild 2). Die in der **Zeichnung eingetragenen Maße** entsprechen dem **Sollzustand des Werkstückes**. Um diesen Sollzustand festzulegen, verwendet man im Wesentlichen **Längenmaße**, die davon abgeleiteten **Winkelmaße**, Angaben über **Fertigungsqualitäten** (z. B. Oberflächenangaben) sowie Form- und Lagetoleranzen.

> *Merke*
> Um die Form und die Abmessungen eines Werkstückes festzulegen, benötigt man Längen- und Winkelangaben sowie Form- und Lagetoleranzen.

Längenangaben

Wie am Beispiel des Klemmstücks zu sehen, werden in Zeichnungen des Maschinenbaus Maßangaben in Millimeter ohne Einheit angegeben. Dies stellt in zweierlei Hinsicht eine Besonderheit dar:

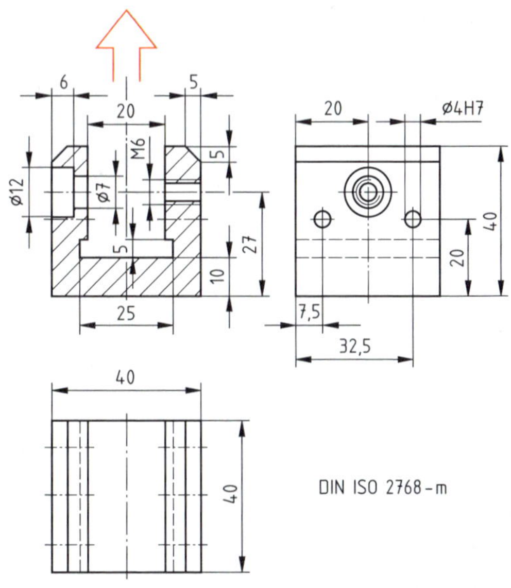

2 Technische Zeichnung (Klemmstück)

Einerseits ist die **Basiseinheit für die Länge (l)** nach dem **internationalen Einheitensystem (SI) das Meter (m)** und nicht das Millimeter.

Bis 1960 benutzte man einen Vergleichsmaßstab zur Verkörperung des Meters, das Urmeter (Bild 1). Heute wird das Meter durch eine genauere Naturkonstante festgelegt. Es gilt:

Merke

1 Meter ist die Länge der Strecke, die Licht im Vakuum in einer Zeit von 1/299 792 458 Sekunden durchläuft.

In der Technik wird dieser theoretische Wert anhand geeichter Maßstäbe gemessen.

Andererseits besteht eine wissenschaftlich exakte **Längenangabe** aus einer **Zahl und der dazugehörigen Einheit**. Hierbei sind auch Vielfache und Teile der Basiseinheit üblich, um einfachere Zahlenwerte zu erhalten (Tabelle 1), z. B. 22 km (statt 22000 m), 2,5 mm (statt 0,0025 m) usw.

Im anglo-amerikanischen Sprachraum wird als Längeneinheit zum Teil noch das Inch (früher Zoll) verwendet. Es gilt:

$$1 \text{ inch} = 0{,}0254 \text{ m} = 25{,}4 \text{ mm}$$

Die **Fläche** und ihre Einheit

Eine Fläche hat zwei Ausdehnungen, die mit Längenmaßen bezeichnet werden. Die Größe einer Fläche wird in Flächeneinheiten angegeben. Die Einheit der Fläche ist das **Quadratmeter (m^2)**. Bei großen Flächen nimmt man das Vielfache des Quadratmeters (Tabelle 2), z. B. 4,3 km^2 statt 4300000 m^2, 1,5 ha (Hektar) statt 15000 m^2 usw. Kleine Flächen gibt man in Teilen des Quadratmeters an, z. B. 25 mm^2 statt 0,000025 m^2 usw.

Das **Volumen** und seine Einheit

Ein Körper hat drei Ausdehnungen, die mit Längenmaßen bezeichnet werden. Die Größe eines Volumens wird in Volumeneinheiten gemessen. Die Einheit des Volumens ist das **Kubikmeter (m^3)**. Große und kleine Volumina gibt man, wie bei Längen und Flächen, in Vielfachen und Teilen des Kubikmeters an (Tabelle 3). Eine Besonderheit bildet der Liter. Es gilt:

$$1 \text{ dm}^3 = 1000 \text{ cm}^3 = 1 \text{ l}$$

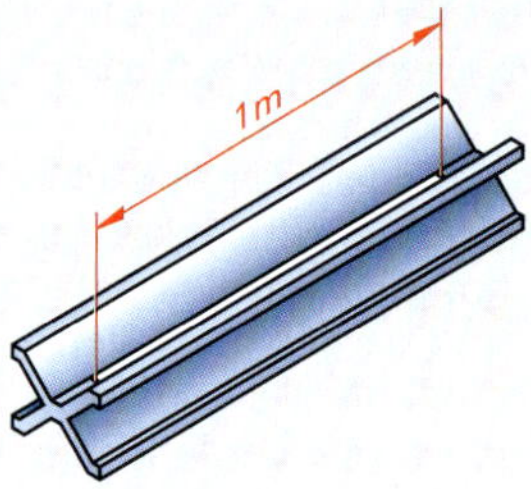

1 Maßverkörperung des Meters, Urmeter

Tabelle 1: Dezimale Teile des Meters

1000 · 1 m =	1 km (Kilometer)
1 · 1 m =	1 m (Meter)
$\frac{1}{10} \cdot 1$ m =	0,1 m = 1 dm (Dezimeter)
$\frac{1}{100} \cdot 1$ m =	0,01 m = 1 cm (Zentimeter)
$\frac{1}{1000} \cdot 1$ m =	0,001 m = 1 mm (Millimeter)
$\frac{1}{1000000} \cdot 1$ m =	0,000 001 m = 1 µm (Mikrometer)

Tabelle 2: Dezimale Teile des Quadratmeters

1 m · 1 m =	1 m^2 (Quadratmeter)
0,1 m · 0,1 m =	0,01 m^2 = 1 dm^2 (Quadratdezimeter)
0,01 m · 0,01 m =	0,0001 m^2 = 1 cm^2 (Quadratzentimeter)
0,001 m · 0,001 m =	0,000001 m^2 = 1 mm^2 (Quadratmillimeter)

Tabelle 3: Dezimale Teile des Kubikmeters

1 m · 1 m · 1 m =	1 m^3 (Kubikmeter)
0,1 m · 0,1 m · 0,1 m =	0,001 m^3 = 1 dm^3 (Kubikdezimeter)
0,01 m · 0,01 m · 0,01 m =	0,000001 m^3 = 1 cm^3 (Kubikzentimeter)
0,001 m · 0,001 m · 0,001 m =	0,000000001 m^3 = 1 mm^3 (Kubikmillimeter)

Überprüfen Sie Ihre Kenntnisse

1 Welche Prüfarten gibt es und wozu dienen diese im Einzelnen?

2 Rechnen Sie die folgenden Längenmaße jeweils in dm, cm und mm um:
a) 0,25 m b) 0,038 m c) 0,0016 m

3 Rechnen Sie die folgenden Flächenmaße jeweils in cm^2 und mm^2 um:
a) 3,8 m^2 b) 0,25 m^2 c) 0,064 m^2

4 Rechnen Sie die folgenden Volumenmaße jeweils in Liter, cm^3 und mm^3 um:
a) 2,7 m^3 b) 0,72 m^3 c) 0,045 m^3

2.2 Toleranzen und Passungen

In der Fertigung ist es nicht möglich, Werkstücke 100%ig exakt herzustellen und zu prüfen. Daher lässt man bestimmte Abweichungen von den als ideal geforderten Maßen zu.

Merke

In der Fertigung von Werkstücken sind vorgegebene Abweichungen vom Idealmaß zulässig. Diese zulässigen Abweichungen nennt man **Toleranzen** (Bild 1).

Trotz dieser zulässigen Abweichungen muss die Funktion innerhalb einer Baugruppe gewährleistet sein. Werkstücke, die in ihrer Funktion aufeinander bezogen sind, müssen mit ihren Gegenstücken zusammenpassen, z. B. eine Welle und ein Lager, eine Mutter und eine Schraube usw. (Bild 2). Bei solchen Bauteilen müssen die zulässigen Abweichungen aufeinander abgestimmt sein. Eine dementsprechende Fertigung wird durch eine aufeinander bezogene Bemaßung vorbereitet. Man spricht in solchen Fällen von Passungen.

Merke

Unter einer **Passung** versteht man die funktionsgerechte Bemaßung zwecks Fertigung zueinander passender oder miteinander im Eingriff stehender Bauteile.

Eine weitere wichtige Randbedingung für die Fertigung ist neben der eben beschriebenen **Funktionalität** ihre **Wirtschaftlichkeit**. Beides wird stark von der richtigen Auswahl der Maßtoleranzen bzw. der Passungen bestimmt.

Merke

Die Fertigung muss so genau wie notwendig erfolgen und dabei so wirtschaftlich wie möglich sein.

Je enger die Maßtoleranz bzw. die Passung vorgegeben wird, d. h. je genauer gefertigt werden muss, desto teurer werden die Werkstücke. Auf der anderen Seite ist eine wirtschaftliche Massenfertigung nur dann sinnvoll, wenn jedes Teil einer Serie beim Zusammenbau und bei Reparaturen beliebig austauschbar ist (Austauschbau). Dies ist auch deshalb notwendig, da aufgrund der Arbeitsteilung im produzierenden Gewerbe viele Bauteile von Fremdherstellern bezogen werden, die sich auf die Herstellung bestimmter Bauteile, wie z. B. Schrauben, Muttern, Stifte usw., spezialisiert haben. Ein Zusammenbau von eigen- und fremdgefertigten Teilen ist nur möglich, wenn alle Teile nach einem gemeinsamen Passungssystem gefertigt werden.

Merke

Genormte Passungssysteme ermöglichen den **Austauschbau** und die Massenfertigung.

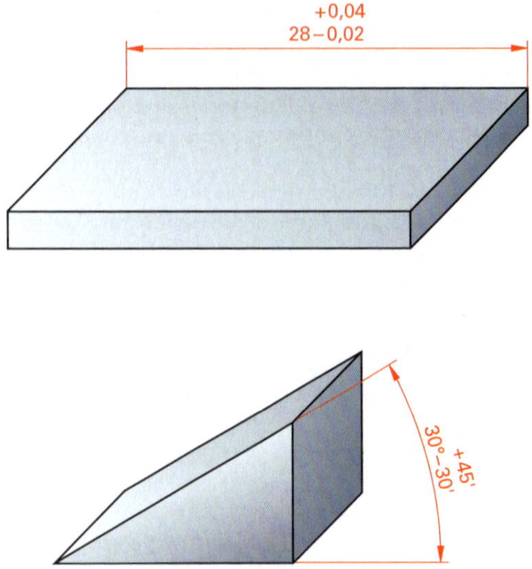

1 Beispiele für Toleranzangaben

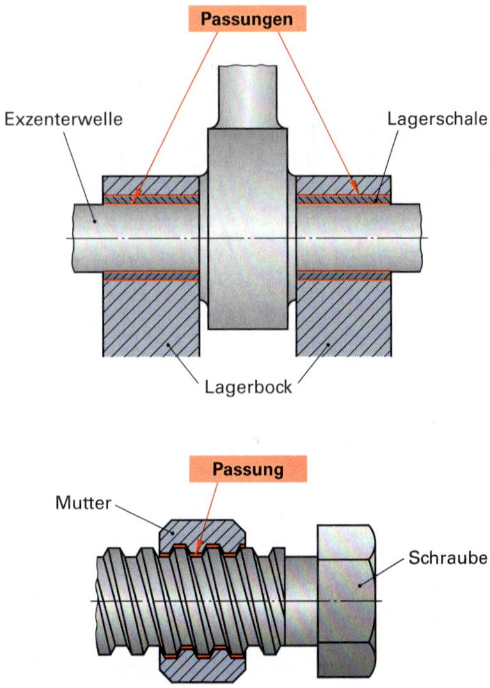

2 Passungsbeispiele

2.2.1 Maßtoleranzen

Ausgangsmaß der Fertigung und auch der Prüfung ist das vom Konstrukteur festgelegte ideale Maß, das **Nennmaß** (Bilder 1 und 2). Je nach Genauigkeitsanforderung lässt man mehr oder weniger große Abweichungen von diesem Nennmaß zu. Wie groß diese Abweichungen sein dürfen, hängt von der Funktion des Werkstücks und von den Möglichkeiten der Fertigung ab. Die Grenzen der zulässigen Abweichung werden durch das **obere** und das **untere Abmaß** angegeben (Bilder 1 und 2). Oberes und unteres Abmaß schreibt man in einer Zeichnung hinter das Nennmaß, z. B.:

+ 0,04	oberes Abmaß
28	
– 0,02	unteres Abmaß

Diese Maßangabe mit den Abmaßen wird **toleriertes Maß** genannt. Aus dem tolerierten Maß kann man sehr einfach das größte zugelassene Maß **(Höchstmaß)** und das kleinste zugelassene Maß **(Mindestmaß)** des Werkstücks ermitteln. Ebenso kann man aus dem tolerierten Maß die gesamte zulässige Abweichung **(Maßtoleranz)** des Werkstücks ermitteln (Bilder 1 und 2).

Beispiele: Bild 1, Seite 29	**Messgröße**	
	Länge	Winkel
Nennmaß	28 mm	30°
oberes Abmaß	+ 0,04 mm	+ 45′
unteres Abmaß	– 0,02 mm	– 30′
toleriertes Maß	$28^{+0,04}_{-0,02}$	$30°^{+45'}_{-30'}$
Höchstmaß	28,04 mm	30° 45′
Mindestmaß	27,98 mm	29° 30′
Maßtoleranz	0,06 mm	1° 15′

Während und/oder nach der Fertigung wird das tatsächliche Maß (Istmaß) gemessen. Es darf nicht unterhalb des Mindestmaßes und nicht oberhalb des Höchstmaßes liegen. Andernfalls ist das Werkstück Ausschuss oder es muss nachgearbeitet werden.

Merke

Das **Istmaß** muss innerhalb der Grenzen des tolerierten Maßes liegen.

In manchen Fällen kann man sich die Angabe von tolerierten Maßen ersparen, indem man in der Zeichnung nur einen Hinweis auf genormte **Allgemeintoleranzen** (DIN ISO 2768-1) angibt. Diese Allgemeintoleranzen sind für Längen und Winkel in **vier Genauigkeitsgrade** (fein, mittel, grob und sehr grob) eingeteilt. Aus Tabellen liest man die Abmaße für die verschiedenen Nennmaßbereiche ab.

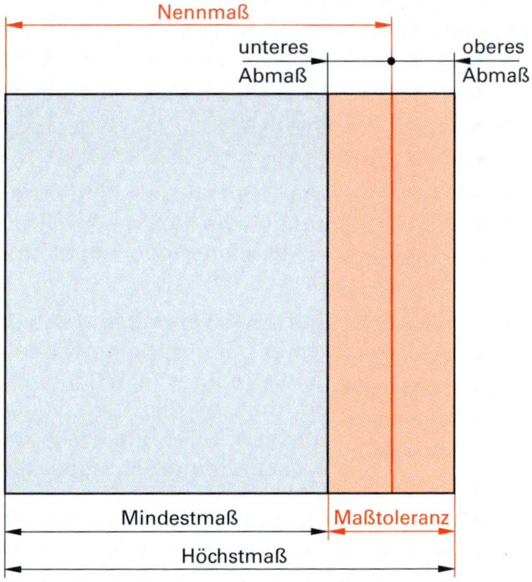

toleriertes Maß = Nennmaß $^{\text{oberes Abmaß}}_{\text{unteres Abmaß}}$

Höchstmaß = Nennmaß + oberes Abmaß

Mindestmaß = Nennmaß + unteres Abmaß

Toleranz = Höchstmaß - Mindestmaß

1 Maße und Toleranzen am Werkstück

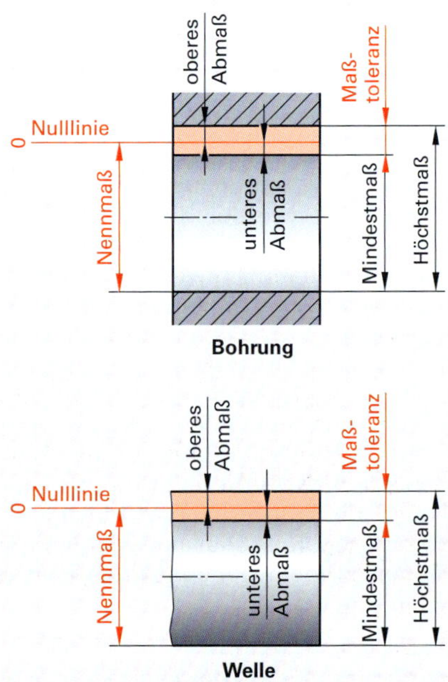

2 Toleranzangaben an Bohrungen und Wellen

2.2.2 Grundbegriffe der Passungen

Flächen, die zusammengepasst werden, nennt man Passflächen.

Flachpassung – Kreiszylinderpassung

Die Form der Passflächen kann eben oder nichteben sein. Die in der Praxis am häufigsten vorkommenden Formen sind Flach- und Kreiszylinderpassungen (Bild 1). Die Passfläche im Außenteil von Kreiszylinderpassungen bezeichnet man als Bohrung und die Passfläche des Innenteils als Welle.

> ***Merke***
>
> Bei **Flachpassungen** sind die Passflächen eben und parallel, bei **Kreiszylinderpassungen** zylindrisch.

Paarungsmaße

Die Passflächen am Innen- oder Außenteil werden jede für sich mit Maßtoleranzen gefertigt. Beim Zusammenpassen zweier Bauteile bestimmen die Maßtoleranzen, ob die Passung fest oder lose ist. Man spricht bei einer festen Passung von Übermaß und bei einer losen Passung von Spiel (Bild 2).

Ein **Spiel** ergibt sich, wenn das Maß der Innenpassfläche größer als das Maß der Außenpassfläche ist, z. B. das Maß einer Bohrung größer als der Durchmesser einer dazu gehörenden Welle ist.

> ***Merke***
>
> Von einer **Spielpassung** spricht man, wenn sich beim Fügen der Passteile **immer ein Spiel** ergibt.

Ein **Übermaß** ergibt sich, wenn das Maß der Innenpassfläche kleiner als das Maß der Außenpassfläche ist, z. B. das Maß einer Bohrung kleiner als der Durchmesser einer dazu gehörenden Welle ist.

> ***Merke***
>
> Von einer **Übermaßpassung** spricht man, wenn sich beim Fügen der Passteile immer ein **Übermaß** ergibt.

Lassen die Maßtoleranzen der beiden gefertigten Bauteile beim Zusammenpassen sowohl ein Spiel als auch ein Übermaß zu, spricht man von einer **Übergangspassung**.

2.2.3 ISO-Passungen

Die ISO-Normen (**ISO**: International Organization for Standardization) besitzen fast auf der gesamten Welt Gültigkeit. Eine sinnvolle Kurzbezeichnung der Maßtoleranzen mithilfe von Tabellen erlaubt eine einfache Verständigung.

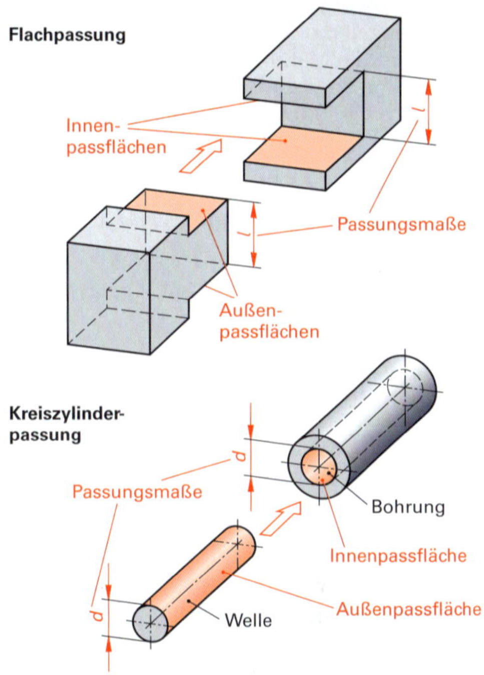

1 Passungsformen

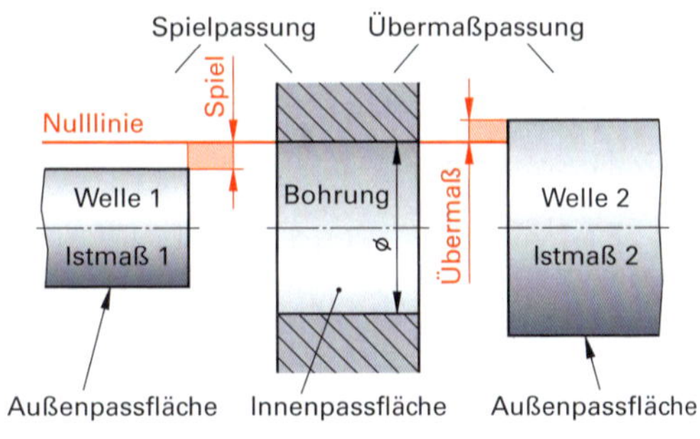

2 Spiel und Übermaß

vel.plus/
GM01

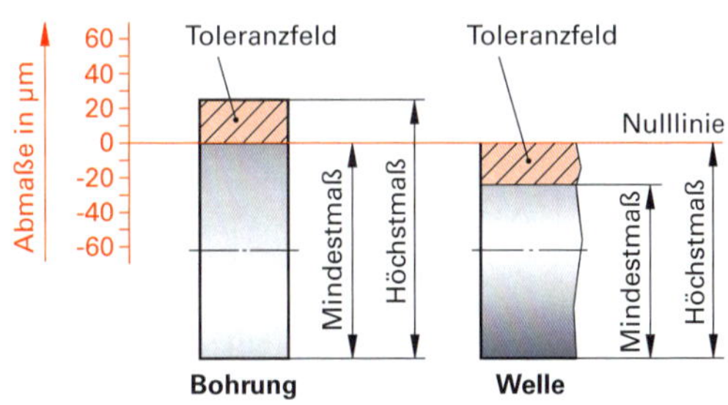

3 ISO-Toleranzfelder H7/h7 für Nennmaß 35 mm

Bezeichnung von ISO-Passungen

Bei der Darstellung von ISO-Maßtoleranzen zeichnet man nur die Maßtoleranz als Toleranzfeld und ihre jeweilige Lage zur Nulllinie (Bild 1). Von der Skale kann man direkt die Abmaße von Bohrung und Welle, bezogen auf die Nulllinie ablesen. Die Abmaße werden auf der Skale üblicherweise in µm (Mikrometer) angegeben. Für das Beispiel auf der vorherigen Seite (Bild 3, Seite 31) ergibt sich:

Bohrung: $\varnothing\,35^{+0{,}025}_{\;0}$ **Welle:** $\varnothing\,35^{\;0}_{-0{,}025}$

Die Kurzbezeichnung der **Maßtoleranzen nach ISO** erfolgt mithilfe von Buchstaben und Zahlen. Dabei wird die Lage des Toleranzfeldes zur Nulllinie **(Grundabmaß)** durch Buchstaben gekennzeichnet. Große, hochgestellte Buchstaben kennzeichnen Bohrungen. Kleine, tiefgestellte Buchstaben stehen für Wellen. Die jeweiligen Zahlen bezeichnen die Größe des Toleranzfeldes (**Toleranzgrad**, Bild 1). Der Toleranzgrad entspricht dem früher üblichen Begriff der Qualität.

Merke

Eine **ISO-Passungsangabe** besteht aus dem **Nennmaß** sowie einem **Buchstaben** und einer **Zahl** als Abkürzung für die Toleranzklasse.

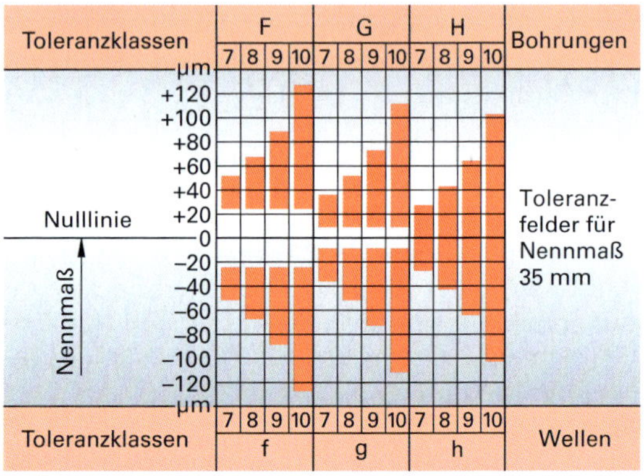

1 Größe und Lage der Toleranzfelder

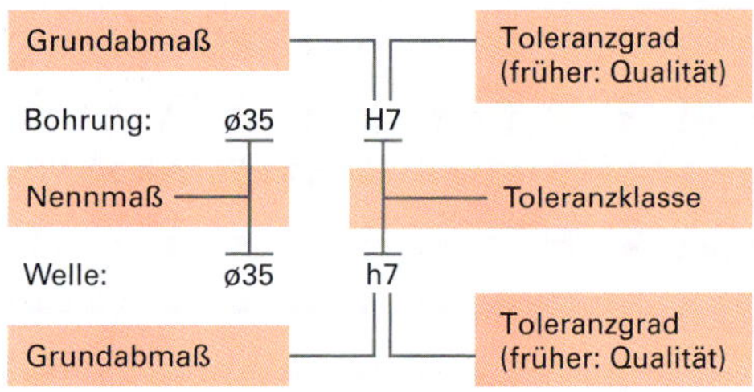

2 ISO-Kurzbezeichnung

Innerhalb jedes ISO-Toleranzgrades wird die Lage des Toleranzfeldes durch Buchstaben festgelegt. Besondere Bedeutung haben die in der Mitte des Alphabetes angesiedelten Toleranzfelder mit dem Buchstaben klein h (Welle) bzw. groß H (Bohrung), die beide die Nulllinie berühren (Bild 1). Je weiter ein Buchstabe von klein h bzw. groß H entfernt ist, desto größer ist der Abstand des damit bezeichneten Toleranzfeldes von der Nulllinie.

Grundsätzlich besteht in der Fertigung die Möglichkeit, eine Bohrung mit der Maßtoleranz H (z. B. H7) herzustellen und das Gegenstück entsprechend der geforderten Passung mit einem Toleranzfeld (z. B. r6 für eine Übermaßpassung). Diese Fertigungsvariante wird als **Passungssystem Einheitsbohrung** bezeichnet. Sie ist in der Fertigung üblich, da sich eine Welle in der Fertigung leichter an eine Bohrung anpassen lässt als dies umgedreht der Fall ist. Darüber hinaus wäre die Lagerhaltung für entsprechende Bohrwerkzeuge (i. d. R. Reibahlen) sehr aufwändig. Aber auch die umgedrehte Variante ist denkbar und wird als **Passsystem Einheitswelle** bezeichnet. Hierbei werden die Wellenmaße mit dem Grundabmaß h gefertigt und die Gegenstücke mit einem der jeweiligen Funktion angepassten Toleranzfeld.

Überprüfen Sie Ihre Kenntnisse

1 Weshalb sind Toleranzangaben in der Fertigung überhaupt notwendig?

2 Errechnen Sie aus den folgenden tolerierten Maßen Höchstmaß, Mindestmaß und Maßtoleranz:
a) $20^{+0{,}2}_{-0{,}1}$ b) $48^{+0{,}35}_{-0{,}15}$ c) $55^{+0{,}015}_{-0{,}020}$

3 Die technische Zeichnung eines Werkstücks trägt im Schriftfeld den Hinweis ISO 2768-c (Allgemeintoleranzen). Ein Längenmaß in dieser Zeichnung beträgt 65 mm. Berechnen Sie Nennmaß, Höchstmaß, Mindestmaß und Maßtoleranz!

4 Was versteht man unter Spiel und Übermaß?

5 Berechnen Sie für die folgenden Beispiele zunächst die Mindest- und die Höchstmaße!
Bestimmen Sie daraus, um welche Passungsart es sich handelt:
a) Bohrung Ø $48^{+0{,}025}_{0}$ Welle Ø $48^{+0{,}050}_{+0{,}034}$
b) Bohrung Ø $37^{0}_{-0{,}025}$ Welle Ø $37^{+0}_{-0{,}016}$
c) Bohrung Ø $52^{+0{,}040}_{+0{,}010}$ Welle Ø $52^{+0}_{+0{,}019}$

6 Wie verändert sich die Größe des Toleranzfeldes mit dem Toleranzgrad?

2.3 Prüfmittel

Messen und Lehren werden mit Prüfmitteln durchgeführt. Häufig kann man nicht unmittelbar messen oder lehren, sondern muss zu Hilfsmitteln greifen, z. B. um das Werkstück einzuspannen, Maße zu übertragen usw. Bei den Messgeräten unterscheidet man diejenigen, die das Messergebnis anzeigen (anzeigende Messgeräte) von denen, die ein bestimmtes Maß verkörpern (Maßverkörperungen).

2.3.1 Einteilung der Prüfmittel

Prüfmittel

Messgeräte		**Lehren**	**Hilfsmittel**
Maßverkörperungen	**Anzeigende Messgeräte**	**Lehren**	**Hilfsmittel**
Bei Maßverkörperungen kann man Längen oder Winkel direkt ablesen.	Sie übertragen Längen oder Winkel über bewegliche Teile auf eine Skale oder Digitalanzeige, die ein Ablesen des Messwertes ermöglicht.	Lehren verkörpern ein Maß oder eine Form oder auch beides und lassen eine rasche Beurteilung des Prüfergebnisses („gut" oder „fehlerhaft") zu.	Hilfsmittel haben stützende oder übertragende Funktionen beim Messen und Lehren.
		Maßlehren	
 Bandmaß	 Messschieber	 Grenzrachenlehre	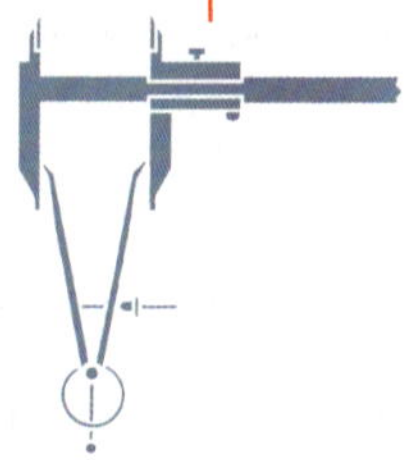 Taster
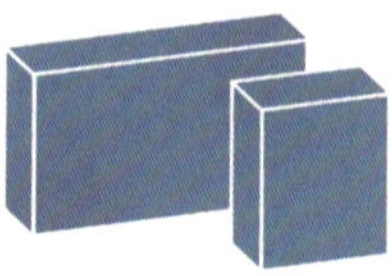 Parallelendmaße	 Messschraube	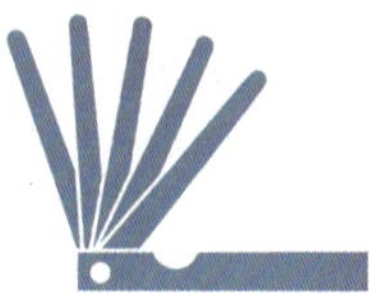 Fühlerlehre	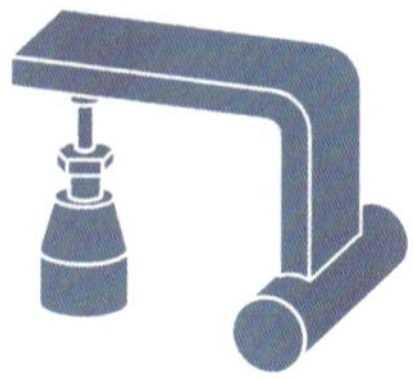 Stützwinde
		Formlehren	
 Winkelendmaße	 Winkelmesser	 Anschlagwinkel	 Prisma

2.3.2 Maßverkörperungen

Strichmaße

Sie werden nur bei groben Werkstattmessungen verwendet und sind für den „Normalbereich“ heutiger Fertigung ungeeignet. Das Längenmaß wird hier durch den Abstand der Teilstriche, die Teilung, verkörpert. In der Regel beträgt diese 1 mm. Damit ist die Ablesegenauigkeit solcher Strichmaßstäbe ebenfalls auf 1 mm begrenzt (Bild 1).

Endmaße

Ein **Parallelendmaß** ist ein verschleißfester Block aus speziell legiertem Stahl oder aus Keramik mit zwei ebenen und zueinander parallelen, feinstbearbeiteten Messflächen (Bild 2). Der Abstand dieser Messflächen verkörpert sehr genau das jeweilige Nennmaß.

Durch eine Feinstbearbeitung (Läppen) entstehen relativ ebene Messflächen, die es ermöglichen, **Endmaße „aneinanderzuschieben“**. Die Anhangskraft zwischen zwei Endmaßen **(Adhäsion)** ist dabei so groß, dass sie quasi aneinanderhängen. Beim Zusammenstellen mehrerer Parallelendmaße sollen diese daher aneinandergeschoben werden.

Parallelendmaße werden **in Sätzen zusammengestellt** mit denen sich das erforderliche Maß leicht bilden lässt. Dazu schiebt man so lange Parallelendmaße aneinander, bis das gewünschte Maß erreicht ist. Trotz der großen Adhäsionskräfte sollten beim Zusammenstellen von Parallelendmaßkombinationen so wenige Parallelendmaße wie möglich verwendet werden, da eventuell auftretende Abweichungen sich addieren.

Merke

Parallelendmaße werden zur Kontrolle von Messgeräten, zum Einstellen von Maschinen und zum Anreißen verwendet.

Winkelendmaße werden vorwiegend zum Prüfen von Winkelmessern eingesetzt. Bei ihnen verkörpern zwei zueinander geneigte Flächen einen bestimmten Winkel (Bild 3). Außer mit dem Nennmaß ist jedes Winkelendmaß mit der Richtung der Schenkelneigung durch Plus- oder Minuszeichen gekennzeichnet. Winkelendmaße werden ebenfalls in Sätzen zusammengestellt. Durch Aneinanderschieben lassen sich beliebige Winkel bilden (Bild 4).

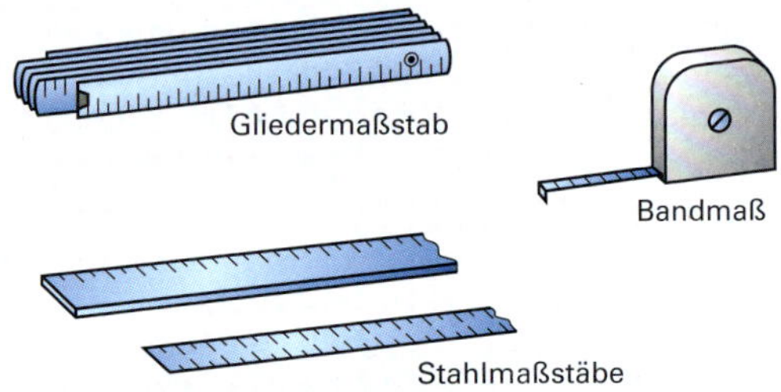

1 Gebräuchliche Strichmaße

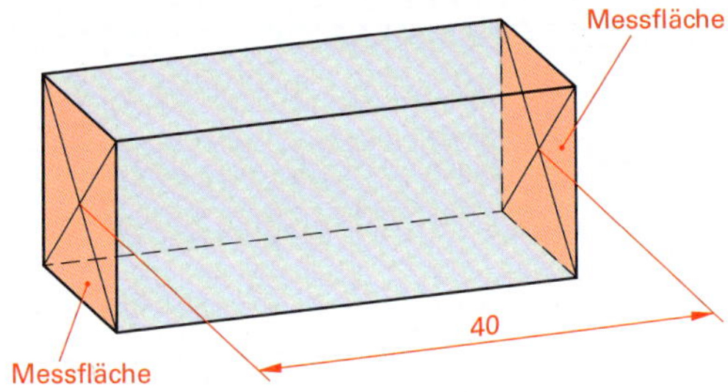

2 Parallelendmaß mit Nennmaß 40

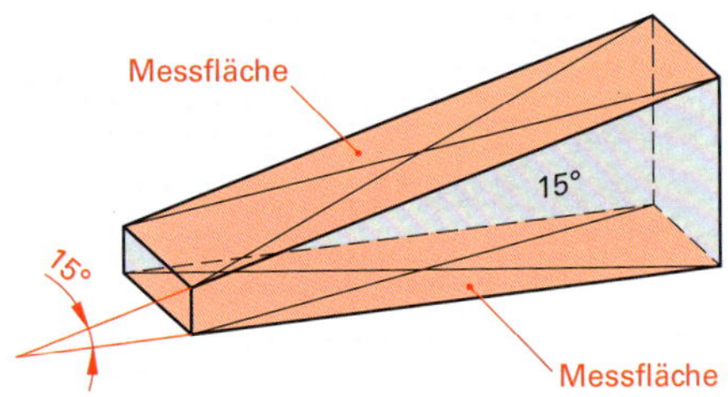

3 Winkelendmaß

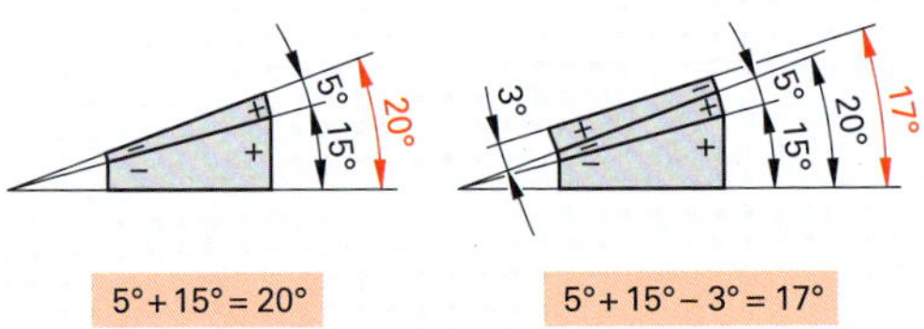

4 Zusammenstellen von Winkelendmaßen

Überprüfen Sie Ihre Kenntnisse

1 Wann verwendet man einen Gliedermaßstab und wann ein Bandmaß?

2 Welches Maß ist auf einem Parallelendmaß aufgeprägt?

3 Wozu werden Parallelendmaße hauptsächlich verwendet?

4 Warum sind Winkelendmaße mit + und – gekennzeichnet?

5 Ihnen stehen folgende Winkelendmaße zur Verfügung: 3°, 5°, 15°, 5′, 10′ und 40′. Stellen Sie fest, welche Winkelendmaße Sie zu folgenden Winkeln zusammenstellen können:

a) 8° 50′ b) 23° 45′ c) 17° 55′

2.3.3 Anzeigende Messgeräte

Die anzeigenden Messgeräte sind in der Fertigungstechnik am vielseitigsten einsetzbar. Ihre Anwendungsgebiete reichen von einfachen Werkstattmessungen bis hin zur Endkontrolle von Werkstücken höchster Fertigungsqualität.

vel.plus/GM02

Messschieber

Ein Messschieber besteht aus einem festen und einem beweglichen Messschenkel (Bild 1). Verschiedene Messflächen gestatten Innen-, Außen- und teilweise auch Tiefenmessungen. Daneben gibt es auch Messschieber für spezielle Aufgaben (Bild 3).

Bei **herkömmlichen Messschiebern** ist es mithilfe einer Feinteilung **(Nonius)** möglich, Messgenauigkeiten von 0,1 mm und 0,05 mm zu erzielen. Mithilfe des Nonius können kleinere Messgrößen, als auf der Teilung des Hauptmaßstabes zu finden sind, abgelesen werden. Beim **Zehntelnonius** ist eine Länge von 19 mm in 10 gleiche Teile geteilt. Der Strichabstand der Noniusteilung beträgt also 19 mm : 10 = 1,9 mm. Dagegen beträgt der Strichabstand auf dem Hauptmaßstab 20 mm : 10 = 2 mm. Die Ablesegenauigkeit ergibt sich aus der Differenz der beiden Teilungen: 2 mm – 1,9 mm = 0,1 mm (Bild 2).

Am **Zehntelnonius** bewirkt eine Verschiebung des beweglichen Messschenkels um 0,1 mm eine Änderung der Anzeige um einen Teilstrich.

Beim **Zwanzigstelnonius** ist eine Strecke von 39 mm in 20 gleiche Teile geteilt, was einer Ablesegenauigkeit von 1/20 mm = 0,05 mm entspricht.

Beim **Ablesen des Messwertes** wird der Nullstrich der Noniusteilung als Komma angesehen, das die ganzen Millimeter von den Zehntelmillimetern trennt. Man liest zunächst links vom Nullstrich des Nonius die vollen Millimeter ab. Danach sucht man rechts vom Nullstrich des Nonius den Teilstrich der Noniusteilung, der sich mit einem Teilstrich der Teilung auf dem Hauptmaßstab deckt. Dieser Noniusteilstrich gibt die Zehntelmillimeter an (Bild 2).

Digitale Messschieber

Die Veränderung gegenüber herkömmlichen Messschiebern umfasst vordergründig die **digitale Messwertanzeige**, welche die Messwerte nun mit 1/100 mm Genauigkeit anzeigt **(Ziffernschrittwert 0,01 mm)**.

Dies bedeutet allerdings nicht, dass sich damit etwa die Messgenauigkeit deutlich erhöht hätte und nun im Bereich 1/100 mm liegt. Die real zu erzielende Messgenauigkeit liegt, wie bei den herkömmlichen Messschiebern auch, im Bereich 1/10 mm.

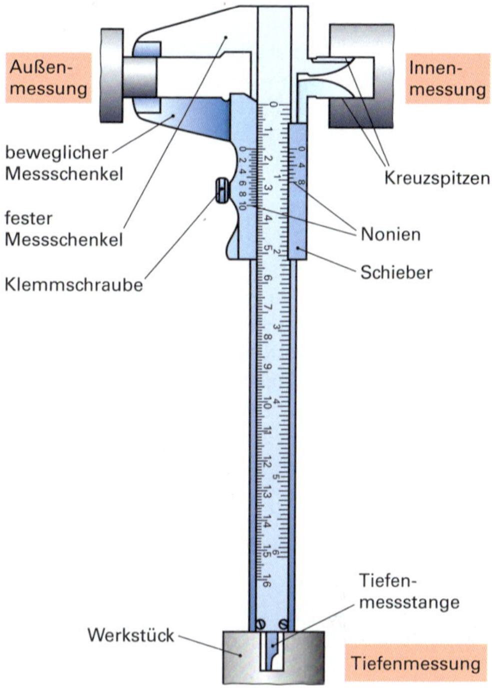

1 Universalmessschieber

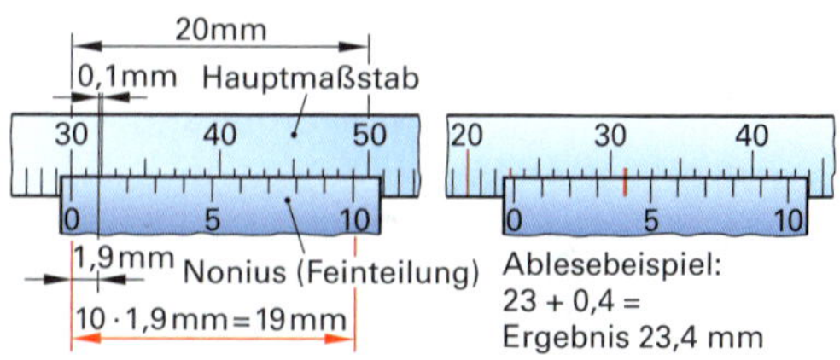

2 Nonius: Aufbau und Ablesebeispiel

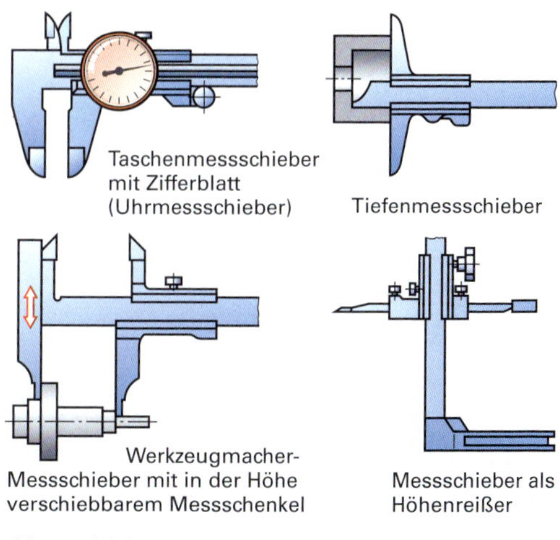

3 Messschieberarten

Bei genauerem Hinsehen umfassen die Veränderungen gegenüber herkömmlichen Messschiebern aber auch den Aufbau dieser Messgeräte. Digitale Messschieber verfügen über einen (inkrementalen) Glasmaßstab, entsprechende optoelektronische Sensoren und einen Mikrocomputer. Mit dieser Ausstattung kann z. B. die Anzeige des Messschiebers an jeder Stelle des Messbereichs null gesetzt werden; nach Einstellen eines Sollmaßes und anschließendem Nullen können Abmaße mit richtigen Vorzeichen angezeigt werden (Bild 1); Messdaten können an Rechner weitergegeben werden, um Prüfprotokolle zu erstellen usw. Anwendungsbeispiele von digitalen Messschiebern zeigt nebenstehendes Bild 1.

Merke

Digitale Messschieber erweitern die Einsatzmöglichkeiten dieser Messgeräte und schließen Ablesefehler durch ihre digitale Anzeige des Messwertes praktisch aus.

Wichtig beim Messen mit Messschiebern:

- Alle Mess- und Prüfflächen müssen sauber und gratfrei sein.
- Der Messschieber oder das Werkstück dürfen nicht verkantet werden.
- Nicht bei laufender Maschine messen.

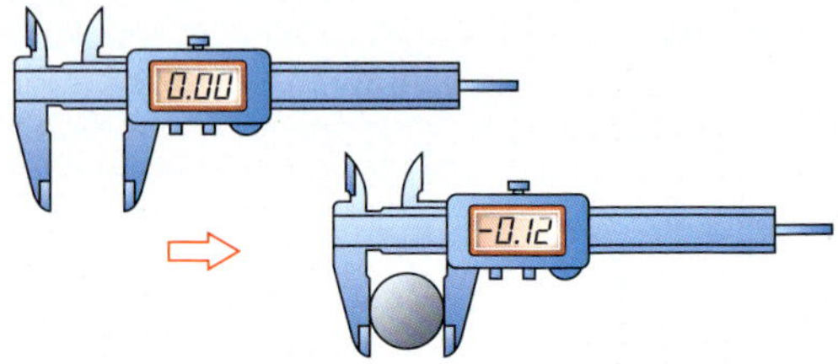

a) Messung des Abmaßes

Sollmaß einstellen, nullen, Vergleichsmessung durchführen

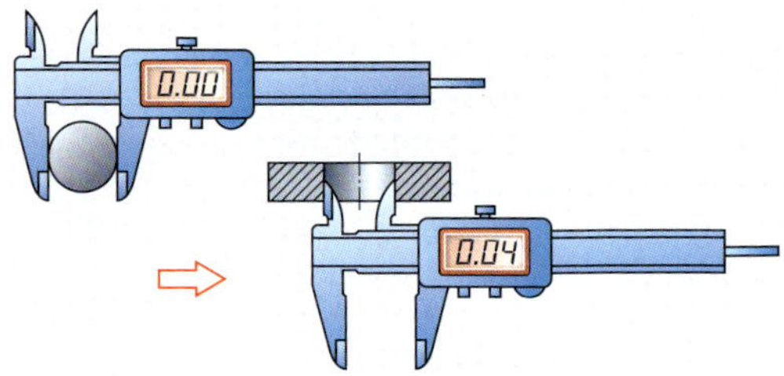

b) Messung des Paarungsspiels

z. B. zwischen Welle und Bohrung

Welle messen, nullen, Bohrung messen, Paarungsspiel ablesen

1 Anwendungsbeispiele digitaler Messschieber

Elektronische Messdatenverarbeitung

Ein großer Vorteil digitaler Messgeräte besteht in der Möglichkeit, Messdaten an externe Rechner zu übermitteln (Bild 2). Messdaten können so gespeichert und evtl. an anderer Stelle (Messlabor) ausgedruckt werden. Darüber hinaus können mithilfe der auf die Messtechnik abgestimmten Rechner die Messwerte schnell und sicher beurteilt werden (Kennzeichnung der Messwerte außerhalb der Toleranz). Für die Serienfertigung lassen sich die Messdaten statistisch auswerten (Minimalwert einer Serie, Maximalwert einer Serie, Mittelwert einer Serie, grafische Darstellung aller Messwerte einer Serie in einem Histogramm, usw.) und die Fertigung kann dementsprechend verbessert werden.

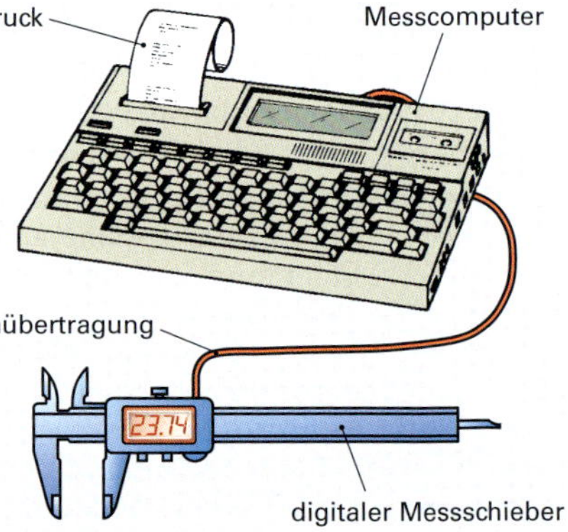

2 Übermittlung von Messdaten

Überprüfen Sie Ihre Kenntnisse

1 Erläutern Sie das Prinzip eines Messschiebers mit Zehntelnonius!

2 Was unterscheidet digitale Messschieber von herkömmlichen Messschiebern und durch welche Vorteile zeichnen sich digitale Messschieber aus?

3 Welche Vorteile bietet die elektronische Messdatenverarbeitung?

4 Ermitteln Sie für die folgenden Beispiele den Messwert in mm.

a)

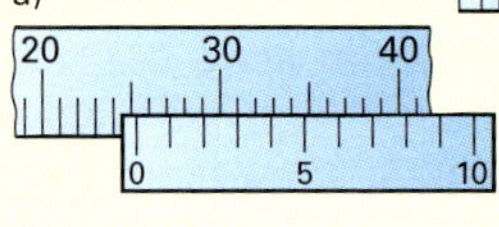

b)

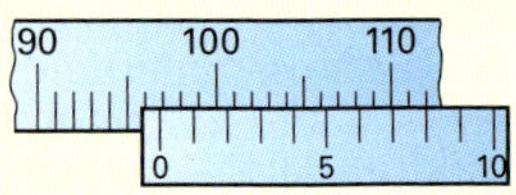

Messschrauben

Reicht die Messgenauigkeit von Messschiebern mit 0,1 mm für eine genaue Messung nicht aus, dann verwendet man meist Messschrauben. Sie besitzen in der Regel eine Ablesegenauigkeit von 0,01 mm. Es gibt verschiedene Ausführungen zur Außen- und Innenmessung (Bilder 1 und 4). Die hohe Ablesegenauigkeit von Messschrauben wird durch eine **Messspindel** erreicht, deren Steigung die Maßverkörperung darstellt. Diese Steigung beträgt in den meisten Fällen 0,5 mm. Das heißt, wenn die Skalentrommel um eine volle Umdrehung bewegt wird, legt die Messspindel in Längsrichtung 0,5 mm zurück. Am Umfang ist die Skalentrommel in 50 gleiche Teile unterteilt. Dreht man die Skalentrommel um einen Teilstrich weiter, so bewegt sich die Messspindel in Längsrichtung um 0,5 mm : 50 = 0,01 mm, was der Ablesegenauigkeit der Bügelmessschraube entspricht.

Merke

Die Drehung der Skalentrommel um einen Teilstrich bewirkt eine Längsverschiebung der Messspindel um 0,01 mm.

Da jedes Gewinde ein „Spiel" hat, könnten bei wiederholten Messungen unterschiedliche Messwerte ermittelt werden. Daher sind Messschrauben mit einer **Rutschkupplung** ausgestattet, welche eine gleichbleibende Anpresskraft beim Messvorgang sicherstellt und somit eine hohe Wiederholgenauigkeit ermöglicht. Sobald eine bestimmte Anpresskraft überschritten wird, dreht diese Rutschkupplung frei durch und verhindert so ein weiteres Erhöhen des Anpressdrucks.

Der Messbereich von Bügelmessschrauben wird durch die Messspindellänge begrenzt. Er ist daher in 25-mm-Sprünge gestuft. Bei Innenmessschrauben kann der Messbereich durch Verlängerungsstücke erweitert werden.

Bei der **Ablesung von Bügelmessschrauben** betrachtet man den Rand der Skalentrommel als Komma. Zunächst liest man auf der Skale der Skalenhülse die ganzen und die halben Millimeter ab. Danach liest man an der Skale der Skalentrommel die hundertstel Millimeter ab. Beide abgelesenen Werte werden addiert und ergeben so den Messwert (Bilder 2 und 3).

Digitale Bügelmessschrauben weisen ähnliche Vorteile wie digitale Messschieber auf (Nullsetzen an jeder beliebigen Stelle, vorzeichenrichtige Unterschiedsmessungen, Datenausgang bzw. Datenübertragung, usw.). Darüber hinaus ist die Ablesegenauigkeit gegenüber herkömmlichen Bügelmessschrauben auf 0,001 mm erhöht.

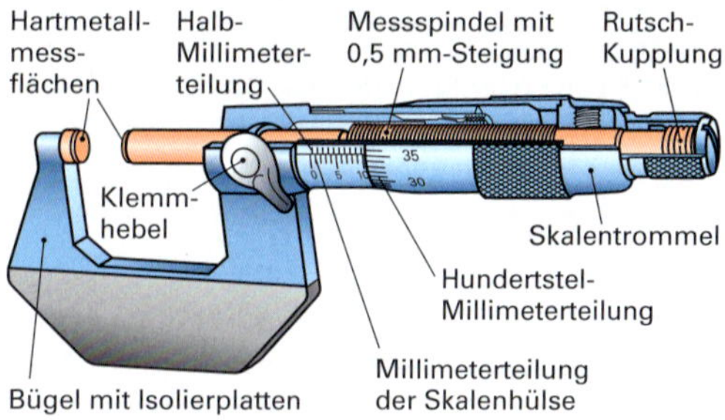

1 Aufbau einer Bügelmessschraube

vel.plus/
GM03

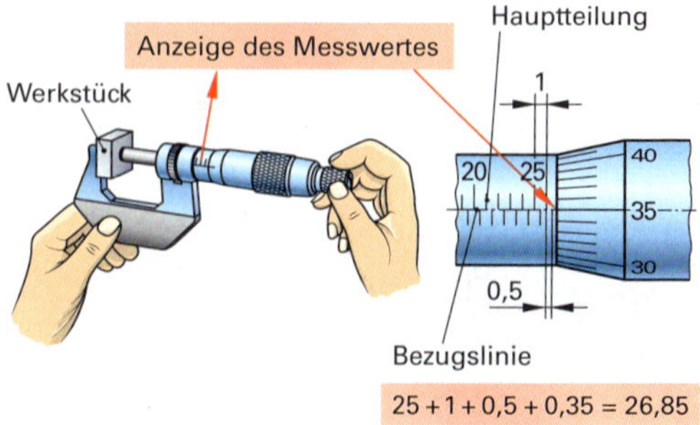

2 Ablesen einer Bügelmessschraube

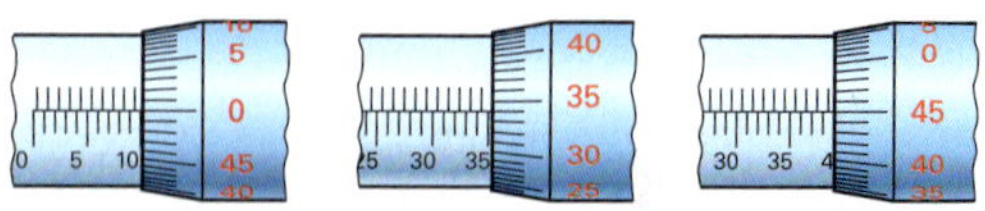

Anzeige an der	Anzeigenwert		
Messhülse:	10	35	38
	0,0	0,0	0,5
Skalentrommel:	0,00	0,34	0,45
Messwert in mm:	10,00	35,34	38,95

3 Ablesebeispiele

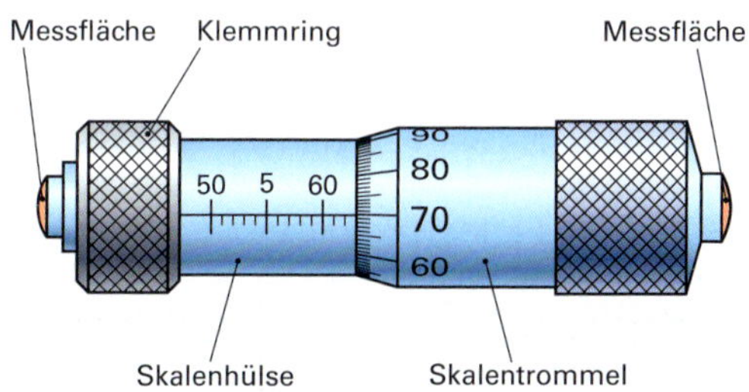

4 Innenmessschraube

Wichtig beim Messen mit Messschrauben:
- Alle Mess- und Prüfflächen müssen sauber und gratfrei sein.
- Die Messschraube oder das Werkstück dürfen nicht verkantet werden.
- Die Messspindel darf beim Messvorgang nur über die Rutschkupplung betätigt werden.

Messuhren

Bei Messuhren wird die geradlinige Bewegung des **Messbolzens** über ein **Getriebe** in die **kreisförmige Bewegung des Zeigers** umgewandelt. Häufig geschieht dies mittels **Zahnstange und Zahnrädern** (Bild 1). Ein Weg von 1 mm des Messbolzens bewirkt eine volle Umdrehung des Zeigers. Die Anzahl der Skalenumläufe, d. h. der ganzen Millimeter, wird an einer Umlaufzähleinrichtung angezeigt (Bild 1).

Die Strichskale ist meist in 100 gleiche Teile geteilt. Dreht sich der Zeiger um einen Teilstrich weiter, so wird der Messbolzen um 1 mm : 100 = 0,01 mm bewegt.

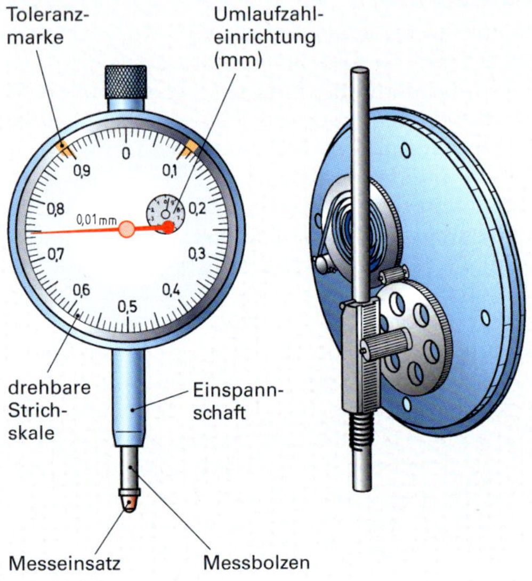

1 Messuhr

Merke

Die Bewegung des Messbolzens um 0,01 mm bewirkt einen Zeigerausschlag um einen Teilstrich.

Mit Messuhren werden häufig **Unterschiedsmessungen** durchgeführt (Bild 2). Hierbei wird die Messuhr so eingerichtet, dass der Differenzbetrag zu einem eingestellten Maß (z. B. Parallelendmaß) angezeigt wird.

Bei vielen Messungen reicht es aus, festzustellen, ob das zu prüfende Werkstück innerhalb der vorgeschriebenen Maßtoleranzen liegt. Deshalb verfügen viele Messuhren über einstellbare Toleranzmarken, die anhand des Sollmaßes eingestellt werden (Bild 1).

Wichtig beim Messen mit Messuhren:
- Die Mess- und Prüfflächen müssen sauber und gratfrei sein.
- Die Messuhr muss senkrecht zur Messfläche ausgerichtet werden.
- Die Messuhr muss sorgfältig eingestellt werden.

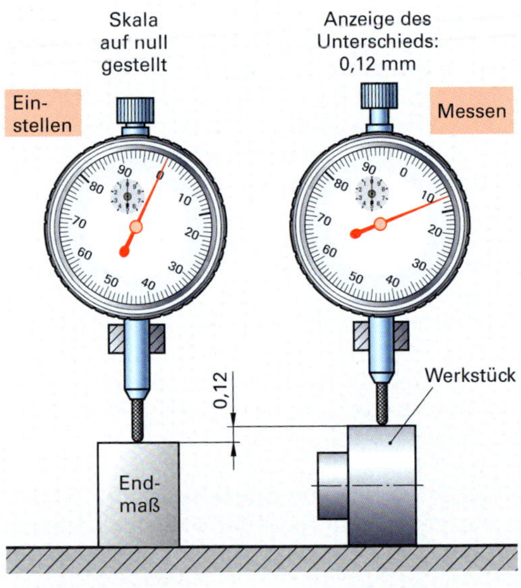

2 Unterschiedsmessen

Überprüfen Sie Ihre Kenntnisse

1 Erläutern Sie das Messprinzip einer Bügelmessschraube!

2 Für welche Messaufgaben sind Messuhren besonders geeignet?

3 Welche Vor- bzw. Nachteile besitzen Bügelmessschraube und Messuhr im Vergleich zu einem Messschieber?

4 Lesen Sie die folgenden Messschraubenstellungen ab!

a)

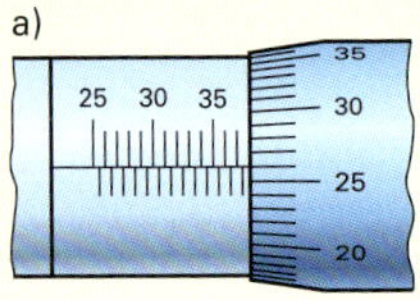

b)

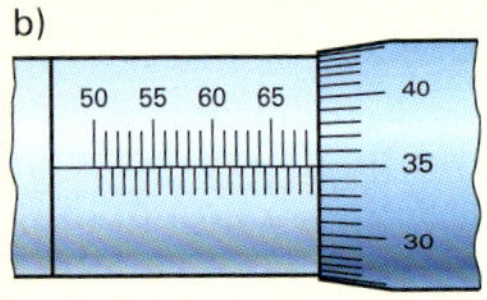

Winkelmesser

Um Winkel zu messen, benutzt man, je nach erforderlicher Genauigkeit, einfache Winkelmesser oder Universalwinkelmesser, die über einen Nonius verfügen (Bild 1). Der Teilkreis des Winkelmessers stellt dabei die Maßverkörperung dar.

Ein Winkel ist ein geometrisches Objekt. Er wird von zwei Geraden gebildet, welche sich in einem Punkt schneiden. Winkel werden mit den griechischen Buchstaben α (alpha), β (beta), γ (gamma) usw. bezeichnet. Zur Angabe der Größe eines Winkels wird meist die Einheit Grad benutzt.

Merke

Teilt man den Umfang eines Vollkreises in 360 gleiche Teile, so erhält man 1 Grad (1°).

Zur weiteren Unterteilung des Grades (vgl. Tabelle 1) nimmt man Winkelminuten (′) und Winkelsekunden (″).

Einfache Winkelmesser erlauben ein genaues Ablesen auf 1°. Winkelmesser mit Noniusteilung (Bild 1) haben eine Ablesegenauigkeit von 5′.

Bei der **Ablesung** des Universalwinkelmessers liest man zunächst die vollen Winkelgrade an der Hauptskale ab. Die Winkelminuten liest man am Nonius ab. Die Addition beider Werte ergibt den Messwert.

Merke

Eine Drehung des verstellbaren Schenkels um 5′ bewirkt eine Änderung der Anzeige am Nonius um einen Teilstrich.

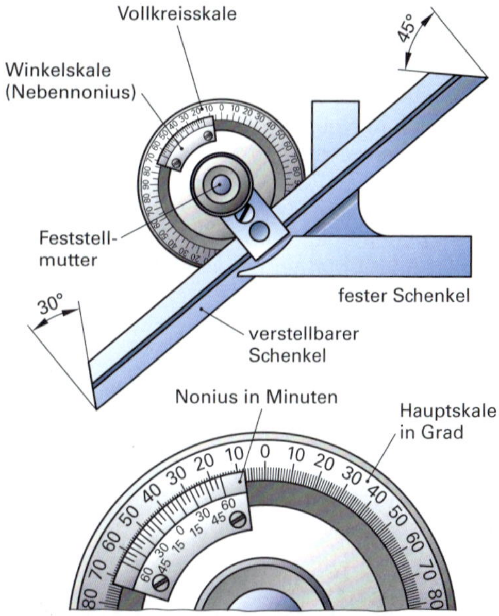

1 Universalwinkelmesser

Tabelle 1: Umwandlung von Winkeleinheiten

	″	′	°
1″ =	1	$\frac{1}{60}$	$\frac{1}{3600}$
1′ =	60	1	$\frac{1}{60}$
1° =	3600	60	1

Überprüfen Sie Ihre Kenntnisse

1 Rechnen Sie die folgenden Winkelmaße in Winkelminuten und Winkelsekunden um:
a) 7° b) 5° 30′ c) 12° 27′

2 Ein Winkel hat das tolerierte Maß von 120° ± 15′. Wie groß sind Nennmaß, Höchstmaß, Mindestmaß und Maßtoleranz?

3 Geben Sie an, mit welchem Messgerät Sie jeweils die folgenden Zeichnungsangaben am Werkstück prüfen können:
a) 25,1 mm b) 48,95 mm c) 30° d) 17° 30′

4 Wie kann man die Genauigkeit folgender Messgeräte überprüfen?
- Universalmessschieber
- Bügelmessschraube
- Winkelmesser
- Universalwinkelmesser

5 Bestimmen Sie die Größe der beiden folgend dargestellten Winkel!

a)

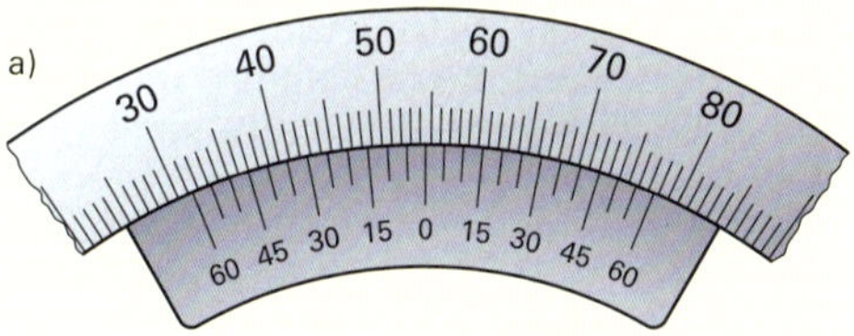

b)

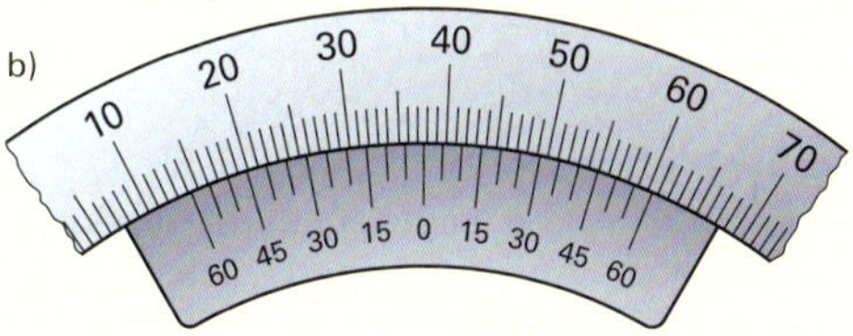

Sonstige Messgeräte

Richtwaagen

Richtwaagen (Bild 1) geben die Neigung einer Fläche in Millimeter je Meter an. Ein Teilstrich der Skale verkörpert dabei den auf der Richtwaage angegebenen Neigungssollwert, z. B. 0,2 mm je m. Zur Anzeige dient eine in einer Flüssigkeit schwimmende Luftblase in einem geschlossenen Glasröhrchen, das die Skale trägt. Richtwaagen werden überwiegend zum Ausrichten von Bauteilen oder Anreißplatten verwendet.

1 Richtwaage

Druckmessgeräte

Kräfte wirken in der Praxis nicht nur auf einen Punkt, sondern verteilen sich auf eine bestimmte Fläche. Der Quotient aus einer tatsächlich wirkenden Kraft *F* und der Fläche *A*, auf die sich diese Kraft verteilt, heißt Druck (Bild 2). Sein Formelzeichen ist in der Physik *p*.

$$\textbf{Druck} = \frac{\textbf{Kraft}}{\textbf{Fläche}} \qquad p = \frac{F}{A}$$

$$1\ \text{Pa} = \frac{1\ \text{N}}{1\ \text{m}^2}$$

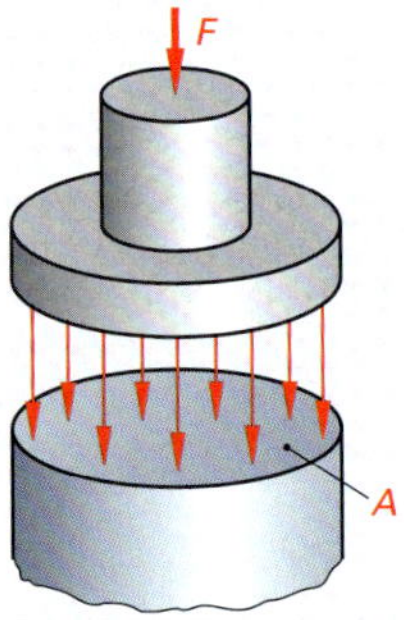

2 Definition des Drucks

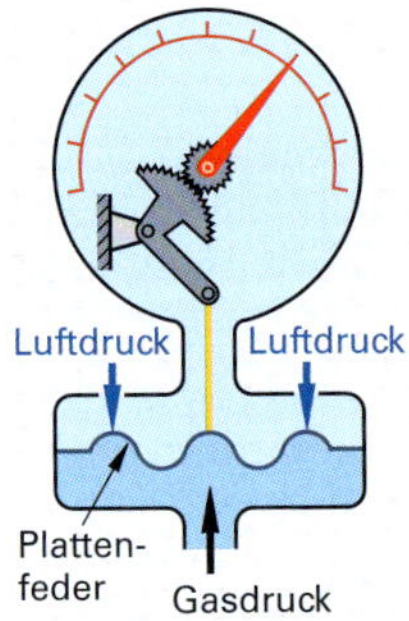

3 Druckmessgerät

In der Metalltechnik erfolgen Druckangaben (vgl. Tabelle 1) in der Regel in N/mm^2, N/cm^2, bar und zunehmend auch in Pascal (Pa).

Tabelle 1: Umwandlung von Druckeinheiten

	N/mm^2	bar	N/cm^2	$1\ N/m^2 = 1\ Pa$
$1\ N/mm^2$ =	1	10	100	1000000
1 bar =	$\frac{1}{10}$	1	10	100000
$1\ N/cm^2$ =	$\frac{1}{100}$	$\frac{1}{10}$	1	10000
$1\ N/m^2$ = 1 Pa =	$\frac{1}{1000000}$	$\frac{1}{100000}$	$\frac{1}{10000}$	1

Diese physikalische Gegebenheit wird bei Druckmessgeräten zur Ermittlung von Messwerten genutzt. So kann man z. B. einen Gasdruck messen, indem man eine Plattenfeder zwischen Luftdruck und Gasdruck anordnet. Eine Änderung des Gasdruckes bewirkt eine Bewegung der Plattenfeder, die über ein Hebelwerk auf die Anzeigeskale übertragen wird (Bild 3).

Bei der Überprüfung von Serienteilen wird eine Druckmessung oft auch zur Ermittlung von Längenänderungen (Vergleichsmessen) benutzt. Hierzu dient Druckluft mit einem Druck von 0,7 bar bis 2 bar als Messmittel. Der Luftstrom am Anzeigegerät wird nun so eingestellt, dass die Anzeige beim Nennmaß auf null steht (Bild 4). Jede Veränderung gegenüber dem Nennmaß erhöht oder senkt den beim Ausströmen der Druckluft entstehenden Staudruck. An einem Anzeigegerät ist die Druckänderung als Längenänderung ablesbar.

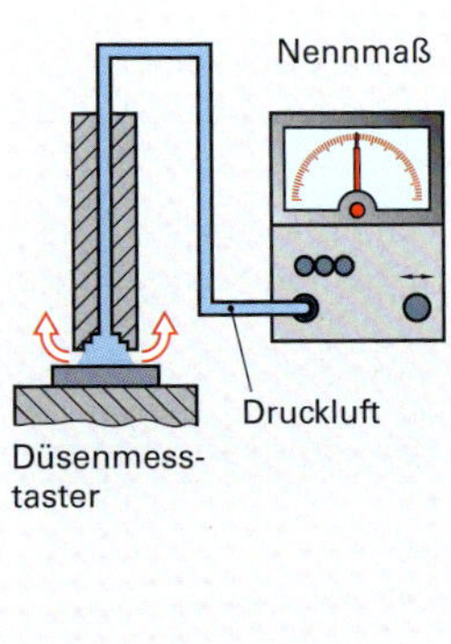

4 Pneumatisches Messen

Temperaturmessgeräte

Die auch im Alltag gebräuchlichen Messgeräte beruhen auf dem Prinzip der Ausdehnung von Messmitteln bei Erwärmung (Quecksilberthermometer, usw., Bild 5).

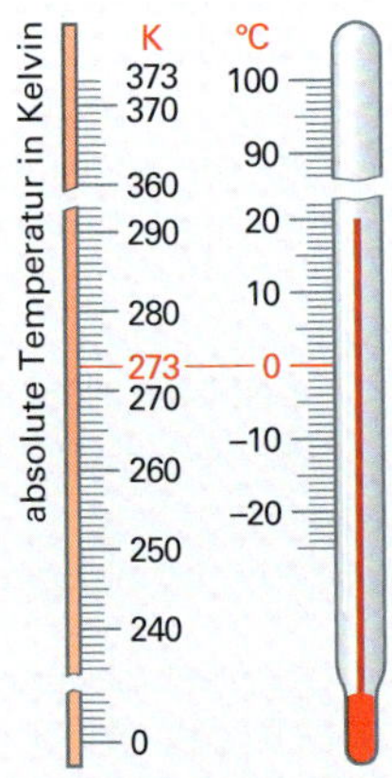

5 Temperaturangaben in Kelvin und °C

Die Temperatur selbst kennzeichnet den Wärmezustand eines Körpers. Man kann sie fühlen. Sie wird in Kelvin (K) oder in Grad Celsius (°C) gemessen.

Merke

Der absolute Nullpunkt der Temperatur ist 0 K = – 273 °C.

Für die Umrechnung von °Celsius in Kelvin gilt: Temperatur in K = Temperatur in °C + 273 (gerundet).

Bei der Messung sehr hoher Temperaturen muss man andere Wege gehen. Hier dienen z. B. Strahlungspyrometer zur Temperaturbestimmung. Über eine Optik vergleicht man die Farbe des Prüfgegenstandes mit der eines einstellbaren Heizelementes (Bild 1). Da zu jeder Temperatur eine typische Farbe gehört, kann man so die Temperatur eines Werkstückes hinreichend genau bestimmen.

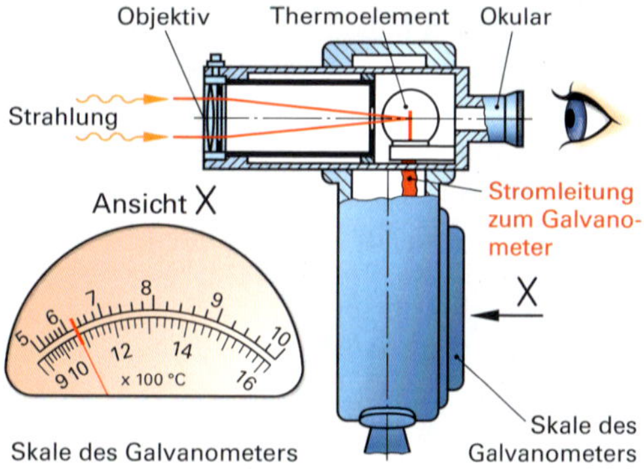

1 Strahlungspyrometer

Elektrische Messgeräte

Das Prinzip der elektrischen Messungen beruht auf der Umwandlung einer Änderung der Messgröße in ein elektrisches Signal. Dieses elektrische Signal kann nach entsprechender Umwandlung und Aufbereitung direkt an einem Anzeigegerät abgelesen werden (Bild 2). Die Messtaster A und B erzeugen beim Sollmaß ein gleich großes elektrisches Signal. Hierbei wird die Anzeige auf null eingestellt. Weicht das Istmaß vom Nennmaß ab, sind die elektrischen Signale von A und B ungleich. Die Abweichung vom Nennmaß kann direkt an einer Skale abgelesen werden. Es gibt auch hier Messgeräte, bei denen die Messwerte nach weiterer Umwandlung in Ziffern (digital) ablesbar sind.

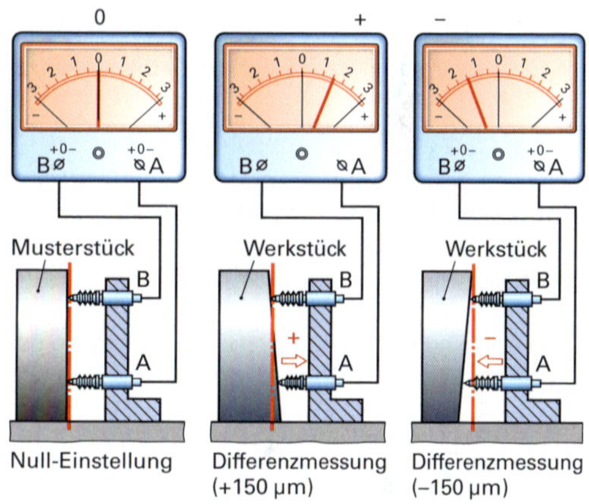

2 Elektronisches Messen

Überprüfen Sie Ihre Kenntnisse

1 Mit welchen Messgeräten, die Sie aus dem täglichen Leben kennen, können folgende Größen gemessen werden?
a) Druck b) Temperatur

2 Der Kolben einer Presse übt eine Kraft von 360 kN auf eine Fläche von 201 cm^2 aus. Wie groß ist der Druck in N/mm^2, bar und Pascal?

3 Erklären Sie das Prinzip der Druckmessung bei Serienteilen!

4 Wandeln Sie in Kelvin bzw. °C um:
a) 20 °C b) 45 °C c) – 20 °C d) 263 K e) 385 K

5 Erläutern Sie, wie sehr hohe Temperaturen gemessen werden können!

6 Ein geschlossenes Heizsystem wird mithilfe eines Thermostaten geregelt. Die geforderte Raumtemperatur von 21 °C wird mit einer Genauigkeit von ± 0,04 °C eingehalten. Wie groß sind Höchstwert, Mindestwert, Maßtoleranz und tolerierter Wert der Temperatur?

2.3.4 Lehren

Im Vergleich mit den meisten Messverfahren ist das Prüfen mit Lehren zeitsparender, da das Einstellen der Messgeräte und das Ablesen der Messwerte entfallen. Allerdings sind Lehren nicht universell einsetzbar, da sie nur ein festes Maß und/oder eine vorgegebene Form verkörpern. Deshalb müssen für die verschiedenen Maße und Formen unterschiedliche Lehren beschafft werden. Das lohnt sich nur, wenn die Lehren häufig eingesetzt werden.

Maßlehren

Einfache Arbeitslehren: Zum groben Feststellen von Blechdicken usw. verwendet man oft Blechdickenlehren. Hierbei verkörpert die Lehre die in der Werkstatt oder dem Materiallager benötigten Maße (Bild 1).

Fühlerlehren: Eine Fühlerlehre (Bild 2) verkörpert ein Dickenmaß. Die Fühlerlehre ist mit dem Nennmaß beschriftet. Meist werden Fühlerlehren in Sätzen zusammengestellt. Anwendungsbeispiele dafür sind: Prüfen des Ventilspieles eines Motors, der Zündkontakte, des Lagerspieles usw.

Grenzlehren: Mit Grenzlehren kann man prüfen, ob das Istmaß innerhalb des tolerierten Maßes liegt. Zum vollständigen Lehren mit Grenzlehren benötigt man zwei Maßverkörperungen, eine für das Mindestmaß und eine für das Höchstmaß (vgl. Seite 30). Häufig sind beide Maßverkörperungen in einer Lehre zusammengefasst. Grenzlehren sind mit dem tolerierten Maß beschriftet. Daneben sind meist zusätzlich die Abmaße in µm (1/1000 mm) an der entsprechenden Seite angegeben.

Grenzlehrdorne benutzt man zum Prüfen von Bohrungen und Nuten (Bild 3). Das Mindestmaß wird als Gutseite bezeichnet. Die Gutseite muss sich ohne Druck in die Bohrung einführen lassen. Das Höchstmaß wird als Ausschussseite bezeichnet. Die Ausschussseite des Grenzlehrdorns darf nicht in die Bohrung passen, da diese sonst zu groß wäre.

Merke

Grenzlehrdorne dienen zum **Prüfen von Innenmaßen**, z. B. bei Bohrungen. Ihre Gutseite verkörpert das Mindestmaß und ihre Ausschussseite das Höchstmaß.

Grenzrachenlehren: Mit Grenzrachenlehren prüft man Wellen, Bolzen, usw. (Bild 4). Im Gegensatz zum Grenzlehrdorn bildet bei der Grenzrachenlehre die Gutseite das Höchstmaß und die Ausschussseite das Mindestmaß ab. Die Gutseite muss ohne Druck über die Welle gleiten. Die Ausschussseite darf nicht über die Welle passen, da sonst die Welle zu klein wäre.

Merke

Mit **Grenzrachenlehren werden Außenmaße geprüft**. Die Gutseite verkörpert das Höchstmaß und die Ausschussseite das Mindestmaß.

Wichtig beim Lehren mit Grenzlehren:

- Vor dem Lehren sind alle Flächen zu säubern.
- Beim Lehren darf keine übermäßige Kraft aufgewendet werden. Vielmehr muss die Gutseite durch das Eigengewicht der Grenzlehre über die Flächen des Werkstückes gleiten.

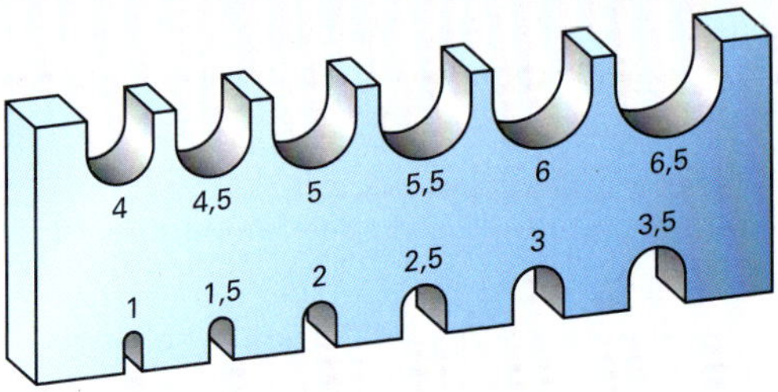

1 Arbeitslehre zur Blechdickenermittlung

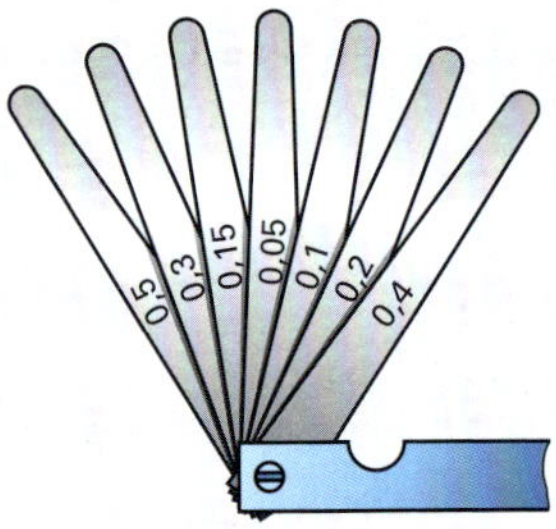

2 Fühlerlehren

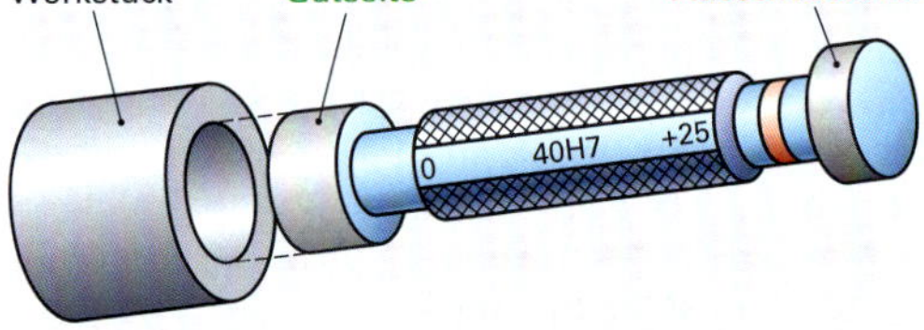

3 Grenzlehrdorn

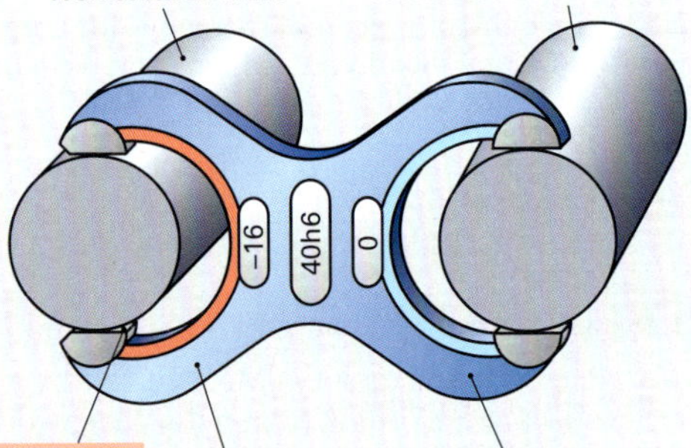

4 Grenzrachenlehre

Formenlehren

Radienlehren: Mit Radienlehren kann man die Form von Rundungen prüfen. Dabei soll der Lichtspalt zwischen Lehre und Werkstück möglichst klein sein (Bild 1).

Winkellehren: Winkellehren verkörpern einen festen Winkel. Hält man das Werkstück mit der daran angelegten Winkellehre gegen eine Lichtquelle, so werden Abweichungen sichtbar. Sehr kleine Abweichungen vom Nennmaß des Winkels lassen sich mit dem Haarwinkel (Bild 2) feststellen.

Haarlineale: Mit Haarlinealen lässt sich die Ebenheit von Flächen prüfen. Hält man Werkstück und aufgesetztes Haarlineal gegen eine Lichtquelle, so werden Abweichungen von der Ebenheit bis zu wenigen µm (1/1000 mm) durch den mehr oder weniger großen Lichtspalt deutlich erkennbar (Bild 2). Diese Prüfmethode erweist sich als sehr effizient, wenn äußerst ebene Flächen hergestellt werden sollen.

Gewindeschablonen: Zur einfachen Prüfung der wichtigsten Gewindemaße, wie z. B. der Steigung, bedient man sich in der Werkstatt der Gewindeschablonen. Gewindeschablone und Gewinde müssen einen möglichst engen Lichtspalt bilden, wenn man beide gegen eine Lichtquelle richtet (Bild 3). Die Funktion eines Gewindes lässt sich rasch mithilfe eines Gewindelehrrings oder eines Gewindegrenzlehrdorns überprüfen.

Vergleichsnormale: Eine Vergleichsnormale verkörpert bestimmte Oberflächenrauheiten. Durch Vergleich einer Werkstückoberfläche mit einer der Vergleichsoberflächen kann man die Oberflächenrauheit annähernd bestimmen (Bild 4).

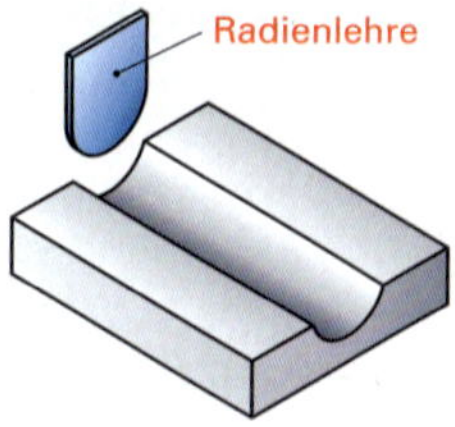

1 Radienlehre

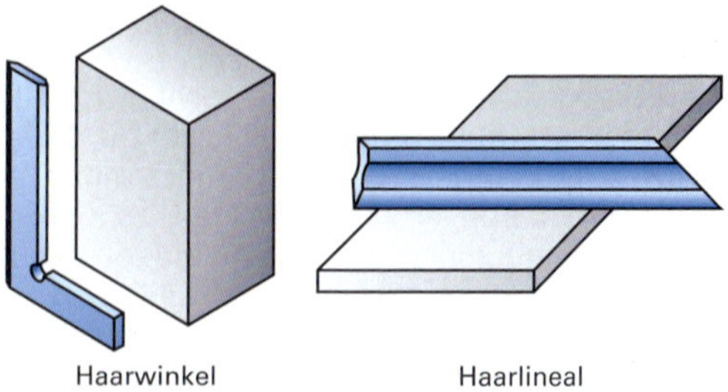

2 Winkellehren

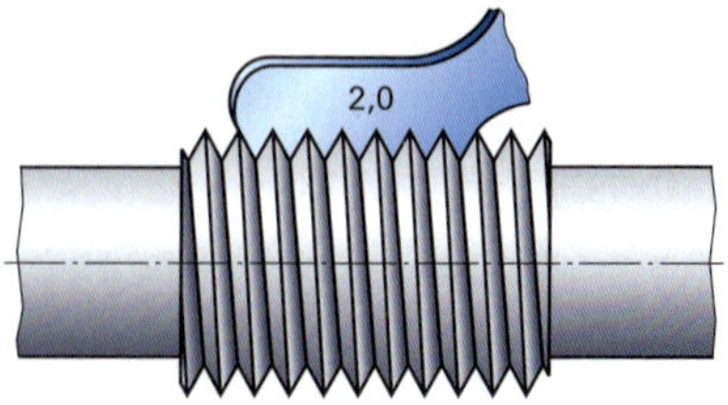

3 Gewindeschablone

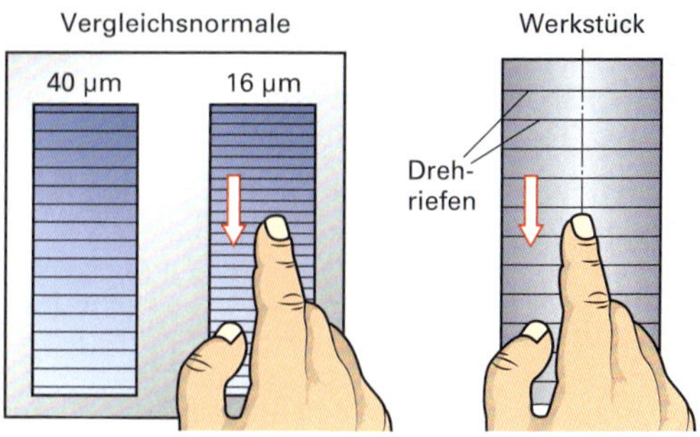

4 Vergleichsnormale

2.3.5 Hilfsmittel

Häufig benötigt man neben Lehren oder Messgeräten noch Hilfsmittel, die das Lehren oder Messen erst ermöglichen. So müssen z. B. Werkstücke ohne ebene Auflageflächen abgestützt werden, um sie überhaupt messen bzw. lehren zu können. Beim Prüfen an unzugänglichen Stellen werden Taster in verschiedenen Ausführungsformen eingesetzt. Mithilfe solcher Taster werden zu prüfende Maße vom Werkstück abgenommen und können nun mithilfe eines Messgerätes an beliebiger Stelle geprüft werden (vgl. Übersicht, Seite 33).

Überprüfen Sie Ihre Kenntnisse

1 Wodurch unterscheiden sich Lehren von Messgeräten?

2 Skizzieren Sie, wie eine einfache Arbeitslehre zum schnellen Prüfen folgender Durchmesser aussehen könnte!
$d = 5$ mm, $d = 7{,}5$ mm, $d = 10$ mm, $d = 15$ mm, $d = 20$ mm, $d = 30$ mm

3 Eine Bohrung ist mit Ø $105^{+0{,}22}_{0}$ mm bemaßt. Die rot gekennzeichnete Seite des Grenzlehrdornes geht leicht in die Bohrung. Welche Aussage lässt sich über das Istmaß treffen?

4 Welche Arbeitsregeln müssen Sie beim Arbeiten mit Grenzlehren beachten?

5 Zählen Sie alle Lehren auf, bei denen nach dem Lichtspaltverfahren gearbeitet wird!

2.4 Prüfabweichungen

Bei jedem Prüfvorgang können Abweichungen auftreten. Verursacht werden sie hauptsächlich durch Ungenauigkeiten der Prüfmittel und die unsichere Handhabung der Prüfmittel.

2.4.1 Systematische Abweichungen

Bestimmte **Abweichungen treten regelmäßig** auf. Die Richtung der Abweichung vom richtigen Wert ist immer dieselbe, also entweder positiv oder negativ. Man nennt diese Abweichungen daher systematische Abweichungen.

Beispiel: Durch Abnutzung verursacht, zeigt eine Bügelmessschraube immer 0,02 mm zu wenig an. Dies kann durch Vergleichsmessungen an Parallelendmaßen ermittelt werden. Man kann diese Abweichung berücksichtigen, indem man zu jedem Messergebnis 0,02 mm hinzuzählt (Bild 1).

Merke

Regelmäßig auftretende Abweichungen bezeichnet man als **systematische Abweichungen**. Sie **können beim Prüfen berücksichtigt werden**.

2.4.2 Zufällige Abweichungen

Merke

Zufällige Abweichungen treten unregelmäßig auf. Sie **lassen sich beim Prüfen nur schwer ausgleichen**.

Beispiel: Unterschiedlich hohe Anpresskraft beim Messen mit dem Messschieber verfälscht das Messergebnis (Bild 2). Eine Verringerung des Fehlers ist möglich, indem man aus mehreren Messungen einen Mittelwert bildet.

2.4.3 Größe der Abweichung

Bei Messgeräten lässt sich die Abweichung relativ leicht ermitteln, z. B. durch Vergleich mit einem genaueren Messgerät. Dann gilt:

$$\text{Größe der Abweichung} = \text{abgelesener Wert} - \text{richtiger Wert}$$

Die Größe der Abweichung kann als Berichtigung auf dem Messgerät vermerkt werden. Sie hat das umgekehrte Vorzeichen wie die Abweichung selbst. Dann wird gerechnet:

$$\text{Richtiger Wert} = \text{abgelesener Wert} + \text{Berichtigung}$$

Beispiel: Die Abweichung einer Bügelmessschraube beträgt – 0,02 mm. Der abgelesene Wert lautet 26,58 mm. Da die Berichtigung mit + 0,02 mm in die Rechnung eingeht, ergibt sich ein richtiger Wert von 26,6 mm (Bild 1).

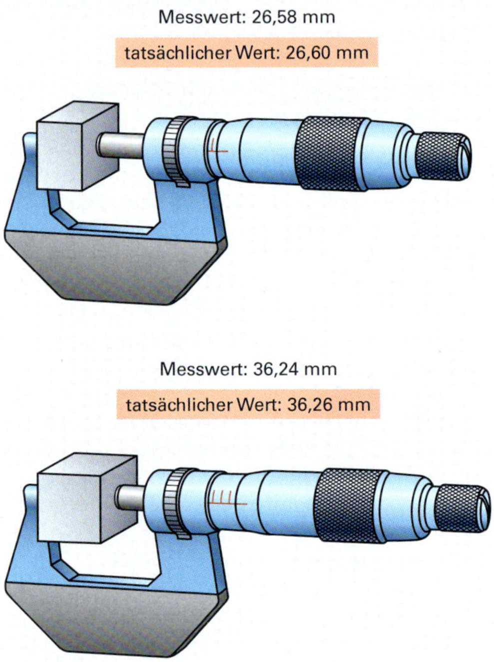

1 Systematische Abweichung einer Bügelmessschraube

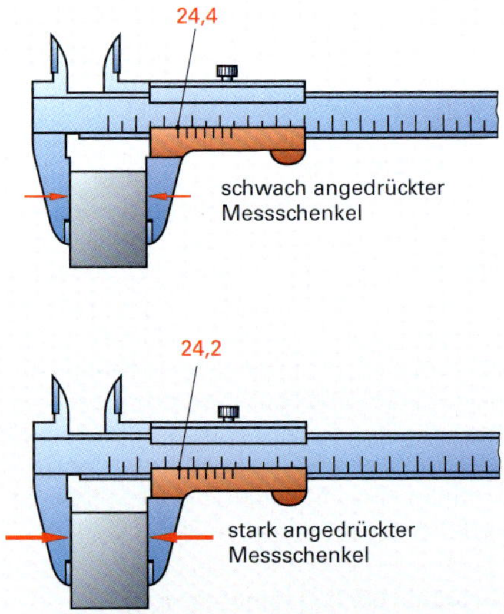

1. Messung:	24,3 mm
2. Messung:	24,2 mm
3. Messung:	24,4 mm
4. Messung:	24,3 mm
Mittelwert:	24,3 mm

2 Zufällige Abweichung eines Messschiebers

2.4.4 Ursachen von Prüfabweichungen

Prüfgegenstand: Eine einzige Prüfung bei nicht parallelen oder nicht zylindrischen Flächen führt zu Verfälschungen (Bild 1). Ebenso muss die Oberflächenrauheit der Prüfflächen dem Prüfverfahren angemessen sein. Es ist z. B. nicht sinnvoll, eine sehr raue Oberfläche (gesägtes Werkstück) mit der Bügelmessschraube messen zu wollen.

Merke
Der Prüfgegenstand und das Prüfverfahren müssen aufeinander abgestimmt sein.

Prüfmittel: Sie können auch nicht „fehlerfrei" hergestellt werden und unterliegen durch täglichen Gebrauch der Abnutzung. Wenn man sehr genau messen wollte, müsste man dies als Vergrößerung der Maßtoleranzen mit berücksichtigen.

Merke
Prüfmittel sind regelmäßig auf ihre Maßhaltigkeit zu prüfen.

Umwelteinflüsse: Neben Einflüssen wie Schmutz, aggressive Luft oder Flüssigkeiten spielt die Umgebungstemperatur beim Prüfen eine große Rolle. Prüfmittel und Werkstück können sich bei Erwärmung oder Abkühlung unterschiedlich ausdehnen oder verkürzen (Bild 2). Um diesen Einfluss nach Möglichkeit auszuschalten, wurde eine Bezugstemperatur festgelegt, bei der das Prüfen erfolgen soll.

Merke
Beim Prüfen sollte eine Bezugstemperatur von + 20 °C (293 K) eingehalten werden.

Prüfer: Häufig kann man beobachten, dass herkömmliche Messgeräte nicht richtig abgelesen werden. Dies liegt oft an einer schrägen Blickrichtung beim Ablesen der Skalen. Die auftretende Ableseabweichung ist auf die Parallaxe zurückzuführen (Bild 3). Das räumliche Bild, das wir von jedem beobachteten Gegenstand entwerfen, beruht auf dem Abstand der menschlichen Augen. Befindet sich der betrachtete Gegenstand nicht in der Mitte zwischen den Augen, führt dies zur räumlichen Verzerrung des Gegenstandes. Um diese Abweichungen auszuschalten, sind viele der herkömmlichen Messgeräte mit angeschrägten Skalen ausgestattet, wodurch beide Skalen, z. B. Hauptskale und Nonius, nahezu in einer Ebene liegen. Bei Messgeräten mit Digitalanzeige ist ein solcher Ablesefehler ausgeschlossen.

Merke
Die Ablesung von herkömmlichen Messgeräten muss immer senkrecht zu den Skalen erfolgen. Auch auf die richtige Handhabung der Prüfmittel ist zu achten, z. B. ist die vorgeschriebene Anpresskraft einzuhalten, usw.

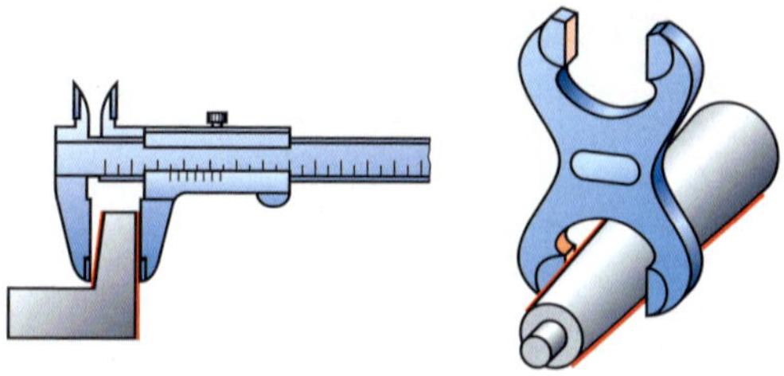

1 Abweichung des Prüfgegenstandes

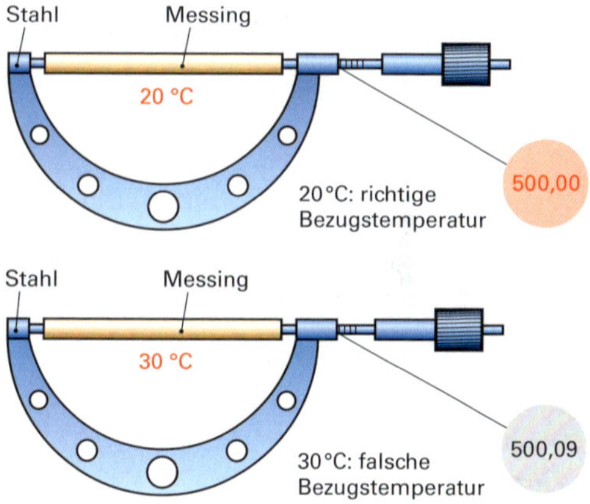

2 Temperatureinfluss beim Prüfen

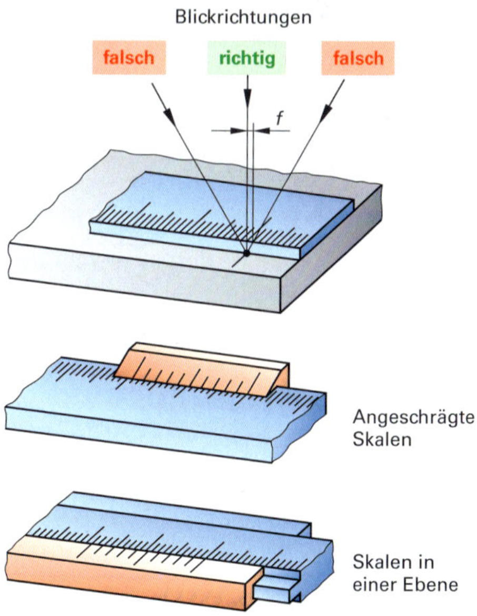

3 Parallaxeeinfluss

2.5 Auswahl der Prüfmittel – Messübung

An die Auswahl der Prüfmittel werden in der Praxis hohe Anforderungen gestellt. Die wichtigsten Gesichtspunkte für eine sinnvolle Auswahl von Prüfmitteln sind Genauigkeit und Wirtschaftlichkeit. Die erforderliche Genauigkeit des Prüfmittels wird von den Anforderungen an das jeweilige Prüfergebnis bestimmt, welche aus den Zeichnungs- oder Stücklistenangaben entnommen werden können. Mit zunehmender Genauigkeit des Prüfmittels steigt die Genauigkeit der Prüfergebnisse (Bild 1), aber auch der Preis des Prüfmittels und der Zeitaufwand für seine Handhabung.

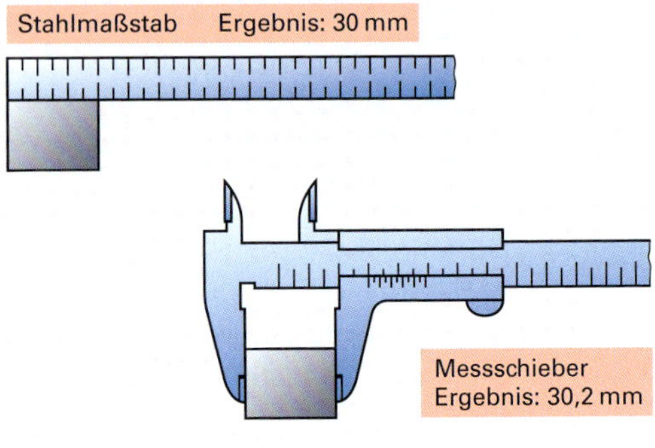

1 Qualität des Prüfens

Merke

Das **Prüfverfahren** braucht nur **so genau wie nötig** zu sein. Die jeweils erforderliche Genauigkeit ergibt sich aus den Angaben der technischen Zeichnung.

Außerdem spielt bei der Auswahl der Prüfmittel die Häufigkeit des Prüfvorgangs eine große Rolle (Wirtschaftlichkeit). So kann es bei einer Einzelfertigung sinnvoll sein, das tolerierte Maß zu messen, während es bei Serien- oder Massenfertigung kostengünstiger sein kann, Lehren zu verwenden.

Merke

Bei der **Wirtschaftlichkeit** des Prüfens müssen die Häufigkeit des Prüfvorganges, der Zeitaufwand und die Kosten der Prüfmittel berücksichtigt werden.

Die oben beschriebenen Grundsätze zur Auswahl von Messgeräten sollen am Beispiel des Klemmstücks (Bild 2) konkretisiert werden (vgl. auch Seite 27). Aufgrund der gegebenen Daten sind für die nebenstehend mit 1 ... 10 gekennzeichneten Maße Prüfmittel auszuwählen.
Zur Verfügung stehen: 1 Satz Parallelendmaße, Messschieber (herkömmlich), Bügelmessschraube 0 mm ... 25 mm, Messuhr, Universalwinkelmesser und Grenzlehrdorn.

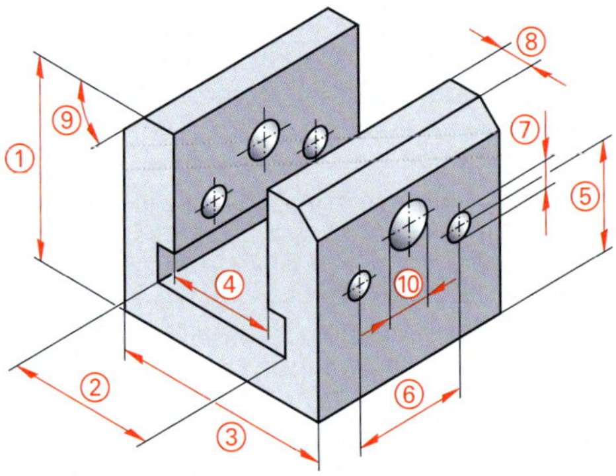

2 Klemmstück

Fertigen Sie eine Tabelle nach untenstehendem Muster an und vervollständigen Sie diese.

Nr.:	Benennung des zu prüfenden Maßes	Zeichnungsmaß (Nennmaß)	Abmaße in mm	Mindestmaß in mm	Höchstmaß in mm	ausgewähltes Prüfmittel	Begründung der Auswahl
01	Werkstückhöhe	40	± 0,3	39,7	40,3	Messschieber	Messung im Bereich 1/10 mm möglich
...	...						

Überprüfen Sie Ihre Kenntnisse

1 Nennen Sie drei Ursachen für zufällige Prüfabweichungen!

2 Eine Bügelmessschraube trägt die Aufschrift: Berichtigung – 0,04 mm.
a) Wie groß ist die Abweichung?
b) Wie groß ist der richtige Messwert, wenn der abgelesene Wert 47,49 mm beträgt?

3 Ein Drehteil weist an seiner Oberfläche deutlich fühlbare und sichtbare Riefen auf. Jemand will den Durchmesser mit einer Bügelmessschraube messen.
a) Wie beurteilen Sie diesen Vorgang?
b) Welches Messgerät wäre nach Ihrer Meinung für diesen Fall angemessen?

4 Begründen Sie, warum Prüfmittel regelmäßig auf ihre Maßhaltigkeit zu prüfen sind!

2.6 Qualitätsmanagement

Viele Jahre galt für die maßgenaue Fertigung von Bauteilen das Messen und Prüfen als wichtigstes Mittel, um Produkte mit hoher Qualität zu erzeugen.

Wenn durch unterschiedlichste Prüftechnologien problematische Situationen am Werkstück erkannt werden, muss die Fehlerursache im Produktionsprozess ermittelt werden. Während geprüft wird, Fehlerquellen gesucht und behoben werden, entstehen weitere unbrauchbare Werkstücke, die als Ausschuss entsorgt oder durch teure Nacharbeit ausgebessert werden müssen.

Da viele Mess- und Prüfverfahren standardisiert sind und durch einfach zu bedienende Maschinen erledigt werden können, sind zur Serienproduktion mancher hochwertiger Güter auch Betriebe mit wenig qualifiziertem Personal in der Lage.

Solche Betriebe finden sich überwiegend in Asien oder Osteuropa. Da dort Löhne, Unternehmenssteuern, Umweltauflagen usw. erheblich geringer sind als in Deutschland, können die dort gefertigten Produkte wesentlich billiger angeboten und in alle Teile der Welt transportiert werden.

Die in den führenden Industriestaaten ansässigen Unternehmen versuchen deshalb anspruchsvollere Produkte zu konkurrenzfähigen Preisen herzustellen. Das kann nur gelingen, indem alle Einflussfaktoren auf die Produktqualität vor, während und nach der Produktion genau bedacht wurden. Es müssen Technologien entwickelt werden, die Produktionsfehler vermeiden, bevor sie entstehen. Dieser Gesamtprozess wird als Qualitätsmanagementsystem bezeichnet (Bild 1 und Tabelle auf Seite 51).

Merke

Das **Qualitätsmanagement** beinhaltet alle Tätigkeiten und Zielsetzungen, die dem Erreichen einer hohen Qualität von Waren und Dienstleistungen dienen.

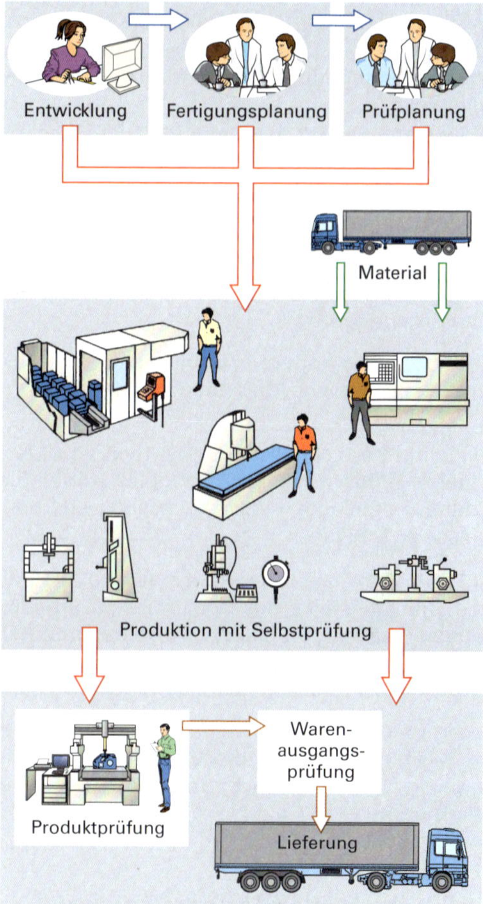

1 Qualitätsmanagement in den Bereichen Planung, Produktion, Prüfung und Lieferung

2.6.1 Der Qualitätsbegriff

Deutsche Produkte sind für ihre Qualität weltbekannt. Damit dies so bleibt, sind große Anstrengungen notwendig. Doch, was ist eigentlich Qualität? Die Antwort scheint einfach zu sein. Bei einem Blick ins englisch-deutsche Wörterbuch ist das Wort „quality" zu finden, was ins Deutsche übersetzt Eigenschaft oder Beschaffenheit bedeutet.

Doch bei der einfachen Frage nach der notwendigen Beschaffenheit von Wasser wird man unterschiedliche Antworten erhalten.

Die Qualität von Wasser spielt oft eine große Rolle. Erläutern Sie, worauf es hier konkret ankommt.

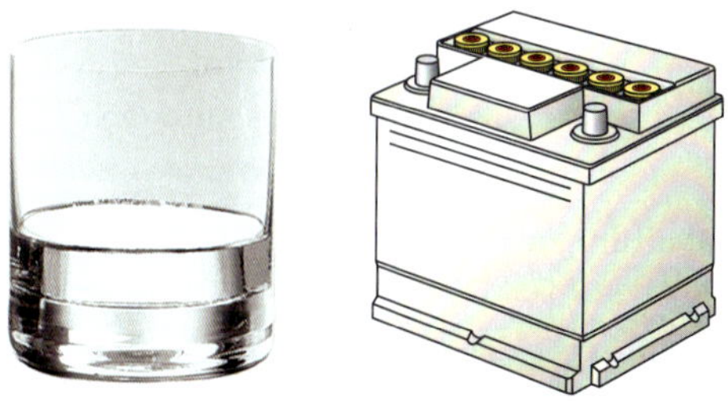

„Trinkwasser hat eine sehr gute Qualität"

„Destilliertes Wasser hat eine sehr gute Qualität"

2 Qualitätsbegriff

Das Wort Qualität ist in der Umgangssprache ein sehr ungenauer Begriff. Deshalb müssen zur Beurteilung der Qualität eines Produktes oder einer Dienstleistung weitere Informationen bekannt sein:

- Wozu soll das Produkt oder die Dienstleistung dienen?
- Welche Eigenschaften erwartet der Kunde?
- Welche Eigenschaften erwartet der Konstrukteur?
- Welche Eigenschaften schreiben Gesetze und Verordnungen vor?

Sind diese und andere Fragen beantwortet, lassen sich einheitliche Maßstäbe finden.

Merke

Qualität bezeichnet die Gesamtheit von Merkmalen eines Produkts bezüglich seiner Eignung, festgelegte und vorausgesetzte Erfordernisse zu erfüllen.

Sind die Merkmale bekannt, die ein Produkt oder eine Dienstleistung besitzen müssen, um dem Kunden Qualität zu bieten, wird jedes Unternehmen versuchen, möglichst viele dieser Eigenschaften in seinen Produkten bestmöglich zu vereinen.

Unternehmen müssen dauerhaft Gewinne erzielen. Um diese Aufgabe zu erfüllen, wird die Erfüllung von Qualitätsanforderungen zum wichtigen Unternehmensziel (Bild 2).

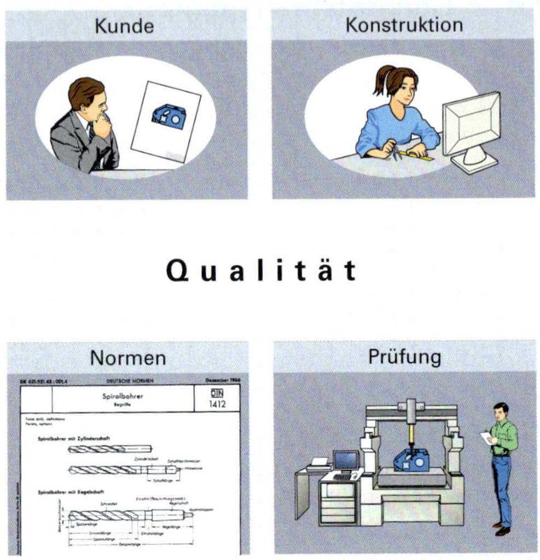

1 Wer bestimmt die Qualität eines Produkts?

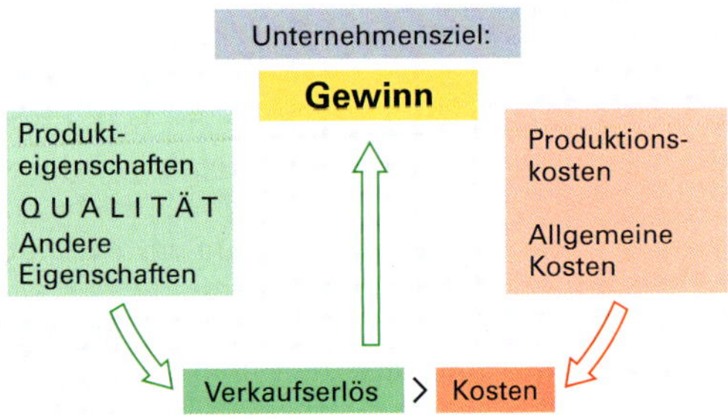

2 Gewinnerzielung durch Qualität

2.6.2 Qualität als Unternehmensziel

Lange Zeit wurde den Anforderungen der Kunden zu wenig Beachtung geschenkt. Man konzentrierte sich besonders auf innerbetriebliche Vorgänge, um sehr gute Produkte kostengünstig herzustellen. Steigender Konkurrenzdruck ließ jedoch die Vorteile erkennen, die das bessere Eingehen auf die Kundenanforderungen mit sich bringt. Es handelt sich hier um **außerbetriebliche Ziele** (Bild 3), die auf den Unternehmenserfolg zurückwirken.

Innerbetriebliche Ziele sind unter anderem:

Hoher Absatz mit hohem Gewinn

- sichert die Zukunft des Unternehmens
- ermöglicht Forschung und Weiterentwicklung

Einhaltung gesetzlicher Anforderungen

schützt vor Geldstrafen und Regressansprüchen

Hohe Qualität aller Produktionsschritte bringt:

- höhere Produktivität
- geringeren Energie- und Materialverbrauch
- Geringere Umweltschutzkosten
- Geringere Stückkosten

Außerbetriebliche Ziele	Wirkung
▪ Zufriedene Kunden	▪ Kleine Kundendienstabteilung
▪ Geringe Garantieansprüche	▪ Geringe Lagerhaltung für Ersatzteile
▪ Hohes Image[1]	▪ Geldeinsparung
▪ Konkurrenzfähige Preise (durch Kostensenkung)	▪ Hoher Absatz
	▪ Oft der einzige Unterschied zum Konkurrenten

[1] Image-Vorstellung, die andere von einem selbst haben sollen

3 Außerbetriebliche Unternehmensziele

Das moderne Unternehmensziel Produktqualität verlangt Maßnahmen in allen Phasen eines Produktlebens. Diese Phasen kann man in einem Qualitätskreis darstellen (Bild 1).

Der im Qualitätskreis dargestellte **Wertschöpfungsprozess** lässt erkennen, dass auch vor und nach der eigentlichen Fertigung eines Produktes erhebliche Aufwendungen entstehen. Die Höhe der Verluste bei einem evtl. auftretenden Produktmangel sind für ein Unternehmen oft abhängig vom Zeitpunkt des „Entdeckens".

Welche Kosten entstehen, wenn ein **Fehler** (das Fehlen einer geforderten Eigenschaft) bei verschiedenen Entwicklungs- bzw. Produktionsschritten entdeckt und beseitigt wird, kann man mit der sogenannten **Zehnerregel** abschätzen (Bild 2).

Um alle Unternehmensziele zur Einhaltung und Verbesserung der Produktqualität zu erreichen, ist eine ausgeklügelte Organisation von Qualität notwendig – ein **Qualitätsmanagementsystem**.

Ein Unternehmen, welches sich entschließt seine innerbetrieblichen Prozesse durch ein Qualitätsmanagementsystem zu unterstützen, wendet oft die in der Normenreihe DIN EN ISO 9001 vorgeschlagenen Strukturen an.

Eine erfolgreiche Anwendung der in diesen DIN-Blättern beschriebenen Inhalte kann sich jedes Unternehmen durch unabhängige Gutachter bestätigen lassen. Ein solches **Zertifikat** wird von Kunden vieler Betriebe inzwischen als unbedingte Voraussetzung für weitere Geschäftsbeziehungen verlangt (Bild 3).

Die Aufgaben, die ein Betrieb nach erfolgter Zertifizierung zu bewältigen hat, sind vielfältig. Die folgenden Bestandteile des Qualitätsmanagements müssen bearbeitet werden:

- **Qualitätsplanung**, Festlegen der Ziele, die zur notwendigen Produktqualität führen.
- **Qualitätslenkung**, Erfüllung der Qualitätsanforderungen bei Verkürzung der Zeit von der Idee bis zum Produkt.
- **Qualitätssicherung**, hohe Produktivität bei ausreichender Genauigkeit.
- **Qualitätsverbesserung**, alle Prozesse werden fortwährend nach Möglichkeiten der Verbesserung untersucht.

Weitere wichtige **Qualitätsmerkmale** sind die optimale Nutzung aller Qualitätsinformationen und der Einsatz motivierter und sachgerecht ausgebildeter Mitarbeiter.

Da kleine Betriebe diese Aufgaben ohne zusätzliches Personal nicht bewältigen können, verzichten sie oft auf die Installation eines Qualitätsmanagementsystems.

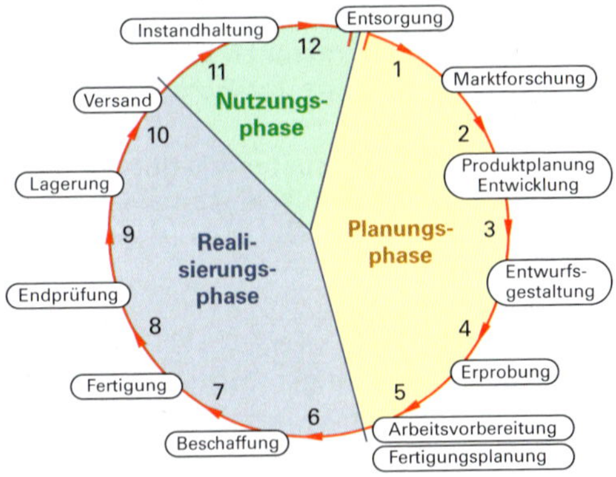

1 Qualitätskreis

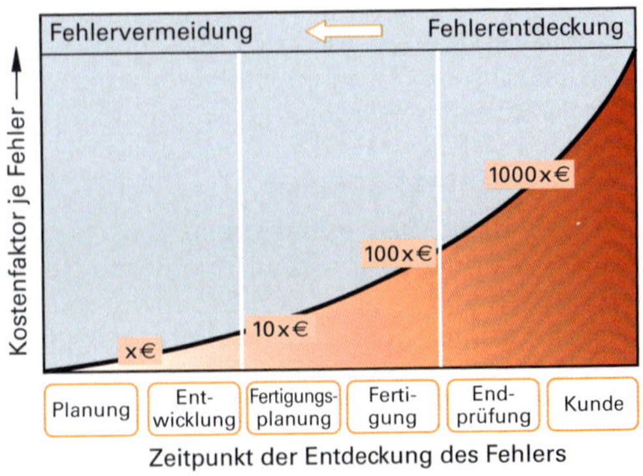

2 Zehnerregel des Anstiegs der Fehlerkosten

3 Zertifikat

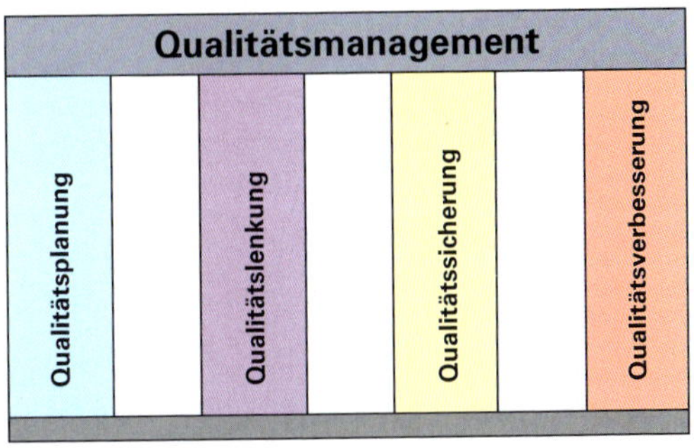

4 Die vier Säulen des Qualitätsmanagements

2.6.3 Qualitätsplanung

Die meisten Fehler entstehen in der Planungs- und Entwicklungsphase zur Herstellung neuer Produkte (Bild 1).

Falls diese Fehler erst später erkannt und behoben werden, sind die Folgekosten eines kleinen Planungsfehlers meist sehr hoch (siehe Zehnerregel Bild 2, Seite 49).

Merke

Die Qualitätsplanung umfasst alle planerischen Aktivitäten bezüglich der Qualitätsziele bei der Produktentwicklung.

Bei der zielgerichteten Qualitätsplanung konzentriert sich ein Unternehmen auf eine sehr wesentliche Phase im gesamten Kreislauf eines Produktes (s. a. Bild 1, Seite 49). Durch das Optimieren der Produktentwicklungs- und Fertigungsprozesse, aber auch des Vertriebs und die Verbesserung des Produktes können erhebliche Kosten vermieden werden.

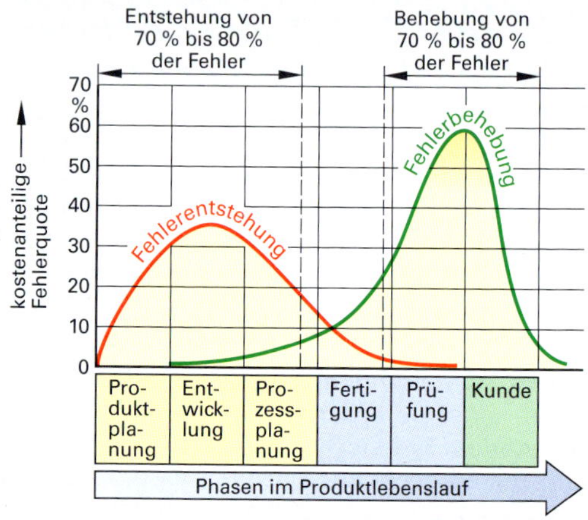

1 Fehlerentstehung und Fehlerbehebung

2.6.4 Qualitätslenkung

Die Qualitätslenkung umfasst alle Maßnahmen, die den Produktionsprozess qualitätsbezogen überwachen und steuern. Es werden vorbeugende oder korrigierende Arbeitsschritte ausgelöst. Dabei müssen im Wesentlichen sieben mögliche Verursacher von Fehlern beachtet werden. Möglichst alle der durch die 7M-Störgrößen verursachten Qualitätsmängel müssen im Rahmen der Qualitätslenkung frühzeitig erkannt und vermieden oder beseitigt werden (Bild 2).

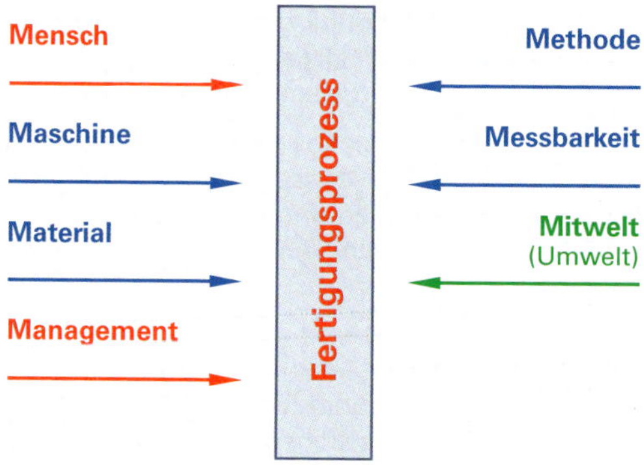

2 Störgrößen auf den Produktionsprozess – 7M

Die wichtigsten Maßnahmen zur Qualitätslenkung sind:

- Prüfen der Qualität während oder unmittelbar nach der Fertigung, um durch schnelles Eingreifen die Herstellung weiterer fehlerhafter Teile zu vermeiden.
- Direkte Koppelung von Messgeräten und Steuereinrichtung der Maschine **(Prozessregelung)**, um Werkstücke mit gleichbleibenden Maßen zu fertigen.
- Sofortiges Verarbeiten der Messwerte.

Bei der Verarbeitung der Messwerte durch den Vergleich des Sollwertes (z. B. Maß laut Zeichnung) mit dem Istwert (tatsächlich am Werkstück erreichter Wert) können Werkstücke aussortiert werden:

- **Alle Messwerte innerhalb der Toleranz**
  Werkstück wird der nächsten Abteilung übergeben.
- **Messwert außerhalb der Toleranz**
  Werkstück wird dem Fertigungsprozess zur Nacharbeit erneut zugeführt oder als Ausschuss entsorgt.

Veränderungen der Produktionsergebnisse (z. B. verändertes Istmaß) können durch zufällige oder systematische Einflüsse auftreten (Bild 3).

- **Zufallseinflüsse** (z. B. Erschütterungen, Temperaturschwankungen) treten unregelmäßig auf und sind nicht vermeidbar. Sie können jedoch oft vernachlässigt werden, da Toleranzbereiche meist nicht überschritten werden.

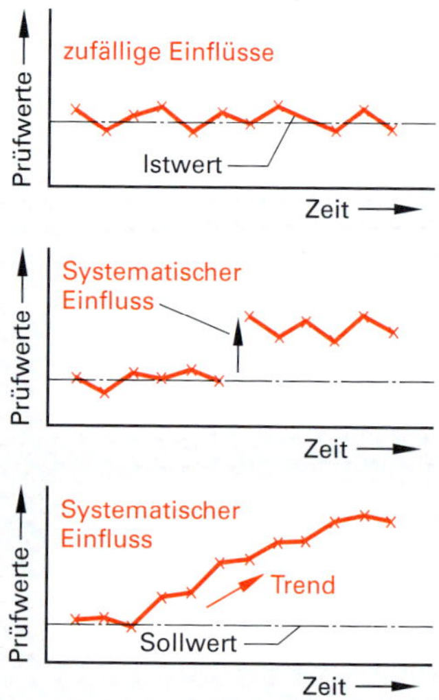

3 Streuung von Prüfwerten

- **Systematische Einflüsse** (z. B. Werkzeugverschleiß, Erwärmung der Maschine) haben meist eine oder wenige Ursachen. Da sie regelmäßig auftreten, lässt sich in einigen Fällen durch die Beobachtung der Prüfwerte und eine **Fehleranalyse** ein **Trend** erkennen. Ist die Ursache bekannt, können die Einstellungen der Maschine verändert oder kann die Fehlerquelle beseitigt werden. Das verhindert Werkstücke mit Maßabweichungen außerhalb der zulässigen Toleranzen (Bild 3, Seite 50).

2.6.5 Qualitätssicherung

Merke

Die Sicherung von Qualität verlangt die Beachtung aller Einflussfaktoren auf ein Unternehmen und seine Produkte.

Die sich daraus ergebenden außer- und innerbetrieblichen Ziele (siehe Seite 48) sollen insbesondere folgende Faktoren verbessern:

- **Qualitätsbewusstsein** Teamarbeit und mehr Eigeninitiative aller Mitarbeiter
- **Abläufe** Verkürzte Entwicklungszeiten
- **Produkte** Fehlerfreie, innovative Spitzenprodukte
- **Dienstleistung** Hervorragender Service für höchste Kundenzufriedenheit
- **Ertrag** Höchste Produktivität durch Fehlervermeidung

So, wie man zur Bearbeitung von Werkstücken zweckmäßige Werkzeuge und bestimmte Arbeitstechniken verwenden muss, verhält es sich auch bei den schwierigen und umfangreichen Aufgaben zur Qualitätssicherung. Dafür kommen die untenstehend vorgestellten **Techniken und Werkzeuge des Qualitätsmanagements** systematisch zum Einsatz.

Oft ist es sinnvoll, Teams zu bilden und kleine, überschaubare Projekte zu bearbeiten. Die Ergebnisse der Arbeit werden meist schriftlich als Text oder durch Diagramme festgehalten und den anderen Teams vorgestellt.

Merke

Qualitätstechniken verbessern die betrieblichen Abläufe und zeigen Lösungsmöglichkeiten bei auftretenden Qualitätsproblemen auf.

Das Risiko des Auftretens von Schadensfällen, für die z. B. Garantieansprüche geltend gemacht werden, verringert sich. Das Unternehmen spart Geld und die Kunden sind zufriedener.

Techniken und Werkzeuge des Qualitätsmanagement	
Elementare Werkzeuge des Qualitätsmanagements Brainstorming; Paretoanalyse (auch: ABC-Analyse); Ursache-Wirkungs-Diagramm; Histogramm; Fehlersammelliste	Schwierige Sachverhalte können durch relativ einfache Methoden analysiert und überschaubar dargestellt werden. Viele der entdeckten und bildlich aufgezeigten Probleme sind oft sehr schnell und mit wenigen Mitteln zu beseitigen.
Werkzeuge zur Risikoanalyse FMAE – Fehlermöglichkeits- und Einflussanalyse; SPC – Statistische Prozessregelung; QFD – Qualitätsfunktionsdarstellung	Fehlermöglichkeiten werden in der Entwicklungs-, Planungs- und Produktionsphase analysiert und bewertet. Nach statistischen Berechnungen kann entschieden werden, ob Änderungen am Produkt notwendig sind.
Total Quality Management (TQM) Portfolio-Analyse Baum- und Matrixdiagramm	Alle beteiligten Mitarbeiter und einige Kunden wirken an der Verbesserung der Produktqualität mit. Das geschieht beispielsweise durch Verbesserung der Arbeitsbedingungen, Fragebögen oder Beobachtung von Testmärkten.
Weitere wichtige Techniken und Werkzeuge KVP – Kontinuierlicher Verbesserungsprozess Qualitätszirkel Benchmarking (Benchmark – Bestmarke)	Jeder beobachtet ständig seine Arbeit, den Arbeitsplatz und das Arbeitsumfeld kritisch. Unproduktive Arbeiten und Verschwendung sollen vermieden werden. Kleine Gruppen von Mitarbeitern suchen Lösungen für Qualitätsprobleme, die in ihrem Arbeitsbereich auftreten. Das beste Produkt am Markt setzt Maßstäbe, die es zu erreichen gilt.

Qualitätsprüfung

Eine wichtige Aufgabe der Qualitätssicherung ist das frühe Erkennen von Qualitätsverlusten. Das Messen und Prüfen der Maße und Eigenschaften aller Werkstücke während und nach der Produktion ist oft nicht möglich. Bei einigen Prüfverfahren müssen Werkstücke sogar zerstört werden. Trotzdem müssen auch zufallsbedingte Störungen erkannt und beachtet oder beseitigt werden. Einige mathematische Modelle helfen bei der Qualitätssicherung und Prozesslenkung.

Wahrscheinlichkeit

Die Wahrscheinlichkeit (engl. Probability) für ein bestimmtes Ergebnis (E):

$$P(E) = \frac{g}{m}; \quad \frac{\text{Anzahl der günstigen Ergebnisse}}{\text{Gesamtzahl der möglichen Ergebnisse}}$$

Die Wahrscheinlichkeit lässt sich als Dezimalzahl, als Bruch oder als Prozentzahl darstellen (Beispiel).

Beispiel 1:
Wie groß ist die Wahrscheinlichkeit eine „6" zu würfeln?

- Das erwartete Ergebnis (E) = 6
- Die Anzahl der günstigen Würfelstellungen = 1, weil die Zahl 6 nur einmal auf dem Würfel vorhanden ist.
- Die Gesamtzahl der möglichen Ergebnisse sind die 6 Zahlen des Würfels, also 6.

$$P(6) = \frac{\text{Anzahl der günstigen Ergebnisse}}{\text{Gesamtzahl der möglichen Ergebnisse}} = \frac{1}{6} = 0.167$$

Die Wahrscheinlichkeit eine „6" zu würfeln, liegt bei 16,7 Prozent.

Beispiel 2:
Wie groß ist die Wahrscheinlichkeit, dass beim Werfen einer Münze die Zahl oben liegt?

$$P(2) = \frac{\text{Anzahl der günstigen Ergebnisse}}{\text{Gesamtzahl der möglichen Ergebnisse}} = \frac{1}{2} = 0.5$$

Die Wahrscheinlichkeit liegt bei 50 Prozent.

Normalverteilung

Werden viele nacheinander produzierte Werkstücke eines Fertigungsprozesses geprüft, kann nur selten eine absolute Gleichheit der Maße festgestellt werden, obwohl der Fertigungsprozess planmäßig verläuft und systematische Einflüsse ausgeschlossen werden können.

Oft schwankt das Ist-Maß, durch Zufallseinflüsse verursacht, um einen bestimmten Wert. Werden diese Werte in einem Diagramm dargestellt, wird eine Gesetzmäßigkeit von Zufallseinflüssen erkennbar, die eine statistische Auswertung ermöglicht (Bild 1).

Eine solche glockenförmige Häufigkeitskurve entsteht immer, wenn viele zufällige Ereignisse wirken. Diese **Gauß'sche Glockenkurve** wurde von Karl-Friedrich Gauß erstmalig beschrieben.

Der höchste Punkt der Kurve kennzeichnet den **Mittelwert ($\bar{x}$)** (*x quer*). Der Abstand zwischen Mittelwert und Wendepunkt der Kurve wird **Standardabweichung (*s*)** genannt. Der Abstand zwischen dem größten und dem kleinsten Messwert ist die **Spannweite (*R*)** (Bild 1).

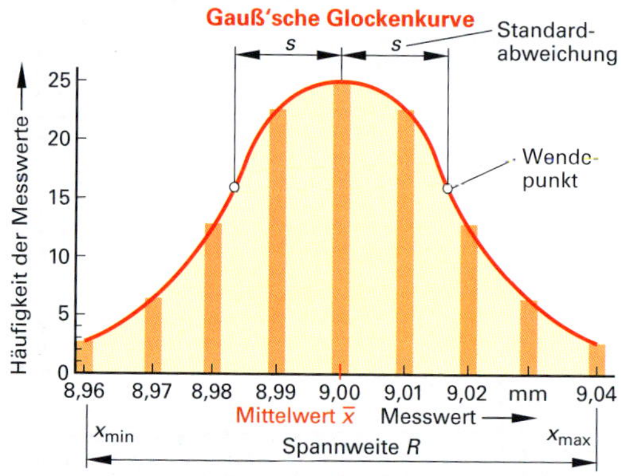

1 Kennwerte der Normalverteilung

> ***Merke***
> Wenn viele zufällige und keine systematischen Einflüsse wirken, entsteht eine Normalverteilung. Die grafische Darstellung ergibt eine glockenförmige Kurve.

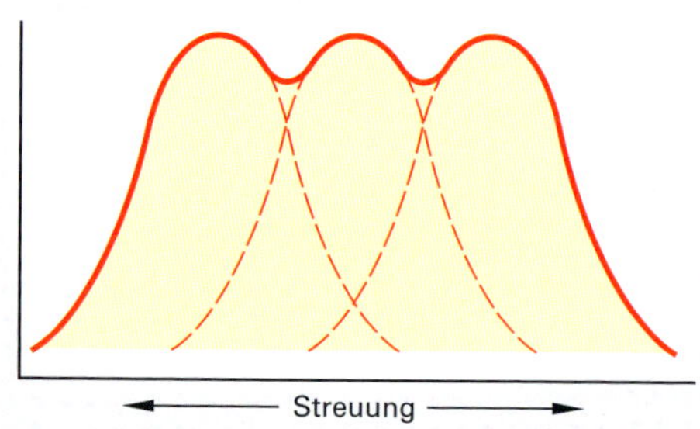

2 Mischverteilung

Durch die Auswertung der Stichproben durch Fachkräfte mithilfe der Wahrscheinlichkeitsrechnung lassen sich genaue Aussagen über den Fehleranteil der gesamten Produktion treffen.

Da im Herstellungsprozess oft systematische Einflüsse wie der Wechsel von Werkzeugen, Maschinen oder Werkstoffen wirken, ist häufig eine **Mischverteilung** zu beobachten (Bild 2). Mischverteilungen lassen sich statistisch schwerer auswerten und berücksichtigen als die Normalverteilung.

> ***Merke***
> Spannweite und Standardabweichung kennzeichnen die Streuung von Merkmalswerten.

Bei der Herstellung von großen Stückzahlen ist es zur Fertigungsüberwachung notwendig, in regelmäßigen Abständen Stichproben-Kontrollen vorzunehmen. Die statistische Erfassung von Mess- und Prüfdaten (z. B. in Tabellen) und die Darstellung in Diagrammen ermöglicht oft das Erkennen von Qualitätsmängeln, bevor Werte erreicht werden, die nicht mehr im zulässigen Toleranzbereich liegen. Oft werden die Mess- und Prüfwerte aus Stichproben gewonnen und in eine **Qualitätsregelkarte** eingetragen. In Verbindung mit Kenntnissen über die Wahrscheinlichkeit des Auftretens von Fehlern kann der Fertigungsprozess sehr zuverlässig überwacht werden.

Qualitätsregelkarte zur Darstellung qualitativer, nicht messbarer Merkmale

Einige Merkmale, die zur Beschreibung der Qualität wichtig sind, jedoch nicht mit Messgeräten erfasst werden können, werden in einer **Fehlersammelkarte** dargestellt (Bild 1). Wird eine ungewöhnliche Häufung einer Fehlerart sichtbar, handelt es sich meist nicht um zufällige, sondern um systematische Fehlerquellen, die beseitigt werden können.

Fehler	Je 10 Teile - Stichprobe Nr.:									
	1	2	3	4	5	6	7	8	9	10
Grat links			1	1	3					
Grat rechts										
Delle								1		
Riss									1	
Korrosion	2		1							
Uhrzeit	8	9	10	11	11	12	13	14	15	16

1 Fehlersammelkarte

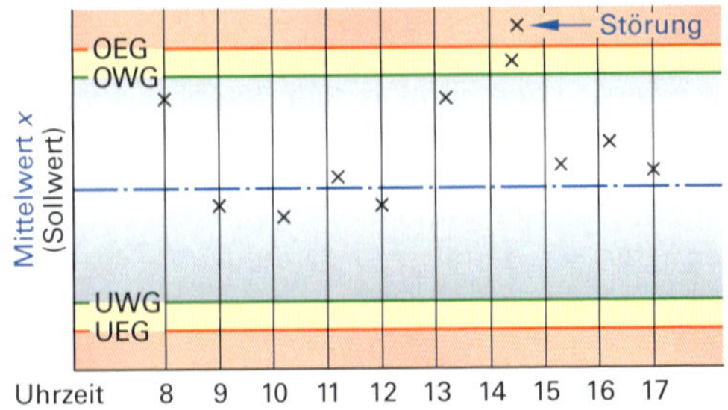

2 Qualitätsregelkarte

Qualitätsregelkarten zur Darstellung quantitativer, messbarer Merkmale

Die Qualitätsregelkarte zeigt den quantitativen Ist-Zustand des Werkstückes im zeitlichen Verlauf sowie das Auftreten von Störungen (Bild 2). Die **Eingriffsgrenzen (rot)** kennzeichnen den Störungsbereich, wo eine Maßabweichung vorliegt, bei der jedoch der zulässige Toleranzwert noch nicht voll ausgeschöpft wird, also ein Eingriff noch nicht nötig ist.

In der Qualitätsregelkarte kann neben der Eingriffsgrenze auch eine **Warngrenze** dargestellt werden (gelb in Bild 2). Wird sie erreicht, ist es ratsam sofort die nächste Stichprobe durchzuführen. Als stabil werden Fertigungsprozesse bezeichnet, bei denen sich ca. 99 % aller Messwerte zwischen den Eingriffsgrenzen und ca. 95 % aller Messwerte zwischen den Warngrenzen befinden.

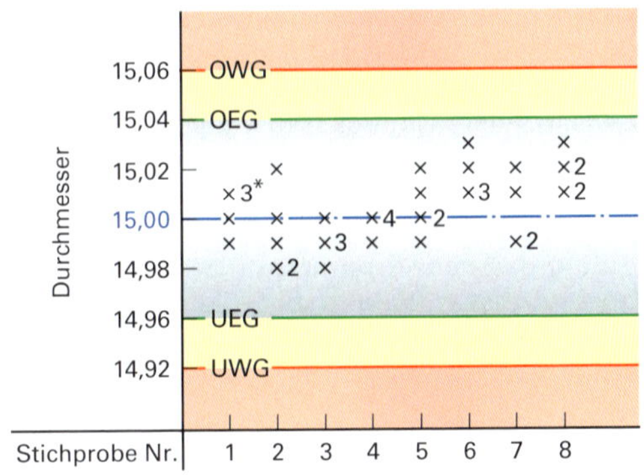

*x = Anzahl bei gleichen Messwerten
OWG = obere Warngrenze OEG = obere Eingriffsgrenze

3 Urwertkarte

Bei der **Urwertkarte** (Bild 3) werden die einzelnen Messwerte eingetragen, die bei einer Stichprobe (z. B. pro Stichprobe werden sechs Werkstücke betrachtet) entstehen. Die Streuung innerhalb einer Stichprobe, die Entwicklung der Stichprobenreihe und der Zeitpunkt für notwendige Korrekturmaßnahmen sind gut erkennbar.

Es gibt eine Reihe weiterer Qualitätsregelkarten, die z. B. den **mittleren Prüfwert** und die **Spannweite** (Zentralwert-Spannweiten-Karte) oder den **Mittelwert** und die **Streuung** (Mittelwert-Standardabweichungskarte) der Prüfwerte darstellen (Bild 3, Seite 54).

Merke

Qualitätsregelkarten dienen der statistischen Überwachung des Produktionsprozesses.

Durch Aufnahme und Verarbeitung von Qualitätsdaten mit einem Computerprogramm können Produktionsprozesse grafisch aufbereitet und dargestellt werden. Die Qualitätssicherung erfolgt rechnerunterstützt (**CAQ** – **C**omputer **A**ided **Q**uality Assurance).

Bei der **Statistischen Prozesslenkung** (**SPC** – **S**tatistical **P**rocess **C**ontrol) werden die gewonnenen Qualitätsdaten zur Prozesslenkung genutzt. Die Fertigung fehlerhafter Werkstücke kann damit weitgehend vermieden werden.

2.6.6 Qualitätsverbesserung

Merke

In einem Unternehmen sollte die Null-Fehler-Produktion das höchste Ziel des Qualitätsmanagements sein.

Um das Null-Fehler-Ziel zu erreichen, wurden Fehlervermeidungsprogramme entwickelt. Diese beziehen alle Mitarbeiter und Lieferanten ein. In einem **kontinuierlichen Verbesserungsprozess (KVP)** wird ständig nach Verbesserung oder Optimierung bei Planung, Fertigung, Überprüfung und im Qualitätsmanagement selbst gesucht. Am KVP sind alle Mitarbeiter des Unternehmens vom Management bis zum Produktionsarbeiter beteiligt.

Die Suche nach verbesserungswürdigen Prozessen erfolgt oft in **Qualitätszirkeln** in Gruppen- bzw. Teamarbeit. Mitarbeiter eines Arbeitsbereiches treffen sich regelmäßig, um Probleme zu besprechen und Lösungen zu finden (Bild 1). Viele Verbesserungen können allein durch die **verbesserte Kommunikation** – das Gespräch zwischen den Mitarbeitern eines Bereiches – erzielt werden. Die Kenntnis und das Verwenden von **Fachbegriffen** ist dabei sehr wichtig, um Missverständnisse zu vermeiden.

Es ist jedoch nicht sinnvoll, Fehler um jeden Preis zu vermeiden. Deshalb ist es wichtig, das Kosten-Nutzen-Verhältnis bei der Fehlervermeidung zu ermitteln. Fehler oder Fehlleistungen in Geld umzurechnen, wird **Preis der Fehlleistung** genannt. Nur wenn die Vermeidung eines Fehlers weniger kostet als der Schaden, den die Fehlleistung nach dem Verkauf verursacht, ist diese Fehlervermeidungsstrategie sinnvoll. Bei einer **Fehlerkostenanalyse** müssen alle Kostenfaktoren bedacht werden (Bild 2).

Realistischer als die Null-Fehler-Produktion ist deshalb das **ppm-Programm** (Parts per Million). Dabei wird ständig versucht, die Fehlerrate pro Million hergestellter Teile bei vertretbaren Kosten nach unten zu drücken.

Überprüfen Sie Ihre Kenntnisse

Analysieren Sie die nebenstehende Qualitätsregelkarte anhand Ihrer Erfahrungen und Kenntnisse. Beantworten Sie schriftlich die Fragen:

1 Warum wird nur zwei mal pro Stunde geprüft?
2 An welchem Tag wurde welches Maß geprüft?
3 Wie viele Werkstücke wurden geprüft?
4 Wie erklären Sie den Zick-Zack-Verlauf der Messdaten bis 15 Uhr?
5 Weshalb schwanken die Messdaten zwischen 16 Uhr und 16.30 Uhr so stark?
   a) Was bedeutet das Überschreiten von OEG?
   b) Was könnte der Grund für das Überschreiten von OWG sein?
   c) Was wurde wahrscheinlich unternommen?
6 Wurde Ausschuss oder Nacharbeit produziert?
7 Überlegen Sie, welche zusätzlichen Tätigkeiten in Ihrem Betrieb notwendig werden, wenn ein von Ihnen produziertes fehlerhaftes Teil erst kurz vor Auslieferung an den Kunden entdeckt wird.

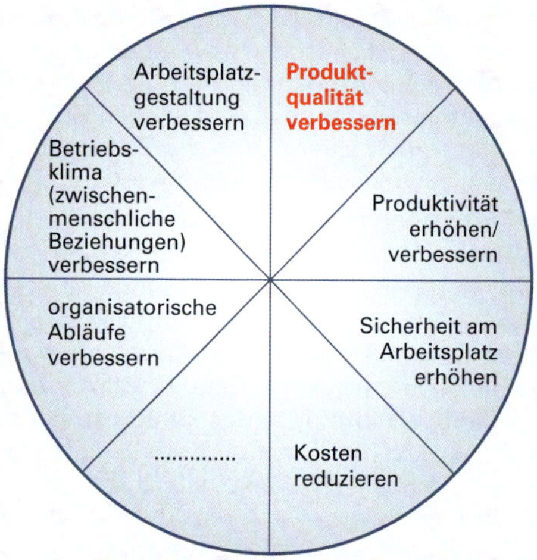

1 Ziele von Qualitätszirkeln

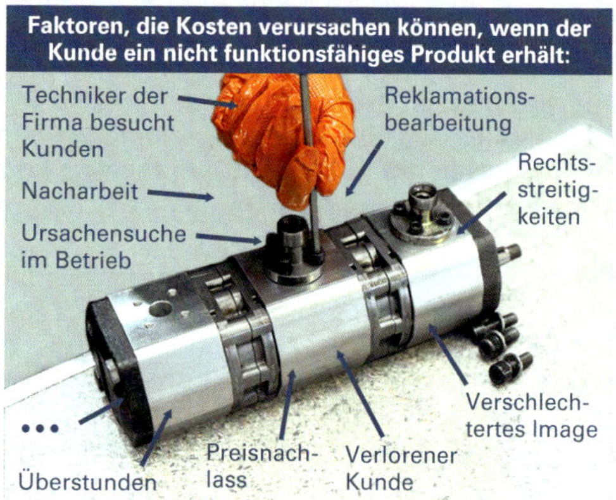

2 Fehlerkosten

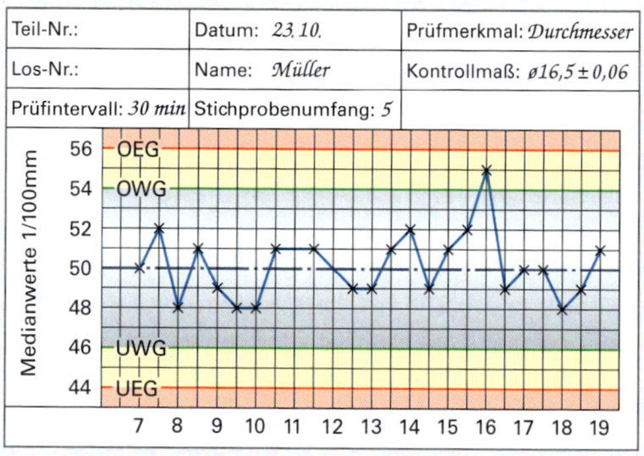

3 Qualitätsregelkarte

3 Werkstofftechnik

Die Geräte, Werkzeuge und Maschinen der täglichen Arbeit bestehen aus Werkstoffen (Bild 1). Sie sind vom Hersteller so ausgewählt, dass sie bestmöglich ihren Zweck erfüllen.

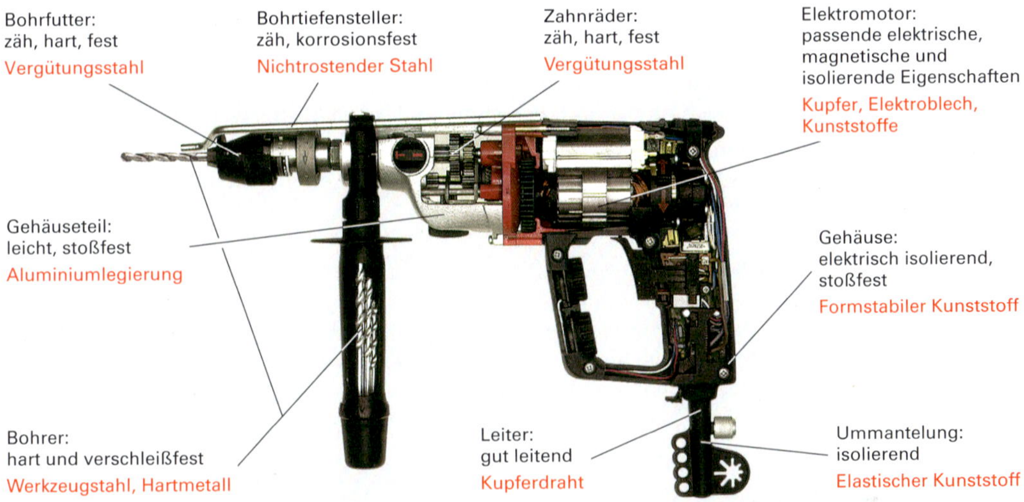

1 Anforderungen an die Bauteile und dafür eingesetzte Werkstoffe einer Handbohrmaschine

Wenn z. B. ein Werkzeug oder ein Maschinenteil zu Bruch geht, stellen sich für den Benutzer Fragen:

- Wurde der richtige Werkstoff für das Maschinenteil ausgewählt?
- Um welchen Werkstoff handelt es sich?
- Welche Eigenschaften hat der Werkstoff?

Der Metallfacharbeiter muss das beschädigte Werkzeug oder Maschinenteil auswechseln. Er muss es durch ein Austauschteil ersetzen. Häufig ist zu entscheiden, aus welchem Werkstoff das Austauschteil gefertigt wird. Dazu muss er genaue Kenntnisse über die Werkstoffe und ihre Eigenschaften besitzen.

3.1 Einteilung der Werkstoffe

Es gibt eine Vielzahl von technischen Werkstoffen. Um einen Überblick über die Werkstoffe zu gewinnen, ordnet man sie nach ihrer Zusammensetzung in Gruppen (Bild 2).

Die Grobeinteilung der Werkstoffe erfolgt in drei Gruppen: **Metalle, Nichtmetalle** und **Verbundwerkstoffe**. Die Metalle und Nichtmetalle werden dann weiter in Untergruppen unterteilt.

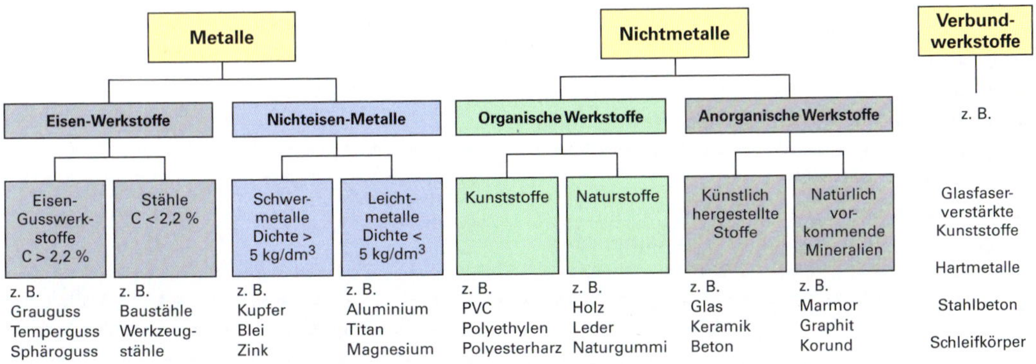

2 Einteilung der Werkstoffe in Gruppen

Die **Eisenwerkstoffe** untergliedert man in die Stähle sowie die Gusseisen-Werkstoffe. Sie unterscheiden sich in ihren Eigenschaften. Stähle sind hart und zugfest sowie biegsam. Sie können im glühenden Zustand geschmiedet werden. Gusseisen-Werkstoffe sind hart und druckfest, aber spröde.

Die **Nichteisenmetalle** (NE-Metalle) unterteilt man in Schwermetalle und Leichtmetalle. Die Leichtmetalle haben eine Dichte unter 5 kg/dm^3. Die Dichte der Schwermetalle ist größer als 5 kg/dm^3.

Von den **organischen Werkstoffen** haben die Kunststoffe in der Metalltechnik die größte Bedeutung erlangt. Die organischen Naturstoffe werden im Metallbetrieb wenig verwendet.

Bei den **künstlichen mineralischen Werkstoffen** finden z. B. Glas, Keramik oder Korund für Spezialzwecke Verwendung. Das gilt auch für die natürlichen mineralischen Stoffe, wie z. B. Granit.

Die **Verbundwerkstoffe** bestehen aus zwei oder mehr Einzelstoffen, die zu einem neuen Werkstoff verbunden sind, wie z. B. die glasfaserverstärkten Kunststoffe oder die Hartmetalle. Sie finden in der Technik eine immer breitere Verwendung.

3.2 Werkstoffeigenschaften

Die Beschreibung eines Werkstoffes erfolgt mithilfe seiner Eigenschaften. In der Technik interessieren die Eigenschaften, die den Werkstoff in seinem normalen Zustand und unter äußeren Einwirkungen beschreiben. Die Summe aller Eigenschaften ergibt das **Eigenschaftsbild des Werkstoffes**. Es entscheidet, ob ein Werkstoff für einen bestimmten Zweck geeignet ist.

Man unterscheidet physikalische, mechanisch-technologische, chemisch-technologische und fertigungstechnische Eigenschaften.

Physikalische Eigenschaften

Die physikalischen Eigenschaften beschreiben die grundlegenden Eigenschaften eines Werkstoffs (Bild 1).

Die **Dichte** ϱ gibt an, welche Masse m ein Werkstoff pro Volumeneinheit V besitzt. Man berechnet sie mit der Formel $\varrho = m/V$.

Die Einheit der Dichte ist kg/dm^3 oder g/cm^3.
Eisen hat z. B. eine Dichte von 7,84 kg/dm^3, Aluminium 2,7 kg/dm^3.

Der **Schmelzpunkt** nennt die Temperatur, bei der der Werkstoff schmilzt. Reines Eisen hat z. B. einen Schmelzpunkt von 1536 °C, Aluminium 659 °C.
Reine Stoffe haben einen exakten Schmelzpunkt. Legierungen, wie z. B. Messing, schmelzen in einem Erweichungs-Temperaturbereich.

Die **Leitfähigkeit für Wärme und Elektrizität** beschreibt die Fähigkeit eines Stoffes, Wärme bzw. Elektrizität in sich weiterzuleiten.
Gute Leiter sowohl für Wärme als auch für den elektrischen Strom sind z. B. die Metalle Kupfer, Aluminium und Eisen. Schlechte Wärme- und elektrische Leiter sind die Kunststoffe und Glas. Man nennt sie Isolatoren.

Die **thermische Längenausdehnung** gibt die Längenänderung eines Bauteils durch Temperaturänderung an. Berücksichtigt werden muss die thermische Längenausdehnung z. B. bei Messgeräten und Einbau-Passteilen. (Bild 2, Seite 44)

Magnetisierbarkeit liegt bei den meisten Eisenwerkstoffen sowie bei Nickel und Cobalt vor.

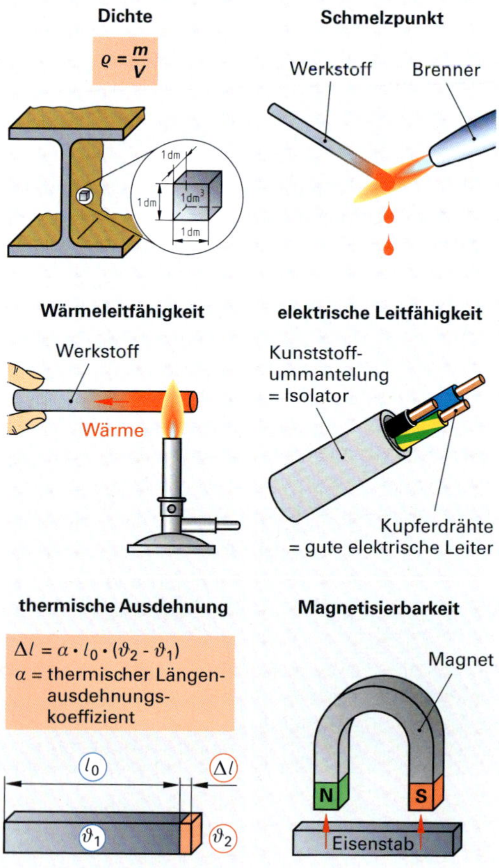

1 Physikalische Eigenschaften

Mechanisch-technologische Eigenschaften

Die mechanisch-technologischen Eigenschaften beschreiben das Verhalten der Werkstoffe unter der Wirkung mechanischer Kräfte (Bild 1). Wichtige mechanisch-technologische Eigenschaften sind die Festigkeit, die Härte sowie das Verformungs- und das Bruchverhalten.

Als **Zugfestigkeit** bezeichnet man die größtmögliche mechanische Zugspannung, die ein Werkstoff aushalten kann, ohne zu Bruch zu gehen.

Man berechnet sie nach der Formel $R_m = F_m/S$. F_m ist die maximale Zugkraft und S der Querschnitt der Probe. Die Einheit der Festigkeit ist N/mm^2.

Die **Härte** gibt den Widerstand an, den ein Werkstoff dem Eindrücken eines härteren Prüfkörpers entgegensetzt. Weiche Werkstoffe sind Reinaluminium, Blei und Kupfer. Sehr harte Werkstoffe sind gehärteter Stahl und Hartmetalle.

Mit **Elastizität** bezeichnet man die Fähigkeit eines Werkstoffs, nach einer Verformung seine Ausgangsform wieder von selbst einzunehmen. **Elastische** Werkstoffe federn zurück. Messerschneidenstahl oder Sägeblattstahl ist z. B. elastisch. **Plastisch** formbar ist ein Werkstoff, wenn er unter Krafteinwirkung seine Form bleibend verändert. Er federt nicht oder nur geringfügig zurück. Karosserieblech lässt sich z. B. plastisch verformen.

Die meisten Stähle haben ein **elastisch-plastisches** Verformungsverhalten. Bei geringen Kräften verformen sie sich elastisch, bei größeren Kräften zusätzlich auch plastisch.

Spröde ist ein Werkstoff, der bei schlagartiger Beanspruchung in viele Bruchstücke zerspringt, wie z. B. Glas.

Unter **Zähigkeit** versteht man die Eigenschaft eines Werkstoffes, der plastischen Verformung großen Widerstand entgegenzusetzen. Nichtrostender Stahl ist z. B. zäh.

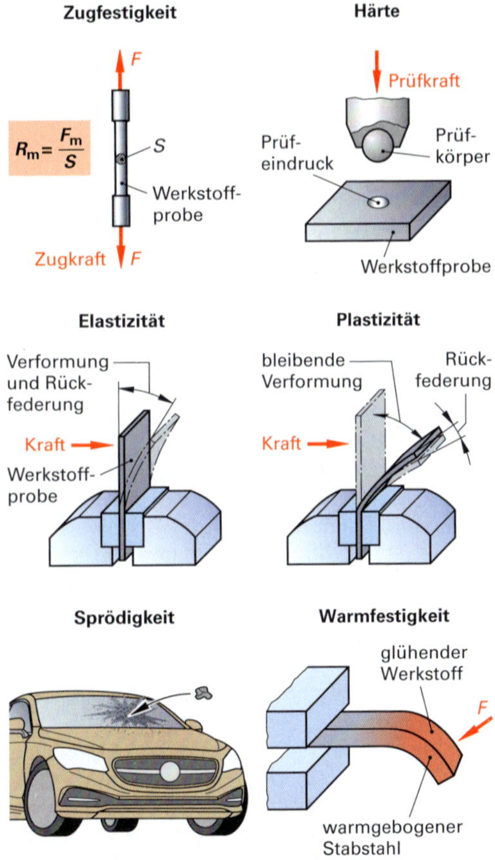

1 Mechanisch-technologische Eigenschaften

Die **Warmfestigkeit** beschreibt die Festigkeit eines Werkstoffes bei erhöhten Temperaturen.

Chemisch-technologische Eigenschaften

Die chemischen Eigenschaften beschreiben die Werkstoffzusammensetzung sowie die stofflichen Umwandlungen der Werkstoffe durch die Wirkung der sie umgebenden Stoffe und Umweltbedingungen.

Die **Zusammensetzung** gibt die in einem Werkstoff enthaltenen Elemente sowie den Gehalt der einzelnen Elemente an. Sie wird in Massenprozent angegeben (Kurzschreibweise %).

Beispiel: X5CrNi18-10 ist ein hochlegierter Stahl mit 0,05 % Kohlenstoff, 18 % Chrom, 10 % Nickel, Rest Eisen (≈ 72 %).

Unter **Korrosionsbeständigkeit** versteht man die Beständigkeit eines Werkstoffes gegen Korrosion. Als Korrosion bezeichnet man die von der Oberfläche des Werkstoffs ausgehende Zerstörung durch chemische oder elektrochemische Reaktionen. Durch Korrosion werden jährlich Bauteile von großem Wert zerstört (Bild 2). Stahlbauteile im Freien müssen durch Beschichten, z. B. Verzinken, gegen Korrosion geschützt werden.

2 Korrosion einer Stahlstütze

Die **Hitzebeständigkeit** ist wichtig bei Bauteilen, die erhöhter Temperatur ausgesetzt sind (Bild 1). Unlegierte Stähle sind hitze- und zunderbeständig bis ca. 600 °C. Werden sie höher erwärmt, so reagieren sie mit der umgebenden Luft: sie verzundern. Verzunderungsfeste Stähle sind bis ca. 1000 °C einsetzbar.

Kunststoffe können nicht höher als 250 °C erwärmt werden. Bei höheren Temperaturen zerfallen sie.

Die **Brennbarkeit** spielt normalerweise bei metallischen Werkstoffen keine Rolle. Beim Einsatz von Kunststoffen ist die Brennbarkeit stets zu beachten. Die meisten Kunststoffe sind leicht brennbar.

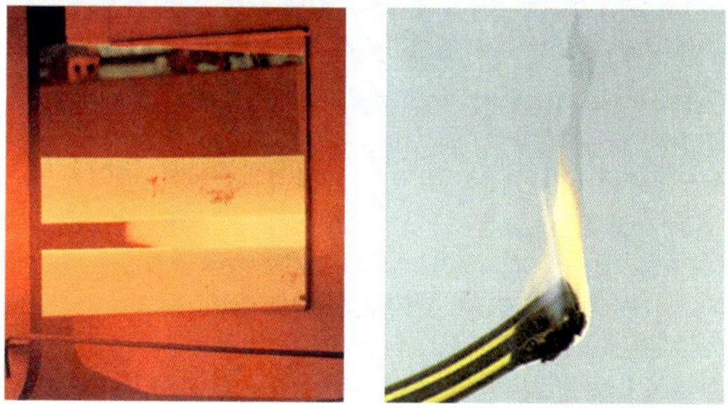

1 Hitzebeständigkeit, Brennbarkeit

Fertigungstechnische Eigenschaften

Die fertigungstechnischen Eigenschaften behandeln die Eignung sowie die Bedingungen bei der Verarbeitung der Werkstoffe. Wichtige Fertigungsverfahren sind das Gießen, die spanende Formung, das Umformen (z. B. Schmieden), das Härten sowie das Schweißen (Bild 2).

Gute **Gießbarkeit** besitzt ein Werkstoff, wenn er eine dünnflüssige Schmelze bildet. Zum Gießen eignen sich die Gusswerkstoffe.

Spanbar sind die meisten Werkstoffe, wie z. B. Stähle, Gusswerkstoffe, Aluminium, Kupfer usw. Je nach Härte und Elastizität des Werkstoffes müssen die Schneidenform der Spanwerkzeuge und die Schnittbedingungen gewählt werden. Nicht spanbar sind sehr weiche und hartspröde Werkstoffe, wie z. B. Gummi oder Glas.

Das **Schmieden** ist Umformen bei erhöhten Temperaturen. Schmiedbar sind viele Stähle sowie Aluminiumknetlegierungen und Kupferknetlegierungen.

Unter **Härtbarkeit** versteht man die Eigenschaft eines Werkstoffes, durch Wärmebehandlung eine wesentlich größere Härte zu erreichen. Härtbar sind bestimmte Stahlsorten und Aluminiumlegierungen.

Das **Schweißen** ist ein Fügeverfahren für schmelzbare Werkstoffe. **Schweißbar** sind unlegierte und legierte Stähle mit geringem Kohlenstoffgehalt. Außerdem Aluminium- und Kupferlegierungen sowie einige Kunststoffe.

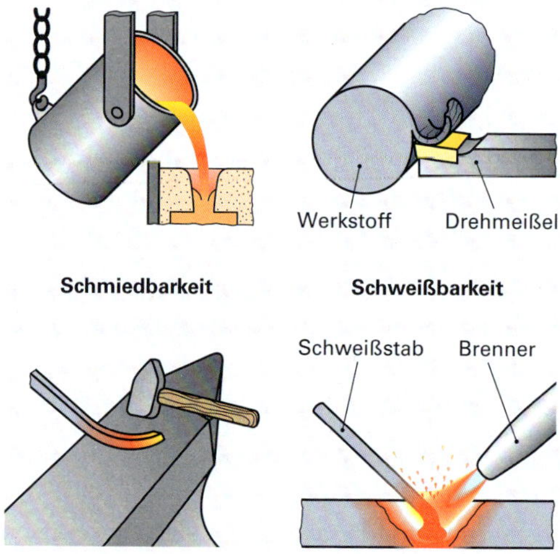

2 Fertigungstechnische Eigenschaften

Umweltverträglichkeit und wirtschaftliche Gesichtspunkte

Die Werkstoffe sollen bei der Herstellung, ihrer Bearbeitung und beim sachgemäßen Gebrauch keine gesundheitsgefährdenden Wirkungen besitzen. Nach dem Gebrauch soll der Werkstoff durch Recycling wiederaufarbeitbar sein.

Daneben spielt der Preis bei der **Werkstoffauswahl** eine wichtige Rolle.

Ausgewählt wird der Werkstoff, der die technischen Anforderungen am besten erfüllt. Außerdem soll er leicht zu bearbeiten und umweltverträglich sein sowie einen günstigen Preis haben.

Überprüfen Sie Ihre Kenntnisse

1 In welche Gruppen unterteilt man die Metalle?
2 Was gibt die Dichte an?
3 Wie lautet die Formel für die Zugfestigkeit?
4 Welche Eigenschaften hat ein elastischer Werkstoff?
5 Was versteht man unter Korrosion?
6 Nennen Sie drei wichtige fertigungstechnische Eigenschaften?
7 Welche Werkstoffe sind spanbar?
8 Welche Werkstoffe können geschweißt werden?

3.3 Rohstoffe, Hilfsstoffe, Werkstoffe

So wie die Werkstoffe in der Werkstatt oder im Betrieb verarbeitet werden, kommen sie in der Natur nicht vor. Die Werkstoffe werden aus **Rohstoffen** hergestellt. Diese liefert zum einen die belebte Natur.

Natürliche Werkstoffe sind z. B. Holz, Leder oder Marmor. Sie haben dieselbe oder eine ähnliche Zusammensetzung wie die Rohstoffe, aus denen sie hergestellt werden. Zu ihrer Herstellung müssen die Rohstoffe bearbeitet bzw. aufbereitet werden. So werden z. B. Baumstämme zu Bauholz zersägt; Tierhäute werden zu Leder gegerbt (Bild 1); Marmorgestein in großen Blöcken gebrochen und zu Platten zersägt. Natürliche Werkstoffe haben in der Technik nur eine geringe Bedeutung.

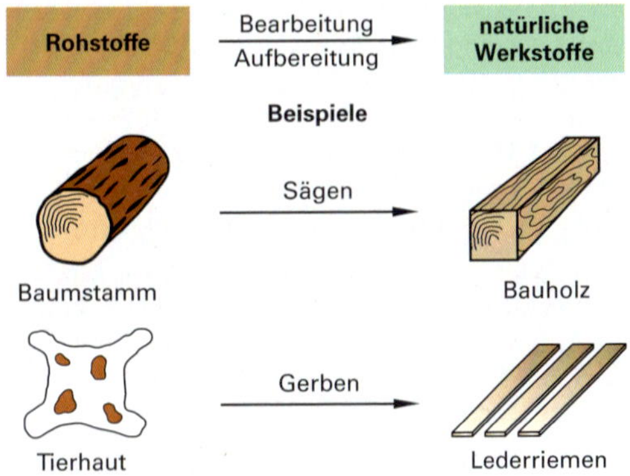

1 Natürliche Werkstoffe (Beispiele)

Die Mehrzahl der in der Technik verwendeten Materialien sind **künstlich hergestellte Werkstoffe**, wie z. B. die Metalle oder die Kunststoffe. Sie werden aus den Rohstoffen durch chemische Umwandlung hergestellt (Bild 2).

Die Erze zur Herstellung der Metalle werden aus Tagebau-Lagerstätten gewonnen.

So entsteht Eisen z. B. durch Reduktion, d. h. Sauerstoffentzug, von Eisenerz.

Die Kunststoffe werden durch Synthese aus Erdölprodukten gewonnen.

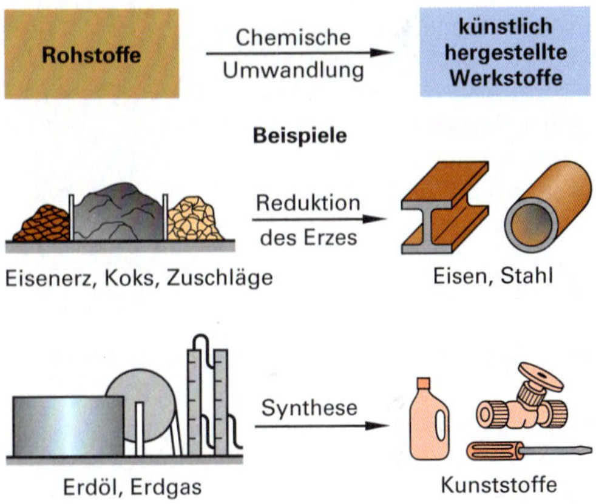

2 Künstlich hergestellte Werkstoffe (Beispiele)

> ***Merke***
>
> Die künstlich hergestellten Werkstoffe entstehen durch chemische Umwandlung der Rohstoffe. Sie haben eine andere stoffliche Zusammensetzung als die Rohstoffe, aus denen sie hergestellt sind.

Die Werkstoffe dienen zur Herstellung von Werkstücken, Bauteilen, Maschinen- und Apparateteilen sowie Werkzeugen.

Dazu werden die Ausgangsstoffe bearbeitet oder es wird ihnen eine andere Form gegeben (Bild 3).

Zur Herstellung sowie zur Bearbeitung und Formgebung der Werkstoffe benötigt man **Hilfsstoffe** und **Hilfsmittel**.

Für die Eisenherstellung aus Eisenerz z. B. sind die Hilfsstoffe Koks, Zuschläge und Wasser sowie als Hilfsmittel Wärme erforderlich.

Zum Drehen einer Welle z. B. benötigt man als Hilfsstoff ein Kühlschmiermittel. Als Hilfsmittel braucht man elektrischen Strom zum Antrieb der Drehmaschine.

Weitere Hilfsstoffe für die Fertigung sind Schmierstoffe, Kühlmittel, Schleif- und Poliermittel. Zum Schweißen und Löten benötigt man Zusatzstoffe. Als Energielieferant dient meist elektrischer Strom. Er wird aus dem Stromnetz entnommen.

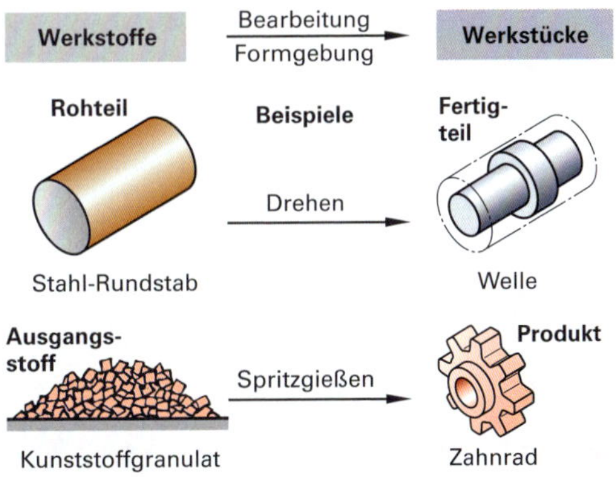

3 Vom Werkstoff zum Werkstück (Beispiele)

3.4 Roheisengewinnung

Das Roheisen wird zum überwiegenden Teil in **Hochofenanlagen** gewonnen (Bild 1). Sie bestehen aus dem bis zu 50 m hohen Hochofen mit Winderhitzern und Zuschlagdosierung.

Der Hochofen wird im Gegenstromprinzip betrieben. Von oben wird er lagenweise mit einem Erz/Kalk-Gemisch (Möller) und Koks beschickt. Diese Füllung rutscht langsam nach unten. Von unten wird heiße Luft eingeblasen.

Im unteren Teil des Hochofens verbrennt ein Teil des Kokses mit der eingeblasenen Heißluft zu Kohlenstoffmonoxid (CO) und steigt nach oben. Bei der Verbrennung entsteht Wärme und heizt den Kernbereich auf 1400 °C bis 1800 °C auf. Die Wärme dient zur Reduktion des Eisenerzes und zum Schmelzen des entstehenden Roheisens.

Im Hochofen laufen folgende Vorgänge ab:

In der Reduktions- und Schmelzzone wird bei 900 °C bis 1400 °C das Eisenerz Fe_2O_3 zu metallischem Eisen Fe reduziert.

Es schmilzt und fließt als flüssiges Roheisen in den Auffangboden des Hochofens. Von dort wird es in fahrbare Roheisenmischer abgelassen und ins Stahlwerk oder zum Vergießen transportiert.

Reduktion des Eisenerzes im Hochofen:

$Fe_2O_3 + 3\,CO \rightarrow \mathbf{2\,Fe} + 3\,CO_2$

$Fe_2O_3 + 3\,C \rightarrow \mathbf{2\,Fe} + 3\,CO$

Das Roheisen besteht zu rund 85 % aus Eisen, bis 5 % Kohlenstoff, einigen Prozent Mangan, Silicium und Phosphor sowie geringen Anteilen Schwefel. Je nach der Zusammensetzung des flüssigen Roheisens unterscheidet man Stahlroheisen und Gießereiroheisen.

Stahlroheisen hat einen hohen Mangangehalt bis 6 % und dadurch eine silberhelle Bruchfläche. Es ist der Ausgangsstoff für die Stahlherstellung.

Gießereiroheisen (Graues Roheisen) hat einen hohen Siliciumgehalt von 1,5 % bis 3 %. Seine Bruchfläche ist grau. Es ist der Ausgangsstoff für Gusseisen-Werkstoffe.

Ein kleiner Anteil des Roheisens wird mit dem **Direktreduktionsverfahren** in einem zweischrittigen Verfahren hergestellt (Bild 2). Reduktionsmittel ist ein Gasgemisch aus CO und H_2, das aus Erdgas hergestellt wird.

Zuerst wird in einem Schachtofen aus Eisenerzpellets (Fe_2O_3) metallisches Eisen (Fe) in Form von Eisenschwamm erzeugt. Als Eisenschwamm bezeichnet man poröse, walnussgroße Eisenstücke. Sie bestehen zu 65 % aus Roheisen, der Rest sind Eisenbegleiter und Schlacke. Der Eisenschwamm wird in einem Elektro-Lichtbogenofen zu flüssigem Roheisen geschmolzen. Dabei werden die Schlacke und Verunreinigungen beseitigt.

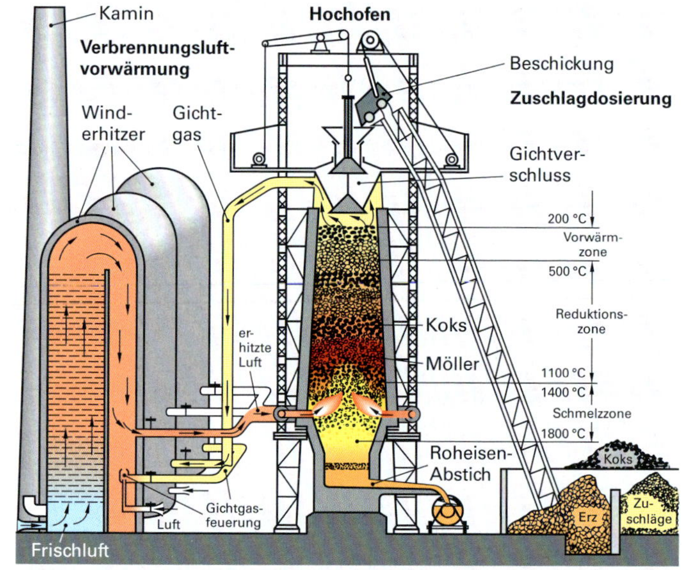

1 Hochofenanlage zur Roheisengewinnung

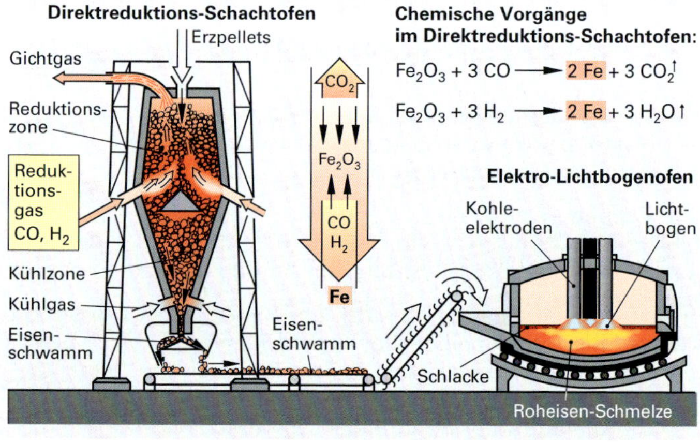

2 Direktreduktions-Anlage mit Schachtofen und Lichtbogenofen

3.5 Stahlherstellung

3.5.1 Umwandlung von Roheisen in Stahl

Ausgangsstoff der Stahlherstellung ist das im Hochofen oder durch Direktreduktion gewonnene Stahlroheisen (Seite 60). Es besteht zu rund 85 % aus Eisen und rund 15 % Eisenbegleiter: C, Si, Mn, P, S (Bild 1). Roheisen ist **sprödhart** und nicht **schmiedbar**. Es ist technisch nicht verwendbar.

Die Stahlherstellung besteht darin, den Gehalt der Eisenbegleiter im Roheisen zu vermindern und Verunreinigungen zu beseitigen. Dieser Vorgang heißt **Frischen**.

Roheisen —Verminderung der Eisenbegleiter→ **Stahl**

Der Kohlenstoffgehalt muss je nach Stahlsorte auf 0,05 % bis 0,6 % gesenkt werden. Phosphor und Schwefel sind unter 0,05 % zu bringen. Mangan und Silicium können zum Teil erhalten bleiben (Bild 1).

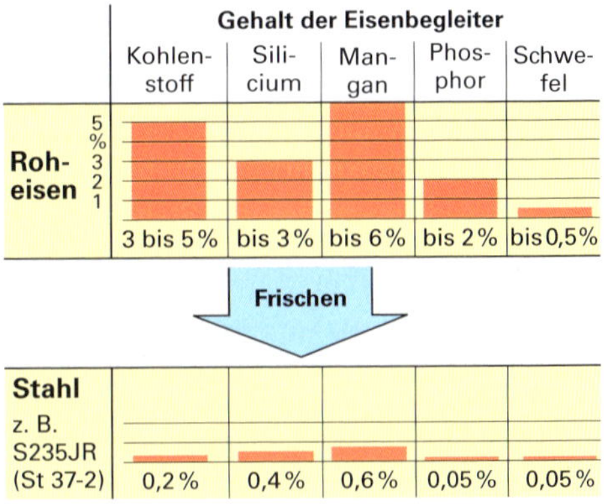

1 **Veränderung der Zusammensetzung beim Frischen von Roheisen zu Stahl**

3.5.2 Stahlherstellung mit dem Sauerstoff-Blasverfahren

Bei diesem Verfahren sind die Ausgangsstoffe flüssiges Stahlroheisen und Stahlschrott. Sie werden zusammen mit Kalk-Zuschlägen (zur Schlackenbildung) in einen **Konverter** (Umwandlungsbehälter) gefüllt (Bild 2).

Der **Konverter** ist ein feuerfest ausgemauerter, nach oben offener, birnenförmiger Großbehälter. Er hat ein Fassungsvermögen von rund 300 t Stahl. Er ist drehbar und wird zum Füllen und Entleeren gekippt. Nach dem Einfüllen der Ausgangsstoffe fährt ein Rohr von oben in den Konverter und bläst Sauerstoff O_2 in die Schmelze (ca. 10 min.). Er reagiert heftig mit den Eisenbegleitern in der Schmelze. Sie verbrennen und gasen aus oder werden in die Schlacke aufgenommen. Am Schluss werden Legierungselemente zugegeben, um die gewünschte Stahlzusammensetzung zu erhalten.

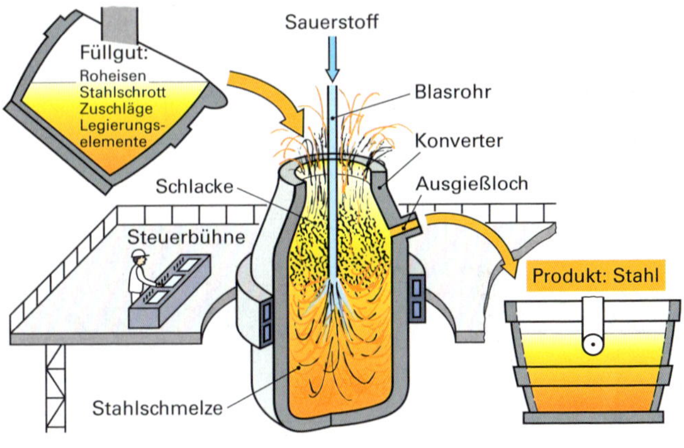

2 **Stahlherstellung mit dem Sauerstoff-Blasverfahren**

vel.plus/GM04

3.5.3 Stahlherstellung mit dem Elektrostahlverfahren

Das Elektrostahlverfahren wird im Elektro-Lichtbogenofen durchgeführt. Er hat eine flache Schmelzwanne mit Kohleelektroden (Bild 3). Zwischen den Kohleelektroden und dem Einsatzgut zünden Lichtbogen. Einsatzgut sind Stahlschrott, Gießereiabfälle, Eisenschwamm, Roheisen und schlackebildende Zuschläge. Die Lichtbögen entwickeln Temperaturen bis zu 3000 °C und schmelzen die Füllung unter Durchmischung auf. Dies dauert ca. 1 Stunde. Dabei werden überschüssiger Kohlenstoff sowie Phosphor, Schwefel und die Verunreinigungen verbrannt. Zum Schluss wird die Stahlschmelze auf die gewünschte Zusammensetzung legiert und in Gießbehälter gegossen.

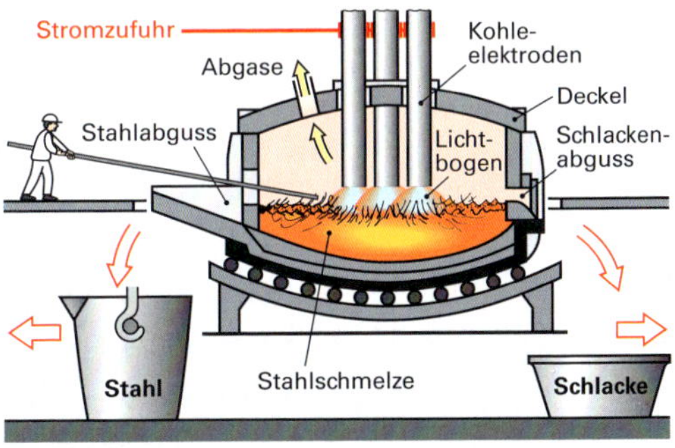

3 **Stahlherstellung im Elektro-Lichtbogenofen**

vel.plus/GM24

3.5.4 Nachbehandlung des flüssigen Stahls

Zur Verbesserung der Qualität wird der flüssige Rohstahl behandelt.

Das **Desoxidieren** dient zum Entfernen von gelöstem Restsauerstoff in der Stahlschmelze. Dieser Sauerstoff hat sich während des Blasvorgangs im flüssigen Stahl gelöst (Seite 61). Er würde beim Erstarren der Stahlschmelze ausperlen. Die Folge wäre ein „Kochen" der erstarrenden Stahlschmelze. In der Metallfachsprache sagt man: der Stahl erstarrt **nicht-desoxidiert** oder **unberuhigt**.

Nicht-desoxidiert vergossener Stahl enthält Gasporen und ist bereichsweise entmischt. Man nennt die Entmischung **Seigerung**.

Zum Desoxidieren werden rund 1 % Silicium- und Aluminiumpulver (Desoxidationsmittel) kurz vor dem Vergießen in die Stahlschmelze geblasen (Bild 1). Dadurch wird der gelöste Sauerstoff chemisch gebunden. Die Schmelze ist beim Abkühlen ruhig. Man spricht von **desoxidiert vergossenem Stahl** oder **beruhigt vergossenem Stahl**. Er entmischt sich nur wenig, er enthält keine Gasporen und ist alterungsbeständig. Heutzutage sind alle Stähle desoxidiert. Weitere Nachbehandlungsverfahren sind das Vakuumentgasen und das Umschmelzen.

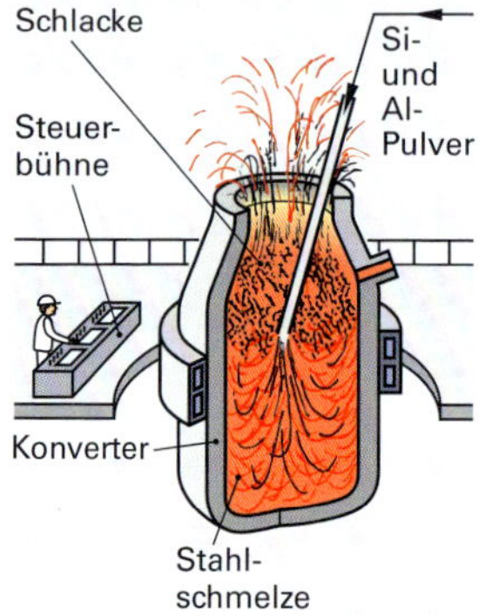

1 Desoxidieren des Stahls

3.6 Verarbeitung zu Stahlerzeugnissen

Die überwiegende Menge des Stahls wird im Stahlwerk zu Strängen oder Blöcken vergossen. In diesem Zustand besitzt der Stahl noch keine für den Stahlverarbeiter verwendbare Form. Auch die mechanisch-technologischen Eigenschaften entsprechen nicht den notwendigen Anforderungen.

Die Formgebung zu verwendbaren Formen, den **Stahlerzeugnissen**, erfolgt durch **Umformen**. Dabei werden auch die Gebrauchseigenschaften eingestellt. Hierbei werden mehrere Arbeitsschritte von der Ausgangsform bis zum Stahlerzeugnis durchlaufen (Übersicht).

vel.plus/ GM06

vel.plus/ GM05

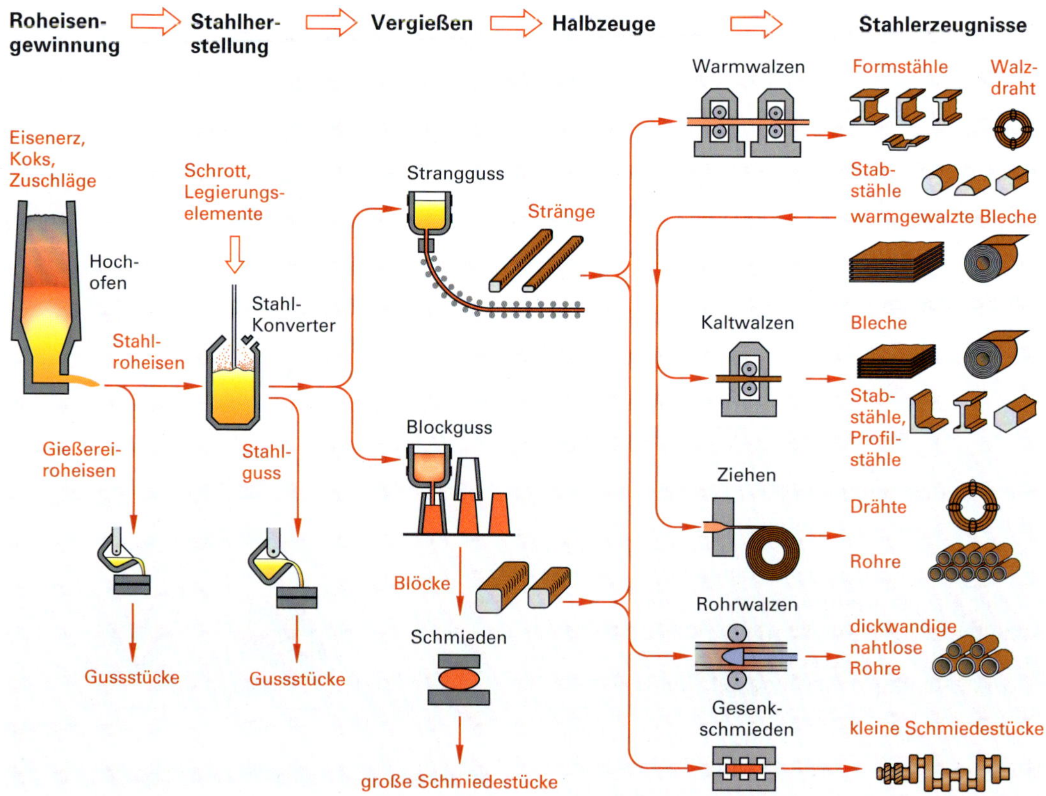

Übersicht: Der Weg vom Eisenerz zum gebrauchsfertigen Stahlerzeugnis

3.6.1 Warmwalzen

Warmwalzen ist das gebräuchlichste Verfahren zur Herstellung von Stahlerzeugnissen. Mit diesem Verfahren werden rund 90 % des Stahls im Walzwerk weiterverarbeitet.

Walzvorgang: Beim Warmwalzen wird der rotglühende Werkstoff (rund 700 °C) im verengten Querschnitt zwischen zwei in entgegengesetzter Richtung drehenden Walzen zusammengepresst und geknetet (Bild 1). Er verlässt den Walzspalt mit verminderter Dicke. Die Walzkraft bewirkt eine Streckung des Materials in Walzrichtung, die Breitenzunahme ist gering. Dabei werden die Kristalle des Stahlgefüges in Walzrichtung gestreckt. Sie wandeln sich durch die hohe Walztemperatur aber umgehend wieder in kornförmige Kristalle um. Man sagt, der Stahl „rekristallisiert". Dadurch hat warmgewalzter Stahl ein gleichmäßiges Gefüge und ist nicht kaltverfestigt. Warmwalzgut hat gerundete Kanten und eine verzunderte Oberfläche.

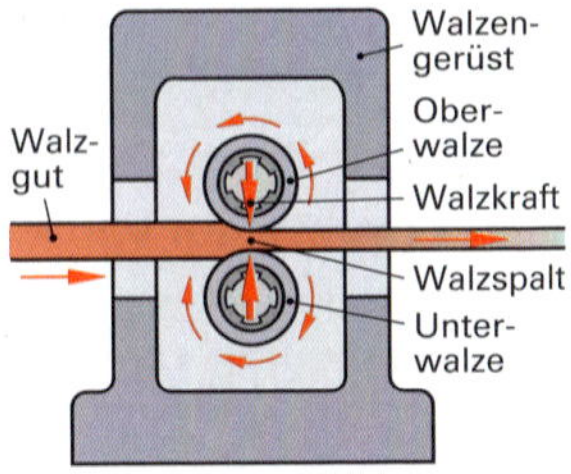

1 **Walzvorgang**

Eine **Warmwalzanlage** umfasst mehrere Bereiche, die vom Walzgut durchlaufen werden: die Erwärmung im Stoßofen, das Entzundern, das Walzen in der Walzstraße und die Zurichtung (Bild 2).

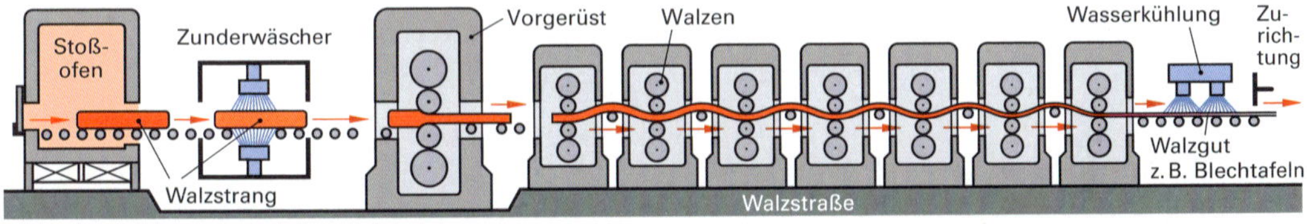

2 **Walzen eines Walzstrangs in einer Warmwalzanlage**

Mit glatten **Zylinderwalzen** werden Bleche und Bänder, sogenannte Flacherzeugnisse, hergestellt (Bild 3).

Formstähle und Stabstähle werden auf Walzen mit Einschnitten, sogenannten **Kaliberwalzen**, gefertigt.

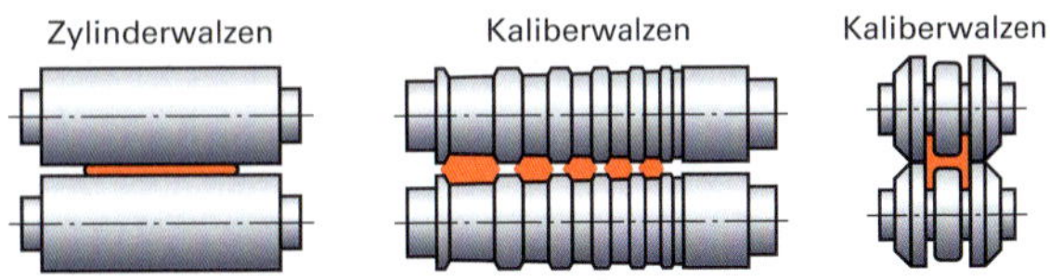

3 **Walzen von Stahl-Fertigerzeugnissen**

Bei jedem Walzschritt kann nur eine begrenzte Umformung des Werkstoffes stattfinden. Deshalb muss das Walzgut in mehreren Durchgängen (Stichen) verschiedene Walzen durchlaufen. Aus dem Walz-Halbzeug wird das Stahlerzeugnis geformt, z. B. ein Formstahl (Bild 4).

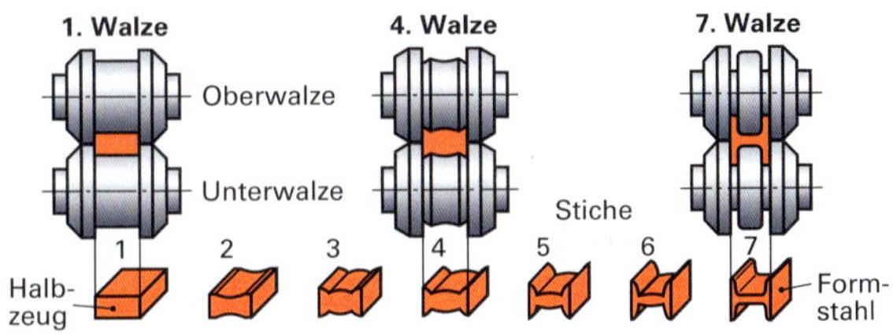

4 **Walzen eines Formstahls aus einem Halbzeug**

Durch eine genau gesteuerte Temperaturführung während der einzelnen Walzschritte werden Höchstwerte der Festigkeit und Zähigkeit des Walzguts erreicht. Man nennt dies **thermomechanische Behandlung**.

Durch Warmwalzen wird eine Vielzahl von **Stahl-Fertigerzeugnissen** hergestellt (Bild 5). Man unterscheidet **Flacherzeugnisse** und **Langerzeugnisse**. Flacherzeugnisse sind Blechtafeln sowie zu Rollen aufgewickeltes Blech (engl. Coils). Bei den Langerzeugnissen untergliedert man in Stabstähle, Formstähle (Profilstähle) und Träger. Die Fertigerzeugnisse werden mit einer Kurzbezeichnung normgerecht bezeichnet (Seite 65).

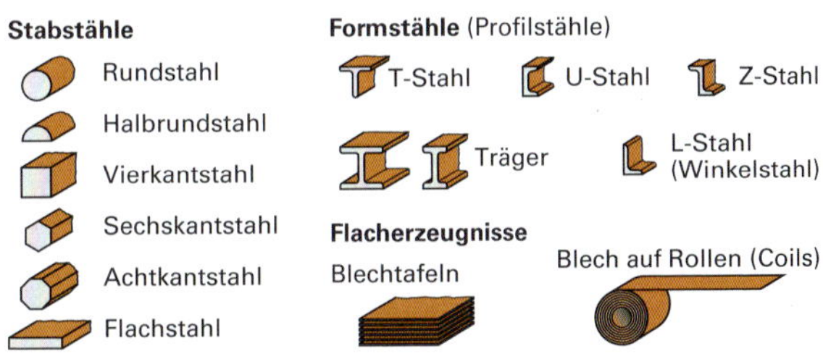

5 **Stahl-Fertigerzeugnisse**

Die Querschnittsformen der Stahl-Fertigerzeugnisse sind nach den Anforderungen der Praxis und den Erkenntnissen der Festigkeitslehre entwickelt worden. Sie sind in den DIN EN-Normen in Größenreihen festgelegt. Die genauen Abmessungen, die Größenstufung sowie die verwendeten Werkstoffe können der jeweiligen Norm entnommen werden.

Die genormten Stahl-Fertigerzeugnisse werden von den Stahlherstellern auf Lager gefertigt. Sie können vom Besteller sofort bezogen werden. Einige genormte Fertigerzeugnisse sind auf Seite 65 gezeigt.

3.6.2 Herstellen von Rohren und Hohlprofilen

Rohre mit kleinen bis mittleren Durchmessern fertigt man durch kontinuierliches Formwalzen von Bandstahl und anschließendem Verschweißen der Kanten (Bild 1). Das durch Erhitzen formbar gemachte Stahlband wird durch mehrere Formwalzen geführt. Sie formen es zu einem Schlitzrohr. Dann werden die Kanten des Schlitzrohres verschweißt. Anschließend wird die Schweißnaht normalgeglüht und geschliffen.

Die **Hohlprofile** (Quadrat- oder Rechteckprofile) werden durch anschließendes Formwalzen aus Rundrohren geformt.

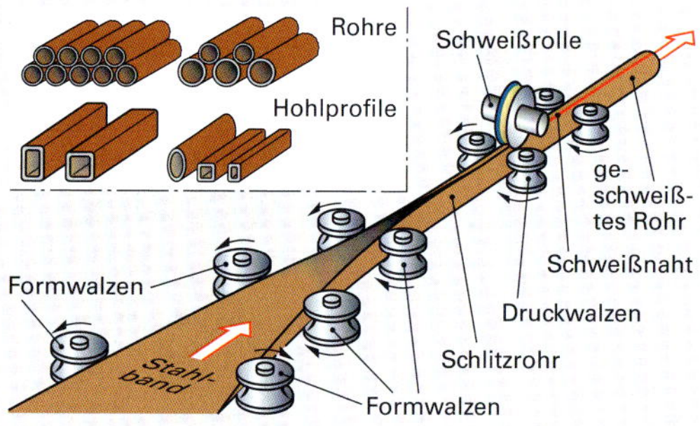

1 Herstellung geschweißter Rohre

3.6.3 Kaltumformen

Unter Kaltumformen versteht man die Formgebung bei Raumtemperatur oder bis etwa 200 °C. Dabei werden aus warmgewalztem Vormaterial blanke und maßgenaue Stahlerzeugnisse gefertigt.

Vor dem Kaltumformen wird das Vormaterial durch Sandstrahlen, Beizen und Schleifen blank gemacht. Durch das Kaltumformen erhält das Material dann seine Form.

Kaltumgeformte Erzeugnisse haben eine blanke Oberfläche und hohe Maßgenauigkeit. Sie besitzen infolge der Kaltverfestigung eine erhöhte Festigkeit.

Kaltwalzen

Haupteinsatzgebiet des Kaltwalzens ist die Herstellung von Flacherzeugnissen, wie Blech und Band aus unlegierten, aus weichen und aus nichtrostenden Stählen.

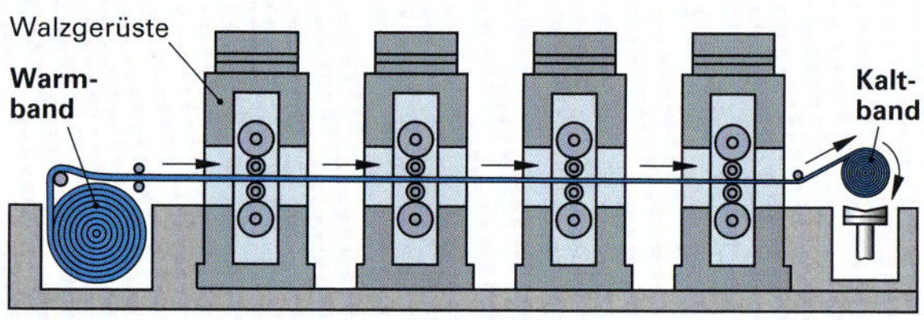

2 Kaltwalzen von Blechband (Kaltband)

Ausgangsmaterial ist warmgewalzter Bandstahl. Es wird in mehreren hintereinander angeordneten Vielwalzengerüsten auf die gewünschte Dicke heruntergewalzt (Bild 2). Nach dem Kaltwalzen wird das Kaltband rekristallisationsgeglüht. In einem Nachwalzgang (Dressieren) erhält es seine mechanischen Eigenschaften und Oberflächengüte.

Auch Vollstäbe verschiedener Querschnitte werden zu Blankstahl kaltgewalzt.

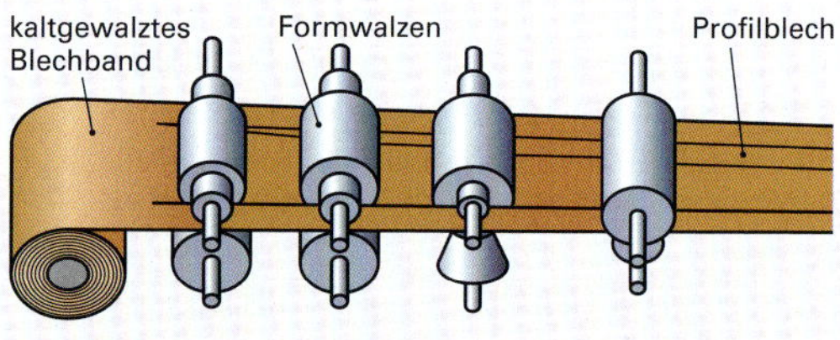

3 Profilwalzen eines Profilblechs

Profilwalzen

Das Profilwalzen, auch Rollumformen genannt, dient zur Fertigung von profilierten Blechen (Bild 3). Die Umformung erfolgt kontinuierlich in einer Anlage mit hintereinander angeordneten Profilrollen. Abschließend werden die Profilbleche verzinkt oder beschichtet.

Es werden eine Vielzahl von Profilformen hergestellt (Bild 4). Sie werden im Bauwesen, im Metallbau und in der Installationstechnik verwendet.

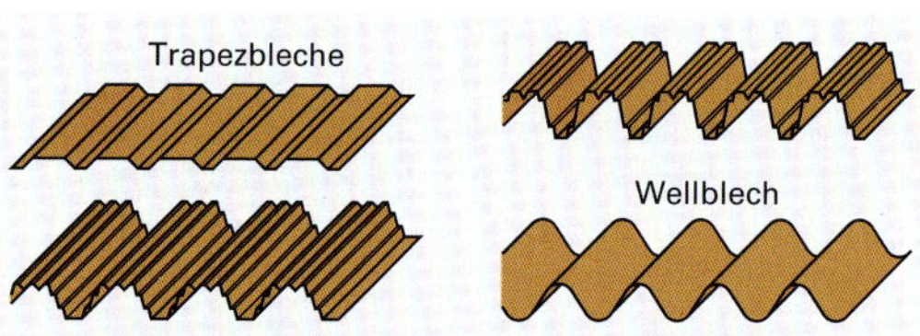

4 Durch Profilwalzen hergestellte Profilbleche

3.7 Genormte Fertigerzeugnisse und ihre Bestellung

Die gebräuchlichsten Stahl-Fertigerzeugnisse sind in den DIN- bzw. DIN EN-Normen festgelegt. In Tabellenbüchern, Stahlprofil-Handbüchern und Stahlhersteller-Prospekten sind sie zusammengefasst. Die folgende Tabelle zeigt eine Auswahl.

Tabelle: Gebräuchliche Stahl-Fertigerzeugnisse (Auswahl)

Rundstahl
DIN EN 10060

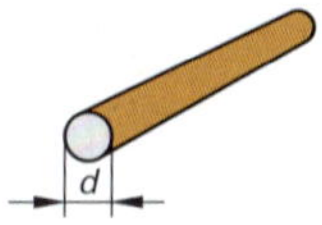

z.B. Rundstab mit 50 mm Durchmesser, 800 mm Länge
Rundstab EN 10060 – 50 x 800

Vierkantstahl
DIN EN 10059

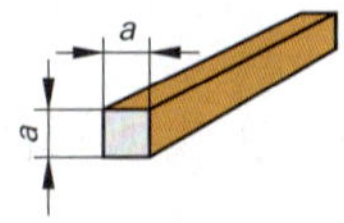

z.B. Vierkantstab mit 40 mm Seitenlänge, 1800 mm Länge
Vierkantstab EN 10059 – 40 x 1800

Sechskantstahl
DIN EN 10061

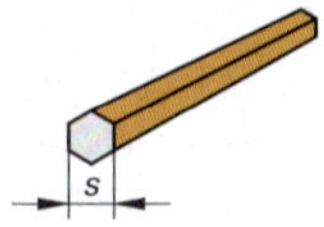

z.B. Sechskantstahl mit 10 mm Schlüsselweite
Sechskantstab EN 10061 – 10

Flachstahl
DIN EN 10058

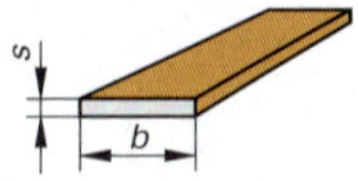

z.B. Flachstahl mit 20 mm Breite und 5 mm Dicke, 800 mm Länge
Flachstab EN 10058 – 20 x 5 x 800

U-Stahl
DIN 1026-1

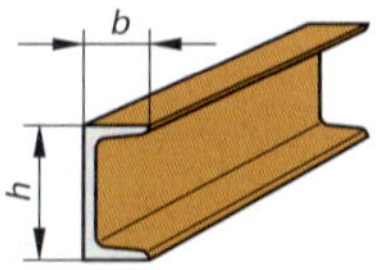

z.B. U-Stahl mit 80 mm Höhe
U-Profil DIN 1026-1 – U80

L-Stahl
gleichschenklig / ungleichschenklig
DIN EN 10056-1

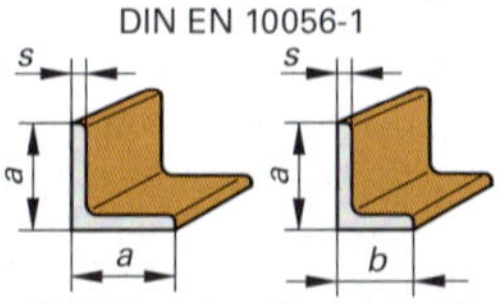

z.B. Gleichschenkliges L-Profil
L-Profil EN 10056-1 – L60 x 60 x 5

Z-Stahl
DIN 1027

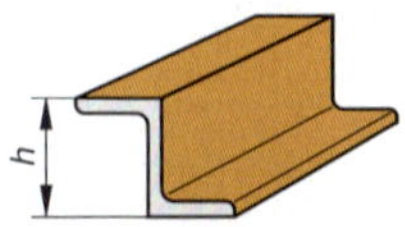

z.B. Z-Stahl mit 100 mm Höhe
Z-Profil DIN 1027 – Z100

Mittelbreite I-Träger
Reihe IPE DIN 1025-5

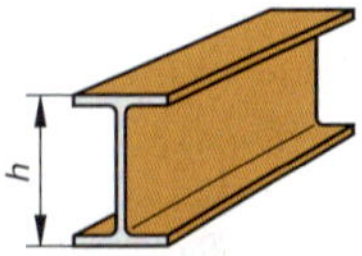

z.B. Mittelbreiter I-Träger von 160 mm Höhe
IPE- Profil DIN 1025-5 – IPE 160

Nahtlose Rohre
DIN EN 10220

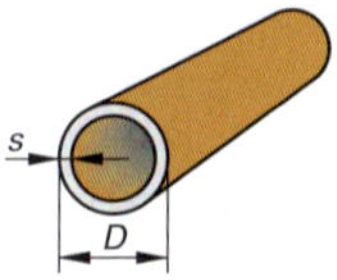

z.B. Nahtloses Rohr mit D = 60,3 mm, s = 4 mm
Rohr EN 10220 – 60,3 x 4

Warmgefertigtes quadratisches Hohlprofil
DIN EN 10210-2

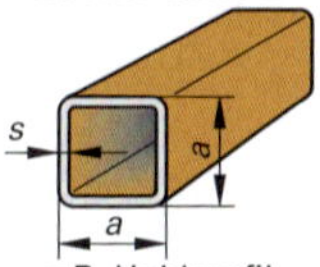

z.B. Hohlprofil mit a = 60 mm, s = 3 mm
Hohlprofil EN 10210-2 – 60 x 60 x 3

Warmgefertigtes rechteckiges Hohlprofil
DIN EN 10210-2

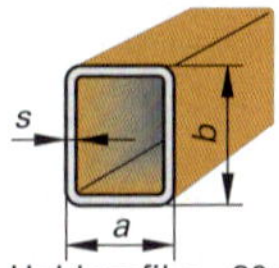

z.B. Hohlprofil a = 80 mm, b = 40 mm, s = 3 mm
Hohlprofil EN 10210-2 – 80 x 40 x 3

Warmgewalztes Stahlblech
DIN EN 10051

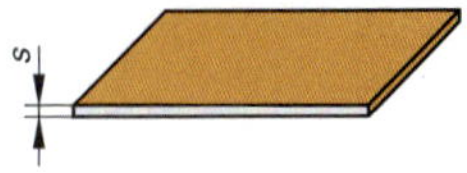

z.B. Blechtafeln mit 2 mm Dicke, Breite 600 mm, Länge 1800 mm
Blech EN 10051 – 2 x 600 x 1800

Die **Bestellung** der Stahlerzeugnisse erfolgt mit einer **Kurzbezeichnung**. Sie setzt sich aus einem Symbol, der Norm-Nummer, den Hauptabmessungen sowie der Werkstoff-Kurzbezeichnung zusammen (Seite 68 bis 73). Das rechts stehende Beispiel erläutert die Kurzbezeichnung.

Ungleichschenkliger Winkelstahl nach DIN EN 10 056-1		60 bzw. 40 mm Schenkellänge, 6 mm Schenkeldicke		Unlegierter Baustahl mit einer Mindeststreckgrenze von 235 N/mm²
L-Profil EN 10056-1	–	**60 x 60 x 6**	–	**S235JR**
Symbol / DIN EN-Nummer		Hauptabmessungen		Werkstoffkurzbezeichnung

Die gewünschte Menge des Materials wird entweder mit einer Längenangabe, einer Stückzahl oder einer Massenangabe bezeichnet.

Beispiel: 8 Stangen in Herstelllänge (6 m) L-Profil EN 10056-1 – 60 × 40 × 6 – S235JR

Überprüfen Sie Ihre Kenntnisse

1 Welche Vorgänge laufen im Hochofen ab?
2 Welche Eisenbegleiter enthält Roheisen?
3 Wodurch unterscheiden sich Roheisen und Stahl in der Zusammensetzung?
4 Beschreiben Sie das Sauerstoff-Blasverfahren zur Stahlherstellung.
5 Wie verändert sich die Festigkeit eines Walzgutes durch Warmwalzen bzw. durch Kaltwalzen?
6 Welches sind die gebräuchlichsten Formstähle?
7 Wie werden Rohre bzw. Hohlprofile hergestellt?
8 Was gibt die folgende Kurzbezeichnung an: Vierkant EN 10059 – 18 – S235JR?

3.8 Einteilung und Zusammensetzung der Stähle und Gusseisenwerkstoffe

Die Stähle und Gusseisenwerkstoffe lassen sich nach verschiedenen Gesichtspunkten ordnen.

Nach ihrer Verwendung lassen sich die Stähle und Gusseisenwerkstoffe in vier Werkstoffgruppen einteilen: Stahlbaustähle, Maschinenbaustähle, Werkzeugstähle und Gusseisenwerkstoffe (Bild 1).

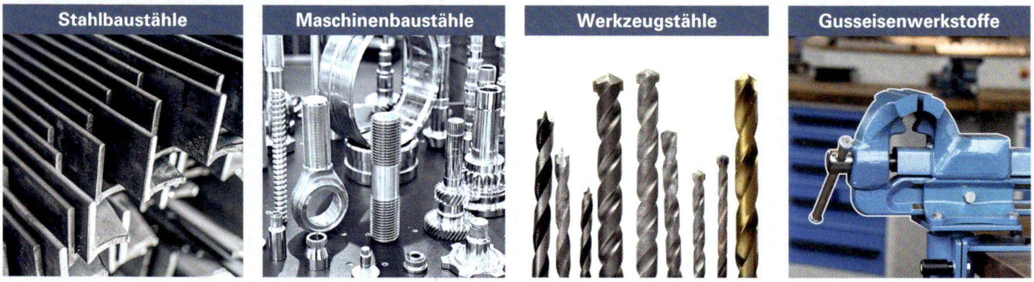

1 Einteilung der Stähle und Gusseisenwerkstoffe nach ihrer Verwendung

Alle Gusseisen- und Stahlwerkstoffe enthalten aus dem Herstellungsprozess (Seite 61) einen bestimmten **Kohlenstoffgehalt** (Bild 2). Er bestimmt wesentlich die Eigenschaften des Werkstoffs.

Der Kohlenstoff wird nicht als Legierungselement, sondern als **Eisenbegleiter** bezeichnet, da er von der Herstellung her in den Gusseisen- und Stahlwerkstoffen enthalten ist.

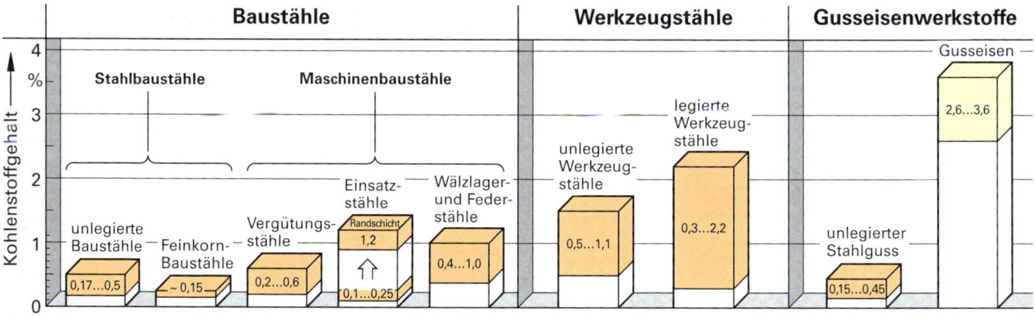

2 Kohlenstoffgehalt der Stähle und Gusseisenwerkstoffe

Nach dem Kohlenstoffgehalt untergliedert man die Eisenwerkstoffe in **Stähle** und **Gusseisenwerkstoffe.**

Als **Stähle** bezeichnet man Eisenwerkstoffe, deren Kohlenstoffgehalt kleiner als 2 % ist und die zusätzlich andere Elemente enthalten. **Gusseisenwerkstoffe** hingegen enthalten einen deutlich höheren Kohlenstoffgehalt von 2,6 % bis 3,6 %.

Nach ihrer **Zusammensetzung** werden die Stähle in drei Stahlsorten eingeteilt (Bild 3).

- **Unlegierte Stähle** sind Stahlsorten, bei denen keines der enthaltenen Elemente die nachfolgenden Grenzwerte überschreitet

  Al < 0,30 %, Co < 0,30 %, Cr < 0,30 %,
  Cu < 0,40 %, Mn < 1,80 %, Ni < 0,30 %,
  Pb < 0,40 %, Si < 0,60 %, W < 0,30 %.

- **Nichtrostende Stähle** enthalten mindestens 10,5 % Chrom und höchstens 1,2 % Kohlenstoff sowie meist Nickelanteile.

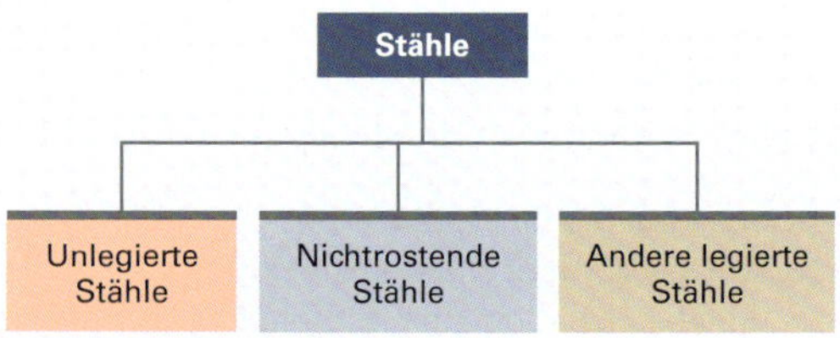

3 Unterteilung der Stähle nach der Zusammensetzung

- **Andere legierte Stähle** sind Stahlsorten, die keine nichtrostenden Stähle sind und bei denen mindestens ein Element die Grenzwerte der unlegierten Stähle (siehe oben) überschreitet.

- **Güteklassen der Stähle**
  Die Unterteilung der Stähle nach Güteklassen erfolgt nach zwei Kriterien:
  Der Genauigkeit der Zusammensetzung sowie ihrer Reinheit von nichtmetallischen Einschlüssen.
  Man unterscheidet bei den Stählen zwei Güteklassen:

  Qualitätsstähle sind Stähle (unlegiert oder legiert) mit gewährleisteten Gebrauchseigenschaften. Das sind Zähigkeit, Korngröße des Gefüges, Abkant-, Tiefzieh- oder Schweißeignung.

  Edelstähle sind Stähle (unlegiert oder legiert), die besonders rein und mit genauer Zusammensetzung hergestellt sind. Sie haben gewährleistete Eigenschaften und ergeben nach der Wärmebehandlung exakte Festigkeits- und Härtewerte.

  Von den unlegierten und den anderen legierten Stählen gibt es Sorten in den Güteklassen Qualitätsstähle und Edelstähle. Die nichtrostenden Stähle sind allesamt Edelstähle.

- **Einfluss der Legierungselemente auf die Stahleigenschaften**
  Die nichtrostenden Stähle und die anderen legierten Stähle enthalten neben dem Basismetall Eisen und dem Eisenbegleiter Kohlenstoff zusätzliche Legierungselemente.
  Die sind z. B. Chrom (Cr), Nickel (Ni), Mangan (Mn), Silicium (Si), Vanadium (V) usw.
  Der Eisenbegleiter Kohlenstoff und die anderen Legierungselemente beeinflussen die Eigenschaften der Stähle und Gusseisenwerkstoffe (Bild 1).

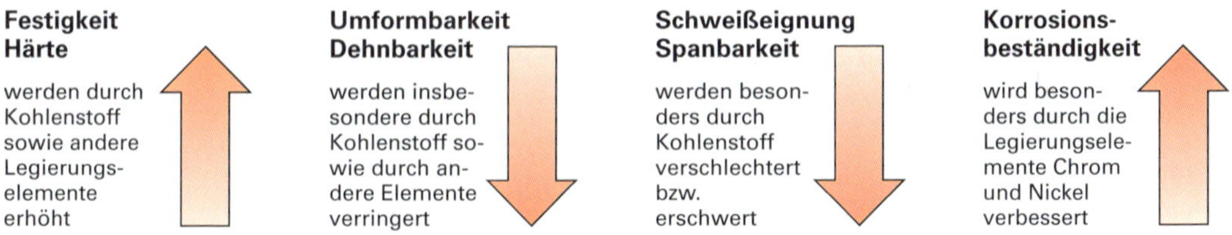

1 Einfluss von Legierungselementen auf die Eigenschaften von Stählen

3.9 Wichtige Stähle und Gusseisenwerkstoffe

3.9.1 Stahlbaustähle

Als Stahlbaustähle oder einfach Baustähle bezeichnet man unlegierte Stähle für Anwendungen im Baubereich. Aus ihnen werden Stahlgerüste, Geländer, Stahltreppen, Stahltore, Stahlbauskeletthallen, Freileitungsmaste, Spundwände, Schienen, Karosserierahmen, Maschinengestelle usw. gefertigt.

Stahlbaustähle kommen als warmgewalzte Stahlerzeugnisse in Form von Trägern, Profilen, Rohren, Stangen, Blechen und Drähten in den Handel (Bild 1, Seite 66). Sie werden nach dem Zuschnitt durch Schweißen oder Verschrauben zu den fertigen Baugewerken und Bauteilen gefügt.

Ihre Gebrauchsfestigkeit ist im Anlieferungszustand vorhanden. Sie sind **nicht** für eine Wärmebehandlung geeignet.

Unlegierte Baustähle

Unlegierte Baustähle sind preiswerte Stähle mit mittlerer Festigkeit und Streckgrenze. Sie sind für niedrige bis mittlere Belastungen geeignet.

Die unlegierten Baustähle für warmgewalzte Erzeugnisse sind nach DIN EN 10 025-2 genormt (Tabelle 1). Sie werden entweder mit einer Kurzbezeichnung oder mit einer Werkstoffnummer benannt.

Tabelle 1: Unlegierte Baustähle für warmgewalzte Erzeugnisse (Auswahl)

Kurzbezeichnung nach DIN EN 10025	Frühere Bezeichnung nach DIN EN 17100	Werkstoffnummer	Kohlenstoffgehalt %	Zugfestigkeit R_m N/mm²	Streckgrenze R_e N/mm²	Bruchdehnung A %
S185	St 33	1.0035	nicht festgelegt	≈ 290	≈ 175	10...18
S235JR	St 37-2	1.0037	0,17	330...470	195...235	17...24
S275JR	St 44-2	1.0044	0,21	410...540	235...275	14...22
S355J2	St 52-3 N	1.0570	0,20	490...630	315...355	14...22

Die **Kurzbezeichnung** der unlegierten Baustähle nach DIN EN 10 025-2 besteht aus den Kennbuchstaben **S** oder **E** und der Mindeststreckgrenze in N/mm². Nachgestellte Buchstaben und Zahlen sind Eigenschaftsangaben zur Kerbschlagarbeit (siehe Beispiel rechts).

Die **frühere Kurzbezeichnung** nach DIN 17100 hat als Symbol **St** und eine Kennzahl, die rund 1/10 der Mindestzugfestigkeit angibt (Beispiel rechts). Da die frühere Kurzbezeichnung noch in älteren Prospekten zu finden ist, wird sie in diesem Buch jeweils in Klammern angegeben.

Die **Festigkeit** der unlegierten Baustähle wird hauptsächlich durch ihren Kohlenstoffgehalt bestimmt. Er beträgt ca. 0,17 % (S235JR) bis 0,5 % (E 360). Die Festigkeit steigt mit dem Kohlenstoffgehalt. Die Verformbarkeit, die Schmiedbarkeit und die Schweißeignung verschlechtern sich mit steigendem Kohlenstoffgehalt.

Der gebräuchlichste unlegierte Baustahl für normal belastete Bauteile ist der Stahl **S235JR** (St 37-2). Er wird überwiegend zu geschweißten Baugewerken und Bauteilen sowie zu einfachen Stahlkonstruktionen verarbeitet (Bild 1).

Schweißgeeignete Feinkornbaustähle

Die schweißgeeigneten Feinkornbaustähle werden für hochbelastete Bauteile eingesetzt (Bild 2): Stahlkonstruktionen, Tragwerke, Karosserieteile.

Ihre hohe Festigkeit und Streckgrenze erhalten sie durch einen erhöhten Mangangehalt (bis 1,7 %) und geringe Ni-, Cr- und Cu-Gehalte. Sie führen durch eine geregelte Temperaturführung beim Walzen zu feinem Gefügekorn. Sie sind gut schweißbar.

Das **Kurzzeichen** besteht aus einem **S**, der Mindeststreckgrenze in N/mm² und dem Buchstaben N (normalgeglüht) oder M (thermomechanisch gewalzt). Beispiel: **S420M**.

Wetterfeste Baustähle

Die wetterfesten Baustähle sind unlegierte Stähle mit geringen Zusätzen von Chrom, Kupfer und Nickel. Sie bewirken eine verbesserte Korrosionsbeständigkeit. Diese Stähle rosten zwar, ihre Korrosion ist jedoch wesentlich verlangsamt. Durch einen zusätzlichen Schutzanstrich sind sie über lange Jahre gegen Korrosion geschützt. Sie werden bevorzugt eingesetzt, wenn Bauteile wegen ihrer Größe nicht durch Verzinken vor Korrosion geschützt werden können und eine lange Lebensdauer haben müssen (Bild 3).

Die Kennzeichnung der wetterfesten Stähle erfolgt durch die nachgestellten Buchstaben W oder WT.

Beispiele für wetterfeste Stähle: **S235J2W** (früher WT St 37-3) oder **S355J2G1W** (früher WT St 52-3).

Kurzbezeichnung eines unlegierten Baustahls nach DIN EN 10 025

Beispiel: **S235JR**

Unlegierter Stahlbaustahl (S) mit Mindeststreckgrenze R_e = 235 N/mm²

JR ≙ Kerbschlagarbeit mindestens 27J bei 20 °C

Frühere Kurzbezeichnung eines unlegierten Baustahls nach DIN 17 100 (nur noch in alten Schriften)

Beispiel: **St 37-2**

Unlegierter Baustahl (St) mit Mindestzugfestigkeit R_m ≈ 370 N/mm², Gütegruppe 2

1 Metallgitterzaun aus S235JR (früher St 37-2)

2 Stahlkonstruktion aus S355M

3 Brücke aus S235J2W

3.9.2 Maschinenbaustähle

Aus Maschinenbaustählen werden die einzelnen Bauteile von Maschinen und Fahrzeugen, wie z. B. Zahnräder, Wellen, Bolzen, Achsen, Lager, Schrauben, Federn, Hebel usw. gefertigt.

Die wichtigsten Stahlsorten für den Maschinen- und Fahrzeugbau sind Vergütungsstähle, Automatenstähle, Einsatzstähle, Nitrierstähle, Federstähle und Wälzlagerstähle.

Vergütungsstähle

Merke

Vergütungsstähle sind unlegierte oder legierte Stähle, die sich aufgrund ihrer Zusammensetzung zum Vergüten eignen.

Vergüten ist eine Wärmebehandlung aus Härten und Anlassen (siehe Bild 1, Seite 80).

Die Vergütungsstähle kommen in vergütetem Zustand zum Einsatz. Sie besitzen dann hohe Festigkeit und Zähigkeit. Man fertigt daraus Bauteile, die hoher mechanischer Belastung mit Schlag und Stoß ausgesetzt sind, z. B. Bolzen, Achsschenkel, Zahnräder, Schrauben, Kurbelwellen (Bild 1).

Es gibt unlegierte und legierte Vergütungsstähle (Tabelle 1).

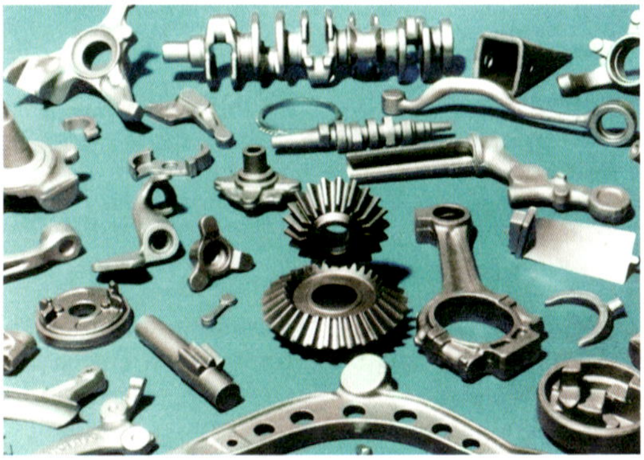

1 Bauteile aus Vergütungsstählen

Unlegierte Vergütungsstähle

Sie enthalten als festigkeitsbestimmendes Element 0,2 % bis 0,6 % Kohlenstoff. Mit dem Kohlenstoffgehalt steigt die Festigkeit.

Die **Kurzbezeichnung** der unlegierten Vergütungsstähle besteht aus dem Kennzeichen **C** und einer Kohlenstoffkennzahl. Sie gibt den hundertfachen C-Gehalt an. Ein zusätzliches E bedeutet einen geringen Schwefelgehalt.

Kurzzeichen eines unlegierten Vergütungsstahls:
Beispiel: **C45E**
C-Gehalt: 45 : 100 = 0,45 %
E: Vorgeschriebener, maximaler Schwefelgehalt

Tabelle 1: Vergütungsstähle (Auswahl)

Kurzbezeichnung nach DIN EN 10083-1	Werkstoffnummer	Streckgrenze R_e N/mm²	Bruchdehnung A in %
Unlegierte Vergütungsstähle			
C35E	1.1181	> 270	19
C60	1.0601	> 340	11
Legierte Vergütungsstähle			
42CrMo4	1.7225	> 650	11
36CrNiMo6	1.6582	> 800	10

Legierte Vergütungsstähle

Sie enthalten neben Kohlenstoff zusätzlich Legierungselemente: Chrom (Cr), Nickel (Ni), Mangan (Mn), Molybdän (Mo) oder Vanadium (V).

Legierte Vergütungsstähle haben eine wesentlich höhere Streckgrenze und Zugfestigkeit als unlegierte Vergütungsstähle (Tabelle 1). Sie werden für hochbelastete Bauteile eingesetzt.

Das **Kurzzeichen** der legierten Vergütungsstähle besteht aus: Einer Kohlenstoff-Kennzahl, den chemischen Symbolen der Legierungselemente sowie in derselben Reihenfolge Legierungselement-Kennzahlen (siehe rechtes Beispiel).

Den Gehalt der Legierungselemente kann man durch Dividieren der Legierungselement-Kennzahlen mit einem Faktor berechnen. Es gibt drei Kennzahl-Faktoren, die für bestimmte Legierungselementgruppen gelten (Tabelle 2).

Kurzbezeichnung eines legierten Vergütungsstahls

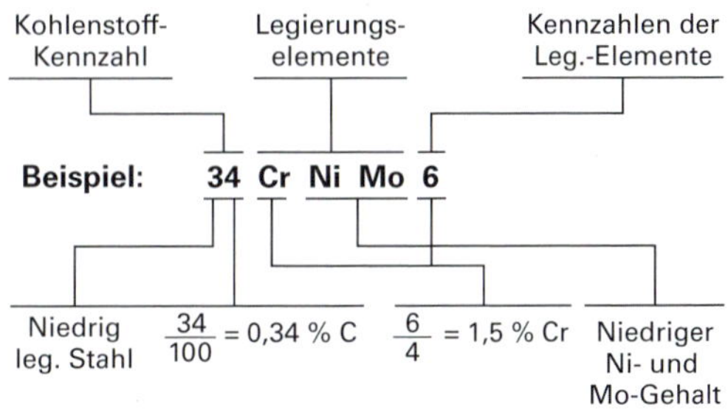

Tabelle 2: Kennzahlfaktoren für Legierungselemente

Kennzahlfaktor 4	Cr	Ni	Mn	Co	Si	W
Kennzahlfaktor 10	Al	Cu	Mo	Ta	Ti	V
Kennzahlfaktor 100	C	P	S	N	Ce	

Beispiel: 60NiCrMoV12-4: 60 ist die Kohlenstoff-Kennzahl. Aus ihr kann der C-Gehalt bestimmt werden → 60 : 100 = 0,6 % Kohlenstoff. Der Ni-Gehalt kann aus der Kennzahl 12 ermittelt werden → 12 : 4 = 3 % Nickel. Den Cr-Gehalt berechnet man aus der Kennzahl 4 → 4 : 4 = 1 % Chrom. Molybdän (Mo) und Vanadium (V) sind in geringen, nicht benannten Gehalten vorhanden.

Bei der Bestellung von Vergütungsstählen ist der gewünschte Wärmebehandlungszustand anzugeben: TA = weichgeglüht, TN = normalgeglüht, TQ + T = vergütet; **Beispiel:** Stahl DIN EN 10 083 – C 35 –TN.

Automatenstähle

Merke

Automatenstähle sind unlegierte oder niedrig legierte Stähle mit Schwefel- und Bleizusatz. Die Zusätze dienen zur Verbesserung der Spanbarkeit.

Der Schwefel- oder der Bleizusatz verleiht den Automatenstählen gute Spanbarkeit. Der Span zerbröckelt (Bröckelspan) und fällt vom Werkstück ab, sodass das Spanwerkzeug immer frei bleibt. Sie eignen sich besonders zur Herstellung von Massendrehteilen auf Drehautomaten (Bild 1).

Die Festigkeit wird durch den Schwefel- oder Bleigehalt kaum beeinflusst. Die Bruchdehnung wird leicht vermindert. Automatenstähle mit einem Kohlenstoffgehalt über 0,3 % sind vergütbar.

Die Kurzbezeichnung besteht ähnlich wie bei den Vergütungsstählen aus den Legierungselement-Symbolen und Element-Kennzahlen (Tabelle 1).

1 Drehteile aus Automatenstahl

Tabelle 1: Automatenstähle (Auswahl)

10S20,	**11SMn30**,	**11SMnPb30**,	**11SMn37**
11SMnPb37,	**10SPb20**,	**35S20**,	**46S20**

Erklärung der Kurzbezeichnung:
Beispiel: 11SMnPb37 bedeutet 11 : 100 = 0,11 % Kohlenstoff, 37 : 100 = 0,37 % Schwefel, nicht benannter Mangan- und Bleigehalt.

Federstähle

Merke

Federstähle sind unlegierte und legierte Stähle, die im gehärteten Zustand federelastisch und dauerschwingfest sind.

Unlegierte Federstähle enthalten 0,5 % bis 0,8 % Kohlenstoff, wie z.B. **C70E**.

Legierte Federstähle enthalten neben 0,4 % bis 0,7 % Kohlenstoff noch die Legierungselemente Silicium, Mangan, Chrom oder Vanadium. Typische legierte Federstähle sind z. B. die Stähle **51Si7** oder **50CrV4**. Federstähle werden zu federnden Bauteilen aller Art verarbeitet: Blattfedern, Schraubenfedern, Tellerfedern (Bild 2).

2 Schraubenfeder aus Federstahl

Erklärung der Kurzbezeichnung
Beispiel: 50CrV4 bedeutet 50 : 100 = 0,50 % Kohlenstoff, 4 : 4 = 1 % Chrom, nicht benannter Vanadiumgehalt.

Wälzlagerstähle

Merke

Wälzlagerstähle sind legierte Chromstähle mit einem Kohlenstoffgehalt von rund 1 %.

Beispiele: 100Cr6, 100CrMo6

Aus Wälzlagerstählen werden die Kugeln, Wälzkörper und Laufringe der Wälzlager gefertigt (Bild 3). Sie müssen eine harte und verschleißfeste Oberfläche besitzen sowie im Kern hartelastisch sein. Sie werden gehärtet (siehe Seite 80).

3 Wälzlager aus Wälzlagerstahl

Einsatzstähle

Merke

Einsatzstähle sind unlegierte und niedrig legierte Stähle mit einem Kohlenstoffgehalt unter 0,22 %.

Eine Auswahl von Einsatzstählen zeigt Tabelle 1.

Einsatzstähle sind wegen des niedrigen Kohlenstoffgehalts im Ausgangszustand nicht härtbar. Durch ein Verfahren, das man **Einsetzen** nennt, werden die fertigen Werkstücke aus Einsatzstahl in einer Randschicht von ca. 1 mm mit Kohlenstoff angereichert (aufgekohlt). Dadurch wird die Randschicht härtbar. Härtet man die Werkstücke anschließend, so erhalten sie eine harte, verschleißfeste Randschicht. Der kohlenstoffarme Werkstückkern härtet dabei nicht und bleibt zäh-elastisch (Bild 1).

Einsatzstähle werden zu Werkstücken verarbeitet, die spezielle Eigenschaften benötigen: zäher Werkstückkern und harte Randschicht. Solche Bauteile sind: Kurbel- und Nockenwellen, Walzen, Zahnräder, Steuerkurven.

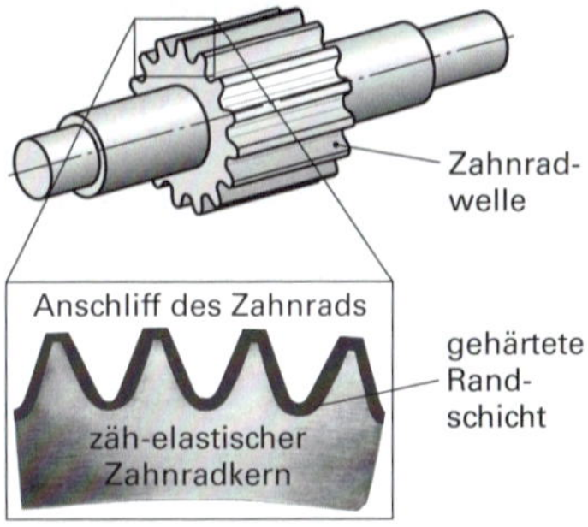

1 Einsatzgehärtete Zahnradwelle

Tabelle 1: Einsatzstähle (Auswahl)
Unlegierte Einsatzstähle: **C10E, C10R, C15E, C15R**
Legierte Einsatzstähle: **17 Cr 3, 17 CrS 3, 20 MnCr 5, 20 MoCr**

Nitrierstähle

Merke

Nitrierstähle sind niedrig legierte Edelstähle mit Chrom-, Molybdän-, Vanadium- und Aluminiumgehalt.

Eine Auswahl von Nitrierstählen zeigt Tabelle 2.

Nitrierstähle enthalten die nitridbildenden Legierungselemente Cr, Mo, V oder Al. Dadurch sind sie für eine besondere Wärmebehandlungsart, das **Nitrieren**, geeignet. Dabei bilden sich durch Glühen in Stickstoff-Atmosphäre in der Randschicht harte Metallnitride. Sie machen die Randschicht äußerst hart, verschleißfest, gleitfähig und wärmebeständig.

Nitrierstähle werden zu Werkstücken verarbeitet, die neben guter Festigkeit größte Randschichthärte und gutes Gleitverhalten besitzen müssen. Man fertigt aus Nitrierstählen Schleifspindeln, Zylinderbüchsen und Messspindeln (Bild 2).

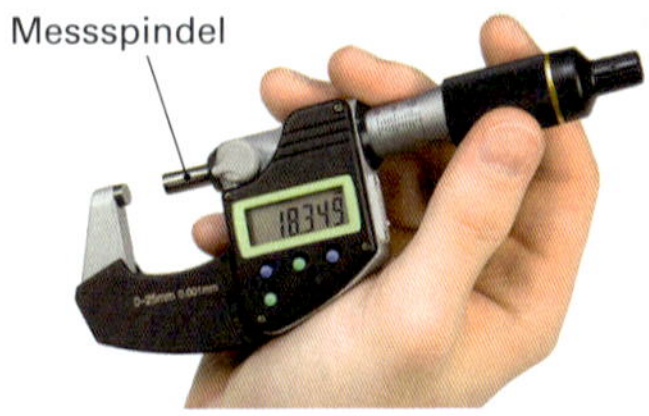

2 Messspindel einer Bügelmessschraube aus Nitrierstahl

Tabelle 2: Nitrierstähle (Auswahl)
31CrMo12, 31CrMoV9, 15CrMoV5-9
34CrAlMo5, 34CrAlNi7

3.9.3 Stähle für Flacherzeugnisse (Bleche und Band)

Für kaltgewalzte Flacherzeugnisse (Bleche und Bänder) gibt es besondere Stahlsorten (Tabelle 3). Sie werden bevorzugt im Metallbau, im Stahlbau und im Karosseriebau eingesetzt.

Bleche aus weichen Stählen zum Kaltumformen haben einen niedrigen Kohlenstoffgehalt von rund 0,1 %. Sie lassen sich mit einfachen Werkzeugen auf der Baustelle zu Blechanschlüssen umformen und gut schweißen, z. B. DC01 (früher St 12).

Bleche aus unlegierten Baustählen werden z.B. zu Spundwänden oder zu Trapezblechen verarbeitet, z. B. S215G (früher St37-3G).

Bleche aus Druckbehälterstählen dienen zur Herstellung von Druckbehältern sowie unter Druck stehenden und heißgehenden Apparaten und Rohrleitungen, z. B. P235GH.

Bleche aus nichtrostenden Stählen werden im Handwerk **Edelstahl Rostfrei** genannt. Sie sind korrosionsbeständig und werden zu dekorativen Bauteilen verarbeitet, z. B. X5CrNi18-10.

Außerdem gibt es **verzinkte Bleche** aus verschiedenen Stählen.

Tabelle 3: Kaltgewalzte Bleche und Bänder
Aus weichen Stählen zum Kaltumformen **DC01 (St 12), DC03 (RRSt 13)**
Aus unlegierten Baustählen **S215G (St37-2G), S325G (St52-3G)**
Aus Druckbehälterstählen **P235GH (HI), P255GH (HII), 13CrMo4-5**
Aus nichtrostenden Stählen **X5CrNi18-10, X6CrNiMoTi17-12-2**
Aus verzinkten weichen Stählen **DX51D+Z (St 02Z), DX54D+Z (St 06Z)**
Aus bandverzinkten Baustählen **S250GD+Z (StE 250Z)**

3.9.4 Nichtrostende Stähle

Typisches Merkmal der nichtrostenden Stähle ist ihr dauerhaft metallblankes Aussehen und ihre Korrosionsbeständigkeit. Sie enthalten mindestens 10,5 % Chrom sowie z. T. hohe Gehalte anderer Legierungselemente, wie z. B. Nickel. Der Kohlenstoffgehalt beträgt ca. 0,05 %.

Nach ihrer wichtigsten Gebrauchseigenschaft unterscheidet man: Korrosionsbeständige, hitzebeständige und warmfeste nichtrostende Stähle.

Korrosionsbeständige Stähle

Merke

Die korrosionsbeständigen Stähle sind hochlegierte Chrom-Nickel-Stähle.

Sie enthalten rund 13 % Chrom und 10 % Nickel sowie teilweise Molybdän, Niob, Titan oder Stickstoff (Tabelle 1).

Ihr Kohlenstoffgehalt beträgt ca. 0,05 %.

Je nach Sorte sind sie gegen atmosphärische oder stark korrodierende Einflüsse beständig. Sie sind zähelastisch, gut umformbar und haben mittlere bis hohe Festigkeit. Sie sind mit MIG- oder WIG-Verfahren (Seite 284) schweißbar.

Im Metallbau werden aus nichtrostenden Profilen und Blechen Geländer, Fassadenverkleidungen, Sanitäreinrichtungen, Fenster-, Türrahmen sowie Rohrkonstruktionen gefertigt (Bild 1).

Im Handwerk wird nichtrostender Stahl als **„Edelstahl Rostfrei"** bezeichnet.

Im Maschinen- und Apparatebau werden daraus Behälter und Rohrleitungen für Chemie- und Lebensmittelanlagen gefertigt (Bild 1).

Tabelle 1: Korrosionsbeständige Stähle

Kurzname	Einsatzbereich
X5CrNi18-10 **X6CrNiTi18-10**	Korrosionsbeständig im Freien bei Land- und Stadtatmosphäre
X5CrNiMo17-12-2 **X2CrNiMoN17-13-5**	Korrosionsbeständig gegen Industrie- und Seeatmosphäre sowie die meisten Säuren

Tragwerk der Glasfassade eines Bahnhofs — Rohrleitungen und Armaturen einer Chemieanlage

1 Bauteile aus korrosionsbeständigen Stählen

Warmfeste und hitzebeständige Stähle

Sie enthalten einen hohen Chromgehalt sowie zusätzlich Molybdän, Vanadium, Nickel, Wolfram, Niob und Titan.

Beispiele: X20CrMoV12-1, X8CrNiMoNb16-13. Ihr Haupteinsatzgebiet ist der Kraftwerk-Kesselbau.

Die **Kurzbezeichnung** der nichtrostenden Stähle besteht aus einem vorangestellten **X** als Kennzeichen. Danach folgen die Kohlenstoff-Kennzahl, die chemischen Symbole der Legierungselemente sowie in gleicher Reihenfolge die Gehalte der Legierungselemente in Prozent (siehe nebenstehendes Beispiel).

Legierungselemente ohne Prozentangabe sind nur mit geringem Anteil enthalten.

Kurzbezeichnung eines nichtrostenden Stahls

Kennzeichen — Kohlenstoff-Kennzahl — Legierungselemente — Gehalte der Leg.-Elemente

Beispiel: X 5 Cr Ni Mo 17–12–2

Hochlegierter Stahl; $\frac{5}{100} \triangleq 0{,}05\ \%$ C; 17 % Cr; 12 % Ni; 2 % Mo

Überprüfen Sie Ihre Kenntnisse

1 In welche Werkstoffgruppen teilt man die Eisen- und Stahlwerkstoffe nach ihrer Verwendung ein?
2 Welchen Einfluss haben die Legierungselemente auf die Festigkeit und die Korrosionsbeständigkeit der legierten Stähle?
3 Was lässt sich aus den Werkstoff-Kurzbezeichnungen S235JR bzw. St 37-2 ablesen?
4 Welche Eigenschaften hat der Feinkornbaustahl S355J2 (St 52-2)?
5 Welche Eigenschaften haben Vergütungsstähle?
6 Welche Zusammensetzung lässt sich aus der Kurzbezeichnung 42CrMo4 ablesen?
7 Für welche Legierungselemente gilt in der Kurzbezeichnung der Vergütungsstähle der Kennzahlfaktor 4?
8 Welche Legierungselemente enthalten die Automatenstähle zur Verbesserung der Spanbarkeit?
9 Warum haben die Einsatzstähle einen niedrigen Kohlenstoffgehalt?
10 Welche Zusammensetzung hat X6CrNiTi18-10?

3.9.5 Werkzeugstähle

Aus Werkzeugstählen fertigt man Werkzeuge zum Bearbeiten von Werkstücken und Bauteilen. Sie haben einen relativ hohen Kohlenstoffgehalt von meist 0,45 % bis 1,15 %. Ihre große Härte und Verschleißfestigkeit erhalten sie durch Härten (siehe Seite 80).

Es gibt unlegierte und legierte Werkzeugstähle (DIN EN ISO 4957). Nach ihrem Verwendungszweck unterteilt man sie in Kaltarbeitsstähle, Warmarbeitsstähle und Schnellarbeitsstähle.

Kaltarbeitsstähle

Merke

Kaltarbeitsstähle sind für Verwendungszwecke geeignet, bei denen die Oberflächentemperatur des Werkzeugs im Einsatz unter 200 °C liegt.

Unlegierte Kaltarbeitsstähle werden zu Werkzeugen verarbeitet, die sich bei der Verwendung nicht über 200°C erwärmen und keinen großen Verschleiß erleiden.

Aus dem Werkzeugstahl C45U fertigt man z. B. Hämmer und Zangen. Aus C80U werden Handmeißel und Reißnadeln, aus C105U Gewindeschneider hergestellt.

Die **legierten Kaltarbeitsstähle**, z. B. 100Cr6 (Silberstahl) oder 90MnCrV8, erhalten durch die Legierungselemente erhöhte Festigkeit, Zähigkeit und Verschleißwiderstand. Sie werden z. B. zu Schneidwerkzeugen, zu Gewindebohrern und Maschinenmeißeln verarbeitet.

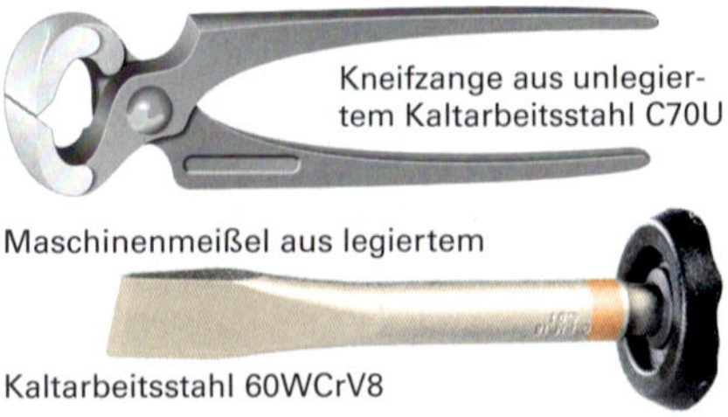

1 Werkzeuge aus Kaltarbeitsstählen

Warmarbeitsstähle (Auswahl)	
55NiCrMoV7,	X37CrMoV5-1
X40CrMoV5-1,	32CrMoV12-28

2 Biegerollen einer Biegemaschine aus Warmarbeitsstahl

Warmarbeitsstähle

Merke

Warmarbeitsstähle sind legierte Werkzeugstähle für Verwendungszwecke, bei denen die Oberflächentemperatur des Werkzeugs im Einsatz bis 400 °C betragen kann.

Man fertigt daraus Pressstempel, Hammergesenke, Druckgussformen, Presswerkzeuge, Biegerollen (Bild 2).

Warmarbeitsstähle können niedriglegierte Stähle, wie z. B. 55NiCrMoV7 oder hochlegierte Stähle, wie z. B. X40CrMoV5-1 sein.

Merke

Schnellarbeitsstähle sind hochlegierte Werkzeugstähle für Verwendungszwecke, bei denen sich das Werkzeug im Einsatz bis rund 600 °C erwärmen darf. Sie haben das Kurzzeichen HSS, von **H**igh **S**peed **S**teels.

Schnellarbeitsstähle enthalten 0,8 % bis 1,5 % Kohlenstoff, rund 4 % Chrom sowie unterschiedliche Gehalte an Wolfram, Molybdän, Vanadium und Cobalt.

Im Kurznamen der Schnellarbeitsstähle sind nach dem Kennzeichen **HS** die Gehalte der vier Hauptlegierungselemente in der Reihenfolge Wolfram-Molybdän-Vanadium-Cobalt in Prozent angegeben.

Beispiel: Der Schnellarbeitsstahl HS6-5-2-5 enthält 6 % W, 5 % Mo, 2 % V und 5 % Co.

Schnellarbeitsstähle (Auswahl)	
HS6-5-2C,	HS6-5-2-5
HS10-4-3-10,	HS2-9-1-8

3 Spanwerkzeuge aus Schnellarbeitsstahl

Aus Schnellarbeitsstählen fertigt man Sägeblätter, Spiralbohrer, kleinschneidige Drehmeißel, Fräser, usw. (Bild 3). Durch eine dünne Hartstoffbeschichtung (goldfarben oder grau), z. B. aus Titannitrid TiN, kann die Standzeit noch wesentlich erhöht werden.

3.9.6 Gusseisenwerkstoffe und Stahlguss

Bauteile mit komplizierter Form werden am wirtschaftlichsten durch Gießen hergestellt: Hebel, Flügelschrauben, Bartschlüssel, Rohrfittings, Zuggabeln, Rohrknoten, Maschinengehäuse.

Dazu sind Werkstoffe erforderlich, die sich gut vergießen lassen: Gusseisen und Stahl-Gusswerkstoffe. Die Eigenschaften der verschiedenen Gusseisenwerkstoffe werden von ihrem hohen Kohlenstoffgehalt bestimmt (rund 3 %) sowie von der Form, in der sich der Kohlenstoff im Gefüge ausscheidet.

Gusseisen mit Lamellengraphit (Grauguss)

Gusseisen mit Lamellengraphit enthält 2,6 % bis 3,6 % Kohlenstoff, der als mikroskopisch feine Grafitlamellen im Grundwerkstoff auskristallisiert (Bild 1). Gusseisen mit Lamellengraphit ist hartspröde, aber druckfest und schwingungsdämpfend. Es gibt Sorten mit Festigkeiten von 100 N/mm² bis 300 N/mm². Sie werden zu dickwandigen Motorgehäusen und Maschinengestellen vergossen.

Beispiel: EN-GJL-250 (alter Kurzname GG-25) ist ein Gusseisen mit Lamellengraphit mit 250 N/mm² Zugfestigkeit.

Gusseisen mit Kugelgraphit (Sphäroguss)

Gusseisen mit Kugelgraphit enthält rund 3 % Kohlenstoff und einen geringen Magnesiumzusatz. Er bewirkt die Auskristallisierung des Kohlenstoffs zu kugelförmigen Grafitkörnchen im Gefüge (Bild 2).

Gusseisen mit Kugelgraphit ist zäh, schlagfest und hat eine stahlähnliche Festigkeit. Es wird z. B. zu Zugstangengabeln, Verbindungsteilen, dünnwandigen Motorblöcken, Kurbelwellen verarbeitet.

Beispiel: EN-GJS-600-3 (alter Kurzname GGG-60)

Temperguss

Temperguss ist durch Glühbehandlung (tempern) zäh gemachtes Gusseisen. Der Kohlenstoff ist in Flockenform ausgeschieden (Bild 3). Aus Temperguss werden kleine Gussteile, wie Hebel, Werkzeugteile, Schwerlastdübelanker, Rohrfittings und Zugstangengabeln hergestellt.

Beispiel: EN-GJMB-450-6 (früher GTS-45-06)

Stahlguss für das Bauwesen

Stahlguss besitzt hohe Festigkeit und eine gute Schweißeignung. Anwendungen sind z. B. Dachträger oder Rohrknoten großer Hallen.

Beispiel: GS-20 Mn5

Kurzbezeichnung der Gusseisenwerkstoffe

Das **neue Kurzzeichen** nach DIN EN 1560 besteht aus Buchstaben und Zahlen. (Siehe Beispiel rechts)

Die ersten 4 Zeichen EN-GJ sind immer gleich. Dann folgt ein Kennbuchstabe für die Graphitstruktur, z. B. **L** für Lamellengraphit, **S** für Kugelgraphit. Bei Gusseisenwerkstoffen, die durch ihre Festigkeit klassifiziert sind, gibt die erste Zahl, z. B. 300, die Zugfestigkeit an.

Gusseisenwerkstoffe, die durch die Zusammensetzung gekennzeichnet sind, enthalten nach EN-GJ einen Zusammensetzungs-Kurznamen.

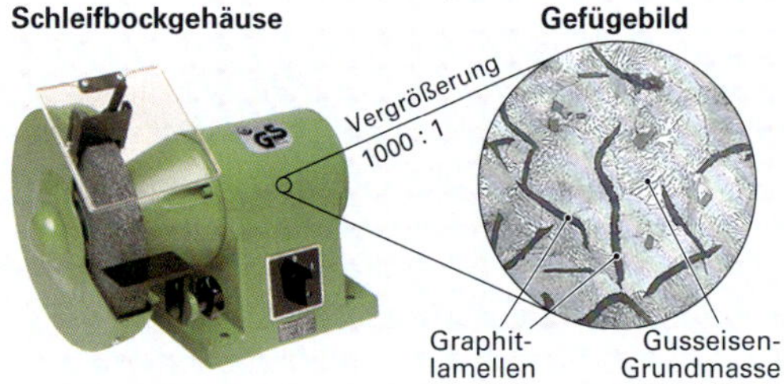

1 Schleifbockgehäuse aus Gusseisen mit Lamellengraphit

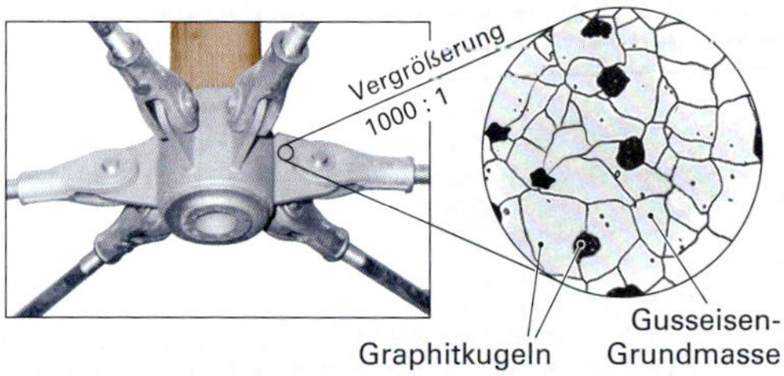

2 Zuggabeln aus Gusseisen mit Kugelgraphit

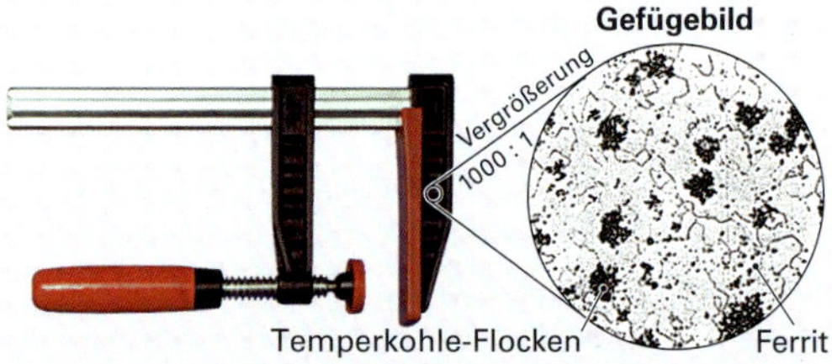

3 Schraubzwingenbügel aus Temperguss

Neues Guss-Kurzzeichen nach DIN EN 1560 mit Angabe der Zugfestigkeit oder Härte:

Beispiel: **EN-GJL-300**

- EN: Europäische Norm
- G: Gusswerkstoff
- J: Eisen
- L: Lamellengrafit
- 300: 300 N/mm² Zugfestigkeit

Neues Guss-Kurzzeichen nach DIN EN 1560 mit Angabe der Zusammensetzung: **Beispiel: EN-GJ-XNiMn13-7**

3.9.7 Werkstoffnummern für Stähle, Gusseisenwerkstoffe und Stahlguss

Neben den **genormten Kurznamen** werden die Werkstoffe mit einer **Werkstoffnummer** bezeichnet. Aus den Werkstoffnummern ist die Zusammensetzung des Werkstoffs nicht **ersichtlich**. Aus den ersten drei Ziffern ist nur eine **Zuordnung** zu einer **Werkstoffgruppe** möglich.

Werkstoffnummern für Stähle und Stahlguss

Die Werkstoffnummer für Stähle besteht aus fünf Ziffern, die mit einem Punkt nach der ersten Ziffer unterteilt sind (siehe nebenstehendes Beispiel).

Die erste Ziffer gibt die Werkstoff-Hauptgruppe an; bei Stahl eine 1. Die nächsten zwei Ziffern sind die Gruppennummer und die weiteren zwei Ziffern sind Zählnummern.

Bei Bedarf kann ein Zusatzsymbol angehängt werden, z.B. +N.

Die **Gruppennummern** für die Stähle werden im Wesentlichen nach der Zusammensetzung und den Eigenschaften gebildet. Die unlegierten Stahlbaustähle haben z. B. die Stahlgruppennummern 00, 01, bis 05.

Der Stahl S235JR (St 37-2) hat z. B. die Gruppennummer 00 und die Zählnummer 37 (siehe nebenstehendes Beispiel).

Schnellarbeitsstähle haben die Stahlgruppennummern 32 und 33. Die nichtrostenden Stähle tragen die Stahlgruppennummern 40 bis 46.

Die **Zählnummern** sind einem ganz bestimmten Werkstoff zugeordnet.

Stahlguss-Werkstoffe haben ebenfalls eine Werkstoffnummer aus fünf Ziffern mit Punkt wie die Stähle (siehe nebenstehendes Beispiel).

Beispiel: Stahl S355J2 (St 52-3 N)

1 . 0 5 7 0

Werkstoff-Hauptgruppe | Stahlgruppennummer | Zählnummer

Beispiel: Werkstoffnummer für den Stahl S235JR (St 37-2)

1.00 37

Werkstoff-Hauptgruppe: 1 Stahl | Stahlgruppennummer: 00 Grundstahl | Zählnummer: 37 für S235JR

Beispiel: Werkstoffnummer für Stahlguss GS-16Mn5N

1.1131

Werkstoffnummern für Gusseisenwerkstoffe

Auch die Gusseisenwerkstoffe haben eine Werkstoffnummer. Sie hat denselben Aufbau wie bei den Stählen.

Die Werkstoff-Hauptgruppennummer ist 5. Die Gruppennummern bezeichnen das Gefüge des Gusseisens (siehe nebenstehendes Beispiel).

Daneben gibt es eine **kombinierte Kurzbezeichnung** für Gusseisenwerkstoffe. Sie hat vier Buchstaben und vier Werkstoffziffern (siehe nebenstehendes Beispiel).

Die Bedeutung der Buchstaben ist die gleiche wie bei der Kurzbezeichnung von Seite 74 unten.

Die vier Ziffern sind einem bestimmten Gusseisenwerkstoff zugeordnet.

Beispiel: Werkstoffnummer für Gusseisen EN-GJL-150

5.1200

Beispiel: Kombi-Werkstoffnummer für Gusseisen EN-GJL-150

EN-JL 1020

Europäische Norm | Gusseisen | Lamellengrafit | Werkstoffziffern

Überprüfen Sie Ihre Kenntnisse

1 Wie unterteilt man die Werkzeugstähle nach ihren Einsatztemperaturen?
2 Durch welche Eisenbegleiter bzw. Legierungselemente erlangen die Werkzeugstähle ihre Härte?
3 Welche Stahlzusammensetzung lässt sich aus dem Kurzzeichen 40CrMnMoS8-6 ableiten?
4 Um welche Stahlsorte handelt es sich bei dem Stahl HS6-5-2-5 und welche Zusammensetzung hat er?
5 Nennen Sie die gebräuchlichen Gusseisensorten.
6 Welche besonderen Eigenschaften hat Gusseisen mit Lamellengraphit?
7 Warum wird ein Drehmaschinenbett aus Grauguss, ein Dachträgerknoten hingegen aus legiertem Stahlguss hergestellt?
8 Wie viele Ziffern hat eine Werkstoffnummer?
9 Finden Sie mit Ihrem Tabellenbuch, welchen Kurznamen der Werkzeugstahl 1.2767 hat?

3.10 Der innere Aufbau der Metalle

Die Eigenschaften der Metalle werden durch ihren inneren Aufbau sowie die räumliche Anordnung der kleinsten Teilchen bestimmt. Diese Struktur gehört teilweise zur naturgegebenen Art eines Stoffes. Zum anderen Teil bildet sie sich bei der Herstellung und der Verarbeitung der Metalle.

3.10.1 Blick ins Werkstoffinnere

Mit dem bloßen Auge betrachtet erscheinen die Metalle als einheitlicher Stoff ohne Untergliederung. Man sieht lediglich die typische, hell glänzende Metalloberfläche (Bild 1, oberstes Bild).

Ihr Aussehen wird vom Bearbeitungszustand bestimmt. Mit bloßem Auge ist kein Einblick in den Werkstoffaufbau möglich.

Den komplizierten inneren Aufbau der Metalle erkennt man erst durch stufenweises Vergrößern. Man benutzt dazu ein Elektronenmikroskop (Bild 1, untere Teilbilder).

Gefüge

Bei 1000-facher Vergrößerung sieht man, dass das Metall in kornförmige Bereiche gegliedert ist (2. Bild von oben). Man nennt sie **Körner** oder **Kristallite**. Die Begrenzungsflächen der Körner heißen **Korngrenzen**.

Das Bild, das sich bei etwa 1000-facher Vergrößerung im Schliffbild bietet, nennt man das **Gefüge** des Werkstoffs.

Kristalline Struktur

Betrachtet man einen kleinen Ausschnitt eines Korns bei noch stärkerer Vergrößerung, z. B. 100 000-fach, so erkennt man einen stufenartigen Aufbau des Metalls aus lauter ähnlich geformten Würfeln, den **Kristallen** des Metalls (3. Bild von oben). Man sagt: metallische Werkstoffe haben eine **kristalline Struktur**.

Atomare Struktur

Vergrößert man die Ecke eines Kristalls noch stärker, auf 10 000 000-fache Vergrößerung, so erkennt man die **atomare Feinstruktur.** Dies sind die kleinsten Bausteine der Metalle, die Metallatome (unterstes Bild). Sie sind umgeben von einer zusammenhängenden Elektronenwolke. Sie hält die Metallteilchen zusammen und verleiht den Metallen ihre Festigkeit. Die Elektronen der Elektronenwolke sind frei beweglich. Metalle sind deshalb gute elektrische Leiter.

Die Metallatome sind in regelmäßigen Abständen und Winkeln zueinander angeordnet, wodurch sich die würfelartige Kristallform ergibt.

Verbindet man zeichnerisch die Mittelpunkte der Metallatome, so ergeben die Verbindungslinien ein räumliches Gitter. Man nennt es **Raumgitter** oder **Kristallgitter**. Es ist gekennzeichnet durch immer gleiche Gitterabstände und Gitterwinkel.

Die kleinste Einheit eines Kristallgitters bezeichnet man als **Elementarzelle**. Sie gibt die typische Anordnung der Metallatome einer Metallart an. Sie wird zur Kennzeichnung der verschiedenen Kristallgittertypen benutzt.

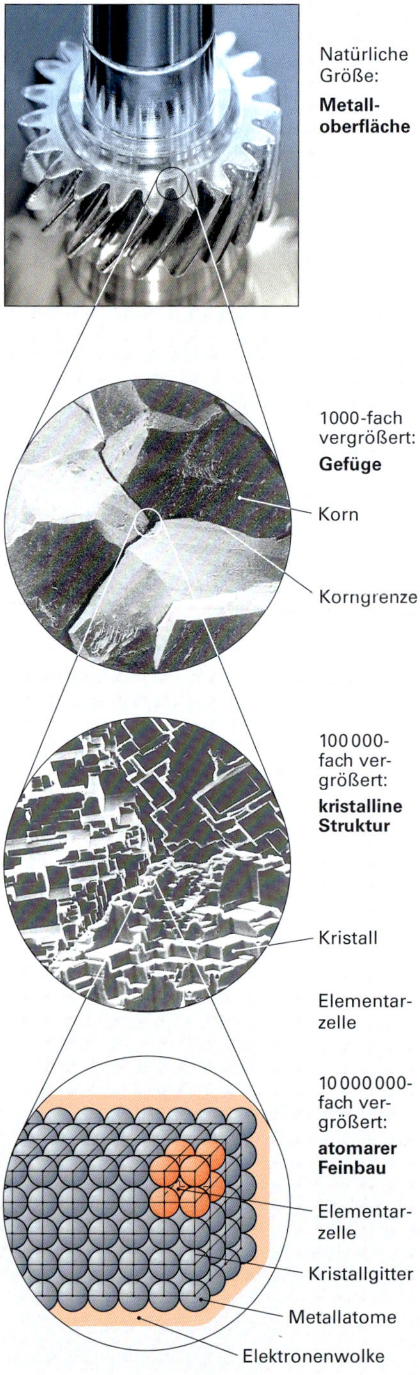

1 Innerer Aufbau der Metalle

vel.plus/GM07

3.10.2 Kristallgittertypen der Metalle

Metalle kristallisieren hauptsächlich in drei Kristallgittertypen (Bild 1):

Beim **kubisch-raumzentrierten** (krz) Kristallgitter ordnen sich die Metallatome so, dass ihre Mittelpunkte einen Würfel (Kubus) bilden. Zusätzlich befindet sich noch ein Atom in der Raummitte des Würfels. Da die Darstellung des Kristallgitters mit den Metallatomen als Kugeln unübersichtlich ist, stellt man sie meist nur schematisch durch die Atommittelpunkte dar (Bild 1, rechts).

Ein solches kubisch-raumzentriertes Kristallgitter hat z. B. Eisen bei Temperaturen unter 911 °C sowie Chrom, Wolfram und Vanadium.

Das **kubisch-flächenzentrierte** (kfz) Kristallgitter hat ebenfalls einen Würfel als Grundkörper und zusätzlich je ein Atom in der Mitte der Seitenflächen. Diese Kristallform hat Eisen bei Temperaturen über 911 °C sowie Aluminium, Kupfer und Nickel.

Ein **hexagonales** (hex) Kristallgitter haben Magnesium, Zink und Titan. Bei diesem Gitter bilden die Metallatome ein sechseckiges Prisma mit je einem Atom in der Mitte der Grundflächen.

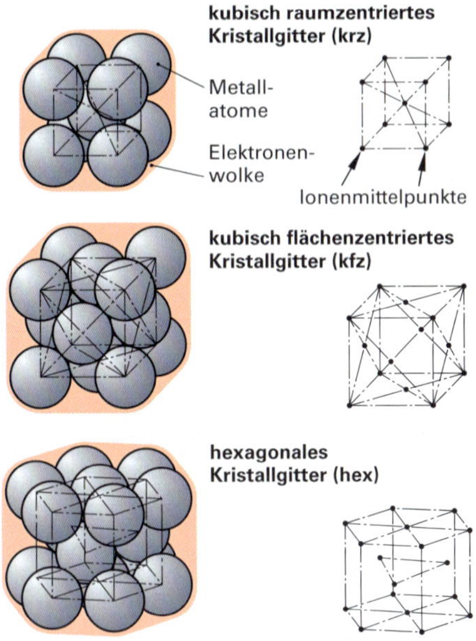

1 Kristallgittertypen der Metalle

3.10.3 Entstehung des Metallgefüges

Bei der Herstellung sind die Metalle flüssig (Seite 60). Durch Abkühlen erstarren sie und nehmen ihre feste Gestalt an. Dabei entsteht ihr **Gefüge**, d. h. die Anordnung der Kristalle zu Körnern.

Das Gefüge des Metalls kann man sichtbar machen. Dazu schneidet man ein Stück Metall durch, schleift, poliert und ätzt die Schnittfläche. Dann betrachtet man sie unter dem Mikroskop. Das sich darbietende Bild wird **Schliffbild** genannt (Bild 2). In natürlicher Größe (Makrogefügebild) erkennt man die verschiedenen Werkstoffbereiche. Bei Vergrößerung sieht man die einzelnen Gefügekörner (Mikrogefüge).

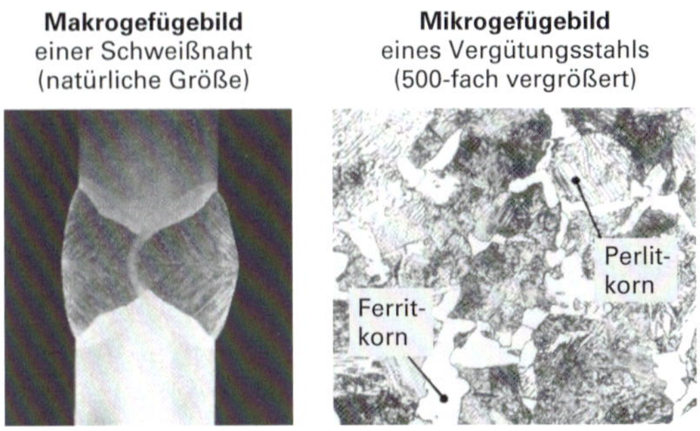

2 Schliffbilder von Stahlwerkstoffen

3.10.4 Innerer Aufbau und Eigenschaften

Alle Metalle haben einen kristallinen Feinbau. Zusammen mit den Metallatomen und der Elektronenwolke ist er die Ursache der typischen Eigenschaften der Metalle:

Die elektrischen Anziehungskräfte der Elektronenwolke wirken wie eine Art Klebstoff, der die Metallatome zusammenhält. Dies ist die Ursache der **hohen Festigkeit** der Metalle.

Die Elektronenwolke um die Metallatome lässt sich z. B. durch eine angelegte elektrische Spannung leicht verschieben. Metalle sind deshalb **gute Leiter** für den elektrischen Strom, ebenso wie für Wärme.

Die einzelnen Lagen der Metallatome lassen sich unter der Wirkung äußerer Kräfte entlang von Gleitebenen gegenseitig verschieben. Sie bleiben aber in der zusammenhaltenden Elektronenwolke. Bauteile aus Metall lassen sich deshalb verformen, ohne zu zerbrechen: Metalle sind **umformbar**.

Durch Erwärmung bzw. Abkühlung kann sich das Kristallgitter eines Metalls umformen und damit seine Eigenschaften ändern. Dies wird zum Verbessern der Werkstoffeigenschaften, z. B. beim Härten und Vergüten genutzt: Viele Metalle sind deshalb **härtbar**.

Große Korngrenzen im Metallgefüge sind die Schwachstellen des Werkstoffs. Wird ein Bauteil mit äußeren Kräften belastet, so treten hier die ersten Anrisse auf. Feinkörnige Werkstoffe sind fester als Werkstoffe mit grobem Gefügekorn.

3.10.5 Eisen-Kohlenstoff-Zustandsdiagramm und Gefügearten der unlegierten Stähle

Unlegierte Stähle sind Legierungen des Eisens mit Kohlenstoff. Je nach Kohlenstoffgehalt haben sie verschiedene Gefügearten. Sie bestimmen die Eigenschaften der Stähle.

Eine Übersicht, welche Gefügeart bei einem bestimmten Kohlenstoffgehalt und einer bestimmten Temperatur vorliegt, gibt das **Eisen-Kohlenstoff-Zustandsdiagramm**. Den wichtigsten Bereich dieses Diagramms, die „Stahlecke“, und die Gefügearten der unlegierten Stähle zeigt Bild 1.

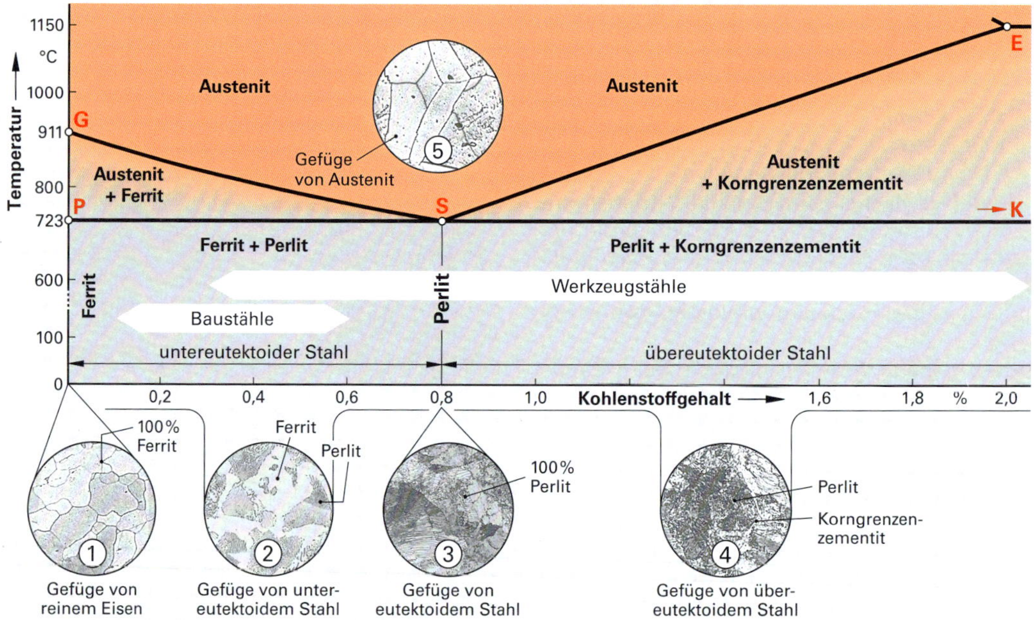

1 Stahlecke des Eisen-Kohlenstoff-Zustandsdiagramms mit den Gefügearten der Stähle

Reines Eisen. Eisen ohne Kohlenstoff (linker Rand des Fe-C-Zustandsdiagramms) bildet ein Gefüge, das aus vieleckigen Eisenkörnern besteht. Es wird **Ferrit** genannt (Gefüge ①). Es ist weich und zäh.

Zementit. Bei den Stählen liegt der Kohlenstoff als chemische Verbindung **Eisenkarbid** (Fe_3C) vor. In der Metallkunde nennt man diese Verbindung **Zementit.** Er ist hart und spröde.

Zementit scheidet sich bei niedrigem Kohlenstoffgehalt in Form dünner Streifen (Streifenzementit) aus. Bei höherem Kohlenstoffgehalt wird er zusätzlich an den Korngrenzen als Korngrenzenzementit abgeschieden.

Eutektoider Stahl. In Stahl mit 0,8 % Kohlenstoff (eutektoider Stahl) sind alle Ferritkörner mit Streifenzementit durchzogen(Gefüge ③). Dieses Gefüge heißt wegen seines perlmuttartigen Aussehens **Perlit.**

Untereutektoider Stahl mit weniger als 0,8 % Kohlenstoff besteht zum Teil aus Ferritkörnern und zum Teil aus Perlitkörnern (Gefüge ②). Man bezeichnet es als **Ferrit-Perlit**-Gefüge.

Übereutektoider Stahl mit mehr als 0,8 % Kohlenstoff enthält viel Kohlenstoff. Er lagert sich zusätzlich zum Streifenzementit in den Perlitkörnern als Zementit an den Korngrenzen ab (Gefüge ④). Dieser Zementit heißt **Korngrenzenzementit** und das Gefüge **Perlit-Zementit.**

Je größer der Zementitanteil im Gefüge, umso härter, aber auch umso spröder ist der Stahl.

Austenit. Bei Temperaturen oberhalb 723 °C lösen sich die Kohlenstoffatome in der Eisen-Grundmasse auf und bilden Mischkristalle. Das Gefüge bezeichnet man als **Austenit** oder **γ-Eisen** (Gefüge ⑤).

Überprüfen Sie Ihre Kenntnisse

1 Welchen Aufbau erkennt man bei etwa 1000-facher Vergrößerung einer Metalloberfläche?

2 Aus welchen kleinsten Teilchen bestehen die Metalle?

3 Erklären Sie aus dem inneren Aufbau der Metalle ihre hohe Festigkeit.

4 Was kann aus dem Eisen-Kohlenstoff-Zustandsdiagramm abgelesen werden?

5 Welches Gefüge hat Stahl mit 0,8 % Kohlenstoff?

3.11 Wärmebehandlung der Stähle

Die wichtigsten mechanischen Eigenschaften der Stähle sind Härte, Festigkeit und Zähigkeit. Um sie zu verbessern, werden die Stähle Wärmebehandlungen unterworfen. Die Veränderung der Stoffeigenschaften wird durch Gefügeänderungen im Werkstoff hervorgerufen.

Man unterscheidet verschiedene Wärmebehandlungsverfahren:

Glühen | **Härten** | **Vergüten** | **Randschichthärten**

3.11.1 Glühen

Merke

Beim Glühen wird das Werkstück langsam erwärmt, zum Durchwärmen auf Glühtemperatur gehalten und anschließend langsam abgekühlt.

Die Werkstücke werden in einen auf Glühtemperatur vorgeheizten Glühofen eingelegt. Nach Erreichen der Glühfarbe des Ofeninnenraums werden sie die vorgeschriebene Glühdauer im Ofen gelassen. Anschließend werden sie herausgenommen und zum langsamen Abkühlen abgesetzt.

Je nach Glühtemperatur und Glühdauer unterscheidet man verschiedene Glühverfahren (Bild 1).

Durch **Spannungsarmglühen** werden innere Spannungen im Werkstück abgebaut. Sie sind durch Gießen, Walzen, Biegen, Schmieden oder Schweißen entstanden. Die Glühtemperatur beträgt 550 °C bis 650 °C, die Glühdauer 1 bis 2 Stunden.

Rekristallisationsglühen wird eingesetzt, wenn ein versprödeter Stahl wieder plastisch verformbar gemacht werden soll. Das durch die Kaltverformung verzerrte Gefüge wird beim Rekristallisationsglühen (550 °C bis 650 °C) aufgelöst. Es bildet sich ein neues Gefüge (Bild 2).

Durch **Weichglühen** wird der Stahl leichter spanbar gemacht. Dazu erwärmt man untereutektoiden Stahl auf 680 °C bis 720 °C, übereutektoiden Stahl auf 730 °C bis 750 °C. Man hält ihn dort für mehrere Stunden (Bild 1). Dadurch wandelt sich der Streifenzementit in körnigen Zementit um (Bild 2). Die Werkzeugschneide kann beim Spanen leichter in den Werkstoff eindringen.

Das **Normalglühen**, auch **Normalisieren** oder **Rückfeinen** genannt, wird angewandt, wenn der Werkstoff grobes Korn hat und feines Korn erhalten soll (Bild 2). Die Normalglühtemperatur liegt knapp oberhalb der GSK-Linie im Fe-C-Zustandsschaubild von Bild 1. Es entsteht ein vollständig neues, feinkörniges Gefüge.

Unter **Diffusionsglühen** versteht man ein langzeitiges Glühen bei 1050 °C bis 1250 °C. Dadurch werden Konzentrationsunterschiede (Seigerungen) in Gussstücken wieder ausgeglichen.

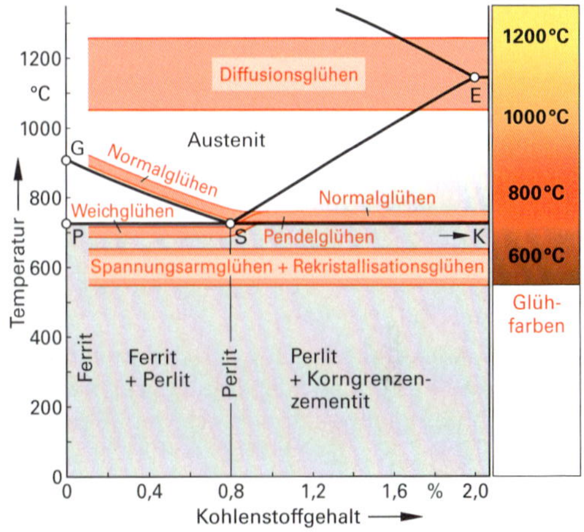

1 Glühtemperaturen und Glühfarben für unlegierte Stähle, dargestellt im Fe-C-Zustandsschaubild

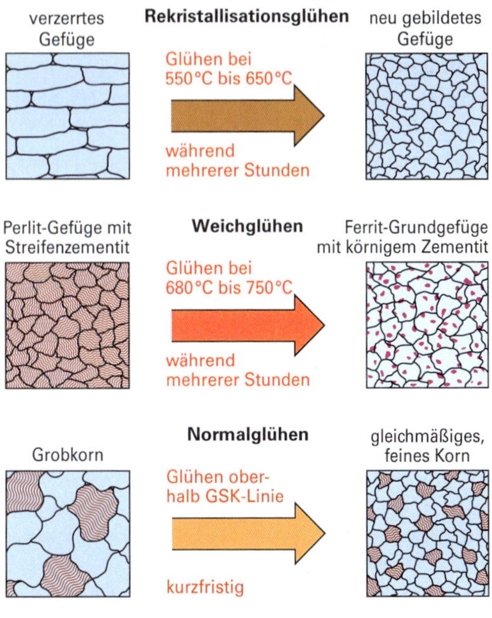

2 Gefügeveränderungen durch verschiedene Glühbehandlungen

3.11.2 Härten

Durch Härten werden Stähle hart und verschleißfest gemacht. Zum Härten geeignet sind Bauteile aus Werkzeugstählen.

> **Merke**
> Härten erfolgt in vier Arbeitsgängen: Erwärmen, Halten auf Härtetemperatur, Abschrecken und Anlassen.

Das **Erwärmen** geschieht in einem auf Härtetemperatur vorgeheizten Ofen (Bild 1). Hat das Werkstück die gleiche Glühfarbe wie der Ofeninnenraum, wird es noch rund 10 Minuten dort **gehalten**. Dann wird es aus dem Ofen genommen und sofort in einem Abschreckbad **abgeschreckt**. Anschließend wird das Werkstück in einem Anlassofen mit 200 °C bis 350 °C gelegt. Diesen Arbeitsgang nennt man **Anlassen**. Er vermindert die durch das Härten hervorgerufene Versprödung.

Beim Härten muss das Werkstück die vorgeschriebenen Härte- und Anlasstemperaturen durchlaufen (Bild 1, unten).

Richtiges Abschrecken. Durch das Abschrecken sollen die zu härtenden Werkstückbereiche rasch und gleichmäßig abgeschreckt werden. Beim Eintauchen in der Abschreckflüssigkeit müssen die Werkstücke kreisend hin- und herbewegt werden.

Die **Härtetemperatur** richtet sich nach der Stahlzusammensetzung. Bei den unlegierten Stählen ist die Härtetemperatur vom Kohlenstoffgehalt abhängig (Bild 2). Sie soll etwa 30 °C bis 60 °C über der GSK-Linie im Eisen-Kohlenstoff-Zustandsdiagramm liegen (rosa gekennzeichneter Bereich). Dadurch ist gewährleistet, dass der Perlit des Stahlgefüges sich vollständig auflöst und in **Austenit** umgewandelt ist.

Beispiel: Ein Stahl mit 0,4 % C hat eine Härtetemperatur von rund 850 °C (abgelesen aus Bild 2).

Gehärtet werden Werkzeuge wie Meißel, Bohrer, Feilen sowie Federn und Führungsbahnen.

Einfache Härtearbeiten in der Werkstatt

Einfache Härtearbeiten sind z. B. das Härten von Meißeln oder Hämmern. Sie können mit den in einer Werkstatt vorhandenen Einrichtungen durchgeführt werden (Bild 3).

Das Erwärmen auf Härtetemperatur erfolgt entweder im Schmiedefeuer oder mit dem Schweißbrenner. Hierbei kommt es auf die Erfahrung des Metallbauers an, die erforderliche Härtetemperatur mithilfe der Glühfarbe des erwärmten Werkzeugs zuverlässig zu erzielen. Die Glühfarben und dazu gehörenden Temperaturen findet man in einem Tabellenbuch.

Abgeschreckt wird im Löschtrog. Angelassen wird mit der im Werkstück gespeicherten Restwärme vom Härten.

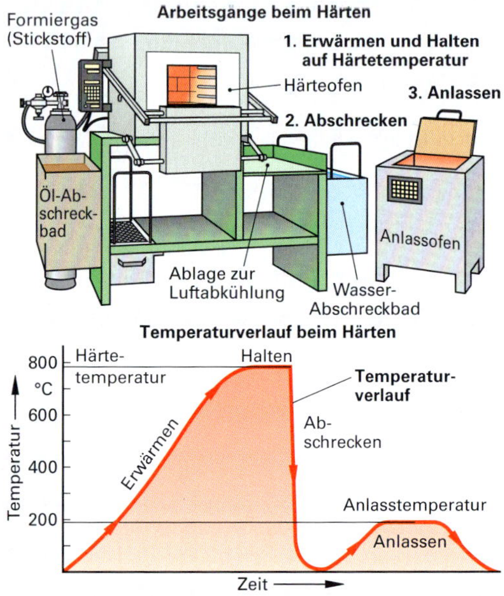

1 Arbeitsgänge und Temperaturen beim Härten

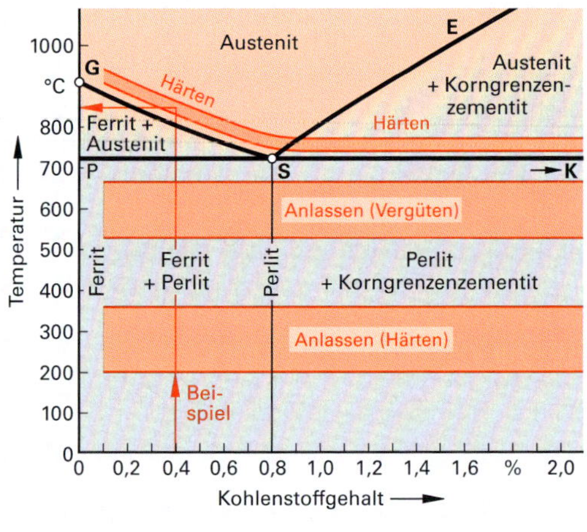

2 Temperaturen zum Härten, Anlassen und Vergütungs-Anlassen im Fe-C-Zustandsschaubild

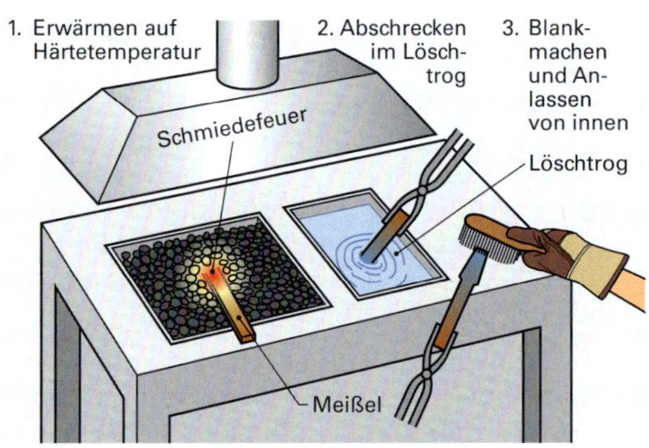

3 Härten eines Meißels in der Werkstatt

3.11.3 Vergüten

Merke

Durch Vergüten erhalten die Werkstücke aus Vergütungsstahl hohe Festigkeit und Zähigkeit. Vergüten ist Härten mit nachfolgendem Vergütungs-Anlassen bei 500 °C bis 700 °C.

Der Arbeitsablauf erfolgt in ununterbrochener Reihenfolge ähnlich wie beim Härten: Erwärmen und Halten auf Härtetemperatur, dann Abschrecken. Anschließend nochmals Erwärmen auf Anlasstemperatur (Bild 1).

Durch das anfängliche Härten erhält der Werkstoff Härte und Festigkeit; er ist aber spröde und schlagempfindlich. Das anschließende **Vergütungs-Anlassen** bei relativ hohen Temperaturen beseitigt die Sprödigkeit und verleiht dem Werkstück hohe Zähigkeit.

Die Temperatur beim Vergütungs-Anlassen beträgt 500 °C bis 700 °C. Sie richtet sich danach, ob das Werkstück hohe Festigkeit (niedrige Anlasstemperatur) oder große Zähigkeit (hohe Anlasstemperatur) besitzen soll.

Die erforderliche Anlasstemperatur kann aus dem **Anlassschaubild** des Stahls abgelesen werden (Bild 2). Damit kann bei einem bestimmten Vergütungsstahl die gewünschte Festigkeit und Zähigkeit erzielt werden.

Beispiel: Eine Torantriebswelle aus 34Cr4 soll auf 580 N/mm² Streckgrenze vergütet werden.
Lösung aus Bild 2: Anlasstemperatur 550 °C.

Vergütet werden Werkstücke, die hohe Festigkeit und Zähigkeit haben müssen, wie z. B. Zugstangen, Hebel, Wellen.

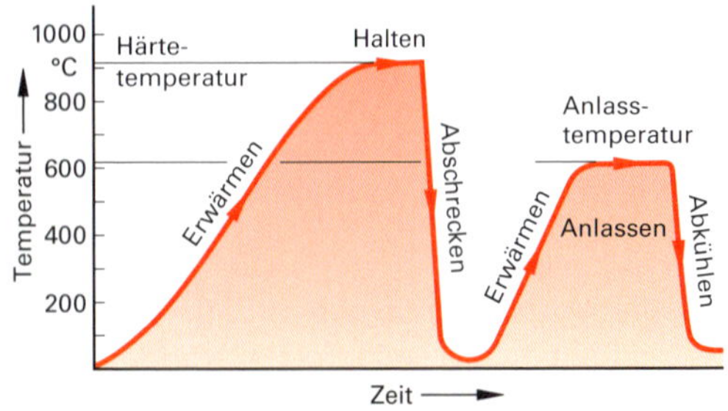

1 Temperaturverlauf beim Vergüten

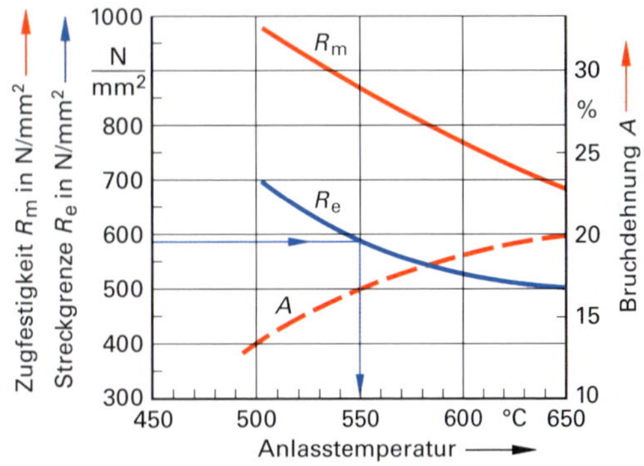

2 Anlassschaubild des Vergütungsstahls 34Cr4

3.11.4 Randschichthärten

Das Härten der Randschicht wird angewandt, wenn das Bauteil spezielle Eigenschaften benötigt: Eine harte, verschleißfeste Randzone und gleichzeitig einen zähen, elastischen Kern.

Dies ist bei Bauteilen erforderlich, die Verschleiß ausgesetzt sind und zusätzlich große Kräfte übertragen müssen. Beispiele: Seiltrommeln, Umlenkrollen, Rollenbahnen, Bolzen.

Zum Randschichthärten wird das Bauteil durch schnelles Erwärmen der Randschicht auf Härtetemperatur erwärmt und sofort abgeschreckt. Dies erfolgt z. B. durch kräftige Brennerflammen (Bild 3). Dadurch wird nur die Randschicht gehärtet. Der Werkstückkern bleibt unterhalb der Härtetemperatur und deshalb ungehärtet.

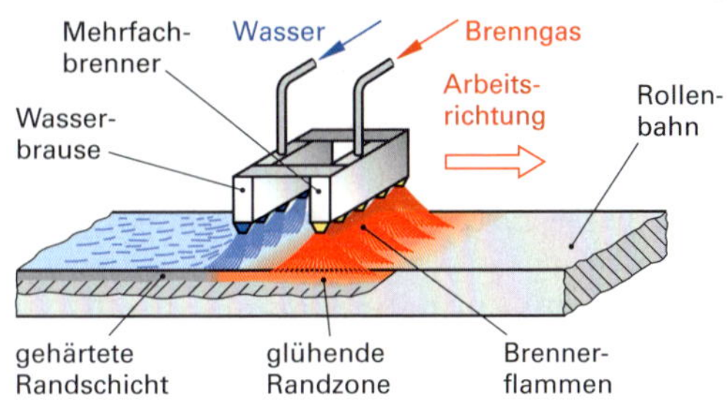

3 Randschichthärten einer Rollenbahn

Merke

Die Härte und Festigkeit der Stähle wird durch Härten, Vergüten und Randschichthärten verbessert. Die Ursache dafür sind Gefügeänderungen im Werkstoff.

Überprüfen Sie Ihre Kenntnisse

1 Welche Wärmebehandlungsverfahren gibt es?
2 Was versteht man unter Weichglühen?
3 Aus welchen Arbeitsgängen besteht das Härten?
4 Warum werden gehärtete Stähle angelassen?
5 Wie hoch ist die Härtetemperatur bei unlegierten Stählen?
6 Welche Eigenschaften erhält ein Bauteil aus Vergütungsstahl durch Vergüten?
7 Wie wird Randschichthärten ausgeführt?

3.12 Nichteisenmetalle (NE-Metalle)

Zu den Nichteisenmetallen zählt man:

- alle reinen Metalle, außer Eisen
- sowie alle Legierungen, bei denen Eisen nicht den größten Anteil besitzt.

Nach ihrer Dichte unterteilt man die NE-Metalle in Schwermetalle und Leichtmetalle (Bild 1).

Schwermetalle haben eine Dichte größer als 5 g/cm³, Leichtmetalle kleiner als 5 g/cm³.

Nichteisenmetalle (NE-Metalle)

Schwermetalle ($\varrho > 5$ g/cm³)		**Leichtmetalle** ($\varrho \leq 5$ g/cm³)	
zum Beispiel		**zum Beispiel**	
Kupfer (Cu)	ϱ = **8,9 g/cm³**	**Aluminium (Al)**	ϱ = **2,7 g/cm³**
Zink (Zn)	ϱ = **7,1 g/cm³**	**Magnesium (Mg)**	ϱ = **1,7 g/cm³**
Blei (Pb)	ϱ = **11,3 g/cm³**	**Titan (Ti)**	ϱ = **4,5 g/cm³**

1 Einteilung der NE-Metalle

Benennung und Kurzbezeichnung

Die **Benennung der unlegierten NE-Metalle** erfolgt nach dem Reinheitsgrad oder nach ihrem Herstellungsverfahren.

Das nach der Herstellung im Erzeugerwerk (Hütte genannt) vorliegende, unreine Metall erhält die Vorsilbe *Roh-* oder *Hütten-*.
Beispiele: Rohkupfer oder Hüttenaluminium.

Den gereinigten Metallen stellt man die Vorsilben *Fein-*, *Rein-* oder *Elektrolyt-* vor, wie z. B. Reinaluminium, Elektrolytkupfer.

Aus dem Erz hergestellte Werkstoffe haben die Vorsilbe *Primär-*, wie z. B. Primärzink.

Werden die Metalle aus Schrott erschmolzen, dann haben sie den Zusatz *Recycling-*.
Beispiel: Recycling-Aluminium.

Die **Benennung der NE-Metall-Legierungen** besteht aus dem Basismetall und dem Zusatz *Guss-* oder *Knetlegierung*. Beispiele: Aluminium-Knetlegierung oder Kupfer-Gusslegierung.

Benennung unlegierter NE-Metalle

Rohmetalle	**Veredelte Metalle**
Vorsilben: Roh-, Hütten-	Vorsilben: Fein-, Rein-, Elektrolyt-
Hergestellt aus Erz	**Hergestellt aus Schrott**
Vorsilbe: Primär-	Vorsilbe: Recycling-

Benennung von NE-Metall-Legierungen

Gusslegierungen	**Knetlegierungen**
z. B. Aluminium-Gusslegierungen	z. B. Kupfer-Knetlegierungen
Anwendung: kompliziert geformte Gussbauteile	Anwendung: Profile, Rohre, Bleche, Schmiedeteile, Hohlprofile

Nach dem Basismetall können noch ein oder zwei Hauptlegierungsbestandteile genannt werden, wie z. B. Kupfer-Zink-Knetlegierung.

Die **Kurzzeichen der NE-Metall-Werkstoffe** sind in den europäischen DIN EN-Normen festgelegt. Beispiele für die Kurzzeichen von NE-Metall-Werkstoffen sind bei den einzelnen Werkstoffen gezeigt.

3.12.1 Kupfer und Kupferlegierungen

Kupfer (unlegiert)

Eigenschaften: Kupfer hat eine lachsrote Farbe, die an frischen Oberflächen metallisch glänzt. An alten Flächen ist die Farbe braunrot. Es ist ein Schwermetall: ϱ = 8,93 g/cm³.

Kupfer ist ursprünglich weich und leicht umformbar. Durch Walzen wird es verfestigt, sodass es dann hart und schwer umformbar ist. Durch Glühen wird es wieder weich.

Die **Verwendung** von Kupfer erfolgt aufgrund einiger besonderer Eigenschaften des Kupfers (Bild 2):

- der guten elektrischen Leitfähigkeit ⇒ Stromleitungen
- der guten Wärmeleitfähigkeit ⇒ Heizrohre, Lötkolben
- der Korrosionsbeständigkeit ⇒ Installationsrohre

Kupfer Dichte: 8,93 g/cm³; Schmelztemperatur: 1083 °C

2 Erzeugnisse aus Kupfer

Kupfersorten. Die wichtigste Kupfersorte für die metallverarbeitenden Berufe ist **Cu-DHP-R220**. Es ist ein sauerstofffreies Kupfer. Wegen seiner Schweiß- und Lötbarkeit wird es im Apparatebau und Gerätebau sowie in der Rohrinstallation eingesetzt.

Für elektrische Kupferleitungen verwendet man eine spezielle Kupfersorte: **Cu-ETP1**.

Bearbeitbarkeit. Der überwiegende Teil des Kupfers kommt als Lang- und Flacherzeugnisse in den Handel. Daraus fertigt man durch spanlose und spanende Formung Bauteile. Bei der spanenden Formung sind Schneidwerkzeuge mit großem Spanwinkel zu wählen.

Die sauerstofffreien Kupfersorten können gelötet und geschweißt werden. Unlegiertes Kupfer ist schlecht gießbar.

Die **Kurzzeichen der unlegierten Kupferwerkstoffe** bestehen nach DIN EN 1976 aus dem Symbol **Cu**, drei Buchstaben für die Kupfersorte und einer R-Ziffer für die Festigkeit. Siehe Beispiel rechts.

DHP = **D**esoxidiertes Kupfer mit **h**ohem **P**hosphorgehalt

R220 = 220N/mm² Mindestzugfestigkeit

Teilweise wird noch das alte Kurzzeichen nach DIN verwendet. Es enthält ein Kennzeichen für die Kupfersorte (z. B. SF-Cu für sauerstofffreies Kupfer) und eine F-Zahl für die Festigkeit.

Kurzzeichen eines unlegierten Kupferwerkstoffs

Beispiel: Sauerstofffreies Kupfer mit 200 N/mm² Mindestzugfestigkeit.

nach DIN EN 1976	nach DIN EN 1412 Werkstoff-Nr.	nach früherer DIN 1787
Cu-DHP-R220	**CW024A**	**SF-CuF22**

Das **Kurzzeichen der Kupferlegierungen** besteht aus dem Symbol **Cu** und den Symbolen der Hauptlegierungselemente mit Prozentangaben ihrer Gehalte. Siehe Beispiel rechts. Kupfer-Gusslegierungen enthalten ein vorangestelltes G.

Kurzzeichen von Kupferlegierungen

Beispiel: Kupfer-Knetlegierung mit 38% Zink und 2 % Blei.
CuZn38Pb2 Werkstoff-Nr. **CW608N**

Beispiel: Kupfer-Gusslegierung mit 12 % Zinn
G-CuSn12-C Werkstoff-Nr. **CC483K**

Daneben haben Kupferwerkstoffe eine Werkstoffnummer, z.B. CW024A, CW603W, CC483K.

Kupfer-Zink-Legierungen (Messing)

Kupfer-Zink-Legierungen enthalten 5 % bis 40 % Zink (Zn). Sie haben eine dekorative, gold-gelbe Farbe und ähnlich gute Korrosionsbeständigkeit wie Kupfer.

Die Festigkeit von Kupfer-Zink-Legierungen steigt mit dem Zinkgehalt (Bild 1). Weichgeglüht haben sie Zugfestigkeiten von 200 N/mm² bis 350 N/mm².

Kupfer-Zink-Legierungen sind **nicht** wie die Stähle durch Abschrecken härtbar. Die Zugfestigkeit der Kupfer-Zink-Legierungen kann durch **Kaltverfestigung** stark erhöht werden (Bild 1). Die Dehnbarkeit vermindert sich mit steigender Festigkeit von 50 % auf bis zu 10 %.

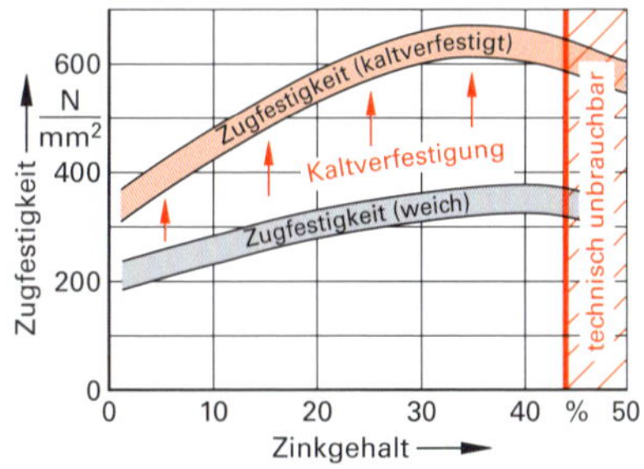

1 **Zugfestigkeit von Kupfer-Zink-Legierungen in Abhängigkeit vom Zinkgehalt**

Kupfer-Zink-Knetlegierungen werden zu Blechen und Bändern, zu Rund-, Vierkant-, Sechskant- und Flachstangen sowie zu Drähten, Rohren und Profilen verarbeitet. Typische Kupfer-Zink-Knetlegierungen sind z. B. **CuZn10, CuZn30**.

Zur Steigerung der Festigkeit können geringe Zusätze anderer Legierungselemente zugesetzt sein, z. B. **CuZn37Al1**.

CuZn-Knetlegierungen, aus denen Massendrehteile gefertigt werden, enthalten geringe Zusätze an Blei, wie z. B. **CuZn40Pb2**. Sie bilden Bröckelspäne.

Man fertigt aus Kupfer-Zink-Knetlegierungen Blechteile, Zahnräder, Buchsen, Geländer (Bild 2, links).

Kupfer-Zink-Gusslegierungen (Gussmessing z. B. **G-CuZn35**) lassen sich nach allen Gießverfahren gut gießen.

Die Gussstücke können spanend bearbeitet werden.

Aus Kupfer-Zink-Gusslegierungen werden komplizierte Bauteile, wie Armaturengehäuse, Elektro-Bauteile und Beschläge, gefertigt (Bild 2, rechts).

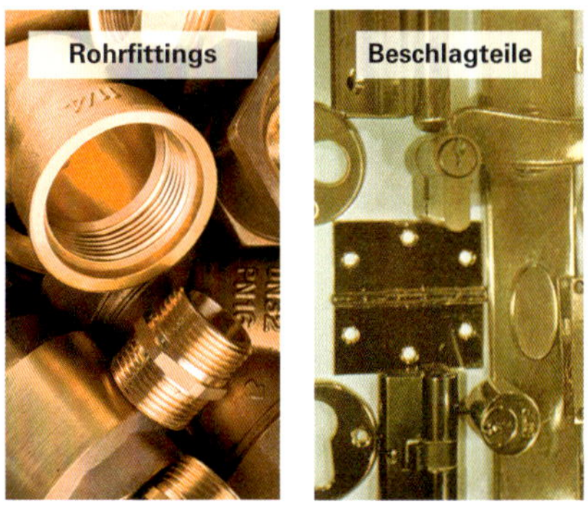

2 **Bauteile aus CuZn-Legierungen**

Kupfer-Zinn-Legierungen (Zinnbronzen)

Kupfer-Zinn-Legierungen enthalten 2 % bis 15 % Zinn (Sn), sowie teilweise geringe Zusätze anderer Legierungselemente. Sie haben die typische goldbraune Bronzefarbe. Sie sind korrosionsbeständig und besitzen hohe Zugfestigkeit, Verschleißfestigkeit und gute Gleiteigenschaften.

Kupfer-Zinn-Knetlegierungen werden zu Blechen, Bändern, Drähten, Rohren und Stangen warm- oder kaltgewalzt. Die Zugfestigkeit und die Dehnung können durch Kaltumformen und Erholungsglühen dem jeweiligen Verwendungszweck angepasst werden.

So haben z. B. Bleche aus **CuSn6** im weichgeglühten Zustand eine Zugfestigkeit von 350 N/mm² bis 410 N/mm² bei einer Bruchdehnung von 55 %.

Federhart gewalzte Bleche aus derselben Legierung besitzen 750 N/mm² Zugfestigkeit und nur 5 % Bruchdehnung.

Kupfer-Zinn-Knetlegierungen verarbeitet man z. B. zu Gleitlagerbuchsen und federnden elektrischen Kontakten (Bild 1).

Kupfer-Zinn-Gusslegierungen (Guss-Zinnbronze) und **Kupfer-Zinn-Zink-Gusslegierungen** (Rotguss) sind gut gießbar.

Außerdem sind sie beständig gegen Meerwasser und eignen sich aufgrund ihrer guten Gleiteigenschaften für Gleitlagerschalen, Spindelmuttern, Schneckenräder, Pumpen- und Ventilgehäuse (Bild 2). Die Gussstücke lassen sich gut spanend bearbeiten.

Gleitlagerbuchsen aus CuSn8P | Elektrische Kontakte aus CuSn5

1 Teile aus Kupfer-Zinn-Legierungen

2 Pumpengehäuse aus G-CuSn5ZnPb

3.12.2 Aluminium und Aluminiumlegierungen

Aluminium (unlegiert)

Eigenschaften: Aluminium ist ein silberhell glänzendes Metall, dessen Oberfläche im Laufe der Zeit matthell wird. Es ist an der Luft relativ korrosionsbeständig.

Es ist ein Leichtmetall: Seine Dichte hat nur rund ⅓ der Dichte von Stahl, nämlich 2,7 g/cm³.

Die Zugfestigkeit von reinem Aluminium beträgt je nach Walzzustand zwischen 65 N/mm² und 190 N/mm². Die Bruchdehnung ist im weichgeglühten Zustand oder vergossen groß, hartgewalzt aber sehr niedrig. Aluminium besitzt eine gute elektrische Leitfähigkeit.

Verwendung: Wegen seiner geringen Festigkeit wird unlegiertes Aluminium nicht als Konstruktionswerkstoff eingesetzt. Seine Korrosionsbeständigkeit und gesundheitliche Unbedenklichkeit nutzt man bei Lebensmittelverpackungen und Getränkedosen. Aufgrund der guten elektrischen Leitfähigkeit wird es zu elektrischen Leiterbändern und Freileitungsseilen verarbeitet (Bild 3).

Ein gebräuchlicher Werkstoff aus unlegiertem Aluminium ist z. B. **EN AW-Al 99,5**. Er hat einen Aluminiumgehalt von mindestens 99,5 %.

Die **Kurzzeichen für unlegierte Aluminiumwerkstoffe und Al-Legierungen** bestehen aus den Buchstaben EN AW und einer Kennziffer. In Klammern können zusätzlich die chemischen Elemente und deren prozentuale Anteile angegeben sein. Siehe Beispiel rechts.

Es können auch nur das numerische Kurzzeichen oder nur die chemische Zusammensetzung genannt sein.

Aluminium Dichte: 2,7 g/cm³
Schmelztemperatur: 658 °C

Zugfestigkeit von unlegiertem Aluminium:
weich geglüht: 65 N/mm²
hart gewalzt: 125 N/mm²...190 N/mm²

Bruchdehnung: weich geglüht: bis 35 %
hart gewalzt: 3 %...5 %

3 Elektrische Leitungsseile aus Elektro-Aluminium EN AW-1350 [EAl 99,5]

Kurzzeichen eines Aluminiumwerkstoffs

Beispiel: Aluminium-Knetlegierung mit 4,5 % Zink und 1 % Magnesium

EN AW-7020 [Al Zn4,5Mg1]
oder
EN AW-Al 7020
bzw.
EN AW-AlZn4,5Mg1

Aluminiumlegierungen

Durch Legieren können vor allem die mechanischen Eigenschaften des Aluminiums wesentlich verbessert werden (bis 530 N/mm² Zugfestigkeit). Je nach beigegebenen Legierungselementen erhält man aushärtbare bzw. nicht aushärtbare Al-Knet- bzw. Al-Gusslegierungen.

Verwendung: Aluminiumlegierungen werden wegen ihrer günstigen Werkstoffeigenschaften eingesetzt: geringe Dichte, gute Korrosionsbeständigkeit, dekoratives Aussehen, Zähigkeit und eine Festigkeit annähernd wie die unlegierter Stähle.

Merke

Aluminiumlegierungen sind aufgrund ihrer Festigkeit und geringen Dichte **Leichtbauwerkstoffe**.

Besonders im Automobil- und Flugzeugbau kommt es auf geringes Gewicht an. Im Bau- und Ausbaugewerbe sind neben dem geringen Gewicht die Korrosionsbeständigkeit an der Atmosphäre und das dekorative Aussehen wichtig.

Bearbeitung: Al-Werkstoffe können durch Walzen, Schmieden und Strangpressen umgeformt werden. Gespant wird mit hohen Schnittgeschwindigkeiten; Schweißen ist gut möglich.

Knetlegierung EN AW-6060 [Al MgSi] (aushärtbar)

Diese Al-Knetlegierung ist der Standardwerkstoff für preiswerte, stranggepresste Aluminiumprofile (Bild 1). Man fertigt daraus Gerüste, Beschläge, Tragkonstruktionen sowie Fenster- und Türrahmen (Bild 2).

Knetlegierung EN AW-7020 [Al Zn4,5Mg1] (selbst aushärtend)

Diese Knetlegierung ist besonders für mechanisch-hochbelastete Schweißkonstruktionen geeignet (Zugfestigkeit bis 350 N/mm²). Nach dem Schweißen nimmt die Schweißzone wieder von selbst in einigen Tagen die ursprüngliche Festigkeit des ausgehärteten Werkstoffs an.

Man fertigt aus EN AW-7020 Leichtbau-Tragwerke, Flugzeugteile, Pkw-Karosserien (Bild 3).

Gusslegierung EN AC-44200 [Al Si12 a] (aushärtbar)

Diese Gusslegierung lässt sich sehr gut vergießen, ist korrosionsbeständig und spanend gut bearbeitbar. Sie eignet sich zur Herstellung kompliziert geformter, auch dünnwandiger Gussteile: Motorblöcke, Pumpen- und Apparategehäuse, Beschläge sowie Pkw-Felgen (Bild 4).

1 Profile aus EN AW-6060 [Al MgSi]

2 Fensterrahmen aus EN AW-6060

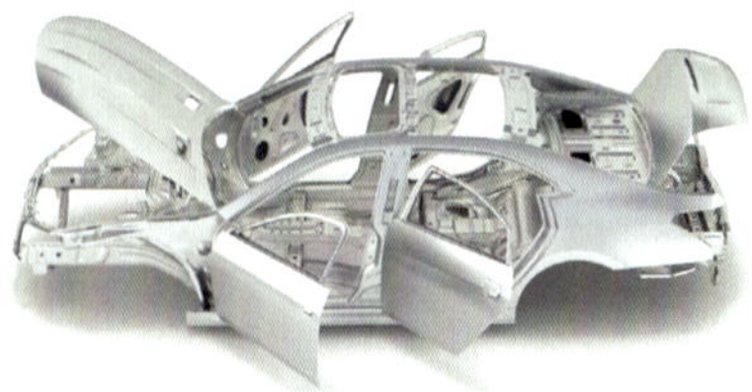

3 PKW-Karosserierahmen aus EN AW-7020 [Al Zn4,5Mg1]

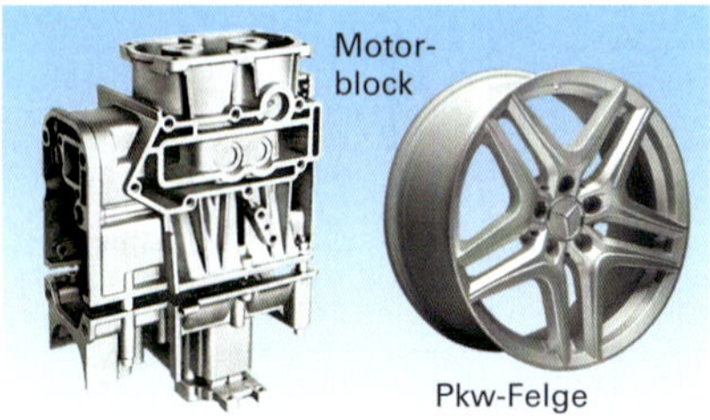

4 Gegossene Bauteile aus EN AC-44200

Aushärten von Al-Legierungen

Durch Aushärten kann die Festigkeit aushärtbarer Al-Legierungen auf den doppelten Betrag gesteigert werden, z. B. von 200 N/mm² auf 400 N/mm² Zugfestigkeit. Aushärtbar sind Al-Legierungen, die die Legierungselemente Magnesium-Silicium, Zink oder Kupfer enthalten.

Überprüfen Sie Ihre Kenntnisse

1 Ab welcher Dichtegrenze unterscheidet man Schwermetalle und Leichtmetalle?

2 Welche Eigenschaften hat unlegiertes Kupfer?

3 Welches sind die gebräuchlichsten Kupfer-Legierungen?

4 Welche Kupferlegierungen bezeichnet man als Messing bzw. welche als Bronze?

5 Wegen welcher besonderer Eigenschaften werden Aluminium-Legierungen verwendet?

6 Warum ist die Legierung EN AW-Al Zn4,5Mg1 als Leichtbauwerkstoff für Schweißkonstruktionen geeignet?

7 Welche Verwendung haben die folgenden Metalle?
a) Blei b) Zink c) Nickel d) Chrom

3.12.3 Weitere technisch wichtige Metalle

Die Stähle sowie Kupfer und Aluminium sowie deren Legierungen sind die wichtigsten Werkstoffe der Technik. Daneben werden noch zahlreiche andere Metalle und Metalllegierungen in der Technik verwendet. Sie erfüllen ganz spezielle Aufgaben oder dienen als Legierungselemente.

Eigenschaften und Verwendung technisch wichtiger Metalle

Metall Kurzzeichen	**Dichte** in g/cm³	**Schmelztemperatur** in °C	**Besondere Eigenschaften**	**Verwendung**
Niedrig schmelzende Metalle				
Zinn Sn	7,3	232	gut gießbar gut spanlos formbar	Überzüge auf Stahlblech (Weißblech) Legierungselement für CuSn-Legierungen Zinnlegierungen: Lote, z. B. L-Sn 60 Pb
Blei Pb	11,3	327	beständig gegen Schwefelsäure, absorbiert Röntgenstrahlen	Strahlenschutz, Plattierungen, Bleiakkus, Legierungselement für Automatenlegierungen Bleilegierungen: z. B. LgPbSn9Cd (Lagermetall)
Zink Zn	7,1	419	korrosionsbeständig im Freien	Korrosionsschutz (Verzinken), Legierungselement für Al-Legierungen Zinklegierungen: Druckguss, z. B. GD-ZnAl-4Cu1
Leichtmetalle				
Magnesium Mg	1,8	650	leichtestes, technisch verwendetes Metall, in Pulverform leicht entzündbar	Legierungselement für Al-Legierungen Mg-Legierungen: Leichtbauteile im Geräte-, Fahrzeug- und Flugzeugbau
Titan Ti	4,5	1727	hohe Festigkeit, zäh, korrosions- und temperaturbeständig, teuer	Mechanisch hochbelastete Leichtbauteile wie Triebwerksschaufeln, Chemieapparate Ti-Legierungen: Hochleistungs-Leichtbauteile
Legierungsmetalle				
Mangan Mn	7,3	1250	hart, spröde	Legierungsmetall für zähharte Stähle
Nickel Ni	8,9	1455	heller Metallglanz, korrosionsbeständig	Schutzüberzüge (Vernickeln), Legierungselement für korrosionsbeständige Stähle
Cobalt Co	8,8	1490	zäh, korrosionsbeständig	Legierungselement für Schnellarbeitsstähle, Bindemetall für Hartmetalle
Vanadium V	6,0	1720	hart, spröde	Legierungselement für zähharte Stähle und Schnellarbeitsstähle
Chrom Cr	7,1	1900	brillanter Metallglanz, korrosionsbeständig	Schutzüberzüge (Verchromen), Legierungselement für nichtrostende Stähle
Hochschmelzende Metalle				
Molybdän Mo	10,2	2600	korrosionsbeständig	Heizleiter, Legierungselement für hitzebeständige Stähle und Schnellarbeitsstähle
Tantal Ta	16,6	3000	zähhart, korrosionsbeständig gegen Säuren	Spezielle Chemieapparate und Geräte Legierungselement für warmfeste Stähle
Wolfram W	19,3	3380	zähhart, warmkorrosionsbeständig gegen Säuren, höchste Schmelztemperatur	Spezielle Chemieapparate, Glühfäden für Glühlampen, Legierungselement für warmfeste Stähle und Schnellarbeitsstähle
Edelmetalle				
Silber Ag	10,5	960	höchste Leitfähigkeit für Elektrizität, Glanz	Elektrische Leitungen und Kontakte Reflektoren, Spiegelbeschichtungen
Gold Au	19,3	1063	dekoratives Aussehen, korrosionsbeständig	Schmuck, Schutzüberzüge für Chemieapparate, Elektrokontakte
Platin Pt	21,5	1773	äußerst korrosionsbeständig gegen Säuren	Tiegel und Kleingeräte für das Chemielabor, Schmuck, Thermoelemente

3.13 Sinterwerkstoffe

Merke

Sinterwerkstoffe werden in einem mehrschrittigen Herstellungsprozess durch Pressen von Metallpulver zu Rohlingen und anschließendem Sintern (Zusammenbacken) zu Formteilen gefertigt.

Die Herstellung erfolgt in mehreren Schritten (Bild 1).

1. Zusammenstellen der Pulvermischung
2. Pressen der Rohlinge
3. Sintern der Rohlinge im Sinterofen bei 800 °C bis 1200 °C zu Formteilen.

Es können Formteile mit dichtem Gefüge, aber auch mit offenen oder geschlossenen Poren hergestellt werden. Nach dem Sintern haben die Teile ihre endgültige Form.

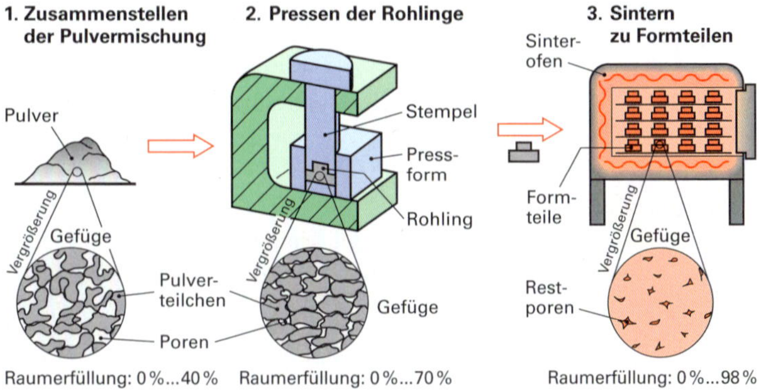

1 Arbeitsschritte zur Herstellung von Sinterteilen

Sintermetalle für Filter: Sint-AF

Filter aus Sintermetall werden z. B. aus nichtrostendem Sinterstahl (z. B. X5CrNi18-10) sowie aus Sintermessing (z. B. CuZn30) hergestellt. Die Filter haben rund 30 % offene Poren (Bild 2, oben).

Sintermetalle für Gleitlager: Sint-A, -B, -C

Sinterstahl mit eingesintertem Grafit sowie Sinterbronze, wie z.B. Sint-B50, wird zu Gleitlagern verarbeitet (Bild 2, unten). Der Porenanteil beträgt 15 % bis 25 %. Vor dem Einbau werden die Lagerteile mit Schmiermittel getränkt. Bei Erwärmung (Notlauf) tritt es aus den Poren aus und sorgt für die Schmierung.

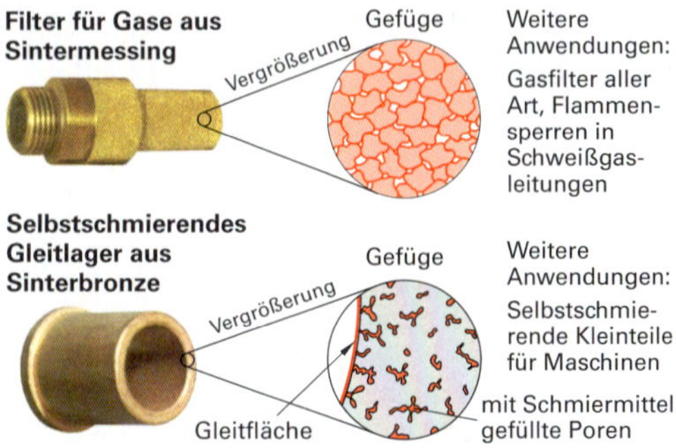

2 Bauteile aus Sintermetallen mit Poren

Sintermetalle für Formteile: Sint-D, Sint-E, Sint-F

Formteile fertigt man je nach Verwendungszweck aus den verschiedenen Sintermetallen. Der Restporenanteil beträgt 2 % bis 10 %. Die Festigkeit des Sintermetalls steigt mit zunehmender Raumerfüllung. Hoch belastbare Formteile, wie z. B. Zahnräder, werden nach dem Sintern geschmiedet (Bild 3).

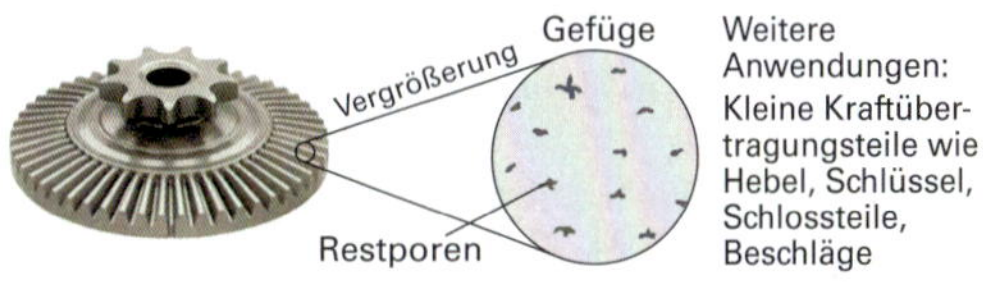

3 Zahnrad aus geschmiedetem Sinterstahl

Hartmetalle

Merke

Hartmetalle sind Sinterwerkstoffe, die aus zwei Anteilen bestehen: Harten Carbidteilchen und einem zähelastischen Bindemetall, wie z. B. Cobalt.

Sie werden durch Pressen einer Pulvermischung aus Carbiden und Cobalt zu Schneidplatten geformt (Bild 1). Anschließend werden sie gesintert. Die harten Carbide sind Wolframcarbid WC, Titancarbid TiC oder Tantalcarbid TaC.

Man fertigt aus ihnen Schneidplatten der Werkzeuge für die spanende Formung (Bild 4).

4 Schneidplatten aus Hartmetallen
grau = unbeschichtet, goldfarbig = beschichtet
weiß, schwarz = Schneidkeramik

3.14 Korrosion und Korrosionsschutz

Metallische Werkstoffe verändern im Laufe der Zeit ihr Aussehen, insbesondere bei Verwendung im Freien und in aggressiver Umgebung. Die zuerst blanke Oberfläche frischer Schnittflächen wird stumpf und überzieht sich mit einer Schicht, z. B. bei Stahl mit braunem Rost (Bild 2). Der Werkstoff reagiert dann weiter mit den Stoffen der Umgebung und kann völlig zerstört werden. Diesen Vorgang nennt man Korrosion.

Merke

Unter Korrosion versteht man die von der Oberfläche ausgehende Zerstörung metallischer Werkstoffe. Ursache sind chemische und elektrochemische Reaktionen.

3.14.1 Korrosionsursachen

Elektrochemische Korrosion

Die übliche Korrosion von Bauteilen aus Metall, z. B. das Rosten von Stahlbauteilen im Freien, beruht auf dem Vorhandensein von Feuchtigkeit auf den Metallflächen. Es genügt ein hauchdünner Feuchtigkeitsfilm, der mit bloßem Auge nicht sichtbar ist. In der dünnen Wasserschicht laufen chemische Vorgänge mit elektrisch geladenen Stoffteilchen (Ionen) ab. Deshalb nennt man die Korrosion, die unter dem Einfluss von Feuchtigkeit abläuft, **elektrochemische Korrosion**.

Es gibt mehrere Arten der elektrochemischen Korrosion.

Elektrochemische Korrosion feuchter Stahloberflächen

Sie wirkt z. B. an Stahlbauteilen im Freien. Die dabei ablaufenden Vorgänge kann man schematisch an einem Tropfen auf einer Stahloberfläche darstellen (Bild 1). Im Zentrum des Tröpfchens löst sich Eisen Fe als Fe^{2+}-Ionen auf. Sie reagieren mit OH^--Ionen im Wasser, die aus gelöstem Sauerstoff entstanden sind. Sie bilden nach einer Reaktionskette Rost FeOOH.

Eisen → gelöste Eisenionen + Hydroxionen → Rost

$Fe \rightarrow Fe^{2+} \rightarrow Fe^{3+} \rightarrow Fe^{3+} + OH^- \rightarrow FeOOH$

Dieser Vorgang findet auf einem korrodierenden Stahlbauteil an unzähligen Stellen statt. Er führt zuerst zu Rostflecken (Bild 2) und im weiteren Verlauf zu einer geschlossenen Rostschicht. Die gebildete Rostschicht ist porös und saugt Wasser auf. Der Korrosionsvorgang schreitet unter der Rostschicht fort.

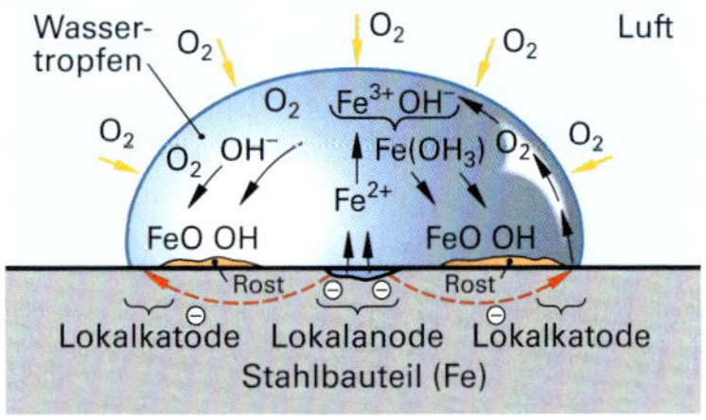

1 Elektrochemische Vorgänge an feuchten Stahloberflächen

2 Korrodierte Stahloberfläche

Elektrochemische Korrosion durch Elementbildung

Ursache dieser Korrosionsart ist die Bildung eines **galvanischen Elements** an einer Stelle eines Bauteils. Dort läuft eine Elektrolyse ab (Bild 3). Ein galvanisches Element besteht aus zwei verschiedenen Metallstücken (Elektroden), die miteinander verbunden sind. Sie tauchen in eine elektrisch leitende Flüssigkeit, den Elektrolyt ein. In solch einer Anordnung löst sich das chemisch unedlere Metall auf. Dies ist bei der Metallkombination Zink/Eisen in Bild 3 Zink, das als Zn^{2+} in Lösung geht.

Das unedlere Metall in der Metallkombination eines galvanischen Elements löst sich auf und wird dadurch zerstört.

Aus der **Spannungsreihe der Metalle** kann das unedlere Metall in einer Element-Kombination erkannt werden (Bild 4). Es steht dort jeweils weiter links.

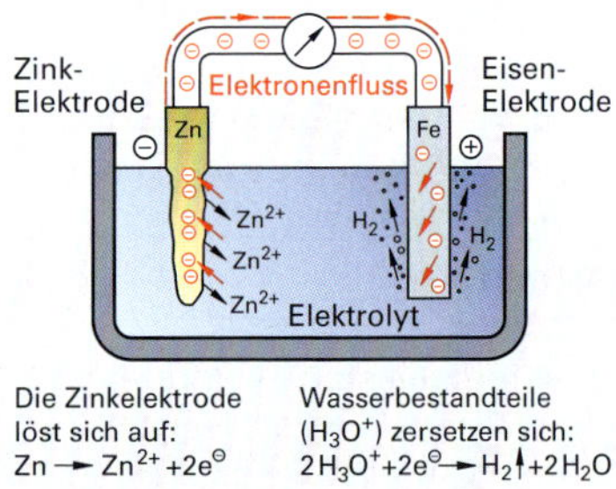

3 Galvanisches Element Zink-Eisen

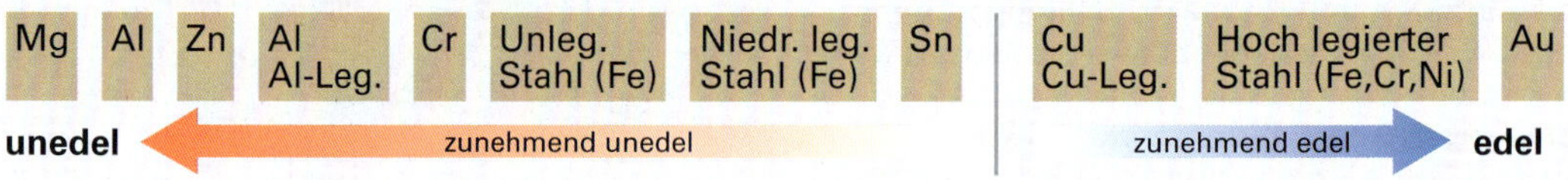

4 Spannungsreihe der Metalle

Beispiele für das Auflösen in galvanischen Elementen:
Galvanisches Element Zn/Unleg. Stahl: → Zink geht in Lösung
Galvanisches Element Cu/Unleg. Stahl: → Unlegierter Stahl geht in Lösung

Korrosion an Korrosionselementen (Kontaktkorrosion)

Die Bedingungen eines galvanischen Elements herrschen an zahlreichen Stellen bei Maschinen und Bauteilen. Man nennt diese Stellen **Korrosionselemente**. Sie liegen vor, wo zwei verschiedene Metalle sich berühren und etwas Flüssigkeit vorhanden ist. Dabei genügt als Flüssigkeit ein dünner Feuchtigkeitsfilm.

Typische **Korrosionselemente** an Bauteilen sind:

- Schadstellen an Zinküberzügen auf Stahl (Bild 1)
  ⇒ Die Zinkschicht löst sich auf. Sie schützt das Stahlbauteil, solange noch Reste der Zinkschicht vorhanden sind.
- Berührungsstellen zweier Bauteile aus verschiedenen Werkstoffen, z. B. Messing-Gleitlagerbuchse in Stahlgehäuse (Bild 2).
  ⇒ Das Stahlgehäuse wird an der Berührungsstelle angelöst.

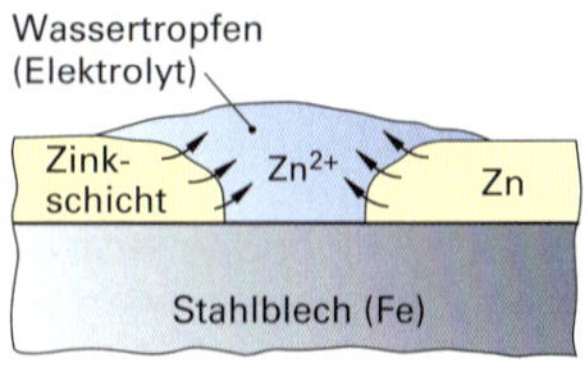

1 Schadstelle an verzinktem Stahlblech

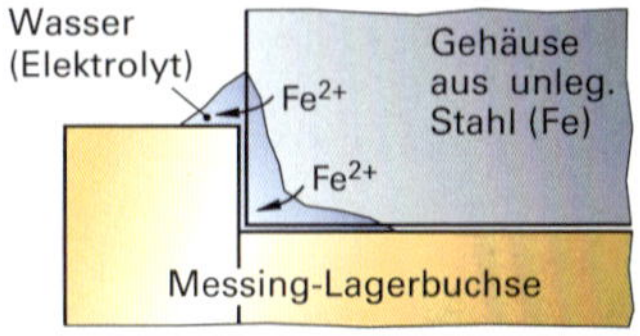

2 Korrosionselemente: Berührungsstelle zweier Bauteile aus unterschiedlichen Metallen

Korrosion bei hohen Temperaturen

Bei hohen Temperaturen kommt es zur direkten chemischen Reaktion des Werkstoffs mit dem Sauerstoffanteil der Luft. Man nennt diese Korrosionsart deshalb auch **chemische Korrosion** oder **Hochtemperaturkorrosion**. Sie setzt erst bei Temperaturen ab etwa 600 °C ein und tritt z. B. beim Warmwalzen, Schweißen oder Schmieden von Stahlbauteilen auf (Bild 3). Auf dem Stahl bildet sich Zunder (chemisch Eisenoxid Fe_2O_3).

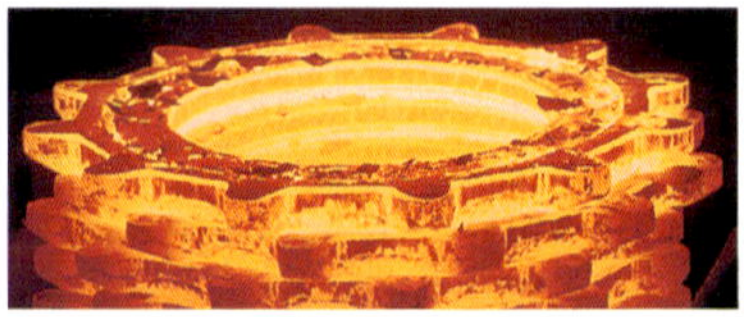

3 Verzundertes Schmiedestück (Hochtemperaturkorrosion)

3.14.2 Erscheinungsbilder der Korrosion

Die Korrosion kann zu unterschiedlichen Erscheinungsbildern auf dem Bauteil führen (Bild 4):

Bei der **gleichmäßigen Flächenkorrosion** wird der Werkstoff überall gleich stark korrodiert. Sie tritt z. B. bei der Korrosion von Baustahl im Freien auf.

Risskorrosion, auch **Lochfraß** genannt, führt zu feinen, aber tiefen Rissen im Werkstoff. Sie tritt auf, wenn nichtrostender Stahl mit salzhaltigem Wasser (enthält Chlorid-Ionen) in Berührung kommt.

Zur **Kontaktkorrosion** kommt es an Stellen, wo sich zwei Bauteile aus unterschiedlichen Werkstoffen berühren (Korrosionselement).

Bei der **kristallinen Korrosion** verläuft die Korrosion durch oder zwischen den Gefügekörnern. Es entstehen haarfeine Risse. Bei Belastung geht das Werkstück zu Bruch.

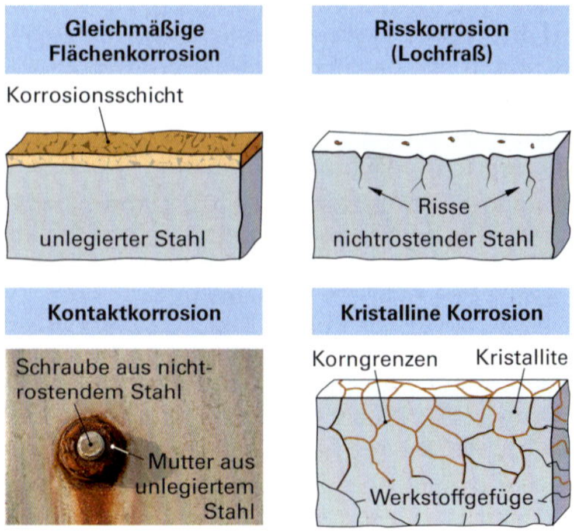

4 Erscheinungsbilder der Korrosion

vel.plus/
GM08

3.14.3 Passivierung der Metalloberflächen

Einige Metalle verhalten sich nicht so, wie es aus der Spannungsreihe der Metalle zu erwarten ist. Aluminium, Zink und Chrom z. B. stehen in der Spannungsreihe weiter links als unlegierter Stahl (Bild 4, Seite 88), d. h. sie sind elektrochemisch unedler als Eisen. In der Praxis jedoch sind Aluminium, Zink und Chrom korrosionsbeständiger als unlegierter Stahl. Der Grund hierfür ist die Anlagerung von Sauerstoff an der Oberfläche von Al, Zn und Cr. Es bilden sich Oxide. Die Oberflächen sind dadurch geschützt, man sagt gegen Korrosion **passiviert**. Bei Aluminium verstärkt man die natürliche Al_2O_3-Schicht durch anodisches Oxidieren. Zink- und Chrombeschichtungen benutzt man zum Korrosionsschutz (Seite 90). Bei den nichtrostenden Stählen (CrNi-Stähle) wirkt der Chromanteil passivierend.

3.14.4 Einflüsse auf die Korrosionsbeständigkeit eines Bauteils

Einen großen Einfluss auf die Korrosionsbeständigkeit eines Bauteils hat die **Auswahl des geeigneten Werkstoffs**. Unlegierte Stähle z. B. sind nur in trockenen Innenräumen beständig. Für Anwendungen im Freien müssen sie beschichtet oder feuerverzinkt werden. In aggressiver Umgebung sind nichtrostende Stähle und anodisch oxidiertes Aluminium geeignet (Tabelle 1).

Auch die den Werkstoff **umgebenden Medien**, wie z. B. Raumluft, Industrieluft, Wasser oder Säurelösungen, haben einen entscheidenden Einfluss auf das Korrosionsverhalten eines Werkstoffs.

Aggressive Umgebungsmedien sollten vermieden oder von den Bauteilen ferngehalten werden.

Außerdem können durch eine **korrosionsschutzgerechte Konstruktion** besonders anfällige Korrosionsstellen vermieden werden.

Beispiele: Vermeiden von Kontaktkorrosion durch die Verwendung gleicher Werkstoffe in einer Bauteilgruppe oder die Vermeidung von Wasseransammlungen durch geschlossene Profile.

Tabelle 1: Korrosionsverhalten der Werkstoffe

Werkstoffe	Korrosionsverhalten	Raumluft	Industrieluft	Säuren
Unlegierte und niedrig legierte Stähle	Ohne Schutz nur in trockenen Räumen beständig.	●	◐	○
Nichtrostende Stähle, z.B. X5CrNiMo 17-12-2	Gut beständig. Gefährdet durch aggressive Chemikalien	●	◕	◐
Aluminium und Al-Legierungen	Im Freien gut beständig; Ausnahme: AlCu-Legierungen	●	◕	◐
Kupfer und Cu-Legierungen	Gut beständig; insbesondere die CuNi-Legierungen	●	◕	◐

Zeichenerklärung: ● praktisch beständig, ◕ ziemlich beständig, ◐ unbeständig, ○ unbrauchbar

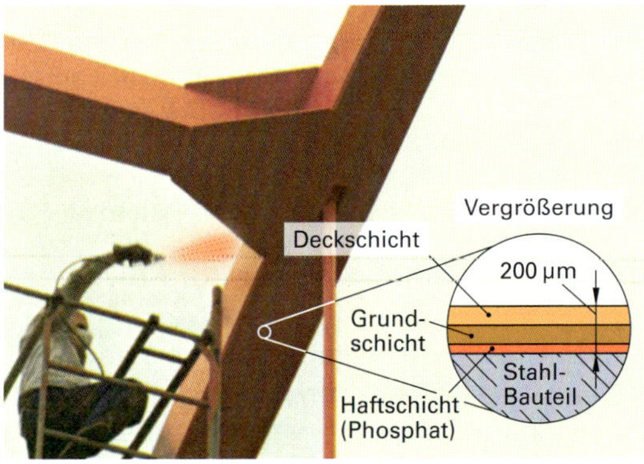

1 Spritzen einer Korrosionsschutzbeschichtung

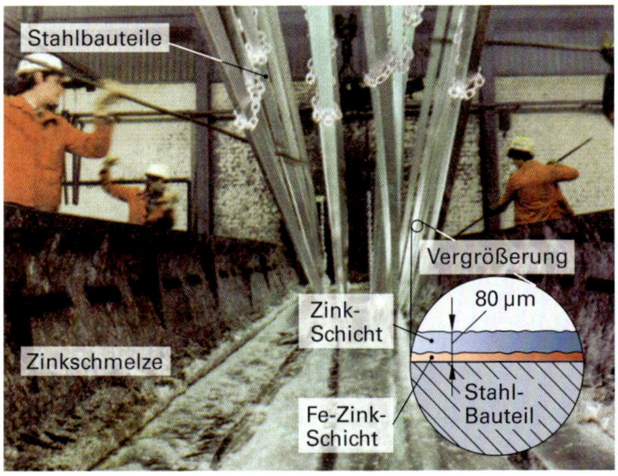

2 Feuerverzinken von Stahlbauteilen

3.14.5 Korrosionsschutz durch Beschichten

Das Aufbringen von Korrosionsschutzschichten kann einen nichtkorrosionsbeständigen Werkstoff für eine Anwendung geeignet machen.

Werkzeuge müssen mit einem **Korrosionsschutzfett** oder einem **Klarlackanstrich** bis zu ihrem Einsatz kurzfristig geschützt werden.

Blanke Maschinenteile, wie z. B. Spindeln oder Führungen bei Werkzeugmaschinen, werden mit einer Hartchromschicht beschichtet.

Ein dauerhafter Korrosionsschutz für Stahlbauteile im Freien wird entweder mit einem Korrosionsschutzanstrich oder einem metallischen Überzug, z. B. aus Zink oder Chrom erreicht.

Korrosionsschutzanstriche

Korrosionsschutzanstriche bestehen meist aus mehreren Schichten. Sie sind aufeinander abgestimmt und werden nacheinander aufgebracht.

Vor der Beschichtung muss das Bauteil entfettet und entrostet werden. Dann wird beschichtet. Eine typische Beschichtung besteht aus drei Schichten: Einem Voranstrich mit einem Haftvermittler (Phosphatschicht) sowie einer Korrosionsschutz-Grundschicht und einer Deckschicht (Bild 1). Sie bestehen aus Polyester- bzw. Polyurethanharz.

Metallüberzüge

Stahlbau-Konstruktionen werden häufig durch **Feuerverzinken** mit einer Zinkschicht überzogen. Dazu werden die Bauteile in eine Zinkschmelze (450 °C) getaucht (Bild 2). Es bildet sich eine Zinkschicht, die fest mit dem Stahl verwachsen ist. Sie schützt je nach Atmosphäre für 10 bis 40 Jahre gegen Korrosion. Als weitere metallische Überzüge für Bauteile aus Stahl kommen Zink und Zinn für Bleche sowie kombinierte Schichten aus Kupfer-Nickel-Chrom für Zierteile zur Anwendung.

3.14.6 Korrosionsschutz bei Maschinen

Maschinen in der Werkstatt sind durch feuchte Luft von Korrosion bedroht. Verkleidungen und nicht bewegte Maschinenteile sind mit einer Lackierung geschützt. Bewegte Maschinenteile müssen metallblank bleiben, um ihre Funktion zu erfüllen. Der Korrosionsschutz dieser Teile erfolgt durch regelmäßiges Reinigen und Einfetten oder Ölen nach einem Wartungs- und Pflegeplan (Bild 1). Führungen, Gleitbahnen, Spindeln, Zahnräder und Wälzlager werden mit einem Korrosionsschutzfett eingerieben bzw. geschmiert. Gewinde, Schraubenverbindungen und lösbare Teile werden durch Ölen vor dem Festrosten geschützt.

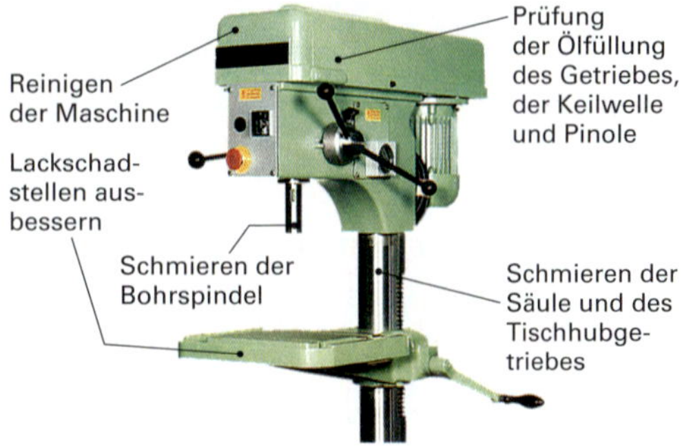

1 Korrosionsschutz bei einer Bohrmaschine

3.14.7 Katodischer Korrosionsschutz

Der **katodische Korrosionsschutz mit Opferanoden** wird z.B. für erdverlegte Rohre eingesetzt. Das zu schützende Bauteil ist leitend mit Magnesiumplatten verbunden. Mit der Bodenfeuchtigkeit entsteht ein galvanisches Element, wobei die unedlen Magnesiumplatten (Opferanoden) sich auflösen. Das Rohr ist Katode und damit geschützt.

Beim **katodischen Korrosionsschutz mit Fremdstromanoden** ist das Bauteil als Katode an den negativen Pol einer Batterie angeschlossen (Bild 2). Die Grafitanoden hängen am positiven Pol. Das Bauteil ist dadurch Katode und somit gegen Korrosion geschützt.

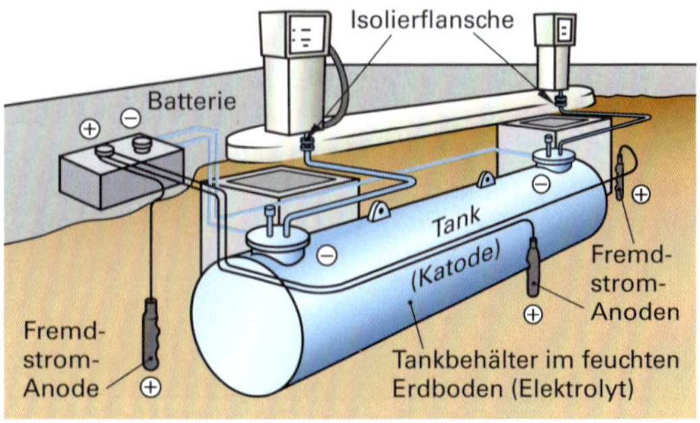

2 Korrosionsschutz mit Fremdstromanoden

3.14.8 Korrosionsschutz von Al-Bauteilen

Aluminium bildet auf seiner Oberfläche von Natur aus eine sehr dünne (rund 1 µm) und passivierende Al_2O_3-Schicht. Sie schützt Al-Bauteile für kurze Zeit vor Korrosion.

Eine wesentliche Steigerung der Korrosionsbeständigkeit lässt sich durch **anodische Oxidation**, erzielen (Bild 3). Die Al-Bauteile werden dazu in ein schwefelsaures Oxidationsbad gehängt und als Anode (+) geschaltet. Unter der Wirkung der angelegten Spannung bildet sich auf der Al-Oberfläche eine etwa 30 µm dicke, korrosionsschützende und verschleißfeste Al_2O_3-Schicht. Al-Bauteile für Freiluftanwendungen, werden in der Regel anodisch oxidiert: Pkw-Felgen, Fensterrahmen, Antennen.

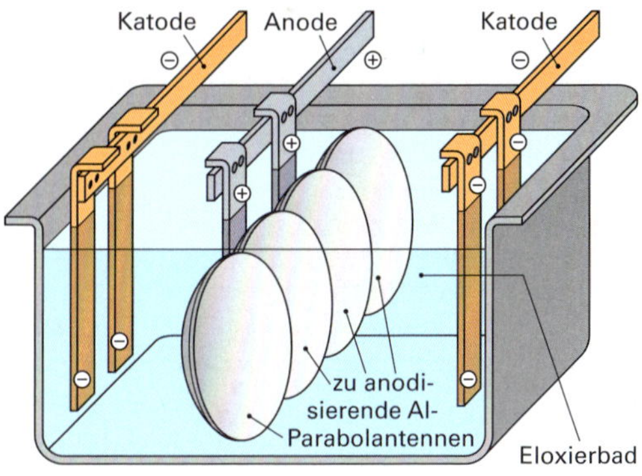

3 Anodische Oxidation von Al-Bauteilen

Überprüfen Sie Ihre Kenntnisse

1. In welchen Arbeitsschritten werden Sinterbauteile hergestellt?
2. Was gibt die Spannungsreihe der Metalle an?
3. Was versteht man unter einem Korrosionselement?
4. Wodurch wird die Lochfraßkorrosion bei nichtrostenden Stählen ausgelöst?
5. Was versteht man unter der Passivierung von Metalloberflächen?
6. Welche Korrosionsschutz-Beschichtungen wendet man bei Bauteilen aus unlegierten Stählen an?
7. Wie werden Bauteile aus Aluminiumwerkstoffen korrosionsbeständig gemacht?

3.15 Kunststoffe (Plaste)

Merke

Kunststoffe sind synthetisch hergestellte, organische Werkstoffe mit breitem Anwendungsspektrum.

Sie werden aus den Hauptrohstoffen Erdöl oder Erdgas durch **Synthese** (chemische Umwandlung) hergestellt. Sie heißen **organische** Stoffe, weil sie aus organischen d. h. naturverwandten Kohlenstoff- oder Siliciumverbindungen bestehen.

3.15.1 Eigenschaften und Verwendung

Kunststoffe haben heute in der Technik als Werkstoffe eine große Bedeutung erlangt. Ihre vielseitige Verwendbarkeit beruht auf dem breiten Spektrum der Eigenschaften der Kunststoffe.

Allen Kunststoffen gemeinsam sind **typische Eigenschaften**:

- Geringe Dichte von meist unter 1,4 g/cm^3
- Elektrisch nichtleitend, wärme- und kälteisolierend
- Vielfältige mechanische Eigenschaften von weich, gummiartig bis hart und zäh
- Gut formbar und bearbeitbar
- Korrosionsbeständigkeit gegenüber vielen Chemikalien und aggressiven Umwelteinflüssen

Außerdem sind die meisten Kunststoffe recht preiswert.

Typische Eigenschaften und Verwendungen der Kunststoffe			
Niedrige Dichte: meist 0,9 bis 1,4 g/cm^3 **Typische Verwendungen:** Transportbehälter, Tanks, Kanister, Kfz- und Flugzeugteile, Leichtbauelemente, Folien	 Werkzeugkasten	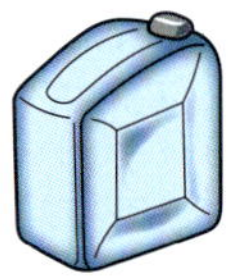 Kanister	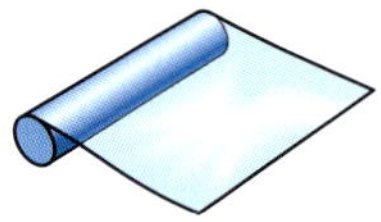 Folie
Vielfältige mechanische Eigenschaften: Von hart bis fest und zäh bis weich, sowie lederartig oder gummiartig **Gut formbar und bearbeitbar** **Typische Verwendungen:** Maschinenteile, Gehäuse, Polsterungen, Autoreifen	 Leichte Zahnräder	 Maschinengehäuse	 Schaumstoffe
Elektrisch isolierend (nicht-leitend), wärme- und kälte-isolierend **Typische Verwendungen:** Isolierungen für Werkzeuge, Elektro-Bauteile, Wärmedämmmaterial	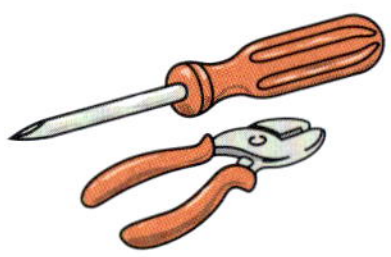 Isoliergriffe	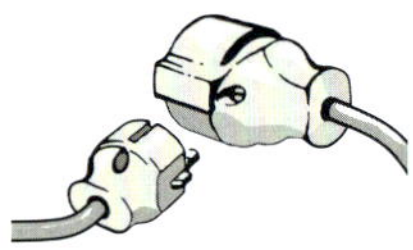 Elektro-Isolierteile	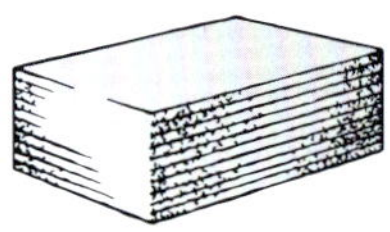 Wärmedämmplatten
Korrosionsbeständig gegenüber vielen Flüssigkeiten und Umwelteinflüssen **Typische Verwendungen:** Schutzhandschuhe, Stiefel, Tanks, Rohrleitungen und Gefäße für Flüssigkeiten, Schutzanstriche, Beschichtungen	 Schutzhandschuhe	 Kraftstofftank	 Beschichtungen

Grenzen der Verwendbarkeit von Kunststoffen

Kunststoffe besitzen jedoch auch Eigenschaften, die ihre Einsetzbarkeit begrenzen: **Geringe Wärmebeständigkeit**, überwiegend **niedrige Festigkeit** und **Unbeständigkeit gegenüber organischen Lösungsmitteln.** Deshalb dürfen Kunststoff-Bauteile nicht auf Dauer Temperaturen über 150 °C ausgesetzt sein (Ausnahme Polytetrafluorethylen PTFE). Sie können keine besonders hohen mechanischen Belastungen tragen und nicht für längere Zeit mit Lösungsmitteln in Berührung kommen.

3.15.2 Herstellung und innerer Aufbau

Die Herstellung der Kunststoffe erfolgt in zwei Teilschritten (Bild 1):

1. Der Synthese von reaktionsfähigen Vorprodukten aus den Rohstoffen, z. B. von Ethylen C_2H_4 aus Erdgas. Das Vorprodukt besteht aus einzelnen Molekülen und wird **Monomer** genannt.
2. Der Verknüpfung tausender Einzelmoleküle zu **Makromolekülen** (Riesenmolekülen), z. B. von Ethylenmolekülen zu Polyethylenmolekülen. Substanzen aus Makromolekülen nennt man **Polymere**.

Die Zusammenlagerung der Einzelmoleküle zu Makromolekülen kann nach verschiedenen chemischen Verfahren ablaufen:

Bei der **Polymerisation** entstehen langgestreckte, fadenförmige Makromoleküle.

Wichtige Polymerisate sind die Kunststoffe: Polyethylen, Polyvinylchlorid und Polystyrol.

Durch **Polykondensation** und **Polyaddition** entstehen vernetzte Makromoleküle. Sie sind an vielen Stellen zu einem räumlichen Netz verknüpft.

Polykondensate sind Polyesterharz, Polyamid.

Polyaddukte sind Epoxidharz, Polyurethanharz.

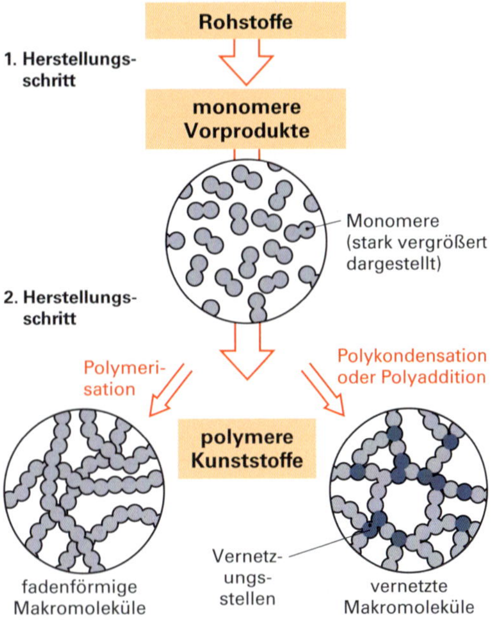

1 Herstellung und innerer Aufbau der Kunststoffe (schematisch)

3.15.3 Einteilung

Man unterteilt die Kunststoffe nach ihrem inneren Aufbau und dem Verhalten bei Erwärmung in Thermoplaste, Duroplaste und Elastomere.

Thermoplaste bestehen aus nicht vernetzten, fadenförmigen Makromolekülen. Bei Raumtemperatur sind sie fest und hart. Bei Erwärmung auf über 100 °C werden sie weich und leicht umformbar. Bei weiterer Erwärmung werden sie teigig und schließlich flüssig (Bild 2a). Durch Abkühlen wird die ursprüngliche Härte und Festigkeit wieder erlangt.

Merke

Thermoplaste erweichen bei Erwärmung. Sie sind warm umformbar und schweißbar.

Duroplaste bestehen aus engmaschig vernetzten Makromolekülen (Bild 2b). Sie sind bei Raumtemperatur hart und ändern ihre mechanischen Eigenschaften bei Erwärmung nur geringfügig.

Merke

Duroplaste erweichen in der Wärme nicht. Sie sind nicht warm umformbar und nicht schweißbar.

Elastomere, auch Elaste genannt, haben weitmaschig vernetzte Makromoleküle (Bild 2c). Unter Krafteinwirkung können sie sich um mehrere hundert Prozent dehnen. Nach der Entlastung nehmen sie wieder ihre ursprüngliche Form an.

Merke

Elastomere sind gummielastisch.

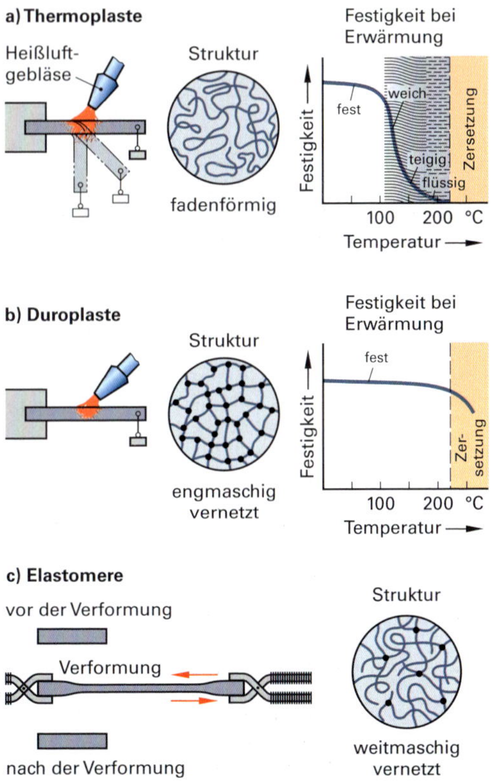

2 Struktur und Eigenschaften der Kunststoffe

3.15.4 Thermoplaste

Name **Kurzzeichen** Handelsnamen	**Eigenschaften**	**Typische Verwendung**		
Polyethylen PE **Polypropylen PP** Lupolen Hostalen Vestolen Supralen	Farblos bis milchig weiß, gleitfähige Oberfläche Dichte: rund 0,92 g/cm^3 **Weich-PE**: weich und flexibel **Hart-PE**: steif aber flexibel Beständig gegen Waschmittel, Öle, Fette, schwache Säuren und Laugen.	 **Behälter**	 **Biegsame Rohre**	**Weich-PE**: Chemikalien-flaschen, flexible Rohre, Folien **Hart-PE**: Rohre für Hausabwässer, Behälter, Folien, Haushaltswaren
Polyvinyl-chlorid PVC Vinoflex Hostalit Vestolit Vinnol	Farblos, durchsichtig, Dichte: 1,35 g/cm^3 **Hart-PVC**: hart, unzerbrechlich **Weich-PVC**: weichgummiartig Beständig gegen Öle, Fette, Säuren und Laugen. Löst sich in den Kaltreinigern Trichlorethylen (Tri) und Tetrachlorkohlenstoff (Tetra).	 **Abwasserrohre**	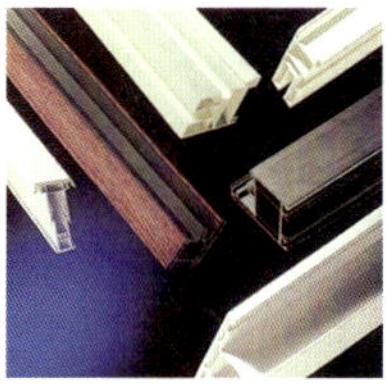 **Fensterprofile**	**Hart-PVC**: Apparateteile, Rohre, Behälter, Platten, Profile **Weich-PVC**: Kunstleder, Schläuche, Dichtungen
Polystyrol PS Polystyrol Hostyren Vestyren Styropor	Farblos, durchsichtig, glasklar, Hart, splittert beim Bruch. Dichte: 1,05 g/cm^3 Beständig gegen verdünnte Säuren, Laugen und Salzlösungen. Unbeständig gegen Lösungsmittel Zu einem steifen Hartschaum mit einer Dichte von 20 kg/m^3 aufschäumbar.	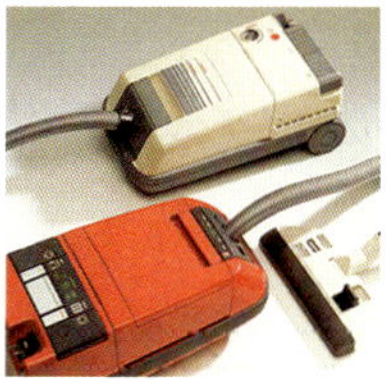 **Gerätegehäuse**	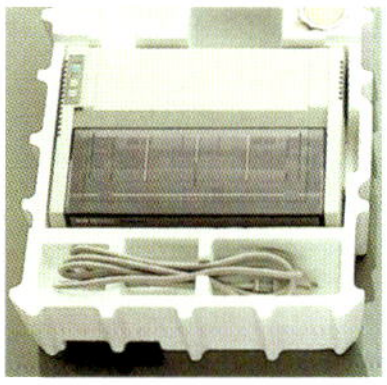 **Stoßfeste Verpackung**	Trinkbecher, Verpackungen, Gehäuse *Polystyrol-schaum*: Verpackungen, Wärme- und Kälteisolierungen
Polyamide PA Durethan Ultramid Vestamid Degamid Trogamid Perlon, Nylon	Milchig weiß, gleitfähige und verschleißfeste Oberfläche, schalldämpfend und schwingungsdämpfend Dichte: 1,14 g/cm^3 Hohe Festigkeit: bis 70 N/mm^2 Beständig gegen schwache Säuren und Laugen, Salzlösungen, Öle, Lösungsmittel, Benzin Lässt sich zu Fasern verspinnen.	 **Maschinengehäuse**	 **Zahnräder**	Zahnräder Lagerschalen Gleitschienen Kurvenscheiben Führungsrollen Maschinen-gehäuse Kraftstofftanks *Polyamidfasern*: Reißfeste Seile, Schnüre, Gewebe
Acrylglas (Polymethyl-methacrylat) Plexiglas Plexidur Resartglas	Glasklar, lichtecht, durchlässig für ultraviolettes Licht, Oberflächenglanz Hart, zäh, schwer zerbrechlich, witterungsbeständig Dichte: 1,18 g/cm^3 Beständig gegen schwache Säuren, Laugen sowie Salzlösungen, Öle und Benzin	 **Schutzgläser**	 **Schutzbrille**	Schutzgläser, Schutzbrillen, Splitterschutz an Werkzeug-maschinen, Durchsichtige Gehäuse, Sicherheits-Verglasungen, Sanitärartikel
Polytetrafluor-ethylen PTFE Teflon Hostaflon TF Fluon	Milchig weiß, wachsartig anfühlende, gleitfähige Oberfläche flexibel und zäh, abriebfest Dichte: 2,2 g/cm^3 Äußerst chemikalienfest gegen Säuren, Laugen, Lösungsmittel, Salzlösungen Temperaturbeständig von – 150 °C bis + 280 °C	 **Bratpfannen-Beschichtung**	 **Chemiepumpen-Auskleidung**	Schalen und Buchsen für wartungsfreie Lager, Pumpen-gehäuse, Ventil-ringe, Dichtungen, Beschichtungen. In Pulverform als Schmiermittel.

3.15.5 Duroplaste

Name **Kurzzeichen** Handelsnamen	**Eigenschaften**	**Typische Verwendung**	
Phenolharz PF **Harnstoffharz UF** **Melaminharz MF** (Diese Harze werden auch Formaldehydharze genannt)	Farblos bis gelbbraun Bilden glatte Oberflächen Hart und spröde Dichte: rund 1,5 g/cm³ Beständig gegen kochendes Wasser, Öle und Lösungsmittel Unbeständig gegen starke Säuren und Laugen	 **Kleinteile für Pkw und Elektrik**	*In reiner Form*: Bindemittel für Holz und Lack *Mit Füllstoffen verstärkt*: Kleinteile für Pkw Elektroteile Laminat-Holzbeschichtungen
Ungesättigtes Polyesterharz UP Palatal Vestopal Legural Polyleit Trevira, Diolen	Farblos, glasklar, gute Haftfähigkeit, gut vergießbar Je nach Herstellung hart-elastisch bis weich-elastisch Dichte: 1,2 g/cm³ Beständig gegen verdünnte Säuren, Laugen, Salzlösungen und viele Lösungsmittel Zu Fasern verspinnbar	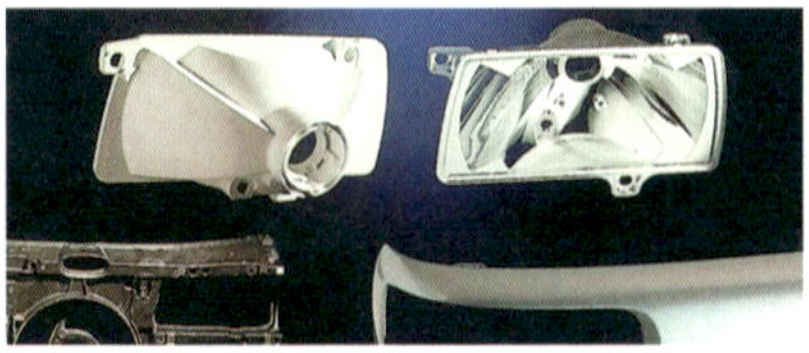 **Pkw-Bauteile, Lampengehäuse**	*In reiner Form*: Klebe- und Lackharz *Bindeharz für glasfaserverstärkte Kunststoffe* *Als Fasern*: Gewebe, Schnüre, Seile
Epoxidharz EP Epoxin Araldit Lekutherm Epikote	Farblos bis honiggelb, durchscheinend Gute Haftfähigkeit mit fast allen Werkstoffen, gut vergießbar Hart, zäh, schwer zerbrechlich Dichte: 1,2 g/cm³ Beständig gegen Säuren, Laugen, Salzlösungen und Lösungsmittel	 **Zweikomponenten-Kleber**  **ICE-Bugnase**	In reiner Form: Klebeharz und Lackharz *Bindeharz für Kohlenstofffaserverstärkte Kunststoffe*: Karosserieteile Flugzeugteile
Polyurethanharz PU Moltopren Vulkollan Bayflex Desmodur Lycra	Farblos bis honiggelb, durchscheinend Gute Haftfähigkeit Dichte: 1,26 g/cm³ Beständig gegen schwache Säuren, Laugen, Salzlösungen und viele Lösungsmittel. Je nach Vernetzungsgrad: hart und zähelastisch bis weich und gummielastisch, schäumbar. Zu elastischen Fasern verspinnbar	 **Lenkradverkleidung** 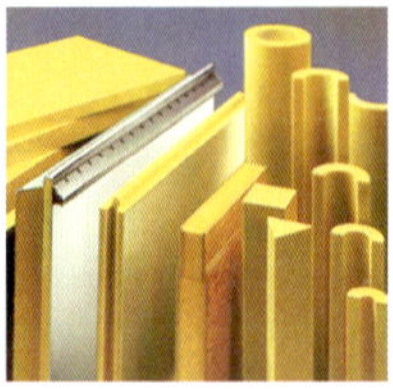 **Isolier-Formteile**	*In reiner Form*: Laufrollen, Puffer, Stoßabsorbierende Teile, Kleber, Lacke *Als Schaumstoff*: Isolierschaum, Fugenfüllschaum *Als Fasern*: Elastische Gewebe und Seile

3.15.6 Elastomere (Gummi, Kautschuk, Elaste)

Synthesekautschuk z. B. Styrol-Butadien-Gummi SBR Buna Perbunan Cariflex	Gelb bis dunkelbraun, meistens mit Ruß (schwarz) eingefärbt Je nach Schwefelgehalt hartgummielastisch bis weichgummielastisch Schwingungs- und erschütterungsdämpfend. Abriebfest, hochelastisch	 **Autoreifen**  **Gummihammer**	Fahrzeugreifen Radialdichtungen Manschetten Schläuche Schutzkappen Gummihämmer Maschinenfüße Faltenbälge Dichtungen
Siliconkautschuk SIR Silicone Silopren Silastic	Milchig weiß, wasserabstoßend, klebstoffabweisend Temperaturbeständig bis + 180 °C Dichte: 1,2 g/cm³...2,3 g/cm³ Beständig gegen Öle, unbeständig gegen Säuren, Laugen und viele Lösungsmittel. Je nach Herstellung: steifelastisch bis weich und gummielastisch	 **Dichtungen**  **Fugendichtmasse**	Wasserbeständige Isolatoren Gießformen Ölbeständige Dichtungen Elastische Fugenfüllmasse Isolierlacke wasserabstoßende Anstriche

3.16 Verbundwerkstoffe

Merke

Verbundwerkstoffe sind Werkstoffe, die aus mehreren Einzelwerkstoffen zusammengesetzt sind.

Die Einzelwerkstoffe mit den passenden Eigenschaften sind so zusammengefügt, dass ein **Verbundwerkstoff** mit den guten Eigenschaften beider Einzelwerkstoffe entsteht (siehe rechts).

Häufig eingesetzte Verbundwerkstoffe sind glasfaserverstärkte Kunststoffe (GFK), verstärkte Kunststoff-Formmassen, Hartmetalle und Schleifkörper.

Man unterteilt die Verbundwerkstoffe nach der Form der Einzelwerkstoffe im Verbund (Bild 1):

Faserverstärkte Verbundwerkstoffe bestehen aus einer zähen Grundmasse, in die hochfeste Fasern eingebettet sind (z. B. glasfaserverstärkte Kunststoffe, kohlenstofffaserverstärkte Kunststoffe).

Teilchenverstärkte Verbundwerkstoffe besitzen eine zähe Grundmasse, in der unregelmäßig geformte Körner verteilt sind (z. B. Hartmetalle, Schleifkörper).

Schichtverbundwerkstoffe sind aus zwei oder mehr Schichten verschiedener Werkstoffe zusammengefügt (z. B. Verbundplatten, plattierte Bleche).

Glasfaserverstärkte Kunststoffe, Kurzname **GFK**, bestehen aus einem Kunststoff, in den Glasfasern eingearbeitet sind (Bild 2). GFK besitzen stahlähnliche Festigkeit und Steifigkeit bei einer geringen Dichte von rund 2,0 g/cm^3.

Kunststoff-Formmassen sind Gemische aus einer Kunststoff-Grundmasse und Füllstoffteilchen (z. B. Gesteinsmehl). Gegenüber reinen Kunststoffen haben sie verbesserte Festigkeitseigenschaften.

Schleif- und **Trennscheiben** bestehen aus körnigen Korund- oder Siliciumkarbidteilchen (Schleifmittel), die mit einer Bindung aus Kunststoff oder Metall zusammengeklebt sind.

Hartmetalle bestehen aus harten Karbidteilchen und einer weichzähen Metallbindung, meist Cobalt. Bei der **Schneidkeramik** sind harte Korundteilchen mit einer Keramikbindung zusammengefügt. Hartmetalle und Schneidkeramik werden zu Schneidplatten und Bohrerspitzen verarbeitet (Bild 2).

Kombination der vorteilhaften Eigenschaften in Verbundwerkstoffen				
Glasfaser	+	**Kunststoff**	→	**GFK**
hochfest		nicht hochfest		hochfest
spröde		zäh		zäh
Hartstoff	+	**Bindemetall**	→	**Hartmetall**
hart		weich		hart
spröde		zäh		zäh

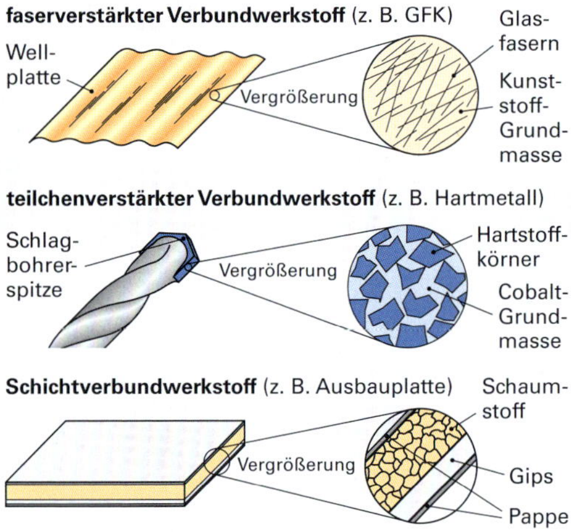

1 Verbundwerkstoffarten

Tanks aus GFK

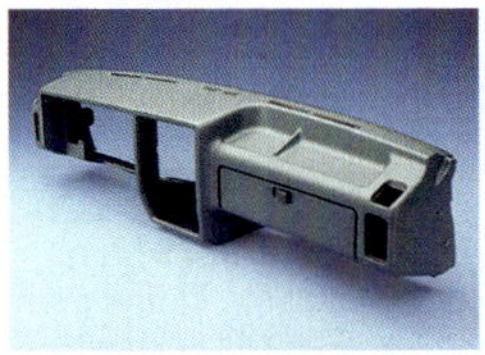

Pkw-Armaturenträger aus Kunststoff-Formmasse

Trenn- und Schleifscheiben

Hartmetall-Schneidplatte

2 Bauteile aus Verbundwerkstoffen

Überprüfen Sie Ihre Kenntnisse

1 Welche typischen Eigenschaften haben die Kunststoffe (Plaste)?
2 Für welche Temperaturen und Beanspruchungen sind Kunststoffe nicht geeignet?
3 Welche unterschiedlichen Eigenschaften haben Thermoplaste, Duroplaste, Elastomere (Elaste)?
4 Nennen Sie 5 thermoplastische Kunststoffe.
5 Wozu werden die Polyamide verwendet?
6 Welche Kunststoffe bezeichnen die folgenden Kurznamen: PE, PVC, PA, UP, PU?
7 Aus welchen Kunststoffen können Schaumstoffe hergestellt werden?
8 Was bedeutet der Kurzname GFK?
9 Aus welchen Stoffen bestehen Schleifscheiben?

3.17 Hilfsstoffe

Hilfsstoffe benötigt man zum Betrieb von Maschinen und zur Durchführung der Fertigungsverfahren. Sie gehen nicht in das Endprodukt ein.

3.17.1 Schmierstoffe

Merke

Schmierstoffe haben die Aufgabe, die **Reibung** und den **Verschleiß** zwischen **sich bewegenden** Bauteilen zu **vermindern.**

Unter **Reibung** versteht man die Widerstandskraft, die zur Bewegung aufeinander gleitender Flächen überwunden werden muss. Jede noch so fein bearbeitete Oberfläche hat mikroskopisch kleine Vertiefungen und Erhöhungen. Sie verzahnen sich bei direkter Berührung ineinander (Bild 1, oberer Bildteil).

Bewegen sich berührende Bauteile gegeneinander, so tritt **trockene Reibung** auf: Die Unebenheiten an den Berührungsstellen verformen sich; die Teile erwärmen sich. Die Folge ist starker Verschleiß. Im ungünstigen Fall verschweißen die hocherhitzten Gleitflächen; das gefürchtete „Fressen" der Gleitflächen.

trockene Reibung:

die Reibflächen berühren sich an den Bearbeitungsunebenheiten

flüssige Reibung:

ein Schmierstofffilm trennt die aufeinandergleitenden Bauteile

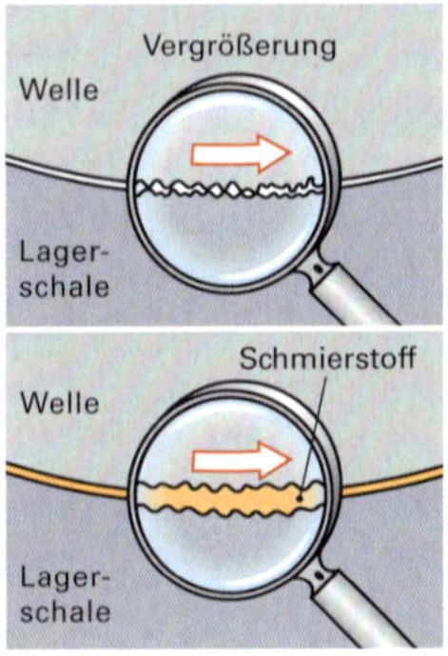

1 Reibungsarten

Durch Einbringen von Schmierstoff zwischen die sich bewegenden Bauteile wird die Berührung der Metallflächen vermieden. Dann liegt **flüssige Reibung** vor. Ein zusammenhängender Schmierstofffilm trennt die bewegten Bauteile (Bild 1, unterer Bildteil). Reibung und Wärme entstehen nur in geringem Maß durch die Verformung des Schmierfilms. Der Verschleiß ist sehr niedrig.

Von **halbflüssiger Reibung** oder **Mischreibung** spricht man, wenn der Schmierstofffilm unvollständig ausgebildet ist. Damit die Bauteile eine lange Lebensdauer erreichen, muss flüssige Reibung vorliegen.

Die Schmierstoffe unterteilt man nach ihrem Aggregatzustand in *Schmieröle* (flüssig), *Schmierfette* (pastenförmig) und *feste Schmierstoffe*.

Schmieröle

Es gibt eine Vielzahl unterschiedlicher Schmieröle. Sie eignen sich aufgrund unterschiedlicher Eigenschaften für verschiedene Anwendungsfälle. Ihre wichtigste Eigenschaft ist die **Viskosität**, d. h. die Leicht- oder Zähflüssigkeit (Bild 2). Sie wird mit einer **Kennzahl** angegeben z.B. ISO VG2. Bei niedriger Viskosität (wasserähnlich) ist sie klein; bei hoher Viskosität (honigartig) groß.

Vorteilhaft ist eine vollständige und dauerhafte Schmierfilmbildung im Schmierspalt. Sie muss auch bei wechselnden Betriebszuständen und Außentemperaturen herrschen. Die Viskosität des Schmieröls sollte sich möglichst wenig mit der Temperatur ändern. Außerdem muss das Schmieröl chemisch beständig sein. Es darf nicht unter der Wirkung von Wärme und Druck zerfallen oder verharzen.

Die **Mineralöle** sind die technisch wichtigsten Schmieröle. Sie werden durch Destillation aus Erdöl gewonnen. Zur Verbesserung ihrer Eigenschaften werden ihnen sogenannte *Additive*, d. h. Zusätze, zugegeben. Sie verbessern die Eigenschaften.

Die **Syntheseöle** kommen wegen ihres hohen Preises nur in Sonderfällen zum Einsatz. Sie besitzen eine gleichbleibende Viskosität und eine hohe chemische Beständigkeit.

Für jede Schmierstelle ist das vom Maschinenhersteller empfohlene Schmieröl zu verwenden. Die Schmieröle besitzen ein **Kennzeichen**. Es ist am Schmierstoffbehälter und an den Schmierstellen angebracht. Dieses Kennzeichen besteht aus einem Symbol, in das Kennbuchstaben und die Viskositätskennzahl eingetragen sind, z.B. AN 150 (Bild 3).

niedrige Viskosität (wasserartig)

Viskositätskennzahl: **ISO VG 2**

hohe Viskosität (honigartig)

Viskositätskennzahl: **ISO VG 1000**

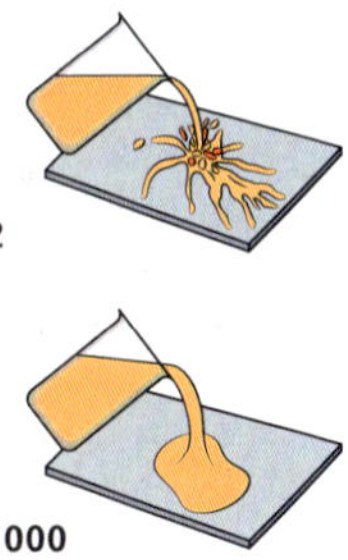

2 Viskosität von Schmierölen

Schmieröle auf Mineralölbasis

Symbol: Quadrat

Beispiel:
Normalschmieröl (**AN**)
Viskositätskennzahl **150**

AN
150

Syntheseöle

Symbol: zweizeiliges Rechteck

Beispiel:
Esteröl (**E**)
Viskositätskennzahl **68**

E
68

3 Kennzeichen der Schmieröle

Schmierfette

Schmierfette sind pastenartige Gemische aus Schmieröl und Seife. Sie werden eingesetzt, wenn eine einmalig vorgenommene Schmierung für lange Zeit vorhalten muss (Wartungsfreiheit). Dies ist erforderlich, wenn keine fortlaufende Schmierung über ein Schmierkanalsystem erfolgt. Für die Fettschmierung ist die Schmierstelle so ausgebildet, dass der gesamte Schmierbereich und ein Schmierfettreservoir über einen Schmiernippel mit Schmierfett gefüllt werden können (Bild 1). Während des Betriebs erwärmt sich die Lagerstelle und damit das angrenzende Schmierfett. Dadurch tritt Schmieröl aus dem Schmierfett aus und schmiert die Bauteile.

Die Konsistenz der Schmierfette wird mit einer **Konsistenzzahl** angegeben. Sie reicht von 000 (weich) über 00, 0, 1 bis 6 (zäh).

Das **Kennzeichen** der Schmierfette besteht aus einem grafischen Symbol: Dreieck oder Rhombus (Bild 2). Darin sind Kennbuchstaben und die Konsistenzzahl eingetragen. Es ist das vom Maschinenhersteller empfohlene Schmierfett zu verwenden. Sein Kennzeichen ist an der Schmierstelle angebracht.

Feste Schmierstoffe

Als Festschmierstoffe dienen Pulver aus

- **Grafit** (einer besonderen Kohlenstoffart)
- **Molybdändisulfid** (chemisch MoS_2) oder
- **Polytetrafluorethylen** (einem Kunststoff)

Die Festschmierstoffpulver bestehen aus feinen, gleitfähigen Plättchen. Sie gleichen Unebenheiten im Schmierspalt aus und gleiten wie Spielkarten aufeinander ab (Bild 3).

Feste Schmierstoffe werden an Schmierstellen verwendet, die sehr niedrigen oder hohen Temperaturen ausgesetzt sind. Außerdem setzt man sie den flüssigen Schmierstoffen oder den Schmierfetten zu. Dadurch wird bei nicht ausreichender flüssiger Schmierung (man spricht von **Notlauf**) eine direkte Berührung der Bauteile verhindert.

3.17.2 Kühlschmierstoffe

Merke

Kühlschmierstoffe werden bei der spanenden Fertigung eingesetzt. Sie dienen zur Verminderung der Reibung zwischen Spanwerkzeug und Werkstück sowie zum Abtransport der beim Spanen entstehenden Wärme.

Bei den spanabhebenden Verfahren entsteht durch Reibung und Werkstoffverformung Wärme (Bild 4). Sie muss abtransportiert werden. Zu diesem Zweck wird während des Spanens reichlich Kühlschmierstoff über die Spanfläche geleitet.

Kühlschmieremulsionen sind Mischungen aus Mineralöl, Zusätzen und Wasser, die zu einer milchartigen Flüssigkeit verquirlt werden. Sie werden beim Bohren und Drehen eingesetzt.

Schneidöle sind Mineralöle mit Zusätzen. Sie werden zur Kühlschmierung verwendet, wenn die Verminderung der Reibung besonders wichtig ist. Dies ist z. B. beim Fräsen erforderlich.

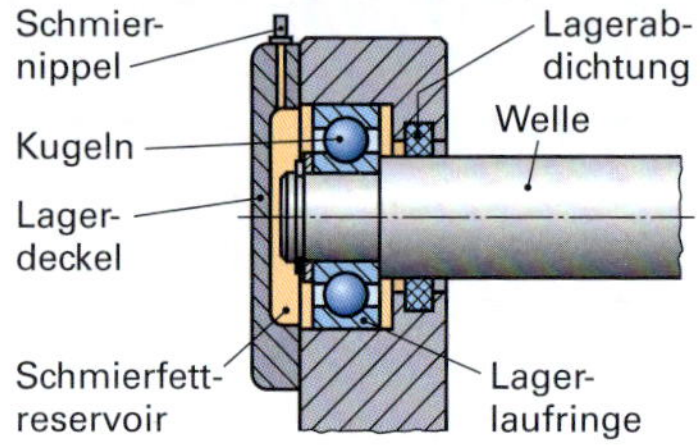

1 Fettschmierung eines Kugellagers

Schmierfett auf Mineralölbasis

Beispiel:
Schmierfettart **K**
Konsistenzzahl **3**
Temperaturbereich **N**

Schmierfett auf Syntheseölbasis

Beispiel:
Schmierfettart **K**
Konsistenzzahl **5**
Temperaturbereich **N**

2 Kennzeichen der Schmierfette

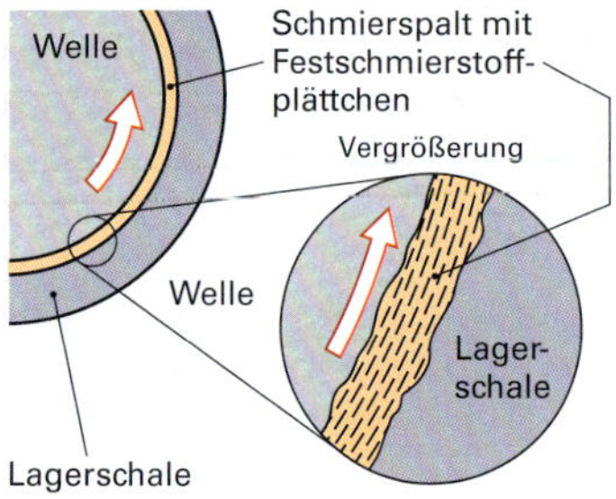

3 Schmierwirkung bei Festschmierstoffen (schematisch)

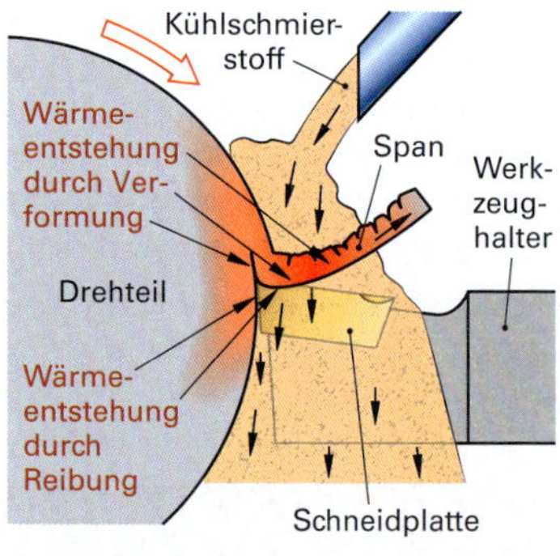

4 Kühlen und Schmieren durch Kühlschmierstoff beim Drehen

Überprüfen Sie Ihre Kenntnisse

1 Beschreiben Sie trockene bzw. flüssige Reibung.
2 Was gibt die Viskosität eines Schmieröls an?
3 Wann setzt man feste Schmierstoffe ein?
4 Welche Aufgabe haben die Kühlschmierstoffe?

3.18 Werkstoffprüfung

Die Werkstoffprüfung hat mehrere Aufgaben:

Die **Bestimmung** der **technologischen Eigenschaften** und der **Werkstoff-Kennwerte**, z. B. Festigkeit, Härte, Umformbarkeit	Sie ergeben Hinweise für die Verwendbarkeit und Belastbarkeit der Werkstoffe.
Die **Kontrolle der fertigen Bauteile** auf Materialfehler, wie Risse und Einschlüsse	Fehlerhafte Bauteile werden aussortiert, Schadensfälle werden vermieden.
Die **Ermittlung von Schadenursachen**, z. B. zu hohe Belastung, Korrosionsschäden	Geeignete Werkstoffe werden eingesetzt, Schadensfälle werden vermieden.

3.18.1 Werkstattprüfungen

Werkstattprüfungen sind einfache Prüfungen ohne spezielle Geräte und Maschinen. Sie können in jeder Werkstatt durchgeführt werden. Sie liefern kein zahlenmäßiges Ergebnis (Genauwert), sondern nur Schätzwerte sowie Hinweise für die Verwendbarkeit.

Beurteilung nach dem Aussehen

Vom Stahlhandel angelieferte Erzeugnisse sind meistens mit Kurznamen oder Werkstoffnummern nach DIN EN-Norm gekennzeichnet (Seite 68 ff.).

Sind die Erzeugnisse nicht benannt, so erlaubt das Aussehen eine grobe Bestimmung. Hierzu wird ein kleines Stück der Werkstückoberfläche durch Anfeilen freigelegt. Nach den verschiedenen Metallfarben und der Dichte lassen sich die Werkstoffe der Werkstoffart zuordnen, z. B. Baustahl, Aluminium oder Kupfer (siehe rechts).

Verschiedene Metallfarben stahlblank, rot, hellsilber, gelb	→	**Metalle:** Stahl, Cu, Al, Messing
Verzunderte Oberfläche, runde Kanten, gewölbte Flächen	→	**Baustahl** warm gewalzt
Matte Oberfläche, scharfe Kanten, ebene Flächen	→	**Baustahl** kalt gewalzt
Glatte, silbrige Oberfläche, exakte Querschnitte	→	**Werkzeugstahl** gezogen
Schwarzgraue, raue Oberfläche, runde Kanten	→	**Gusseisen** z. B. Sandguss

Beurteilung durch Klangprobe

Zur Klangprobe wird das Werkstück an einer Schnur aufgehängt und mit einem leichten Hammer angeschlagen. Unterscheiden lassen sich harte, weiche und rissige Werkstücke.

Heller Klang	→	Harter Werkstoff
Dunkler Klang	→	Weicher Werkstoff
Klirrender Ton	→	Werkstoff mit Rissen

Beurteilung durch Biege/Bruch-Probe

Zur Biege/Bruch-Probe wird ein Prüfstück in den Schraubstock gespannt und gebogen. Harte Werkstoffe zerbrechen beim Versuch sie zu biegen. Weiche und zähe Werkstoffe brechen erst nach mehrmaligem Hin- und Herbiegen. Die Bruchfläche gibt Hinweise auf die Art und die Wärmebehandlung des Werkstoffs (siehe rechts).

Grobkörnige, faserige Bruchfläche	→	Ungehärteter Stahl
Feinkörnige, samtartige Bruchfläche	→	Gehärteter Stahl
Grober, faseriger Kern und feinkörnige Randschicht	→	Randschicht- oder einsatzgehärteter Stahl

Beurteilung durch Funkenprobe

Der zu prüfende Stahl wird in einem abgedunkelten Raum mit leichtem Druck gegen eine rotierende Schleifscheibe gedrückt (Bild 1).

Das Aussehen der Funkenspur gibt Hinweise auf die Zusammensetzung des Stahls. Unlegierte Stähle z. B. haben kleine Blitze in der Funkenspur. Durch Vergleich mit Funkenbilder-Farbtafeln (Tabellenbuch) kann die Stahlsorte grob bestimmt werden.

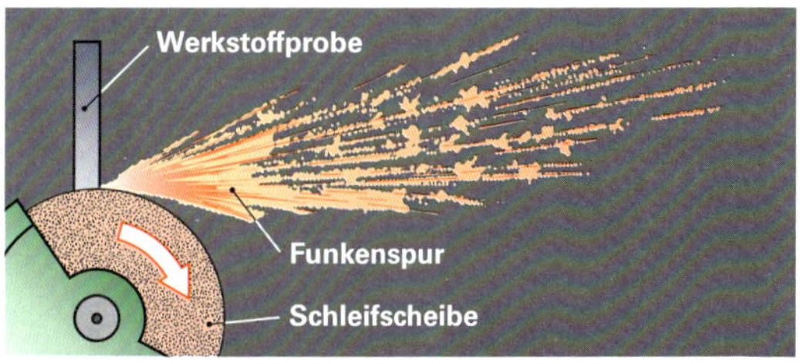

1 Funkenprobe

3.18.2 Zugversuch

Merke

Der Zugversuch dient zur Bestimmung der mechanischen Kennwerte eines Werkstoffs bei Zugbeanspruchung.

vel.plus/ GM09

vel.plus/ GM10

Versuchsdurchführung: Eine genormte Zugprobe wird an den Enden in die Spannköpfe einer Prüfmaschine eingespannt (Bild 1). Dann wird die Maschine in Gang gesetzt: Das Joch mit dem oberen Spannkopf bewegt sich langsam und stetig nach oben. Dadurch wird die Zugprobe mit einer wachsenden Zugkraft F belastet wird. Unter ihrer Wirkung verlängert sich die Zugprobe. Nach einer Weile schnürt sie sich an einer Stelle ein und zerreißt schließlich (Bild 2, oben).

Während des Zugversuchs wird mit Messeinrichtungen die auf den Probestab wirkende Zugkraft F und seine Verlängerung ΔL fortlaufend gemessen.

Mit den Abmessungen der Zugprobe (L_0, S_0) wird in der Auswerteeinheit der Prüfmaschine berechnet: Nach der Formel $\sigma = F/S_0$ die Zugspannung σ und nach der Formel $\varepsilon = \Delta L/L_0$ die Dehnung ε.

Auf dem Monitor des Auswertecomputers werden die berechneten Spannungswerte und die dazugehörenden Dehnungswerte in einem Schaubild dargestellt. Man erhält das **Spannungs-Dehnungs-Schaubild** (Bild 2, unten).

Werkstoff-Kennwerte. Beim Zugversuch mit einer Zugprobe aus unlegiertem Baustahl steigt die Spannung im Anfangsbereich proportional mit der Dehnung an. Dieser proportionale Zusammenhang zwischen Spannung σ_z und Dehnung ε wird **Hooke'sches Gesetz** genannt: $\boldsymbol{\sigma_z = E \cdot \varepsilon}$. Der konstante Faktor $\boldsymbol{E}$ heißt **Elastizitätsmodul**. Er ist ein Maß für die Steifheit eines Werkstoffs.

Nach dem Punkt S schwankt die Spannungs-Dehnungs-Kurve um einen Mittelwert (Bild 2 unten).

Die Zugprobe verlängert sich hier bei gleichbleibender Spannung, sie wird „gestreckt". Diese Spannung heißt **Streckgrenze R_e**. Sie kann aus dem Schaubild abgelesen werden.

Oder sie wird aus der Zugkraft beim Strecken F_e und dem Zugprobenquerschnitt S_0 berechnet.

$$R_e = \frac{F_e}{S_0}$$

Den Höchstwert der Spannung der Spannungs-Dehnungs-Kurve bezeichnet man als **Zugfestigkeit R_m**. Sie kann aus dem Schaubild abgelesen werden oder aus der maximalen Zugkraft F_m und dem Probenquerschnitt S_0 berechnet werden.

$$R_m = \frac{F_m}{S_0}$$

Die bleibende Dehnung, die die Zugprobe nach dem Bruch aufweist, heißt **Bruchdehnung A**.

$$A = \frac{\Delta L_{Br}}{L_0} \cdot 100\ \%$$

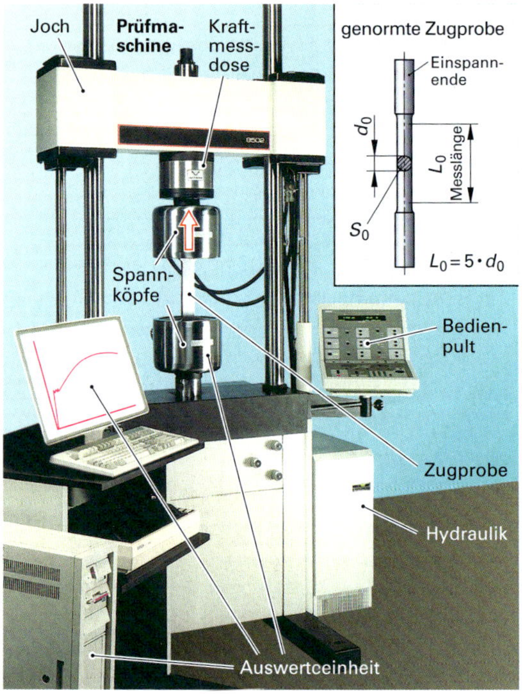

1 **Zugversuch mit einer Universalprüfmaschine**

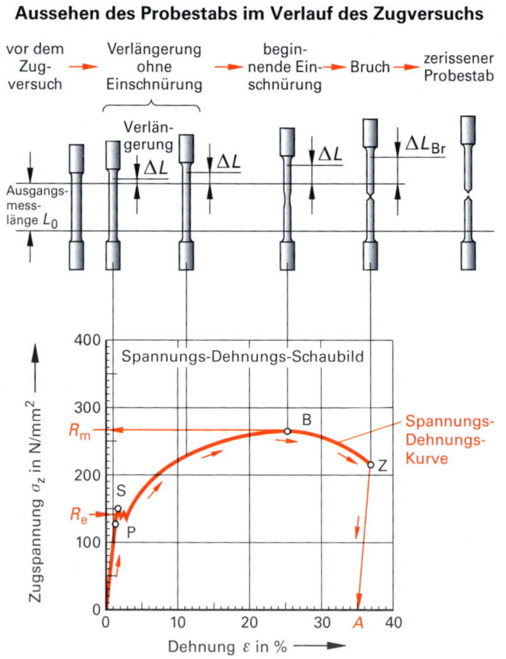

2 **Probestab während des Zugversuchs und Spannungs-Dehnungs-Schaubild eines ungehärteten Stahls**

Beispiel zur Berechnung der Werkstoffkennwerte aus dem Zugversuch:
Eine Zugprobe aus Stahl mit einem Querschnitt $S_0 = 176{,}7\ \text{mm}^2$ beginnt sich bei einer Kraft von 41528 N zu strecken. Sie zerreißt bei einer Kraft von 74214 N. Die bleibende Verlängerung der Probe mit einer Anfangsmesslänge von $L_0 = 75$ mm beträgt $\Delta L_{Br} = 19{,}5$ mm.
Zu berechnen sind die Streckgrenze, die Zugfestigkeit und die Bruchdehnung des Stahls.

Streckgrenze: $\boldsymbol{R_e} = \frac{F_e}{S_0} = \frac{41528\ \text{N}}{176{,}8\ \text{mm}^2} = \mathbf{235\ \frac{N}{mm^2}}$; **Zugfestigkeit:** $\boldsymbol{R_m} = \frac{F_m}{S_0} = \frac{74214\ \text{N}}{176{,}7\ \text{mm}^2} = \mathbf{420\ \frac{N}{mm^2}}$

Bruchdehnung: $\boldsymbol{A} = \frac{\Delta L_{Br}}{L_0} \cdot 100\ \% = \frac{19{,}5\ \text{mm}}{75\ \text{mm}} \cdot 100\ \% = \mathbf{26\ \%}$

3.18.3 Kerbschlagbiegeversuch nach Charpy

Merke

Mit dem Kerbschlagbiegeversuch wird die verbrauchte Kerbschlagarbeit beim Durchtrennen einer Probe gemessen. Sie ist ein Maß für die Zähigkeit bzw. Sprödigkeit eines Werkstoffs.

In einer Prüfmaschine wird eine genormte Probe von einem herunterfallenden Pendelhammer entweder durchgeschlagen oder durch die Widerlager gezogen (Bild 1). Der Pendelhammer wird dabei umso mehr abgebremst, je zäher der Werkstoff der Probe ist. An einem Anzeigegerät wird die verbrauchte Kerbschlagarbeit *K* abgelesen. Sie wird in Joule (J) angegeben.

Beispiel: $KU_R = 32$ J (Schlagarbeit $K = 32$ J, gemessen an einer Normalprobe mit U-Kerbe, Hammerfinne mit Radius $R = 8$ mm)

Eine ausreichende Kerbschlagarbeit ist z. B. bei unlegierten Baustählen wichtig. Die Buchstaben JR im Kurznamen, z. B. bei S235JR, garantieren einen Mindestwert (Beispiel Seite 68 oben).

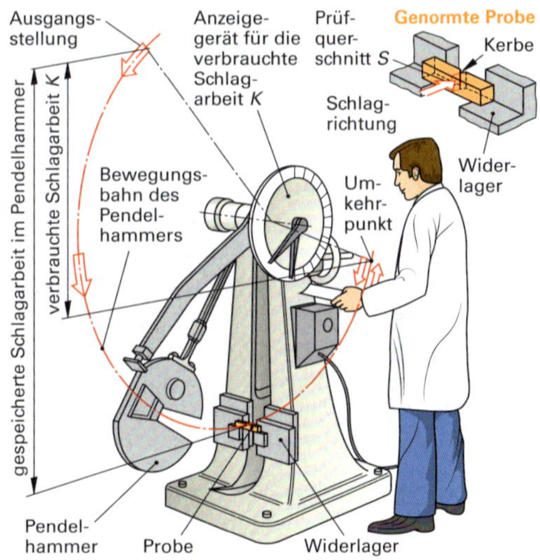

1 **Kerbschlagbiegeversuch nach Charpy**

3.18.4 Technologische Prüfungen

Merke

Technologische Prüfungen dienen zum Nachweis der Eignung eines Werkstoffes oder eines Fertigerzeugnisses für einen Verwendungszweck oder für ein Fertigungsverfahren.

Mit dem **technologischen Biegeversuch (Faltversuch)** prüft man die Umformbarkeit von Blechen (Bild 2). Die Probe wird entweder nur gebogen (a) oder gebogen und gefaltet (b). Als Kennwert dient der erreichte Biegewinkel α bis zum ersten Anriss.

Beim **Tiefungsversuch nach Erichsen** wird die Tiefziehfähigkeit von Blechen geprüft (Bild 3). Ein Kugelkopf-Stempel wird langsam in das Blech gedrückt, bis es einreißt. Die erreichte Eindringtiefe *IE* in mm wird als Gütemaßzahl verwendet.

Die **Schweißnahtprüfung** liefert Hinweise für die Eignung des Schweißzusatzwerkstoffes und des Schweißverfahrens. Die Schweißnaht wird gebrochen und das Bruchgefüge beurteilt (Bild 4).

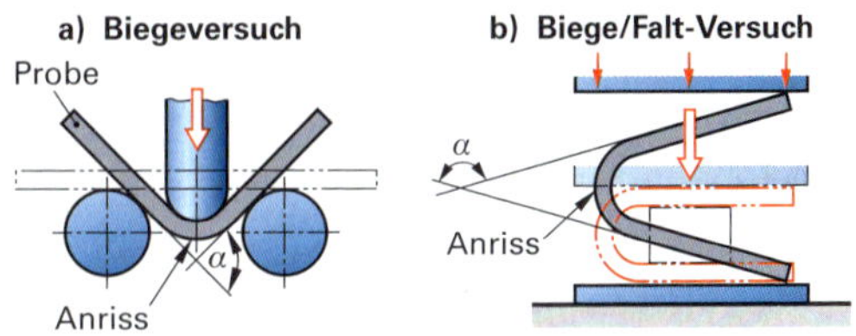

2 **Technologischer Biegeversuch (Faltversuch)**

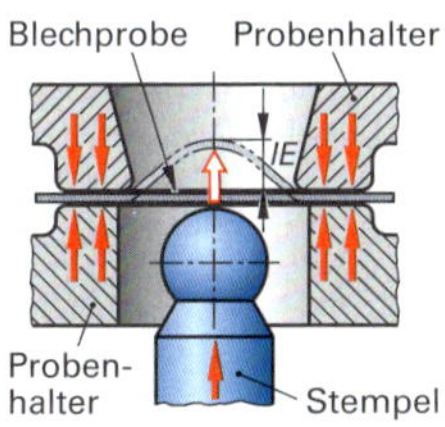

3 **Tiefungsversuch nach Erichsen**

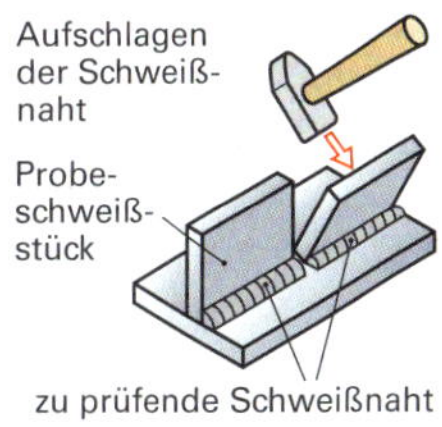

4 **Schweißnahtprüfung**

3.18.5 Härteprüfungen

Merke

Die Härteprüfungen dienen zur Bestimmung der Härte der Werkstoffe. Unter Härte versteht man den Widerstand, den ein Werkstoff dem Eindringen eines Prüfkörpers entgegensetzt.

Härteprüfung nach Brinell

Bei der Härteprüfung nach Brinell wird eine Kugel aus gehärtetem Stahl oder Hartmetall 10 bis 15 Sekunden in die Probe eingedrückt (Bild 1). Der Durchmesser des entstandenen Kugeleindrucks wird gemessen. Daraus wird der Härtewert mithilfe von Tabellen ermittelt.

Moderne Maschinen zeigen den Härtewert auf einem Display an (Bild 4).

Der Härtewert nach Brinell wird mit einem **Kurzzeichen** angegeben. Es besteht aus dem Härtewert, den Kennbuchstaben HB und den Prüfbedingungen (siehe rechts).

Kurzzeichen eines Brinell-Härtewerts

320 HB 2,5/187,5/30

320	HB	2,5	187,5	30
Härtewert	Härte nach Brinell	Kugeldurchmesser in mm	Prüfkraft in N · 0,102	Einwirkdauer in Sek.

- Mit Brinell können weiche und mittelharte Werkstoffe geprüft werden.

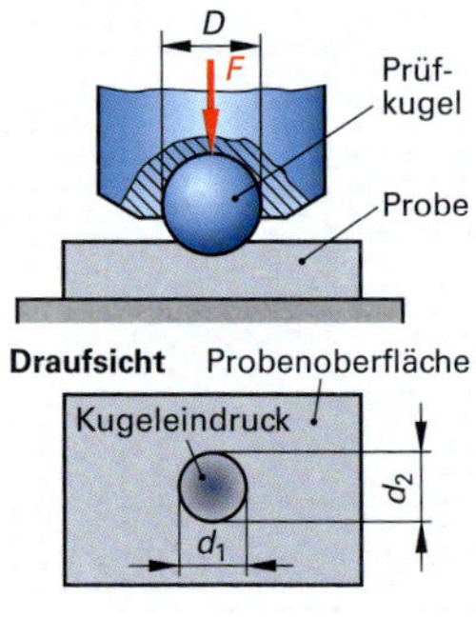

1 Brinell-Härteprüfung

Härteprüfung nach Vickers

Bei der Härteprüfung nach Vickers wird die Spitze einer vierseitigen Pyramide aus Diamant (Spitzenwinkel 136°) 10 bis 13 Sekunden in die Probe eingedrückt (Bild 2). Die Diagonalen des entstandenen Pyramideneindrucks werden gemessen. Der Härtewert wird mit dem errechneten Mittelwert der Diagonalen d_1 und d_2 errechnet und angezeigt.

Das **Kurzzeichen** der Vickershärte besteht aus dem Härtewert, den Kennbuchstaben HV sowie den Prüfbedingungen (siehe nebenstehendes Beispiel).

- Mit Vickers können weiche und harte Werkstoffe geprüft werden.

Kurzzeichen nach Vickers

860 HV 50/30

860	HV	50	30
Härtewert	Härte nach Vickers	Prüfkraft in N · 0,102	Einwirkdauer in Sek.

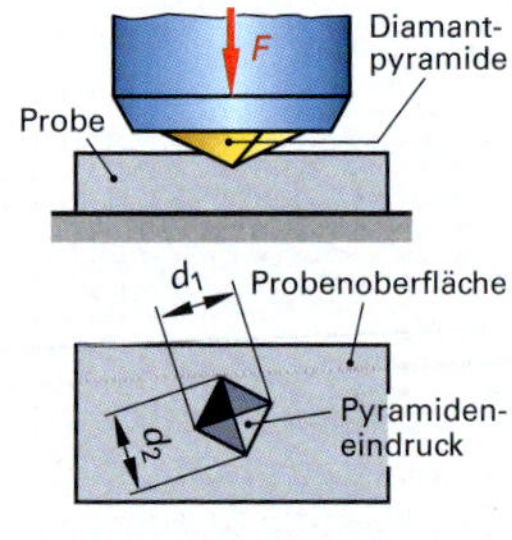

2 Vickers-Härteprüfung

Härteprüfung nach Rockwell

vel.plus/GM11

Bei der Härteprüfung nach Rockwell wird ein kegel- oder kugelförmiger Prüfkörper mit einer bestimmten Prüfkraft (z. B. F_p = 1471 N) in die Probe eingedrückt (Bild 3). Danach wird die Kraft auf F_v = 98 N reduziert. Der Prüfkörper ist dann um die „bleibende Eindringtiefe" eingedrungen. Sie wird mit einer im Prüfgerät eingebauten Messeinrichtung gemessen. Daraus wird die Rockwellhärte ermittelt und digital angezeigt.

- Für harte Werkstoffe verwendet man als Prüfkörper einen Diamantkegel mit einem Spitzenwinkel von 120° (HRC- und HRA-Verfahren). Für weiche Werkstoffe dient eine gehärtete Stahlkugel (HRB- und HRF-Verfahren).

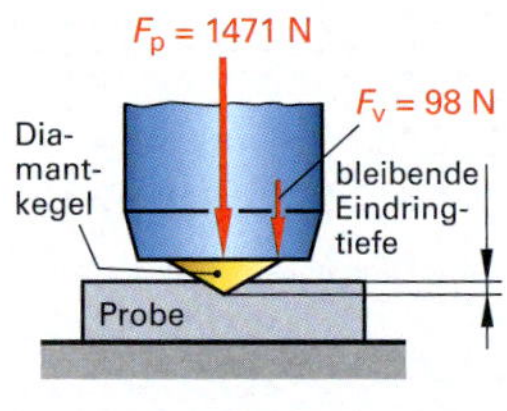

3 Rockwell-Härteprüfung

Das **Kurzzeichen** der Rockwellhärte besteht aus dem Härtewert und den Kennbuchstaben HRB, HRC usw.

Kurzzeichen

62 HRC

62	HRC
Härtewert	Härte nach Rockwell C

Härteprüfmaschinen

Die verschiedenen Härteprüfungen werden meist auf Universal-Härteprüfmaschinen durchgeführt (Bild 4). Sie bestehen aus einer höhenverstellbaren Probenauflage, der Prüfkörperhalterung und dem Kraftaufgabesystem. Auf einem Display können die vergrößerten Prüfkörpereindrücke nach dem Brinell- und Vickers-Verfahren ausgemessen werden. Sie werden am Gerät eingegeben. Die Härtewerte werden intern errechnet und digital angezeigt.

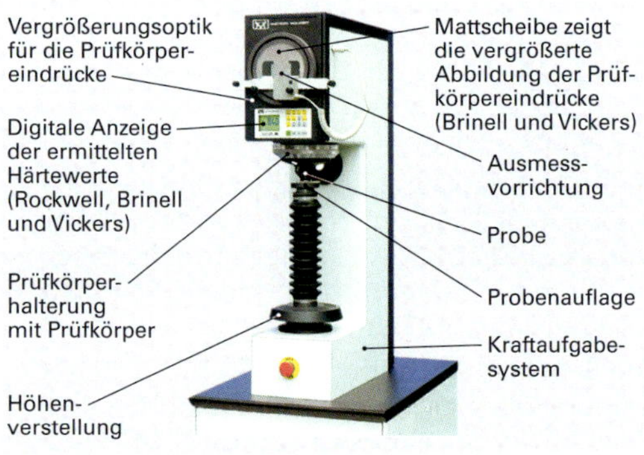

4 Universal-Härteprüfmaschine

3.18.6 Untersuchungen des inneren Aufbaus der Werkstoffe

Ultraschallprüfung

Merke

Die Ultraschallprüfung dient zur Prüfung auf innere Werkstofffehler wie haarfeine Risse, Lunker und Schlackeneinschlüsse. Sie sind äußerlich am Werkstück nicht erkennbar.

Das Ultraschall-Prüfgerät ist tragbar und besteht aus dem Auswertegerät mit Bildschirm und einem Schallkopf (Bild 1).

Zur Prüfung wird der Schallkopf auf das zu prüfende Bauteil gesetzt. Er sendet Ultraschallwellen durch das Bauteil. Deren Schwingungsfrequenz ist so hoch, dass sie vom menschlichen Ohr nicht wahrgenommen wird. Die Schallwellen werden von der Vorder- und Rückfläche des Bauteils sowie von vorhandenen Fehlern zurückgeworfen. Sie erreichen nach einigen Mikrosekunden erneut den Schallkopf. Er enthält einen Empfänger und wandelt die zurückkommenden Schallwellen in elektrische Impulse um. Fehler im Bauteil sind auf dem Bildschirm als Ausschlag sichtbar.

Bei der Ultraschall-Prüfung bleibt das Bauteil unversehrt. Man spricht deshalb von **zerstörungsfreier Werkstoffprüfung**.

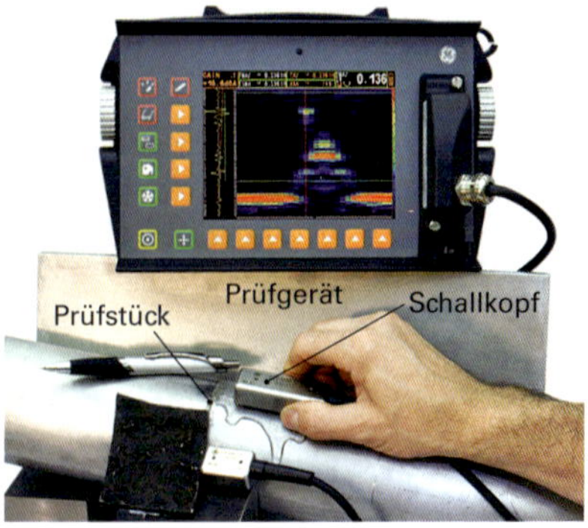

1 Ultraschallprüfung einer Schweißnaht

Metallografische Untersuchungen

Merke

Metallografische Untersuchungen haben die Aufgabe das Gefüge der Werkstoffe sichtbar zu machen.

Zur metallografischen Prüfung wird ein Stück des zu prüfenden Werkstücks abgetrennt. Die Schnittfläche wird zuerst geschliffen, danach poliert und anschließend mit einer säurehaltigen Flüssigkeit geätzt. Man erhält Schliff-Gefügebilder.

Der sogenannte **Faserverlauf** im Werkstück ist bei Anwendung eines geeigneten Ätzmittels mit bloßem Auge erkennbar (Bild 2 links). Er ist besonders bei kalt- und warmverformten Werkstücken von Bedeutung.

Das **Mikrogefüge** des Werkstoffs ist nur bei Betrachtung unter dem Metallmikroskop sichtbar (Bild 2, rechts). Dort sieht man die einzelnen Gefügekörner, Korngrenzen und unterschiedlichen Gefügebestandteile. Mikroskopische Untersuchungen dienen z. B. zur Kontrolle von Gefügeänderungen bei der Wärmebehandlung der Stähle.

Faserverlauf in einem Schmiedestück (natürliche Größe)

Gefügebild eines wärmebehandelten Stahlgusses (100-fach vergrößert)

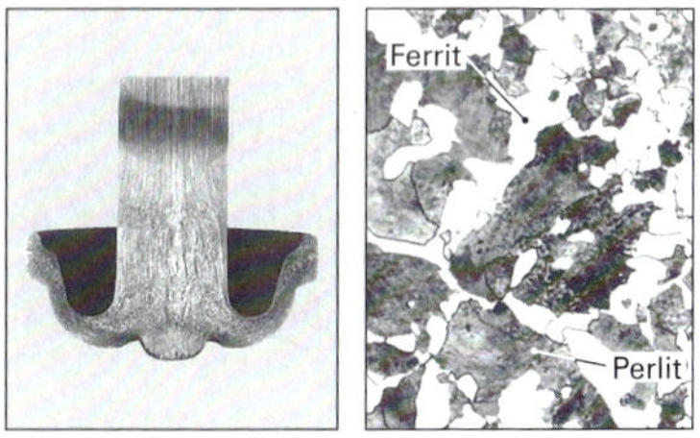

2 Metallografische Schliffbilder

Überprüfen Sie Ihre Kenntnisse

1 Welche Aufgaben hat die Werkstoffprüfung? Nennen Sie drei Aufgaben.

2 Von einem Stahlerzeugnis ist das Werkstoff-Kurzzeichen nicht bekannt. Wie kann man seine ungefähre Zusammensetzung bestimmen?

3 Was wird mit dem Biegeversuch festgestellt?

4 Wozu dient der Zugversuch?

5 Nennen Sie die Gleichungen zur Berechnung der Streckgrenze und der Zugfestigkeit.

6 Welche Kennwerte können aus dem Spannungs-Dehnungs-Schaubild abgelesen werden?

7 Mit welchem Prüfversuch kann die Zähigkeit eines Werkstoffs beurteilt werden?

8 Wie wird die Schweißnahtprüfung durchgeführt und welche Ergebnisse bringt sie?

9 Was versteht man unter der Härte eines Werkstoffs?

10 Für welche Werkstoffe eignen sich
a) die Brinell-Härteprüfung
b) die Vickers-Härteprüfung.

11 Was wird mit der Ultraschallprüfung geprüft?

12 Wie wird das Mikrogefüge eines Werkstoffs, sein Schliffbild, sichtbar gemacht?

3.19 Umweltschutz und Gesundheitsvorsorge im Metallbetrieb

Der metallverarbeitende Betrieb ist von den marktwirtschaftlichen Bedingungen und den allgemeinen Problemen eines Industrielandes betroffen:

- Der kostengünstigen und sicheren Versorgung mit Rohstoffen und Energie.
- Der Umweltbelastung durch die Produktion und den Betrieb von technischen Anlagen.
- Der Gesundheitsgefährdung durch Schadstoffe und den Umgang mit giftigen Stoffen.

Durch verantwortungsbewusstes Handeln kann jeder Mitarbeiter zur Bewältigung dieser Probleme beitragen. Er kann die Umwelt sowie seine Gesundheit vor Schädigungen schützen.

3.19.1 Umgang mit Werk- und Hilfsstoffen

Jeder Betrieb benötigt eine kostengünstige Versorgung mit den benötigten Werk- und Hilfsstoffen. Dies ist die Voraussetzung für die Produktion in einem metallverarbeitenden Betrieb. Für eine Reihe von Werk- und Hilfsstoffen gibt es nur begrenzte Rohstofflager. Ein sparsamer Verbrauch und eine Wiederverwertung nach Gebrauch **(Recycling)** sind geboten. Dadurch wird ein Beitrag zur Schonung der Rohstoffreserven geleistet. Außerdem werden die Materialkosten des Betriebes gesenkt und damit seine Konkurrenzfähigkeit verbessert. Zudem wird die Umwelt geschont. Die bei der Herstellung dieser Stoffe entstehenden Umweltbelastungen entfallen.

Möglichkeiten zum Stoffrecycling bestehen im Metallbetrieb an vielen Stellen (Bild 1).

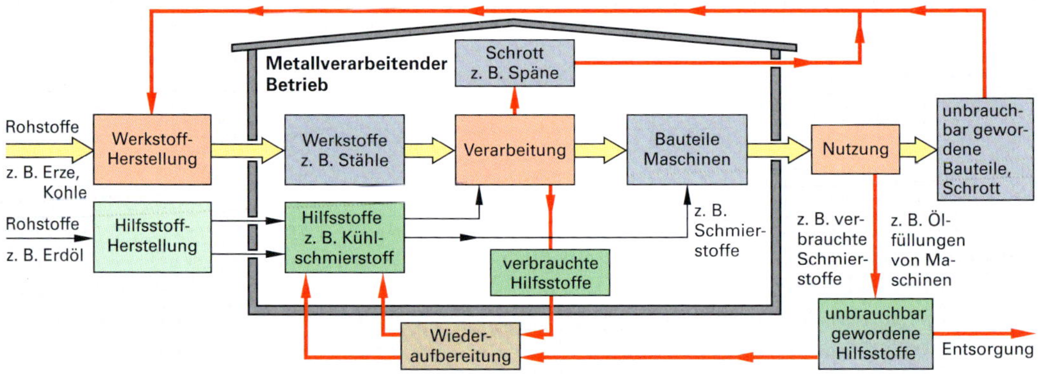

1 Schema der Stoffwege und Recycling in einem metallverarbeitenden Betrieb

In jedem Betrieb fallen **Metall-Abfälle** an. Verschnitt, Späne und Ausschuss sowie Schrott. Sie werden durch Sammeln und Verkauf an Schrotthändler dem Werkstoffkreislauf wieder zugeführt. Es ist sinnvoll, bei entsprechenden Mengen, den Schrott getrennt zu sammeln:

Allgemeiner Stahlschrott – Nichtrostender Stahlschrott – Aluminiumschrott – Kupferschrott.

Für die vorsortierten Schrottsorten lassen sich wesentlich höhere Verkaufspreise erzielen.

Verbrauchte Kühlschmierstoffe fallen bei der spanenden Fertigung an. Sie müssen gesammelt werden und einem Spezialbetrieb zur Wiederaufbereitung bzw. Entsorgung übergeben werden.

Verbrauchte Schmieröle, ölgetränkte Putzlappen und **Lösungsmittel** müssen ebenfalls gesammelt werden. Sie werden zur Entsorgung einem Entsorgungsunternehmen übergeben. Sinnvoll ist hierbei eine getrennte Sammlung nach Sorten. Dadurch lassen sich die Abgabekosten vermindern.

Merke

Verbrauchte Kühlschmierstoffe und Altöle dürfen nicht in die Kanalisation, in Gewässer und den Erdboden geschüttet werden. Sie müssen gesammelt und recycelt werden.

Beim Gebrauch und Umgang mit den Werk- und Hilfsstoffen gilt folgende Reihenfolge der Maßnahmen:

1. **Vermeiden:** Durch intelligente Auswahl und Gebrauch der Stoffe und Maschinen ist die Menge des Abfalls und der verbrauchten Hilfsstoffe so gering wie möglich zu halten.
2. **Recycling:** Abfälle und verbrauchte Hilfsstoffe sammeln und der Wiederverwertung zuführen.
3. **Entsorgen:** Nicht wiederverwertbare Abfälle der sachgerechten Entsorgung übergeben.

3.19.2 Vermeiden von Schadstoffen

Die beste „Entsorgung" ist die Vermeidung von Schadstoffen. Man erreicht es durch Umstellen auf umweltschonende Verfahren. Das schont die Umwelt und spart dem Betrieb die Kosten für die Schadstoff-Entlichkeiten zum Vermeiden von Schadstoffen bestehen bei vielen Verfahren:

Entfetten von Metallteilen. Vor dem Lackieren oder Feuerverzinken (Seite 90) müssen die Metallteile entfettet werden. Dies wird heutzutage in Sprühwaschanlagen mit alkalischen Waschlösungen gemacht. Die Waschlösungen bestehen aus Wasser mit waschaktiven Substanzen (Tensiden). Sie können wie Haushalts-Waschlaugen in einer nachgeschalteten Kläranlage entsorgt werden.

Merke

Das Entfetten von Werkstücken mit chlorierten Kohlenwasserstoffen (CKW), wie Trichlorethylen (Tri), Perchlorethylen (Per) und Tetrachlorkohlenstoff (Tetra) ist verboten. Sie sind stark umweltschädigend und krebserregend.

Beschichten von Metall-Bauteilen. Viele Bauteile aus Metall müssen zum Schutz gegen Korrosion beschichtet werden (Seite 90). Hierzu gibt es eine Reihe von Beschichtungsverfahren. Sie werden auch unter Umweltschutz-Gesichtspunkten ausgewählt.

Beim **Lackieren** wird die Umwelt durch verdunstendes Lacklösungsmittel und durch die anfallenden Lackschlämme (Seite 106) stark belastet.

Umweltschonende Beschichtungsverfahren sind das **elektrostatische Pulverbeschichten** und das **Wirbelsintern**. Hierbei wird Kunststoffpulver auf das Bauteil aufgebracht und durch Erwärmen zur Beschichtung zusammengeschmolzen. Es entsteht keine Umweltbelastung durch verdunstendes Lösungsmittel und kein Lackschlamm-Abfall.

In Fällen, wo Lackieren nicht zu vermeiden ist, kann durch die Umstellung von lösungsmittelhaltigen Lacken auf **wasserhaltige Lacke** eine Belastung der Luft mit Lösungsmitteln vermieden werden.

Aufkohlen beim Einsatzhärten. Werkstücke aus Einsatzstahl müssen vor dem Härten durch Aufkohlen der Randschicht (Seite 71) härtbar gemacht werden. Das Aufkohlen kann in Kohlegranulat, in Cyankali-Salzschmelzen oder in Gasaufkohlungsöfen durchgeführt werden. Die **Cyankali-Salzbadaufkohlung** ist technisch das günstigste Verfahren. Es ist jedoch mit dem Anfall von giftigen Waschwässern und hochgiftigen Cyankali-Altsalzen verbunden. Durch Umstellung auf **Gasaufkohlung** können die Umweltbelastungen und die hohen Kosten für die Entsorgung der Cyansalze vermieden werden.

3.19.3 Recycling und Entsorgung in metallverarbeitenden Betrieben

Der Betrieb von Werkzeugmaschinen und Fertigungsanlagen verursacht Abfälle und Schadstoffe.

Die Gesundheit der Mitarbeiter und die unbeschädigte Umwelt müssen erhalten werden. Grenzwerte der Schadstoffgehalte in Luft und Abwasser dürfen nicht überschritten werden. Die Schadstoffe müssen nach den Richtlinien des Abfallbeseitigungsgesetzes sachgemäß entsorgt werden.

Recycling und Entsorgung in spanenden Fertigungsanlagen (Bild 1).

- Unbrauchbar gewordene **Schmieröle** müssen gesammelt und einem Entsorger übergeben werden.
- Die **Späne** werden gesammelt und in einer Zentrifuge entölt.
- Der **Kühlschmierstoff** wird gereinigt, aufbereitet und im Kreislauf geführt. Unbrauchbar gewordener Kühlschmierstoff wird gesammelt. Er wird einem Entsorgungsunternehmen zur Aufarbeitung übergeben.
- **Kühlschmierstoffnebel** wird abgesaugt und in Emulsionsnebelfiltern abgeschieden.

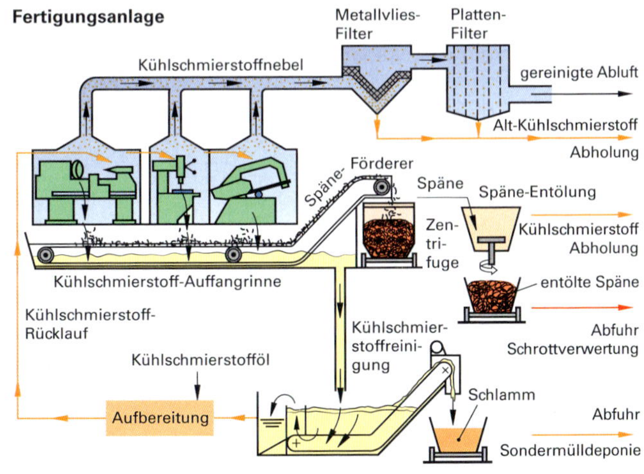

1 Entsorgung bei spanenden Fertigungsanlagen

Recycling und Entsorgung in Lackieranlagen

Herkömmliche Lacke bestehen zu etwa 50 % aus Lackfestkörper (Harz + Pigmente) und zu 50 % aus organischen Lösungsmitteln. Beim industriellen Spritzlackieren trifft nur etwa die Hälfte der aus der Spritzpistole austretenden Lacktröpfchen das Bauteil. Der Rest geht als fehlversprtizter Lack (Overspray) am Bauteil vorbei. Er wird durch einen Wasserschleier an den Kabinenwänden und aus der Abluft in einem Nassauswascher ausgeschieden (Bild 1).

Die im Waschwasser enthaltenen Lacktröpfchen müssen abgetrennt werden. Dies geschieht in einem Klärbecken durch Zugabe von Koagulationsmittel zum Waschwasser. Dadurch ballen sich die Lacktröpfchen zu Flocken zusammen und schwimmen auf. Sie werden durch Abschöpfen abgetrennt.

Der Lackschlamm wird entwässert und verbrannt. Das geklärte Abwasser wird im Kreislauf als Waschwasser in die Spritzkabine zurückgeführt.

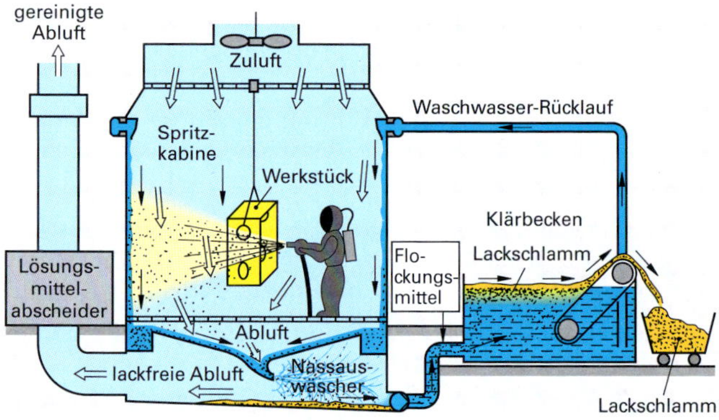

1 Entsorgung beim Betrieb einer Spritzlackieranlage

Beim Verspritzen des Lacks und auf dem Werkstück verdunstet ein Teil des Lösungsmittels aus dem Lack. Es gelangt in die Abluft und muss aus ihr abgeschieden werden. Dies erfolgt durch Kondensation oder Adsorption in Lösungsmittelabscheidern. Das abgeschiedene Lösungsmittel wird zur Lackaufbereitung wiederverwendet.

Reinigung der Abwässer aus metallverarbeitenden Betrieben

In metallverarbeitenden Betrieben entstehen stark verschmutzte Abwässer, z. B.:

- verbrauchte Kühlschmieremulsionen aus der spanenden Fertigung;
- öl- und schmierfettverschmutztes Waschwasser aus der Werkstück-Entfettung;
- mit giftigen Salzen und Säuren beladenes Abwasser aus Galvanisierungsanlagen, Feuerverzinkereien, Beizereien, Härtereien, Phosphatierungsanlagen;
- Belastetes Waschwasser aus Lackierungsanlagen.

Diese Abwässer müssen gemäß dem Abfallbeseitigungsgesetz gereinigt werden.

Für kleinere Betriebe ist die Entsorgung des Schmutzwassers durch Entsorgungsunternehmen die kostengünstigste Entsorgung. Bei mittleren und großen Betrieben ist eine betriebseigene **Entsorgungsanlage** sinnvoll (Bild 2). Sie besteht aus einer Reinigungsstufe für ölhaltige Abwässer und der nachgeschalteten Ausfällung von gelösten Salzen und Säuren. Die Abtrennung des feinverteilten Öls (Emulsion) erreicht man durch Spalten der Emulsionen mit einem Trennmittel sowie Abscheiden des Öls in einer Zentrifuge und Ultrafiltrationsanlage. Die gelösten Salze und Säuren werden durch Zugabe von Ausfäll- und Flockungsmitteln als Schlamm abgesetzt. Er wird zusammen mit den anderen Schlämmen in einer Presse entwässert. Der Filterkuchen wird verbrannt; die Asche auf einer Sondermülldeponie entsorgt. Das Abwasser durchläuft dann noch einen Ionenaustauscher, wo letzte Salze festgehalten werden. Dann kann das vorgereinigte Abwasser einer öffentlichen Kläranlage zugeführt werden.

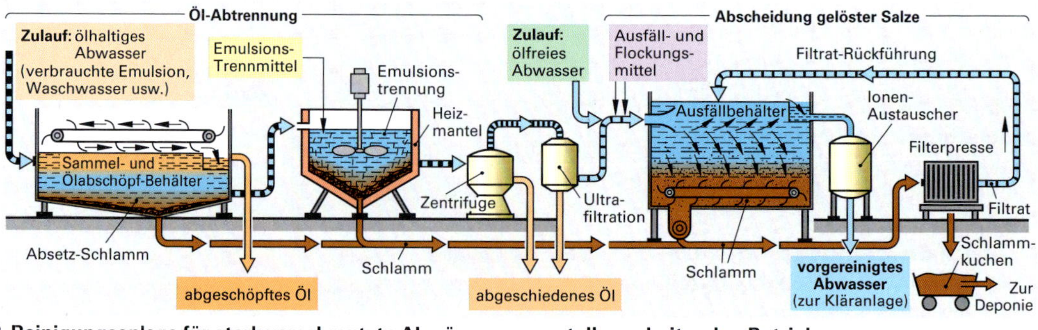

2 Reinigungsanlage für stark verschmutzte Abwässer aus metallverarbeitenden Betrieben

Reinigung stark belasteter Abluft aus metallverarbeitenden Betrieben

In einigen Fertigungsbereichen entsteht Abluft mit starker Staub- und Schadstoff-Belastung:

Beim **Schweißen** und **Löten**: schwermetallhaltiger Staub sowie Kohlenmonoxid-Gas.

In **Gießereien** in der Gussputzerei und an Entgratungsplätzen: schwermetall- und rußhaltiger Staub.

In **Härtereien**: Staub- und Härtesalz-haltige Abluft.

Gesetzliche Vorschriften schreiben eine Entstaubung der Abluft vor (z. B. die Technische Anleitung Luft). Sie erfolgt durch Abscheideapparate (Bild 1).

Im Zyklon wird der Abluftstrom auf eine Kreisbahn gezwungen. Die groben Staubteilchen werden durch die Fliehkraft an die Zyklonwand geschleudert und rutschen an der Zyklonwand nach unten. Der oben abströmende Feinstaub wird in einem Schlauchfilter und einem Elektrofilter abgeschieden. In einem nachgeschalteten Abscheider, z. B. mit Aktivkohle, werden giftige Gase festgehalten.

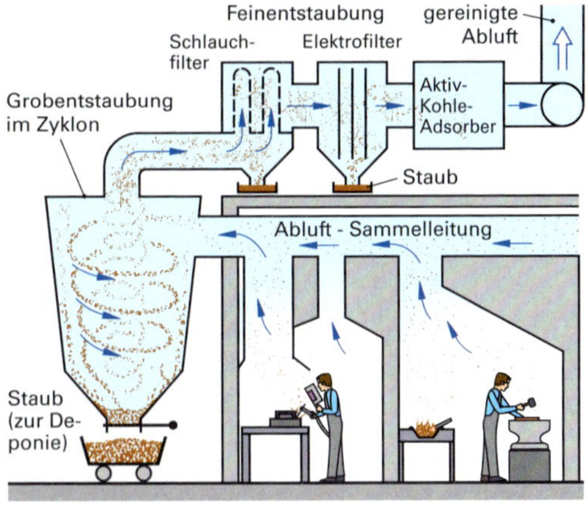

1 Abluft-Reinigung im metallverarbeitenden Betrieb

3.19.4 Gesundheitsgefährdende Stoffe im Metallbetrieb

In Metall-Betrieben werden auch gesundheitsschädliche Stoffe verwendet. Um eine Gesundheitsgefährdung beim Umgang mit diesen Stoffen zu vermeiden, ist Vorsicht geboten. Es sind die Betriebsanweisungen zum Umgang mit Gefahrstoffen zu beachten.

Sofortgifte

Sie führen sofort nach der Aufnahme oder der Berührung zu Vergiftungen bzw. Gesundheitsschädigungen.

Härtesalze (Cyansalze). Sie werden als Härte-Salzbäder verwendet und sind hochgiftig. Beim Arbeiten darf nicht gegessen oder getrunken werden. Auszubildende dürfen in diesem Bereich nicht arbeiten.

Säuren und Laugen zum Metallbeizen. Hautkontakt mit diesen Stoffen führt zu Verätzungen; Einatmen der Dämpfe zu Reizungen der Atemwege. Schutzkleidung, Schutzbrille und Atemschutz sind zu tragen. Für ausreichende Belüftung ist zu sorgen.

Schweißerei-Abgase und Stäube. Sie können giftige Gase, wie z. B. Kohlenmonoxid **CO** und Schwermetallstäube enthalten. Für gute Durchlüftung und Absaugung am Arbeitsplatz ist zu sorgen (Bild 1).

Langzeitgifte

Sie entwickeln ihre gesundheitsschädliche Wirkung erst nach langer Einwirkdauer. Sie wirken bei geringen Konzentrationen. Deshalb gibt es für diese gesundheitsgefährdenden Stoffe höchstzulässige Konzentrationen in der Luft am Arbeitsplatz, die **MAK-Werte** (Maximale Arbeitsplatz-Konzentration). Sie dürfen am Arbeitsplatz nicht überschritten werden.

Chlorierte Kohlenwasserstoffe (CKW) zur Metallentfettung, wie z. B. Trichlorethylen (Tri), Perchlorethylen (Per), Tetrachlorkohlenstoff (Tetra) sowie **organische Lösungsmittel** in Lacken, z. B. Nitroverdünner. Der MAK-Wert von Tri und Per z.B. darf 50 ppm nicht überschreiten. 50 ppm bedeutet, dass in der Luft am Arbeitsplatz nur 50 Schadstoffteilchen pro 1 Million Luftteilchen vorhanden sein dürfen. Betriebsbereiche, in denen giftige Gase verwendet werden, müssen mit Gasmeldern überwacht werden.

Nebel von **Schmieröl und Kühlschmieremulsionen**. Sie enthalten neben dem Ölanteil eine Reihe von Zusätzen (Additive). Sie dienen zur Vermeidung von Korrosion, Verharzung, Schaumbildung, Stabilisierung usw. Durch Absaugvorrichtungen muss der beim Spanen entstehende Nebel abgesaugt werden (Seite 105).

Asbesthaltige Arbeitsstoffe sind nicht mehr zugelassen. Beim Abbau alter asbesthaltiger Bauteile ist ein Atemschutz zu tragen. Keinen Asbeststaub erzeugen! Nicht Trennschleifen!

Überprüfen Sie Ihre Kenntnisse

1 Welche Stoffe können in einem Metallbetrieb durch Recycling verwertet werden?

2 Warum ist die Werkstück-Entfettung mit CKW verboten?

3 Welche Stoffe müssen in einem Betrieb mit spanender Fertigung entsorgt werden?

4 Nennen Sie einige Stoffe aus dem Metallbetrieb, die gesundheitsgefährdend sind.

3.20 Gesamtwiederholungsaufgaben zur Werkstofftechnik

1. Aus welchen Werkstoffen sind die in nebenstehendem Bild mit Nummern bezeichneten Bauteile gefertigt?
2. Begründen Sie Ihre Werkstoffwahl mit den Gebrauchseigenschaften der gewählten Werkstoffe.
3. Geben Sie jeweils einen Kurznamen (Beispiel) für die von Ihnen gewählte Werkstoffgruppe der Bauteile
   Nr. 5
   Nr. 7
   Nr. 8
4. Welches Gefüge hat der Werkstoff von Bauteil Nr. 8?
5. Warum kann man das Bauteil Nr. 11 nicht aus Aluminium fertigen?
   Begründen Sie Ihre Antwort.
6. Das Bauteil Nr. 3 ist gebrochen. Es muss ein Ersatzteil gefertigt werden. Von welchem Stahlerzeugnis ist für die Anfertigung des Ersatzteils auszugehen?
7. Das Bauteil Nr. 8 soll auf Härte und Gefüge geprüft werden. Welche Prüfverfahren sind einzusetzen?
8. Der Bohrer (Nr. 7) ist durch Heißlaufen beim Bohren unbrauchbar geworden. Welche Arbeitsschritte sind auszuführen, um den Bohrer wieder gebrauchsfähig zu machen?
9. Wie muss das Bauteil Nr. 6 gegen Korrosion geschützt werden?
   Begründen Sie die von Ihnen genannten Korrosionsschutzmaßnahmen.
10. Welche Hilfsstoffe benötigt man zum Betrieb der Bohrmaschine?

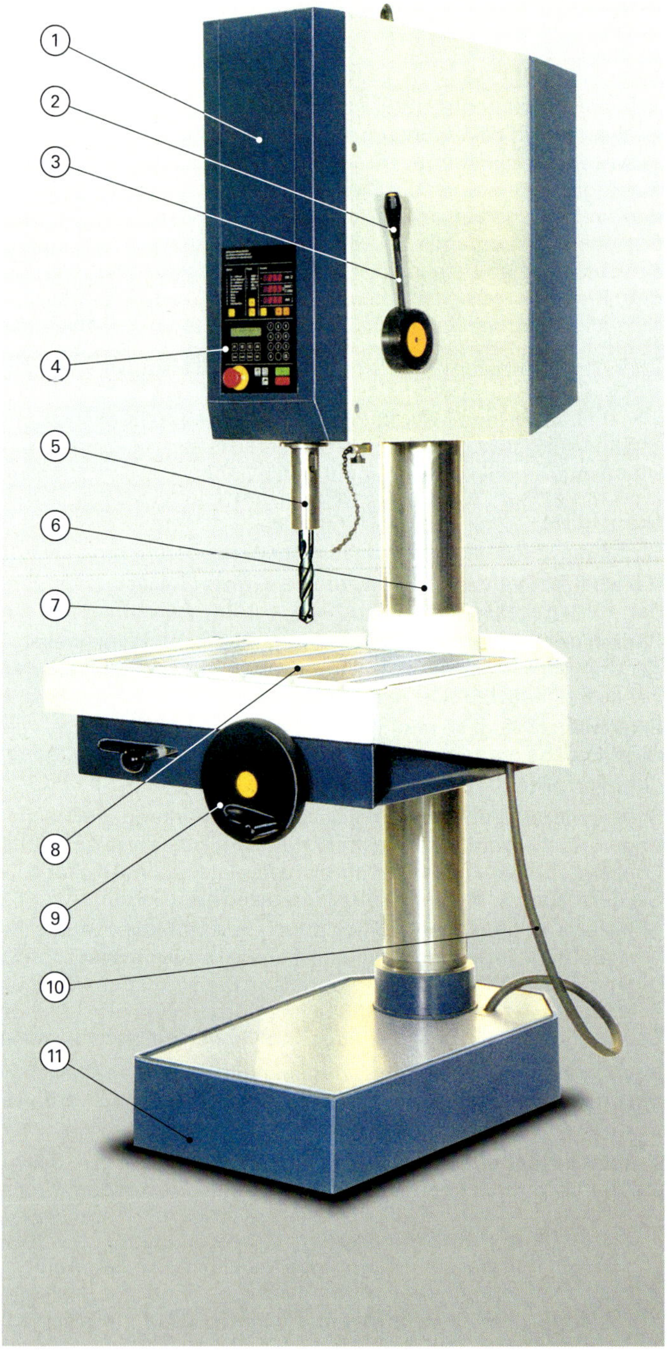

1 Säulenbohrmaschine

4 Elektrotechnik

Elektrische Energie ist eine Energieform, die sehr vielseitig anwendbar, einfach verfügbar und leicht zu transportieren ist. Sie wird in fast allen Lebensbereichen eingesetzt. **Grundkenntnisse der Elektrotechnik** benötigen alle, die mit elektrotechnischen Geräten umgehen müssen, um die sachgemäße Handhabung zu erleichtern, vor allem aber auch zum Schutz von Leben und Gesundheit.

4.1 Grundbegriffe der Elektrotechnik

Auf elektrischen Geräten und Bauteilen sind meist Angaben über die elektrischen Größen Spannung, Stromstärke und elektrische Leistung zu finden. Die Kenntnisse über die Zusammenhänge dieser Größen ist die Voraussetzung für einen sachgerechten Umgang mit den Geräten.

4.1.1 Elektrischer Stromkreis

Am Beispiel der Wirkungsweise einer Taschenlampe lässt sich erkennen, dass elektrische Energie nur in einem **geschlossenen** System, dem elektrischen Stromkreis, transportiert werden kann. So leuchtet die Glühlampe nur, wenn der Schalter der Taschenlampe betätigt wird (Bild 1).
In einem Ersatzschaltbild (Bild 2) sind die wesentlichen Bestandteile dieses elektrischen Stromkreises eingetragen. Dies sind im Einzelnen: eine Spannungsquelle, leitfähige Verbindungen, ein Verbraucher und ein Schalter. In Schaltplänen werden diese Bestandteile sinnbildlich durch Schaltzeichen dargestellt (Bild 3).

Die Spannungsquelle (hier eine Batterie) stellt die elektrische Energie zur Verfügung und sorgt dafür, dass der für die erwartete Wirkung (hier das Leuchten der Glühlampe) erforderliche elektrische Strom fließt. Dies kann jedoch nur bei geschlossenem Schalter funktionieren.

Merke
Ein elektrischer Strom fließt nur in einem geschlossenen Stromkreis.

4.1.2 Leitung der elektrischen Energie

Werkstoffe besitzen zum Teil ganz unterschiedliche Fähigkeiten, den elektrischen Strom zu leiten. Metalle z. B. besitzen eine gute Leitfähigkeit und werden deshalb als **Leiter** bezeichnet. Kunststoffe, Holz und keramische Stoffe sind **Nichtleiter**, weil sie nicht fähig sind, den elektrischen Strom fließen zu lassen. Wird der elektrische Strom von einem Stoff nur unter bestimmten Bedingungen weitertransportiert, wird dieser Stoff **Halbleiter** genannt.

Merke
In der Elektrotechnik unterscheidet man Leiter, Nichtleiter (Isolatoren) und Halbleiter.

Ursache für die unterschiedliche elektrische Leitfähigkeit ist der unterschiedliche atomare Aufbau der Stoffe.

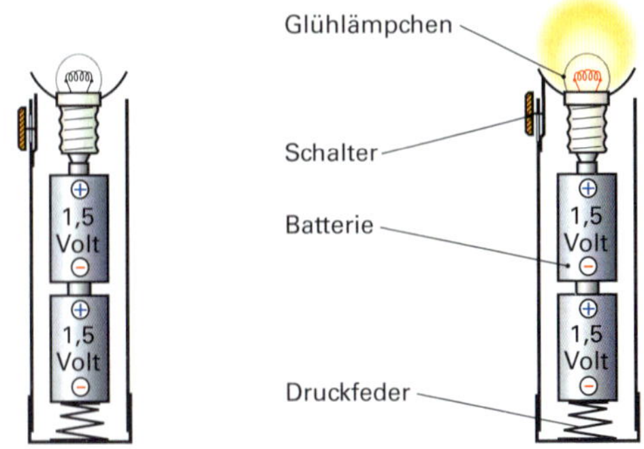

1 Funktionsweise einer Taschenlampe

2 Schaltplan zu Bild 1 (unterbrochen)

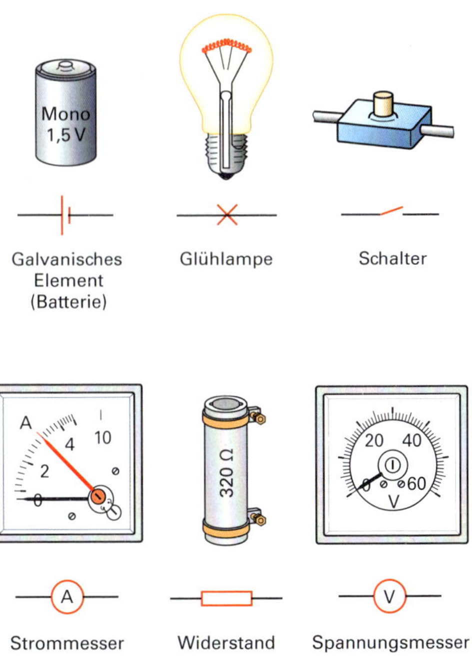

3 Schaltzeichen

Im Atomkern werden die neutralen Neutronen und die positiv geladenen Protonen durch sehr starke Bindungskräfte zusammengehalten. Um den Kern bewegen sich genauso viele Elektronen wie es Protonen gibt. Sie besitzen eine negative Ladung. Die Ladung eines einzelnen Elektrons heißt Elementarladung.

Die Bewegung der Elektronen lässt sich gut durch das Schalenmodell darstellen (Bild 1). Die Metalle tragen auf der äußeren Schale nur wenige Elektronen, z. B. Kupfer eines und Aluminium drei. Diese Außenelektronen, auch freie Elektronen genannt, können sich leicht vom Rest des Atomes lösen, sodass ein positiv geladenes Metallion entsteht. Alle Metallionen zusammen bilden ein regelmäßiges Metallgitter, in dem sich diese Außenelektronen ungehindert bewegen können (Bild 2).

Stoffe, die sehr viele freie Elektronen besitzen, sind Leiter.

Nichtleiter haben keinen kristallinen Aufbau und keine frei beweglichen Elektronen.

4.1.3 Elektrischer Strom

Bewegen sich alle freien Elektronen in die gleiche Richtung, so spricht man von einem elektrischen Stromfluss.

Merke

Elektrischer Strom in Metallen ist die gerichtete Bewegung freier Elektronen.

Die elektrische Stromstärke hat die Maßeinheit Ampere (A) und das Formelzeichen I.

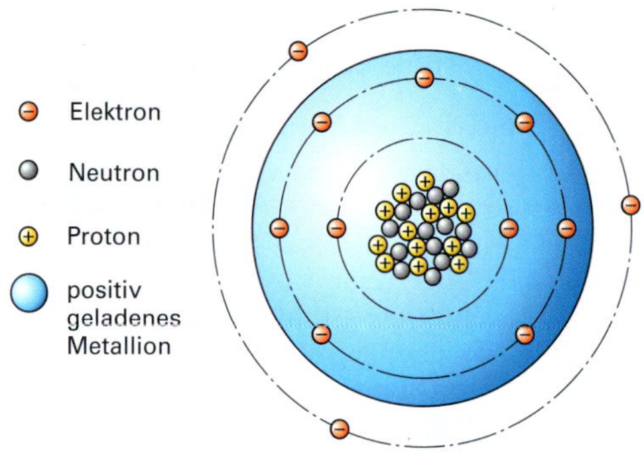

1 Schalenmodell eines Aluminiumatoms

4.1.4 Elektrische Spannung

Metallische Leiter verhalten sich normalerweise elektrisch neutral. Eine äußere Kraft ist erforderlich, um die freien Elektronen zum Fließen zu bringen. Diese wird erreicht, indem zwei sich anziehende Ladungen getrennt werden. Die so getrennten Ladungen haben das Bestreben den ursprünglichen Zustand wieder zu erreichen, sie erzeugen eine elektrische Spannung. Wird ihnen über einen leitfähigen Stoff diese Möglichkeit gegeben, so kommt es zur Ladungsbewegung, dem elektrischen Strom (Bild 3).

Merke

Die **elektrische Spannung** ist die zum Trennen von Ladungen aufgewendete Energie. Sie ist Voraussetzung für das Fließen eines elektrischen Stromes.

Die elektrische Spannung hat die Maßeinheit Volt (V) und das Formelzeichen U.

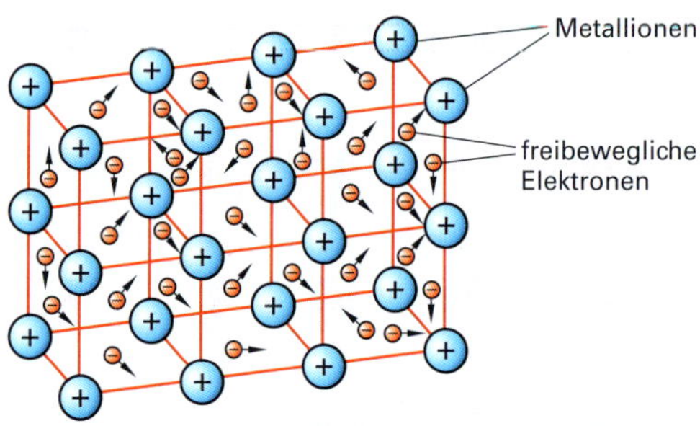

2 Gittermodell des Metallgefüges mit freien Elektronen

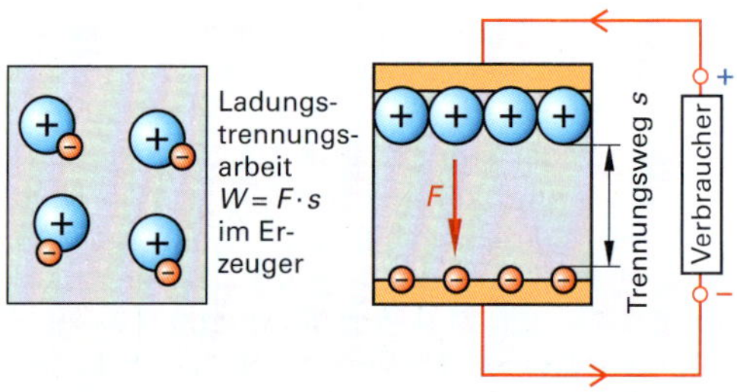

a) b)

3 Schema der Ladungstrennung durch Aufwendung mechanischer Arbeit

4.1.5 Elektrischer Widerstand

Die innerhalb eines Stromkreises verwendeten Werkstoffe lassen den elektrischen Strom mehr oder weniger gehemmt fließen – sie setzen ihm je nach Werkstoff, Querschnitt und Länge unterschiedliche Widerstände entgegen.

Der Begriff des **elektrischen Widerstandes** wird in der Praxis häufig nicht eindeutig verwendet. Zum einen wird unter der Bezeichnung das Bauteil, aber andererseits auch die physikalische Größe verstanden. Aus diesem Grunde ist es sinnvoll, vom Widerstand als Bauteil und vom Widerstandswert als der physikalischen Größe zu sprechen.

Der elektrische Widerstandswert von Bauteilen wird in Ohm (Ω) angegeben. Das Formelzeichen ist R.

4.1.6 Ohm'sches Gesetz

Mithilfe einer Stecktafel lassen sich durch einfache Versuche die Gesetzmäßigkeiten des elektrischen Stromkreises darstellen (Bild 1). Dazu werden eine regelbare Gleichstromquelle, Messinstrumente und unterschiedliche Widerstände benötigt.

Versuch 1: Als Verbraucher wird ein Lämpchen benutzt. Die Spannung wird allmählich gesteigert. Zuerst glüht das Lämpchen schwach dunkelrot, allmählich wird es weißglühend. Gleichzeitig mit der Spannung steigt auch die Stromstärke (Bild 2).

Schaltet man ein zweites Lämpchen in den Stromkreis, so beginnt die Rotglut erst bei höherer Stromstärke. Zwei Lämpchen setzen offenbar dem Fließen der Elektronen einen größeren **Widerstand** entgegen als eines. Zwei hintereinandergeschaltete Lämpchen benötigen also eine höhere Spannung, damit die gleiche Wirkung eintritt.

Merke

Im geschlossenen Stromkreis sind Stromstärke, Spannung und Widerstand voneinander abhängig.

Die Spannung entstand durch Ladungstrennung in der Energiequelle. Die **Einheit der Ladung** ist **1 Coulomb (C)**. Sie entspricht 6,24 Trillionen Elementarladungen (= $6{,}24 \cdot 10^{18}$). Um die **Spannung** von **1 Volt** zu erzeugen, muss mithilfe der Arbeit von 1 Ws (= 1 J) die Ladung von 1 C getrennt werden:

$$\textbf{Spannung} = \frac{\textbf{Arbeit}}{\textbf{Ladung}} \qquad U = \frac{W}{Q} \qquad 1\,\text{V} = \frac{1\,\text{Ws}}{1\,\text{C}}$$

Im Stromkreis fließt ein Strom von Elektronen. Jedes Elektron besitzt eine Elementarladung. Je stärker die Spannung ist, desto mehr Elektronen fließen in der gleichen Zeitspanne und desto stärker ist der **Strom** (Einheit **1 Ampere** = 1 A).

$$\textbf{Stromstärke} = \frac{\textbf{Ladung}}{\textbf{Zeit}} \qquad I = \frac{Q}{t} \qquad 1\,\text{A} = \frac{1\,\text{C}}{1\,\text{s}}$$

Wird die Spannung im Versuch verdoppelt, verdreifacht oder vervierfacht, fließt auch der doppelte, dreifache oder vierfache Strom (Tabelle 1).

Merke

Bei gleichbleibendem Widerstand ist die Stromstärke proportional zur Spannung.

Versuch 2: Wird nun der Widerstand systematisch vergrößert, verringert sich im gleichen Maße die Stromstärke (Tabelle 2).

Merke

Bei gleichbleibender Spannung sind Stromstärke und Widerstand umgekehrt proportional.

Dieser Zusammenhang, das Grundgesetz des Stromkreises, wird das **Ohm'sche Gesetz** genannt (Ω bedeutet Ohm).

vel.plus/ GM12

1 Stecktafel für Unterrichtsversuche mit Stromkreisen

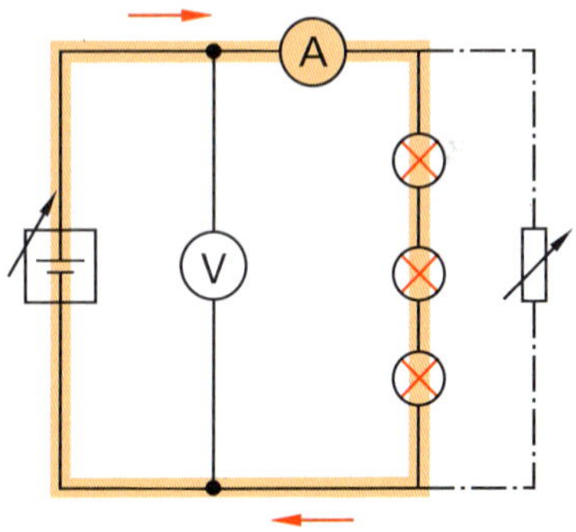

2 Stromkreis mit veränderlicher Spannung und veränderbarem Widerstand

Tabelle 1

U [V]	*I* [A]	*R* [Ω]
1,5	0,15	10
3	0,3	10
4,5	0,45	10
6	0,6	10

Tabelle 2

U [V]	*I* [A]	*R* [Ω]
3	0,3	10
3	0,15	20
3	0,1	30
3	0,075	40

4.2 Schaltungsarten

Häufig werden von einer Spannungsquelle mehrere Verbraucher betrieben. So werden z. B. bei jedem Pkw von einer Batterie oder Lichtmaschine viele unterschiedliche Geräte wie Hupe, Innenraumbeleuchtung, Außenbeleuchtung, Zündung u.a. mit dem erforderlichen Strom versorgt. Je nachdem wie diese Verbraucher geschaltet sind, spricht man von einer Reihenschaltung oder Parallelschaltung. Bei einer Reihenschaltung werden die Verbraucher nacheinander alle vom selben Strom durchflossen. Beim Ausfall eines Verbrauchers würde allerdings der Stromkreis unterbrochen. Ein Stromfluss wäre dann nicht mehr möglich. Alle anderen Verbraucher könnten auch nicht mehr betrieben werden. Deshalb findet diese Schaltungsart wenig Anwendung. Stattdessen werden die Verbraucher so geschaltet, dass sie alle „parallel" an derselben Spannungsquelle liegen (Bild 1).

4.2.1 Reihenschaltung

vel.plus/ GM13

Versuch: Zwei verschieden große Widerstände werden in einem Stromkreis in Reihe geschaltet (Bild 2). Messinstrumente werden so angeordnet, dass der durchfließende Strom und die anliegende Spannung jedes Widerstandes zu messen sind. Man stellt bei der Reihenschaltung fest:

- Es fließt überall derselbe Strom.
- Die Summe der Teilspannungen ist gleich der Gesamtspannung.
- Der Gesamtwiderstand ist gleich der Summe der Einzelwiderstände.
- Die Spannungen verhalten sich wie die zugehörigen Widerstände.

$$I = I_1 = I_2 = I_3 = \ldots$$
$$R = R_1 + R_2 + R_3 + \ldots$$

$$U = U_1 + U_2 + U_3 + \ldots$$
$$\frac{U_1}{R_1} = \frac{U_2}{R_2} = \frac{U_3}{R_3}$$

4.2.2 Parallelschaltung

vel.plus/ GM14

Versuch: Zwei verschieden große Widerstände werden parallel geschaltet. Der durchfließende Strom und die an jedem Widerstand anliegende Spannung werden gemessen (Bild 3). Man stellt für die Parallelschaltung fest:

- An allen Verbrauchern liegt dieselbe Spannung.
- Der Gesamtstrom ist gleich der Summe der Einzelströme.
- Die Ströme verhalten sich umgekehrt wie die Widerstände

Mit dem **Leitwert** ***G*** anstelle des Widerstandes ist die Summe der Einzelleitwerte gleich dem Gesamtleitwert.

$$U = U_1 = U_2 = U_3 = \ldots$$
$$\frac{I_1}{I_2} = \frac{R_2}{R_1}; \; G = \frac{1}{R}$$

$$I = I_1 + I_2 + I_3 + \ldots$$
$$G = G_1 + G_2 + G_3 + \ldots$$

An Glühlampen, Haushaltsgeräten und Elektromotoren kann man lesen, dass sie für die einheitliche Spannung von 230 V (früher 220 V) ausgelegt sind. Deshalb müssen sie wie die Steckdosen parallel geschaltet werden, um die volle Netzspannung zu erhalten (Bild 3).

1 **Parallelschaltung von Verbrauchern**

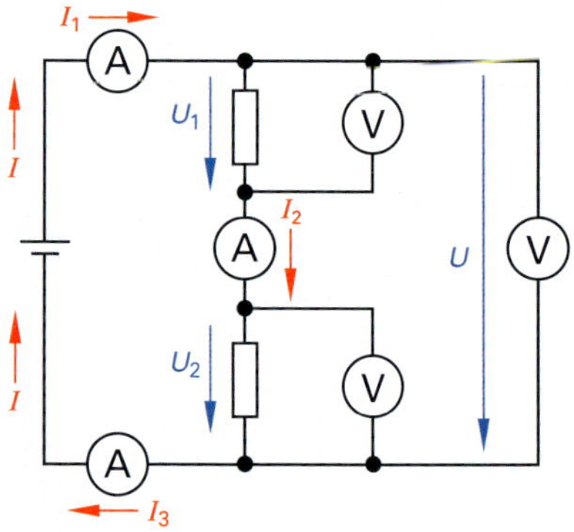

2 **Schaltplan einer Versuchsanordnung zur Reihenschaltung**

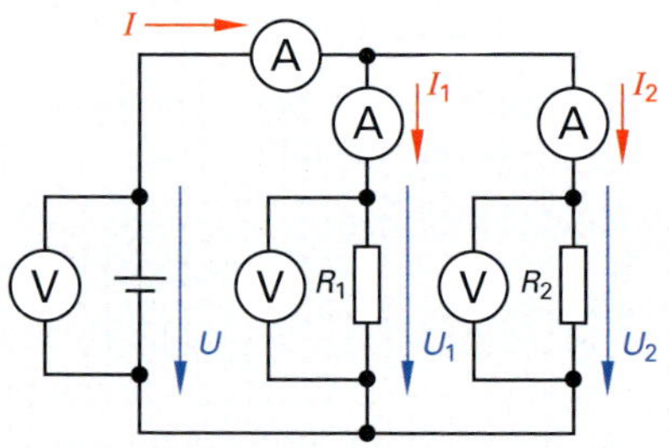

3 **Schaltplan einer Versuchsanordnung zur Parallelschaltung**

4.3 Leistung und Wirkungsgrad

Die mechanische Arbeit ist das Produkt aus Kraft und Weg: $W = F \cdot s$.

Auch beim Betrieb elektrischer Geräte verrichtet der Strom Arbeit. Im Kraftwerk wird Arbeit aufgewendet, um Spannung bereitzustellen, damit jederzeit elektrischer Strom fließen kann.

Merke

Energie ist die Fähigkeit, Arbeit zu verrichten.

Elektrische Arbeit bewirkt, dass eine Spannung eine Ladungsmenge durch die Leitung fließen lässt. Je höher Spannung und Stromstärke sind, desto größer ist diese Ladungsmenge und desto mehr Arbeit wird verrichtet:

$$W = U \cdot Q \qquad W = U \cdot I \cdot t$$

$$1\,\text{Ws} = 1\,\text{J} = 1\,\text{V} \cdot 1\,\text{A} \cdot 1\,\text{s}$$

Statt Wattsekunde (Ws) wird in der Praxis die **Kilowattstunde** benutzt: 1 kWh = 3600000 Ws.

Beobachtet man einen Zähler im Haushalt, so sieht man, dass er mehr kWh zählt, wenn mehr Geräte eingeschaltet sind, also mehr Arbeit verrichtet wird.

Merke

Leistung ist die verrichtete Arbeit dividiert durch die dazu benötigte Zeit.

$$P = \frac{W}{t} \qquad P = \frac{U \cdot I \cdot t}{t}$$

$$P = U \cdot I \qquad 1\,\text{W} = 1\,\text{V} \cdot 1\,\text{A}$$

Die Leistungsaufnahme ist auf dem Geräteschild (Bild 2) angegeben. Sie bedeutet gleichzeitig den **Anschlusswert**, mit dem das Netz belastet wird.

Eine elektrische Maschine gibt nicht nur ein Drehmoment ab, sie wird auch warm. Ein Teil der elektrischen Energie wird hier in nicht genutzte Wärme überführt. Auch eine Energiesparlampe wandelt den geringeren Teil der Energie in Licht um, den größeren in Wärme (Bild 3). Bei Elektrogeräten berechnet man den **Wirkungsgrad**, ebenso wie bei mechanischen:

$$\eta = \frac{W_2}{W_1} \cdot 100\,\% \quad \text{oder} \quad \eta = \frac{P_2}{P_1} \cdot 100\,\%$$

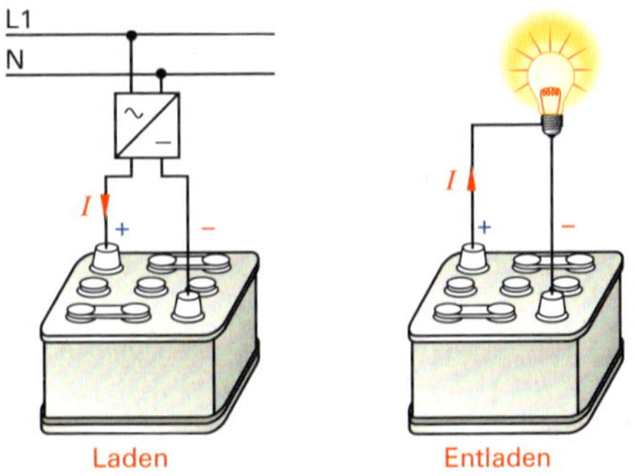

1 Energie einer geladenen Batterie, $W = U \cdot I \cdot t$

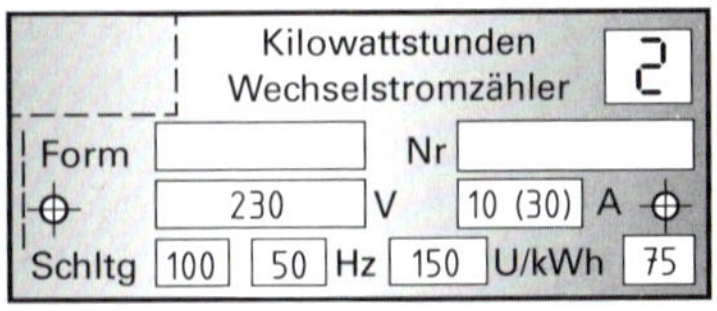

2 Leistungsschild eines Wechselstromzählers

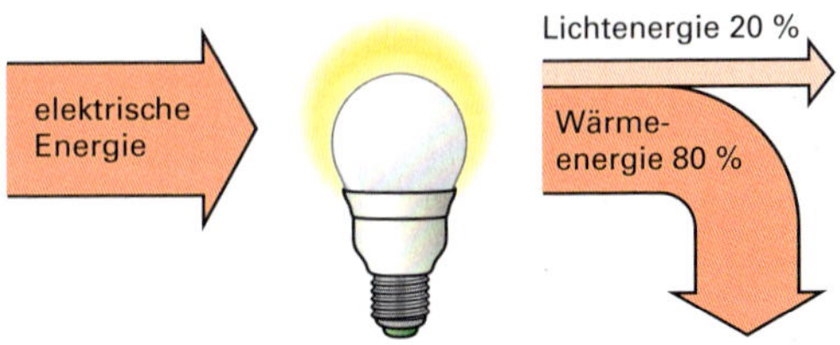

3 Wirkungsgrad einer Energiesparlampe, $\eta = 20\,\%$

Überprüfen Sie Ihre Kenntnisse

1 Was versteht man unter freien Elektronen?
2 Erläutern Sie das Modell der Ladungstrennung!
3 Wie ist eine Elementarladung festgelegt?
4 Was fließt in den Leitungen, wenn man vom elektrischen Strom spricht?
5 Erläutern Sie das Ohm´sche Gesetz!
6 Wie kann man die Spannung und die Stromstärke aus dem Begriff der Elementarladung herleiten?
7 Was bedeuten Spannung und Stromstärke für den praktischen Energieverbrauch?
8 Warum werden Verbraucher in der Regel parallel geschaltet?
9 Begründen Sie, warum auch der elektrische Wirkungsgrad nie über 100 % liegen kann!
10 Berechnen Sie mithilfe der Leistungsformel, ob an eine mit 16 A belastbare Leitung ein Heizlüfter von 4000 W Leistung in einem 230 V-Netz angeschlossen werden darf.

4.4 Wirkungen des elektrischen Stromes

Elektrischer Strom kann nicht sichtbar gemacht werden, wie z.B. eine fließende Flüssigkeit. Das Fließen eines elektrischen Stromes ist ausschließlich an den Wirkungen des Stromflusses zu erkennen.

4.4.1 Lichtwirkung

Elektrische Spannungen zwischen Wolken und Erde entladen sich bei einem Gewitter in Form von Blitzen. Dabei ist deutlich die Lichtwirkung zu erkennen (Bild 1).

Licht entsteht mithilfe des elektrischen Stromes auch in Glühlampen. Der fließende elektrische Strom erhitzt die Wolframdraht-Wendel bis auf Weißglut (ca. 3000 °C). Dabei entstehen Licht und Wärme. In Leuchtstoffröhren fließt elektrischer Strom in ionisiertem Gas, was ebenfalls eine Lichtwirkung auslöst.

Auch zum Erfassen bestimmter Zustände in der Steuerungstechnik wird die Lichtwirkung des Stromes ausgenutzt. So werden beispielsweise über sogenannte Lichtvorhänge (Lichtschranken) Anlagen bei nicht erwünschtem Eingriff durch Menschen angehalten.

1 Blitzentladung

4.4.2 Wärmewirkung

Durch den Widerstand, der dem elektrischen Strom innerhalb eines Leiters entgegengesetzt wird, entsteht Wärme. Diese Wärme wird z.B. bei allen Heizgeräten (Föhn, Bügeleisen, Härteofen) genutzt. Darüber hinaus ist die so erzeugte Wärme aber auch nutzbar beim Lichtbogen- oder beim elektrischen Widerstandsschweißen (z.B. Punktschweißen). Auch zu Sicherheitszwecken kann diese Wirkung des elektrischen Stromes eingesetzt werden. Der Leiter einer Schmelzsicherung z.B. wird bei zu großem Stromfluss so stark erhitzt, dass er „durchbrennt" und somit den Stromkreis unterbricht.

2 Lasthebemagnet

4.4.3 Magnetische Wirkung

Magnetische Kräfte treten auf, wenn ein Strom durch die Spulen von Elektromagneten fließt. Diese Wirkung macht man sich überall dort zu eigen, wo große magnetische Haltekräfte benötigt werden, wie z.B. bei Lasthebemagneten oder elektromagnetischen Spannplatten (Bilder 2 und 3), aber auch zum Schalten von Relais oder Schützen sowie zum Erzeugen von Drehmomenten in allen Elektromotoren und Generatoren.

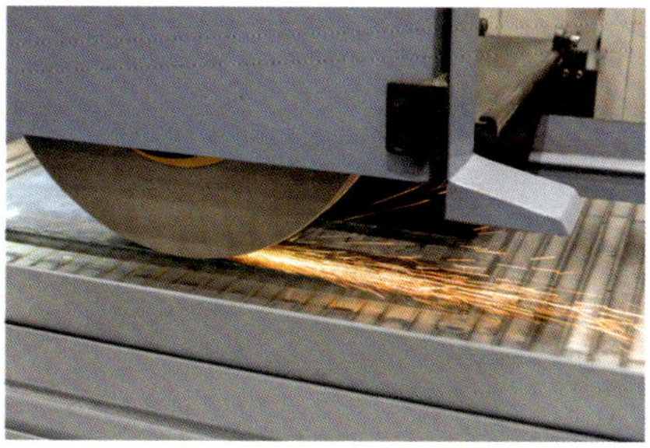

3 Elektromagnetische Spannplatte

4.4.4 Chemische Wirkung

Stromfluss durch die leitende Flüssigkeit Wasser führt zu einer Zerlegung des Wassers in Wasserstoff und Sauerstoff. Diesen Vorgang, der so oder so ähnlich auch mit anderen Flüssigkeiten möglich ist, nennt man Elektrolyse. Technische Anwendung findet diese Technik bei der Herstellung von Metallen und von Gasen, sowie die Herstellung von Wasserstoff für durch Wasserstoff angetriebene Fahrzeuge (Bild 4).

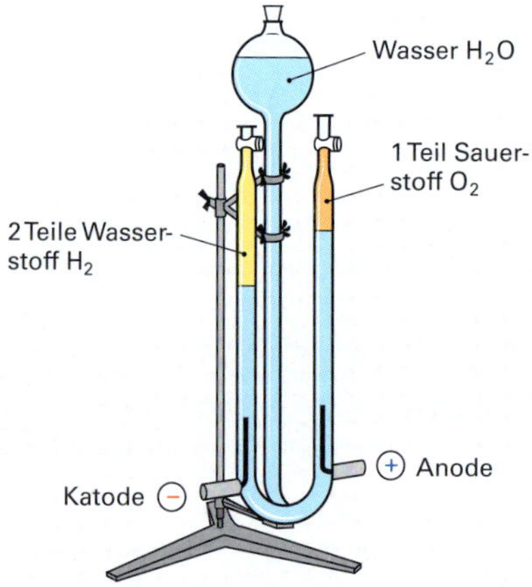

4 Elektrolyse des Wassers

4.5 Bereitstellung elektrischer Energie

Grundsätzlich kann jede Art von Energie zur Ladungstrennung verwendet werden und damit in elektrische Energie umgewandelt werden. Zur „Erzeugung" des elektrischen Stroms in größerem Umfang werden jedoch nur genutzt:

- die mechanische und magnetische Energie in den Generatoren der Kraftwerke,
- die chemische Energie in den galvanischen Elementen, den „Batterien".

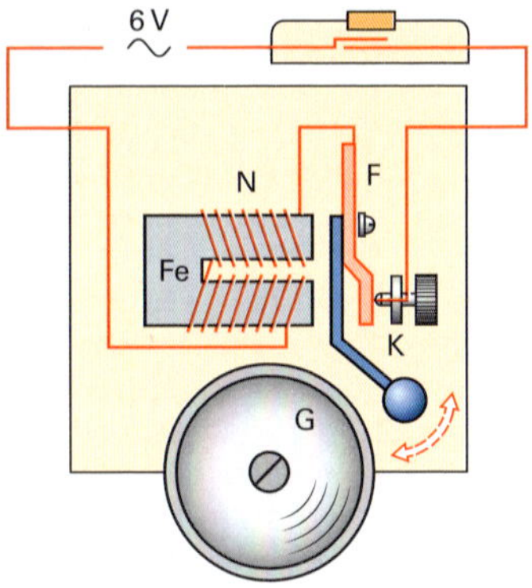

1 Blitzentladung

4.5.1 Elektrischer Strom und Magnetismus

Ein allgemein bekanntes Beispiel für den Zusammenhang zwischen Elektrizität und Magnetismus ist die **elektrische Türklingel** (Bild 1). Beim Druck auf den Klingelknopf schließt sich der Stromkreis. Durch die Wicklung (N) um den Eisenkern (Fe) fließt ein Strom. Der Eisenkern wird magnetisch und zieht die Feder (F) mit dem Klöppel an. Die Glocke (G) klingt an. Dabei öffnet sich der Kontakt (K) und damit auch der Stromkreis, sodass sich die Feder vom Magneten löst. Dies wiederholt sich, solange man auf den Klingelknopf drückt.

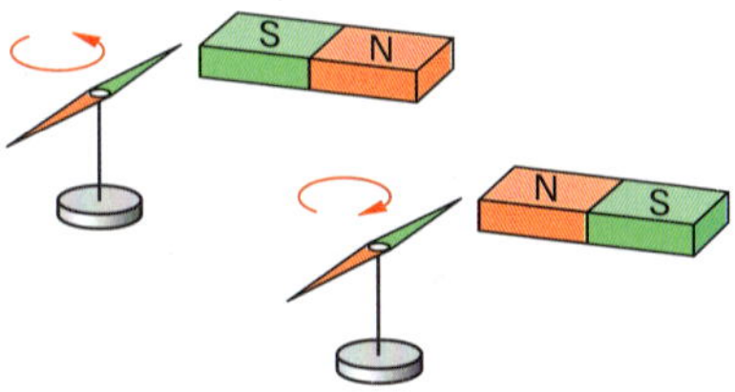

2 Wirkung der Magnetpole aufeinander

Versuch 1: Man nähert zwei Magnete einander (Bild 2). **Nordpol** und **Südpol** ziehen sich an, die gleichnamigen Pole (N+ N; S + S) stoßen sich ab. Bei etwas größerem Abstand sind diese Anziehungs- und Abstoßungskräfte nicht mehr wahrnehmbar.

Versuch 2: Auf einen Stabmagneten wird eine Glasplatte gelegt, auf die man Eisenfeilspäne streut. Sie zeigen in der Nähe des Magneten ein regelmäßiges Muster (Bild 3).

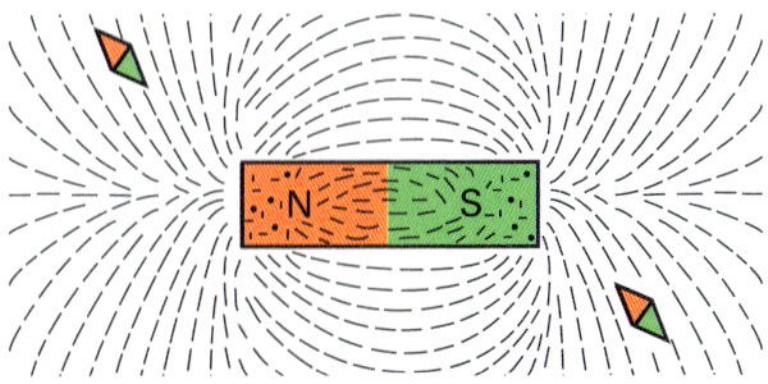

3 Sichtbarmachung des magnetischen Feldes durch Eisenfeilspäne

Merke

Ein Magnet ist von einem magnetischen Kraftfeld umgeben, dessen Wirkung mit der Entfernung von den Polen abnimmt.

Das **magnetische Feld** erfüllt den Raum vollständig. Zu seiner Beschreibung wurde die Modellvorstellung eingeführt, dass vom Nordpol zum Südpol **Kraftlinien** verlaufen.

Versuch 3: Ein zur Spule gewickelter Leiter wird durch Pappe geführt, die mit feinen Eisenfeilspänen bestreut wird. Wird eine elektrische Spannung angeschlossen, ordnen sich die Feilspäne zu regelmäßigen Mustern (Bild 4).

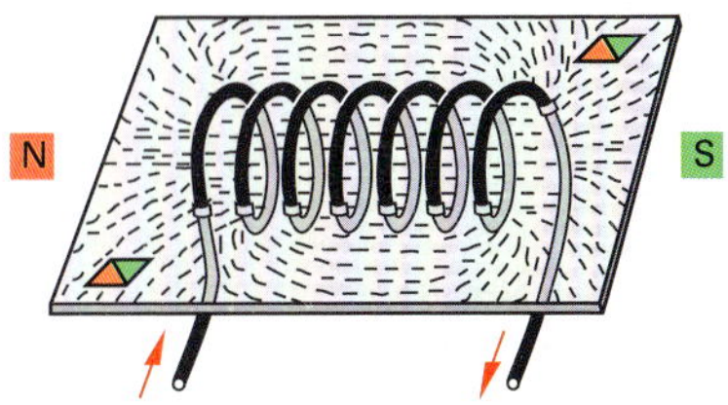

4 Magnetisches Feld um eine stromdurchflossene Spule

Merke

Um einen stromdurchflossenen Leiter besteht ein Magnetfeld. Die Richtung des Magnetfeldes hängt von der Stromrichtung ab.

4.5.2 Spannungserzeugung durch Induktion

Versuch 4: Eine Spule ist mit einem empfindlichen Spannungs-Messinstrument verbunden (Bild 5). Schiebt man einen starken Stabmagneten in der Spule, schlägt der Zeiger des Instruments aus. Er bewegt sich entgegengesetzt, wenn man den Magneten zurückzieht. Bleibt der Magnet in Ruhe, ruht auch der Zeiger. Bleibt der Magnet in Ruhe, aber die Spule wird bewegt, schlägt der Zeiger auch aus.

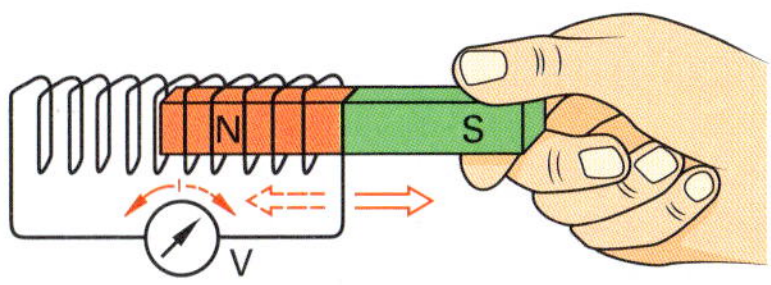

5 Grundversuch zur Induktion

vel.plus/ GM15

Die Tatsache, dass bei der Bewegung eines Leiters durch ein Magnetfeld eine Spannung erzeugt (induziert) wird, lässt sich zur Konstruktion eines einfachen **Stromerzeugers (Generator)** benutzen (Bild 1). Eine Leiterschleife befindet sich drehbar im Feld eines Hufeisenmagneten. Jedes Ende trägt einen Stromabnehmer mit Schleifkontakten, über die eine Verbindung zu einem Spannungsmesser läuft. Dreht man die Schleife, schlägt der Zeiger abwechselnd nach links und rechts aus.

Schließt man den Generator an ein Oszilloskop an, kann man auf dem Bildschirm eine **Sinuskurve** erkennen (Bild 2). Der Generator erzeugt eine **Wechselspannung**. Sie ändert sowohl ihre Größe als auch ihre Richtung.

Bei den bisherigen Versuchen wurde immer **Gleichstrom** (z.B. aus Batterien) benutzt. Seine Spannung ist gleich groß und gleich gerichtet.

vel.plus/ GM16

Die freien Elektronen werden im Leiter durch die magnetische Kraft in einer Richtung bewegt, wenn sich der Leiter in das Magnetfeld hineinbewegt. Bewegt er sich wieder heraus, drängt die magnetische Kraft die Elektronen in die entgegengesetzte Richtung (Bild 3). Auch im Magnetfeld geschieht eine Ladungstrennung.

Beim **Wechselstrom** pendeln die Ladungsträger hin und her.

Bei der großtechnischen Erzeugung von Strom wird der Magnet bewegt, und die Leiterschleifen stehen still (Bild 4). Sie sind so um den Magneten angeordnet, dass die Summe der drei erzeugten Spannungen immer null ergibt. Das hat viele Vorteile für das Verteilernetz (Bild 5).

Die Verbraucher nutzen entweder drei Phasen, z.B. für Elektromotoren und -herde, oder nur zwei für die Beleuchtung (Bild 6).

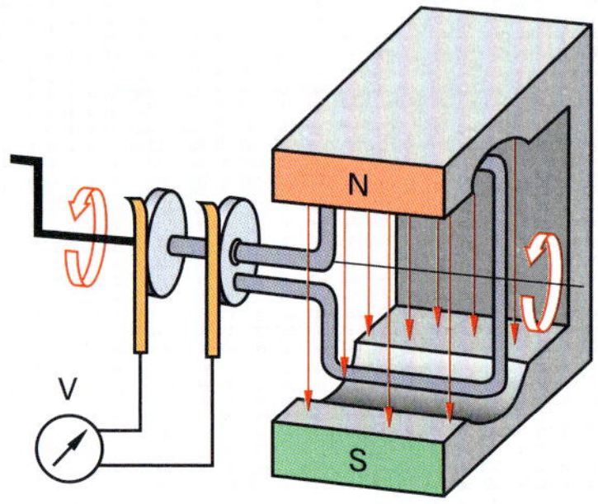

1 **Einfacher Wechselstromgenerator**

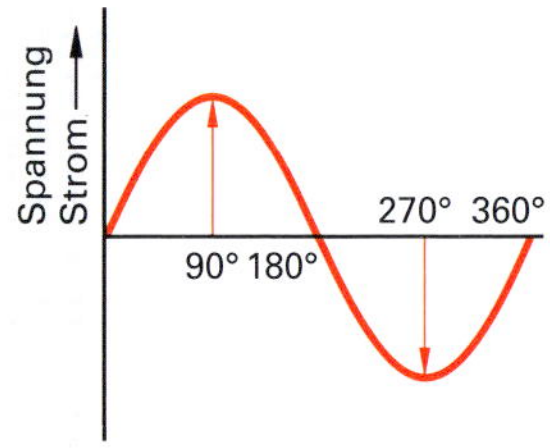

2 **Zeitliche Änderung der Spannung bei Wechselstrom (Sinuskurve)**

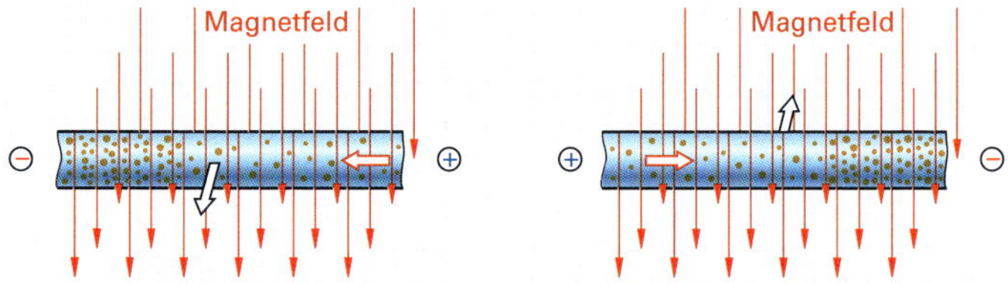

3 **Entstehung der gerichteten Elektronenbewegung in einem bewegten Leiter, der ein Magnetfeld kreuzt**

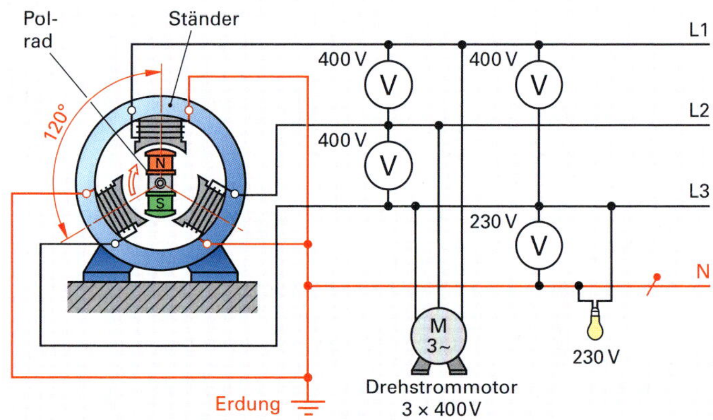

4 **Generator und Verteilernetz für Dreiphasenwechselstrom**

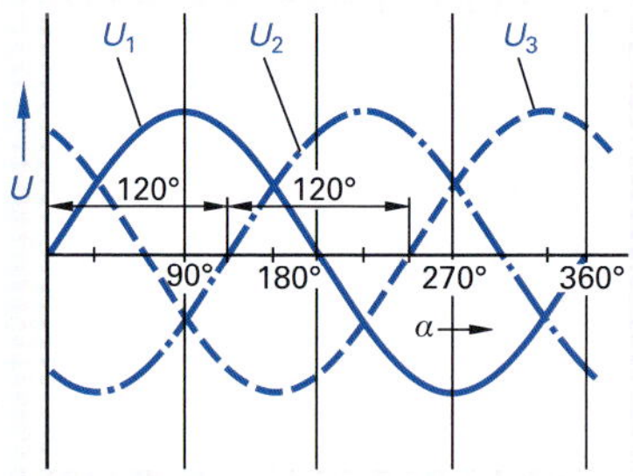

5 **Verlauf der Spannungen bei einem Dreiphasenwechselstrom**

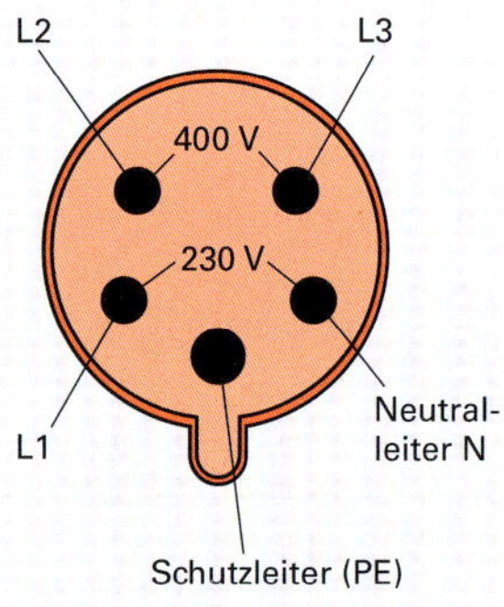

6 **Schema einer Drehstromsteckdose für 400 V**

4.5.3 Elektrochemische Reaktionen

Versuch: Je ein Kupfer- und Zinkblechstreifen werden in ein Glasgefäß mit verdünnter Schwefelsäure gebracht. Werden sie über einen Spannungsmesser leitend verbunden, zeigt er eine Spannung von 1,1 V an (Bild 1).

Ersetzt man das Zink durch einen Kohlestab, werden die Ausschläge geringer (0,3 V). Nimmt man als Flüssigkeit reines Wasser oder Benzin oder setzt zwei **Elektroden** aus gleichem Material ein, erfolgt kein Ausschlag.

Merke

Ein **Galvanisches Element** besteht aus zwei verschiedenen Leitern in einem Elektrolyten.

Als **Elektrolyt** dienen Laugen, Säuren oder Salzlösungen. Durch Versuche mit unterschiedlichen Leiterpaarungen wurde die Elektrochemische Spannungsreihe ermittelt (Tabelle). Sie zeigt die theoretisch mögliche Spannungsdifferenz.

Das meistgebrauchte Galvanische Element ist das **Kohle-Zink-Braunstein-Element** mit einer Anfangsspannung von 1,5 V (Bild 2). Salmiak (Ammoniumchlorid NH_4Cl) wird als Elektrolyt verwendet. Der Braunstein nimmt den bei der chemischen Reaktion entstehenden Wasserstoff auf, das Zink wird verbraucht.

Akkumulatoren lassen sich mehrmals wieder aufladen. Das entladene Element wird durch Anlegen einer elektrischen Spannung erneut aufgeladen. Bei der Autobatterie sind die Elektroden aus Blei und Bleisulfid, der Elektrolyt ist Schwefelsäure.

Merke

Die Höhe der Spannung eines Galvanischen Elements hängt von der Werkstoffpaarung der Elektroden ab.

4.5.4 Transformatoren

Mithilfe von Transformatoren wird elektrische Energie, wie sie aus den Versorgungsnetzen entnommen wird, umgewandelt in solche mit anderer Spannung und Stromstärke. Nach der Leistung unterscheidet man Kleintransformatoren (bis 16 kW) und Großtransformatoren (über 16 kW). Im Metallbau werden sie verwendet z. B. als Steuertransformatoren in Markisensteuerungen oder als Schweißtransformatoren in elektrischen Schweißanlagen (Bild 3).

Transformatoren bestehen aus einem Eisenkern, um den auf der Eingangsseite die Primärwicklung und auf der Ausgangsseite die Sekundärwicklung angelegt ist (Bild 4). Die Übersetzung der Spannungen und Stromstärken hängt im Wesentlichen vom Verhältnis der Windungszahlen der Wicklungen ab.

Dabei verhalten sich die Spannungen wie die Windungszahlen und die Ströme umgekehrt wie die Windungszahlen.

Im Transformator verhalten sich die Spannungen U_1 und U_2 wie die Windungszahlen N_1 und N_2 und die Ströme I_1 und I_2 umgekehrt wie die Windungszahlen

$$\frac{N_1}{N_2} = \frac{U_1}{U_2} = \frac{I_2}{I_1}$$

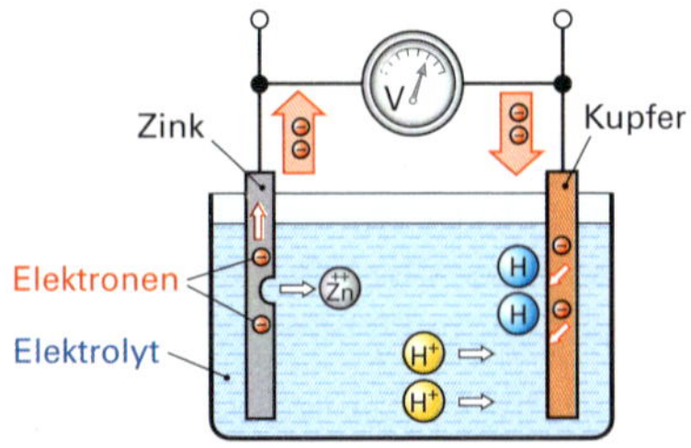

1 Galvanisches Element

Elektrochemische Spannungsreihe (Auswahl)		
edel ↑	Gold	+ 1,70 V
	Quecksilber	+ 0,85 V
	Kohle	**+ 0,74 V**
	Kupfer	+ 0,34 V
	Wasserstoff	**0,00 V**
	Blei	– 0,13 V
	Cobalt	– 0,29 V
	Eisen	– 0,44 V
	Zink	**– 0,76 V**
	Aluminium	– 1,67 V
	Natrium	– 2,71 V
unedel ↓	Lithium	– 3,05 V

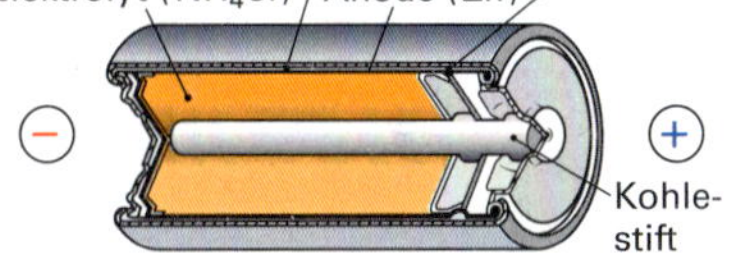

2 Zink-Braunstein-Element (Monozelle)

3 Schweißtransformator

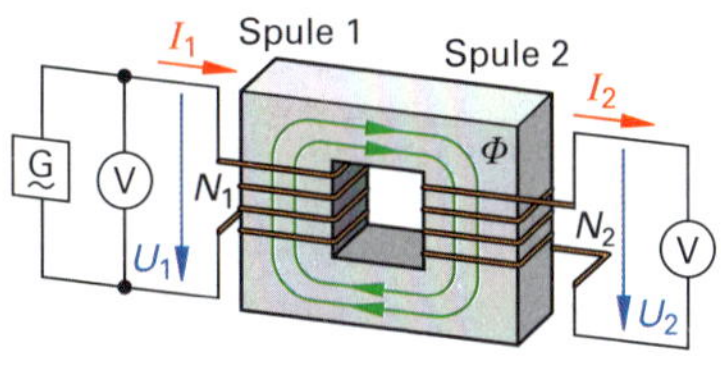

4 Aufbau des Transformators

4.6 Messung elektrischer Größen

Um Anlagen ordnungsgemäß und sicher zu betreiben, muss immer wieder gemessen werden. An elektrischen Geräten können durch die ständige Messung der Betriebsspannung und der Stromstärke Abweichungen festgestellt werden, die auf Störungen hinweisen.

Versuch: Auf einer Waage sind Wägestücke und eine Eisenplatte im Gleichgewicht. Schaltet man den Elektromagneten unter der Eisenplatte ein, wird diese angezogen. Neue Wägestücke stellen das Gleichgewicht wieder her. Nach Spannungserhöhung zieht der Elektromagnet die Eisenplatte wieder an.

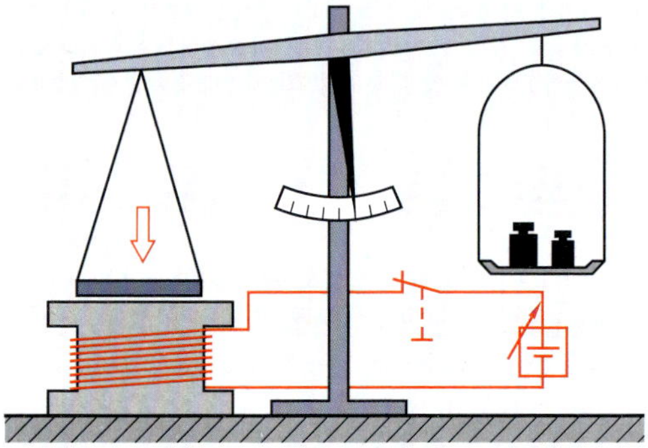

1 **Zusammenhang zwischen Spannung und magnetischer Kraft bei einem Elektromagneten**

Merke

Die Stärke eines Elektromagneten hängt von der Stärke der anliegenden Spannung ab.

Nach dieser Gesetzmäßigkeit arbeiten viele Messwerke. Weitverbreitet ist das **Dreheisenmesswerk** (Bild 2). Fließt ein Strom durch die Spule, werden sowohl feste Eisenzylinder als auch die bewegliche Eisenplatte magnetisiert. Ihre Nord- und Südpole liegen einander gegenüber und stoßen sich ab. Je größer die angelegte Spannung ist, desto größer wird der Zeigerausschlag. So arbeiten Messgeräte mit einer analogen Anzeige. Beim Zeigermessgerät wird der Messwert durch ein Messwerk angezeigt, wobei jede Messwertänderung auch eine Anzeigeänderung hervorruft.

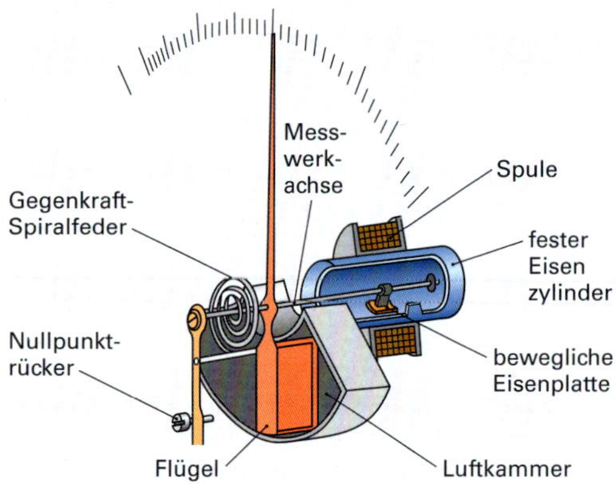

2 **Dreheisenmesswerk**

Zeigermessgeräte gibt es als tragbare Geräte, z.B. in Labors und Prüffeldern, und als Schalttafelmessgeräte, z.B. in Verteilungen.

Merke

Die Stärke eines Elektromagneten hängt von der Größe der anliegenden Spannung ab.

Zwischen dem feststehenden und dem beweglichen Messwerkteil entsteht durch die anliegende Messgröße ein Drehmoment, das die Stellung des beweglichen Teils ändert. Damit ein Zeigerstillstand erfolgt, muss dem elektrischen Drehmoment ein mechanisches Drehmoment entgegenwirken. Dieses wird durch eine Spiralfeder erzeugt. Dadurch wird der bewegliche Teil gedämpft, sodass man den Messwert schnell und genau ablesen kann.

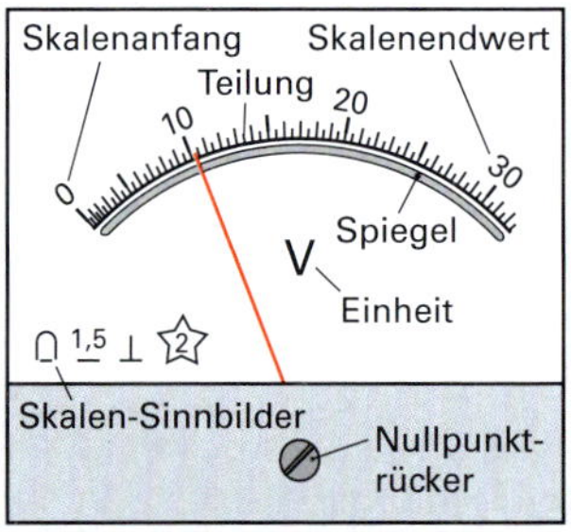

3 **Aufbau einer Skala**

Zentraler Teil eines Zeigermessgerätes ist die **Skala** (Bild 3). Jede Skala hat eine in Teilstriche eingeteilte Skalenteilung. Die Skalenteilung kann unterschiedlich sein, z.B. Feinskale, Grobskale oder quadratische Skalenteilung (Bild 1, Seite 119).

Bei **digitalen Messgeräten** wird der Messwert in Stufen, z.B. 30, 23 V, dann 30, 24 V usw. direkt als Zahlenwert angezeigt (Bild 4). Da Digitalmessgeräte keine Mechanik haben, können sie in jeder beliebigen Gebrauchslage selbst bei Erschütterungen verwendet werden. Wegen ihrer einfachen Handhabung und Bedienung können sie auch von ungeübten Personen benutzt werden.

4 **Digital- und Analog-Anzeige**

Spannungsmessung

Elektrische Energie wird aus anderen Energiearten durch Ladungstrennung gewonnen. Dabei entstehen am ursprünglich neutralen Leiter ein **Pluspol** mit Elektronenmangel und ein **Minuspol** mit Elektronenüberschuss. Zwischen ihnen herrscht eine elektrische Spannung. Will man sie messen, muss das Messgerät zwischen beiden Polen eingebaut werden (Bild 2).

Merke
Der Spannungsmesser wird immer parallel zum Verbraucher oder zum Spannungserzeuger geschaltet.

Weil elektrische Geräte nur mit der vorgeschriebenen Spannung betrieben werden dürfen, ist die Spannungsmessung sehr wichtig.

Messung der Stromstärke

Da die Spannung immer gleich bleibt, kann man durch die Messung der Stromstärke feststellen, ob der Verbrauch eines Gerätes höher ist als auf dem Leistungsschild angegeben. Deshalb muss auch der gesamte Strom, der durch das Gerät fließt, durch den Strommesser fließen (Bild 3).

Merke
Strommesser schaltet man immer in Reihe mit dem Verbraucher.

Sowohl zur Strom- als auch zur Spannungsmessung benutzt man meistens **Vielfachmessgeräte** (Bild 1). Dabei sollte beachtet werden:

- Den Messbereichwahlschalter auf den höchsten Bereich einstellen, dann eventuell herunterschalten.
- Nur in Gebrauchslage erhält man richtige Messergebnisse.

Für die **Energieverbrauchsmessung** werden die Stärke des durchfließenden verbrauchten Stroms und die Spannung gemessen. Die Anzeige wird dann in kWh geeicht, d. h., aus Strom, Spannung und Zeit wird im Messwerk die Arbeit ermittelt.

Spannungsprüfung

Um bei einer defekten elektrischen Anlage festzustellen, ob Teile unter Spannung stehen oder um Steckdosen zu überprüfen, benutzt man **Spannungsprüfer**. Bei der zweipoligen Bauart flimmern beide Pole einer **Glimmlampe** bei Kontakt mit Wechselspannung. Berührt der positive Pol eine Gleichspannung, leuchtet nur er auf (Bild 4).

1 Digitales Vielfachmessgerät

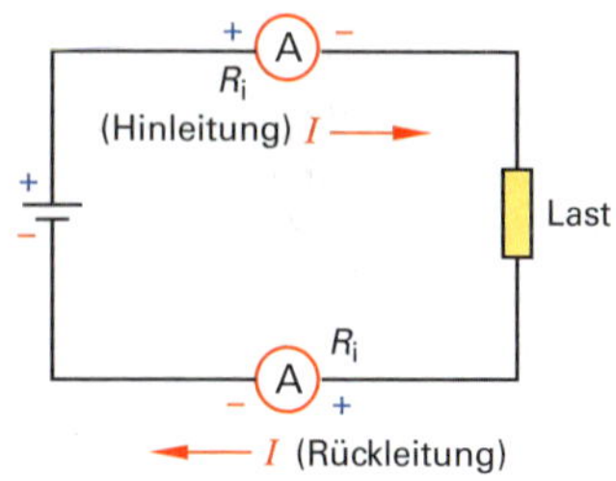

2 Spannungsmessung

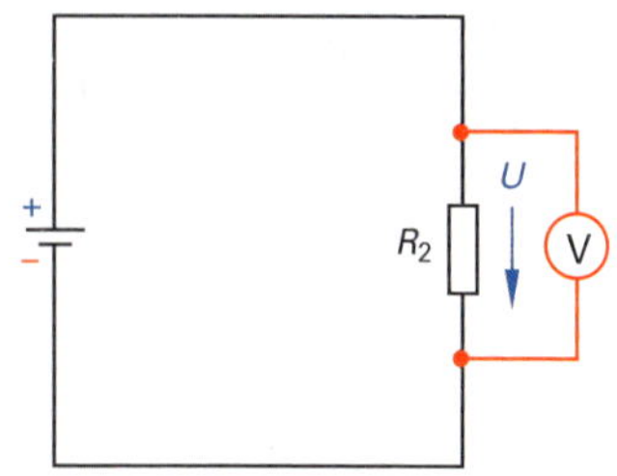

3 Strommessung

4.7 Schutz vor den Gefahren des elektrischen Stroms

Tausende von Unfällen geschehen infolge von Fehlern beim Umgang mit elektrischem Strom, z.B. durch schadhafte Leitungen oder defekte Geräte. Wer spannungsführende Teile berührt, kann einen Schock, Verbrennungen oder den Tod erleiden. Ruinierung von Gebäuden durch Brände oder Zerstörung elektrischer Anlagen sind die Folge zu stark erwärmter Leitungen.

Merke
Um Menschen vor Gefährdung und Sachwerte vor Zerstörung zu bewahren, ist beim Umgang mit elektrischen Anlagen Vorsicht geboten.

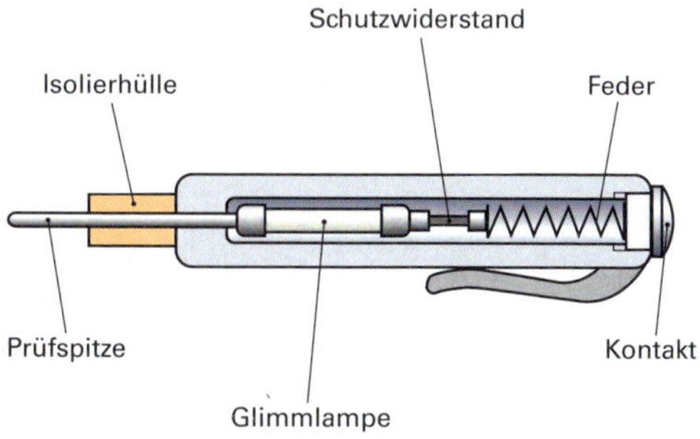

4 Zweipoliger Spannungsprüfer

4.7.1 Wirkungen des elektrischen Stroms auf den menschlichen Organismus

Das Nervensystem und die Muskeln arbeiten mit schwachen bioelektrochemischen Reaktionen. **Leben und Gesundheit** werden gefährdet, wenn die in der Technik üblichen Ströme ihren Weg durch den menschlichen Körper nehmen (Tabelle 1 und 2).

Ströme unter 0,005 A (5 mA) und Spannungen unter 10 V bewirken leichte Nervenreize. Höhere Spannungen und Stromstärken erzeugen Muskelverkrampfungen und Nervenschocks. Steigen Stromstärke und Spannung und wird die Einwirkzeit länger, folgen Störungen der Herztätigkeit, Bewusstlosigkeit und Verbrennungen. Feuchte Haut leitet besser als trockene, in feuchten Räumen ist der Übergangswiderstand zwischen Haut und spannungsführenden Teilen geringer.

Merke

Der elektrische Strom ist umso gefährlicher, je länger er durch den Körper fließt, je höher Spannung und Stromstärke sind und je geringer der Übergangswiderstand ist.

Tabelle 1: Häufig vorkommende Spannungen

Fernleitungs-Hochspannungsnetz	bis	750000 V
Farbfernsehgerät	bis	25000 V
Motoren und Geräte für Industrie und Haushalt		230 V, 400 V
Niedrigste, noch für Menschen gefährliche Spannung bei längerer Einwirkzeit		**etwa 50 V**
Schutzkleinspannung für Schweißtransformatoren		42 V
Spielzeugeisenbahn		25 V
Zelle eines Bleiakkus		2 V
Monozelle		1,5 V

Tabelle 2: Häufig vorkommende Stromstärken

Blitz (Gewitter)	über	200000 A
Fern-Energieübertragung	bis etwa	10000 A
Schweißtransformator	höchstens	2000 A
Motoren	bis	50 A
Heizlüfter	bis	16 A
100-W-Glühlampe		0,45 A
Kleinste für Menschen gefährliche Stromstärke bei längerer Einwirkzeit	**etwa**	**0,02 A**
Elektronischer Taschenrechner		0,01 A

4.7.2 Fehler an elektrischen Anlagen

Elektrische Anlagen vollständig zu isolieren, ist sehr schwer. Damit sich durch kleine, den normalen Weg verlassende Ströme keine gefährlichen Spannungen aufbauen, ist das Elektrizitätsnetz geerdet. Wird nun infolge von Defekten eine leitende Verbindung zwischen einem Spannung führenden Teil und der Erde hergestellt, fließt ein **Fehlerstrom** (Bild 1).

Erdschluss ist eine direkte Verbindung zwischen einem Spannung führenden Leiter und der Erde oder geerdeten Gegenständen (Fußböden, Gas-, Wasser- und Heizungsleitungen).

Körperschluss ist die fehlerhafte leitende Verbindung zwischen Spannung führenden Teilen und ihrer Umgebung (z. B. Gerätegehäusen). Dabei entsteht eine **gefährliche Berührungsspannung** (Bild 2).

Leiterschluss tritt auf, wenn sich zwei Spannung führende Leiter ohne Isolierung berühren. Der dabei entstehende starke **Strom** muss durch die Sicherungen sofort abgeschaltet werden. **Kurzschluss** nennt man einen Leiterschluss ohne Last.

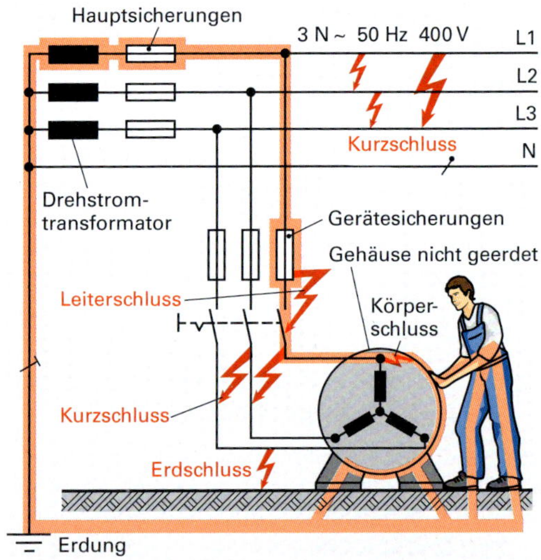

1 Mögliche Fehler an elektrischen Anlagen

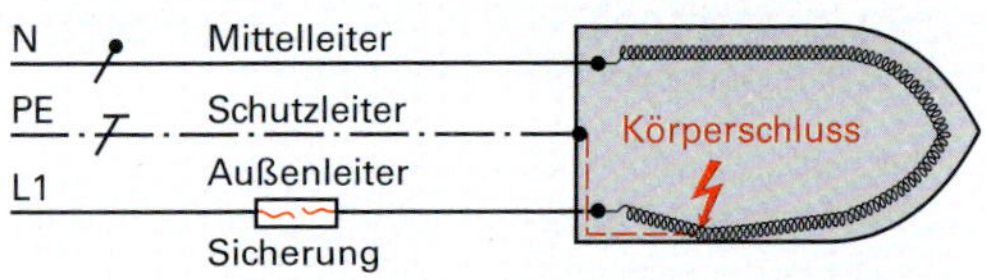

2 Körperschluss am Beispiel eines Bügeleisens

4.7.3 Schutzmaßnahmen

Direktes Berühren von unter Spannung stehenden Betriebsteilen wird durch Isolierung einzelner Leiter oder ganzer Bauteile verhindert. Die gesamte Anlage kann durch Abdeckung **(Schutzverkleidung)** vor jeglicher Berührung gesichert werden.

Schmelzsicherungen nutzen die Tatsache, dass ein zu starker Strom einen dünnen Leiter erwärmt. Der **Schmelzleiter** ist nur so dick, dass er bei Überstromstärke sofort schmilzt (Bild 1). Passeinsätze verhindern, dass stärker belastbare Sicherungen eingesetzt werden können (Tabelle).

Merke

Sicherungen dürfen weder überbrückt noch geflickt werden.

Leitungsschutzschalter, auch Sicherungsautomaten genannt, unterbrechen mithilfe thermischer und magnetischer Auslöser den Stromfluss. Sie können nach Behebung des Schadens sofort wieder eingeschaltet werden.

Schutzleiter zur Ableitung des Fehlerstroms sind bei Geräten die häufigste Schutzmaßnahme. Der Schutzleiter, erkennbar an der **grün-gelben Isolierung**, wird an das Gehäuse angeschlossen. An der Steckdose ist er über die **Schutzkontakte** (Schukosteckdose) mit dem Schutzleiter des Netzes verbunden (Bild 4). So müssen alle Geräte an das Netz angeschlossen werden, deren Gehäuse ganz oder teilweise aus elektrisch leitendem Material bestehen.

Falls durch einen Fehler Körperschluss auftritt, fließt der Strom über den Schutzleiter direkt zum Mittelleiter zurück ins Netz und die Sicherung spricht an (Bild 2).

Fehlerstromschutzschalter registrieren die Differenz zwischen zufließendem und abfließendem Strom. Wird sie zu groß, fließt also ein Teil des Stroms über die Erde zurück, schalten sie das Gerät ab.

Schutzisolierung findet man z.B. bei netzbetriebenen Körperpflegegeräten, aber auch bei Handbohrmaschinen (Bild 3). Ihr elektrischer Teil ist vollständig vom äußeren Gehäuse isoliert.

Kleinspannung wird eingesetzt, wo man das Berühren leitender Teile entweder nicht vermeiden kann oder eine Schutzisolierung zu teuer wäre. Deshalb werden **elektrische Schweißgeräte** höchstens mit 42 V betrieben. Bei Kinderspielzeug sorgt ein Spielzeugtransformator für höchstens 24 V Spannung.

Schutztrennung ist die Unterbrechung des direkten Stromflusses vom Netz an den Verbraucher durch einen **Trenntransformator**. So ist bei Körperschluss kein Rückfluss des Stroms über den Menschen in die Erde möglich.

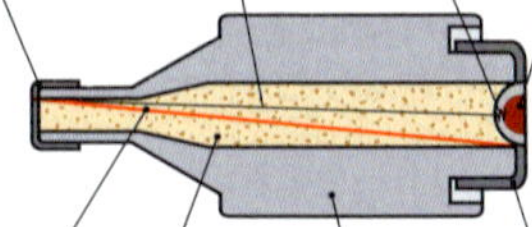

1 Schmelzsicherung im Schnitt

Schmelzsicherungen und ihre Kennzeichnung

Nennstrom	Passeinsatz	Sicherungspatrone Anzeigerfarbe	
6 A		grün	
10 A		rot	
16 A		grau	
20 A		blau	
25 A		gelb	
35 A		schwarz	
50 A		weiß	
80 A		silber	

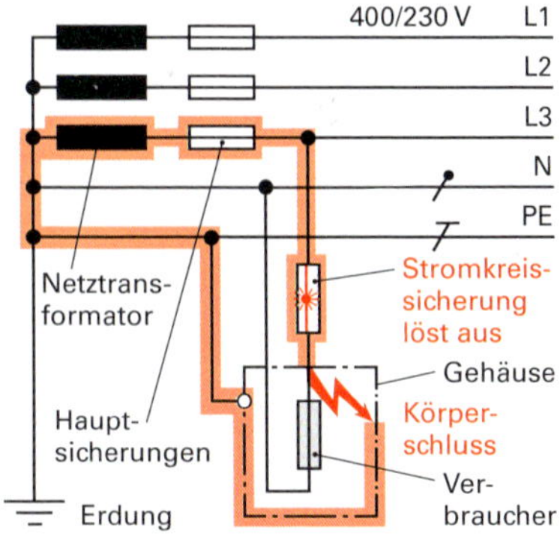

2 Prinzip des Schutzleiters

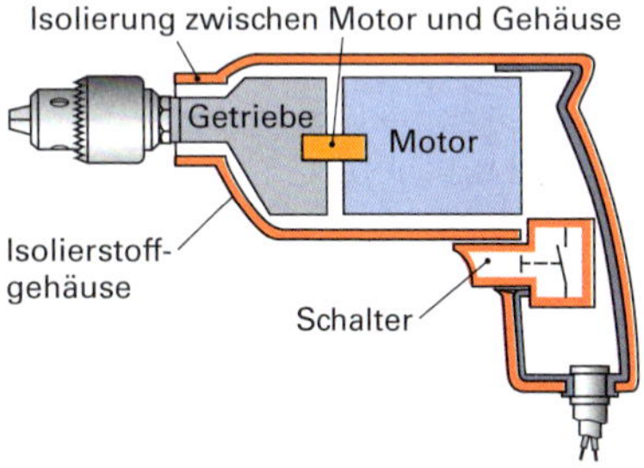

3 Schema der Schutzisolierung einer Handbohrmaschine

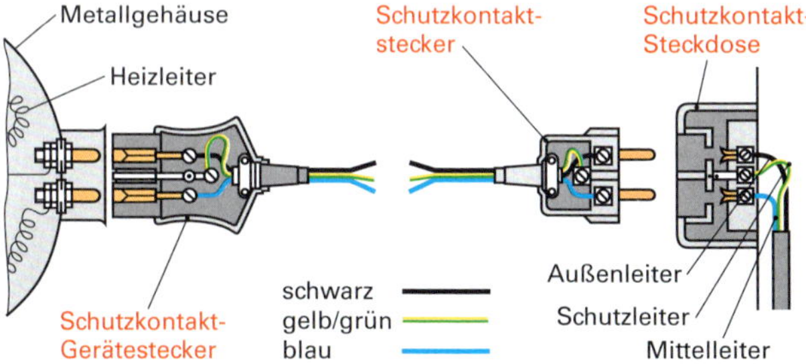

4 Schmelzsicherung im Schnitt

4.7.4 Arbeit mit elektrischen Anlagen

Elektrischer Strom ist unsichtbar. Gefährliche Berührungsspannungen sind ohne besondere Messgeräte nicht erkennbar.

Merke

Nur wenn elektrische Anlagen und Maschinen nach den anerkannten Regeln der Elektrotechnik eingerichtet, betrieben und repariert werden, kann mit ihnen gefahrlos gearbeitet werden.

Diese Regeln finden sich in den gesetzlich anerkannten Bestimmungen des **VDE** (Verband Deutscher Elektrotechniker). Wer nicht als Elektrofachkraft ausgebildet ist, kann leicht Fehler bei der Errichtung, dem Anschluss oder der Reparatur von elektrischen Betriebsmitteln machen. Deshalb gilt:

Merke

Elektrische Anlagen und Betriebsmittel dürfen nur von Fachleuten installiert und repariert werden.

- Vor Inbetriebnahme von Elektrogeräten die Bedienungsanweisungen genau studieren. Hinweise auf Geräteschildern beachten (Tabelle).
- Elektrogeräte müssen den VDE-Bestimmungen entsprechen und das VDE-Zeichen tragen.
- Sicherungen dürfen nicht geflickt oder überbrückt werden.

Bildzeichen auf Schildern von Elektrogeräten – Auswahl

VDE-Prüfzeichen	Spritzwassergeschützt
CEE-Prüfzeichen, das die nationalen Prüfzeichen ersetzen soll	Strahlwassergeschützt
Funkschutzzeichen des VDE für Erzeugnisse, die den VDE-Bestimmungen zur Funkentstörung entsprechen N = Normal	Tropfwassergeschützt
	Wasserdicht (... Angabe des Wasserdruckes)
Explosionsschutz	Anschlussklemme für Schutzleiter
Staubgeschützt	Geräte mit Schutzisolierung
Staubdicht	Geräte für Schutzkleinspannung (50 V)
Hochspannungsteil eines Gerätes	Sicherheitszeichen (geprüfte Sicherheit)

- Stromführende blanke oder umhüllte Leitungen nicht anfassen oder mit Werkzeugen berühren.
- Elektrokabel vor mechanischer Belastung und Beschädigungen schützen.
- Schadhafte Leitungen, Steckvorrichtungen und Geräte sofort außer Betrieb setzen.
- Unter Spannung stehende Geräte niemals öffnen.
- Nie gleichzeitig elektrische Geräte und gute Erdverbindungen wie Heizungen, Wasser und Gasleitungen oder Ähnliches anfassen.

Überprüfen Sie Ihre Kenntnisse

1 Nennen Sie Beispiele für die Anwendung des Magnetismus!

2 Wie können magnetische Felder sichtbar gemacht werden?

3 Welche Gemeinsamkeit besteht zwischen Elektrizität und Magnetismus?

4 Beschreiben Sie das Prinzip der Elektromagnetischen Induktion!

5 Wie muss sich ein Leiter in Bezug zum magnetischen Feld bewegen, damit eine Verschiebung der Ladungsträger stattfindet?

6 Warum ist das Motorprinzip die Umkehrung des Generatorprinzips?

7 Begründen Sie die unterschiedlichen Methoden bei der Messung von Stromstärke und Spannung!

8 Welche Wirkungen hat der elektrische Strom auf den lebenden Organismus?

9 Nennen Sie die für Menschen gerade noch erträglichen Spannungen und Stromstärken!

10 Warum soll man nie zugleich ein Elektrogerät und einen guten Leiter anfassen?

11 Was geschieht bei einem Kurzschluss?

12 Warum ist es verboten, eine „durchgebrannte“ Sicherung durch einen Draht zu ersetzen?

13 Welche Kennfarbe hat der Schutzleiter?

14 Welchen Schutz bieten Schmelzsicherungen?

15 Woran erkennt man die Schutzisolierung eines Gerätes, z. B. einer elektrischen Handbohrmaschine?

5 Steuerungstechnik

Merke

Steuerungen sorgen für den gewünschten Funktionsablauf bei Maschinen und Geräten.

Es gibt einfache **Steuerungen** wie die einer Trennschleifmaschine, die nur aus Stromversorgung, Schaltung und Motor besteht, und komplexe Steuerungen (Bild 1), bei denen verschiedene Bedingungen erfüllt sein müssen, damit ein Schaltvorgang ausgelöst wird.

Wird der Betriebszustand einer Anlage selbsttätig auf einem bestimmten Wert gehalten, wirkt eine **Regelung** (siehe Seite 140).

5.1 Aufbau einer Steuerung

Geräte von Steuerungen lassen sich jeweils einer von drei Bauteilgruppen zuordnen:

- Sensoren, die Ist-Zustände erfassen, und Eingabegeräte, die Soll-Zustände generieren
- Signalverarbeitungsgeräte, die Ist- und Sollsignale verarbeiten und Schaltbefehle erstellen
- Aktuatoren (auch Aktoren), die die gewünschte Aktion ausüben (Bild 2).

Beispiel: Das Gelände einer Firma soll nachts gesichert werden, indem helle Lampen leuchten, sobald unbefugte Personen bestimmte Bereiche betreten. Außerdem sollen zeitgleich Überwachungskameras angeschaltet werden.

Man benötigt dazu **Sensoren**, die Bewegungen erkennen. Die Signale dieser Bewegungsmelder werden im **Signalverarbeitungsgerät**, meist ein kleines mikroelektronisches Bauteil, interpretiert und verarbeitet. Dieses Bauteil wird oft als Steuergerät bezeichnet. Es vergleicht Ist-Zustände (z. B. bewegt sich ein Objekt im Überwachungsraum) mit Sollzuständen (z. B. ist der Betrieb geschlossen). Es gibt Schaltsignale an die Relais, die eine Stromversorgung der Überwachungskameras und Strahler schalten und damit die **Aktuatoren** in Betrieb nehmen (Bild 3).

Steuergerät und Relais bilden die **Steuereinrichtung**. Der Arbeitsstrom für Lampen und Kameras wird als **Stellgröße** bezeichnet. Das angeschaltete Licht und die Filmaufnahme wird **Steuerstrecke** genannt (Bild 4). Immer seltener werden sehr einfache Steuerungen, wie z. B. ein einfacher Lichtschalter oder ein Durchflussventil bereits als Steuergerät bezeichnet.

Die Steuerung wirkt nur in eine Richtung. Die Ausgangsgröße beeinflusst nicht die Eingangsgröße. Das bedeutet für dieses Beispiel, dass die Steuerung nicht in der Lage ist zu reagieren, wenn der Schaltbefehl zwecklos gegeben wurde, z. B. weil sich ein Tier über das Betriebsgelände bewegt.

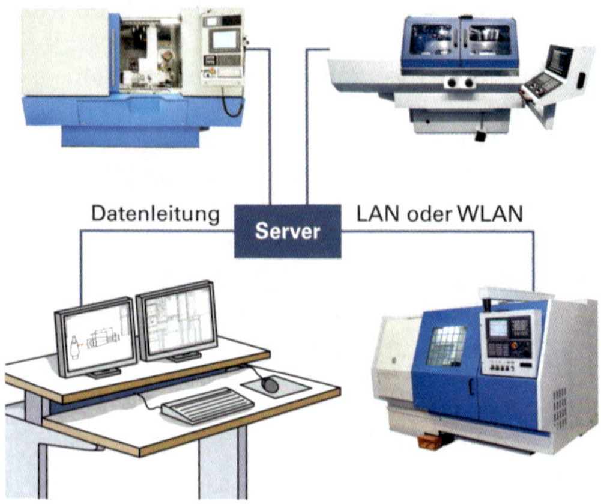

1 Steuerung von Werkzeugmaschinen über ein Netzwerk

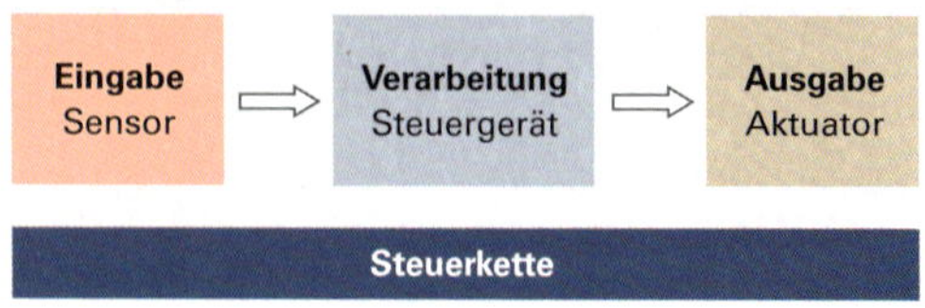

2 Aufbau einer Steuerung

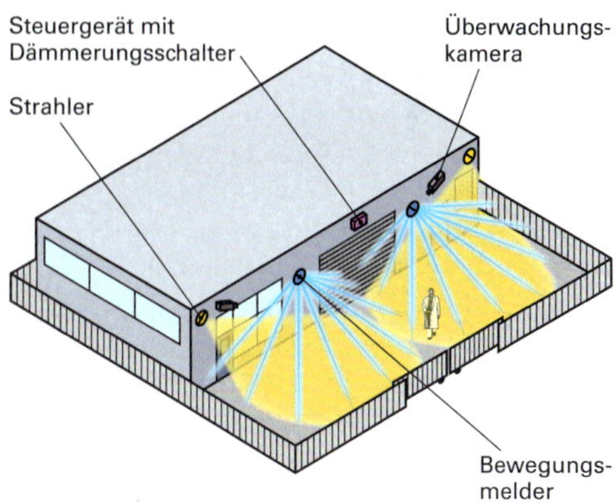

3 Steuerung einer Überwachungsanlage

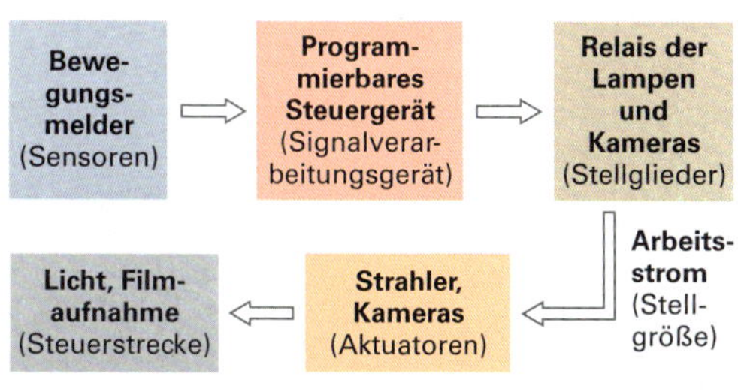

4 Blockschaltbild der Steuerung

5.2 Steuerungsarten

Steuerungen lassen sich nach der Art der Steuersignale in **analoge, binäre** und **digitale Steuerungen** einteilen, aber auch nach der Art der Signalverarbeitung in **Verknüpfungssteuerungen** und **Ablaufsteuerungen**. Die Einordnung nach der Art des Energieträgers erfolgt in **elektrische, pneumatische** und **hydraulische Steuerungen** (Übersicht rechts).

5.2.1 Analoge, binäre und digitale Steuerungen

Merke

Bei analogen Steuerungen verhält sich die Ausgangsgröße immer analog zum Eingangssignal.

Bei einer Handbohrmaschine wird die Drehzahl über die Schalttaste gesteuert. Wird die Schalttaste nur wenig gedrückt, läuft die Maschine mit niedriger Drehzahl; wird sie voll durchgedrückt, so wird die Höchstdrehzahl erreicht. Die Drehzahl als Ausgangsgröße verhält sich analog, nämlich ähnlich oder entsprechend zur Schalttastenstellung, dem Eingangssignal (Bild 2, linke Seite).

Merke

Bei binären Steuerungen gibt es nur zwei Schaltzustände.

Die auf Seite 123 beschriebene Beleuchtungsanlage mit Aufnahmefunktion ist beispielsweise eine binäre Steuerung (bi = zwei). Bewegungsmelder verfügen meist auch über einen Lichtsensor. Der Bewegungsmelder kann also mit seinen Sensoren je zwei Schaltzustände erfassen:

- bewegt sich etwas im Messraum oder nicht,
- ist es hell oder ist ein bestimmter Wert der Dunkelheit erreicht (Bild 2, rechte Seite).

Die beiden binären Signale werden im Steuergerät verknüpft und interpretiert. Die Ausgabegröße ist dann ebenfalls ein binäres Signal: Stromversorgung EIN oder AUS.

Merke

Bei digitalen Steuerungen können sich für die Ausgangsgröße immer nur bestimmte vorgegebene Werte entsprechend dem Eingangssignal ergeben.

Die Beleuchtung an einer Tunneleinfahrt wird wegen der Anpassung an die Dunkelheit bei Tag sehr hell eingestellt. Mit zunehmender Dämmerung werden immer mehr Lichterketten abgeschaltet. Zu einem bestimmten Helligkeitsbereich gehört eine bestimmte Anzahl Lichterketten.

Bei einer digitalen Steuerung wird jeder Eingangsgröße eine ganz bestimmte Ausgangsgröße zugeordnet (Bild 3).

Übersicht: Einteilung der Steuerungsarten

nach der Art der **Steuersignale**	nach der Art der **Steuerungsaufgabe**	nach dem **Energieträger**
▪ analog ▪ binär ▪ digital	▪ Verknüpfungssteuerung ▪ Ablaufsteuerung	▪ mechanisch ▪ pneumatisch ▪ hydraulisch ▪ elektrisch

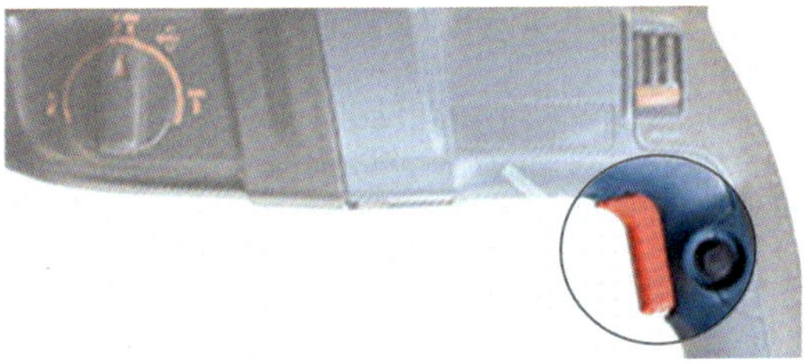

1 Schalttaste einer Handbohrmaschine

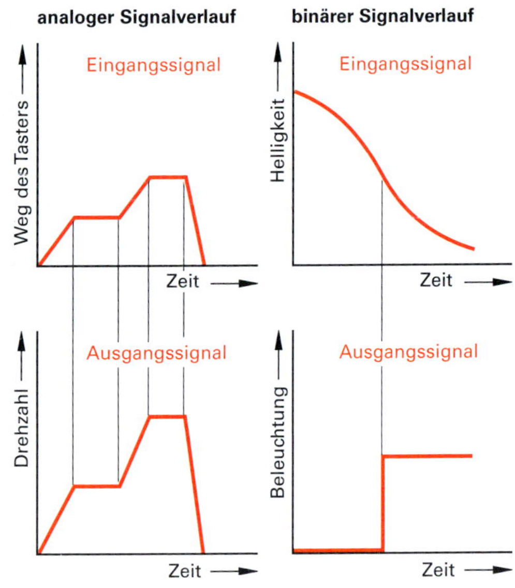

2 Analoger und binärer Signalverlauf

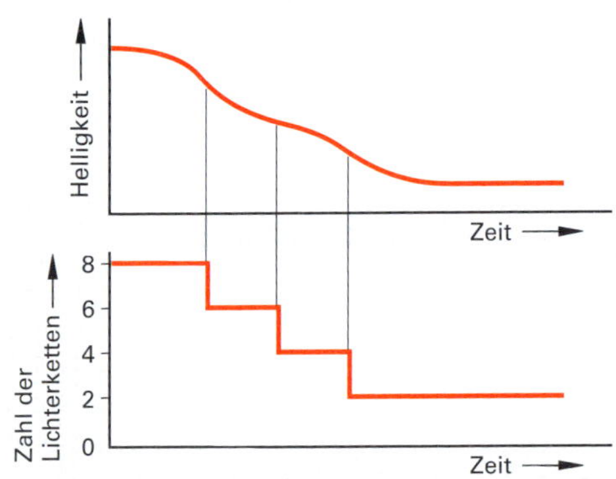

3 Digitaler Signalverlauf

5.2.2 Verknüpfungssteuerungen

Merke

Bei der Verknüpfungssteuerung werden den Schaltzuständen der Eingangssignale nach vorgegebenen Bedingungen (Funktionen) die Schaltzustände der Ausgangssignale zugeordnet.

Eine einfache Verknüpfungssteuerung zeigt das Beispiel einer automatischen Beleuchtungsanlage. Das Ausgangssignal „Ein“ darf nur dann am Ausgang anliegen, wenn der Lichtsensor „EIN“, also Nacht, meldet **und** der Bewegungsmelder das Signal „Ein“ für Bewegung weitergibt. Tritt nur eines der beiden Signale oder keines auf, so ist das Ausgangssignal „Aus“. Die Zuordnung der Schaltzustände geschieht aufgrund von vorgegebenen Verknüpfungsfunktionen.

Logische Verknüpfungsfunktionen

Bei der Festlegung der logischen Verknüpfungen ergeben sich immer wieder grundsätzliche Funktionen. Für diese Grundfunktionen wurden Symbole geschaffen, um den ordnungsgemäßen Funktionsablauf in einem Funktionsplan sichtbar zu machen und überprüfen zu können. Eine weitere Möglichkeit der Überprüfung ist die Funktionstabelle. Dort werden alle möglichen Schaltzustände in einer Tabelle erfasst und das entsprechende Ausgangssignal zugeordnet.

UND-Verknüpfung

Merke

Ein Ausgangssignal ist vorhanden, wenn alle Eingangssignale vorhanden sind.

Bild 1 zeigt das grafische Symbol für die UND-Verknüpfung und die dazugehörige Funktionstabelle. Das Beispiel der Beleuchtungsanlage soll die Tabelle veranschaulichen. Für den Schaltzustand „aus“ oder „Nicht-Wahr“ steht eine „0“, für den Schaltzustand „ein“ oder „wahr“ steht eine „1“.

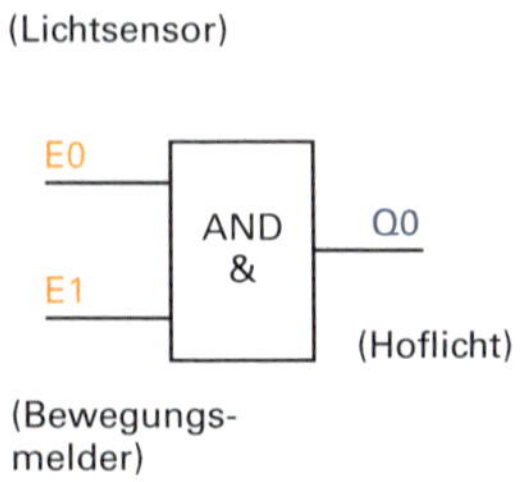

Symbol

E1	E0	Q0
0	0	0
0	1	0
1	0	0
1	1	1

Funktionstabelle

1 UND-Verknüpfung

ODER-Verknüpfung

Merke

Ein Ausgangssignal ist vorhanden, wenn ein oder mehrere Eingangssignale vorhanden sind.

Eine Erweiterung der automatische Beleuchtung führt zu einer neuen Verknüpfung:

Die Anlage soll auch von Hand eingeschaltet werden können, wenn z. B. ein Geräusch wahrgenommen wird, aber die Hoflichtanlage nicht eingeschaltet hat. Die Lampe soll also leuchten, wenn entweder der Bewegungsmelder mit Lichtsensor ein Signal abgibt **oder** wenn der Schalter betätigt ist. Bild 2 zeigt das grafische Symbol für eine ODER-Verknüpfung und die dazugehörige Funktionstabelle.

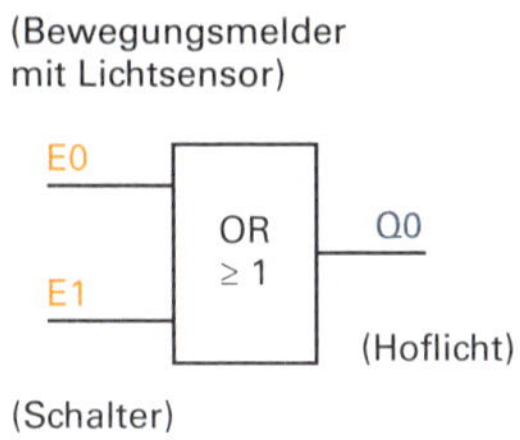

Symbol

E1	E0	Q0
0	0	0
0	1	1
1	0	1
1	1	1

Funktionstabelle

2 ODER-Verknüpfung

NICHT-Verknüpfung

Merke

Ein Ausgangssignal ist vorhanden, wenn ein Eingangssignal nicht vorhanden ist.

Beispiel: Während des Betriebsurlaubs sollen alle Maschinen und Anlagen nicht in Betrieb genommen werden können. Das Signal Betriebsurlaub wird mit einem Schalter vorgegeben. Liegt am Eingang also ein Signal an, darf am Ausgang kein Signal anliegen. Bild 3 zeigt eine NICHT-Verknüpfung und die dazugehörige Funktionstabelle.

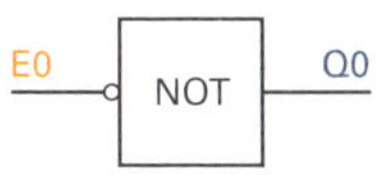

Symbol

E0	Q0
0	1
1	0

Funktionstabelle

3 NICHT-Verknüpfung

Beispiele für Verknüpfungssteuerungen

Werden die Einzelbeispiele der Hofbeleuchtung zu einer Gesamtanlage zusammengestellt, so ergibt sich der in Bild 1 dargestellte Logikplan (Funktionsplan) mit der entsprechenden Funktionstabelle. Zunächst werden im Bewegungsmelder die Signale Lichtsensor und Bewegungserkennung mit UND verknüpft. Deren Ausgang wird mit einer ODER-Verknüpfung mit dem Lichtschalter zusammengelegt und dieser Ausgang wiederum mit einem Hauptschalter mit UND verknüpft. Die Wahrheitstabelle ergibt sich, indem alle möglichen Schaltzustände eingetragen werden. Anschließend wird mithilfe des Logikplans das Ausgangssignal ermittelt.

Viele Steuerungen ermöglichen eine Programmierung mit dem Logikplan, ohne eine besondere Programmiersprache zu beherrschen.

Ein weiteres einfaches **Beispiel** für eine Verknüpfungssteuerung zeigt Bild 2. Eine Presse lässt sich nur dann betätigen, wenn folgende Bedingungen erfüllt sind:

Das Sicherheitsgitter muss geschlossen sein und beide Handtaster (Zweihandbedienung) sind betätigt. Das Signal für „Schutzgitter geschlossen" wird mit dem Endschalter 1 ausgelöst und führt zum Eingangssignal E0. E1 und E2 sind die Handtaster. E1 und E2 geben jeweils ein Signal, wenn der Taster betätigt ist. Bild 3 zeigt den Logikplan und die Funktionstabelle. Nur in einem Fall gibt die Steuerung das Ausgangssignal für den Pressenhub, nämlich wenn alle 3 Bedingungen erfüllt sind.

5.2.3 Ablaufsteuerungen

Merke

Ablaufsteuerungen führen die einzelnen Schritte nach einem vorgegebenen Ablauf aus. Der jeweils nächste Schritt wird erst ausgeführt, wenn die Weiterschaltbedingungen erfüllt sind.

Zum Beispiel darf der Vorschub einer Bohreinheit erst starten, wenn das Werkstück gespannt ist. Ein anderes Beispiel: Eine Spritzgießmaschine darf erst dann mit dem Einspritzvorgang beginnen, wenn eine bestimmte Temperatur erreicht ist. Die **Weiterschaltbedingung** ist vom Ablauf des Prozesses abhängig, man nennt dies eine **prozessabhängige Ablaufsteuerung** (Bild 4).

Beispiel: Das Förderband einer Durchlaufhärteanlage wird über eine Ablaufsteuerung gesteuert. Die Teile bleiben jeweils eine bestimmte Zeitdauer im Ofen bzw. in den Bädern. Während dieser Zeiten stehen die entsprechenden Bandabschnitte still. Die Zeit bestimmt hier den Steuerungsablauf. Man nennt solche Steuerungen **zeitabhängige Ablaufsteuerung** (Zeitplansteuerung) (Bild 5).

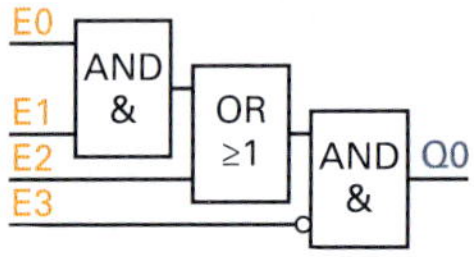

Logikplan

Funktionstabelle

Hauptschalter	Lichtschalter	Bewegungserkennung	Lichtsensor	Licht an Kamera Start
E3	**E2**	**E1**	**E0**	**Q0**
0	0	0	1	0
0	0	1	0	0
0	0	1	1	1
0	1	0	0	1
0	1	0	1	1
0	1	1	0	1
0	1	1	1	1
1	0	0	0	0
1	0	0	1	0
1	0	1	0	0
1	0	1	1	0
1	1	0	0	0
1	1	0	1	0
1	1	1	0	0
1	1	1	1	0

1 Logikplan und Funktionstabelle

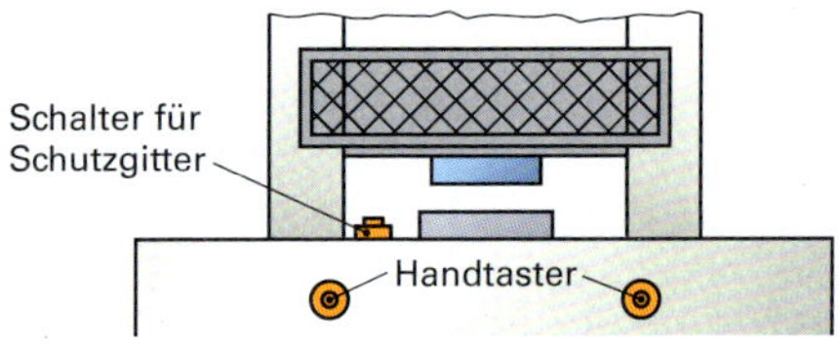

2 Steuerung einer Presse

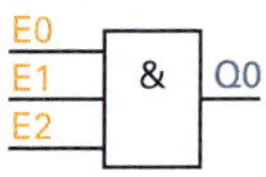

Logikplan

Funktionstabelle

Taster 2	Taster 1	Schutzgitter	Pressenhub
E2	**E1**	**E0**	**Q0**
0	0	0	0
0	0	1	0
0	1	0	0
0	1	1	0
1	0	0	0
1	0	1	0
1	1	0	0
1	1	1	1

3 Logikplan und Funktionstabelle der Steuerung einer Presse

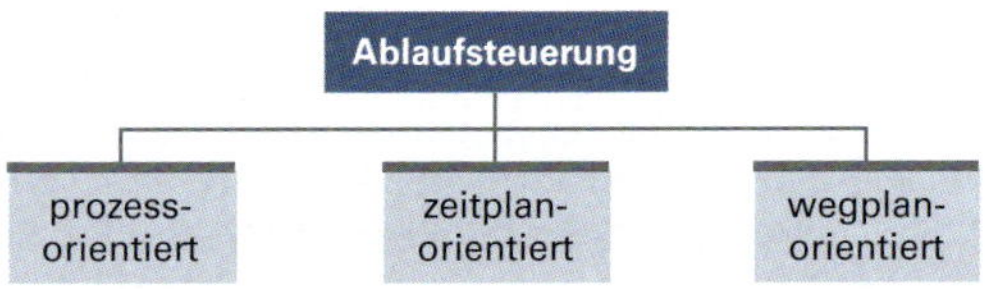

4 Arten von Ablaufsteuerungen

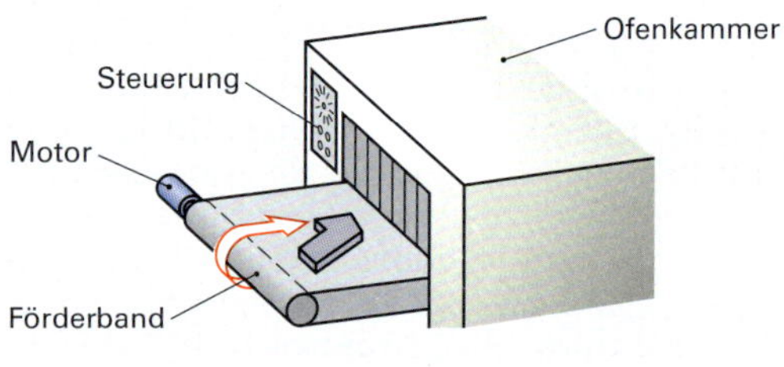

5 Zeitplansteuerung einer Durchlaufhärteanlage

Merke

Ablaufsteuerungen werden meist in Diagrammen dargestellt.

Das **Weg-Schritt-** oder **Weg-Zeit-Diagramm** ist eine gern genutzte Darstellung für Ablaufsteuerungen. Dabei wird der Ablauf des Programms in Schritte eingeteilt. Für jedes Arbeitselement werden die Arbeitsschritte in einer Linienfolge dargestellt. Bei einer Bohreinheit mit Spannzylinder (Bild 1) ist das Weg-Schritt-Diagramm in Bild 2 dargestellt. Nach dem Einschalten fährt der Spannzylinder vor (2. Schritt) und spannt das Werkstück. Danach wird der Bohrer im Eilvorschub auf das Werkstück zubewegt (3. Schritt), um anschließend mit dem Arbeitsvorschub die Bohrung auszuführen (4. Schritt). Ist die erforderliche Tiefe erreicht, fährt der Bohrer im Eilgang zurück (5. Schritt). Danach fährt der Spannzylinder zurück (6. Schritt) und ein Auswurfzylinder schiebt das Werkstück in den Vorratsbehälter (7. Schritt). Bevor ein neuer Zyklus beginnen kann, muss der Auswurfzylinder in die Ausgangslage zurückfahren (8. Schritt).

Das Weg-Schritt- oder Weg-Zeit-Diagramm stellt nur den zeitlichen Ablauf der Wege des Arbeitselementes dar. In einem **Steuerdiagramm** werden die Schaltzustände der Steuerelemente dargestellt. Bild 3 zeigt das Steuerdiagramm für das Ventil des Spannzylinders. Um einen genauen Überblick über die Steuerung zu erhalten und um Überschneidungen und Kollisionen zu vermeiden, stellt man sowohl die Wege der Arbeitselemente als auch die Schaltzustände der Steuerelemente in Abhängigkeit von der Zeit in einem **Funktionsdiagramm** dar (Bild 4).

Die beschriebenen Steuerungen lassen sich mit verschiedenen Arbeitsmitteln verwirklichen. Dabei unterscheidet man mechanische, pneumatische, hydraulische und elektrische Steuerungen.

5.2.4 Mechanische Steuerungen

Vor allem zeitabhängige Steuerungen lassen sich auf einfache Art und Weise, aber auch besonders sicher als mechanische Steuerungen bauen. Dabei werden die Arbeitsabläufe von Kurvenscheiben oder Nocken gesteuert. Sie sind auf Wellen angebracht, die mit der entsprechenden Drehzahl angetrieben werden. Mechanische Steuerungen werden vor allem dort verwendet, wo schwierige Bewegungsabläufe realisiert werden sollen und hohe Laufleistungen geplant sind. Eine abgewandelte Form ist die Nockenwelle im Verbrennungsmotor. Diese Steuerungen arbeiten mit sehr hoher Sicherheit (Bild 5).

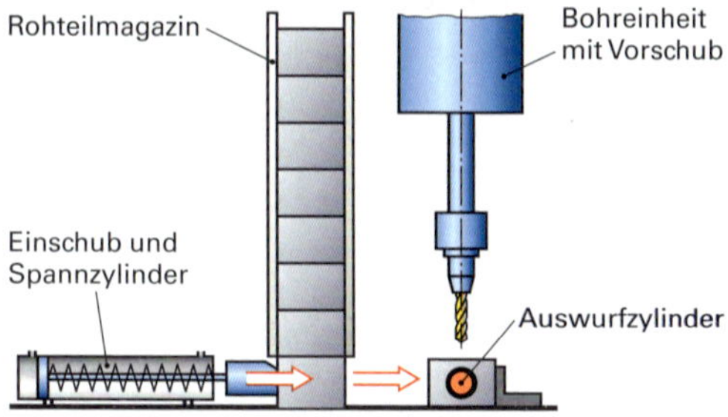

1 Bohreinheit mit Spann- und Auswurfzylinder

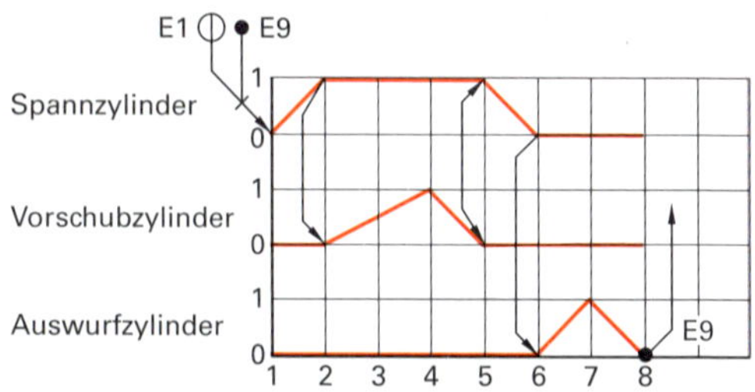

2 Weg-Schritt-Diagramm der Bohreinheit

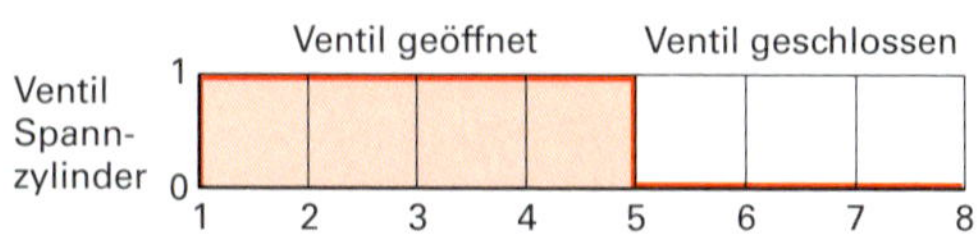

3 Steuerdiagramm für Spannzylinderventil

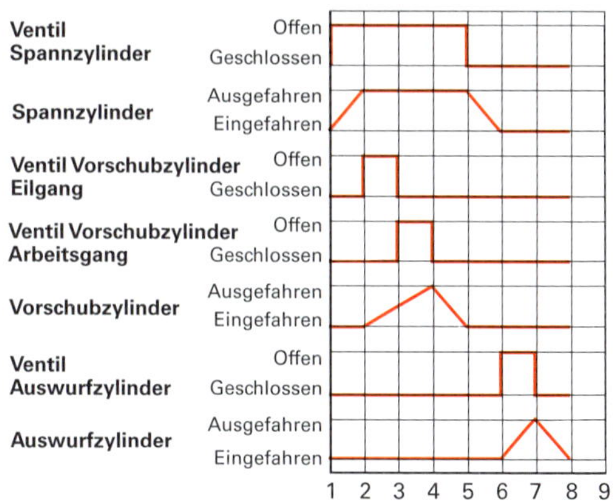

4 Funktionsdiagramm Bohreinheit

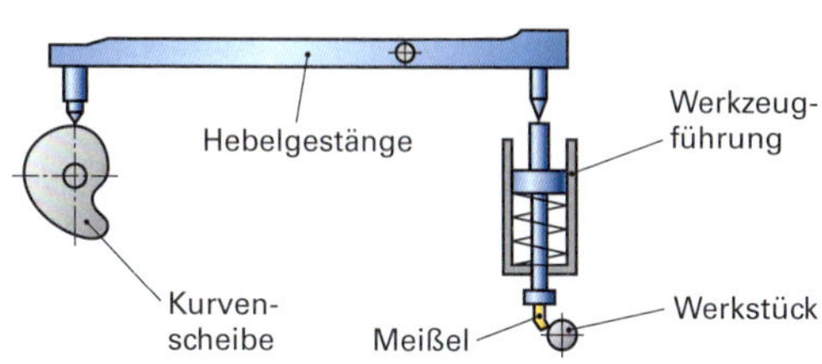

5 Fertigung mit Kurvenscheiben

5.2.5 Pneumatische Steuerungen

Pneumatische Steuerungen verwenden Druckluft als Arbeitsmittel. Sie sind umweltfreundlich, einfach und kostengünstig gebaut. Es können hohe Drehzahlen erreicht werden. Allerdings ist der Einsatz von Druckluftanlagen auf kleinere Kräfte begrenzt, da Druckluft nur bis etwa 8 bar wirtschaftlich komprimierbar ist. Außerdem sind bei Druckluftanlagen die Bewegungsgeschwindigkeiten von der jeweiligen Belastung abhängig. Die Ursache liegt in der Kompressibilität der Luft, denn bei Gasen verringert sich das Volumen bei Erhöhung des Drucks. Ein weiterer Nachteil der Druckluft liegt darin, dass beim Entspannen, also beim Arbeitsvorgang und dem Austreten der Luft in die Umgebung, Lärm entsteht. Dieser erfordert entsprechende schallschützende Maßnahmen.

Bauelemente pneumatischer Steuerungen

Bauelemente pneumatischer Steuerungen lassen sich in drei Gruppen einteilen: Bauelemente zur Drucklufterzeugung, Steuerungselemente und Arbeitselemente (Bilder 1 und 2).

Zur **Drucklufterzeugung** gehören Verdichter, Filter, Kühler, Speicher und die Wartungseinheit. Bei großen zentralen Druckluftanlagen befinden sich die Wartungseinheiten bei den jeweiligen Entnahmestellen.

Der **Verdichter** saugt die Luft aus der Umgebung über einen **Filter** an und verdichtet sie. Die dabei entstehende Wärme wird in einem Kühler entzogen. Dabei entsteht durch das Abkühlen der Luft Kondenswasser, das über einen Wasserabscheider ausgeschieden wird.

Werden kurzzeitig größere Mengen Druckluft benötigt, so wird der Verdichter nicht nach dem Spitzenbedarf ausgelegt. Der Mehrbedarf durch Leistungsspitzen wird über einen **Druckluftspeicher** abgedeckt. Im Speicher wird die durch die Verdichtung erwärmte Luft, wie auch im **Kühler**, weiter abgekühlt.

Um Schäden an der Druckluftanlage zu vermeiden, ist immer ein Überdruckventil angebracht. Am Manometer kann der jeweilige Druck abgelesen werden. Bei ortsfesten Anlagen schaltet zudem bei Erreichen des Maximaldruckes der Antriebsmotor ab. In Fahrzeugen ist der Verdichter oft direkt mit dem Motor gekoppelt und läuft ständig mit. In diesen Fällen wird durch ein Druckregelventil der Arbeitskreis abgetrennt, wenn der Speicher gefüllt ist. Der Verdichter fördert die angesaugte Luft wieder drucklos so lange ins Freie, bis der Mindestdruck erreicht ist.

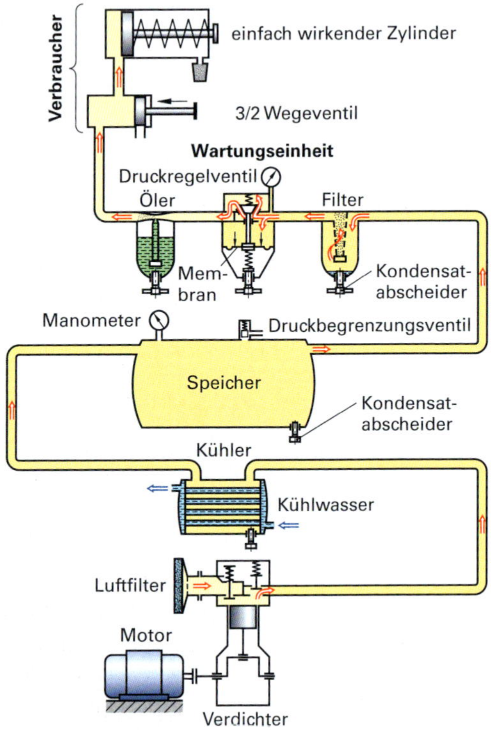

1 Prinzipbild einer Druckluftanlage

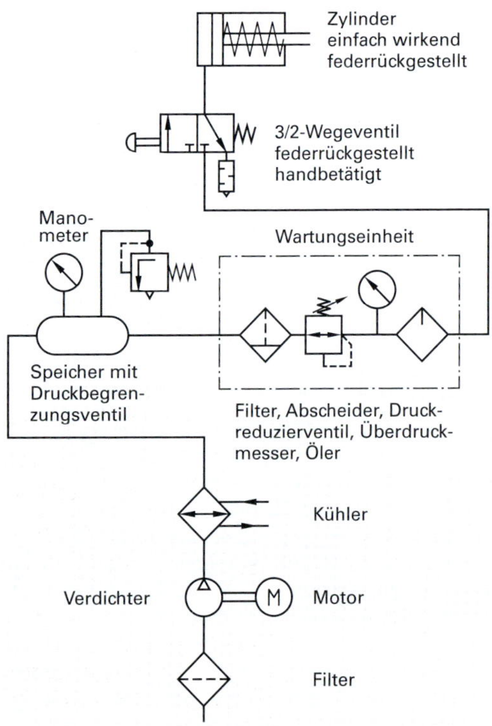

2 Schaltplan einer Druckluftanlage

Die **Wartungseinheit** besteht aus Filter, Druckregelventil und Öler. Sie wird vor einer Baugruppe eingebaut. Damit wird erreicht, dass die Druckluft sauber und gleichmäßig mit Öl versetzt ist sowie der richtige Druck für diese Baugruppe zur Verfügung steht. Das Öl verringert Verschleiß und Reibung in den Arbeits- und Steuerelementen. Bild 1, Seite 128 zeigt eine Druckluftanlage mit Drucklufterzeugung und -aufbereitung sowie einen einfach wirkenden Zylinder, der über ein 3/2-Wegeventil gesteuert wird. Pneumatische Steuerungen werden in Schaltplänen dargestellt. Die dabei verwendeten Schaltzeichen sind in DIN ISO 1219 festgelegt (Bild 2, Seite 128).

Verdichter

Nach dem Aufbau unterscheidet man verschiedene Verdichterbauarten: Kolbenverdichter, Membranverdichter, Vielzellenrotationsverdichter, Schraubenverdichter und Strömungsverdichter (siehe Übersicht).

Beim **Kolbenverdichter** saugt ein Kolben die Luft in einen Zylinderraum, um sie anschließend in die Druckleitung über Ventile zu pressen (Bild 1). Mit einstufigen Kolbenverdichtern erreicht man etwa 5 bar (500 KPa) Druck und 30 m^3 Fördermenge pro Minute, mit zweistufigen 8 bar (800 KPa) Druck und 50 m^3 Fördermenge pro Minute.

Membranverdichter haben statt des Kolbens eine elastische Membrane. Sie liefern sehr saubere Druckluft von etwa 7 bar (700 KPa) Druck bei einer Förderleistung von 0,7 m^3/min.

Beim **Vielzellenrotationsverdichter** werden die Verdichtungsräume durch die Antriebswelle, die beweglichen Scheiben und das gegenüber der Antriebswelle außermittig liegende Gehäuse begrenzt. Während einer halben Umdrehung vergrößert sich so der Innenraum (Ansaugphase), während der zweiten halben Umdrehung wird er wieder kleiner (Verdichtungsphase) (Bild 2). Vielzellenrotationsverdichter erreichen Förderleistungen bis zu 200 m^3/min bei einem Druck bis zu 10 bar (1000 KPa).

Nahezu schwingungsfreie Druckluft erzeugt der **Schraubenverdichter.** Er besitzt in der Regel drei nebeneinanderliegende schraubenförmige Spindeln, die ineinanderlaufen. An der Stelle, an der die Gewindegänge auseinanderlaufen, ist die Saugseite. Auf der gegenüberliegenden Seite (Druckseite) laufen die Gewindegänge ineinander (Bild 3).

Strömungsverdichter arbeiten wie Ventilatoren. Beispiel: Turbolader (Bild 4).

Übersicht: Verdichterbauarten

Verdrängungsverdichter	Strömungsverdichter
Kolbenverdichter Membranverdichter Vielzellenrotationsverdichter Schraubenverdichter	Axialturboverdichter (Strahltriebwerk) Radialturboverdichter (Turbolader)

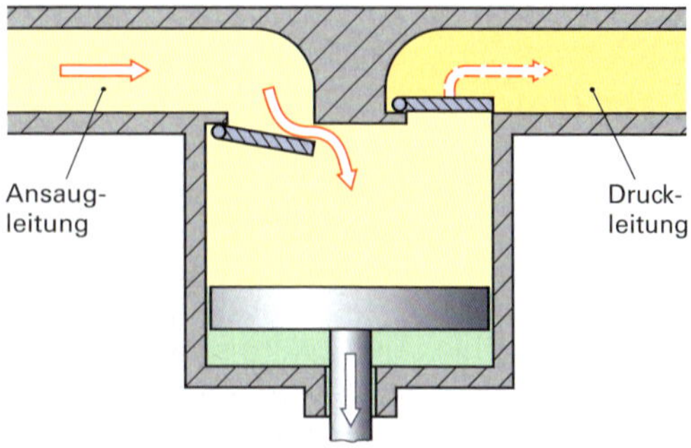

1 Prinzipbild des Kolbenverdichters (beim Ansaugen)

vel.plus/GM17

vel.plus/GM18

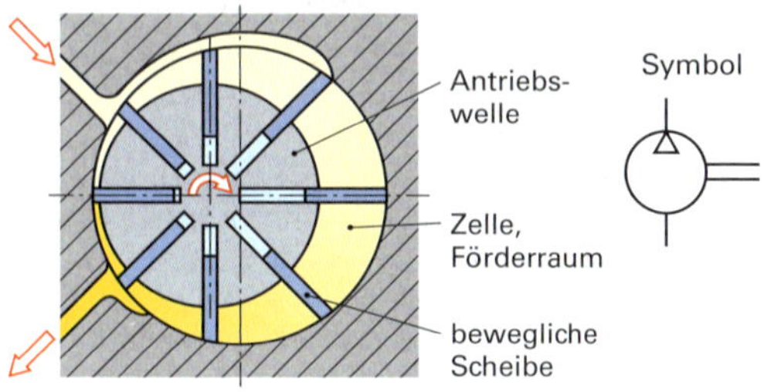

2 Vielzellenrotationsverdichter

vel.plus/GM19

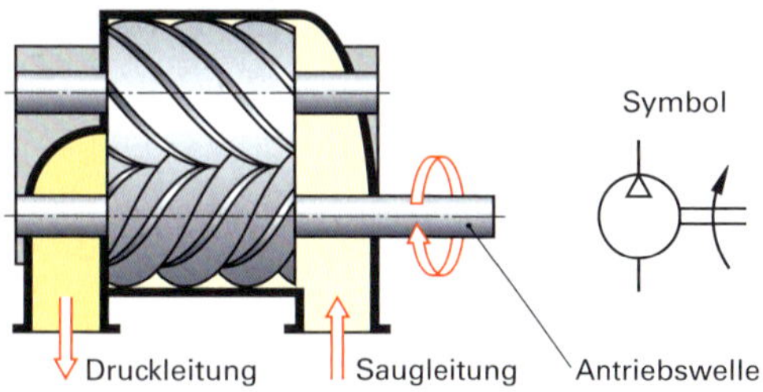

3 Schraubenverdichter

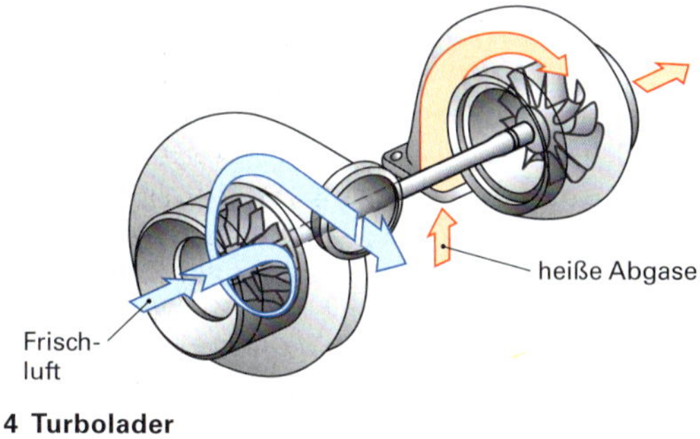

4 Turbolader

Druckluftmotor

Druckluftmotoren werden als **Kolbenmotoren** und als **Lamellenmotoren** gebaut. Im Prinzip sind sie gleich aufgebaut wie der entsprechende Verdichter. Kolbenmotoren erreichen Drehzahlen bis 6000 1/min und ein entsprechend hohes Drehmoment. Lamellenmotoren werden vorwiegend bei Werkzeugen wie Bohrern und Schleifern eingesetzt. Sie erreichen Drehzahlen bis 30000 1/min.

Druckluftzylinder

vel.plus/GM20

vel.plus/GM21

Für geradlinige Bewegungen werden Druckluftzylinder verwendet. Bei Spanneinrichtungen und Pressen, wo die Arbeitsbewegung nur in einer Richtung erfolgt, kommen **einfach wirkende Zylinder** zum Einsatz. Die Druckluft bewegt den Kolben nach vorne bzw. nach oben. Über eine Feder, die Gewichtskraft oder eine andere äußere Kraft, wird der Kolben zurückgestellt. Beim **doppelt wirkenden Zylinder** werden beide Bewegungen durch Druckluft bewerkstelligt (Bild 1).

Ventile

Zur Steuerung von Zylindern und Motoren werden Ventile eingesetzt. Man unterscheidet dabei Wegeventile, Sperrventile, Druckventile und Stromventile.

Wegeventile steuern die Druckluft über die entsprechenden Leitungen zu den Arbeitsgeräten. Nach ihrem Aufbau werden sie in Sitzventile und Schieberventile eingeteilt. Bei Schieberventilen werden die Dichtungskolben in eine Bohrung über die Ein- und Auslassöffnung bewegt. Bei Sitzventilen drückt der Dichtungskolben an der Sitzfläche auf die Öffnung (Bild 2).

Die Bezeichnung der Wegeventile richtet sich nach der möglichen Anzahl der Anschlüsse und den Schaltstellungen, z. B. hat ein 5/2-Wegeventil 5 Anschlüsse und 2 Schaltstellungen (Bild 3).

> *Merke*
>
> **Bezeichnungen für Wegeventile:**
> 1. Ziffer: Zahl der Anschlüsse
> 2. Ziffer: Zahl der Schaltstellungen

Sperrventile sollen das Durchströmen der Druckluft in eine oder in beide Richtungen verhindern. Die wichtigsten Sperrventile sind Rückschlagventil, Wechselventil und Zweidruckventil.

vel.plus/GM22

Das **Rückschlagventil** lässt die Druckluft in eine Richtung nahezu ungehindert durchströmen, verhindert aber das Zurückströmen. Mit dem **Wechselventil** kann in einer pneumatischen Steuerung die ODER-Funktion verwirklicht werden (Bild 4). Das heißt, das Arbeitselement kann wahlweise von zwei verschiedenen Stellen aus betätigt werden.

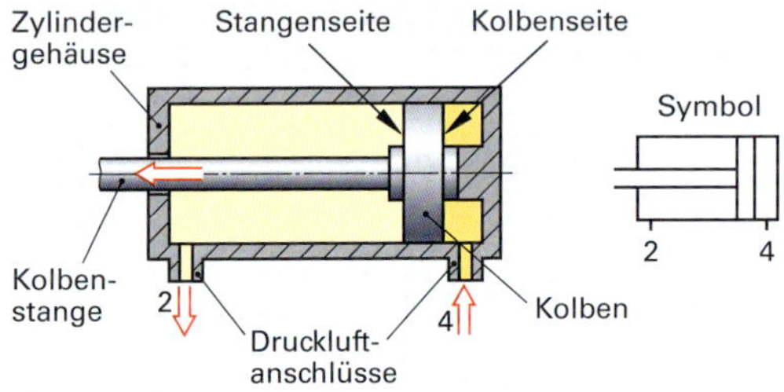

1 **Doppelt wirkender Druckluftzylinder**

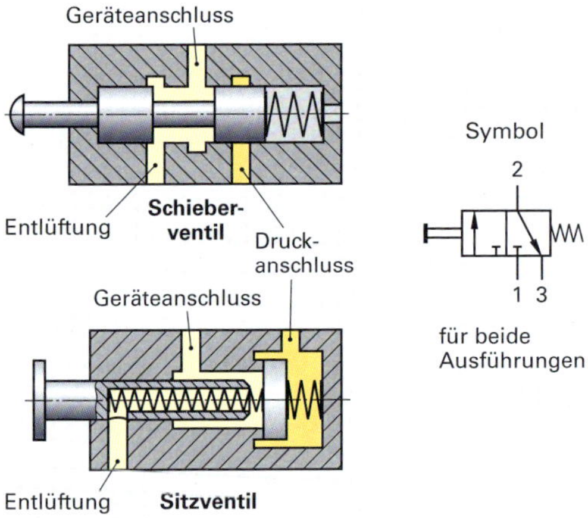

2 **Schieber- und Sitzventile**

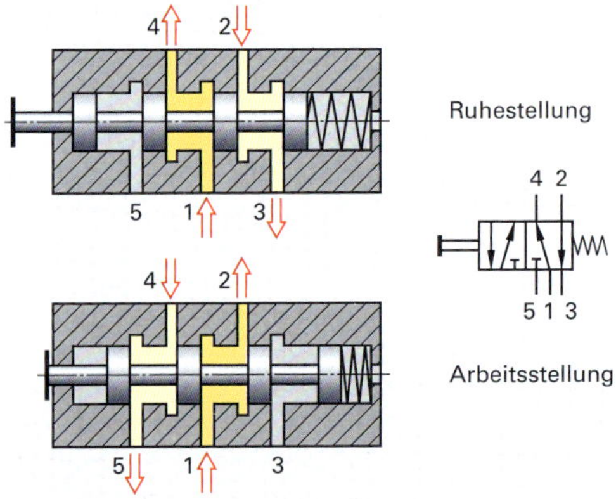

3 **5/2-Wegeventil**

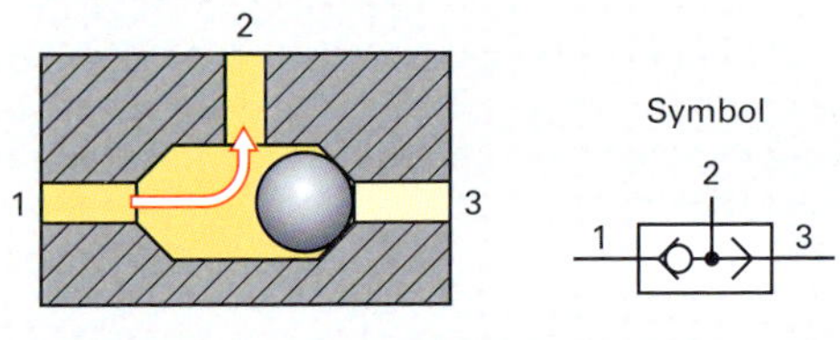

4 **Wechselventil**

vel.plus/
GM23

Die UND-Funktion wird mit dem **Zweidruckventil** verwirklicht. Bei diesem Ventil liegt am Ausgang nur dann Druck an, wenn an beiden Eingängen Druck anliegt (Bild 1).

Mit **Druckventilen** wird der Druck in Pneumatik-Anlagen gesteuert.

Das **Druckbegrenzungsventil** verhindert das Ansteigen des Drucks über einen bestimmten Wert. Es dient in der Regel der Sicherheit der Anlage. **Druckregelventile** reduzieren den Druck auf einen bestimmten Wert und halten ihn konstant. Dadurch kann in einer Anlage mit verschiedenen Drücken gearbeitet werden.

Der Druckluftstrom wird von **Stromventilen** gesteuert. Sie ermöglichen unterschiedliche Geschwindigkeiten. Je nach Einbaulage spricht man von Zuluft- oder Abluftdrosselung. Für die Steuerung von Zylindern wird die Abluftdrosselung bevorzugt (Bild 2).

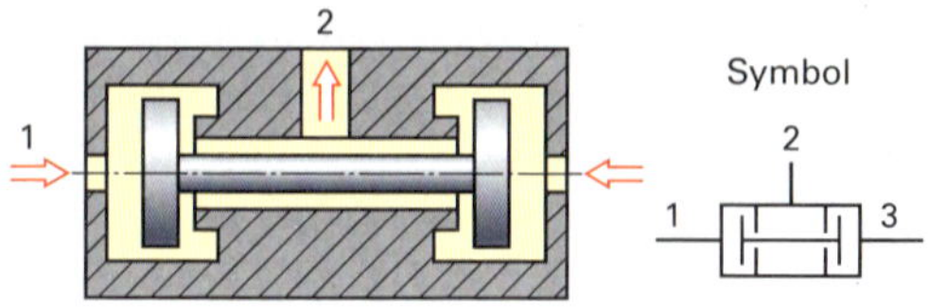

1 Zweidruckventil

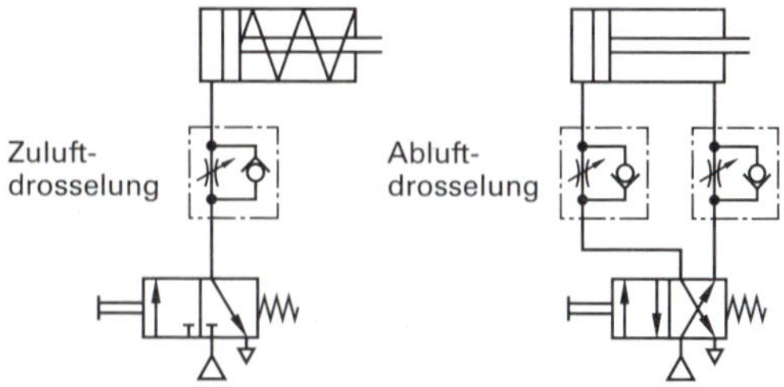

2 Steuerungen mit Drosselrückschlagventilen

Überprüfen Sie Ihre Kenntnisse

1 Erläutern Sie, zu welchen drei Bereichen sich steuerungstechnische Bauteile zuordnen lassen.
2 Unterscheiden Sie drei Steuerungsarten nach der Art der Eingangs- und Ausgangssignale.
3 Nennen Sie die Kennzeichen für Verknüpfungssteuerungen.
4 Nennen Sie die drei logischen Grundfunktionen für Verknüpfungssteuerungen.
5 Nennen Sie die Kennzeichen von Ablaufsteuerungen.
6 Erläutern Sie die Vor- und Nachteile mechanischer Steuerungen.
7 Erläutern Sie die Vor- und Nachteile pneumatischer Steuerungen.
8 Nennen Sie die Einzelteile einer Drucklufterzeugungsanlage.
9 Erläutern Sie, aus welchem Grund die Wartungseinheit direkt vor den Steuer- und Arbeitselementen verbaut wird.
10 Erklären Sie die Bezeichnung der Wegeventile.
11 Erläutern Sie den Aufbau der verschiedenen Verdichterbauarten.
12 Beschreiben Sie die Aufgaben der Druckventile.
13 Zeichnen Sie einen Schaltplan mit doppelt wirkendem Zylinder und Abluftdrosselung.

5.2.6 Hydraulische Steuerungen

Hydraulische Steuerungen verwenden Öl als Arbeitsmittel. Da Öl nicht wie Luft kompressibel ist, können mit hydraulischen Anlagen hohe Drücke übertragen werden und es lassen sich somit hohe Kräfte erzeugen. Durch die Inkompressibilität ergibt sich außerdem ein direkter Zusammenhang zwischen der Fließgeschwindigkeit des Öls und der Arbeitsgeschwindigkeit von Zylindern und Motoren. Das bedeutet, dass sich Drehzahl oder Vorschubgeschwindigkeit mit einem einfachen Stromregelventil genau einstellen lassen.

Weitere Vorteile hydraulischer Anlagen: Im Gegensatz zum Elektroantrieb sind ein Anfahren aus dem Stillstand bei höchster Belastung und eine schlagartige Umkehr der Bewegungsrichtung möglich. Durch die Verwendung von Öl ergibt sich eine Selbstschmierung der Bauelemente. Nachteilig ist die Gefahr für die Umwelt bei austretendem Hydrauliköl. Durch die hohen Drücke sind umstehende Personen bei Leckagen gefährdet.

3 Hydraulik erzeugt große Kräfte

Bauelemente hydraulischer Steuerungen

Die Mehrzahl der Bauelemente für hydraulische Anlagen ist denen von pneumatischen sehr ähnlich. Ein grundlegender Unterschied besteht jedoch darin, dass Luft überall vorhanden ist. Öl hingegen muss bereitgestellt und wieder zurückgeführt werden. Das zur Druckerzeugung erforderliche Hydraulikaggregat besteht deshalb aus einem Vorratsbehälter, der Hydraulikpumpe mit Antriebsmotor, dem Druckbegrenzungsventil und der Hin- sowie Rückleitung (Bild 1).

Hydraulikpumpen

Merke

Alle Hydraulikpumpen arbeiten nach dem Verdrängungsprinzip.

Durch Vergrößerung eines Hohlraumes wird Öl angesaugt. Durch anschließendes Verkleinern des Raumes wird das Öl verdrängt. Bei entsprechendem Widerstand – wenn das Öl nicht abfließen kann – entsteht ein hoher Druck. Die bekanntesten Bauarten sind die Zahnradpumpe, die Flügelzellenpumpe und die Kolbenpumpe.

Zahnradpumpen werden in zwei Ausführungen hergestellt. Bei der außenverzahnten Zahnradpumpe greifen zwei auf nebeneinanderliegenden Wellen angebrachte Zahnräder ineinander. Auf beiden Stirnseiten sind die Zahnräder gut abgedichtet (Bild 2).

Bei der innenverzahnten Zahnradpumpe greift ein außenverzahntes Rad in ein Hohlrad. Ein sichelförmiges Füllstück trennt die Saugseite von der Druckseite, sie wird daher auch als **Sichelpumpe** bezeichnet (Bild 3).

Wo ein Zahn in eine Zahnlücke läuft, also wo die Zähne ineinanderkämmen, ist bei beiden Bauarten die Druckseite, da dort der in die Lücke laufende Zahn das Öl verdrängt. An der Stelle, an der ein Zahn aus einer Zahnlücke herausläuft, entsteht ein Hohlraum, der sich mit Öl füllt. Dies ist die Saugseite.

Flügelzellenpumpen sind gleich aufgebaut wie Vielzellenrotationsverdichter. Bei den Pumpen gibt es dabei noch Ausführungen mit verschiebbarem Außenring. Damit lässt sich die Fördermenge verändern und eventuell auch die Förderrichtung umkehren.

Kolbenpumpen werden in verschiedenen Ausführungen gebaut. Nach der Anordnung der Zylinderräume unterscheidet man Radial- und Axialkolbenpumpen. Bei der **Radialkolbenpumpe** sind Kolben und Zylinderräume in Richtung des Radius sternförmig um die Antriebswelle angeordnet. Die Bewegung erfolgt über exzentrische Nocken.

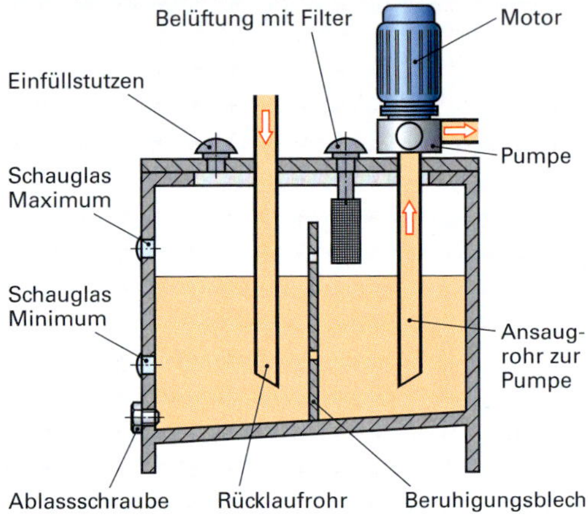

1 **Hydraulikaggregat**

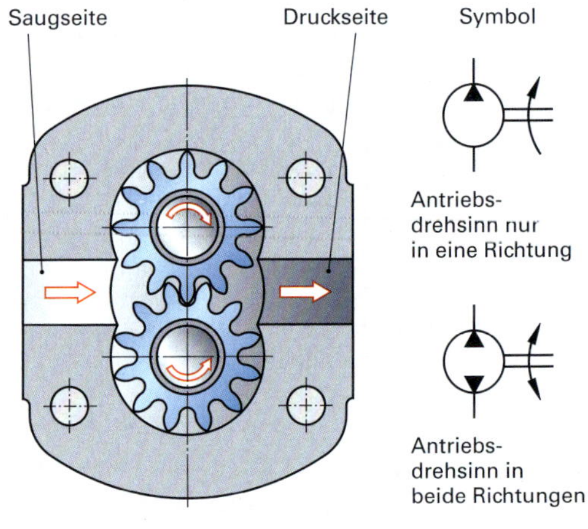

2 **Zahnradpumpe (außenverzahnt)**

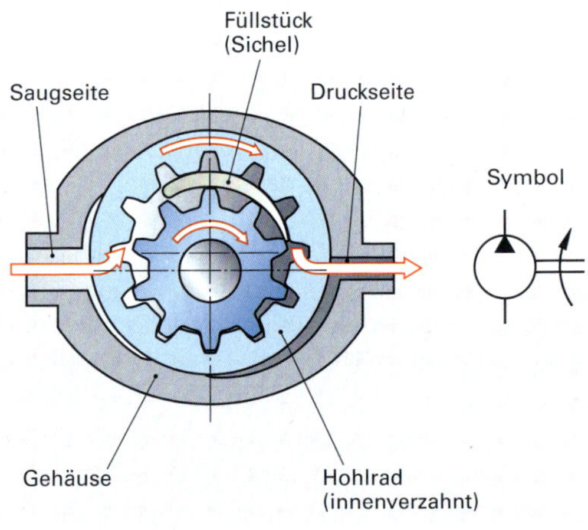

3 **Sichelpumpe (innenverzahnte Zahnradpumpe)**

Bei der **Axialkolbenpumpe** mit Schrägscheibe sind Kolben und Zylinder entlang der Achse angeordnet. Die Bewegung wird mithilfe einer schrägstehenden Scheibe bewirkt. Bei der Axialkolbenpumpe mit Schrägachse sind Kolben und Zylinderräume gegenüber der Antriebsachse bis zu 25 Grad schräggestellt, wobei die Bewegung des Kolbens entsteht.

Hydraulikzylinder

Hydraulikzylinder werden wie Pneumatikzylinder in einfach wirkende und doppelt wirkende eingeteilt. Sie weisen aber wesentlich größere Wandstärken auf. Die Kolbenstangen haben größere Durchmesser, da sie wesentlich höheren Arbeitsdrücken standhalten müssen. Damit Hydraulikzylinder nicht mit großer Wucht in ihre Endposition fahren, werden sie häufig mit einer Endlagendämpfung ausgestattet. Dabei wird auf den letzten Millimetern der Hauptölstrom über einen Bolzen am Kolben geschlossen. Das abströmende Öl kann nur noch über eine meist einstellbare Drosselstelle abfließen. Um beim Anfahren die Drosselstelle zu umgehen, ist ein Rückschlagventil eingebaut (Bild 1).

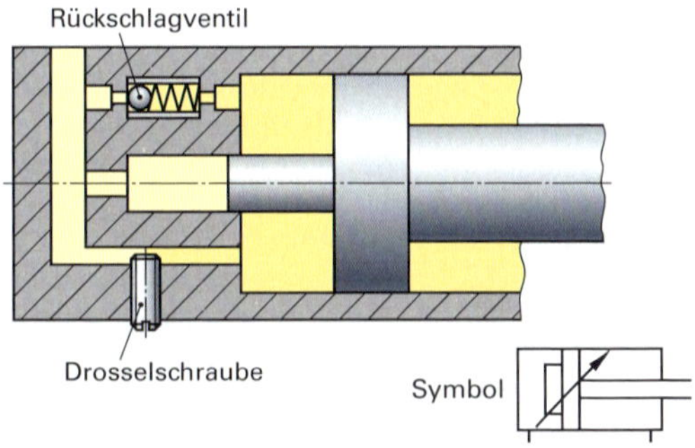

1 Funktionsweise der kolbenseitig einstellbaren Endlagendämpfung

Hydraulikmotoren

Mit Hydraulik- oder Hydromotoren werden Drehbewegungen ermöglicht. Sie werden vor allem für Fahrantriebe sowie bei Baumaschinen, Werkzeugmaschinen und im Schiffbau eingesetzt. Hydraulikmotoren gibt es als Zahnradmotor, Flügelzellenmotor, Radial- und Axialkolbenmotor. Sie sind ebenso aufgebaut wie die entsprechenden Pumpen.

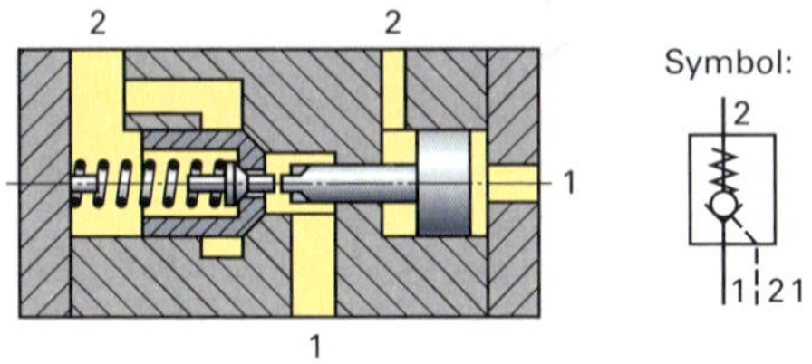

2 Hydraulisch entsperrbares Rückschlagventil

Ventile

Wie bei pneumatischen Anlagen, so unterscheidet man in der Hydraulik auch Wegeventile, Sperrventile, Druckventile und Stromventile. Die Ventile erhalten auch dieselben Bezeichnungen wie in der Pneumatik. Vor allem bei Wegeventilen, die als Schieberventile ausgeführt sind, entsteht häufig Lecköl. Damit dieses Öl nicht in die Umwelt gelangt, haben diese Ventile spezielle Leckölanschlüsse, die mit der Rückleitung zum Behälter verbunden werden.

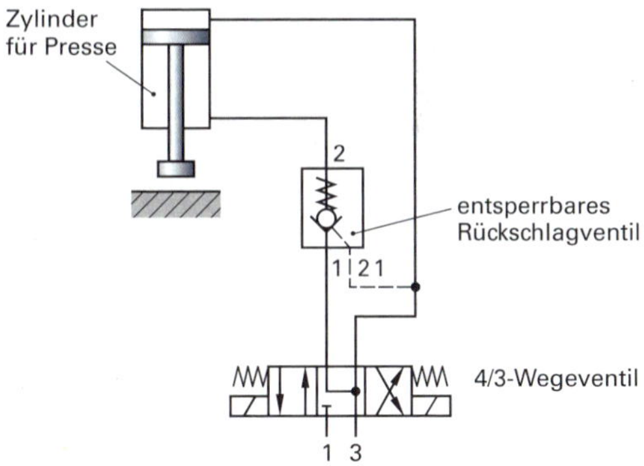

3 Steuerung für hydraulische Presse

Neben den in der Pneumatik üblichen Rückschlagventilen gibt es in der Hydraulik noch **entsperrbare Rückschlagventile** (Bild 2). Wenn am Steueranschluss dieser Ventile Druck anliegt, kann das Öl wieder ungehindert zurückfließen. Ihr Einsatzbereich liegt vorwiegend bei sicherheitsrelevanten Einrichtungen. So soll z. B. verhindert werden, dass ein Pressenstempel absinkt (Bild 3).

Neben den Druckbegrenzungsventilen findet man in Hydraulikanlagen auch **Druckregelventile**. Mit ihnen können verschiedene Anlagenteile mit unterschiedlichen Drücken versorgt werden (Bild 4).

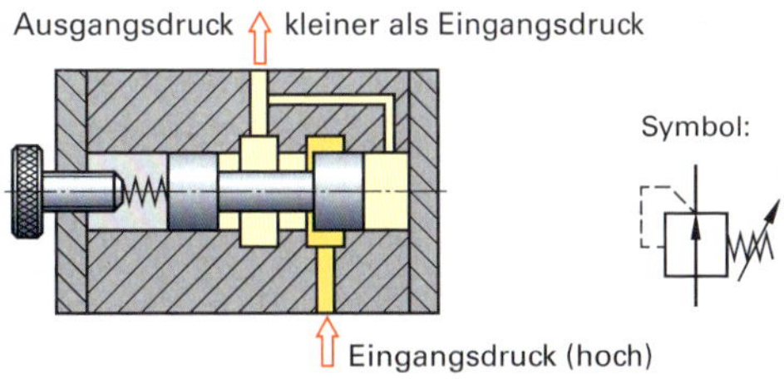

4 Druckregelventil

5.2.7 Elektrische Steuerungen

Der Preisrückgang bei elektrischen und elektronischen Bauteilen und die günstigen Einbaumöglichkeiten haben die Zahl der elektrischen und der mit Pneumatik bzw. Hydraulik kombinierten Steuerungen stark anwachsen lassen. So werden häufig Sensoren und Verknüpfungselemente elektrisch ausgeführt, während die Aktorik hydraulisch oder pneumatisch verwirklicht wird. Die wesentlichsten Bauelemente elektrischer Steuerungen sind Schalter, Taster, Relais, Schütz, Elektromagnet, Elektromotor sowie die verschiedenen Sensoren zur Aufnahme der Messdaten. Bei elektronischen Steuerungen werden die Schaltverbindungen kontaktlos mit Halbleiterbauelementen hergestellt.

Elektrische Steuerungen werden häufig in **Stromlaufplänen** dargestellt. Jedes elektrische Bauteil wird in einen senkrechten **Strompfad** gezeichnet. Dabei werden Bauteile mit mehreren Kontakten und die Spulen nicht zusammengezeichnet, sondern jeder Kontakt und jede Spule wird in den zugehörigen senkrechten Strompfad gezeichnet. Damit zusammengehörende Bauteile auch als solche erkannt werden, erhalten alle zusammengehörenden Kontakte und Spulen die gleiche Bezeichnung. Die Bezeichnungen bestehen aus Kennbuchstaben, die genormt sind (nebenstehende Tabelle) und fortlaufenden Ziffern. Bild 1 zeigt ein Beispiel eines Stromlaufplanes für eine Motorsteuerung. Wird der Schalter –SF1 betätigt, zieht die Relaisspule –QA1 an und der Kontakt 1 öffnet, das Kontrolllicht =PF1 erlischt. Gleichzeitig wurden der Kontakt 2 und der Kontakt 3 von –QA1 geschlossen; das Kontrolllicht =PF2 für „Motor läuft“ leuchtet und der Motor beginnt zu laufen.

Wie in diesem Beispiel werden Steuereinrichtungen in der Regel mit ungefährlicher Niederspannung betrieben. Für die Arbeitselemente ist die leistungsfähige Netzspannung (230 V bzw. 400 V) erforderlich. Ein weiteres Beispiel ist die Verriegelungsschaltung in Bild 2. Sie wird bei Motorsteuerungen verwendet, wenn je ein Schalter für Rechts- und Linkslauf vorhanden ist. Es muss verhindert werden, dass beide Schalter gleichzeitig betätigt sind, da dies Kurzschluss bedeuten würde. Diese Aufgabe lässt sich mechanisch lösen, indem die beiden Schalter mit einer Stange verbunden werden oder elektrisch. Wird bei der elektrischen Verriegelung der Schalter –SF3 für Linkslauf betätigt, so zieht Relais –QA3 an und schließt die Kontakte für „Motor Linkslauf“. Gleichzeitig wurde der Öffner-Kontakt im Stromkreis des Relais –QA4 geöffnet. Damit kann über diesen Stromkreis kein Strom fließen und somit das Relais nicht anziehen. Umgekehrt befindet sich im Stromkreis des Relais –QA3 ein Öffner-Kontakt von –QA4.

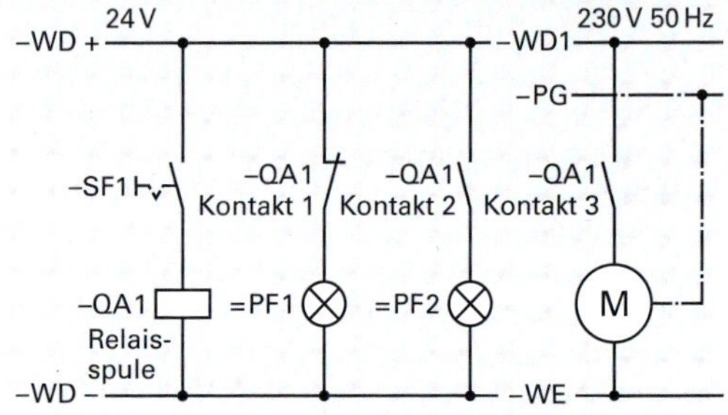

1 Stromlaufplan für eine Motorsteuerung

Kennbuchstaben technischer Betriebsmittel nach DIN EN 81346-2 (Auswahl)

Betriebsmittel	Kennbuchstabe
Drucksensor	BP
Kondensator	CA
Lampe	EA
Sicherung	FC
Generator	GA
Filter, Sieb	HQ
CPU, Transistor, Sender	KF
pneumatische, hydraulische Regler	KH
Elektromotor	MA
Hydraulikzylinder	MM
Leistungsmessinstrument	PG
Meldelampe, visuelle Anzeige	PF
Leistungsschalter, Schütz, Thyristor	QA
Diode, Widerstand	RA
elektrische Schalter	SF
Transformator	TA
Erdungsleiter	WE
Kabel, Leiter elektrischer Energie	WF

Vorzeichen: (=) Funktionsaspekt; (–) Produktaspekt; (+) Ortsaspekt

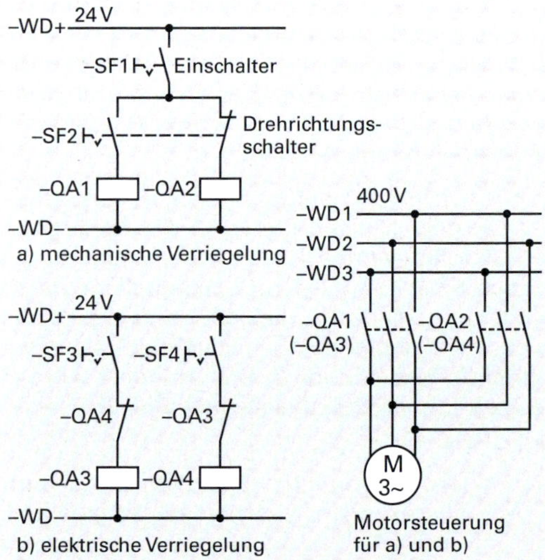

2 Mechanische und elektrische Verriegelung

Überprüfen Sie Ihre Kenntnisse

1 Nennen Sie wesentliche Unterschiede zwischen hydraulischen und pneumatischen Steuerungen.
2 Erörtern Sie wesentliche Vorteile der hydraulischen gegenüber einer pneumatischen oder elektrischen Steuerung.
3 Nennen Sie die wichtigsten Bauelemente einer hydraulischen Steuerung.
4 Nennen Sie vier verschiedene Ventilbauarten.
5 Erklären Sie die Funktionsweise einer Zahnradpumpe.
6 Unterscheiden Sie zwei Bauarten von Zahnradpumpen.
7 Erklären Sie den Aufbau einer Schrägscheiben-Kolbenpumpe.
8 Erläutern Sie, welche Aufgabe Rückschlagventile erfüllen sollen.
9 Nennen Sie fünf Bauelemente, die in elektrischen Anlagen verwendet werden!
10 Nennen Sie die häufig verwendete Darstellungsvariante für elektrische Steuerungen.
11 Erklären Sie zwei Möglichkeiten einer Verriegelung elektrischer Steuerungen.
12 Zeichnen Sie den Stromlaufplan für eine Motorsteuerung, die von zwei Stellen aus bedient werden kann.

5.2.8 Speicherprogrammierbare Steuerungen

Speicherprogrammierbare Steuerungen (SPS) gehören zu den Verknüpfungssteuerungen. Dabei ist der Programmablauf nicht wie bei den elektrischen, mechanischen, pneumatischen und hydraulischen Steuerungen durch den Aufbau – Verdrahtung bzw. Verrohrung – festgelegt, sondern in einem jederzeit änderbaren Programm gespeichert. Deshalb unterscheidet man Steuerungen nach der Art der Programmierung in **verbindungsprogrammierte** und **speicherprogrammierte Steuerungen** (nebenstehende Übersicht). Mussten zum Betrieb einer Maschine z. B. 2 Schalter gedrückt werden, also eine UND-Verknüpfung, und soll zukünftig die Maschine sowohl vom einen als auch vom anderen Schalter aus gestartet werden können (ODER-Verknüpfung), so musste die Anlage in diesem Bereich neu verdrahtet bzw. verrohrt werden. Bei der speicherprogrammierbaren Steuerung ist nur eine Änderung des Programms (Software) erforderlich.

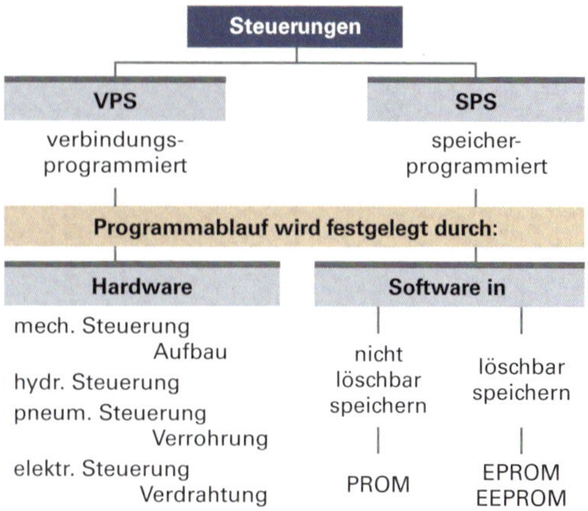

Die **Sensorik** (Eingabeebene) und die **Aktorik** (Ausgabeebene) sind im Allgemeinen bei verbindungsprogrammierten elektrischen Steuerungen gleich aufgebaut wie bei speicherprogrammierbaren Steuerungen. Der Unterschied liegt in der Verknüpfungsebene. Die Verknüpfungsbedingungen sind in einem gespeicherten Programm festgehalten.

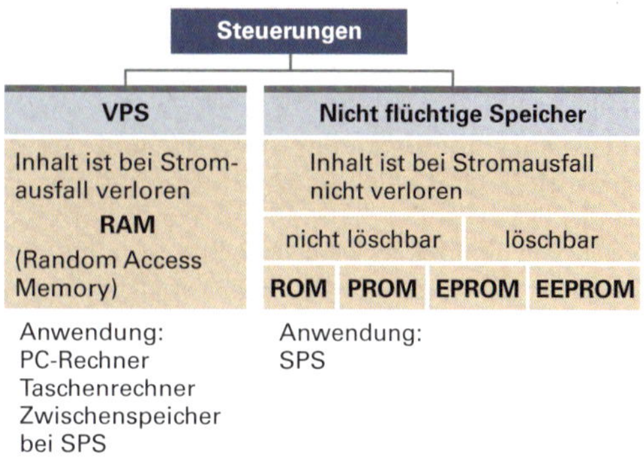

Dabei unterscheidet man verschiedene **Speicherarten** (nebenstehende Übersicht). Es gibt flüchtige Speicher (RAM) wie beim PC und nicht flüchtige Speicher (ROM), deren Inhalt bei Stromausfall nicht verloren geht. Nicht flüchtige Speicher können löschbar und nicht löschbar sein. Ein PROM ist ein elektrisch programmierbarer, aber nicht löschbarer Speicher. Bei Programmänderungen muss er ausgetauscht werden. Ein EPROM (Erasable Programmable Read-Only-Memory) wird durch Bestrahlen mit UV-Licht gelöscht, ein EEPROM (Electrical Erasable PROM) kann auch elektrisch wieder gelöscht werden.

Eigenschaften der Halbleiterspeicher

RAM	Inhalt kann beliebig überschrieben werden
ROM	Wird bei der Herstellung fest programmiert
PROM	Kann elektrisch gespeichert werden, aber nicht gelöscht
EPROM	Wird mit UV-Licht gelöscht
EEPROM	Wird elektrisch gelöscht

Intern besitzt die SPS eine **Ablaufsteuerung**, die die einzelnen Verknüpfungsbedingungen nacheinander (seriell) abfragt. Nach der letzten Bedingung beginnt der Ablauf von Neuem.

Für die Programmierung von speicherprogrammierbaren Steuerungen gibt es mehrere Möglichkeiten. Die Steuerung selbst benötigt die Befehle in einer Anweisungsliste (Übersicht 1). Sie besteht aus einer Folge von Befehlen. Jeder Einzelbefehl wird aus Adresse und Anweisung gebildet. Für kleine Steuerungen mit wenig Ein- und Ausgängen, bei denen der Gesamtablauf leicht zu überschauen ist, ist diese Art der Programmierung gut möglich. Bei größeren Steuerungen wird das Programm in der Regel mithilfe eines PCs im Funktionsplan (siehe auch den Abschnitt Verknüpfungssteuerungen) oder mit speziellen Programmen erstellt. Bild 1 zeigt ein Beispiel für eine speicherprogrammierbare Steuerung mit folgender Aufgabe: Der Motor eines Förderbandes darf nur laufen, wenn der Einschalter (SF) betätigt ist, eine Schutztüre (FE) geschlossen ist und wenn sich niemand im Gefahrenbereich aufhält. Dies wird mit einem Infrarotmelder (BG) geprüft. Das Programm für dieses Beispiel ist in Übersicht 1 dargestellt.

Übersicht 1: Beispiel eines SPS-Programms

Adresse (Nummer des Speicherplatzes)	**Anweisung**	**Bedeutung**
001	UE1	und Eingang 1
002	UE2	und Eingang 2
003	UE3	und Eingang 3
004	= A1	gleich Ausgang 1

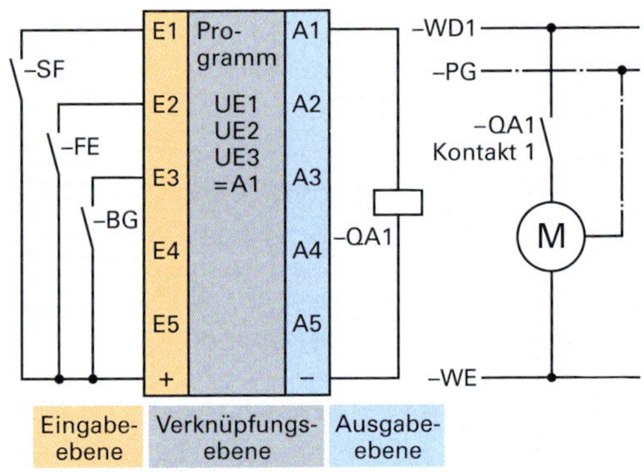

1 Beispiel Aufbau einer SPS

5.2.9 Numerische Steuerungen

Werkzeugmaschinen, Handhabungsgeräte und Industrieroboter haben in der Regel numerische Steuerungen (NC – numerical control). Mehrere NC-Maschinen können auch von einem Rechner aus gesteuert werden. Dies bezeichnet man als DNC-Steuerung (direct numerical control). Am häufigsten werden heute DNC- und CNC-gesteuerte Maschinen (computerized numerical control) eingesetzt (Übersicht 2). Die Fertigungsschritte oder Bewegungsabläufe werden als Buchstaben und Zahlenkombinationen in den Rechner der Maschine eingegeben (Übersicht 3). Dort werden die für die Steuerung notwendigen Wörter ermittelt und an die eigentliche Maschinensteuerung weitergegeben. NC-Maschinen arbeiten mit sehr hoher Genauigkeit und können jeden Bearbeitungsvorgang beliebig oft wiederholen. Ihr kostengünstiger Einsatz hängt von der Stückzahl und der Werkstückform ab. Je höher die Stückzahl bzw. je komplizierter die Form ist, desto eher lohnt sich der Einsatz einer NC-Maschine.

Übersicht 2: Numerische Steuerungen

NC-Steuerung (**n**umerical **c**ontrol)	**CNC-Steuerung** (**c**omputerized **n**umerical **c**ontrol)	**DNC-Steuerung** (**d**irect **n**umerical **c**ontrol)
Eingabe satzweise durch Lochstreifen, Magnetband; Kein eigener Maschinen-Programmspeicher	Eingabe vom Bediener an der Maschine; eigener Programmspeicher	Eingabe über Leitung direkt vom Rechner für mehrere Maschinen

Übersicht 3: Programmaufbau

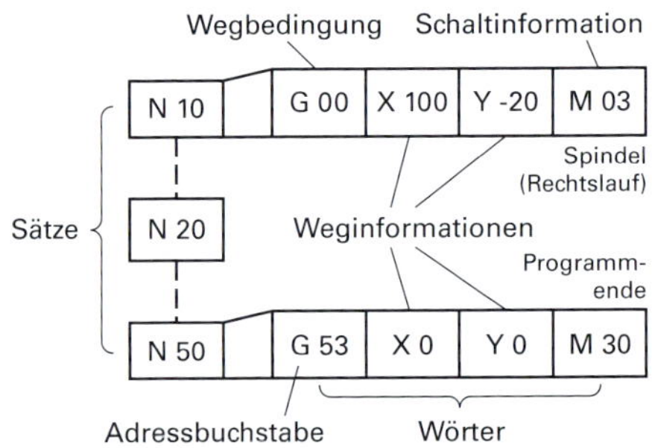

Überprüfen Sie Ihre Kenntnisse

1 Nennen Sie Unterschiede von verbindungsprogrammierten Steuerungen gegenüber speicherprogrammierbaren Steuerungen.

2 Erläutern Sie Vorteile speicherprogrammierbarer Steuerungen gegenüber anderen Steuerungsarten.

3 Erstellen Sie eine Anweisungsliste für eine einfache speicherprogrammierbare Steuerung.

4 Nennen Sie die Möglichkeiten der Programmierung von speicherprogrammierbaren Steuerungen.

5.3 Beispiele für Steuerungen

Viele steuerungstechnische Probleme lassen sich mit den unterschiedlichen Steuerungsarten gleichwertig verwirklichen. So kann ein und dasselbe Problem mit pneumatischer, hydraulischer und elektrischer Steuerung und sogar mit einer speicherprogrammierbaren Steuerung verwirklicht werden. Entscheidend für die Wahl der geeigneten Steuerung ist dann oft die Kostenfrage. Daneben muss aber auch gefragt werden, welche Energiearten stehen zur Verfügung oder wie aufwendig ist die Leitungsführung?

Folgende Aufgabe soll mit verschiedenen Steuerungsarten gelöst werden:

Ein Zylinder (–MM1) soll erst dann ausfahren, wenn zwei Taster gleichzeitig gedrückt werden. Die pneumatische Lösung ist in Bild 1 dargestellt. –SJ1 und –SJ2 sind die beiden zu betätigenden Taster. –KH1 stellt ein Zweidruckventil dar. Es lässt den Druck zum Zylinder erst dann weiter, wenn auf beiden Seiten Druck anliegt. Wird einer der beiden Taster losgelassen, entlüftet das jeweilige Ventil sofort die Druckleitung zum Zylinder und der Kolben fährt wieder zurück.

Bild 2 zeigt die gleiche Aufgabe jetzt als hydraulische Steuerung ausgeführt. Diesmal wurden die beiden Schaltventile –SJ1 und –SJ2 direkt hintereinander geschaltet, was ebenfalls die UND-Funktion bewirkt. Allerdings müssen jetzt Rückleitungen bis zum Flüssigkeitsbehälter vorgesehen werden. In der Zeichnung werden sie nur mit dem Behältersymbol angedeutet.

In Bild 3 ist die Zylindersteuerung als elektropneumatische Steuerung verwirklicht. Der Steuerstromkreis wird mit 24 V Gleichstrom betrieben. Die Taster –SF1 und –SF2 sind in Reihe geschaltet. Nur wenn beide betätigt sind, wird die Spule des Pneumatikventils betätigt. Bei dieser Ausführung werden zwei verschiedene Energiearten benötigt, Druckluft und elektrische Spannung. Die Darstellung der Schaltung in elektrohydraulischer Ausführung ändert sich nur bezüglich der Rückleitung. Das Dreieck müsste durch das Behältersymbol ersetzt werden.

Ein ähnlicher äußerer Aufbau der Schaltung ergibt sich bei speicherprogrammierbarer Steuerung in Verbindung mit einem Pneumatikzylinder (Bild 4). Als Eingangsgrößen E1 und E2 werden die beiden Signale der Taster –SF1 und –SF2 gewählt. Der Ausgang A1 steuert das Pneumatikventil. Mithilfe des Programms werden die beiden Taster –SF1 und –SF2 mit einer UND-Funktion verknüpft. In diesem Beispiel sind ebenfalls zwei verschiedene Energiearten erforderlich.

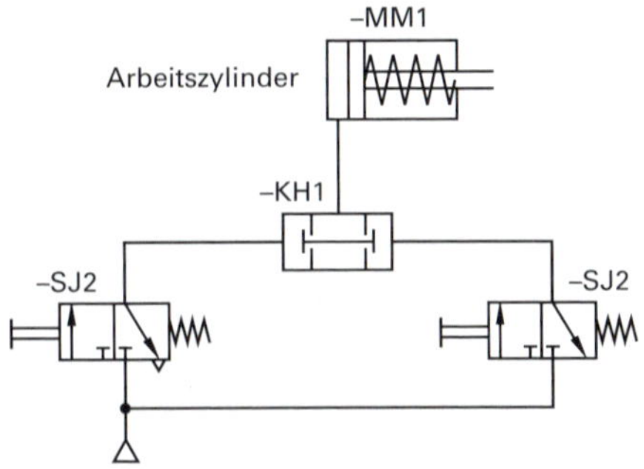

1 Pneumatische Zylindersteuerung

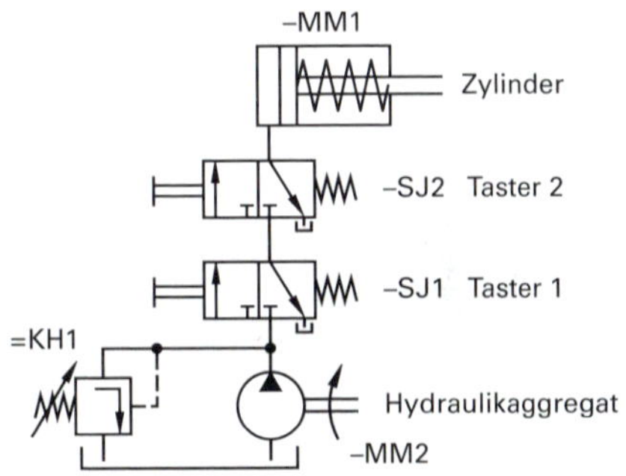

2 Hydraulische Zylindersteuerung

vel.plus/GM25

vel.plus/GM26

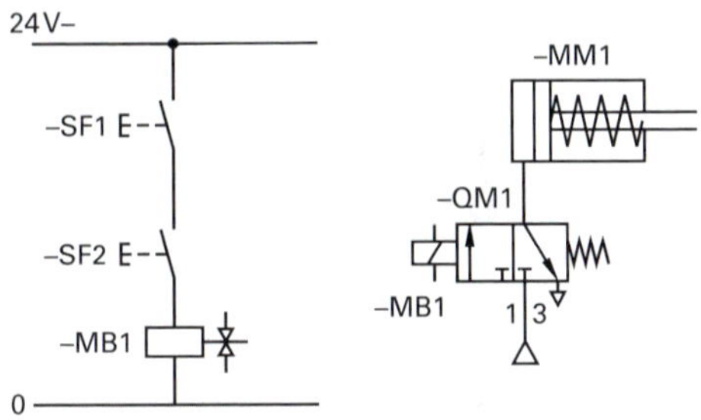

3 Elektropneumatische Zylindersteuerung

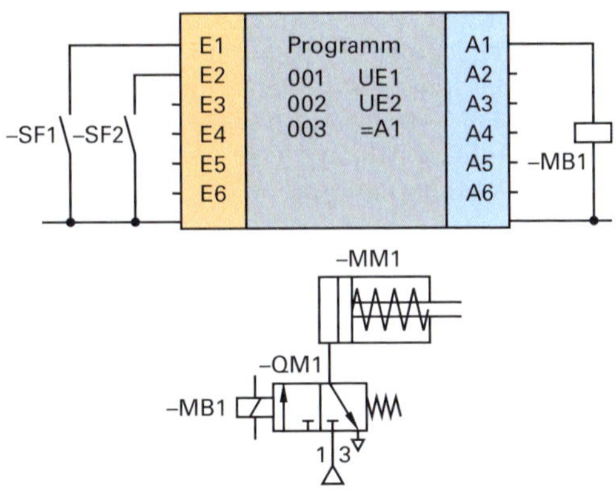

4 Zylindersteuerung mit SPS

Die Beispiele verdeutlichen die Einsatzmöglichkeiten der verschiedenen Steuerungsarten. Für Steuerungsaufgaben wie in diesem Fall würde vermutlich die rein pneumatische bzw. hydraulische Lösung bevorzugt. Werden am Zylinder kleine bis mittlere Kräfte benötigt, wählt man die pneumatische Lösung, für größere Kräfte die hydraulische. Ist die Leitungsverlegung kompliziert, so wird sicher die elektropneumatische oder elektrohydraulische Lösung bevorzugt, da sich bei der Verlegung von elektrischen Leitungen nur selten Probleme ergeben. Die speicherprogrammierbare Steuerung wiederum hat den Vorteil, dass ohne Änderung der gesamten Steuerung eine Änderung der Verknüpfungen durch das Programm möglich ist. So könnte in diesem Beispiel die Forderung lauten: Der Zylinder soll ausfahren, wenn Taster –SJ1 oder Taster –SJ2 gedrückt werden (Übersicht 1).

Übersicht 1: SPS-Programm für ODER-Schaltung

001	UE1	UND Eingang 1
002	OE2	ODER Eingang 2
003	= A1	ist gleich Ausgang 1

5.4 Lösung steuerungstechnischer Aufgaben

Bei steuerungstechnischen Aufgaben werden zunächst die erforderlichen Bedingungen, die Verknüpfungen und die zu berücksichtigenden Größen ermittelt. Dabei sind auch der zeitliche Verlauf und eventuelle Kollisionen zu berücksichtigen. Zunächst ist es also unwesentlich, ob die Steuerung elektrisch, elektronisch, pneumatisch, hydraulisch oder mechanisch verwirklicht wird. Das folgende Beispiel zeigt eine Lösungsmöglichkeit:

Aufgabe Nietautomat

An einem Schlossbeschlag für Stahltüren werden im Bereich der Schlüsselöffnung Regenschutzbleche angenietet. Bisher wurde dies mit einer handgeführten elektrischen Nietzange ausgeführt. Da die Stückzahl sich so erhöht hat, dass weitere Nietzangen beschafft werden müssten, hat die Geschäftsleitung den Werkstattleiter gebeten zu prüfen, ob mit einem einzigen Halbautomaten die gesamte Stückzahl zu bewältigen ist. Dabei sollen die beiden Teile und der Niet von Hand in eine Vorrichtung eingelegt werden, die Teile automatisch fixiert und genietet, danach von Hand wieder entnommen werden.

Der Werkstattleiter schlägt folgende Anlage vor (Bild 1):

In eine entsprechend geformte Grundplatte werden die Teile eingelegt. Ein Pneumatikzylinder drückt die Teile auf die Grundplatte, sodass sie fixiert sind. Ein zweiter Pneumatikzylinder nietet die Teile zusammen. Zum Schutz vor Verletzungen kann der Bedienende den Vorgang nur mittels gleichzeitiger Bedienung von 2 Tastern starten.

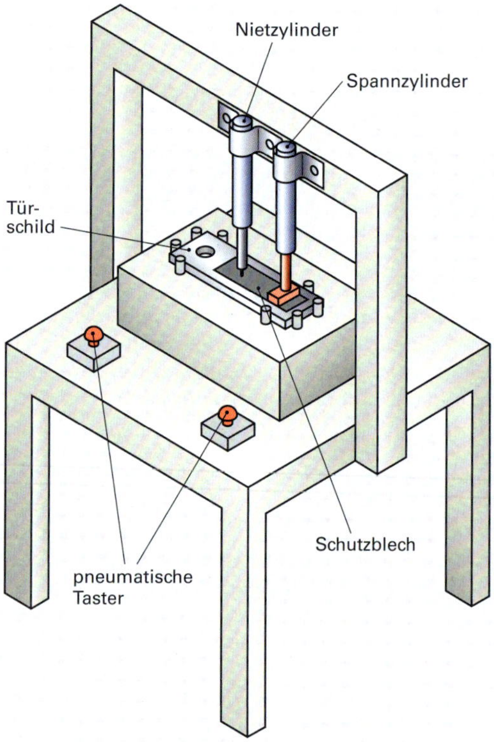

1 Nietautomat

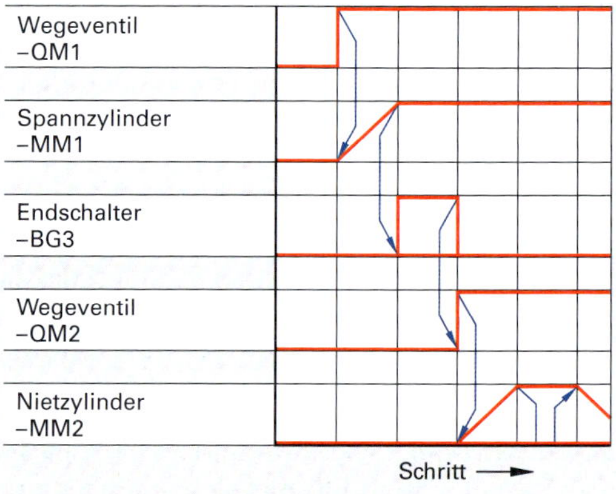

2 Weg-Schritt-Diagramm (Auszug)

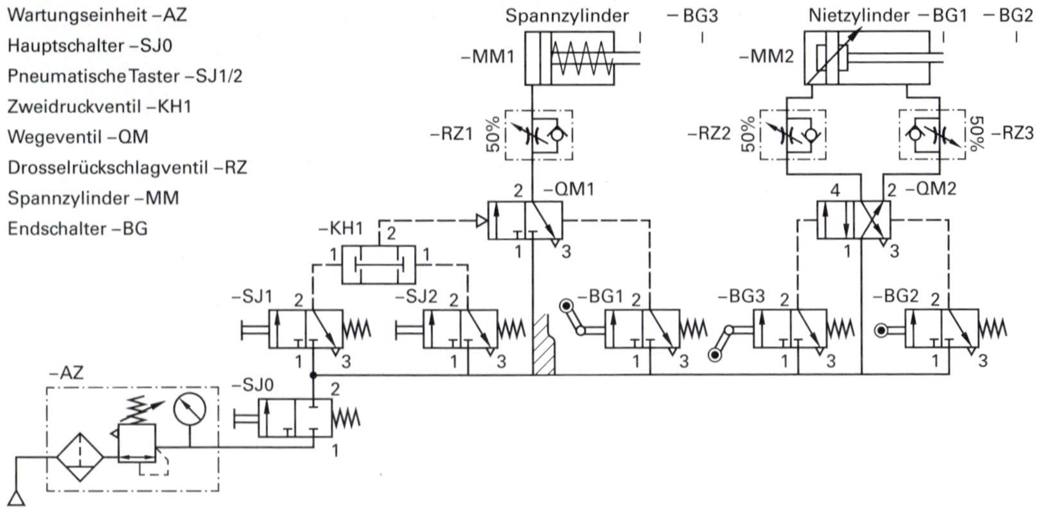

1 Pneumatik-Schaltplan Nietautomat

Arbeitsablauf

Nachdem das Werkstück in die Vorrichtung eingelegt wurde, werden beide Pneumatikventile (–SJ1 und –SJ2) vom Bediener gleichzeitig betätigt. Der Zylinder (–MM1) fährt langsam aus und spannt das Werkstück. Ist die Endlage erreicht, wird durch das Ventil mit Rollenhebel (–BG3) der Nietzylinder (–MM2) geschaltet.

Wenn dieser nach einer schnellen Ausfahrbewegung die Endlage erreicht, schaltet das Ventil –BG2 die langsame Einfahrbewegung des Nietzylinders. Hat dieser seine Ausgangslage erreicht, beendet Ventil – BG1 den Arbeitsgang, indem es den Spannzylinder langsam einfahren lässt (siehe auch Weg-Schritt-Diagramm S. 138).

Struktogramm

Mit einem Struktogramm können umfangreiche Steuerungsaufgaben logisch gegliedert werden. Dabei wird der Ablauf der Steuerung unabhängig von der späteren Ausführung dargestellt. Die Steuerung wird in Blöcke für eine Abfrage zerlegt, die jeweils einen Eingang und einen Ausgang haben. Je nach Bedingung ergibt sich das entsprechende Ausgangssignal. Jeder Block wird als Rechteck gezeichnet. Der Anweisungstext, die Bedingungen und Abfragen werden in den Block eingetragen. Verzweigungen werden mit Schrägstrichen dargestellt. Für das Beispiel Nietautomat ist ein Struktogramm in Bild 2 dargestellt.

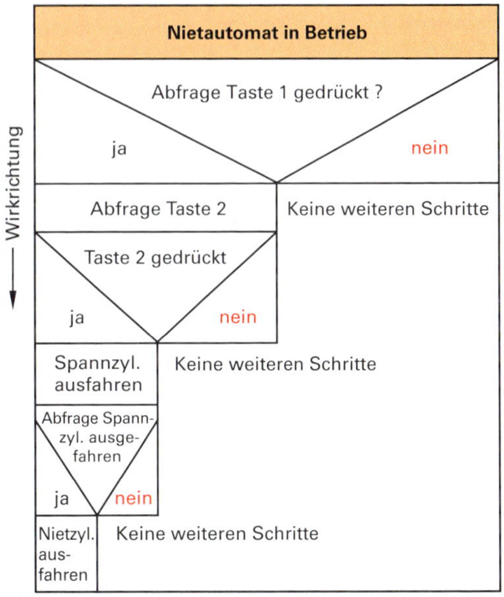

2 Struktogramm des Nietautomaten (vereinfacht)

Funktionsplan

Eine weitere Hilfe bei der Lösung einer steuerungstechnischen Aufgabe ist der Funktionsplan. Er hilft vor allem, wenn man sicher sein will, dass die vorgegebenen Startbedingungen für jeden einzelnen Schritt auch alle erfasst werden. Aus ihm kann leicht der Schaltplan für die Steuerung erstellt werden. Auch er ist unabhängig davon, wie die Steuerung später ausgeführt wird. Er stellt die Funktion grafisch dar. Man verwendet dabei Schrittsymbole mit der Nummer des Arbeitsschrittes und seiner Bezeichnung, Grundsymbole für die Befehle und man beschreibt die Übergangsbedingungen.

Bild 1 zeigt einen Funktionsplan am Beispiel des Nietautomaten. Das Grundsymbol für den Befehl kennzeichnet die Befehlswirkung (z.B. S für gespeichert), beschreibt den Befehl und gibt eine Befehlsnummer an (z.B.: 1). Die Schritte werden mit Wirkungslinien verbunden. Die Wirkungslinie erhält nur dann einen Pfeil, wenn sie von unten nach oben verläuft.

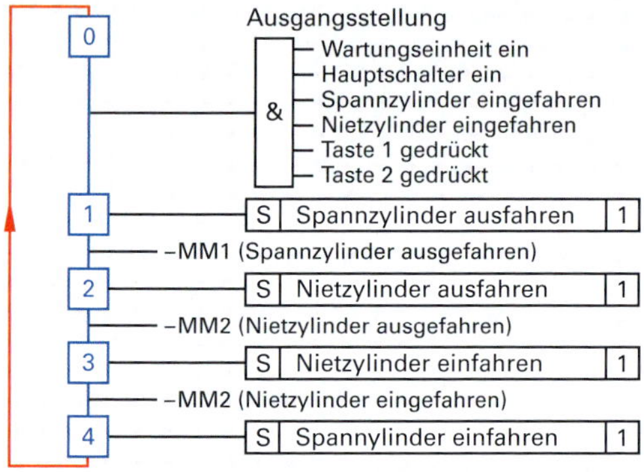

1 Funktionsplan des Nietautomaten

5.5 Regelungen

Bei Steuerungen wirken die Signale immer nur in eine Richtung vom Steuergerät zur Steuerstrecke (Bild 2). Die Steuerung erhält keine Rückmeldung, ob der eingestellte Wert auch erreicht ist oder gar überschritten wird.

Bei einer Regelung wird der tatsächlich erreichte Wert, der **Istwert,** gemessen und mit dem **Sollwert** verglichen. Besitzt z.B. eine Drehmaschine eine Regelung für die Drehzahl, so wird der Drehzahlsollwert vorgegeben und die Spindel dreht sich mit der eingestellten Drehzahl. Durch eine größere Spantiefe erhöht sich der Widerstand des Werkstoffes und die Drehzahl nimmt ab. Diese **Störgröße** wird nun von einer Messeinrichtung erfasst und mit dem Sollwert verglichen (Bild 3). Dabei ergibt sich eine Regelabweichung. Die Regeleinrichtung erhöht die **Stellgröße,** in diesem Fall die Motorspannung. Damit wird die Motordrehzahl wieder erhöht, bis der Sollwert erreicht ist und die Spindel sich mit der gewünschten Drehzahl, der **Regelgröße,** dreht.

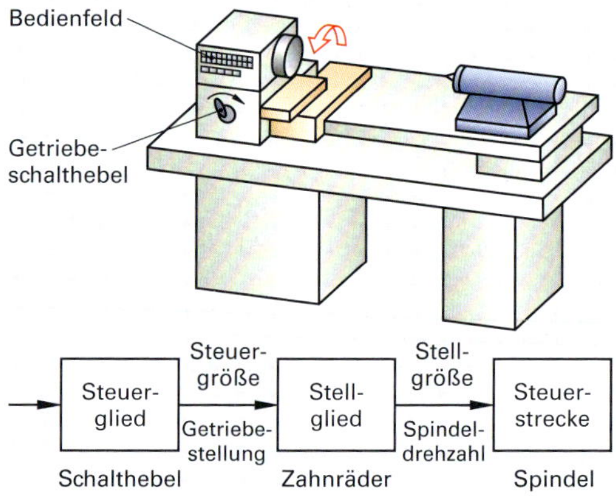

2 Drehzahlsteuerung einer Drehmaschine

Merke

Eine Regelung vergleicht immer Soll- und Istwert der Regelgröße und beeinflusst entsprechend die Stellgröße.

Da bei einer Regelung immer eine Rückmeldung des Istwertes an die Regeleinrichtung und ein Vergleich mit dem Sollwert stattfindet, spricht man von einem **Regelkreis.**

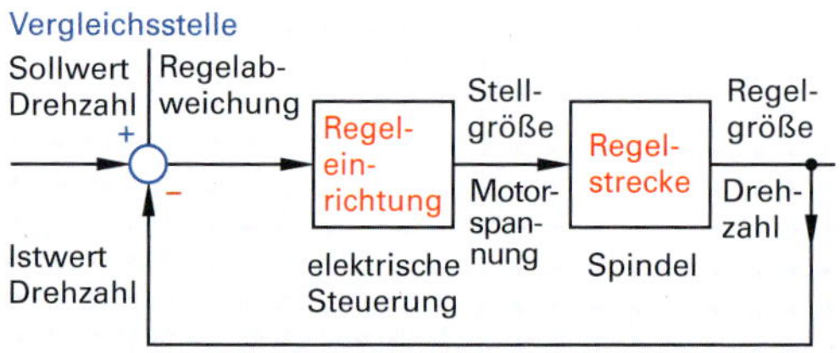

3 Drehzahlregelung einer Drehmaschine

Überprüfen Sie Ihre Kenntnisse

1 Entwerfen Sie einen Schaltplan für eine pneumatische Steuerung für einen Vorschub- und einen Spannzylinder.

2 Entwerfen Sie eine elektrische Steuerung mit zwei Einschaltern und einem Sicherheitssensor.

3 Sie sollen eine Steuerung für ein Förderband mit Elektromotor entwerfen. Welcher Steuerungsart geben Sie den Vorzug?

4 Nennen Sie Vorteile hydraulischer Steuerungen gegenüber elektrischen und pneumatischen Steuerungen.

5 Erläutern Sie Steuerungsaufgaben, bei denen es vorteilhaft ist, speicherprogrammierbare Steuerungen einzusetzen.

6 Erstellen Sie einen ausführlichen Arbeitsablauf der pneumatischen Komponenten entsprechend dem Schaltplan Bild 1, S. 139.

7 Erläutern Sie die wesentlichen Unterschiede zwischen einer Steuerung und einer Regelung.

8 Erklären Sie den Begriff Regelkreis.

9 Erläutern Sie, wie sich eine Störgröße im Regelkreis auswirkt.

5.6 GRAFCET in der Automatisierungs- und Verfahrenstechnik – Einordnung

Steuerungs- und Regelungsvorgänge werden im industriellen und handwerklichen Alltag immer komplizierter. Durch immer leistungsfähigere elektronische Bauteile können Geräte und Maschinen für schwierige Aufgaben vom Hersteller und bei z.B. Werkzeugmaschinen auch später vom Kunden leicht programmiert werden. Die steuerungstechnischen Abläufe (man spricht von einer **Ablaufsteuerung**), sind dabei nicht immer einfach zu durchschauen.

Während der Entwicklung, zum besseren Verständnis bei der späteren Fehlersuche oder Neuprogrammierung wird deshalb versucht, diese Vorgänge für den Menschen anschaulich, **grafisch sichtbar** zu machen. **Funktionsdiagramme** nach VDI 3260 (Wegdiagramme, Zustandsdiagramme (Bild 2, 4 Seite 127) oder Funktionspläne (Bild 3, Seite 126) nach der inzwischen zurückgezogenen DIN 40719-6 sind dafür gut geeignet, verlieren jedoch bei komplexen Aufgabenstellungen an Übersichtlichkeit.

Heute versteht man unter **Funktionsplan** oft ganz allgemein die graphische Darstellung technischer Abläufe, wie z.B. die einer Programmiersprache für Industriemaschinen (STEP 7, Siemens). Die Symbolik dieser Programmierung entspricht großteils den Grafiken und Regeln der seit 2005 gültigen Norm IEC 61131-3 (GRAFCET) sowie Norm DIN EN 60848.

Die „neue" Ablaufsprache **GRAFCET** (französisch: **GRA**phe **F**onctionel de **C**ommande **E**tape **T**ransition), nach DIN EN 60848, vereinfacht und erweitert die Möglichkeiten der Darstellung technischer Abläufe gegenüber den vorangegangenen Regelwerken. Wegen der großen Ähnlichkeit kann die Planung nach GRAFCET eine SPS-Programmierung stark vereinfachen.

Aus Sicht der gültigen Normen kann heute zur Darstellung von technischen Abläufen eigentlich ausschließlich ein Funktionsplan nach GRAFCET genutzt werden. Aber:

Die „alten", nicht mehr in gültigen Normen beschriebenen Darstellungsmöglichkeiten (Funktionsdiagramm und Funktionsplan nach DIN 40719-6) werden weiterhin zur Darstellung einfacher Sachverhalte und zu Ausbildungszwecken eingesetzt.

GRAFCET-Pläne sind in der Praxis unterschiedlich ausgeprägt. Sie können technische Abläufe sehr einfach beschreiben (Bild 1), mit Kommentaren ausgestattet sein (Bild 2), aber auch sehr ausführlich Aktionen und Bedingungen nennen (Bild 3).

5.6.1 Erstellung

Natürlich können Funktionspläne durch Zeichnen oder Skizzieren per Hand erstellt werden. Das ist jedoch nur zum Üben oder bei kleineren Sachverhalten sinnvoll.

Zum Zeichnen bzw. Schreiben eines GRAFCET-Ablaufplanes stehen verschiedene Computerprogramme – sogenannte **Editoren** (englisch: Aufbereiter) zur Verfügung. Diese müssen zumeist käuflich erworben werden. Man kann allerdings auch Gratisversionen im Internet finden, die zumeist eingeschränkte Funktionen bieten, jedoch zur Lösung einfacher bis mittelschwerer Aufgaben oft ausreichend sind. Fast immer können diese speziellen Computerprogramme die Funktionsfähigkeit des Ablaufplans simulieren.

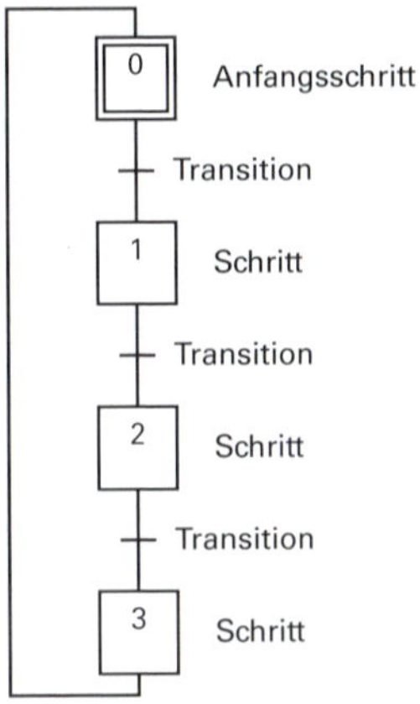

1 Einfaches GRAFCET

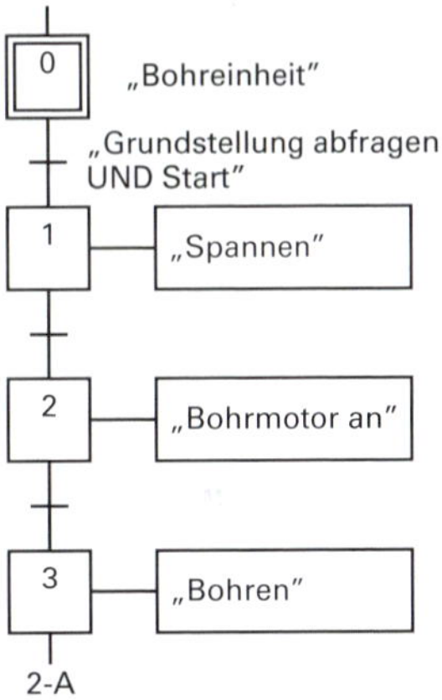

2 GRAFCET mit Kommentaren

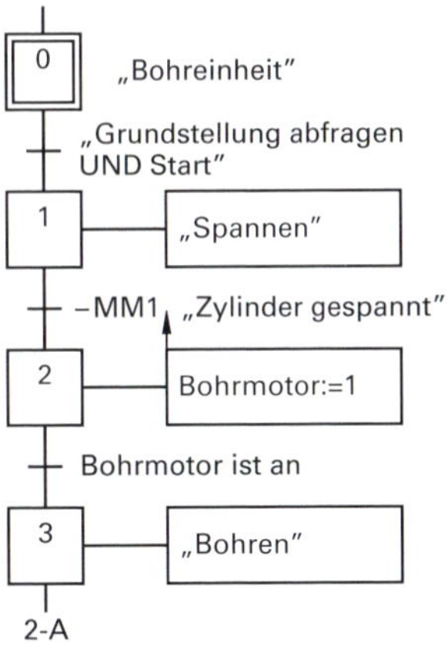

3 GRAFCET mit Struktur und Wirkungsteil

5.6.2 Elemente

Ein Ablaufplan nach GRAFCET besteht aus **Strukturelementen** und **Wirkungsteil**.

Strukturelemente (Bild 1)

- **Schritte,** *Symbol: Quadrate*
- **Wirkverbindungen,** *Symbol: Linie zwischen den Schritten*
- **Transitionen** (Weiterschaltbedingungen), *Symbol: Querstrich in den Wirkverbindungen*
- **Schrittnamen, Transitionsnamen und Kommentare,** *Symbol: „An- und Ausführungszeichen"*

Wirkungsteil (Bild 2):

- **Transitionsbedingungen,** *Symbol: logische Ausdrücke*
- **Aktionen,** *Symbol: Rechteck*
- **Kommentare,** *Symbol: „An- und Ausführungszeichen"*

Schritte werden fortlaufend nummeriert und wechseln sich immer mit Transitionen ab. Ein Schritt kann mit einer Variablen bezeichnet werden. Diese Variable ist immer ein **X** (z. B. Schritt 2: **X2**). Der erste Schritt ist immer doppelt umrandet (Anfangsschritt). Er kennzeichnet den Zustand direkt nach dem Einschalten. Schritte können durch Aktionen ergänzt werden (siehe Bild 3, Seite 143).

Die Ablaufschritte (Wirkverbindungen) werden immer von oben nach unten bzw. von links nach rechts dargestellt. Sind andere Wirkverbindungen aufzuzeigen, müssen Pfeile angetragen werden.

Schrittnamen, Transitionsnamen und Kommentare werden mit „An- und Ausführungszeichen" versehen.

Eigentlich kann in einem Ablauf immer nur ein Schritt aktiv sein. Über die Symbole „Einschließender Schritt" oder „Makroschritt" wird jedoch auf evtl. zeitgleich ablaufende Prozesse verwiesen. Hier handelt es sich um eine Art „Unterprogramme", welche auch während der Projektierung unabhängig von der Erstellung des primären Ablaufs von anderen Mitarbeitern erstellt und in separaten GRAFCET dargestellt werden können.

Wird ein **Einschließender Schritt** ausgeführt, werden zeitgleich andere Schritte aktiviert. In einem **Teil-GRAFCET** können die weiteren Schritte dargestellt werden, die an diesem Ablaufpunkt aktiv sind. Hat man wegen eines einschließenden Schritts nur einen Teil eines GRAFCET vor sich, ist es oft notwendig zu wissen, welche Schritte gerade aktiv sind. Aktive Schritte werden mit einem **Stern** (*) gekennzeichnet (Bild 3).

Hinter einem **Makroschritt** verbergen sich ein oder mehrere weitere Steuerungsabläufe. Sie werden in Teil-GRAFCETs dargestellt. Damit kann man komplizierte Sachverhalte einfacher entwickeln und abbilden (Bild 4).

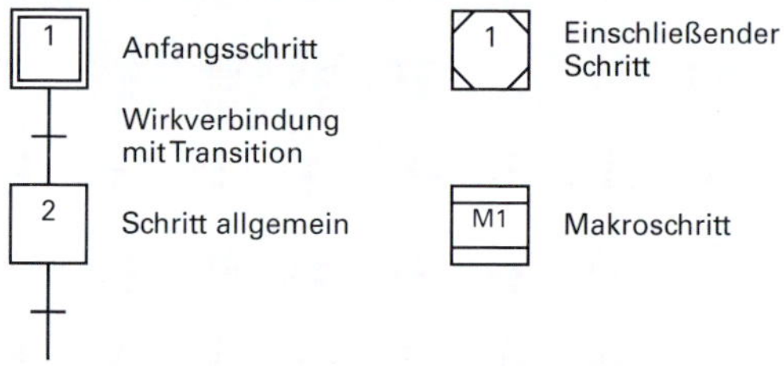

1 GRAFCET Strukturelemente (Auswahl)

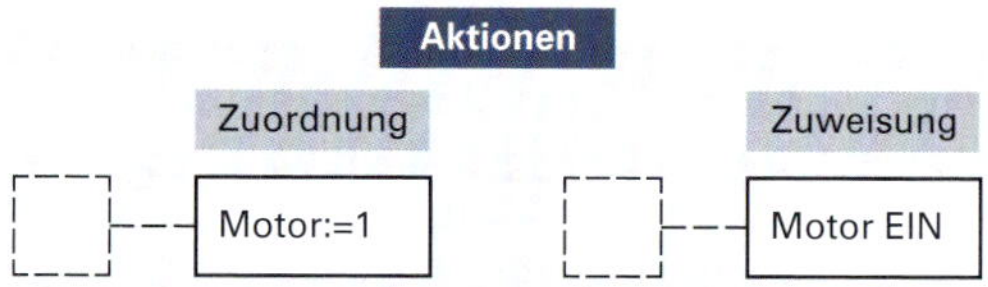

Transitionsbedingungen

Textliche oder boolsche Ausdrücke der Logik. Beispiele:
0 oder **1** (**FALSE** oder **THRUE**)
UND Verknüpfung: **a UND b** oder **a*b**
ODER Verknüpfung: **a ODER b** oder **a+b**

2 GRAFCET Wirkungsteil

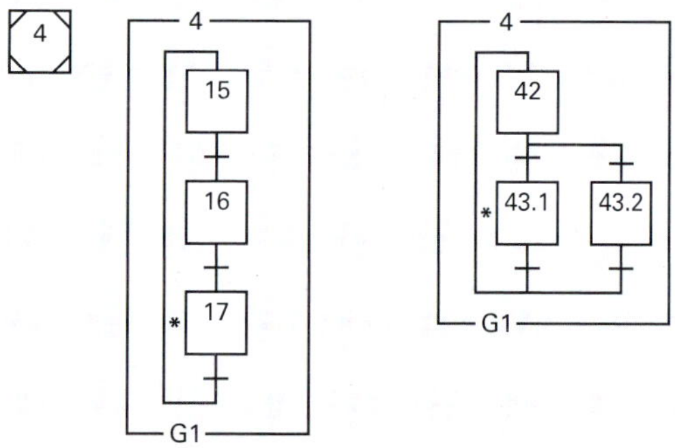

3 Teil-GRAFCET, Einschließender Schritt

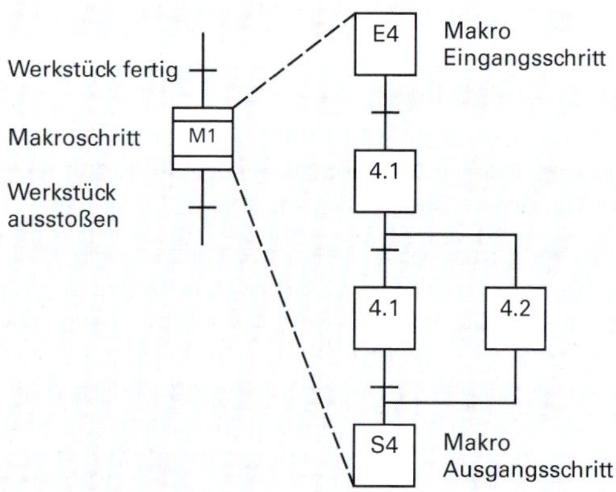

4 Makroschritt

5.6.3 Transitionsbedingungen

Transitionsbedingungen (auch Übergangsbedingungen), beschreiben logische Zusammenhänge grafisch, in Textform oder mit Hilfe der aus der Logik bekannten Variablen (Boole`sche Algebra). So wird beispielsweise eine **UND**-Bedingung mit „*" oder „Λ" gekennzeichnet. Eine **ODER**-Bedingung wird mit **„+"** oder **„V"** symbolisiert. Transitionsbedingungen können auch durch einen Text ergänzt werden (Bild 1).

Aktionen werden in einem rechteckigen Rahmen rechts neben den Schritten beschrieben. Sie sind im Normalfall nur für diesen Schritt gültig. Sie können ergänzt werden durch zusätzliche Schaltbedingungen wie z. B. einer Zeitverzögerung.

Aktionen beschreiben kurz, was an dieser Stelle des Steuerungsablaufs zu beobachten bzw. beabsichtigt ist. Es ist möglich mehrere Aktionen gleichzeitig zu starten. In der Darstellung gibt es dafür verschiedene Möglichkeiten mit dem gleichen Aussagegehalt (Bild 2). Die Reihenfolge der Anordnung ist keine zeitliche Abfolge!

Soll eine Aktion über mehrere Schritte hinweg Gültigkeit behalten, z. B. ein Gerät eingeschaltet bleiben, wird diese Aktion („Gerät EIN schalten") **gespeichert.** Die Speicherung bleibt so lange erhalten, bis an einer anderen Stelle des Steuerungsablaufs diese Aktion beendet wird (z. B. „Gerät AUS schalten"). Speicher-Beginn oder Speicher-Ende werden durch das Aktionssymbol Pfeil am linken Rechteckrand gekennzeichnet. Der Pfeil nach oben gibt an, dass diese Anweisung ausgeführt wird, wenn der Schritt beginnt.

Ist der Pfeil nach unten gerichtet, wird die Aktion ausgeführt, wenn der Schritt beendet ist (Bild 3). In diesem Fall besteht auch die Möglichkeit, den Vorgang an der nach diesem Schritt liegenden Transition zu beschreiben.

Nicht immer ist es sinnvoll, den Start und die Wirkungsdauer einer Aktion an den Ablauf der Steuerung zu koppeln. Eine **Zeitangabe** kann der bessere Indikator sein und außerdem die Übersichtlichkeit des Prozesses erleichtern, weil an anderer Stelle das Beenden nicht mehr bedacht werden muss.

An einem senkrechten Strich an der oberen Rechtecklinie können diese, aber auch weitere zusätzliche Bedingungen genannt werden. Die Zeitangabe erfolgt in der Regel in Sekunden und wird oft noch mit weiteren Bedingungen versehen (Bild 4).

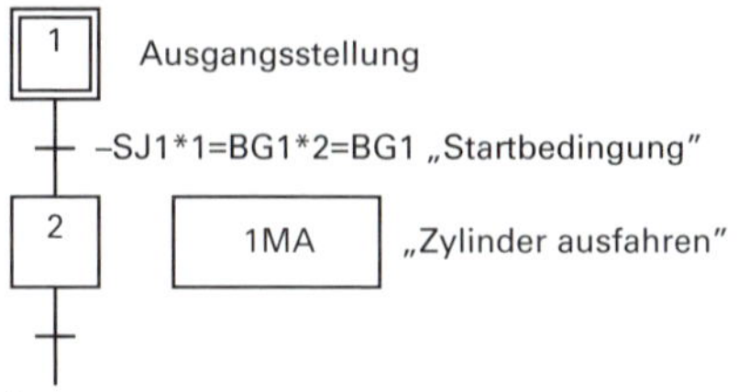

Lese:
Wenn Schalter 1 an und Zylinder 1 in Lage B1 und Zylinder 2 in Lage B1, dann Startbedingung erfüllt. Magnetspule Zylinder 1 betätigen. Zylinder 1 ausfahren!

1 Beispiel zur Benennung einer Transitionsbedingung

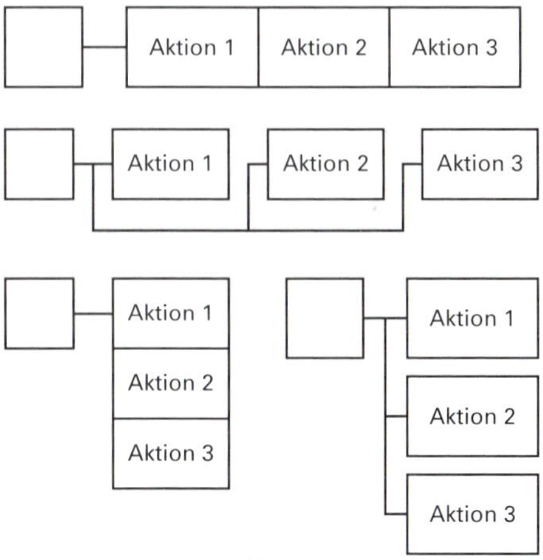

2 Darstellungsmöglichkeiten mehrerer Aktionen während eines Funktionsschrittes

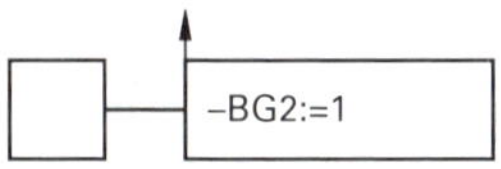

Gerät B2 wird bei Aktivierung des Schrittes geschaltet

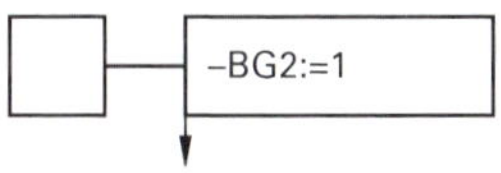

Gerät B2 wird am Ende des Schrittes geschaltet

3 Gespeicherte Aktion

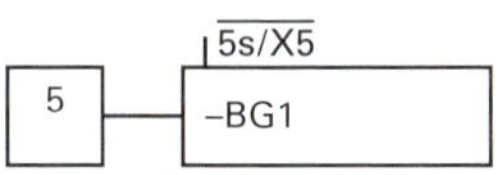

Zeitbegrenzung: Wenn Schritt 5 aktiv wurde, wird Gerät BG1 sofort **für 5 Sekunden** geschaltet

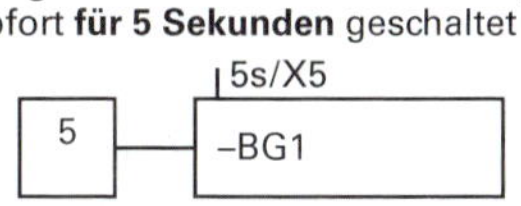

Anzugsverzögerung: Wenn Schritt 5 aktiv wurde, wird Gerät BG1 erst **nach 5 Sekunden** geschaltet

4 Zeitsteuerung einer Aktion

5.6.4 Beispiel einer vereinfachten Ablaufsteuerung

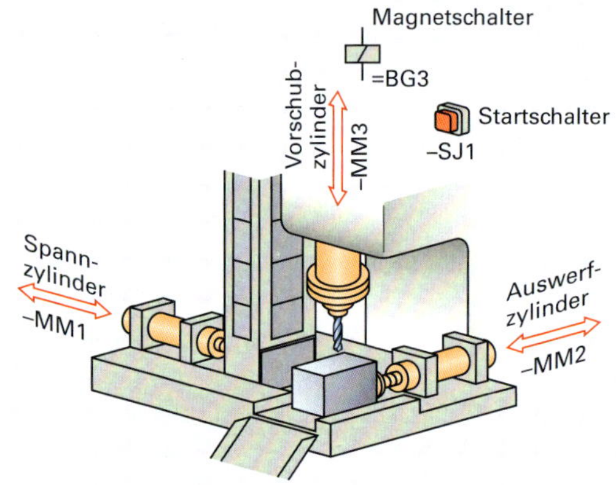

1 Bohreinheit mit Spann- und Auswurfzylinder

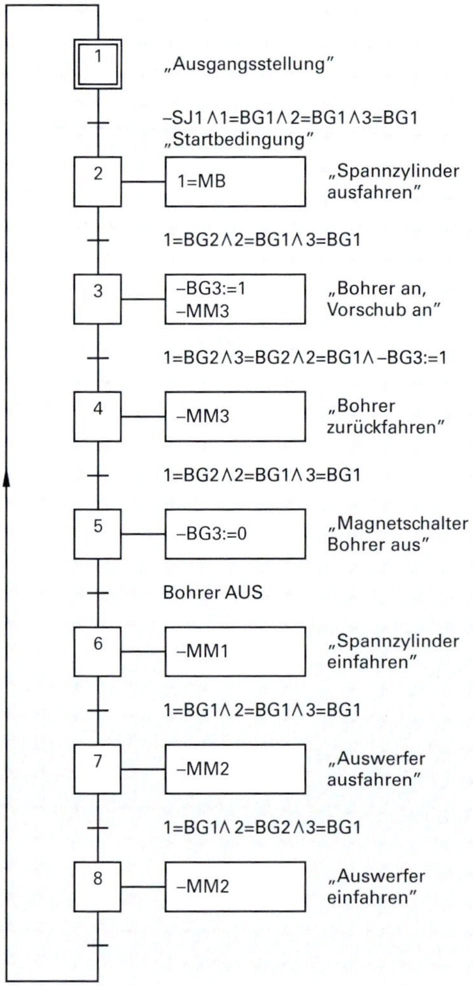

GRAFCET einer Bohreinheit mit Spann- und Auswurfzylinder

Nebenbedingungen:

Endschalter (=BG) stellen jeweils fest ob:
Spannzylinder –MM1 eingefahren (**1=BG1**)
Spannzylinder –MM1 ausgefahren (**1=BG2**)
Auswerfzylinder –MM2 eingefahren (**2=BG1**)
Auswerfzylinder –MM2 ausgefahren (**2=BG2**)
Vorschubzylinder –MM3 eingefahren (**3=BG1**)
Vorschubzylinder –MM3 ausgefahren (**3=BG2**)
Motor Bohrmaschine aus: (**–BG3:=0**)

Die Sensorenwerte zum Füllstand des Werkstückmagazins und des Anpressdrucks der Werkstückspannung werden in diesem Beispiel nicht berücksichtigt. Die Zylinder werden jeweils über ein 5/2 Wegeventil elektromagnetisch betätigt.

Lesen des GRAFCET	
Schritt 1	Ausgangsstellung. Alle Zylinder (1 bis 3) sind eingefahren (in Stellung **BG1**)
Transition	Wenn Schalter –SJ1 betätigt wird und alle Zylinder in Stellung **BG1** (eingefahren), dann erfolgt Schritt 2.
Schritt 2	Spannzylinder ausfahren. **=MB** steht für „Bewegung" Hier wird ein Elektromagnet des 5/2 Wegeventils betätigt.
Transition	Wenn Spannzylinder (1) ausgefahren (Stellung =BG2) und Zylinder 2 und 3 eingefahren, dann erfolgt Schritt 3.
Schritt 3	Bohrermotor und Vorschub (Zylinder 3) anschalten.
Transition	Wenn Spannzylinder weiterhin ausgefahren, Vorschubzylinder komplett ausgefahren (=BG2) Auswerfzylinder eingefahren und Bohrermotor an, dann erfolgt Schritt 4.
Schritt 4	Bohrer zurückfahren (Zylinder 3 in Stellung =BG1 fahren).
Transition	Wenn Spannzylinder weiterhin ausgefahren, Vorschubzylinder komplett eingefahren (=BG1) Auswerfzylinder eingefahren, dann erfolgt Schritt 5.
Schritt 5	Motor Bohrmaschine über Schalter –BG3 ausschalten.
Transition	Wenn Bohrermotor ausgeschaltet ist, dann weiter zu Schritt 6.
Schritt 6	Spannzylinder (Zylinder 1) einfahren.
Transition	Wenn alle Zylinder eingefahren sind (Stellung =BG1), dann erfolgt Schritt 7.
Schritt 7	Auswerfer (Zylinder 2) ausfahren.
Transition	Wenn Zylinder 1 und 3 eingefahren und Zylinder 2 (Auswerfer) komplett ausgefahren, dann erfolgt Schritt 8.
Schritt 8	Zylinder 3 in Ausgangsstellung =BG1 zurückfahren.
Transition	Rücksprung an Ablaufbeginn.

6 Technische Kommunikation

Für den planmäßigen Ablauf aller Fertigungs- und Montagearbeiten in einem Betrieb werden an unterschiedlichen Stellen vielfältige Informationen benötigt. Diese Informationen müssen so gestaltet sein, dass sie vom jeweiligen Empfänger fehlerfrei verstanden und für die weitere Verwendung eingesetzt werden können.

Merke

Unter **Technischer Kommunikation** versteht man die Bereitstellung, Bearbeitung, Weiterleitung und Speicherung technischer Informationen.

Technische Kommunikation kann stattfinden zwischen Menschen, aber auch zwischen Menschen und Maschinen sowie zwischen unterschiedlichen Maschinen (Bild 1). Neben der Sprache werden dabei verschiedene andere Kommunikationsmittel zum Informationsaustausch benutzt.

- Technische Zeichnungen
- Stücklisten
- Pläne
- Tabellen
- Diagramme
- Programme

Für die Herstellung, Montage und Instandhaltung von Bauteilen und Konstruktionen aus dem Metallbereich sind nach wie vor die Technischen Zeichnungen in unterschiedlichen Formen das wichtigste Kommunikationsmittel.

Kommunikation kann stattfinden zwischen:

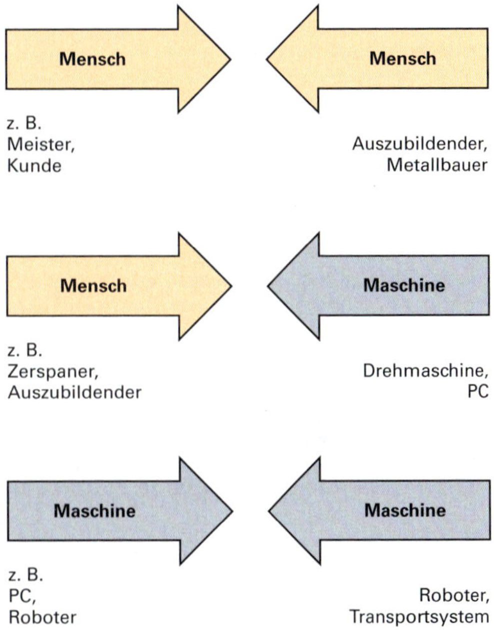

1 Kommunikationsmöglichkeiten

6.1 Die Technische Zeichnung als Kommunikationsmittel

Merke

Technische Zeichnungen sind grafische Dokumente, die alle Informationen enthalten, die für die Herstellung eines Einzelteiles, einer Baugruppe oder eines kompletten Produktes erforderlich sind.

An eine Technische Zeichnung, die z. B. zur **Herstellung eines Werkstückes** benötigt wird, werden andere Anforderungen gestellt als an eine Zeichnung, die den **Einbau** dieses Werkstückes dokumentiert. Folglich existieren unter dem Oberbegriff Technische Zeichnung ganz unterschiedliche Arten von Darstellungen (Bild 2).

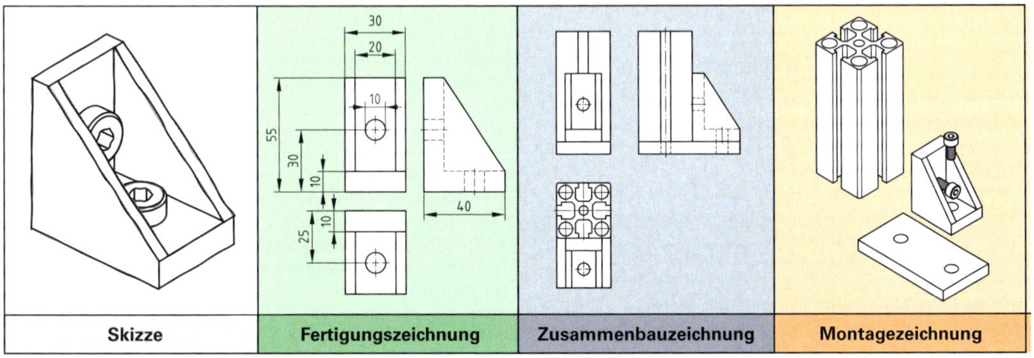

2 Unterschiedliche Zeichnungsarten

6.1.1 Darstellungsarten

Je nach Verwendungszweck und Aufgabe der Technischen Zeichnung ist es sinnvoll, das darzustellende Teil bzw. die darzustellenden Teile in einer Ansicht, in mehreren Ansichten oder, falls erforderlich, in einer räumlichen Darstellung (Perspektive) zu zeichnen.

Perspektivische Darstellung

Alle Teile, die in einem technischen System verwendet werden, sind dreidimensionale Gegenstände. Da das Zeichenblatt, auf dem die Teile dargestellt werden, aber nur über zwei Dimensionen verfügt, ist es schwierig, komplizierte Teile so darzustellen, dass für jeden Zeichnungsbetrachter eine klare Vorstellung über die Gestalt des Teiles möglich ist. Durch die perspektivische Darstellung wird ein räumlicher Eindruck ähnlich wie bei einer Fotografie erzeugt.

Diese Art der Darstellung wird häufig auch in Form einer Handskizze genutzt, um ungeschulten Betrachtern eine komplizierte Form zu beschreiben.

Grundsätzlich werden folgende Perspektivarten unterschieden:

- Die isometrische Projektion
- Die dimetrische Projektion
- Die Kavalier-Projektion
- Die Kabinett-Projektion

Die Unterschiede der einzelnen Projektionsarten bestehen in den Winkeln der Achsen, auf denen die Länge und die Breite des Teiles dargestellt werden sowie den Darstellungslängen der Werkstückkanten, die auf diesen Achsen liegen (Bild 1).

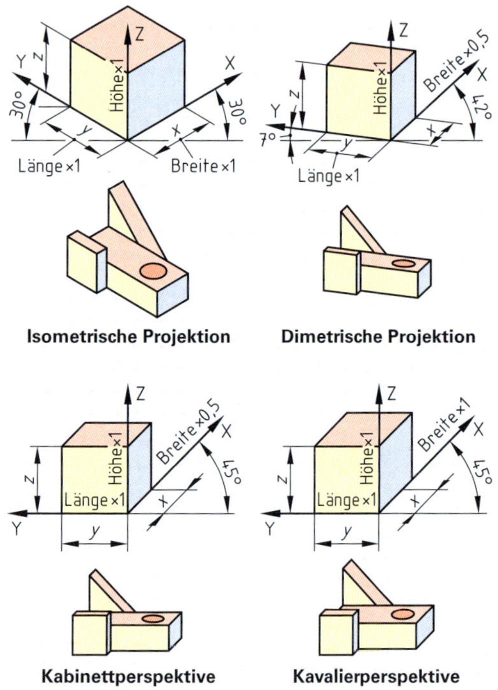

1 Perspektivarten

Darstellung in einer Ansicht

> ***Merke***
>
> Als **Ansicht** wird die Projektion einer Seite eines dreidimensionalen Körpers auf eine zweidimensionale Ebene (Zeichnungsblatt) bezeichnet.

Bei flächigen Teilen, einfachen Quadern und bei zylinderförmigen Drehteilen (rotationssymmetrischen Teilen) genügt meist **eine** solche Projektion, um die alternativfreie Darstellung des Teiles zu gewährleisten (Bild 2).

Bei flächigen Werkstücken wird dabei die dritte Dimension durch die Angabe der Dicke (z. B. $t = 3$), bei Quadern durch das Quadrat-Zeichen (z. B. □20) und bei rotationssymmetrischen Teilen durch die Angabe des Durchmessers (z. B. ø 18) dokumentiert. Die Bauteilsymmetrie wird durch das Eintragen der Mittellinie (Symmetrieachse) dargestellt.

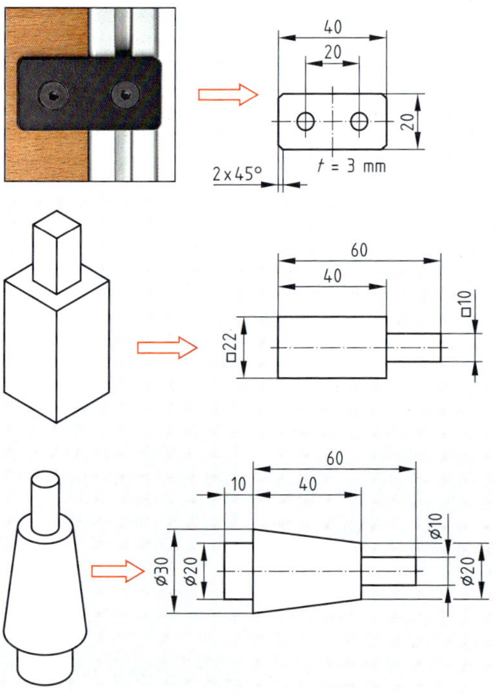

2 Darstellungen in einer Ansicht

Darstellung in mehreren Ansichten

Bei komplexeren Teilen ist die Darstellung einer Projektionsansicht nicht mehr ausreichend, um die Körperform eindeutig zu beschreiben. In diesem Falle muss das Werkstück in **mehreren** Ansichten dargestellt werden. Grundlage der Darstellung in mehreren Ansichten ist die rechtwinklige Parallelprojektion (Bild 3). Nach DIN EN ISO 128-3 sind die möglichen Ansichten eines Bauteiles in sechs Blickrichtungen festgelegt:

Ansicht in Richtung V:	Vorderansicht
Ansicht in Richtung D:	Draufsicht
Ansicht in Richtung Sal:	Seitenansicht von links
Ansicht in Richtung Sar:	Seitenansicht von rechts
Ansicht in Richtung R:	Rückansicht
Ansicht in Richtung U:	Untersicht (Bild 1)

Die Anordnung der einzelnen Ansichten in Bezug zur Vorderansicht wird in der Projektionsmethode festgelegt und durch ein entsprechendes Symbol gekennzeichnet (Bild 2). In den europäischen Ländern wird überwiegend nach der Projektionsmethode 1, in außereuropäischen Ländern häufig nach der Methode 3 gearbeitet.

Unabhängig von der Projektionsmethode gilt der folgende Grundsatz:

> ***Merke***
> Ein Werkstück wird immer nur in so vielen Ansichten dargestellt, wie zum eindeutigen Erkennen und Bemaßen erforderlich sind.

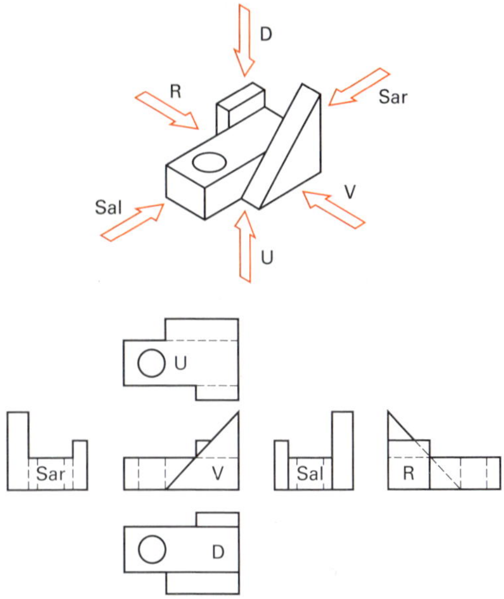

1 Projizierte Ansichten

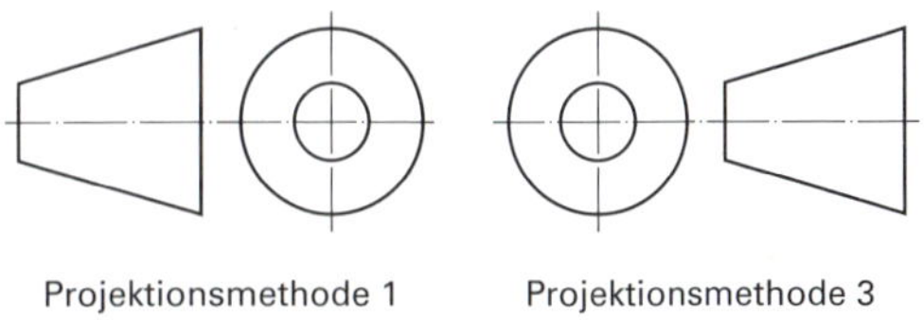

2 Projektionsmethoden

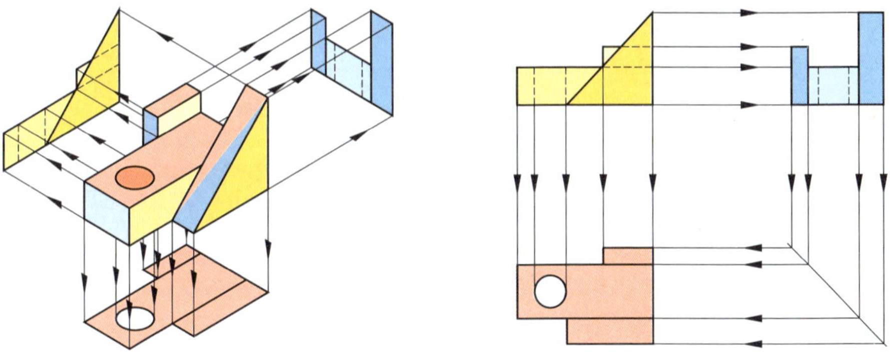

3 Grundlagen der rechtwinkligen Parallelprojektion (Projektionsmethode 1)

vel.plus/
GM47

> **Überprüfen Sie Ihre Kenntnisse**
> Erstellen Sie von dem rechts abgebildeten Teil eine Technische Zeichnung mit allen möglichen Ansichten.
> Abeiten Sie dabei nach den Projektionsmethoden 1 und 3.

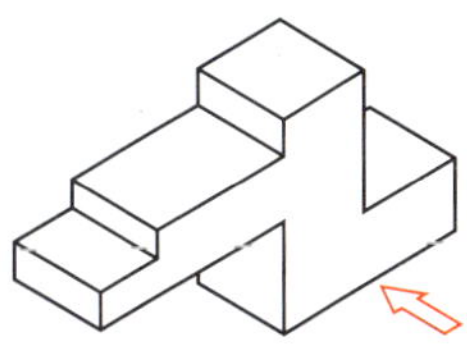

6.1.2 Einzelteilzeichnungen

Einzelteilzeichnungen dienen zur Herstellung von Werkstücken. Sie werden häufig auch als Fertigungszeichnungen bezeichnet. Sie müssen alle zur alternativfreien Herstellung von Teilen erforderlichen Angaben wie z. B. Maßangaben, Angaben zur Oberflächenbeschaffenheit, Werkstoffangaben u. a. beinhalten.

Eine besondere Bedeutung bei der Erstellung von Fertigungszeichnungen kommt der Verwendung von unterschiedlichen **Linienarten** zu. In Kombination mit der **Linienbreite** informiert die Linienart über Konturen, Symmetrien, Bauteilmaße u. a. (Bild 1).

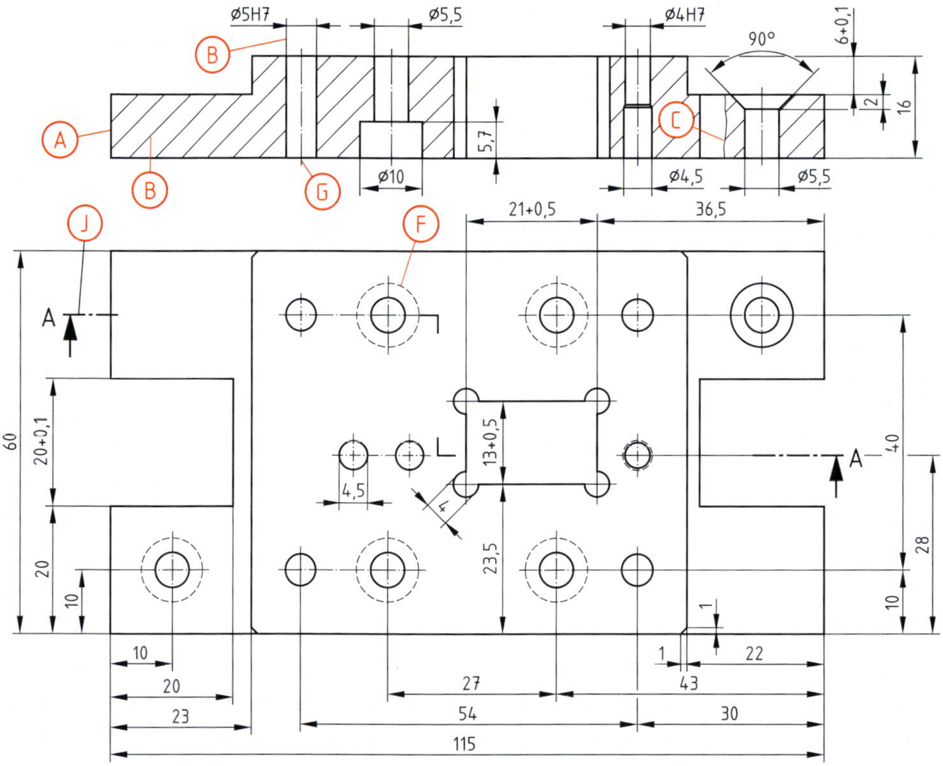

1 Linienarten

Tabelle 1: Linienarten und ihre Einsatzmöglichkeiten nach DIN EN ISO 128-2		
Linienart		**Einsatzbeispiele**
Breite Volllinie	A	Sichtbare Kanten und Umrisse, nutzbare Gewindelängen
Schmale Volllinie	B	Maß- und Maßhilfslinien, Schraffuren, Gewindegrund
Strichlinie, schmal	F	Verdeckte Kanten und verdeckte Umrisse
Strichpunktlinie, schmal	G	Mittellinien, Symmetrielinien, Lochkreise
Strichpunktlinie, breit	J	Kennzeichnung von Schnittverläufen
Strich-Zweipunkt-Linie, schmal	K	Umrisse abgrenzender Teile
Freihandlinie	C, D	Begrenzung von abgebrochenen Ansichten

Werkstücke mit prismatischer Grundform

Mit Ausnahme gegossener oder geschmiedeter Teile werden Werkstücke aus „Halbzeugen" hergestellt. Dies sind für prismatische Werkstücke platten- oder profilartig gewalzte, gegossene, gepresste oder gezogene Werkstoffe (Bild 1), die durch vielfältige Bearbeitungsverfahren in die gewünschte Form gebracht werden. Obwohl oftmals die Ursprungsform nach der Bearbeitung fast nicht mehr erkennbar ist, kann diese für die Vorstellung der einzelnen Ansichten eine große Hilfe sein. Prismatische Werkstücke werden als Fertigungszeichnung in verschiedenen Ansichten dargestellt. Dabei wird die aussagekräftigste Ansicht als Vorderansicht gewählt (Bild 2).

1 Halbzeuge

Bei der Wahl der anderen Ansichten muss darauf geachtet werden, dass durch die jeweilige Ansicht auch zusätzliche, neue Informationen über die Werkstückform vermittelt werden. So ist es z. B. bei unbearbeiteten Profilen häufig so, dass die Vorderansicht und die Draufsicht identisch sind. Eindeutige Aussagen über die Profilansicht lassen sich somit nur aus der Seitenansicht ermitteln (Bild 3).

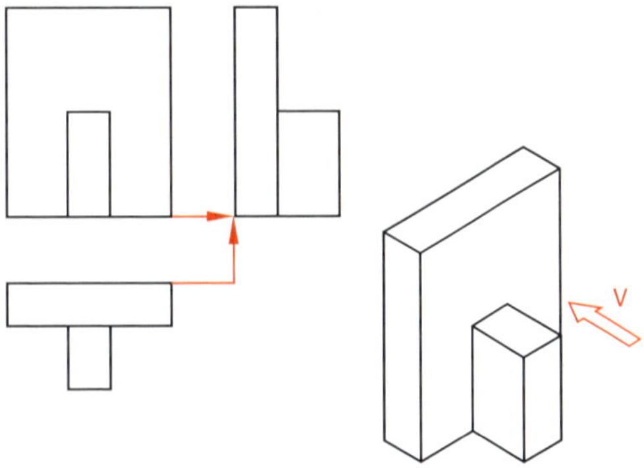

2 Wahl der Vorderansicht

Mithilfe von **Projektionslinien** werden die Breitenmaße in die Draufsicht und, falls erforderlich, in die Untersicht übertragen. In der gleichen Weise werden die Höhenmaße in die erforderlichen Seitenansichten projiziert. Über eine unter 45° gelegte Hilfslinie (Umlenklinie) kann aus den sich ergebenden Schnittpunkten die jeweils fehlende Ansicht entwickelt werden (Bild 3, Seite 150).

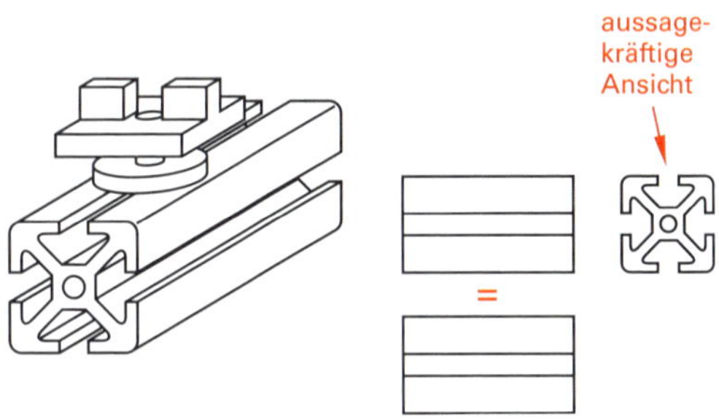

3 Zusätzliche Ansicht

Zeichenregeln für Symmetrieachsen sind:

- Die Symmetrieachse wird durch eine Mittellinie (schmale Strichpunktlinie) gekennzeichnet.
- Die Länge der Striche richtet sich nach der Größe des Werkstückes.
- Symmetrieachsen beginnen und enden stets mit einem Strich, der die äußeren Werkstückkanten um ca. 3 mm überragt.
- Mittellinien schneiden die Werkstückkanten immer mit einem Strich.
- Ist ein Werkstück in zwei Richtungen symmetrisch, so wird dies durch ein Mittellinienkreuz gekennzeichnet.

Die Regeln über die Mittellinien gelten auch, wenn die Form einseitig geringfügig in ihrer Symmetrie verändert wird.

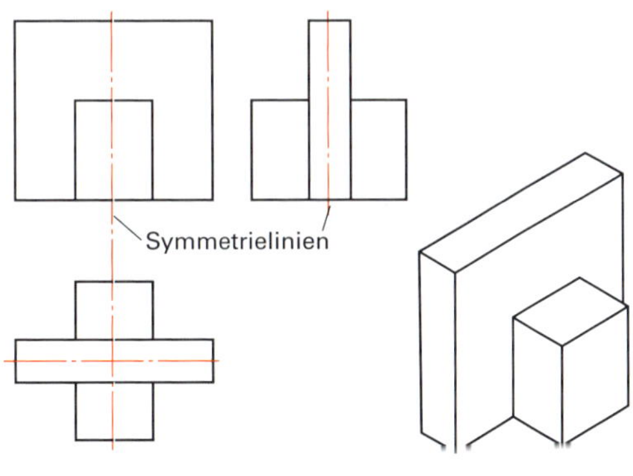

4 Symmetrisches Werkstück

Bearbeitungsformen an prismatischen Grundformen

Die vielen möglichen Veränderungen an der Form des Halbzeuges lassen sich auf einige wenige grundsätzliche Arten reduzieren. In der Fachsprache der Technischen Zeichnung werden diese als Ausklinkung, Abschrägung, Außen- und Innenrundung, Durchbruch, Nut und Bohrung bezeichnet (Bild 1).

Unterschiedliche Bearbeitungen wie z.B. Abschrägung und Ausklinkung können in einzelnen Ansichten durchaus gleiche Darstellungen bewirken (Bild 2).

Eine eindeutige Gestaltsaussage lässt sich dann nur in Verbindung mit anderen Ansichten machen.

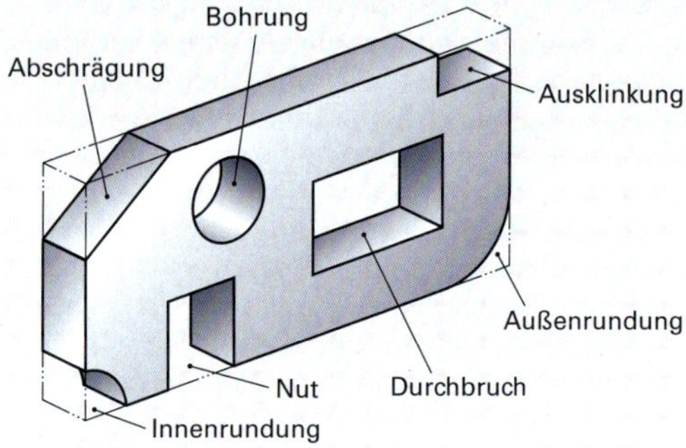

1 Bearbeitung an Halbzeugen

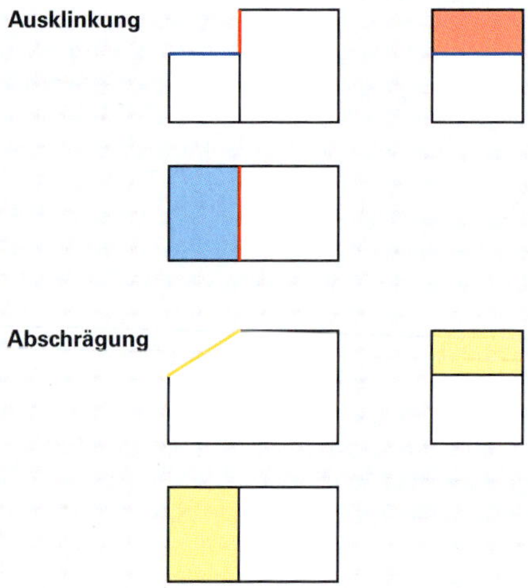

2 Bearbeitungsergebnisse

Darstellung verdeckter Kanten

Durch die Bearbeitung der Rohlinge entstehen häufig Werkstückkanten, die nicht in allen Ansichten auch sichtbar sind. In diesem Falle wird von verdeckten Kanten gesprochen. Diese werden durch schmale Strichlinien (Linientyp F) dargestellt (Bild 3). Für die Eintragung gelten folgende Regeln:

- Die einzelnen Striche sind gleich lang und werden von kurzen Lücken unterbrochen.
- Die Länge der einzelnen Striche richtet sich nach der Größe der Zeichnung und kann bis zu max. 10 mm betragen.
- Volllinien haben beim Zeichnen grundsätzlich Vorrang.
- Die schmalen Strichlinien werden ganz an die Körperkanten herangezogen.
- Stoßen zwei verdeckte Kanten aneinander, so bilden sie eine Ecke.
- Als Verlängerung von Körperkanten beginnen die Strichlinien mit einer Lücke.

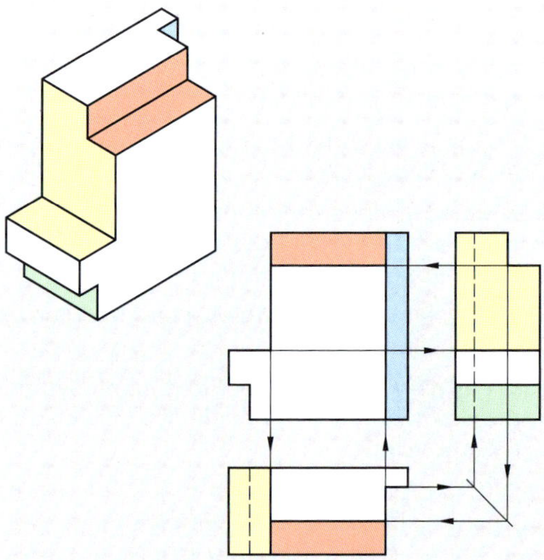

3 Ansichten mit verdeckten Kanten

Überprüfen Sie Ihre Kenntnisse

Erstellen Sie von den unten abgebildeten Teilen Einzelteilzeichnungen in jeweils drei Ansichten (V = Vorderansicht).

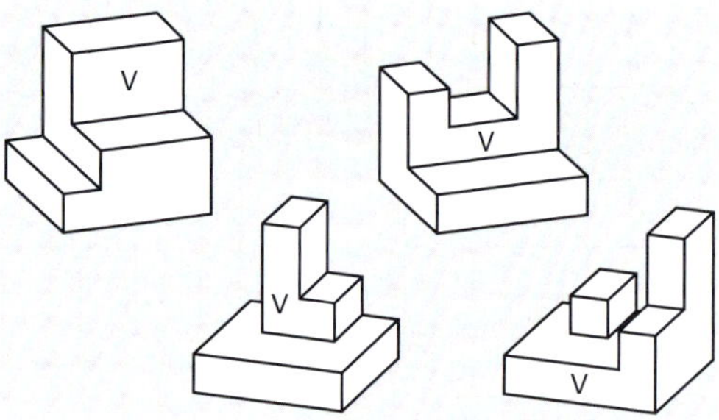

Werkstücke mit zylindrischer Form

Zur Darstellung unbearbeiteter zylindrischer Werkstücke genügt in der Regel eine Ansicht. Durch Bearbeitung der Form können jedoch sehr komplexe Veränderungen entstehen, die weitere Ansichten erforderlich machen. Dabei sind die Veränderungen sowohl von der Richtung als auch von der Art der Bearbeitung abhängig. Eine parallel zur Hauptachse verlaufende prismatische Ausklinkung z. B. verursacht wesentlich geringere und leichter darstellbare Formveränderungen (Bild 1a) als etwa eine rechtwinklig zur Hauptachse, außermittig schräg eindringende Bohrung oder schräg angesetzte Ausklinkungen (Bild 1b).

In der Regel ist es nicht die Aufgabe des Metallbauers, diese kompliziert zu erzeugenden Durchdringungskurven zu zeichnen. Er muss vielmehr in der Lage sein, diese zu erkennen und aus ihrer Form auf mögliche Bearbeitungen Rückschlüsse ziehen können. Selbst die normalerweise für die Zeichnungserstellung zuständigen Technischen Zeichner (heute: Techn. Systemplaner bzw. Techn. Produktdesigner) werden heute in zunehmendem Maße durch CAD-Systeme (CAD = Computer aided design) bei der Entwicklung und Darstellung dieser Kurven entlastet (Bild 2).

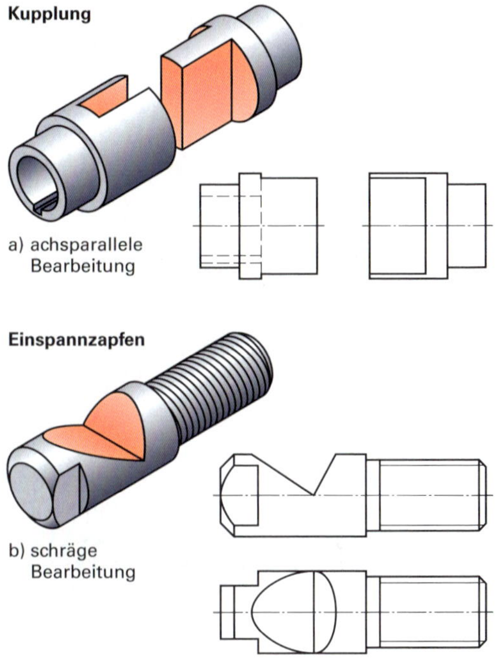

1 Zylindrische Werkstücke

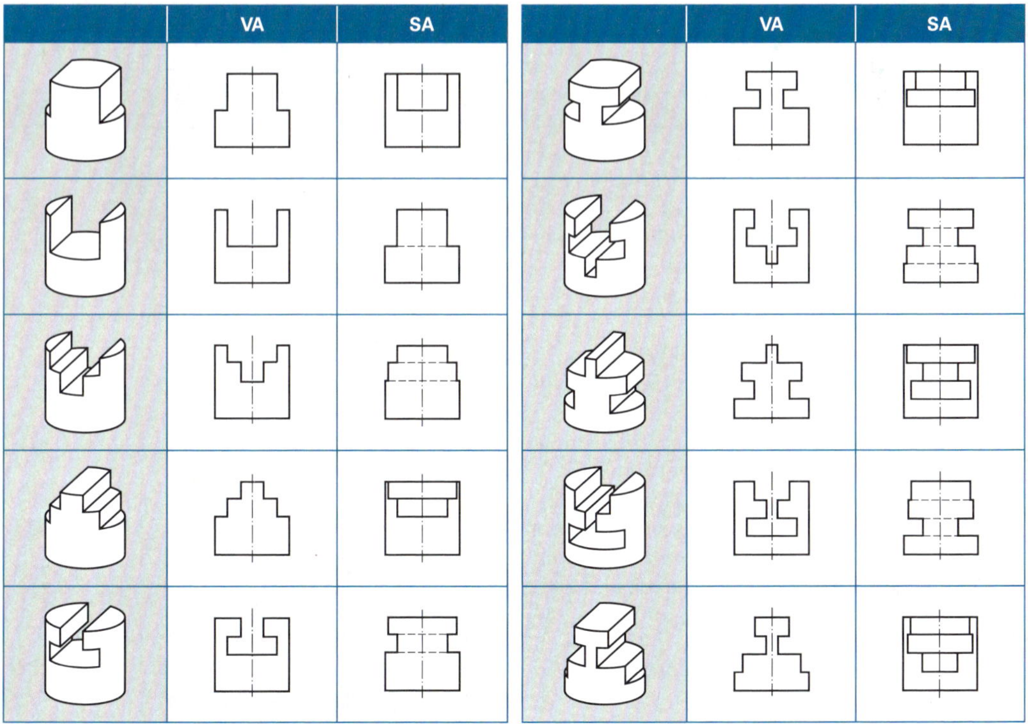

2 Zylindrische Körper mit Ausklinkungen

6.1.3 Schnittdarstellungen

In vielen Fällen kann das Innere von Werkstücken durch die Darstellung der verdeckten Kanten nicht sehr aussagekräftig dargestellt werden, da durch die Anhäufung der gestrichelten Linien die Übersichtlichkeit stark leidet.

In diesen Fällen werden Werkstücke durch Schnittdarstellungen verdeutlicht.

Merke

Unter einer Schnittdarstellung versteht man das gedachte Zerlegen eines Werkstückes durch eine oder mehrere Ebenen.

Diese Ebenen werden als **Schnittebenen,** die dadurch entstandenen Flächen als **Schnittflächen** bezeichnet (Bild 1a). In den meisten Fällen verläuft die Schnittebene durch die Mittelachse des Werkstückes. Dies gilt vor allem für rotationssymmetrische Teile (Bild 1b). In diesem Falle ist es auch möglich, nur eine der beiden Hälften zu schneiden. Das Ergebnis wird als **Halbschnitt** bezeichnet (Bild 1b). Soll eine andere als die mittlere Ebene dargestellt werden, so muss die Lage des Schnittes in die ungeschnittene Ansicht eingetragen werden (Bild 1d). Bei einer nicht durchgehenden Schnittebene müssen darüber hinaus auch die jeweiligen Wendepunkte der Schnittverläufe gekennzeichnet werden. Teilbereiche eines Werkstückes werden in Form eines Teilschnittes (Bild 1c) dargestellt.

Regeln zum Lesen und Zeichnen von Schnitten sind:

- Die durch den Schnitt sichtbar gewordenen Kanten werden als breite Volllinien gezeichnet.
- Die Schnittfläche, also der Bereich, der mit der gedachten Schnittebene in Berührung kommt, wird schraffiert.
- Schraffurlinien werden durch parallele schmale Volllinien unter 45° dargestellt.
- Die Abstände sind gleich und von der Größe der Schnittfläche abhängig.
- Durch Schnittflächen laufen keine Volllinien.
- Die Schnittflächen **eines** Werkstückes sind in derselben Richtung schraffiert.
- Beim Zusammensetzen mehrerer Teile muss die Schraffurrichtung geändert werden.
- Verdeckte Kanten dürfen nur in Ausnahmefällen in die Schnittfläche eingezeichnet werden.
- Bei Halbschnitten werden die untere oder die rechte Werkstückhälfte geschnitten dargestellt.
- Die durch das Abschneiden eines Viertels des Werkstückes bei Halbschnitten entstehende Kante entlang der Mittellinie wird nicht gezeichnet.
- Teilschnitte werden durch schmale Freihandlinien begrenzt.

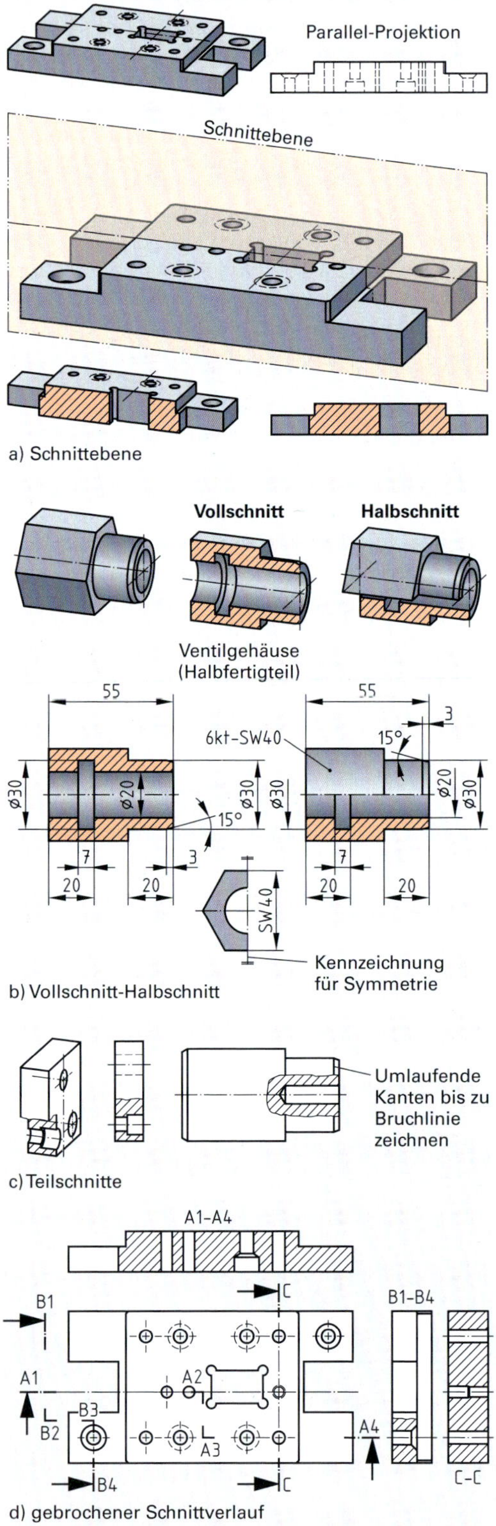

1 Schnittdarstellungen

6.1.4 Bemaßung von Einzelteilen

Für die Herstellung eines Teiles ist neben der eindeutigen Darstellung der Form vor allem die Bemaßung von großer Bedeutung. Ein Maßeintrag besteht aus der Maßhilfslinie, der Maßlinie und der Maßzahl. Maßlinien und Maßhilfslinien sind schmale, durchgezogene Volllinien. Sie sollen von den Körperbegrenzungen einen Abstand von mindestens 10 mm und untereinander von mindestens 7 mm haben. Bei Längenmaßen werden sie parallel zu den Körperkanten eingetragen und sollen sich möglichst nicht schneiden. Als Maßbegrenzungen dienen im Bereich der Mechanik Maßpfeile (Bild 1).

Die Anordnung der Maße ist umfangreichen Regeln unterworfen, die nach DIN EN ISO 129 genormt sind. Hier können nur die wichtigsten aufgeführt werden.

Bemaßungsregeln (Bild 2):

- Maße beziehen sich immer auf **Maßbezugselemente** wie z. B. Flächen oder Kanten. Diese dienen auch bei der Fertigung und beim Prüfen als Bezug.
- Jedes Maß wird nur einmal eingetragen, eine Doppelbemaßung ist zu vermeiden.
- Bei der Darstellung eines Teiles in mehreren Ansichten sind die Maße dort einzutragen wo die Werkstückform am besten erkennbar ist.
- Symmetrische Teile werden über die Mittellinie (Symmetrieachse) bemaßt.
- In einer Zeichnung werden die Maße immer in der Originalgröße eingetragen, auch wenn das Teil nicht im Maßstab 1:1 gezeichnet wurde.
- Maße, die sich bei der Fertigung ergeben, werden nicht oder als Hilfsmaße in Klammern gezeichnet.
- Kettenmaße sind zu vermeiden, da sie wegen der Addition der Toleranzen zu Fertigungsfehlern führen können.
- Die Maßhilfslinien von Winkelbemaßungen zeigen zum Scheitelpunkt des Winkels, die Maßlinien werden in diesem Falle als Kreisbogen gezeichnet.
- Bei der Bemaßung von Durchmessern ist das ø-Zeichen einzufügen und zwar unabhängig davon, ob die Kreisform erkennbar ist oder nicht.
- Die Bemaßung von Radien ist abhängig vom zur Verfügung stehenden Platz durchzuführen. In allen Fällen ist der Radienangabe ein R voranzustellen.
- Wenn die Lage des Radiusmittelpunktes eindeutig ist, kann auf seine Angabe verzichtet werden. Andernfalls muss er angegeben und bemaßt werden.
- Sind mehrere Radien gleich groß, muss eine Bemaßung nicht erfolgen. In diesem Falle reicht die Textangabe: „alle nichtbemaßten Radien = ... mm“ aus.

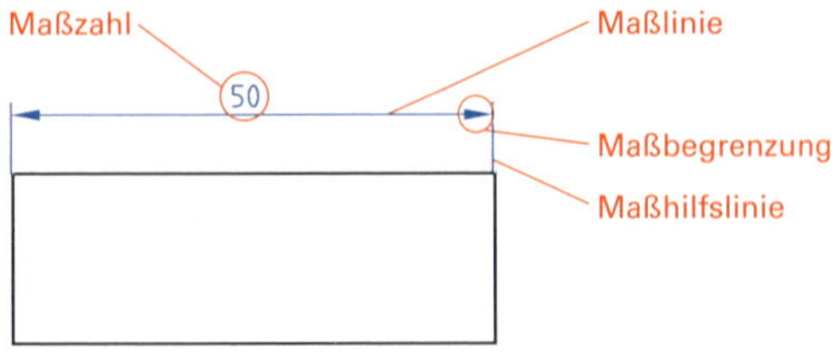

1 Maßbegrenzungen

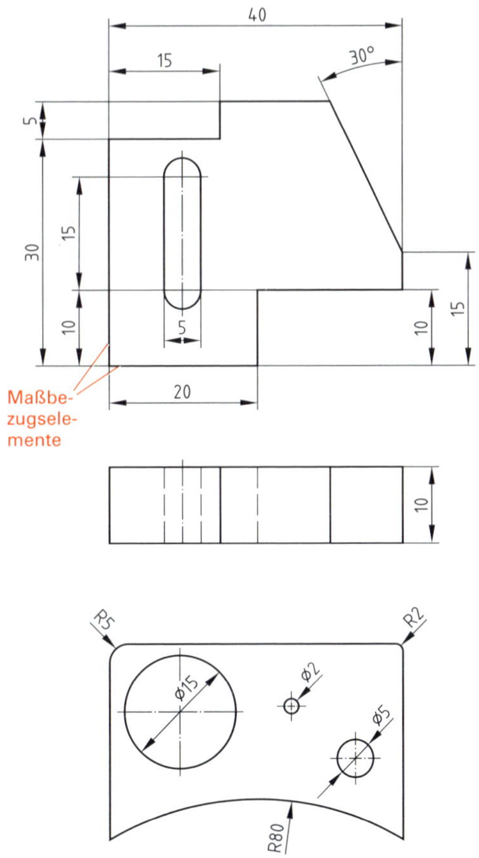

2 Bemaßungsregeln

6.1.5 Gewindedarstellung

Die exakte Darstellung von Gewinden ist in Technischen Zeichnungen nicht möglich. Sie werden deshalb vereinfacht dargestellt. Dabei wird weder das Gewindeprofil noch die Steigung gezeichnet. Bei Außengewinden werden der Gewindegrund durch eine dünne Volllinie und die Gewindespitzen durch ein breite Volllinie angedeutet. Bei Innengewinden ist die Darstellung umgekehrt (Bild 1). Der Gewindeabschluss wird durch eine breite Volllinie dargestellt.

In der Seitenansicht werden der Gewindegrund bzw. die Gewindespitzen durch einen Dreiviertelkreis dargestellt.

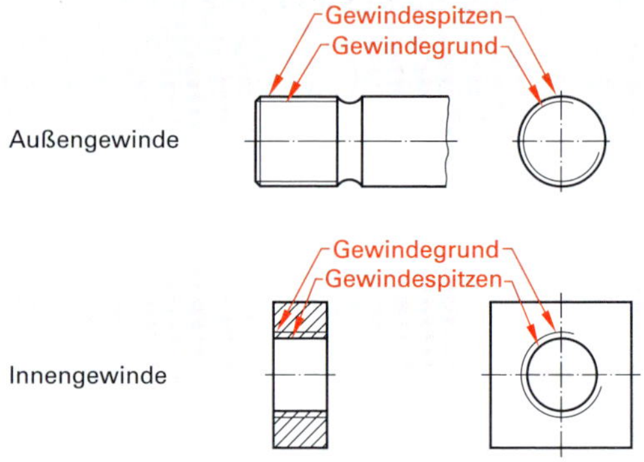

1 Gewindedarstellung

Gewindedarstellung im Schnitt

Bei der Schnittdarstellung eines Gewindes müssen die Schraffurlinien immer bis zu den breiten Volllinien gezeichnet werden. Dies gilt sowohl für Außen- als auch für Innengewinde (Bild 2).

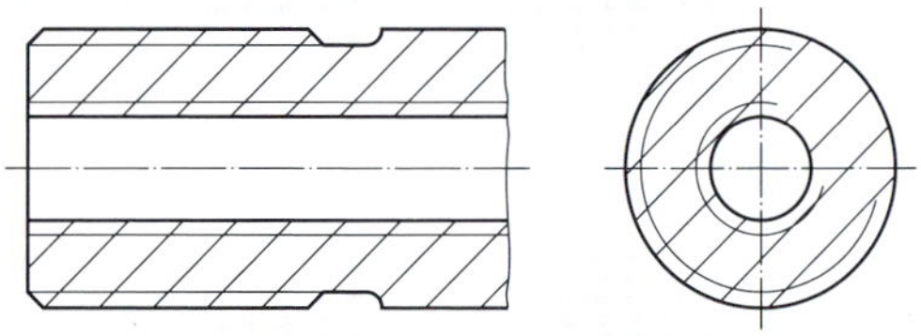

2 Gewindedarstellung im Schnitt

Verdeckte Gewinde

Sind Außen- oder Innengewinde durch andere Teile verdeckt, so sind Gewindespitzen und Gewindegrund durch schmale Strichlinien wie alle anderen verdeckten Werkstückteile auch zu zeichnen. Durch die Anordnung des ¾-Kreises ist erkennbar, ob es sich bei der Darstellung um ein Außen- oder ein Innengewinde handelt (Bild 3).

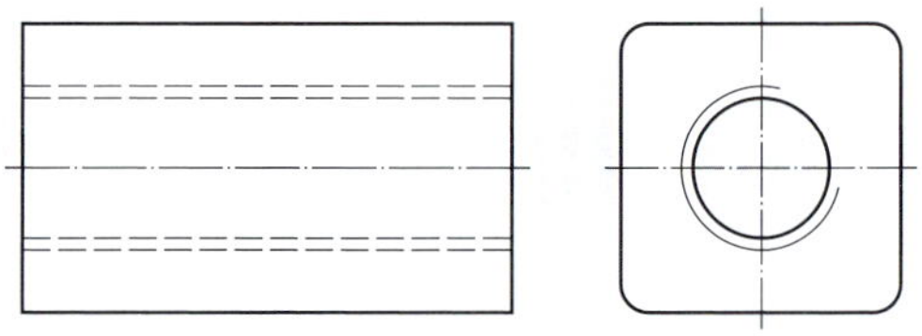

3 Verdeckte Gewinde

Bemaßung von Gewinden

Die Bemaßung von genormten Gewinden erfolgt durch das Eintragen von Kurzzeichen. Diese setzen sich zusammen aus:

- Dem Zeichen für die Gewindeart (z. B. M für metrisches Gewinde)
- Dem Nenndurchmesser
- Weiteren Angaben wie z. B. die Gewindelänge, die Steigung oder die Richtung der Steigung (Bild 4)

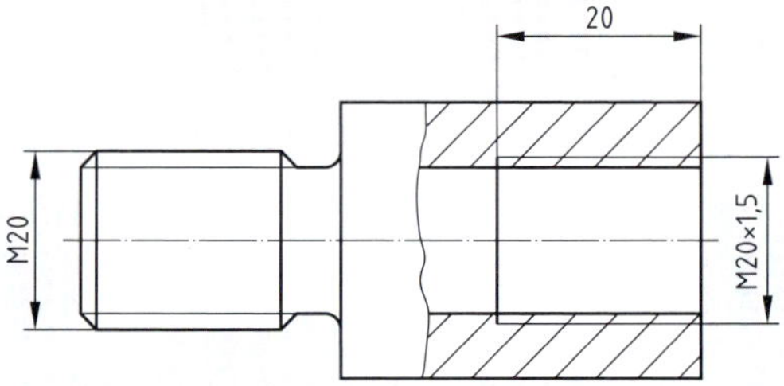

4 Bemaßung von Gewinden

Schrauben- und Mutterndarstellung

Neben den Gewinden ist bei Schrauben vor allem der Kopf ein wichtiges Unterscheidungsmerkmal und das Kernstück der Schraubenbezeichnung (Bild 5).

Die Darstellung der Schraubengewinde erfolgt nach denselben Regeln wie bei den übrigen Gewinden. Die Schraubenmaße sind der genormten Schraubenbezeichnung zu entnehmen (siehe auch Tabellenbuch).

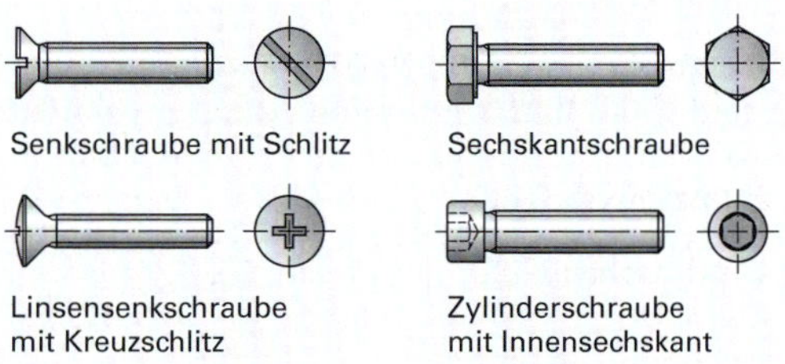

5 Schraubenarten

6.1.6 Genormte Einzelheiten

Ebenso wie die Darstellung von Schrauben und Muttern unterliegen auch andere genormte Einzelheiten, wie z. B. Senkungen, Freistiche, Rändel, Zentrierungen, bestimmten Darstellungsregeln.

Darstellung von Freistichen

Absätze von Wellen und Gewindeausläufe können aus Fertigungsgründen und dürfen aus Festigkeitsgründen niemals exakt scharfkantig sein. Anstelle des scharfkantigen Überganges tritt in der Regel ein genormter Freistich (Bild 1). Die genaue Darstellung des Freistiches erfordert sehr viel Aufwand. Aus diesem Grunde genügt meist die vereinfachte Darstellung nach DIN 509 bzw. DIN 76 für Gewinde (Bild 2).

Die Maße für die Freistiche sind abhängig von der Belastung und dem Wellendurchmesser. Sie sind im Einzelfall dem Tabellenbuch zu entnehmen. Die maßgenaue Herstellung von Freistichen ist durch die Verbreitung von CNC-gesteuerten Drehmaschinen wesentlich einfacher geworden.

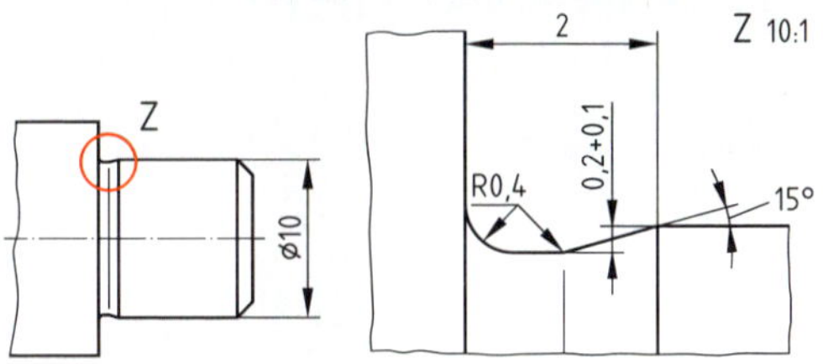

1 Freistich am Wellenabsatz

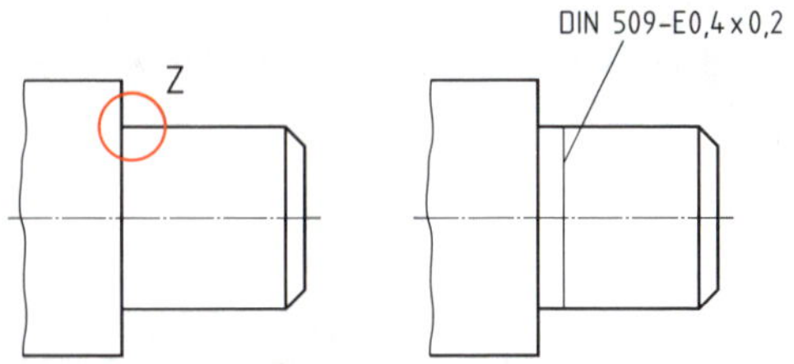

2 Vereinfachte Darstellung von Freistichen

Darstellung von Rändel

Zur besseren Handhabung von Teilen, die von Hand betätigt werden, wie z. B. Stellschrauben, Handräder u. a., werden diese mit Rändel versehen. Die exakte Darstellung von Rändeln ist durch die Verzerrung der gebogenen Oberflächen nur sehr schwer möglich. Sie werden deshalb vereinfacht dargestellt. Die Informationen über ihre genaue Beschaffenheit ist in der Bezeichnung enthalten (Bild 3).

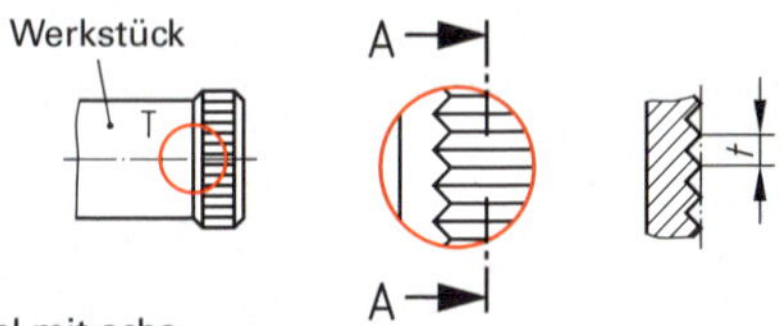

Rändel mit achsparallelen Riefen: RAA (siehe Tabellenbuch) $t = 0,5$
Norm-Bezeichnung z. B.: Rändel DIN 82 – RAA 05

3 Rändel nach DIN 82

Darstellung von Zentrierbohrungen

Zentrierbohrungen dienen zum Spannen von Drehteilen zwischen Spitzen. Sie sind genormt und können unterschiedliche Formen besitzen. Nach DIN 332 können sie in der Zeichnung ebenfalls vereinfacht dargestellt werden (Bild 4). Die genauen Maße sind dem Tabellenbuch zu entnehmen.

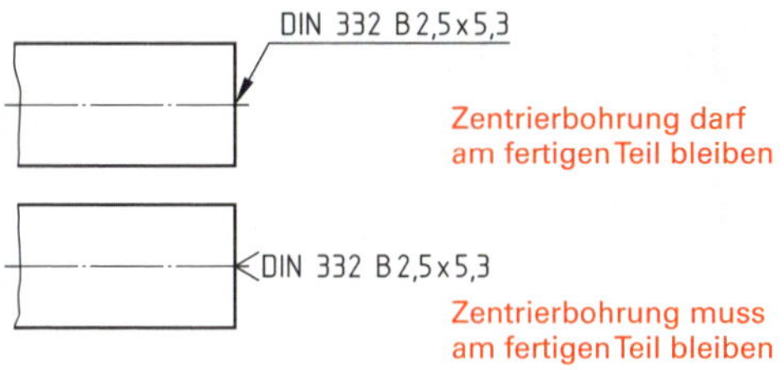

4 Zentrierbohrungen

Überprüfen Sie Ihre Kenntnisse

1 Welche Kommunikationsmittel, die in der Technik benutzt werden, gibt es? Nennen Sie jeweils ein Beispiel aus Ihrem Ausbildungsbetrieb.

2 Welche Arten von Technischen Zeichnungen kennen Sie? Beschreiben Sie sinnvolle Einsatzmöglichkeiten.

3 Welcher Grundsatz gilt für die Anzahl der dargestellten Ansichten in Technischen Zeichnungen?

4 Welchen Zweck erfüllen Schnittdarstellungen?

5 Nennen Sie die wichtigsten Bemaßungsregeln, die bei Technischen Zeichnungen in der Metalltechnik einzuhalten sind.

6 Wie werden Innen- und Außengewinde dargestellt?

6.1.7 Gruppenzeichnungen

vel.plus/ GM48

vel.plus/ GM49

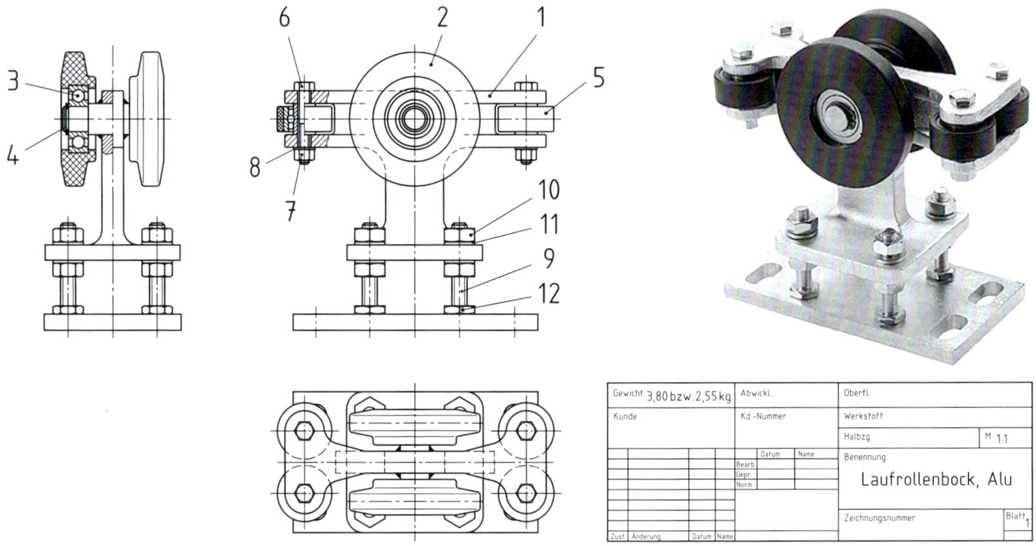

1 Gruppenzeichnungen

Technische Systeme und Konstruktionen bestehen immer aus mehreren Einzelteilen oder Baugruppen (Subsystemen), die ganz unterschiedliche Aufgaben erfüllen. Für die Fertigung der Einzelteile ist die Fertigungszeichnung die maßgebliche Grundlage. Für die Montage der Baugruppen oder des Gesamtsystemes sind jedoch Gruppen- oder Gesamtzeichnungen als Grundlage (Bild 1) erforderlich. Sie zeigen die zu einer Baugruppe oder zu einem kompletten System zusammengefassten Teile in ihrer räumlichen Lage zueinander. Dazu gehören neben allen Einzelteilen auch die genormten Teile wie Scheiben, Schrauben, Stifte, Federn usw. Der Aufbau und die Funktion der dargestellten Baugruppe sollen aus der Gruppenzeichnung erkennbar sein.

Die Regeln der Darstellung sind für Gruppen- und Gesamtzeichnungen dieselben wie für die Einzelteile. Komplizierte Einzelteile (z. B. Zahnräder) können in einer genormten, vereinfachten Darstellung wiedergegeben werden (siehe Tabellenbuch). Die Bemaßung von Baugruppen und Gesamtsystemen wird auf die wichtigen Einbaumaße und die für die Funktion erforderlichen Maße beschränkt.

Notwendiger Bestandteil einer Baugruppenzeichnung ist die Stückliste (Bild 2). Sie enthält neben den Informationen über Einzelteilnamen, Einzelteilnummern und -werkstoffen auch die Anzahl der jeweils verwendeten Teile. Die in der Stückliste enthaltenen Positionen sind in der Gruppen- oder Gesamtzeichnung durch Positionsnummern gekennzeichnet. Die Stückliste kann bei kleineren Zeichnungen Bestandteil des Schriftkopfes sein; bei sehr umfangreichen Zeichnungen wird die Stückliste als separates Blatt geführt.

Die Form der Stückliste ist nach DIN ISO genormt.

Pos.	Menge	Benennung	Zeichnung Nr./ Norm-Kurzzeichen	Werkstoff	Bemerkung
1	1	Rollenbockständer	RBS 1320	EN AW-7075	
2	2	Laufrolle	LR 85	PA6	
3	2	Rillenkugellager	DIN 625 6302.2RSR		
4	2	Sicherungsring	DIN 471-15×1		
5	4	Querrolle 36 mm	QR 36	PA6	
6	4	Sechskantschraube	DIN EN ISO 4014 M8×40-8.8		
7	4	Sechskantmutter	DIN EN ISO 4033 M8		
8	4	Scheibe	ISO 7090-8		
9	4	Gewindestange	M10×60 lg.		
10	8	Sechskantmutter	DIN EN ISO 4033 M10		
11	8	Scheibe	ISO 7090-10		
12	4	Sechskantmutter	DIN EN ISO 4035 M10		

2 Stückliste

6.2 Tabellen und Diagramme

Neben der Technischen Zeichnung dienen vor allem Tabellen und unterschiedliche Formen von Diagrammen der Verdeutlichung technischer Zusammenhänge.

6.2.1 Tabellen

In Tabellen wird die Zuordnung von Zahlenwerten in übersichtlicher Form dargestellt (Bild 1). Durch den Tabellenkopf und die Vorspalte wird die Tabelle gegliedert. Durch waagrechtes und senkrechtes Verfahren in den jeweiligen Spalten und Zeilen werden die gesuchten Zahlenwerte ermittelt.

Bestell-Nr.	Bezeichnung	Hub [mm]	Schließkraft [N]	Öffnungskraft [N]	F_A [N]	M_X [Nm]	M_Y [Nm]
GP30	Parallel-Greifer	5	85,52	77,02	80	2	2
GP45	Parallel-Greifer	5	106,24	143,46	160	4	4
GH6040	Großhub-Greifer	40	114,60	142,22	500	35	35
GH6060	Großhub-Greifer	60	114,60	142,22	500	35	35
GH6080	Großhub-Greifer	80	114,60	142,22	500	35	35

1 Beispiel für eine Tabelle

6.2.2 Diagramme

Diagramme sind grafische Darstellungen in einem Koordinatensystem. Mit ihrer Hilfe werden wertmäßige Zusammenhänge zwischen veränderbaren Größen bildhaft dargestellt.

Kartesisches Koordinatensystem

Zwei rechtwinklig zueinander stehende Achsen bilden die Grundlage dieses Koordinatensystems. Im Schnittpunkt der waagrechten **Abszisse** und der senkrechten **Ordinate** liegt der Nullpunkt des Koordinatensystems. Positive Werte werden von hier aus nach rechts bzw. nach oben, negative Werte nach links bzw. nach unten abgetragen. Zum Abtragen der Werte müssen die Achsen mit Zahlenskalen versehen werden. Diese sind meist **linear** (Bild 2), in seltenen Fällen auch logarithmisch (Bild 3). Die dargestellten Kennlinien (Graphen) geben durch ihren Verlauf den funktionalen Zusammenhang der veränderbaren Größen an.

Polarkoordinatensystem

Im Polarkoordinatensystem wird eine Kreisfläche mit einer 360°-Teilung versehen. Der Winkel 0° wird dabei der vom Mittelpunkt waagerecht nach rechts gehenden Achse zugeordnet. Die positiven Winkel werden von dort aus entgegen dem Uhrzeigersinn, negative Winkel im Uhrzeigersinn gezählt (Bild 4).

Flächendiagramme

Für die anschauliche Darstellung einfacher Veränderungen oder anteilmäßiger Zusammensetzungen eignen sich die verschiedenen Flächendiagramme. In Balken- und Säulendiagrammen (Bild 5) werden in der Regel auf der senkrechten Achse die Mengenangaben abgetragen. Die waagrechte Achse beinhaltet die Angaben, die einander gegenübergestellt werden sollen.

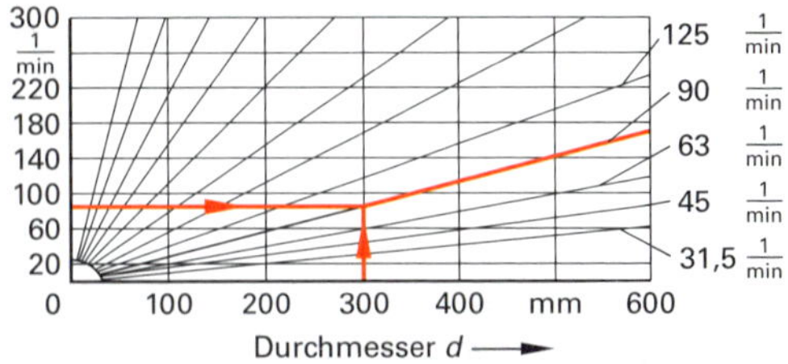

2 Diagramm mit linearen Achsen

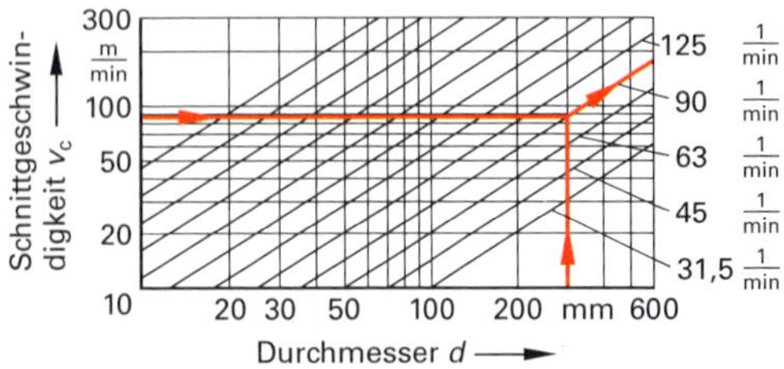

3 Diagramm mit logarithmischen Achsen

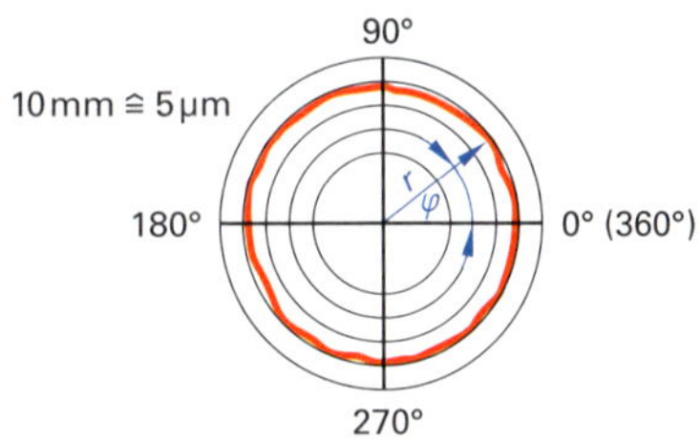

4 Diagramm mit Polarkoordinatensystem

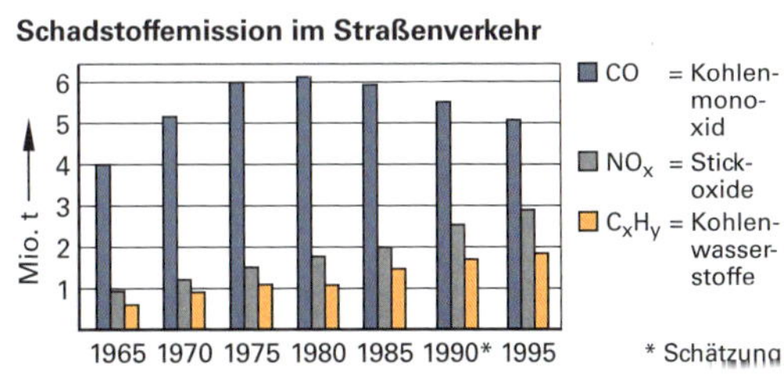

5 Flächendiagramm

Im **Kreisdiagramm** sind die anteilmäßigen Aufteilungen über die Größe der Flächenanteile dargestellt (Bild 1). Die gesamte Kreisfläche entspricht dabei einem Anteil von 100 %. Wird die Kreisfläche perspektivisch dargestellt und in die Höhe gezogen, so spricht man von einem Torten- oder Kuchendiagramm.

Beim **Sankey-Diagramm** werden die anteilmäßigen Zusammensetzungen auf die Ausgangsbreite des Diagrammes bezogen (Bild 2).

Sankey- und Kreisdiagramme dienen hauptsächlich der Visualisierung von Veränderungen und Zusammensetzungen. Eine exakte, qualitative Aussage ist nur begrenzt möglich.

Zustandsdiagramme

Für die grafische Darstellung von Steuerungsabläufen eignen sich vor allem Zustandsdiagramme. In ihnen wird der Ablauf der Steuerung und die Verknüpfung der Bauteile dargestellt. Wird ausschließlich der Ablauf in Abhängigkeit von dem jeweiligen Schritt gezeigt, so geschieht dies in einem Weg-Schritt-Diagramm (Bild 3); bei der Darstellung in Abhängigkeit von der Zeit wird von einem Weg-Zeit-Diagramm gesprochen (Bild 4).

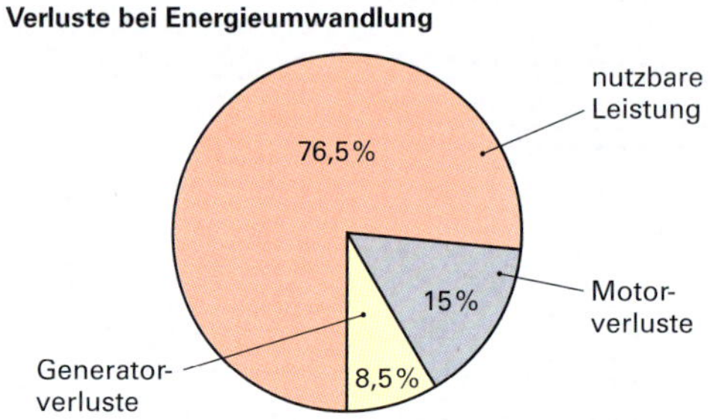

1 Kreisdiagramm

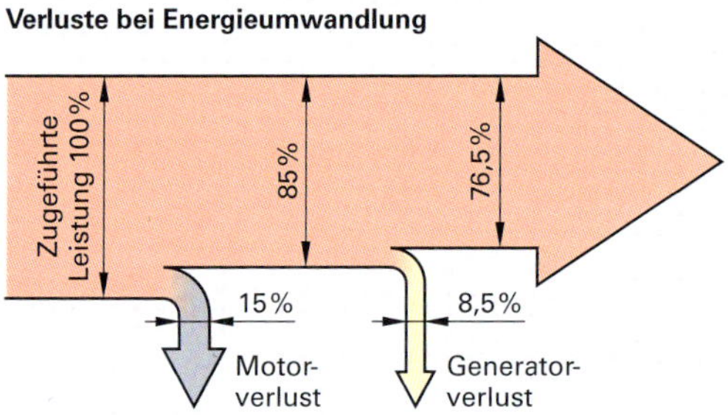

2 Sankey-Diagramm

6.3 Technische Kommunikation mithilfe von Plänen

Die technische Kommunikation mittels Diagrammen findet in der Regel unabhängig von der eingesetzten Gerätetechnik statt. Sollen jedoch spezielle gerätetechnische und schaltungstechnische Informationen (E-Technik, Pneumatik, Hydraulik usw.) weitergegeben werden, so müssen diese in Form eines **Planes** festgelegt werden.

Die Regeln zur Erstellung von Elektro-, Pneumatik- und Hydraulikplänen sind nach DIN ISO genormt. Im Rahmen dieses Fachbuches werden diese Besonderheiten im jeweiligen Fachkapitel behandelt.

Überprüfen Sie Ihre Kenntnisse

1. Suchen Sie im Tabellenbuch mindestens fünf unterschiedliche Diagramme mit linearem oder kartesischem Koordinatensystem.
2. Interpretieren Sie die in den Diagrammen gemachten Aussagen.
3. Erstellen Sie mithilfe eines Office-Programms Balken- und Tortendiagramme über die Altersverteilung Ihrer Klassenkameraden.

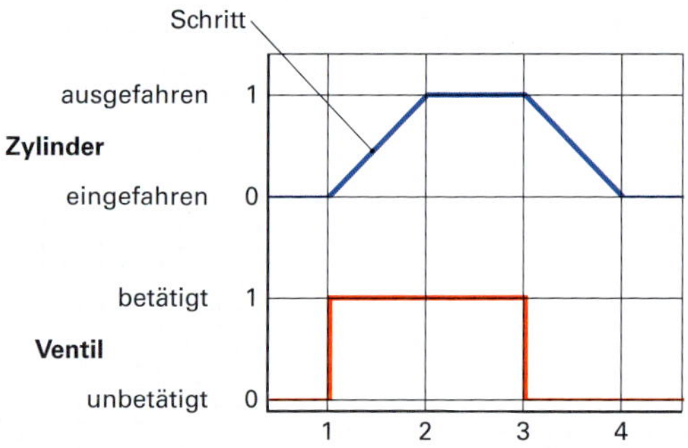

3 Weg-Schritt-Diagramm

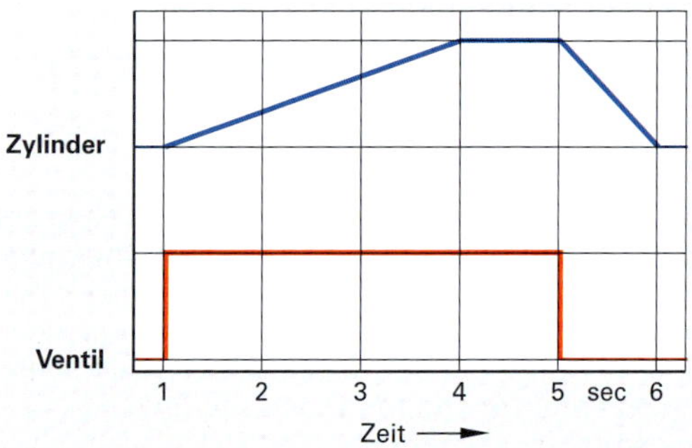

4 Weg-Zeit-Diagramm

7 Kommunikation und Präsentation

7.1 Die Sprache als Kommunikationsmittel

Neben allen Hilfsmitteln, die die Technische Kommunikation erleichtern, bleibt die Sprache, also das gesprochene und geschriebene Wort, ein unersetzliches Kommunikationsmittel. Immer häufiger müssen qualifizierte Arbeitskräfte in der Lage sein, dieses Kommunikationsmittel professionell einzusetzen. Sei es in der direkten Absprache mit anderen Mitarbeitern, Auftraggebern und Kunden oder in Form von Protokollen, Referaten und Projektarbeiten. Überall ist es erforderlich, sich präzise und strukturiert ausdrücken zu können.

7.1.1 Das Erstellen von Protokollen

Aufgabe von Protokollen ist es, den Inhalt und den Verlauf bestimmter Ereignisse wie Teamsitzungen, Gesprächen, Unterrichtsstunden, Konferenzen, Tagungen u. a. festzuhalten. Somit sind diese zu einem späteren Zeitpunkt nachvollziehbar und die Ergebnisse nachzulesen. Außerdem können anhand der Protokolle auch Personen, die nicht an dem Ereignis teilnehmen konnten, über die Ergebnisse informiert werden.

Protokolle werden in sachlicher Form entweder in ganzen Sätzen oder in Stichworten verfasst. Die Zeitform kann die Gegenwart (Präsens) oder die Vergangenheit (Präteritum) sein. Wichtige Redebeiträge können wörtlich zitiert werden.

Formen des Protokolles

Grundsätzlich werden zwei Formen des Protokolles unterschieden:

- das **Verlaufsprotokoll**
- das **Ergebnisprotokoll**

Im Verlaufsprotokoll werden alle wichtigen Einzelheiten und der gesamte Verlauf des Ereignisses wiedergegeben. Dabei werden auch die wichtigsten Äußerungen von Teilnehmern aufgeführt.

Im Ergebnisprotokoll dagegen werden nur die Ergebnisse wie z. B. Anträge, Beschlüsse, Vereinbarungen, Abmachungen, festgehalten. In der Regel ist das Ergebnisprotokoll erheblich kürzer als das Verlaufsprotokoll, aber auch nicht so aussagekräftig bezüglich der Wege, die zu einer Entscheidung geführt haben.

Aufbau eines Protokolles (Bild 1)

Protokolle erhalten einen Protokollkopf (Vorspann), einen Hauptteil und am Ende des Protokolles das Datum, den Ort und die Unterschrift des Protokollanten. Im Protokollkopf sind normalerweise das Thema des Ereignisses, der Ort, das Datum und die Zeit sowie die Namen der Teilnehmer aufgeführt. Bei größerer Teilnehmerzahl werden diese im Rahmen einer Anwesenheitsliste genannt.

Der Hauptteil fasst die wichtigsten Beiträge bzw. die Ergebnisse in chronologischer Reihenfolge zusammen. Sehr oft gehen den Ereignissen Einladungen mit festgesetzten **T**ages**o**rdnungs**p**unkten (TOP) voraus. In diesen Fällen bestimmen diese Tagesordnungspunkte den zeitlichen Verlauf und somit auch die Reihenfolge der Dokumentation der Ergebnisse.

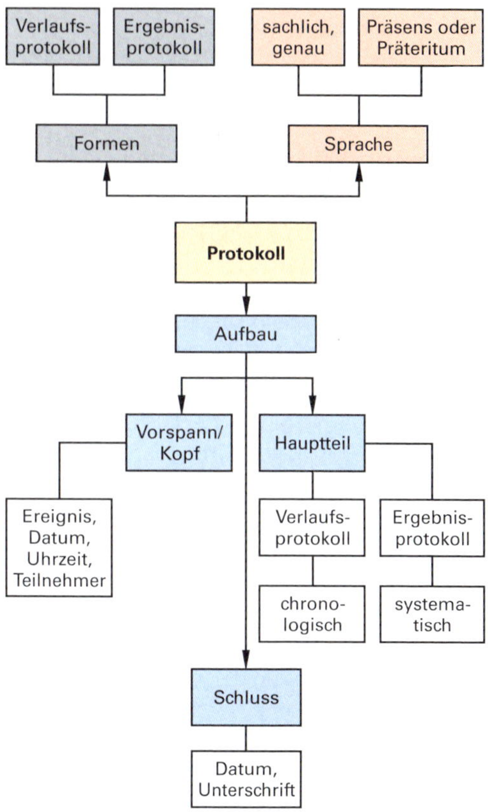

1 Protokoll

Erstellung eines Protokolles

Protokolle werden auf der Grundlage von schriftlichen Aufzeichnungen gemacht. Diese erstellt der Protokollant während des Ereignisses. Dazu muss er die Fähigkeit besitzen, schon während der Sitzung Wichtiges von Unwichtigem zu unterscheiden und das Wichtige in Stichpunkten mit hoher Schreibgeschwindigkeit so zu notieren, dass er diese Notizen später noch lesen kann. Dabei ist durchaus sinnvoll, gebräuchliche Abkürzungen und Zeichen (z. B. = , →) zu verwenden. Im Bedarfsfall kann der Protokollant die Redner um Wiederholung, genaue Formulierung oder Überlassung ihrer schriftlichen Unterlagen bitten. Die endgültige Erstellung des Protokolles erfolgt heute normalerweise mit einem Textverarbeitungssystem am PC. Über die Form der Veröffentlichung bzw. Verteilung des Protokolles wird vor der Protokollerstellung entschieden. Häufig muss das Protokoll durch den Vorsitzenden oder die gesamte Teilnehmergruppe genehmigt werden.

7.1.2 Referate und Vorträge

Ein Referat ist ein sachlicher Vortrag zu einem bestimmten Thema. Der Anlass für ein Referat kann z.B. die Weitergabe von erarbeitetem Wissen sein. So ist es denkbar, dass sich ein Mitglied eines Projektteams intensiv über die Eigenarten einer bestimmten Steuerungsart informiert und die gewonnenen Erkenntnisse in Referatsform an die anderen Teammitglieder weitergibt. Voraussetzung für das Gelingen eines Referates ist also immer die Auseinandersetzung mit einem Thema. Grundlage des Referatvortrages ist in der Regel die schriftliche Ausarbeitung des Referates.

7.1.3 Referatserstellung

Der erste Schritt bei der Erstellung eines Referates ist immer die genaue Festlegung des Themas und die Eingrenzung des Zeitrahmens (Bild 1). Steht das Thema fest, so muss Informationsmaterial beschafft und gesichtet werden. Neben Firmenunterlagen und Bibliotheken sind heute vor allem das Internet und in größeren Firmen auch das Intranet wichtige Informationsquellen.

Mithilfe des gesichteten Materiales wird eine Grobstruktur (vorläufige Gliederung) erstellt. Auf dieser Grundlage kann die Ausformulierung des Referates durchgeführt werden. Dabei ist es wichtig, dass Texte, die aus anderen Quellen entnommen wurden, ordnungsgemäß zitiert werden. Die Zitierregeln sind dem DUDEN zu entnehmen. Für den Vortrag des Referates kann aus dem ausformulierten Text ein Stichwortzettel entstehen.

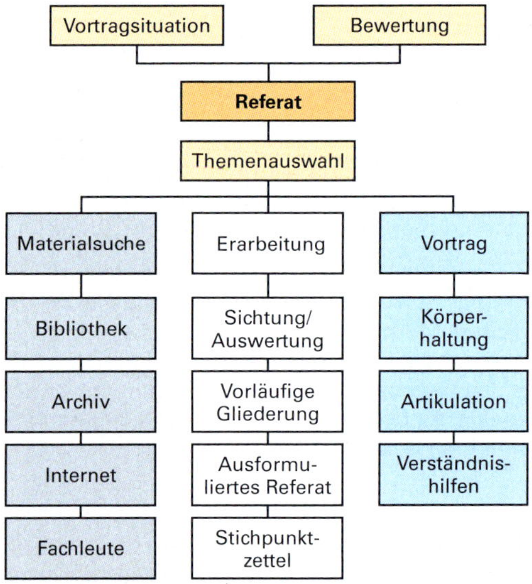

1 Überblick Referat

7.1.4 Der Vortrag des Referates

Referate sollten nicht vorgelesen, sondern frei vorgetragen werden. Dabei ist es wichtig, dass das Thema für die Zuhörer interessant dargestellt wird. Da die Auffassungsgabe des Menschen zunimmt, wenn er über mehrere Sinnesorgane Informationen aufnimmt (z.B. Augen und Ohren), kann zur Verdeutlichung der Kernpunkte auf Hilfsmittel wie Tafeln, Overheadfolien u. a. zurückgegriffen werden. In zunehmendem Maße werden Referate auch durch Computerpräsentationen unterstützt. Beim Vortrag selbst sollten die in der nebenstehenden Übersicht dargestellten Regeln beachtet werden.

Regeln für den Vortrag eines Referates

- möglichst frei sprechen
- langsam, laut und deutlich reden
- Pausen einbauen
- Stimmlage variieren
- auf Körperhaltung achten
- Blickkontakt zu den Zuhörern halten
- nicht gegen die Tafel sprechen

7.2 Kommunikation und Präsentation mithilfe von Präsentationssoftware

Die grafische Unterstützung von Vorträgen wird heute häufig von Präsentationssoftware übernommen. Dadurch wird das Auflegen von Overhead-Folien überflüssig. Mithilfe eines Beamers (lichtstarker Projektor für PCs) wird eine in der Regel vom Vortragenden erstellte Präsentation vorgeführt (Bild 1). In Anlehnung an die Overhead-Folien werden die einzelnen Bildschirmdarstellungen als Folien bezeichnet.

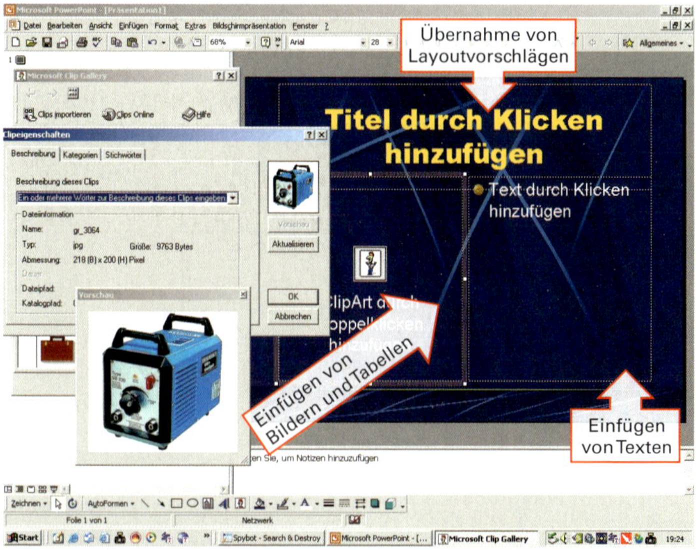

1 Erstellen einer Präsentation

Die Präsentationen können durch vielfältige grafische Gestaltungsmöglichkeiten auf die jeweiligen Bedürfnisse zugeschnitten werden. Dabei ist es jedoch unerlässlich, dass einige Gestaltungsgrundsätze eingehalten werden.

Für das Erstellen der Folien ist die Beherrschung einer Textverarbeitungssoftware von Vorteil. Ähnlich wie bei der Erstellung eines Referates sollte auch bei der Bearbeitung der einzelnen Folien auf ein einheitliches Layout geachtet werden. Dieses kann aus einer Anzahl vorgegebener Muster (Bild 2) ausgewählt und z.B. themenbezogen oder firmenbezogen angepasst werden.

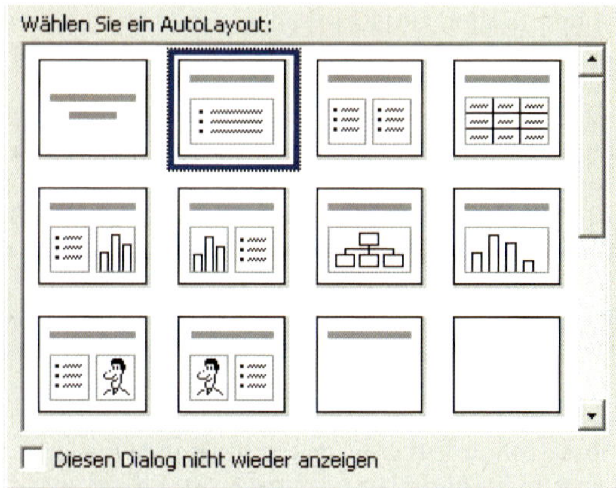

2 Folienlayout

Durch OLE-Funktionalität (OLE = Objekt Linking and Embeding) der meisten Standard-Softwarepakete können auch Tabellen oder Diagramme aus anderen Programmen in die Präsentation eingebunden werden.

7.2.1 Einstellungen einer Präsentation

Der Übergang von einer Folie zur anderen kann durch auswählbare Effekte ansprechend gestaltet werden. Dazu ist es erforderlich, dass in einem Menüfeld (Bild 3) aus einer Palette von angebotenen Übergängen oder Einblendverfahren das Gewünschte ausgewählt und zugeordnet wird. Auch hier gilt der Grundsatz, dass möglichst einheitlich verfahren wird und nicht die ganze Vielfalt der Möglichkeiten ausgenutzt wird.

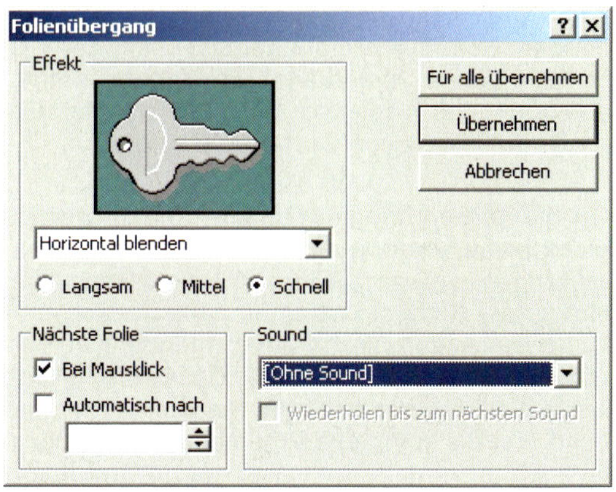

3 Folienübertragung

Innerhalb der einzelnen Folien können je nach ausgewähltem Layout beliebige Elemente und Texte eingeblendet werden. Dazu müssen wiederum die Form der Einblendung, die Effekte, und auch der zeitliche Ablauf festgelegt werden. Beim zeitlichen Ablauf können feste Zeiten oder freie Takte programmiert werden.

Viele Anfänger neigen beim Erstellen einer Präsentation dazu, die vielen Möglichkeiten, die die Softwareprodukte heute bieten, auszunutzen und zu viele Übergänge und Effekte einzubauen. Die meisten Zuhörer und Zuseher sind damit überfordert. Die Präsentationssoftware ist und bleibt lediglich ein Hilfsmittel, mit dem Vorträge wirkungsvoll unterstützt werden. Sie entbindet den Anwender nicht davon, sich an grundlegende didaktische (Didaktik, lat. Unterrichtslehre) und designtechnische Vorgaben zur Erstellung einer solchen Präsentation zu halten. Drei wichtige Phasen sollte jede Präsentation durchlaufen: die **Vorbereitungsphase,** die **Durchführungsphase** und die **Auswertungsphase.**

Vorbereitungsphase

Grundsätzlich sollten in der Vorbereitungsphase Überlegungen angestellt werden, die sich mit den Zielen beschäftigen, die diese Präsentation erreichen möchte. Will sie z. B. informieren, will sie Entscheidungen herbeiführen oder will sie ein Produkt zum Verkauf anbieten? Eine weitere wichtige Zielfrage beschäftigt sich mit der Zielgruppe. Die Präsentation muss auf die Zielgruppe ausgerichtet sein (Bild 1). Dies bedeutet, dass z. B. ein schwieriges technisches Problem je nach Zuhörerschaft entsprechend vereinfacht dargestellt wird.

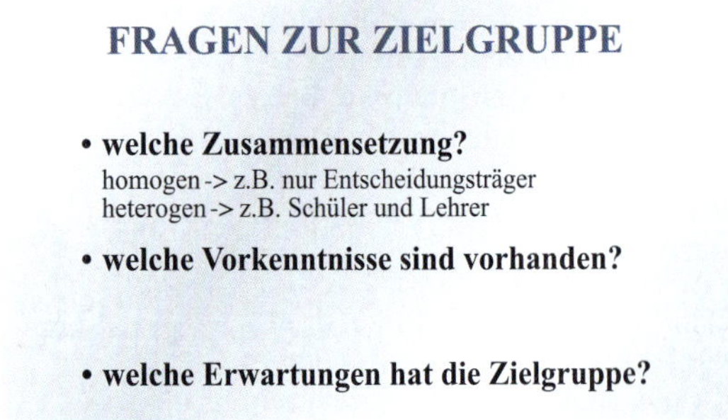

1 Ausrichtung auf Zielgruppe

In der Vorbereitungsphase einer Präsentation werden sämtliche wichtig erscheinende Informationen (Bilder, Broschüren, Bücher, Internetlinks usw.) zuerst einmal nur gesammelt (Bild 2). Danach sollten Überlegungen hinsichtlich der zur Verfügung stehenden Zeit stehen. Eine Präsentation sollte maximal 30 Minuten dauern. Untersuchungen haben gezeigt, dass sich Zuhörer ca. 20 Minuten konzentrieren können und dass dann die Aufnahmefähigkeit stark nachlässt.

2 Ideensammlung

Hat sich der Ersteller einen Überblick über die Inhalte und die Zeit verschafft, bietet es sich an, die Informationen, die zu Inhalten in der Präsentation werden sollen, in drei Kategorien einzuordnen. **Muss-Inhalte** dürfen in der Präsentation nicht fehlen. **Soll-Inhalte** ergänzen die Präsentation und fallen nur unter bestimmten wichtigen Bedingungen weg (z. B. unvorhersehbarer Zeitmangel). **Kann-Inhalte** (z. B. detaillierte technische Zeichnungen, Spezialinformationen usw.) hat der Präsentator „in der Hinterhand", um damit eventuell aufkommende Fragen schnell und mit Unterstützung von Folien beantworten zu können.

Für die Aufbereitung der Inhalte spielen weitere didaktische Überlegungen, die sich damit beschäftigen, wie man die Inhalte aufbereiten sollte, eine große Rolle. So ist es für viele Zuhörer einfacher, einen komplexen Zusammenhang zu verstehen (z. B. eine physikalische Gesetzmäßigkeit), wenn dieser zuerst an einem Beispiel erklärt und dann erst die komplexe allgemeingültige Aussage erwähnt wird. Weitere didaktische Grundprinzipien sind in Bild 3 aufgeführt.

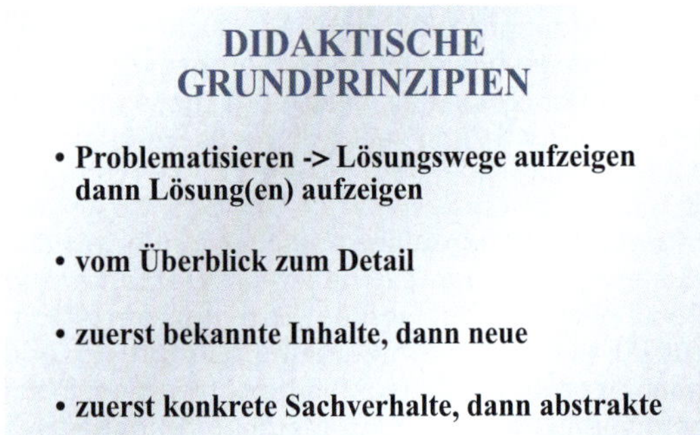

3 Didaktische Grundprinzipien

Durchführungsphase

Ist der grobe inhaltliche und zeitliche Rahmen abgesteckt, sollten Überlegungen zur Gliederung der Präsentation folgen. Jede Präsentation besteht aus drei Teilen (Bild 1). In der **Eröffnung** erfolgt

- Die Begrüßung der Zuhörer
- Die Vorstellung der eigenen Person
- Die Nennung des Themas und
- Die Beschreibung des Ablaufs der Präsentation

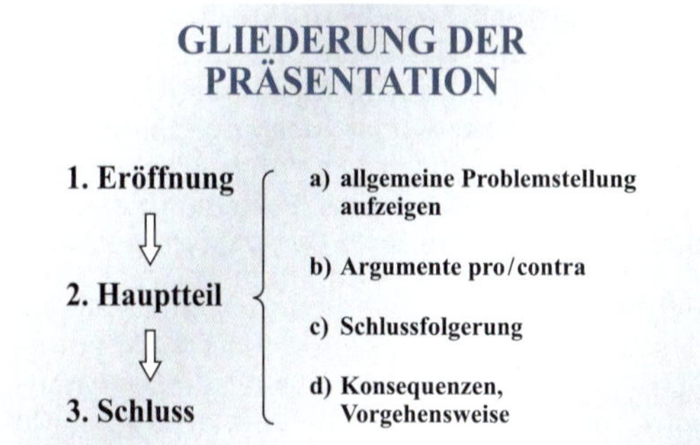

1 Gliederung der Präsentation

Ein sicherer und überzeugender Auftritt gelingt bei Beachtung folgender Punkte:

- gewissenhafte Vorbereitung
- offene, dem Publikum zugewandte Körperhaltung
- langsame, ruhige Bewegungen
- Wechsel des Sprachtempos (erzeugt Dynamik, verhindert Monotonie)
- keine Füllworte wie „äh, mhm" verwenden

Es ist auf eine motivierende **Einleitung** zu achten, mit der der Präsentator auf sich und den Inhalt aufmerksam macht und der Zuhörer „angelockt" wird.

Der **Hauptteil** der Präsentation beschäftigt sich mit dem eigentlichen Thema und sollte ebenfalls eine in sich logische Gliederung aufweisen (Bild 1).

In der **Schlussphase** der Präsentation sollte nochmals das Wesentliche zusammengefasst und das Ergebnis herausgestellt werden. Ein geschicktes Abrunden des Vertrages ist möglich, wenn nochmals eine Brücke zum Einstieg geschlagen werden kann. Danach sollte zur Diskussion übergeleitet werden, indem man Fragen an die Zuhörer stellt oder um Feedback bittet. Eine optimal vorbereitete Präsentation hält für mögliche, auftretende Fragen schon visualisierte Lösungen bzw. Erklärungen bereit. Dies ist natürlich nur in begrenztem Maße möglich.

Auswertungsphase

Es erfolgt eine Auswertung der Fragen:

- War die Zeiteinteilung in Ordnung?
- Was war gut, was war schlecht?
- Wie waren die organisatorischen Bedingungen?
- Waren die Unterlagen für die Zuhörer ausreichend?
- Was kann noch verbessert werden?

Visualisierung

Soll die Präsentation erfolgreich verlaufen, muss sie so dargeboten werden, dass möglichst viele Sinne angesprochen werden (Bild 2). Für die Präsentation bedeutet dies, dass der Vortrag durch Texteinblendungen (z. B. Schlagworte) und durch Bilder (Fotos, Zeichnungen usw.) ergänzt wird, um die Aufmerksamkeit der Zuhörer zu erhöhen und dadurch die zu vermittelnden Inhalte längerfristig zu verankern. Auch wirken Präsentatoren durch eine gute Visualisierung kompetenter.

2 Behaltensquote

Der Folieninhalt besteht grundsätzlich aus fünf verschiedenen Typen von Objekten (Bild 1). Zur Veranschaulichung von Organisationsstrukturen und Abläufen eignen sich sogenannte Flowcharts. Mathematische Formeln, trockene Zahlenreihen und Tabellen lassen sich am besten in Diagrammen darstellen.

Bei Fotos, Videos und Sound besteht die Gefahr, dass zuviel Information auf einmal auf den Zuhörer einströmt. Der Einsatz dieser Medien sollte deshalb nur sehr dosiert erfolgen. Ähnlich gut überlegt sollten auch Stimulanzien sein (Cartoons, Zitate, Witze usw.). Hier muss darauf geachtet werden, dass diese Reize nicht lächerlich oder unseriös wirken. Auf der anderen Seite können sie „trockene" Phasen der Präsentation geschickt auflockern.

Viele Präsentationen sind sehr textlastig. Gerade Texte werden aber am wenigsten aufgenommen, weswegen es einige wichtige Punkte zu beachten gilt:

- Nur ein Thema pro Folie
- So wenig Zeilen wie möglich
- Nur Schlagworte, keine ganzen Sätze

Auch das Folienlayout und der Folienaufbau sollten bestimmten Bedingungen genügen, damit eine gewisse Einheitlichkeit der Folien gewährt ist (Bild 2 und Bild 3). Darüber hinaus ist es sehr wichtig, den Zuhörer nicht mit zu viel Farb- und Schriftwechseln zu überfordern. Dies führt zum „Abschalten" des Adressaten. Ferner sollte das Präsentieren aller Folien nach einem bestimmten, einheitlichen Schema erfolgen (Bild 4).

Auch durch den Einsatz einer Präsentationssoftware steht immer noch der Vortragende im Mittelpunkt des Geschehens. Die digitale Präsentation ist „lediglich" eine Unterstützung. Ein paar weitere Tipps zur Durchführung einer Präsentation sind in Bild 5 aufgeführt.

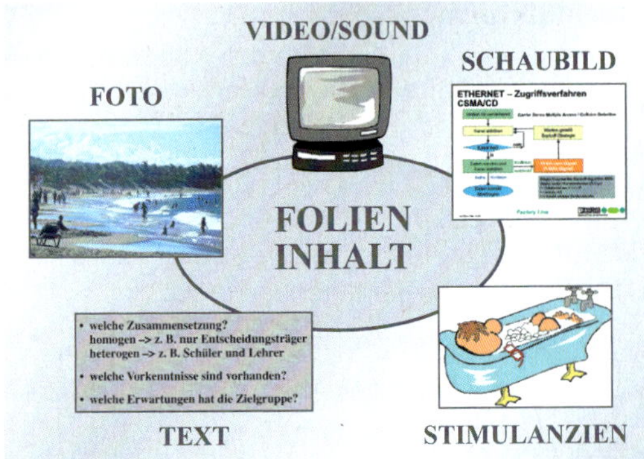

1 Folieninhalt

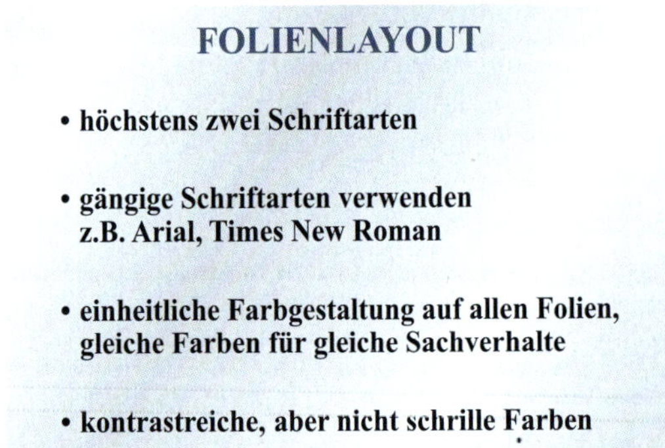

2 Folienlayout

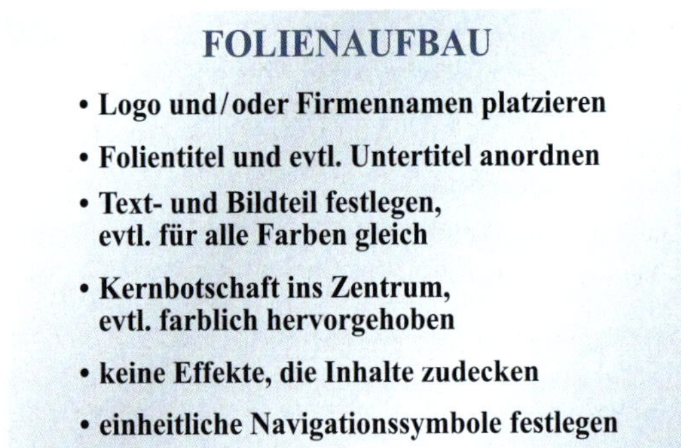

3 Folienaufbau

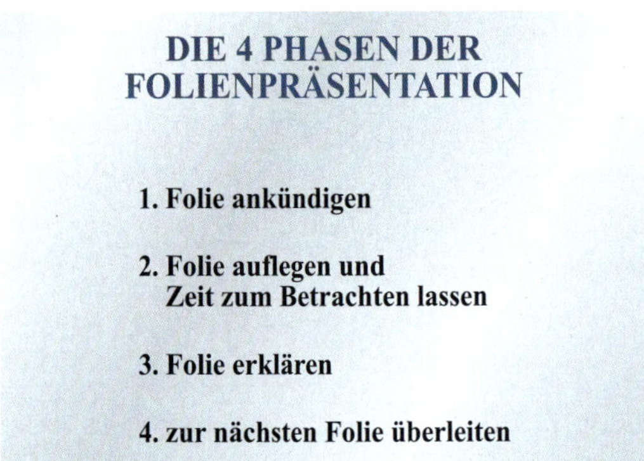

5 Präsentationsphasen

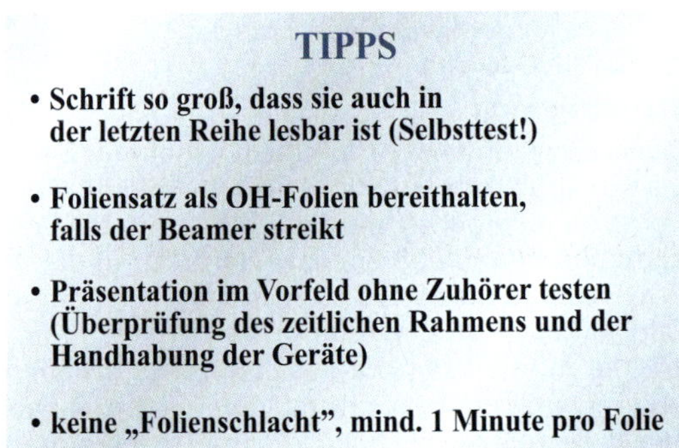

4 Tipps zur Durchführung

8 Kostenrechnung

In unserer Wirtschaftsordnung werden die Preise weitgehend vom „Markt" gesteuert. Angebot und Nachfrage sind dabei wichtige Faktoren, die in jüngster Zeit durch die Öffnung des Marktes im Rahmen einer erweiterten EU und einer fortschreitenden Globalisierung zunehmend an Bedeutung gewonnen haben. So stehen heute die Betriebe des Metallbaues und der Konstruktionstechnik nicht mehr nur im Wettbewerb mit den Anbietern der Region, sie müssen vielmehr konkurrenzfähig sein auch gegenüber den Mitbewerbern aus anderen EU-Ländern. Dies kann sicher nur funktionieren, wenn die anfallenden Kosten bekannt und kalkulierbar sind.

Die Aufgaben des betrieblichen Rechnungswesens sind dabei:

- die Preisermittlung
- die Preiskontrolle
- die Kontrolle der Wirtschaftlichkeit

8.1 Die Preisermittlung

Neben der Qualität eines Produktes oder einer Dienstleistung ist es vor allem der Preis, der über die Absatzmöglichkeit bzw. die Auftragserteilung entscheidet. Grundlage für die Preisermittlung sind die Kosten, die dem Betrieb selbst entstehen. Zusammen mit dem Gewinn ergeben sie den Verkaufspreis.

Merke

Selbstkosten + Gewinn = Verkaufspreis

Hauptaufgabe der Kostenrechnung im Betrieb ist somit die Kalkulation. Je nach Zeitpunkt, zu dem diese erfolgt spricht man von:

- Vorkalkulation,
- Zwischenkalkulation oder
- Nachkalkulation

Die **Vorkalkulation** liegt vor der Herstellung eines Produktes oder der Durchführung einer Dienstleistung. In vielen Fällen ist sie die Grundlage eines Angebotes. Hierzu werden die Daten meist aus Schätzungen und aus Erfahrungswerten genommen. Die Genauigkeit der Vorkalkulation hängt somit hauptsächlich von der Genauigkeit der verwendeten Daten ab.

Die **Zwischenkalkulation** wird in einzelnen Fällen im Verlauf der Herstellung eines Produktes oder der Durchführung einer Dienstleistung durchgeführt. Sie dient der Kontrolle der Wirtschaftlichkeit und hängt natürlich von der Größe des Auftrages ab. Ziel der Zwischenkalkulation ist es, gegebenenfalls Maßnahmen zur Korrektur unwirtschaftlicher Abwicklungen einzuleiten.

Nach Abschluss eines Auftrages wird in der Regel eine **Nachkalkulation** durchgeführt. In ihr werden die tatsächlich entstandenen Kosten mit den in der Vorkalkulation geschätzten Kosten verglichen. Eventuell auftretende Differenzbeträge können in zukünftigen Vorkalkulationen berücksichtigt werden.

8.1.1 Kostenarten

Merke

Als Kosten im Sinne der Kostenrechnung bezeichnet man den wertmäßigen, betriebsbedingten Verbrauch an Gütern und Dienstleistungen zur Erstellung einer betrieblichen Leistung.

Nach der Abhängigkeit vom Beschäftigungsgrad unterscheidet man dabei:

- variable Kosten und
- fixe Kosten

Variable Kosten sinken bzw. steigen mit der Beschäftigung, fixe Kosten sind unabhängig von der Anzahl der Beschäftigten. Fixkosten sind Kosten, die für die Betriebsbereitschaft einer Produktion erforderlich sind wie z. B. Gebäudekosten, Gehälter, Abschreibungen, Versicherungen usw. (Bild 1, Seite 166).

Der Anteil der fixen Kosten pro Stück (Fixkostenanteil) wir demnach mit steigender Stückzahl immer kleiner. Durch die Einstellung von zusätzlichem Personal oder der Beschaffung zusätzlicher Maschinen können die Fixkosten sprunghaft ansteigen.

Variable Kosten ändern sich mit der Auftragsgröße. Sie können dabei linear (z. B. Materialkosten), degressiv (z. B. Transportkosten) oder progressiv (z. B. Überstundenzuschläge) verändert werden (Bild 2).

Nach der Art der Zurechnung bzw. Verrechnung auf die erstellten Produkte unterscheidet man:

- Einzelkosten und
- Gemeinkosten

Als **Einzelkosten** werden die Kosten bezeichnet, die direkt mit einer betrieblichen Leistung verknüpft werden können. Dies sind z. B. Kosten für

- den Werkstoff, der zur Herstellung eines Produktes benötigt wird,
- „Fremdteile", die von anderen Firmen bezogen werden müssen,
- die Löhne, die in unmittelbarem Zusammenhang mit der Herstellung eines Produktes oder einer Dienstleistung anfallen,
- die Fremdbearbeitung eines Produktes (z. B. Feuerverzinken eines Geländers).

Gemeinkosten dagegen sind Kosten, die nicht unmittelbar einem Auftrag zuzuordnen sind, die aber anfallen und auf die einzelnen Aufträge anteilmäßig umgelegt werden müssen. Hierzu gehören vor allem Kosten für:

- die Gehälter und Löhne aller Mitarbeiter eines Betriebes, auch wenn diese nicht direkt mit dem einzelnen Auftrag in Verbindung gebracht werden können (z. B. Meister, Auszubildende, Facharbeiter aber auch Lagerverwalter oder Reinigungskräfte)
- die gesetzlich vorgeschriebenen Beiträge für die Sozialversicherungen
- die freiwilligen sozialen Leistungen eines Betriebes wie Weihnachtsgeld
- die betrieblichen Steuern und Abgaben
- die Verwaltungs- und Bürokosten
- die allgemeinen Kosten für die Fahrzeuge
- die Kosten für die Lagerhaltung
- die Raum- und Mietkosten
- die Energie- und Instandhaltungskosten
- die Kosten für Zinsen von Krediten und Leasinggeschäften

Die Gemeinkosten werden für einen bestimmten Zeitraum erfasst und über einen Verteilerschlüssel verteilt.

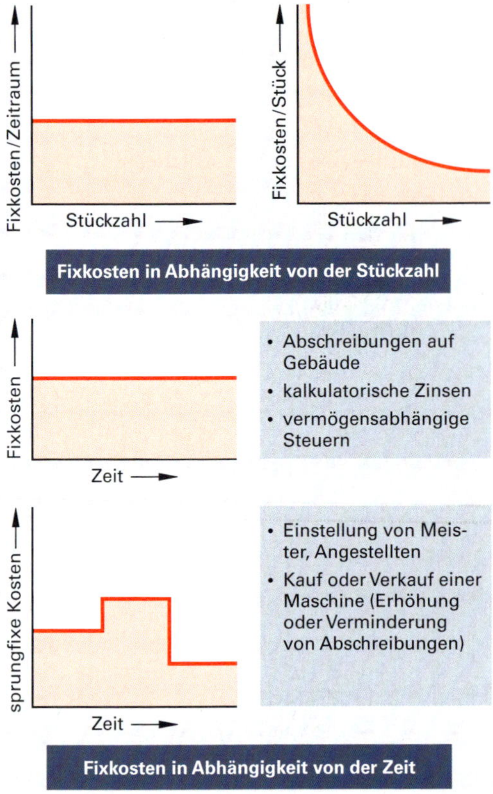

1 Fixkosten

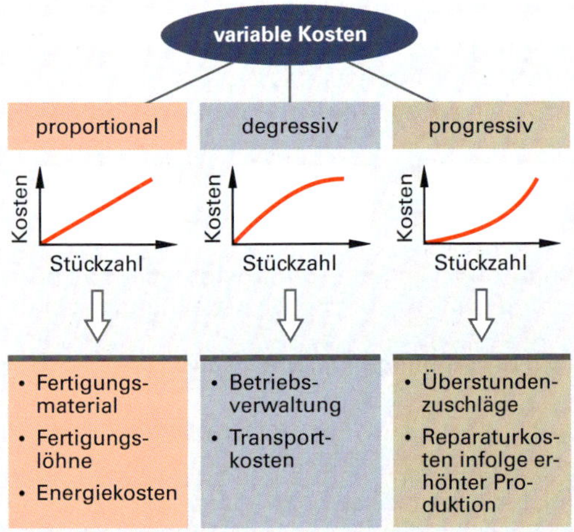

2 Variable Kosten

8.1.2 Kostenstellen

Die Frage nach den Kostenarten beinhaltet neben der Frage „Welche Kosten sind angefallen?“ immer auch die Frage „Wo sind diese Kosten angefallen?“ (Bild 1).

Für eine zielgerichtete Kostenrechnung sind neben den Kostenarten vor allem auch die Zuordnungen zu bestimmten Kostenstellen erforderlich. Kostenstellen können dabei alle Bereiche eines Betriebes sein, die Kosten verursachen wie z. B. die Schweißerei, die Verzinkerei, die Montageabteilung, aber auch das Lager oder die Verwaltung.

8.1.3 Kalkulation und Betriebsabrechnung

Wie oben schon erwähnt, ist im Metallbau die **Kalkulation** die Grundlage der Preisermittlung für Dienstleistungen und Produkte. Neben den tatsächlich anfallenden Kosten werden dem Produkt oder der Dienstleistung Gemeinkostenanteile zugeordnet. Die Gemeinkosten werden im Rahmen der Betriebsabrechnung häufig mithilfe von Betriebsabrechnungsbögen ermittelt, anteilmäßig verteilt und den produktbezogenen Kosten „zugeschlagen“. Eine Sonderform dieser Kalkulationsart ist die **Zuschlagskalkulation.**

8.1.4 Die Zuschlagskalkulation

In den meisten Betrieben des Metallbaues wird nach diesem System gearbeitet. Das bedeutet, dass den tatsächlich anfallenden Kosten für einen Auftrag wie die **Lohnkosten** und die **Materialkosten** noch **Lohngemeinkosten** und die **Materialgemeinkosten** über Zuschläge zugeordnet werden. Daraus ergeben sich die **Herstellungskosten.** Diesen werden ebenfalls über Zuschläge noch die Verwaltungs- und Vertriebskosten zugeordnet (Bild 2). Neben der Zuschlagskalkulation gibt es noch eine Reihe anderer Kalkulationsverfahren, deren Behandlung jedoch den Rahmen dieses Buches weit überschreiten würde.

Egal welches Verfahren angewandt wird, die ermittelten Kosten sollten möglichst exakt den betrieblichen Aufwand berücksichtigen. Nur so können Betriebe des Handwerks und der Industrie rentabel und doch konkurrenzfähig geführt werden.

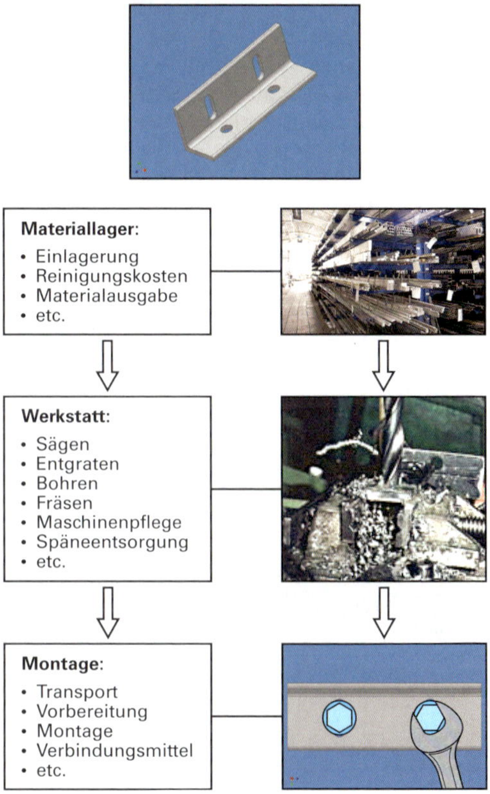

1 Kostenstellen

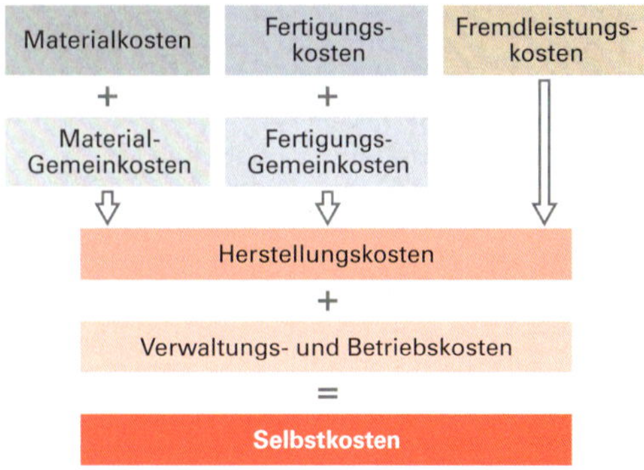

2 Zuschlagkalkulation

8.2 Preiskontrolle

Da die meisten Preise sich am Wettbewerb und damit an Marktpreisen orientieren, muss jeder Betrieb in der Lage sein, zu prüfen, ob die Marktpreise für ihn haltbar bzw. gewinnbringend sind. Dazu müssen die für den Auftrag entstehenden Selbstkosten ermittelt und mit dem vom Markt erwarteten Angebotspreis verglichen werden. Dieser muss zumindest kostendeckend sein. Da jedes Unternehmen auf die Erwirtschaftung eines Gewinnes angelegt ist, muss jedoch zwischen Selbstkosten und Angebotspreis Platz für eine angemessene Gewinnspanne sein.

8.3 Kontrolle der Wirtschaftlichkeit

Eine der Aufgaben der Kostenrechnung ist, wie schon erwähnt, die Kontrolle der Wirtschaftlichkeit. Neben den Gesamtkosten interessieren dabei vor allem die einzelnen Kostenarten. Im Sinne einer möglichst kostengünstigen Herstellung müssen dabei verschiedene Möglichkeiten untersucht und verglichen werden. Dies bezieht sich sowohl auf die Einzelkosten wie z. B. Materialkosten oder Lohnkosten als auch auf die Gemeinkosten wie z. B. Kosten für den Fuhrpark u. a. So kann etwa der Vergleich zwischen den Kosten eines „Zukaufteiles" wie z. B. fertig gebogenen Rohrbögen und der Herstellung derselben im eigenen Betrieb zu dem Ergebnis führen, dass es sich für den Metallbaubetrieb nicht mehr „lohnt", die Bögen selbst zu biegen. Stattdessen ist es kostengünstiger, diese in 90°-Segmenten beim Großhändler zu bestellen und sich auf den Einbau zu beschränken.

Ähnliche Überlegungen zur Wirtschaftlichkeit müssen auch bei allen anfallenden Gemeinkosten durchgeführt werden. So ist es durchaus eine Überprüfung wert, ob die benötigten Betriebsfahrzeuge kostengünstiger gekauft oder geleast werden.

Mit wachsender Betriebsgröße und größer werdender Konkurrenz wird eine Kontrolle der Wirtschaftlichkeit immer wichtiger. Wirtschaftlich arbeitet ein Betrieb nicht alleine dadurch, dass er viel arbeitet, die erbrachte Leistung muss vielmehr mit geringstmöglichem Mitteleinsatz erreicht werden. Dies alles erfordert eine gut funktionierende Kostenrechnung.

Kostenrechnung setzt vor allem aber auch bei allen Beteiligten ein ausgeprägtes **Kostenbewusstsein** voraus. Vom Auszubildenden bzw. Lehrling über Facharbeiter und Gesellen bis zu den Meistern und Betriebsinhabern müssen sich alle über die Folgen von nicht kostengerechtem Verhalten im Klaren sein. Unnötige Lohnkosten sind ebenso wie vermeidbare Materialkosten durch Fehler in der Herstellung kostentreibende Faktoren, die sich in der Konkurrenzfähigkeit und in letzter Konsequenz auch im Abbau von Arbeitsplätzen niederschlagen können.

8.4 Beispiel einer Preisermittlung (Kalkulation)

Der abgebildete Träger soll in einer Stückzahl von 40 Stück hergestellt werden.

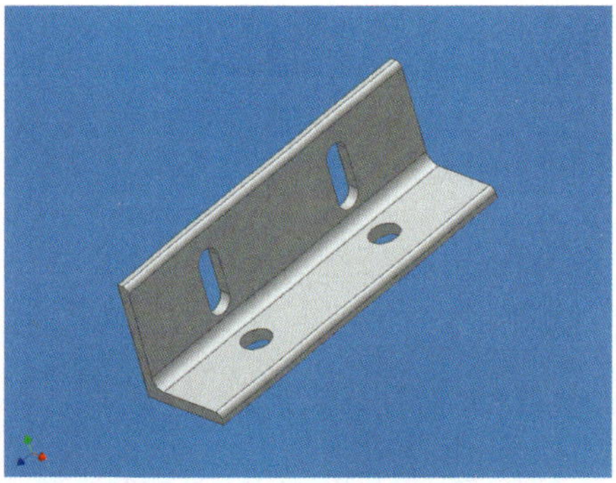

L-Profil DIN 1771 – EN AW-AlSiMgMn
R30 x 30 x 4
Länge 120 mm

Bohrungen ø10 mm
Langlöcher ø10 mm, Mittenabstand 15 mm

Materialkosten		Fertigungskosten						
+		+						
Material-Gemeinkosten	+	Fertigungs-Gemeinkosten	+	Gemeinkosten	+	Gewinn	=	Nettoverkaufspreis
0,22 €		0,45 €						
+		+						
0,23 €	+	2,45 €	+	0,90 €	+	1,25 €	=	**5,50 €/St.**

Lernfeld 1: Fertigen von Bauelementen mit handgeführten Werkzeugen

9 Trennen

Bei allen Werkstücken, die durch Fertigungsverfahren der dritten Hauptgruppe, **Trennen** (S. 14) hergestellt werden, ist die Form des Fertigteils im Rohteil enthalten. Das heißt, dass bei diesen Verfahren überflüssige Teile abgetrennt werden, bis die gewünschte Endform entstanden ist. Je nach der Art und Weise, wie das Material abgetrennt wird, unterscheidet man die folgenden Gruppen von **Trennverfahren:**

Trennen						
Zerteilen	**Spanen**		**Abtragen**	**Zerlegen**	**Reinigen**	**Evakuieren**
– Schneiden – Lochen – Brechen – Reißen	– Meißeln – Sägen – Bohren – Hobeln – Räumen – Honen	– Feilen – Schaben – Drehen – Stoßen – Schleifen – Läppen	– Erodieren – Elysieren – Brennschneiden – Elektronenstrahl-abtragen	– Auseinander-schrauben	– Bürsten – Strahlen – Waschen	– Auspumpen – Entleeren

9.1 Grundlagen der mechanischen Trennverfahren

Beim **Zerteilen** entsteht ein Werkstoffrest in vorher festgelegter Form. Dagegen ist beim **Spanen** die Form des Werkstoffrestes, des Spans, nicht festgelegt. Der unnötige Werkstoff wird mechanisch abgetrennt. Verfahren, bei denen auf nicht mechanischem Weg Werkstoff entfernt wird, gehören in die Gruppe des **Abtragens.**

Sowohl beim Zerteilen als auch beim Spanen wird ein **Werkzeug** benötigt, dessen Schneide oder **Schneiden** den Werkstoff abtrennen und damit den ursprünglichen Zusammenhalt der Moleküle des Werkstoffs zerstören. Bei aller Vielfalt der Gestalt und Funktion haben diese Werkzeuge eine geometrische Eigenschaft gemeinsam:

Merke

Die Grundform jedes mechanischen Trennwerkzeuges ist der Keil.

Schon das erste künstliche Werkzeug, das zu Beginn der menschlichen Kulturgeschichte be-nutzt wurde, hatte diese Keilform (Bild 1). Nach dem Prinzip der Schiefen Ebene (s. S. 250) wird dadurch die Kraft der Hand oder der Maschine umgelenkt und vergrößert, wie auf der folgenden Seite dargestellt wird. Außerdem müssen zwei weitere Bedingungen erfüllt werden, bevor die keilförmige Schneide in den Werkstoff eindringt:

- Die Werkzeugschneide muss härter sein als der Werkstoff des Werkstücks.
- Die über das Werkzeug wirkende Trennkraft muss größer sein als die Zusammenhaltskraft der Moleküle des Werkstoffs.

Diese Regeln begreift jeder, der versucht hat, mit einem Messer Holz oder Stein zu schneiden.

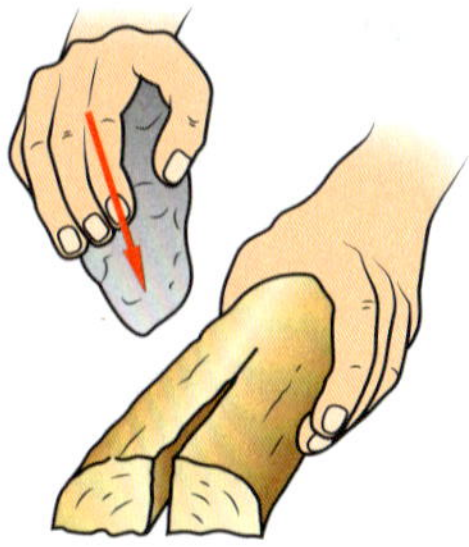

1 Zerteilen mit dem Faustkeil

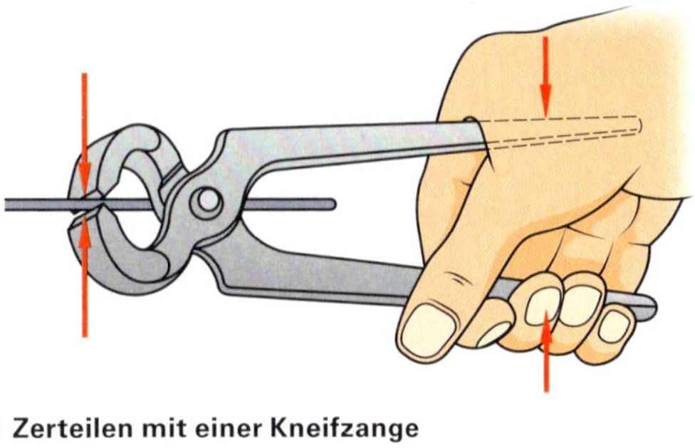

2 Zerteilen mit einer Kneifzange

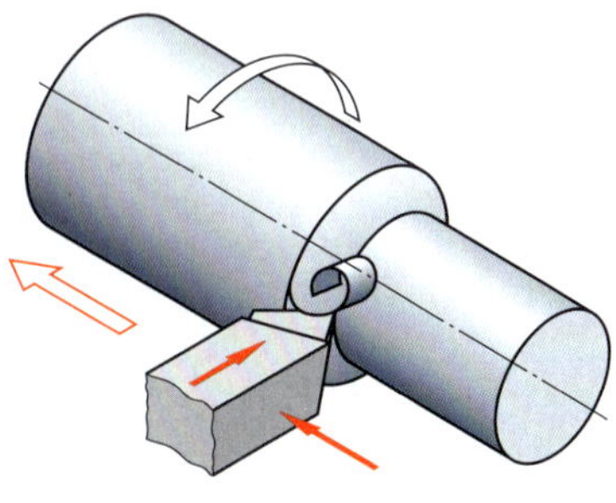

3 Spanen mit dem Drehmeißel

9.2 Zerteilen

Merke

Bei dem Verfahren des Zerteilens entsteht das Fertigteil durch spanloses Trennen aus dem Rohteil:

- mit einer Schneide
  → **einschneidiges Keilschneiden**
- mit zwei gegeneinanderlaufenden Schneiden
  → **zweischneidiges Keilschneiden**
- mit zwei aneinander vorbeilaufenden Schneiden
  → **Scherschneiden**

9.2.1 Keilschneiden

Der Keil dringt in den Werkstoff ein und schiebt die Werkstoffteilchen auseinander. Zuerst erhält das Werkstück eine Einkerbung und verformt sich durch Wulstbildung. Dringt der Keil weiter ein, bildet sich ein Riss, der immer vor dem Keil weiterwandert bis zum Durchbrechen des Werkstückes (Bild 2).

Kräfte am Schneidkeil

Wird der Schneidkeil senkrecht in das Werkstück gedrückt wie beim Trennen mit dem Meißel, so wird die senkrecht aufgebrachte Kraft F in zwei Komponenten senkrecht zu den Keilflächen aufgeteilt. Diese beiden Kräfte F_T schieben die Werkstoffteilchen auseinander.

Mit zunehmender Schlagkraft werden bei konstantem Keilwinkel auch die Trennkräfte größer (Bild 3). Der Winkel, den die Keilspitze einschließt, heißt **Keilwinkel** β (Beta). Bei kleinem Keilwinkel ist die Trennkraft F_T groß. Bei gleichgroßer aufgebrachter Kraft und großem Keilwinkel wird die Trennkraft F_T kleiner (Bild 4). Deshalb sollte der Keilwinkel möglichst klein sein.

Umgekehrt aber ist **die Standfestigkeit des Werkzeuges umso größer, je größer der Keilwinkel ist.** Deshalb werden weiche Werkstoffe wie Kupfer und Aluminium mit einem kleinen Keilwinkel bearbeitet. Dabei ist die Trennkraft F_T groß. Harte Werkstoffe wie Stahl werden mit einem großen Keilwinkel bearbeitet. Die Trennkraft F_T ist bei gleichbleibender Zerspankraft kleiner (Bild 5).

- Harter Werkstoff → großer Keilwinkel
- Weicher Werkstoff → kleiner Keilwinkel

Übliche Werte für Keilwinkel:	
weiche Werkstoffe wie Aluminium	β = 35° ... 40°
mittelweiche Werkstoffe wie Kupfer	β = 50° ... 60°
mittelharte Werkst. wie weicher Stahl	β = 65° ... 70°
harte Werkst. wie hochfester Stahl	β = 75° ... 85°

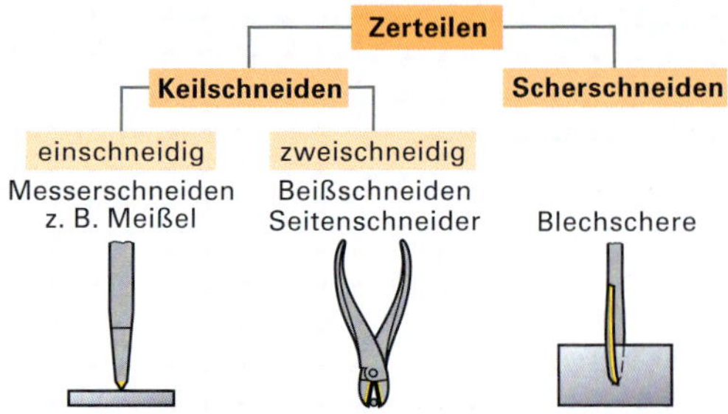

1 Zerteilverfahren

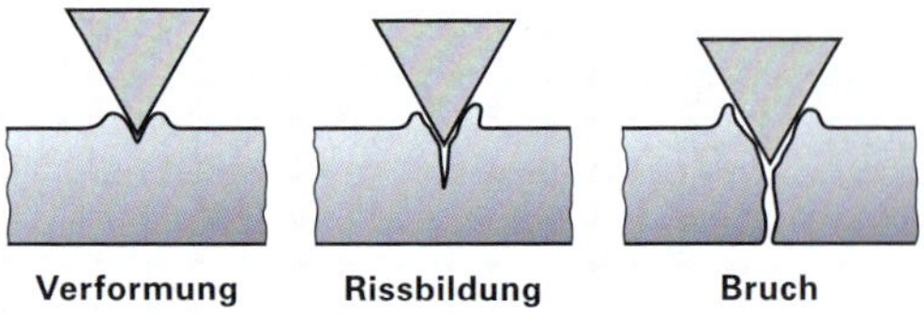

2 Trennvorgang

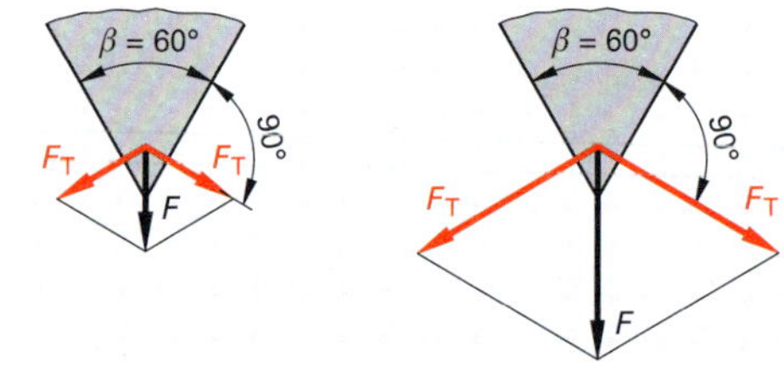

3 Zusammenhang Schlagkraft – Trennkraft

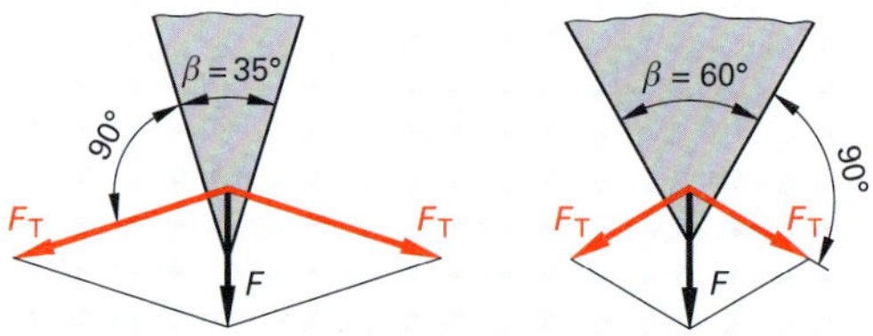

4 Zusammenhang Keilwinkel – Trennkraft

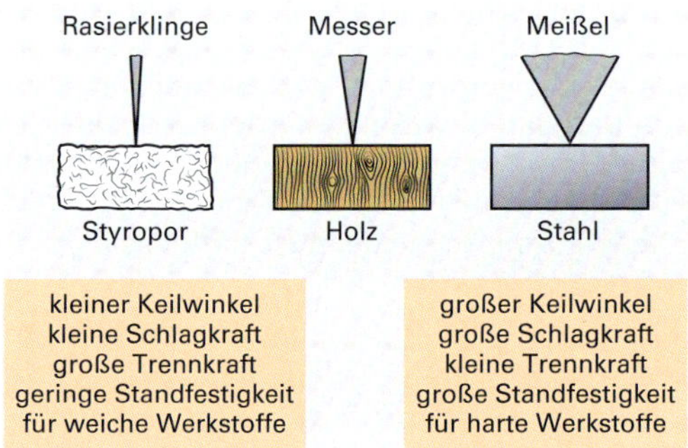

5 Zusammenhang Keilwinkel – Werkstoffhärte

Keilschneidwerkzeuge

Einschneidige Keilschneidwerkzeuge zerteilen den Werkstoff von einer Seite aus. Das Werkstück muss auf einer festen Unterlage liegen. Zu den einschneidigen Keilschneidwerkzeugen gehören der **Flachmeißel,** der **Aushaumeißel,** das **Schneideisen** (Locheisen) und das **Rundmesser,** das zum Rohrschneiden und Glasschneiden verwendet wird (Bild 1).

Weiche Werkstoffe, wie Leder oder Gummi, werden maschinell mit **Messerschneidwerkzeugen** zerteilt. Das Formwerkzeug wird in einer Presse durch das Werkstück hindurch gegen eine Unterlage gedrückt. Messerschneidwerkzeuge sind von allen Seiten zugänglich. Die Gefahr von Verletzungen durch das niedergehende Messer ist sehr groß. Aus Sicherheitsgründen darf der Pressenhub nur maximal 8 mm betragen.

Zweischneidige Keilschneidwerkzeuge sind die **Kneifzange,** der **Seitenschneider** und der **Hebelvornschneider.** Der Werkstoff wird dabei mit zwei gegeneinanderarbeitenden Keilschneiden zerteilt.

9.2.2 Scherschneiden

Während sich beim Keilschneiden die Schneiden aufeinander zu bewegen, gleiten die Schneiden beim Scherschneiden aneinander vorbei. Daraus ergibt sich auch die unsymmetrische Form des Schneidkeils.

Ist der Verlauf der Schnittlinie offen, wie bei einem gradlinigen Schnitt, spricht man von **Offen-Schneiden**. Die Werkzeuge sind **Scheren.** Werkstücke mit geschlossener Schnittlinie (z. B. Kreis, Dreieck oder Rechteck) werden durch **Geschlossen-Schneiden** mithilfe von Schneidplatten und Schneidstempeln hergestellt (Bild 2).

Schneidvorgang

Zwei Schneiden bewegen sich dicht aneinander vorbei. Die Schnittkräfte verlaufen nicht auf einer Linie (Bild 3). Die Folge: das Werkstück wird zwischen den Schneiden gedreht. Um ein Kippen zu verhindern, muss ein Niederhalter das Werkstück auf dem feststehenden Messer festhalten. Bei Handscheren geschieht dies ebenfalls mit der Hand.

Da eine rechtwinklige Schneide nur mit großem Kraftaufwand in das Werkstück eindringt, hat das Schneidwerkzeug einen Freiwinkel von etwa 2° bis 3° und einen Winkel zwischen Schneide und Werkstück von 2°...15°. Dadurch dringt das Werkzeug zunächst wie ein Keil in das Werkstück ein und verdrängt in einer ersten Verformungsphase den Werkstoff (Bild 1, Seite 172). Bei weiterer Belastung beginnt der eigentliche Schneidvorgang, der Werkstoff fließt.

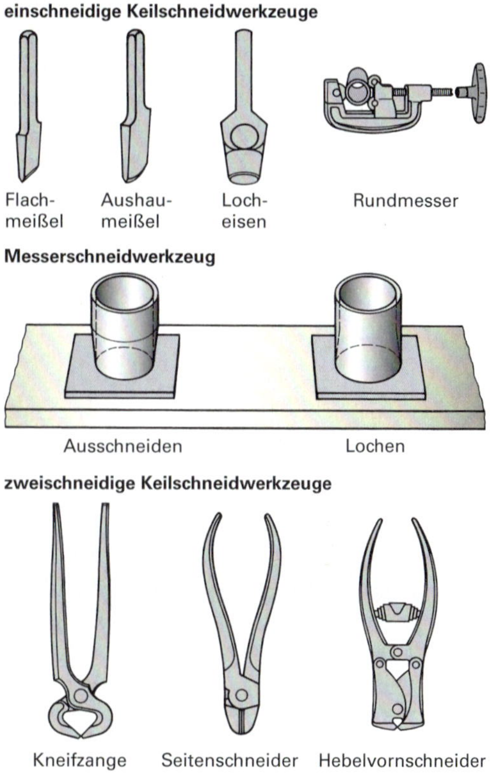

1 **Keilschneidwerkzeuge**

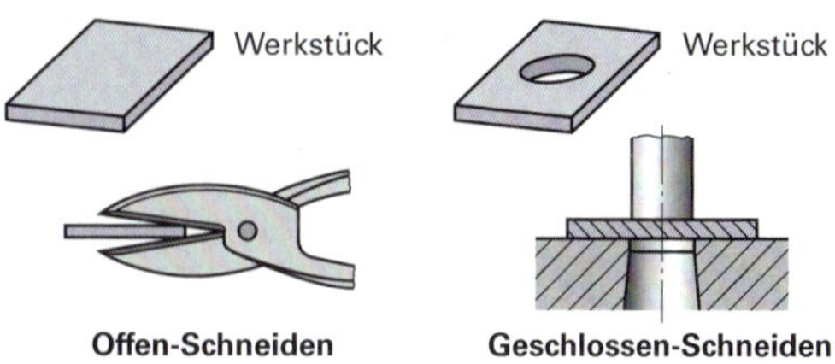

2 **Scherschneiden**

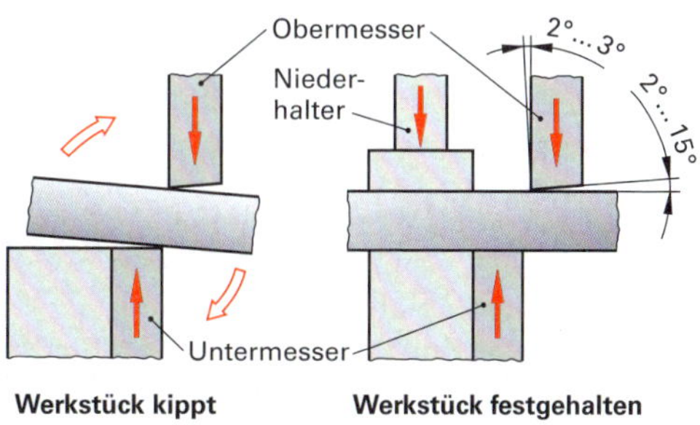

3 **Niederhalter**

Während des Schneidens werden die Werkstoffteile auseinandergedrückt (Bild 1). Durch die Schwächung des Querschnittes kommt es dann in der dritten Phase zum Bruch. An der Schnittkante sind diese drei Phasen des Schneidens deutlich erkennbar (Bild 2).

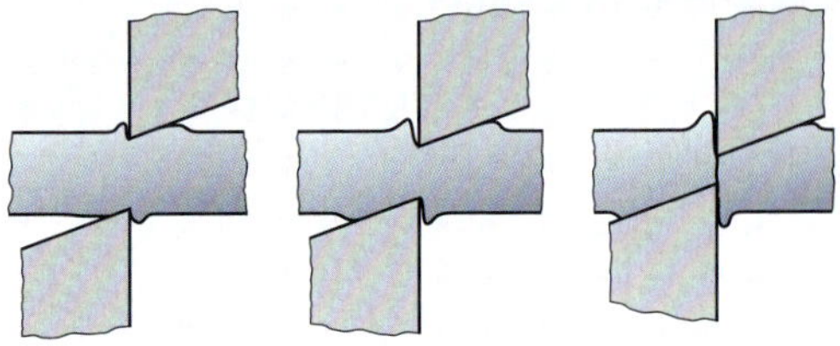

1 Schneidvorgang

Schneidkraft

Beim Schneidvorgang muss die **Scherfestigkeit τ_B** des Werkstoffes überwunden werden. Die Scherfestigkeit τ_B ist immer niedriger als die Zugfestigkeit R_m ($\tau_B \approx 0{,}8\ R_m$). Die Kraft, die für den Abschervorgang erforderlich ist, ergibt sich aus der Gleichung:

Scherfestigkeit = $\frac{\textbf{Scherkraft}}{\textbf{Scherfläche}}$

$$\tau_B = \frac{F_S}{A_S}$$

und Scherkraft = Scherfestigkeit · Scherfläche

$$F_s = \tau_B \cdot A_s$$

Die Scherfläche erhält man aus dem Produkt der Schnittlänge l und der Werkstückdicke s (Bild 3).

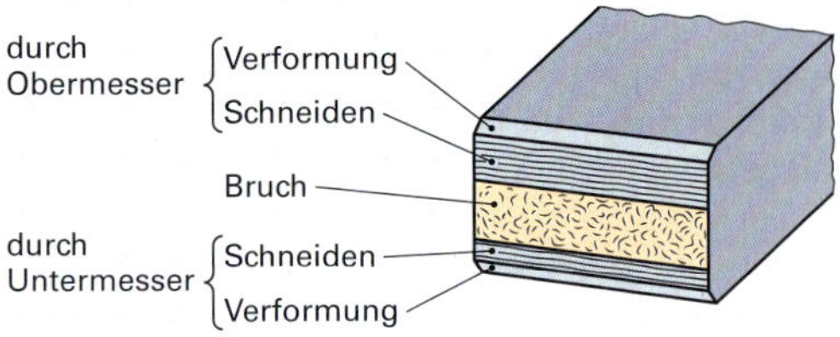

2 Schnittbild

Schneidspalt – Schneidspiel

vel.plus/GM27

Zwischen den beiden Schneiden muss ein **Schneidspalt** vorhanden sein (Bild 4). Die Größe des Schneidspaltes ist abhängig von den **Werkstoffeigenschaften des Werkstückes,** der **Blechdicke *s*** und der **Standzeit des Werkzeuges.** Nur ein richtiger Schneidspalt ergibt eine saubere Schnittkante. Ist der Schneidspalt zu groß, wird das Werkstück zwischen die Schneiden gezogen. Es entstehen ein großer Grat und eine unsaubere, brüchige Schnittfläche.

Beim Geschlossen-Schneiden ist am Umfang des Werkstückes ein Schneidspalt notwendig. Die Differenz zwischen dem Durchmesser der Schneidplatte und dem Durchmesser des Schneidstempels nennt man **Schneidspiel**. Es entspricht dem doppelten Schneidspalt. Das Schneidspiel beträgt 4 % ... 8 % der Blechdicke.

Berechnung der Scherkraft: **Werkstoff:** S 235JR

$F_s = \tau_B \cdot A_s$
$= \tau_B \cdot l \cdot s$
$R_m = 370\ \text{N/mm}^2$
$\tau_B = 0{,}8 \cdot R_m$
$\tau_B = 0{,}8 \cdot 370\ \text{N/mm}^2$
$= 296\ \text{N/mm}^2$
$F_s = 296\ \text{N/mm}^2 \cdot 50\ \text{mm} \cdot 5\ \text{mm}$
$= 74000\ \text{N}$
$= 74\ \text{kN}$

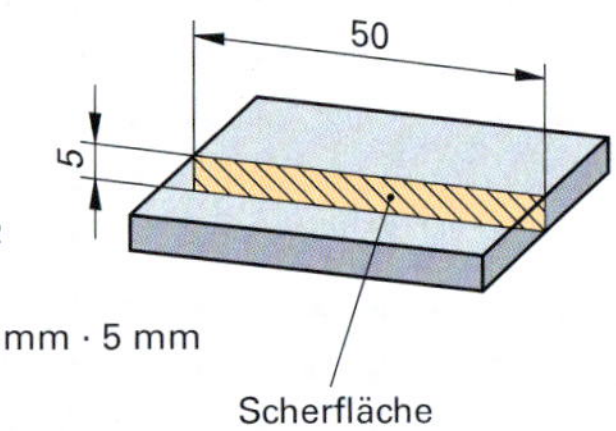

3 Scherfläche – Scherkraft

Scherschneidwerkzeuge

Zum **Offen-Schneiden** werden Handscheren – Hebelscheren – Maschinenscheren verwendet.

Beim **Geschlossen-Schneiden** sind **spezielle Schneidwerkzeuge** und Pressen erforderlich.

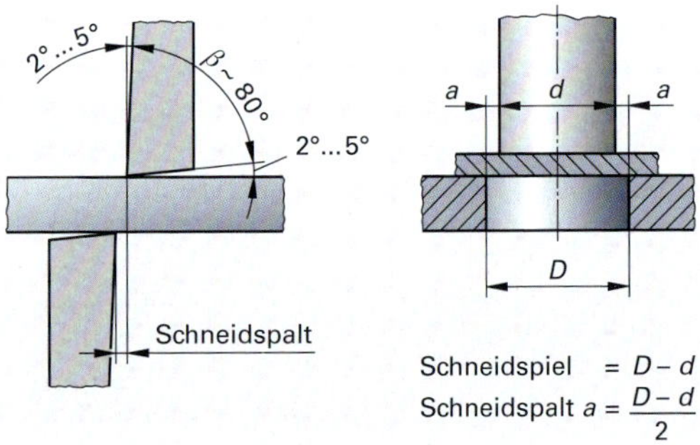

4 Schneidspalt – Schneidspiel

Handscheren

Bei den Handscheren wird wie beim Seitenschneider und der Kneifzange die Schneidkraft durch Hebelwirkung übertragen und verstärkt. Die **Schneidkraft F_s** ist umso größer, je näher die Schneidstelle am Drehpunkt der beiden Scherenteile liegt (Bild 1, Seite 173). Dies ergibt sich aus dem Hebelgesetz (Bild 1, Seite 173):

Drehmoment = Kraft · Hebelweg $\boldsymbol{M = F \cdot l}$

$$\Sigma M_{links} = \Sigma M_{rechts} \longrightarrow F_S \cdot l_S = F_H \cdot l_H \quad \text{oder} \quad F_S = \frac{F_H \cdot l_H}{l_S}$$

Es ist deshalb vorteilhaft, nur mit dem letzten Drittel der Schneide zu arbeiten. Wird der Öffnungswinkel allerdings zu groß, wird das Werkstück von den Schneiden weggeschoben. Günstig ist ein Öffnungswinkel von 10°... 20° (Bild 1).

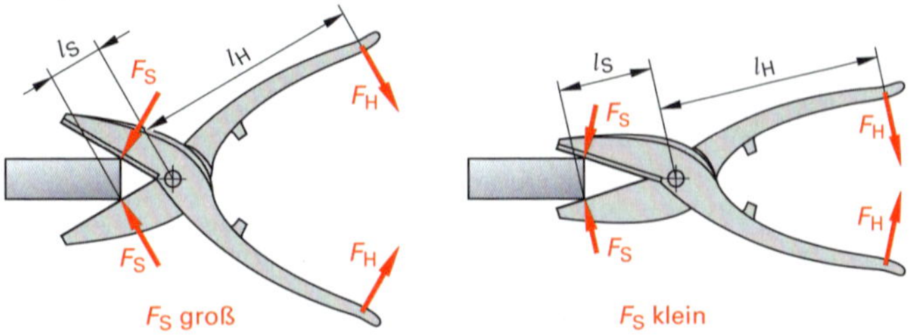

1 Stellung der Schneiden bei Handscheren

Handscheren, mit denen man in der Regel Bleche bis 1 mm Dicke schneidet, sollen **kein Schneidenspiel** haben, da sich sonst sehr leicht ein starker Grat bildet. Zu diesem Zweck sind die Schneiden in Längsrichtung gegeneinander gebogen (Bild 2). Am Drehpunkt werden sie unter einer Vorspannung fest zusammengedrückt. So gleiten die Schneiden immer spielfrei aneinander vorbei. Zu jedem Zeitpunkt ist immer nur ein Berührpunkt vorhanden.

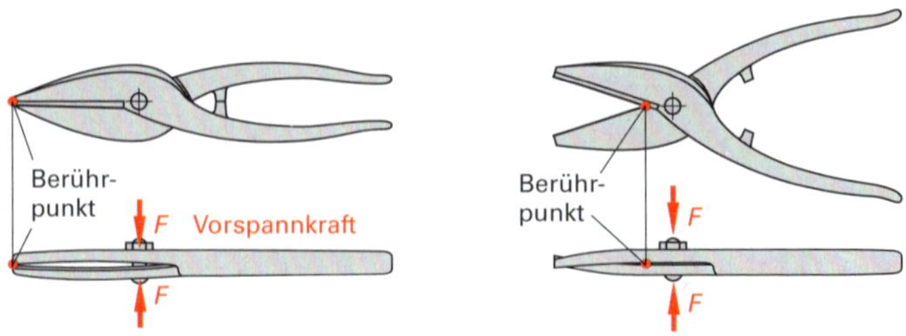

2 Schneidenform – Vorspannung

Die bekannteste Handschere ist die **Blechschere** (Bilder 1 und 2). Sie eignet sich besonders für kurze Schnitte. Bei der linken Blechschere liegt das zu fertigende Werkstück links, der Verschnitt rechts; bei der rechten Blechschere entsprechend umgekehrt. Bei langen Schnitten wird die **Durchlaufschere** verwendet. Ihr Drehpunkt liegt oberhalb des Werkstückes. So genügt ein kleiner Spalt zwischen den Werkstückteilen, um die Schere weiterzuführen. Runde Teile werden mit der **Lochschere** bearbeitet.

Mit der **Elektrohandschere** können mit kurzen Schnitten beliebige Formen ausgeschnitten werden. Das Untermesser ist über einen Bügel fest mit dem Gehäuse verbunden. Das Obermesser bewegt sich ständig auf und ab.

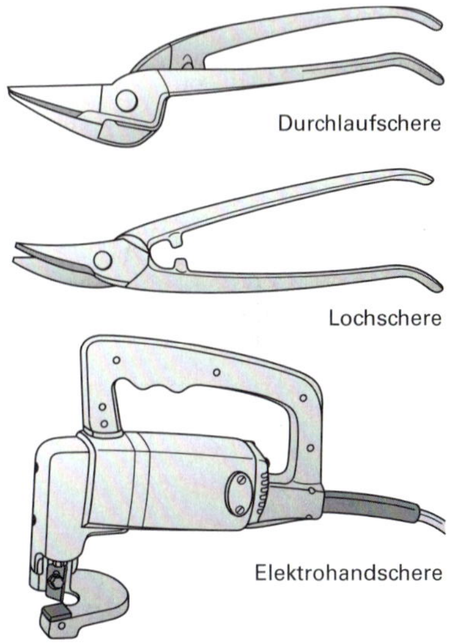

3 Besondere Handscheren

Maschinenscheren

Während die Schneiden der Handscheren sich berühren, benötigen Maschinenscheren zwischen den Schneiden ein Spiel, das von der Werkstückdicke abhängig ist. Dieses Spiel ist erforderlich, um Reibung und Verschleiß möglichst gering zu halten und ein Aufeinandertreffen der beiden Schneiden auszuschließen. Die Schneiden selbst sind nicht rechtwinklig, sondern sie haben zwischen Werkstück und Schneide einen kleinen Freiwinkel von 2°... 3°, um die Reibung zu vermindern, und einen Keilwinkel von 75°... 85°.

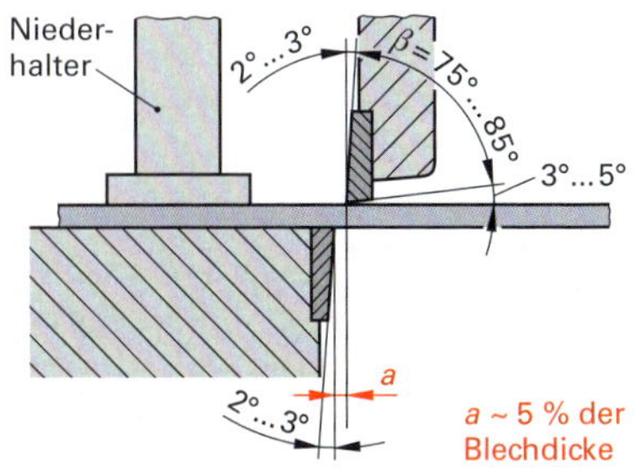

4 Schneidspiel bei Maschinenscheren

Bei den Maschinenscheren ist eine Schneide, meist das Untermesser, fest mit dem Maschinenaufbau verbunden und somit nicht beweglich (Bild 4).

Bei den Hebelscheren dreht sich das Obermesser um einen festen Drehpunkt, dadurch verändert sich der Öffnungswinkel während des Schneidens (Bild 2). Einen konstanten Öffnungswinkel erreicht man bei einer bogenförmigen Schneide. Hebelscheren haben einen ziehenden Schnitt. Bei Scheren mit Parallelführung ist je nach Form des Obermessers auch ein **trennender Schnitt** möglich (Bild 3). Dabei trifft das Obermesser gleichzeitig über die gesamte Werkstückbreite auf und trennt das Werkstück schlagartig ab. Eine schräge, nicht senkrecht zur Führung verlaufende Schneide ergibt auch bei Parallelführungen einen **ziehenden Schnitt**.

Maschinenscheren mit Parallelführung haben zum Teil zusätzliche Schneiden (entsprechende Profilöffnungen im Obermesser) für Rund-, Rechteck- oder Profilmaterial (Bild 4).

Bauarten

Die **Schlagschere** (Hebeltafelschere) besitzt nur eine einfache Hebelübersetzung. Damit das Obermesser nicht herabfällt und auch von Hand angehoben werden kann, ist ein Gegengewicht notwendig.

Bei den übrigen **Hebelscheren** wird die Hebelwirkung des Messers durch eine weitere Übersetzung verstärkt. Dadurch können Bleche bis etwa 10 mm Dicke geschnitten werden. Die große Übersetzung kann durch einen zweiten Hebel erfolgen oder durch eine Zahnradübersetzung: der Handhebel ist mit einem Zahnsegment fest verbunden. Dieses Zahnsegment wälzt sich an einer Gegenverzahnung, die fest mit dem Gestell verbunden ist, ab. Die Hebelscheren werden auch mit Parallelführung hergestellt (Bild 4). Das Obermesser ist so mit dem Hebel verbunden, dass es in Führungen parallel nach unten läuft.

Für große Blechtafeln bis 4000 mm Schnittlänge und für Bleche mit Dicken bis etwa 30 mm werden **Maschinentafelscheren** mit elektromechanischem oder hydraulischem Antrieb verwendet.

Runde Blechteile werden mit der **Kreismesserschere** (Bild 1) hergestellt.

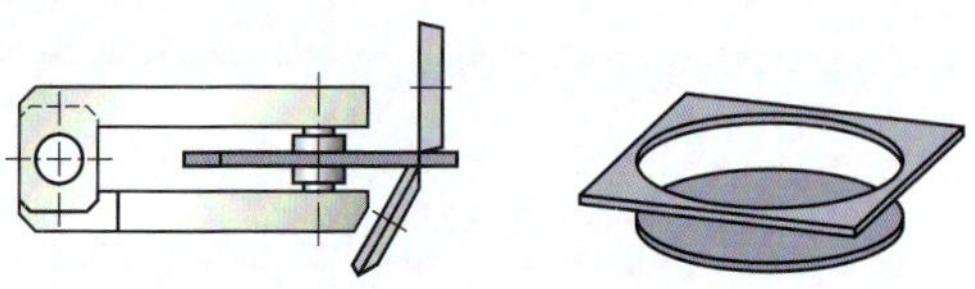

1 Funktionsbild einer Kreismesserschere zum Schneiden von Ronden und Ringen

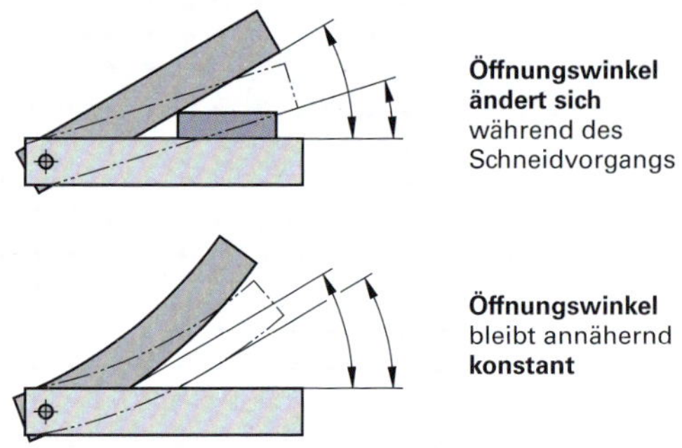

2 Schneidmesserformen bei Hebelscheren

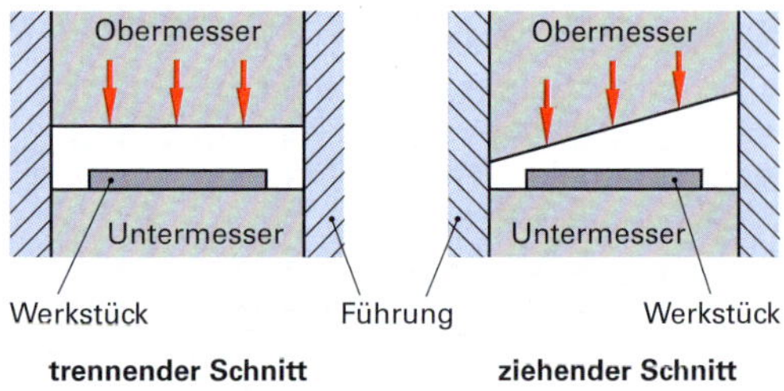

3 Parallelführungen

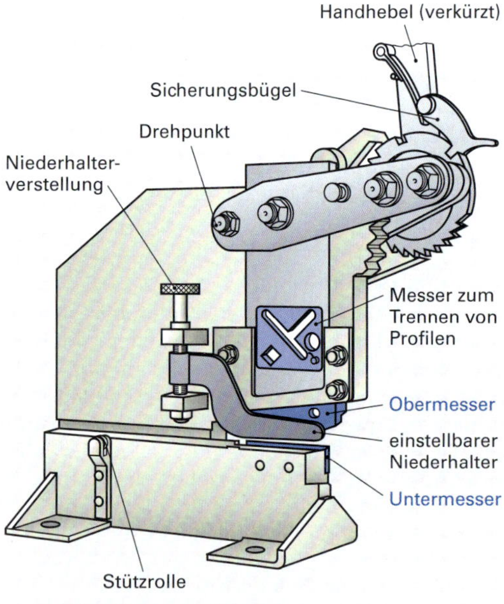

4 Hebelschere mit Parallelführung und Einrichtung zum Trennen von Profilstäben

Schneidwerkzeuge zum Geschlossen-Schneiden

Handwerkzeuge zum Geschlossen-Schneiden sind das **Schneideisen** (Locheisen) und der **Durchtreiber**. Das Schneideisen trennt das Werkstück durch Keilschneiden, der Durchtreiber schert das Werkstück ab.

Serienteile werden mit speziellen **Schneidwerkzeugen** auf Pressen hergestellt. Die Schneidwerkzeuge bestehen aus einem Oberteil mit Einspannzapfen, Stempelplatte und Stempel sowie einem Unterteil mit Schneidplatte und Grundplatte.

Soll aus einem Werkstück ein Teil entfernt werden, spricht man vom **Lochen.** Das ausgeschnittene Teil ist Verschnitt. Im umgekehrten Fall, wenn das Werkstück ausgeschnitten wird, spricht man von **Schneiden.**

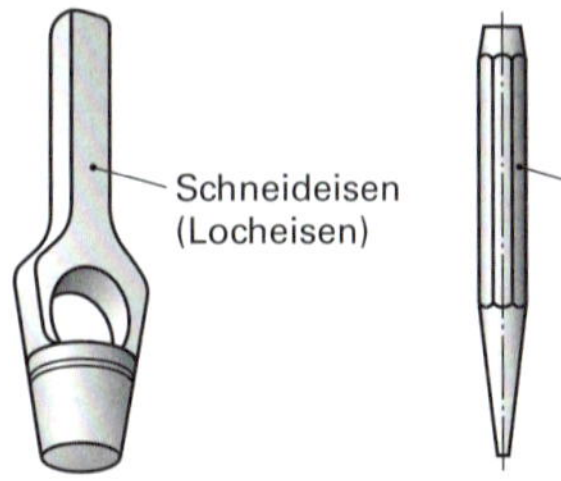

1 Handwerkzeuge zum Geschlossen-Schneiden

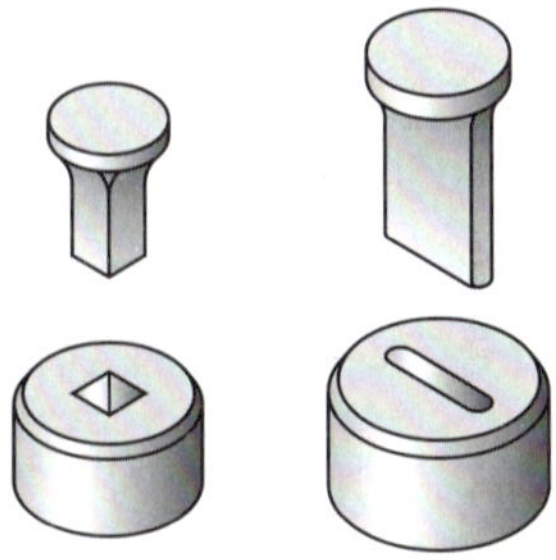

2 Schneidwerkzeug

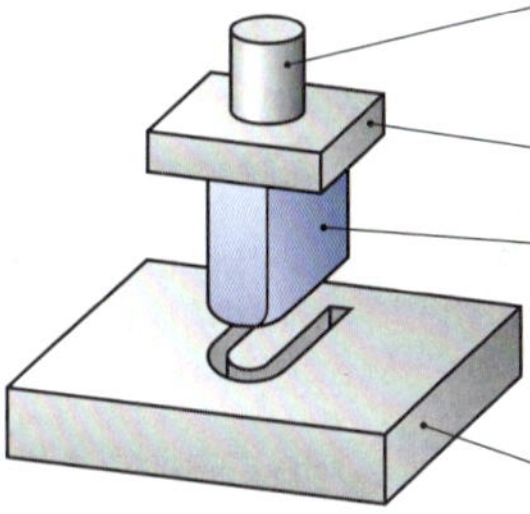

3 Lochwerkzeuge: Stempel und Matrizen

Unfallverhütung

- Beim Zerteilen von Blechen entstehen scharfe Kanten und Grate. Deshalb nie ohne Handschuhe arbeiten und Werkstücke entgraten.
- Nur einwandfreie Meißel ohne Bart verwenden.
- Gehärtete Unterlagen haben Rückschlagwirkung. Deshalb darf beim Keilschneiden mit einer Schneide nur auf relativ weichen Unterlagen gearbeitet werden.
- Zangen und Handscheren sind für die Handkraft konstruiert. Größere Kräfte zerstören das Werkzeug. Deshalb nie Zangen in den Schraubstock spannen oder den Hebelarm durch aufgesteckte Rohre vergrößern.
- Maschinen nicht durch zu dicke Werkstücke überlasten.
- Niemals mit der Hand oder den Fingern in die Nähe der Schneidmesser kommen.
- Bei Hebelscheren den Hebel gegen Herunterfallen sichern.
- Beim Scheren wird das Werkstück zwischen die Schneiden gezogen. Deshalb Niederhalter verwenden und richtig einstellen.
- Bei langen Werkstücken geeignete Auflagen unterstellen, um ein Hochschnellen oder Herunterfallen des Werkstückes nach dem Schnitt zu verhindern.

Überprüfen Sie Ihre Kenntnisse

1 Erklären Sie den Trennvorgang mit einer Keilschneide.
2 Welche Kräfte wirken beim Trennen am Schneidkeil?
3 Von welchen Einflussgrößen ist die Trennkraft abhängig?
4 Welche Werkstoffe werden mit großem Keilwinkel bearbeitet?
5 Nennen Sie vier Keilschneidwerkzeuge.
6 Erklären Sie den Scherschneidvorgang.
7 Wie wird die erforderliche Kraft für den Abschervorgang berechnet?
8 Nennen Sie drei Bauarten von Handscheren.
9 Welche Maschinenscheren kennen Sie?
10 Warum hat das Obermesser bei manchen Hebelscheren eine gebogene Form?
11 Welche Gefahr besteht, wenn bei einer Hebelschere der Hebel mit einem Rohr verlängert wird?
12 Welche Aufgabe hat der Sicherungshaken bei Hebelscheren?
13 Unterscheiden Sie zwischen dem trennenden und dem ziehenden Schnitt.
14 Welche Vorteile haben Schneidwerkzeuge in der Serienfertigung?
15 Warum werden Stempel und Schneidplatten häufig über Führungen miteinander verbunden?
16 Wie wirkt sich das Weglassen des Niederhalters aus?

9.3 Thermisches Trennen – Brennschneiden

Nach der systematischen Einteilung der Fertigungsverfahren gehört das Brennschneiden zur Hauptgruppe **Trennen.** Technologisch ist es jedoch dem Gasschmelzschweißen sehr ähnlich.

Durch dieses Verfahren können unlegierte und niedrig legierte Stähle thermisch getrennt werden. Brennschneiden ist nur bei Metallen möglich, deren **Verbrennungstemperatur** bei Sauerstoffzufuhr **unterhalb ihres Schmelzpunktes** liegt. Außerdem muss der Schmelzpunkt der Verbrennungsprodukte wie Schlacke und Metalloxide niedriger sein als der des Metalls. Diese Eigenschaften zeigen im Wesentlichen nur Stähle bis ca. 1,6 % Kohlenstoffgehalt. Bei ihnen liegt die Verbrennungstemperatur mit ca. 1200 °C unter ihrem Schmelzpunkt von etwa 1500 °C.

Für das Brennschneiden wird ein **Schneidbrenner** verwendet. Er verfügt wie der Schweißbrenner über ein Brenngas- und ein Sauerstoffventil, mit denen die Heizflamme eingestellt wird. Zusätzlich befindet sich an dem Schneidbrenner ein Schnellschlussventil für den Schneidsauerstoffstrahl.

Der **Handschneidbrenner** lässt sich häufig als Schneideinsatz mit einer Überwurfmutter auf das Griffstück eines Schweißbrenners schrauben (Bild 1). Je nach Art der Trennarbeit können verschiedene **Schneiddüsen** eingesetzt werden. Sehr oft wird die universell einsetzbare Ringdüse verwendet (Bild 2). Durch entsprechende Vorrichtungen (z.B. Führungswagen) kann dafür gesorgt werden, dass der Düsenabstand zur Werkstückoberfläche konstant bleibt (Bild 3). Durch diesen Abstand werden die Vorwärmung und die Form der Schnittfuge beeinflusst (Bild 4).

Zum Brennschneiden wird der Stahl an der Anschnittstelle mit dem Schneidbrenner auf Zündtemperatur erwärmt. Durch Öffnen des Schneidsauerstoffventils wird auf die erwärmte Stelle ein gebündelter Sauerstoffstrahl geleitet. Dabei verbrennt der Stahl unter großer Wärmeentwicklung. So erreichen auch die darunterliegenden Zonen Zündtemperatur und verbrennen mithilfe des Sauerstoffs. Es entsteht eine schmale Trennfuge, die sich durch den Stahl frisst. Damit die zum Schneiden erforderliche Zündtemperatur immer vorhanden ist, wird der Sauerstoffschneidstrahl von einer meist ringförmigen Vorwärmflamme umgeben (Bild 2).

Für größere Schneidaufgaben wurden **Schneidmaschinen** entwickelt. Durch Brennschneiden mit normalen Schneidbrennern können Stahlplatten bis 300 mm Dicke getrennt werden. Da sich auch genaue Arbeiten ausführen lassen, kann das Verfahren eine wirtschaftliche Alternative zu den spanenden Trennverfahren sein.

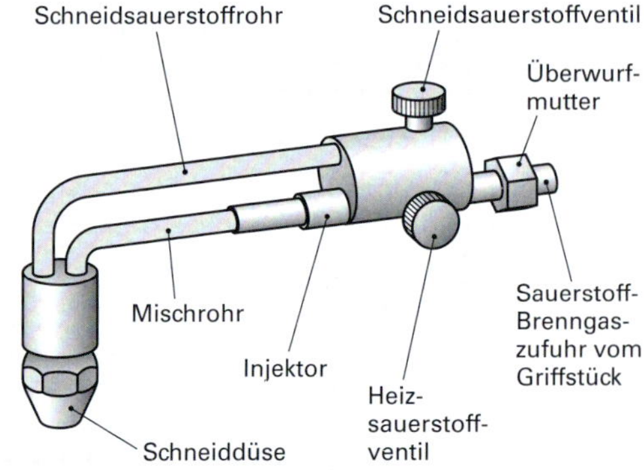

1 Schneideinsatz für einen Handschneidbrenner

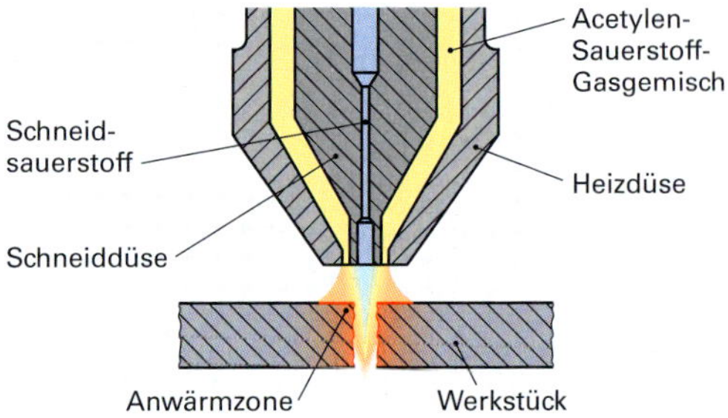

2 Ringdüse

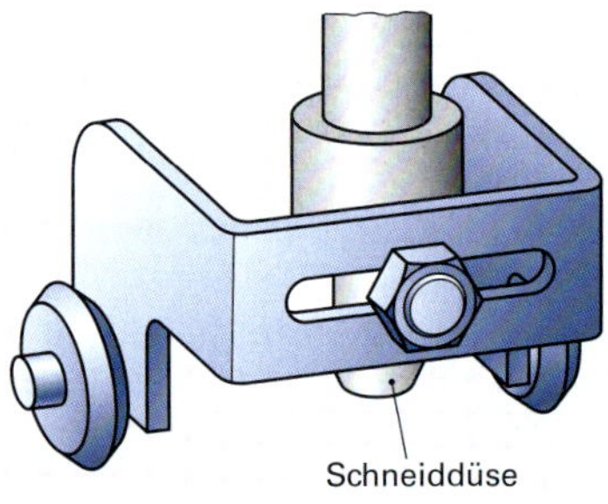

3 Führungswagen

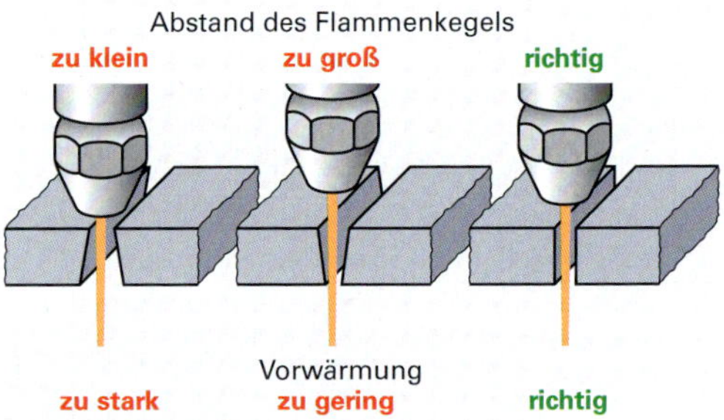

4 Abstand des Flammenkegels von der Bauteiloberfläche

9.4 Spanen

Beim Spanen werden Werkstoffteilchen mit einer Schneide vom Werkstückrohteil abgetragen. Der Zerspanungsvorgang kann mit **geometrisch bestimmter Schneidenform** durchgeführt werden. Die Form der Schneide ist dann genau festgelegt. Die einzelnen Schritte des Abtragvorgangs sind so exakt bestimmbar.

Bei den Spanverfahren mit **geometrisch unbestimmten Schneiden** kann sich die Schneidenform auch während des Bearbeitungsvorgangs verändern.

mit geometrisch bestimmter Schneide		mit geometrisch unbestimmter Schneide
- Meißeln	- Räumen	- Schleifen
- Sägen	- Drehen	- Honen
- Feilen	- Bohren	- Läppen
- Schaben	- Senken	- Strahlspanen
- Hobeln	- Fräsen	
- Stoßen		

Spanen, die wichtigsten Verfahren

Winkel und Flächen an der Werkzeugschneide

Merke

Die Grundform jeder Werkzeugschneide ist der **Keil**.

Der **Keilwinkel** β (beta) bestimmt das Eindringverhalten in den Werkstoff und die Stabilität der Schneide (Bild 1). Ein großer Keilwinkel dringt schlecht in das Werkstück ein, ermöglicht dafür aber eine große Standzeit. Die Standzeit ist die Zeit, in der das Werkzeug den Werkstoff bearbeitet, bis es nachgeschliffen werden muss. Werkzeuge mit großem Keilwinkel eignen sich für harte Werkstoffe.

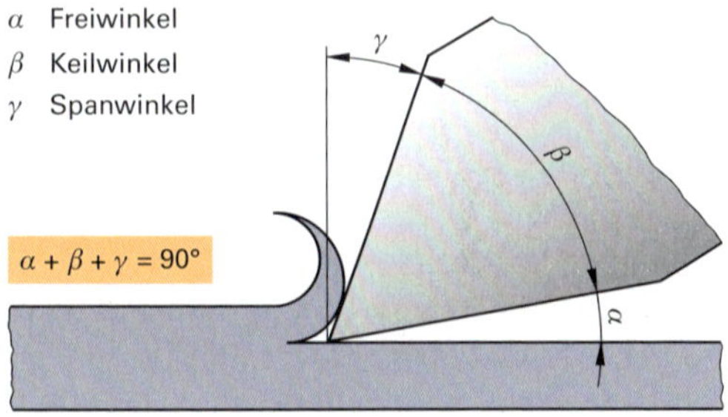

1 Winkel an der Werkzeugschneide

Durch die Stellung der keilförmigen Schneide zum Werkstück ergeben sich noch weitere Winkel. Der Winkel zwischen Keil und Schnittfläche (neu bearbeitete Fläche) ist der **Freiwinkel** α (alpha). Er vermindert die Reibung zwischen Werkzeug und Werkstück. Der Werkstoff wölbt sich durch den Bearbeitungsvorgang auf und federt nach, harte Werkstoffe entsprechend weniger als weiche. Bei harten Werkstoffen ist daher die Reibung geringer, der Freiwinkel kann hier klein gehalten werden. Die Fläche am Schneidkeil, die den Freiwinkel begrenzt, wird als **Freifläche** bezeichnet (Bild 2).

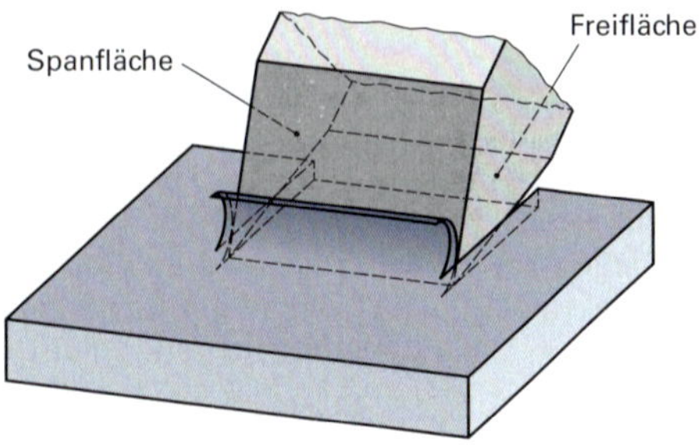

2 Flächen an der Werkzeugschneide

Die Fläche am Werkzeugkeil, an der der Span entlanggleitet, nennt man **Spanfläche**. Zwischen Spanfläche und einer gedachten Ebene senkrecht zur Schnittfläche liegt der **Spanwinkel** γ (gamma). Er beeinflusst die Spanbildung und die Spanabfuhr. Für weiche Werkstoffe wählt man einen großen Spanwinkel. Dadurch wird die Spanabfuhr verbessert. Alle drei Winkel an der Schneide sind voneinander abhängig. So ergibt ein großer Spanwinkel einen entsprechend kleineren Keilwinkel. Die Summe aller drei Winkel am Werkzeugkeil ist immer 90°.

Wirkung des Schneidkeils

Durch die Größe des Spanwinkels wird die Wirkung des Schneidkeils festgelegt. Schließt sich der Spanwinkel an den Keilwinkel an und ergänzt ihn zusammen mit dem Freiwinkel zu einem rechten Winkel, so bezeichnet man den Spanwinkel als positiv. Der **Schnittwinkel** δ (delta) = $\alpha + \beta$ ist in diesem Fall kleiner als 90° (Bild 1, Seite 178). Die Schneide dringt unter diesen Gegebenheiten leicht in das Werkstück ein und schert den Span nach oben ab. Dieses Werkzeug hat eine **schneidende Wirkung.**

Ist dagegen der Schnittwinkel δ größer als 90° und überdeckt somit den Spanwinkel, so wird der Spanwinkel negativ (Bild 1): die Werkzeugschneide schabt kleine Späne von der Werkstückoberfläche ab. Das Werkzeug hat also eine **schabende Wirkung.** Werkzeuge mit schneidender Wirkung können viel Werkstoff abtragen, schabende Werkzeuge eignen sich besonders für die Feinbearbeitung.

Spanbildung

Der Spanungsvorgang beginnt zunächst damit, dass der Schneidkeil den Werkstoff anstaucht, es kommt zu einer plastischen Verformung. Dringt das Werkzeug weiter in den Werkstoff ein, entsteht vor der Schneide ein voreilender Riss. Das jetzt entstehende Spanteilchen wird vom Werkzeug abgeschert und anschließend hochgeschoben. Das nächste Spanteilchen schließt sich an, es entsteht ein Span (Bild 2).

Spanarten

Je nach Werkstoffart des Werkstückes und Größe des Spanwinkels entstehen verschiedene Spanarten (Bild 3). Bei kleinem Spanwinkel wird das Werkstück stark angestaucht, es ist ein hoher Kraftaufwand erforderlich und es bildet sich ein tiefer Riss. Der entstehende Span wird **Reißspan** genannt, er bröckelt leicht ab und es entsteht eine raue Oberfläche. Besonders bei harten und spröden Werkstoffen bildet sich dieser Span. Er ist meist unerwünscht.

Bei einem Spanwinkel von 5° bis 25° und zähen Werkstoffen entsteht ein **Scherspan.** Meist sind es kleine, glatte, abgescherte Späne. Wegen der dadurch bedingten geringen Unfallgefahren wird dieser Span bevorzugt. Mit zunehmender Schnittgeschwindigkeit beginnt der Scherspan zu fließen, dabei wird die Oberflächenqualität verbessert.

Weiche Werkstoffe wie Kupfer, Aluminium oder Blei werden mit einem kleinen Keilwinkel, einem großen Spanwinkel und oft auch mit hoher Schnittgeschwindigkeit bearbeitet. Dabei bildet sich ein **Fließspan.** Das Werkstück wird nur geringfügig angestaucht, es ist wenig Kraftaufwand erforderlich und es entsteht nur ein kleiner voreilender Riss. Die bearbeitete Oberfläche ist glatt. Der Fließspan ist endlos und deshalb wegen der möglichen Beschädigung der Maschine und des Werkzeughalters sowie der Verletzungsgefahr ungünstig.

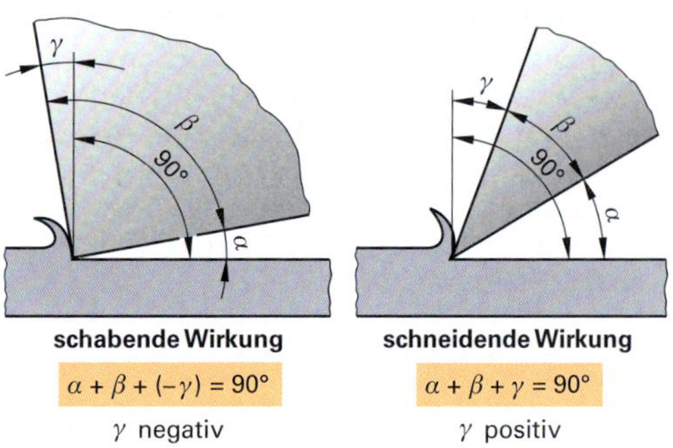

1 Wirkungen am Schneidkeil

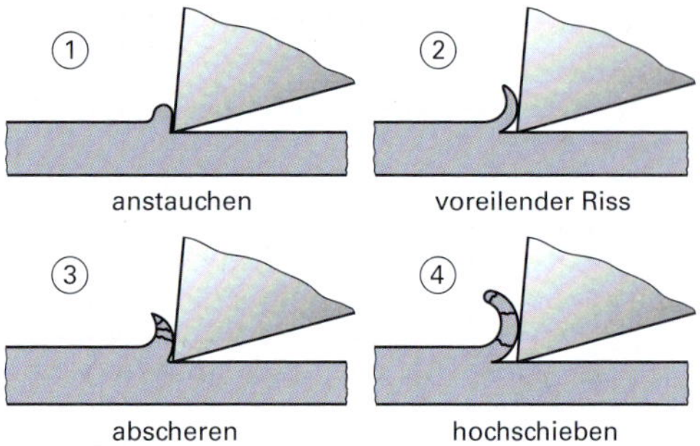

2 Spanvorgang

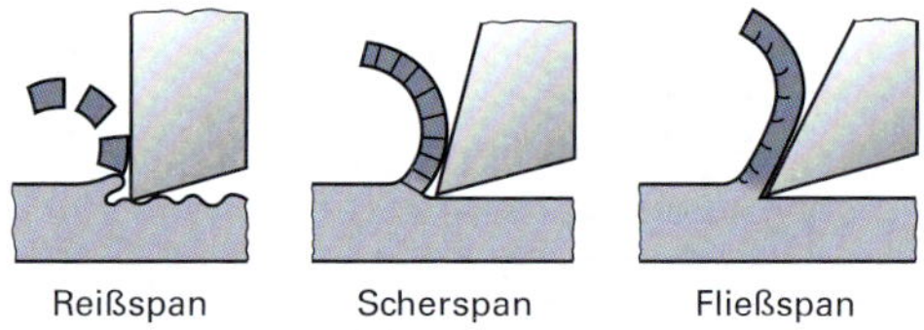

3 Spanarten

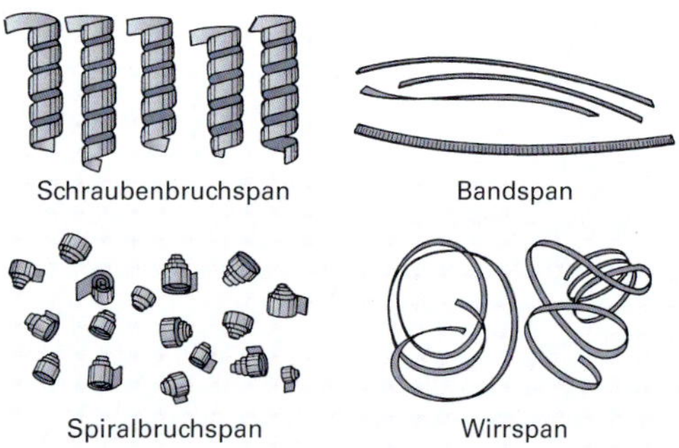

4 Spanformen

Spanformen

Besonders Fließspäne bilden unterschiedliche Formen (Bild 4). Bandspäne und Wirrspäne sind wegen ihres hohen Raumbedarfs unerwünscht. Durch Schraubenspäne werden in der Nähe stehende Personen gefährdet. Günstige Spanformen haben Schraubenbruchspäne und Spiralbruchspäne. Besonders geformte Werkzeuge, niedrige Schnittgeschwindigkeiten oder Automatenlegierungen führen zum Abbrechen der Späne.

9.4.1 Spanen mit dem Meißel

Meißeln ist Spanen mit geometrisch bestimmter Schneide zur Erzeugung beliebiger Werkstückoberflächen und auch ein Zerteilverfahren.

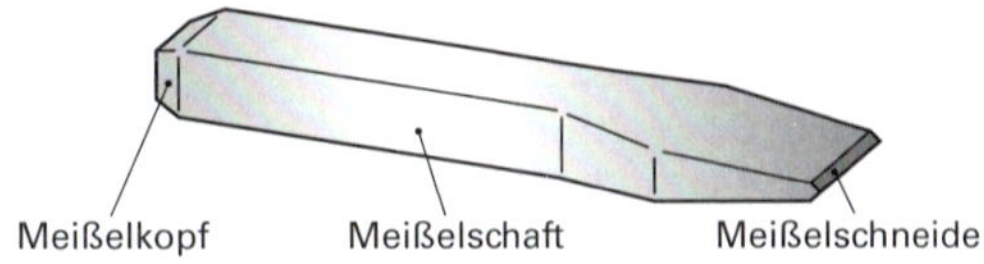

1 Meißelaufbau

Meißelaufbau

Der **Meißelkopf** ist ballig und weich, damit beim Aufschlagen mit dem Hammer keine Teile abspringen oder der Hammer zurückgeschleudert wird. Der **Schaft** dient zum Festhalten des Meißels, er ist deshalb griffig, zäh und knickfest ausgeführt. Die **Schneide** ist gehärtet, damit sie schnitthaltig bleibt, und je nach zu bearbeitendem Werkstoff im entsprechenden Winkel zugeschliffen (Tabelle Abhängigkeit der Winkel vom Werkstoff).

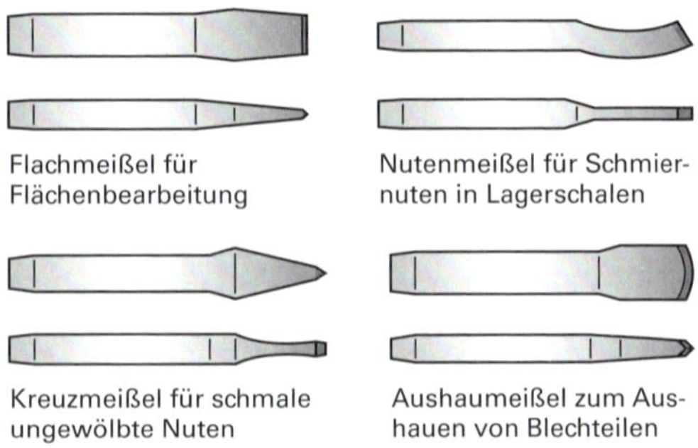

2 Meißelarten

Meißelarten

Bild 2 zeigt die wichtigsten Meißelarten. Der **Flachmeißel** eignet sich besonders zur Flächenbearbeitung. Er besitzt eine breite, gerade Schneide. Für schmale, ungewölbte Nuten eignet sich der **Kreuzmeißel** mit seiner kurzen, geraden Schneide. Mit dem **Nutenmeißel** werden vor allem gewölbte Schmiernuten in Lagerschalen angebracht. Der **Aushaumeißel** dient zum Aushauen von Blechteilen.

Abhängigkeit der Winkel vom Werkstoff

Werkstoff	Keilwinkel β	Freiwinkel α	Spanwinkel γ
Stahl	70°	8°	12°
Grauguss	75° ... 80°	6° ... 10°	0° ... 8°
Aluminium	40° ... 50°	10° ... 20°	30°
Kupfer	50°	15°	25°
Kunststoff	60° ... 70°	10° ... 15°	10° ... 15°

Meißelhaltung

Keilwinkel und Meißelhaltung bestimmen den **Spanvorgang** und die **Oberflächengüte.** Um eine ausreichende Standzeit zu erhalten, wird der Keilwinkel β bei harten Werkstoffen groß gewählt, etwa 50° bis 70°. Auch die übrigen Winkel, Freiwinkel α und Spanwinkel γ, die durch die Meißelhaltung verändert werden können, sind werkstoffabhängig. Bei weichen Werkstoffen werden der Freiwinkel und der Spanwinkel größer gewählt als bei harten Werkstoffen (siehe Tabelle).

Unfallverhütung

- Nach längerem Arbeiten mit dem Meißel bildet sich am weichen Meißelkopf ein Grat (Bart). Davon können sich Teile lösen und in die Hand eindringen. Deshalb ist der Meißelkopf regelmäßig nachzuschleifen (Bild 3).
- Zusätzlich sollen Handschuhe getragen werden.
- Zum Schutz vor umherspritzenden Spänen wird eine Schutzbrille getragen und eventuell ein Schutz für den benachbarten Arbeitsplatz aufgestellt.
- Das Werkstück muss immer fest eingespannt sein.

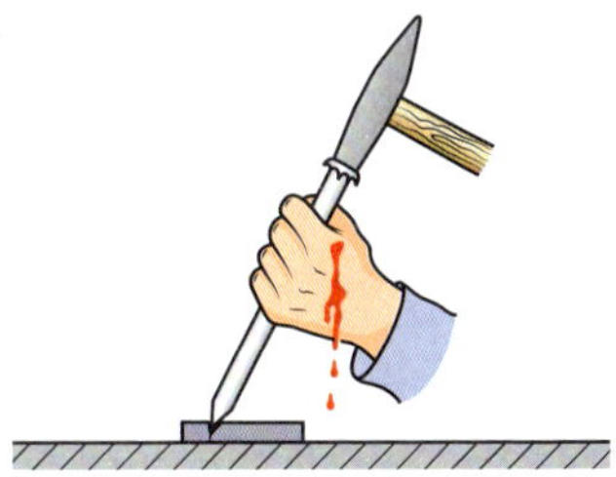

3 Unfallgefahr durch Gratbildung beim Meißeln

Überprüfen Sie Ihre Kenntnisse

1 Bezeichnen Sie die Winkel und Flächen an der Schneide.
2 Wie groß ist die Summe von Freiwinkel, Keilwinkel und Spanwinkel?
3 Wodurch kann die Wirkung des Schneidkeils beeinflusst werden?
4 Erklären Sie die vier Phasen der Spanbildung.
5 Welche Spanart wird bevorzugt (Begründung)?
6 Warum sind Band- und Wirrspäne unerwünscht?
7 Erklären Sie den Aufbau eines Meißels.
8 Mit welchem Meißel werden Schmiernuten für Lagerschalen hergestellt?
9 Wovon ist die Meißelhaltung abhängig?

9.4.2 Sägen

Merke

Sägen ist Spanen mit einem vielzahnigen Werkzeug geringer Schnittbreite und geometrisch bestimmten Schneiden mit kreisförmiger oder gerader Schnittbewegung.

Es wird zum Abtrennen sowie zum Herstellen von Nuten und Schlitzen angewendet. Die Säge besitzt ein Sägeblatt, an dem die Zähne hintereinander angeordnet sind (Bild 1). Während beim Meißeln nur mit einer Schneide gearbeitet wird, sind beim Sägen mehrere Zähne gleichzeitig im Eingriff. Dadurch können die Späne während des Sägeschnittes nicht abgeführt werden. Es muss ein entsprechend großer Spanraum vorhanden sein (Bild 3).

Zahnform

Die Grundform des Sägezahns entspricht der Keilform des Meißels. Die Winkel der Schneiden sind abhängig vom zu bearbeitenden Werkstoff. Für harte Werkstoffe benötigt man einen großen Keilwinkel (50°). Dafür werden der Freiwinkel und der Spanraum kleiner. Maschinensägeblätter haben meist einen positiven Spanwinkel. Bei Handsägeblättern besteht durch die stets wechselnden Schnittkräfte die Gefahr des Einhakens. Deshalb wird hier ein Spanwinkel von 0° gewählt.

Grundsätzlich unterscheidet man zwei Zahnformen: **Winkelzähne** mit ebenen Zahnflächen und **Bogenzähne** mit gebogenen Zahnflächen (Bild 2). Beide Zahnformen werden bei Hand- und Maschinensägeblättern verwendet. Die Wahl der vorteilhaftesten Zahnform ist abhängig von dem zu bearbeitenden Werkstoff. Bogenzähne erreichen eine höhere Schnittleistung und können größere Kräfte aufnehmen als Winkelzähne.

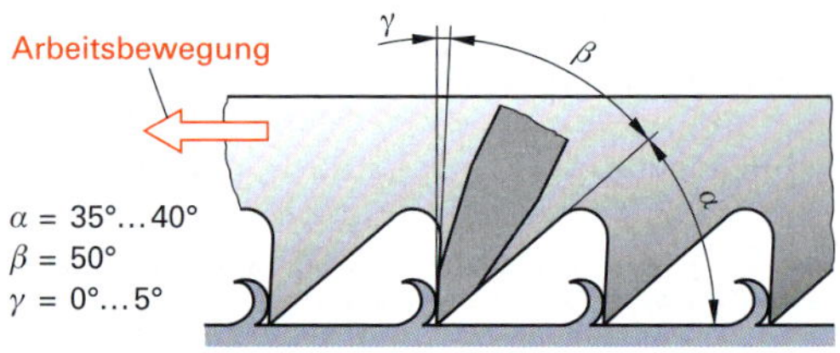

1 Winkel am Sägezahn

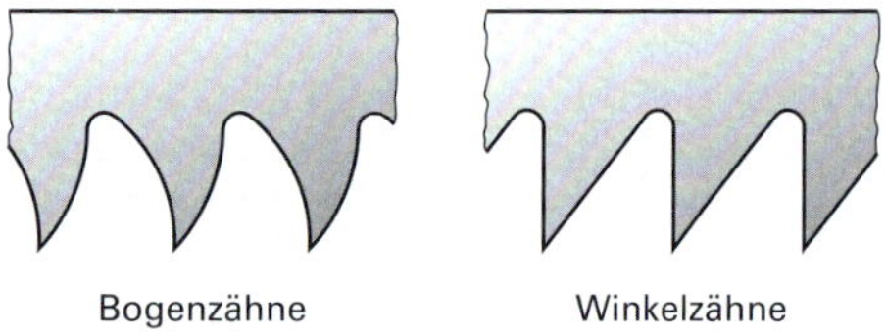

2 Zahnformen

Zahnteilung

Die Größe des Spanraumes ist abhängig von der Zahnform, den Winkeln an der Schneide und vom Abstand der Zähne zueinander. Je dichter die Zähne beieinanderstehen, desto kleiner wird der Spanraum. Den Abstand zwischen zwei Zahnspitzen nennt man Zahnteilung. Sie berechnet sich:

$$\textbf{Zahnteilung} = \frac{\textbf{Bezugslänge}}{\textbf{Zähnezahl}}$$

Die Bezugslänge ist bei Sägen meist 1 inch = 25,4 mm.

Für **weiche Werkstoffe** verwendet man Sägen mit großer Zahnteilung, da ein großer Spanraum zur Späneabfuhr erforderlich ist.

Harte Werkstoffe werden von Sägen mit kleiner Zahnteilung bearbeitet (siehe Tabelle).

Neben der Härte des Werkstoffes muss auch die **Werkstückdicke** bei der Auswahl des richtigen Sägeblattes berücksichtigt werden. Sind weniger als drei Zähne im Eingriff, hakt die Säge vor allem bei Handsägen leicht ein. Mit kombinierten Sägeblättern (Sägeblätter mit zunehmender Teilung) wird das Einhaken beim Anschneiden verhindert. Häufig beginnt die Teilung bei 32 Zähnen und vergrößert sich bis zum Blattende auf 20 Zähne pro inch (= 25,4 mm) Sägeblattlänge.

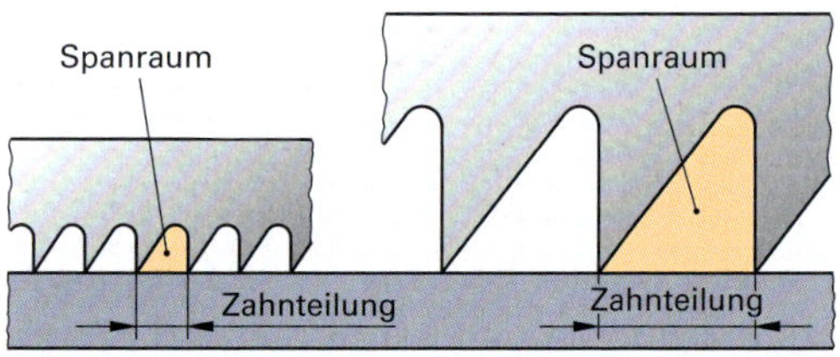

3 Zahnteilung

Einteilung der Sägen

Einteilung	Zähnezahl	Zahnteilung	Anwendung
grob	16	$\frac{25\text{ mm}}{16} = 1{,}56\text{ mm}$	Kupfer, Aluminium
mittel	22	$\frac{25\text{ mm}}{22} = 1{,}14\text{ mm}$	Stahl
fein	32	$\frac{25\text{ mm}}{32} = 0{,}78\text{ mm}$	dünnwandige Rohre, Hartguss

Freischneiden

Beim Sägen erwärmen sich die Säge und das Werkstück durch Reibung. Wäre der Sägespalt genauso breit wie das Sägeblatt, so würde die Säge nach kurzer Zeit durch die Wärmedehnung und durch die entstandenen Späne festklemmen. Deshalb muss die Säge **freischneiden,** das heißt: der Sägespalt muss breiter sein als das Sägeblatt (Bild 1). Handsägeblätter für harte Werkstoffe sind meist gewellt: das Sägeblatt wird auf der Zahnseite wellenlinienförmig gebogen. Bei Bandsägeblättern werden die Zähne geschränkt: ein Zahn wird vom Sägeblatt aus nach links gebogen, der nächste nach rechts. Kreissägeblätter sind nur für weiche Werkstoffe geschränkt. Sie werden häufig hinterschliffen oder es werden Zähne aus Hartmetall eingesetzt, die breiter sind als das Sägeblatt.

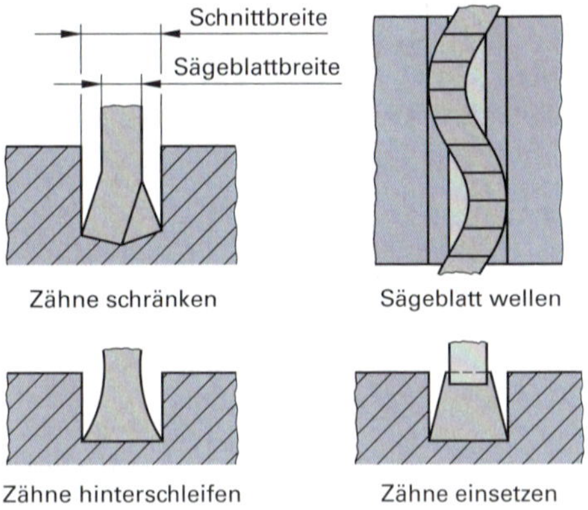

1 Freischneiden

Handsägen

Im Maschinenbau werden vorwiegend **Bügelsägen** verwendet. Sie bestehen aus dem Spannbügel, dem zwischen Heftkloben und Spannkloben eingespannten Sägeblatt und dem Heft (Bild 2).

Die Sägeblätter lassen sich einfach auswechseln. Zum Teil sind sie beidseitig verzahnt, sodass sie gewendet werden können.

Für Sägearbeiten an höheren Bauteilen gibt es den **Metallsägebogen** mit verstellbarem Blatt. Hier kann das Sägeblatt bis zu 90 Grad gedreht werden (Bild 3).

In den **Sägeblatthalter** kann ein Sägeblatt eingespannt werden. Er eignet sich besonders für schwer zugängliche Stellen. Da das Sägeblatt beliebig gespannt werden kann, lassen sich hiermit auch abgebrochene Sägeblätter weiter verwenden (Bild 3).

Mit der **Feinsäge** werden vor allem Holz- und Kunststoffteile bearbeitet. Werden in diese Materialien lange Schlitze gesägt, verwendet man die **Handsäge** (Bild 3).

Zu den **handgeführten Maschinensägen** gehören die **Handkreissäge** (Bild 4) und die **Stichsäge** (Bild 5). Während die Handkreissäge sich für gerade Schnitte in Holz- und Kunststoffplatten eignet, wird die Stichsäge für Kurvenschnitte bei allen Materialien eingesetzt.

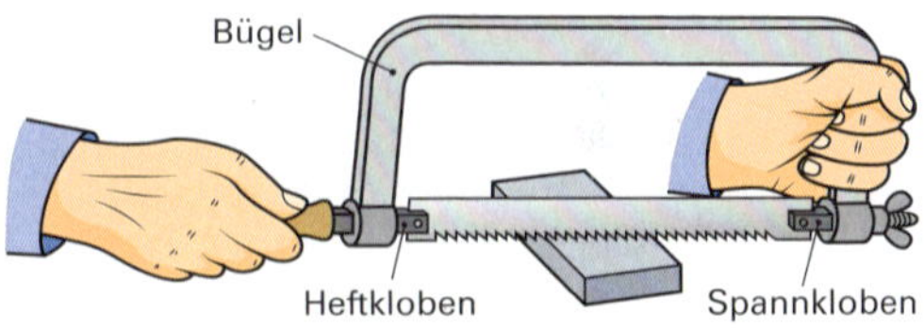

2 Bügelsäge

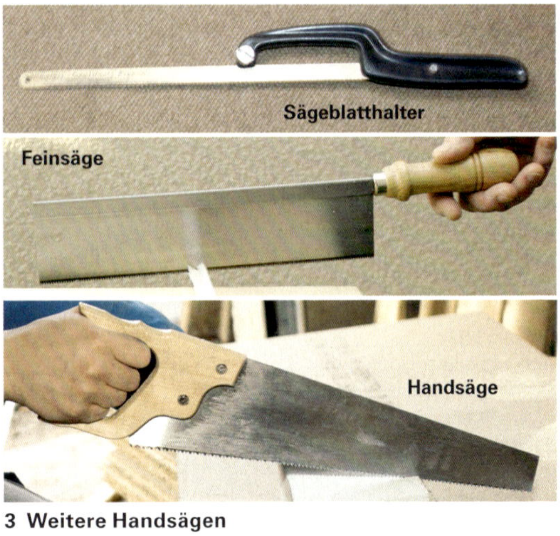

3 Weitere Handsägen

4 Handkreissäge

5 Stichsäge

Maschinensägen

Mit der **Maschinenbügelsäge** (Bild 1), der **horizontalen Maschinenbandsäge** (Bild 2) und der **Maschinenkreissäge** (Bild 3) werden Profile, Rohre und Stangenmaterial auf die entsprechende Länge zugeschnitten. Sie eignen sich für Einzel- und Serienfertigung.

Die **Kreissäge** (Bild 3) hat eine hohe Umfangsgeschwindigkeit und keinen Leerhub und erreicht daher hohe Zerspanleistungen. Allerdings können größere Werkstücke nur mit sehr großen Sägeblattdurchmessern auf entsprechenden Maschinen bearbeitet werden. Formschnitte und Einzelarbeiten werden mit der **vertikalen Maschinenbandsäge** (Bild 4) ausgeführt. Ein endlos verschweißtes Sägeband ermöglicht wie bei der Kreissäge einen kontinuierlichen Schnitt.

1 Maschinenbügelsäge

2 Horizontale Maschinenbandsäge

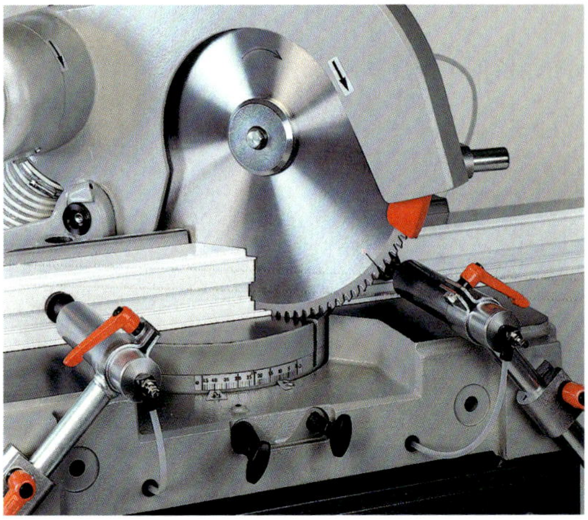
3 Kreissäge

4 Vertikale Maschinenbandsäge

Überprüfen Sie Ihre Kenntnisse

1 Welche Maße müssen verändert werden, um den Spanraum zu vergrößern?
2 Warum benötigt man beim Sägen einen großen Spanraum?
3 Wie bestimmt man die Zahnteilung einer Säge?
4 Wodurch wird das Klemmen des Sägeblattes verhindert?
5 Wann besteht die Gefahr, dass die Sägezähne einhaken?
6 Bei welchen Sägen entfällt der Leerhub?
7 Welche Vorteile haben vertikale Maschinenbandsägen?

Unfallverhütung

- Sägeblätter immer fest einspannen.
- Maschinensägeblätter vor dem Einbau auf Risse prüfen. Besonders bei Kreissägen können lose Teile weggeschleudert werden.
- Keine Maschinenabdeckungen entfernen.
- Beim Handsägen gegen Ende des Schnittes Druck verringern, um ein Abgleiten zu verhindern.
- Bedienungshinweise der Maschinenhersteller beachten.

9.4.3 Feilen

Merke

Feilen ist Spanen mit wiederholter meist geradliniger Schnittbewegung. Das Werkzeug besitzt eine Vielzahl dicht hinter- und nebeneinanderliegender geometrisch bestimmter Schneidzähne.

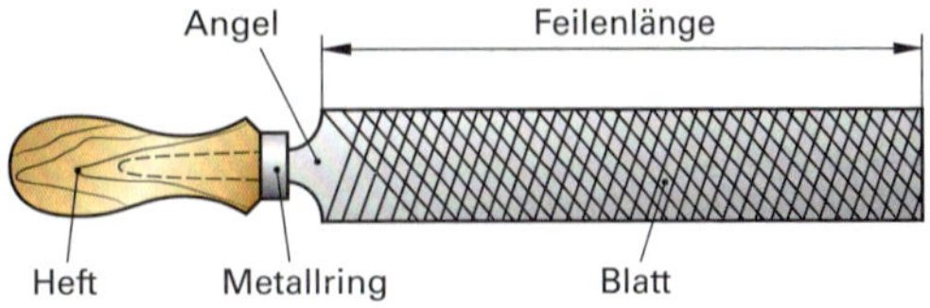

1 Aufbau der Feile

Gefeilt wird vor allem im handwerklichen Betrieb und bei Reparaturen. Die Feile besteht aus dem **Feilenheft,** der **Angel** und dem **Feilenblatt** (Bild 1). Feilenzähne können gefräst oder gehauen werden. **Gefräste Feilen** haben einen positiven Spanwinkel und somit schneidende Wirkung (Bild 2). Sie werden vorwiegend für weiche Werkstoffe verwendet, weil sie einen großen Spanraum und einen kleinen Keilwinkel haben. Bei harten Werkstoffen entstehen kleinere Späne. Man benötigt Feilen mit großem Keilwinkel und kleinem Spanraum. Diese Eigenschaften erfüllen **gehauene Feilen.** Sie haben einen negativen Spanwinkel und dadurch schabende Wirkung. Gehauene Feilen (Bild 3) werden mit dem Aufhaumeißel hergestellt. Dabei wird der Werkstoff im Zahngrund verdrängt und zur Zahnspitze geschoben. In der Praxis spricht man nicht von Feilenzähnen, sondern vom **Hieb** einer Feile. Nach dem Hauen oder Fräsen der Feile wird das Feilenblatt gehärtet und die Angel angelassen.

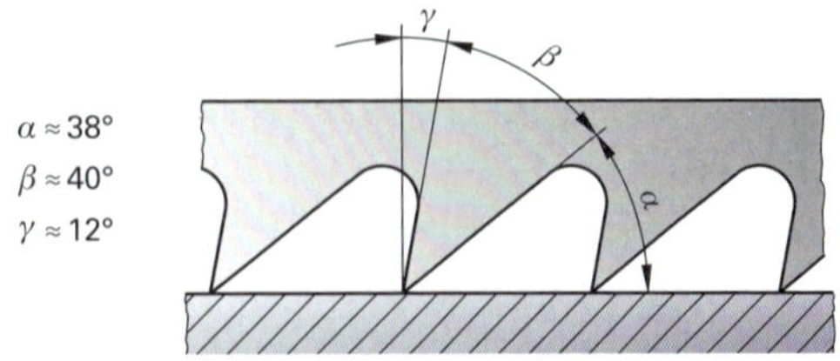

2 Zahnform der gefrästen Feile

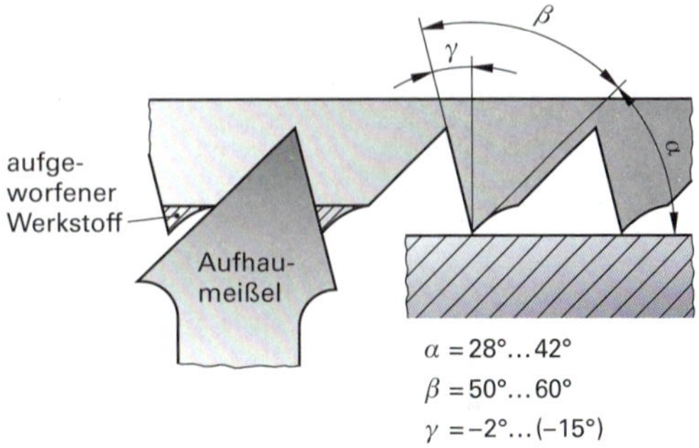

3 Zahnform der gehauenen Feile

Hiebanordnung und Hiebarten

Einhiebige Feilen (Bild 4) haben zur Spanabfuhr einen schrägen Hieb. Alle Feilenzahnreihen stehen unter einem Winkel, z. B. 60°, zur Feilachse. Spanbrechernuten reißen den entstehenden Span ab. Somit entstehen kurze Späne, die besser weggeführt werden. Durch den schrägen Hieb neigt die Feile dazu, seitlich zu verlaufen. Beim **gebogenen Hieb** werden die Späne nach beiden Seiten geführt. Auch hier sind Spanbrechernuten eingefräst.

Gehauene Feilen haben einen **Kreuzhieb** oder **Doppelhieb** (Bild 4). Der Oberhieb (der zweite Hieb) hat hierbei eine kleinere oder größere Hiebteilung als der Unterhieb und ist unter einem anderen Winkel aufgebracht, damit keine Riefen entstehen. Die Kreuzhiebfeilen greifen leichter als einhiebige Feilen.

Hiebteilung

Die **Schlichtfeile** wird zur Herstellung maßgenauer Werkstücke mit glatter Oberfläche verwendet. Der Abstand der Hiebe zueinander ist bei der Schlichtfeile geringer als bei der **Schruppfeile.** Die Schruppfeile eignet sich besonders für große Spanabnahme bei gleichzeitig geringer Anforderung an die Oberflächenqualität. Die Hiebteilung ist ein Maß für den Abstand der einzelnen Hiebe.

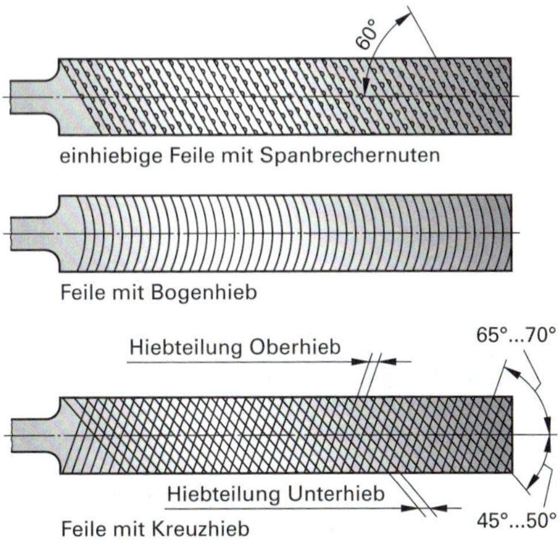

4 Hiebanordnung und Hiebarten

Merke

Die **Hiebteilung** ist gleich der Anzahl der Hiebe pro Bezugslänge.

Bei Feilen beträgt die Bezugslänge im Allgemeinen 1 cm. Je nach Hiebteilung und Länge des Feilenblattes werden die Feilen nach Hiebnummern eingeteilt. Tabelle 1 zeigt den Zusammenhang zwischen Oberflächenqualität, Hiebteilung und Feilenlänge.

Merke

Bei einer **langen Feile** ist bei gleicher Hiebnummer die Hiebteilung kleiner als bei einer **kurzen Feile.**

Feilenformen

Es gibt eine Reihe von verschiedenen Feilenformen. Am häufigsten wird die flachstumpfe Werkstattfeile eingesetzt. Zur Herstellung besonderer Werkstückformen werden Feilen mit dazu passenden Querschnitten verwendet. Tabelle 2 zeigt eine Übersicht einiger Werkstattfeilen. Neben den Handfeilen kommen auch Sonderfeilen zum Einsatz: Bei den **Feilscheiben** wird das Werkstück gegen die rotierende Scheibe gedrückt. **Schaftfeilen** werden von einem kleinen Handmotor oder über eine biegsame Welle angetrieben. Mit ihnen lassen sich vor allem Nuten und Vertiefungen herausarbeiten.

Normung

Die Feilenformen (DIN 8589-7) sowie die Feilenbezeichnungen (DIN 7261) sind genormt. Zur genauen **Bezeichnung einer Feile** benötigt man folgende Angaben: **Länge, Hiebnummer** und **Querschnittsform**.

Bezeichnungsbeispiel: Eine halbrunde Werkstattfeile mit 250 mm Länge und 13 Hieben/cm (Hiebnummer 2) erhält zum Beispiel die Normbezeichnung: Werkstattfeile E 250-2 DIN 7261.

Tabelle 1: Hiebteilung

	Schruppen		Schlichten	Feinschlichten
Oberflächenangaben nach DIN EN ISO 1302	Ra 25 ... ...Ra 3,2		Ra 6,3 ... ...Ra 0,8	Ra 1,6 ... ...Ra 0,2
Hieb-Nr.	1	2	3	4
Hiebteilung bei Feilenlänge 100 mm	17	23	28	34
Hiebteilung bei Feilenlänge 250 mm	8	13	17	21

Tabelle 2: Feilenformen

Feilenbezeichnung	Kurzbezeichnung	Querschnittsform	Werkstück
Flachstumpfe Werkstattfeile	A	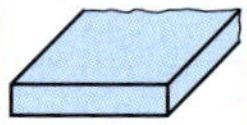	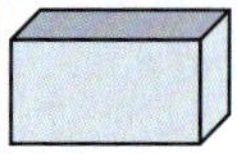
Flachspitze Werkstattfeile	B	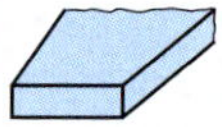	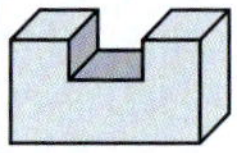
Dreikant-Werkstattfeile	C	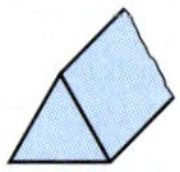	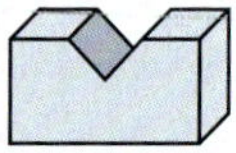
Vierkant-Werkstattfeile	D	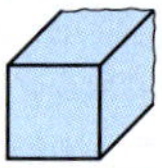	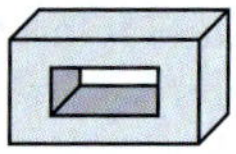
Halbrunde Werkstattfeile	E	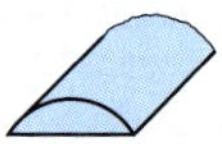	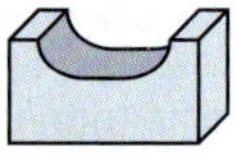
Runde Werkstattfeile	F		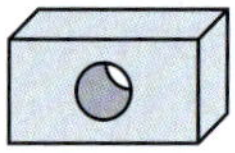

Feilwerkzeuge

Neben den bekannten Handfeilen werden heute auch Druckluft- und Elektrofeilgeräte verwendet. Sie eignen sich besonders für Entgratarbeiten an Stahl-, Leichtmetall- und Kunststoffteilen. Im Werkzeug- und Vorrichtungsbau erleichtern Feilmaschinen die Herstellung genauer Aussparungen.

Unfallverhütung

- Feilenheft mit dem Holzhammer aufschlagen.
- Vor der Verwendung prüfen, ob das Feilenheft fest sitzt.
- Werkstücke fest spannen.
- Feilwerkzeuge an Maschinenfeilen während des Betriebes nicht mit der Hand berühren.

Überprüfen Sie Ihre Kenntnisse

1 Mit welchen beiden Verfahren werden Feilen hergestellt?

2 Warum spricht man bei Feilen vom Hieb?

3 Warum werden weiche Werkstoffe nicht mit gehauenen Feilen bearbeitet?

4 Wie kann man bei der gefrästen Feile durch die Hiebanordnung die Spanabfuhr verbessern?

5 Welche Bedeutung haben die Hiebnummern?

6 Warum haben Feilen einen relativ großen Freiwinkel?

9.5 Bohren

vel.plus/GM28

Merke

Durch Bohren werden spanend zylindrische Löcher (Bohrungen) hergestellt oder erweitert.

Dabei bezeichnet man das Herstellen von Bohrungen als **Vollbohren** und das Erweitern schon vorhandener Bohrungen als **Aufbohren.** Auch das Senken und Reiben zählen zu den Bohrverfahren.

9.5.1 Bohrvorgang

Zwei Bewegungen bewirken beim Bohren die Spanabnahme (Bild 1). Der Bohrer wird über Motor, Getriebe und Bohrspindel in Drehung versetzt. Er führt infolgedessen die kreisförmige **Schnittbewegung** (Hauptbewegung) aus. Zur Erzeugung des Schneidendrucks, welcher erst zur Spanbildung führt, wird die Bohrspindel über Handhebel, Zahnrad und Zahnstange in Richtung Bohrerachse gedrückt. Diese Bewegung ist die geradlinige **Vorschubbewegung.**

Da beide Arbeitsbewegungen gleichzeitig stattfinden, dringen beide Keilschneiden des Spiralbohrers spanabhebend in den Werkstoff ein (Bild 2). Die Drehachse des Bohrers und die Achse der Bohrungsinnenfläche fluchten.

Merke

Bohren ist Zerspanen mit kreisförmiger Schnittbewegung. Die Vorschubbewegung verläuft geradlinig in Richtung der Bohrungsachse.

9.5.2 Bohrwerkzeug

Der **Spiralbohrer,** eigentlich ein Wendelbohrer, ist das am häufigsten verwendete Bohrwerkzeug. Seinen Aufbau kann man sich folgendermaßen verdeutlichen:

In einen zylindrischen Rohling aus Schnellarbeitsstahl werden zwei wendelförmige Nuten gefräst. Die Steigung der Nut legt den Drallsteigungswinkel und damit den wirksamen **Spanwinkel** γ fest (Bilder 2 und 3). Bezogen auf das Werkzeug heißt er Seitenspanwinkel γ_f. Der genutete Rohling würde bei Drehung in einer Bohrung starke Reibung verursachen. Deshalb erzeugt man durch Hinterfräsen längs der Spannuten die (relativ schmalen) Führungsfasen mit den **Nebenschneiden.** Hierdurch verringert sich die Reibung. Außerdem führen die Fasen den Bohrer in der Bohrung. An ihnen wird der Bohrerdurchmesser gemessen (Bild 1, Seite 186).

Die **Hauptschneiden** am Bohrer entstehen durch kegelförmiges Anschleifen des genuteten Rohlings. Der dadurch gebildete **Spitzenwinkel** σ (sigma) bestimmt die Länge L der Schneiden. Die Hauptschneiden werden gleichzeitig hinterschliffen, damit sie in den Werkstoff eindringen können. So entstehen die **Freiflächen** (Bild 3).

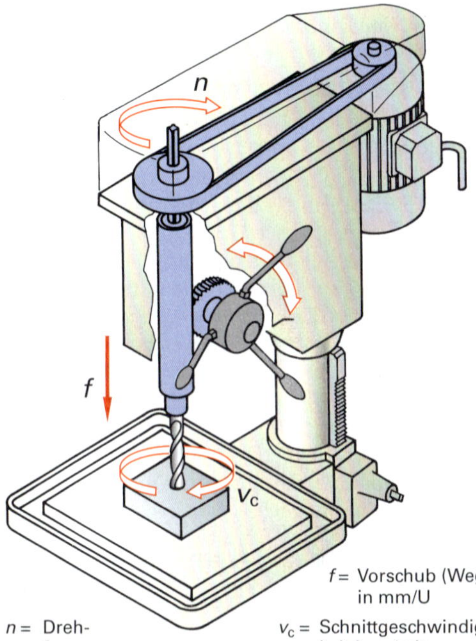

1 **Bohrvorgang**

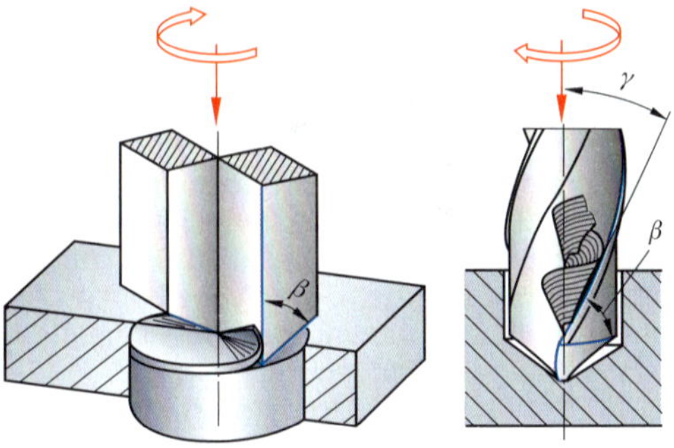

2 **Entstehung der Keilschneiden am Spiralbohrer**

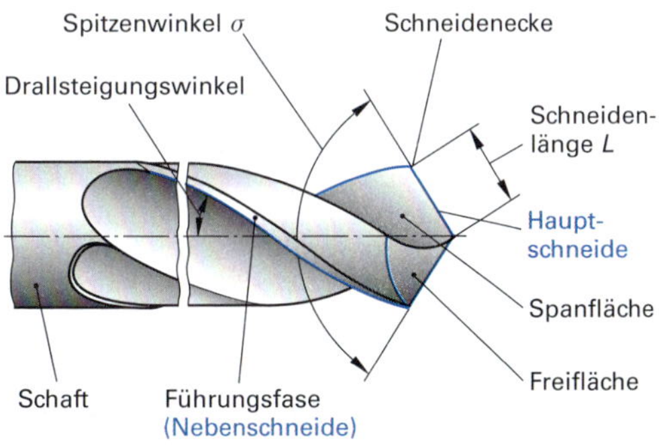

3 **Bohreraufbau**

Der **Freiwinkel** α legt die Neigung der Freiflächen fest, der **Keilwinkel** β begrenzt die Größe des Schneidenwinkels. Bezogen auf das Werkzeug heißen sie Seitenfreiwinkel α_f und Seitenkeilwinkel β_f (Bild 1).

Spitzenwinkel

Bei größerem Spitzenwinkel σ eines Bohrers sind die Schneidenkeile stabiler, da die Hauptschneiden kürzer werden. Die Bruchgefahr vermindert sich. Die Größe des Spitzenwinkels hängt von der Härte und der Wärmeleitfähigkeit des zu bearbeitenden Werkstoffs ab. Die bei der Spanabnahme entstehende Wärme wird mit den Spänen und dem Kühlmittel, aber auch über das Werkstück und die Hauptschneiden (Bild 2) abgeleitet.

Merke

Lange Werkstückschneiden leiten die Wärme besser ab. Die Gefahr der Überhitzung der Hauptschneiden verringert sich.

9.5.3 Querschneide und Vorschubkraft

Der **Freiwinkel** α legt die Neigung der Freiflächen fest. Die Freiflächen bilden mit den Hauptschneiden eine Querschneide, deren Länge von der Kerndicke *k* (Seele) des Bohrers und dem Winkel ψ (psi = 55°) zwischen Quer- und Hauptschneide abhängig ist (Bild 1).

Merke

Mit zunehmendem Bohrerdurchmesser nimmt die Länge der Querschneide zu. Die benötigte Vorschubkraft wird deutlich größer.

Dies ist auf den negativen Querschneidenspanwinkel zurückzuführen, der lediglich eine schabende Schneidenwirkung zulässt. Die Folge ist, dass etwa 60 % der gesamten Vorschubkraft darauf verwendet werden müssen, die Schneiden in das Werkstück eindringen zu lassen.

Daher wird zur **Verringerung der Vorschubkraft** bei Bohrungen über 10 mm Durchmesser entweder vorgebohrt, die Querschneide ist dann nicht mehr im Eingriff. Oder aber die Bohrerspitze erhält einen speziellen Anschliff (Bild 3), um die Querschneide zu verkleinern.

9.5.4 Spiralbohrertypen

Durch Änderung des Drallnutenwinkels und damit des Spanwinkels γ ändert sich auch der Keilwinkel β. Bei weichen Werkstoffen wird ein kleiner Keilwinkel (Typ W), bei harten Werkstoffen werden ein großer Keilwinkel und ein kleiner Spanwinkel benötigt (Typ H in Bild 4).

Merke

Mit zunehmender Härte des zu bohrenden Werkstoffs wählt man Bohrer mit kleinerem Drallnutenwinkel und damit größerem Keilwinkel.

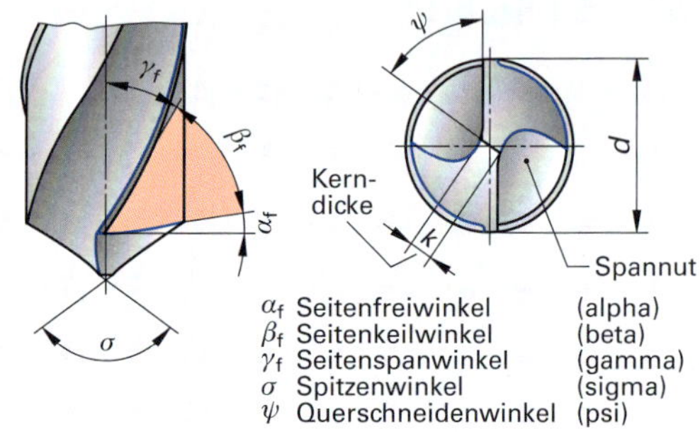

1 Winkel am Spiralbohrer

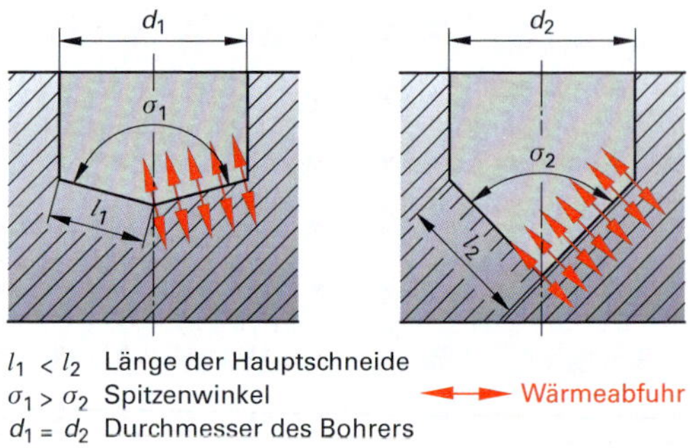

2 Wärmeabfuhr bei unterschiedlichen Spitzenwinkeln

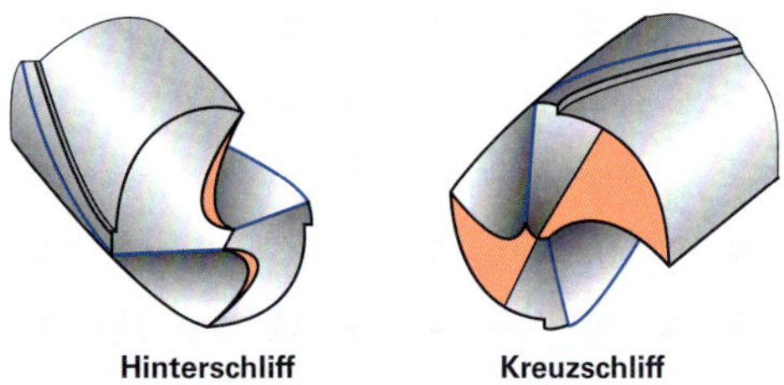

3 Verkleinern der Querschneide

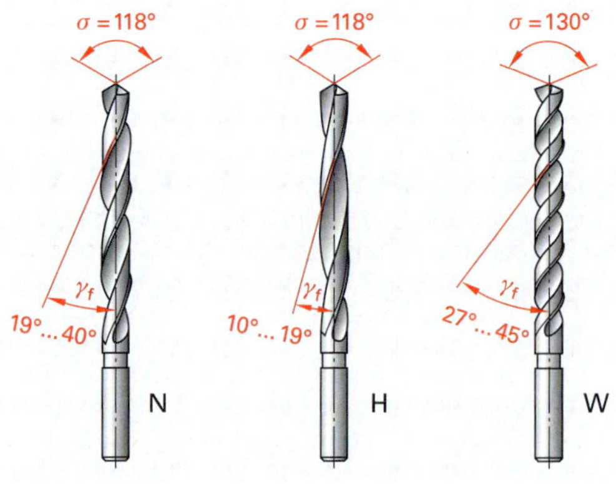

4 Spiralbohrertypen, Spitzen- und Drallwinkel

9.5.5 Bohrerarten

Einsatzmöglichkeiten	Bohrertyp		Werkstoff
Festlegen von Bohrungsmitten mit engen Lagetoleranzen, Zentrieren von Wellenmitten, Aufnahmezentrierungen von Exzentern	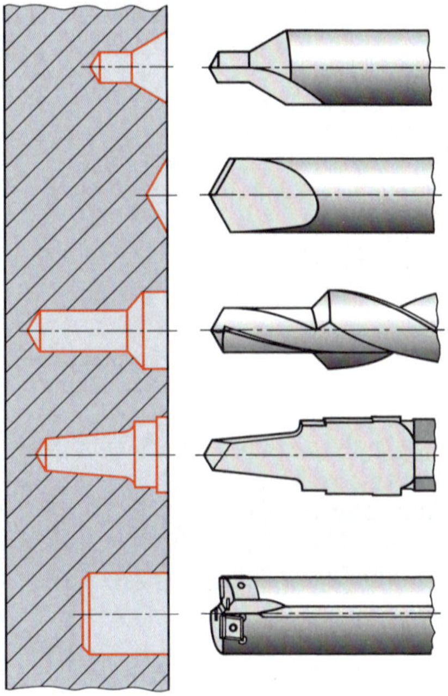	**Zentrierbohrer** (DIN 333)	HSS
		NC-Anbohrer	HSS HM
Bohrungen mit verschiedenen Ansätzen in einem Arbeitsgang (z. B. Ansenken und Entgraten).		**Stufenbohrer** (DIN 8374)	HSS HM
		Flachformbohrer	HSS HM
Wirtschaftliches Bohren mit hoher Zerspanleistung, guter Standzeit und einfachem Schneidenwechsel. Außerdem ist kein Vorbohren mehr nötig, da keine Querschneide vorhanden ist.		**Wendeplattenbohrer**	HM

9.5.6 Schneidstoffe der Bohrer

Der Bohrvorgang setzt wie jeder Zerspanungsprozess bestimmte Eigenschaften des Werkzeugs voraus, ohne die eine Zerspanung unmöglich wäre. Außerdem werden durch die Art der Bohrarbeiten weitere Anforderungen gestellt, denen das Werkzeug, nämlich der Bohrer, genügen muss.

- Er muss härter sein als der zu bearbeitende Werkstoff und ohne Abstumpfen viele Bohrvorgänge aushalten (Standweg bzw. Standzeit). **Anforderungen: Härte und Verschleißfestigkeit!**
- Gehärteter Stahl hat die Eigenschaft, bei hohen Temperaturen wieder weich zu werden. Bei längeren Bohrarbeiten entstehen trotz Kühlung hohe Werkzeugschneidentemperaturen, die der Bohrerwerkstoff ohne Härteverluste aufnehmen muss. **Anforderung: Warmfestigkeit!**
- Durchbrüche, tiefe Bohrungen und Werkstoffunregelmäßigkeiten, z. B. Lunker, erzeugen Schläge, Verbiegungen und Verdrehungen im Bohrer. Der Bohrer muss trotz seiner Härte zäh sein. **Anforderungen: Biegefestigkeit und Zähigkeit!**

Schnellarbeitsstahl (HSS) und **Hartmetall (HM)** erfüllen diese Anforderungen.

Beim Bohren sehr harter Werkstoffe (Stahl mit hoher Festigkeit, Stein, ...) wird wegen der höheren Verschleißfestigkeit möglichst mit Hartmetall gebohrt. Dieser teurere Schneidstoff hat eine deutlich höhere Warmfestigkeit als HSS, ist jedoch empfindlicher gegen Schlag, Stoß und Temperaturschwankungen. Hartmetallschneiden sind als Bohrerspitze eingelötet oder als Wendeschneidplatte mithilfe von Schrauben festgeklemmt.

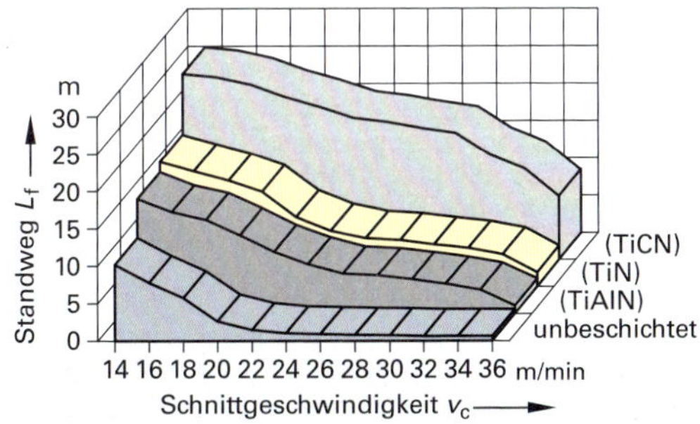

1 Wartung eines Getriebes

Um den oben genannten Anforderungen noch besser gerecht zu werden, gibt es mittlerweile verschieden **beschichtete Bohrwerkzeuge.** Die Beschichtungen bestehen aus Titannitrid

(TiN, gold-farben), Titanaluminiumnitrid (TiAlN, schwarz-violett) und Titancarbonitrid (TiCN, grau-violett). Sie werden jeweils in einer Dicke von wenigen µm auf das Grundwerkzeug (meist aus HSS) aufgebracht. In erster Linie dienen diese Beschichtungen einer deutlichen **Steigerung der Verschleißfestigkeit,** was eine Verlängerung des Standweges und/oder eine Erhöhung der Schnittleistung zur Folge hat (Bild 1, Seite 187). Nachteilig ist bei solchen Werkzeugen, dass die hoch verschleißfeste Beschichtung durch Nachschleifen natürlich verloren geht und der Bohrer somit in seiner Schnittleistung stark nachlässt bzw. mit einer Nachbeschichtung versehen werden muss.

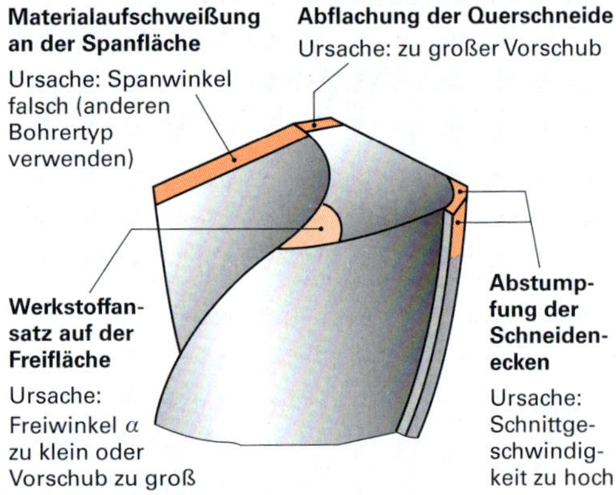

1 Verschleißstellen und ihre Ursachen am Spiralbohrer

9.5.7 Verschleiß und Anschliff am Spiralbohrer

Alle Schneiden am Spiralbohrer verschleißen im Laufe der Arbeiten je nach Belastung mehr oder weniger stark (Bild 1). Treten jedoch starke Abnutzungserscheinungen schon nach kurzen Standzeiten auf, so sind dafür Fehler bei der Auswahl des Bohrers, fehlerhafte Einstellung/en beim eigentlichen Bohrprozess oder Fehler beim Anschleifen des Bohrers ursächlich.

Bohrer sollten maschinell auf einer Spiralbohrerspitzenschleifmaschine angeschliffen werden. Nur so kann ein absolut **mittiger Spitzenschliff** erreicht werden. Er ist Voraussetzung für maßgenaue Bohrungen, gleichbleibende Qualität und eine gute Ausnutzung von Werkzeug und Maschine.

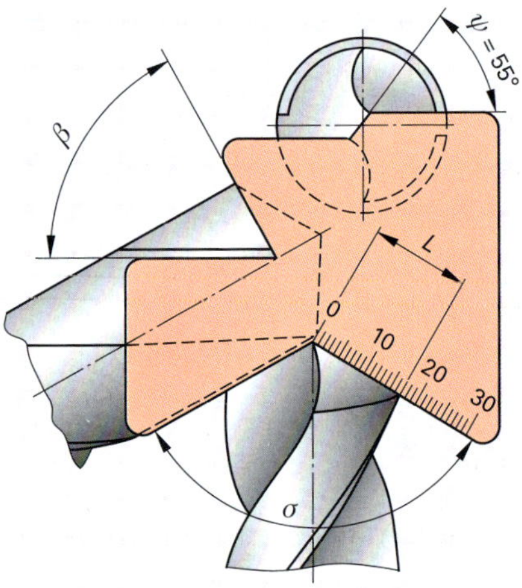

2 Bohrerschleiflehre

Steht eine solche Maschine nicht zur Verfügung, muss der Bohrer von Hand geschliffen werden. Das ist billig und bei genügender Geschicklichkeit sind die Bohrer wieder gebrauchsfähig zu machen. Mit einer Bohrerschleiflehre (Bild 2) lässt sich nachprüfen, ob der Spitzenwinkel und die Schneidenlänge *L* (Symmetrie erforderlich), der Keilwinkel und der Querschneidenwinkel stimmen.

Beim Anschleifen der Bohrer von Hand treten durch falschen Anschliff häufig folgende Fehler auf:

Schleiffehler	Auswirkungen am Bohrer	Auswirkungen – Bohrungsfehler
1. Der Spitzenwinkel ist zu klein bzw. zu groß.	Die Hauptschneiden verlaufen nicht mehr gerade, sondern als gekrümmte Linien.	Die Schnittwirkung des Werkzeugs ist nicht optimal.
2. Der Spitzenwinkel ist nicht symmetrisch (unterschiedliche Schneidenwinkel).	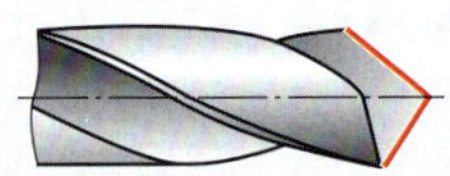	Der Bohrungsdurchmesser ist zwar gut, allerdings ist nur eine Schneide spanend im Einsatz. Der Bohrer wird rasch stumpf.
3. Die Schneidenlänge *L* ist ungleich.	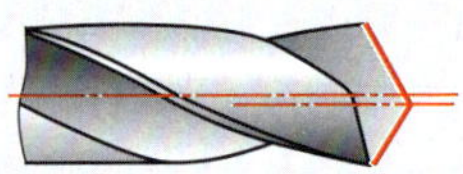	Der Bohrungsdurchmesser wird zu groß, da sich die Bohrerspitze in der Bohrung außermittig verschiebt.
4. (2. + 3.) Die Schneidenlänge *L* ist ungleich und die Schneidenwinkel sind unterschiedlich.	Kombination aus 2. + 3.	Der Bohrungsdurchmesser wird zu groß und der Bohrer wird rasch stumpf.

9.5.8 Schnittgeschwindigkeit beim Bohren

Die Drehfrequenzen dürfen an einer Werkzeugmaschine nicht willkürlich eingestellt werden. Die günstigste Drehfrequenz hängt vom Bohrerdurchmesser, dem Werkstoff des Werkzeugs und des Werkstücks ab. Zur Berechnung der Drehfrequenz benötigt man die für den Bohrer zulässige Schnittgeschwindigkeit. Diese sichert, dass der Bohrer nicht frühzeitig verschleißt und trotzdem noch wirtschaftlich bohrt.

Die Geschwindigkeit der Schneidenecke in Richtung der Schnittbewegung bezeichnet man als **Schnittgeschwindigkeit v_c** (Bild 1).

Der zurückgelegte Weg ist
bei 1 Umdrehung $s = \pi \cdot d \cdot 1$ in m,
bei n Umdrehungen $s = \pi \cdot d \cdot n$ in m.
Auf die Zeiteinheit bezogen ergibt sich die Drehfrequenz (Drehzahl n in $\frac{1}{\text{min}}$ oder min^{-1}).

Aus dem Produkt $\pi \cdot d \cdot n$ ergibt sich die Schnittgeschwindigkeitsformel beim Bohren:

$$\boldsymbol{v_c = \pi \cdot d \cdot n} \qquad \text{in } \frac{\text{m}}{\text{min}}$$

Die zulässigen Schnittgeschwindigkeiten sind für die verschiedenen Werkstoffe in Versuchen ermittelt worden (Tabelle). Ist die **zulässige Schnittgeschwindigkeit** einer Tabelle entnommen worden, lässt sich die günstigste Drehfrequenz mithilfe der Schnittgeschwindigkeitsformel errechnen:

$$\boldsymbol{n = \frac{v_c}{\pi \cdot d}} \qquad \text{in } \frac{1}{\text{min}}$$

Merke

Zur Bestimmung der richtigen Drehfrequenz des Bohrers benötigt man immer die zulässige Schnittgeschwindigkeit und den Bohrerdurchmesser.

Kann die errechnete Drehfrequenz nicht am Getriebe der Bohrmaschine eingestellt werden, wird immer mit der nächst niedrigeren Drehfrequenz gebohrt.

Meistens ermittelt man jedoch die Drehfrequenz aus einem Schnittgeschwindigkeitsdiagramm (siehe Diagramm 2).

Merke

Bei kleinem Bohrerdurchmesser wird eine große Drehfrequenz eingestellt!

Bei großem Bohrerdurchmesser wird eine kleine Drehfrequenz eingestellt!

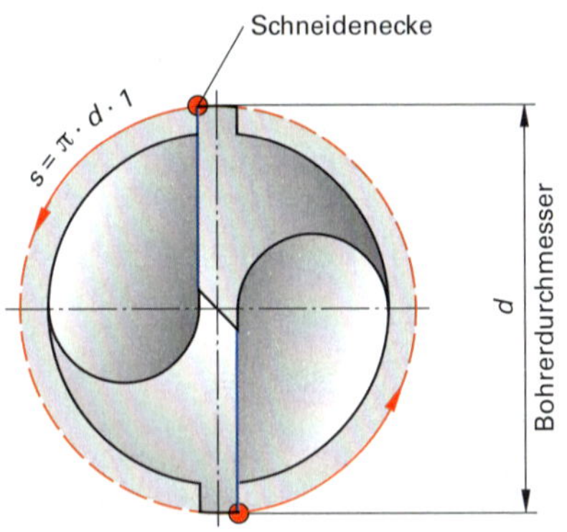

1 Weg der Schneidenecke bei 1 Umdrehung

Schnittgeschwindigkeit und Vorschub

Werkstoff	**Schnittgeschwindigkeit** v_c in m/min HSS	HM	**Vorschub f** in mm
Stähle bis R_m = 400 N/mm²	25	80	0,04 … 0,8
= 600	22	60	
= 800	18	40	0,03 … 0,6
GG, GT, GS	15 … 25	40 … 70	0,05 … 1,0
Werkzeugstahl	5 … 10	20 … 30	0,025 … 0,5
Cu-Zn-Legierung	30 … 80	80 … 125	0,05 … 1,0
Al-Legierung	35 … 150	100 … 200	0,05 … 1,0

Beispiel Vorschubeinstellung:
HSS-Bohrer mit dem Durchmesser 10 mm Werkstoff des Werkstücks S 235 JR ergibt v_c = 25 m/min und bspw. f = 0,2 mm

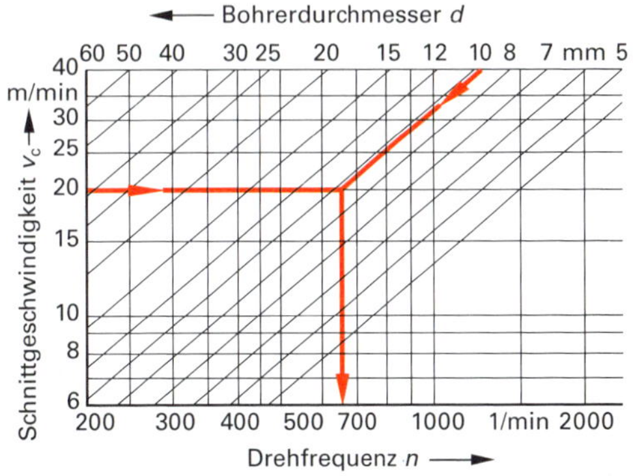

Beispiel: v_c = 20 m/min, d = 10 mm ermittelt: $\boldsymbol{n \approx 630}$ $\frac{\mathbf{1}}{\mathbf{min}}$

2 Schnittgeschwindigkeitsdiagramm

9.5.9 Spannen der Werkzeuge

Der Einspannschaft eines Spiralbohrers ist bis zum Bohrerdurchmesser von ca. 10 mm zylindrisch. Ist der Durchmesser größer, werden die Werkzeuge mit einem kegeligen Einspannschaft versehen.

Die Kraftübertragung erfolgt bei zylindrischem Schaft kraftschlüssig über ein Dreibacken- oder ein **Schnellspannfutter.** Genaue Bohrungen werden dabei nur erreicht, wenn der Bohrer auf dem Grund des Bohrfutters aufsitzt und fest und zentrisch gespannt wird (Bild 1).

Bohrer mit kegeligen Schäften übertragen das Drehmoment kraftschlüssig. **Reduzierhülsen** mit Morseschäften 2-6 (d. h. mit genormten Kegelwinkeln) passen den Bohrer an die jeweilige Bohrspindel an. Beim Spannen mit Kegelschäften ist darauf zu achten, dass der Austreiblappen nicht verkantet und sich keine Späne zwischen Hülse und Bohrer befinden (Bild 2). Bohrer mit Morsekegelschäften können auch auf Werkzeugmaschinen mit Steilkegel durch den Einsatz von Zwischenhülsen gespannt werden.

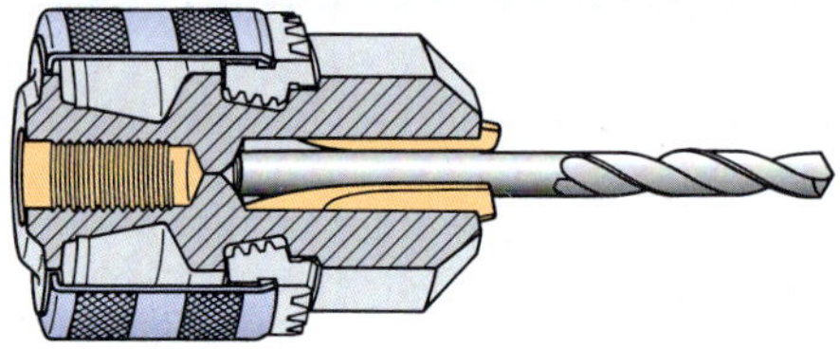

1 **Dreibackenbohrfutter**

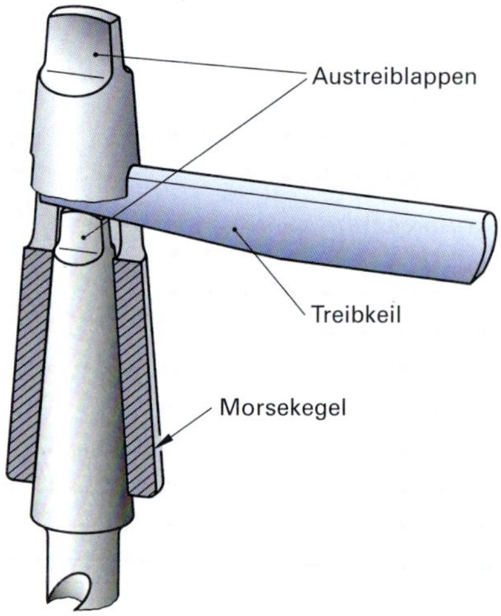

2 **Bohrer mit Kegelschaft und Kegelhülse Lösen mittels Treibkeil**

9.5.10 Spannen der Werkstücke

Ab 8 mm Bohrungsdurchmesser sind Werkstücke gegen Herumreißen zu sichern. Dies geschieht bei kleineren Werkstücken mit dem **Maschinenschraubstock.** Er wird, wenn nötig, auf dem Bohrmaschinentisch befestigt (Bild 3).

Große Werkstücke sind mithilfe von **Spanneisen, Spannschrauben** und **Spannunterlagen** direkt auf den Bohrmaschinentisch zu spannen.

Runde Werkstücke werden in ein **Bohrprisma** gelegt und mit einem Bügelspanneisen fixiert (Bild 3).

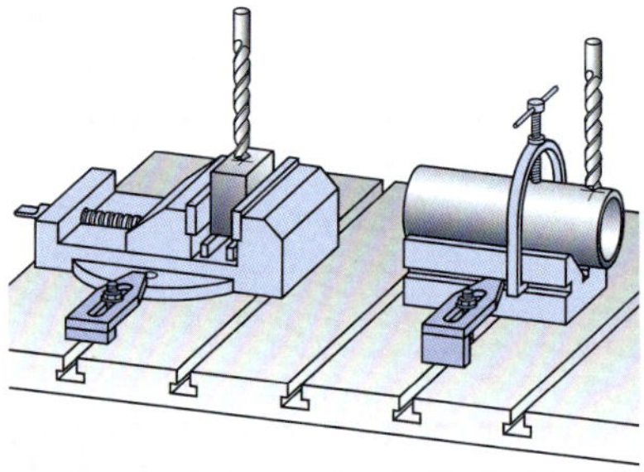

3 **Bohren im Maschinenschraubstock und mit Bohrprisma**

Spannfehler und deren Folgen:

- Die Durchgangsbohrung hat keinen Auslauf; der Bohrtisch wird beschädigt.
- Das Werkstück biegt sich beim Bohren durch; die Bohrung wird unrund (Bild 4).
- Die Winkligkeit wird nicht beachtet; die Bohrungsachse befindet sich nicht im rechten Winkel zur Oberfläche (Lagetoleranzfehler, Bild 5).

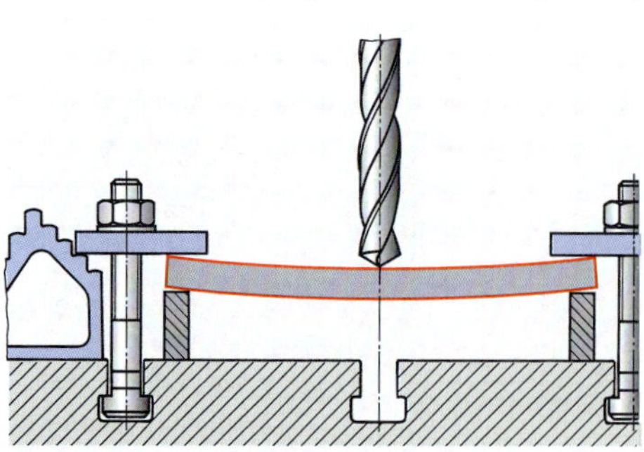

4 **Spannfehler: Durchbiegung**

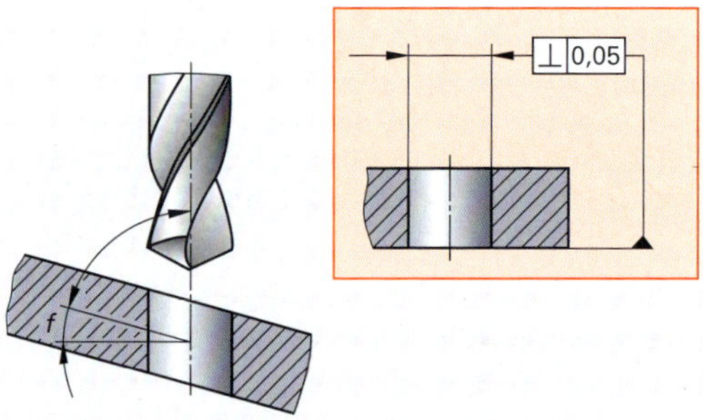

5 **Lagetoleranzfehler**

9.5.11 Arbeitsregeln – Unfallverhütung

Genaue Bohrungen werden nur durch die Einhaltung der wesentlichen Arbeitsregeln erzielt:

- Genaues Anreißen und Körnen.
- Richtige Auswahl des Bohrers (N, H oder W).
- Sicheres Einspannen und genaues Ausrichten des Werkzeugs und Werkstücks.
- Einstellen der notwendigen Drehfrequenz und des Vorschubs (siehe Bild 1, Seite 189).
- Spanabfuhr gewährleisten.
- Falls nötig, geeignetes Kühlschmiermittel verwenden.
- Lochstiche nach Anbohren prüfen und gegebenenfalls korrigieren.
- Alle Bohrungen entgraten.

Unfallverhütung

Auch bei den sichersten Bohrmaschinen können durch Unachtsamkeit schwere Unfälle passieren. Darum ist Folgendes zu beachten:

- ▶ Kleidung mit engen Ärmeln tragen. Bei langen Haaren Kopfbedeckung aufsetzen!
- ▶ Keiltreiber aus der Bohrspindel und Schlüssel auf dem Bohrfutter nach Gebrauch sofort herausnehmen!
- ▶ Flache und kurze Werkstücke gegen Herumreißen sichern. Ab 8 mm Bohrerdurchmesser alle Werkstücke festspannen (Bild 1).
- ▶ Schutzvorrichtungen müssen während des Arbeitens angebracht sein. Riemen nur bei Stillstand umlegen!
- ▶ Bohrspäne mit dem Pinsel entfernen!
- ▶ Beim Bohren spröder Werkstoffe Schutzbrille tragen!
- ▶ Fehler an Teilen der elektrischen Ausrüstung sofort melden (nicht selber reparieren)!

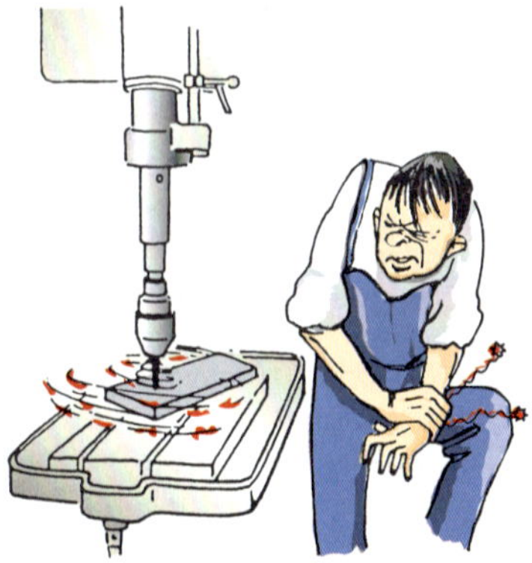

1 Unfallverhütung beim Bohren

9.5.12 Bohrmaschinen

Die Auswahl der geeigneten Bohrmaschine richtet sich nach der Größe des Werkstücks, dem Umfang und der Art der Bohrarbeiten.

In der Einzel- und Kleinserienfertigung werden die meisten Bohrarbeiten auf Tisch-, Säulen- und Ständerbohrmaschinen (Bild 2) ausgeführt. In der Serienproduktion wird das Bohren weitestgehend automatisiert. Eingesetzt werden Mehrspindelbohrmaschinen und CNC-Bohr-Bearbeitungszentren.

Handbohrmaschinen benutzt man vor allem bei Montagearbeiten, die nicht ortsgebunden sind. Der Antrieb ist elektrisch oder pneumatisch. Für spezielle Materialien (Stein, Beton) ist die Handbohrmaschine mit einem Schlagwerk ausgerüstet. Der Bohrer schlägt sich bei gleichzeitiger Drehung axial ins Material.

Tischbohrmaschinen werden für kleinere Bohrungen und Werkstücke eingesetzt. Die Drehmomentübertragung erfolgt über einen Riementrieb. Der Vorschub wird von Hand ausgeführt.

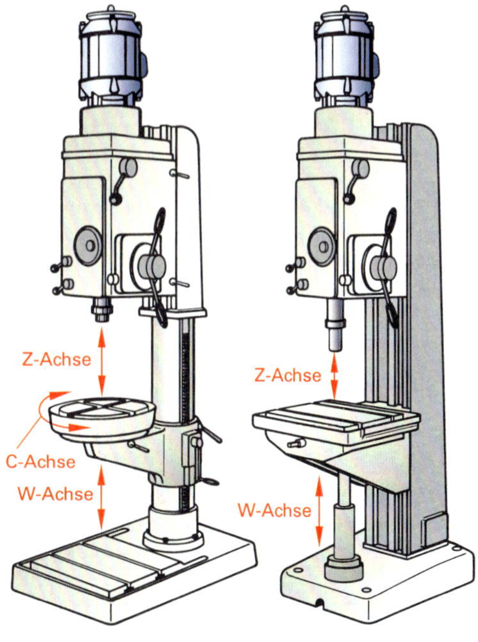

2 Säulen- und Ständerbohrmaschine

Bei einer **Säulenbohrmaschine** besteht das Gestell aus einem stabilen Rohr. Die Drehfrequenz kann oft stufenlos oder aber über ein Zahnradgetriebe eingestellt werden. Der Vorschub lässt sich von Hand oder über ein Getriebe (automatisch) betätigen. Der Bohrtisch ist höhenverstell- und schwenkbar.

Die **Ständerbohrmaschine** ist in ihrem Aufbau einer Säulenbohrmaschine ähnlich. Ihr Gestell ist ein steifer Kasten, welcher auf der Vorderseite mit einer Schlittenführung versehen ist. Durch diesen Aufbau ist die Aufnahme von schweren Werkstücken möglich. Die Drehfrequenz und der Vorschub lassen sich wie bei der Säulenbohrmaschine einstellen.

Zur Herstellung von Bohrungen bei großen und sperrigen Werkstücken eignet sich die **Auslegerbohrmaschine** (auch Radialbohrmaschine). Sie kann verschiedene Werkstückpunkte in einer Einspannung anfahren, wobei der Bohrkopf mit dem Werkzeug jeweils verstellt wird (Bild 1).

Wenn es im Verhältnis zum Bohrungsdurchmesser um besonders tiefe Bohrungen geht (Bild 2), eignet sich eine **Tieflochbohrmaschine** mit waagerecht angeordneter Werkzeugachse. An einer solchen Maschine werden Bohrungen, z. B. für Kühlkanäle, mithilfe von speziellen Bohrern in die Werkstücke eingebracht.

Eine typische Maschine der Großserienfertigung ist die **Mehrspindelbohrmaschine,** deren Konstruktion des Bohrkopfes den gleichzeitigen Einsatz mehrerer Werkzeuge mit jeweils unterschiedlichen Drehzahlen ermöglicht. Ihre Bohrspindeln können in zwei Achsrichtungen verschoben werden und so verschiedene Lochstiche herstellen.

Durch einen Werkzeugspeicher in Verbindung mit einem Werkzeugwechselsystem ermöglichen **CNC-Bohr-Bearbeitungszentren** mehrere Bearbeitungen in rascher Folge (wenige Sekunden), z. B. Bohren, Senken, Reiben. Außerdem sind die Anwendungsmöglichkeiten einer solchen Maschine dadurch erweitert, dass der Maschinentisch in 3 Achsen verfahrbar ist.

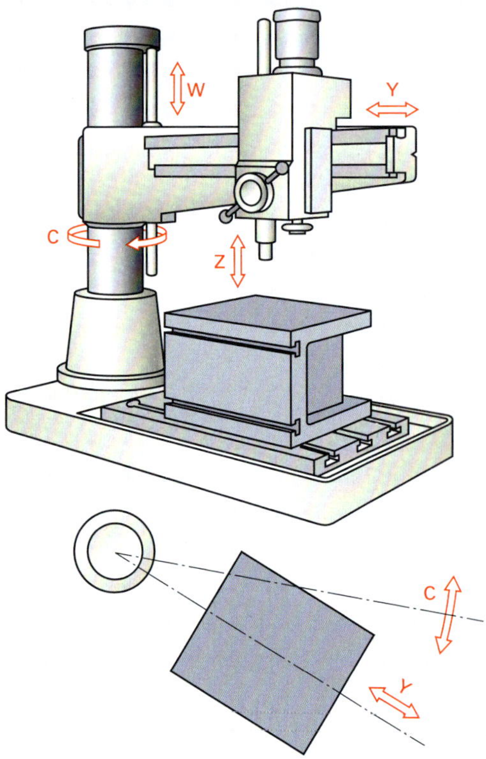

1 Auslegerbohrmaschine

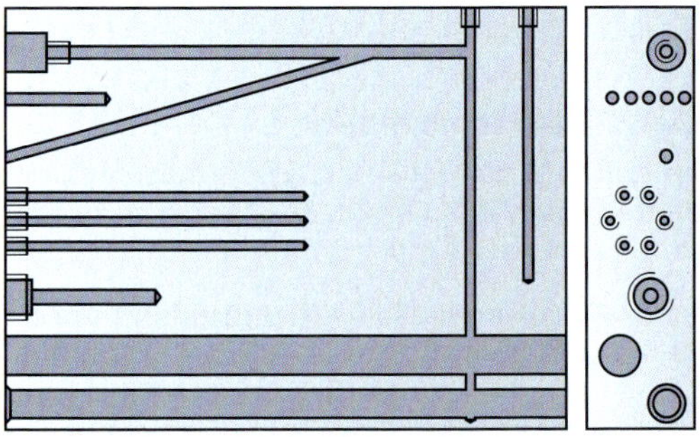

2 Anwendungsbeispiele für Tieflochbohrer

Überprüfen Sie Ihre Kenntnisse

1 Erklären Sie den Vorgang der Spanabnahme beim Bohren.
2 Welche Bewegung des Bohrers bezeichnet man als Schnittbewegung?
3 Wonach richtet sich der Spanwinkel beim Spiralbohrer?
4 Welche Aufgaben haben die Fasen am Spiralbohrer?
5 Skizzieren Sie einen Spiralbohrer und tragen Sie Frei-, Keil- und Spanwinkel, Bohrerfase, Hauptschneide und Spanfläche ein!
6 Ordnen Sie den Bohrertypen N, H, W die Drallsteigungswinkel klein, mittel, groß und die zu bearbeitenden Werkstoffe zu!
7 Wonach richtet sich der Spitzenwinkel σ beim Spiralbohrer?
8 Erklären Sie den Einsatzbereich unterschiedlicher Bohrmaschinen!
9 Aus welchen Werkstoffen werden Bohrer hergestellt und welche Vor- bzw. Nachteile haben sie?
10 Stellen Sie einen genauen Arbeitsplan für eine fachgerecht ausgeführte Bohrung auf!

9.6 Senken

Für das Entgraten, Profilsenken (kegelig und zylindrisch) und Planen (Ein- und Ansenken) sind besondere Bohrverfahren entwickelt worden:

Merke

Senken entspricht einem Bohrvorgang zur Erzeugung von Zylinder- oder Kegelflächen in Richtung der Bohrungsachse (Bilder 2 und 5) und/oder von Planflächen rechtwinklig zur Bohrungsachse (Bilder 3 und 4). Die Werkzeuge hierfür heißen Senker.

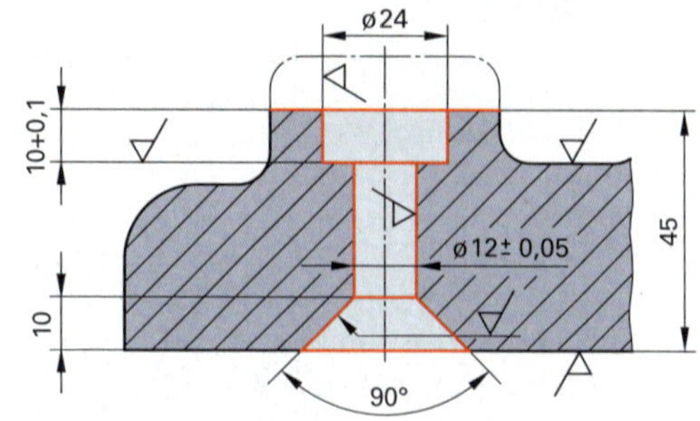

1 Durch Bohren und Senken zu bearbeitendes Werkstück aus Grauguss

9.6.1 Arten und Verwendung von Senkern

Das im Beispiel dargestellte Werkstück wird nach dem Vorbohren mit verschiedenen Senkern bearbeitet (Bilder 1 bis 5). Die Werkzeuge bestehen aus HSS oder Hartmetall.

Plansenken

Mit dem Plansenker (Flachsenker) wird am Werkstück eine Planfläche angesenkt (Bild 3). Sie dient häufig als Auflagefläche für Schrauben und Muttern bei sonst im Rohzustand belassener Oberfläche. Es gibt Plansenker mit und ohne Führungszapfen.

Aufbohren

Eine vorhandene Bohrung wird mit einem Spiralsenker (Aufbohrer, drei und mehr Schneiden) aufgebohrt (Bild 2). Dabei werden die Maß- und Formgenauigkeit sowie die Oberflächengüte der Bohrung erhöht.

Planeinsenken

Zylindrische Einsenkungen werden mit dem Flachsenker (Zapfensenker) ausgeführt (Bild 4). Es gibt Flachsenker mit festem und auswechselbarem Führungszapfen.

Profilsenken

Der **Kegelsenker** fertigt kegelige Profilsenkungen (Bild 5). Der Senkwinkel ist für Nieten 75°, 60° oder 45°, für Senkschrauben 90° und 120° und zum Entgraten 60°. Je nach Ausführung kann der Kegelsenker eine, drei oder viele Schneiden besitzen.

Die **Senkarbeiten** lassen sich auf allen Bohr-, Fräs- und Drehmaschinen durchführen.

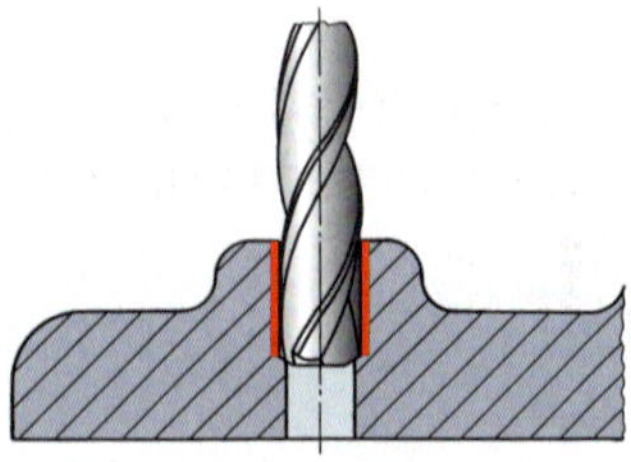

2 Aufbohren mit dem Spiralsenker

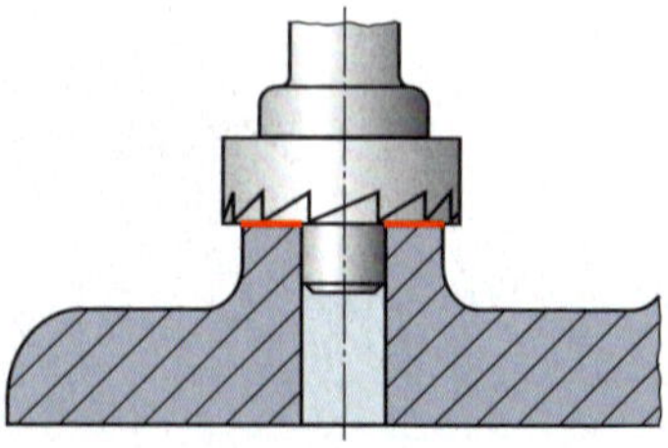

3 Planansenken mit dem Plansenker

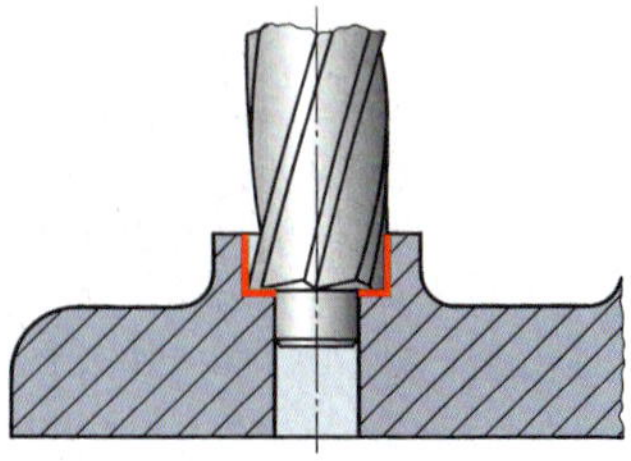

4 Planeinsenken mit dem Flachsenker

9.6.2 Arbeitsregeln

- Kleine Drehfrequenzen einstellen (Schnittgeschwindigkeit $v_c = 0{,}2 \cdot v_c$-Bohrer bis $0{,}5 \cdot v_c$-Bohrer), beim Spiralsenker $v_c = v_c$-Bohrer!
- Senker mit zylindrischem Schaft bis auf den Grund des Spannfutters einspannen.
- Gleiche Kühlmittel wie beim Bohren verwenden, jedoch nur bei Auf- und Einsenkungen kühlen!
- Vorschub kann größer als beim Bohren gewählt werden (vor allem beim Aufbohren).

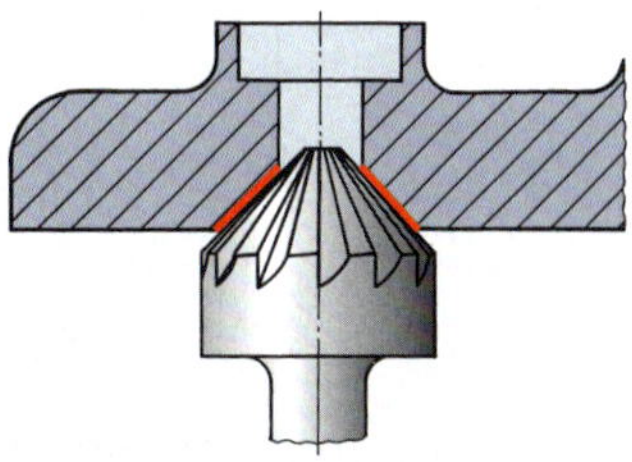

5 Profilsenken mit dem Kegelsenker

9.7 Reiben

vel.plus/ GM29

Soll eine Bohrung, wie in der nebenstehenden Zeichnung, mit den geforderten Maß- und Formtoleranzen und der hohen Oberflächengüte gefertigt werden, so ist dies durch Bohren allein nicht mehr möglich. Die Bohrung muss durch Reiben feinbearbeitet werden.

Bohrungen erhalten durch eine solche Feinbearbeitung **kleine Maß- und Formtoleranzen** und eine **hohe Oberflächengüte** (Bild 2).

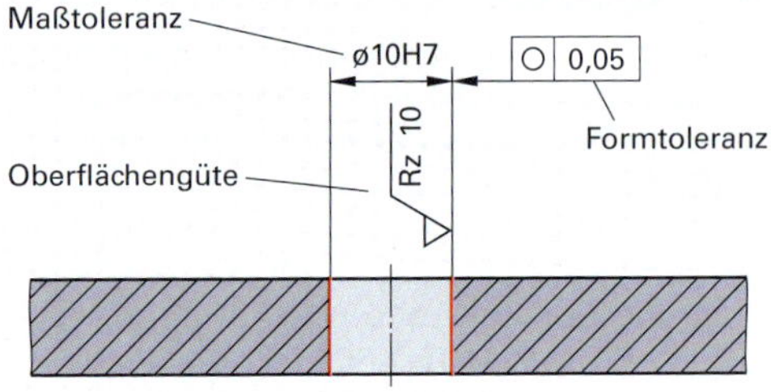

1 Geriebene Bohrung

Merke

Reiben entspricht einem Bohrvorgang mit sehr geringer Spandicke zwecks Erhöhung der Oberflächengüte mit entsprechenden Werkzeugen.

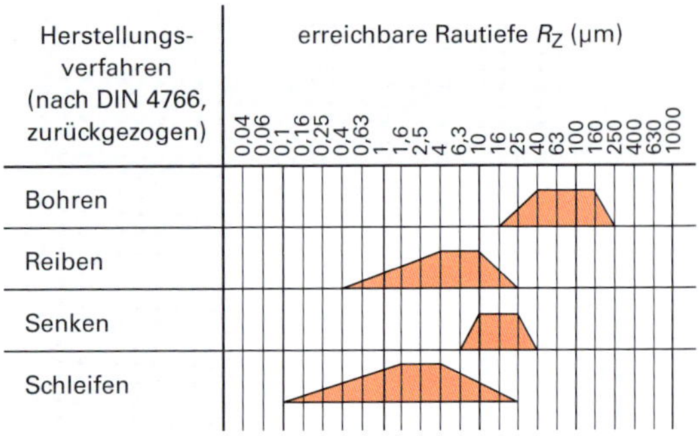

2 Vergleich erreichbarer Rautiefen

9.7.1 Die Spanabnahme beim Reiben

Die Spanabnahme beim Reiben geschieht wie beim Bohren und Senken durch die **drehende** (Schnittbewegung) und die **axiale Bewegung** (Vorschubbewegung) des Werkzeugs.

Die Erzeugung einer hohen Oberflächengüte durch Reiben erfordert **niedrige Schnittgeschwindigkeiten** und **kleine Vorschübe** (ca. ¼ des Wertes vom Bohren, vgl. die Übersicht auf Seite 189). Durch die Verwendung von Schmiermitteln, z.B. Schneidöl, lassen sich die Oberflächen weiter verbessern und der Werkzeugverschleiß vermindern.

9.7.2 Reibwerkzeug

Das Werkzeug zum Reiben wird Reibahle genannt. Der spanende Teil der Reibahle ist der Schneidenteil. Er besteht aus Anschnitt und Führungsteil. Die Spanabnahme erfolgt nur am Anschnitt, der Führungsteil glättet und führt (Bild 3).

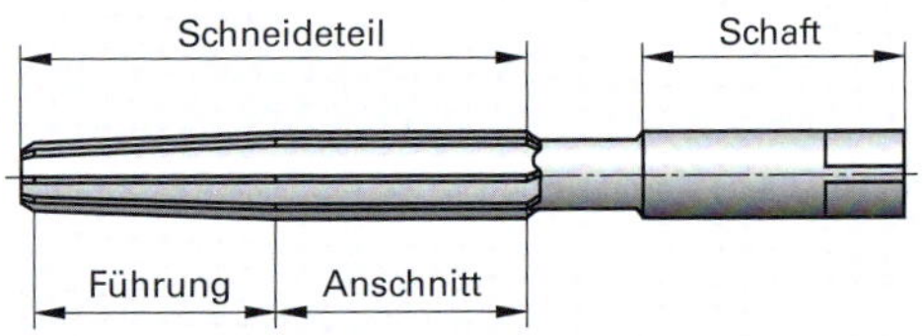

3 Aufbau einer Handreibahle

Die hohe Oberflächengüte beim Reiben wird auch durch die **schabende Wirkung** der Schneiden erreicht. Es dürfen vom Werkstoff nur dünne Späne abgenommen werden. Der Spanwinkel muss daher 0° oder negativ sein (Bild 4).

Die **Zahnteilung** ist bei der Anordnung der Schneiden am Umfang **ungleich** (Bild 4), dadurch werden Rattermarken vermieden (kein Eingriff der nachfolgenden Schneide an derselben Stelle). Trotzdem stehen sich jeweils zwei Schneiden gegenüber, um den Durchmesser der Reibahle messen zu können.

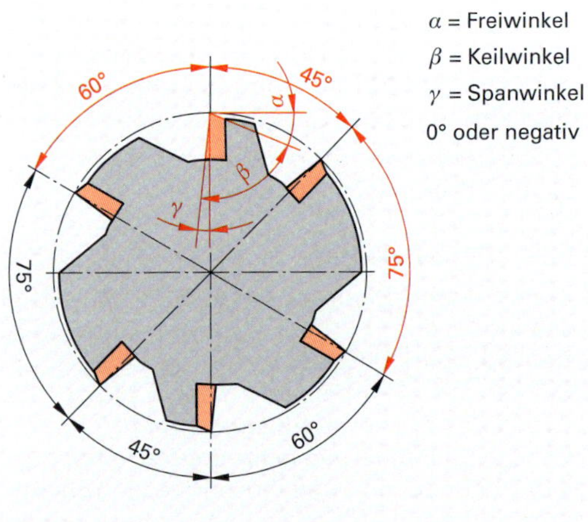

4 Teilung und Winkel an der Reibahle

Nur vorgebohrte Löcher können gerieben werden. Dabei sind die Bearbeitungszugabe und die Schneidenanzahl immer vom Durchmesser der Reibahle abhängig.

Merke

Je mehr Schneiden vorhanden sind, desto besser wird die Formgenauigkeit.

9.7.3 Arten und Verwendung von Reibahlen

Eine Bohrung kann von Hand oder auf der Bohrmaschine durch Reiben bearbeitet werden. Unterschieden wird zwischen **Hand- und Maschinenreibahle** (Bild 1 und Bild 2).

Handreibahle	Maschinenreibahle
Langer Anschnitt (Selbstzentrierung)	kurzer Anschnitt (Führung durch Maschine)
Schaft zylindrisch mit Vierkant für Windeisen	Schaft zylindrisch oder mit Morsekegel zum Einspannen ins Maschinenfutter
Werkstoff: meist HSS-Stahl	Werkstoff: HSS-Stahl, HM und Werkzeugstahl HM-bestückt.

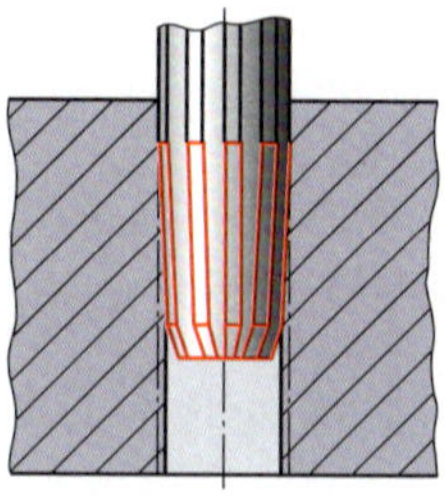

1 Langer Anschnitt Handreibahle

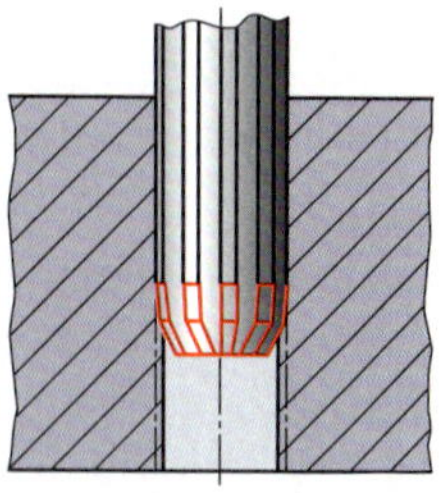

2 Kurzer Anschnitt Maschinenreibahle

Fertigungsaufgabe	Werkzeugart	Begründung der Werkzeugwahl
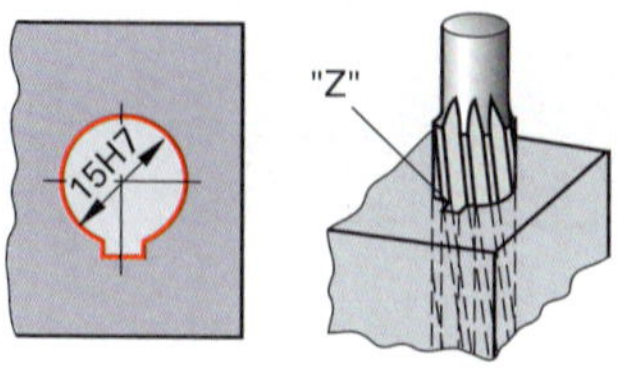	**Drallverzahnte Hand- oder Maschinenreibahle** DIN 206 B Das Werkzeug hat immer Linksdrall, damit sich die Reibahle nicht in die Bohrung zieht. 	Eine geradverzahnte Reibahle würde an der Nutenecke („Z") einhaken. Die drallgenutete Werkzeugschneide überbrückt die Längsnut, da sie diagonal verläuft. Dadurch wird die Schneide immer in der Bohrung geführt.
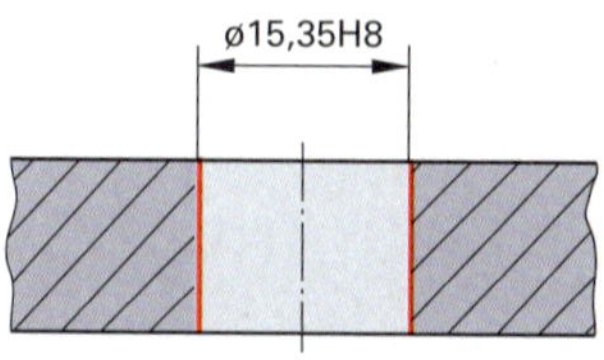	**Nachstellbare Reibahle** DIN 859 Geschlitzte Form oder mit eingesetztem Messer. Verstellbereich je nach Ausführung und Durchmesser: geschlitzt 0,01 mm ... 0,1 mm, mit verstellbarem Messer 1 mm ... 5,5 mm. 	Bohrdurchmesser können beliebig eingestellt werden. Teure Einzelreibahlen, z. B. für Ø 15,35 mm, brauchen nicht angeschafft zu werden. Außerdem lassen sich die nachstellbaren Reibahlen, im Gegensatz zu denen mit festem Maß, nachschleifen.
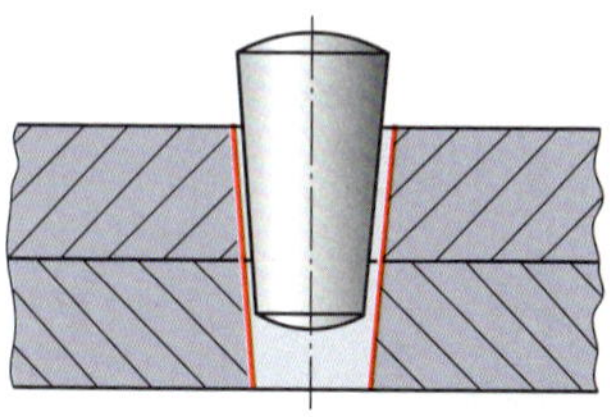	**Kegelreibahle** DIN 9 und DIN 204 Bei Kegel 1 : 50, Aufreiben der Kegelstiftbohrung in einem Arbeitsgang. Bei Werkzeugkegel 1 : 20 in drei Arbeitsgängen aufreiben. 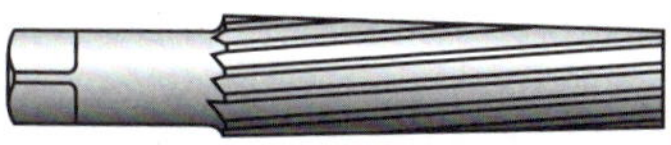	Zylindrische Bohrungen lassen sich durch Aufreiben mit Kegelreibahlen zu Kegelstumpfbohrungen erweitern.
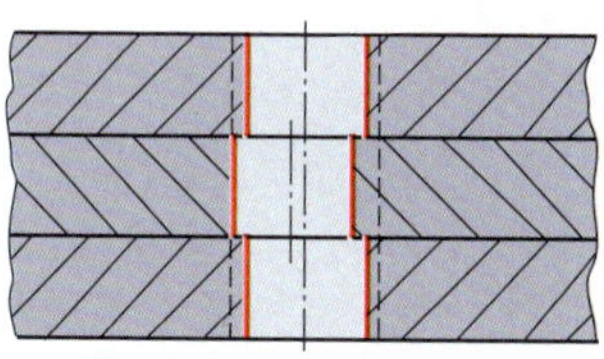	**Nietlochreibahle** DIN 311 Merkmale: Langer Anschnitt und drallgenutet. 	Dient zur Erweiterung grober Bohrungen und um Ungenauigkeiten bei Durchgangslöchern auszugleichen.

9.7.4 Arbeitsregeln – Unfallverhütung

Allgemein

- Beim vorherigen Bohren die nötige Werkstoffzugabe wählen (siehe Tabelle).
- Zur Herstellung von Grundlöchern Grundreibahlen mit kurzem Anschnitt und rechtsgewendelten Schneiden verwenden.

Handreibahle

- Werkzeug mit Windeisen rechtwinklig zum Werkstück einführen und anschneiden.
- Mit gleichmäßigem Druck langsam im Uhrzeigersinn eindrehen.
- Mit Schneidöl schmieren.
- Herausdrehen auch im Uhrzeigersinn, da sonst die Schneiden ausbrechen können.

Maschinenreibahle

- Richtige Drehfrequenz (niedrige Schnittgeschwindigkeit) einstellen.
- Gleichmäßigen Handvorschub oder entsprechend kleinen Maschinenvorschub wählen.
- Kühl-/Schmierstoff ist in der Regel Schneidöl (Werkstoff des Werkstücks beachten).

Unfallverhütung

- Bohrungen entgraten!
- Reibspäne nur mit dem Maschinenpinsel entfernen!
- Richtigen Vorschub wählen (Bruchgefahr)!

Bearbeitungszugaben beim Reiben

Reibahlendurchmesser in mm	Bearbeitungszugabe in mm	Anzahl der Schneiden mindestens
bis 5	0,1	6
5 ... 10	0,1 ... 0,2	6
11 ... 20	0,2 ... 0,3	8
21 ... 30	0,3	10
31 ... 43	0,3 ... 0,4	12
über 43	0,4 ... 0,5	14

Überprüfen Sie Ihre Kenntnisse

1 Wozu dient das Senken?
2 Nennen Sie drei verschiedene Senker und erläutern Sie deren Einsatzmöglichkeiten.
3 Aus welchen Werkstoffen werden Senker hergestellt?
4 Vergleichen Sie Schnittgeschwindigkeit und Vorschub von Senken und Reiben.
5 Warum werden Bohrungen gerieben?
6 Erklären Sie den Aufbau einer Reibahle.
7 Warum hat eine Reibahle unterschiedliche Schneidenteilung?
8 Wodurch wird die schabende Wirkung der Reibahle verursacht?
9 Wie werden Handreibahlen aus der Bohrung gedreht?
10 Welche Kühl-/Schmiermittel verwendet man beim Reiben?
11 Beschreiben Sie den Hauptunterschied zwischen einer Hand- und einer Maschinenreibahle.
12 Stellen Sie einen Arbeitsplan für eine zu reibende Bohrung auf.

9.8 Gewindeschneiden

Gewinde werden für unterschiedliche Funktionen benötigt und gefertigt (Bild 1). Sie dienen z. B. bei Schrauben (Außengewinde) und Muttern (Innengewinde) zur Verbindung von Werkstücken. Durch Spindeln (meist mit Trapezgewinde) werden Maschinenteile gegeneinanderbewegt.

Kennzeichnend für Gewinde sind folgende Größen (siehe auch Seite 259 und Seite 261):

- ihr **Profil** (Spitzgewinde, Trapezgewinde, ...),
- ihre **Steigung,**
- ihre **Gangzahl** (ein- oder mehrgängig) und
- ihre **Gangrichtung** (Rechts-/Linksgewinde).

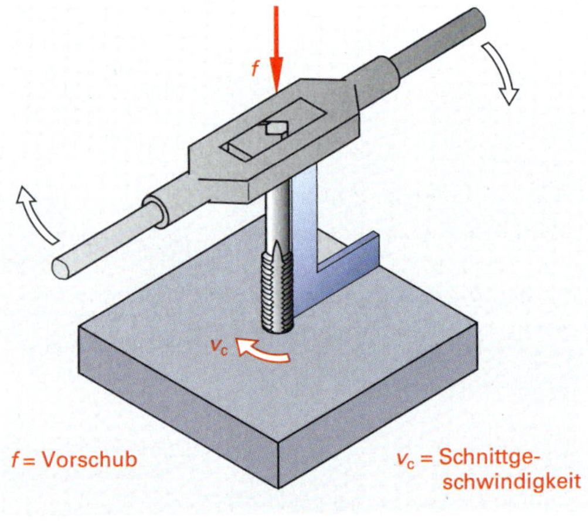

1 **Gewindeschneiden von Hand**

Unabhängig davon gibt es noch weitere Unterscheidungskriterien (vgl. auch Kap. 13.3 Schraubverbindung, Seite 259), welche bei der Auswahl von Gewinden hilfreich sind, wie die **Lage** des Gewindes (Innen- oder Außengewinde) und die jeweilige **Verwendung** des Gewindes (Befestigungs- oder Bewegungsgewinde).

In der Gewindefertigung gibt es eine kaum noch zu überschauende Anzahl spanender und auch spanloser Herstellverfahren.

Merke

Bei der spanenden Gewindeherstellung, dem Gewindeschneiden, werden Gewindegänge auf Bolzen oder in Bohrungen mit ein- oder mehrschneidigen Werkzeugen gefertigt.

Als Beispiele für die Vielzahl der Gewindeherstellverfahren seien hier genannt:

Spanende Gewindeherstellung:
(Drehmaschine) Gewindedrehen, -strehlen (Bild 1),
(Fräsmaschine) Gewindefräsen,
(Schleifmaschine) Gewindeschleifen,
(Bohrmaschine oder von Hand) Gewindebohren.

Spanlose Gewindeherstellung:
(Bohrmaschine) Gewindeformen,
(Gewindewalzmaschine) Gewindewalzen,
(Gewinderollmaschine) Gewinderollen.

Bei Kleinstserien, Einzelteilfertigung und Reparatur werden Innen- und Außengewinde spanend von Hand oder mit der Bohrmaschine hergestellt.

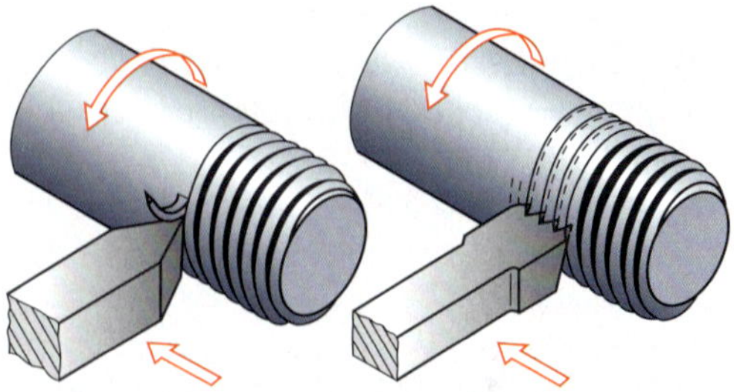

1 Gewindeschneiden und Gewindestrehlen durch Drehen

9.8.1 Innengewindeschneiden von Hand

Die **spanabnehmende Bewegung** setzt sich zusammen aus einer **Drehbewegung** des Gewindebohrers (Hauptbewegung) und einer **Axialbewegung** in die Bohrung hinein (Vorschubbewegung). Der kegelige Anschnitt des Werkzeugs und die Steigung der Gewindegänge bewirken eine allmähliche Vertiefung bis zur endgültigen Profilform (Bild 2).

Beim Innengewindeschneiden wird der Werkstoff durch den Gewindebohrer zum größten Teil geschnitten, es findet also eine überwiegend spanende Bearbeitung statt. Ein Rest des Werkstoffs wird verdrängt (spanlos). Er staucht sich auf (Bild 2). Deshalb muss der Durchmesser des **Kernlochbohrers** immer etwas größer (0,2 mm ... 0,4 mm) als der Kerndurchmesser des Gewindes sein.

Je besser der Werkstoff „fließt" (z. B. Al, Cu), desto größer muss das Kernloch werden.

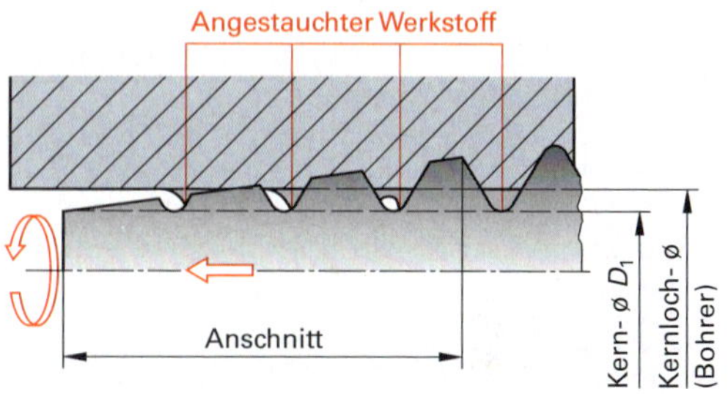

2 Spanungsvorgang beim Innengewindeschneiden

9.8.2 Gewindebohrer

Satzgewindebohrer (dreiteilig oder zweiteilig für Feingewinde), **Muttergewindebohrer** und **Maschinengewindebohrer** sind die gebräuchlichsten Bohrerarten bei der Gewindeherstellung. Sie bestehen meistens aus HSS-Stahl oder aus Hartmetall.

Beim Satz- und Muttergewindebohrer wird die Schnittbewegung von Hand ausgeführt. Der Satzgewindebohrer schneidet das Gewindeprofil in zwei bzw. drei Arbeitsgängen (Bild 3).

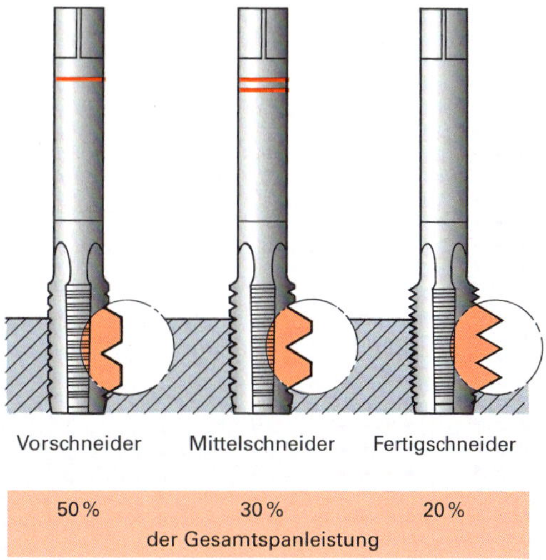

3 Satzgewindebohrer

Der **Muttergewindebohrer** wird für geringe Gewindetiefen (bis 1,5 · Gewindedurchmesser) eingesetzt. Er hat einen langen Anschnitt und schneidet das Gewinde in einem Arbeitsgang (Bild 1).

9.8.3 Winkel an der Schneide

Die Schneidengeometrie wird vom zu bearbeitenden Werkstoff bestimmt. Für weiche, langspanende Werkstoffe (Al, Cu) sind größere Spanbrechernuten erforderlich als für harte, kurzspanende Werkstoffe. Dadurch ändert sich gleichzeitig der Spanwinkel γ (Bild 2).

9.8.4 Arbeitsregeln zum Innengewindeschneiden von Hand

- Bohrloch mit Kegelsenker 90° ansenken.
- Gewindebohrer Nr. 1 ins Bohrloch einsetzen und anschneiden.
- Rechtwinkligkeit zum Werkstück prüfen.
- Den Gewindebohrer unter gleichmäßigem Druck beider Hände mit dem Windeisen drehen.
- Ausreichend Kühl-/Schmierstoff verwenden.
- Bei Schwergängigkeit kurzes Zurückdrehen des Gewindebohrers, damit die Späne brechen.
- Die Reihenfolge der Satzgewindebohrer beachten.
- Bei Grundlöchern Spänestau vermeiden und vorsichtig bis zum Grund drehen.

Die **Gewindetiefe** ist von der Kernlochtiefe abhängig. Sind keine Angaben zur Kernlochtiefe vorhanden, lässt sich die Bohrlochtiefe wie folgt berechnen:

Mindestbohrlochtiefe = Gewindetiefe + 0,7 · Kernlochbohrdurchmesser

$$l_{min} = l_{Gew} + 0{,}7 \cdot d_{Bohrer}$$

Beispiel: $l_{min} = 15\ \text{mm} + 0{,}7 \cdot 6{,}8\ \text{mm}$

$l_{min} = \mathbf{19{,}76\ mm}$

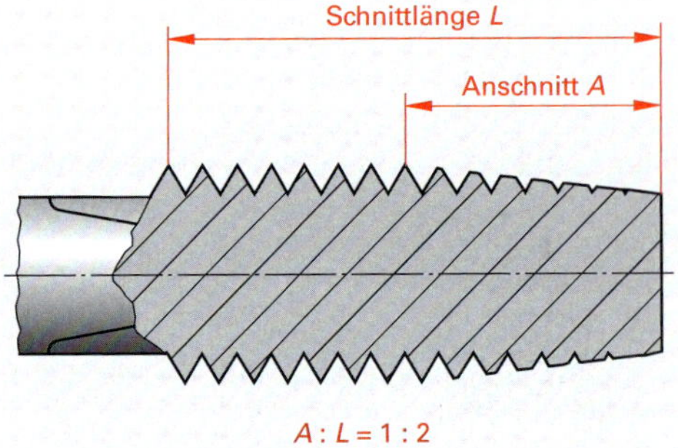

1 Muttergewindebohrer

Werkstoff	S 235 JR ... S 355 J2G3	GG	Al
γ = Spanwinkel	10° ... 12°	4° ... 6°	16° ... 22°

2 Winkel am Gewindebohrer

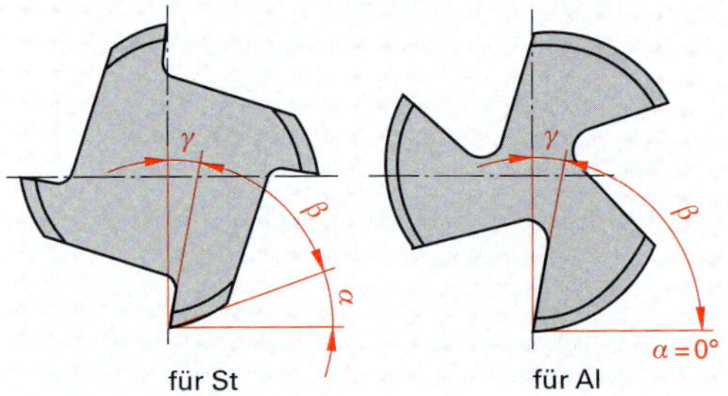

3 Winkel am Gewindebohrer

9.8.5 Arbeitsregeln zum Innengewindeschneiden auf der Bohrmaschine

Innengewinde kann man mit dem Maschinengewindebohrer auf der Bohrmaschine schneiden. Dabei sind folgende **Arbeitsregeln** zu beachten:

- Keinen Vorschub einstellen. Der Gewindebohrer zieht sich aufgrund seiner Steigung von selbst in das Werkstück.
- Die Bohrmaschine muss Rechts- und Linkslauf haben, denn der Bohrer muss wieder zurückgedreht werden.
- Kühl-/Schmiermittel verwenden (Schneidöl). Dabei das Werkzeug und den Werkstoff berücksichtigen (vgl. Bohren).
- Die Schnittkraft muss zur Vermeidung von Bohrerbrüchen möglichst einstellbar sein. Mit einem Gewindeschneidapparat, der in die Bohrspindel gesteckt werden kann, lässt sich die Schnittkraft einstellen und der Rücklauf schaltet sich selbsttätig ein (Grundlöcher!).
- Auf die richtige Schnittgeschwindigkeit achten (Richtwerte: Stahl ≙ 12 $\frac{m}{min}$, GG ≙ 8 $\frac{m}{min}$).
- Den richtigen Gewindebohrer auswählen.

9.8.6 Maschinengewindebohrer

Maschinengewindebohrer unterscheiden sich durch rechts- und linksgedrallte Spannuten (Bilder 1 und 2). **Linksgedrallte Bohrer** führen die Späne nach unten ab (geeignet für Durchgangsbohrungen). **Rechtsgedrallte Bohrer** ziehen die Späne aus der Bohrung heraus (geeignet für Grundlöcher).

Gewindelängen bis maximal 1 · Gewindedurchmesser lassen sich rationell mit einem **Maschinenkombigewindebohrer** herstellen (Bild 3).

Alle Maschinengewindebohrer haben einen **kurzen Anschnitt** und schneiden das Gewinde meistens in einem Arbeitsgang.

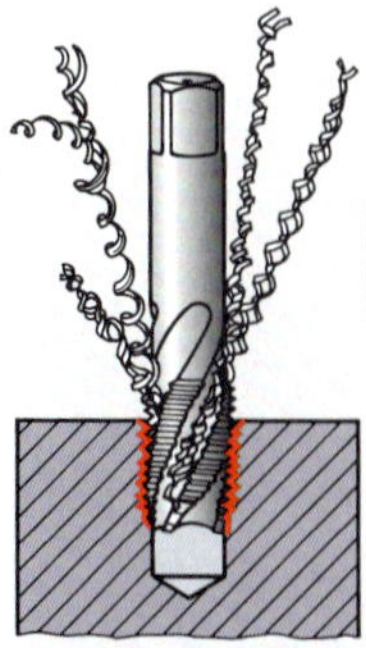

1 Maschinengewindebohrer mit Rechtsdrall

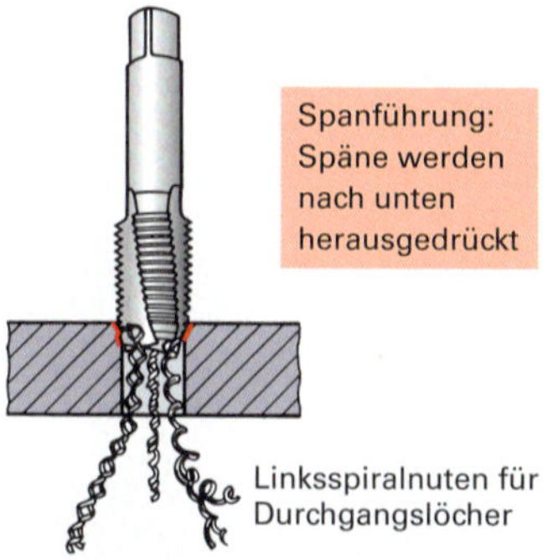

2 Maschinengewindebohrer mit Linksdrall

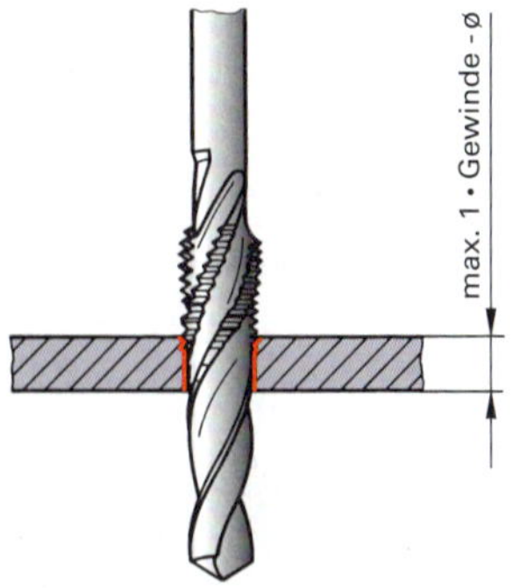

3 Maschinenkombigewindebohrer

War die Gewindeherstellung lange Zeit ein sehr zeitraubendes und damit teures Verfahren, so ist dies mit den neuesten Entwicklungen im Bereich der Gewindebohrer nicht mehr so. Beschichtete Gewindebohrer, teilweise mit Innenkühlung ausgestattet, erlauben relativ hohe Schnittgeschwindigkeiten (bis ca. 50 m/min!) bei gleichzeitig hoher Standzeit (Bild 4). Die Beschichtung besteht wie auch bei den Spiralbohrern aus Titan-Nitrid (TiN), dessen sehr gute Eigenschaften in bestimmten Einsatzgebieten durch Zusätze noch verbessert werden (TiCN, TiAlN).

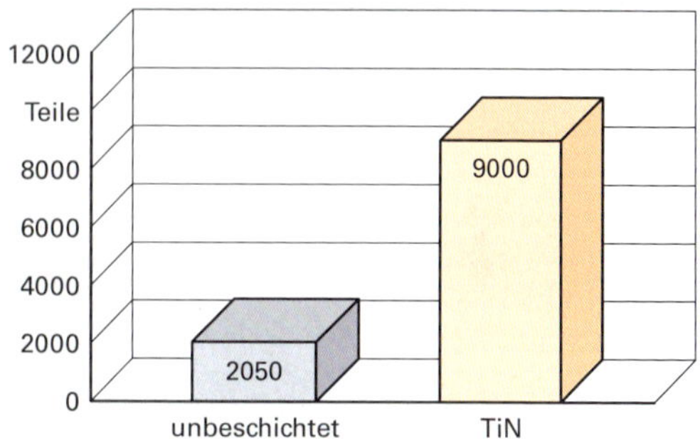

4 Vergleich der Standzeiten

9.8.7 Außengewindeschneiden von Hand

Zum Schneiden der Außengewinde von Hand verwendet man Schneideisen (Bild 5) und Gewindeschneidkluppen.

Wie beim Innengewindeschneiden tritt auch beim Spanen mit dem Schneideisen, nachdem der größte Teil des Gewindeprofils eingeschnitten ist, ein Stauchen des Werkstoffs auf. Der Bolzendurchmesser muss deshalb einen etwas kleineren Durchmesser haben als der zu schneidende Gewindedurchmesser (0,1 mm ... 0,3 mm). Außerdem muss der Bolzen zum geraden Ansetzen des Schneideisens angefast werden (Bild 1, Seite 200).

Merke

Je stärker der Werkstoff aufstaucht (fließt), desto kleiner muss der Bolzendurchmesser im Verhältnis zum Kerndurchmesser sein!

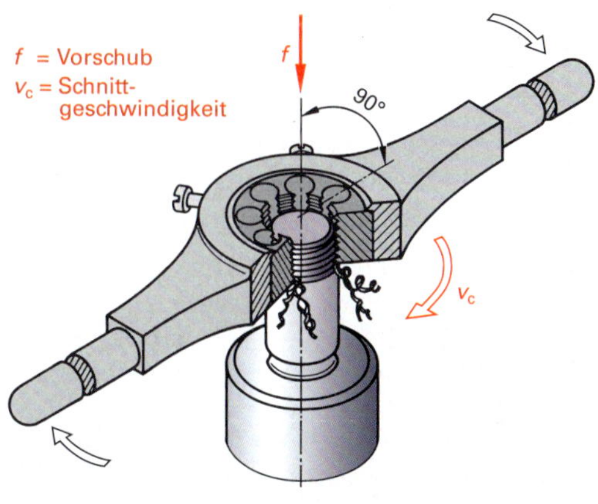

5 Außengewindeschneiden von Hand

9.8.8 Werkzeuge zum Außengewindeschneiden

Bei **Gewindeschneideisen** (Bild 2) wird das vollständige Gewinde in einem Arbeitsgang geschnitten. Die geschlitzte Ausführung (Bild 3) lässt sich zentrisch verstellen. Eine Einflussnahme auf den Gewindedurchmesser ist dadurch in engen Grenzen möglich. Schneideisen sind nur bis ca. 16 mm Gewindedurchmesser einsetzbar, da große Zerspanarbeit geleistet werden muss.

Gewindeschneidkluppen (Bild 4) haben verstellbare Schneidbacken. Die Spanabnahme erfolgt in mehreren Arbeitsgängen. Die Messer werden zum Vor- und Nachschneiden verstellt. Wegen der regulierbaren Spanabnahme werden Gewindeschneidkluppen für größere Gewinde verwendet (ab 12 mm Durchmesser und bei großen Rohrgewinden, z.B. R1¼), sowie bei verschiedenen Gewindedurchmessern mit gleicher Steigung.

Der **Schneidenwerkstoff** für Außengewindeschneideisen ist meistens HSS oder Hartmetall.

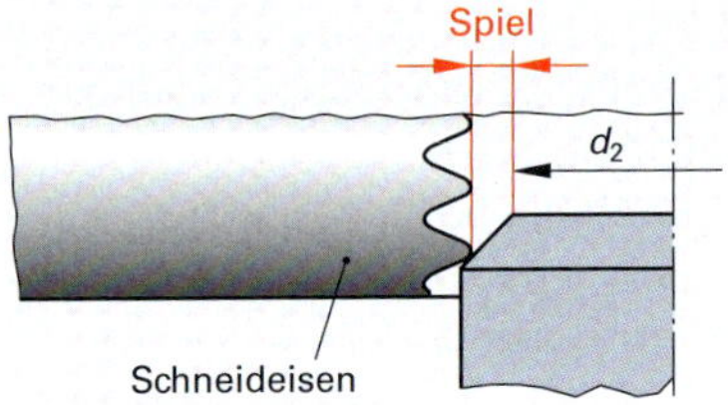

1 Fasendurchmesser am Bolzen

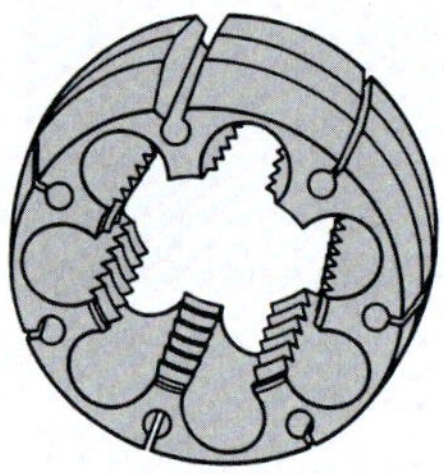

2 Geschlossenes Schneideisen

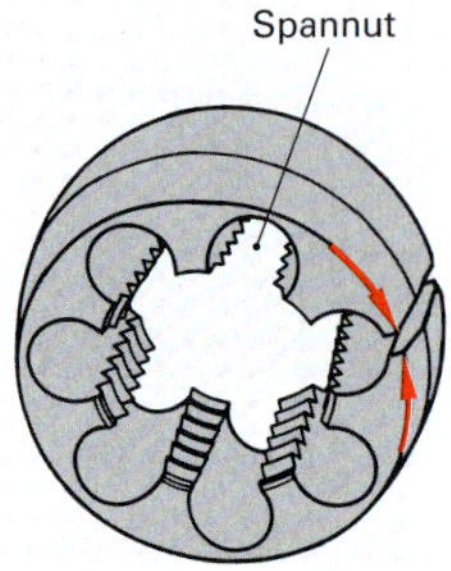

3 Geschlitztes Schneideisen

9.8.9 Arbeitsregeln zum Außengewindeschneiden

- Bolzen zum Ansetzen des Schneideisens anfasen (Bild 1).
- Schneideisen rechtwinklig zur Werkstückachse aufsetzen.
- Bei gleichmäßigem Druck beider Hände auf den Schneideisenhalter und unter gleichmäßigem Drehen anschneiden.
- Durch Unterbrechen des Spanungsvorganges und mit einer halben Drehung zurück werden die Späne gebrochen.
- Bis zur angegebenen Gewindelänge schneiden.
- Beim Schneiden mit Schneidöl schmieren (Beachten Sie die zu schneidenden Werkstoffe!).
- Größere Gewinde mit der Gewindeschneidkluppe in mehreren Arbeitsgängen schneiden.

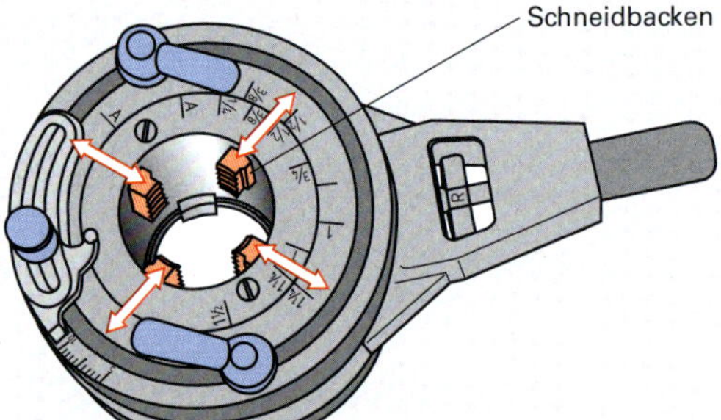

4 Gewindeschneidkluppe

Überprüfen Sie Ihre Kenntnisse

1 Warum erfolgt beim Innengewindeschneiden mit einem Gewindebohrer neben der Spanabnahme auch eine geringe Umformung?

2 Wieso werden Gewindebohrer mit unterschiedlichen Spanwinkeln hergestellt?

3 Warum muss ein Kernloch immer tiefer als die nutzbare Gewindetiefe gebohrt werden?

4 Beschreiben Sie unterschiedliche Gewindebohrertypen und erklären Sie deren Einsatzbereich!

5 Welche Punkte sind bei der Herstellung eines Innengewindes von Hand zu beachten?

6 Warum muss beim Außengewindeschneiden der Bolzendurchmesser immer kleiner als der Gewindedurchmesser sein?

7 Mit welchen Werkzeugen können Außengewinde von Hand geschnitten werden?

8 Welchen Vorteil haben Gewindeschneidkluppen gegenüber Schneideisen?

9 Warum verwendet man Schmiermittel beim Gewindeschneiden?

10 Wie prüft man das fertig geschnittene Gewinde?

10 Umformen

Die Fertigungsverfahren des Umformens werden oft auch als „spanlose Formgebung" bezeichnet, weil bei ihnen kein Werkstoff abfällt. Das Volumen des Rohteils bleibt im Fertigteil erhalten. Die Formgebung geschieht durch Einwirkung äußerer Kräfte. Die Form des Werkstücks ist manchmal im Werkzeug enthalten. Voraussetzung für das Umformen ist, dass der Werkstoff sich plastisch (bleibend) verformen lässt.

Merke

Umformen ist Fertigen durch plastisches Ändern der Form des festen Körpers unter Einwirkung äußerer Kräfte.

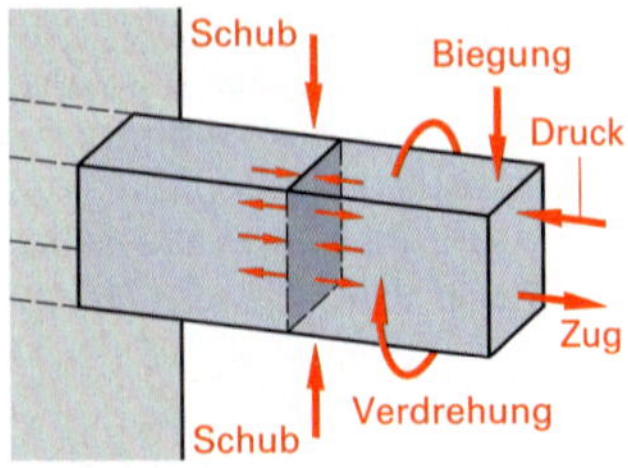

1 Beanspruchung des Werkstückquerschnitts

Wichtige technologische Merkmale der Umformverfahren:

- Die Anzahl der Arbeitsvorgänge ist geringer als bei den Fügeverfahren.
- Die Werkstoffausnutzung ist besser als bei den spanenden Verfahren. Dies und die häufig mögliche Großserienfertigung machen Umformverfahren wirtschaftlicher.
- Manche Umformverfahren bewirken höhere Werkstückfestigkeiten als jedes andere Verfahren.

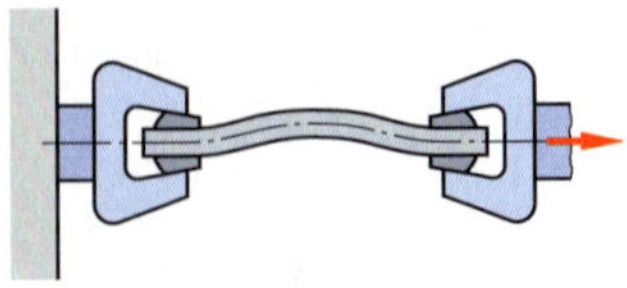

2 Zugumformen: Streckrichten

10.1 Einteilung der Umformverfahren

Die wichtigsten Faktoren, von denen das Umformen beeinflusst wird, sind die:

- Temperatur (Kaltumformen, Warmumformen)
- Werkstückform (Massivumformen, Blechumformen)
- Beanspruchungsart im Gefüge des Werkstoffs

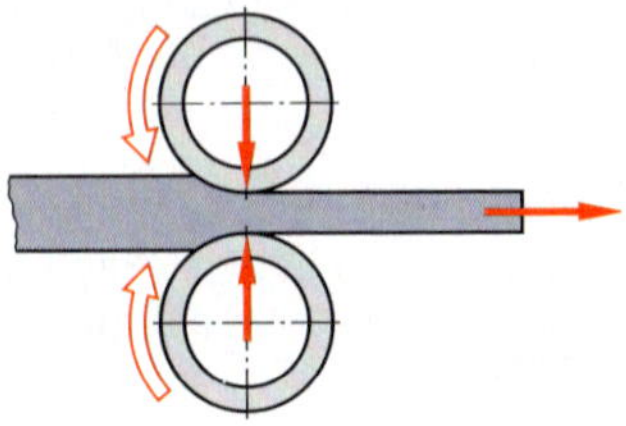

3 Druckformen: Walzen von Blech

Die genormte Einteilung der Umformverfahren in DIN 8582 richtet sich nach der **Beanspruchung des Werkstückquerschnitts.**

Betrachtet man den gedachten Querschnitt eines Stabstahls, so kann man Folgendes erkennen: die Werkstoffteilchen verschieben sich, je nach Kraftrichtung, gegeneinander (Bild 1):

- **Zugumformen** ist dann gegeben, wenn das gesamte Werkstück in Zugrichtung gedehnt wird. In dieser Richtung verschieben sich auch die Teilchen des Werkstoffs gegeneinander (Bild 2).
- **Druckumformen** findet statt, wenn das gesamte Werkstück in Richtung der Kraft gestaucht wird. Die Teilchen des Werkstücks verschieben sich gegeneinander, sodass es breiter wird (Bild 3).
- **Zugdruckumformen** ist ein komplizierter Vorgang, bei dem durch die Führung des Werkstoffs im Werkzeug Teile des Werkstücks gestaucht und andere gedehnt werden (Bild 4).
- **Biegeumformen** erfolgt dann, wenn die Verformung im Wesentlichen durch eine Biegebeanspruchung bewirkt wird. Eine gedachte Achse des Werkstücks wird dabei um einen bestimmten Winkel abgebogen (Bild 5).
- **Schubumformen** geschieht, wenn zwei benachbarte Querschnitte des Werkstücks unter Schubbeanspruchung gegeneinander verschoben werden. Das kann parallel zueinander erfolgen (Verschieben) oder in einem Winkel zueinander (Verdrehen, Bild 6).

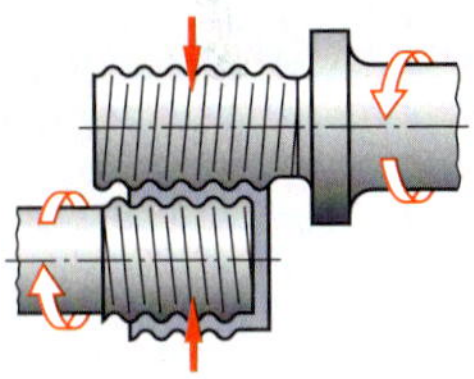

4 Zugdruckformen: Gewindedrücken

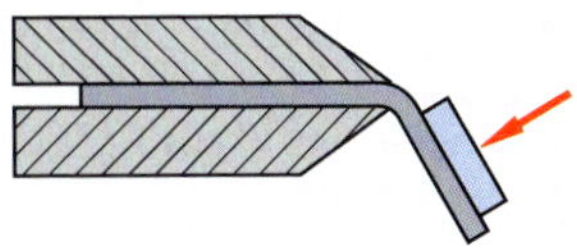

5 Biegeumformen: Schwenkbiegen

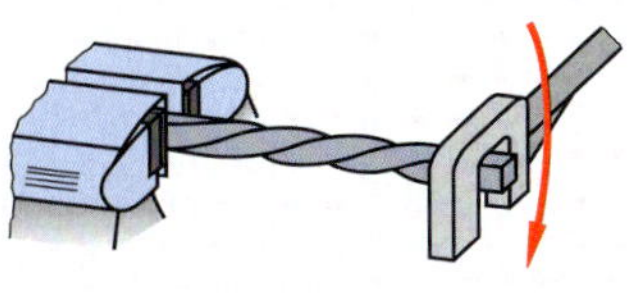

6 Schubformen: Verdrehen

10.2 Einteilung der Umformverfahren

Die zur Verformung eines Werkstücks notwendige Kraft hängt sowohl von der Größe als auch von der Form des Rohteils ab. Außerdem setzen die Werkstoffe der Umformung unterschiedliche Widerstände entgegen. Der spezifische **Formänderungswiderstand** ist abhängig von der Art und vom Gefüge des Werkstoffs. Er kann durch die Erhöhung der Temperatur verringert werden.

10.2.1 Vorgänge im Gefüge

vel.plus/ GM30

Das Gefüge von Metallen und Metalllegierungen besteht aus einer Vielzahl einzelner Körner, auch Kristallite genannt. Die Kristalle entstehen bei der Erstarrung der Schmelze [Seite 76 (Bild 1) und 77]. Sie haben eine kristalline Struktur. Das bedeutet, ihre Atome sind regelmäßig in bestimmten geometrischen Formen angeordnet. Weil sich die negativ geladenen Außenelektronen von der Bindung an einzelne Atomkerne gelöst haben, sind aus den Metallatomen positiv geladene Metallionen entstanden. Zwischen den Elektronen und den Metallionen existieren **Bindungskräfte**. Die Bindungskräfte bewirken den Zusammenhalt des Gefüges. Sie sind stärker als die zwischen den positiv geladenen Metallionen wirkenden abstoßenden Kräfte (Bild 1).

vel.plus/ GM31

Stellt man die Metallionen und die zwischen ihnen wirkenden Bindungskräfte schematisch dar, so entsteht ein **Raumgitter** (Bild 2). Seine kleinste Einheit ist die Elementarzelle. Die technisch wichtigen Metalle lassen sich drei verschiedenen Kristallgittertypen zuordnen (Seite 77, Bild 1).

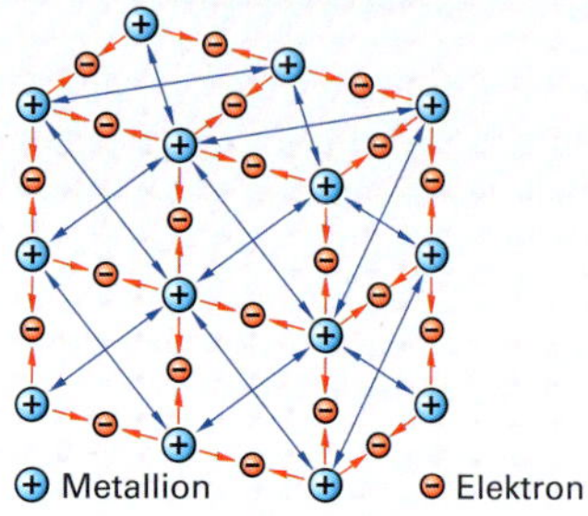

1 Kräfte zwischen den Atomen

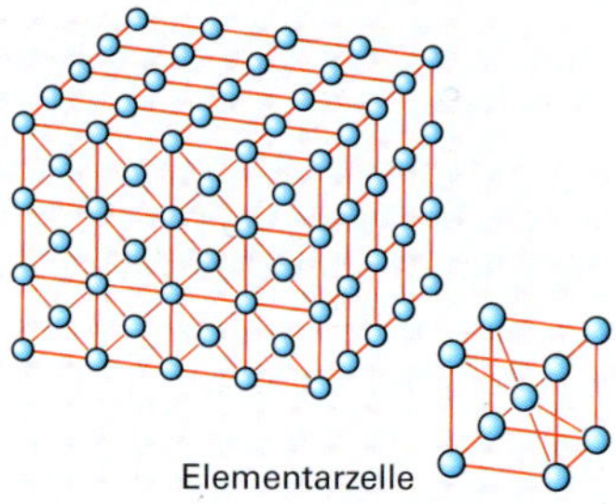

2 Regelmäßige Struktur eines Metallgefüges als Raumgitter

Kräfte beim Umformen

Belastet man einen Versuchsstab nur wenig, so verformt er sich gering. Nach Entlastung nimmt er seine ursprüngliche Form wieder ein. Es hatte eine **elastische Verformung** stattgefunden.

Ab einer bestimmten stärkeren Belastung bleibt der dadurch erreichte Biegewinkel größtenteils erhalten, es ist eine **bleibende Verformung** eingetreten (Bild 3).

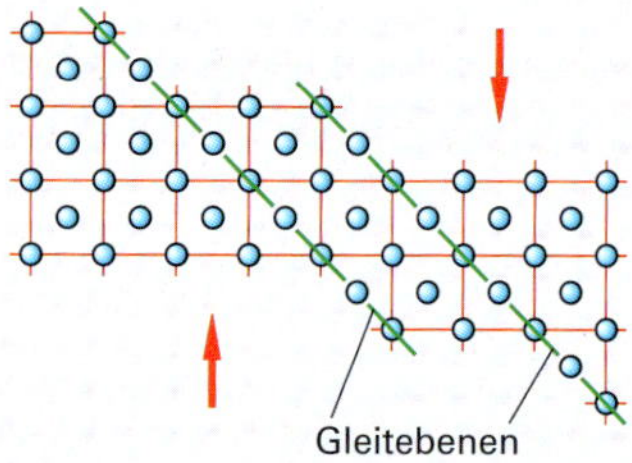

3 Plastische Verformung eines Metalls dargestellt im Raumgitter

Die Größe der dazu nötigen Kräfte bzw. der im Werkstück dabei auftretenden Spannungen kann man für jeden Werkstoff dem Spannungs-Dehnungs-Schaubild entnehmen (Bild 4). Die Grenzen, innerhalb derer ein Werkstück umgeformt werden kann, liegen zwischen der **Streckgrenze (R_e)** und der **Zugfestigkeit R_m**.

> ***Merke***
> Um ein Metall bleibend plastisch zu verformen, müssen die aufgebrachten Spannungen oberhalb der Streckgrenze liegen und die Zugfestigkeit deutlich unterschreiten.

Bei vielen Metallen mit stetigem Übergang vom elastischen zum plastischen Bereich wird anstelle der Streckgrenze (R_e) die 0,2-Dehngrenze ($R_{p0,2}$) genommen. Als Obergrenze wird dann die unterhalb der Zugfestigkeit R_m liegende zulässige Umformspannung σ_{zul} gewählt (mittlere Kurve).

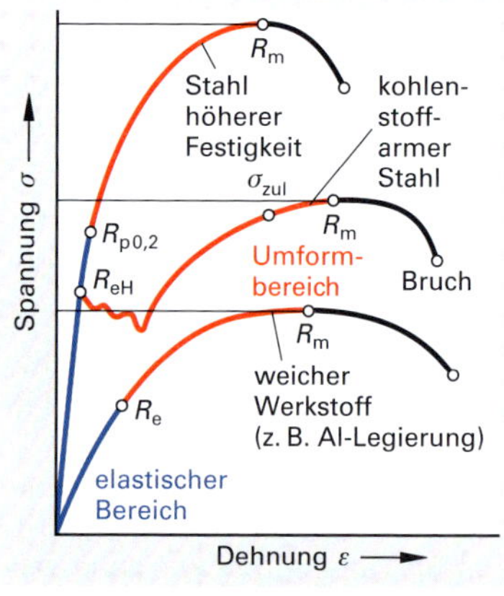

4 Spannungs-Dehnungs-Diagramm verschiedener Metalle

Der in den atomaren Bereich gelegte Ausschnitt aus einem Versuchsstab (Bild 3, Seite 202) lässt erkennen, dass sich die Atome gegeneinander verschoben haben. Unter der Einwirkung äußerer Umformkräfte werden im Raumgitter der Metalle Schubspannungen wirksam. Die Metallionen gleiten jedoch nicht beliebig gegeneinander. Innerhalb des Raumgitters existieren bevorzugte **Gleitebenen,** auf denen der Widerstand gegen die Verformung am geringsten ist. Das sind diejenigen Richtungen innerhalb des Gitters, auf denen die Entfernungen zwischen den Atomen am kleinsten sind. Weil das kubisch-flächenzentrierte Gitter die größte Packungsdichte und damit die meisten Gleitebenen besitzt, lassen sich Metalle, die diese Gitterstruktur besitzen, am besten verformen (Seite 77 und Bild 1). Gut verformen lassen sich auch Metalle mit kubisch-raumzentriertem Gitter; schlecht verformbar sind Metalle mit hexagonaler Gitterstruktur.

Die Umformspannungen sind in der Praxis sehr viel kleiner wie sie theoretisch für das ideale Raumgitter sein müssten. Weil man nur unter Laborbedingungen reine Kristalle herstellen kann, gibt es in der Praxis viele Abweichungen davon. Sie unterbrechen den Verlauf der Bindungskräfte und fördern so die Verformung. Die wichtigsten Abweichungen vom idealen Kristallgitter nennt man **Versetzungen.** Versetzungen beginnen unter der Wirkung von Schubspannungen zu wandern und erleichtern so die Umformung (Bild 2).

10.2.2 Einfluss der Temperatur

Wärme ist eine Form der Energie. Führt man einem Stoff Wärme zu, so erhöht sich seine Temperatur. Bei ausreichender Wärmezufuhr schmelzen Metalle. Dabei werden die abstoßenden Kräfte zwischen den Atomen so groß, dass sie die Bindungskräfte übersteigen. Während der Erwärmung von der Normal- auf die Schmelztemperatur nimmt allmählich die Festigkeit ab und die Verformbarkeit zu. Viele Umformvorgänge gehen deshalb bei höheren Temperaturen leichter vor sich (Seite 62 und 63).

Beim Erwärmen vergrößert sich das Volumen der Metalle (Tabelle 1). Dabei treten große Kräfte auf. Wird in einem **Versuch** ein Kupferstab erwärmt, mit einem gusseisernen Bolzen arretiert und anschließend abgekühlt, zerspringt der Bolzen (Bild 3). Dies zeigt, wie gefährlich Spannungen infolge ungleichmäßigen Abkühlens in Werkstücken werden können. Dabei ist auch zu berücksichtigen, dass die Wärmeleitfähigkeit der Metalle vergleichsweise gut ist (Tabelle 2).

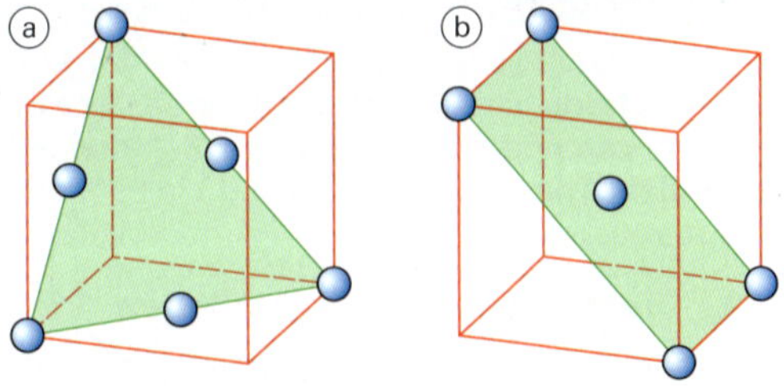

1 Beispiel für je eine Gleitebene in der Elementarzelle des kubisch-flächenzentrierten (a) und des kubisch-raumzentrierten Gitters (b)

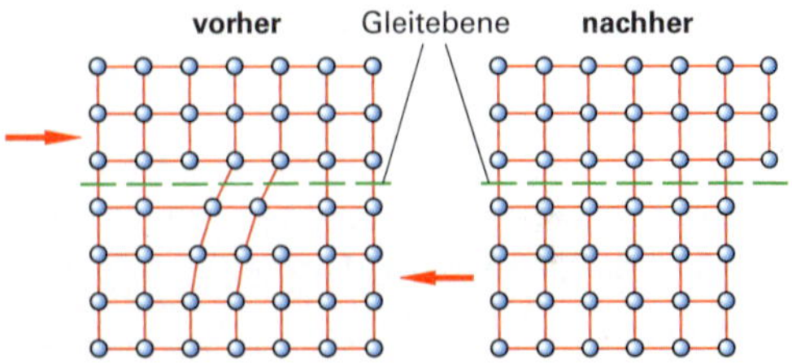

2 Wanderung einer Versetzung im Metallgitter (Schema)

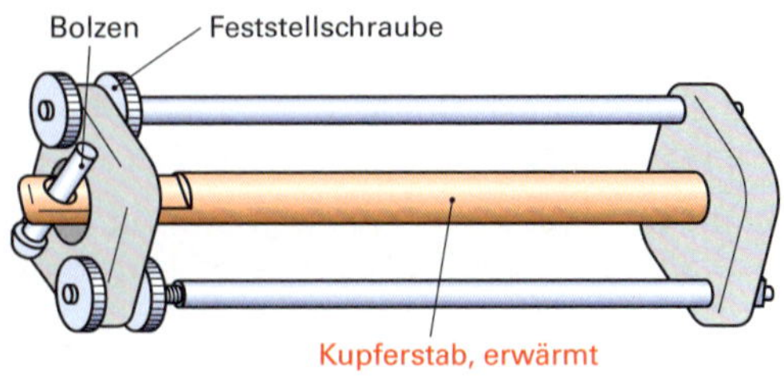

3 Versuchsanordnung zum Beweis der bei der Wärmedehnung der Metalle auftretenden Kräfte

Tabelle 1: Linearer Ausdehnungskoeffizient α in 1/K für 0 °C ... 100 °C

Blei	0,000029	Invar	0,000002
Aluminium	0,000023	Porzellan	0,000004
Kupfer	0,000014	Geräteglas	0,000003
Stahl	0,000011	Quarzglas	0,0000006

Tabelle 2: Spezifische Wärmeleitfähigkeit γ in W/m · K bei 20 °C

Kupfer	384	Beton	ca. 1
Aluminium	204	Wasser	0,06
Stahl	ca. 52	Holz (trocken)	ca. 0,01
Blei	35	Luft	0,026

10.3 Biegen

Das am stärksten verbreitete Verfahren der spanlosen Fertigung ist das **Biegeumformen.** Aus Blechen, Rohren und Profilen werden Behälter, Abdeckungen, Konstruktionsteile und vieles andere mehr hergestellt.

10.3.1 Technologische Grundlagen

Während beim Zug- oder Druckumformen das gesamte Werkstück verformt wird, verändert sich beim Biegen nur ein Teil des Werkstücks, die Biegezone.

In einem Versuch wird ein Stab mit quadratischem Querschnitt aus weichem Metall fest eingespannt und durch eine sich langsam vergrößernde Kraft um 90° abgebogen. Die obere Seite dehnt sich ohne zu reißen. Die untere Seite wird gestaucht (Bild 1). Die äußeren Fasern des Werkstoffs werden verlängert, die inneren Fasern verkürzt. Dazwischen liegt eine unveränderte neutrale Zone, die „Neutrale Faser".

Merke

Beim Biegen wird ein Teil des Werkstücks auf Zug, das andere auf Druck beansprucht.

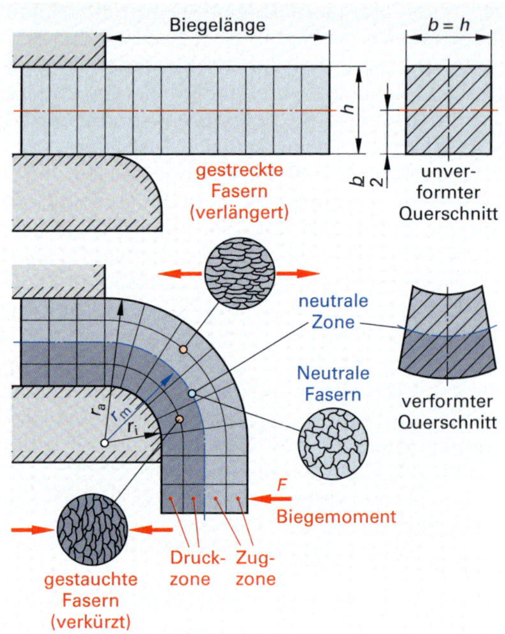

1 Werkstoffbeanspruchung beim Biegen

Wird ein Blechstreifen eingespannt und durch eine Kraft etwas gebogen, federt er nach Entlastung in die Ausgangslage zurück (Bild 2). Erst nach stärkerer Belastung biegt er sich weiter durch und bleibt abgebogen (Bild 3). Auch hier ist nach Entlastung eine geringe **elastische Rückfederung** eingetreten.

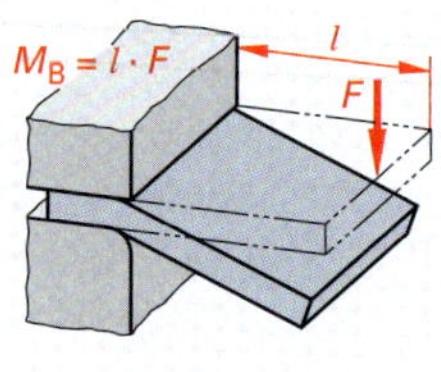

2 Rückfederung im elastischen Bereich

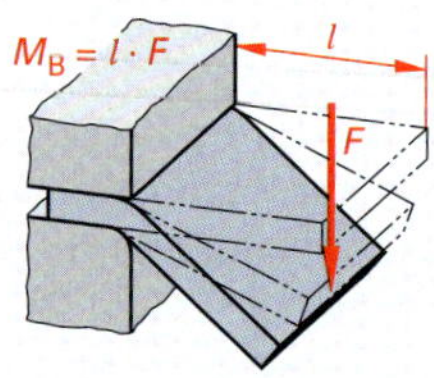

3 Bleibende Verformung im plastischen Bereich

Damit ein Werkstück gebogen werden kann, muss die Elastizitätsgrenze des Werkstoffs überschritten werden, darf seine Bruchgrenze nicht erreicht werden und muss der Werkstoff ausreichend dehnbar sein. Zum Biegen geeignete Werkstoffe sind weicher Stahl, Kupfer, Zink, Aluminium, Magnesium und ihre Legierungen.

Wird ein Blechstreifen um eine scharfe Kante gebogen, können an der äußeren Biegelinie kleine Risse auftreten (Bild 4). Wird das gleiche Blechstück jetzt hochkant eingespannt, wird eine wesentlich größere Kraft zum Umbiegen als vorher benötigt. Auch hier können an der Biegelinie wieder Risse auftreten (Bild 5).

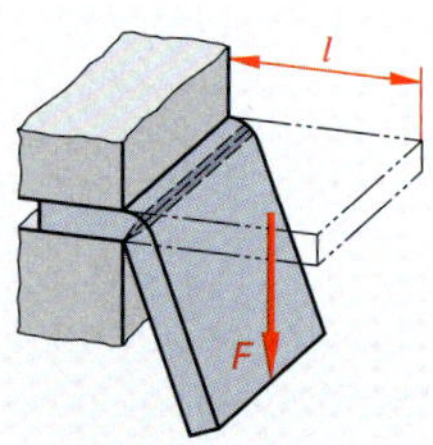

4 Biegen mit kleinem Biegeradius

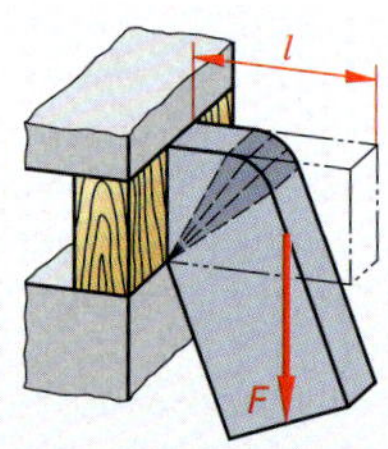

5 Biegen mit hohem Werkstückquerschnitt

Merke

Beim Biegeumformen darf ein bestimmter **Mindestbiegeradius** nicht unterschritten werden.

Die zulässigen Mindestbiegeradien wurden in Versuchen ermittelt (Tabelle auf S. 210). Sie sind abhängig von der Art des Werkstoffs und der Querschnittshöhe. Bei Metallbaukonstruktionen wird Durchbiegung durch Verwendung hoher Querschnitte verhindert (Bild 6).

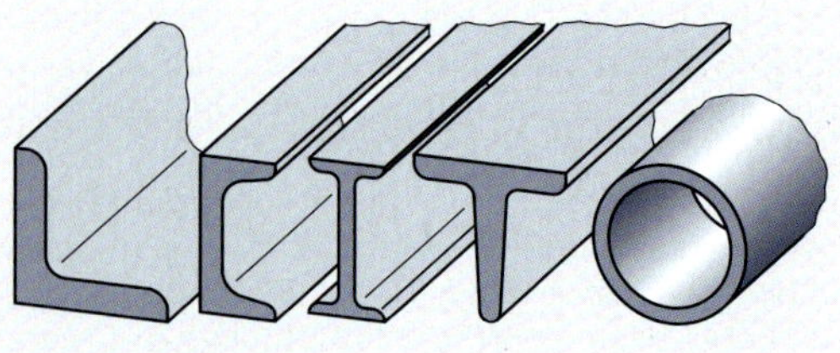

6 Biegesteife Profile

10.3.2 Biegen von Rohren

Beim Biegen von Rohren liegen die Streckungszone mit den Zugspannungen und die Stauchungszone mit den Druckspannungen in den vergleichsweise dünnen Wandungen. So kann es zur Verringerung des Rohrquerschnitts und zum Einknicken kommen (Bild 1).

Eine **unzulässig große Verformung des Rohrquerschnitts** erfolgt bei

- zu großem Rohrdurchmesser,
- zu dünnen Rohrwänden,
- zu kleinem Biegeradius,
- zu geringer Dehnbarkeit des Werkstoffs.

Die Verringerung eines Rohrquerschnitts behindert die durchströmende Flüssigkeit und vermindert die Festigkeit eines Rohres.

Einknicken oder Einquetschen des Biegequerschnitts von Rohren lässt sich verhindern durch

- Einhalten eines Mindestbiegeradius, abhängig von Material und Durchmesser,
- Füllen des Hohlraums mit einer nichtzusammendrückbaren Masse, einer Zugfeder oder einem Dorn (Bilder 2 und 4),
- Biegen der Rohre in einer dem Durchmesser entsprechenden Form (Bilder 4 und 5).

Bei **geschweißten Rohren** muss außerdem beobachtet werden, dass die Schweißnaht in der neutralen Zone liegt. So lässt sich verhindern, dass Zug- oder Druckbeanspruchungen die wenig elastische Schweißnaht zerstören können (Bild 3).

Den genauen **Mindestbiegeradius** sollte man den Hinweisen der Hersteller entnehmen. Er beträgt bei Stahlrohren ungefähr das Zehnfache und bei Kupferrohren das Dreifache des Außendurchmessers. Beim **Warmbiegen** kann der Mindestbiegeradius geringer sein. Durch Erwärmung des Rohrs, meist mithilfe eines Schweißbrenners, wird die Dehnbarkeit des Werkstoffs erhöht. Die **Anwärmlänge** entspricht der Biegezone.

Biegevorrichtungen

Freies Biegen von Hand oder im Schraubstock wird nur behelfsmäßig oder bei dünnen Rohren durchgeführt. In Werkstätten oder auf Baustellen werden einfache Biegevorrichtungen eingesetzt (Bilder 4 und 5). Durch einen Handhebel wird das Biegemoment aufgebracht. Der Biegewinkel ist genau einstellbar. Auswechselbare Rollen verhindern die Veränderung des Rohrquerschnitts.

Rohrbiegemaschinen

Die **hydraulische Rohrbiegemaschine** arbeitet mit einer handbetriebenen Pumpe. Ihr Kolben drückt das Biegesegment mit dem Rohr an die Gegenlager (Bild 5).

Höhere Biegekräfte für Rohre mit größeren Wandstärken und Durchmessern liefern **Ringbiegemaschinen** mit angetriebenen Profilwalzen (Bild 4, Seite 206).

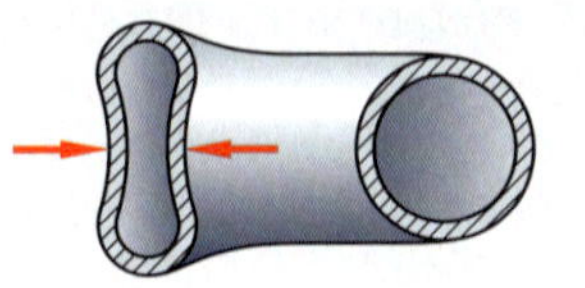

1 Stark verformter Rohrquerschnitt

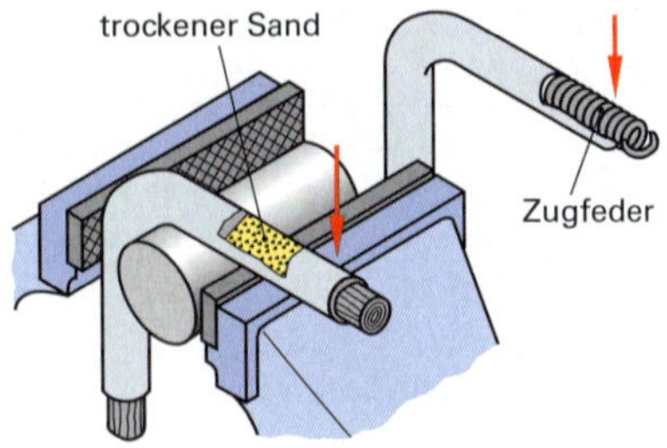

2 Freies Biegen von Rohren mit Füllung

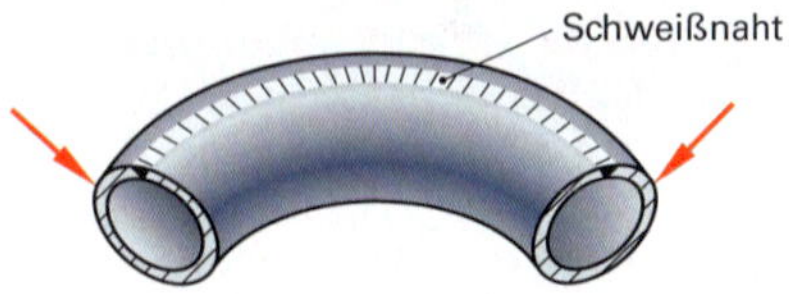

3 Lage der Schweißnaht beim Biegen

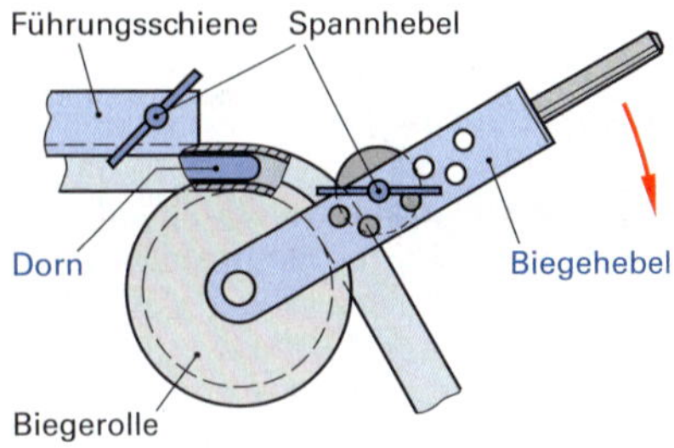

4 Rohrbiegevorrichtung

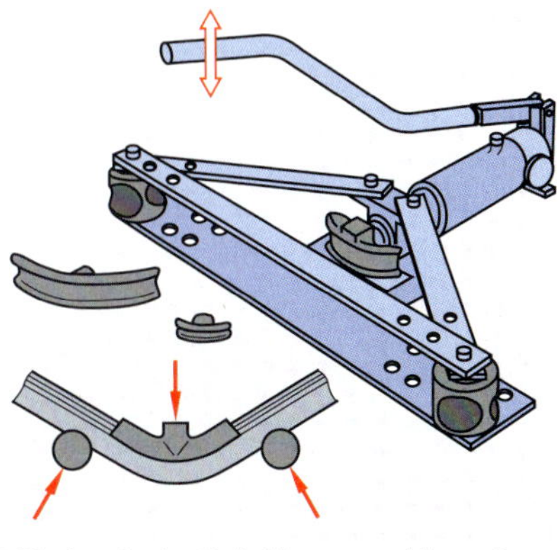

5 Hydraulische Rohrbiegemaschine mit auswechselbaren Segmenten

10.3.3 Biegen von Profilen

Profilierte Stangen sind meistens aus Stahl, manchmal auch als Leichtbauprofile aus Aluminium- und anderen Legierungen (Bild 6, S. 204). Sie sind biegesteif, ihre hohen Stege nehmen die bei Biegebeanspruchung entstehenden Zug- und Druckspannungen auf. Sollen sie zu Rahmen, Ringen oder Winkeln gebogen werden, bereiten die Auflageflächen Schwierigkeiten.

Merke

Beim Biegen von Profilen muss stets die ungleichmäßige Verteilung des Werkstoffs im Bereich von Zug-, Druck- und neutraler Faser berücksichtigt werden.

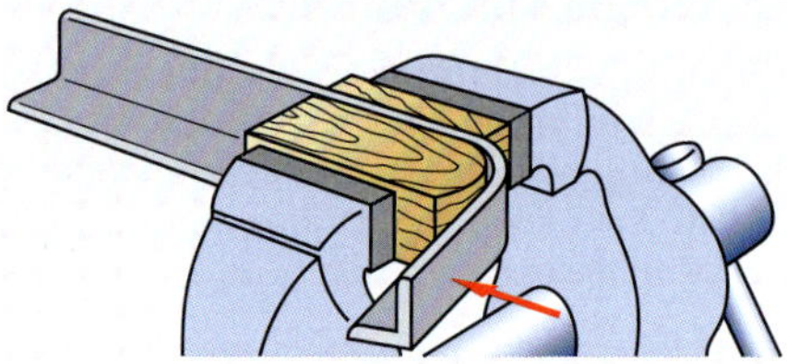

1 **Biegen mit Beilage im Schraubstock**

Biegevorrichtungen

Biegearbeiten lassen sich mithilfe von Beilagen im **Schraubstock** durchführen (Bild 1). Biegevorrichtungen verwendet man bei häufigeren Biegearbeiten (Bild 2). Mit auswechselbaren **Biegekernen** arbeitet man, wenn Radien oder Winkel der Biegung häufig wechseln. Eine **Schablone** lohnt sich für häufige gleichartige Arbeiten. Eine einfache Vorrichtung mit auswechselbaren Scheiben und Biegerollen (ähnlich wie beim Rohrbiegen in Bild 4, Seite 205) erzeugt das Biegemoment über einen Handhebel.

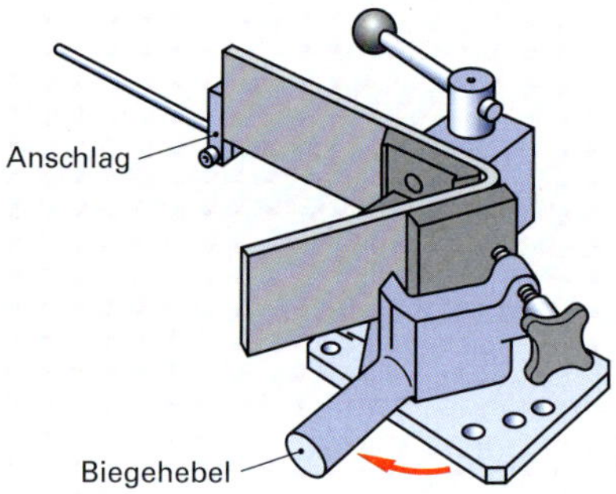

2 **Biegevorrichtung**

Ausklinken

Beim scharfkantigen Biegen von Profilen werden die Stauchungen in der Druckzone zu stark. Eine vom Biegewinkel abhängige **Gehrung** muss ausgeklinkt werden (Bild 3). Da der Scheitel des Biegewinkels in der Neutralen Faser liegt, wird entweder vor dem Ausklinken eine Bohrung (Bohrerdurchmesser *d*) oder nach dem Ausklinken eine Aussparung angebracht. Dadurch lassen sich Stauchungen vermeiden.

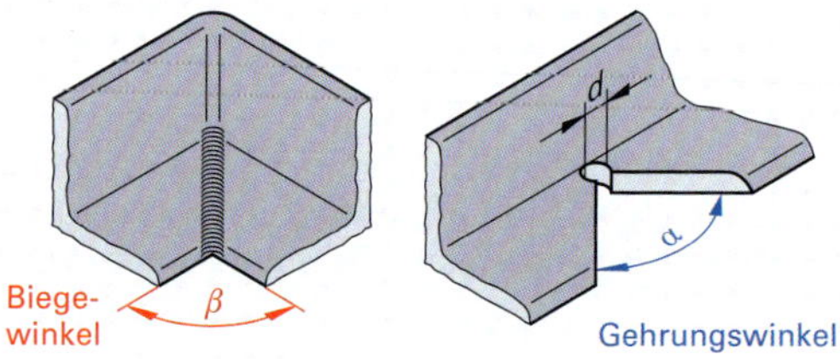

3 **Scharfkantiges Biegen von Profilstahl**

Biegemaschinen

Für häufiger durchzuführende Biegearbeiten lassen sich die beim Rohrbiegen verwendeten hydraulischen Bieger mit entsprechenden Einlagen ausstatten (Bild 5, Seite 205).

Ringbiegemaschinen mit entsprechend profilierten Walzen dienen zum Rundbiegen von Profilmaterial und Rohren (Bild 4).

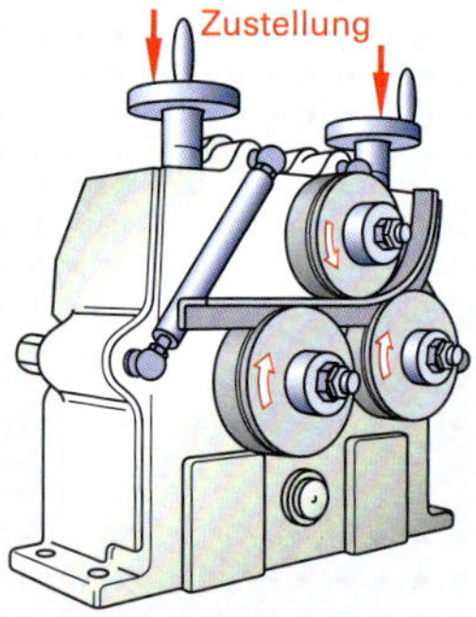

4 **Dreiwalzen-Ringbiegemaschine**

Überprüfen Sie Ihre Kenntnisse

1 Von welchen Einflussgrößen ist der Biegewiderstand abhängig?
2 Was versteht man unter Biegesteifigkeit?
3 Wie kann man beim Rohrbiegen das Einquetschen des Querschnitts vermeiden?
4 Warum muss beim Biegen geschweißter Rohre die Lage der Naht berücksichtigt werden?
5 Was ist an Biegemaschinen zu ändern, wenn statt eines Rohres ein Profil gebogen werden soll?
6 Wann und weshalb muss ausgeklinkt werden?

10.4 Richten

Walzwerkerzeugnisse können sich durch unsachgemäßen Transport, schlechte Lagerung oder innere Spannungen im Material verbiegen oder verziehen. Solche Werkstücke oder Rohteile müssen durch Richten in ihren ordnungsgemäßen Zustand zurückgeführt werden.

Beim Richten ist auf die Ursache der Verformung zu achten. Verzug durch innere Spannungen kann häufig durch Normalglühen beseitigt werden (Seite 79). Meistens müssen aber Umformverfahren eingesetzt werden. Manchmal ist außerdem eine vorhergehende Erwärmung des Werkstücks erforderlich.

Merke

Richten erfolgt durch Biegen, Strecken, Stauchen oder Verdrehen.

10.4.1 Richten von Hand

Bei einfachen Richtarbeiten werden die Teile auf die **Richtplatte** gelegt und mit dem **Hammer** bearbeitet (Bild 1). Für dünne Bleche und weiche Metalle wird ein Hammer aus weicherem Material genommen. Flachkantig verbogenes Material wird hohlgelegt und mit Schlägen der Hammerbahn auf die Wölbung eingeebnet (Bild 1).

Gegen die Längsachse verbogene Halbzeuge werden durch Strecken gerichtet (Bild 2). Eng nebeneinandergesetzte Hammerschläge mit der Finne treiben die gekrümmte Innenseite in die Länge.

Der Schraubstock kann mithilfe der Spindelkraft zum Richten benutzt werden (Bild 3). Flachstahl, der nicht nur verbogen, sondern auch noch verdreht ist, kann durch ein **Windeisen** gerade gerichtet werden (Bild 4).

Richtpressen arbeiten hydraulisch oder mit Spindelkraft (Bild 5).

Häufig notwendiges Blechspannen sollte auf der **Blechrichtmaschine** durchgeführt werden (Bild 6). Eine größere Anzahl von Walzen streckt und staucht die Verformungszonen gleichmäßig und bewirkt eine plane Fläche. Blechrichtmaschinen gibt es sowohl in kleineren Abmessungen für Werkstätten als auch für die größten Blechbreiten.

Beim **Richten von Wellen** wird das Werkstück zuerst zwischen federnde Spitzen gespannt oder in federnden Rollen aufgenommen. Wenn die Welle von Hand langsam gedreht wird, zeigt die Messuhr den größten Rundlauffehler an. Die zur Beseitigung der Krümmung nötige Durchbiegung wird dann als Richthub an der Maschine eingestellt (Bild 1, Seite 208).

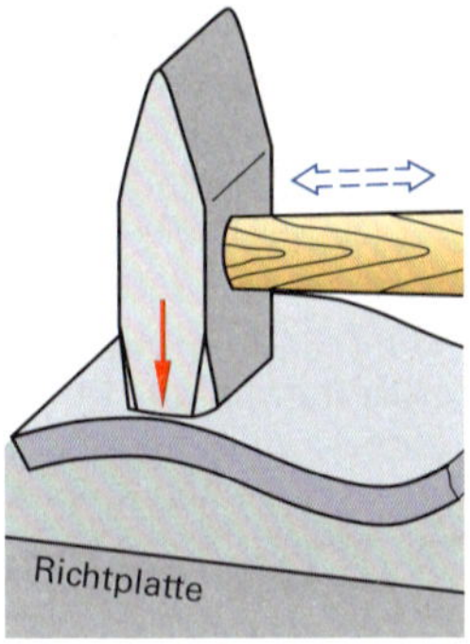

1 Richten von Flachstahl

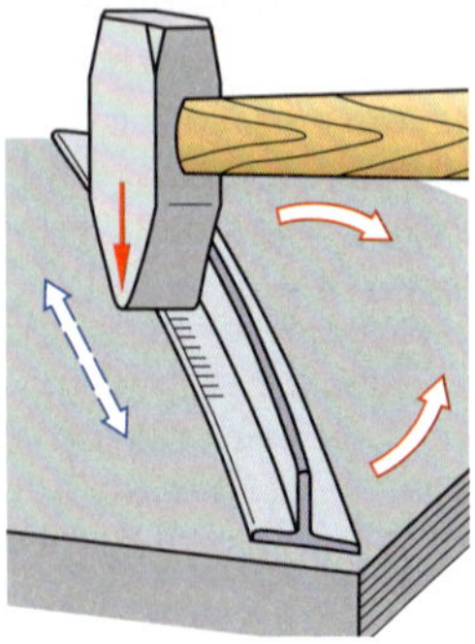

2 Richten eines T-Profils durch Strecken

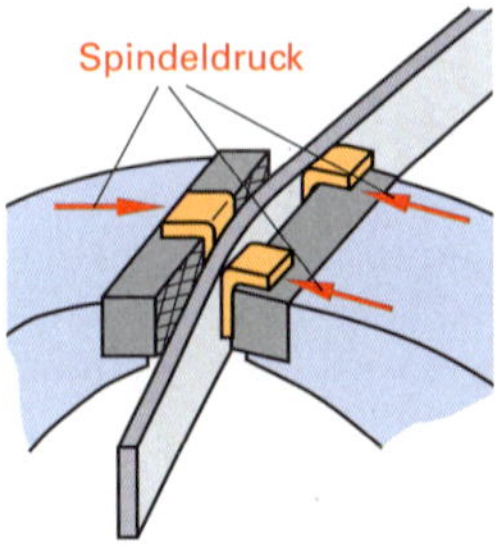

3 Richten im Schraubstock

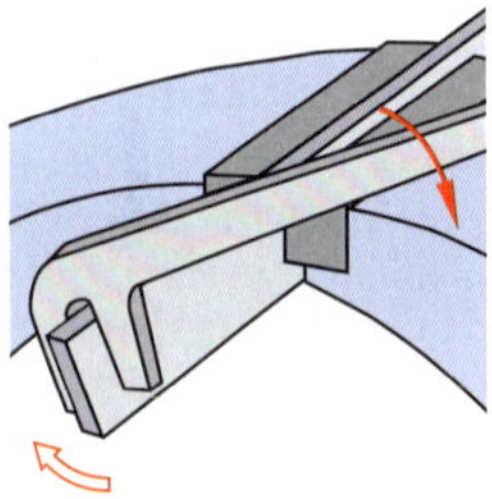

4 Richten mit dem Windeisen

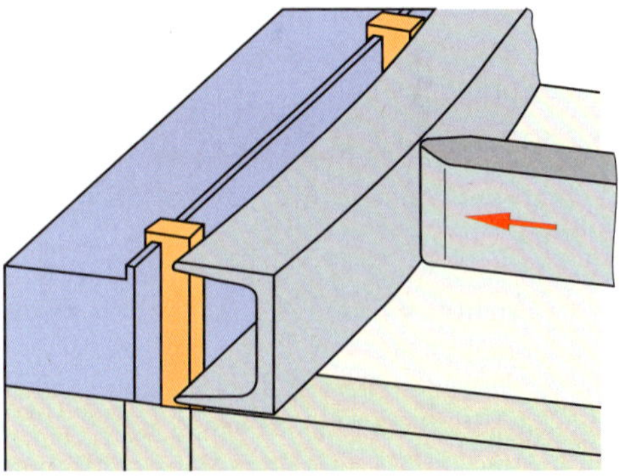

5 Teil einer hydraulischen Richtpresse

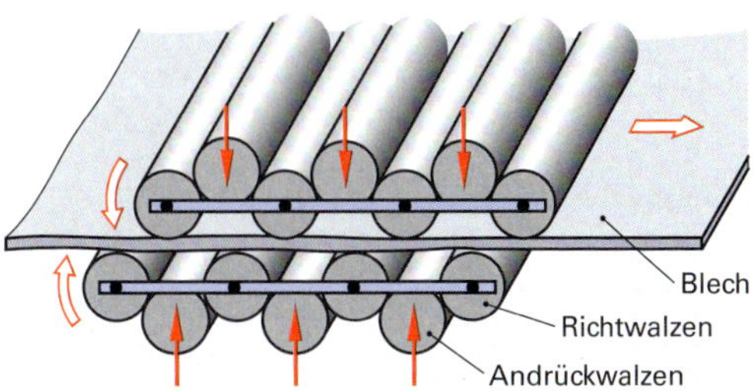

6 Prinzip einer Blechrichtmaschine

10.4.2 Richten durch Wärme

Die gestreckten Fasern des verbogenen Werkstücks werden mit einem oder mehreren **Wärmekeilen** versehen (Bild 2). Das erwärmte Metall dehnt sich aus. Das kühlere Material zwischen den Wärmekeilen behindert diese Ausdehnung. Dabei entstehen Druckspannungen. Während der anschließenden Abkühlung schrumpfen die Keile. Dadurch wird die konkave Seite so weit gestreckt, dass die Werkstückfläche plan wird. Eine solche Arbeit erfordert Werkstoffkenntnisse und viel Erfahrung.

Merke

Richten durch Wärmewirkung nutzt Spannungen aus, die bei gezielter Erwärmung von Teilen des Werkstücks auftreten.

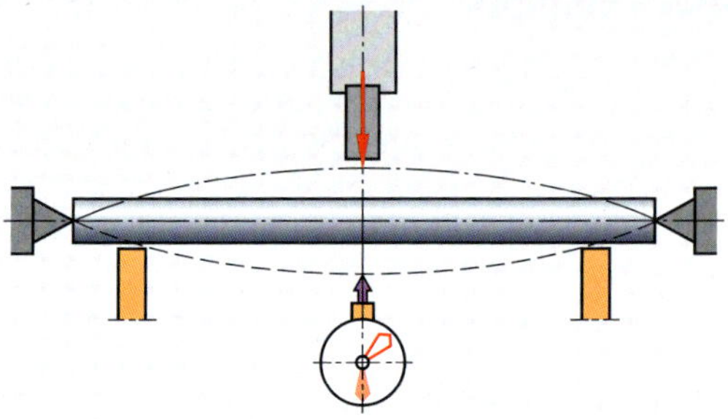

1 Kontrolliertes Genauigkeitsrichten einer Welle

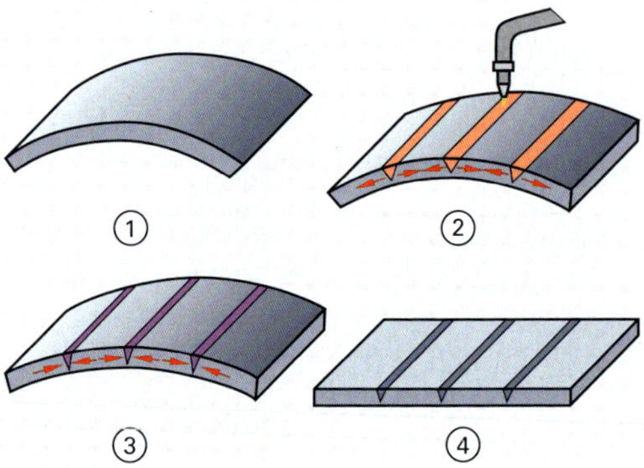

2 Richten durch örtliche Erwärmung

10.4.3 Spannen von Blech

Wenn Bleche nicht nur verbogen sind, sondern auch noch **Falten** und **Beulen** haben, müssen sie gespannt werden. Die Oberfläche des ursprünglich ebenen Blechs ist vergrößert, der Werkstoff nach innen hin gestreckt (Bilder 3 und 4).

Beulen und Falten in Blechen werden weggearbeitet, indem der Werkstoff nach allen Richtungen von der Wölbung weg durch Hammerschläge ausgebreitet wird. Bei Beulen beginnt man am Rand und geht langsam nach innen (Bild 3).

Beulen lassen sich auch durch **Wärmepunkte** beseitigen, die in der Mitte beginnend kreisförmig gesetzt werden (Bild 4).

Schutz vor Unfällen beim Richten

- Werkstücke müssen mit der Zange gehalten werden.
- Nur kleine Werkstücke, die mit leichten Schlägen gerichtet werden, können auch mit der Hand gehalten werden.
- Werkstücke müssen auf der Richtplatte aufliegen. Sie könnten zurückfedern.
- Bei größeren oder sperrigen Werkstücken sind Spannvorrichtungen zu benutzen.

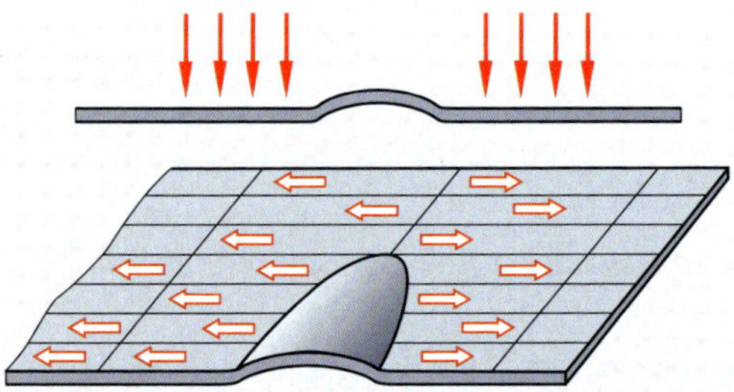

3 Spannen eines Bleches mit Randfalten

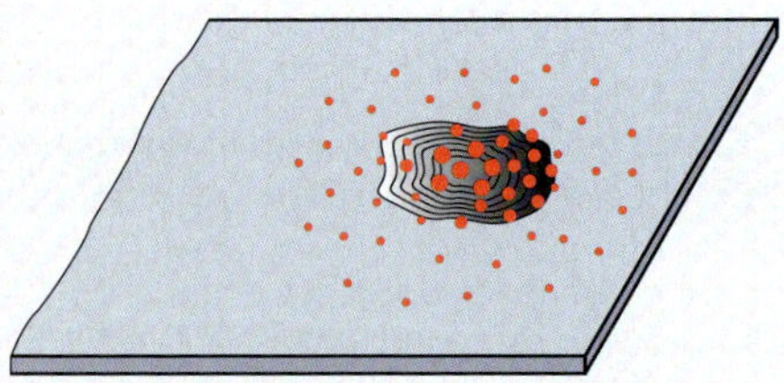

4 Setzen von Wärmepunkten zum Spannen eines verbeulten Bleches

Überprüfen Sie Ihre Kenntnisse

1 Was sind die Ursachen für das Verziehen und das Verbiegen von Profilmaterial?

2 Warum ist zum Richten verbogener Teile mehr Kraft erforderlich als zum Biegeumformen?

3 Wie kann man dünne Bleche und weiche Metalle vor Beschädigungen beim Richten bewahren?

4 Beschreiben Sie die Vorgänge im Werkstoff beim Richten mithilfe von Wärme.

10.5 Blechbearbeitungsverfahren

Neben dem **Biegeumformen** werden zur Verarbeitung von Blechen auch das **Zugumformen, Zugdruckumformen, Druckumformen** und **Schubumformen** angewendet (Seite 201).

10.5.1 Technologische Grundlagen des Biegens von Blechen

Der größte Teil der verarbeiteten Bleche wird gebogen. Als vorgeformtes **Halbfertigprodukt** erlangt Blech durch den Walzvorgang besondere Eigenschaften, die immer zu beachten sind.

Der Einfluss der Walzrichtung

Beim **Kaltwalzen** erhält das Blech ein nach der Walzrichtung ausgerichtetes Werkstoffgefüge.

Für einen **Versuch** werden aus einer Blechtafel drei Rechtecke herausgeschnitten (Bild 1). Man biegt sie im Schraubstock hin und her (Bild 2). Blech ① zeigt zuerst kleine Risse (Bild 3). Am längsten widersteht der Streifen ② der Belastung.

Merke
Beim Biegen von Blech sollte möglichst senkrecht zur Walzrichtung gebogen werden.

Muss ein Werkstück in mehreren Richtungen gebogen werden, legt man die Biegekante schräg zur Walzrichtung ③.

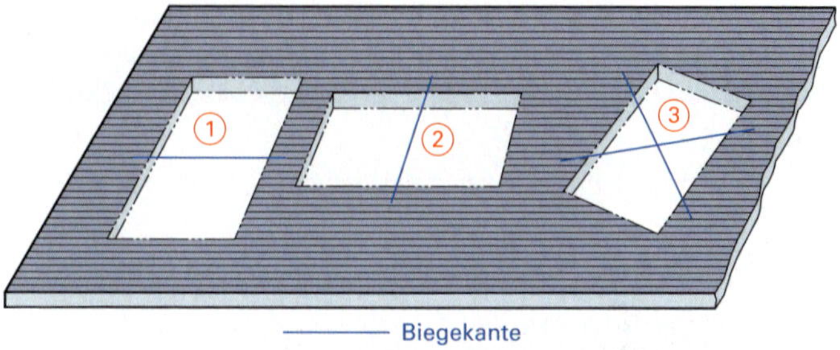

1 **Berücksichtigung der Walzrichtung von Blech**

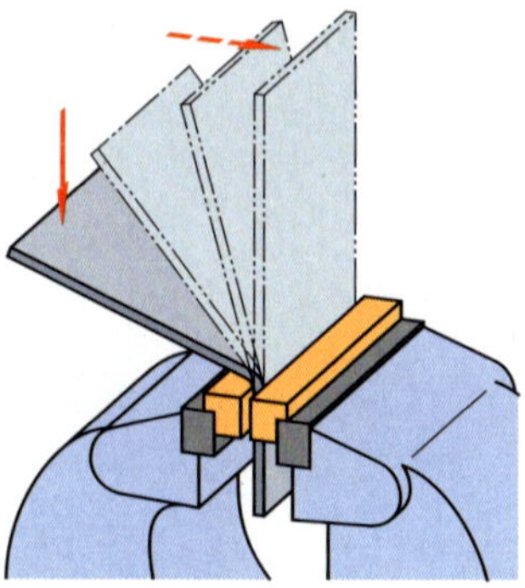

2 **Biegeversuch**

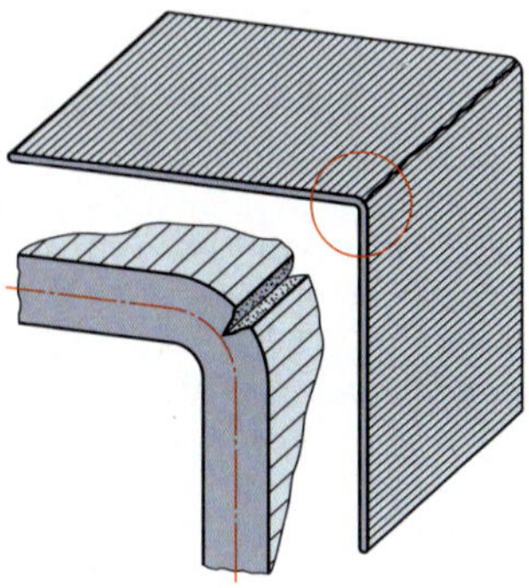

3 **Riss in der Biegekante bei falscher Biegerichtung oder zu kleinem Biegeradius**

Die Rückfederung

Ein Blechstück wird im Schraubstock mithilfe einer Beilage auf einen bestimmten Winkel gebogen. Nimmt man die Biegekraft fort, federt das Blechstück leicht zurück (Bild 4). Diese **elastische Rückfederung** tritt bei allen Kaltverformungsvorgängen auf.

Merke
Werden beim Biegen von Blech genaue Biegewinkel verlangt, muss die Rückfederung durch **Überbiegen** ausgeglichen werden.

Der **Rückfederungswinkel** ε beträgt 1 % ... 3 % des Biegewinkels α. Seine Größe hängt ab von der Blechdicke, dem Biegewinkel, dem Biegeradius (Tabelle, Seite 210) und der Elastizität des Werkstoffs.

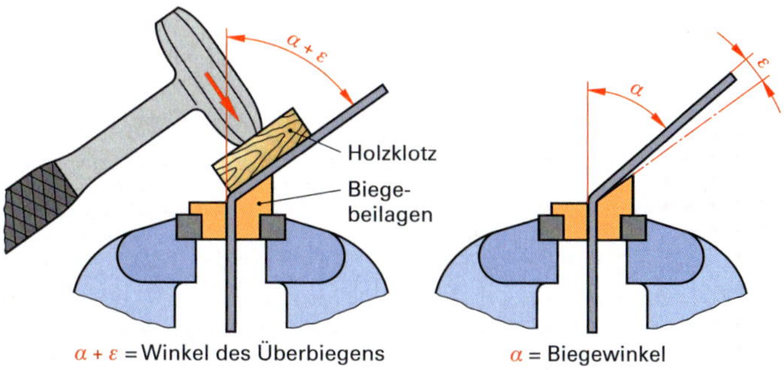

4 **Elastische Rückfederung**

Der Biegeradius

Wenn Bleche scharfkantig gebogen werden, besteht stets die Gefahr, dass sie an der Biegekante durch zu starkes Strecken einreißen (Bild 3, Seite 209). Deshalb ist auf den Mindestbiegeradius zu achten:

Merke

Beim Biegen von Blechen ist ein **Mindestbiegeradius** einzuhalten. Seine Größe ist vom Werkstoff, dessen Festigkeit und Dehnbarkeit sowie von der Walzrichtung und der Blechdicke abhängig.

Die Mindestbiegeradien der wichtigsten Blechsorten sind genormt.

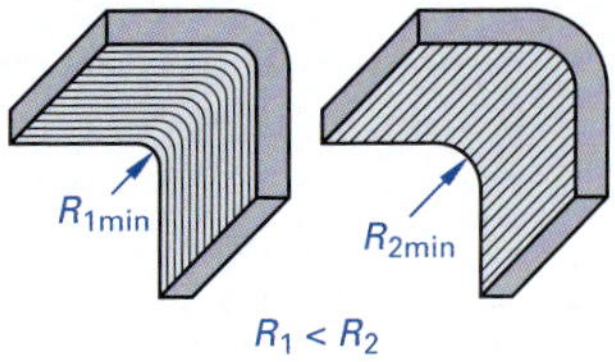

1 Mindestbiegeradius und Walzrichtung

Mindestbiegeradien beim Kaltbiegen von Stahlblech, Beispiele (Auszug aus DIN 6935)

Blechdicke *s*	Mindestzugfestigkeit in N/mm²	1	1 ... 1,5	1,5 ... 2,5	2,5 ... 3	3 ... 4	4 ... 5
Mindestbiegeradius R_{imin}	360 ... 510	1	1,6	2,5	3	5	6
	430 ... 580	1,2	2	3	4	6	8

10.5.2 Biegeumformen

Behälter, Profile, Abdeckungen und andere Bauteile aus Blech erhalten ihre Form durch verschiedene Verfahren des Biegeumformens.

Biegen von Hand

Es wird in Werkstätten und auf Baustellen bei **Einzelfertigung** und Reparaturarbeiten durchgeführt. Dünne Bleche und empfindliche Werkstoffe (z. B. Kupfer) werden mit Holz- oder Kunststoffhämmern bearbeitet (Bild 2).

Spannschienen ermöglichen eine genaue Biegelinie auch bei breiten Blechen (Bild 3).

Biegebeilagen sind nötig für genaues Formbiegen und schützen das Blech vor Beschädigungen (Bild 4).

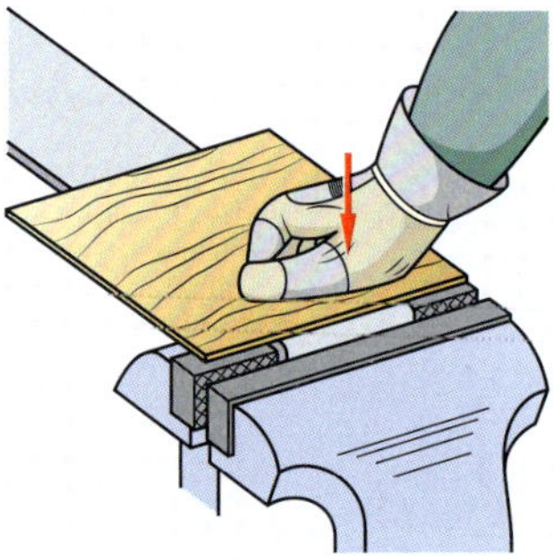

2 Biegen mit Handkraft

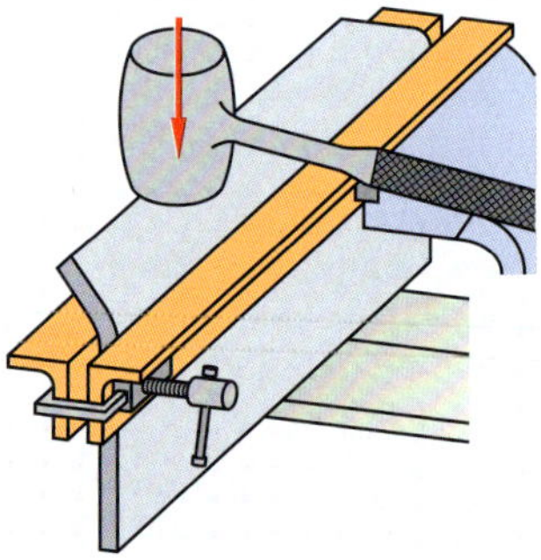

3 Spannschiene

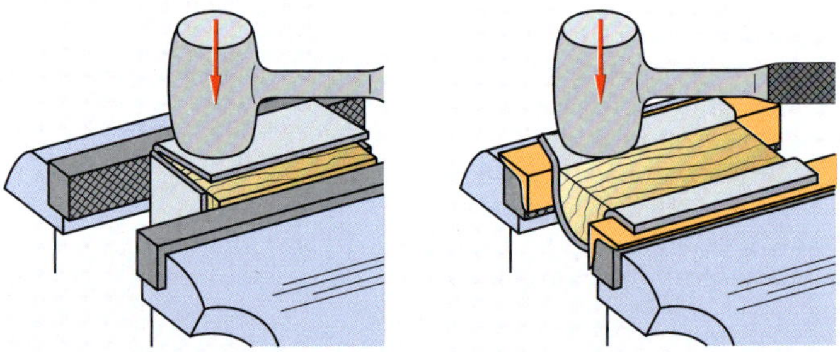

4 Biegebeilagen

Biegen mit Maschinen

Man unterscheidet Freies Biegen und Gesenkbiegen (Bilder 5 und 6). Beim **Freien Biegen** wird die Werkstückform frei ausgeformt. Für kompliziertere Formen, z. B. die Schelle in Bild 5, bedeutet das mehrere Arbeitsgänge.

Beim **Gesenkbiegen** wird das Werkstück zwischen **Biegestempel** und **Gesenk** geformt (Bild 6). So ist nur ein Arbeitsgang nötig.

Die Herstellung der Gesenkform ist nur bei großen Stückzahlen sinnvoll.

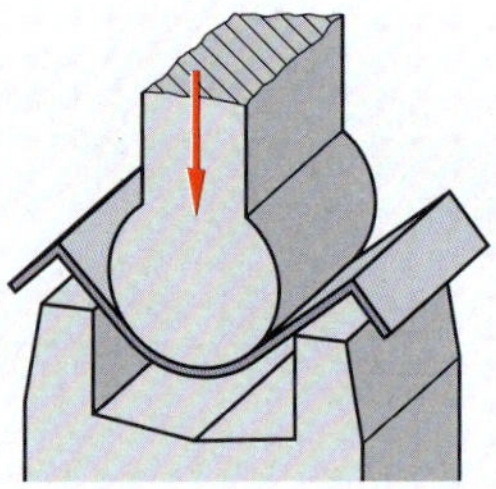

5 Freies Biegen einer Schelle

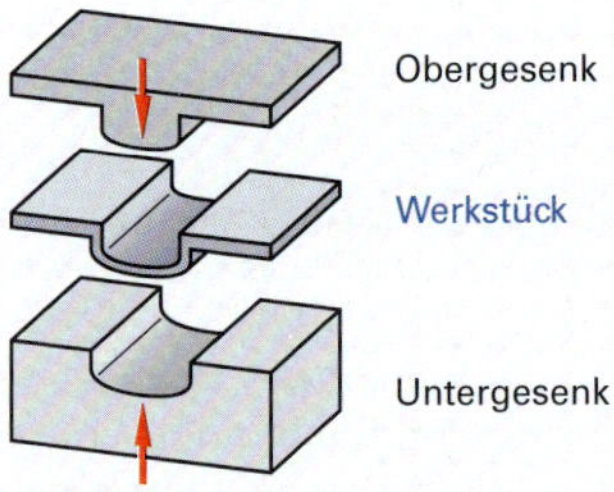

6 Gesenkbiegen einer Schelle

Kanten

Um scharfe Abbiegungen herzustellen, werden Bleche gekantet. Dabei werden sie entlang einer geraden Linie, der Kante, mit sehr kleinem Radius mit oder ohne Gesenk gebogen.

Schwenkbiegemaschinen haben eine schwenkbare **Biegewange,** die den freien Schenkel des Winkels biegt (Bilder 1 und 2). Der Rest des Werkstücks ist zwischen Ober- und Unterwange fest eingespannt. Besondere Einrichtungen und spezielle Biegeschienen ermöglichen auch die Herstellung von Rundungen (Seite 213) und das **Wulsten.**

Der Biegeradius wird durch die auswechselbare **Biegeschiene** in der Oberwange bestimmt. Ein **Tiefenanschlag** sowie ein **Winkelanschlag** in der Biegewange ersparen das Anzeichnen der Biegekante und Winkelmessungen. Bei vielen modernen Schwenkbiegemaschinen können alle Biegevorgänge durch eine numerische Steuerung verwirklicht werden.

Das Kraftmoment wird bei kleinen Schwenkbiegemaschinen von Hand aufgebracht (Bild 1). Sind größere Biegekräfte erforderlich, werden sie durch Elektromotoren oder hydraulisch erzeugt. Zum Biegen dickerer Bleche wie auch in der industriellen Massenproduktion sind Abkantpressen vorteilhafter.

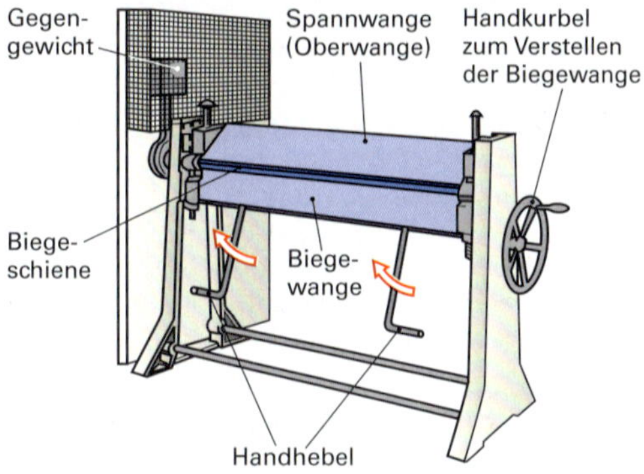

1 Schwenkbiegemaschine

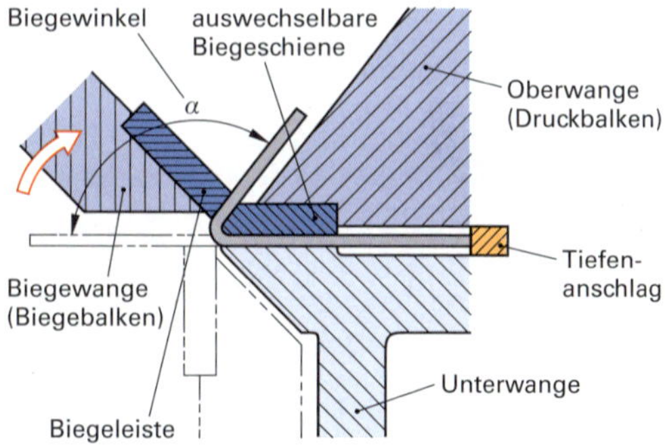

2 Wirkungsweise einer Schwenkbiegemaschine

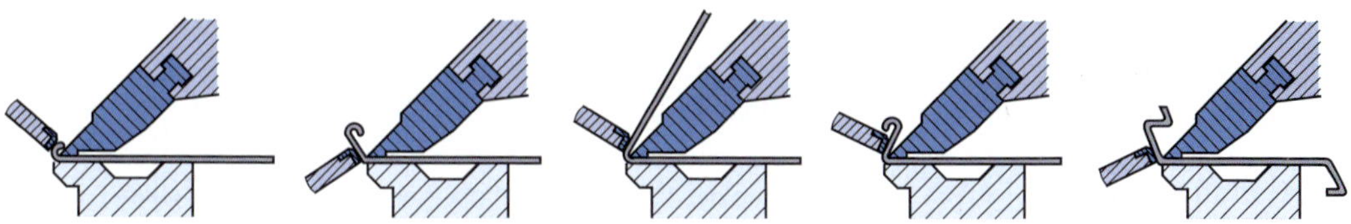

3 Einige Arbeitsvorgänge bei der Herstellung eines Fensterprofils auf einer Schwenkbiegemaschine

Abkantpressen werden in einfachen Ausführungen für Werkstätten von Hand über Spindeln oder Exzenter angetrieben. Zum Kanten stärkerer Bleche sowie in der industriellen Fertigung werden Abkantpressen hydraulisch bewegt oder mechanisch über Elektromotoren angetrieben.

Mit den auswechselbaren Ober- und Unterwerkzeugen (auch Stempel und Matrize genannt), sind die meisten der häufig auftretenden Biegearbeiten ausführbar (Bild 4). Mithilfe besonderer Werkzeuge ist auch das Runden möglich (Bild 5 und Seite 213).

Formen mit vielen Biegungen lassen sich an der Abkantpresse einfacher herstellen als auf Schwenkbiegemaschinen (Bild 5).

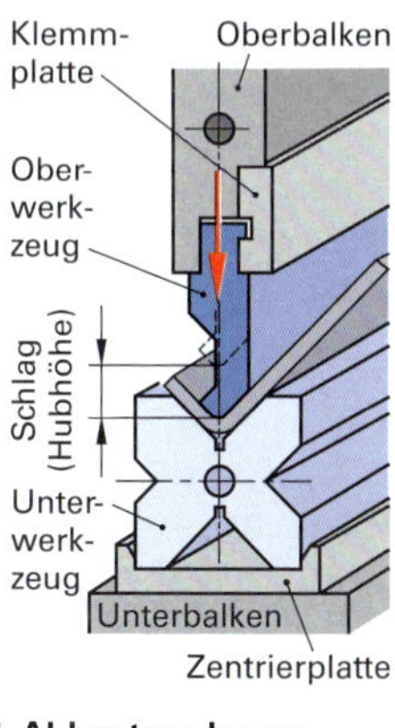

4 Abkantwerkzeug

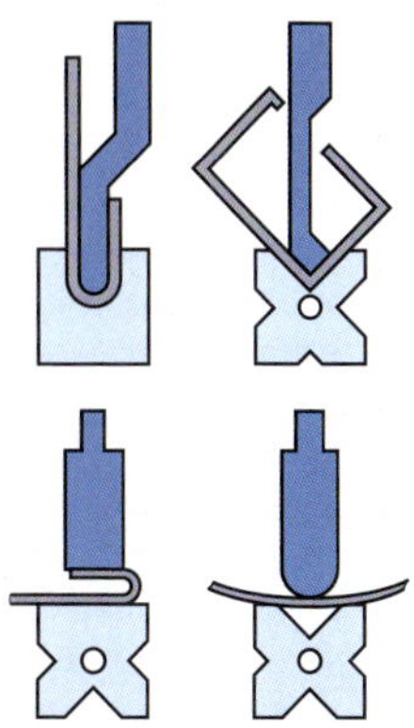

5 Beispiel für Abkantarbeiten

10.5.3 Zuschnittlängen

Bevor ein Werkstück gebogen wird, muss die Länge des Zuschnitts, auch **gestreckte Länge** genannt, errechnet werden. Bei den grundlegenden Überlegungen auf Seite 204 (Bild 1) wurde erkannt, dass beim Biegen nur eine neutrale Faser oder Zone unverändert bleibt. Deshalb gilt:

Merke

Die Zuschnittlänge ist gleich der Länge der neutralen Faser (Bild 1).

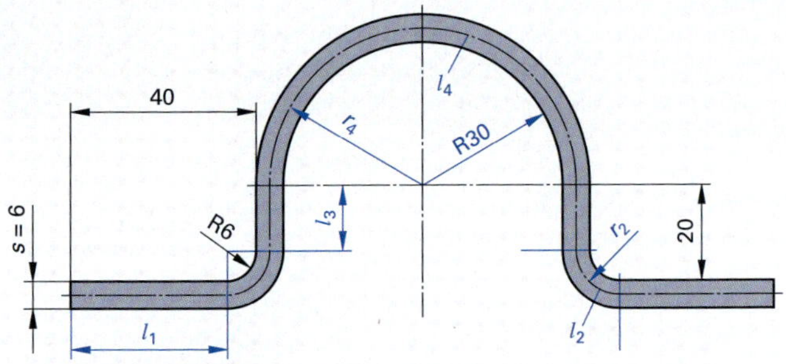

$L = 2l_1 + 2l_2 + 2l_3 + l_4$

$l_1 = 40\ \text{mm} - \text{R6} = 40\ \text{mm} - 6\ \text{mm} = 34\ \text{mm}$

$l_2 = \pi \cdot 2r_2 \cdot 0{,}25 = \pi \cdot 2 \cdot 9\ \text{mm} \cdot 0{,}25 = 14{,}1\ \text{mm}$

$l_3 = 20\ \text{mm} - \text{R6} = 20\ \text{mm} - 6\ \text{mm} = 14\ \text{mm}$

$l_4 = \pi \cdot 2r_4 \cdot 0{,}5 = \pi \cdot 2 \cdot 33\ \text{mm} \cdot 0{,}5 = 103{,}7\ \text{mm}$

$L = 2 \cdot 34\ \text{mm} + 2 \cdot 14{,}1\ \text{mm} + 2 \cdot 14\ \text{mm} + 103{,}7\ \text{mm}$

$L = 227{,}9\ \text{mm}$, gewählt: 228 mm

$r_4 = 30\ \text{mm} + 3\ \text{mm} = 33\ \text{mm}$

$r_2 = 6\ \text{mm} + 3\ \text{mm} = 9\ \text{mm}$

1 Berechnung der Zuschnittlänge eines Biegeteils

10.5.4 Tiefziehen

Merke

Tiefziehen ist **Zugdruckumformen** eines Blechzuschnitts zu einem Hohlkörper ohne beabsichtigte Veränderung der Blechdicke.

Die Umformkraft wirkt über den **Ziehstempel** und beansprucht den Werkstoff auf Druck und Zug. Die Dehnbarkeit der speziell dafür hergestellten Tiefziehbleche muss sehr groß sein; der Genauigkeit wegen werden sie kalt verformt.

Durch den **Niederhalter** werden die anfangs entstehenden Falten geglättet. Der (geometrisch betrachtet) überschüssige Werkstoff wird durch Stauchung in die Wandung eingearbeitet (Bild 2).

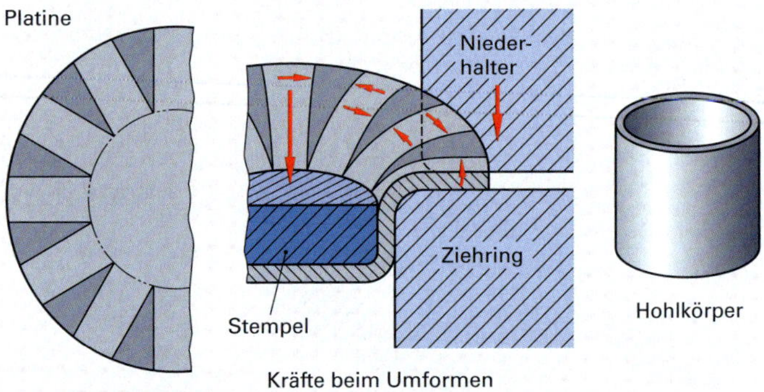

2 Verteilung des Werkstoffs auf die Wandung beim Tiefziehen (dunkle Segmente = einzuarbeitender Werkstoff)

Überprüfen Sie Ihre Kenntnisse

1 Welche Eigenschaften müssen Bleche haben, um gut umformbar zu sein?

2 Welche Bedeutung haben Streckgrenze und Bruchgrenze für das Biegen von Blech?

3 Erklären Sie die Entstehung der Walzfaserstruktur und ihre Bedeutung für das Biegen

4 Was bedeutet die Rückfederung von gebogenem Blech?

5 Wie kann man trotz Rückfederung genaue Winkel biegen?

6 Erklären Sie die Bildung von Haarrissen an der Außenkante und von Quetschfalten auf der Innenkante falsch gebogener Bleche.

7 Warum darf der Mindestbiegeradius nicht unterschritten werden?

8 Welche Werkstoff- und Werkstückkenngrößen beeinflussen den Mindestbiegeradius?

9 Welche technischen Vorteile besitzt das Gesenkbiegen gegenüber dem freien Biegen?

10 Weshalb wird freies Biegen oft dem Gesenkbiegen vorgezogen?

11 Was ist bei der Auswahl von Hämmern für die Blechbearbeitung zu beachten?

12 Ordnen Sie die einzelnen Verfahren des Blechumformens den Hauptgruppen der Umformverfahren zu.

13 Nennen Sie die technologischen Unterschiede beim Kanten eines Blechs auf der Schwenkbiegemaschine und der Abkantpresse.

14 Weshalb wird ein Handwerksbetrieb eine Schwenkbiegemaschine einer Abkantpresse vorziehen?

15 Welche Eigenschaften muss Tiefziehblech haben?

16 Was bewirkt der Niederhalter beim Tiefziehen?

10.5.5 Runden

Merke

Durch Runden erhalten Bleche eine durchgehende gleichmäßige Krümmung. Sie werden dabei längs einer geraden Linie mit großem Radius gebogen.

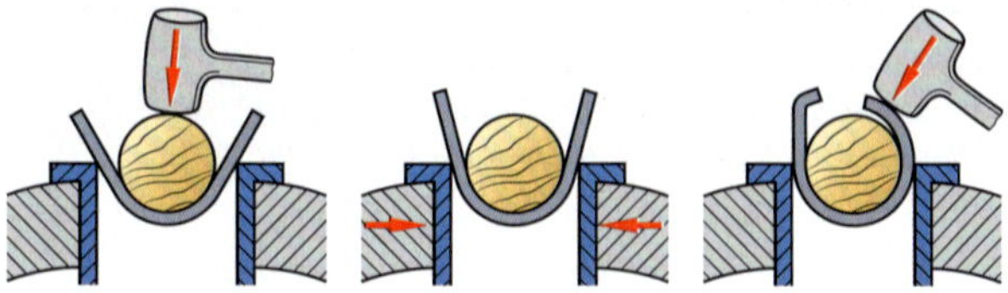

1 **Runden mit dem Hammer im Schraubstock**

Durch Runden hergestellt werden zylindrische oder kegelige Rohre und Behälter aus Blech. Die noch offenen Kanten werden danach durch Falzen, Schweißen oder Löten geschlossen.

Runden von Hand kann man kleinere Rohre mit geringem Durchmesser im Schraubstock (Bild 1). Kleine dünne Blechteile können auch mit den Händen über dem **Sperrhaken** oder einer **Rohrstange** gerundet werden (Bild 2).

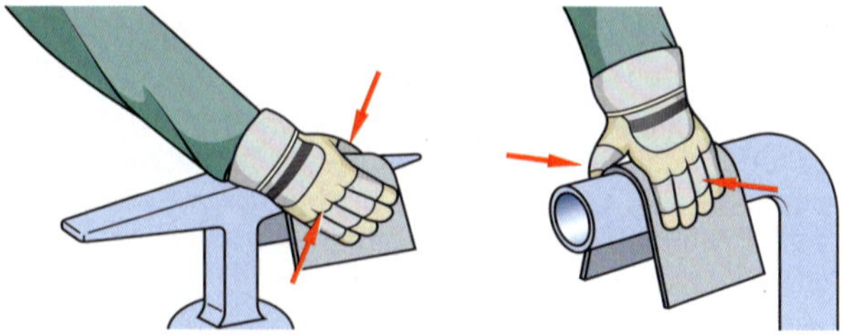

2 **Runden dünner Bleche über Sperrhaken und Rohrstange**

Walzbiegen auf der **Rundmaschine** ist das am meisten verbreitete handwerkliche Verfahren (Bilder 3 und 4). Die feste **Unterwalze** ① und die verstellbare **Oberwalze** ② transportieren das Blech. Die schwenkbare **Biegewalze** ③ ist auf den gewünschten Radius einstellbar und führt die Biegung aus.

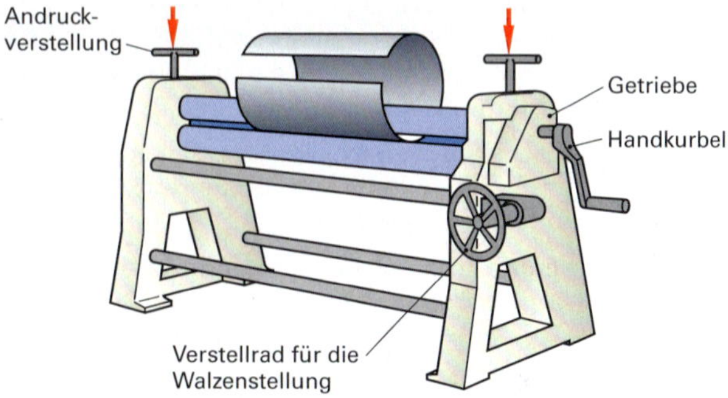

3 **Dreiwalzen-Rundmaschine mit Handantrieb**

Rundbiegen ist auch auf der Schwenkbiegemaschine mit besonders dafür gestalteten Biegewangen möglich.

Gesenkbiegen von Rohren aus Blech kann mit speziellen Werkzeugen auf der **Abkantpresse** erfolgen (Bild 5, Seite 211).

Zur Produktion großer Stückzahlen bestimmt ist eine Kombination von Rundmaschine und Abkantpresse, die **Rollenpresse**. Hier sind beliebige Durchmesser erzielbar und auch dicke Bleche zu verarbeiten (Bild 5).

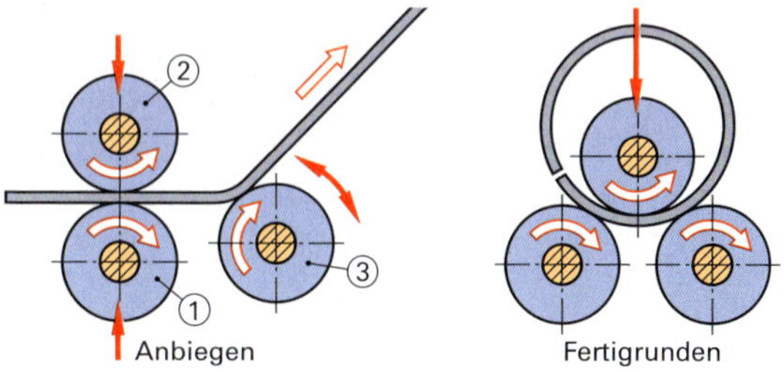

4 **Wirkungsweise der Rundmaschine**

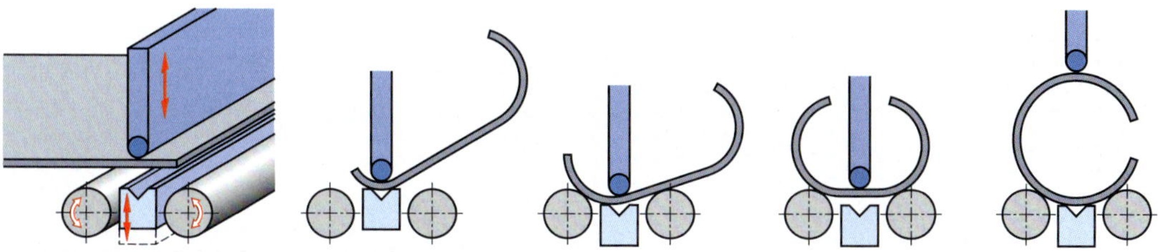

5 **Biegen von Rohren auf der Abkantpresse mit Rollenführung**

10.5.6 Schweifen

Merke

Beim Schweifen werden bestimmte Teile des Werkstücks durch gezieltes **Strecken** verlängert.

Ziel des Schweifens ist es in der Regel, einen geraden Blechstreifen oder ein Flachzeug bogenförmig umzuformen. Die Dicke des Werkstücks nimmt zum Außenrand der Krümmung hin ab (Bild 2). Angewendet wird das Schweifen

- zum Runden von Blechprofilen, die beim Biegen einreißen würden (Bild 1),
- zur Herstellung von Außenrändern an zylindrischen Blechbehältern oder Rohren, für Blechflansche, zur Vorbereitung von Mantelfalzen oder Drahteinlagen und Ähnlichem (Bild 3),
- zum Aufweiten von Rohren (Bild 5).

Beim **Schweifen von Hand** wird mit dem **Schweifhammer** gearbeitet. Mit gleichmäßigen, dicht nebeneinanderliegenden Schlägen wird am Außenrand begonnen. Auf allmähliches Strecken des Materials und stufenloses Herumholen des Randes ist zu achten, damit außen keine Risse und innen keine Einschnürungen auftreten (Bilder 1 und 2).

Als **Maschine zum Schweifen** kann die **Sickenmaschine** (Seite 218, Bild 1) mit besonderen Schweifwalzen verwendet werden.

Kraftformmaschinen (Bild 4) wie der **Handformer** (Bild 1) besitzen besondere Schweifwerkzeuge. Kraftformmaschinen werden hydraulich oder von Handkraft betrieben.

Bei diesen Umformmaschinen wird das Blech zwischen einer beweglichen Schlagbacke und einer festen Unterbacke durch eine schlagartig aufgebrachte Druckkraft ein wenig gestreckt. Die Aneinanderreihung dieser Streckungen beim gleichmäßigen Weiterbewegen des Werkstücks bildet den Schweifvorgang (Bilder 1 und 4).

Starke Schweifungen führen zu hohen Spannungen infolge Kaltverfestigung des Werkstoffs. Deshalb empfiehlt sich nach dem Schweifen ein Spannungsarmglühen (Seite 79).

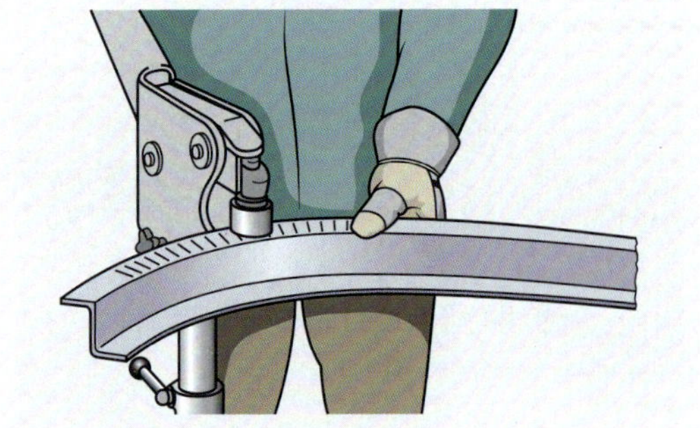

1 **Schweifen mit dem Handformer**

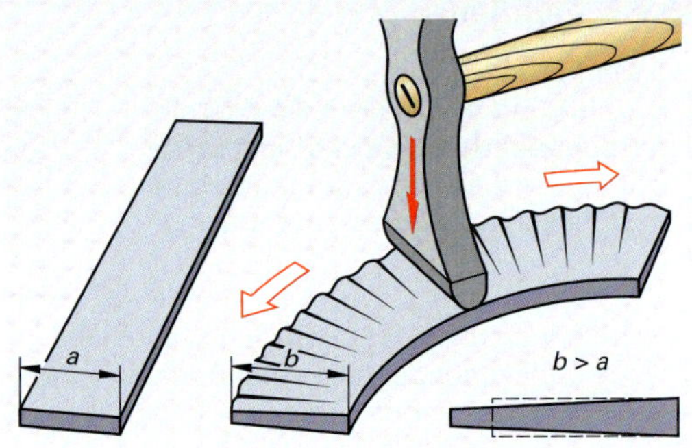

2 **Prinzip des Schweifens eines Blechstreifens**

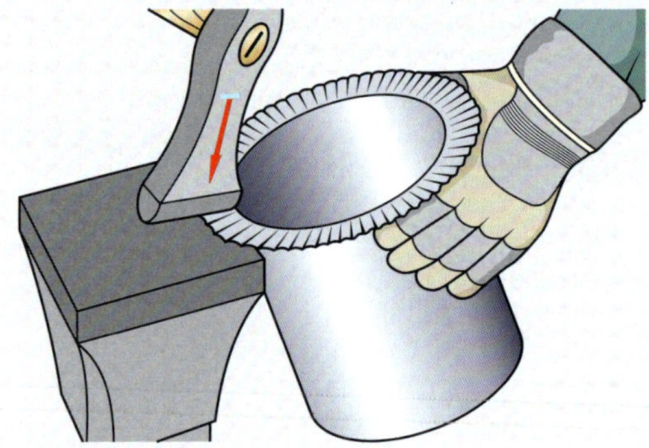

3 **Herstellung eines Rohrflansches von Hand mit Schweifhammer am Polierstock**

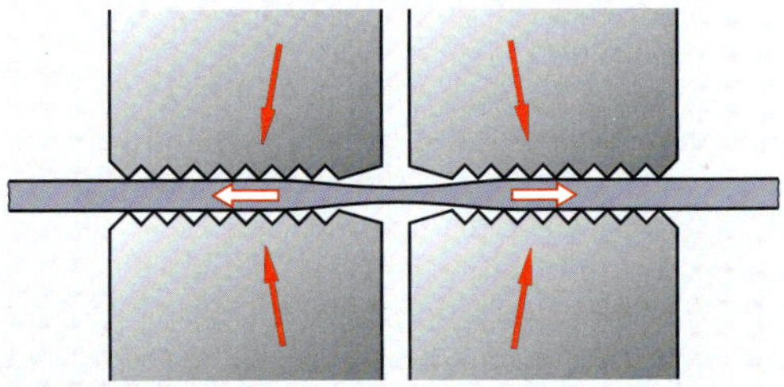

4 **Wirkung der Backen einer Kraftformmaschine beim Schweifen**

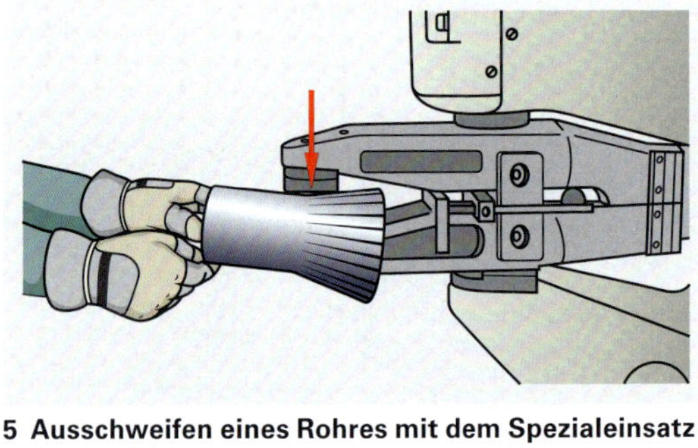

5 **Ausschweifen eines Rohres mit dem Spezialeinsatz des Kraftformers**

10.5.7 Einziehen

Merke

Beim Einziehen werden bestimmte Teile des Werkstücks durch gezieltes **Stauchen** des Werkstoffs verkürzt.

Einziehen ist also das Gegenteil von Schweifen (Seite 214, Bild 1). Angewendet wird das Einziehen

- zum Runden von Blechprofilen, manchmal zusammen mit dem Schweifen;
- beim Bördeln (Innenbördel, Bild 1);
- zum Einziehen von Rohrdurchmessern (allmähliches Verengen des Querschnitts).

Beim **Einziehen von Hand** werden mit dem **Faltenzieher,** der **Rundzange** oder dem **Sickenhammer** (Seite 218, Bild 3) zuerst Falten gelegt, die dann gestaucht werden.

Für die **Sickenmaschine** (Seite 218, Bild 1) gibt es zum Faltenlegen Riffelwalzen.

Handformer oder **Kraftformmaschinen** haben zwei Backenpaare, die durch Druck das Blech stauchen (Bilder 3 und 4).

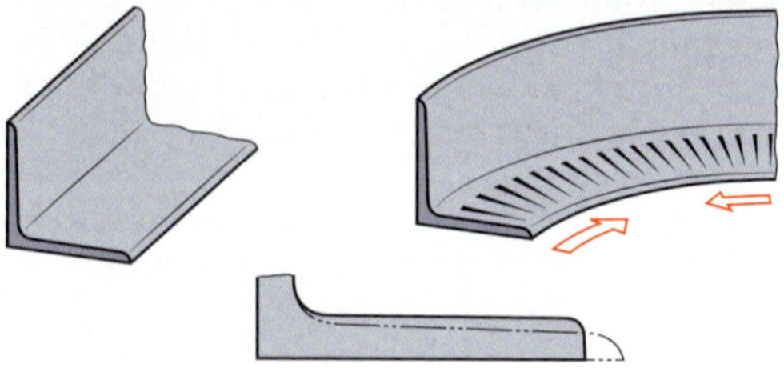
2 Prinzip des Einziehens

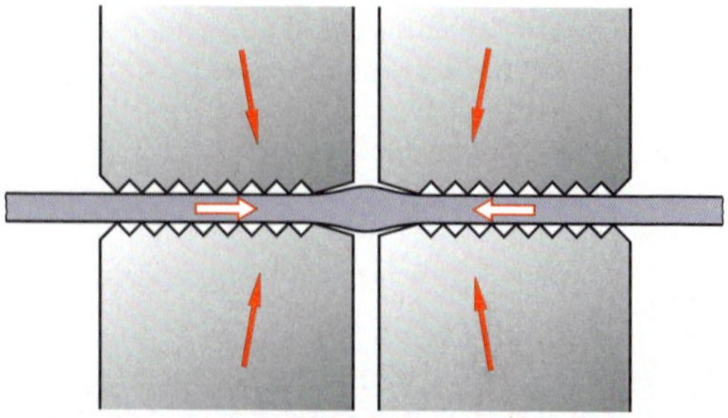
3 Stauchwirkung des Kraftformers beim Einziehen

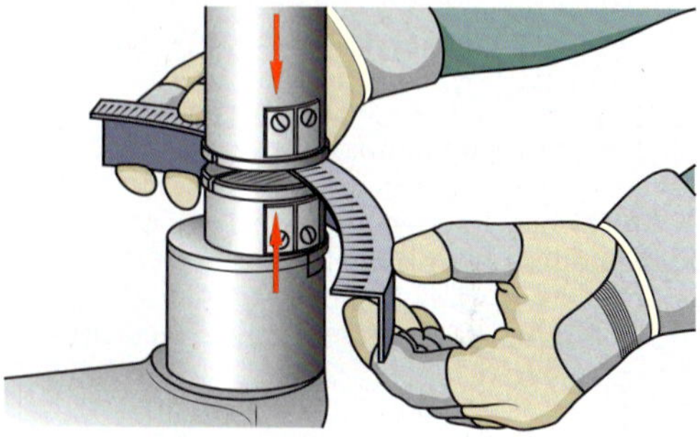
4 Biegen eines Blechprofils durch Einziehen

10.5.8 Bördeln

Merke

Bördeln ist das Aufrichten schmaler Ränder an Blechteilen zur Herstellung von Böden.

Zum Bördeln werden je nach der gewünschten Form die Verfahren **Schweifen** (Strecken des Werkstoffs), **Einziehen** oder **Abkanten** benutzt (Bild 5).

Handwerkliches Bördeln erfordert große Geschicklichkeit. Das Blech wird durch die Verformung hart. Es besteht die Gefahr des Verziehens. Der Rand wird deshalb schrittweise in die Senkrechte gebracht. Die Rundung bestimmt die Wahl des entsprechend gekrümmten **Bördeleisens** (Bild 1) oder des Polierstocks (Bild 3, Seite 214). Als Schlagwerkzeuge dienen Schweif-, Sicken-, Holz- oder Gummihämmer.

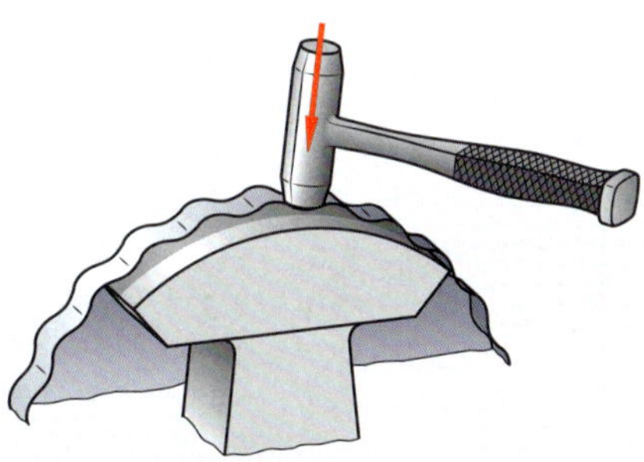
1 Arbeit mit dem Bördeleisen

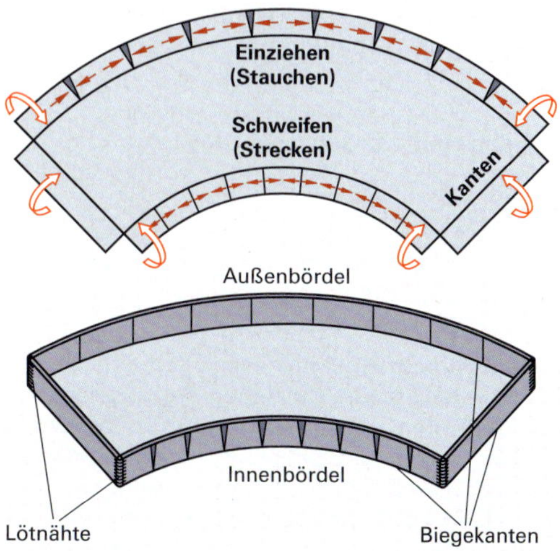

5 Herstellen eines Behälterbodens durch Bördeln

Außenbördel lassen sich gut auf der **Sickenmaschine** (Seite 218, Bild 1) herstellen. Das Blech wird durch die Bördelwalzen gedreht und dabei allmählich angehoben (Bild 1).

Kraftformmaschinen oder **Handformer** können ebenfalls mit besonderen Werkzeugen zum Bördeln versehen werden (Bild 2).

Für die Massenfertigung kann mithilfe von Bördelwerkzeugen auf **Universal-Blechbearbeitungsmaschinen** fest eingespanntes Blech bearbeitet werden. Diese Maschinen sind auch als Beschneide- und Umformmaschinen bekannt.

Behälterböden, die ihrer Größe wegen nicht durch Tiefziehpressen geformt werden können, werden auf besonderen Bördelmaschinen oder auf Kraftformmaschinen mit Spezialeinsätzen hergestellt.

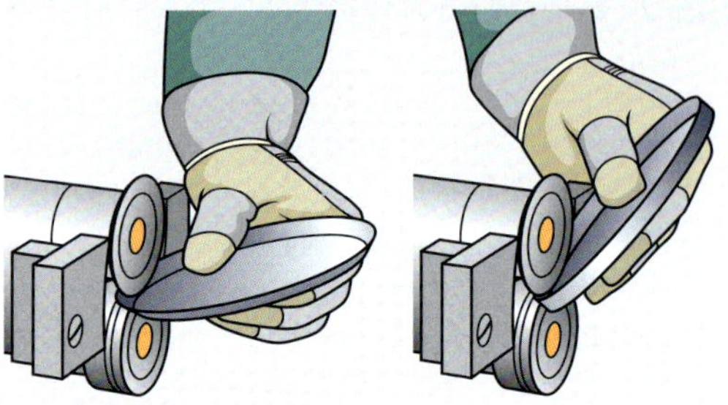

1 **Bördeln auf der Sickenmaschine**

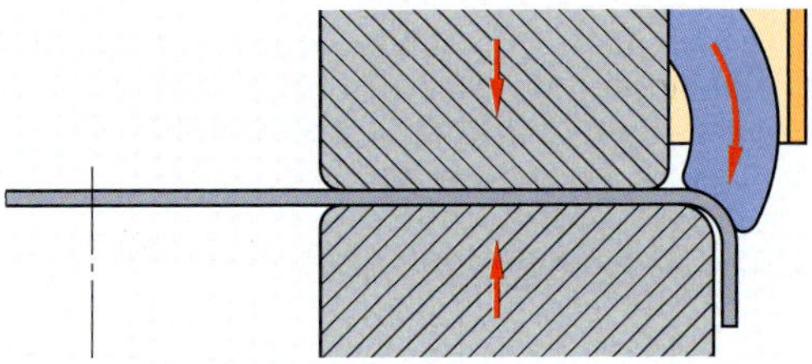

2 **Bördelvorrichtung der Kraftformmaschine**

10.5.9 Falzen

Werkstücke aus dünnem Blech wie Behälter, Rohre, Lüftungskanäle, Dachanschlüsse und Rahmen können durch Falze verbunden werden. Falzen gehört zu den Fügeverfahren. Die Falze selbst werden durch Biegen hergestellt (Bild 3).

Merke

Falzen dient der Verbindung zweier Blechstücke. Es erfolgt in den vier Arbeitsgängen **Umschlagen – Einhaken – Zusammendrücken – Durchsetzen.**

Falzverbindungen versteifen die Konstruktion und können wasserdicht gemacht werden. Beim Falzen wird der Oberflächenschutz des Blechs nicht beschädigt. Deshalb ist Falzen neben Löten die wichtigste Verbindungstechnik für dünne Bleche.

Die **Falzarten** werden nach der Lage, den Umschlägen oder der Verwendung unterschieden (Bild 4).

Die **Herstellung der Falze** kann von Hand mit Hämmern und Falzmeißel erfolgen.

Falzmaschinen: Abkantpressen oder Sickenmaschinen sind für die einzelnen Falzarbeiten einsetzbar. Sollen runde Kanten durch Falzen verbunden werden, müssen sie vorher gebördelt oder geschweift werden. Zur großtechnischen Herstellung gefalzter Bauteile (z. B. Lüftungskanäle) gibt es Maschinen, die den gesamten Falzvorgang kontinuierlich vollziehen.

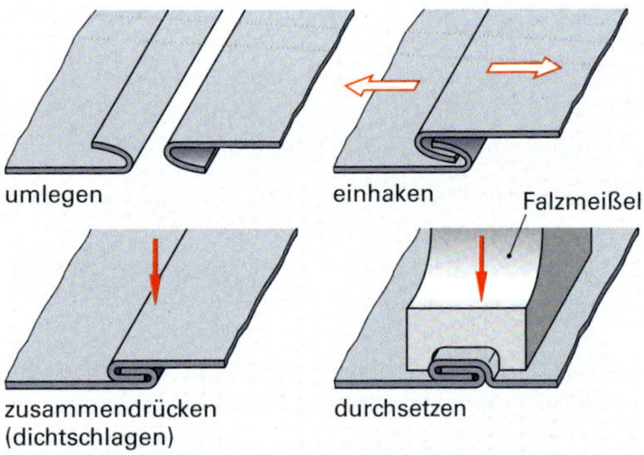

3 **Herstellen eines einfachen Liegefalzes**

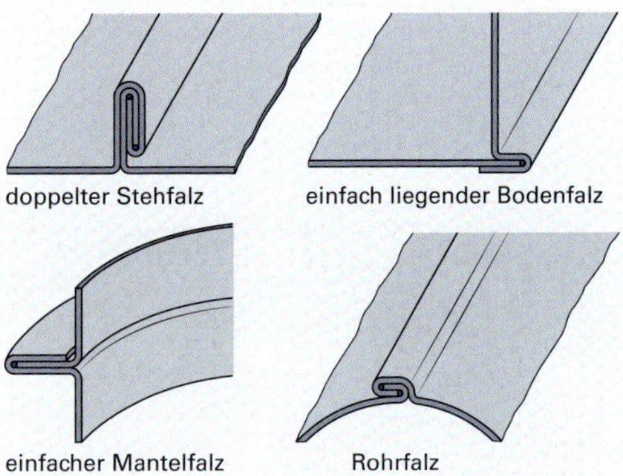

4 **Falzarten**

10.5.10 Blechversteifungen

Randversteifungen an Blechteilen sollen

- die Biegesteifigkeit vergrößern,
- als Tropfkanten oder Verzierungen dienen,
- scharfe Blechränder vermeiden.

Umschläge

Am einfachsten lassen sich Umschläge herstellen. Sie erhöhen die Steifigkeit nur geringfügig (Bild 1). Sie sollen deshalb nur mit ihrem Schnittrand am Blech anliegen. So entsteht ein **Hohlraum.**

Von Hand können Umschläge an der scharfen Kante einer Biegebeilage mit dem Hammer gefertigt werden. Bei Rundungen muss vorher geschweift werden.

Für das häufige Herstellen von Umschlägen oder größere Arbeiten benutzt man hydraulisch angetriebene Handwerkzeuge, Schwenkbiegemaschinen, Abkantpressen oder Sickenmaschinen mit Zusatzwalzen.

Drahteinlegen

Merke

Beim Drahteinlegen wird der Blechrand um einen Draht gebogen.

Bei Ausführung von Hand erfordert diese Arbeit eine gewisse Geschicklichkeit.

An geraden Rändern kann Draht durch Rollbiegen mithilfe eines speziellen Gesenks auf der Abkantpresse eingelegt werden (Bild 4). An gebogenen Rändern ist das Einlegen des Drahts und das Umschlagen in mehreren Arbeitsgängen auf der Sickenmaschine möglich.

Wegen der **Korrosionsgefahr** müssen Draht und Blech aus dem gleichen Werkstoff sein (Seite 88).

Wulste

Merke

Wulste sind runde oder dreikantige Umschläge mit größerem Durchmesser.

Wegen des größeren Durchmessers können sie nur an geraden Rändern angeformt werden. Für die Fertigung gibt es spezielle Wulstmaschinen (Bild 5). Auch auf Schwenkbiegemaschinen lassen sich Wulste herstellen.

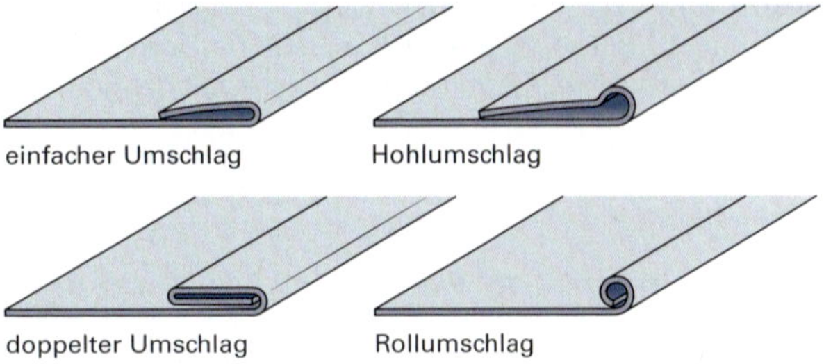

1 Umschläge

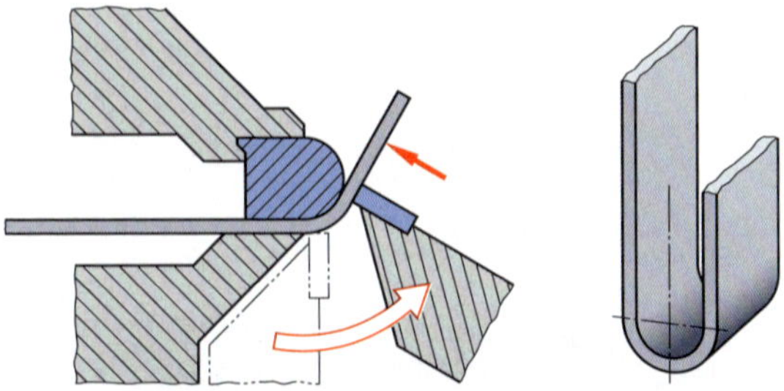

2 Umschlagen auf der Schwenkbiegemaschine

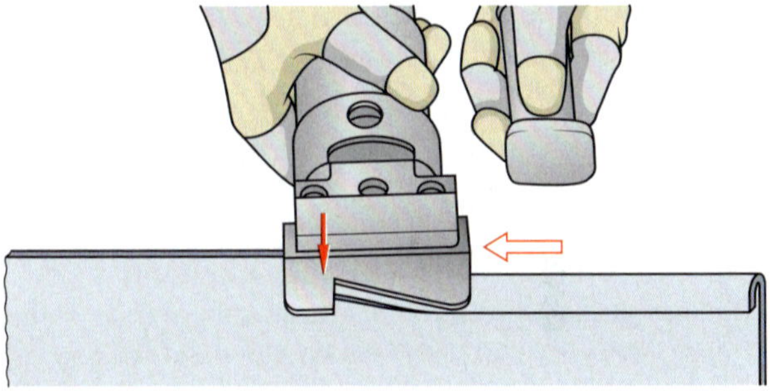

3 Herstellung eines Umschlags mit hydraulischem Handformer

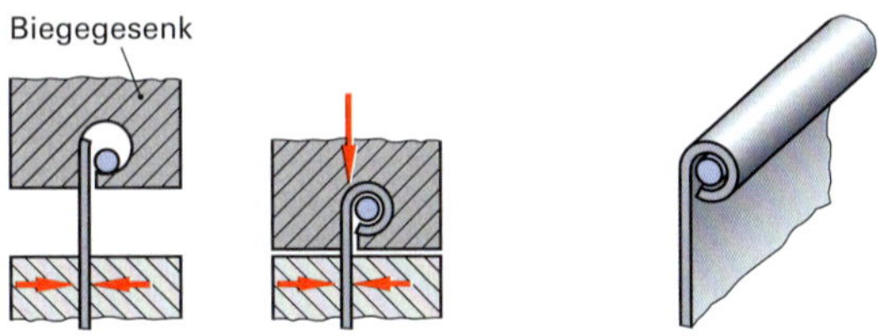

4 Drahteinlegen durch Rollbiegen

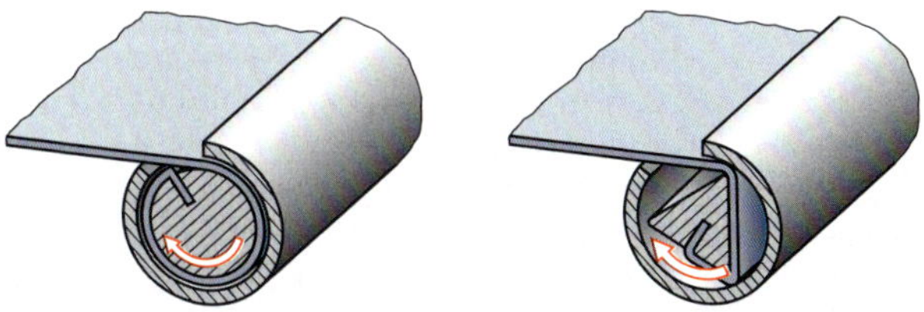

5 Anbiegen von rundem und Dreikantwulst in einer Wulstmaschine

Sicken

Blechwände und -böden biegen sich leicht durch. Das geringe **Widerstandsmoment** dünner Bleche kann man erhöhen, indem Stege (Sicken) eingezogen werden. Ein Beispiel ist das Wellblech (Bild 2).

Merke

Beim **Sicken** erhalten Bleche rinnenartige Vertiefungen. Der Werkstoff wird durch die Kaltverformung härter und fester. Durch die Sicken erfolgt eine Versteifung des Werkstücks.

Sicken von Hand ist mit dem Sickenhammer auf dem Sickenstock möglich (Bild 3).

Sickenmaschinen sind durch ihre auswechselbaren Walzen neben dem Sicken auch zum Schweifen, Bördeln, Drahteinlegen und Vorbereiten des Falzens verwendbar. Sickenmaschinen werden elektrisch oder von Hand betrieben (Bild 1).

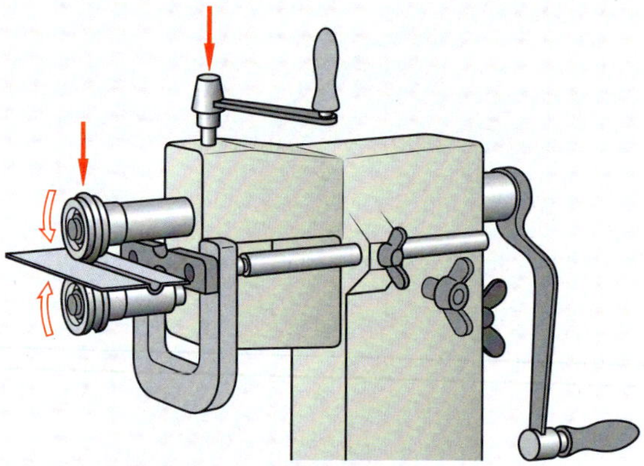

1 Sickenmaschine mit Sickenwalzen

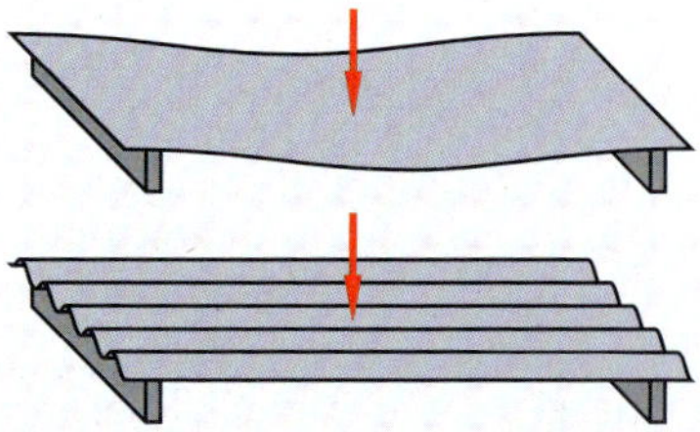

2 Versteifung einer Blechabdeckung durch Sicken

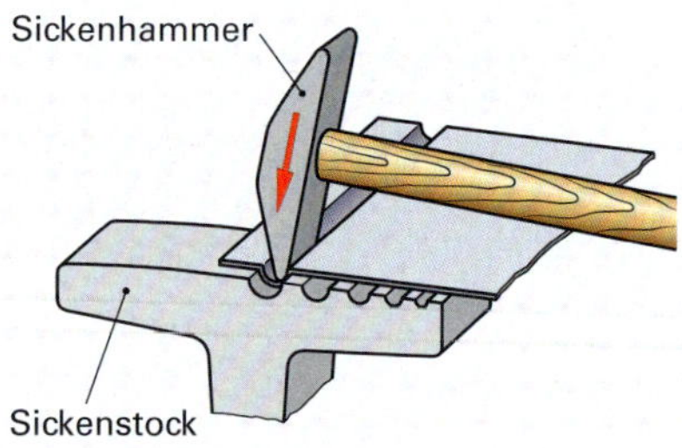

3 Arbeit am Sickenstock

Schutz vor Unfällen bei der Blechbearbeitung

- **Sicherheitseinrichtungen** schützen den Menschen davor, mit den Händen oder anderen Körperteilen zwischen Gesenke und Stempel, in Walzen oder Rollen zu geraten. Dazu gehören:
- Abdeckung aller gefährlichen Maschinenteile;
- Zweihandeinschaltung mit Hebeln oder Druckschaltern,
- Lichtschranken, die bei Unterbrechung eines Lichtstrahls die Maschine sofort ausschalten.
- **Schutzeinrichtungen** an Maschinen verhindern Überlastung und Beschädigungen.
- Beim Transport und Entladen von Blechtafeln Schutzhandschuhe tragen.
- Wenn bei der Blechbearbeitung handwerklich gearbeitet wird, vorher Blechkanten entgraten.
- Bei den meisten Blecharbeiten treten große Kräfte auf, deshalb für sichere Einspannung sorgen.
- Bei Werkstückzuführung mit beiden Händen sollte immer ein Fußschalter vorhanden sein.
- Während der Betriebsbereitschaft dürfen keine Schutzeinrichtungen entfernt werden.

Überprüfen Sie Ihre Kenntnisse

1. Welchen Zweck erfüllen Randversteifungen bei Blechen und Behältern?
2. Nennen Sie drei verschiedene Arten der Randversteifung.
3. Welcher Hauptgruppe der Fertigungsverfahren wird das Falzen, welcher die Herstellung der Umschläge zugeordnet?
4. Weshalb werden beschichtete Bleche vorzugsweise durch Falzen verbunden?
5. Welchen Zweck haben Sicken an Blechfässern?
6. Nennen Sie die Anwendungsmöglickeiten der Sickenmaschine bei der handwerklichen Blechbearbeitung.
7. Vergleichen Sie durch Runden hergestellte Rohre mit nahtlos gewalzten.
8. Unterscheiden Sie Schweifen und Einziehen.
9. Vergleichen Sie Bördeln und Tiefziehen.
10. Warum darf die Bördelkante nicht mit der Reißnadel angezeichnet werden?

10.6 Projektaufgaben Computergehäuse

Vorstellung des Projekts

Ein Kunde wünscht durch Case-Modding eine optische Aufwertung seines Computers. Von besonderer Bedeutung ist dabei die Gestaltung der Seitenwand. Diese soll komplett neu hergestellt werden (Bild 1).

Der Kunde hat konkrete Vorstellungen. Das Gehäuse soll aus Edelstahl gefertigt werden. Um einen Einblick in das Innere des Computers zu ermöglichen, muss die Seitenwand (Bild 2) durchbrochen und mit einer Plexiglasscheibe wieder geschlossen werden. Die Scheibe soll mithilfe eines Rahmens (Bild 3) montiert werden.

Es wird die Herstellung der Seitenwand und der Rahmenteile gewünscht.

1 Neu gestalteter Computer

Aufgaben

1. Die Rahmenteile (Bild 3) werden mit einer Bügelsäge von Hand ausgesägt. Bei der Auswahl des Sägeblatts muss die Zahnteilung auf den Werkstoff abgestimmt werden.

   Wählen Sie eine geeignete Zahnteilung, wenn die Rahmenteile aus X5CrNi18-10 gefertigt werden.

2. Erklären Sie, warum Sie beim Handsägen am Ende des Schnittes den Druck verringern müssen.

3. Durch das Sägen ist ein Grat entstanden, der durch Feilen entfernt werden muss. Dabei ist erwünscht, dass die Oberfläche möglichst fein wird.

   Wählen Sie eine geeignete Feile hinsichtlich der Querschnittsform und legen Sie die Hiebteilung fest.

4. Die Zahnform einer Feile wird durch den zu feilenden Werkstoff bestimmt.

   Skizzieren Sie den Zahn einer Feile, tragen Sie die Winkel ein und bestimmen Sie deren Größe. Berücksichtigen Sie dabei den Werkstoff (Aufgabe 1).

5. Die Rahmenteile sollen mit der Seitenwand und der Plexiglasscheibe verschraubt werden. Die Schraubenlöcher haben einen Durchmesser von 4 mm. Diese Löcher sollen in einer Ständerbohrmaschine gebohrt werden.

   Wählen Sie zum Bohren der Rahmenteile einen geeigneten Bohrer und geben Sie Bohrertyp, Bohrerwerkstoff, Bohrerdurchmesser, Seitenspan- und Spitzenwinkel an.

6. Die Schnittgeschwindigkeit und der Vorschub sind vom zu bohrenden Werkstoff abhängig.

   Bestimmen Sie die zulässige Schnittgeschwindigkeit und den Vorschub.

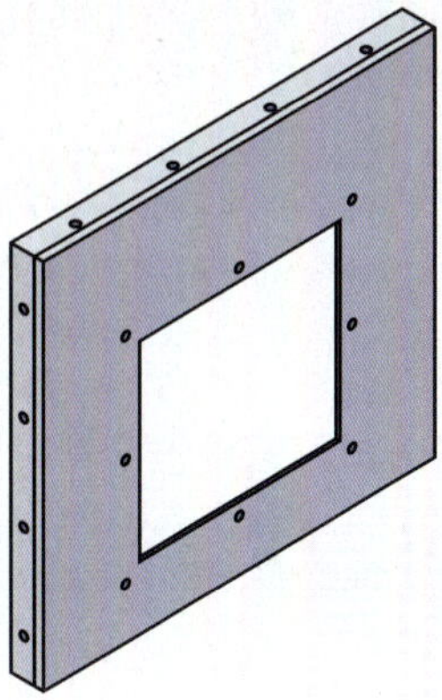

2 Seitenwand

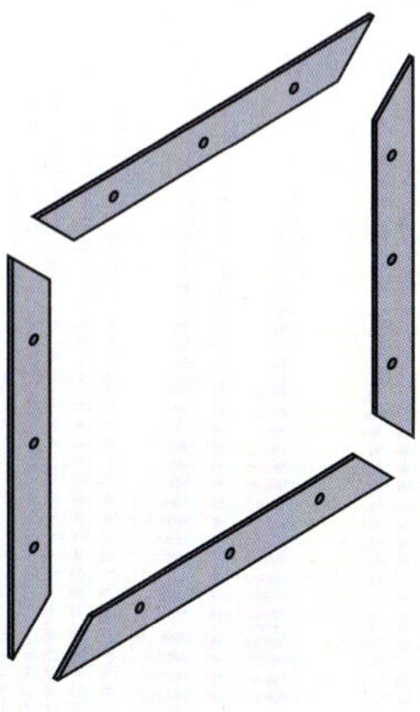

3 Rahmenteile

Aufgaben

8. Um die Drehfrequenz zu bestimmen, benötigen Sie zwei verschiedene Angaben.
   Nennen Sie diese.
9. Berechnen Sie die maximale Drehfrequenz.
10. Erklären Sie, warum Sie beim Bohren keine Arbeitshandschuhe tragen sollten.
11. Die Seitenwand (Bild 1) muss nach der Fertigung in den bestehenden Computer eingebaut werden. Um die Seitenwand mit dem Rest des Computergehäuses zu verbinden, soll diese an drei Seiten abgekantet und vorgebohrt werden.
    Bestimmen Sie den Mindestbiegeradius, wenn die Blechdicke 1,5 mm beträgt und die Seitenwand aus dem gleichen Werkstoff wie die Rahmenteile gefertigt werden soll.
12. Bevor die Seitenwand abgekantet werden kann, muss die „Gestreckte Länge" berechnet und die Blechabwicklung (Bild 2) angerissen werden.
    Berechnen Sie die „Gestreckte Länge".
13. Die Formel für die „Gestreckte Länge" beinhaltet einen Biegeausgleichswert.
    Von welchen Größen ist dieser Wert abhängig?
14. Zeichnen Sie die Abwicklung (Bild 2) im Maßstab M 1:2 und ergänzen Sie die beiden fehlenden Maße für die „Gestreckte Länge".
15. Wählen Sie eine geeignete Biegevorrichtung und legen Sie die Reihenfolge der drei Abkantungen fest (Bild 2).
16. Der Biegewinkel beträgt 90°. Beim Abkanten des Bleches müssen Sie jedoch den geforderten Winkel „überbiegen".
    Erklären Sie, warum dies notwendig ist. Wie bestimmen Sie in der Werkstatt, wie weit Sie den Werkstoff „überbiegen" müssen?
17. Die vierte Kante der Seitenwand soll mit einer Randversteifung versehen werden (Bild 3).
    Entnehmen Sie der Zeichnung, für welche Art von Randversteifung sich der Kunde entschieden hat.
18. Beschreiben Sie die Arbeitsschritte und die Werkzeuge, die zur Herstellung der Randversteifung notwendig sind.
19. Beim Umgang mit scharfkantigen Blechteilen kommt es immer wieder zu Unfällen.
    Nennen Sie eine Unfallursache und erklären Sie eine Schutzmaßnahme.

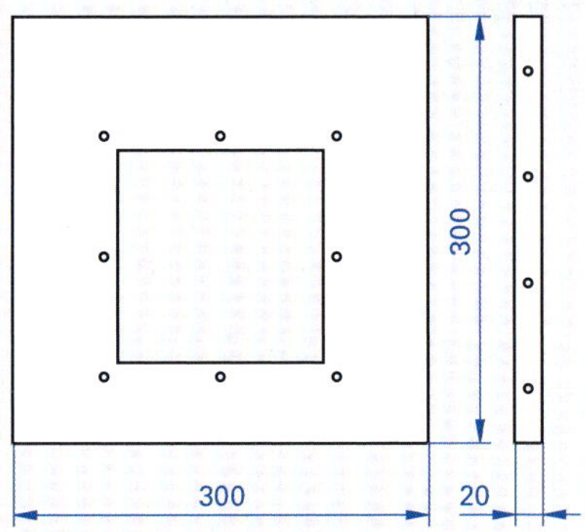

1 Seitenwand bemaßt – nicht maßstäblich

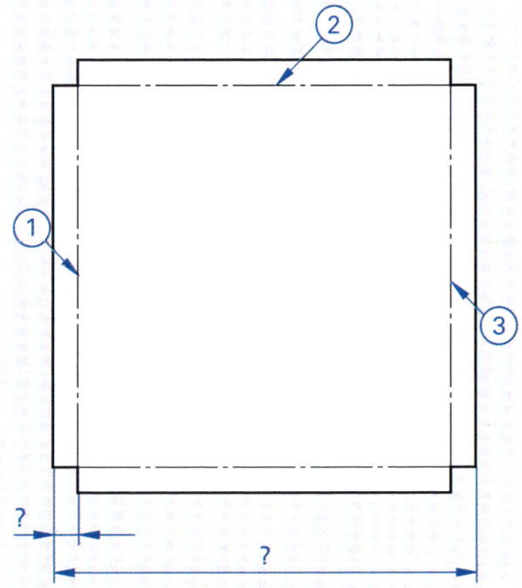

2 Blechabwicklung

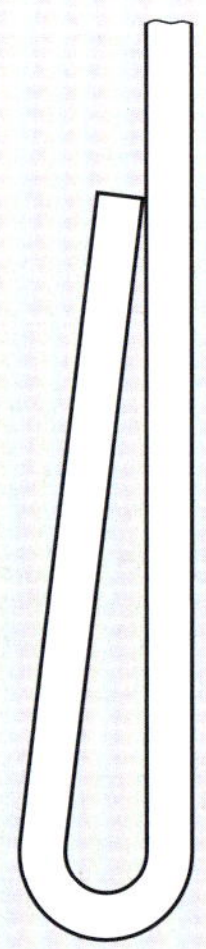

3 Randversteifung

10.7 Projektaufgaben Kardangelenk

Vorstellung des Projekts

Hersteller von besonders robusten Mopeds und Motorrädern verzichten häufig auf einen klassischen Kettenantrieb. Die Kraftübertragung erfolgt bei diesen Krafträdern über eine Kardanwelle. Ein Vorteil dieser Welle ist das ruhige Laufverhalten. Dazu ist sie wartungsfrei und unempfindlich gegenüber Wasser und Schmutz (Bild 1).

Eine Kardanwelle ist eine Gelenkwelle. Die Kardangelenke ermöglichen auch bei geknickter Welle, wie beim Einfedern des Hinterrades, eine optimale Kraftübertragung (Bild 2).

Allerdings kann bei sehr starker Beanspruchung auch eine Kardanwelle verschleißen. Das Kardangelenk (Bild 3) eines alten Mopeds ist gebrochen und muss ausgetauscht werden. Die folgenden Aufgaben beziehen sich auf die Fertigung des Gelenkjochs (Bild 4).

1 Motorrad mit Kardanwelle

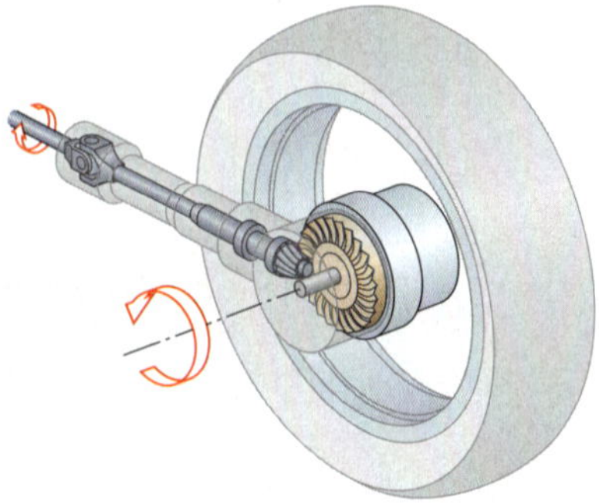

2 Prinzip Kardanwelle

3 Kardangelenk

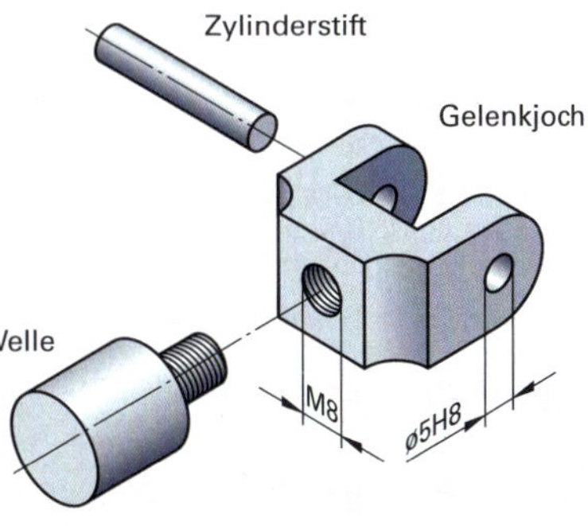

4 Bauteile des Kardangelenks

Aufgaben

1. Die Gelenkjoche werden mit Zylinderstiften passgenau verbunden (Spielpassung). Die Bohrung hat das Maß ø 5 H8 (Bild 4).

   Bestimmen Sie das Mindest- und das Höchstmaß der Bohrung.

2. Die geforderte Maßgenauigkeit kann durch Bohren allein nicht erreicht werden. Die vorhandenen Bohrungen müssen durch Reiben feinbearbeitet werden.

   Wählen Sie einen geeigneten Reibahlentyp und bestimmen Sie den Durchmesser.

3. Damit die geforderte Maßgenauigkeit erreicht werden kann, müssen die Schnittgeschwindigkeit und der Vorschub niedrig sein.

   Bestimmen Sie die Schnittgeschwindigkeit v_c und den Vorschub *f*.

4. Berechnen Sie die einzustellende Drehzahl *n*.

5. Nennen Sie drei Maßnahmen zur Unfallverhütung beim Reiben.

6. Die Verbindung der Gelenkjoche mit den Wellen erfolgt lösbar durch Verschrauben. Für diese Verbindung soll von Hand ein Innengewinde M8 in das Joch geschnitten werden (Bild 4).

   Bestimmen Sie den Durchmesser des Kernlochbohrers.

7. Gewinde unterscheiden sich durch verschiedene Merkmale.

   Geben Sie für das Gewinde das Gewindeprofil, die Steigung, die Gangzahl und die Gangrichtung an.

Aufgaben

20. Bevor das Gewinde geschnitten wird, soll das Kernloch gesenkt werden.

    Begründen Sie, warum es gesenkt werden muss und wählen Sie einen geeigneten Senker aus.

21. Nennen Sie zwei Maßnahmen, durch die sich die Schwergängigkeit des Gewindebohrers reduzieren lässt.

22. Erklären Sie, wie ein fertig geschnittenes Gewinde geprüft wird.

23. Das Gewinde soll mit einem Satzgewindebohrer geschnitten werden.

    Erstellen Sie einen Arbeitsplan vom Anreißen des Kernlochs bis zum Prüfen des Gewindes. Geben Sie die Arbeitsschritte und die verwendeten Maschinen bzw. Werkzeuge an.

24. Bild 1 stellt das Gelenkjoch in der Ansicht von vorn und im Schnitt A-A dar.

    Ergänzen Sie die Ansicht von links.

25. Bemaßen Sie die Ansicht von links normgerecht (alle Maße, die möglich sind).

26. Das Gelenkjoch wird aus sogenannten Rohlingen gefertigt (Bild 2).

    Berechnen Sie das Volumen eines solchen Rohlings.

27. Berechnen Sie die Masse eines Rohlings, wenn dieser aus Stahl besteht.

28. Für die Herstellung des Gelenkjochs sollen die Selbstkosten berechnet werden. Das Material der Rohlinge kostet 1,10 €/kg. Der Zuschlag für die Materialgemeinkosten beträgt 55 %.
    Berechnen Sie die Material- und die Materialgemeinkosten (*MK/MGK*).

29. Für die Fertigung des Gelenkjochs werden 75 Minuten benötigt. Die Lohnkosten betragen 45,00 €/h. Der Zuschlag für die Fertigungsgemeinkosten beträgt 75 %.

    Berechnen Sie die Fertigungs- und Fertigungsgemeinkosten (*FK/FGK*).

30. Berechnen Sie die Herstellungskosten (*HK*).

31. Der Zuschlag für Verwaltungskosten beträgt 85 %. Berechnen Sie die Verwaltungskosten (*VK*).

32. Berechnen Sie die Selbstkosten (*SK*), bewerten Sie diese und nennen Sie Möglichkeiten, wie die Kosten gesenkt werden können.

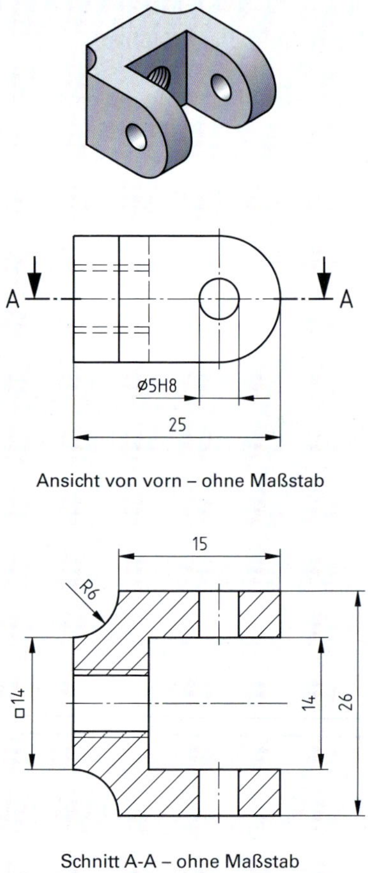

1 Darstellung Gelenkjoch

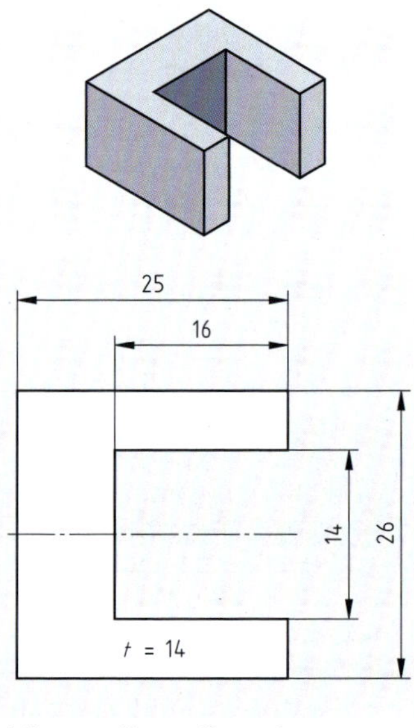

2 Rohling zur Herstellung des Gelenkjochs

Lernfeld 2: Fertigen von Bauelementen mit Maschinen

11 Maschinen, Anlagen und Geräte

11.1 Systemtechnische Grundlagen

Im Verlaufe des Berufslebens und in der Freizeit müssen wir alle mit einer großen Anzahl von Maschinen und technischen Geräten umgehen. Dabei sind wir oft auf die Hilfe einer dürftigen Bedienungsanleitung angewiesen. Auch der Metallfacharbeiter in Handwerk und Industrie ist gezwungen, sich auf neue Maschinen, Anlagen und Geräte sowie neue Werkzeuge und Vorrichtungen einzustellen.

Merke

Verallgemeinert gelten Maschinen, Anlagen und Geräte als **„Technische Systeme"**.

Wichtig beim ersten Kennenlernen solcher Technischer Systeme ist es, sich nicht von den verwirrenden Einzelheiten ablenken zu lassen, sondern zuerst die Hauptfunktion des jeweiligen Technischen Systems zu begreifen.

11.1.1 Funktionen Technischer Systeme

Eine **Drehmaschine** (Bild 1) gilt in oben genanntem Sinne als Technisches System. Ihre **Hauptfunktion** ist es, einen Werkstoff, in den meisten Fällen Stahl, zu bearbeiten oder mit anderen Worten **Stoff umzusetzen** bzw. zu verarbeiten. Ein entsprechendes Rohteil wird eingespannt und nach der Bearbeitung als Fertigteil entnommen. Lediglich als **Nebenfunktionen** erscheinen bei einer Werkzeugmaschine die **Energieumsetzung** für den Antrieb und die **Informationsumsetzung** für die genaue Werkstückgeometrie.

Allgemein gesagt, wird einem Technischen System etwas zugeführt. Dort wird es nach bestimmten „Anweisungen" verarbeitet und hinterher in neuer Form ausgegeben.

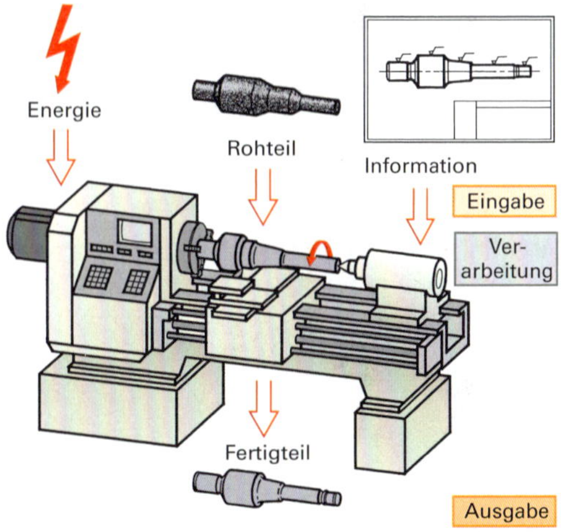

1 Drehmaschine als Technisches System

Merke

Die **Hauptfunktion eines Technischen Systems** ist es, **Energie** oder **Information** oder **Stoff umzusetzen** bzw. zu verarbeiten (Bild 2).

Das Technische System erscheint als **„Schwarzer Kasten"** (engl.: **black box**), dessen innere Abläufe für den Benutzer von geringer Bedeutung sind. Energie, Information und Stoff bezeichnet man als Eingangs- oder Ausgangsgrößen.

Von der eigentlichen Funktion eines Technischen Systems ist die Zielsetzung bzw. der Zweck des Technischen Systems zu unterscheiden. So ist z.B. der Zweck einer Heizungsanlage, die Auskühlung eines Gebäudes oder von einzelnen Räumen zu verhindern. Ihre Funktion ist es, zugeführte Energie in Wärme umzuwandeln und in die zu beheizenden Räume zu transportieren.

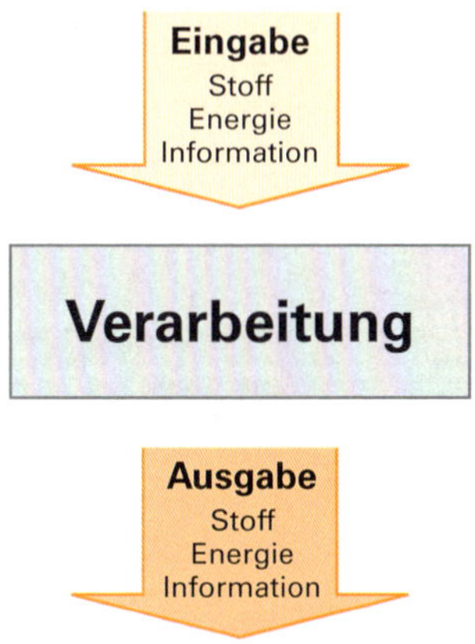

2 Arbeitsprinzip Technischer Systeme

Das Umsetzen bzw. Verarbeiten von Energie, Information und Stoff kann auf unterschiedliche Arten erfolgen. Die folgende Übersicht zeigt einige Beispiele hierfür. Die Beispiele sind in den Längsspalten nach ihren jeweiligen Hauptfunktionen: Stoffumsetzung, Energieumsetzung und Informationsumsetzung geordnet. In den Querspalten sind die Umsetzungsvorgänge noch weiter untergliedert.

Merke

Im Wesentlichen gelten **Umwandeln, Umformen, Transportieren** und **Speichern** von Energie, Information und Stoff als die **wichtigsten Umsetzungsvorgänge**.

Beispiele für Technische Systeme zur Umsetzung von Energie, Information und Stoff

	Stoff	Energie	Information
Umwandeln	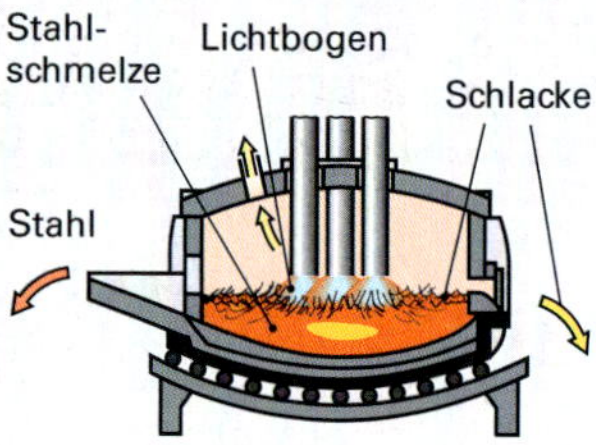 **Edelstahlerzeugung**	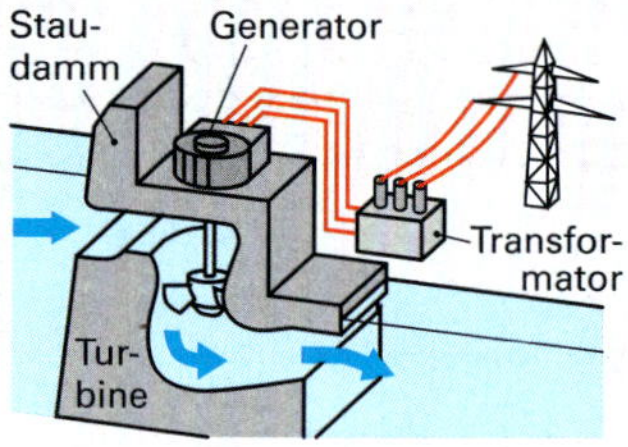 **Wasserkraftwerk**	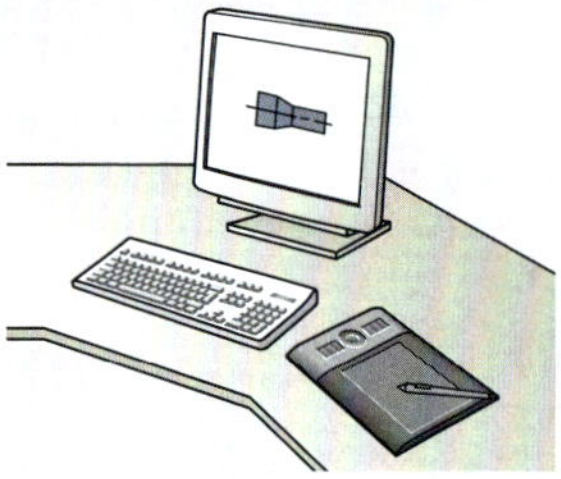 **CAD-Anlage**
Umformen	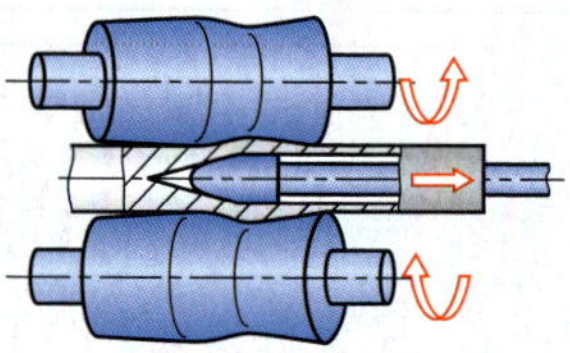 **Rohrwalzen**	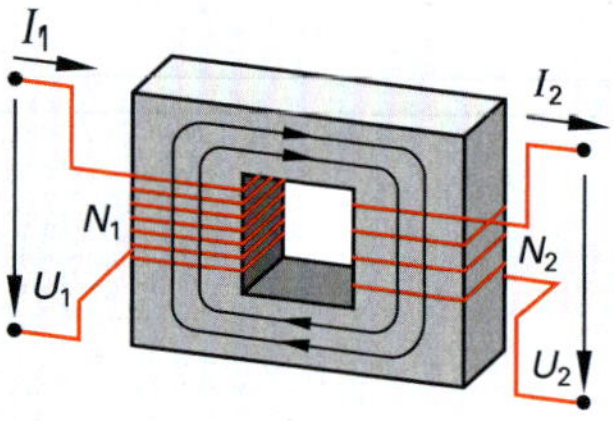 **Prinzip des Transformators**	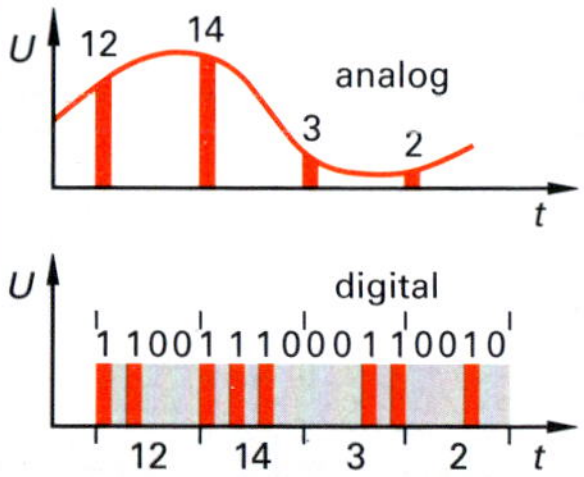 **Signalumformung**
Transportieren	 **Stückgut-Förderanlage**	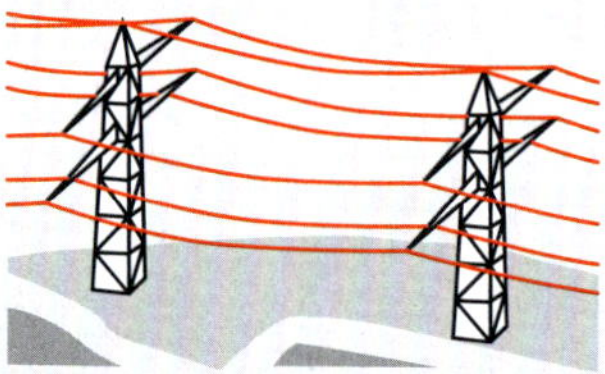 **Hochspannungs-Fernleitung**	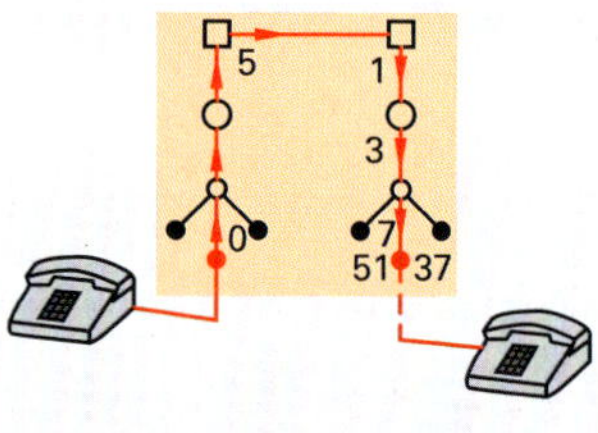 **Schema der Fernvermittlung**
Speichern	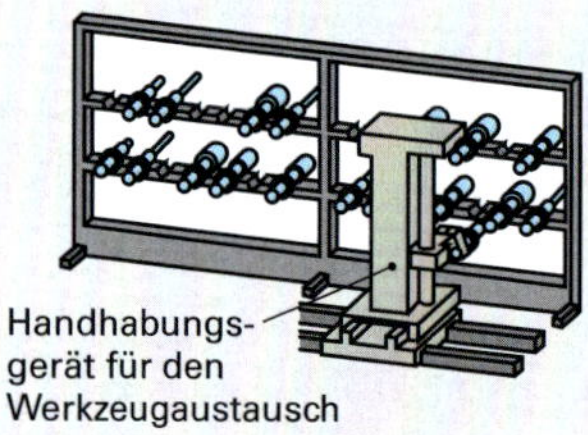 **Werkzeuglager**	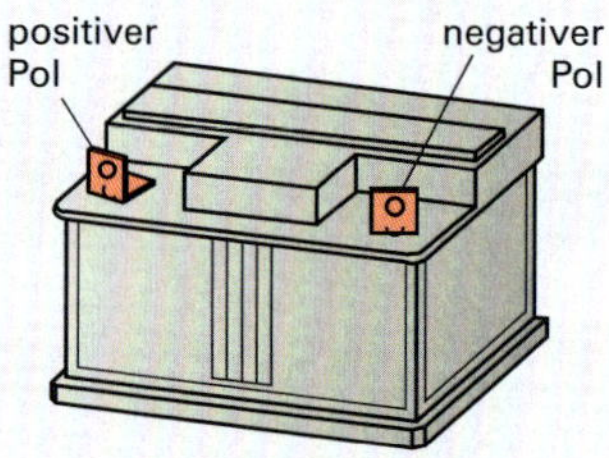 **Blei-Akkumulator**	 **Festplatte**

11.2 Stoffverarbeitung im Technischen System Werkzeugmaschine

Die drei Funktionen Technischer Systeme, Stoff, Energie und Information umzusetzen bzw. zu verarbeiten, lassen sich auch bei der Betrachtung von Werkzeugmaschinen erkennen.

Merke

Die **Hauptfunktion** jeder Werkzeugmaschine ist die Stoffumsetzung.

Aus einem Rohteil wird, z.B. durch Fräsen und Bohren, das Fertigteil. Hierbei wird Werkstoff zerspant bzw. Stoff umgesetzt.

Merke

Als **Nebenfunktionen** erscheinen bei einer Werkzeugmaschine die Umsetzung bzw. **Verarbeitung von Energie und Informationen.**

(Elektrische) Energie muss in eine bestimmte Bewegung des Werkzeugs bzw. des Werkstücks (mechanische Energie) umgesetzt werden, um eine Spanabnahme zu ermöglichen. Informationen, etwa technologischer Art (Werkstoff, Schnittgeschwindigkeit, ...) beziehungsweise über die Bewegungen des Werkzeugs bzw. Werkstücks sind für den Zerspanungsprozess ebenso unerlässlich. Diese werden vom Facharbeiter, zunehmend auch von Steuer- und Regeleinrichtungen (CNC-Technik), an der Maschine „umgesetzt".

Bei einer Werkzeugmaschine bedarf es einer Vielzahl von Funktions- bzw. Baueinheiten, um die genannten Funktionen gewährleisten zu können. Beide Begriffe können für ein und dasselbe Objekt stehen. Beispielsweise ist der Maschinenschraubstock an einer Bohrmaschine eine Baueinheit, weil er ein reales Objekt aus verschiedenen Einzelteilen darstellt. Er ist aber auch Funktionseinheit, weil er die Funktion hat, Werkstücke festzuspannen.

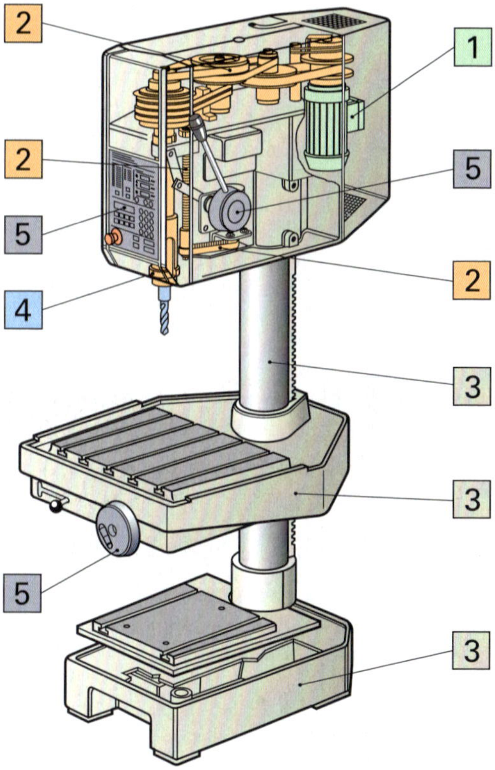

1 Funktions- und Baueinheiten einer Säulenbohrmaschine

Merke

Der Begriff Funktionseinheit lässt also auf eine bestimmte Funktion eines Objektes schließen (gedankliche Verknüpfung), während der Begriff Baueinheit das reale Objekt meint.

Einen ersten Überblick über die Funktions- und Baueinheiten von Werkzeugmaschinen vermitteln das Bild einer Säulenbohrmaschine (Bild 1) und die nachfolgende Übersicht.

Übersicht: Funktions- und Baueinheiten von Werkzeugmaschinen

Antriebe	Bewegungsenergie übertragende und wandelnde Bauteile	Tragende und stützende Bauteile	Halte- und Spannvorrichtungen	Informationsumsetzende Bauteile	Zusatzeinrichtungen
1	2	3	4	5	
Elektromotor	Getriebe; Spindel; Werkzeugschlitten; Support.	Grundplatte; Säule; Bett; Gestell; Ständer.	Kegelschaft; Spannfutter; Dreibackenfutter; Spannzange; Maschinenschraubstock.	CNC-Steuerung; Technologierechner; Vorschubhebel; Tischsteuerung von Hand.	Kühlmitteleinrichtung; Einrichtung zur Späneabfuhr (hier nicht vorhanden).

11.2.1 Antriebe

Die Antriebe der meisten Werkzeugmaschinen arbeiten heute elektrisch. Weiterhin sind die verschiedenen Antriebe meist voneinander getrennt. Am Beispiel der nebenstehend skizzierten CNC-Fräsmaschine ist ersichtlich, dass der Antrieb für die Schnittbewegung und die Antriebe für die Vorschubbewegung mithilfe unabhängiger Antriebsquellen erfolgen (Bild 1).

Bei Werkzeugmaschinen konventioneller Bauart steht für alle Werkzeug-/Werkstückbewegungen nur ein Antriebsmotor zur Verfügung, dessen Energie über verschiedene Getriebe an die jeweilige Wirkstelle geleitet wird.

Unabhängig von der Bauart der jeweiligen Werkzeugmaschine gilt:

Merke

Der **Hauptantrieb** mit dem Hauptgetriebe erzeugt die eigentliche **Schnittbewegung.**

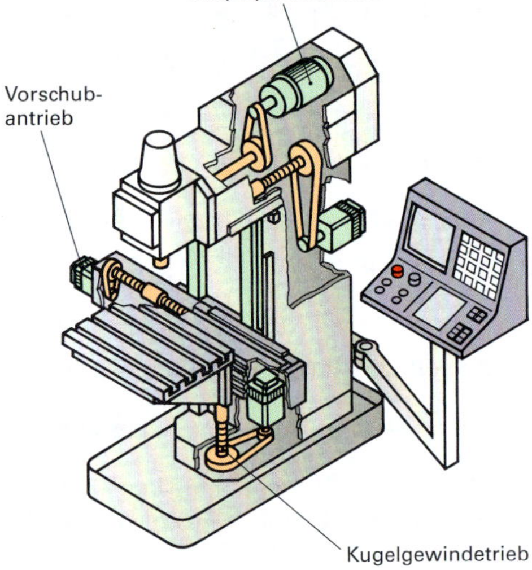

1 Antriebe an Werkzeugmaschinen Beispiel: CNC-Fräsmaschine

Bei der Antriebseinheit der vorstehend skizzierten Bohrmaschine (Bild 2) dient als Antrieb für die Rotationsbewegung der Bohrspindel ein eintouriger Drehstrommotor (eine konstante Antriebsdrehzahl). Über ein nachfolgendes Riemenregelgetriebe ist die Spindeldrehzahl stufenlos einstellbar.

Zunehmend werden Maschinen mit Hauptantrieben ausgestattet, die selbst stufenlos einstellbar sind (variable Antriebsdrehzahl). Solche Hauptantriebe werden wegen der besseren Steuer- und Regelbarkeit mit Gleichstrommotoren oder mit hydraulischem Antrieb ausgerüstet.

Auch Nebenantriebe sind an heutigen Werkzeugmaschinen weitgehend stufenlos regelbar. Als Antrieb werden deshalb Gleichstrommotoren, Schrittschaltmotoren oder Hydraulikmotoren eingesetzt.

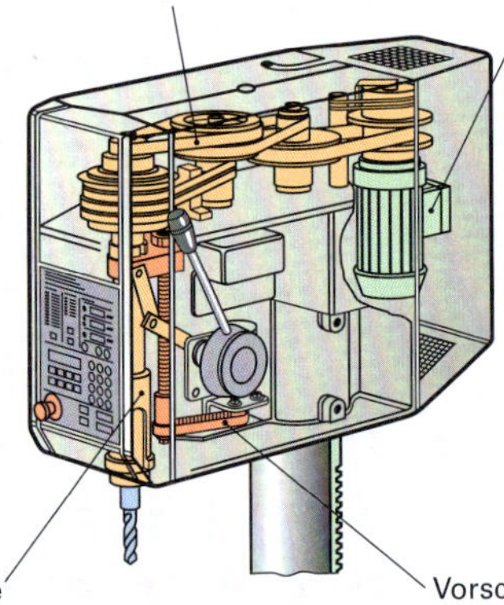

2 Antriebe und Getriebe

Merke

Nebenantriebe und daran anschließende Getriebe erzeugen die **Vorschub- und Zustellbewegung.**

11.2.2 Bewegungsenergie übertragende und/oder wandelnde Bauteile

Die Energie, welche die Antriebe zur Verfügung stellen, wird an der Wirkstelle oft in anderer Bewegungsform als vom Antrieb herkommend benötigt. Außerdem ist die jeweilige Wirkstelle vom Haupt- bzw. Nebenantrieb örtlich getrennt. Deshalb sind Funktionseinheiten notwendig, welche die Energie transportieren und/oder in eine andere Bewegungsform überführen. Solche Funktionseinheiten sind Getriebe und ihre Bauteile, wie beispielsweise Spindeln.

Merke

Getriebe haben die Funktion, Drehbewegungen zu übertragen und/oder umzuwandeln.

Dabei können die Umdrehungsfrequenz (Drehzahl), das Drehmoment und die Drehrichtung geändert werden.

Am Beispiel der Bohrmaschine werden diese Funktionen wie folgt ausgeführt. Das **Hauptgetriebe** der Bohrmaschine transportiert Energie, wobei die Drehbewegung des Motors beibehalten und auf das Werkzeug übertragen wird. Im ersten Teil besteht es aus einem stufenlosen Riemenregelgetriebe mit einem Regelbereich bis 1 : 100, welcher in Verbindung mit dem zweiten Getriebeteil, einem zweistufigen Schaltgetriebe, eine Bandbreite der Drehzahlen von 35 U/min bis 3500 U/min ermöglicht. Da die Energieübertragung ausschließlich über Riemen erfolgt, ist der Antrieb weitgehend wartungsfrei und im Vergleich zu Zahnradgetrieben geräuscharm.

Das **Vorschubgetriebe** der Bohrmaschine überträgt die Antriebsenergie des Schrittmotors mithilfe eines Zahnriemens auf eine Kugelgewindespindel. Auf der Gewindespindel sitzt eine entsprechende Mutter, welche direkt mit der Bohrpinole verbunden ist und sowohl die Energie weiterleitet als auch die Drehbewegung der Spindel in eine geradlinige Abwärts- bzw. Aufwärtsbewegung der Bohrpinole umwandelt.

Über diese Beispiele hinaus werden an Werkzeugmaschinen verschiedene andere Getriebebauarten, wie z.B. Kettentrieb, Zahnrädergetriebe, Umschlingungsgetriebe und Wälzgetriebe verwendet.

Grundsätzlich unterscheidet man Getriebe nach der Veränderbarkeit der Drehzahl (Bild 1).

Spindeln sind wichtige Bauteile eines Getriebes und werden hier wegen der zunehmenden Bedeutung von **Kugelgewindespindeln** im modernen Werkzeugmaschinenbau erwähnt. Alle Bauteile, die Arbeitsbewegungen der Werkzeugmaschine übertragen und/oder umwandeln, wie z.B. Getriebe und Spindeln, müssen möglichst spielfrei miteinander verbunden sein, da die Positionen von Werkzeug und Werkstück die Genauigkeit des gefertigten Werkstücks beeinflussen. Diesen Forderungen entsprechen in hohem Maße spielfreie Kugelgewindespindeln (Bild 2).

Merke

Die **Spindel** hat die Funktion, die Drehbewegung von Motor und Getriebe in eine Längsbewegung (z.B. des Maschinentischs) umzuwandeln.

Nicht verstellbare Getriebe	Keilriementrieb 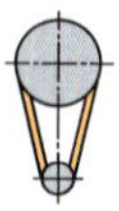	Kraftschlüssig Zugmittelgetriebe Achsabstand beliebig
	Zahnriementrieb 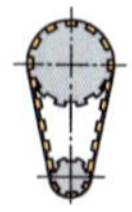	Formschlüssig Zugmittelgetriebe Achsabstand beliebig
	Zahnradgetriebe 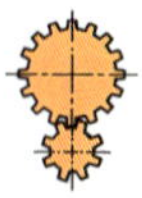	Formschlüssig Kein Übertragungsmittel Schmierung erforderlich Achsabstand festgelegt
Gestuft verstellbare Getriebe	Schieberadgetriebe 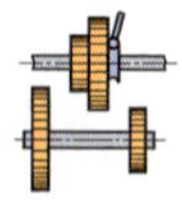	Nur Zahnräder, die Drehmoment übertragen, sind im Eingriff
	Kupplungsgetriebe 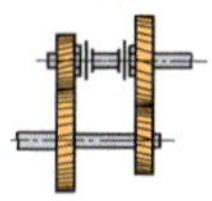	Ständig sind alle Zahnräder im Eingriff
Stufenlos verstellbare Getriebe	Umschlingungsgetriebe 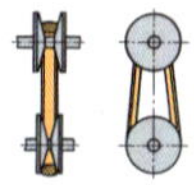	Kraftschlüssig Zugmittelgetriebe Achsabstand beliebig
	Wälzgetriebe 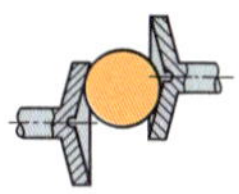	Kraftschlüssig Übertragungsmittel Wälzkörper (Kugel) Achsabstand festgelegt

1 Getriebearten

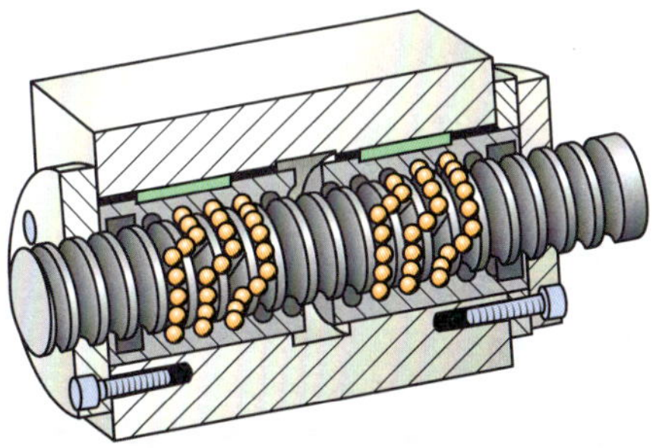

2 Kugelgewindespindel

11.2.3 Tragende und stützende Bauteile

Merke

Tragende und stützende Bauteile an Werkzeugmaschinen nehmen alle auftretenden Kräfte auf und leiten sie in das Fundament ab.

Zu den auftretenden Kräften gehören die Gewichtskräfte aller Bauteile und der Werkstücke sowie die beim Zerspanungsprozess auftretenden Schnittkräfte und die Schwingungen der bewegten Bauteile.

An der eingangs dieses Kapitels beschriebenen Bohrmaschine sind solche tragenden Bauteile: die Grundplatte, die Führungssäule, der Maschinentisch und der Bohrkopf (Bild 1). Die genannten Bauteile müssen eine hohe Steifigkeit der Bohrmaschine gewährleisten und Vibrationen, die in Folge der verschiedenen Bewegungen auftreten, weitestgehend dämpfen. Diese Anforderungen werden durch entsprechende Konstruktionen erfüllt, aber auch durch die Auswahl geeigneter Werkstoffe.

Ein Beispiel hierfür ist der abgebildete Bohrkopf. Er ist aus Grauguss gefertigt, um die Schwingungen weitestgehend zu dämpfen. Außerdem ist die Führung der Bohrpinole sehr lang ausgeführt, um deren Schrägstellen beim Bohren zu vermeiden (konstruktive Optimierung).

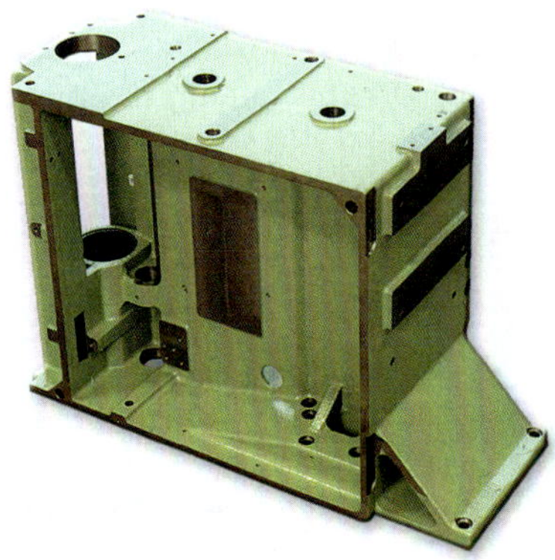

1 Bohrkopf als tragendes Bauteil

An anderen Werkzeugmaschinen können über die für die Bohrmaschine typischen Bauteile hinaus noch weitere tragende und stützende Bauteile auftreten. An einer Drehmaschine beispielsweise ein Maschinenbett, an einer Fräsmaschine ein Ständer. Werkzeugmaschinen für sehr breite Werkstücke haben oft zwei Ständer (ein Portal), um das Werkzeug genau führen zu können.

Führungen – Lager

Merke

Führungen und Lager sind Bindeglieder zwischen festen und beweglichen Bauteilen.

Sie erfüllen zwei Funktionen:

- Aufnahme der Gewichtskraft (tragende Funktion)
- Führung in einer vorgegebenen Bahn

Bei geradlinigen Bewegungen werden **Rundführungen, Flachführungen, Prismenführungen, Schwalbenschwanzführungen** und zunehmend auch **Wälzführungen** verwendet. Bei Drehbewegungen werden die bewegten Teile durch **Gleit-** oder **Wälzlager** geführt und getragen.

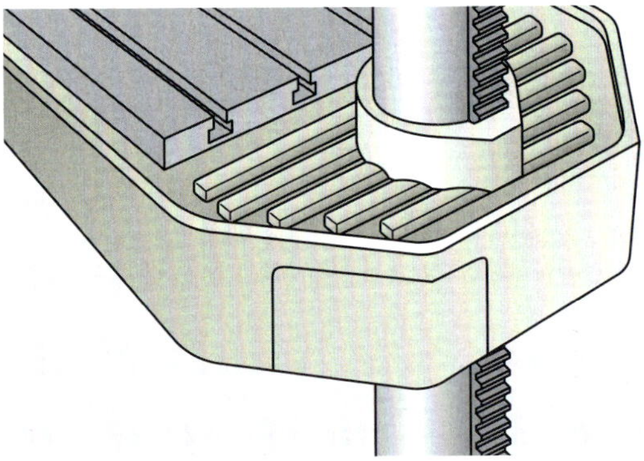

2 Rundführung am Bohrmaschinentisch

Rundführungen sind einfach herstellbar. Sie werden zur Führung von Wellen oder Naben bei Längsbewegungen verwendet, wie z. B. bei dem nebenstehend skizzierten Bohrmaschinentisch. (Die Zahnstange an der Rückseite der Säule dient lediglich der Tischhöhenverstellung. Sie hat mit der Führung des Tisches nichts zu tun.)

Flachführungen sind ebenfalls einfach aufgebaut (Bild 3). Über eine Nachstellleiste wird ein Nachstellen der Führung bei Abnutzung ermöglicht. Die Schließleiste verhindert das Abheben, z. B. des Schlittens.

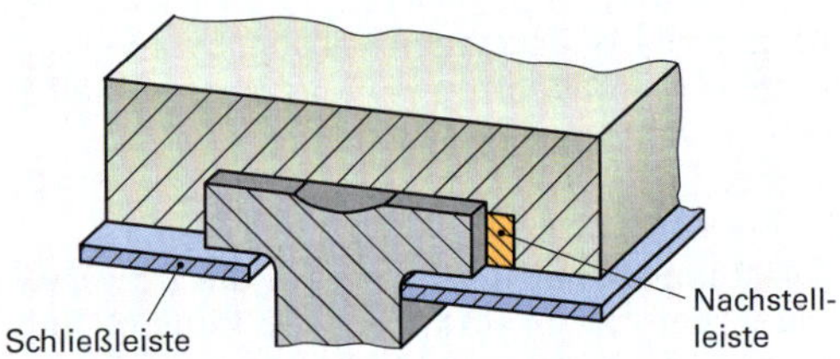

3 Flachführung

Bei CNC-Maschinen stört in den Führungen der Übergang von der Haftreibung zur Gleitreibung wegen der dadurch verursachten ruckartigen Bewegungen bei niedrigen Geschwindigkeiten (Stick-Slip-Effekt). Deshalb verwendet man dort **Wälzführungen** (Bild 1). Hierbei laufen zwischen gehärteten Führungsbahnen Nadeln oder Rollen.

Wälzlager sind wegen der geringen Tragfläche der Wälzkörper weniger belastbar. Sie werden aber bei CNC-Maschinen wegen der geringen Reibung bevorzugt. Je nach Form der Wälzkörper unterscheidet man Kugel-, Kegelrollen-, Tonnen-, Zylinderrollen- und Nadellager.

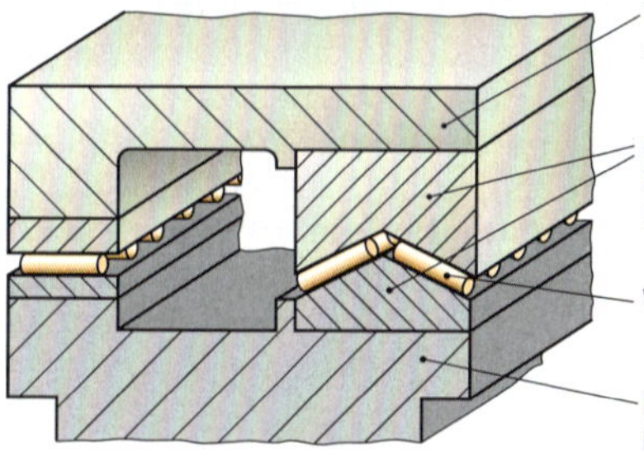

1 Wälzführung

11.2.4 Halte- und Spannvorrichtungen

Merke

Halte- und Spannvorrichtungen dienen dazu, das Werkstück in einer definierten Lage zu halten und die bearbeitungsspezifischen Bewegungen auf das Werkzeug zu übertragen.

Die Bohrwerkzeuge können an Bohrmaschinen, beispielsweise mit einem **Schnellwechsel-Bohrfutter** oder mit Einsätzen und **Einsatzhülsen,** gespannt werden. Diese Spannzeuge übertragen die Dreh- und Hubbewegung der Arbeitsspindel. Sie erlauben außerdem einen einfachen und somit raschen Werkzeugwechsel.

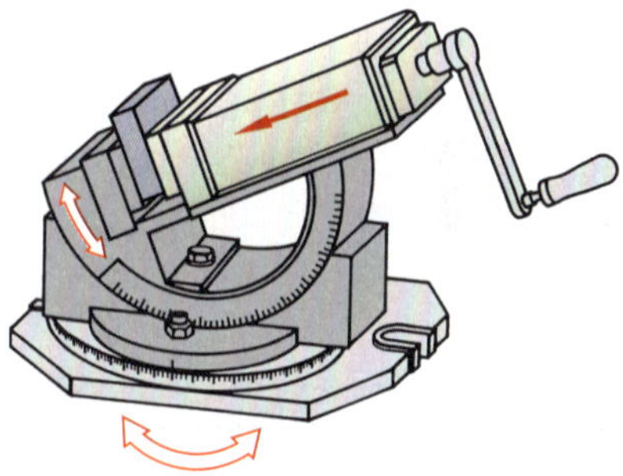

2 Dreh- und schwenkbarer Maschinenschraubstock

Für die Befestigung des Werkstücks auf dem Maschinentisch kommen je nach Werkstückgröße Spanneisen, flexible Spannsysteme oder auch ein **Maschinenschraubstock** (Bild 2) in Betracht.

Flexible Spannsysteme mit einer Grundplatte sowie Spann- und Stützelemente halten kompliziert gestaltete Werkstücke fest (Bild 3).

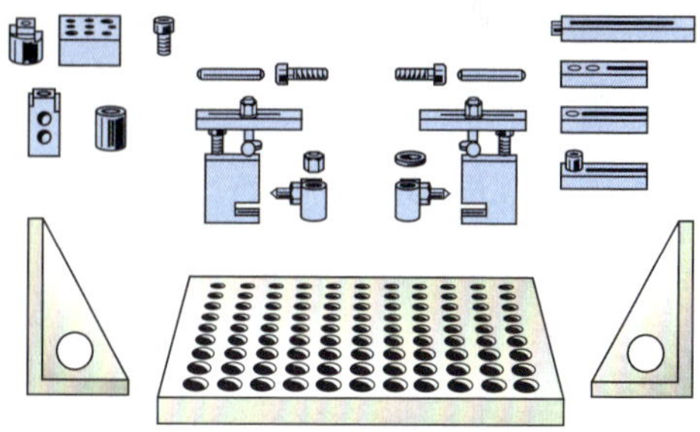

3 Flexibles Spannsystem

Allgemein lässt sich für die Arbeit mit Halte- und Spannvorrichtungen formulieren:

- Die Form der Spannvorrichtung richtet sich nach der Form des Werkstücks,
- die jeweilige Spannkraft ist abhängig von den Bearbeitungskräften.

Für andere spanende Fertigungsverfahren sind auch andere Halte- und Spannvorrichtungen typisch. Für das Drehen beispielsweise das **Drei-** und das **Vierbackenfutter.** Mit dem Dreibackenfutter (Bild 4) lassen sich kurze zylindrische Werkstücke sowie regelmäßige Drei- und Sechskantstücke spannen; mit dem Vierbackenfutter (Bild 5) ebenfalls runde, darüber hinaus vier- und achteckige Werkstücke.

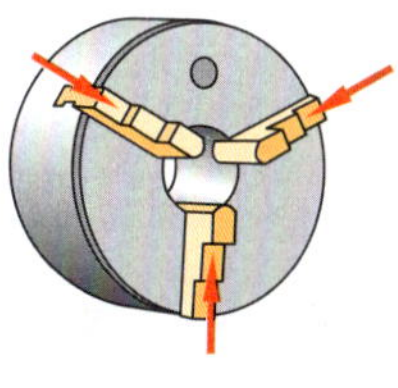

4 Dreibackenfutter

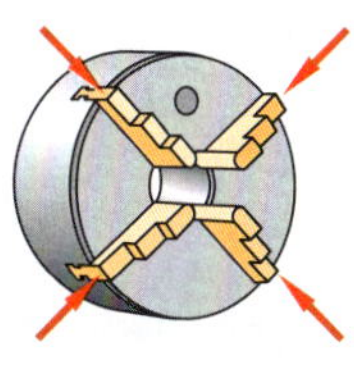

5 Vierbackenfutter

11.2.5 Informationsverarbeitende Bauteile

Um ein fertiges Werkstück entsprechend den konstruktiven Vorgaben zu erhalten, müssen schon bei dem relativ einfachen Fertigungsverfahren Bohren vielerlei Informationen verarbeitet werden, z. B. Informationen über die an der Bearbeitung beteiligten Werkstoffe, den Werkzeugdurchmesser, den Verfahrweg der Bohrpinole, usw. Oftmals übernimmt diese Aufgabe ein auf die Maschine abgestimmter Computer. **Informationsverarbeitende Bauteile** erlauben es, sowohl die Kontur des Werkstücks (geometrische Daten) als auch die Bearbeitungsbedingungen (technologische Daten) in Bewegungen von Werkzeug und Werkstück umzuwandeln.

Zusatzeinrichtungen

Zusätzlich zu den beschriebenen Funktionseinheiten kommen an einer Werkzeugmaschine weitere Einrichtungen zum Einsatz, die den Zerspanungsprozess grundsätzlich verbessern oder aber der Arbeitssicherheit dienen. Beispiele hierfür sind: die Bohrtiefeneinstellung, der Spritzschutz, die Beleuchtung der Wirkzone, der Not-Aus-Schalter und die Kühlmitteleinrichtung. Diese Zusatzeinrichtungen sind nicht an jeder Werkzeugmaschine in dieser Form zu finden, sondern sie sind dem jeweiligen Bearbeitungsprozess angepasst.

11.2.6 Systemübersicht Bohrmaschine

In der folgenden Skizze wurden die beschriebenen Funktionseinheiten zu einer vereinfachten Übersicht zusammengefasst.

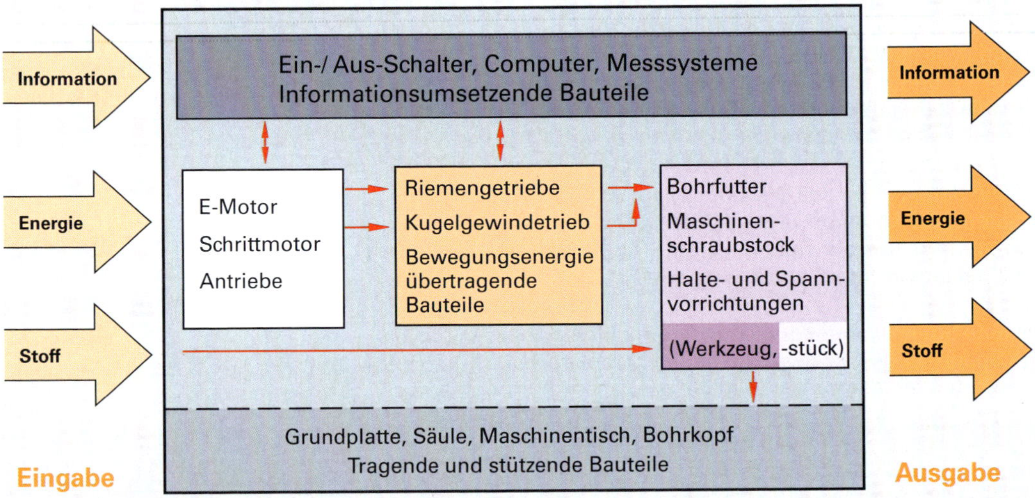

1 Stoff-, Energie- und Informationsfluss in einer Bohrmaschine

Überprüfen Sie Ihre Kenntnisse

1 Nennen Sie mindestens zwei weitere Beispiele für Funktionseinheiten von Werkzeugmaschinen aus den Bereichen Zusatzeinrichtungen und Halte-/Spannvorrichtungen.

2 Nennen Sie die am Energiefluss einer Bohrmaschine vom Hauptantrieb bis zum Werkzeug beteiligten Baugruppen/-teile.

3 Welche Funktionen erfüllen Getriebe?

4 Welche Anforderungen werden an tragende und stützende Bauteile gestellt und welche Maßnahmen werden hierzu getroffen?

5 Welche Regeln gelten für das Arbeiten mit Halte- und Spannvorrichtungen?

6 Welche Vorteile bietet der Einsatz eines Computers an einer Bohrmaschine?

12 Spanende Fertigung mit Werkzeugmaschinen

Nahezu alle Werkstücke werden heute mit Maschinen gefertigt. Dadurch werden gegenüber dem Spanen von Hand die Herstellungsgenauigkeit und die Arbeitssicherheit erhöht. Die Kosten werden durch Verkürzung der Bearbeitungszeit erheblich reduziert. Die Vielzahl der verschiedenen Werkstückformen und Werkstoffarten erfordert viele unterschiedliche Fertigungsverfahren mit entsprechenden Maschinen. Die nebenstehende Übersicht nennt die wichtigsten Verfahren.

Übersicht: Maschinelle Spanungsverfahren

mit geometrisch bestimmten Schneiden		mit geometrisch unbestimmten Schneiden
• Bohren	• Fräsen	• Schleifen
• Senken	• Hobeln	• Honen
• Reiben	• Stoßen	• Läppen
• Drehen	• Räumen	• Gleitspanen
• Sägen		

12.1 Bewegungen an Werkzeugmaschinen

Wie beim Spanen von Hand sind bei den maschinellen spanenden Fertigungsverfahren verschiedene Bewegungen erforderlich (Bild 1).

> ***Merke***
> Man unterscheidet vier Arten von Bewegungen an Werkzeugmaschinen: **die Schnitt- oder Hauptbewegung, die Vorschubbewegung, die Zustellbewegung** und die **Anstellbewegung.**

Schnittbewegung (Hauptbewegung)

Die Spanabnahme erfolgt durch die Schnittbewegung. Sie kann **kreisförmig** sein wie beim Drehen oder **geradlinig** wie beim Stoßen. Sie wird entweder vom Werkzeug wie beim Stoßen oder vom Werkstück wie beim Drehen ausgeführt. Die Größe der Schnittbewegung wird durch die **Schnittgeschwindigkeit v_c** angegeben.

Die Geschwindigkeit gibt an, welcher Weg in einer bestimmten Zeiteinheit zurückgelegt wurde.

$$\textbf{Geschwindigkeit} = \frac{\textbf{Weg}}{\textbf{Zeit}} \qquad v = \frac{s}{t} \qquad 1\,\frac{\text{m}}{\text{s}} = \frac{1\text{ m}}{1\text{ s}}$$

Einheiten für Geschwindigkeit sind km/h, m/min oder m/s.

Die Schnittgeschwindigkeit ist die Geschwindigkeit, mit der der Span vom Werkstück abgetrennt wird. Sie wird im Allgemeinen in m/min gemessen, beim Schleifen in m/s, da hier sehr große Schnittgeschwindigkeiten erreicht werden. Die Wahl der Größe der Schnittgeschwindigkeit ist abhängig von Werkzeug, Werkstück, Kühlmittel, Leistung und Aufbau der Werkzeugmaschine. Die geeigneten Werte können aus Tabellen abgelesen werden.

Durch die Schnittbewegung allein würde nur eine einmalige Spanabnahme erfolgen. Für die fortwährende Zerspanung ist eine zweite Arbeitsbewegung erforderlich, die Vorschubbewegung.

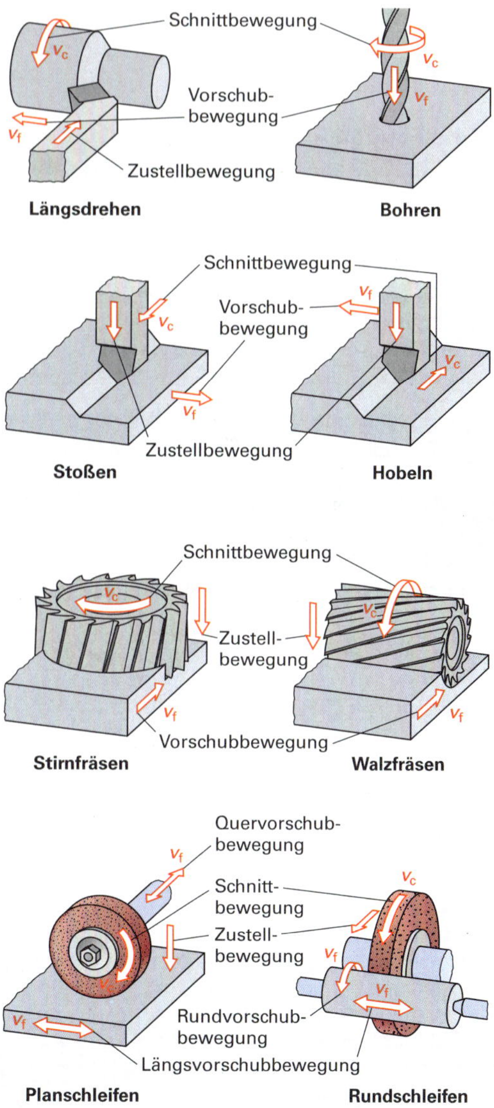

1 Bewegungen an Werkzeugmaschinen

Vorschubbewegung

Die Vorschubbewegung sorgt für eine stetige oder schrittweise Spanabnahme. Sie erfolgt üblicherweise kontinuierlich, wie beim Drehen, Fräsen, und Bohren; nur selten schrittweise, wie beim Hobeln und Stoßen. Die Vorschubbewegung wird senkrecht zur Schnittbewegung durch das Werkzeug (z.B. beim Drehen) oder durch das Werkstück (z.B. beim Fräsen) ausgeführt. Sie bestimmt die **Spanbreite**.

Die **Größe des Vorschubs** f ist von der geforderten Oberflächenqualität, der Zerspanungsmenge und der Leistung der Maschine abhängig. Sie wird in mm pro Umdrehung oder Hub und als **Vorschubgeschwindigkeit** v_f in mm/min gemessen.

Wenn die Leistung der Maschine vergrößert wird, wird auch die **Zerspanungskraft** an der Werkzeugschneide, mit der der Span abgenommen wird, größer. Dann kann unter sonst gleichen Bedingungen auch der Vorschub vergrößert werden, was wiederum zu einer größeren **Zerspanungsmenge** führt.

Zustellbewegung

Die Zustellbewegung bestimmt die **Schnitttiefe,** das heißt, wie tief das Werkzeug in das Werkstück eindringt. Sie verläuft senkrecht zur Vorschubbewegung. Die **Zustellung** a_p, gemessen in mm, ist abhängig von Werkzeug, Werkstück, geforderter Oberflächenqualität, Art der Einspannung und Leistung der Maschine.

Anstellbewegung

Die Anstellbewegung führt vor dem Zerspanvorgang das Werkzeug an das Werkstück heran. Sie wird in der Regel im Eilgang durchgeführt.

12.2 Einflussgrößen der Zerspanung

Vor jedem maschinellen Bearbeitungsvorgang steht die Frage nach dem günstigsten **Bearbeitungsverfahren** und den besten **Einstellwerten** für Spantiefe, Vorschub und Schnittgeschwindigkeit. Deshalb ist es wichtig, alle Einflussgrößen der Zerspanung zu kennen (folgende Übersicht).

Einflussgrößen beim Zerspanen

Der **Spanungsvorgang** wird beeinflusst von

Bearbeitungsverfahren	Werkzeugmaschine	Werkzeug	Werkstück
▪ **Fräsen** ▪ **Hobeln** ▪ **Stoßen** ▪ **Bohren** ▪ **Senken** ▪ **Reiben** ▪ **Drehen** ▪ **Schleifen** ▪ **Sägen**	▪ Größe ▪ Antriebsart ▪ Antriebsleistung ▪ Starrheit ▪ Maßgenauigkeit ▪ Einstellwerte des Zerspanungsvorgangs	▪ Schneidenwerkstoff ▪ Zahl der Schneiden ▪ Form ▪ Standzeit	▪ Werkstoff ▪ Abmessungen ▪ Oberflächenbeschaffenheit

Überprüfen Sie Ihre Kenntnisse

1 Unterscheiden Sie Hauptbewegung, Vorschubbewegung, Zustellbewegung und Anstellbewegung.

2 Welches Bauteil (Werkzeug oder Werkstück) führt beim Drehen, Bohren, Walzfräsen oder Rundschleifen jeweils die Schnittbewegung aus und welches Bauteil die Vorschubbewegung?

3 In welchen Einheiten wird die Schnittgeschwindigkeit gemessen?

4 Welche Größen beeinflussen den Zerspanungsvorgang?

5 Erklären Sie den Begriff Anstellbewegung.

12.3 Drehen

vel.plus/ GM32

Durch Drehen können Wellen, Bolzen, Scheiben, Spindeln, Buchsen und auch Gewinde hergestellt werden. Die so gefertigten Werkstücke besitzen kreisförmige oder kreisringförmige Querschnitte. Sie sind zylindrisch, kegelig oder kugelförmig (Bild 1).

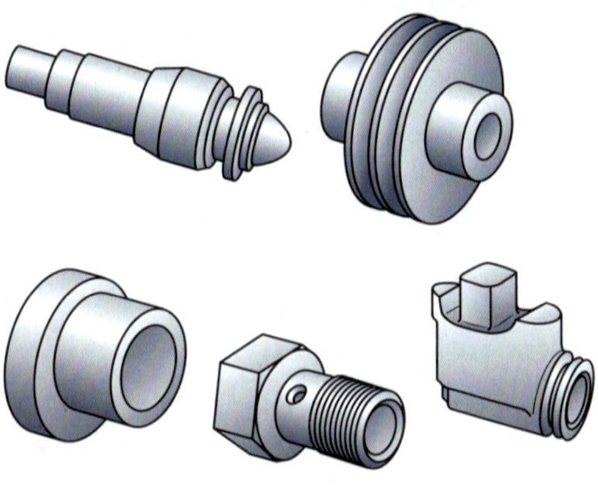

1 Durch Drehen gefertigte Werkstücke

12.3.1 Drehvorgang – Drehverfahren

Merke

Drehen ist Spanen mit kreisförmiger Schnittbewegung und quer zur Schnittrichtung liegender Vorschubbewegung.

Dabei werden die **Schnittbewegung (Hauptbewegung) vom Werkstück** und die **Vorschubbewegung(en) vom Werkzeug** ausgeführt (Bild 2).

Nach der Vorschubrichtung des Werkzeugs, des Drehmeißels, bezüglich der Werkstückachse unterscheidet man Längs- und Querdrehen, in Bezug auf die Bearbeitungsstelle **Innen- und Außendrehen** (Bild 3).

Das **Längsdrehen** (Längs-Runddrehen) erfolgt in Richtung der Werkstückachse. Die Zustellbewegung geht in Richtung der Werkstückmitte (x-Achse), der Vorschub in Richtung der z-Achse (Bild 2).

Beim **Quer-Plandrehen** (Abdrehen von Stirnflächen) wird quer zur Werkstückachse mit dem Planvorschub gearbeitet. Die Zustellung geschieht in Richtung der z-Achse, der Vorschub in Richtung der x-Achse (Bild 2).

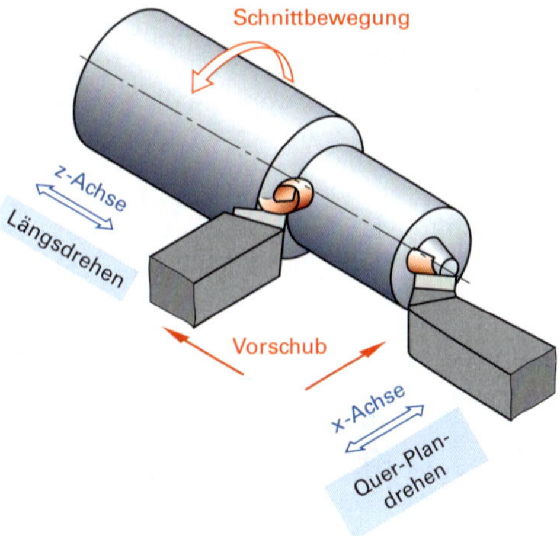

2 Längs- und Quer-Plandrehen

Die gleichen Arbeitsbewegungen wie beim Plandrehen werden auch beim **Einstechen** (Drehen ringförmiger Nuten) und beim **Abstechen** (Abtrennen des Werkstücks) ausgeführt.

Weitere Drehverfahren sind **Formdrehen** (z. B. Kegeldrehen), **Schraubdrehen** (Gewindeschneiden) und **Profildrehen.**

Nach Spanabnahme und Oberflächengüte unterscheidet man das **Schruppen,** bei dem mit größtmöglichem Vorschub und hoher Schnittgeschwindigkeit möglichst viel Werkstoff abgespant wird (Ziel: rasche Annäherung an die Werkstückform) und das **Schlichten.** Hierbei wird bei hoher Drehfrequenz und mit kleinem Vorschub nur eine geringe Werkstoffmenge zerspant (Ziel: maßgenaues Herstellen der Werkstückform). Das große Zerspanvolumen beim Schruppen wird mit einer relativ rauen Oberfläche „erkauft", während beim Schlichten wesentlich glattere Oberflächen entstehen.

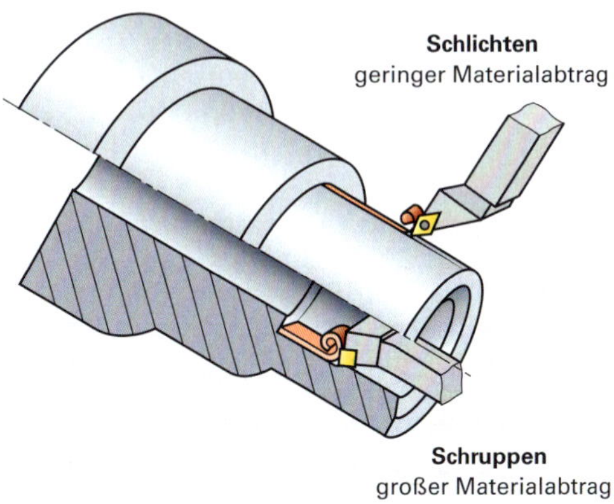

3 Innen- und Außendrehen

12.3.2 Drehwerkzeug

Beim Drehen kommt ein **einschneidiges Werkzeug** mit **geometrisch bestimmter Schneide** zum Einsatz, der **Drehmeißel.**

Die Schneide des Drehmeißels entspricht einer Keilspitze. Der **Keilwinkel** β wird von der (Haupt-) **Freifläche und der Spanfläche** gebildet (Bilder 1 und 2). Seine Größe richtet sich nach dem zu bearbeitenden Werkstoff und der geforderten Oberflächengüte (siehe Tabelle).

Merke

Ein kleiner Keilwinkel erleichtert das Eindringen der Schneide in den Werkstoff, ist aber weniger stabil und birgt die Gefahr des Schneidenbruchs.

Der **Freiwinkel** α verringert die Reibung zwischen Werkstoff und Werkstück. Er ist von 5° bis 12° zu wählen (siehe Tabelle).

Der **Spanwinkel** γ liegt zwischen Spanfläche und der (meist parallel zur Auflageebene in Höhe der Hauptschneide befindlichen) Werkzeugbezugsebene. Er beeinflusst unter anderem den Spanfluss. Bei kleinem und negativem Spanwinkel γ wird der Span angerissen (Reißspan). Bei mittlerem Spanwinkel entsteht ein Scherspan (γ = 5° ... 5°). Große Spanwinkel (γ > 25°) und hohe Schnittgeschwindigkeiten erzeugen Fließspäne und sind daher zu vermeiden.

Für diese drei Winkel gilt folgender Zusammenhang:

$$\alpha + \beta + \gamma = 90°$$

Dieser Zusammenhang liefert auch die Erklärung dafür, dass man bei einigen Drehmeißeln von einem **„negativen Spanwinkel“** spricht ($\alpha + \beta$ sind in einem solchen Falle zusammen schon größer als 90°; siehe auch Bild 1, Seite 178).

Der **Eckenwinkel** ε entsteht zwischen Hauptschneide und Nebenschneide des Drehmeißels. Er ist beim Schruppdrehmeißel 90° und größer (Bild 3).

Der **Einstellwinkel** $\varkappa$ (Bild 3), zwischen Hauptschneide und Werkstückachse, beeinflusst die Form des Spanungsquerschnittes sowie die Größe der Vorschubkraft und die Richtung des Schnittdrucks.

Der **Neigungswinkel** λ bestimmt die Lage der Hauptschneide in Bezug auf das Werkstück und beeinflusst den **Spanablauf.** Bei positivem Neigungswinkel beginnt der Anschnitt an der Schneidenecke, der Spanablauf ist günstig. Bei unterbrochenem Schnitt nimmt man einen ungünstigeren Spanablauf, verursacht durch negative Neigungswinkel an der Hauptschneide, in Kauf. Dafür kommt hier die Schneidenecke zuletzt zum Schnitt und verschleißt deshalb langsamer.

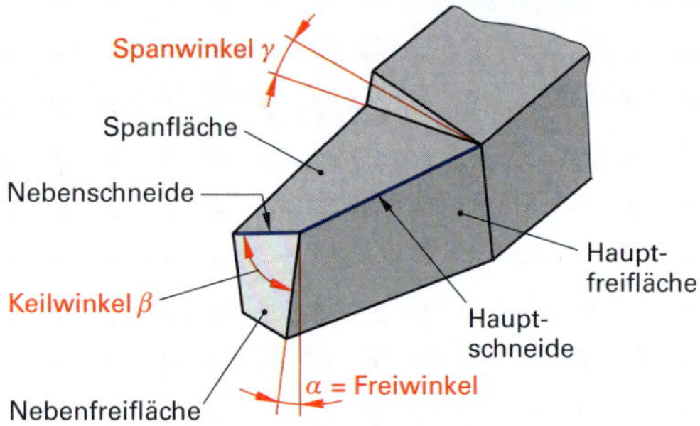

1 Winkel und Flächen am Drehmeißel

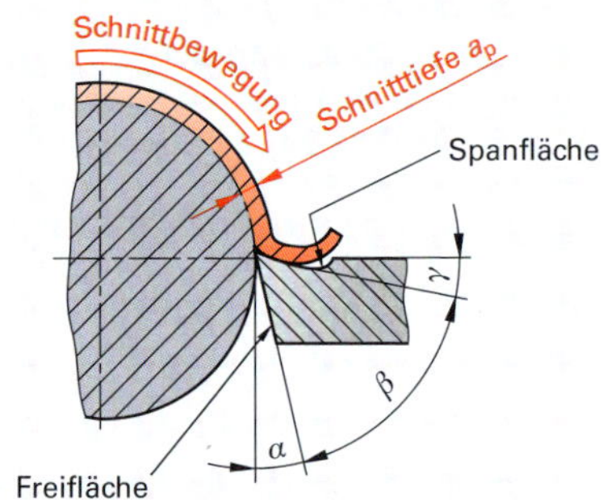

2 Spanabnahme beim Drehen

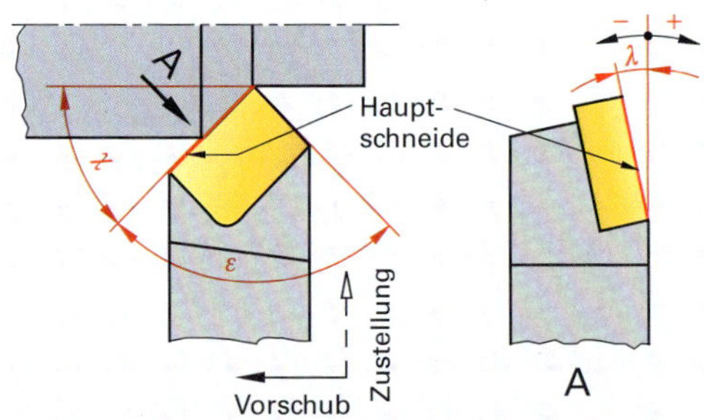

3 Einstellwinkel an der Drehmeißelschneide

Tabelle: Richtwerte für Span- und Freiwinkel am Drehmeißel

Werkstoff	Freiwinkel α	Spanwinkel γ	Schneidstoff
Stähle bis R_m = 500 N/mm²	6° ... 8°	12° ... 14°	HSS
	5° ... 8°	10° ... 15°	HM
Stähle bis R_m = 900 N/mm²	6° ... 8°	8° ...10°	HSS
	5° ... 8°	6° ... 10°	HM
GG	6° ... 8°	0°	HSS
	5° ... 8°	0° ... 5°	HM
Cu-Zn-Leg.	6° ... 8°	0°	HSS
	5° ... 8°	0° ... 10°	HM
Kunststoffe	10° ... 12°	8° ... 12°	HSS
	8° ... 10°	10° ... 12°	HM

12.3.3 Drehmeißelarten

Abgesetzter Seitendrehmeißel Wird zur Schlichtbearbeitung beim Längs- und Querdrehen eingesetzt.	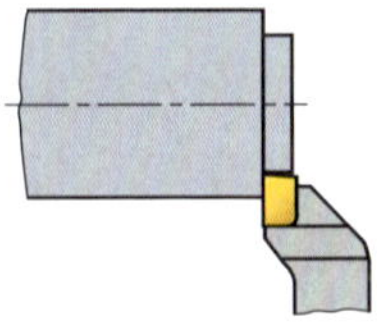	**Abgesetzter Stirndrehmeißel** Dient zur groben Spanabnahme von Stirnflächen (Querdrehen).	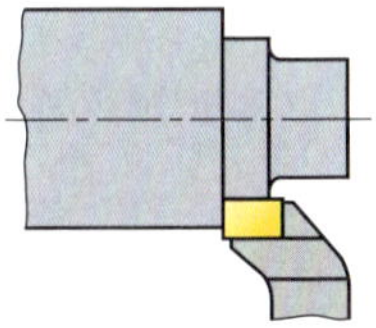
Gerader Drehmeißel Eignet sich für Schrupparbeiten beim Längsdrehen.	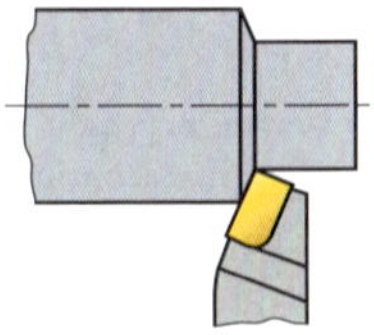	**Gebogener Drehmeißel** Einsatz bei groben Schrupparbeiten zum Längs- und Querdrehen.	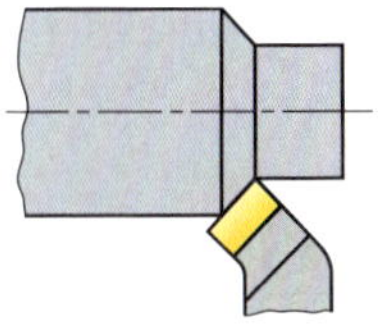
Abgesetzter Eckdrehmeißel Wird zur Schlichtbearbeitung von innen nach außen, beim Längsrunddrehen und zum Eckenausdrehen verwendet.	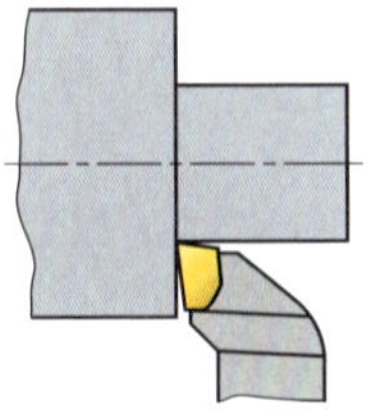	**Stechdrehmeißel** Eingesetzt als Stechdrehmeißel: für Nuten am Umfang. Eingesetzt als Abstechdrehmeißel: zum Abdrehen von Werkstücken.	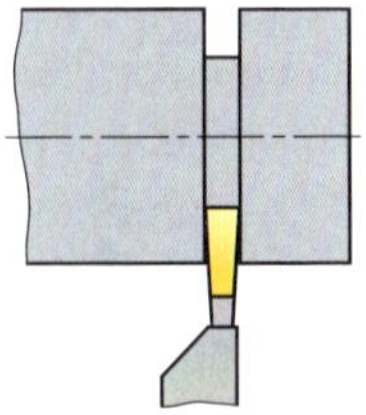
Innen-Eckdrehmeißel Eingesetzt zum Ausdrehen und Schlichten von abgesetzten Bohrungen (Plan- und Seitenflächen)	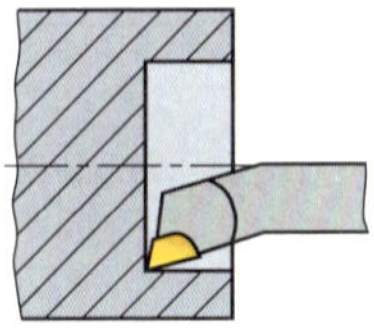	**Innen-Drehmeißel** Einsatz zum Ausdrehen von Bohrungen (Schruppen und Schlichten).	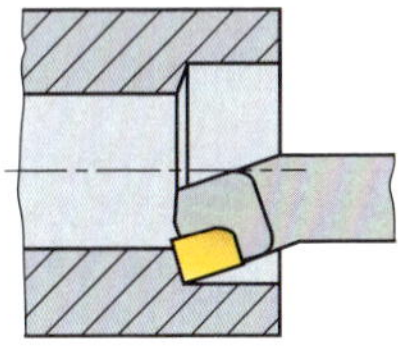

12.3.4 Schneidstoffe der Drehmeißel

Als Schneidstoffe kommen beim Drehen überwiegend Schnellarbeitsstahl (HSS), Hartmetall (HM) und oxidkeramische Schneidstoffe zum Einsatz.

Drehmeißel aus HSS (engl.: **H**igh **S**peed **S**teel) sind zäh und hart und für fast alle Drehaufgaben geeignet. Sie können bei starkem Verschleiß ohne große Mühe nachgeschliffen werden. Allerdings lassen sie eine Bearbeitung der Werkstücke nur mit relativ niedrigen Schnittgeschwindigkeiten zu, da ihre Schnittleistung bei Temperaturen oberhalb 600 °C stark nachlässt (geringe Warmfestigkeit).

Hartmetallbestückte Drehmeißel lassen höhere Schnittgeschwindigkeiten zu. Die Warmfestigkeit dieses Schneidstoffs liegt bei ca. 900 °C. Er wird meist als Wendeschneidplatte auf einen Drehmeißelschaft geklemmt oder durch Hartlöten mit diesem verbunden.

1 Meißelhalter mit Wendeschneidplatte

Oxidkeramische Schneidstoffe (aus AlO_3) sind extrem hart und verschleißfest, aber sehr stoßempfindlich. Bei sehr hohen Schnittgeschwindigkeiten können Schneidentemperaturen bis 1300 °C erreicht werden. Auch diese Schneidstoffe werden als Wendeschneidplatten eingesetzt.

Kühl- und Schmiermittel senken die Reibung. Die Standzeit der Werkzeuge lässt sich bei gleicher Schnittgeschwindigkeit erhöhen. Bei Hartmetallwerkzeugen muss allerdings (wenn überhaupt gekühlt wird) eine ununterbrochene Kühlung gewährleistet sein, um Abkühlungsspannungsrisse zu vermeiden.

12.3.5 Schnittgeschwindigkeit beim Drehen

Beim Drehen wird der Span mit der **Schnittgeschwindigkeit v_c** abgetrennt. Die Schnittgeschwindigkeit entspricht der Umfangsgeschwindigkeit des Werkstücks am Eingriffspunkt des Drehmeißels (Bild 1). Sie ist abhängig vom **Werkstückdurchmesser d** an der Zerspanstelle und der **Drehfrequenz der Arbeitsspindel n** (siehe Beispiel und Diagramm 2) und kann wie folgt berechnet werden:

$$v_c = \pi \cdot d \cdot n$$ 1 m/min = 1 m · 1/min

Die Schnittgeschwindigkeit hängt von folgenden Vorgaben ab:
- dem Werkstoff des Werkzeugs,
- der gewünschten Standzeit des Werkzeugs,
- dem Vorschub,
- der Schnitttiefe,
- dem Werkstoff des Werkstücks,
- der gewünschten Oberflächengüte und
- der Kühlung.

Zu hohe Schnittgeschwindigkeiten überlasten den Drehmeißel. Durch Reibungswärme kommt es zu frühzeitigem Verschleiß.

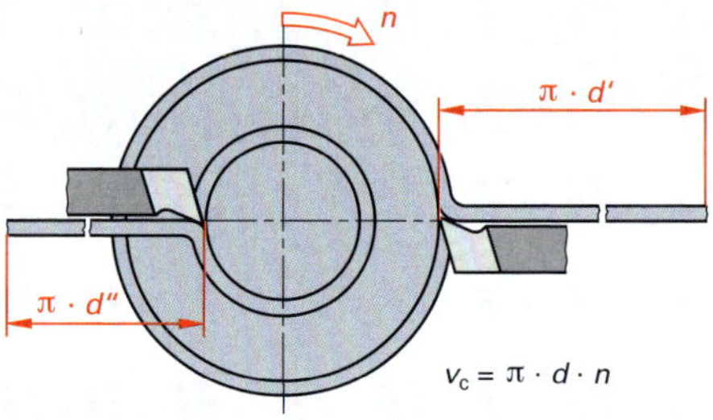

1 **Veränderungen der Schnittgeschwindigkeit bei gleichbleibender Drehfrequenz beim Querdrehen**

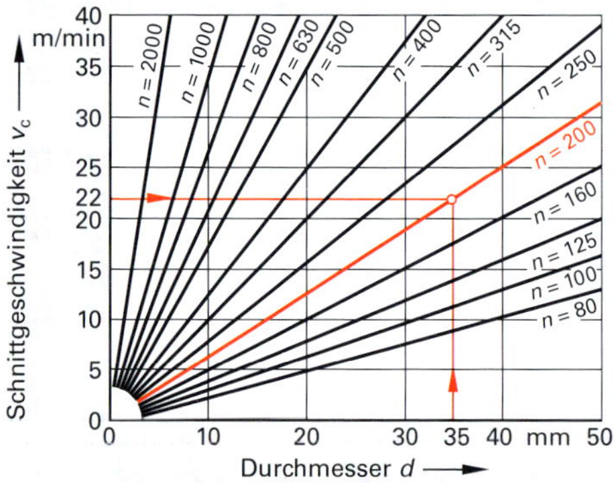

2 **Ermittlung der Arbeitsspindeldrehfrequenz n in min^{-1} (Drehzahldiagramm)**

Beispiel: Die Drehfrequenz der Arbeitsspindel muss eingestellt werden.
Gegeben: $v_c = 22$ m/min, $d = 35$ mm
Gesucht: $n = ?$ 1/min

a) Berechnung:

$$n = \frac{v_c}{d \cdot \pi}$$

$$n = \frac{22 \text{ m/min}}{0{,}035 \text{ m} \cdot \pi} = \mathbf{200{,}08\ min^{-1}}$$

b) Aus dem Drehzahldiagramm ermittelt: $\boldsymbol{n = 200\ min^{-1}}$

Beachten Sie: Lässt sich die errechnete Drehfrequenz nicht einstellen, so wird die nächstkleinere gewählt!

Vorschub und Spanungsquerschnitt

Der **Vorschub f** beeinflusst die Oberflächengüte der Drehfläche beträchtlich. Zum Schlichten werden daher kleine Vorschübe (0,05 mm/U bis 2,2 mm/U), zum Schruppen größere Vorschübe gewählt. Mit größerem Vorschub erhöht sich beim Schruppen auch das Spanvolumen.

Aus dem **Vorschub f** und der **Schnitttiefe a_p** ergibt sich der **Spanungsquerschnitt A** (siehe Bild 3). Dieser wird in seiner Form auch durch den Einstellwinkel $\varkappa$ beeinflusst (siehe Bild 3, S. 234).

$$A = f \cdot a_p$$ $1\ mm^2 = 1\ mm \cdot 1\ mm$

Der Spanungsquerschnitt und damit das Spanvolumen sind von der Leistungsfähigkeit und der Stabilität der Drehmaschine abhängig; außerdem vom Schneidstoff des Drehmeißels.

Günstige Spanungsquerschnitte werden durch eine große Schnitttiefe bei gleichzeitig kleinem Vorschub (Verhältnis etwa 3 : 1 bis 8 : 1) erzielt.

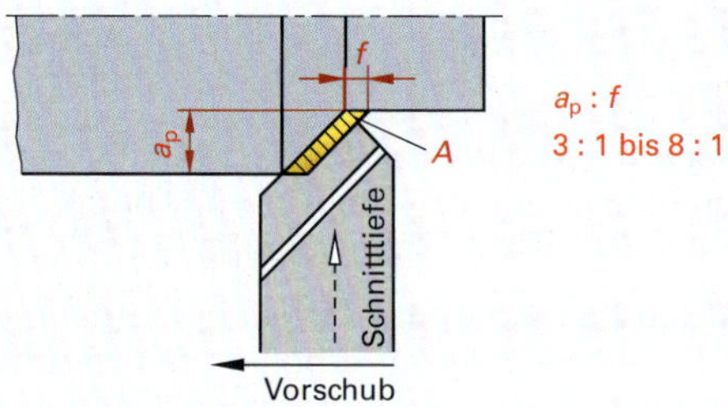

3 **Spanungsquerschnitt**

12.3.6 Spannen der Werkzeuge

Der Drehmeißel wird in einem Drehmeißelhalter eingespannt. Wegen der großen Kräfte, die beim Zerspanen auf den Drehmeißel wirken, muss dieser fest und schwingungsfrei gespannt werden. Die **Hauptschnittkraft F_c** beansprucht den Drehmeißel auf Biegung. Damit er nicht federt, muss die freie Einspannlänge L so kurz wie möglich sein (Bild 1).

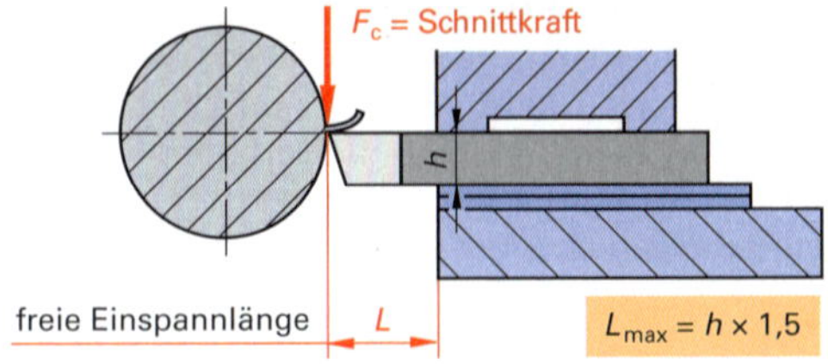

1 Einspannlänge am Drehmeißel

Die richtigen Größen der Winkel α (Freiwinkel) und γ (Spanwinkel) werden nur erreicht, wenn der Drehmeißel **auf Mitte** des Werkstücks ausgerichtet ist (Bild 2a). Zur Einstellung dient üblicherweise ein Vergleich mit der Reitstockspitze. Beim Schruppen größerer Werkstücke kann die Schneide etwas **über Mitte** stehen. (Beachte hierbei $h <$ 1/50 des Werkstückdurchmessers!) Der Spanwinkel γ wird größer und die Schnittleistung erhöht sich (Bild 2b). **Unter Mitte** eingespannte Drehmeißel verkleinern den Spanwinkel γ. Negative Folgen sind Rattermarken und die Gefahr, dass sich der Drehmeißel durch die nun zur Werkstückachse weisende Hauptschnittkraft F_c in das Werkstück zieht (Bild 2c).

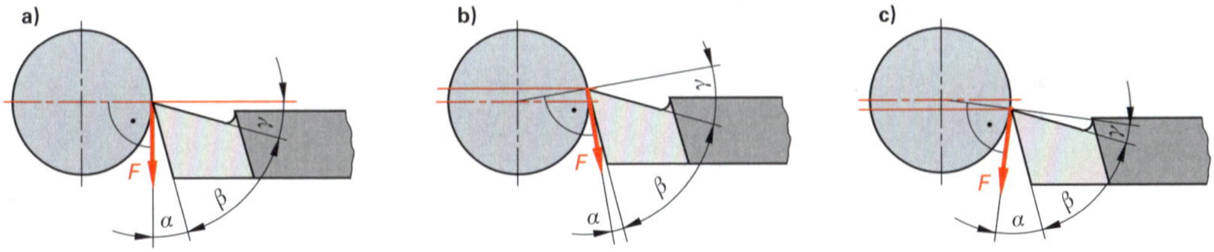

Schneide auf Mitte | **Schneide über Mitte** | **Schneide unter Mitte**

2 Einfluss der Einspannung auf Span-, Keil- und Freiwinkel

12.3.7 Spannen der Werkstücke

Die Werkstücke mit ihren unterschiedlichen Formen müssen fest und rundlaufend („schlagfrei") in der Drehmaschine gespannt werden. Außer den gebräuchlichsten Spannmitteln, dem Drei- und Vierbackenfutter (Bilder 4 und 5, Seite 229), werden auch die unten dargestellten Spannmittel verwendet.

Spannmittel beim Drehen (Beispiele)

Planscheibe
Vier unabhängig voneinander einzustellende Spannbacken passen sich unregelmäßig geformten Werkstücken (z. B. Gusswerkstücken) an und spannen sie fest.

Spannen zwischen den Spitzen
Längere zylindrische Werkstücke werden zwischen den Spitzen von Arbeitsspindel und Reitstock gespannt. Die Übertragung der Drehbewegung erfolgt durch Mitnehmer (meist Drehherze).

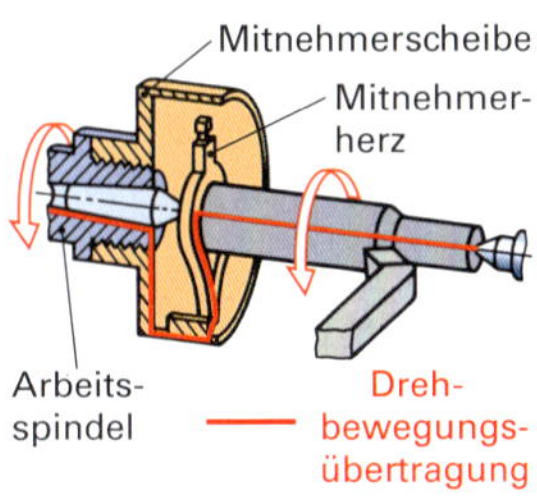

Feststehender Setzstock
Lange Werkstücke biegen sich bei der Bearbeitung durch. Der feststehende Setzstock wird an der Stelle der größten Durchbiegung auf das Drehmaschinenbett geschraubt.

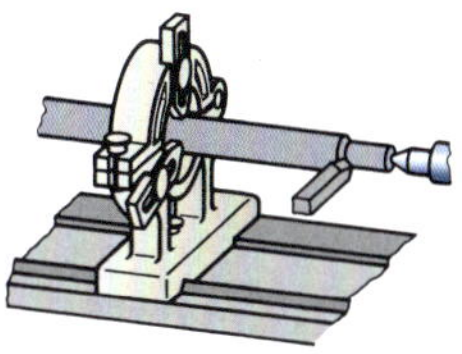

Mitlaufender Setzstock
Der mitlaufende Setzstock wird am Werkzeugschlitten befestigt und läuft mit dem Werkzeug mit. Die Setzstockbacken müssen bei Durchmesseränderung des Werkstücks verstellt werden.

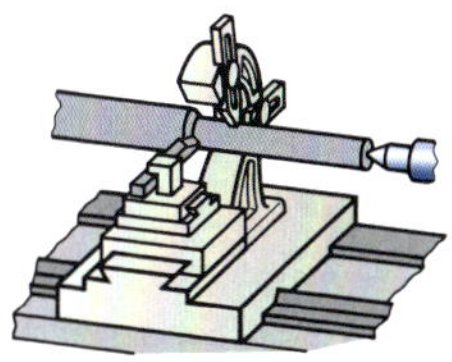

12.3.8 Drehmaschinen

Den verschiedenen Anforderungen entsprechend, die heute in der Fertigung an Drehmaschinen gestellt werden, gibt es unterschiedliche Bauarten, z.B. Spitzendrehmaschinen, kurvengesteuerte Drehautomaten, CNC-Drehautomaten, flexible Drehzellen, Senkrecht-(Karussell-)Drehmaschinen usw. Nach dem jeweiligen Einsatzbereich werden Universal- und Sonderdrehmaschinen unterschieden. Beispielhaft seien hier eine „klassische" Leit- und Zugspindeldrehmaschine (Bild 1) erläutert und deren Weiterentwicklung, eine CNC-Drehmaschine (Bild 1, Seite 239). Beide stehen stellvertretend für **Universaldrehmaschinen,** was bedeutet, dass fast alle Dreharbeiten auf einer solchen Maschine ausgeführt werden können.

Die **Leit- und Zugspindeldrehmaschine** wird für die Einzelteilfertigung und auch für kleine Serien eingesetzt. Sie ist in mehrere Baugruppen gegliedert. Der **Spindelstock** nimmt den Hauptantrieb (Elektromotor) und die Arbeitsspindel auf. Außerdem ist in ihm das Hauptgetriebe, welches der Umwandlung der Drehfrequenz dient, untergebracht. Das Hauptgetriebe treibt gleichzeitig das Nebengetriebe (Vorschubgetriebe) an, das den jeweiligen Dreharbeiten entsprechende Vorschubeinstellungen erlaubt. Über das Vorschubgetriebe wird die **Zugspindel** in Bewegung versetzt. Diese treibt wiederum über ein Schneckengetriebe den automatischen Längs- und Quervorschub an.

Die **Leitspindel** dient dem Gewindeschneiden. Sie wird über eine einrückbare Schlossmutter mit dem Werkzeugschlitten in Eingriff gebracht.

Der **Werkzeugschlitten** (Bild 2) nimmt den Drehmeißel auf und führt ihn. Er ist als Kreuzschlitten ausgeführt und kann von Hand mittels Ritzel und Zahnstange auf dem Drehmaschinenbett (in Richtung der Z-Achse) verschoben werden.

In der Schlossplatte befinden sich die Triebwerkteile zum Bewegen des Werkzeugschlittens in Längs- und Querrichtung.

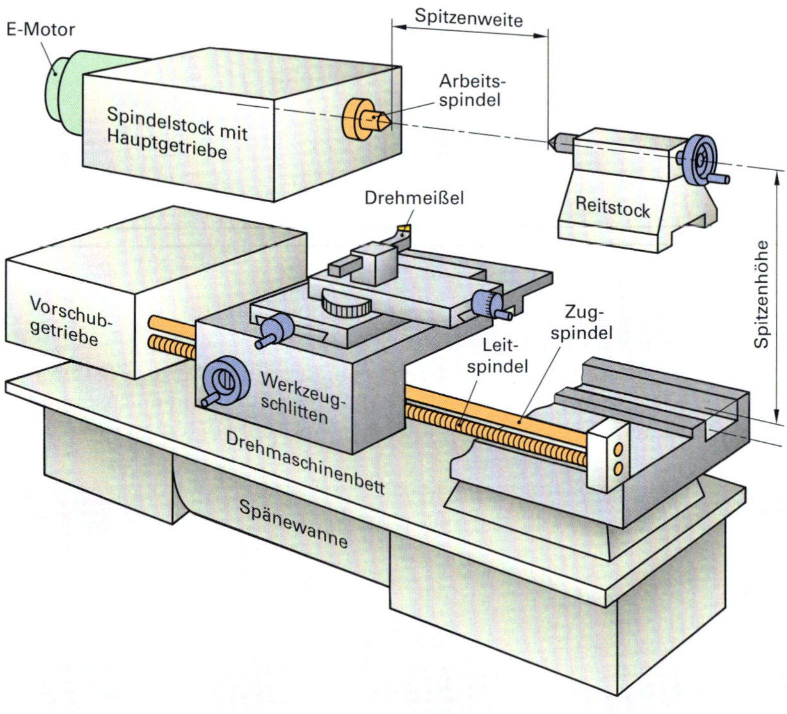

1 Wesentliche Baugruppen der Zug- und Leitspindeldrehmaschine (schematisch)

Der **Querschlitten** wird durch eine Gewindespindel bewegt und führt die Planbewegung aus (X-Achse).

Der **Oberschlitten** nimmt das Werkzeug auf und ist mit dem Querschlitten durch eine Drehscheibe verbunden, sodass er, z.B. zum Kegeldrehen, schräggestellt werden kann.

Der **Reitstock** (Bild 1) dient als Gegenlager bei der Bearbeitung längerer Werkstücke und zur Aufnahme von Werkzeugen, z.B. Bohrer, Reibahlen und Senker.

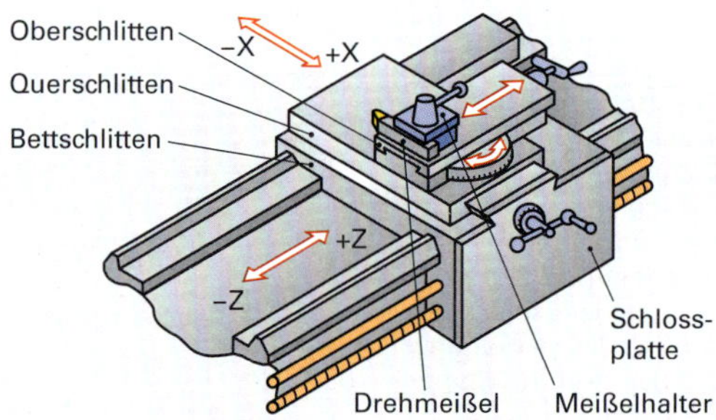

2 Werkzeugschlitten

Die Weiterentwicklung der auf Bild 1, Seite 238 abgebildeten Universaldrehmaschine stellt die unten abgebildete **CNC-Universaldrehmaschine** dar. Sie ist in erster Linie für das Bearbeiten von Kleinserien gedacht.

Während vorher der Hauptantrieb über ein Nebengetriebe auch den Vorschubantrieb mit Energie versorgte, sind **Haupt- und Vorschubantrieb** nun **getrennte, eigenständige Einheiten.** Für bestimmte Dreharbeiten, wie z.B. das Gewindeschneiden findet die notwendige Kopplung von Haupt- und Vorschubantrieb elektronisch (über die Steuerung der Maschine) statt.

Eine weitere augenfällige Änderung ist die **Schrägstellung des Drehmaschinenbettes.** Diese konstruktive Maßnahme ermöglicht dem Facharbeiter einen guten Zugang zum Arbeitsraum. Außerdem wird der Abtransport der Späne erleichtert. Die Späne fallen aus dem Arbeitsraum auf einen **Späneförderer,** welcher automatisch für eine Weiterbeförderung sorgt.

Ebenso offensichtlich ist die **vollständige Verkleidung** der Maschine, welche in hohem Maße dem Schutz des Facharbeiters und der Umwelt dient (Verringerung der Unfallgefahr, Absaugung und Entsorgung von Kühl-Schmierstoffnebel, deutliche Verringerung des Geräuschniveaus).

Neu hinzugekommen ist eine **rechnerkontrollierte (CNC)-Steuerung,** um Dreharbeiten effektiver ausführen zu können. Davon sichtbar ist das Bedienfeld mit dem Monitor.

Des Weiteren wurde die Maschine durch **Zusatzeinrichtungen** ergänzt, die in erster Linie der Verkürzung der Nebenzeiten dienen, z. B. eine **hydraulische Spanneinrichtung** und ein **Werkzeugrevolver,** um die zum Bearbeiten eines Werkstücks benötigten Werkzeuge schnellstmöglich bereitzustellen.

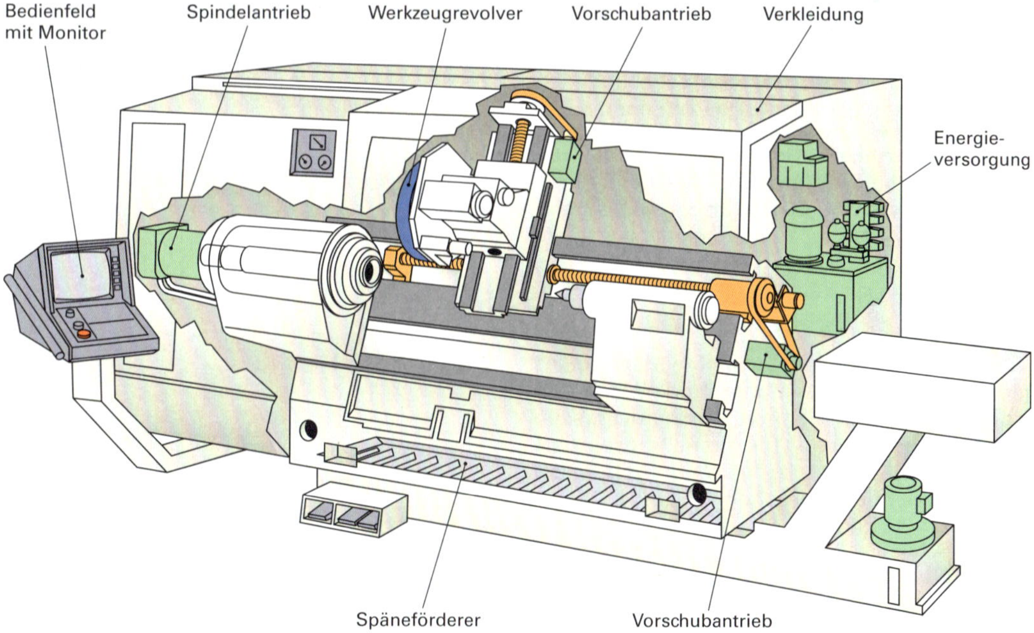

vel.plus/ GM33

1 CNC-Universaldrehmaschine

Überprüfen Sie Ihre Kenntnisse

1. Welche Winkel ändern sich, wenn der Drehmeißel nicht auf Mitte steht und welche Folgen ergeben sich daraus?
2. Welche Werte sind zur Ermittlung der Drehfrequenz an einer Drehmaschine notwendig?
3. Welchen Vorteil bieten Hartmetallschneiden gegenüber HSS-Drehmeißeln?
4. Skizzieren Sie einen Drehmeißel und tragen Sie Frei-, Keil- und Spanwinkel in die Skizze ein!
5. Welche Baugruppen der Leit- und Zugspindel-Drehmaschine sind an der Energieübertragung auf das Werkstück beteiligt?
6. Welche Baugruppen sind an der abgebildeten CNC-Drehmaschine neu hinzugekommen?
7. Inwieweit ist mit einer CNC-Drehmaschine dem Umweltschutz und der Arbeitssicherheit Rechnung getragen?

12.4 Fräsen

Durch Fräsen kann man ebene und gekrümmte Flächen, Profile, Zahnräder, Nuten und Gewinde herstellen.

Merke

Fräsen ist Spanen mit einem **mehrschneidigen Werkzeug** und **kreisförmiger Schnittbewegung** zur Erzeugung beliebiger Werkstückoberflächen (DIN 8589-3).

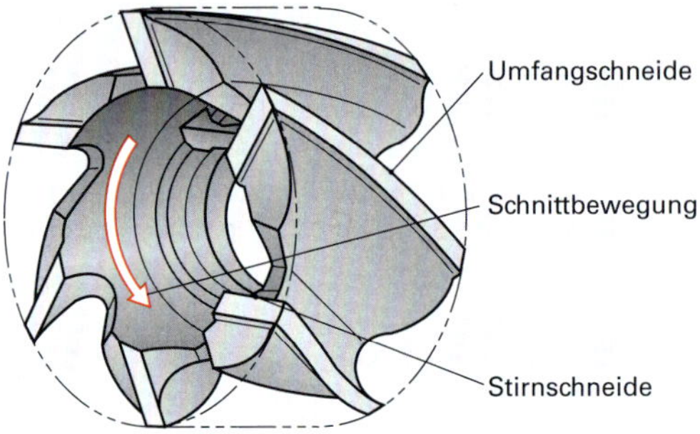

1 Walzenstirnfräser

12.4.1 Fräswerkzeuge

Das Werkzeug, der **Fräser,** hat die Konturen eines walzenförmigen Körpers (Bild 1).

Die Hauptschneiden sind die **Umfangsschneiden,** sie liegen auf der Mantelfläche des gedachten Zylinders. Die Nebenschneiden, die **Stirnschneiden,** befinden sich auf der Kreisfläche.

Die **Fräserschneide** hat die Form eines Keils (Bild 2). Innerhalb des von der Werkstückoberfläche und der Fräserachse gebildeten rechten Winkels (90°) kann man deutlich den **Keilwinkel** β**,** den **Freiwinkel** α mit der **Freifläche** und den **Spanwinkel** γ mit der **Spanfläche** erkennen.

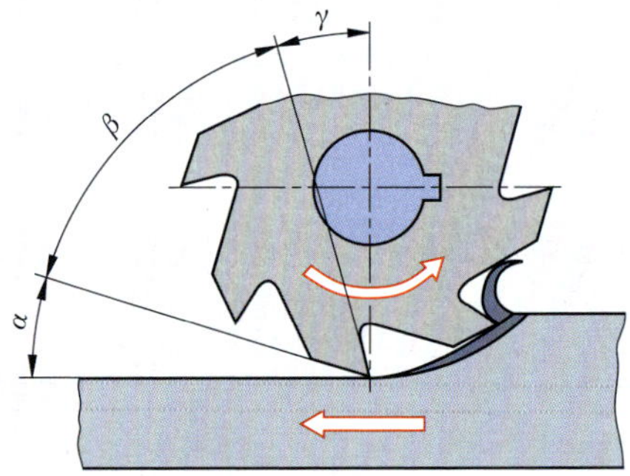

2 Winkel an der Fräserschneide

Der **Neigungswinkel** λ (Drallwinkel) zeigt die Neigung der Schneidkante gegenüber der Fräserachse (Bild 3). Wenn $\lambda \neq 0°$ ist, dringt die Schneidkante nicht schlagartig, sondern allmählich in die Werkstückoberfläche ein. Die Größe der Winkel α, β und γ richtet sich nach dem zu bearbeitenden Werkstoff.

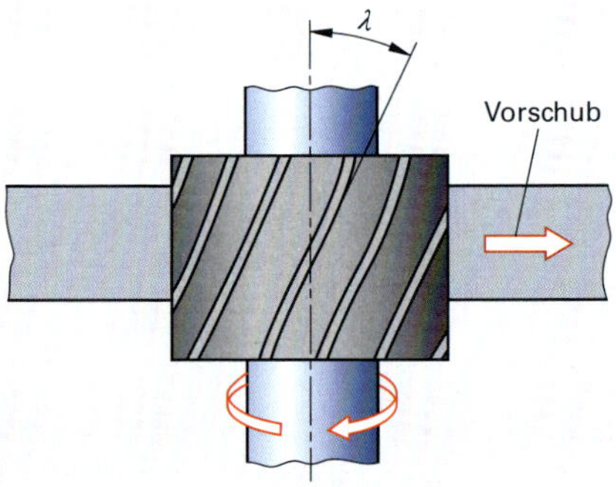

3 Neigungswinkel am drallverzahnten Fräser

Die **Schneidenzahl** hängt auch vom Material des Werkstücks ab. Bei weicheren Werkstoffen entstehen große Spanmengen. Deshalb müssen die Zahnlücken, in denen die Späne transportiert werden, größer sein als bei härteren Stoffen. Bei gleichem Fräserdurchmesser gilt:

Merke

Weiche Werkstoffe: Große Zahnlücken
kleine Zähnezahl
Harte Werkstoffe: Kleine Zahnlücken
große Zähnezahl

Die Hersteller unterscheiden deshalb die **Typen N** (normal), **W** (weich) und **H** (hart, Bild 4).

Als **Schneidstoff** wird in der Regel **Schnellarbeitsstahl** (Schnellschnittstahl **HSS**) verwendet. Er besitzt die wegen des unterbrochenen Schnittes nötige Zähigkeit und Temperaturwechselbeständigkeit. **Hartmetall (HM)** wird für Schneidplatten an Messerköpfen (Übersicht Seite 242) und Wendeschneidplatten bei Fräsköpfen (Übersicht Seite 242) verwendet.

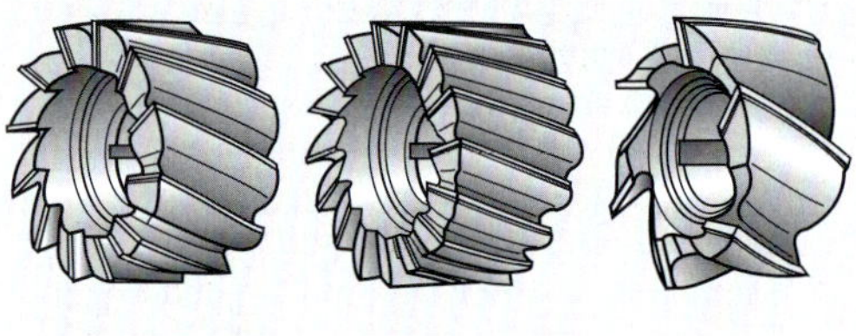

4 Fräser Typ N, Typ H und Typ W

12.4.2 Arbeitsbewegungen

Merke

Beim Fräsen wird die kreisförmige **Schnittbewegung** vom Werkzeug ausgeführt.

Die **Vorschubbewegung** erfolgt durch das Werkstück.

Die **Zustellbewegung** kann vom Werkstück und vom Werkzeug durchgeführt werden.

Die **Spanabnahme** durch die nacheinander zum Einsatz kommenden Schneiden erfährt kaum eine Unterbrechung (Bild 1 und Bild 2).

Die **Vorschubbewegung** wird in der Regel in einer Richtung durchgeführt, kann aber auch zugleich längs, quer und senkrecht erfolgen.

Durch die **Zustellung** werden die Dicke (Spanungstiefe) und die Breite (Spanungsbreite) der zu zerspanenden Werkstoffschicht gewählt (Bild 1 und Bild 2), soweit es die Größe des Werkzeugs zulässt.

12.4.3 Einteilung der Fräsverfahren

Die Vielfalt der Fräsverfahren wird nach unterschiedlichen Gesichtspunkten eingeteilt. Nach der **Arbeitsweise des Fräsers** wird unterschieden in:

Umfangsfräsen (Walzfräsen): Die am Umfang liegenden Hauptschneiden erzeugen die Werkstückoberfläche. Die Späne haben einen kommaförmigen Querschnitt (Bild 1). Die Achse des Fräsers liegt parallel zur bearbeiteten Fläche.

Stirnfräsen: Die an der Stirnfläche des Fräsers liegenden Nebenschneiden erzeugen die Werkstückoberfläche (Bild 2). Die Fräserachse steht senkrecht zur Oberfläche.

Stirn-Umfangsfräsen: Die Werkstückoberfläche wird gleichzeitig von den Haupt- und Nebenschneiden erzeugt (Bild 3).

Nach der **Vorschubrichtung** werden unterschieden:

Gleichlauffräsen: Im Eingriffsbereich der Fräserschneiden sind die Drehrichtung des Fräsers und die Vorschubrichtung des Werkstücks gleichgerichtet (Bild 4). Der Werkstoff wird an der Stelle des größten Spanquerschnitts angeschnitten. Weil der Fräser versucht, das Werkstück in Vorschubrichtung zu reißen, darf die Vorschubeinrichtung kein Spiel haben.

Gegenlauffräsen: Im Eingriffsbereich der Fräserschneiden sind die Drehrichtung des Fräsers und die Vorschubbewegung des Werkstücks einander entgegengerichtet. Die Schneiden gleiten leicht auf dem Werkstück, bevor sie in die Oberfläche eindringen (Bild 5).

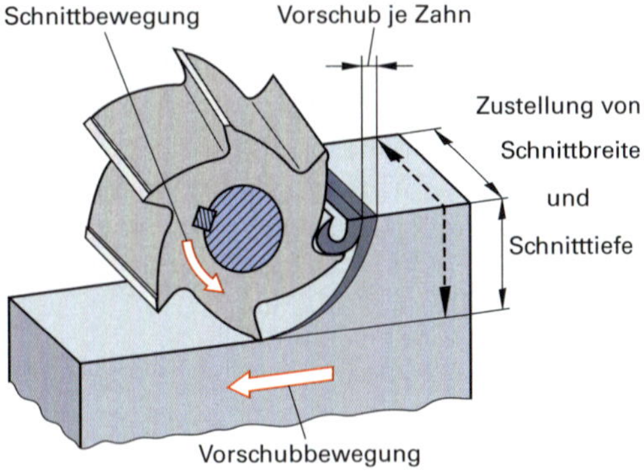

1 Bewegungen beim Umfangsfräsen (Walzfräsen)

vel.plus/GM34

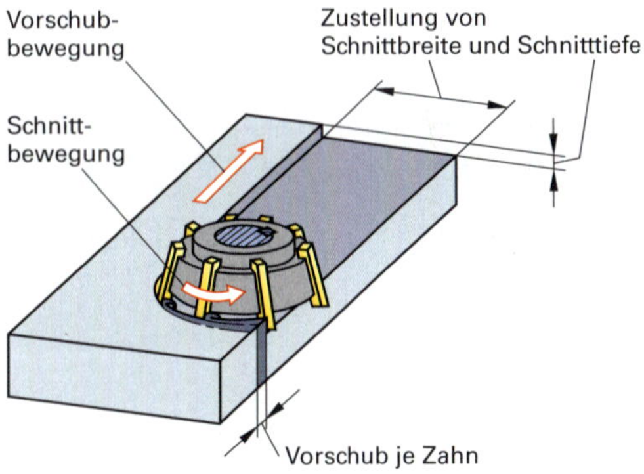

2 Bewegungen beim Stirnfräsen

vel.plus/GM35

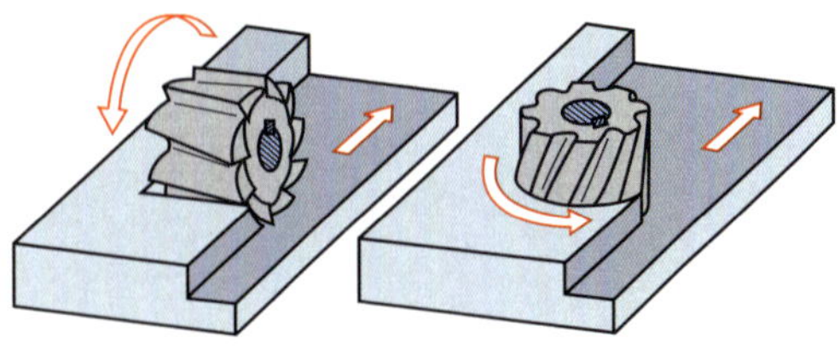

3 Stirn-Umfangsfräsen (Walzstirnfräsen)

vel.plus/GM36

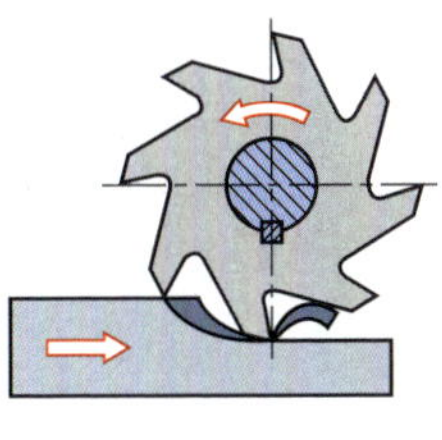

4 Gleichlauffräsen

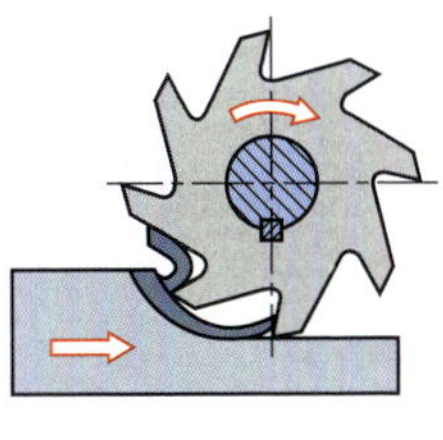

5 Gegenlauffräsen

Beim Gegenlauffräsen werden die Schneiden schneller stumpf als beim Gleichlauffräsen. Am Ende des Spanvorganges ist die Schnittkraft am größten und wird danach schlagartig null. Das kann zu Schwingungen führen, die sich durch Rattermarken (kleine Furchen) bemerkbar machen. Vorteilhaft ist das Gegenlauffräsen nur, wenn harte Oberflächen (bei Guss- und Schmiedestücken) bearbeitet werden müssen.

Nach der beabsichtigten **Form des Werkstücks** werden unterschieden:

- **Planfräsen** zur Erzeugung ebener Flächen (z.B. Bild 8);
- **Satzfräsen,** wobei mehrere Scheibenfräser (Bild 6) auf einen Dorn gespannt werden (Bild 2, Seite 243);
- **Profilfräsen** (z.B. Bild 4 und Bild 5);
- **Formfräsen,** wobei die Vorschubbewegung durch Steuereinrichtungen gesteuert wird (Bild 12).

12.4.4 Arten der Fräser

Unterscheiden kann man Fräswerkzeuge nach ihrem konstruktiven Aufbau in **Aufsteckfräser** (Bild 1, Bild 2, ...), **Schaftfräser** (Bild 9, Bild 10, ...) und **Messerköpfe** (Bild 8) sowie **Fräsköpfe** (Bild 7). Nach der Herstellungsart werden **spitzgezahnte** (Bild 1, Bild 2), **hinterdrehte** (Bild 4) sowie **Fräser** mit **eingesetzten Schneiden** (Bild 7, Bild 8) unterschieden.

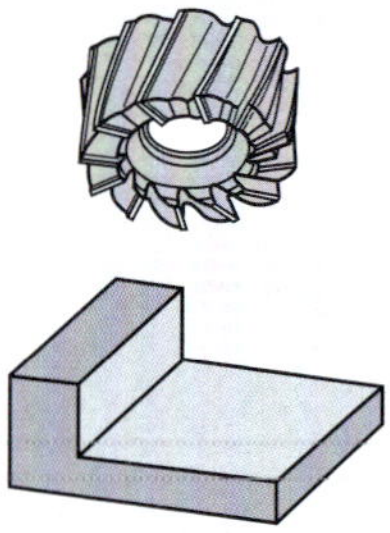

1 Walzenstirnfräser

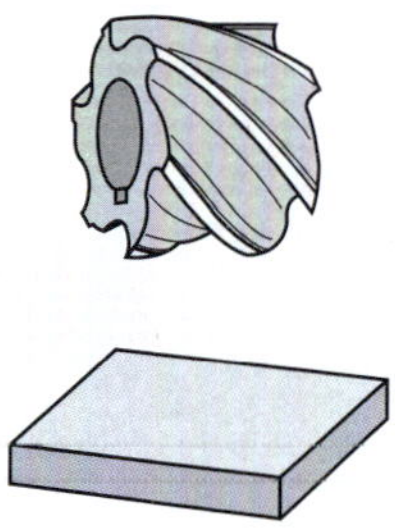

2 Walzenfräser

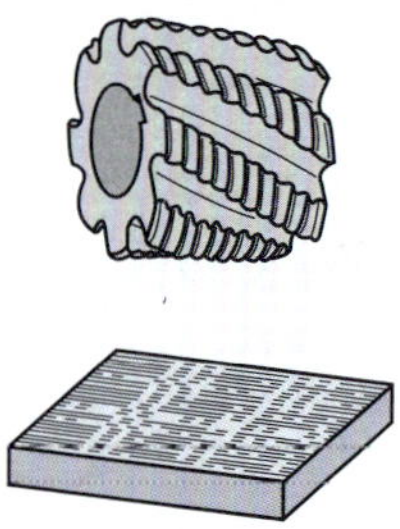

3 Walzenfräser mit Schruppgewinde

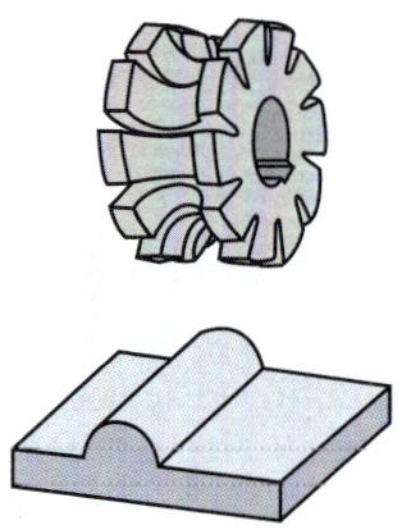

4 Halbkreisformfräser

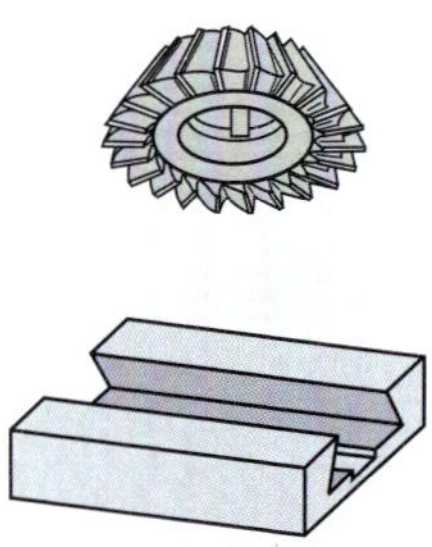

5 Winkelstirnfräser

6 Scheibenfräser kreuzverzahnt

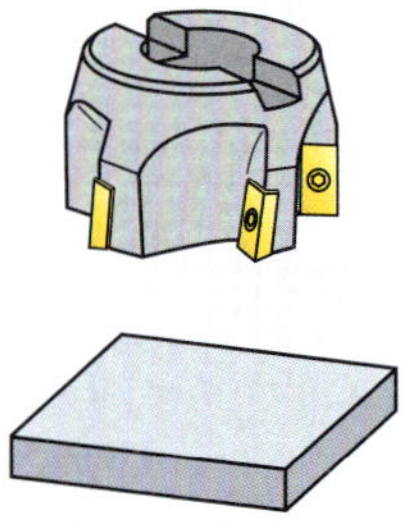

7 Fräskopf mit eingesetzten Wendeschneidplatten

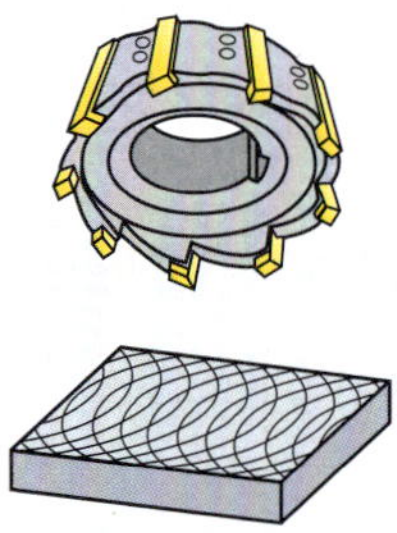

8 Messerkopf

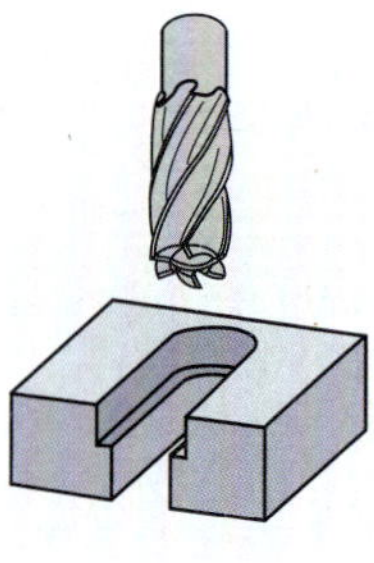

9 Schaftfräser

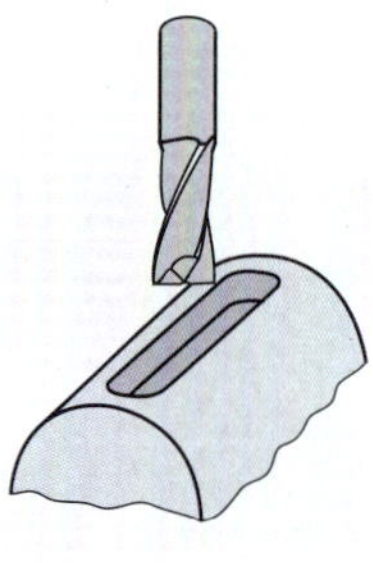

10 Langlochfräser

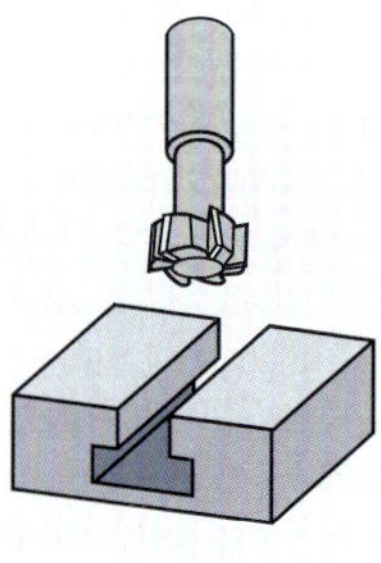

11 Schaftfräser für T-Nuten

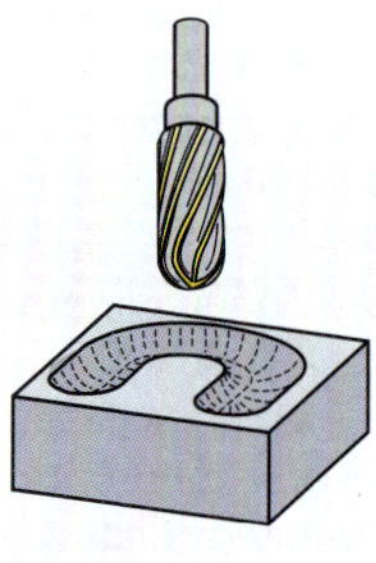

12 Gesenkfräser

12.4.5 Arbeit an Fräsmaschinen

Die am weitesten verbreitete Bauart ist die **Konsolfräsmaschine** (Bild 1).

Je nach Lage der Spindel zum Aufspanntisch unterscheidet man dabei **Waagerechtfräsmaschinen** (zum Umfangsfräsen, Bild 2) und **Senkrechtfräsmaschinen** (zum Stirnfräsen).

Einen **schwenkbaren Spindelkopf** haben **Universalfräsmaschinen** (Bild 1), ausgerüstet mit zwei Spindeln und vielseitig schwenk- und verstellbarem Tisch. **Universalwerkzeugfräsmaschinen** sind außerdem noch zum Bohren und Stoßen ausrüstbar.

Die Schnittgeschwindigkeit

Sie wird in m/min angegeben. Die Standzeit des Werkzeugs sinkt mit steigender Schnittgeschwindigkeit. Die Oberflächengüte wird bei größerer Schnittgeschwindigkeit besser (Tabelle).

Die Schnittgeschwindigkeit ist abhängig vom bearbeiteten Werkstoff, dem Schneidstoff, der Art des eingesetzten Fräsers, der Konstruktion der Maschine und den Schnittbedingungen. Die Angaben der Hersteller von Maschinen und Werkzeugen sind deshalb sorgfältig zu beachten.

Der Vorschub

Er wird in mm pro Fräserzahn angegeben. Der zu wählende Vorschub wie auch die Schnitttiefe sind gleichfalls abhängig vom Schneidstoff des Fräsers, dem bearbeiteten Werkstoff, der Art des Fräsers und der Maschine sowie den Schnittbedingungen. Entscheidend ist die benötigte **Güte der Werkstückoberfläche.**

Merke

Beim **Schruppen** soll mit dem größten möglichen Vorschub gearbeitet werden.
Beim **Schlichten** ist ein so kleiner Vorschub zu wählen, dass die geforderte Oberflächenqualität erreichbar ist.

Unfallverhütung

- Beim Einrichten, Einstellen und Reinigen der Maschine ist der Hauptschalter auszuschalten.
- Zum Messen sowie bei Werkstück- und Werkzeugwechsel ist die Maschine abzuschalten.
- Vor Inbetriebnahme muss kontrolliert werden, ob Spannschlüssel und Handkurbel entfernt wurden, ob Werkstücke und Spannzeuge nicht mit den Werkzeugen zusammenstoßen können.
- Bei laufender Maschine nie mit den Händen in die Nähe der Schneiden kommen, keine Späne mit Pinseln oder ähnlichen Hilfsmitteln entfernen. Keine Schutzvorrichtungen entfernen.

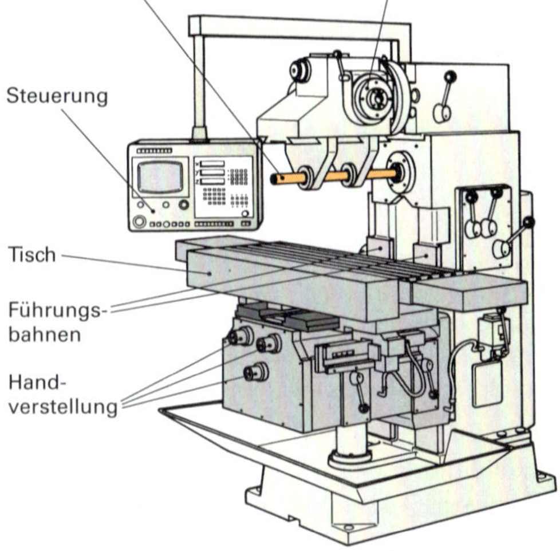

1 Universalfräsmaschine

Tabelle: Richtwerte für v_c und f_z für Fräsköpfe mit Hartmetall-Wendeschneidplatten (Auszug)

Art der Bearbeitung		Unleg. Stahl R_m bis 700 N/mm²	Leg. Stahl R_m bis 1000 N/mm²	Gusseisen bis 180 HB
Vorfräsen	v_c	100 ... 200	60 ... 200	70 ... 140
	f_z	0,1 ... 0,4	0,1 ... 0,4	0,1 ... 0,5
Fertigfräsen	v_c	100 ... 300	80 ... 220	90 ... 300
	f_z	0,1 ... 0,3	0,06 ... 0,3	0,1 ... 0,25

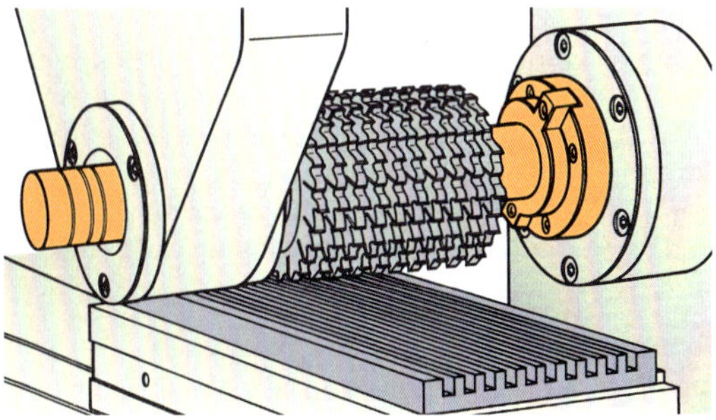

2 Waagerechtfräsen mit Satzfräser

- Beim Arbeiten an Fräsmaschinen muss enganliegende Kleidung getragen werden.
- Beim Fräsen kurzspanender Werkstoffe (z.B. Grauguss) muss man sich gegen umherfliegende Späne durch eine Schutzbrille sichern. Besser sind Schutzhauben und ähnliche Vorrichtungen.

Auswahl des Verfahrens

Merke

Unter wirtschaftlichen Gesichtspunkten ist das Stirn-Umfangsfräsen dem Umfangsfräsen vorzuziehen.

Die Hauptschneiden am Umfang des Werkzeugs nehmen die Späne ab, während die Nebenschneiden die Werkstückoberfläche glätten. Dadurch, dass gleichzeitig Gleichlauf- und Gegenlaufwirkungen entstehen, wird die Maschine gleichmäßig belastet (Bild 1). Die Antriebsleistung kann geringer sein als beim Umfangsfräsen, weil der Fräser durch kurzes Einspannen stärker belastbar ist. Walz-Stirnfräser können sowohl waagerecht als auch senkrecht eingespannt werden.

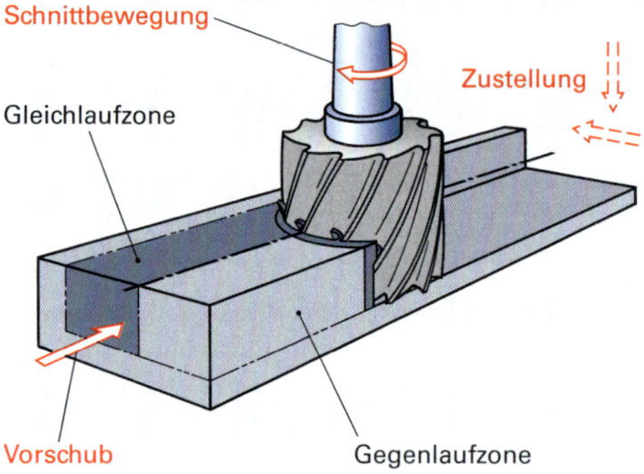

1 Bewegungen beim Stirn-Umfangsfräsen

Auswahl der Fräser

Je kleiner der Außendurchmesser des Fräsers ist, desto geringer wird das erforderliche Drehmoment und somit die Belastung der Frässpindel. Außerdem sind zu berücksichtigen:

- Form und Oberflächengüte des Werkstücks;
- Schneidstoff und Zähnezahl des Fräsers;
- Fräsverfahren und Vorschubrichtung;
- Zu zerspanender Werkstoff.

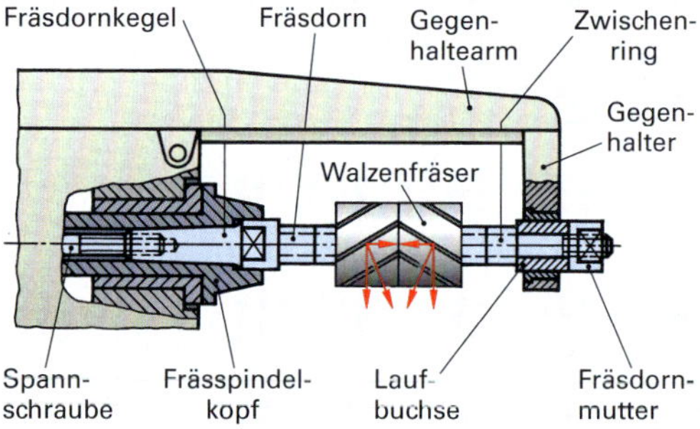

2 Einspannung der Walzenfräser

Aufspannen der Fräser

Zum Ein- und Aufspannen der Fräser verwendet man besondere **Spannzeuge.** Dazu gehören Fräsdorne mit Ringen, Aufsteckdorne, fliegende Dorne und Spannfutter (Bilder 2, 3, 4). Um bei Walzenfräsern ein Durchbiegen der Welle zu verhindern, muss der Fräsdorn in einem Gegenhalter gelagert werden (Bild 2).

Drallverzahnte Fräser müssen so aufgespannt werden, dass die auftretende Axialkraft in Richtung der Spindel wirkt. Werden zwei Walzfräser entgegengesetzter Drallrichtung miteinander kombiniert, müssen sie so aufgespannt werden, dass sich die Axialkräfte gegenseitig aufheben.

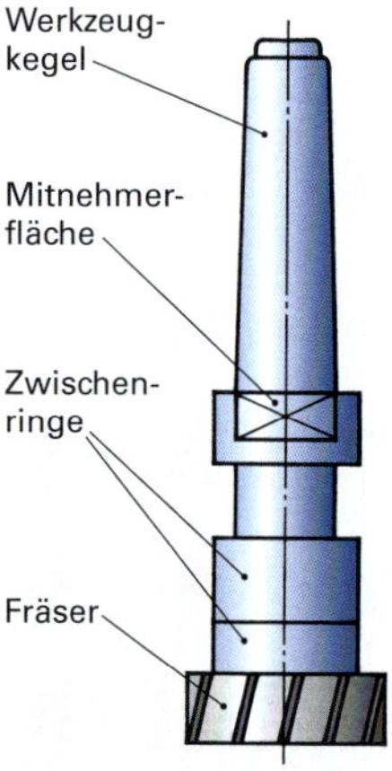

3 Aufsteckdorn für Schaftfräser

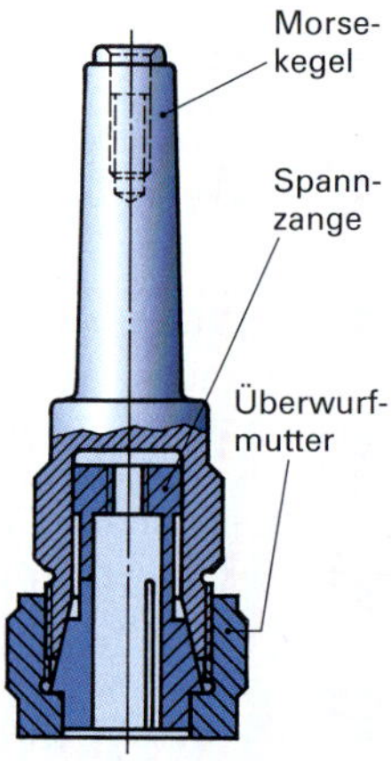

4 Spannfutter für Schaftfräser

Arbeitsregeln

- Vor dem Spannen müssen die Werkstücke entgratet werden, um eine sichere Auflage zu gewährleisten.
- Die Spannmittel müssen der Form und der Größe des Werkstücks entsprechen.
- Die Werkstücke müssen starr, möglichst tief und nahe am Ständer gespannt werden.
- Kleine und kurze Werkstücke werden im Maschinenschraubstock gespannt, größere direkt auf dem Maschinentisch.
- Der Durchmesser des Aufspanndorns ist möglichst groß zu wählen, um seine Durchbiegung gering zu halten.
- Beim Aufspannen ist darauf zu achten, dass die Passfedern, die den Fräser auf dem Fräsdorn mitnehmen, sicher gelagert sind.

Kühlen und Schmieren

Kühl-Schmiermittel kühlen die Fräserschneiden und bewirken so eine Verlängerung der Standzeiten und ermöglichen größere Schnittgeschwindigkeiten. Das Schmieren verringert die Reibung und somit die entstehende Reibungswärme und die erforderlichen Schnittkräfte. Es führt dadurch zur Verbesserung der Oberflächenqualität.

Die Flüssigkeit soll die Schnittstelle reichlich umspülen und die Späne abführen.

Schleifen der Fräser

Stumpfe Schneiden vergrößern die notwendigen Schnittkräfte und können den Bruch des Werkzeugs herbeiführen. Deshalb müssen Fräser häufig nachgeschliffen werden.

Wegen der erforderlichen Genauigkeit des Anschliffs dürfen Fräser nur auf **Werkzeugschleifmaschinen** scharf geschliffen werden (Bild 1).

Spitzgezahnte Fräser (z. B. Bilder 1, 2, 6, 9, Seite 242) werden mit Topfscheiben an der Freifläche geschliffen. Geometrische Form und Durchmesser des Fräsers ändern sich dadurch ein wenig. Das beeinträchtigt die Verwendbarkeit nicht (Bild 2).

Hinterdrehte Fräser sind Formfräser (Profilfräser) (Bild 4, Seite 242 und Bild 3). Ihr Spanwinkel ist $\gamma = 0$. Sie können nur mit besonderen Schleifscheiben an der Spanfläche nachgeschliffen werden (Bild 3). So verändert das Scharfschleifen nicht die geometrische Form.

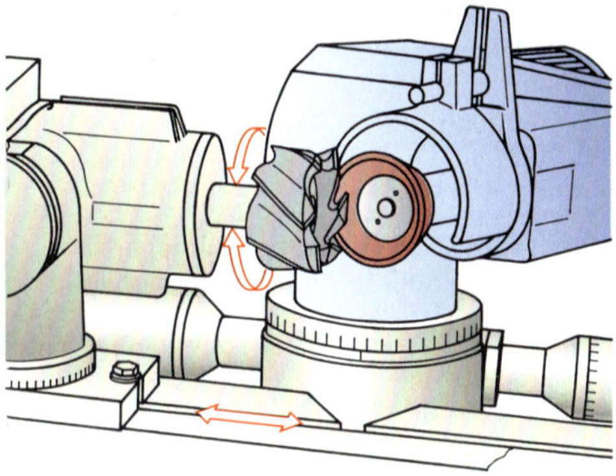

1 Werkzeugschleifeinrichtung

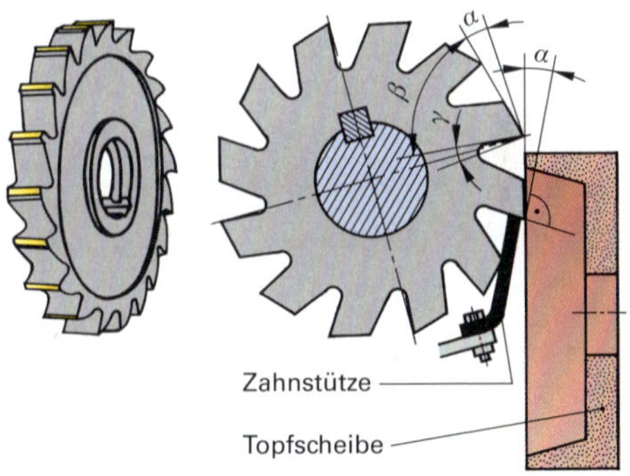

2 Scharfschleifen eines spitzgezahnten Fräsers

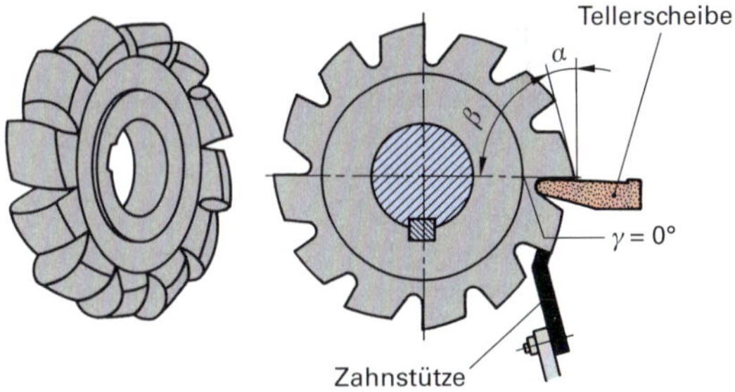

3 Scharfschleifen eines hinterdrehten Fräsers

Überprüfen Sie Ihre Kenntnisse

1 Vergleichen Sie die spanenden Fertigungsverfahren Bohren, Drehen und Fräsen bezüglich der Arbeitsbewegungen.
2 Wie unterscheiden sich Umfangsfräsen (Walzfräsen) und Stirnfräsen?
3 Begründen Sie, warum das Stirn-Umfangsfräsen wirtschaftlicher ist als das Umfangsfräsen!
4 Unterscheiden Sie Gegenlauf- und Gleichlauffräsen. Beschreiben Sie Vor- und Nachteile.
5 Warum gibt es die Fräsertypen H, N und W und worin unterscheiden sie sich?
6 Welche Vorteile haben drallverzahnte Fräser gegenüber geradverzahnten?
7 Was unterscheidet spitzgezahnte von hinterdrehten Fräsern und wie werden sie angeschliffen?
8 Wie wirken sich die Vergrößerung des Vorschubs und die Erhöhung der Schnittgeschwindigkeit auf die Oberflächengüte aus?
9 Nach welchen Gesichtspunkten erfolgt die Auswahl der Fräser?

12.5 Schleifen

Durch die verschiedenen Schleifverfahren lassen sich ebene und gekrümmte Flächen sowie regelmäßige und unregelmäßige Profile herstellen und bearbeiten. Das Schleifwerkzeug besteht aus einer Vielzahl kleiner, sehr harter Schleifkörner. Sie haben eine unregelmäßige Gestalt und werden durch ein Trägermaterial, die Bindung, zusammengehalten (DIN 8589-11).

Merke

Schleifen ist ein spanendes Fertigungsverfahren mit vielschneidigen Werkzeugen und geometrisch unbestimmten Schneiden zur Erzeugung vielfältiger Werkstückoberflächen.

Häufig ist das Schleifen die abschließende **Feinstbearbeitung** zur Erzeugung von Oberflächen mit sehr kleinen Rautiefen sowie hoher Maß- und Formgenauigkeit, nachdem durch andere spanende Fertigungsverfahren die geometrische Form des Werkstücks erzeugt wurde.

Schleifen dient auch der Wiederherstellung der Zerspanungseigenschaften trennender Werkzeuge durch Scharfschleifen, **Nachschleifen** abgestumpfter Schneiden.

Schleifen ist das wichtigste Verfahren zum **Entgraten** nach vielen Fertigungsverfahren (z. B. Gussputzen, Blechschneiden).

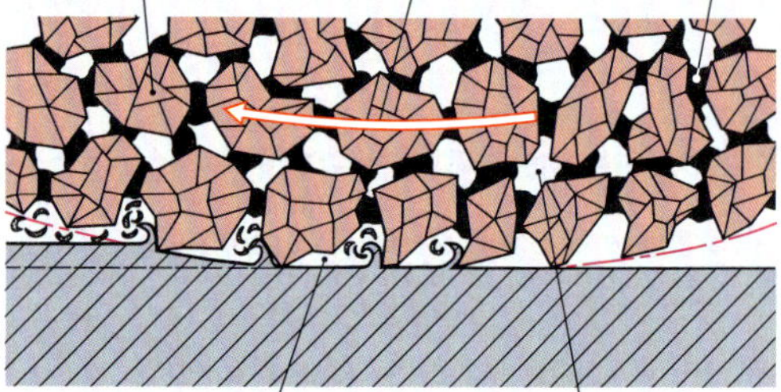

1 Bestandteile des Gefüges von Schleifkörpern

12.5.1 Schleifwerkzeuge

Merke

Die Eigenschaften eines Schleifkörpers aus gebundenem Schleifmittel werden durch das **Schleifmittel** und seine **Körnung** sowie die **Bindung** und ihre Festigkeit **(Härte)** und das **Gefüge** bestimmt (Bild 1).

Schleifmittel

vel.plus/ GM37

Der eigentliche **Schneidstoff** sind die Körner des Schleifmittels, die die Werkstoffspäne abtrennen.

Beim Schleifen geschieht die **Spanabnahme** durch eine große unbestimmte Anzahl unregelmäßig geformter Schneiden dieser Körner. Bei genügender Vergrößerung kann man jedoch auch hier die ungefähre Form eines Schneidkeils erkennen (Bild 2). In der Regel sind der **Keilwinkel** β und der **Freiwinkel** α zusammen größer als ein rechter Winkel (a + b > 90°) und der **Spanwinkel** γ ist **negativ,** sodass sich eine **schabende Wirkung** einstellt.

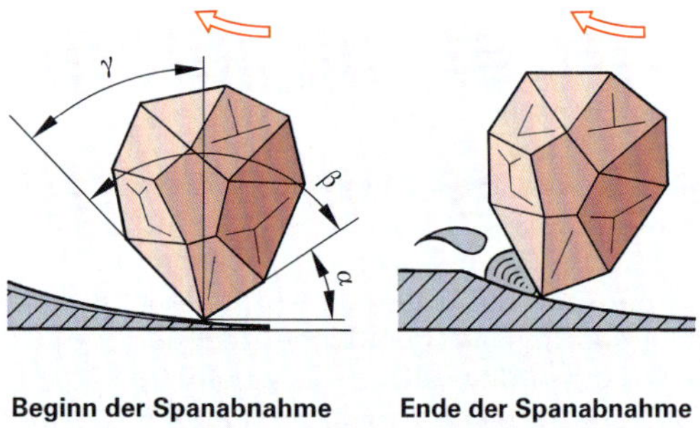

2 Winkel am Schleifkorn bei Spanabnahme

Merke

Das **Schleifmittel** muss wesentlich härter sein als der zu zerspanende Werkstoff.

Verwendet werden entweder natürlich vorkommende oder künstlich hergestellte Mineralien. Das sind Korund (Kurzzeichen A), Siliciumkarbid (C), Zirkonkorund (Z), Bornitrid (B) und Diamant (D) (DIN ISO 6104). Jeder Schleifkörper enthält nur Schleifmittel einheitlicher Korngröße (Tabelle).

Tabelle: Kennziffer für die Korngröße

Körnung		Einsatz
grob	F4 … F24	Schruppen
mittel	F30 … F60	Schlichten
fein	F70 … F220	
sehr fein	F230 … F1200	Fein- und Feinstschleifen

Merke

Durch die **Korngröße** werden die Zerspanleistung und die Oberflächengüte beeinflusst.

Die Bindung

Das Bindemittel hält die Schleifkörner zusammen (Tabelle 1). Wenn diese stumpf geworden sind, sollen sie ausbrechen. Brechen sie zu schnell aus, nutzt sich die Schleifscheibe zu rasch ab. Ist die Bindung zu fest, werden die Körner zu stumpf und die Temperaturen zu hoch.

Merke

Die **Härte** eines Schleifkörpers ist ein Maß für die Kraft, mit der die Schleifkörner durch das Bindemittel festgehalten werden.

Der **Härtegrad** muss bei der Auswahl der Schleifscheibe dem Werkstoff angepasst werden (Tabelle 2). Bei harten und spröden Werkstoffen stumpfen die Schleifkörner schneller ab, deshalb müssen sie leichter aus der Bindung herausbrechen können. Bei weichen und zähen Werkstoffen bleiben die Körner länger scharf. Deshalb gilt für die Auswahl von Schleifscheiben:

Merke

Harte Werkstoffe – weiche Schleifscheiben.
Weiche Werkstoffe – harte Schleifscheiben.

Gefüge

Die räumliche Verteilung von Schleifkörnern, Bindemittel und Poren bildet das Gefüge (die Struktur) des Schleifkörpers (Tabelle 3). Die Kennziffern zeigen die **Porosität,** also ob der Schleifkörper ein geschlossenes oder offenes Gefüge besitzt.

Die **Auswahl des Gefüges** muss die anfallende Spanmenge berücksichtigen (Bild 1, Seite 246). Je mehr Späne anfallen, desto größer müssen die Poren sein.

Beim Nassschliff kann durch größere Poren mehr Kühlflüssigkeit an die Eingriffsstelle transportiert werden. Das erhöht die Zerspanungsleistung.

Dichte Scheiben haben eine größere Härte und nutzen sich nicht so schnell ab. Jedoch können sie sich leichter mit Spänen zusetzen und müssen öfter abgerichtet werden.

Die Form der Schleifkörper

Die Einteilung der Schleifkörper erfolgt nach der geometrischen Grundform und der Art der Einspannung (Schleifscheiben – Bohrung; Schleifstifte – Schaft) (Bild 1).

Am häufigsten werden gerade Schleifscheiben verwendet, die neben der normalen Walzenform auch profiliert sein können (Bild 2).

Tabelle 1: Bindemittel für Schleifkörper

Art der Bindung	Kurzzeichen	Eigenschaften und Anwendung
keramisch	V	Die gebräuchlichste, unempfindlich gegen Wasser, Öl und Wärme, unelastisch und spröde.
Gummi	R	Sehr elastisch und zäh, für hohe Umfangsgeschwindigkeiten, wärmeempfindlich, geeignet für Nassschliff, geringe Leistung.
Gummi faserstoffverstärkt	RF	
Kunstharz	B	Gebräuchlichste elastische Bindung, hohe Festigkeit, Zähigkeit, für dünne Scheiben und hohe Umfangsgeschwindigkeiten.
Kunstharz faserstoffverstärkt	BF	
Metall	M	Hohe mechanische- und Verschleißfestigkeit, wenig stoßempfindlich.

Tabelle 2: Kennbuchstaben für die Härte von Schleifscheiben

A B C D .... M N ....W X Y Z
äußerst weich .... mittel .... äußerst hart

Tabelle 3: Kennziffern für das Gefüge von Schleifkörpern

0 1 2 3 4 5 6 7 8 9 10 11 12 13 14
dichtes geschlossenes Gefüge.........offenes Gefüge
kleine Poren .... große Poren

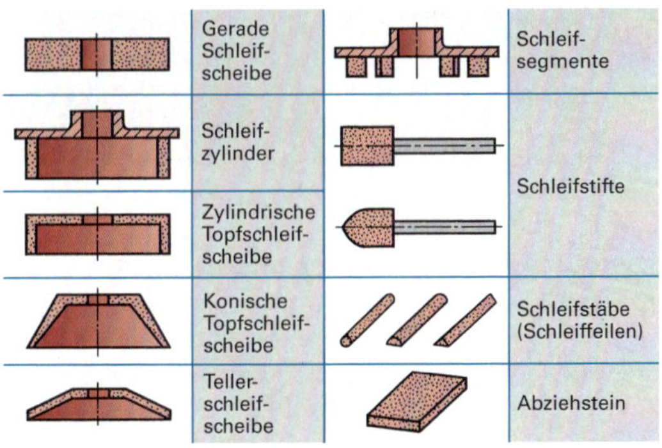

1 Grundformen von Schleifscheiben

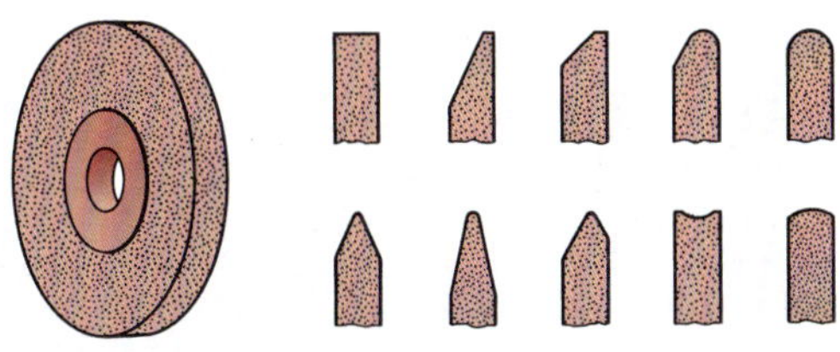

2 Profilformen von Schleifscheiben

Bezeichnung der Schleifwerkzeuge

Einteilung und Bezeichnung der Schleifkörper sind genormt, alle notwendigen Angaben sind auf den Etiketten der Schleifscheiben zu finden. Zunächst wird die Grundform aufgeführt, dann kommen die Abmessungen und dann der Schneidstoff (Tabelle 1).

Für Schleifbänder, Schleifpapier und weitere Schleifmittel gelten ähnliche Regeln.

Tabelle 1: Schema für die Bezeichnung genormter Schleifkörper (Beispiel, Kurzform)

Form	Abmessung	Werkstoff
7	400 × 100 × 127	A 60 K 8 V 35

- ISO-Grundform: 7
- Außendurchmesser d_1 = 400 mm
- Scheibenbreite b = 100 mm
- Bohrungsdurchmesser d_2 = 127 mm
- Schleifmittel A (Korund)
- Körnung (Sieb mit 60 Maschen je Zoll)
- Härtegrad K = weich
- Gefügekennziffer 8 (mittel)
- Bindung V (keramisch)
- Zulässige Umfangsgeschwindigkeit 35 m/s

12.5.2 Zerspanungsvorgang

Die **Schnittbewegung** wird durch das Werkzeug, im Allgemeinen Schleifscheibe genannt, ausgeführt. Die Vorschub- und Zustellbewegung geschehen in der Regel über das Werkstück (Bild 1). Durch die **Zustellung** werden die **Schnitttiefe** bzw. die Schnittbreite festgelegt. Soll durch Schleifen lediglich die Oberflächengüte verbessert werden, braucht die Schleifscheibe die Werkstückoberfläche nur leicht zu berühren.

Die im Vergleich zu anderen spanenden Verfahren wesentlich höhere Schnittgeschwindigkeit führt zu **hohen Temperaturen** während der Spanabnahme. Dabei können die Späne schmelzen und verglühen (Schleiffunken).

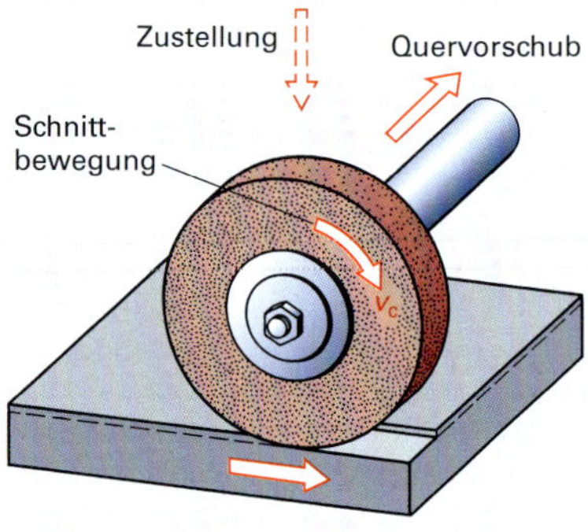

1 Der Zerspanungsvorgang beim Plan-Umfangsschleifen

12.5.3 Arbeit mit Schleifwerkzeugen

Schleifscheiben besitzen wegen ihrer Struktur eine verhältnismäßig geringe Zugfestigkeit. Damit sie durch die **Fliehkräfte** nicht auseinandergerissen werden, muss die Umfangsgeschwindigkeit begrenzt werden (Tabelle 2).

Tabelle 2: Zulässige Umfangsgeschwindigkeit von Schleifscheiben

Farbstreifen	blau	gelb	rot	grün	blau - gelb
v in m/s	50	63	80	100	125

Auswuchten der Schleifscheiben

Wegen der ungleichmäßigen Massenverteilung (Unwucht) in den Schleifscheiben entstehen ungleichmäßige Fliehkräfte. Sie würden die Lager der Schleifmaschine, die Qualität der Schleifarbeit und den Verschleiß der Scheibe ungünstig beeinflussen. Deshalb wird auf **Auswuchtgeräten** die Lage der Unwucht festgestellt. Dann ordnet man Ausgleichsgewichte in der Ringnut des Flansches an, dass ein labiles Gleichgewicht entsteht (Bild 2) und die Scheibe ruhig läuft.

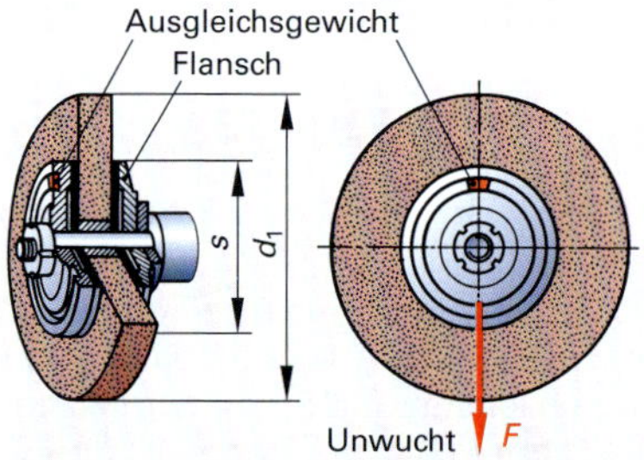

2 Aufspannen und Auswuchten einer Schleifscheibe

Abrichten der Schleifscheiben

Nach einer gewissen Standzeit werden Schleifscheiben stumpf. Die Porenräume haben sich zugesetzt und die Scheibe ist wegen ungleichmäßiger Abnutzung nicht mehr genau kreisförmig. Mithilfe eines **Abrichtwerkzeugs** wird die stumpfe Schicht abgetragen und scharfe Körner werden freigelegt (Bild 3).

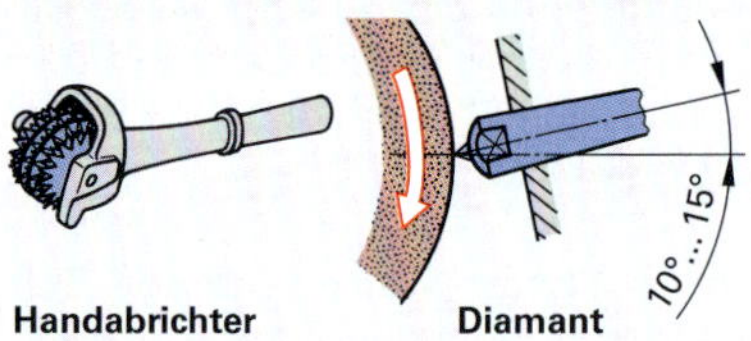

3 Abrichtwerkzeuge

Kühlen und Schmieren

In der Eingriffzone können bei hohen Schnittgeschwindigkeiten Temperaturen bis über 1000 °C auftreten. Das könnte sowohl die Eigenschaften des Werkstücks verändern als auch die Standzeiten der Schleifscheiben herabsetzen. Deshalb müssen Reibung und Erwärmung vermindert werden.

Merke

Beim Schleifen ist unbedingt auf ausreichende Kühlung der Eingriffszone zu achten.

Falls eine Flüssigkeitskühlung nicht möglich ist, z.B. bei Handschleifgeräten, wählt man eine geringere Schnittgeschwindigkeit oder unterbricht häufig den Schleifvorgang.

Aufspannen und Prüfen der Schleifscheiben

Wegen der Gefährlichkeit der Schleifarbeiten gibt es hierfür **Regeln der Berufsgenossenschaften,** in denen Art und Verfahren der Aufspannung, Größe der Flansche und die Prüfung festgelegt sind.

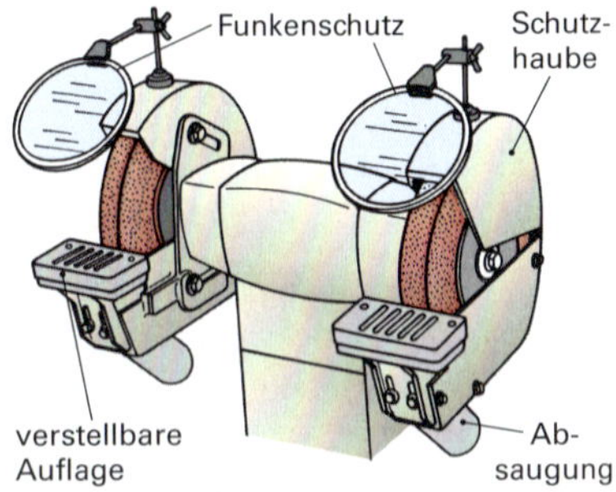

1 Schleifbock

12.5.4 Schleifmaschinen und -verfahren

In der industriellen Fertigung werden sowohl Universalschleifmaschinen als auch Spezialschleifmaschinen eingesetzt. Je nach Gestalt der Werkstückoberfläche unterscheidet man **Rundschleifen, Planschleifen und Profilschleifen.**

Scharfschleifen von Werkzeugen ist bei Drehmeißeln oder Bohrern von Hand am Schleifbock möglich (Bild 1). Genauere Werkzeuge müssen an **Werkzeugschleifmaschinen** nachgeschliffen werden (z.B. Bild 1, Seite 245).

Universal-Winkelschleifer sind ein vielseitig einsetzbares Handwerkzeug. Sie werden zum Trennen anstelle von Sägen, zum Entgraten von Gussstücken und Blechrändern, zum Abschleifen von Schweißnähten und ähnlichen Arbeiten verwendet (Bild 2).

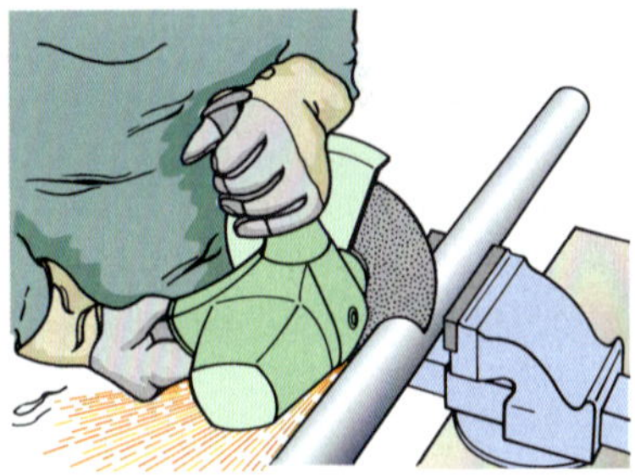

2 Trennschleifen mit der Universal-Winkelschleifmaschine

Bandschleifen dient hauptsächlich dem Verbessern der Oberflächengüte, zum Entfernen von Rost und zum Entgraten (Bild 3).

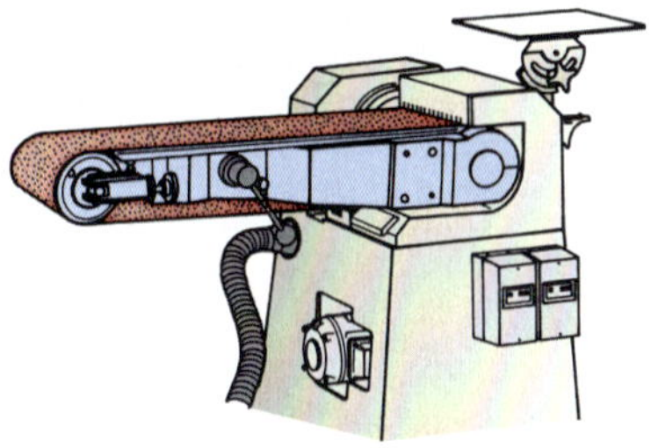

3 Bandschleifmaschine

Unfallverhütung

- Beim Schleifen ohne Maschinenabdeckung immer eine Schutzbrille tragen!
- Werkstückauflage und Schutzhaube dürfen nur bei stehender Maschine nachgestellt werden!
- Spalt zwischen Scheibe, Werkstückauflage und Schutzhaube täglich kontrollieren (Bild 1)!
- Beim Trockenschleifen den anfallenden Staub nach Möglichkeit absaugen!

Überprüfen Sie Ihre Kenntnisse

1. Beschreiben Sie die Einsatzmöglichkeiten des Schleifens.
2. Vergleichen Sie die spanenden Fertigungsverfahren Schleifen und Fräsen.
3. Woraus besteht das Gefüge einer Schleifscheibe?
4. Welche Aufgabe hat die Bindung? Nennen Sie einige Bindemittel.
5. Was versteht man unter der Härte einer Schleifscheibe?
6. Welche Schleifscheiben verwendet man für harte Werkstoffe und warum?
7. Was ist beim Aufspannen und Einrichten der Schleifscheibe zu beachten?
8. Warum müssen Schleifscheiben ausgewuchtet werden?
9. Weshalb richtet man Schleifscheiben ab?
10. Begründen Sie, warum beim Schleifen die Unfallgefahr besonders hoch ist.
11. Warum darf man nur einfache Werkzeuge am Schleifbock nachschärfen?

12.6 Projektaufgaben handgeführtes Gelenk – Fertigen von Bauelementen mit Maschinen

Die Funktion des nebenstehend abgebildeten einfachen Gelenkes (Bilder 1, 2 und Stückliste) soll beschrieben und die Fertigung der Einzelteile teilweise erläutert werden. An die einzelnen Bauteile werden dabei keine besonderen Anforderungen gestellt (DIN ISO 2768 - m).

Aufgaben

1. Ordnen Sie den Einzelteilen des Gelenkes (Bild 2) die Positions-Nr. aus der Stückliste zu. Welche der Teile sind Normteile und welche werden in der Werkstatt angefertigt?
2. Mit welchen Fertigungsverfahren werden die in der Werkstatt hergestellten Bauteile bearbeitet? Ordnen Sie die Bauteile mithilfe einer Tabelle den Fertigungsverfahren zu.
3. Beschreiben Sie die Bewegungsmöglichkeiten (Funktion) des Gelenkes und nennen Sie die jeweils beteiligten Bauteile.
4. Welche Vorteile ergeben sich aus einer „Explosionszeichnung" wie der des Gelenkes in Bild 2?
5. Wozu dient eine technische Zeichnung allgemein und welche Informationen können Sie aus der technischen Zeichnung des Gelenkbolzens (Pos. 3/Bild 3) entnehmen.
6. Unter dem Gesichtspunkt der rationellen Fertigung sollten auch in der Einzelteilfertigung und bei Kleinserien Fertigungs- bzw. Arbeitspläne erstellt werden. Welche (vier) Vorgaben sind beim Aufstellen eines Fertigungsplans zu berücksichtigen?

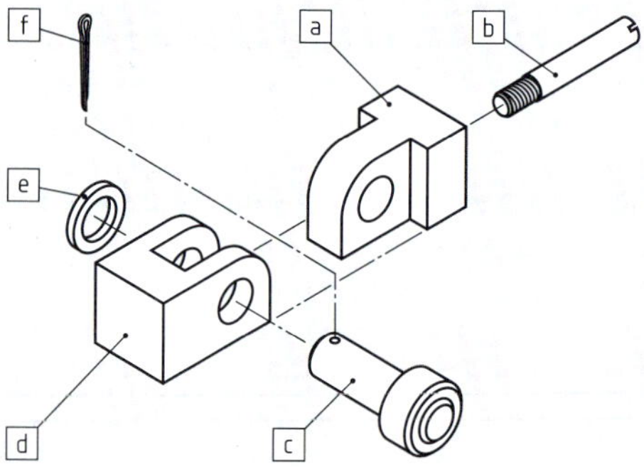

2 Gelenk-Explosionszeichnung

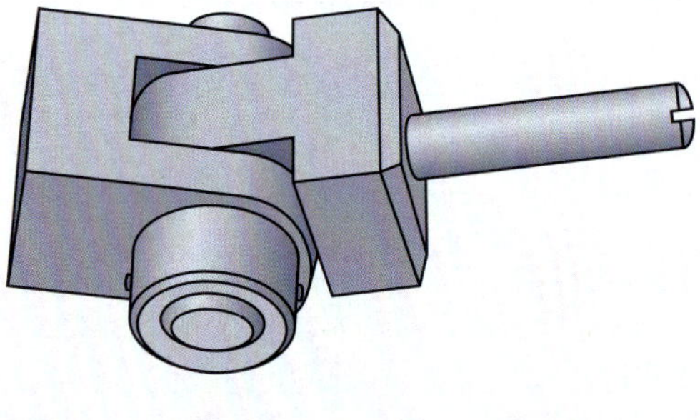

1 Gelenk

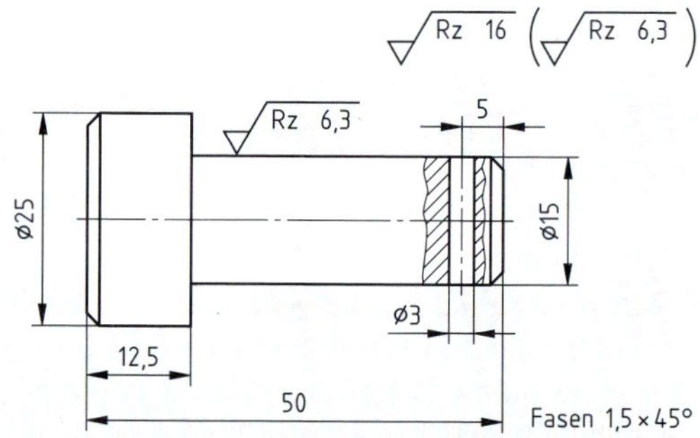

3 Technische Zeichnung Gelenkbolzen (Pos. 3)

Gelenk, Stückliste				
Pos.-Nr.	**Menge Einheit**	**Benennung**	**Werkstoff/Norm-Kurzbezeichnung**	**Bemerkung, Rohteilmaße**
1	1	Gelenkhalter	S235JR	50 × 30 × 30
2	1	Gelenkstück	S235JR	60 × 40 × 40
3	1	Gelenkbolzen	S235JR	ø 30 × 60 lg
4	1	Hebelstange	S235JR	ø 8 × 60 lg
5	1	Unterlegscheibe	ISO 7090-15-200 HV	
6	1	Sicherungssplint	ISO 1234 – 3 × 30 – St	

Aufgaben

7. Bei der Fertigung des Gelenkstücks (Pos. 2) kommen unter anderem die Fertigungsverfahren Bohren und Senken zum Einsatz. Beschreiben Sie diese Fertigungsverfahren und nennen Sie hierfür typische Werkzeuge.

8. Ermitteln Sie die Formel zur Berechnung der Schnittgeschwindigkeit beim Bohren und stellen Sie diese nach der Drehzahl *n* (in Umdrehungen pro Minute) und nach dem Durchmesser *d* (in Millimeter) um.

9. Welche negativen Folgen können sich beim Zerspanungsvorgang an einer Bohrmaschine ergeben, wenn die Schnittgeschwindigeit v_c zu hoch gewählt wird?

10. Nennen Sie fünf wesentliche Eigenschaften, die von Schneidstoffen einer Werkzeugschneide verlangt werden, um optimale Arbeitsergebnisse zu erzielen.

11. Bei der Herstellung des Gelenkhalters (Pos. 1) sowie des Gelenkstücks (Pos. 2) kann eine Bohrmaschine, wie in Bild 1 abgebildet, eingesetzt werden. Eine solche Maschine kann als „Technisches System" aufgefasst werden. Beschreiben Sie die Funktionen einer Werkzeugmaschine mit den systemtechnischen Begriffen der Eingabe, Verarbeitung und Ausgabe (EVA-Prinzip).

12. In nebenstehendem Bild sind die Funktions- und Baueinheiten der Bohrmaschine nummeriert. Erstellen Sie eine Tabelle, in der jeweils in einer Spalte die Nummer der Baugruppe, die Bezeichnung der Funktionsgruppe sowie die konkreten Maschinenteile eingetragen sind.

13. Welche Anforderungen werden an tragende und stützende Bauteile, wie z. B. den Bohrmaschinenkopf, gestellt und welche Maßnahmen werden ergriffen, um diese Anforderungen zu erfüllen?

14. Nennen Sie die am Energiefluss (Kraftfluss) der Bohrmaschine beteiligten Baugruppen. Ausgangspunkt der Aufzählung soll der Hauptantrieb, Endpunkt der Aufzählung das Werkzeug sein.

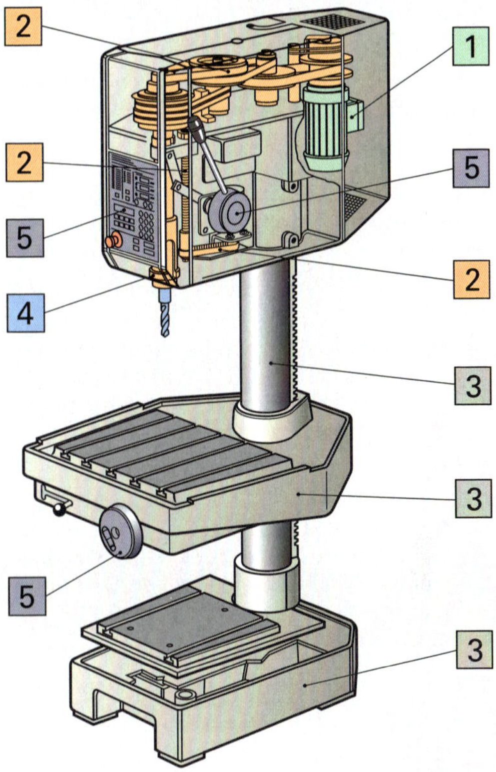

1 Bohrmaschine

15. Nennen Sie mindestens drei Sicherheitseinrichtungen an Werkzeugmaschinen (evtl. auch an anderen Fertigungsanlagen) und beschreiben Sie deren Aufgabe.

16. Welche Arbeitsregeln bzw. welche Unfallverhütungsvorschriften für das Arbeiten mit Halte- und Spannvorrichtungen werden im nachfolgenden Bild 2 nicht berücksichtigt?

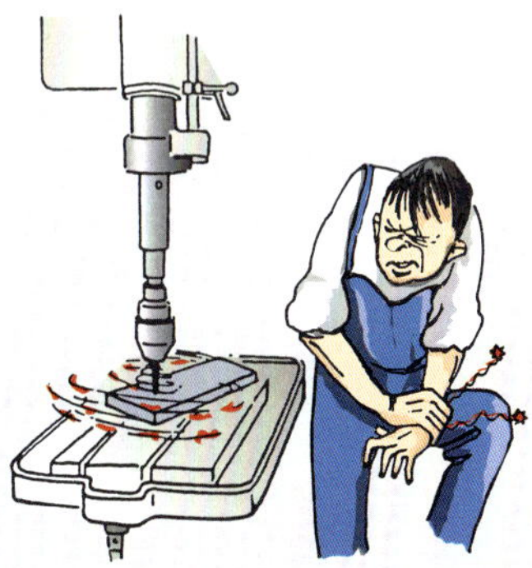

2 Unfallverhütung beim Bohren

Aufgaben

17. Bei der Fertigung des Gelenkstücks (Pos. 2) aus dem Werkstoff S235JR (unlegierter Baustahl) ist u. a. eine Gewindebohrung M8 nach nebenstehender Zeichnung zu fertigen.
    a) Erstellen Sie für die Fertigung dieser Bohrung einen Arbeitsplan, indem Sie die erforderlichen Arbeitsschritte benennen und die benötigten Werkzeuge bzw. Hilfsmittel zuordnen.
    b) Ermitteln Sie mithilfe eines Tabellenbuches die einzustellenden Drehzahlen und nehmen Sie diese in den Arbeitsplan mit auf.
    c) Welche Aufgabe erfüllt diese Bohrung?

18. Bei der Herstellung bzw. Fertigung von Werkstücken gelingt die Erzeugung eines „idealen" Maßes selbst bei größter Mühe nicht oder nur mit einem unvertretbar hohen Aufwand.
    a) Erläutern Sie die Sinnhaftigkeit und die Anwendung von Maßtoleranzen in der Fertigungstechnik.
    b) Erklären Sie anhand eines selbst gewählten Beispiels, was in der Metalltechnik unter einem „tolerierten Maß" und was unter der Maßtoleranz zu verstehen ist.

19. Erläutern Sie den Begriff „Allgemeintoleranzen" (für Längen und Winkel) nach DIN ISO 2768-1. Beschreiben Sie hierbei auch deren Verwendung bzw. die Zuordnung der Toleranzklassen.

20. Das Prüfen von Bauteilen während bzw. nach der Fertigung kann durch Messen oder Lehren erfolgen. Beschreiben Sie kurz die beiden Prüfverfahren und nennen Sie zu jedem zwei Vorteile.

21. Beim Prüfen von Bauteilen treten systematische und zufällige Abweichungen vom tatsächlichen Maß auf (Prüf- bzw. Messfehler).

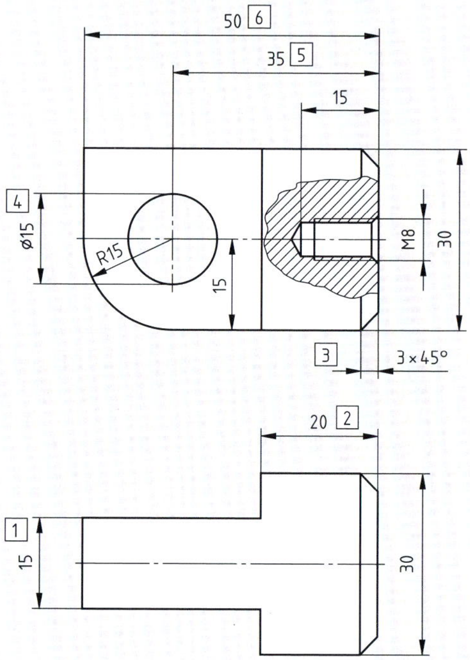

1 Technische Zeichnung Gelenkstück (Pos. 2)

    a) Erläutern Sie, was man beim Messen unter systematischen und was unter zufälligen Messabweichungen versteht.
    b) Nennen Sie mindestens vier Messfehler, die beim Messen des Gelenkstückes mit einem Messschieber auftreten können und ordnen Sie diese dem Prüfgegenstand, dem Prüfmittel, dem Prüfer oder Umwelteinflüssen zu.

22. Stellen Sie für die gekennzeichneten Maße (1 – 6) des Gelenkstückes eine Maß- und Prüftabelle wie in nachfolgendem Beispiel auf. Da die Maße in der technischen Zeichnung nicht weiter mit Toleranzangaben versehen sind, finden die Allgemeintoleranzen, hier Toleranzklasse m, Anwendung.

Nr.	Benennung des zu prüfenden Maßes	Maß	Abmaße	Mindest-/ Höchstmaß	Prüfgerät
1	Stegbreite	15	± 0,2	14,8 15,2	Messschieber
2	...	...	...	...	...

Lernfeld 3: Herstellen von einfachen Baugruppen

13 Fügen

13.1 Physikalische Grundlagen

Bei der Benutzung technischer Geräte, wie z. B. nebenstehender Trommelwinde oder auch eines Maschinenschraubstocks wird man unausweichlich mit **physikalischen Größen** konfrontiert. Solche physikalischen Größen sind beispielsweise **Kraft, Energie, Arbeit** und **Leistung**. Vor der Benutzung technischer Geräte müssen oft Überlegungen dahingehend angestellt werden, ob z. B. die aufgebrachte Kraft ausreicht, um eine Last anzuheben (Trommelwinde) oder ob die erzeugte Spannkraft ausreicht, um die gewünschte Bearbeitung anschließend auch durchführen zu können.

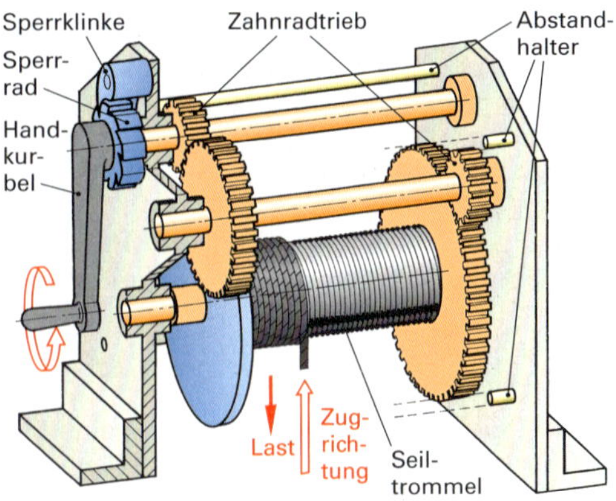

1 Trommelwinde

13.1.1 Kräfte und Kräftedarstellung

Merke

Kraft ist eine physikalische Größe, die man an ihren Wirkungen erkennt. Unter ihrer Wirkung ändern sich der Bewegungszustand eines Körpers oder seine Form, in manchen Fällen beides. Die **Einheit** der Kraft ist **Newton (N)**, ihre **Benennung** in Formeln ein $\boldsymbol{F}$ (aus dem Englischen für **force**).

Eine Kraft ist nicht unmittelbar erkennbar und, was unsere Vorstellung von ihr noch erschwert, nicht sichtbar. Lediglich ihre Wirkung ist für uns augenfällig. Eine Last beispielsweise kann mithilfe einer Trommelwinde bei Betätigung der Handkurbel angehoben werden. Um eine Kraft trotzdem zu veranschaulichen, wird sie in der Physik durch einen **(Kraft-)Pfeil** dargestellt.

Merke

Dabei symbolisieren die Länge, die Lage (des Pfeilanfangs) und die Richtung (der Pfeilspitze) des Pfeils die entsprechende Kraft.

Die Länge des Kraftpfeils entspricht maßstäblich der Größe der Kraft, der Pfeilanfang dem **Kraftansatzpunkt** und die Richtung des Kraftpfeils der Wirkrichtung der Kraft. Die nach beiden Pfeilseiten verlängert gedachte Linie bezeichnet man als **Wirkungslinie** der Kraft. Auf ihr kann eine Kraft beliebig verschoben werden, ohne dass sich ihre Wirkung ändert.

Der einfachste Fall ist, dass zwei Kräfte auf einer Wirkungslinie in gleicher Richtung wirken. Solche Kräfte können addiert werden, indem die Pfeile hintereinander gezeichnet werden. Die Summe der Kräfte kann dann als ein Pfeil dargestellt werden. Bei der Subtraktion von Kräften auf einer Wirkungslinie verfährt man entsprechend umgekehrt (Bild 2).

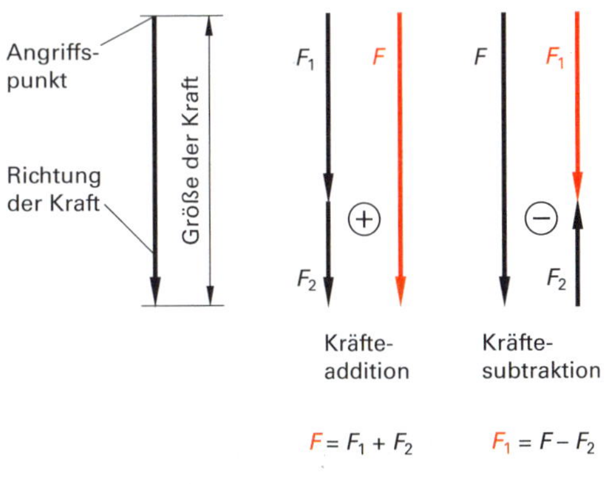

2 Darstellung von Kräften, Addition und Substraktion von Kräften

Komplizierter wird es schon, wenn mehrere Kräfte, die in verschiedene Richtungen wirken, einen gemeinsamen Kraftangriffspunkt haben. Ein solcher Fall tritt beispielsweise am Fahrrad bei der Felgenbremse auf (Bild 1).

Hier können die wirkenden Kräfte nicht einfach mathematisch addiert werden. Sie müssen mithilfe einer **geometrischen Addition** ermittelt werden (Bild 2).

Merke

Kräfte lassen sich mithilfe **eines Kräfteparallelogramms** zusammensetzen oder zerlegen.

13.1.2 Gewichtskräfte

Alle materiellen Körper verfügen über eine Masse. Während die Masse des Körpers an jedem beliebigen Ort gleich bleibt, ändert sich die von ihm ausgehende Gewichtskraft mit seinem Standort. Beispielsweise beträgt die Gewichtskraft eines „Mondmobils" auf der Mondoberfläche nur etwa ⅙ seiner Gewichtskraft auf der Erdoberfläche.

Merke

Man unterscheidet die **Masse** eines Körpers („Stoffmenge") von seiner **Gewichtskraft** als der Kraft, die durch seine Masse verursacht wird. Die Einheit der Masse ist das Kilogramm (kg).

Merke

Die Gewichtskraft F_G eines Körpers entspricht der Masse m, die er hat, multipliziert mit der Erdbeschleunigung.

13.1.3 Reibungskräfte

Ein wichtiges technisches Anwendungsbeispiel von Reibungskräften ist die Fahrzeugbremse in ihren verschiedenen Bauarten. Hier sind Reibungskräfte erforderlich und erwünscht, um die Geschwindigkeit der Fahrzeuge an die jeweilige Fahrsituation anzupassen, wie beispielsweise bei der dargestellten Felgenbremse eines Fahrrades (Bild 3).

Bei anderen technischen Anwendungen sind **Reibungskräfte** oft auch **unerwünscht**. Sie brauchen z. B. als Rollwiderstand einen nicht unbedeutenden Teil der Kräfte auf, die eigentlich für die Bewegung der Fahrzeuge bereitgestellt werden. In Teilsystemen (Lager, Kupplung, Getriebe) führen sie zu Verlusten in der Energieübertragung und stehen so der Funktion Energieumsetzung in Technischen Systemen entgegen.

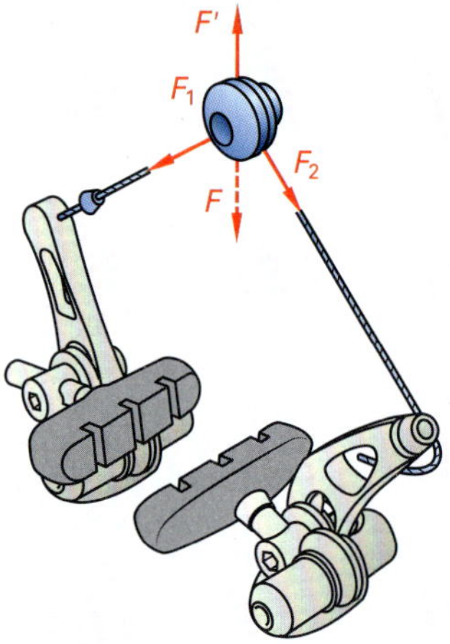

$F' = F$
$F_1 = F_2$

1 Felgenbremse

$F_1 = 240$ N ≙ 24 mm $F_2 = 240$ N ≙ 24 mm	$F = F' = ?$ durch Abmessen 15 mm ≙ $F = F'$ ≙ 150 N

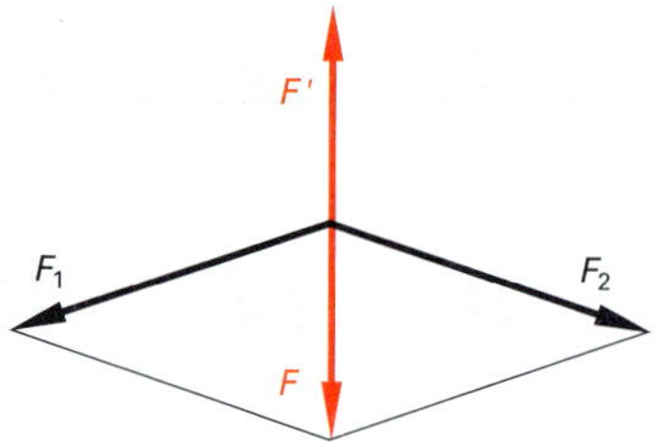

2 Kräfteparallelogramm

$$F_G = m \cdot g$$

$$10\ \text{N} = 1\ \text{kg} \cdot 10\ \frac{\text{m}}{\text{s}^2}$$
$$g = 9{,}8\ \frac{\text{m}}{\text{s}^2} \approx 10\ \frac{\text{m}}{\text{s}^2}$$

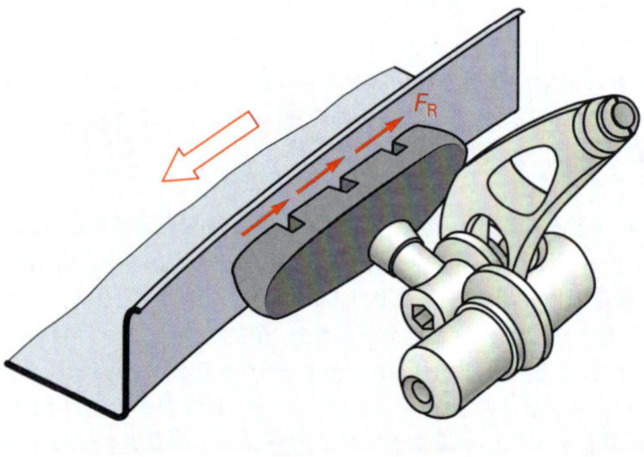

3 Reibungskräfte an der Felgenbremse

Reibung entsteht immer dann, wenn ein Körper auf einer Unterlage verschoben wird. Um den Körper zu verschieben, muss ein bestimmter Widerstand überwunden und dafür eine bestimmte Kraft aufgewendet werden.

Merke

Der **Widerstand, der einer Bewegung entgegenwirkt,** heißt **Reibungskraft.**

Die Reibungskraft ist nicht, wie fälschlicherweise vermutet werden könnte, von der Größe der Reibflächen abhängig. Die Größe der Bremsbeläge an Fahrzeugen ist für die Bremswirkung folglich nicht von entscheidender Bedeutung. Vielmehr beeinflussen andere Faktoren die Reibungskraft, nämlich die Normalkraft F_N und die Reibungszahl μ (griech. mü).

Die **Normalkraft F_N** ist die senkrecht zur Unterlage wirkende Kraft. Auf einer waagerechten Unterlage ist sie identisch mit der Gewichtskraft.

Durch Versuche wurde festgestellt, dass die Reibungskraft F_R sich auf einer waagerechten Fläche proportional zur Normalkraft F_N verhält. Eine Verdopplung der Normalkraft hat auch eine Verdopplung der Reibungskraft zur Folge.

In der **Reibungszahl μ** werden Einflüsse zusammengefasst, die sich aus Oberflächengüte, Schmierung, Werkstoffpaarung und der Reibungsart ergeben. Sie wird durch Versuche ermittelt und ist für die jeweiligen Anwendungsfälle aus Tabellen zu entnehmen.

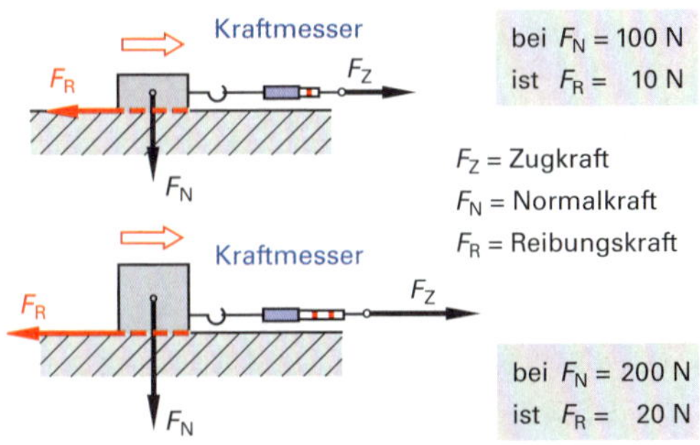

1 Versuch zur Reibung

Dieser im Vorstehenden dargestellte Zusammenhang lässt sich in einer Formel zusammenfassen:

Reibungskraft = Reibungszahl · Normalkraft

$$F_R = \mu \cdot F_N$$

Reibungsarten (Bild 2)

Soll ein Körper aus der Ruhe heraus in den Zustand der Bewegung versetzt werden, so muss dazu eine Reibungskraft überwunden werden. Diese Art der Reibung wird **Haftreibung** genannt.

Die Widerstandskraft, die ein sich schon bewegender Körper einem weiteren Verschieben entgegensetzt, heißt **Gleitreibung.** Sie ist kleiner als die Haftreibung.

Schließlich gibt es noch eine dritte „Reibungsart“, nämlich die **Rollreibung.** Mit diesem Begriff bezeichnet man die Widerstandskraft, die ein zylinder- bzw. kugelförmiger (Wälz-)Körper dem Abrollen entgegensetzt. Sie ist wesentlich kleiner als die Gleitreibung, was diesen Bereich für manche technische Anwendungen, wie z. B. Führungen im Werkzeugmaschinenbau, sehr interessant macht.

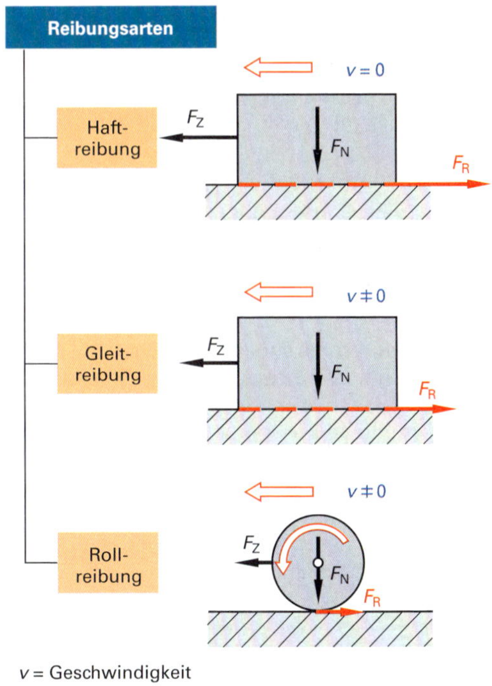

2 Übersicht der Reibungsarten

13.1.4 Kräfte am Hebel

Bei der Übertragung und Wandlung von Kräften und Bewegungen wird immer wieder das Prinzip des Hebels genutzt, z. B. beim Handhebel einer Fahrradbremse und bei der Fahrradtretkurbel.

Alle Bauteile, an denen der Angriff einer Kraft eine Drehung bewirkt oder verursachen könnte, werden als Hebel bezeichnet. Der Abstand zwischen dem Kraftangriffspunkt und dem (möglichen) Drehpunkt heißt **Hebelarm.** Die Drehwirkung heißt **Drehmoment *M*.** Sie kann, bezogen auf den Drehpunkt, entweder im Uhrzeigersinn erfolgen **(rechtsdrehendes Moment),** oder gegen den Uhrzeigersinn **(linksdrehendes Moment).** Es gilt:

Drehmoment	=	**Kraft**	·	**Hebelarm**
M	=	***F***	·	***r***

1 Nm	=	**1 N**	·	**1 m**

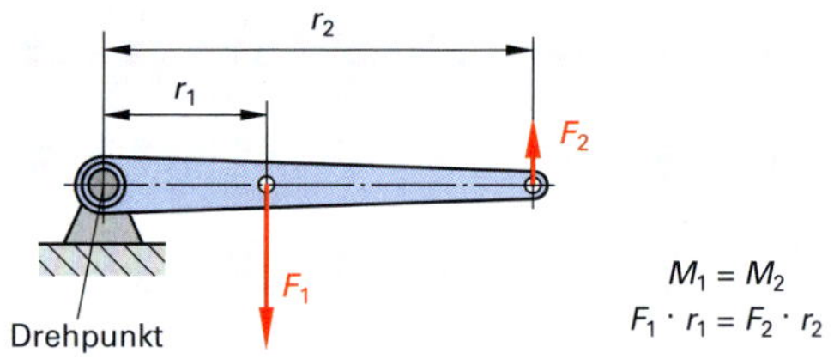

1 Einseitiger Hebel

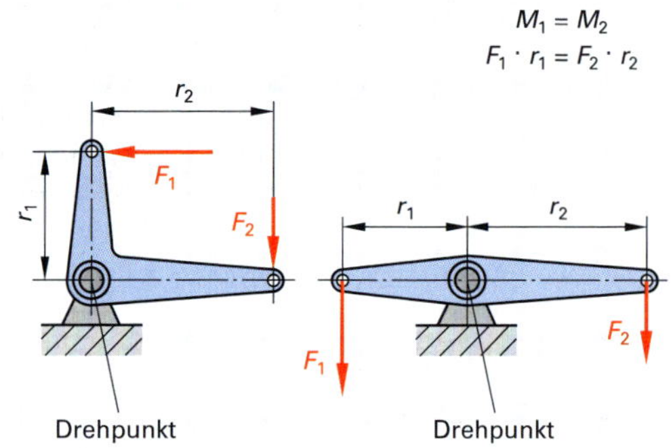

2 Zweiseitiger Hebel

Die wichtigsten Arten der Hebel sind der einseitige Hebel (Beispiel: Fahrradbremshebel) und der zweiseitige Hebel (Beispiel: Fahrradtretkurbel). Ein zweiseitiger Hebel kann auch als Winkelhebel auftreten (Bilder 1 und 2).

Will man am Hebel eine unbekannte Kraft errechnen, benutzt man das **Hebelgesetz.** Es besagt:

Die Summe aller linksdrehenden Momente ist gleich der Summe aller rechtsdrehenden Momente.

$$\Sigma \overset{\curvearrowleft}{M} = \Sigma \overset{\curvearrowright}{M}$$

In der Regel dient diese Gleichgewichtsbedingung dazu, die Kraft zu berechnen, welche zur Überwindung einer Gegenkraft nötig ist. Beispielsweise ist beim Ziehen des Fahrradbremshebels die Reibkraft der Bremskörper auf ihren Lötsockeln die Gegenkraft, welche durch die (zu berechnende) Handkraft überwunden werden muss.

Der Begriff Energie hängt eng mit dem Begriff der Kraft zusammen und klärt sich über den Umweg der physikalischen Arbeit.

13.1.5 Arbeit, Energie, Leistung

Je schwerer ein Personenkraftwagen ist (Bild 3) bzw. je länger die Strecke ist, die er zurücklegt, umso mehr Kraft wird für den Antrieb benötigt. Die erforderliche Energie wird in der Physik mit dem Begriff der **Arbeit** (***W***, engl. work) beschrieben. Arbeit (mechanische) wird verrichtet, wenn eine Kraft entlang einer Strecke wirkt.

Mechanische Arbeit	=	**Kraft**	·	**Weg**
W	=	***F***	·	***s***

1 Nm = 1 N · 1 m
1 J = 1 Nm

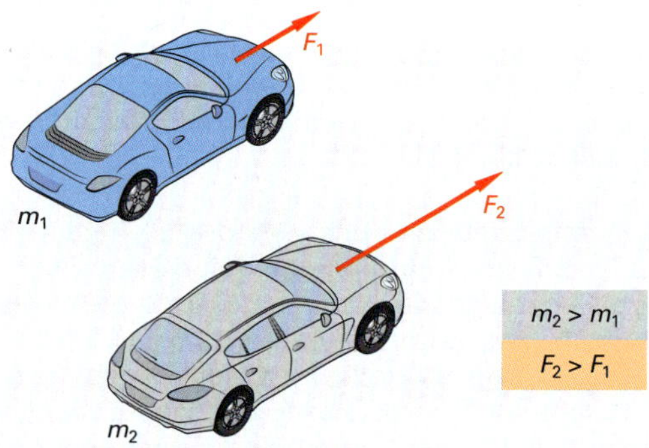

3 Masse und Antriebskraft

Energie und Arbeit sind nahe verwandt. Beide haben in der Physik das gleiche Formelzeichen *W* und werden mithilfe derselben Formel berechnet, denn: *Energie* ist die Fähigkeit, Arbeit zu verrichten, oder anders ausgedrückt:

Energie = gespeicherte Arbeit.

Für eine bestimmte Arbeit, beispielsweise das Bewegen eines Autos von einem Ort zu einem anderen, ist unter normalen Umständen eine bestimmte Zeit nötig (Bild 1). Nimmt man diese weitere Dimension mit in den Blick, so ergibt sich der physikalische Begriff der **Leistung** (***P***, engl. power).

Merke

Leistung ist Arbeit bezogen auf die zu ihrer Verrichtung benötigte Zeit.

Während früher für Leistung gerade im Bereich der Kraftfahrzeuge die Einheit PS gebräuchlich war, wird heute auch hier die Einheit Watt bzw. Kilowatt verwendet.

$$\text{Leistung} = \frac{\text{Arbeit}}{\text{Zeit}} \qquad P = \frac{W}{t} \qquad 1\,\text{W} = \frac{1\,\text{J}}{1\,\text{s}}$$

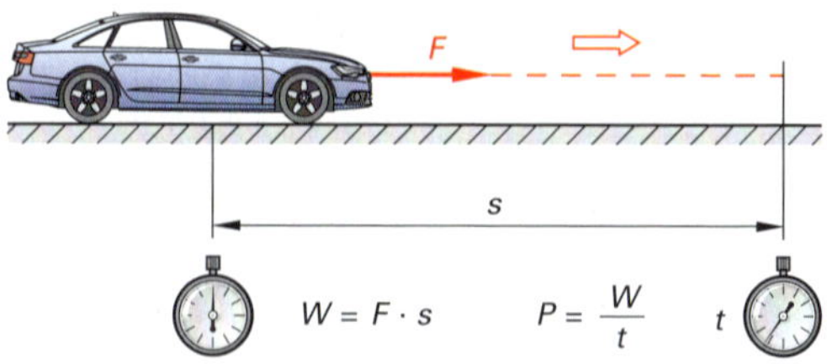

1 Mechanische Arbeit und Leistung

13.1.6 Wirkungsgrad

Obwohl Energie weder geschaffen noch vernichtet werden kann, steht sie in technischen Systemen nicht an jeder Stelle in gleichem Umfang zur Verfügung. Teile der Energie sind für das System nicht nutzbar bzw. gehen „verloren".

Dass diese Verluste an nutzbarer Energie beträchtlich sein können, zeigt das Beispiel eines Kohlekraftwerks. Hier kommt von der ursprünglich in der Kohle vorhandenen chemischen Energie nur ca. ein Drittel als nutzbare Energie beim Verbraucher an (Bild 2).

Der Wirkungsgrad η ist das Verhältnis von zugeführter zu abgegebener Energie (bzw. Leistung) in einem Technischen System.

$$\eta = \frac{P_{ab}}{P_{zu}} \cdot 100\,\% \quad \text{und} \quad \eta = \frac{W_{ab}}{W_{zu}} \cdot 100\,\%$$

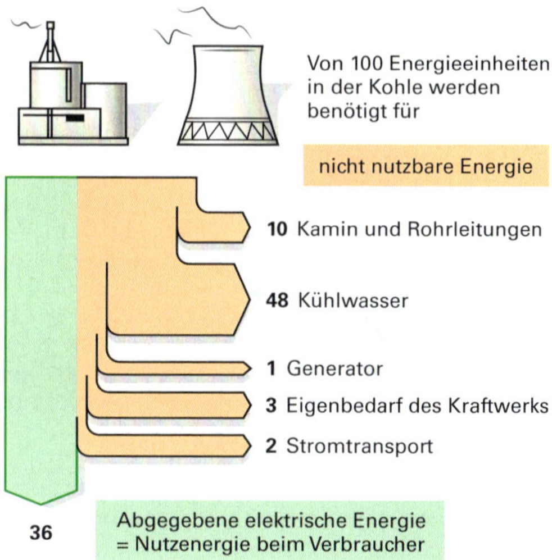

2 Anteil der Nutzenergie bei den Vorgängen der Energieumwandlung in einem Kraftwerk

Das Ergebnis für die Berechnung des Wirkungsgrades ergibt ein Ergebnis zwischen 0 und 1 ohne Einheiten. Je näher das Ergebnis bei der Zahl 1 (entspricht 100 %) liegt, umso höher ist der nutzbare Energieanteil.

Überprüfen Sie Ihre Kenntnisse

1 Von welchen Faktoren ist die auf einen Körper wirkende Reibungskraft F_R abhängig?

2 Nennen Sie die drei verschiedenen Reibungsarten und ordnen Sie drei Beispiele, die an den Technischen Systemen Pkw und Fahrrad zu finden sind, richtig zu.

3 Was versteht man unter dem Hebelgesetz?

4 Ein Auszubildender will für sein Mountain-Bike neue Tretkurbeln kaufen. Es gibt sie in den Längen 170 mm, 175 mm und 177,5 mm. Mit welchen Tretkurbeln lässt sich das höchste Drehmoment aufbringen und wie groß ist dies bei einem Kraftensatz von 1200 N?

5 Weshalb sind die Ausdrücke „Erzeuger", „Verbraucher" und „Energieverlust" irreführend?

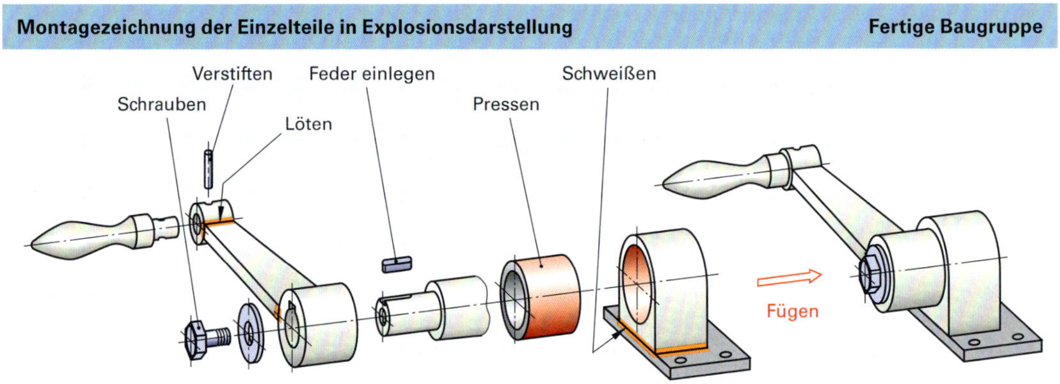

1 Zusammenwirken einzelner Fügeverfahren bei der Herstellung einer Baugruppe

Einzelne Werkstücke oder Bauteile werden mithilfe der Fügeverfahren zur gewünschten Endform zusammengesetzt. Dadurch entstehen funktionstüchtige Apparate, Baugruppen oder Maschinen (Bild 1).

13.2 Einteilung und Wirkweise

Die Bauteile können je nach Verbindungsart beweglich oder fest zusammengehalten werden.

- **Bewegliche Fügeverbindungen,** z. B. Gewindespindeln, ermöglichen ein gegenseitiges Verschieben der Einzelteile oder Baugruppen.
- **Feste Fügeverbindungen** können lösbar oder unlösbar sein. In beiden Fällen wird ein Verschieben der Einzelteile gegeneinander verhindert.

- **Lösbare Verbindungen:** Die verbundenen Teile lassen sich **ohne Zerstörung** des Verbindungsmittels trennen.
- **Unlösbare Verbindungen:** Die verbundenen Teile lassen sich nur **durch Zerstörung** des Verbindungsmittels voneinander trennen (Bild 2).

  Die **Kraftübertragung** zwischen den einzelnen Teilen wird möglich, weil der Kraftfluss durch die Fügeverbindung geschlossen wird.

  Es wird zwischen **Stoffschluss, Formschluss** und **Kraftschluss** unterschieden (Bild 3).

- **Stoffschlüssige Verbindungen:** Dabei werden die **Werkstoffe** der zu verbindenden Teile miteinander **vereinigt**.
- **Formschlüssige Verbindungen:** Dazu ist das Ineinanderpassen von Formflächen der Bauteile und der Verbindungselemente erforderlich.
- **Kraftschlüssige Verbindungen:** Sie entstehen durch das Zusammenpressen der Oberflächen.

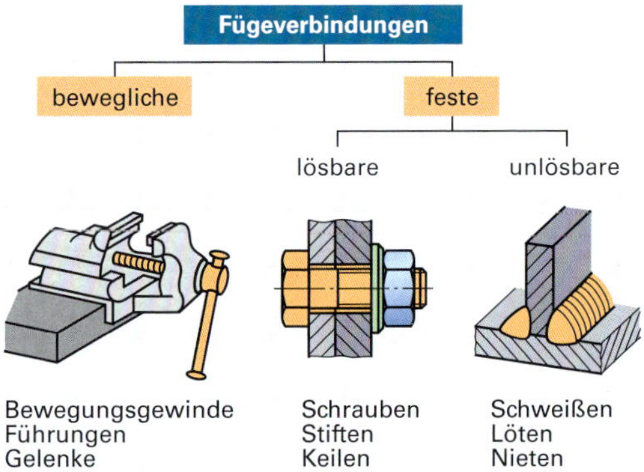

2 Einteilung der Fügeverbindungen

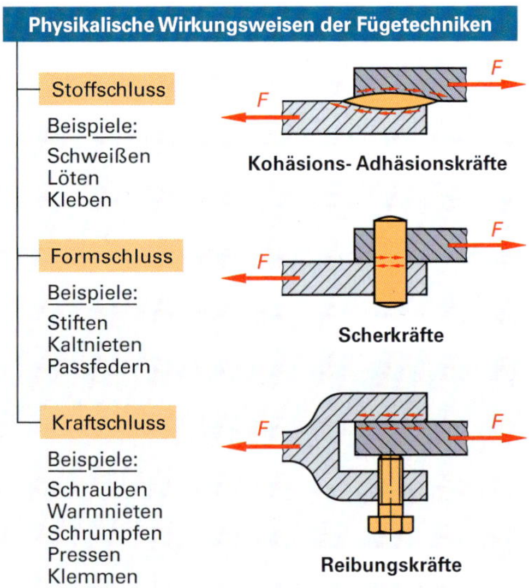

3 Einteilung der Fügetechniken nach Wirkweise

13.3 Schraubverbindung

Sollen sich Einzelteile wieder voneinander lösen lassen, so ist Schrauben oft die beste oder die einzig mögliche Verbindungstechnik.

Merke

Durch das Schrauben werden Bauteile durch Kraftschluss lösbar miteinander verbunden.

Die Verbindung wird durch Verschrauben eines Außengewindes mit einem passenden Innengewinde erreicht. Gewinde können in den Werkstücken eingearbeitet sein oder es werden entsprechende Verbindungselemente wie Schraubenbolzen, Unterlegscheiben und Schraubenmuttern verwendet (Bild 1). Fast alle Verbindungselemente sind genormt und können durch Massenproduktion preiswert hergestellt werden.

13.3.1 Wirkweise der Schraubverbindungen

Schraubenlinie

Die Schraubenlinie eines Gewindes entspricht der Linie, die entsteht, wenn man ein rechtwinkliges Dreieck um einen Zylinder wickelt (Bild 2). Seine Hypotenuse stellt die Schraubenlinie dar. Die waagerechte Kathete des Dreiecks entspricht dem Umfang des Zylinders $U = \pi \cdot d$. Die senkrechte Kathete wird die **Steigung *P*** des Gewindeganges genannt. Der vom Kreisumfang und der Schraubenlinie gebildete Winkel ist der Steigungswinkel α des Gewindes.

Das **Gewinde** entsteht, wenn eine Nut entlang der Schraubenlinie in den Zylinder eingeschnitten wird (Bild 3). Die Querschnittsform der Nut muss dem gewünschten Gewindeprofil entsprechen. Nach einer Umdrehung ist das Gewindeprofil um die Steigung *P* weitergerückt. Aus der Schraubenlinie ist ein Schraubengang entstanden. Die Anzahl der Schraubengänge richtet sich nach der gewünschten Gewindelänge.

Keilwirkung des Gewindes

Wird eine Schraubenmutter auf einen Schraubenbolzen gedreht, so gleitet sie entlang der Schraubenlinie. Um die beim Schrauben wirkenden Kräfte zu verdeutlichen, betrachtet man ein kleines Stück aus der Mutter und dem Bolzen (Bild 4). Wird die Schraube gedreht, gleiten zwei schiefe Ebenen gegeneinander. Ohne äußere Kräfte würde das obere Teil wegen der Abtriebskraft an der Schraubenlinie des Schraubenbolzens herabgleiten. Durch die Reibkraft zwischen den Flächen wird diese Abwärtsbewegung jedoch erschwert oder verhindert.

Selbsthemmung des Befestigungsgewindes

Bei einem kleinen **Steigungswinkel α** des Gewindes wird eine Schraubenmutter **nicht selbsttätig** die schiefe Ebene (Schraubenlinie) hinabgleiten. Der kleine Steigungswinkel bewirkt eine im Verhältnis zur Gewichtskraft große Normalkraft und damit eine große Reibkraft. Die Abtriebskraft ist bei diesen Bedingungen klein (Bild 1, Seite 260). Ist die Reibungskraft F_R größer als die Abtriebskraft F_A, so wird eine Abwärtsbewegung verhindert. Das Gewinde ist dann **selbsthemmend**.

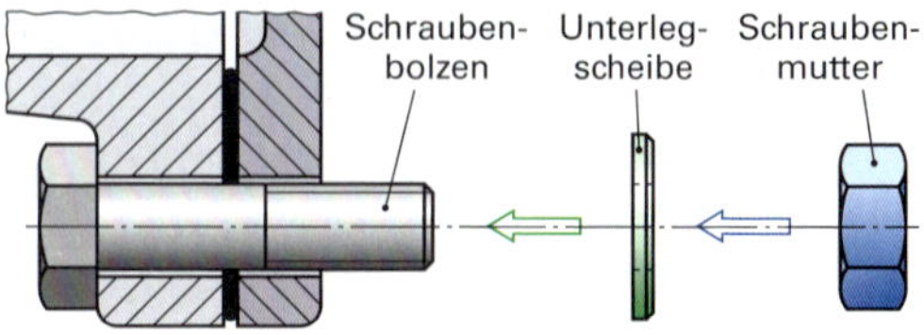

1 Prinzip des Verschraubens

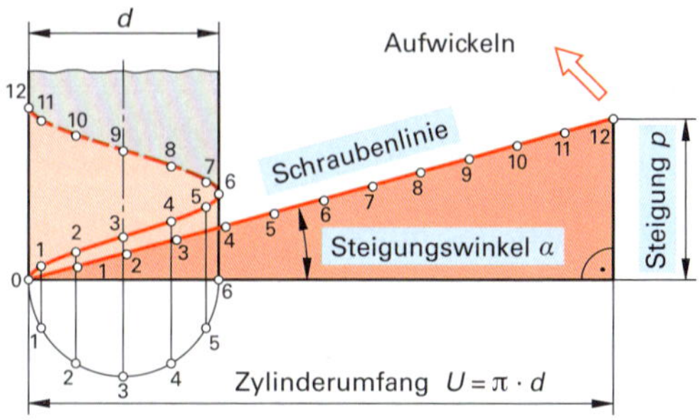

2 Schraubenlinie

vel.plus/
GM38

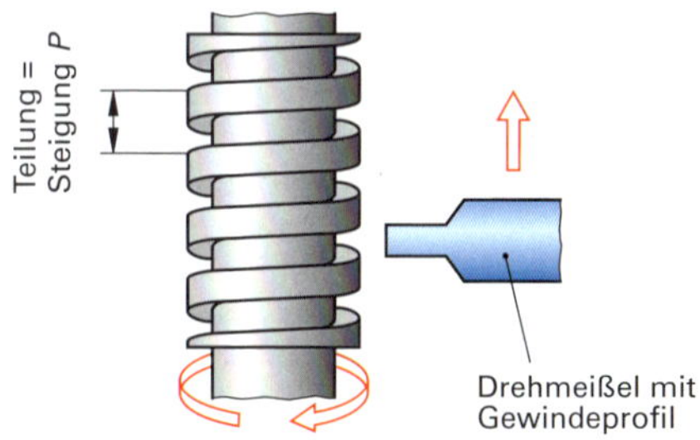

3 Entstehung eines Gewindes

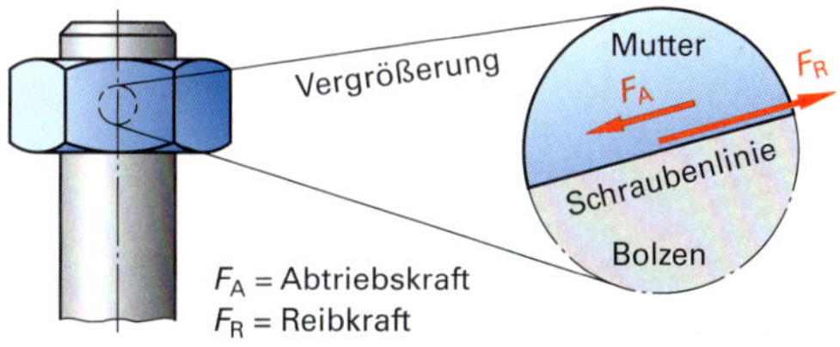

4 Keilwirkung am Gewinde

Merke

Befestigungsschrauben sind selbsthemmend, sie haben einen kleinen Steigungswinkel.

Der Steigungswinkel des Gewindes von Befestigungsschrauben beträgt etwa 3°...1°. Unter normalen Bedingungen können sich diese Schrauben nicht von alleine lösen.

Bewegungsgewinde

vel.plus/ GM39

Wird der Steigungswinkel α der Schraubenlinie größer, so vermindert sich die Normal- und damit die Reibkraft. Die Abtriebskraft wird dagegen größer (Bild 1). Ist die Abtriebskraft F_A größer als die Reibungskraft F_R, so erfolgt eine Abwärtsbewegung. Dieses Gewinde ist **nicht selbsthemmend.**

Merke

Bewegungsgewinde haben einen großen Steigungswinkel.

Kraftübersetzung bei Befestigungsschrauben

Durch Befestigungsschrauben werden kraftschlüssige Verbindungen hergestellt. Die Bauteile müssen so stark zusammengepresst werden, dass sie sich nicht gegeneinander verschieben lassen. Die dazu erforderlichen großen Spannkräfte werden mithilfe der Kraftübersetzung nach zwei physikalischen Prinzipien erzeugt: der **Hebelwirkung** und der **schiefen Ebene** (Bild 2).

Kraftübersetzung durch Hebelwirkung

Die Hebelwirkung wird beim Gebrauch eines Schraubenschlüssels ausgenutzt. Mit einem entsprechend langen Hebel können bei geringen Anzugskräften große Spannkräfte erreicht werden.

Kraftübersetzung durch schiefe Ebene

Mithilfe der schiefen Ebene der Schraubenlinie lassen sich große Lasten mit verhältnismäßig kleinen Kräften aufwärts bewegen. Es wird dabei eine mechanische Arbeit verrichtet. Die Anwendung dieser Erkenntnis auf das Schrauben führt zur Berechnung der **Anzugskraft F_2** (Bild 3):

Überprüfen Sie Ihre Kenntnisse

1. Erklären Sie den Unterschied zwischen lösbaren und unlösbaren Fügeverbindungen! Ordnen Sie den beiden Gruppen je 3 Fügeverfahren zu!
2. Was wird jeweils unter einer stoff-, form- und kraftschlüssigen Verbindung verstanden? Ordnen Sie den Gruppen jeweils 3 Fügeverfahren zu!
3. Zählen Sie die Einzelteile einer Schraubverbindung auf!
4. Wie entsteht die Schraubenlinie?
5. Welche unterschiedlichen Merkmale haben Befestigungs- und Bewegungsgewinde?
6. Nennen Sie die physikalischen Prinzipien, mit deren Hilfe die Kraftübersetzung erfolgt!

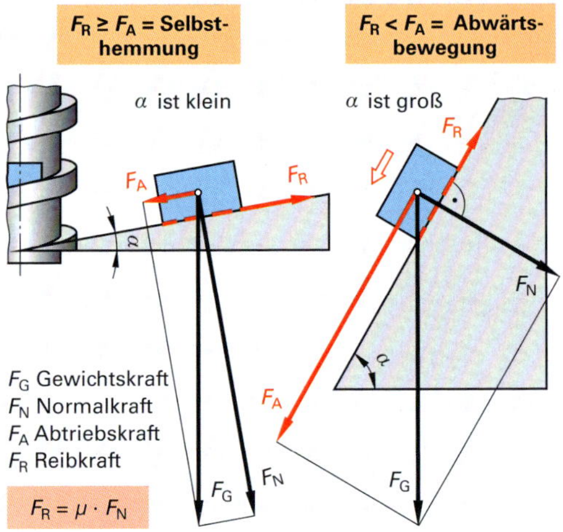

1 Kräfteverteilung

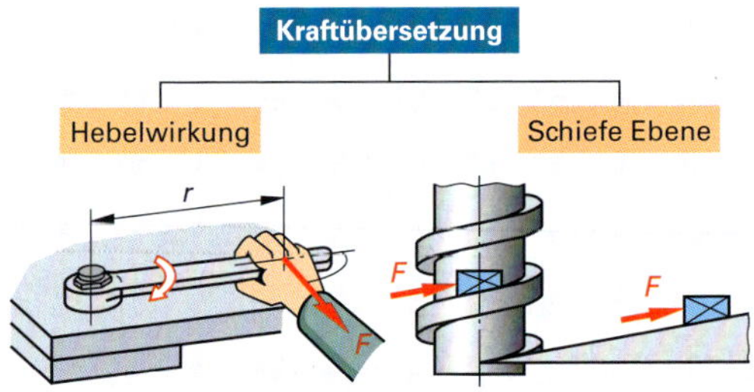

2 Erzeugung der Spannkräfte

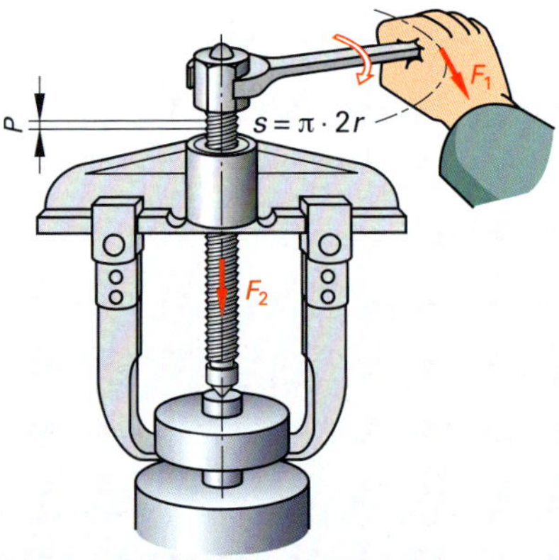

Fortbewegungsarbeit = Handarbeit

Aus Fortbewegungsarbeit ergibt sich: Handarbeit = Schraubenarbeit

Handkraft · Handweg bei 1 Umdrehung = Kraft · Steigung in der Schraubenachse

$$\pi \cdot F_1 \cdot 2r = F_2 \cdot P \Longrightarrow F_2 = \frac{\pi \cdot F_1 \cdot 2r}{P}$$

Ohne Berücksichtigung der Reibung

3 Festziehen einer Schraube

13.3.2 Einteilung der Gewinde

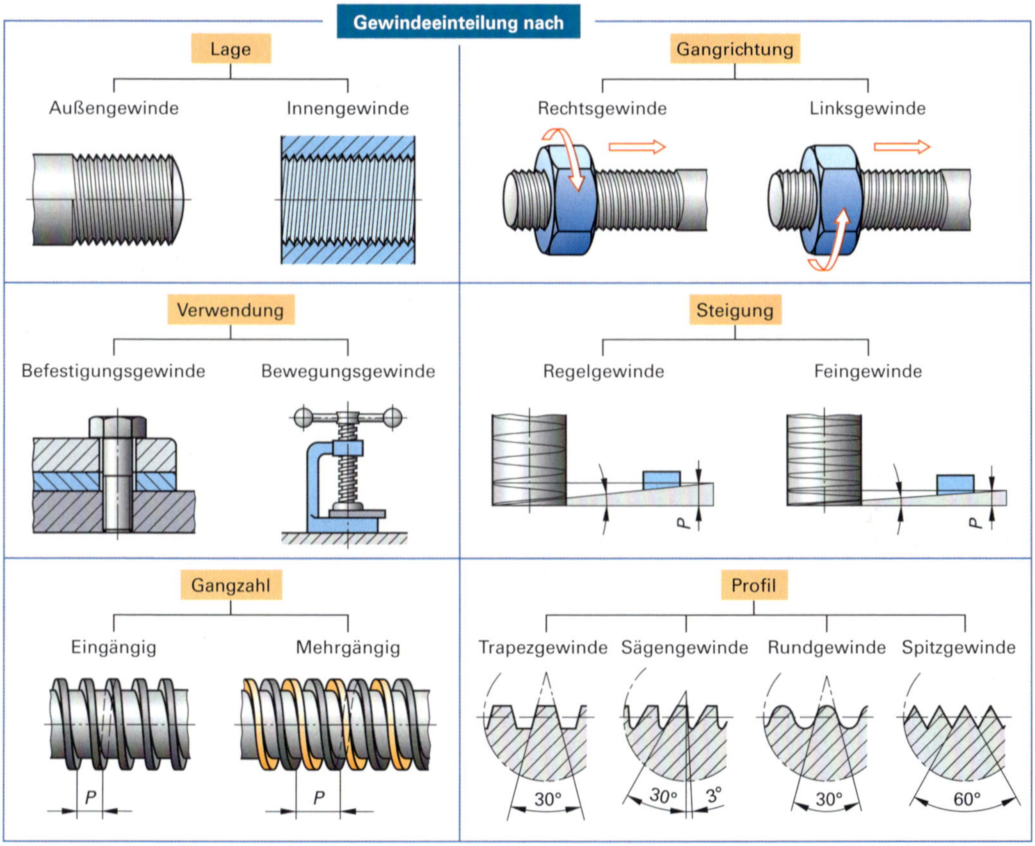

1 Übersicht und Einteilung der Gewindearten

Gewindeeinteilung nach Lage

Befindet sich das Gewinde am Mantel eines Zylinders, wird es als **Außen-** oder **Bolzengewinde** bezeichnet. Ist das Gewinde an der Innenwand einer Bohrung, wird es **Innen-** oder **Muttergewinde** genannt.

Gewindeeinteilung nach Gangrichtung

Im Normalfall ist die Gangrichtung nach rechts gerichtet. **Rechtsgängige Gewinde** werden durch Rechtsdrehung (im Uhrzeigersinn) eingeschraubt.

Linksgängige Gewinde werden durch Linksdrehung eingeschraubt und nur in Ausnahmefällen verwendet. Linksgewinde sind üblich wenn:

- Längsbewegungen bei vorgegebener Drehrichtung erforderlich sind (Spannschloss Bild 3),
- sich ein Rechtsgewinde selbsttätig lösen würde (Schleifscheibenbefestigung),
- Verwechslungen vermieden werden sollen (Anschlüsse von Propangasflaschen).

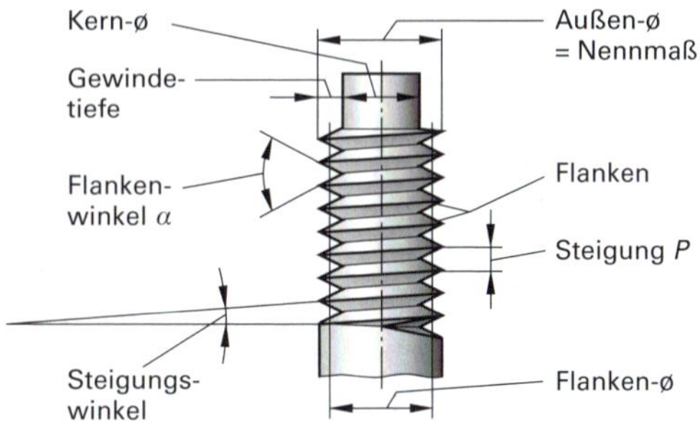

2 Bezeichnungen am Gewinde

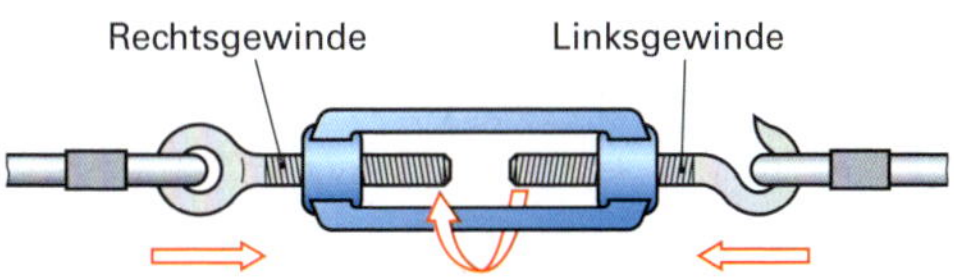

3 Rechts- und Linksgewinde am Spannschloss

vel.plus/GM41

Gewindeeinteilung nach Verwendung

Befestigungsgewinde haben Schrauben, mit denen Teile lösbar verbunden werden sollen. Diese Schrauben müssen sich fest anziehen lassen. Sie dürfen sich unter normalen Bedingungen nicht selbsttätig lösen.

Bewegungsgewinde dienen dazu, drehende Bewegungen in geradlinige umzuwandeln. Die Drehbewegung einer Spindel wird z. B. in eine geradlinige Bewegung umgewandelt.

Gewindeeinteilung nach der Steigung

vel.plus/ GM40

Bei gleichbleibendem Flankenwinkel hat die Steigung einen direkten Einfluss auf die Gewindetiefe (Bild 1). Je größer die Steigung ist, desto größer muss die Gewindetiefe sein und umso kleiner ist der Kerndurchmesser d_3. Mit zunehmender Steigung vermindern sich somit der belastbare Querschnitt und die Tragfähigkeit der Schraube. Dieses ist u. a. bei Gewinden auf dünnwandigen Rohren von Bedeutung.

Gewinde mit kleineren Steigungen als beim Regelgewinde werden **Feingewinde** genannt. Der kleinere Steigungswinkel bewirkt, dass sich die Schraube bei Erschütterungen nicht so leicht löst. Deshalb eignet sich dieses Gewinde gut als Befestigungsgewinde. Allerdings hat der kleinere Steigungswinkel je Umdrehung auch einen kürzeren axialen[1] Weg zur Folge.

Gewindeeinteilung nach der Gangzahl

Sollen bei wenigen Umdrehungen lange axiale Wege erzielt werden, empfiehlt sich ein **mehrgängiges Gewinde**. Es hat mehrere, regelmäßig versetzte Gewindeanfänge. Die Gewindegänge laufen parallel nebeneinander (Bild 2). Je mehr Gänge, desto größer wird die Steigung, ohne dass die Gewindetiefe verändert wird. Mehrgängige Gewinde sind Bewegungsgewinde, z. B. bei Spindelpressen und Schnecken.

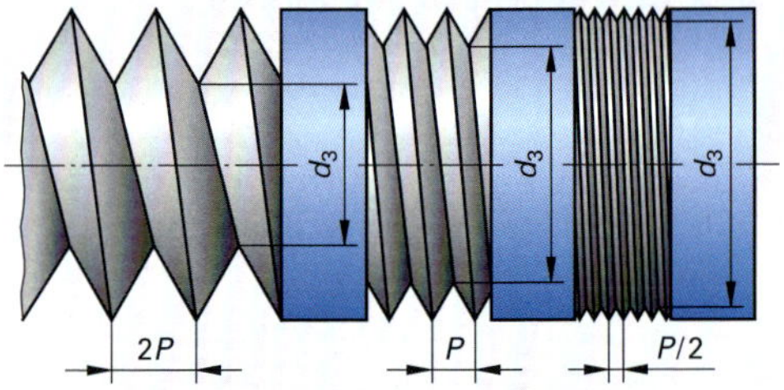

1 Abhängigkeit der Gewindetiefe von der Gewindesteigung

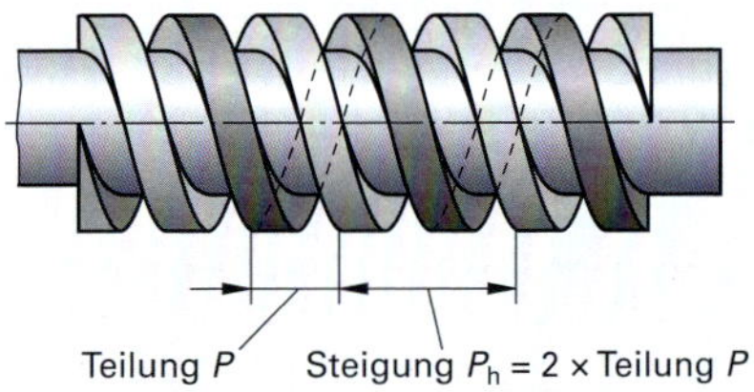

2 Zweigängiges Gewinde

Normung der Gewindebezeichnung

Gewindeprofil	Kurzzeichen	Gewindebezeichnung (Beispiele)
Spitzgewinde Metrisch M Feingewinde Whitworth-Rohrgewinde	 M 10 M R	M 10 M 10 × 1 R 3/4 DIN EN 10226-1
Trapezgewinde	Tr	Tr 20 × 4
Sägengewinde	S	S 20 × 2
Rundgewinde	Rd	Rd 8 × 1/10
Linksgewinde	LH[2]	M 20 LH
Mehrgängiges Gewinde	P	Tr 30 × 16 P2

Gewindeeinteilung nach dem Profil

Entsprechend den unterschiedlichen Anforderungen beim Einsatz der Gewinde wurden verschiedene Gewindeprofile entwickelt und genormt. Die genormte Gewindebezeichnung enthält das Kurzzeichen für das Profil und das Nennmaß. Gegebenenfalls werden auch Steigung, Gangrichtung und bei Sondergewinden die DIN-Nummer angegeben. Für ein genormtes Gewinde, von dem Profil, Nenndurchmesser und Steigung bekannt sind, lassen sich die weiteren Gewindemaße berechnen oder Tabellen entnehmen.

Trapezgewinde wird vorwiegend für Bewegungsgewinde verwendet. Sein Gewindeprofil ist trapezförmig ausgebildet und hat einen Flankenwinkel von 30°. Trapezgewinde sind beidseitig axial belastbar. Das Gewinde hat Spitzenspiel und wird an den Gewindeflanken geführt.

Bezeichnungsbeispiel Tr 30 × 16 P2: Dieses mehrgängige Trapezgewinde hat einen Außendurchmesser von 30 mm, eine Gewindesteigung von 16 mm, eine Teilung von 2 mm und ist damit 8-gängig.

[1] axial: in Richtung der Achse
[2] LH: left hand

Sägengewinde ist besonders für größere einseitig wirkende axiale Belastung geeignet. Die tragende Flankenseite steht fast senkrecht zur Schraubenachse.

Rundgewinde ist unempfindlicher gegenüber Beschädigung und Verschmutzung. Daher wird es überwiegend für Armaturen, Eisenbahnkupplungen, Lampenfassungen usw. eingesetzt.

Alle **Spitzgewinde** haben kleine Steigungswinkel und dienen als Befestigungsgewinde. Ihr Gewindeprofil ist dreieckig ausgeformt. Der Flankenwinkel beträgt bei Metrischen Gewinden 60° und bei Whitworthgewinden 55°.

Metrisches ISO-Gewinde (ISO = International Organization for Standardization = Internationale Normgemeinschaft). Es ist zwischen Regel- und Feingewinde zu unterscheiden.

Regelgewinde werden durch das Profilkurzzeichen mit dem Nenndurchmesser eindeutig angegeben. Die Angaben über die Größe der Steigung müssen Tabellen entnommen oder mit Formeln errechnet werden.

Feingewinde haben gegenüber dem Regelgewinde bei gleichem Nenndurchmesser kleinere Steigungen. Diese Steigungen sind in Auswahlreihen festgelegt. Das Steigungsmaß ist in der Gewindebezeichnung in mm zusätzlich mit anzugeben.

Whitworth-Rohrgewinde (Bild 1) für **Gewinderohre und Fittings** nach DIN EN 10226-1 wird in der Gas-, Wasser- und Heizungs-Installationstechnik verwendet. Es hat eine geringe Steigung. Daher kann es als ein Feingewinde angesehen werden. Die Gewindeverbindung besteht aus einem zylindrischen Innengewinde und einem kegeligen Außengewinde (Kegel 1 : 16).

Durch die Kombination des zylindrischen Innengewindes mit dem kegeligen Außengewinde ist gewährleistet, dass die Rohrverbindung zum größten Teil schon durch die Pressung von Metall auf Metall abgedichtet wird. Ein Dichtungsmittel wird beim Verschrauben mit eingezogen. Es soll kleine Unregelmäßigkeiten der Gewindeoberfläche ausgleichen und zusätzlich abdichten.

Die Maße dieses Gewindes müssen Tabellen entnommen werden. Die Nenngröße des Gewindes bezieht sich nicht auf den Außendurchmesser des Gewindes, sondern auf die Nennweite DN des Rohres. Sie ist nur ungefähr gleich der lichten Weite des Rohres und dient als Kenngröße für zueinander passende Teile.

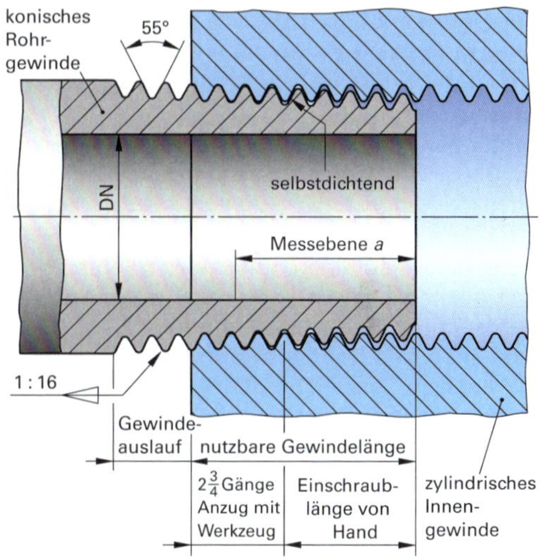

1 Whitworth-Rohrgewindeverbindung

Überprüfen Sie Ihre Kenntnisse

1 Zählen Sie 6 unterschiedliche Merkmale auf, nach denen Gewinde eingeteilt werden können.

2 Formulieren Sie einen Merksatz über den Zusammenhang zwischen Steigung und Gewindetiefe.

3 Aus welchem Grund ist die Selbsthemmung bei Feingewinden größer als bei Regelgewinden?

4 Wozu werden mehrgängige Gewinde verwendet?

5 Nennen Sie die Angaben, die eine Gewindebezeichnung enthalten muss.

6 Nennen Sie 3 Gewindeprofile und geben Sie die jeweiligen Merkmale an.

7 Erklären Sie, warum Whitworth-Rohrgewinde für dichte Verbindungen geeignet sind.

Beispiel zur Schraubenberechnung:

Das Anzugsmoment einer Schraube M10 (1,5 mm Steigung) soll 50 Nm betragen. Der Schraubenschlüssel hat eine wirksame Hebellänge von 150 mm.

Handkraft $F_1 = \frac{M}{r} = \frac{50\ \text{Nm}}{0{,}15\ \text{m}} = \mathbf{333\ N}$

Kraft in der Schraubenachse $F_2 = \frac{F_1 \cdot \pi \cdot 2r}{P}$

$$\mathbf{F_2} = \frac{333\ \text{N} \cdot 3{,}14 \cdot 300\ \text{mm}}{1{,}5\ \text{mm}} = \mathbf{209\,124\ N}$$

13.3.3 Elemente der Schraubverbindungen

Schraubenformen

Die Anforderungen an das Verbindungselement Schraube sind sehr unterschiedlich. Dementsprechend wurde eine Vielzahl verschiedener Schrauben entwickelt. Sie unterscheiden sich durch Kopfform, Schaftabmessung, Schraubenende, Gewindeart und Gewindeform (Bild 1).

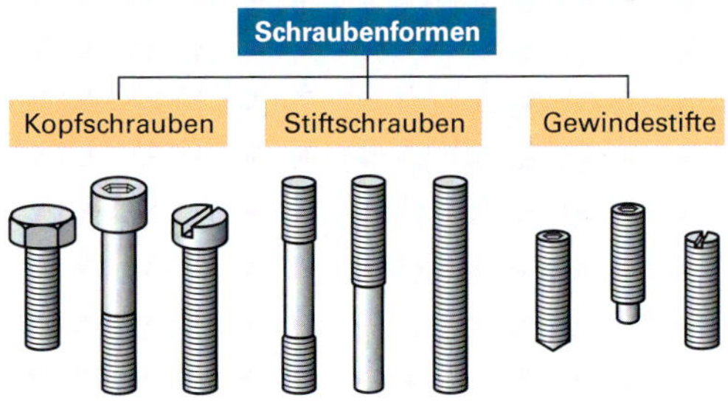

1 Einteilung der Schrauben nach ihrer Form

Kopfschrauben

Zu den wichtigsten Kopfschrauben gehören: Sechskant- und Vierkantschrauben, Zylinderschrauben mit Innensechskant, Schlitz- und Kreuzschlitzschrauben.

Sechskantschrauben sind die am häufigsten verwendeten Kopfschrauben (Bild 2 links).

Vierkantschrauben (Bild 2 rechts) benötigen gegenüber Sechskantschrauben kleinere Schlüsselweiten, da die Ansatzflächen für den Maul- oder Gabelschlüssel größer sind. Allerdings vergrößert sich der Verdrehwinkel beim Nachfassen mit dem Schlüssel gegenüber der Sechskantschraube von 60° auf 90°. An schlecht zugänglichen Stellen sind Vierkantschrauben deshalb nur schwer mit einem Gabelschlüssel zu drehen.

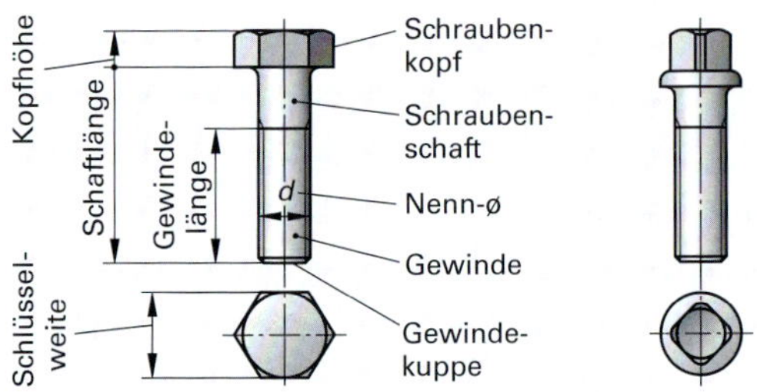

2 Sechskant- und Vierkantschraube
Bezeichnungsbeispiel für eine Sechskantschraube mit Gewinde M12, Schaftlänge 80 mm, Festigkeitsklasse 8.8
Sechskantschraube DIN EN ISO 4014-M12 × 80-8.8

Zylinderschrauben mit **Innensechskant** (Bild 3, rechts) benötigen beim Anziehen und Lösen wenig Platz. Sie können Sechskantschrauben an schwer zugänglichen Stellen ersetzen.

Diese Schrauben werden auch verwendet, wenn kleine Schraubenabstände erforderlich sind. Sie ermöglichen Gewichtsersparnis durch entsprechende konstruktive Gestaltung der Bauteile. Ein Versenken des Kopfes ergibt glatte Werkstückoberflächen. Bei rotierenden Teilen wird dadurch die Verletzungsgefahr vermindert.

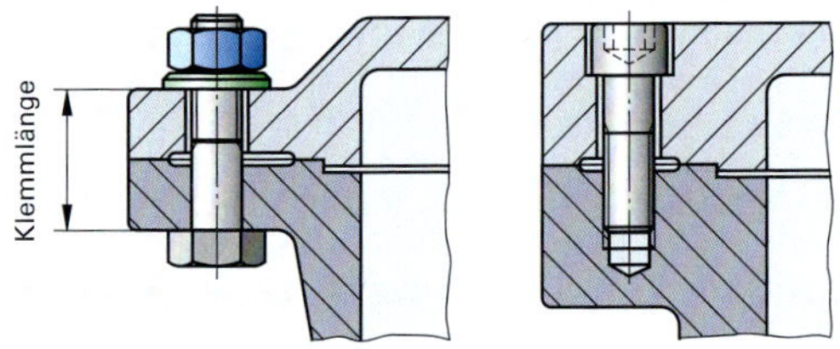

3 Konstruktive Gestaltung

Schlitzschrauben (Bild 4) gibt es mit verschiedenen Kopfformen. Sie werden mit einem Schraubendreher angezogen. Aufgrund der kleinen Hebelwirkung sind mit ihnen nur relativ geringe Klemmkräfte zu erzielen.

Kreuzschlitzschrauben lassen sich wegen der größeren Mitnahmeflächen fester anziehen. Sie eignen sich infolge der besseren Schraubendreherführung auch sehr gut für maschinelles Festziehen und Lösen.

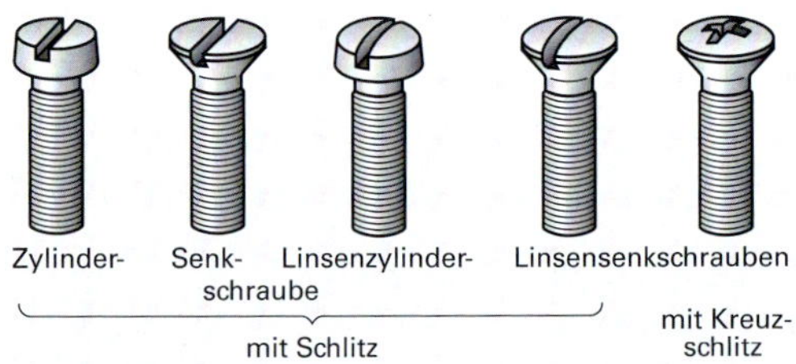

4 Schlitzschrauben

Kopfschrauben für Sonderzwecke

Blechschrauben (Bild 5) sind gehärtet und formen sich selbst ihr Muttergewinde beim Einschrauben. Sie eignen sich zum Verbinden von Blechen bis 2,5 mm Dicke. Der Lochdurchmesser soll etwa dem Schraubenkerndurchmesser entsprechen.

Schneidschrauben (Bild 6) sind einsatzgehärtet und schneiden sich ihr Muttergewinde selbst. Sie haben Spannuten wie Gewindebohrer.

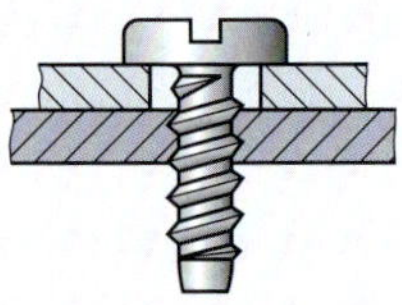

5 Blechschraube

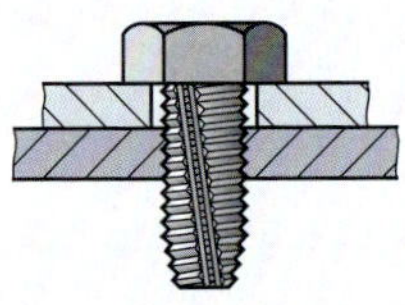

6 Schneidschraube

Stiftschrauben (Bild 1)

Sie können bei häufig zu lösenden Verbindungen anstelle von Kopfschrauben verwendet werden. Das Einschraubende der Stiftschraube bleibt beim Lösen der Verbindung im Bauteil. Dadurch wird dort das Muttergewinde, z. B. beim Auspuffflansch am Automotor, geschont.

Gewindestifte (Bild 2)

Sie haben auf ihrer gesamten Länge Gewinde. Gewindestifte werden hauptsächlich zur Lagesicherung von Stellringen, Lagerbuchsen usw. verwendet.

Schraubenenden (Bild 3)

In der Regel haben Schraubenenden (Bolzenenden) eine Kegel- oder Linsenkuppe. Hat das Schraubenende eine bestimmte Funktion zu erfüllen, z. B. Lagesicherung von Stellringen, so ist es zu diesem Zweck entsprechend ausgebildet.

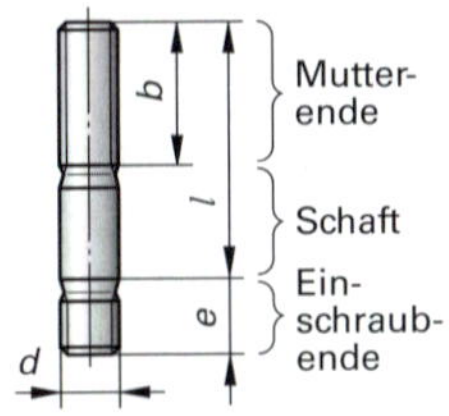

1 Stiftschraube

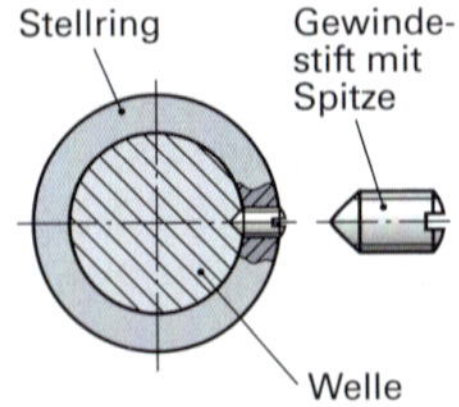

2 Gewindestift

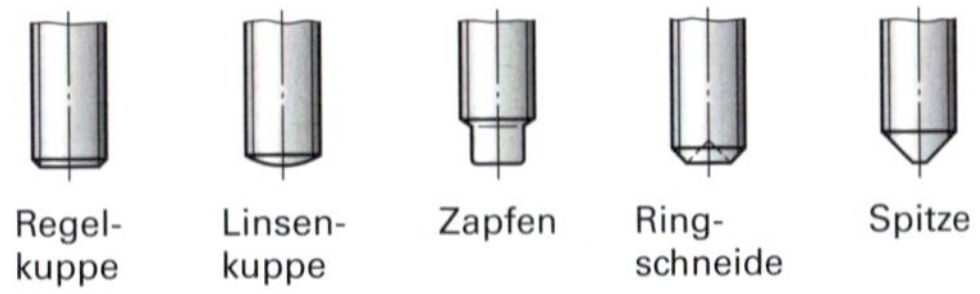

3 Schraubenenden

Normung der Gewindebezeichnung

Verbindungs-element	Beschreibung	Verbindungs-element	Beschreibung
 Sechskantmutter DIN EN ISO 4034	**Sechskantmuttern** werden am häufigsten verwendet. Ihre Höhe ist in Normalausführung 0,8 · Nenndurchmesser.	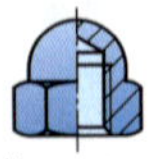 Hutmutter DIN 1587	**Hutmuttern** schützen das Gewinde vor Beschädigungen und vermindern die Verletzungsgefahr.
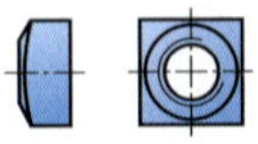 Vierkantmutter DIN 557	**Vierkantmuttern** haben größere Ansatzflächen für den Gabelschlüssel, jedoch einen ungünstigeren Verdrehwinkel.	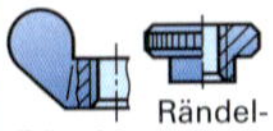 Flügel-, DIN 315, Rändel-mutter DIN 467	**Flügel- und Rändelmuttern** werden von Hand angezogen. Sie eignen sich nur für niedrig belastbare Verbindungen.
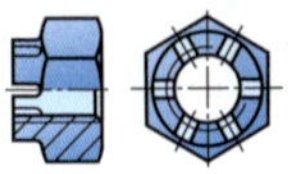 Kronenmutter DIN 935	**Kronenmuttern** werden mit passenden Splinten gegen Verstellung gesichert, z. B. Radlager beim Pkw. Sie werden mit 6 oder 10 Schlitzen, d. h. für 60° oder 36° Nachstellung, verwendet.	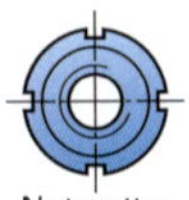 Nutmutter DIN 1804	**Nutmuttern** haben meist Feingewinde und sind besonders zum Einstellen des axialen Spiels von Lagern und Wellen geeignet.

Festigkeit von Schrauben und Muttern

Je nach Verwendungszweck werden unterschiedliche Anforderungen an ihre Festigkeit gestellt. Zur Kennzeichnung erhalten sie verschlüsselte Angaben über ihre Festigkeitsklasse.

Schrauben: Ihre **Festigkeitsklasse** zeigen zwei Zahlen, die durch einen Punkt getrennt sind.

Die **Mindestzugfestigkeit** R_m in N/mm^2 erhält man, wenn die erste Zahl mit 100 multipliziert wird.

Die **Mindeststreckgrenze** R_e in N/mm^2 ergibt sich durch Multiplikation der ersten Zahl mit dem 10-Fachen der zweiten Zahl.

Merke

Die **Mindeststreckgrenze** ist der wichtigste mechanische Kennwert der Schraube.

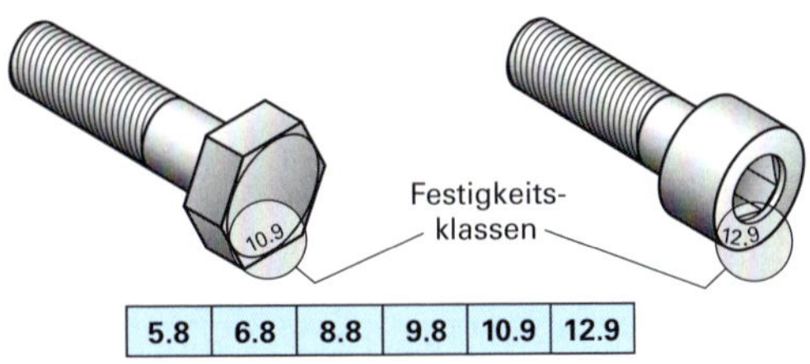

4 Festigkeitsklassen bei Schrauben

Beispiel: Die Mindestzugfestigkeit R_m und die Mindeststreckgrenze R_e einer Schraube mit der Festigkeitsklasse 9.8 sind zu ermitteln.

Lösung: $R_m = 9 \cdot 100 \frac{N}{mm^2} = \mathbf{900 \frac{N}{mm^2}}$

$R_e = 9 \cdot 8 \cdot 10 \frac{N}{mm^2} = \mathbf{720 \frac{N}{mm^2}}$

Bei Belastung (unterhalb der Streckgrenze), innerhalb des elastischen Bereichs, verhält sich die Schraube wie eine starke Zugfeder (Bild 1). Bei Zugbeanspruchung wird sie geringfügig länger. Bei Entlastung nimmt sie ihre ursprüngliche Länge ein.

Wird durch die Zugbeanspruchung die Streckgrenze überschritten, wird die Schraube merklich länger und bleibend verformt. Die Presskraft zwischen den Bauteilen wird geringer und die Schraube kann sich lösen. Der Schraubenquerschnitt muss so groß gewählt werden, dass die maximal auftretende Beanspruchung unterhalb der Streckgrenze bleibt.

Muttern: Sie werden nur durch eine Zahl gekennzeichnet. Aus ihr lässt sich, wie bei Schrauben, die **Mindestzugfestigkeit R_m** ermitteln.

Für besondere Anforderungen gibt es noch hochfeste, warmfeste oder korrosionsbeständige Schrauben und Muttern.

Unterlegscheiben

Unterlegscheiben sollen eine Beschädigung der Werkstückoberflächen verhindern. Bei geschmiedeten, gewalzten oder gegossenen Bauteilen wird durch Scheiben die Auflage der Mutter und des Schraubenkopfes verbessert. Die Anpresskraft wird dadurch gleichmäßiger auf die Unterlage verteilt.

Schräge Flächen müssen durch schräge Unterlegscheiben ausgeglichen werden (Bild 2). Für U-Träger werden Vierkantscheiben mit zwei Rillen, für I-Träger mit einer Rille verwendet.

Schraubensicherungen

Durch Erschütterung, Temperaturschwankung und wechselnde Beanspruchung kann sich eine Schraubverbindung selbsttätig lösen. Sie muss bei diesen Belastungen besonders gesichert werden. Nach der Wirkweise der Schraubensicherung werden diese in kraft-, form- und stoffschlüssig eingeteilt.

Kraftschlüssige Schraubensicherungen (Bild 3) wirken durch Vorspannung eines federnden Teils bei Federring, Zahnscheibe usw., oder infolge erhöhter Reibung. Diese wird z. B. durch Einlegen von Kunststoffringen, veränderte Steigungen oder Verspannung mit Gegenmuttern hervorgerufen.

Formschlüssige Schraubensicherungen (Bild 4) stellen ein Hindernis für das selbsttätige Losdrehen dar. Ein leichtes Lockern der Verbindungen wird dadurch nicht verhindert.

Stoffschlüssige Schraubensicherungen (Bild 5) werden in der Regel durch Verkleben des Gewindes mit flüssigem, aushärtbarem Kunststoff erreicht.

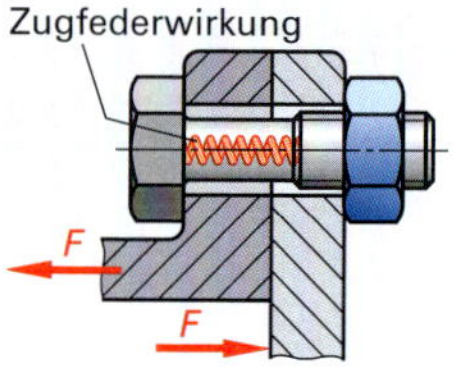

1 **Schematische Darstellung der Federwirkung einer Schraubverbindung**

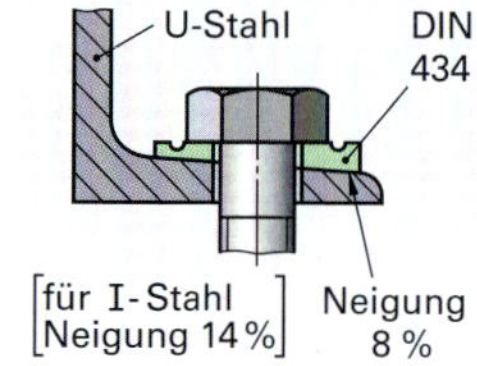

2 **Scheibe für U-Stahl**

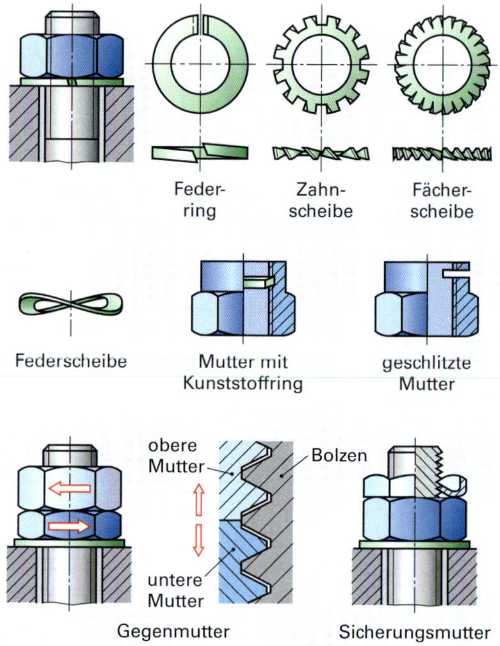

3 **Kraftschlüssige Schraubensicherungen**

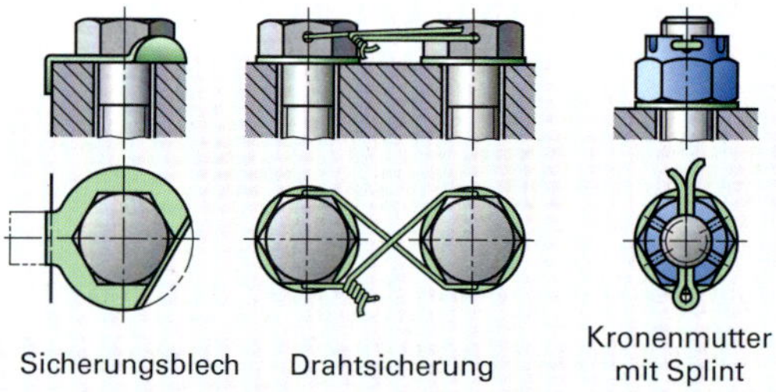

4 **Formschlüssige Schraubensicherungen**

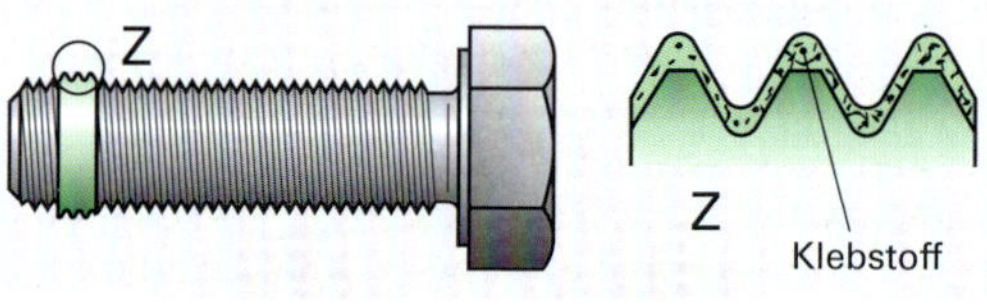

5 **Stoffschlüssige Schraubensicherung**

13.3.4 Auswahl der Schraubverbindungen

Bauteile lassen sich auf verschiedene Arten durch Schrauben verbinden (Bild 1):

Das einfachste und wirtschaftlichste Verfahren ist die Verwendung von **Durchsteckschrauben.** Die Schraubverbindung besteht aus dem Schraubenbolzen, den Unterlegscheiben und der Schraubenmutter. Die zu verbindenden Werkstücke erhalten Durchgangslöcher.

Ist es aus bestimmten Gründen (Platzmangel usw.) nicht möglich, eine Schraubenmutter zu verwenden, so kann die Verbindung durch eine **Einziehschraube** erfolgen. Dafür muss ein Bauteil mit einem Innengewinde versehen werden. Dieses ist aufwendiger in der Herstellung.

Soll verhindert werden, dass ein Innengewinde durch häufiges Lösen der Schraube beschädigt wird, werden **Stiftschrauben** benutzt. Diese werden mit dem Einschraubende in das Bauteil fest eingeschraubt. Hierzu sind eine Einziehvorrichtung oder eine Mutter mit Gegenmutter notwendig. Die erforderliche Einschraublänge ist von dem Bauteilwerkstoff abhängig (s. Tabelle). Die Stiftschraube bleibt beim Lösen der Werkstücke im Muttergewinde des einen Bauteils.

Bei wechselnder axialer Belastung (d. h. in Achsrichtung), die z. B. bei Pleuellagern oder bei größeren Temperaturschwankungen auftritt, ist der Einsatz von starren Schrauben nicht sinnvoll. Bei ihnen würde durch starke Belastungen der schwächste Querschnitt (im Gewindebereich) gedehnt. Diese Verlängerung der Schraube würde zum Lösen der Verbindung oder zum Bruch des Schraubenbolzens führen. Für diese wechselnden Beanspruchungen ist die wesentlich haltbarere hochfeste **Dehnschraube** entwickelt worden (Bild 2). Bei den Dehnschrauben hat der lange, dünne Schaft den geringsten Querschnitt (90 % des Gewindekerndurchmessers). Dieser Schaft wird bei Belastung der Schraube gedehnt und bei Entlastung wieder kürzer. Der Gewindebereich wird so vor einer Überbeanspruchung geschützt.

Dehnschrauben müssen mit einer bestimmten Klemmkraft (Vorspannung) angezogen werden. Deshalb ist die Verwendung des Drehmomentschlüssels erforderlich.

Wenn der Schraubenschaft Scherkräfte aufnehmen oder die Lagesicherung der Bauteile gewährleisten soll, können **Passschrauben** verwendet werden. Die Passschraubverbindung ist wegen der geriebenen Bohrung und der hochwertigen Schraube sehr teuer. Zur Aufnahme der Scherkräfte werden daher oft **Spannhülsen** oder **Scherbuchsen** mit Durchsteckschraube verwendet (Bild 3).

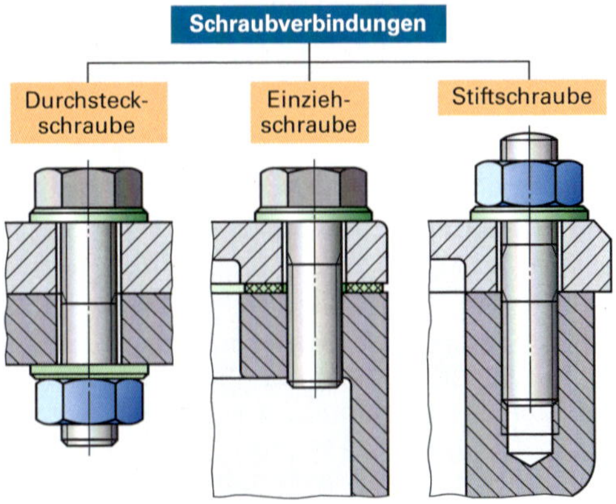

1 Arten der Schraubverbindungen

Einschraublänge *e* bei Stiftschrauben	
Einschrauben in Stahl,	$e \approx d$
Einschrauben in Al-Legierung,	$e \approx 2\,d$
Einschrauben in Gusseisen,	$e \approx 1{,}25\,d$
Einschrauben in Weichmetall	$e \approx 2{,}5\,d$

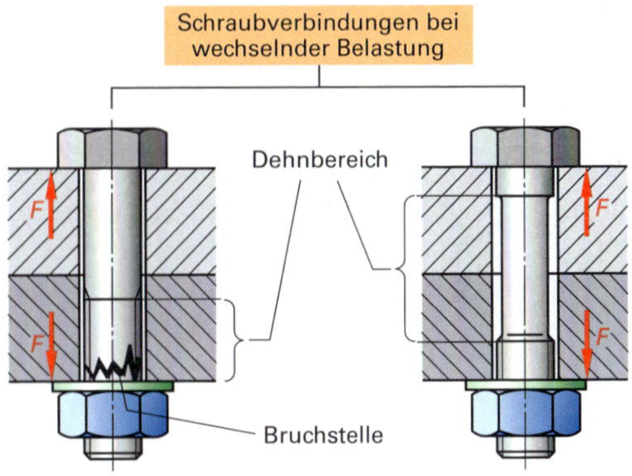

2 Starrschraube und Dehnschraube

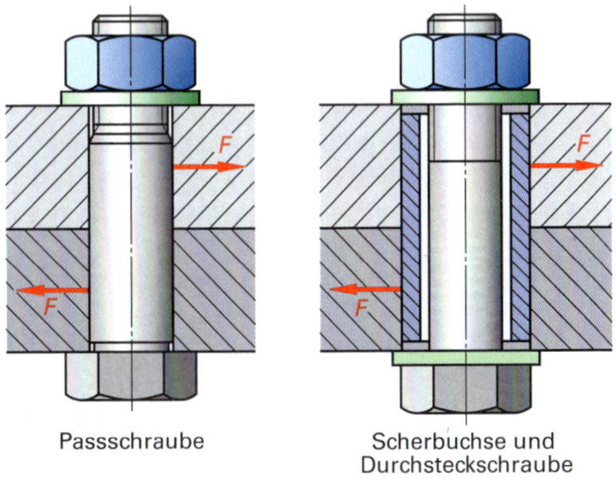

3 Aufnahme von Scherkräften

13.3.5 Schraubwerkzeuge

Je nach Montagemöglichkeit, Zweck der Verbindung oder vorgeschriebener Belastung sind die genau **passenden Werkzeuge** erforderlich (Bild 1).

▸ Durch **fehlerhafte Werkzeuge** können Unfälle verursacht und Schrauben beschädigt werden.

Schraubendreher müssen die zum Schraubenschlitz passende Dicke und Breite haben und dürfen nicht keilförmig angeschliffen sein.

Gabel-, Ring- und Innensechskantschlüssel müssen in der Größe mit der Schlüsselweite der Schraube übereinstimmen. Die Kraftübersetzung darf nicht durch Verlängerung des Hebelarms vergrößert werden. Dieses würde zum Überdrehen oder zum Abreißen der Schraube führen.

Bei **Gabelschlüsseln** (Maulschlüssel) sind die Gabeln 15° abgewinkelt. Dadurch wird es möglich, auch Schrauben an schlecht zugänglichen Stellen durch Umstecken des Gabelschlüssels zu drehen.

Durch **Steckschlüssel** können teilweise schlecht zugängliche Schrauben angezogen werden. In Verbindung mit einer Ratsche lässt sich das Schrauben wesentlich vereinfachen. Da der Hebelarm der Ratsche gleich bleibt und nicht der Schraubengröße angepasst wird, müssen besonders kleine Schrauben vorsichtig festgezogen werden.

Auf keinen Fall dürfen Schrauben mit Zangen wie Wasserpumpen- oder Rohrzangen „bearbeitet" werden. Durch die Zangen würden die Ansatzflächen für die Schlüssel an der Schraube zerstört.

Bei Serienarbeiten werden Schrauben von Hand aufgesetzt und maschinell angezogen. Hierzu können Druckluft- oder Elektroschrauber verwendet werden.

Mithilfe eines Drehmomentschlüssels lassen sich die Schraubverbindungen mit der vorgeschriebenen Vorspannkraft anziehen.

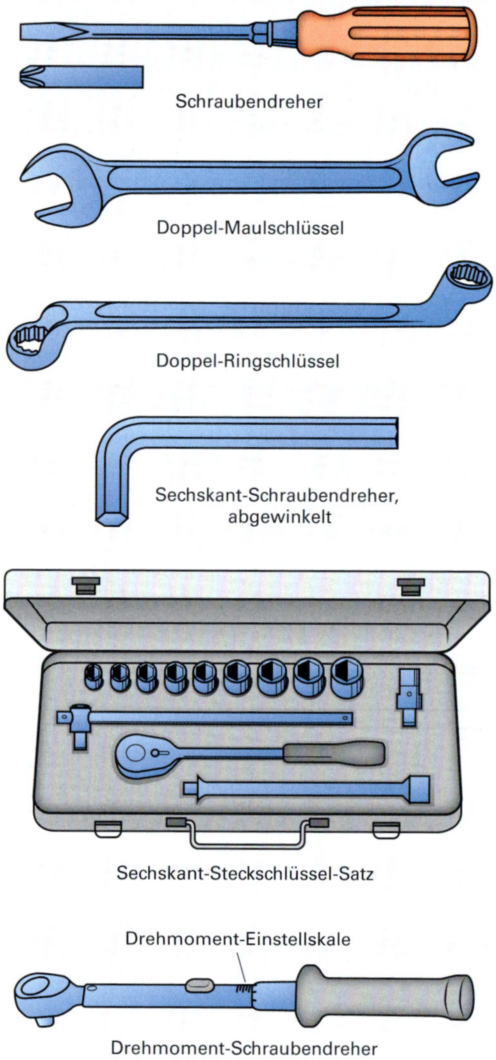

1 Schraubwerkzeuge

Überprüfen Sie Ihre Kenntnisse

1 Geben Sie die drei Gruppen an, in die Schrauben nach ihrer Form eingeteilt werden.
2 Nennen Sie fünf verschiedene Kopfschraubenarten, und geben Sie dazu jeweils einen typischen Einsatzbereich an.
3 Erklären Sie die Angabe: Sechskantschraube DIN EN ISO 4014 M8 × 40 – 8.8.
4 Welche Vorteile kann die Verwendung von Zylinderschrauben mit Innensechskant haben?
5 In welchen Fällen verwendet man Stiftschrauben?
6 Wozu werden Gewindestifte verwendet?
7 Welche Aufgaben haben Unterlegscheiben?
8 Wozu werden Vierkantscheiben mit einer und mit zwei Rillen benötigt?
9 In welchen Fällen sind Schraubensicherungen erforderlich?
10 Zählen Sie 6 kraftschlüssige Schraubensicherungen auf und erklären Sie ihre Wirkungsweise.
11 Welchen Vorteil haben formschlüssige Schraubensicherungen?
12 a) Woran erkennen Sie Dehnschrauben,
b) in welche Bauteile werden sie eingesetzt,
c) und worauf beruht ihre Wirkung?
13 Wie können Schraubenverbindungen gestaltet werden, die auf Abscherung beansprucht sind?
14 Was ist bei der Verwendung von Schraubwerkzeugen zu beachten?
15 Wozu werden Drehmomentschlüssel benötigt?

13.4 Stift- und Bolzenverbindung

Merke

Durch das Verstiften werden Bauteile mittels Formschluss lösbar miteinander verbunden.

Passstifte verbinden Maschinenteile, die eine genaue Lage zueinander erhalten sollen. Diese Bauteile sind so gegen ein Verschieben gesichert. Auch können sie nach Demontage leicht wieder in die ursprüngliche Position gebracht werden. Die eigentliche Kraftübertragung erfolgt häufig durch eine zusätzliche Schraubverbindung.

Befestigungsstifte können kleinere Kräfte übertragen. Es lassen sich so auf einfache und kostengünstige Art feste und bewegliche Verbindungen herstellen.

Abscherstifte schützen Maschinen bei Überbeanspruchung. Sie werden als Sollbruchstelle z. B. zwischen Antriebs- und Arbeitsspindel eingebaut. Bei Überlastung wird nur der Abscherstift (Sollbruchstelle) zerstört.

Für die unterschiedlichen Anforderungen steht eine große Anzahl verschiedener genormter Stifte zur Verfügung. Die gebräuchlichsten Stifte sind: Zylinder-, Kegel-, Kerb- und Spannstifte (Bild 2).

Zylinderstifte können als Pass-, Befestigungs- und Abscherstifte verwendet werden. Sie unterscheiden sich durch ihre Passmaße, die an der Form der Stiftenden erkennbar sind (Bild 3).

Bezeichnungsbeispiel für einen Zylinderstift von 8 mm ø und 50 mm Länge mit Linsenkuppe:

Zylinderstift DIN EN ISO 2338 – 8 m6 × 50

Zylinderstifte in der Ausführung m6 werden hauptsächlich als Passstifte, in der Ausführung h8 und h11 als Befestigungsstifte verwendet. Für Grundlöcher gibt es Zylinderstifte mit Längsrille (zum Entweichen der Luft) und mit Innengewinde (zum Herausziehen des Stiftes) (Bild 4).

Zylinderstifte erfordern bis auf die Ausführung h11 geriebene Bohrungen. Die zu verbindenden Bauteile müssen im montierten Zustand gebohrt und gerieben werden. Um eine genaue Auflage zu gewährleisten, sind die Bohrungen der einzelnen Teile vor der Fertigmontage zu entgraten. Vor dem Einschlagen sollte der Stift eingefettet werden. Hierdurch wird ein Fressen, d. h. ein Kaltverschweißen, verhindert.

Kegelstifte dienen in erster Linie zur Befestigung. Sie haben ein genormtes Kegelverhältnis von 1:50, d. h. auf 50 mm Kegellänge ändert sich der Durchmesser um 1 mm (Einbaubeispiel Bild 1, Seite 270).

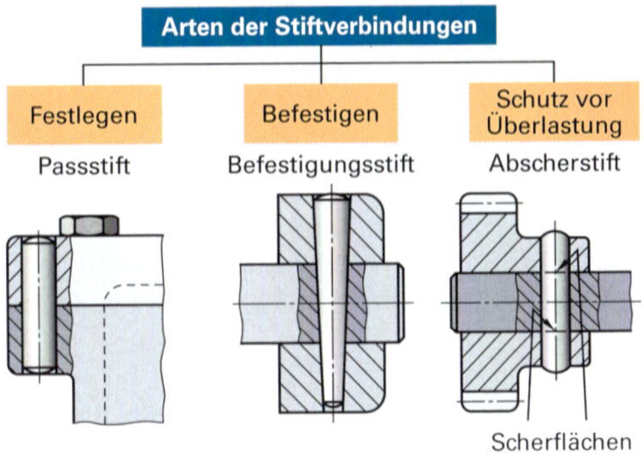

1 Stiftverbindungen

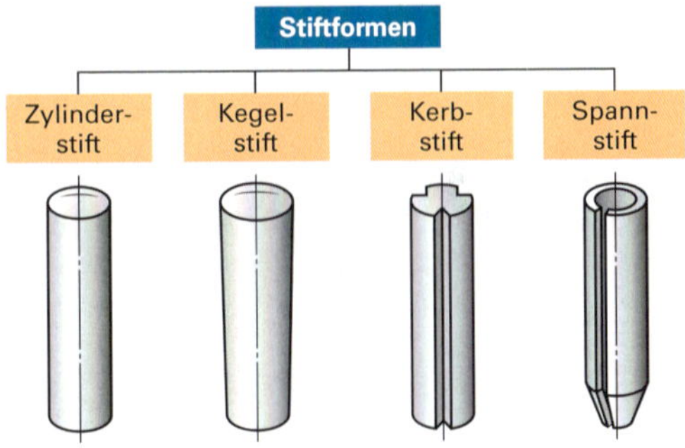

2 Stiftformen

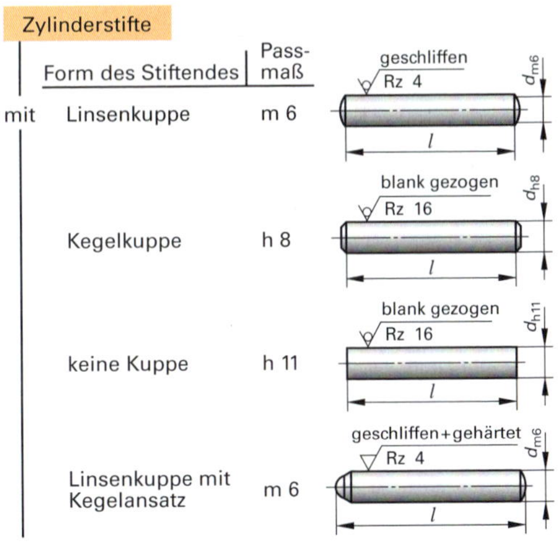

3 Einteilung der Zylinderstifte

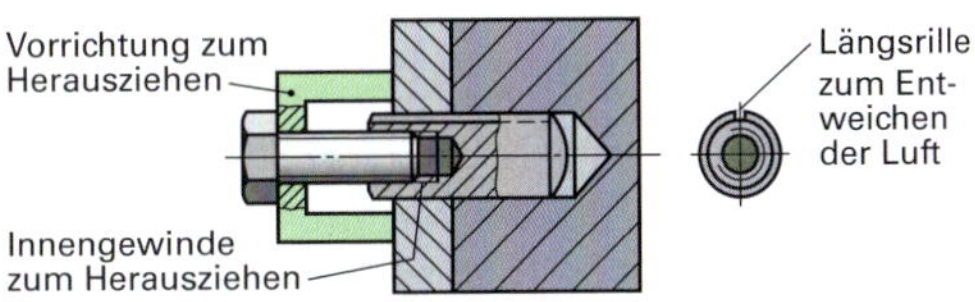

4 Zylinderstift für Grundlöcher

Der kleinere Durchmesser des Kegelstiftes (Nenndurchmesser) ist für die Normbezeichnung maßgebend (Bild 2).

Für Grundlöcher gibt es Kegelstifte mit Innen- oder Außengewinde. Dadurch wird das Herausziehen des Stiftes ermöglicht (Bild 3).

Durch den schlanken Kegel entstehen beim Eintreiben des Stiftes an den Wandungen sehr große Druckkräfte. Die sich daraus ergebenden großen Reibungskräfte führen zu einem festen Sitz des Stiftes.

Kerb- und Spannstifte werden zunehmend als Befestigungsstifte, Passstifte, aber auch als Bolzen verwendet (Bild 6). Ihr Vorzug liegt darin, dass die Bohrungen nicht wie bei den Zylinder- und Kegelstiften aufgerieben werden müssen. Der Einsatz dieser Stifte ist daher kostensparend.

Kerbstifte (Bild 4) haben am Umfang drei eingewalzte Längskerben mit kleinen wulstartigen Rändern. Durch die plastisch-elastische Verformung der Wulste wird eine starke Pressung in der Lochwand verursacht. Dieses führt zu einem festen Sitz des Kerbstiftes. Die Kerben erstrecken sich je nach Ausführung über einen Teil oder über die gesamte Länge des Stiftes.

Spannstifte (Bild 5) sind aus Federstahl gerollte, in Längsrichtung offene Hülsen. Spiralspannstifte sind spiralförmig aufgewickelt. Sie können stärker belastet werden. Man bezeichnet Spannstifte auch als Spannhülsen. Durch das Eintreiben wird der Stift elastisch zusammengedrückt. Er legt sich fest an die Lochwandung an.

Bolzen (Bild 7) können als abgewandelte Form der zylindrischen Stifte angesehen werden. Mit ihnen lassen sich auf einfache Weise zueinander bewegliche Maschinenteile verbinden. Bolzen gibt es in unterschiedlichen Ausführungen: z. B. mit Splintlöchern und mit Kopf.

Überprüfen Sie Ihre Kenntnisse

1 Wie unterscheidet man Stifte nach ihrem Einsatzbereich?
2 Wozu dienen Passstifte und Abscherstifte?
3 Welche Stiftformen werden unterschieden?
4 Nennen Sie Gründe, weshalb Zylinderstifte für Grundlöcher mit einer Längsrille und einem Innengewinde vorgesehen sind.
5 An welcher Stelle können Sie den Nenndurchmesser des Kegelstiftes messen?
6 Schildern Sie den Arbeitsablauf für die Herstellung einer Kegelstiftverbindung.
7 Aus welchen Gründen werden Zylinder- und Kegelstifte in vielen Anwendungsbereichen von den Kerb- und Spannstiften verdrängt?
8 Nennen Sie das Hauptmerkmal von Kerbstiften.

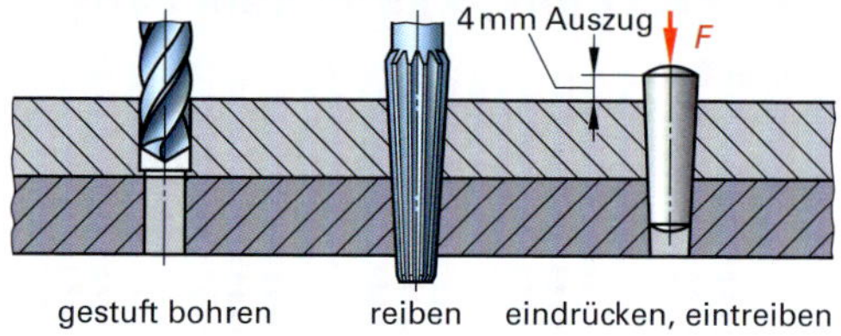

1 Einbaubeispiel für einen Kegelstift

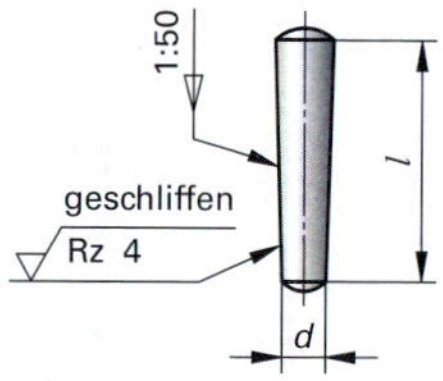

2 Kegelstift

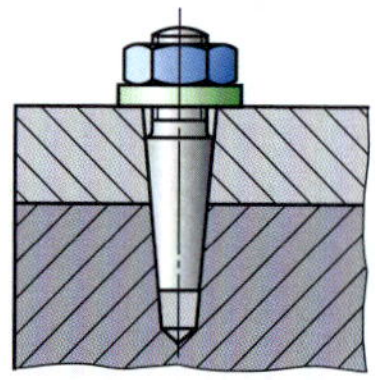

3 Kegelstift für Grundlöcher

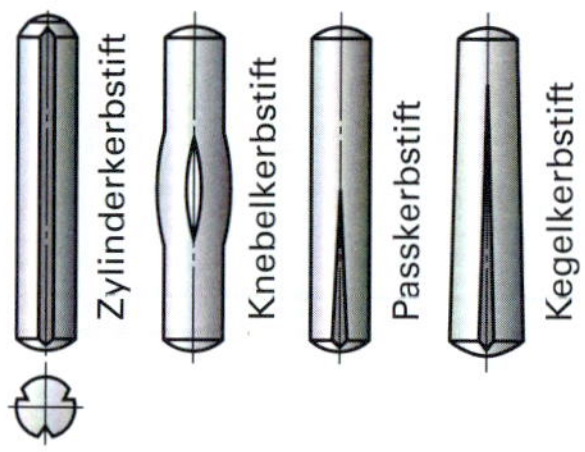

4 Kerbstifte

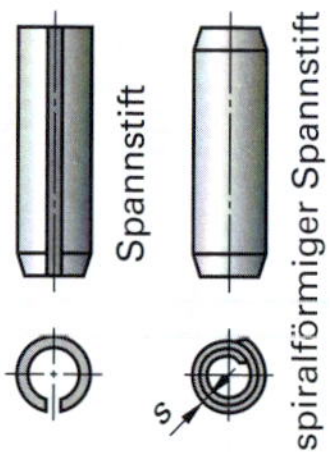

5 Einteilung der Spannstifte

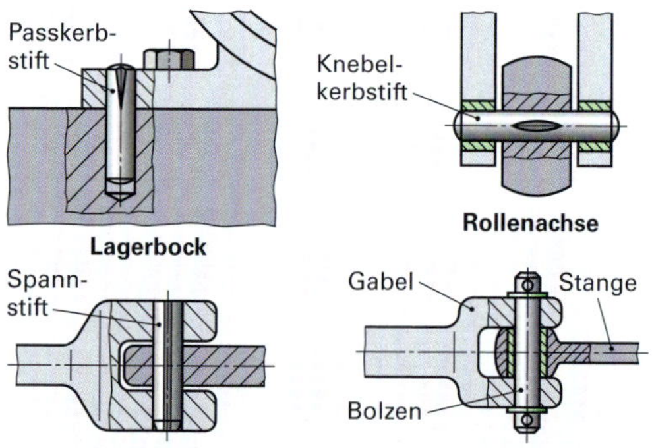

6 Anwendungsbeispiel für Kerb-Spannstift und Bolzen

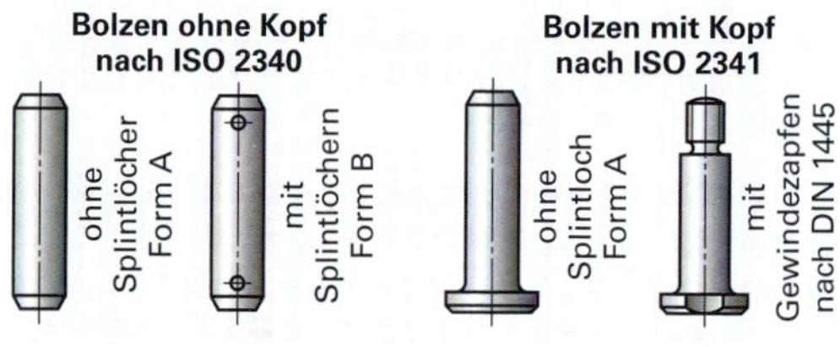

7 Bolzen

13.5 Keilverbindung

Merke

Durch das Keilen werden Bauteile mittels Kraftschluss lösbar miteinander verbunden.

Zur Übertragung von größeren Drehmomenten zwischen einer Welle und einer Nabe sind Schrauben und Stifte nicht geeignet. Es können dann Keilverbindungen verwendet werden. Das ist der Fall z. B. bei Landmaschinen und Schwermaschinen. Der Keil wird in die passenden Nuten der zu verbindenden Welle und Nabe eingetrieben. Die Nutentiefen sind genormt. Die Nabennut muss eine dem Keil entsprechende Neigung haben.

Die geringe Neigung des Keils bewirkt, dass aus einer kleinen Eintreibkraft F_1 eine große Normalkraft F_N und damit eine große Reibkraft F_R ($F_R = F_N \cdot \mu$) entsteht (Bild 5).

Merke

Zahnräder, Riemenscheiben usw. brauchen bei einer Keilverbindung nicht gegen ein Verschieben gesichert zu werden.

Keile tragen nur unten und oben auf den Reibflächen. Sie haben ein seitliches Spiel.

Das Eintreiben des Keils hat aufgrund der großen Normalkräfte ein Verspannen zwischen Welle und Nabe zur Folge (Bild 6). Dieses Verspannen führt zwar einerseits zu einem festen Sitz der Nabe, andererseits aber zu einer geringfügigen Verschiebung der Mittelachsen und damit zur Exzentrizität der Verbindung. Hierdurch kann eine Unwucht entstehen, die Schwingungen bewirken kann.

Bei einer eventuellen Überlastung der kraftschlüssigen Verbindung legt sich der Keil an eine Nutseite an und wird dann zusätzlich auf Abscherung beansprucht. Die Keilverbindung ist dann kraft- und formschlüssig.

Die wichtigsten Keilformen sind Einlege-, Treib-, Nasen- und Tangentkeile (Bilder 1 bis 4).

Tangentkeile eignen sich für hohe, stoßartige, und auch für wechselnde Übertragung von Drehmomenten. Die Verbindung beruht auf zwei versetzten Keilpaaren (Bild 3).

Überprüfen Sie Ihre Kenntnisse

1 Erklären Sie, weshalb Keilverbindungen kraftschlüssig sind.
2 Für welche Anwendungsbereiche eignen sich Keilverbindungen?
3 Wie groß ist die genormte Neigung des Keiles?
4 Skizzieren Sie die Kraftwirkung und Kraftübertragung an einer Keilverbindung.
5 Weshalb ist eine axiale Sicherung gegen Verschieben bei einer Keilverbindung überflüssig?

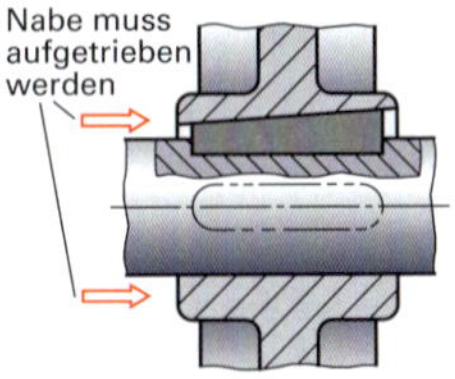

1 Einlegekeil

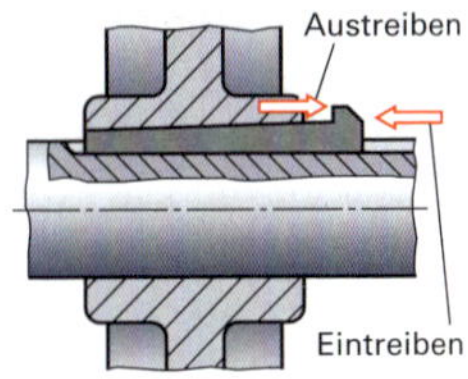

2 Nasenkeil

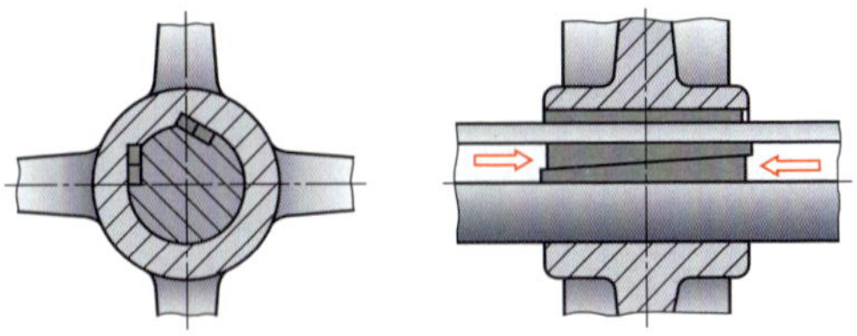

3 Tangentkeile

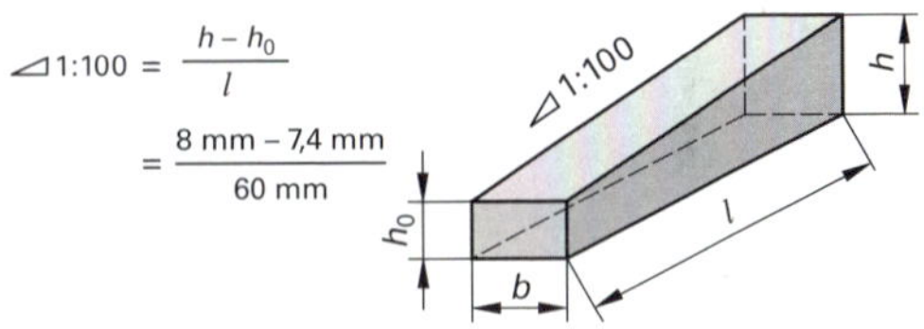

4 Maße am Keil

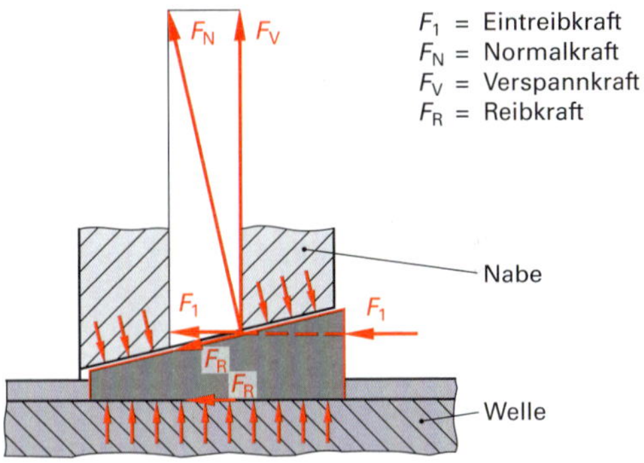

5 Kraftwirkung bei einer Keilverbindung

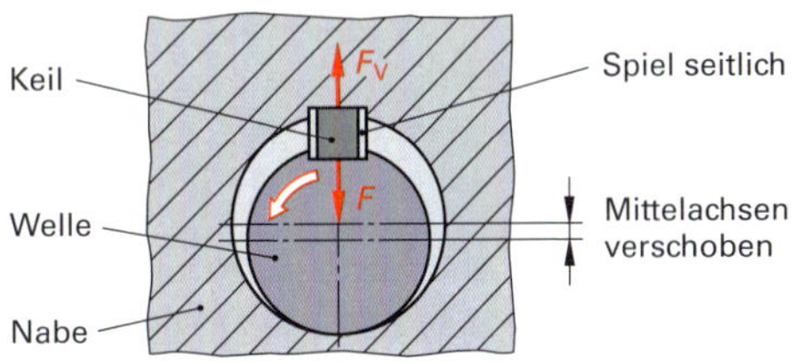

6 Verschiebung der Mittelachse bei der Keilverbindung (übertrieben gezeichnet)

Bezeichnungsbeispiele für Keile von 10 mm Breite, 8 mm Höhe und 60 mm Länge:
Einlegekeil: Keil DIN 6886-A 10 × 8 × 60
Treibkeil: Keil DIN 6886-B 10 × 8 × 60

13.6 Federverbindung

Merke

Durch das Einlegen von Federn (Bild 1) werden Bauteile mittels Formschluss lösbar miteinander verbunden.

vel.plus/ GM42

Die Federverbindung wird sehr häufig im Maschinenbau verwendet, da sie auch für schnell drehende Wellen und Naben geeignet ist. Die Passfeder ähnelt im Aussehen dem Keil. Sie hat aber keine geneigte Fläche. Die Wirkweisen von Feder und Keil unterscheiden sich deshalb grundsätzlich voneinander. Die Federverbindung wirkt als reine **Mitnehmerverbindung,** da ihre parallelen Seitenflächen an denen der Nut anliegen (Bild 2). Die Übertragung der Drehmomente erfolgt durch **Formschluss,** die Feder wird auf Abscherung und Flächenpressung beansprucht. Das übertragbare Drehmoment ist gegenüber der Keilverbindung geringer.

Merke

Die Federverbindung trägt an den Seitenflächen und hat in der Höhe Spiel.

Dadurch verhindert man ein gegenseitiges Verspannen von Welle und Nabe und erhält einen gleichmäßigen Rundlauf. Damit die Nabe nicht auf der Welle rutschen kann, benötigt sie eine **Sicherung gegen axiales Verschieben.** Dieses kann durch Stellringe, Stifte usw. erfolgen.

Man unterscheidet vier Federarten (Bild 3).

Die **rundstirnige Passfeder** ist die am häufigsten verwendete Federart.

Die **geradstirnige Passfeder** muss gegen ein axiales Verschieben gesichert werden. Die geradstirnige Passfeder ist billiger herzustellen als die rundstirnige.

Eine Passfeder, die ein Verschieben der Nabe auf der Welle ermöglicht, wird auch **Gleitfeder** genannt (Bild 4). Durch sie wird z. B. eine axiale Bewegung der Zahnräder auf der Welle und damit das Schalten verschiedener Übersetzungen in einem Getriebe möglich.

Die **Scheibenfeder** (Bild 5) eignet sich gut zur Übertragung von Drehmomenten bei kegeligen Wellen, da sie sich selbsttätig auf die Nabennut einstellt. Wegen ihrer Kreissegmentform und der (damit erforderlichen) tieferen Nut in der Welle ist die Belastbarkeit der Verbindung eingeschränkt.

Profilwellen und Profilnaben stellen eine besondere Ausführungsart der formschlüssigen Federverbindung dar (Bild 6). Bei ihnen wird die Übertragung der Kraftmomente auf den gesamten Umfang verteilt. Dieses erhöht die Belastbarkeit und verbessert die Rundlaufeigenschaft der Bauteile.

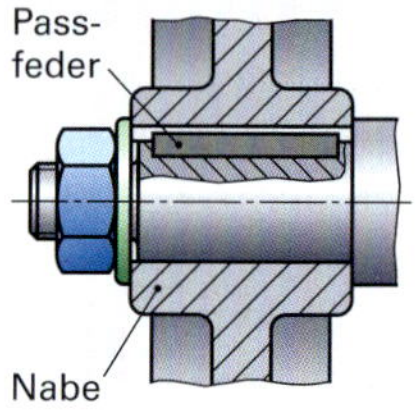

1 Federverbindung

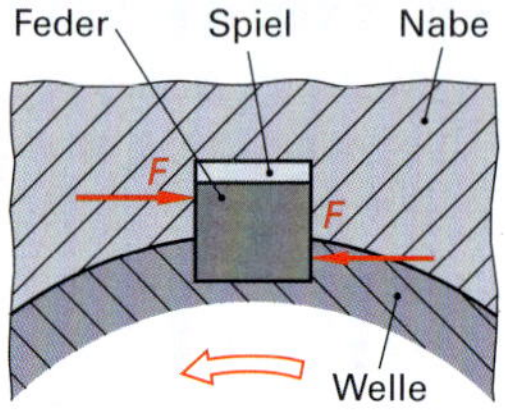

2 Wirkung der Federverbindung

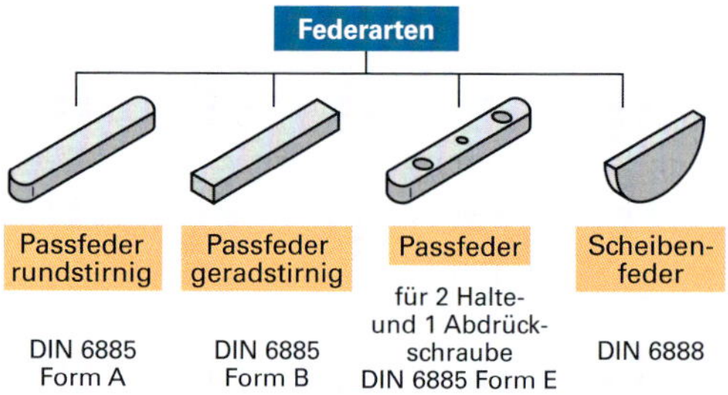

3 Federarten

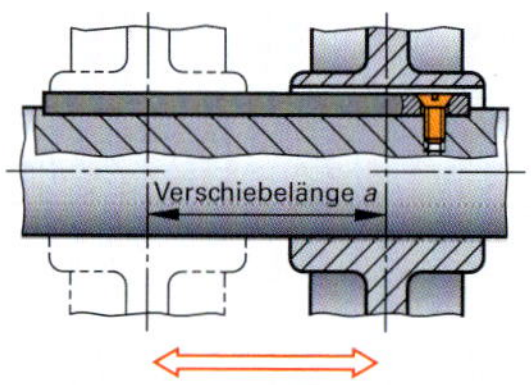

4 Gleitfederverbindung

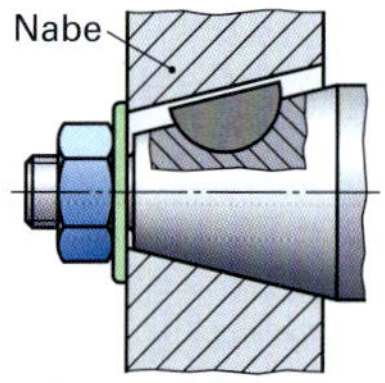

5 Scheibenfederverbindung

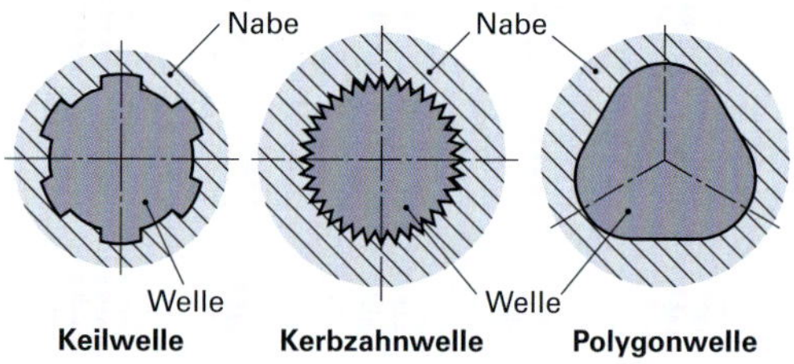

6 Profilwellen

Überprüfen Sie Ihre Kenntnisse

1 Worin unterscheidet sich die Feder vom Keil?
2 Erklären Sie die Kraftübertragung bei einer Federverbindung.
3 Vergleichen Sie die Rundlaufeigenschaften bei einer Keil- und einer Federverbindung.
4 Weshalb müssen Naben gegen axiales Verschieben auf der Welle zusätzlich gesichert werden?
5 Zählen Sie die vier Federarten auf.
6 Wozu werden Gleitfedern benötigt?
7 Wie können Profilwellen eingeteilt werden?
8 Welche Vorteile hat der Einsatz von Profilwellen?

13.7 Nieten

Nieten hat als unlösbare Verbindung erhebliche Bedeutung. Es wird auch eingesetzt, wenn sich die zu verbindenden Teile nicht oder nur schwer schweißen lassen oder wenn die durch Wärme entstehenden Gefügeänderungen und Schweißspannungen unerwünscht sind.

Das Verbindungselement Niet besteht aus einem **Setzkopf** und einem zylindrischen **Schaft**. Der **Schließkopf** wird durch Umformen (Schlagen) der überstehenden Schaftlänge gebildet (Bild 1). Die Zugabe soll bei halbrunden Schließköpfen 1,5 · Schaftdurchmesser *d* und bei Senkschließköpfen 1 · *d* betragen.

Der Nietwerkstoff muss sich gut umformen lassen. Auch sollten die Niete und die zu verbindenden Bauteile möglichst aus dem gleichen Werkstoff sein, um Korrosion und Verziehen durch unterschiedliche Wärmeausdehnungen zu vermeiden.

13.7.1 Nietarten

Nieten unterscheidet man nach der Form des Nietkopfes (Bild 2) und ihren Aufgaben.

Sonderniete

Für besondere Anforderungen wurden einige spezielle Niete und Nietverfahren entwickelt:

Blindniete: Sie werden mit den entsprechenden Nietverfahren verwendet für Nietungen, bei denen das Nietloch nur von einer Seite zugänglich ist, z. B. beim Fahrzeugbau (Bild 3).

Spreizniete sind am Schaftende geschlitzte Hohlniete. Durch das Einschlagen eines Kerbstiftes wird das Schaftende gespreizt.

Dornniete bestehen aus einem Hohlniet und einem Dorn mit kegeligem Kopf. Der Niet wird mit dem Dorn in das Nietloch eingesetzt. Der Dorn wird anschließend durch ein Spezialwerkzeug hochgezogen. Er weitet dabei den Nietschaft zum Schließkopf auf und reißt an einer Sollbruchstelle ab.

Auf ähnliche Art lassen sich auch **Blindeinnietmuttern** einsetzen. Hierbei wird ein Gewindedorn zurückgezogen und staucht dabei den Nietschaft. Der Dorn kann anschließend ausgeschraubt werden.

Bei den Nietverbindungen ist zwischen Kalt- und Warmnieten zu unterscheiden. Sie haben unterschiedliche Wirkweisen.

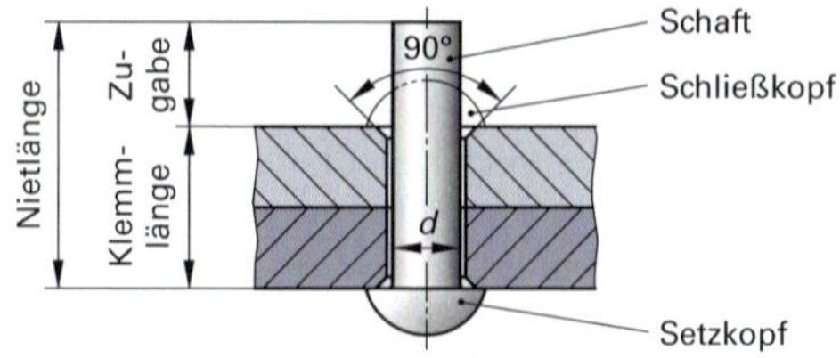

1 Nietbezeichnungen

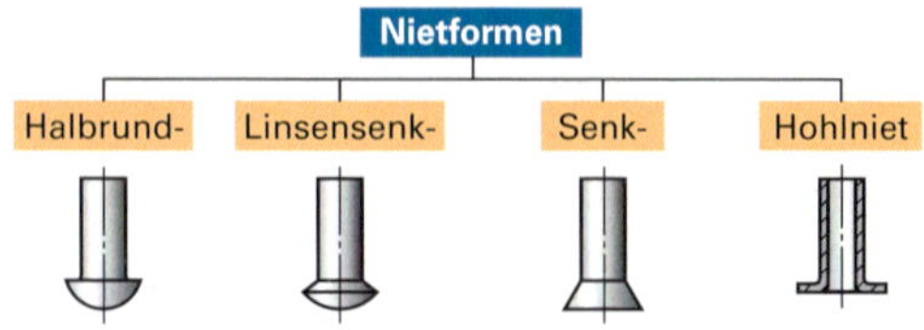

2 Wichtige Nietformen

vel.plus/GM43

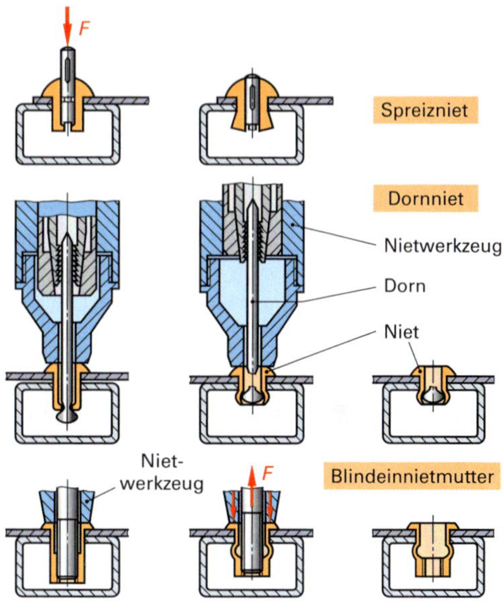

3 Wichtige Blindniete

vel.plus/GM44

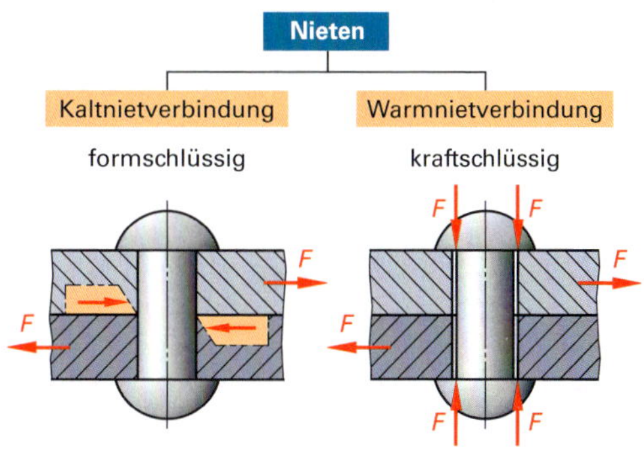

4 Nietverfahren

13.7.2 Kaltnieten

Niete mit einem Durchmesser unter 10 mm werden im Normalfall kalt geschlagen. Der Nietschaftdurchmesser *d* soll etwa die doppelte Blechdicke betragen ($d = 2\,s$).

Die Bohrungen sollen etwa 0,2 mm größer sein als die Schaftdurchmesser *d* der Niete. Um eine genaue Auflage zu ermöglichen und Kerbwirkungen zu vermeiden, sind die Bohrungen zu entgraten.

Die Belastung einer Kaltnietverbindung muss vom Niet übertragen werden. Der Nietquerschnitt wird dabei auf **Abscherung** beansprucht (Bild 1).

Merke

Durch das Kaltnieten werden formschlüssige, unlösbare Verbindungen hergestellt.

Bei Belastung wird der Nietschaft auch gegen die Wandung des Nietloches gedrückt. Bei hohem Druck kann sich das Blech verformen und ausgerissen werden. Diese Druckbelastung des Bleches wird als **Lochleibungsdruck** bezeichnet (Bild 1).

Weder die Scherbelastung im Nietschaft noch der Lochleibungsdruck des Bleches dürfen die zulässigen Höchstwerte überschreiten.

13.7.3 Warmnieten

Ist der Nietdurchmesser größer als 10 mm, wird der Niet warm geschlagen. Er wird dafür auf ca. 1000 °C (hellrot) erwärmt, in das vorbereitete Loch gesteckt und umgeformt. Wegen der Wärmeausdehnung müssen die Löcher etwa 0,5 mm bis 1 mm größer als der Nietschaftdurchmesser gebohrt werden. Beim Abkühlen schrumpft der Nietwerkstoff, und der Niet wird dünner und kürzer.

Durch die Verkürzung des Nietschaftes werden die Bauteile durch Setz- und Schließkopf zusammengepresst. Kräfte, die auf die Verbindung wirken, werden durch den Reibungswiderstand zwischen den Bauteilen übertragen (Bild 2).

Merke

Durch Warmnieten werden kraftschlüssige, unlösbare Verbindungen hergestellt.

Da beim Abkühlen des Nietes der Schaftdurchmesser schrumpft, berührt er nicht mehr die Lochwand. Es treten keine Beanspruchungen auf Abscherung oder Lochleibungsdruck auf.

Schließen der Nietverbindung

Nach dem Einsetzen des Nietes in die Bohrung und nach dem Auflegen in den Gegenhalter werden die Bleche mit dem Nietzieher zusammengedrückt. Anschließend wird das Schaftende des Nietes mit dem Hammer angestaucht und mit dem Schellhammer (Döpper) zum Schließkopf umgeformt (Bild 3). Der Nietschaft wird dabei so gestaucht, dass er die Bohrung voll ausfüllt.

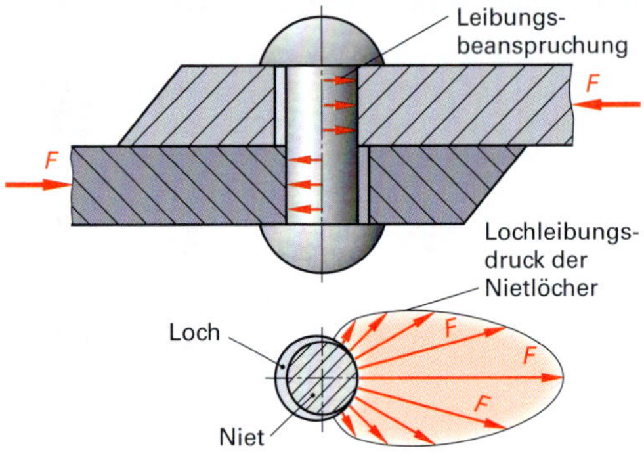

1 Beanspruchung einer Kaltnietverbindung auf Lochleibungsdruck

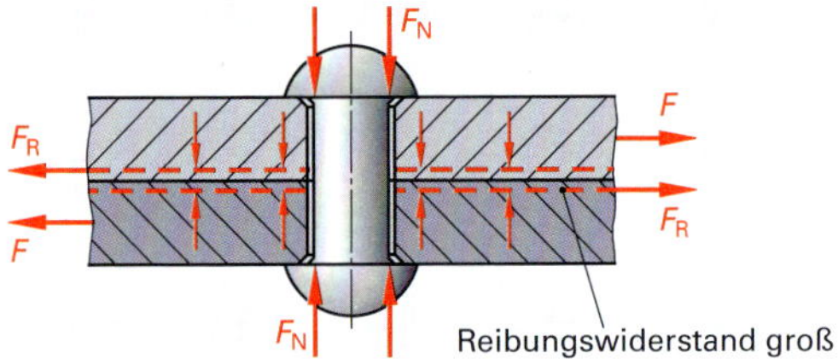

2 Kraftschluss durch Warmnieten

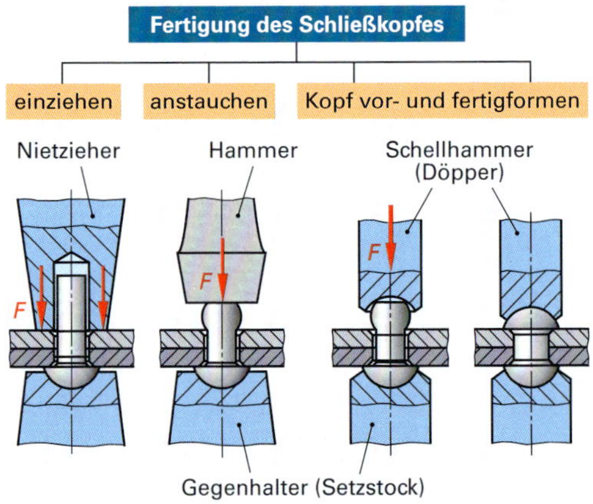

3 Arbeitsablauf beim Warm- und Kaltnieten

Überprüfen Sie Ihre Kenntnisse

1 In welchen Bereichen wird Nieten eingesetzt?
2 Aus welchen Gründen wurde die Bedeutung des Nietens stark zurückgedrängt?
3 Nach welchen Gesichtspunkten werden Nietwerkstoffe ausgewählt?
4 Schildern Sie den Arbeitsablauf bei der Fertigung des Schließkopfes beim Kaltnieten.
5 Begründen Sie, warum die Kaltnietung eine formschlüssige und die Warmnietung eine kraftschlüssige Verbindung ist.
6 In welchen Fällen werden Blindnieten eingesetzt?

13.8 Löten

Merke

Durch das Löten lassen sich Metalle mittels Stoffschluss unlösbar miteinander verbinden.

Die Grundwerkstoffe und ein leicht schmelzender Zusatzstoff, das Lot, werden auf die Arbeitstemperatur des Lotes erwärmt. Dabei bleibt der Werkstoff der zu verbindenden Teile im festen Zustand und das Lot wird flüssig. Beim Abkühlen erstarrt das Lot und verbindet die zusammengelegten Bauteile.

Der Einsatzbereich des Lötens reicht von der handwerklichen Reparatur bis zur Massenfertigung.

Löten hat folgende Vorzüge:

- Durch Löten können problemlos auch verschiedenartige Metalle miteinander verbunden werden.
- Infolge der geringen Arbeitstemperaturen ergeben sich große Vorteile beim Fügen von Teilen mit geringen oder unterschiedlichen Wanddicken. Auch die Gefahr der Zerstörung der Teile durch Gefügeveränderung, Wärmespannung und Verwerfung wird vermindert (Bild 1 und Bild 2).
- Lötverbindungen sind weitgehend dicht gegenüber Dämpfen und Flüssigkeiten.
- Anwendungsbeispiele: Behälter, Rohr-Installationen, Kfz-Kühler, Regenrinnen.
- Lötverbindungen besitzen im Allgemeinen eine gute elektrische Leitfähigkeit. Anwendungsbeispiele: Elektromotorenbau, Verlöten von Stromverbindern und gedruckten Schaltungen (Platinen).
- Das Lötverfahren lässt sich oft leicht mechanisieren (Bild 3).

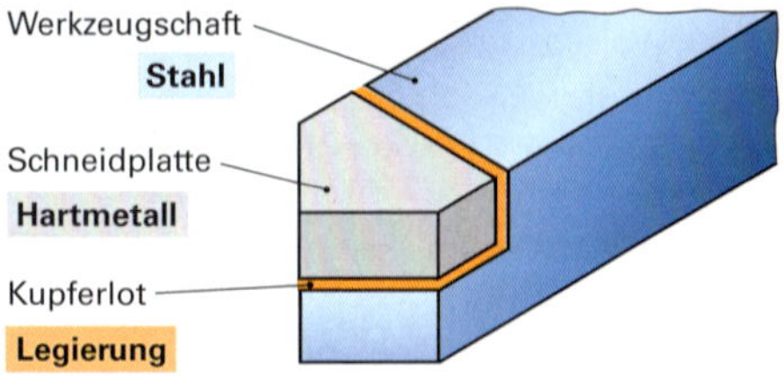

1 Löten von verschiedenartigen Metallen

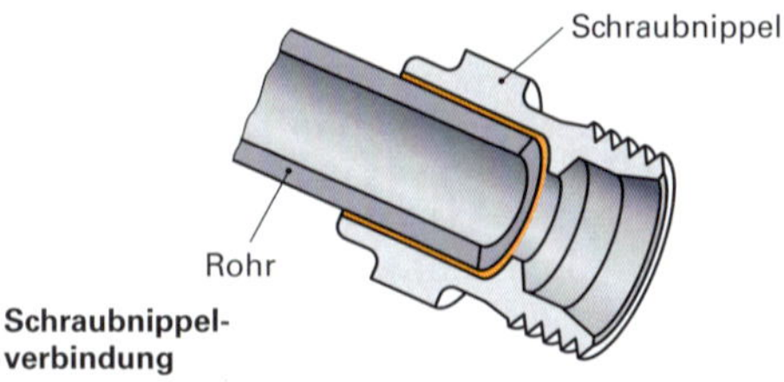

2 Löten von dichten Teilen mit unterschiedlicher Wanddicke

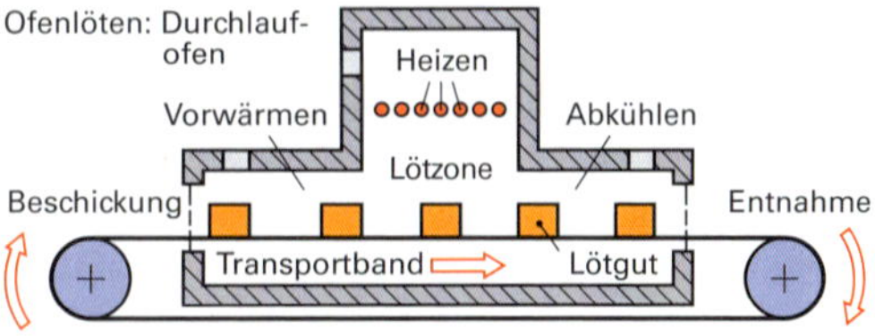

3 Mechanisiertes Lötverfahren

13.8.1 Vorgänge beim Löten

Eine Lötverbindung entsteht in drei Phasen (Bild 4). Wird flüssiges Lot auf einen metallisch sauberen und auf Arbeitstemperatur erwärmten Grundwerkstoff gebracht, so kommt es zu einer *Benetzung*. Es setzt eine *innige Berührung* zwischen Zusatzstoff und Grundwerkstoff ein. Gleichzeitig kommt es zum *Fließen* des Lotes. Ein Tropfen flüssiges Lot breitet sich unter Vergrößerung seiner Oberfläche aus und fließt in kleinste Zwischenräume. Gleichzeitig erfolgt eine *Legierungsbildung* zwischen Grundwerkstoff und Lot.

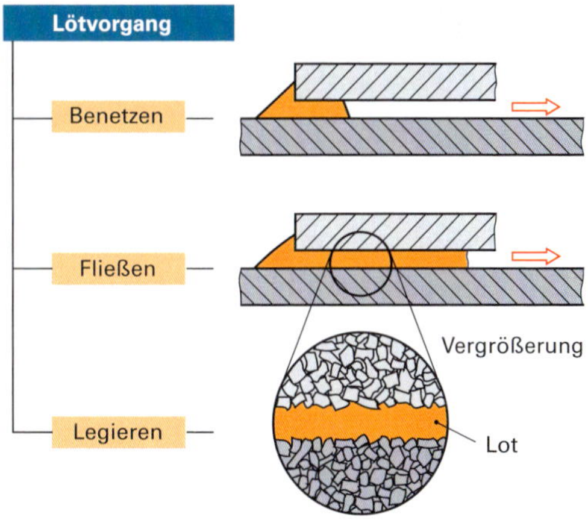

4 Phasen des Lötvorgangs

Um die auf **Adhäsion** (Anhangskraft) beruhende Benetzung überhaupt zu ermöglichen, muss das flüssige Lot in unmittelbaren Kontakt mit dem Grundwerkstoff gebracht werden. Schon eine geringe Bedeckung des festen Metalls mit Fremdstoffen oder eine Umhüllung des flüssigen Lotes mit Oxid verhindert eine direkte Berührung und macht die Lotverbindung unmöglich.

Auch nach mechanischer oder chemischer Vorbehandlung zum Löten bilden sich bei Raumtemperaturen sofort Oxidschichten.

Diese unsichtbaren Metalloxidbeläge müssen entweder durch Erhitzen der Werkstücke und Lote in Schutzgasen reduziert oder von passenden Lösungsmitteln (Flussmitteln) aufgelöst werden.

Das Fließen und damit auch die Benetzung erfolgen bei hinreichend engen **Lötspalten** sowohl in waagerechter als auch in senkrechter Lage. Diese Erscheinung ist auf die Kapillarwirkung zurückzuführen. Die **Kapillarwirkung** beruht auf der Adhäsion zwischen Flüssigkeiten und festen Oberflächen (Spaltwänden). Aufgrund der Adhäsion steigt die Flüssigkeit an den Wänden hoch. In engen Röhren ist die Kohäsion stark genug, die restliche Flüssigkeit mit nach oben zu ziehen (Bild 1).

Spaltbreiten von 0,05 mm bis 0,2 mm sind zum Löten am besten geeignet. Hier ist der kapillare Fülldruck und damit die Steighöhe des Lotes so groß, dass sich die Spalten von selbst mit Lot füllen (Bild 2).

In der Betriebspraxis wird infolge der Oberflächenrauigkeit der zu verbindenden Teile der günstigste Lötspalt meist schon durch normale Auflage oder Anlage erreicht. Der Lötspalt sollte sich in Richtung des Lotweges nicht erweitern, weil dadurch der Weiterfluss des Lotes behindert wird.

Im Spaltbereich von 0,2 mm bis 0,5 mm ist der kapillare Fülldruck nur noch gering. Die Ausbreitung des Lotes und die Füllung von Spalten können durch Zufälligkeiten behindert werden (Bild 3).

Oberhalb einer Lötstellenbreite von 0,5 mm spricht man von Lötfuge. Das Fugenlöten erfordert wegen des geringen kapillaren Fülldrucks meist eine besondere Löttechnik.

Die Phase der **Legierungsbildung** erfolgt, sobald das Lot die Oberfläche benetzt hat. Die Atome des flüssigen Lotes diffundieren (wandern) in die Randschichten des festen Grundwerkstoffes. Ebenfalls diffundieren Atome aus dem Grundwerkstoff in das Lot (Bild 4). Diesen Vorgang nennt man **Diffusion.** Die Tiefe der Diffusion ist material- und temperaturabhängig. Da die Festigkeit der Legierungsschicht höher ist als die des Lotes, sind durchlegierte Verbindungen mit geringer Lotdicke stärker belastbar. Auch deshalb strebt man enge Spaltbreiten an.

13.8.2 Löttemperatur

Löten erfolgt in einem bestimmten Temperaturbereich. Seine untere Grenze ist die „Arbeitstemperatur", die obere Grenze die „maximale Löttemperatur" (Bild 1, Seite 277). Die **Arbeitstemperatur** ist die niedrigste Oberflächentemperatur des Bauteils, bei der das Lot benetzt, fließt und legiert. Sie ist bei Verwendung eines geeigneten Flussmittels als Lotkonstante anzusehen.

Über die **maximale Löttemperatur** hinaus ist ein einwandfreies Löten nicht mehr möglich. Um den Legierungsvorgang zu begünstigen, soll nach dem Löten die Arbeitstemperatur je nach Lot noch 15 bis 60 Sekunden gehalten werden. Beim Abkühlen und Erstarren des Lotes muss die Lötstelle erschütterungsfrei bleiben.

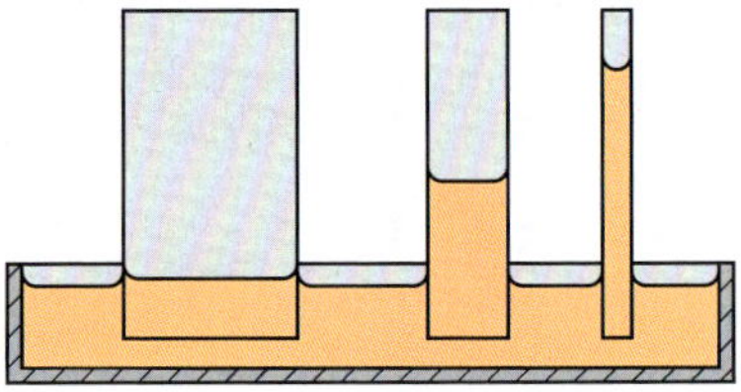

1 Kapillarwirkung

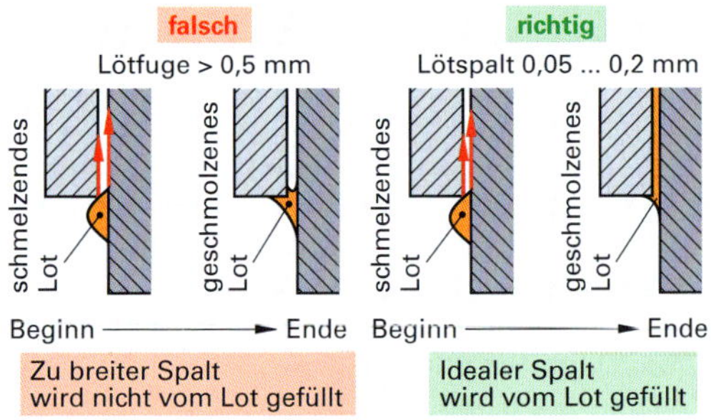

2 Kapillarwirkung beim Spaltlöten

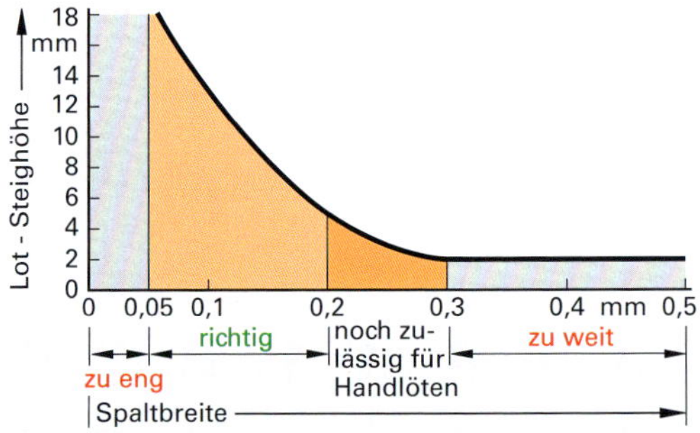

3 Zusammenhang zwischen Spaltbreite und Steighöhe beim Löten

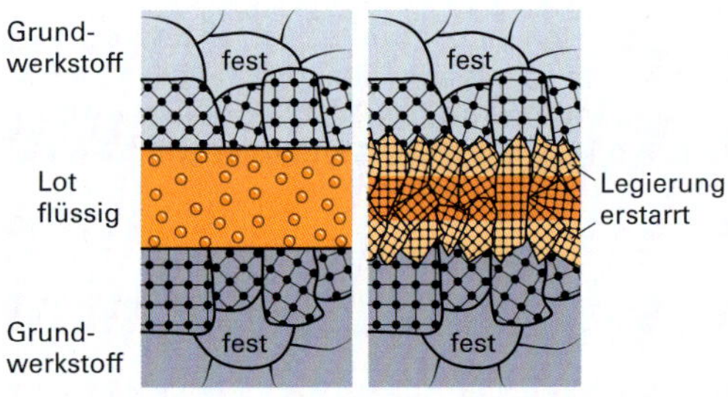

4 Legierungsbildung

13.8.3 Lötverfahren

Die Höhe der Arbeitstemperatur grenzt die beiden Verfahren Weichlöten und Hartlöten gegeneinander ab (Bild 2).

Beim **Weichlöten** ist die Verbindungsstelle weich und nicht für große Kraftübertragungen geeignet. Dieses liegt an der niedrigen Arbeitstemperatur, bei der sich nur eine geringe Legierungsschicht bilden kann. Außerdem ist die Festigkeit der hauptsächlich verwendeten Blei-Lote gering. Die niedrige Arbeitstemperatur macht die Lötnaht sehr wärmeempfindlich. Durch Weichlöten werden daher nur selten Eisenwerkstoffe verbunden. Bei Kupfer, Zinn, Zink und deren Legierungen wird Weichlöten sehr häufig zum Verbinden und Abdichten eingesetzt. Die mechanische Belastbarkeit lässt sich durch zusätzliche Fügeverfahren (Punktschweißen) oder entsprechende Gestaltung der Lötnaht (Falzen, Bördeln) erhöhen (Bild 3).

Hartlöten eignet sich zum Verbinden von legierten und unlegierten Stählen, Hartmetallen, Edelmetallen, Grauguss, Temperguss und Kupfer. Die Fügestelle ist fest und biegsam. Sie kann, richtige Ausführung vorausgesetzt, hoch belastet werden. Bei NE-Metallen ist die Festigkeit der Lötnaht oft größer als die des Grundwerkstoffes.

13.8.4 Lote

Für alle Lote gilt:

- Ihr Schmelzpunkt ist stets niedriger als der Schmelzpunkt der Grundwerkstoffe.
- Sie sind besonders dünnflüssig.
- Sie verbinden sich gut mit anderen metallischen Werkstoffen.

Die Lote werden nach ihrer Arbeitstemperatur in Weich- und Hartlote eingeteilt.

Die **Auswahl des Lotes** sollte mithilfe von Normtabellen erfolgen. Aus ihnen sind Zusammensetzung, Schmelzbereiche, Arbeitstemperaturen und Anwendungshinweise zu entnehmen.

Das Löten von Leichtmetallen ist problematisch, da sich die Oxidhaut an der Lötstelle nur schwer entfernen lässt. Deshalb sind Kleben oder Schweißen in vielen Fällen einfacher einzusetzen.

Bezeichnet werden nach DIN EN ISO 3677 Weichlote mit S, Hartlote mit B. Im zweiten Teil der Kurzbezeichnung werden die wesentlichen Legierungsbestandteile als chemische Symbole mit den prozentualen Anteilen angegeben. Bei den Hartloten wird allerdings nur der Prozentsatz des Hauptbestandteils genannt, sie beinhalten dafür als dritten Teil noch den Schmelztemperaturbereich in °C. Bei Weichloten für Elektronik-Bauteile steht nach dem zweiten Teil ein „E".

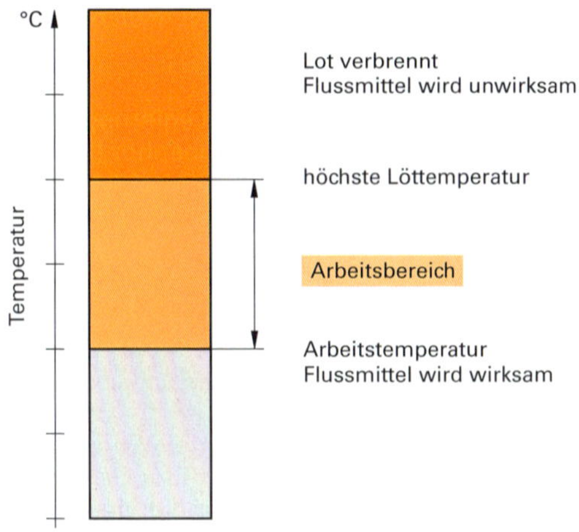

1 Löttemperatur

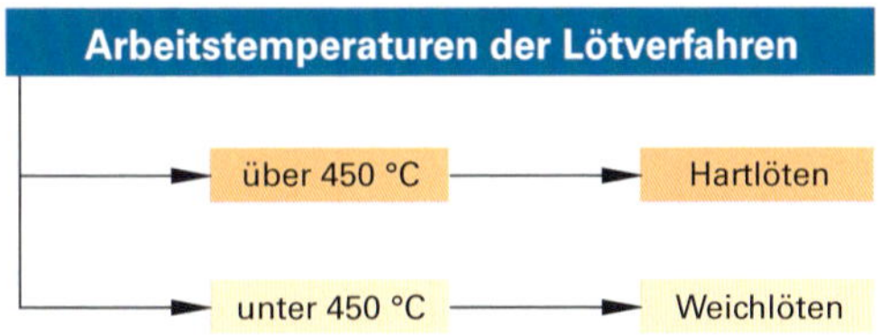

2 Unterscheidung der Lötverfahren Weich- und Hartlöten

Art der Lötstelle	Lötspalt-tiefe gering	Lötspalt-tiefe vergrößert	zusätzliche Erhöhung der Festigk.
Blechnaht gerade	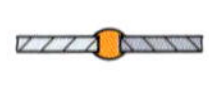	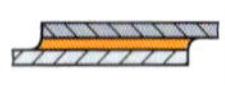	
Blechnaht T-förmig	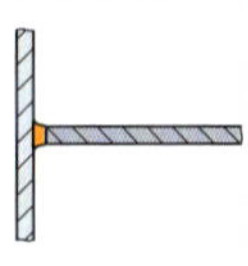	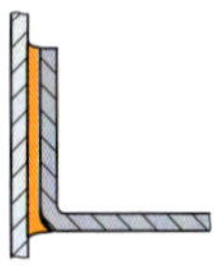	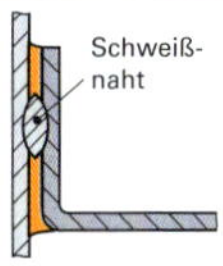
Rundteil mit Flachteil	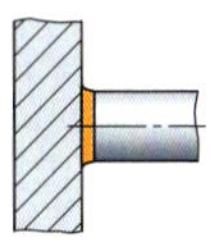	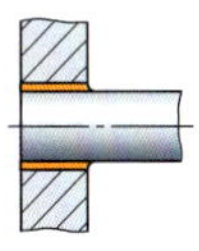	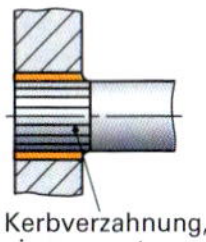
Rohrverbindung	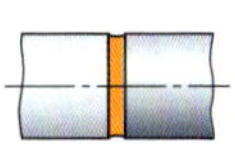	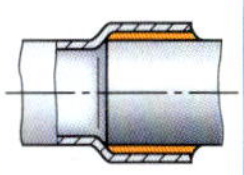	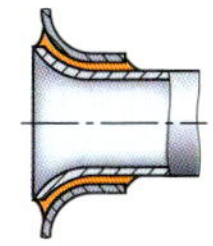
zum Weichlöten	**ungeeignet**	**gut geeignet**	**sehr gut geeignet**

3 Lötnahtgestaltung beim Weichlöten

Weichlote für Schwermetalle
sind überwiegend Legierungen aus Zinn (Sn) und Blei (Pb). Ihnen wird zur Steigerung von Härte und Festigkeit oft Antimon (Sb), Silber (Ag), Kupfer (Cu) und Zink (Zn) zugegeben.

Hartlote für Schwermetalle
sind überwiegend Kupfer-Zink-Legierungen oder Silberlote (Kupfer-Silber-Legierungen). Weitere Zusätze können Cadmium (Cd), Phosphor (P), Silicium (Si), Mangan (Mn), Zinn (Sn) und Nickel (Ni) sein. Das Edelmetall Silber (teilweise bis 85 % Anteil) senkt als Lotbestandteil die Arbeitstemperatur auf 610 °C ... 800 °C.

13.8.5 Flussmittel

Flussmittel sind nichtmetallische Stoffe. Wenn die Werkstoffoberflächen ausreichend mechanisch vorgereinigt sind, können Flussmittel oder Schutzgase die Oxidhaut beseitigen. Damit dem Lot das Benetzen der Werkstoffoberfläche ermöglicht wird, muss das Flussmittel sich durch das Lot verdrängen lassen (Bild 1). Zur Vermeidung von Korrosion müssen die Flussmittelreste nach dem Löten von der Lötstelle entfernt werden.

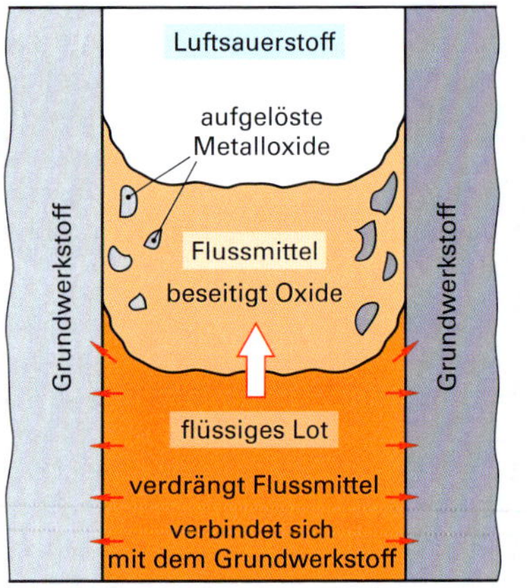

1 Wirkung des Flussmittels

Flussmittel zum Weichlöten werden nach DIN EN ISO 9454 gekennzeichnet mit:

Ziffern für Flussmitteltyp, -basis und -aktivator.

Buchstabe A für flüssig, B für fest und C für pastenförmig.

Das für stark oxidierte Oberflächen geeignete Lötwasser (Zinkchlorid) mit der Bezeichnung 3.2.2.A (F-SW 11) wirkt zersetzend.

Das pastenförmige für Kupferlötungen geeignete Lötfett 2.2.1.C (F-SW 21) ist leicht korrodierend.

Flussmittel zum Hartlöten sind meist Borverbindungen und ebenfalls korrodierend. Es gibt sie für unterschiedliche Wirktemperaturbereiche (z. B. F-SH2 von 750 °C ... 1100 °C).

13.8.6 Erwärmung der Lötstelle

Die hohen Temperaturen für das **Hartlöten** verlangen den Schweiß- oder Hartlötbrenner bzw. die Lötpistole (Bild 2). Bei größeren Stückzahlen, z. B. in der industriellen Fertigung, können die Werkstücke auch in Öfen, Tauchbädern oder elektrisch erwärmt werden.

Weichlöten kann je nach Art der Erwärmung in Kolben- oder Flammlöten unterteilt werden. Die erforderlichen Temperaturen bis 450 °C können mit Lötkolben oder beim Flammenlöten mit Lötbrenner und Lötlampe erzielt werden.

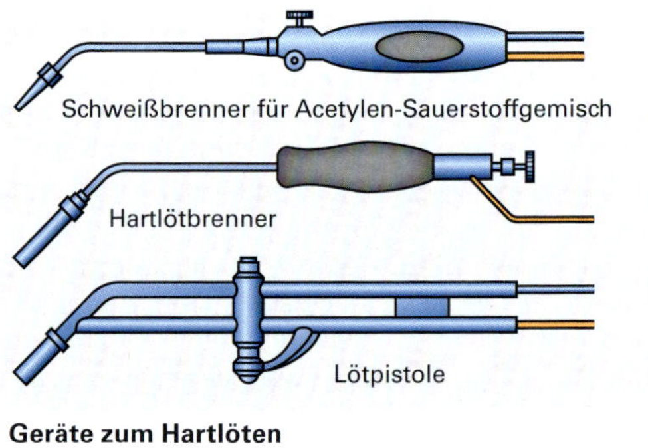

2 Geräte zum Hartlöten

13.8.7 Arbeitstechniken beim Löten

Das **Flammlöten** kann mit Brenngas-Luft oder mit Brenngas-Sauerstoff erfolgen. **Weichlöten mit der Flamme** wird vor allem bei der Kupferrohrinstallation durchgeführt.

3 Lötfittings

Bei der **Kupferrohrinstallation** werden genormte zur Kapillarlötverbindung geeignete Rohre und Fittings zusammengelötet. Die Lötfittings (Bild 3, Seite 278) sind so maßhaltig, dass der Lötspalt zwischen Rohr und Fitting je nach ihrer Größe 0,02 mm bis 0,3 mm breit ist.

Arbeitsgänge beim Kupferrohrlöten sind (Bild 1):

- Rohr rechtwinklig abschneiden und entgraten.
- Rohrenden bei weichem Kupfer kalibrieren, da sonst der Spalt zu ungleichmäßig würde.
- Rohrende außen und Fitting innen mit Vlies oder Schmirgel metallisch blank machen.
- Nur das Rohrende dünn mit Flussmittel einstreichen; das in dem Fitting aufgetragene Flussmittel würde vom Rohr weggeschoben und das Material anfressen.
- Rohrende bis zum Anschlag in den Fitting schieben, und Lötstelle mit weicher Flamme gleichmäßig erwärmen. Bei mehreren Lötstellen, z. B. beim T-Stück, sollten alle in einem Arbeitsgang gelötet werden.
- Die Arbeitstemperatur kann man am Verdampfen einzelner Flussmittelbestandteile erkennen.
- Bei **abgewendeter Flamme** wird dann das Weichlot so lange am Lötspalt abgeschmolzen, bis der Lotring sichtbar wird.
- Nach dem erschütterungsfreien Abkühlen muss das Flussmittel abgeputzt bzw. abgewaschen werden, da es zur Korrosion des Kupfers führen würde.

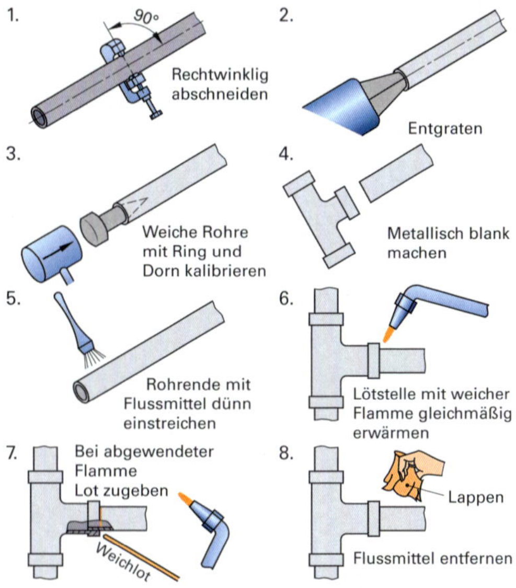

1 Arbeitsgänge beim Weichlöten von Fittings mit der Flamme

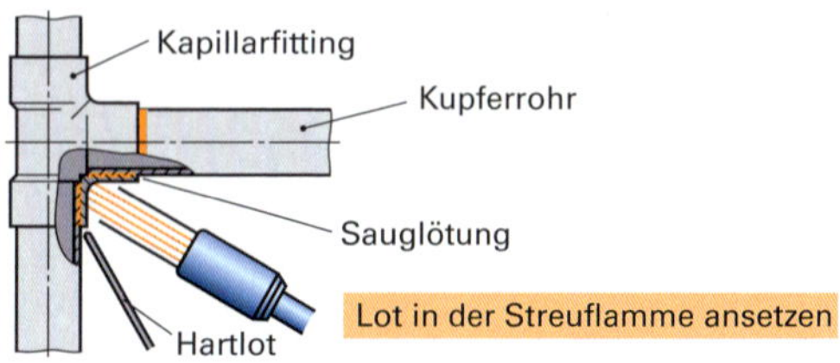

2 Besonderer Arbeitsgang beim Hartlöten

Hartlöten mit Flamme unterscheidet sich bei einem Arbeitsgang vom Weichlöten: Beim Hartlöten wird das Lot in der **Streuflamme** am Lötspalt abgeschmolzen (Bild 2).

Beim **Löten von Blei** muss die Lötstelle sehr vorsichtig erwärmt werden. Ein direktes Einwirken der Flamme auf die Lötstelle kann zum Schmelzen des Bleis führen. Noch im teigigen Zustand wird die Lötnaht mit einem Wischer glattgestrichen. Als Wischer eignen sich ein mit Talg getränkter Lappen oder glattes Fettpapier. Das geeignete modellierfähige Lot hat einen Zinkgehalt von 20 % bis 35 %.

Überprüfen Sie Ihre Kenntnisse

1 Nennen Sie Fertigungsbereiche, in denen Lötverbindungen vorteilhaft angewendet werden.
2 Erklären Sie die Begriffe Benetzen, Fließen und Legieren.
3 Was versteht man unter Kapillarwirkung und welche Bedeutung hat sie für das Spaltlöten?
4 Erklären Sie den Unterschied zwischen Weich- und Hartlöten.
5 Erklären Sie den Zusammenhang zwischen Schmelztemperatur und Arbeitstemperatur.
6 Warum können Weichlötverbindungen nur geringe Kräfte übertragen?
7 Geben Sie Beispiele an, wie sich durch die Gestaltung der Lötnaht die Kraftübertragung erhöhen lässt.
8 Zählen Sie die Merkmale für Lote auf.
9 Was versteht man unter Silberlot?
10 Beschreiben Sie die Aufgaben von Flussmitteln.
11 Erklären Sie die Bezeichnungen DIN EN ISO 9454 – 1 – 2124.
12 Warum kann man mit einer Lötlampe nicht hartlöten?
13 Begründen Sie, warum die Lötstellen metallisch blank gemacht werden müssen.

13.9 Kleben

Merke

Durch Kleben lassen sich Werkstoffe mittels Stoffschluss unlösbar miteinander verbinden.

Kleben ergänzt in der Metalltechnik die bisher üblichen Fügeverfahren.

13.9.1 Wirkweise der Klebeverbindung

vel.plus/GM45

Bei einer Klebeverbindung wirken Kohäsionskräfte zwischen den Klebstoffteilchen sowie Adhäsionskräfte zwischen den Klebstoff- und Werkstoffteilchen. Bei porösen Stoffen wie Holz, Papier, Textilien u. a. dringt der Klebstoff in die Poren ein und es kommt zu einer zusätzlichen mechanischen Verzahnung (Bild 1). Dadurch wird eine hohe Festigkeit der Verbindung erreicht. Bei Klebern für glatte Oberflächen wie bei Stahl wird die Festigkeit der Verbindung nur durch die Adhäsions- und Kohäsionskräfte bewirkt. Voraussetzung für das Kleben ist eine gleichmäßige Benetzung der zu verbindenden Flächen (siehe Löten). Der Kleber muss sich gut verteilen und darf keine Perlen bilden. Die **Festigkeit der Klebestelle** ist von dem verwendeten Kleber, der Beschaffenheit der Klebeflächen, dem Werkstoff der zu klebenden Werkstücke und von der Beanspruchungsart abhängig.

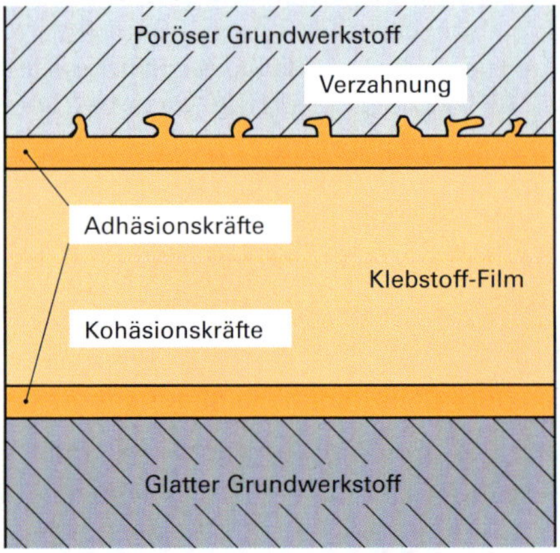

1 Kräfte in der Klebeverbindung (Schema)

13.9.2 Klebstoffe für Metalle

Bei **Lösungsmittelklebern** (Übersicht 1) ist der Klebstoff in einem Lösungsmittel gelöst. Die zu klebenden Bauteile müssen das Lösungsmittel verdunsten lassen oder der Kleber muss vor dem Verbinden völlig abgelüftet sein. Mit Lösungsmittelklebern können daher vorwiegend Metalle mit porösen Stoffen (Holz, Leder, einige Kunststoffe) verklebt werden.

Reaktionskleber werden bei reinen Metall-Klebeverbindungen verwendet. Bei ihnen tritt durch chemische Vorgänge eine Aushärtung ein, die eine feste Verbindung zur Folge hat (vgl. Kunststoffe). Bei der Aushärtung werden die monomeren Klebstoffmoleküle zu Ketten und Netzen verbunden.

Kleber, bei denen die Aushärtung bei Raumtemperatur eintritt, werden auch **Kaltkleber** genannt (Übersicht 2). Zu ihnen gehören die **Zweikomponenten-Kleber,** d. h. zur Aushärtung wird der Kleber mit einer zweiten Komponente, dem Härter vermischt (Übersicht 3). Da die Aushärtung nach dem Vermischen allmählich beginnt, muss der Kleber umgehend verarbeitet werden. Die Zeit, in der man den angemischten Kleber verarbeiten kann, bezeichnet man als **Topfzeit.** Sie wird vom Hersteller angegeben. Bei einigen Kaltklebern lässt sich die Aushärtungszeit durch Erwärmung vermindern.

Kleber, die zur Aushärtung Wärme und Druck erfordern, bezeichnet man als **Warmkleber.**

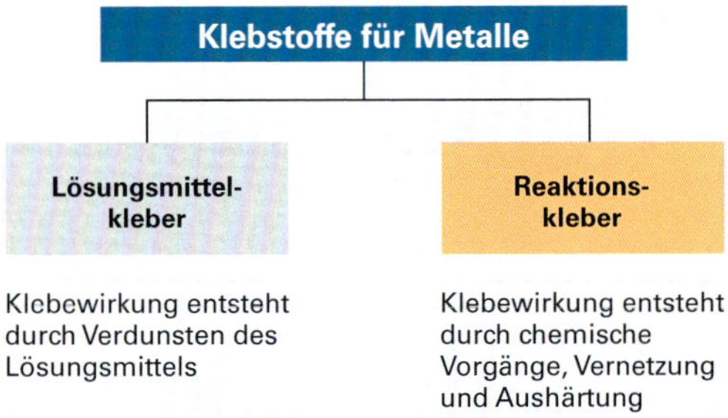

Übersicht 1 Einteilung der Klebstoffe nach ihrer chemischen Wirkung

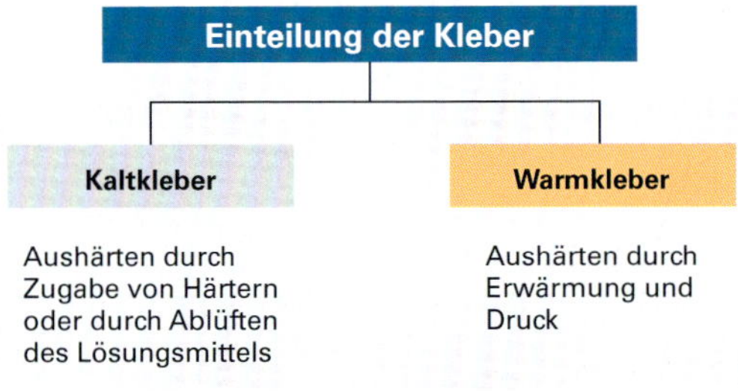

Übersicht 2 Einteilung der Kleber nach Verarbeitungstemperatur

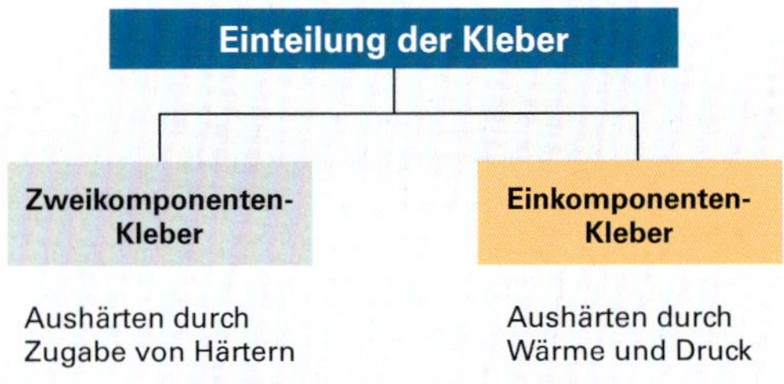

Übersicht 3 Einteilung der Kleber nach der Zahl der Komponenten

Warmkleber gehören zur Gruppe der **Einkomponenten-Kleber,** in denen schon alle Bestandteile gemischt enthalten sind. Sie erreichen eine etwa doppelt so hohe Festigkeit wie Kaltkleber, erfordern aber einen hohen technischen Aufwand, um die Aushärtung durch Erwärmung unter Druck ablaufen zu lassen.

Die in der Praxis eingesetzten technischen Metallklebstoffe sind zumeist Reaktionskleber. Sie bestehen hauptsächlich aus vier Klebstoffsystemen (s. Tabelle 1). Aus den Handelsnamen ist die Zusammensetzung des Klebers nicht ersichtlich. Die Hersteller der Klebstoffe bieten meist technische Klebstoffe an, die für einen speziellen Anwendungszweck optimiert sind. Um besondere Eigenschaften zu bekommen, werden häufig mehrere Klebstoffsysteme vermischt.

13.9.3 Gestaltung und Herstellung der Klebeverbindung

Die Eigenschaft des Klebers, dessen Zugfestigkeit z.B. nur bei etwa 10 % derjenigen von Stahl liegt, muss bei der konstruktiven Gestaltung von Klebeverbindungen beachtet werden. Beanspruchungen der Klebeflächen auf asymmetrischen Zug, Schälung oder Spaltung sollten verhindert werden (Bild 1 und Bild 2).

Merke

Torsion und **Scherung** sind für Klebeverbindungen geeignete Beanspruchungsarten.

Die wichtigsten **Arbeitsgänge** bei der Herstellung einer Klebeverbindung sind:

- Vorbereiten der Klebestellen
- Mischen und Dosieren des Klebers
- Auftragen der Klebstoffe
- Zusammendrücken der Werkstücke
- Aushärten der Klebeschicht

Zur Vorbereitung der Klebestellen sind die Oberflächen zu entfetten und z.B. durch Schleifen, bei hohen Ansprüchen auch durch Sandstrahlen, mechanisch aufzurauen. Geeignet sind auch chemische Verfahren wie Beizen und Elektrolyse mit nachfolgend gründlichem Abspülen.

Beim Mischen und Dosieren müssen die Verarbeitungsrichtlinien des Klebstoffherstellers beachtet werden. Der Klebstoff ist sofort nach dem Mischen mit Pinsel, Spachtel oder Dosiergerät dünn auf der Klebefläche zu verteilen. Die Werkstücke müssen nach dem Zusammenpressen gegen Verschieben gesichert werden. Vor dem Gebrauch ist eine ausreichende Aushärtezeit einzuhalten.

Tabelle 1: Klebstoffsystem für Metallklebungen (Reaktionskleber) Beispiele

Klebstoffsystem (chemische Grundstoffe)	**Handelsnamen** (für Kleinpackungen)	**Härtetemperatur**
Epoxidharze mit Polyaminen	Uhu-Plus Uhu-Endfest 300 Pattex Stabilit Express	Raumtemperatur
Epoxidharze mit Carbonsäureanhydriden	Henkel Metallon	über 100 °C
Polyurethane	Henkel Macroplast UK	Raumtemperatur
Acrylverbindungen	Henkel Metallon LA	Raumtemperatur

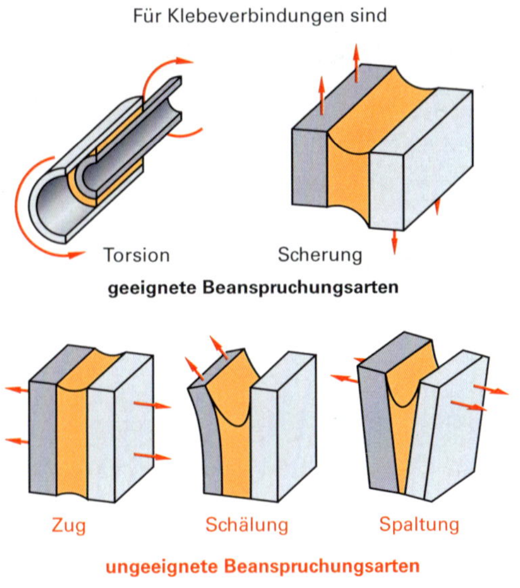

1 Beanspruchungen von Klebfugen

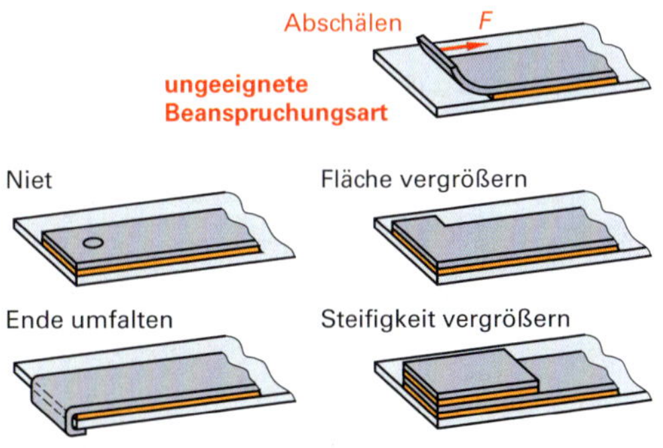

2 Konstruktive Gestaltung zur Vermeidung von Beanspruchungen auf Schälung

13.9.4 Anwendungsbereiche der Klebeverbindungen

Erst die Entwicklung der modernen Kleber macht vielfältige Anwendungen auch im Maschinenbau möglich. Das Kleben von Metallen wird heute, nachdem es zuerst im Flugzeugbau eingesetzt wurde, auch im Maschinen-, Kraftfahrzeug-, Apparate- und Brückenbau angewendet.

Als wesentliche Vorzüge sind zu nennen:

- Es können verschiedenartige Werkstoffe zusammengefügt werden (Bild 1), wie Metalle mit Kunststoffen oder mit Keramik.
- Versteifungsprofile lassen sich auf Deckplatten ohne Störung der glatten Flächen befestigen.
- Es ist über die gesamte Klebefläche eine gleichmäßige Spannungsverteilung vorhanden und die Werkstücke werden nicht durch Bohrlöcher geschwächt.
- Die Herstellung von gewichtsparenden, biegesteifen und an die Beanspruchung angepassten Bauteilen wird durch geklebte Schichtbauweise (Bild 2) und durch geklebte Leichtkern-Bauweise (Bild 3) möglich.
- Es treten keine Wärmespannungen auf.
- Es können gas- und flüssigkeitsdichte Klebefugen hergestellt werden.
- Passungen werden z. T. überflüssig. Im Maschinenbau lassen sich Kugellagersitze usw. kleben.

Einer erheblichen Ausweitung des Klebens stehen teilweise Schwierigkeiten entgegen:

- Abnehmende Festigkeit der Klebeverbindungen bei Erwärmung und durch Alterung.
- Teilweise sind die Aushärtungszeiten lang.
- Die geringere Festigkeit der Kleber erfordert oft größere Fügeflächen.
- Die Warmkleber benötigen einen hohen technischen Aufwand zur Erwärmung und zum Zusammendrücken der Teile.

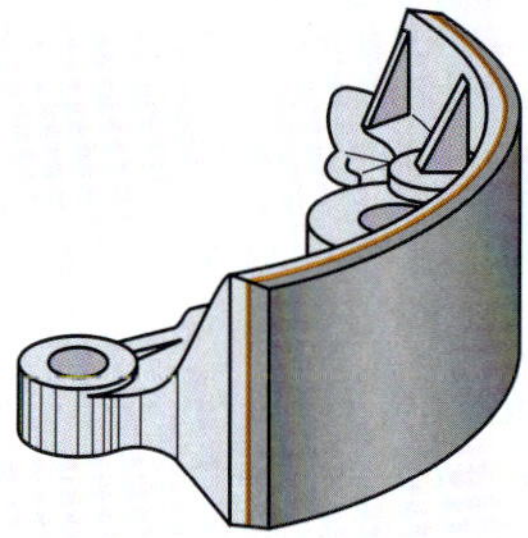

1 Aufgeklebte Bremsbeläge

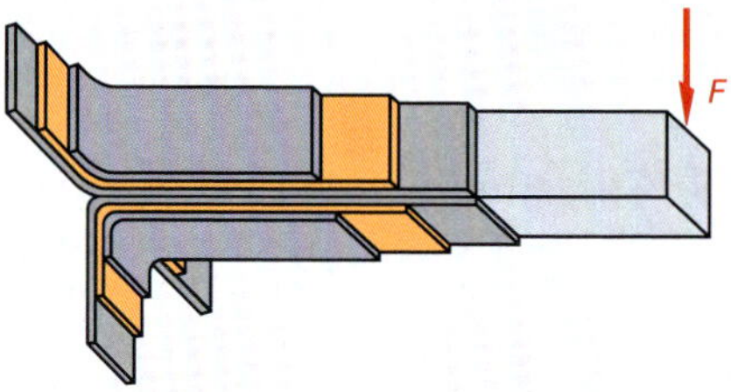

2 Träger in Schichtbauweise

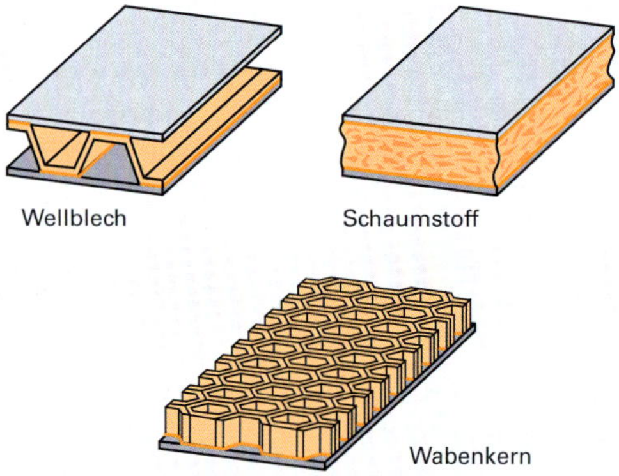

3 Verbunde in Leichtkern-Bauweise

Die momentane Entwicklung von Klebern mit einer größeren Temperatur- und Alterungsbeständigkeit und einer kürzeren Aushärtungszeit wird die Anwendungsbereiche noch wesentlich erweitern.

Überprüfen Sie Ihre Kenntnisse

1 Geben Sie für das Fertigungsverfahren Kleben eine ausführliche Definition an.

2 Kleben und Löten erzeugen unlösbare Verbindungen. Vergleichen Sie die Bindung in der Klebefuge mit derjenigen in der Lötfuge.

3 Erklären Sie, wodurch die Klebewirkung von Metallklebern hervorgerufen wird.

4 Nennen Sie die Beanspruchungsarten, für die sich Klebeverbindungen besonders eignen.

5 Zählen Sie die wichtigsten Arbeitsgänge bei der Herstellung einer Klebeverbindung auf.

6 Nennen Sie besondere Vorzüge des Klebens.

7 Zählen Sie die Nachteile des Klebens auf.

13.10 Schweißen

Merke

Durch Schweißen lassen sich Werkstoffe mittels Stoffschluss unlösbar miteinander verbinden.

Die Werkstoffe werden an der Verbindungsstelle erwärmt, bis sie teigig oder flüssig sind und sich vereinigen lassen. Nach dem Erstarren der Schmelze sind die Bauteile durch ein gemeinsames Gefüge miteinander verbunden.

Um den vielfältigen Anforderungen zu entsprechen, wurden mehr als 100 unterschiedliche Schweißverfahren entwickelt. Je nach Ablauf des Schweißvorganges unterscheidet man zwischen den Press- und den Schmelzschweißverfahren (Übersicht 1).

Fügen durch

Nieten		Schweißen
hoch	Arbeitsaufwand	gering
hoch	Materialaufwand	gering

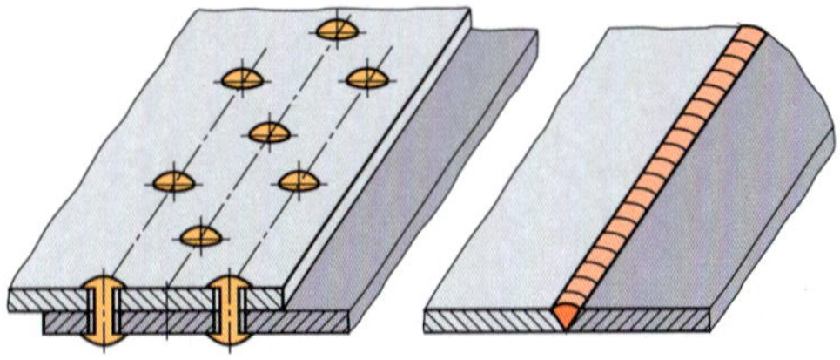

1 Vergleich der Fügeverfahren nach wirtschaftlichen Gesichtspunkten

13.10.1 Pressschweißverfahren

Durch die Pressschweißverfahren werden die Grundwerkstoffe an den Verbindungsstellen bis zum teigigen Zustand erwärmt und zusammengepresst. Die Bauteile brauchen an den Berührungsflächen nicht geschmolzen zu werden. Zusatzstoffe sind nicht erforderlich.

Merke

Bei den Pressschweißverfahren erfolgt die Vereinigung der Werkstoffe durch Einwirkung von Wärme und Druck.

Beim Punktschweißen (Bild 2) werden übereinanderliegende dünne Bleche oder Drähte mit einzelnen Schweißpunkten verbunden. Zwei gegenüberliegende Kupferelektroden drücken die Teile zusammen und übertragen den Strom. An den Berührungspunkten verschweißen die Bauteile bei ausreichender Erwärmung unter Druck. Die Druckwirkung wird beibehalten, bis die Schweißstelle erkaltet ist. Dieses Verfahren wird sehr häufig im Karosserie- und Gerätebau angewendet.

Schweißen (von Metallen)

Pressschweißverfahren	Schmelzschweißverfahren
durch Druck und Wärme	durch Schmelzen der Werkstoffe

Übersicht 1 Einteilung der Schweißverfahren nach dem Arbeitsablauf

vel.plus/GM46

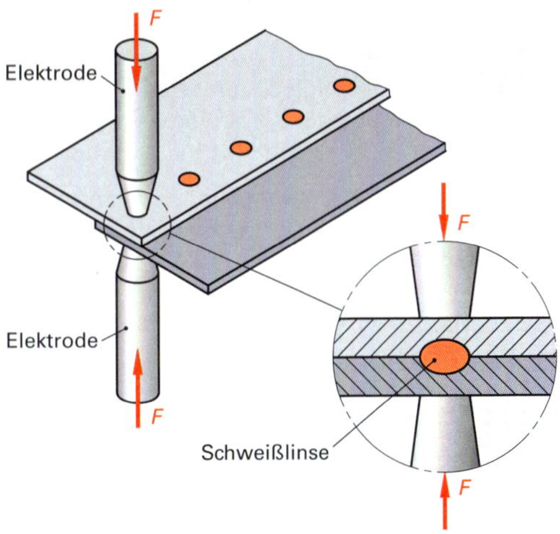

2 Punktschweißen als Beispiel aus der Gruppe der Pressschweißverfahren

13.10.2 Schmelzschweißverfahren

Die Grundwerkstoffe werden an der Verbindungsstelle bis auf Schmelztemperatur erwärmt. Im flüssigen Zustand kommt es dann zu einer Vermischung der Grundwerkstoffe. Zum Auffüllen der Schweißfuge wird meistens noch ein artgleicher **Zusatzwerkstoff** mit eingeschmolzen. Bei der Erstarrung bilden die Grundwerkstoffe und der Zusatzwerkstoff ein gemeinsames Gefüge.

Merke

Beim Schmelzschweißen erfolgt die Vereinigung durch Vermischen der verflüssigten Werkstoffe.

Schmelzschweißverfahren (Bild 3, Seite 284) werden nach der Methode der Wärmezufuhr unterteilt. Die beiden bedeutendsten Arten sind das Gasschmelzschweißen und die Lichtbogenschmelzschweißverfahren.

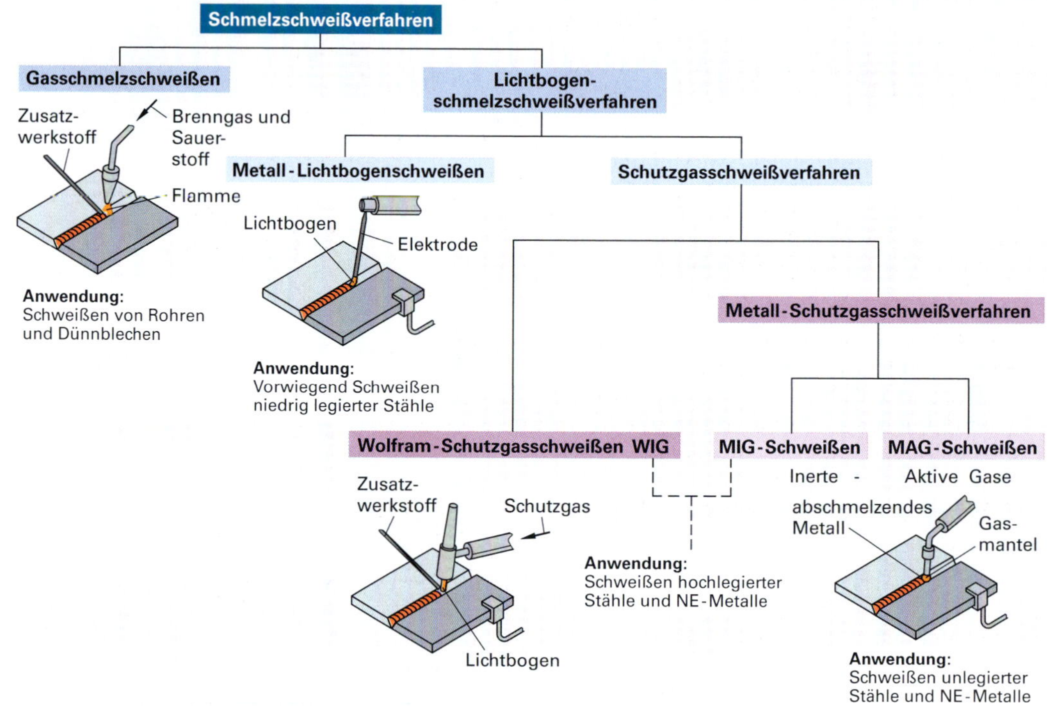

1 Einteilung wichtiger Schmelzschweißverfahren

13.10.3 Gasschmelzschweißen

Beim Gasschmelzschweißen wird die Verbindungsstelle mit einem Schweißbrenner erwärmt (Bild 2). Mit seiner Hilfe wird die benötigte Wärme für das Verflüssigen der Werkstoffe durch Verbrennen eines Brenngas-Sauerstoff-Gemisches erzeugt. Brenngase sind Acetylen, Wasserstoff, Propan usw.

Hauptsächlich wird Acetylen verwendet, da es beim Verbrennen mit reinem Sauerstoff die höchste Flammentemperatur (3200 °C) erzeugt.

Sauerstoff

Der Sauerstoff für das Schweißen kann im flüssigen oder gasförmigen Zustand bezogen werden. Häufig wird er auf einen Druck von 200 bar komprimiert in Stahlflaschen angeliefert. Eine Normalflasche hat 40 l Rauminhalt und enthält rund 8000 l Sauerstoff. Die Füllmenge kann nach dem Gesetz von Boyle und Mariotte berechnet werden (s. Beispiel).

An den Flaschenventilen sind **Druckminderer** angeschraubt (Bild 1, Seite 285).

Sie reduzieren den hohen Flaschendruck auf den niedrigen Arbeitsdruck. Dieser beträgt beim Schweißen für Sauerstoff ca. 2,5 bar und für Acetylen ca. 0,5 bar.

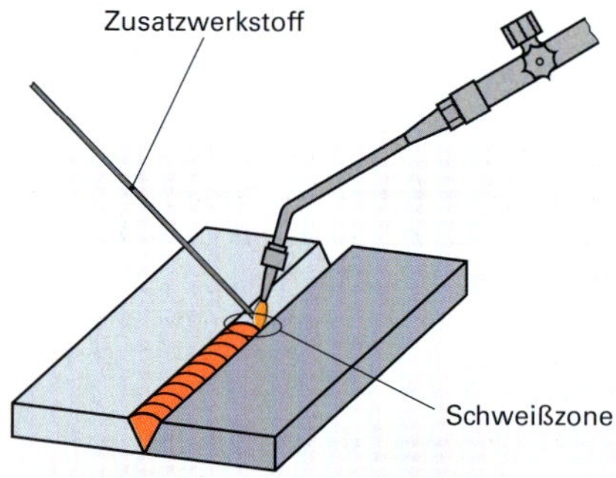

2 Gasschmelzschweißen

Beispiel einer **Füllmengenberechnung**

$V_1 \cdot p_1 = V_2 \cdot p_2$

$V_2 = \frac{V_1 \cdot p_1}{p_2}$

V_1 = Rauminhalt der Flasche
p_1 = Innendruck der Flasche
V_2 = Entnahmevolumen
p_2 = Atmosphärendruck

$V_2 = \frac{40\ \text{l} \cdot 200\ \text{bar}}{1\ \text{bar}} = \mathbf{8000\ l}$

Der Arbeitsdruck lässt sich an der Einstellschraube regulieren. Ein Drehen an dieser Schraube wird über die Einstellfeder auf die Membran und von ihr auf das Druckmindererventil übertragen. Erfolgt bei zunächst geschlossenem Ventil eine Gasentnahme, so reduziert sich der Druck in der Zwischenkammer. Zum Druckausgleich wird von der Einstellfeder über die Membran das Ventil geöffnet. Das Gas kann in die Zwischenkammer nachströmen und weiter entnommen werden. Steigt der Druck in der Zwischenkammer, wird über die Membran das Ventil geschlossen.

Wird der Druckminderer an eine volle Gasflasche geschraubt, so ist die Stellschraube für den Arbeitsdruck zurückzudrehen. Damit ist das Ventil geschlossen und die Membran kann durch den hohen Druck nicht zerstört werden. Durch Rechtsdrehung der Stellschraube wird bei geöffnetem Brennventil der Gebrauchsdruck eingestellt.

Merke

Der Umgang mit Sauerstoff birgt Gefahren, weil mit ihm Verbrennungsvorgänge viel stärker und heftiger ablaufen als mit Luft.

- Auf keinen Fall dürfen Arbeitskleidung mit Sauerstoff abgeblasen oder Räume belüftet werden.
- Armaturen dürfen nicht eingefettet werden. Es besteht Brandgefahr, wenn Sauerstoff mit Fett und Öl in Verbindung gebracht wird.
- Besonders volle Flaschen sollen nicht zu stark erwärmt werden, da dies zu starken Drucksteigerungen führt.
- Das Flaschenventil darf nicht beschädigt werden. Bei frei ausströmendem Sauerstoff entstehen infolge des hohen Drucks Antriebskräfte wie bei einer Rakete.

Acetylen (C_2H_2)

Dieses Brenngas wird in Acetylenentwicklern aus Calciumkarbid und Wasser erzeugt ($CaC_2 + H_2O \rightarrow C_2H_2 + CaO$). Schon bei einem Druck von 2 bar besteht die Gefahr, dass Acetylen explosionsartig in Kohlenstoff und Wasserstoff zerfällt. Um die Explosionsgefahr zu verhindern und um eine wirtschaftliche Lagerung zu ermöglichen, wird Acetylen in flüssigem Aceton gelöst. Diese Acetylen-Aceton-Lösung wird von einer porösen, wie ein Schwamm wirkende Masse aus Kieselgur und Asbest in der Stahlflasche aufgesogen (Bild 2).

Eine Normalflasche mit 40 l Rauminhalt enthält 16 l Aceton. Ihr können bei einem Fülldruck von 19 bar ca. 7600 l Acetylen entnommen werden (s. Füllmengenberechnung).

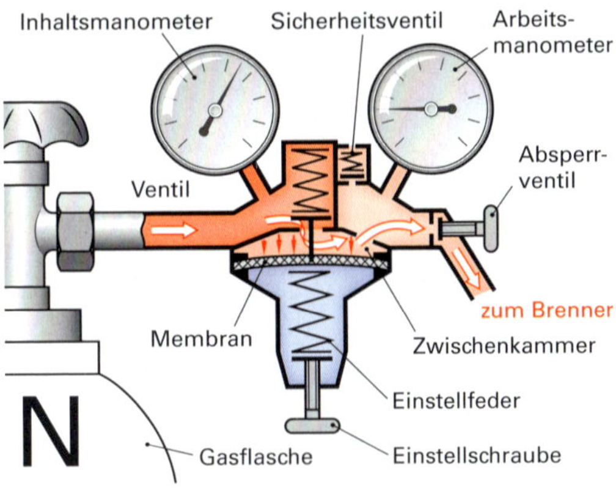

1 Funktion eines Druckminderers

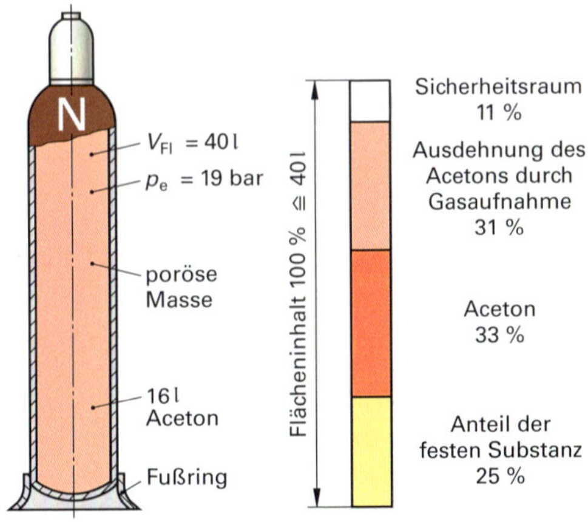

2 Flasche für Acetylen

Füllmengenberechnung für Acetylenflaschen
1 l Aceton löst bei 1 bar = 25 l gasförmiges Acetylen
16 l Aceton bei 1 bar 16 · 25 = 400 l Acetylen
16 l Aceton bei 19 bar 16 · 25 · 19 = 7600 l Acetylen

Kennzeichnung bei Gasflaschen DIN EN 1089

		Sauerstoff	Acetylen
Kennfarbe	Mantel	blau	kastanienbraun
	Schulter[1]	weiß	
Anschlussstutzen		R 3/4″	Bügelverschluss
Schlauchfarbe		blau	rot
Druck (Normalflasche)		200 bar	19 bar

[1] Der zusätzliche Großbuchstabe „N“ auf der Schulter weist auf die Farbkennzeichnung nach der neuen Norm hin und wird zweimal gegenüberliegend angebracht.

Gefahrenabwehr beim Umgang mit Acetylen

- Ein unkontrolliertes Ausströmen des Gases ist zu verhindern. Schon bei einem Acetylenanteil von 1,5 % in der Luft ist ein zündfähiges Gasgemisch vorhanden.
- Um Explosionen zu verhindern, darf Acetylen nicht mit Kupfer oder mit Kupferlegierungen mit mehr als 65 % Kupfer in Berührung kommen. Daher dürfen Armaturen, Leitungen, Dichtungen usw. an Acetylenentnahmestellen nicht aus diesen Metallen bestehen.
- Kommt es durch einen Flammenrückschlag zu einem Flaschenbrand, so ist sofort das Flaschenventil zu schließen. Anschließend ist besonders der Flaschenhals auf Erwärmung zu überprüfen und gegebenenfalls zu kühlen.
- Durch Sicherheitsvorlagen an den Schläuchen können Flaschenbrände vermieden werden.
- Bei Gasentnahme muss verhindert werden, dass Aceton ausläuft. Deshalb sollte die Flasche aufrecht stehen. Auf jeden Fall muss das Flaschenventil mindestens 40 cm höher liegen als der Flaschenfuß.
- Die maximale Gasentnahme darf 1000 l/Std. nicht überschreiten. Dieses muss besonders beim Einsatz von größeren Brennern beachtet werden.
- Um Verwechslungen zu verhindern, sind die Gasflaschen farblich verschieden gekennzeichnet. Sie haben unterschiedliche Anschlüsse.
- Stahlflaschen dürfen aus Sicherheitsgründen nur mit aufgeschraubter Schutzkappe transportiert werden. Sie sind gegen Umfallen zu sichern.
- Stahlflaschen sind außerdem vor Frost und starker Erwärmung zu schützen.

Der Schweißbrenner

Er besteht aus einem Griffstück, auf das mit einer Überwurfmutter verschieden große Schweißeinsätze befestigt werden. Die Größe der Schweißeinsätze richtet sich nach der zu bearbeitenden Dicke des Werkstücks und damit nach der erforderlichen Wärmemenge. Acetylen und Sauerstoff werden von den Gasflaschen in Schläuchen dem Schweißbrenner zugeführt und dort im Mischrohr zusammengebracht. Das geschieht nach dem Injektorprinzip (Bild 1).

Der mit höherem Druck (ca. 2,5 bar) in die Druckdüse geleitete Sauerstoff verlässt den engen Düsenausgang mit hoher Geschwindigkeit. Hierdurch entsteht in dem Düsenausgang ein Unterdruck. Von diesem Unterdruck wird das mit 0,5 bar durch die umgebende Ringdüse herangeführte Acetylen mitgerissen. Anschließend kommt es auf dem Weg zur Brennerspitze in der Mischdüse zu einer gründlichen Vermischung von Sauerstoff und Acetylen. Am Schweißmundstück kann das Gemisch gezündet werden.

Merke

Vor dem **Zünden der Flamme** ist zuerst das Sauerstoffventil und dann das Acetylenventil zu öffnen.

Der Brenner wird ausgestellt, indem zuerst das Acetylenventil und danach das Sauerstoffventil geschlossen wird. So verhindert man eine stark rußende Acetylenflamme.

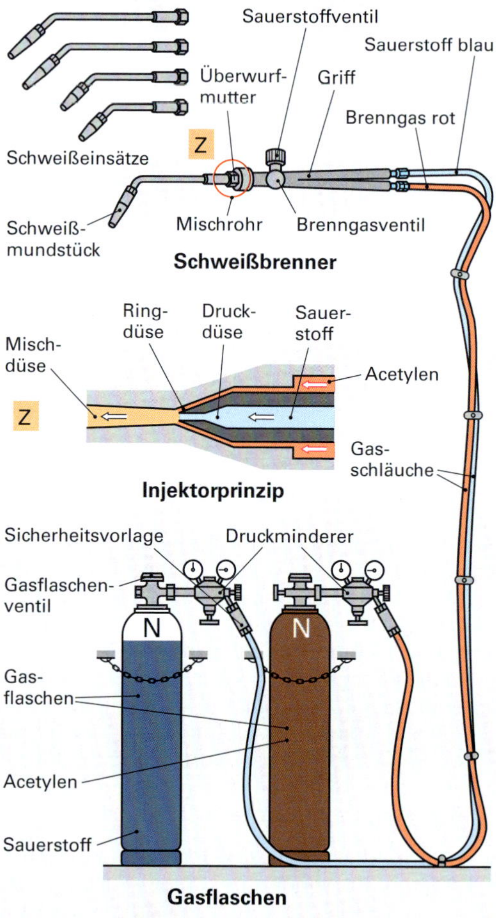

1 Gasschmelz-Schweißanlage

Die richtige **Einstellung der Schweißflamme** ist für den Schweißvorgang äußerst wichtig. Acetylengas benötigt zu seiner vollständigen Verbrennung einen Sauerstoffüberschuss.

Wird der Schweißflamme weniger Sauerstoff zugeführt, z.B. wie bei der **neutralen Flamme** (Bild 1) im Mischungsverhältnis 1:1, so reicht der aus dem Brenner kommende Sauerstoff für die Verbrennung nicht aus.

Im Bereich des Flammenkegels verbrennt das Acetylen unvollständig. Schweißen in diesem Bereich ist ungünstig, da der noch nicht verbrannte Kohlenstoff die Schweißschmelze aufkohlt und nach dem Erstarren die Schweißnaht verspröden würde.

Außerdem wird die maximale Flammentemperatur erst in der **Schweißzone** erreicht. Diese liegt in der Streuflamme etwa 2 mm bis 4 mm vor dem Flammenkegel. Erst im Bereich der Streuflamme erfolgt eine vollständige Verbrennung des Acetylens. Der dafür zusätzlich erforderliche Sauerstoff wird der umgebenden Luft entzogen. Auf diese Weise verhindert man im Gebiet der Streuflamme die Sauerstoffzufuhr und damit eine schädliche Oxidation des Schweißbades. Beim Schweißen von Stahl und Kupfer sollen weder eine Aufkohlung noch eine Oxidation eintreten.

Merke

Stahl und Kupfer müssen mit einer neutralen Flamme geschweißt werden.

Bei einer gegenüber der neutralen Flamme **stärkeren Acetylenzufuhr** wird der Flammenkegel länger, unschärfer und fängt an zu flattern. Diese Schweißflamme wird als **reduzierend** bezeichnet (Bild 2). Die unzureichende Verbrennung des Kohlenstoffs führt zur Aufkohlung des Schweißbades. Die Schweißnaht wird dadurch hart und spröde. Mit einer leicht reduzierenden Flamme wird geschweißt, wenn eine Oxidbildung ausgeschlossen werden soll. Dieses ist besonders bei Aluminium und seinen Legierungen erforderlich. Auch beim Hartlöten von Stahl, Kupfer und Kupfer-Zink-Legierungen wird mit leichtem Acetylenüberschuss gearbeitet.

Eine **oxidierende** Schweißflamme hat **Sauerstoffüberschuss** und einen kurzen, scharf begrenzten Flammenkegel (Bild 3). Das Schweißbad nimmt dadurch überschüssigen Sauerstoff aus dem Schweißgasgemisch auf. Der Stahl wird dadurch spröde. Bei sehr starkem Sauerstoffüberschuss kann das Schweißbad verbrennen. Mit leicht oxidierender Flamme werden Kupfer-Zink-Legierungen geschweißt. Dadurch erhält man eine porenfreie Naht mit gleichmäßiger Farbe.

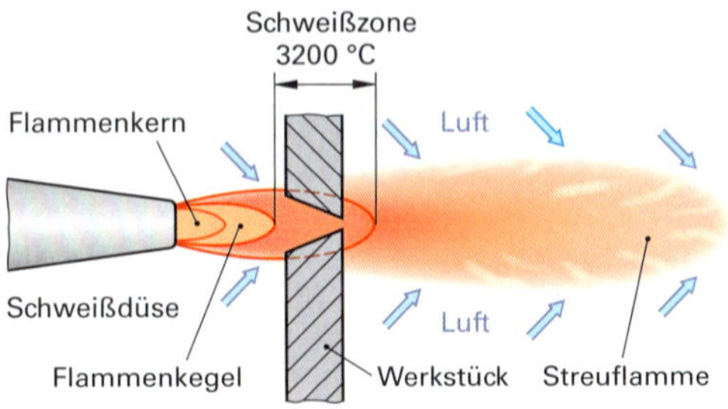

zum Schweißen von Stahl und Kupfer

1 Neutrale Flamme

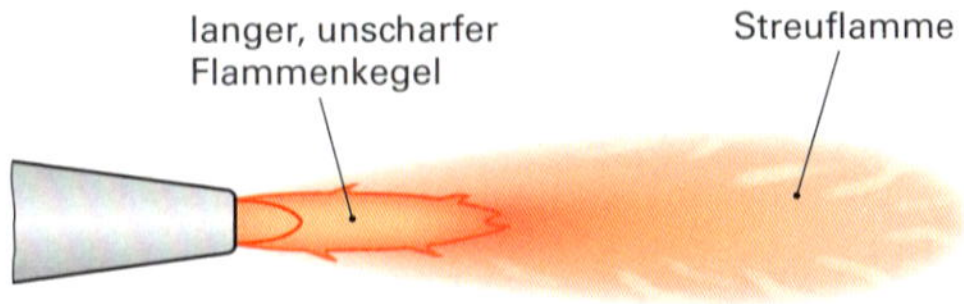

zum Hartlöten

2 Reduzierende Flamme (Acetylenüberschuss)

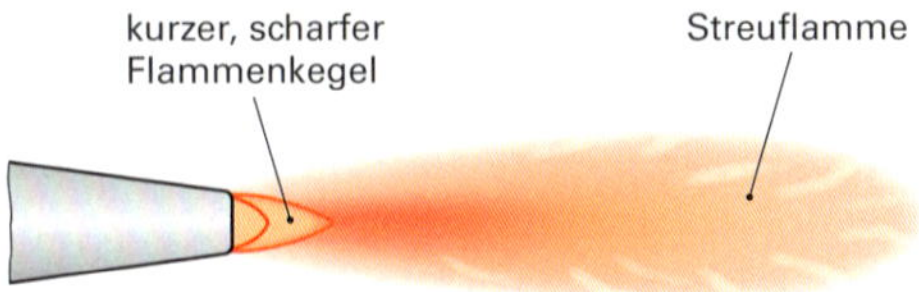

zum Schweißen von CuZn-Legierungen

3 Oxidierende Flamme (Sauerstoffüberschuss)

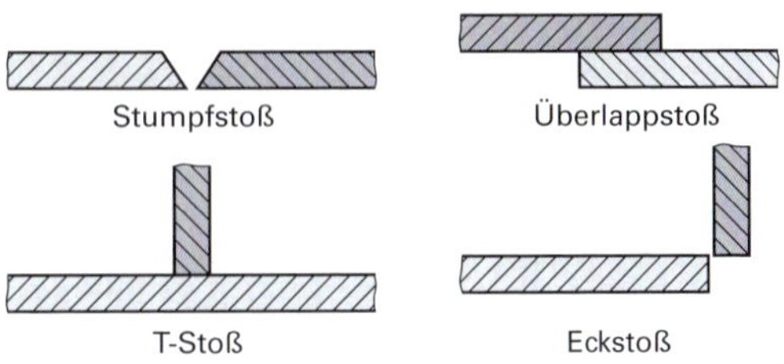

4 Schweißstöße

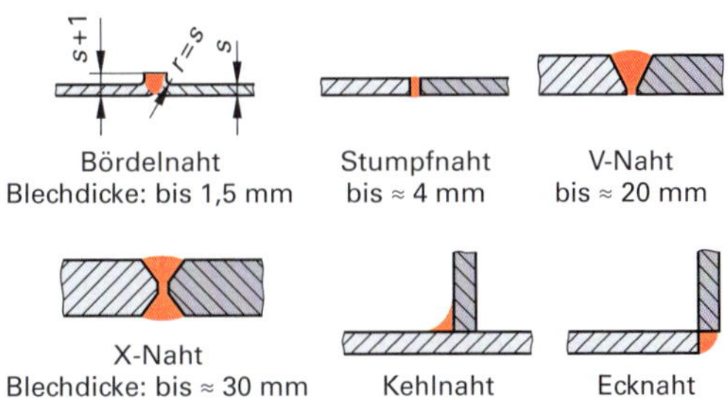

5 Schweißnahtformen

Ausführung der Schweißverbindungen

Die Art und Weise, wie die Bauteile zusammengelegt werden, wird **Stoß** genannt. Die wichtigsten Schweißstöße sind der Stumpf-, Überlapp-, T- und Eck-Stoß (Bild 4, Seite 287). Durch die Art des Schweißstoßes und die Bauteildicke wird die Schweißnahtform beeinflusst. Stumpfstöße werden häufig mit Bördel-, I-, V- oder X-Nähten verbunden (Bild 5, Seite 287). Bei Überlapp- und T-Stößen entstehen Kehlnähte. Bei Blechen über 4 mm Dicke müssen die Werkstückkanten entsprechend der gewählten Nahtform durch trennende Fertigungsverfahren, wie z. B. Fräsen, Brennschneiden, vorbereitet werden. Dieses ist erforderlich, da sonst die Bauteile nicht durchgeschweißt werden können.

Schweißmethoden

Die Schweißqualität ist auch von der Schweißmethode und damit verbunden von der Brenner- und Schweißstabführung abhängig. Schweißstäbe dienen als Zusatzmaterial zum Füllen der Schweißfugen. Sie werden vor der Flamme abgeschmolzen und füllen das Schweißbad. Die Herstellung einer guten Schweißverbindung erfordert eine entsprechende Schulung und viel handwerkliche Übung.

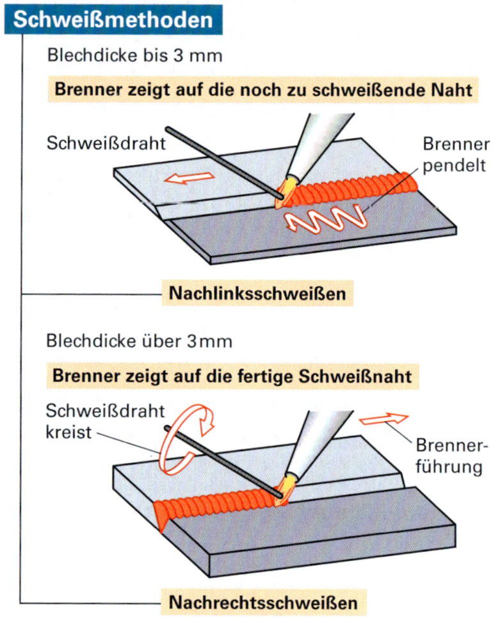

1 Nachlinks- und Nachrechtsschweißen

Beim **Nachlinksschweißen** (Bild 1, oben) zeigt der Brenner in die zu schweißende Richtung (weg von der fertigen Schweißnaht). Er führt dabei eine leichte Pendelbewegung aus. Da das Schweißbad außerhalb der höchsten Temperaturzone liegt, lässt sich der Schmelzfluss besser kontrollieren und klein halten. Das Nachlinksschweißen wird daher bei Blechen bis 3 mm Dicke angewendet.

Beim **Nachrechtsschweißen** (Bild 1, unten) zeigt der Brenner in Richtung der fertigen Schweißnaht und somit auf das Schweißbad. Mit dem Schweißdraht wird eine kreisende Bewegung ausgeführt. Die stärkere Wärmekonzentration sichert ein gutes Durchschweißen. Sie macht es möglich dickere Bleche zu schweißen. Bleche über 3 mm Dicke werden deshalb nach rechts geschweißt. Die Schweißgeschwindigkeit ist bei diesem Verfahren größer als beim Nachlinksschweißen.

▸ Durch eine Schutzbrille mit dunklen Gläsern müssen bei Schweißarbeiten **die Augen geschützt** werden vor Blendung und glühenden Schweißspritzern.

Zusatzwerkstoffe (Schweißstäbe)

Mithilfe von Zusatzwerkstoffen kann die Schweißfuge aufgefüllt werden. Ihre Zusammensetzung soll in etwa der des Grundwerkstoffes entsprechen. Für Stähle gibt es je nach der zu schweißenden Stahlsorte sieben verschiedene Schweißdrahtklassen. Diese Schweißdrähte werden in Ringen oder 1 m Stäben geliefert. Sie sind gegen Korrosion leicht verkupfert. Zur Verhütung von Unfällen, besonders an den Augen, sind die langen Schweißdrähte oben umzubiegen. Zusatzwerkstoffe zum Schweißen von Kupfer haben häufig ca. 1 % Silberzusatz und erfordern ein Flussmittel.

Überprüfen Sie Ihre Kenntnisse

1 Geben Sie für die Fertigungsverfahren des Schweißens eine gemeinsame Definition an.
2 Erklären Sie, weshalb sich Schweißen zu einem der bedeutendsten Fügeverfahren entwickelt hat.
3 Worin unterscheiden sich Press- und Schmelzschweißverfahren nach ihrem Arbeitsablauf?
4 Schildern Sie den Arbeitsablauf und die Anwendungsbereiche des Punktschweißens.
5 Welche Gefahren sind mit dem Umgang von Sauerstoff und Acetylen verbunden?
6 Erklären Sie die Funktion eines Druckminderers.
7 Erklären Sie das Injektorprinzip.
8 Was ist eine „neutrale Flamme"?
9 Welches sind die wichtigsten Schweißstöße und Schweißnahtformen?
10 Nennen Sie Merkmale und Anwendungsbereiche des Nachrechts- und Nachlinksschweißens.

13.10.4 Lichtbogen-Schmelzschweißverfahren

Bei diesem Verfahren wird die erforderliche Schmelzwärme durch einen elektrischen Lichtbogen erzeugt. Stromstärke und Spannung werden durch Schweißstromerzeuger entsprechend den Anforderungen verändert. Der Unterschied bei den Verfahrensgruppen liegt im Wesentlichen in der Art, wie die Schweißschmelze vor der Luftzufuhr geschützt wird. Beim **Metalllichtbogenschweißen** erfolgt dieses normalerweise durch ummantelte Zusatzschweißstäbe. Bei den **Schutzgasschweißverfahren** werden hierfür verschiedene Schutzgase eingesetzt (Übersicht 1).

Alle diese Verfahren haben wichtige Gemeinsamkeiten. Hierzu gehören die Schweißstromerzeuger, Vorgänge im Lichtbogen und die Unfallverhütung.

Schweißstromerzeuger

Der zum Schweißen erforderliche Strom muss eine hohe, verstellbare Stromstärke und eine niedrige Spannung haben. Die Spannung darf nach den Unfallverhütungsvorschriften bestimmte Größen nicht übersteigen. Der Schweißstrom kann mittels Transformator, Gleichrichter oder Generator hergestellt werden (Übersicht 2).

Der **Schweißtransformator** besteht im Prinzip aus einem Eisenkern, auf dem eng benachbart zwei verschiedene Spulen aufgewickelt sind (Bild 1). Die vom Netzstrom durchflossene Wicklung ist aus dünnem Draht und hat viele Windungen. Sie bildet den Primärstromkreis. Die aus wenigen Windungen und dickerem Draht bestehende Spule gehört zum Sekundärstromkreis.

Wird die Primärspule vom Netzstrom durchflossen, entsteht ein magnetisches Wechselfeld, das in der Sekundärspule den Schweißstrom induziert (herbeiführt). Im Schweißtransformator wird also der hochgespannte Wechselstrom des Netzes mit 400 V oder 230 V und kleiner Stromstärke auf einen zum Schweißen geeigneten Wechselstrom von 70 V mit hoher Stromstärke (bis zu 1000 A) umgespannt. Zum Schweißen in engen Räumen oder Kesseln darf die Wechselspannung im Leerlauf nur 42 V betragen.

Beim **Schweißgleichrichter** wird der zunächst von einem Transformator umgespannte Wechselstrom aus dem Netz noch durch einen Gleichrichter in Gleichstrom umgewandelt (Bild 2).

Der **Schweißgenerator** dient zur Erzeugung von Gleichstrom. Der Generator wird häufig von einem Elektromotor angetrieben und wandelt die mechanische Energie der Drehbewegung in elektrische Energie um (Bild 3). Der Nabendynamo ist ein kleiner Generator.

Lichtbogen-Schmelzschweißverfahren
- Metalllichtbogenschweißen
- Schutzgasschweißverfahren

Übersicht 1: Einteilung der Lichtbogen-Schmelzschweißverfahren

Schweißtransformator	Schweißgleichrichter	Schweißgenerator
Wechselstrom	Gleichstrom	Gleichstrom
Vorteile		
geringe Anlage- und Stromkosten	für alle Elektroden	für alle Elektroden
Nachteile		
nicht für alle Elektroden	hohe Anlagekosten	hohe Anlage- und Wartungskosten, große Leerlaufverluste

Übersicht 2: Schweißstromerzeuger

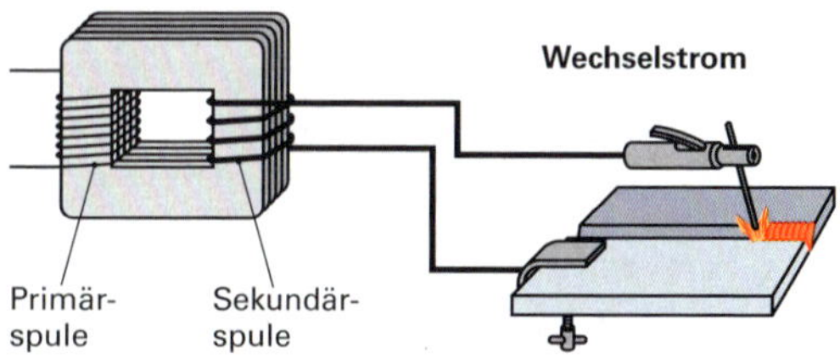

1 Schweißtransformator

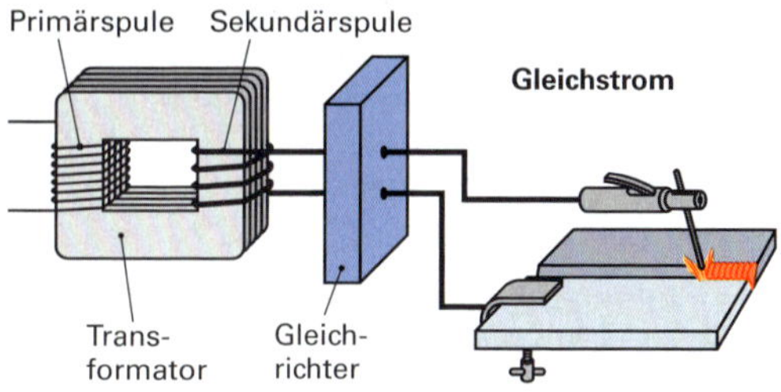

2 Schweißgleichrichter

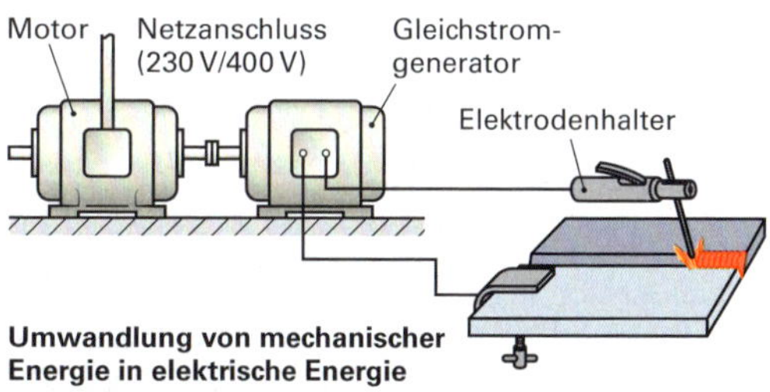

3 Schweißgenerator

Bildung des Lichtbogens

Der zur Erzeugung der Schmelzwärme erforderliche Lichtbogen entsteht im Luftraum zwischen Werkstück und Schweißelektrode. Die Luft, im Allgemeinen ein Nichtleiter, wird bei der Bildung des Lichtbogens leitend.

Wenn bei eingeschaltetem Gleichstrom das Werkstück mit der Schweißelektrode kurzfristig berührt wird, entsteht ein **Kurzschluss.** Elektronen fließen in großer Menge durch die Berührungsstelle und erwärmen sie und die umgebende Luft (Bild 1a). Nach leichtem Abheben der Elektrode drängen die negativ geladenen Elektronen weiterhin zum Plus-Pol (Werkstück). Sie treffen dabei aber vorher auf Gasatome der erwärmten Luft (Bild 1b). Durch den Aufprall spalten sich diese Atome in **positiv geladene Ionen** und **negativ geladene Elektronen.** Die Luft ist dadurch leitend geworden. Die Elektronen wandern weiter zum Plus-Pol. Dieser wird durch den Aufprall erhitzt. Die Ionen wandern zum Minus-Pol (Elektrode) und erwärmen diesen. Der Lichtbogen ist entstanden und der geschmolzene Elektrodenwerkstoff wandert in Tropfenform zum Schmelzbad des Werkstücks (Bild 1c).

Die Anzahl der Elektronen, die am Plus-Pol aufprallen, ist von der Größe der Stromstärke abhängig. Sie bewirkt die Erwärmung der Bauteile und der Elektrode. Beim Schweißen mit Gleichstrom entsteht so am positiven Pol eine Temperatur von 4200 °C, am negativen Pol eine von 3500 °C. Der Temperaturunterschied erklärt sich durch die höhere Aufprallgeschwindigkeit der Elektronen am Plus-Pol.

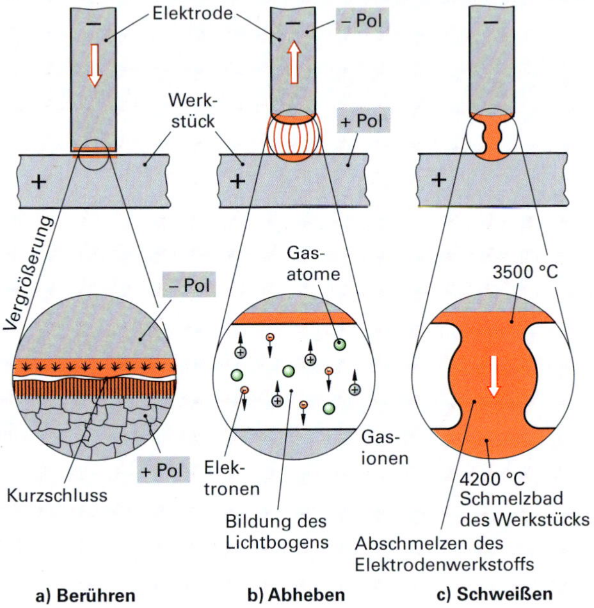

1 Vorgänge im Lichtbogen

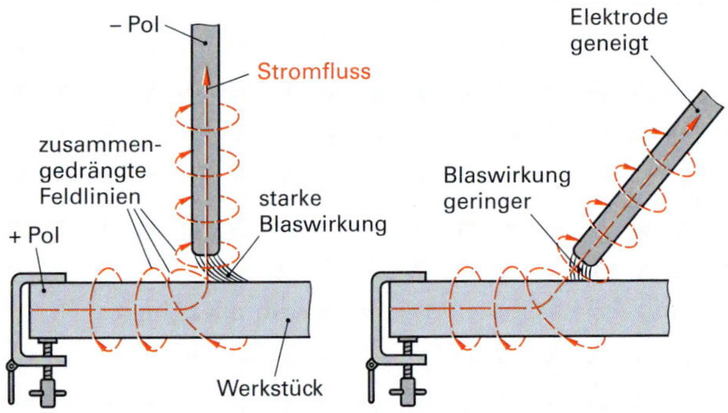

2 Blaswirkung

Der Lichtbogen reißt ab, wenn der Abstand zwischen Elektrode und Werkstück zu groß wird. Die Luft kann dann nicht mehr leitend gehalten werden. Der Stromkreis wird unterbrochen. Da sich bei Wechselstrom laufend die Stromrichtung ändert, könnte sich kein Lichtbogen bilden. Durch besondere Schweißelektrodenhüllen oder Schutzgase wird die Leitfähigkeit der Luft so weit verbessert, dass der Lichtbogen nicht unterbrochen wird.

Blaswirkung: Besonders beim Schweißen in Ecken, an Kanten, in Winkeln und beim Einsatz von Gleichstromschweißmaschinen wird der Lichtbogen abgelenkt (Bild 2). Diese Ablenkung kann so stark sein, dass sie ein Schweißen verhindert.

Die Blaswirkung entsteht durch das **elektromagnetische Feld.** Das elektromagnetische Feld umgibt jeden stromdurchflossenen Leiter, also auch Elektrode, Lichtbogen und den stromdurchflossenen Teil des Werkstücks zwischen den Polen. Bei senkrecht auf dem Werkstück stehender Elektrode werden die Feldlinien des Magnetfeldes in der Ecke zusammengedrängt, verstärken sich und drängen den Lichtbogen an die gegenüberliegende Seite.

Die Blaswirkung lässt sich verringern durch Neigen der Elektrode, durch Verlegen der Polklemme am Werkstück, durch Änderung der Schweißrichtung oder durch die Benutzung von zwei Polklemmen.

Unfallverhütung

- **Vorsicht** vor schadhaften Elektroschweißleitungen. Mit ihnen darf nicht gearbeitet werden. Sie verursachen oft schwere Unfälle durch Stromschlag.
- **Vorsicht** vor Verblitzen der Augen! – Es besteht die Gefahr einer schmerzhaften Bindehautentzündung.
- Dem Schutz des Schweißers dient ein Schutzschild mit Seitenschutz. Dieser hat ein dunkel gefärbtes Spezialglas, das durch ein klares Glas gegen Spritzer abgeschirmt wird. Das dunkle Glas filtert die für die Augen schädlichen Anteile der Lichtbogenstrahlung aus und verhindert Blendungen (Bild 1).
- Der Schweißplatz ist so abzuschirmen, dass andere Personen nicht geschädigt werden können.
- Zum Schutz vor Strahlung und glühenden Schweißspritzern werden Handschuhe und Lederschürze benötigt.
- Die Lichtbogenstrahlung führt zu Verbrennungen der Haut. Nicht mit entblößten Armen und freiem Oberkörper schweißen.
- Die beim Schweißen entstehenden Gase müssen in Räumen abziehen können oder abgesaugt werden.
- Nach dem Schweißen muss die erstarrte Schlacke mit einem Schlackenhammer abgeschlagen werden. Klarsichtbrille tragen, damit die Augen nicht durch abspringende Schlackenteilchen verletzt werden.

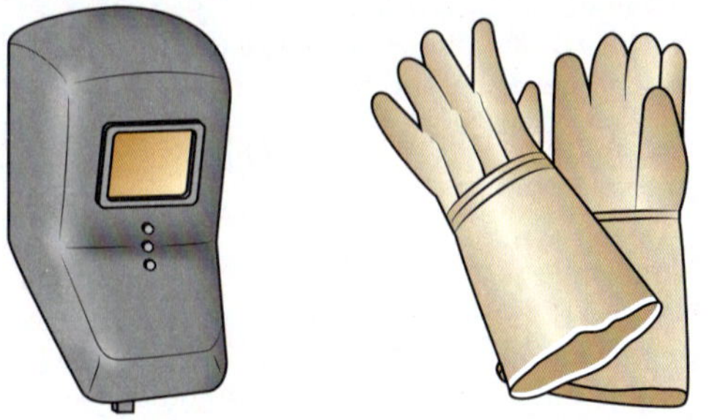

1 Schutzschild und Handschuhe zur Unfallverhütung

13.10.5 Metall-Lichtbogenschweißen

Hierbei wird ein Schweißstromerzeuger mit Polklemme und Elektrodenhalter benötigt (Bild 2). Nach den vorbereitenden Arbeiten müssen die Schweißmaschine angeschlossen und die Stromstärke eingestellt werden.

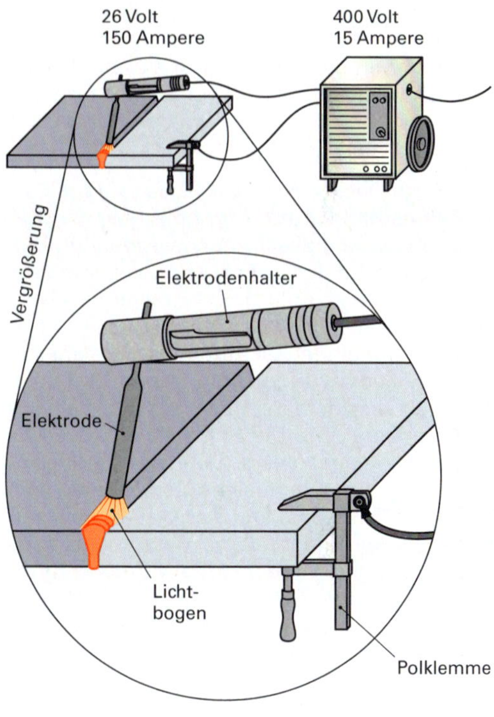

2 Schema einer Metalllichtbogen-Schweißanlage

Merke

Pro Millimeter Kerndrahtdurchmesser der Elektrode sind 40 A Schweißstrom erforderlich.

Dieser Wert muss entsprechend der Schweißposition (Bild 3), der Dicke des Werkstückes und der Elektrodenart korrigiert werden. Eine zu geringe Stromstärke macht sich durch schlechtes Zünden der Elektroden bemerkbar. Auch eine unzusammenhängende Schweißraupe und ein zu geringer Einbrand weisen darauf hin. Eine zu hohe Stromstärke erkennt man an der verbrannten Schweißraupe, an den Einbrandkerben oder an den ausgeglühten Stabelektroden. Zum Zünden des Lichtbogens wird die Elektrode auf das Werkstück getupft.

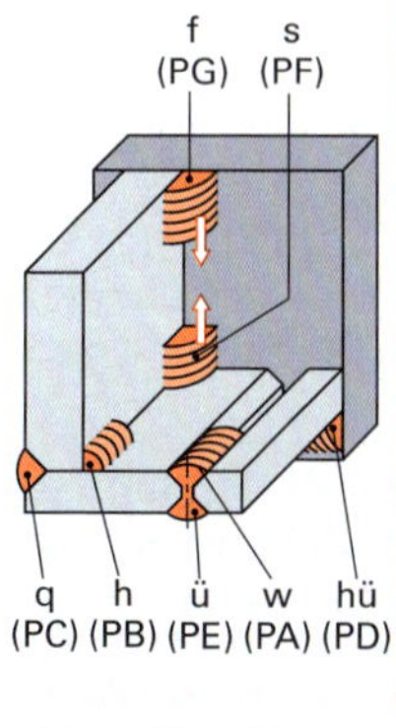

Kurzzeichen		Benennung
DIN 1912	DIN EN ISO 6947	
w	PA	Wannenposition
h	PB	Horizontal-position
s	PF	Steigposition
f	PG	Fallposition
q	PC	Querposition
ü	PE	Überkopf-position
hü	PD	Horizontal-Überkopfposition

3 Schweißpositionen

Merke

Die **Lichtbogenlänge** soll etwa dem Elektrodendurchmesser entsprechen.

Bei zu langem Lichtbogen vermindert sich die Abschmelztemperatur und damit die Einbrandtiefe.

Stabelektroden

Die Elektrode muss elektrisch leitend sein und somit das Zünden und Brennen des Lichtbogens ermöglichen. Durch Abschmelzen liefert sie aber auch den zum Füllen der Schweißfuge erforderlichen **Zusatzwerkstoff.** Der Elektrodenwerkstoff sollte dieselben Eigenschaften wie die zu verschweißenden Bauteile aufweisen. Entsprechend den Werkstoffen und der Ausführungsart der Schweißarbeit gibt es eine große Zahl verschiedener Schweißelektroden. Der Elektrodendurchmesser sollte bis 5 mm in etwa der Werkstückdicke entsprechen (Tabelle).

Die gebräuchlichen Stabelektroden sind fast alle mit **Schweißhilfsstoffen** umhüllt. Nackte Stabelektroden werden kaum noch verwendet. Beim Schweißen schmilzt die Elektrode zusammen mit der Umhüllung ab (Bild 1). Entsprechendes Nachführen ist deshalb wesentliche Voraussetzung eines gleichmäßigen Lichtbogens und einer guten Naht. Aus der abgeschmolzenen Umhüllung entstehen ein Gasmantel und flüssige Schlacke. Der Gasmantel und die Schlacke schützen das Schweißbad gegen den schädlichen Einfluss der Umgebungsluft. Die flüssige Schlacke ist leichter als das Metall und legt sich auf die Schweißraupe. Sie verhindert damit deren zu schnelle Abkühlung. Durch entsprechende Führung der Elektrode wird der Schlackenfluss gesteuert. Ein Verlaufen der Schlacke in das Schweißbad ist zu verhindern, weil sonst Schlackeneinschlüsse und Bindefehler die Schweißnaht schwächen. In der Umhüllung befinden sich außerdem Hilfsstoffe, die die Leitfähigkeit der Luft verstärken und den Lichtbogen stabilisieren.

Mit Wechselstrommaschinen können nur **umhüllte Elektroden** verarbeitet werden. Mit der Dicke der Umhüllung verbessert sich der Schutz der Schweißraupe. Man unterscheidet zwischen dünn, mitteldick und dick umhüllten Elektroden. Die Zusammensetzung und die Dicke der Umhüllung beeinflusst auch den Werkstoffübergang von der Elektrode zum Bauteil. Dieser kann grob-, mittel- oder feintropfig sein.

Die **Auswahl der Elektroden** muss mithilfe von DIN-Normen bzw. Tabellenbüchern erfolgen (Bild 2). Die genormte Kennzeichnung enthält verschlüsselte Hinweise über die Art und Dicke der Umhüllung, über die Stahlsorte, Schweißposition, Stromart, Stromeignung und Ausbringung.

Richtwerte für Elektrodenauswahl und Stromstärke

Blechdicke mm	ø Elektrode mm	Stromstärke A
2	2	50 ... 70
3	3,25	100 ... 150
4	3,25	100 ... 150
5	4,0	150 ... 200
6	4,0	150 ... 200
8	4,0	150 ... 200
10	4,0	150 ... 200
12	4 ... 5	150 ... 250

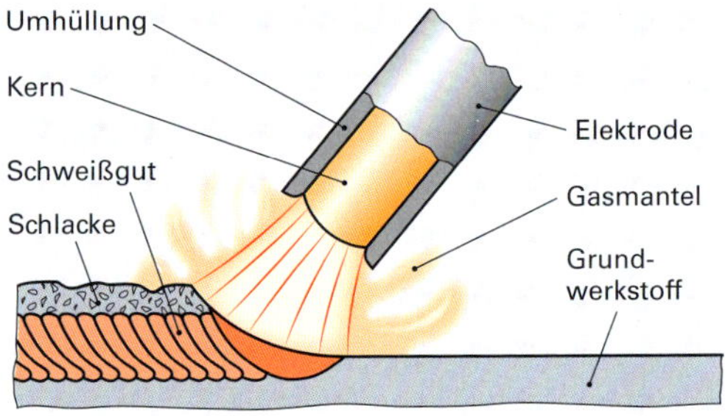

1 Abschmelzen der Stabelektrode

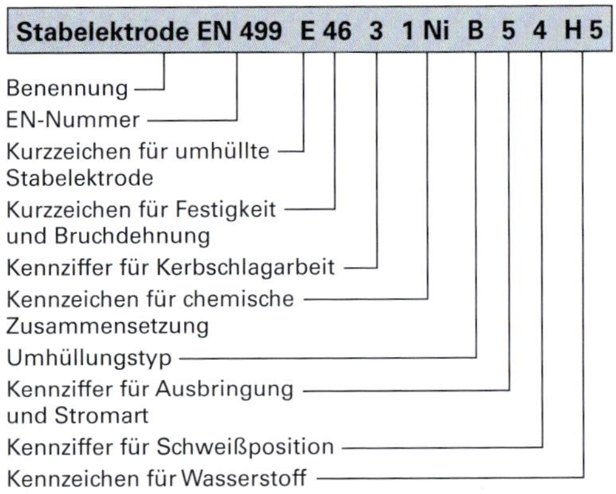

2 Bezeichnungsbeispiel für Stabelektroden

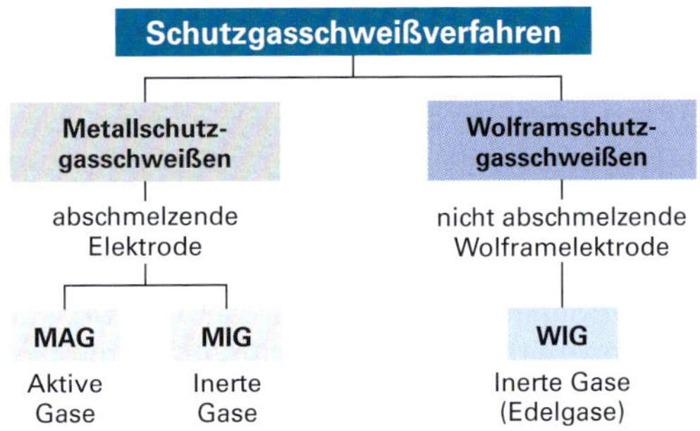

3 Übersicht Schutzgasschweißverfahren

13.10.6 Schutzgas-Schweißverfahren

Hierbei unterscheidet man Metall- und Wolframschutzgasschweißen (Bild 3, Seite 292). Bei diesen Verfahren wird durch bestimmte Gase das Schmelzbad vor den schädlichen Einflüssen der Luft abgeschirmt. Als Schutzgas werden inerte Gase (Edelgase), aktive oder Mischgase verwendet. Aktive und Mischgase haben gegenüber den inerten Schutzgasen den Nachteil, dass sie mit dem Schmelzbad reagieren und die mechanischen Gütewerte der Schweißnaht vermindern können. Diese Nachteile lassen sich aber teilweise durch eine entsprechende Zusammensetzung des Schweißzusatzdrahtes ausgleichen.

Metallschutzgasschweißen (Bild 1)

Bei diesem Verfahren brennt ein **Gleichstromlichtbogen** zwischen der abschmelzenden nackten Drahtelektrode und dem Bauteil. Für die positiv gepolte Elektrode wird ein auf Drahtspulen gewickelter Schweißdraht von 0,8 mm bis 2,4 mm Durchmesser verwendet. Ein Drahtvorschubgerät schiebt den Draht entsprechend seiner Abschmelzgeschwindigkeit durch die Schweißpistole. Der Schweißstrom wird in der Schweißpistole kurz vor dem Lichtbogen über Schleifkontakte zum Schweißdraht geleitet. Eine eingebaute Luft- oder Wasserkühlung vermindert die Erwärmung der Schweißpistole. Das Metallschutzgasschweißen wird nach dem Einsatz der Schutzgasarten unterteilt.

Beim **Metall-Inert-Gas-(MIG-)Schweißen** werden inerte Gase, vorwiegend Argon, als Schutzgas verwendet. Dieses Edelgas ist zwar teuer, ermöglicht aber gute Schweißverbindungen. Besonders bei mittleren und dicken Blechen werden hohe Schweißleistungen erreicht. Eingesetzt wird das MIG-Verfahren für Edelstähle, NE- und Leichtmetalle.

Beim **Metall-Aktiv-Gas-(MAG-)Schweißen** werden preisgünstigere Aktivgase, sehr häufig Kohlendioxid CO_2 oder Mischgase eingesetzt. Ansonsten entspricht es in Technik und Anwendung dem MIG-Verfahren. Angewandt wird das MAG-Schweißen vorwiegend bei niedrig- und unlegierten Stählen, besonders im Karosseriebau zum Schweißen von dünnen Blechen.

Wolframschutzgasschweißen (Bild 2)

Beim **Wolfram-Inert-Gas-(WIG-)Schweißen** brennt der Lichtbogen zwischen einer nicht abschmelzenden Wolframelektrode und dem Werkstück. Zusatzwerkstoffe können seitlich zugeführt werden. Durch dieses Verfahren werden vorwiegend bei hochlegierten Stählen, Nichteisen- und Leichtmetallen gute gleichmäßige Schweißnähte gefertigt. Der hohe Preis des Edelgases, z. B. Argon, begrenzt den Einsatzbereich.

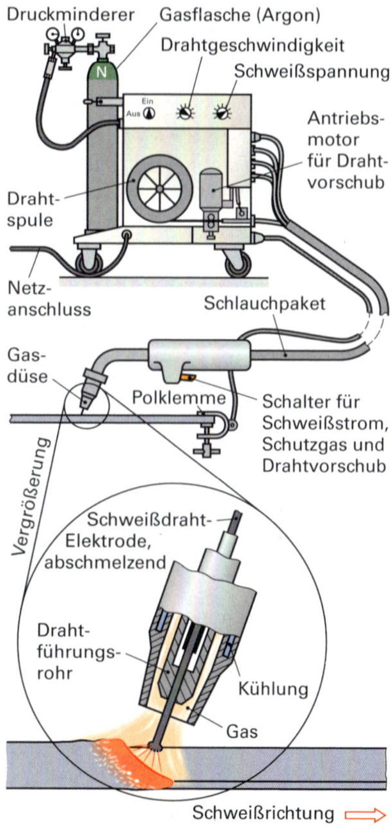

1 Schema einer MIG-, MAG-Schweißanlage (Metall-Inert-Gas und Metall-Aktiv-Gas)

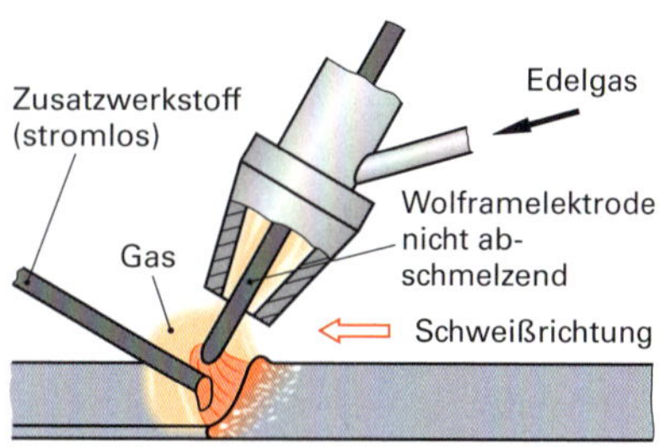

2 WIG-Verfahren (Wolfram-Inert-Gas)

Überprüfen Sie Ihre Kenntnisse

1 Worin unterscheiden sich die Verfahren des Schutzgas- vom Metall-Lichtbogenschweißen?

2 Zählen Sie die Schweißstromerzeuger auf und erklären Sie ihre Funktionen.

3 Schildern Sie die wichtigsten Vorgänge bei der Entstehung des Lichtbogens.

4 Was versteht man unter Blaswirkung und wie kommt sie zustande?

5 Zählen Sie 5 Maßnahmen zur Unfallverhütung beim Lichtbogen-Schmelzschweißen auf.

6 Skizzieren Sie ein Bauteil und tragen Sie daran die Schweißposition ein.

7 Welche Aufgaben haben Elektrodenumhüllungen?

8 Schildern Sie den Aufbau einer MIG-, MAG-Schweißanlage und des WIG-Verfahrens.

13.11 Pressverbindungen

Dieses Fügeverfahren beruht auf einer Presspassung, also auf einem Übermaß zwischen dem Innen- und dem Außenteil. Bei dieser Verbindung entsteht eine elastische Verformung der Werkstoffe. Sie bewirkt hohe Reibungskräfte und macht es möglich, große Drehmomente und Axialkräfte **kraftschlüssig** zu übertragen ohne ein zusätzliches Verbindungsmittel.

Nach Abhängigkeit von der Temperatur bei der Herstellung der Verbindung unterscheidet man verschiedene Arten (Bild 1):

Längspressverbindungen (Bild 2) werden bei Raumtemperatur durch axiales Einpressen der Welle in die Bohrung erzielt. Die Welle muss eine leichte Fase (bis 5°) haben, um ein zu starkes Glätten der Werkstoffoberflächen zu vermeiden. Ein wiederholtes Lösen und Fügen der Verbindung hat eine starke Reduzierung der Haftkraft zur Folge. Leichtes Einfetten vom Bolzen mit Öl verhindert das „Festfressen" der Bauteile. Beim Einpressen durch z. B. Hammerschläge, Schraubstock und Presse ist darauf zu achten, dass es nicht zu einem Verkanten der Welle kommt.

Werden durch Temperaturveränderung Bauteile geschrumpft oder gedehnt, spricht man von **Querpressverbindungen**. Die Bauteile können ohne große Axialkräfte gefügt werden. Erwärmen und besonders Unterkühlen der Bauteile erfordert die Beachtung von Unfallverhütungsvorschriften.

Bei **Schrumpfverbindungen** (Bild 3) wird das Außenteil gleichmäßig, z. B. durch Wärmeplatte, Ölbad oder Brenner, erwärmt, dehnt sich aus und kann leicht mit dem Innenteil gefügt werden. Beim Abkühlen schrumpft das Außenteil und presst sich auf die Wellenoberfläche. Probleme bei dieser Verbindung können durch die Temperaturhöhe mit der Gefahr der Gefügeveränderung, des Verziehens und des Verzunderns (ab 250 °C) auftreten.

Bei **Dehnverbindungen** (Bild 4) wird das Innenteil durch Trockeneis (ca. –70 °C) oder mit flüssiger Luft (Stickstoff –194 °C) abgekühlt und schrumpft. Nach dem Fügen mit dem Außenteil erwärmt sich das Innenteil wieder auf Raumtemperatur und dehnt sich aus. Den Vorteilen der Dehnverbindung, z. B. keine Gefügeveränderungen bei wärmebehandelten (gehärteten) Teilen, stehen die relativ hohen Kosten des Kühlmittels und der geringe erreichbare Temperaturunterschied gegenüber.

In besonderen Fällen lassen sich das Schrumpf- und das Dehnverfahren kombinieren. So kann das Außenteil erwärmt und das Innenteil abgekühlt werden.

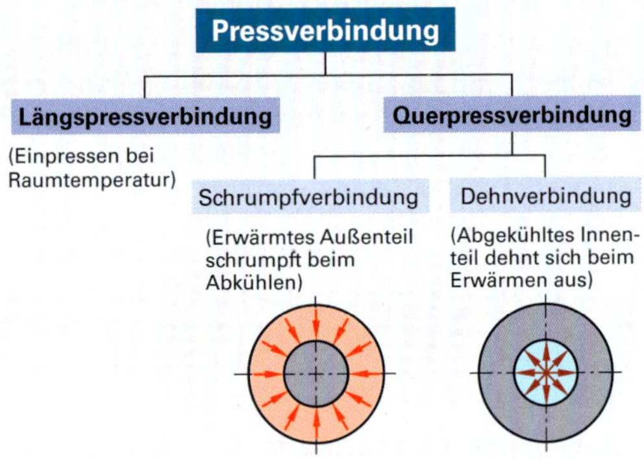

1 Pressverbindungen

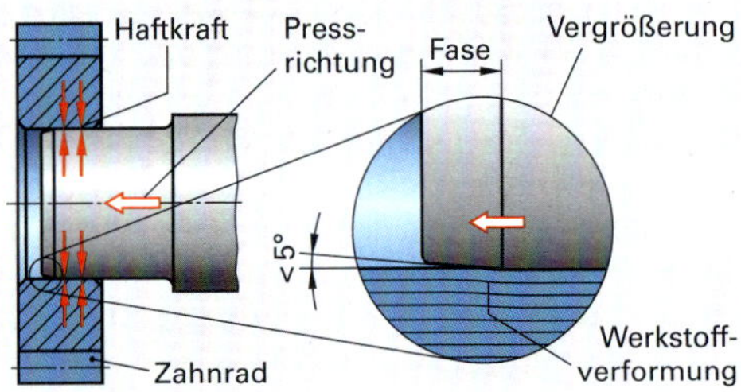

2 Längspressverbindung

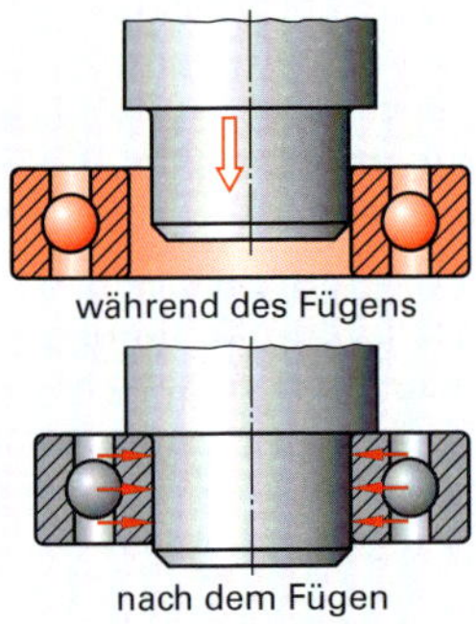

3 Schrumpfverbindung

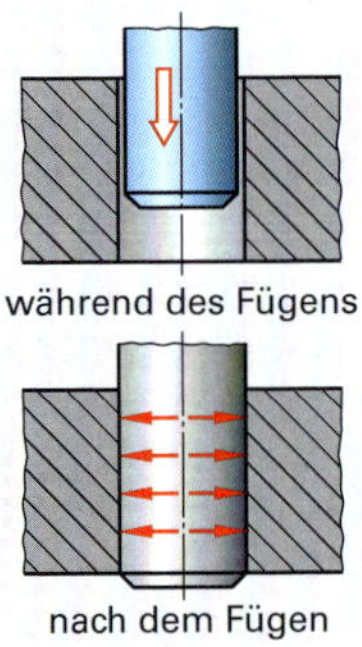

4 Dehnverbindung

Beispiel: Berechnen der Fügetemperatur

Ein Zahnrad soll mit einer Welle ø 30 H7/s6 durch eine Dehnverbindung gefügt werden. Das Spiel beim Fügen soll 10 µm betragen. Auf welche Temperatur muss die Welle abgekühlt werden?

Raumtemperatur 20 °C. $\alpha = 0{,}000012 \frac{1}{K}$ (Tab)

$\Delta d = d_0 \cdot \alpha \cdot \Delta T$

ø 30 H7 $^{+21}_{0}$ (Tab)

ø 30 s6 $^{48}_{35}$

$$\Delta T = \frac{\Delta d}{d_0 \cdot \alpha}$$

$$\Delta T = \frac{0{,}058\ \text{mm} \cdot \text{K}}{30\ \text{mm} \cdot 0{,}000012}$$

0,010
+ 0,048
$\Delta d = 0{,}058$

$\Delta T = 161\ \text{K}$

Die Welle muss auf – 141 °C abgekühlt werden. Diese Minustemperatur ist nur mit flüssiger Luft (–194 °C Stickstoff) oder flüssigem Sauerstoff (–183 °C) erreichbar.

13.12 Rohrleitungen

Die Auswahl der Rohre und der Rohrverbindungen richtet sich unter Beachtung der DVGW[1]-Vorschriften nach den jeweiligen Anforderungen.

Die **Nennweite** DN ist eine Zahl ohne Einheit und dient als Kenngröße für zueinander passende Teile, wie z.B. Rohre, Formstücke und Armaturen. Sie entspricht annähernd der lichten Weite (Innendurchmesser) in mm des Rohres (siehe Tabellenbuch).

Der **Nenndruck** PN ist eine Kenngröße ohne Einheit für den maximalen Überdruck in bar.

13.12.1 Rohrarten

Für Wasser- und Gasleitungen werden zum Schutz vor Korrosion **verzinkte Stahlrohre** verwendet.

Schwarze Stahlrohre haben keinen Korrosionsschutz. Sie werden z.B. als Heizungsrohre benutzt.

Kupferrohre sind korrosionsbeständig und einfach zu montieren. Sie sind als Versorgungsleitungen für Wasser, Öl und Gas weit verbreitet.

Kunststoffrohre werden wegen der geringen Material- und Verlegekosten teilweise als Entsorgungs- und Trinkwasserleitungen sowie für Fußbodenheizungen verwendet.

Mehrschichtverbundrohre werden in der Trinkwasserinstallation verwendet. Die Rohre setzen sich aus verschiedenen Materialien zusammen (siehe Bild 1). Weit verbreitet sind Mehrschichtverbundrohre, die im Kern aus Aluminium bestehen, welches die Rohre diffusionsdicht macht, die Formbeständigkeit erhöht und die Wärmeausdehnung verringert.

13.12.2 Rohrverbindungen

Rohre lassen sich lösbar und unlösbar miteinander verbinden. **Unlösbare Rohrverbindungen** werden durch Schweißen, Löten, Kleben und Pressen, **lösbare** durch Rohrgewinde, Verschraubungen, Muffen und Flanschverbindungen hergestellt.

Verschweißt werden meist nahtlose Stahlrohre, aber auch Kunststoffrohre z.B. aus PE.

Gelötet werden dünnwandige Stahlrohre und Kupferrohe. Durch die Kupferrohrlötung mithilfe von Lötfittings (siehe Bild 3, Seite 278) lassen sich auf einfache Weise Leitungssysteme herstellen.

Durch **Kleben** lassen sich Kunststoffrohre aus PVC sehr gut mit Muffen verbinden.

Gepresst werden Kupfer-, Edelstahl- und Verbundrohre. Für die Verpressung benötigt man einen Pressfitting (Bild 3).

[1] DVGW = Deutscher Verein des Gas- und Wasserfaches e. V.

Zuordnung der Kunststoffrohre

Leitungen für	Kunststoffrohr aus	
Entsorgung	PVC	Polyvinylchlorid
Trinkwasser	PE	Polyethylen
Fußbodenheizung	PB	Polybutan

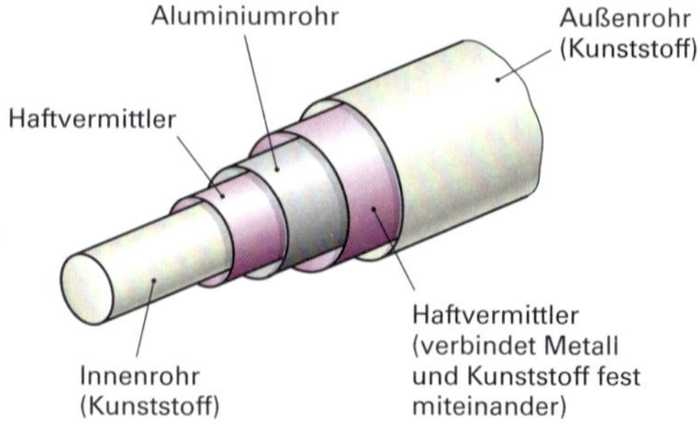

1 Mehrschichtverbundrohr

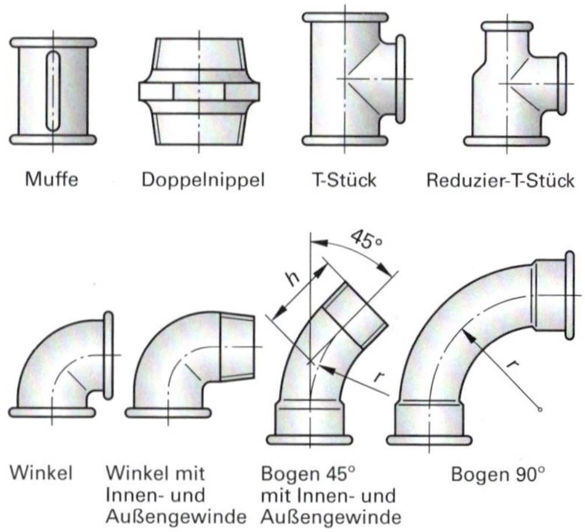

2 Temperguss-Fittings (Beispiele)

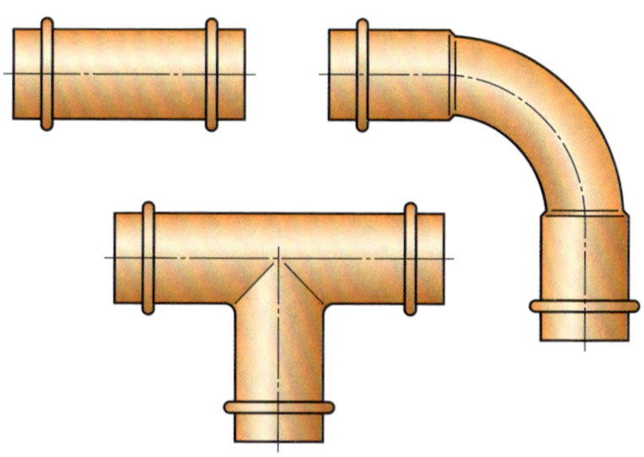

3 Kupfer-Pressfittings (Beispiele)

Der Pressfitting wird auf das Rohrende geschoben und anschließend gemeinsam mit dem Rohr mit einer speziellen Rohr-Presszange (Bild 1) in Form einer umlaufenden Sicke in Rohr und Fitting so verformt, dass eine unlösbare Verbindung entsteht (Bild 3).

Die Abdichtung zwischen Rohr und Fitting erfolgt durch O-Ringe, die in die Nuten der Fittingsmuffen eingelegt sind.

Pressfittings bestehen aus Kupfer, Rotguss oder Kunststoff.

Ablauf des Pressvorgangs:

- Rohre entgraten.
- Einstecktiefe markieren.
- Richtigen Sitz des Rohrdichtelementes prüfen.
- Pressbacken mit entsprechenden Abmaßen auswählen und in Presswerkzeug einbauen.
- Kontrolle der richtigen Einstecktiefe der Rohre in die Fittings, damit eine sichere Verpressung möglich ist.
- Rohr-Presszange ansetzen (die Sicke der Muffe muss in der mittigen Aussparung des Werkzeugs (Bild 2) sitzen.
- Verpressung systematisch (z. B. in der Fließrichtung des Wassers) durchführen, damit keine Verbindung ausgelassen wird.
- Fertig verpresste Verbindung kennzeichnen.
- Prüfen der vollständigen und ordnungsgemäßen Verpressung.

Lösbare Verbindungen sind erforderlich, wenn Teile, z. B. Armaturen, in einem Rohrsystem austauschbar sein sollen.

Gewindeverbindungen sind in der Gas- und Wasserinstallation bei Verwendung von verzinkten Gewinderohren üblich. Auf Gewinderohren kann wegen der großen Wanddicke ein Whitworth-Rohrgewinde geschnitten werden.

Zur Herstellung von Rohrleitungssystemen stehen Gewindefittings (Formstücke) aus Temperguss zur Verfügung (Bild 2, Seite 295).

1 Elektrische Rohr-Presszange

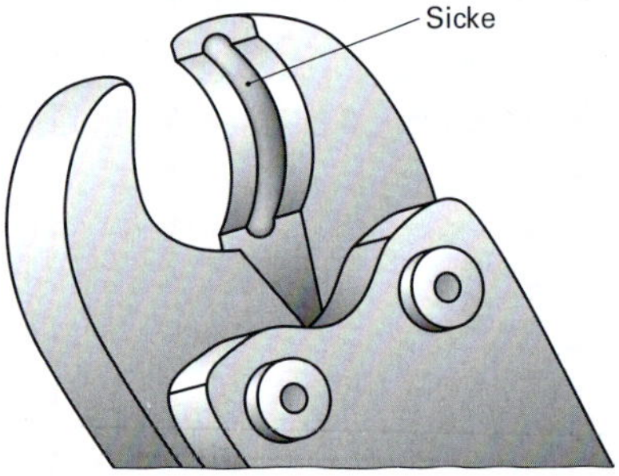

2 Pressbacken mit Aussparung

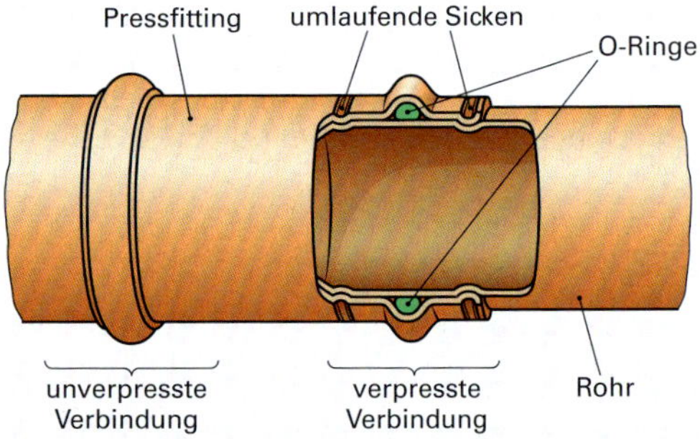

3 Gepresste Rohrverbindung

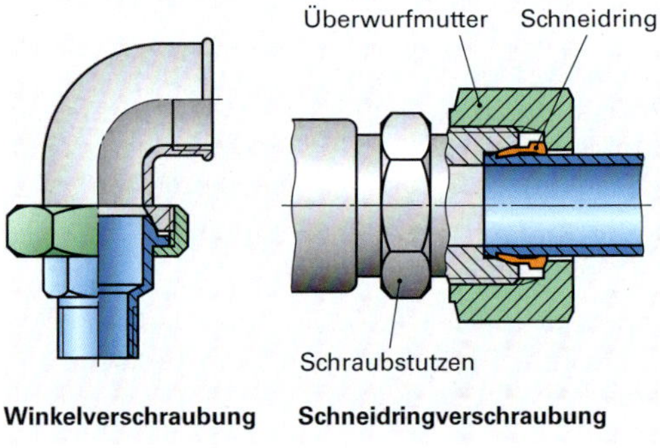

4 Rohrverbindungen durch Verschraubungen

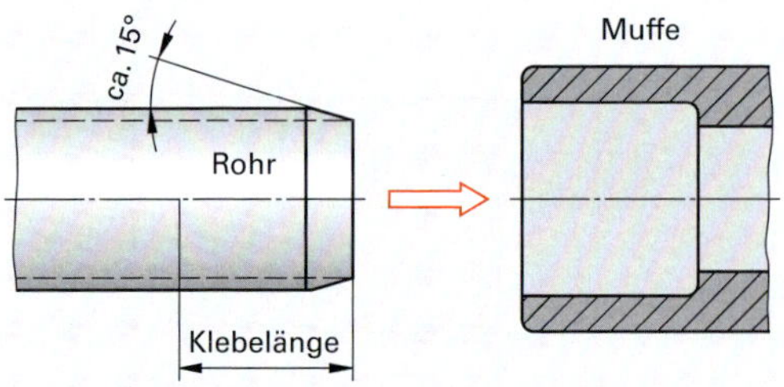

5 Muffenverbindung Beispiel: Kleben eines PVC-Rohres

Durch die nach DIN EN 10226 festgelegte Kombination des zylindrischen Innengewindes mit dem kegeligen Außengewinde entsteht zwischen den Gewindeflanken eine metallische **Pressdichtung.** Ein Dichtungsmittel wird beim Verschrauben mit eingezogen und soll Unregelmäßigkeiten ausgleichen sowie zusätzlich abdichten. Als Dichtungsmittel werden Hanf mit Dichtungspaste, **Dichtungspaste** (ohne Hanf) und **Dichtungsbänder** aus temperaturbeständigem Kunststoff verwendet.

Verschraubungen (Bild 4, Seite 296) dichten entweder mit ihrer Form oder mit Flach- oder Profildichtung ab.

Schneidringverschraubungen werden häufig bei dünnen Kupferrohren eingebaut. Der durch das Verschrauben fest eingedrückte Schneidring sorgt für einen dichten Abschluss.

Muffenverbindungen werden oft geklebt oder mit Gummiringen abgedichtet (Bild 5, Seite 296).

Flanschverbindungen werden bei Nennweiten über DN 50 verwendet, da sie leichter abzudichten sind. Gebräuchliche Flansche zeigt Bild 1.

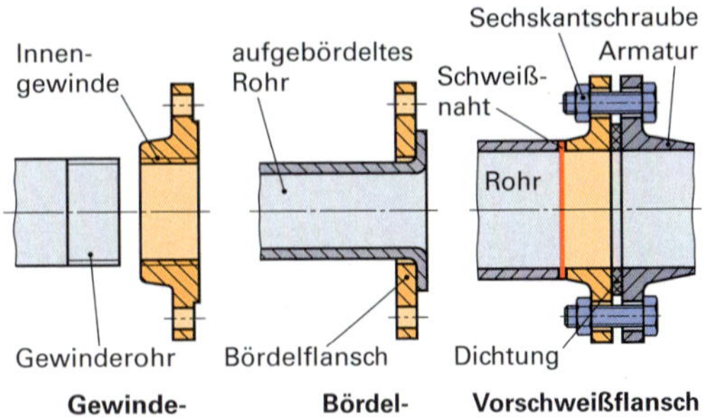

1 Rohrverbindungen durch Flansche

13.12.3 Rohrbefestigungen

Längere Rohrleitungen müssen im Abstand von etwa 1,5 m mit Rohrhaken oder Rohrschellen befestigt werden (Bild 2). Die einfachste Ausführung ist die Befestigung mit **Rohrhaken.** Durch ihr vorsichtiges Einschlagen wird das Rohr an die Wand gedrückt und so festgeklemmt. Diese Befestigung eignet sich nicht für Leitungen, die sich erwärmen und dadurch ausdehnen. Mit dieser starren Befestigung ist außerdem eine stärkere Schallübertragung verbunden.

Häufiger werden **Rohrschellen** benutzt. Rohrleitungen, die sich erwärmen, erhalten zum Längenausgleich **Dehnungsbogen.** Für diese Rohre sind Pendelrohrschellen oder elastische Halterungen (Stahlfeder-Rohrschellen) geeignet. Zur **Schalldämmung** sind sie fast alle mit Einlagen aus Gummi und Filz versehen. Auch die elastische Halterung dämpft die Schallübertragung. Die Montage der Rohrschellen ist abhängig vom Gewicht der Rohrleitung, vom Material und der Dicke der Wände (Bild 3).

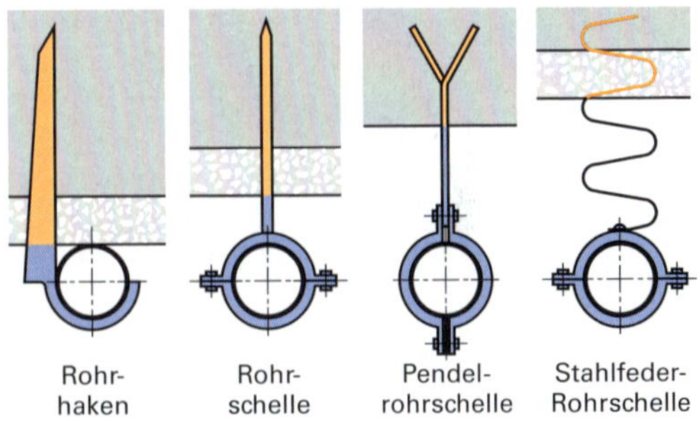

2 Rohrhalterungen

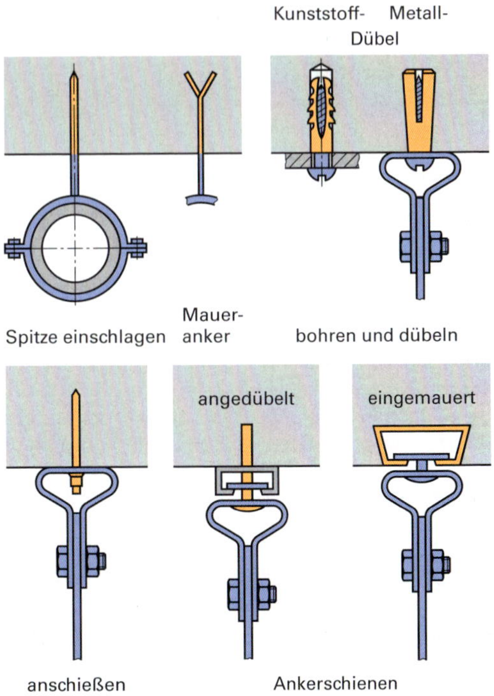

3 Montage der Rohrhalterungen

Überprüfen Sie Ihre Kenntnisse

1 Was versteht man unter Nennweite DN eines Rohres?
2 Geben Sie den Verwendungszweck für Stahl-, Kupfer-, Mehrschichtverbund- und Kunststoffrohre an.
3 Erstellen Sie eine Übersicht für Rohrverbindungen.
4 Was sind Verschraubungen?
5 Beschreiben Sie 3 Beispiele für eine Rohrbefestigung.

13.13 Projektaufgaben Bohrvorrichtung – Herstellen von einfachen Baugruppen, Montage

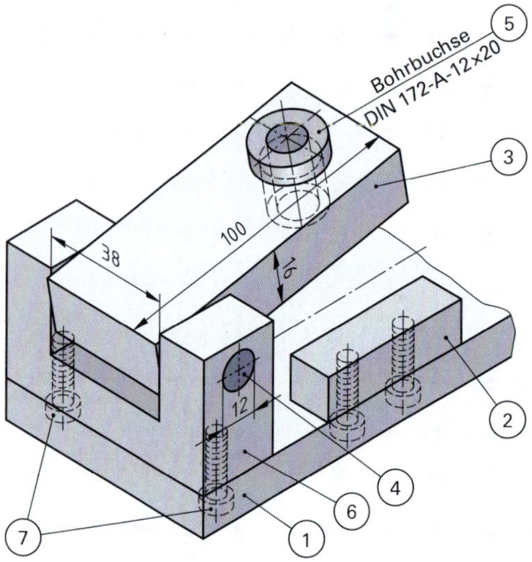

1 Bohrvorrichtung

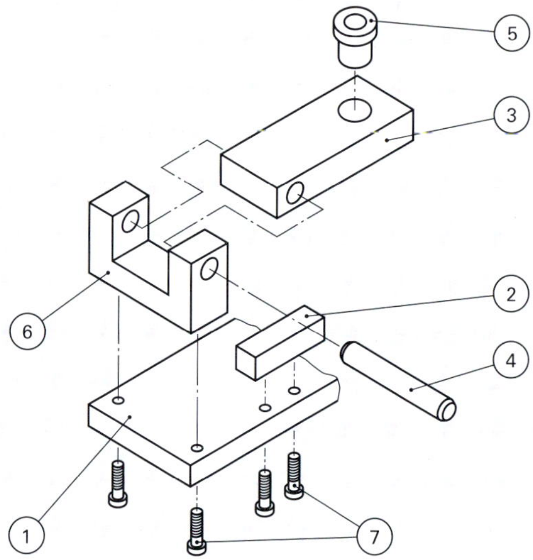

2 Explosionszeichnung

Bohrvorrichtung, Stückliste

Pos.-Nr.	Menge Einheit	Benennung	Werkstoff/ Normbezeichnung	Rohteilmaße
1	1	Grundplatte	S235JR	Fl 200 × 20 × 70 lg
2	1	Anschlagleiste	S235JR	Fl 60 × 20 × 15 lg
3	1	Klappe	S235JR	Fl 110 × 20 × 40 lg
4	1	Zylinderstift	ISO 8734 – 12 × 60 – B	
5	1	Bundbohrbuchse	DIN 172 – A 12 × 20	
6	1	Gabelbrücke	S235JR	70 × 50 × 50
7	4	Zylinderschrauben	ISO 4762 – M 8 × 16 – 10.9	

Die obenstehenden Abbildungen (Bilder 1, 2) zeigen eine Bohrvorrichtung. In der dazugehörigen Stückliste werden deren einzelne Bauteile benannt. Die Bohrvorrichtung nimmt nach dem Öffnen der Klappe (Pos. 3) das jeweilige Werkstück auf, sodass bei gleichen Werkstücken rasch eine entsprechende Bearbeitung erfolgen kann. Da die Herstellung einer solchen Vorrichtung einen gewissen Aufwand erfordert, lohnt sich deren Bau erst ab einer gewissen Anzahl von Werkstücken.

Im Folgenden soll die **Funktion der Bohrvorrichtung** erläutert werden. Außerdem sind **grundsätzliche Überlegungen bezüglich der Montage** ihrer Einzelteile zu erarbeiten.

Aufgaben

1. Versuchen Sie mithilfe der gegebenen Informationen das Zusammenspiel der einzelnen Bauteile der Klappbohrvorrichtung zu verstehen. Beschreiben Sie deren Zweck sowie deren Funktionsweise nach folgendem Muster in einer zweispaltigen Tabelle:

Bauteile	Zweck/Funktion
Grundplatte (Pos. 1)	Die Grundplatte trägt die übrigen Bauteile der Vorrichtung.
...	...

Aufgaben

2. Die Gabelbrücke (Pos. 6) für die Vorrichtung soll in der Werkstatt gefertigt werden.
   (Die Fertigmaße der Gabelbrücke entsprechen L × B × H = 60 × 30 × 40 Millimeter. Die Gewinde für die beiden Zylinderschrauben sind auf der langen Seite 10 Millimeter von außen, in der Werkstückbreite mittig, anzubringen. Die Bohrung(en) mit dem Durchmesser 12H7 ist 10 mm vom oberen Rand der Gabelbrücke anzubringen. Auch diese Bohrung soll in der Werkstückbreite mittig sein.)
   a) Erstellen Sie zur Vorbereitung der Fertigung der Gabelbrücke (Pos. 6) eine technische Zeichnung, aus der die erforderlichen Fertigungsmaße entnommen werden können. Versuchen Sie dabei, mit zwei Ansichten auszukommen.
   b) Mit welchem Sinnbild wird in technischen Zeichnungen die Projektionsmethode 1 dargestellt und wie liegen hierbei die verschiedenen Ansichten bezüglich der Vorderansicht des Werkstücks?

3. **Verbindungen** können nach verschiedenen Kriterien unterschieden werden. Im Bild sind drei Verbindungarten und die wirkenden Kräfte dargestellt.

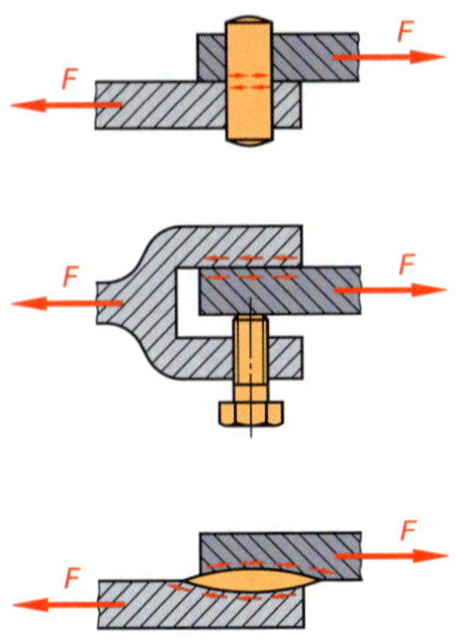

   a) Beschreiben Sie bei den dargestellten Verbindungen die Übertragungskräfte und den Wirkmechanismus der jeweiligen Verbindung.
   b) Führen Sie mindestens zwei Beispiele für die jeweilige Art der Verbindung an.
   c) Welche weiteren Unterscheidungsmerkmale für Verbindungen gibt es?
   d) Ordnen Sie die an der Bohrvorrichtung erkennbaren vier Verbindungen den entsprechenden Wirkmechanismen zu und wann kommen diese zum Einsatz?

4. Die **Verbindung zwischen** der **Grundplatte** (Pos. 1) **und** der **Anschlagleiste** (Pos. 2) erfolgt durch Schrauben.
   a) Begründen Sie die Auswahl der verwendeten Zylinderschrauben (Pos. 7).
   b) Nennen Sie mindestens drei weitere Verbindungsmöglichkeiten der beiden Bauteile.
   c) Stellen Sie die jeweiligen Vor- und Nachteile dieser Verbindungsmöglichkeiten zusammen und beurteilen Sie die vorliegende Lösung, die als Schraubverbindung ausgeführt ist.

5. Erstellen Sie einen **Montageplan** für die Klappbohrvorrichtung. Benennen Sie dabei die einzelnen Arbeitsschritte sowie die erforderlichen Werkzeuge.

6. Die Bundbohrbuchse (Pos. 5) unterliegt im Gebrauch einem gewissen Verschleiß.
   a) Aus welchem Werkstoff kann die Bohrbuchse gefertigt werden, um diesem Verschleiß zu widerstehen?
   b) Beschreiben Sie eine Wärmebehandlung, welche die Buchse verschleißfester werden lässt.

7. Zwischen der Klappe (Pos. 3) und der Gabelbrücke (Pos. 6) liegt eine Spielpassung H7/f7 vor.
   a) Stellen Sie für diese Passung eine Passmaßtabelle auf und ermitteln Sie das Mindest- und das Höchstspiel der Passung.
   b) Welche weiteren Passungsarten gibt es und wann kommen diese zum Einsatz?
   c) Nennen Sie für alle Passungsarten jeweils zwei sinnvolle Einsatzbeispiele.

8. Stellen Sie für die Hauptmaße der Klappe (Pos. 3) sowie deren Aufnahme für die Bohrbuchse eine Maß- und Prüftabelle nach folgendem Beispiel auf.
   Maße ohne genauere Toleranzangabe unterliegen der Allgemeintoleranz m.

Benennung	Maß	Toleranz	Abmaße	Prüfgerät
Höhe	16	Allgemeintoleranz m	± 0,2	Messschieber
...	...	...	...	...

Aufgaben

9. Zwischen der Klappe (Pos. 3) und der Bundbohrbuchse (Pos. 5) liegt eine Passung vor.
   a) Welchem Zweck dient diese Passung?
   b) Wählen Sie passend zu diesem Zweck die Passungsart und eine geeignete Passung aus dem ISO-Passungssystem aus.
   c) Stellen Sie eine Passmaßtabelle für die betroffenen Maße auf und ermitteln Sie das Höchstspiel und das Höchstübermaß der Passung.
10. Die Klappe (Pos. 3) der Bohrvorrichtung wird während des Bohrvorgangs an ihrer vorderen Kante mit einer Spannkraft von F = 150 N nach unten gedrückt. Dabei entsteht bezüglich des Drehpunktes der Klappe ein Drehmoment.
    a) Wie lautet die Formel zur Berechnung des Drehmomentes?
    b) Berechnen Sie die Größe des Drehmomentes in Newtonmeter (Nm).
    c) Beschreiben Sie das Hebelgesetz für einen zweiseitigen Hebel. Verwenden und erläutern Sie dabei die Begriffe: Kraft (bzw. Kräfte), Hebelarm und Drehmoment.
11. Zu einem späteren Zeitpunkt sollen die Werkstücke beim Bohren mithilfe einer gesteuerten Spanneinheit gehalten werden. Je nach Art des Energieträgers gibt es verschiedene Spannmöglichkeiten.
    a) Unterscheiden Sie nach der Art des verwendeten Energieträgers drei Steuerungsarten.
    b) Nennen Sie für zwei aufgeführte Steuerungsarten jeweils drei Vor- und drei Nachteile.
12. Die nachfolgende Zeichnung stellt einen einfach wirkenden Pneumatikzylinder dar.

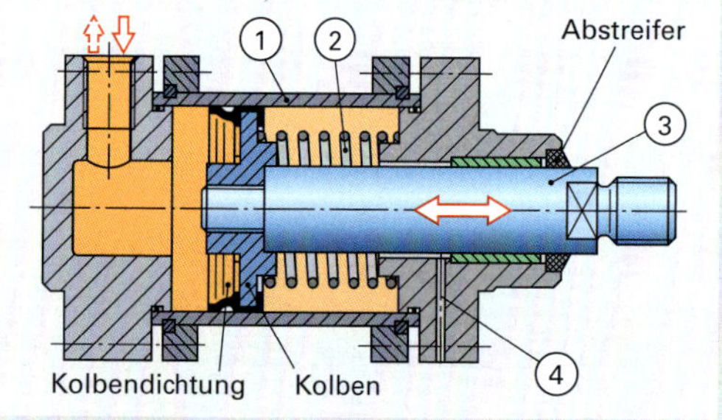

    a) Skizzieren Sie das Schaltzeichen (Symbol) für den dargestellten einfach wirkenden Zylinder.
    b) Benennen Sie die Bauteile 1 - 4 des Zylinders.
13. Der Pneumatikzylinder erzeugt eine Spannkraft (wirksame Kolbenkraft) von 750 N. Vorwiegend durch Reibung ergeben sich bei der Kraftumsetzung Verluste von 15 %. Somit beträgt der Wirkungsgrad des Zylinders η = 0,85. Der Kolbendurchmesser beträgt 40 mm; der Durchmesser der Kolbenstange 16 mm.
    a) Wie lautet die Formel zur Berechnung der Kolbenkraft F?
    b) Welcher Betriebsdruck p_e wird beim Ausfahren des Zylinderkolbens wirksam?
14. Die Hublänge des Pneumatikzylinders beträgt 90 mm. Er fährt im normalen Betrieb 40 mal in einer Minute aus. Der Überdruck p_e für die Anlage beträgt 6 bar.
    a) Wie lautet die Formel zur Berechnung des Luftverbrauchs Q?
    b) Wie groß ist der Luftverbrauch des einfach wirkenden Zylinders in Liter pro Minute?
15. Der nachfolgend dargestellte Steuerungsteil zeigt u. a. die Abluftdrosselung eines pneumatischen Zylinders.

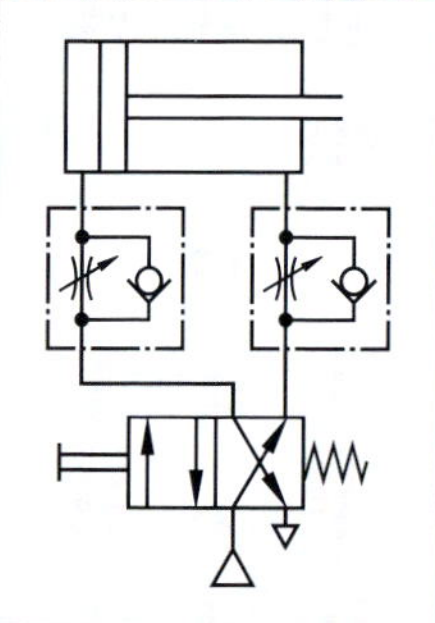

    a) Benennen Sie die an diesem Steuerungsteil beteiligten Bauteile.
    b) Welchen Vorteil bietet die dargestellte Abluftdrosselung im Gegensatz zu einer Drosselung der Zuluft eines Zylinders?
    c) Zeichnen Sie – analog zu der skizzierten Steuerung – eine Zuluftdrosselung für einen einfach wirkenden Zylinder.
16. Das Fertigen einer Bohrung wird pro Werkstück mit 3,30 Euro veranschlagt. Durch den Gebrauch der Vorrichtung, deren Herstellung 240,00 Euro kostet, verringert sich der Fertigungspreis auf nur noch 2,10 Euro.
    a) Ermitteln Sie (graphisch oder rechnerisch) die Anzahl von Werkstücken, die gefertigt werden muss, damit sich der Einsatz der Vorrichtung rentiert (Grenzstückzahl).
    b) Welche Kosten entstehen bis zu dieser Stückzahl?

Projektaufgaben Werkstattwagen

Vorstellung des Projekts

Immer wieder kommt es in Werkstätten zu Wartezeiten, da Werkzeuge oder Bauteile gesucht werden müssen. Eine Ursache ist häufig ein unübersichtliches Ablagesystem. Eine andere Ursache liegt in den Arbeitswegen.

Die Lösung wäre eine Ablage, auf der man Werkzeuge und Bauteile ablegen und auch zum jeweiligen Arbeitsplatz rollen kann: Ein Werkstattwagen (Bild 1).

Einen solchen Wagen kann man kaufen, aber auch selbst fertigen. Der Aufwand ist relativ gering, der Nutzen unter Umständen sehr hoch.

Die folgenden Aufgaben befassen sich mit dem Zusammenbau eines solchen Werkstattwagens.

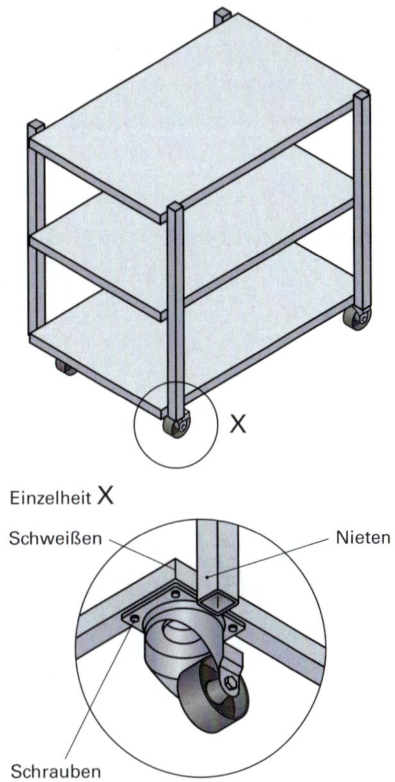

1 Werkstattwagen

Aufgaben

1. Die Ablageflächen werden von einem Winkelstahlrahmen gehalten. Die Winkelprofile wurden auf Gehrung gesägt und sollen durch MAG-Schweißen verbunden werden (Bild 2).

   Erklären Sie den Begriff MAG. Gehen Sie dabei auf das Schutzgas, den Zusatzwerkstoff und die Elektrode ein. Nennen Sie die dem Schweißverfahren zugehörige Ordnungsnummer.

2. Wählen Sie für das MAG-Schweißen des Winkelrahmens (Bild 2) ein geeignetes Schutzgas und geben Sie die Normbezeichnung an.

3. In Folge von Zugluft in der Werkstatt wird das Schutzgas vom Schmelzbad abgeweht.

   Erklären Sie eine Auswirkung des fehlenden Schutzgases auf die fertige Schweißnaht.

4. In Abstimmung mit dem Werkstoff (Bild 2) und dem Schutzgas (Aufgabe 2) soll die Drahtelektrode festgelegt werden. Geben Sie die Normbezeichnung an.

5. Bestimmen Sie anhand des Winkel-Profils (Bild 2) die am Schweißgerät einzustellende Stromart, die Spannung und den Elektrodenvorschub.

6. Übernehmen Sie die Einzelheit X (Bild 2) im Maßstab M 1:2. Ergänzen Sie die symbolische Darstellung der Schweißnaht.

7. Vom MAG-Schweißen geht eine Vielzahl von Gefahren für den Schweißer aus, vor denen er sich schützen muss.

   Nennen Sie drei solche Gefahren und geben Sie eine jeweilige Schutzmaßnahme an.

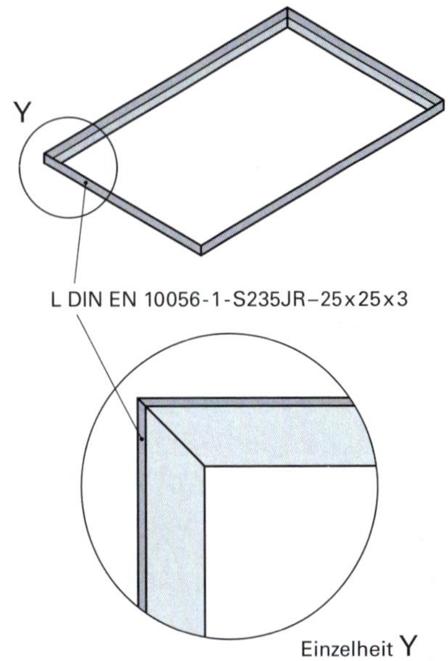

2 Winkelrahmen

Aufgaben

8. Der Winkelrahmen wird durch Nieten an ein senkrecht angeordnetes Hohlprofil befestigt (Bild 1).

   Nennen Sie einen Vorteil des Nietens gegenüber dem MAG-Schweißen.

9. Berechnen Sie die Klemmlänge des Niets.

   Die dafür notwendigen Maße der Einzelprofile entnehmen Sie dem Bild 1 und Bild 2, Seite 301.

10. Wählen Sie für den Niet (Bild 1) einen geeigneten Werkstoff. Begründen Sie Ihre Wahl.

11. Der Niet (Bild 1) soll einen Durchmesser von 4 mm haben.

    Bestimmen Sie die Länge des Niets und geben Sie die Normbezeichnung an.

12. Legen Sie den Bohrdurchmesser des Nietlochs fest. Berücksichtigen Sie dabei den in der vorherigen Aufgabe gewählten Niet.

13. Beschreiben Sie den Nietvorgang zur Verbindung der beiden Profile (Bild 1), wenn das Nietloch bereits fertig gebohrt wurde.

14. Erklären Sie, wie die Nietverbindung belastet wird.

15. Die Wagenrollen werden mit Senkschrauben M6 an dem Winkelrahmen befestigt (Bild 2).

    Wählen Sie für diese Schrauben geeignete Scheiben und Muttern aus. Geben Sie die jeweilige Normbezeichnung an.

16. Berechnen Sie die Länge der Schraube (Bild 2). Berücksichtigen Sie dabei die in der vorherigen Aufgabe gewählten Bauteile.

17. Erklären Sie die Festigkeitsklasse 4.8 (Bild 2).

18. Durch das Bewegen des Werkstattwagens kommt es zu Erschütterungen. Infolge dieser Erschütterungen können sich die Schrauben der Radbefestigung lösen.

    Nennen Sie zwei Möglichkeiten der Schraubensicherung.

19. Die Grundplatte der Wagenrolle ist mit vier Bohrungen zur Befestigung versehen. Am Winkelrahmen können jedoch nur drei der Bohrungen genutzt werden (Bild 2).

    Skizzieren Sie den Winkelrahmen aus Einzelheit Y und ergänzen Sie eine Lösung des Problems.

20. Erklären Sie Ihre obige Skizze.

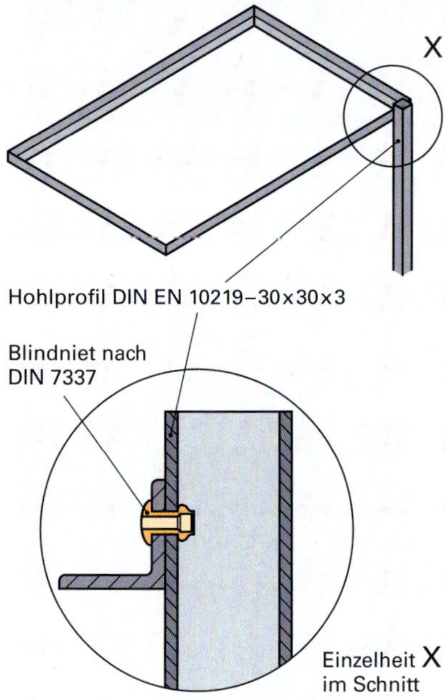

1 Verbindung Winkel – Hohlprofil

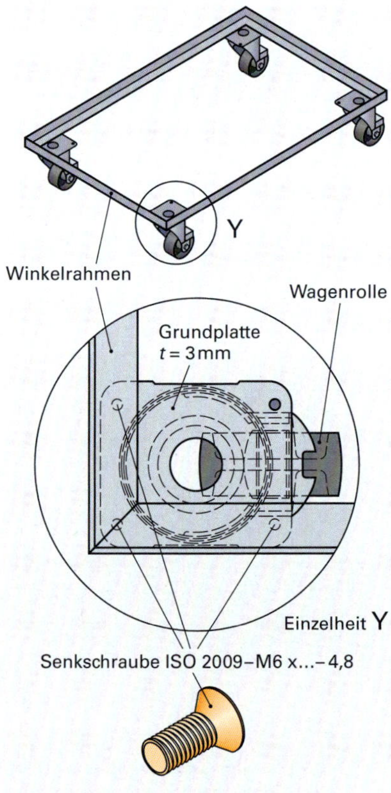

2 Verbindung Rolle – Winkelrahmen

Lernfeld 4: Warten technischer Systeme

14 Warten von Maschinen und Geräten

In der heutigen Zeit stehen produzierende Betriebe unter starkem Kostendruck.

Die eingesetzten Maschinen müssen eine hohe Produktivität aufweisen. Aus diesem Grund sind sie zum Teil sehr komplex. Da die Anschaffungskosten für solche Maschinen sehr hoch sind, müssen sie während der Produktion immer einsatzbereit sein und dürfen nicht während der Fertigung ausfallen. Der Ausfall einer Maschine in der Produktion kann große finanzielle Einbußen für den Betrieb verursachen.

Um eine Maschine vor dem Ausfall zu bewahren und somit eine ungestörte Produktion zu gewährleisten, ist es erforderlich die Wartungs- und Instandsetzungsarbeiten nach Herstellervorschrift durchzuführen. Zu berücksichtigen sind dabei die vorgeschriebenen Intervallzeiten. Werden diese Vorgaben nicht eingehalten, kann dies zum Verlust der Gewährleistung führen.

Alle Wartungsarbeiten, die regelmäßig an einer Maschine durchgeführt werden müssen, sind in den Wartungsunterlagen beschrieben. Diese Wartungsunterlagen werden zusammen mit der Maschine ausgeliefert.

Die verschiedenen Instandhaltungsarbeiten, z. B. an einer Säulenbohrmaschine, zeigt Bild 1.

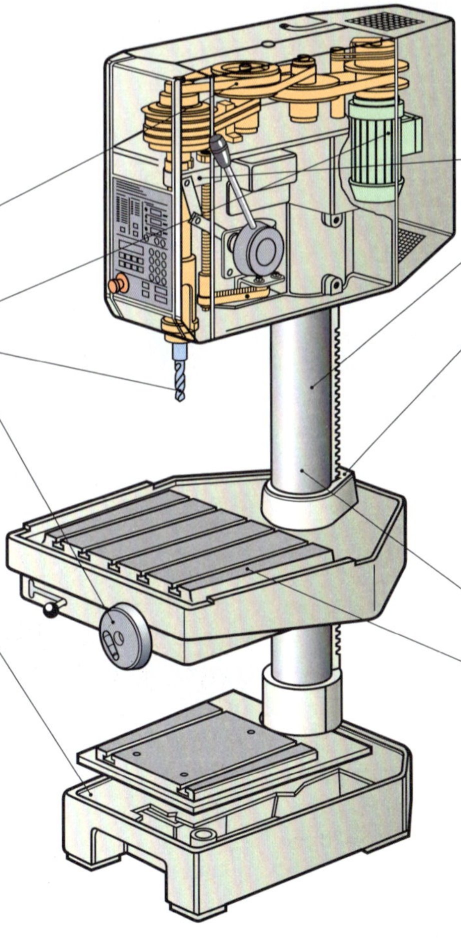

1 Instandhaltungsarbeiten an einer Säulenbohrmaschine

14.1 Grundbegriffe der Instandhaltung

Merke

Die Instandhaltung umfasst alle Maßnahmen, die zur Erhaltung oder Rückgewinnung eines funktionsfähigen Zustandes eines technischen Systems dienen. Zur Instandhaltung gehören vier Grundmaßnahmen, die in DIN 31051 beschrieben und voneinander abgegrenzt werden:

Wartung
Darunter versteht man alle Maßnahmen, die den Verschleiß einer Maschine (eines technischen Systems) verzögern.

Beispiel: Bei einem Getriebe (Bild 1) wird regelmäßig das Öl gewechselt, damit die Reibung zwischen den Zahnrädern gering ist und somit die Zahnräder nicht so schnell verschleißen. Außerdem bindet das Öl Schmutzpartikel, die ausgefiltert werden müssen. Ist dies nicht möglich, müssen die Ölwechselintervalle verkürzt werden.

1 **Wartung eines Getriebes**

Inspektion
Bei der Inspektion wird der momentane Zustand (Istzustand) einer Maschine (eines technischen Systems) festgestellt und beurteilt. Die Ursachen des Verschleißes werden bestimmt und Konsequenzen für die weitere Nutzung gezogen.

Beispiel: Die Felgenbremsen eines Fahrrades werden untersucht (Bild 2). Dabei wird festgestellt, wie dick die Bremsbeläge noch sind. Außerdem wird der Zustand der Felge geprüft. Aufgrund dieser Daten wird entschieden, ob die Beläge und/oder Felgen ausgetauscht werden müssen (z. B. wenn die Verschleißmarken erreicht sind). Sind Riefen in der Felge zu sehen, muss die Ursache herausgefunden werden.

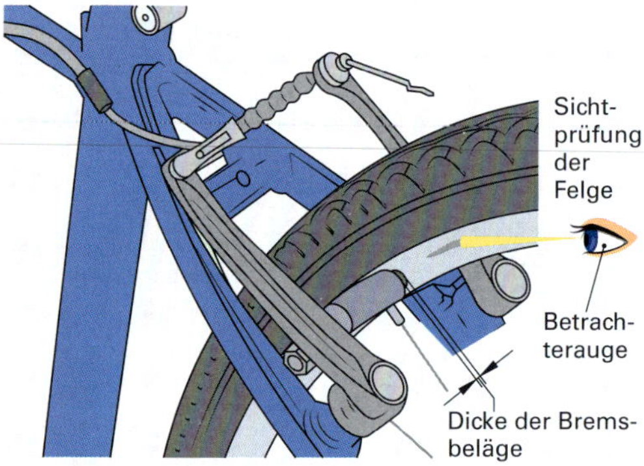

2 **Inspektion der Felgenbremse eines Fahrrades**

Instandsetzung
Zur Instandsetzung gehören alle Maßnahmen, um eine defekte Maschine (technisches System) wieder in einen funktionsfähigen Zustand zu bringen.

Beispiel: Ein Auto hat einen „Platten". Man kann mit dem Auto erst weiterfahren, wenn der defekte Reifen gegen einen unbeschädigten Reifen ausgetauscht wurde (Bild 3).

3 **Instandsetzung eines PKW durch die Erneuerung eines defekten Reifens**

Verbesserung
Hierunter versteht man alle Maßnahmen, die zu einer Steigerung und Verbesserung der Funktionssicherheit der Maschine (eines technischen Systems) führen.

Beispiel: Ein lackiertes Stahlgeländer rostet, wenn es durch Kratzer beschädigt wird. Verzinkt man das Geländer zuerst und lackiert es zusätzlich, so rostet das Geländer nicht, auch wenn der Lack durch Kratzer beschädigt wurde. Die Verzinkung bewirkt eine Verbesserung des Korrosionsverhaltens.

14.2 Instandhaltungskonzepte

Instandhaltung bedeutet „etwas in einem lauffähigen, guten Zustand zu halten". Dies versuchen die unterschiedlichen Instandhaltungskonzepte verschiedenartig zu berücksichtigen. Kriterien für das gewählte Konzept können u. a. sein:

- Entsteht durch den Ausfall des Bauteiles/der Maschine ein Sicherheitsrisiko, das zu einer Verletzungsgefahr für Personen oder Folgeschäden an Subsystemen führt?
- Entstehen dem Produktionsbetrieb durch den Stillstand der Maschine finanzielle Schäden? Können z. B. durch den Ausfall Liefertermine nicht eingehalten werden?
- Welches sind die kritischen (anfälligen) Teile einer Maschine?
- Wie hoch ist die Ausfallwahrscheinlichkeit der kritischen Teile?

Folgende Instandhaltungskonzepte werden heute angewendet:

Störungsbedingte / ereignisorientierte Instandhaltung

Bei der störungsbedingten Instandhaltung (auch ereignisorientierte Instandhaltung genannt) wird eine Maschine erst dann instandgesetzt, wenn ein Bauteil defekt ist oder die Maschine durch eine Störung ausfällt. Dieses Konzept der Instandhaltung wird in den Fällen angewendet, in denen die Maschinen wenig genutzt werden. Ihr vorübergehender Ausfall hat für die Produktion keine größeren Auswirkungen (z. B. können die Liefertermine trotzdem eingehalten werden).

Die Lebensdauer der Maschinenbauteile wird bei diesem Konzept vollständig genutzt. Es entstehen nur Kosten, wenn defekte Bauteile ausgetauscht werden müssen.

Nachteile dieses Konzeptes sind eventuell der hohe Zeitdruck während der Instandsetzungsarbeiten und die Lagerkosten für die Ersatzteile.

Vorbeugende Instandhaltung

Eine vorbeugende Instandhaltung wird durchgeführt, um eine Maschine vor einem plötzlichen Ausfall zu bewahren. Bauteile, die einer starken Beanspruchung unterliegen, werden ausgetauscht, bevor sie einen Ausfall der Maschine verursachen.

Um eine vorbeugende Instandhaltung durchführen zu können, müssen verschiedene Einflussfaktoren, wie Laufzeiten, Temperaturen und Belastungsarten, ermittelt und ausgewertet werden. Die erforderlichen Instandhaltungsmaßnahmen werden anschließend auf der Basis dieser Daten festgelegt. Die Maschinenhersteller geben häufig die Wartungsintervalle für die vorbeugende Instandhaltung in ihren Wartungsunterlagen an.

Die **zustandsabhängige Instandhaltung** ist eine besondere Art der vorbeugenden Instandhaltung. Sie wird angewendet, wenn die Abnutzung der Maschine messbar ist. In der Automobilindustrie ist dies mittlerweile zum Standard geworden. Moderne Kraftfahrzeuge haben einen Bordcomputer, der mithilfe von Sensoren die verschiedenen Abnutzungszustände und Laufzeiten erfasst und aus diesen Daten den nächsten Inspektionstermin ermittelt. Ölwechselintervalle müssen z. B. nicht mehr alle 15000 km erfolgen, sondern können je nach Fahrweise und Streckenverlauf unter Umständen auch in einem Abstand von 40000 km erfolgen.

Im Maschinenbau kommt zur Ermittlung des Zeitpunktes der Instandsetzung z. B. die **akustische Kamera** zum Einsatz. Mit ihr wird der Ort der Geräuschentstehung festgestellt:

Treibende und getriebene Teile an Maschinen verursachen Schwingungen und damit Geräusche. Diese Geräusche können mit der akustischen Kamera sichtbar gemacht werden (Bild 1). Fehler oder Schäden an der Maschine führen zu einer Veränderung des Geräusches und damit auch zu einem veränderten Bild der akustischen Kamera (Bild 2). Die Schwingungen der Maschine können periodisch oder kontinuierlich aufgezeichnet werden und mit dem ursprünglichen Bild verglichen werden. Tritt eine Veränderung zwischen dem ursprünglichen und dem aktuellen Geräuschbild ein, kann auf einen Fehler geschlossen werden und die Fehlstellen können lokalisiert werden.

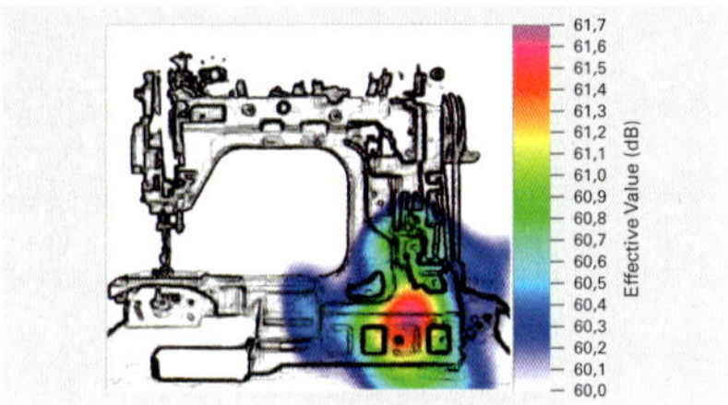

1 Geräuschbild einer Industrie-Nähmaschine ohne Defekt

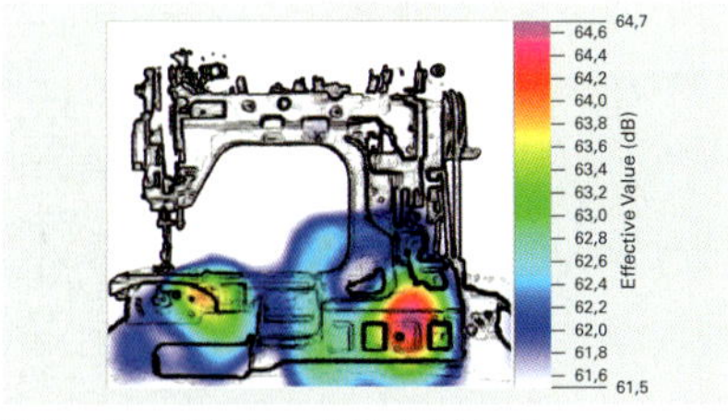

2 Geräuschbild mit Defekt in der Unterfadenmechanik

14.3 Wartung

Merke

Die Wartung umfasst alle Maßnahmen, die den Verschleiß der Maschine verringern und damit ihre Lebensdauer erhöhen. Diese Maßnahmen werden in einem Wartungsplan beschrieben.

Zur Wartung gehören folgende Tätigkeiten:

Reinigen

Verschmutzungen und Fremdkörper an Maschinen können zu erhöhtem Verschleiß und folglich zu ungenauem Lauf, starker Geräuschentwicklung und letztendlich zum Ausfall der Maschine führen.

An bewegten Teilen führen Verschmutzungen und Fremdkörper zur erhöhten Reibung. Die Energieaufnahme der Maschine kann dadurch unter Umständen erhöht werden.

Aus diesem Grund werden Reinigungintervalle für die jeweilige Maschine vorgeschrieben.

Zum Beispiel sollten Späne und lose Teilchen an Zerspanungsmaschinen bei Bedarf sofort, mindestens aber täglich einmal mit einem Pinsel oder ähnlichem Werkzeug entfernt werden.

Schmieren

Zwischen zwei aufeinandergleitenden Flächen entsteht Reibung. Diese Reibung erhöht den Widerstand beim Gleiten und verursacht einen schnelleren Verschleiß. Um die Reibung zu reduzieren und den Verschleiß zu verringern, müssen die Reibflächen mit Schmierstoff geschmiert werden, d. h. die Gleitflächen müssen getrennt sein. Hierdurch wird aus der Festkörperreibung bei Bewegung der Teile Mischreibung, im günstigsten Fall Flüssigkeitsreibung. Außerdem wird der Energieverbrauch der Maschine herabgesetzt. Da der Schmierstoff im Laufe der Betriebszeit verloren geht, müssen bewegte Teile an Maschinen in regelmäßigen Abständen geschmiert werden.

In den Schmieranleitungen der Maschinenhersteller (Beispiel Bild 1) sind folgende Angaben enthalten:

- Schmierintervall
- Schmierstelle
- Schmierstoffart und
- Schmierstoffmenge

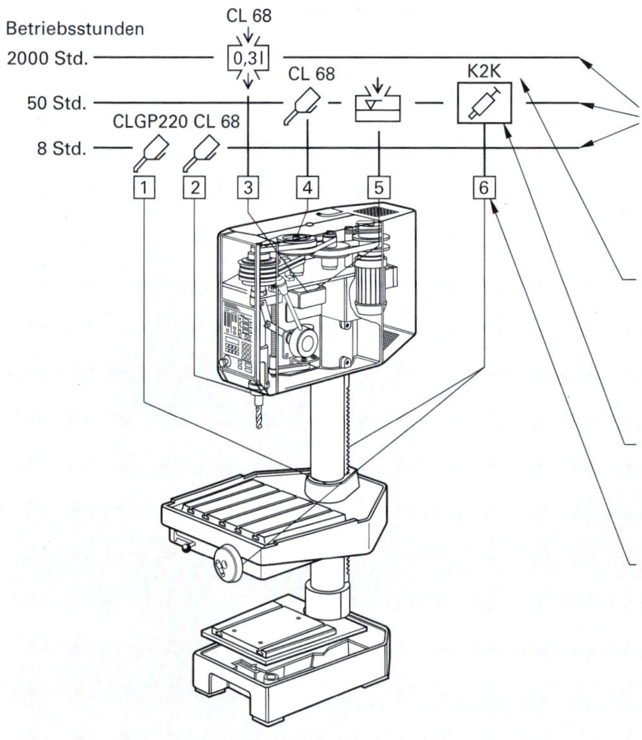

Erläuterungen zur Schmieranleitung

- Diese Linien kennzeichnen die Wartungsarbeiten, die zu den vorgegebenen Betriebsstunden durchgeführt werden müssen.
  Beispiel:
  Alle 2000 Betriebsstunden muss das Vorschubgetriebeöl gewechselt werden.
- Diese Bezeichnungen geben die Schmierstoffart mit Viskositätskennzahl bzw. Konsistenzzahl an.
  Beispiel:
  K2K: Schmierfett für Walz- und Gleitlager, NLGI-Klasse 2, Gebrauchstemperaturbereich bis 120 °C.
- Diese Symbole veranschaulichen die Art der Wartung.
  Beispiel:
  Dieses Symbol bedeutet: Schmieren mit Fettpresse.
- Diese Zahlen geben die Schmierstellennummer an. In der Wartungsanleitung wird zu dieser Nummer die genaue Wartungsstelle beschrieben.
  Beispiel:
  Schmierstelle 2: Vorschubspindel

1 Auszug aus dem Wartungs- und Pflegeplan einer Säulenbohrmaschine

Aus der Schmieranleitung (Bild 1, Seite 306) können folgende Wartungsarbeiten abgelesen werden:

- Wartung jeweils nach 8 Betriebsstunden:
  - Schmieren der Spindel mit Öl [2].
  - Schmieren der Säule mit Öl [1].
- Wartung jeweils nach 50 Betriebsstunden:
  - Schmieren der Riemenscheibenlagerung mit Öl [4]
  - Kontrolle des Ölstands im Vorschubgetriebe. Bei Bedarf Öl auffüllen [5].
  - Schmieren der Zahnstange mit Fett [6].
  - Schmieren der Tischhöhenverstellung mit Fett [6].
- Wartung jeweils nach 2000 Betriebsstunden:
  - Ölwechsel im Vorschubgetriebe [3]

Bedeutung der Symbole:

In Wartungs- und Pflegeplänen werden Symbole verwendet. Sie sind international verständlich und veranschaulichen die Art der Schmierung. Eine Auswahl gebräuchlicher Symbole zeigt Tabelle 1.

Tabelle 1: Symbole und ihre Bedeutung

Schmierung allgemein	Ölstand überwachen	austauschen des Behälterinhalts	Schmierung mit Fettpresse

Bedeutung der Schmierstoff-Bezeichnungen:

Schmierstoffe werden mit Kennbuchstaben und Viskositätskennzahl bzw. Konsistenzzahl angegeben (siehe Kapitel Hilfsstoffe Seite 97 f).

Folgende Schmierstoffe werden bei der Wartung der Säulenbohrmaschine (Bild 1, S. 306) verwendet:

CL 68: Umlaufschmieröl mit erhöhtem Korrosionsschutz und Alterungsbeständigkeit. Viskositätsklasse ISO VG 68 (Kinematische Viskosität: 61,2 bis 74,8 mm^2/s bei 40 °C).

CGLP 220: Gleitbahnöl mit Wirkstoffen zur Verschleißminderung mit erhöhtem Korrosionsschutz und Alterungsbeständigkeit, sowie mit Wirkstoffen zum Herabsetzen der Reibung und des Verschleißes im Mischreibungsgebiet und zur Erhöhung der Belastbarkeit. Viskositätsklasse ISO VG 220 (Kinematische Viskosität: 198 bis 242 mm^2/s bei 40 °C).

K2K: Schmierfett für Wälz- und Gleitlager, NLGI-Klasse 2, Gebrauchstemperaturbereich bis 120 °C.

Schmiervorrichtungen

Damit die Schmierstoffe an ihre Wirkstelle gelangen können, werden oft Schmiervorrichtungen eingesetzt. Einige gebräuchliche Schmiervorrichtungen sind in Bild 1 abgebildet und erklärt.

Schmiernippel

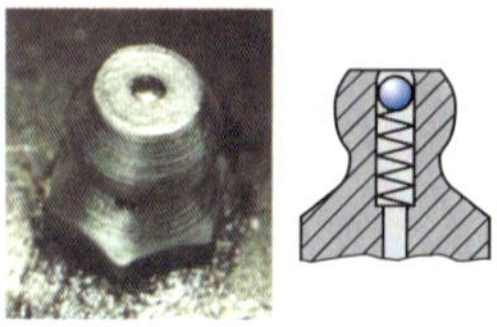

Der Schlauch der Fettpresse wird auf den Schmiernippel aufgesetzt und bei Bedienung der Presse Fett eingepresst. Dabei wird die Kugel heruntergedrückt. Das Fett kann in die Vorratskammer gelangen. Wird die Fettpresse abgezogen, drückt eine Feder die Kugel zurück.
So kann kein Fett austreten und Schmutz nicht so einfach in das Fett gelangen.

Fettkammer

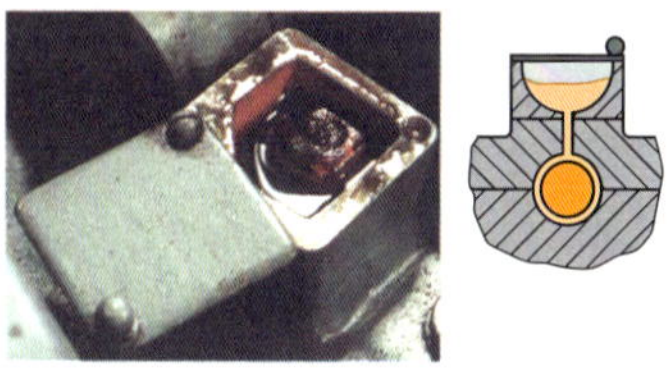

Das Fett wird in einer Kammer deponiert. Durch die Drehbewegung der darunterliegenden Welle wird das Fett je nach Bedarf von der Welle mitgenommen.

Dochtöler

Durch die Kapillarwirkung im Dochtgewebe wird das Öl im Docht nach oben „gezogen". Es tropft anschließend langsam auf die zu schmierende Stelle.

Tropföler

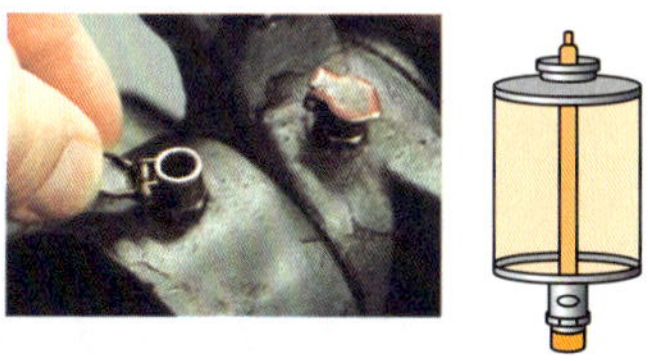

Aus einem Öldepot tropft Öl aufgrund der Schwerkraft langsam auf die zu schmierende Stelle. Daher sind diese Tropföler grundsätzlich über der Schmierstelle anzubringen.

1 Gebräuchliche Schmiervorrichtungen

Nachfüllen oder Ersetzen von Betriebsstoffen oder Verbrauchsmitteln

Der Ölstand in Getrieben und Hydraulikanlagen muss in regelmäßigen Abständen kontrolliert werden. Dazu sind in die Gehäuse der Getriebe oder Hydraulikaggregate Ölschaugläser eingebaut (Bild 1). Der Ölstand muss zwischen zwei Markierungen stehen. Diese sind auf dem Schauglas aufgebracht. Ist der Ölstand niedriger oder an der unteren Marke, muss Öl aufgefüllt werden. Ist die obere Marke überschritten, muss Öl abgelassen werden, da zu viel Öl unter Umständen einen höheren Öldruck erzeugen kann und die Temperatur zunimmt. Die Maschine kann Schaden erleiden. Der Ölstand sollte an einer Maschine täglich vor der Inbetriebnahme geprüft werden.

Die Schmierwirkung des Öles lässt durch die Einwirkung von Wärme, Licht, Sauerstoff und Metallkontakt innerhalb einer größeren Zeitspanne nach. Der Maschinenhersteller gibt daher Intervalle für den Ölwechsel in der Betriebsanleitung an. Zur Vermeidung von Maschinenschäden sollten die Ölwechselintervalle unbedingt eingehalten werden.

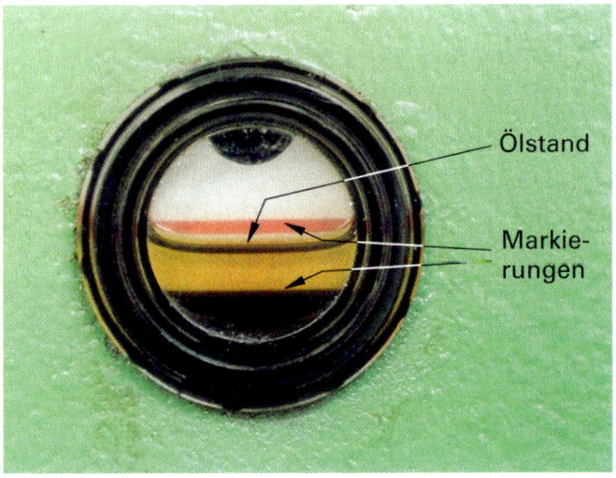

1 Ölschauglas

Nachstellen

Sich bewegende Teile erzeugen Reibung und unterliegen somit einem Verschleiß. Außerdem altern viele Bauteile, d. h. sie dehnen sich oder werden hart und spröde (sie verlieren an Elastizität).

Schwalbenschwanz- und Flachführungen an Maschinen sind so aufgebaut, dass sie nachgestellt werden können und somit das Spiel, welches durch Materialabtrag entsteht, ausgeglichen werden kann (Bild 2).

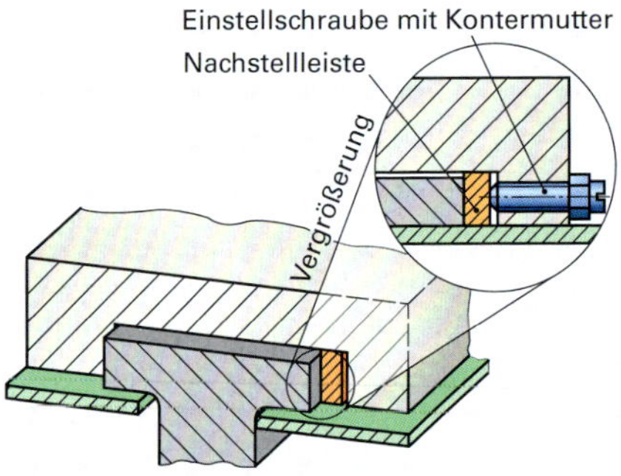

2 Nachstellleiste an einer Flachführung

Die Zugmittel bei Zugmittelgetrieben (Keilriemen-/Zahnriementrieb, Kettentrieb) werden mit der Zeit länger. Werden sie nicht nachgestellt und gespannt, kann es sein, dass sich die Zugmittel lösen und aus ihren Führungen springen. Ist die Vorspannung zu groß, können das Zugmittel und die Lager Schaden erleiden. Es ist aus diesem Grund sehr wichtig die Spannung der Zugmittel regelmäßig zu prüfen.

Einfache Methoden der Prüfung sind subjektive Prüfverfahren. Dabei wird überprüft, wie weit sich der Riemen durchbiegt, wenn er in der Mitte zwischen den Achsen mit dem Daumen belastet wird (Bild 3, Seite 309). Eine weitere Möglichkeit besteht darin, den Riemen zwischen Daumen und Zeigefinger zu drehen (Bild 3). Mehr als ¼ Umdrehung sollte der Riemen nicht gedreht werden können.

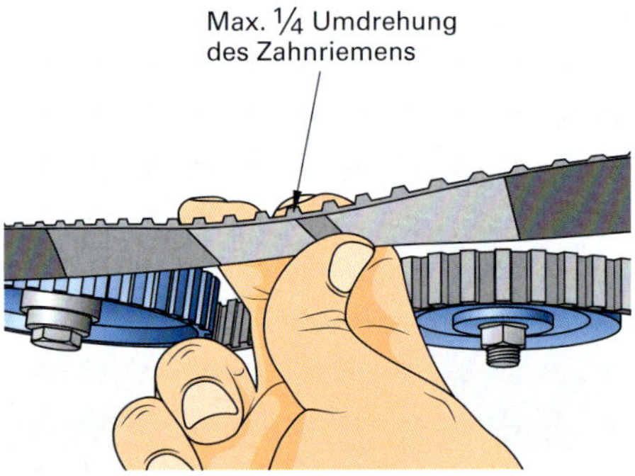

3 Subjektive Überprüfung der Riemenspannung bei einem Zahnriemen

Konservieren:

Um Oberflächen von Metall-Bauteilen vor Korrosion zu schützen, werden sie beschichtet. Die Beschichtung kann durch Öle, Fette, Wachse oder Lacke erfolgen.

Kurzzeitige Konservierung erfolgt durch Öle oder Fette. Sollen die Bauteile längere Zeit vor Korrosion geschützt werden, werden sie mit Wachs oder Korrosionsschutzlack versehen.

Im Rahmen der Wartung können auch Verschleißteile ausgetauscht werden, wenn dies der Wartungsplan vorsieht (z. B. Austausch verschmutzter Filter oder Erneuerung der Ölablassschrauben-Dichtung bei einem Ölwechsel).

Die durchgeführten Wartungsarbeiten sollten in Wartungslisten dokumentiert werden, um im Falle der Inanspruchnahme der Gewährleistung einen Nachweis erbringen zu können.

14.4 Inspektion

Für die Durchführung der Inspektion an einer Maschine erstellen die Maschinenhersteller Inspektionspläne. In diesen Plänen wird festgelegt, welche Bauteile zu welchem Zeitpunkt geprüft werden müssen. Häufig werden Wartungs- und Inspektionspläne kombiniert (Bild 1). Die Inspektionsintervalle richten sich nach den jeweiligen Belastungen.

Die Maschinenteile werden bei einer Inspektion subjektiv oder objektiv geprüft:

Subjektive Prüfmethoden sind die visuelle Begutachtung, das Wahrnehmen von auffälligen Geräuschen beim Lauf einer Maschine oder von besonderen Gerüchen (z. B. Gummigeruch). Zusätzlich können auch Vibrationen und Temperaturerhöhungen gefühlt werden.

Objektiv Prüfmethoden werden mit Prüfgeräten durchgeführt (z. B. Messung des Verschleißes einer Bremsscheibe).

Nachdem die Bauteile geprüft wurden, müssen die Istwerte mit den Sollwerten verglichen werden. Ist eine Abweichung festzustellen, wird zunächst die Ursache für die Abweichungen festgestellt.

Im nächsten Schritt werden Maßnahmen festgelegt, die die Abweichungen beheben oder verringern. Zum Schluss wird entschieden, ob die defekten Bauteile nach der Behebung der Einflussursachen ausgetauscht werden müssen oder nicht.

Inspektionen am Beispiel Säulenbohrmaschine (Bilder 1 bis 3):

Nach 50 Betriebsstunden muss der Riementrieb der Säulenbohrmaschine laut Inspektionsplan (Bild 1) geprüft werden.

Er wird einer Sichtprüfung unterzogen. Dabei wird festgestellt, dass der Keilriemen verschlissen ist (Bild 2).

Ursache dafür können z. B. eine zu starke Vorspannung des Keilriemens und/oder nicht fluchtende Riemenscheiben an Spindel und Motor sein (Bild 3).

Die Spannung des Keilriemens wird daraufhin mit der „Daumenprobe" (Bild 3) geprüft. Dabei wird festgestellt, dass die Spannung des Keilriemens zu stark ist. Zusätzlich wird die Fluchtung der Riemenscheiben geprüft. Auch diese ist nicht in der Toleranz.

Aufgrund der Auswertung der Prüfergebnisse werden folgende Maßnahmen festgelegt:

1. Ausrichtung der Riemenscheiben,
2. Auswechseln des Keilriemens,
3. Überprüfung der korrekten Keilriemenspannung.

Intervall	Bauteil	Tätigkeit
alle 8 Betriebsstunden	gesamte Maschine	auf sichtbare Beschädigungen, Leckagen u.Ä. prüfen
alle 50 Betriebsstunden	Riementrieb	Keilriemen auf Spannung und Beschädigung prüfen
alle 100 Betriebsstunden	gesamte Maschine	sämtliche Schraubenverbindungen auf festen Sitz prüfen
alle 500 Betriebsstunden	Bohrspindel	Überprüfung des Lagerspiels

1 Auszug aus einem Inspektionsplan einer Säulenbohrmaschine

2 Verschlissene Lauffläche eines Keilriemens

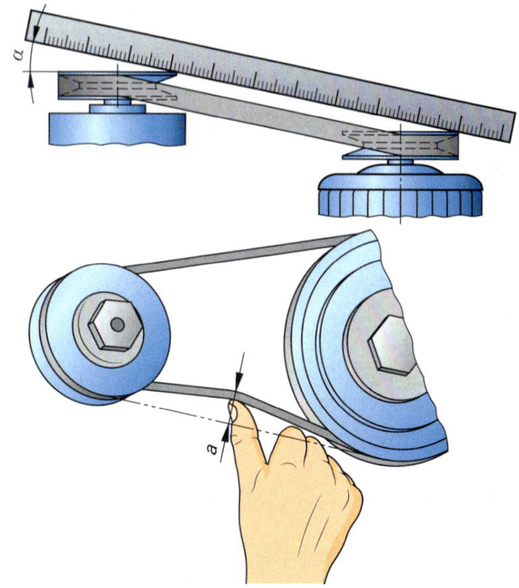

3 Prüfung der möglichen Ursachen für einen vorzeitigen Verschleiß des Keilriemens

14.5 Instandsetzung

Von Instandsetzung spricht man, wenn eine defekte Maschine wieder in einen funktionsfähigen Zustand gebracht wird.
Man unterscheidet zwischen der Instandsetzung durch Bearbeiten (Ausbessern) und Instandsetzung durch Austausch. Nach dem Zeitpunkt der Durchführung lassen sie sich in intervallabhängige und ausfallbedingte Instandsetzung gliedern:

Die **intervallabhängige Instandsetzung** wird nach Herstellervorgaben durchgeführt. Dabei werden Bauteile, die einem verstärkten Verschleiß unterliegen, ausgetauscht. Ihr wahrscheinlicher Ausfall wird vom Hersteller vorausberechnet. Es kann sein, dass die Bauteile bisher funktionstüchtig sind und noch einige Betriebsstunden funktionieren würden. Mit zunehmender Betriebsdauer steigt aber die Wahrscheinlichkeit eines möglichen Ausfalls. Nach einer Inspektion kann eine vorbeugende Instandsetzung durchgeführt werden, wenn Verschleiß an Bauteilen festgestellt wurde.
Von großer Bedeutung ist die intervallabhängige Instandsetzung bei Maschinen, bei deren Ausfall Menschenleben gefährdet sind, wie z. B. bei Flugzeugen und Fahrgeschäften auf den Jahrmärkten.
Diese Instandsetzungsarbeiten können in Zeiten durchgeführt werden, in denen die Maschine nicht benötigt wird und stillsteht.
Im Gegensatz hierzu muss die **ausfallbedingte Instandsetzung** sofort durchgeführt werden, da die Instandsetzung erst bei Eintritt des Schadens erfolgt. Dies kann zu hohen Folgekosten führen, da die Produktion stillsteht. Teilweise kann sich die Ausfallzeit noch erhöhen, wenn die Ersatzteile nicht im Lager vorhanden sind und bestellt werden müssen.
Der beispielhafte Austausch des defekten Wälzlagers (Bild 1) wird mithilfe der Zeichnung (Bild 2) und des Montageplanes (Bild 3) beschrieben und durchgeführt.

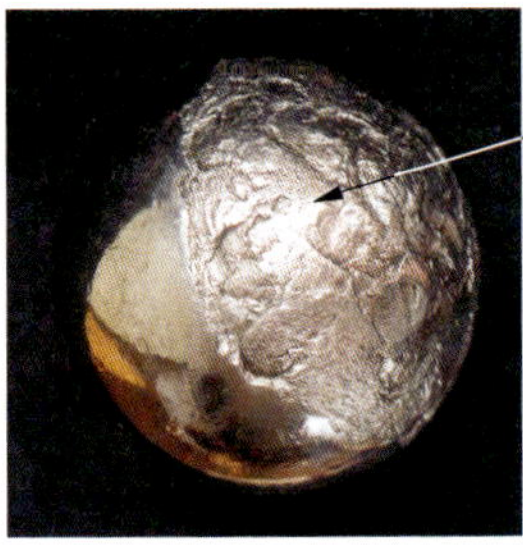

1 Verschlissene Oberfläche eines Wälzlagerkörpers

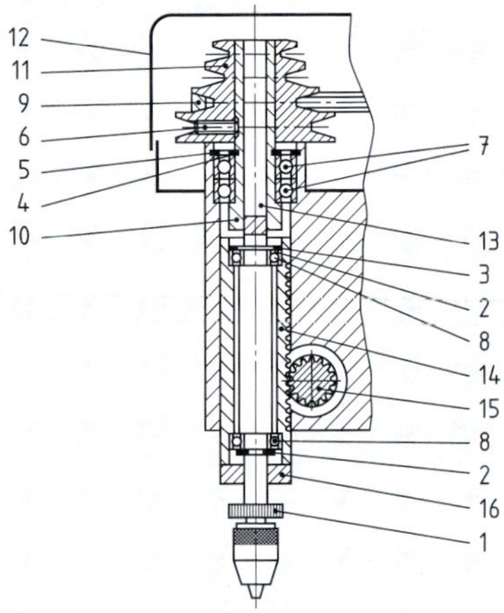

2 Zeichnungsausschnitt einer Säulenbohrmaschine mit dem Lager, das ausgetauscht werden muss

Lfd. Nr.	Arbeitsvorgänge/Arbeitsschritte	Werkzeuge/Hilfsmittel	Arbeitssicherheit
1	Säulenbohrmaschine spannungslos schalten		vor Wiedereinschaltung schützen
2	Schutzhaube (Pos.12) abnehmen		
3	Keilriemen (Pos. 9) entfernen		
4	Gewindestift (Pos. 6) herausdrehen	Innensechskantschlüssel 3 mm	
5	Riemenscheibe (Pos. 11) abziehen	Abzieher	
6	Vorschubzahnwelle (Pos. 15) abziehen		Achtung! Bohrspindel fällt nach unten heraus!
7	Bohrspindel (Pos. 13) mit Pos. 1, 16, 2, 8, 14 und 3 aus Spindelaufnahme (Pos.10) herausziehen		
8	Sicherungsringe (Pos. 4 und 5) entfernen	Sicherungsringzange für Innen- und Außenringe	
9	Spindelaufnahme (Pos. 10) nach unten herausdrücken	Schonhammer	
10	Lager (Pos. 7) herausziehen	Innenabzieher	
11	Neues Lager fetten		Verschmutzte Lappen fachgerecht entsorgen
12	Einbau des neuen Lagers in umgekehrter Reihenfolge		

3 Demontageplan zum Austausch des defekten Wälzlagers (Pos. 7, Bild 2)

14.6 Verbesserungen

Verbesserungen werden dann durchgeführt, wenn eine Steigerung der Funktionssicherheit an einer Maschine notwendig ist.

Dies ist der Fall, wenn eine Maschine häufig durch den Defekt ein und desselben Bauteils ausfällt oder wenn während einer Inspektion festgestellt wird, dass ein Bauteil einen nicht akzeptablen, hohen Verschleiß aufweist.

Ebenso können Verbesserungen die Anlagensicherheit (Bild 1), den Bedienkomfort oder eine Gewichtsreduzierung betreffen.

Um eine Verbesserung durchführen zu können, müssen die Gründe für den Verschleiß oder das Versagen des Bauteils festgestellt werden. Die daraus abgeleiteten Maßnahmen müssen technisch realisierbar und wirtschaftlich sein.

Beispielhaft können folgende technische Maßnahmen zur Steigerung der Funktionssicherheit einer Maschine durchgeführt werden:

- **Reduzierung des Verschleißes:**
  - Der Werkstoff eines Zahnrades wird einer Wärmebehandlung unterzogen, um die Verschleißfestigkeit zu erhöhen.
  - Der verwendete Zahnradwerkstoff wird gegen einen verschleißfesteren Werkstoff ausgetauscht.
  - Die Wälzlager an Maschinen können besonders abgedichtet werden, um ein Eintreten von Feuchtigkeit, Staub und feinen Sandkörnern zu verhindern (Bild 2).
- **Ergonomische Anpassung** der Bedienelemente einer Maschine an den Bediener, um einer Ermüdung und einer damit verursachten Unaufmerksamkeit (Unfallgefahr!) vorzubeugen.
- **Reduzierung der Schallemission** (von lat. emittere = aussenden) einer Maschine:
  - Verwendung einer schallschluckenden Unterlage zwischen Richtplatte und Arbeitstisch (z. B. Bitumenfilz),
  - Wahl einer günstigen Materialpaarung bei aufeinandergleitenden Elementen (z. B. Kunststoff / Stahl),
  - Auswahl geräuscharmer Lager bei rollenden Maschinenteilen,
  - konstruktive Änderung eines Getriebes z. B. durch Schrägverzahnung und Profilüberdeckung.
- **Gewichtsersparnis:**
  - Verwendung von leichteren Werkstoffen oder Verbundwerkstoffen
  - Neukonstruktion des Bauteiles und Verwendung eines Gussteiles statt einer Schweißkonstruktion

1 Verbesserung der Anlagensicherheit durch Anbringen eines Späneschutzes bei einer Tischbohrmaschine

Abgedichtetes Wälzlager

Wälzlager ohne Abdichtung

2 Reduzierung des Verschleißes durch Abdichtung von Wälzlagern

Überprüfen Sie Ihre Kenntnisse

1 Nennen Sie die vier Grundmaßnahmen der Instandhaltung.

2 Wodurch unterscheidet sich die Wartung von der Inspektion?

3 Nennen Sie drei Verbesserungen für eine von Ihnen gewählte Maschine.

4 Wann wird eine störungsbedingte Instandhaltung durchgeführt und welche Folgen ergeben sich daraus?

5 Suchen Sie in Instandhaltungsunterlagen der Maschinen in Ihrem Ausbildungsbetrieb nach weiteren Symbolen für die Wartung.

6 Nennen Sie vier verschiedene Schmiervorrichtungen.

7 Welche Tätigkeiten führen Sie bei der Wartung durch?

8 Bei welchen Maschinen ist die intervallabhängige Instandsetzung von großer Bedeutung?

9 Nennen Sie zwei subjektive Prüfmethoden, die Sie bei einer Inspektion durchführen.

10 Beschreiben Sie die Wartungsarbeiten an einer Maschine Ihres Ausbildungsbetriebes, die Sie wöchentlich durchführen müssen.

14.7 Reibung und Verschleiß

Merke

Verschleiß ist der unerwünschte, fortschreitende Materialverlust an der Oberfläche eines festen Körpers.

Die Ursachen für **Verschleiß** sind mechanische (Bild 1) und thermische Beanspruchungen. Bei Bremsen tritt z. B. eine mechanische Beanspruchung auf. Die Bremsbeläge reiben auf der Bremsscheibe. Beide Körper (die Bremskörper und die Bremsflächen) nutzen sich ab (verschleißen) und müssen bei Erreichen der Verschleißmarke ausgetauscht werden.

Der Verschleiß ist die Auswirkung der Bewegung in einem tribologischen System. Das tribologische System besteht aus Grundkörper, einem Zwischenstoff (meist ein Schmiermittel) und dem Gegenkörper (Bild 2).

Man unterscheidet vier verschiedene **Verschleißmechanismen** (Bild 3):

1. Adhäsion

Sie tritt auf, wenn sich die Oberflächen zweier Körper an einigen Stellen ohne Zwischenstoff berühren und die ganze Kraft auf sie wirkt. Die Berührungsstellen der Gleitflächen verschweißen. Durch die Bewegung der beiden Körper gegeneinander werden diese punktartigen Verschweißungen wieder aufgerissen. Es entstehen lose Verschleißpartikel.

2. Abrasion

Die Rauheitsspitzen eines Körpers dringen in die Oberfläche des zweiten Körpers ein.
Durch die Bewegung der beiden Körper gegeneinander wird das Material zerspant, wodurch Material abgetragen wird. Es entstehen Riefen und Furchen (Beispiel: Scheibenbremsen). Außerdem führen in Lagern harte Fremdstoffpartikel (z. B. Oxide und Staub), die nicht im Lagerwerkstoff eingebettet werden, zu abrasivem Verschleiß.

3. Tribooxidation

Durch die Werkstoffauflockerung an den Druckstellen zwischen den Körpern kommt es mit dem Sauerstoff des Umgebungsmediums zu chemischen Reaktionen, meist Oxidationen. Sie lösen die Oberflächenschicht auf und beschleunigen den Verschleiß. (Beispiel: Passungsrost durch Reiboxidation)

4. Oberflächenermüdung

Werden Bauteile dynamisch belastet, entstehen unter der Oberfläche Mikrorisse. Sie wachsen zur Oberfläche, wenn das Bauteil weiter dynamisch belastet wird. Material löst sich ab und es entstehen lose Verschleißpartikel.

Beispiel: Bei der Belastung eines Laufrings durch die Kugeln eines Kugellagers drücken die Kugeln mit einem hohen Druck auf die Lauffläche und verursachen elastische Verformungen und in der Folge Mikrorisse unter der Oberfläche, die nach oben wachsen. Die sich lösenden Partikel verursachen wiederum zusätzlichen Verschleiß im Wälzlager durch Abrasion.

1 Durch Abrasion beschädigte Schaufel eines Sandstrahlgebläses

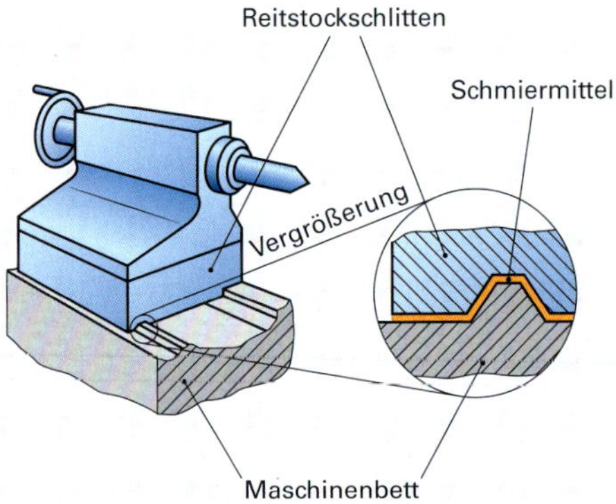

2 Maschinenführung als tribologisches System

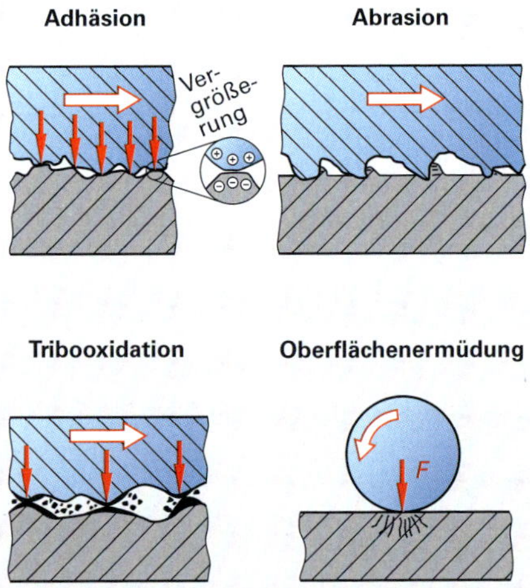

3 Verschleißmechanismen

14.8 Pflege der Kühlschmierstoffe

Kühlschmierstoffe (KSS) dienen zum Abtransport der beim Spanen enstehenden Wärme. Sie vermindern die Reibung zwischen Spanwerkzeug und Werkstück.

Aus diesem Grund wird während des Spanens Kühlschmierstoff in ausreichender Menge über die Spanstelle geleitet (Bild 1).

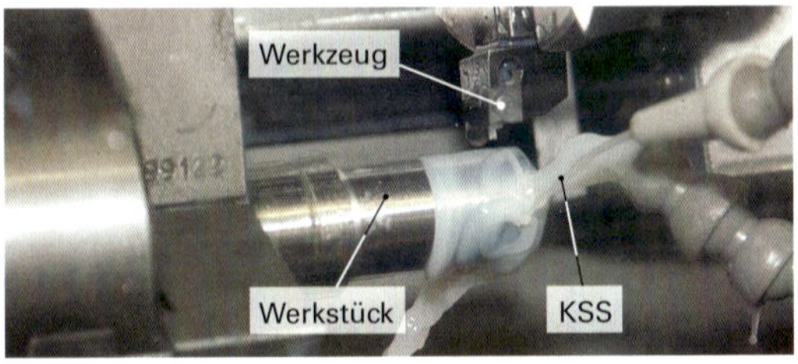

1 Einsatz von Kühlschmierstoff

Um die unterschiedlichen Anforderungen an die Kühlschmierstoffe zu erfüllen, gibt es verschiedene Kühlschmierstoffarten (Bild 2).

Die **Kühlschmierlösungen** (Kennzeichen L) haben eine große Kühlwirkung und eine geringe Schmierwirkung.

Die **Kühlschmieremulsionen** (Kurzzeichen E) mit einem Schmierstoffanteil von 2 % bis 20 % haben eine große Kühlwirkung und eine gute Schmierwirkung.

Die **Nichtwassermischbaren Kühlschmierstoffe** (Kurzzeichen S) sind Öle mit Zusätzen. Sie haben nur eine begrenzte Kühlwirkung, aber eine sehr gute Schmierwirkung.

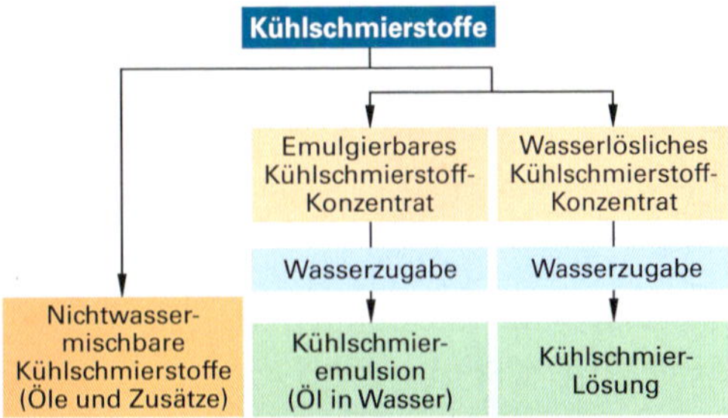

2 Kühlschmierstoffarten und ihre Zubereitung

Insbesondere bei Kühlschmieremulsionen (KSE) kann es zur Veränderung der Zusammensetzung kommen und damit ihre Wirksamkeit beeinträchtigt werden. Durch Verdunstung des Wassers und Anhaften der Öle an Werkstücken (Austrag) verändert sich die Konzentration der Kühlschmieremulsion. Ebenso können sich weitere Eigenschaften z. B. durch Wärmeeinwirkung verändern. Daher ist die regelmäßige Kontrolle der Funktionsfähigkeit von Kühlschmieremulsionen wichtig für die Prozesssicherheit, den geringen Werkzeugverschleiß und die Sicherheit der Mitarbeiter.

Folgende Werte der Kühlschmieremulsionen müssen regelmäßig kontrolliert werden:

Konzentration

Die Konzentration der KSE wird mithilfe eines Handrefraktometers gemessen (Bild 3). Dazu werden einige Tropfen der KSE zwischen die beiden Prismengläser gegeben. Schaut man durch das Refraktometer, kann man mittels einer Hell-Dunkel-Schwelle den Brechungsindex der Emulsion ermitteln. Zwischen der Konzentration und dem Brechungsindex besteht ein proportionaler Zusammenhang. Die Konzentration wird unter Zuhilfenahme von Eichkurven oder Korrekturfaktoren ermittelt.

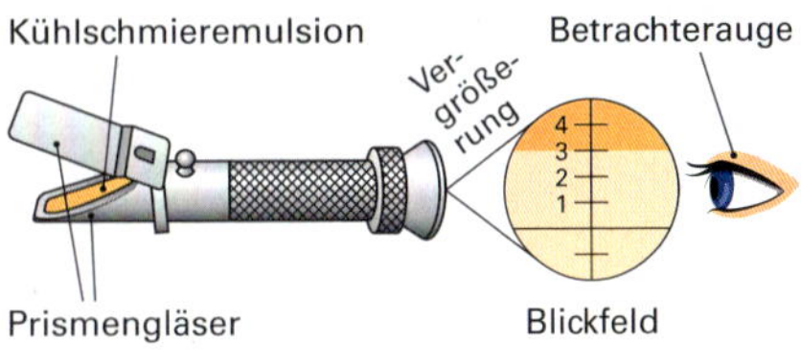

3 Messen mit dem Handrefraktometer

Ist die Konzentration zu niedrig, wird ein höher konzentriertes Kühlschmiermittel hinzugegeben. Ist die Konzentration zu hoch, wird ein niedriger konzentriertes Kühlschmiermittel hinzugegeben. Reines Wasser oder reines Konzentrat dürfen nicht alleine zugegeben werden, da hierbei die korrekte Mischung nicht mehr gewährleistet ist.

pH-Wert

Der pH-Wert ist ein Maß für den sauren bzw. basischen Charakter einer KSE. Er muss den vorgeschriebenen Wert haben. Der pH-Wert der KSE wird mit Teststäbchen gemessen, die in die KSE getaucht werden. Durch eine Verfärbung des Indikatorpapieres kann der aktuelle pH-Wert durch Vergleich mit einer Farbskala ermittelt werden (Bild 4).

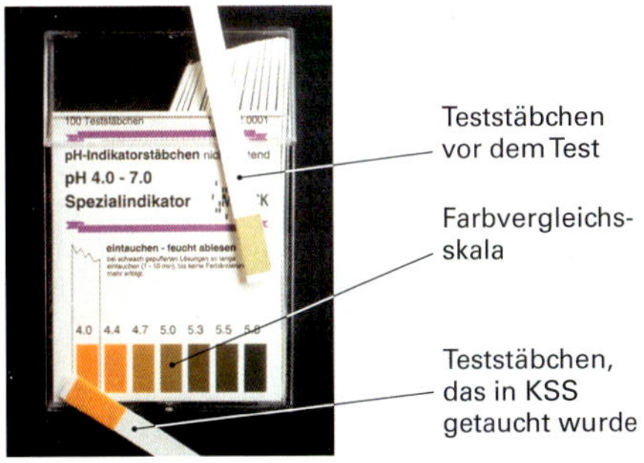

4 Messen des pH-Wertes mit einem Teststäbchen

Ist der pH-Wert zu niedrig (sauer), verringert sich der Korrosionsschutz und das Wachstum von Mikroorganismen wird begünstigt. Es muss nachkonserviert werden oder das Kühlschmiermittel ausgetauscht werden. Bei zu hohem pH-Wert (basisch) wird die Haut bei Berührung entfettet und es kann beim Bediener zu Hautreizungen kommen.

Nitritgehalt

Heute gebräuchliche Kühlschmierstoffe sind frei von Nitriten. Durch bakteriellen Abbau der Nitrate aus dem Anmischwasser, Verunreinigungen (z. B. Essensreste) oder infolge der Einbringung durch Werkstücke, die mit nitrithaltigen Rostschutzmitteln behandelt wurden, können Nitrite gelöst werden.

Der Nitritgehalt wird mit Teststäbchen, ähnlich der pH-Wert-Messung, gemessen. Ist der Nitritgehalt zu hoch, muss der Kühlschmierstoff gewechselt werden.

Keimzahl

Der Kühlschmierstoff kann von Mikroorganismen und Bakterien befallen werden. Sie zersetzen ihn und verringern dadurch seine Standzeit. Außerdem reizen die Mikroorganismen die Haut und schädigen die Atmungsorgane.

Die Keimzahl wird mit Teststäbchen ermittelt. Auf ihnen befindet sich eine Nährlösung. Die Stäbchen werden in den Kühlschmierstoff getaucht und dann in einem Wärmeschrank bebrütet. Anhand von Vergleichsbildern lässt sich die Keimbelastung nach einigen Tagen ablesen.

Um die Keimzahl zu verringern, kann man Konservierungsmittel dem Kühlschmierstoff zugeben oder den Kühlschmierstoff komplett auswechseln.

Bevor neuer Kühlschmierstoff in die Anlage gegeben wird, muss die komplette Anlage mit Systemreiniger gespült werden. Dies verhindert eine Neubildung der Bakterien und Mikroorganismen an den Kühlschmierstoffaltresten.

Die Keimbildung kann verringert werden, wenn die Temperatur des Kühlschmierstoffes unter 40 °C gehalten wird. Die Qualität des Kühlschmierstoffes einer Fertigungsmaschine wird mit einem Wartungsprotokoll dokumentiert (Bild 1).

Maschine: Bandsäge TS 2005 Kühlschmierstoff: TERSIM KSS 890
Füllvolumen: 5 l Soll-Konzentration: 4%
Soll-pH-Wert: 9

Kontrolle von: / Grenzwerte: / Datum:	Konzentration (Richtwert) 3,8 – 4,2 % (ca. alle 2 Tage)	pH-Wert (Richtwert) 8 – 9,5 (wöchentlich)	Nitritgehalt (Richtwert) <20 mg/l (ppm) (wöchentlich)	Keimzahl (Richtwert) $< 10^6$ Keime/ml (monatlich)	Bemerkungen	Unterschrift des Maschinenführers
08. Dezember 2023	3,8 %	9,9	19 mg/l	$0{,}3 \cdot 10^6$	Austausch KSS	[illegible]
15. Dezember 2023	4,0 %	8,8	18 mg/l	$0{,}3 \cdot 10^6$		[illegible]
22. Dezember 2023	4,5 %	9,0	17 mg/l	$0{,}8 \cdot 10^6$	KSS zugegeben	[illegible]
05. Januar 2024	4,0 %	9,5	18 mg/l	$0{,}2 \cdot 10^6$		[illegible]

1 Wartungsprotokoll des Kühlschmiermittels einer Bandsägemaschine

Entsorgung von Kühlschmierstoffen

Ist der Kühlschmierstoff verbraucht oder sind die gemessenen Werte zu hoch, muss er ausgetauscht und entsorgt werden. Da Kühlschmierstoffe generell als Sonderabfall eingestuft sind, dürfen sie nicht über die Kanalisation entsorgt werden.

Verbrauchte Kühlschmieröle werden vom Schmierstofflieferanten zurückgenommen. Dies sollte beim Kauf vereinbart werden.

Wassergemischte Kühlschmierstoffe werden von Spezialunternehmen entsorgt und entsprechend aufbereitet. Das Wasser wird vom Öl getrennt (z. B. durch Zentrifugen, Membrantrennverfahren oder Flockung). Die Aufarbeitung kann auch schon innerbetrieblich geschehen, wenn es für den Betrieb wirtschaftlich ist. Dies ist im Allgemeinen ab einem Kühlschmierstoff-Abfallvolumen von 100 m^3/Jahr der Fall.

Verhaltensregeln beim Umgang mit Kühlschmierstoffen

Kühlschmierstoffe sind Stoffe, die die Gesundheit beeinträchtigen oder schädigen können.

- Unnötiger Hautkontakt mit Kühlschmierstoffen ist zu vermeiden.
- KSS-Nebel darf nicht eingeatmet werden. Für Absaugung und gute Belüftung muss gesorgt werden.

14.9 Projektaufgaben Kreissäge

In Ihrer Firma werden an der Kreissäge die Werkstücke mit einer elektropneumatischen Spannvorrichtung gespannt (Bild 1). Bei dem letzten Sägevorgang, den Sie vorgenommen haben, ist Ihnen aufgefallen, dass aus einem Ventil an der Entlüftung Wasser austritt. Nachdem Sie dies Ihrem Meister mitgeteilt haben, gibt er Ihnen folgende Arbeitsaufträge:

- Warten Sie bitte die Kreissäge und die Spannvorrichtung. Das wurde leider in letzter Zeit etwas vernachlässigt!
- Die Spannkraft des Zylinders ist nicht mehr so groß wie zu Beginn. Schauen Sie bitte nach, woran das liegt. Evtl. müssen verschlissene Bauteile ausgetauscht werden!
- Es ist sinnvoll, wenn Sie gleichzeitig den linken beschädigten Betätigungstaster austauschen!

Bearbeiten Sie vor Erledigung der Arbeitsaufträge folgende Fragen bzw. Aufgaben:

1. Erklären Sie mit eigenen Worten die vier Grundmaßnahmen der „Instandhaltung“.
2. Warum ist eine Wartung nach Herstellervorgaben erforderlich?
3. Analysieren Sie die Wartungsunterlagen der Kreissäge (Bild 2). Welche Angaben können Sie aus den Unterlagen entnehmen?

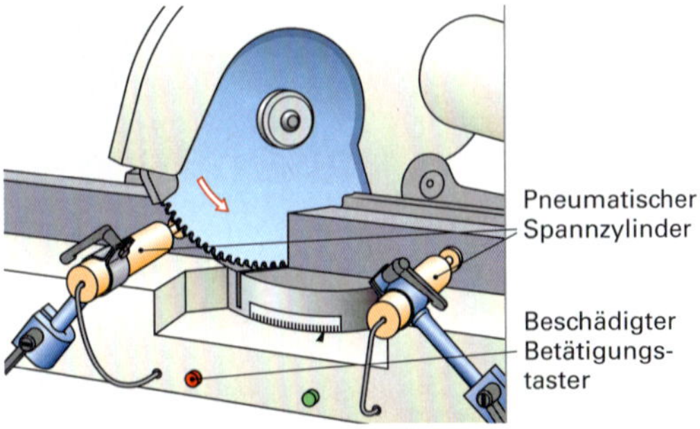

1 Technologieschema der Kreissäge

4. Planen Sie die Wartung der Kreissäge. Beantworten Sie dazu zunächst folgende Fragen:
   a) Welche Sicherheitsvorschriften sind bei der Wartung zu beachten?
   b) Welche Werkzeuge benötigen Sie für die Wartungsarbeiten?
   c) Welche Schmierstoffe benötigen Sie für die Wartungsarbeiten? (Entschlüsseln Sie dazu die Bezeichnungen der Schmierstoffe!)
   d) Wie entsorgen Sie die verbrauchten Schmierstoffe?
5. Die Kreissäge wird mit einem Zahnriemen angetrieben. Die Spannung des Zahnriemens soll geprüft werden. Beschreiben Sie mit eigenen Worten, wie Sie bei der Überprüfung vorgehen.

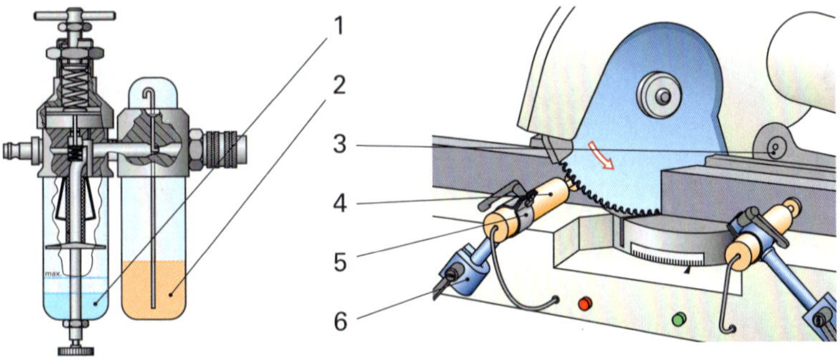

Nr.	Wartungsstelle	Tätigkeit	Häufigkeit	Hilfsstoffe/ Schmiermenge
1	Wasserabscheider	Wasserstand kontrollieren und gegebenenfalls Wasser ablassen	täglich	
2	Ölbehälter	Ölstand kontrollieren und gegebenenfalls auffüllen	wöchentlich	Pneumatiköl
3	Knickgelenk	Auf Leichtgängigkeit prüfen, evtl. säubern und erneut einölen	wöchentlich	CLP 100
4	Spannzylinder	Auf Beschädigungen überprüfen, Kolbenstange schmieren	wöchentlich	CLP 100
5	Spannklemmen für horizontale Zylinderbefestigung	Säubern und erneut einölen	wöchentlich	CLP 100
6	Spannklemmen für vertikale Zylinderbefestigung	Säubern und erneut einölen	wöchentlich	CLP 100

2 Auszug aus den Wartungsunterlagen der Kreissäge

Aufgaben

6. Aus einem Steuerventil des Spannzylinders tritt an der Entlüftung Wasser aus. Erklären Sie warum das geschehen konnte und wie Sie dies verhindern können.
7. Berechnen Sie die theoretische Spannkraft des Zylinders, wenn der Kolben einen Durchmesser von 40 mm und die Kolbenstange einen Durchmesser von 16 mm haben. Das Druckmessgerät zeigt einen Druck von $p_e = 6$ bar an.
8. Überlegen Sie, welche Ursachen die Verminderung der Spannkraft haben könnte und nennen Sie diese.
9. Die Kolbenstange des Zylinders ist verschlissen. Überlegen Sie, welche Ursache der Verschleiß haben könnte und wie Sie den Verschleiß an der Kolbenstange in Zukunft verhindern können.
10. Analysieren Sie den Stromlaufplan (Bild 1) der Spannsteuerung. Erklären Sie die Bildzeichen der einzelnen Bauelemente im Stromlaufplan.
11. Dürfen Sie den defekten Taster (24 V) austauschen?
12. In Ihrer Firma werden die Kühlschmierstoffe der Maschinen einmal wöchentlich überprüft. Die gemessenen Daten werden in einem Überwachungsprotokoll (siehe Bild 2) für jede Maschine erfasst.
    a) Erklären Sie, welche Sicherheitsmaßnahmen beim Umgang mit Kühlschmierstoffen zu beachten sind.
    b) Am 15. März 2023 wurde festgestellt, dass die Gebrauchskonzentration zu hoch ist. Beschreiben Sie, wie Sie die Konzentration des KSS feststellen können. Erklären Sie, welche Maßnahme sie ergreifen, um die erforderliche Gebrauchskonzentration wiederherzustellen. Wodurch kann eine Überschreitung der Gebrauchskonzentration entstehen?
    c) Am 22. März 2023 wurde die erlaubte Keimzahl überschritten und der KSS muss komplett ausgetauscht werden. Erklären Sie den Vorgang des KSS-Austausches.
13. Bei der Wartung haben Sie festgestellt, dass das Gehäuse an einigen Stellen Rost (Korrosion) aufweist.
    a) Erklären Sie die Entstehung von Rost bei einem Baustahl.
    b) Wählen Sie eine sinnvolle Korrosionsschutzmaßnahme für die Kreissäge aus und begründen Sie Ihre Auswahl!
14. Die Schmierung des Knickgelenkes soll erleichtert werden. Wählen Sie eine Schmiervorrichtung aus, die Sie nachträglich am Knickgelenk einbauen können.

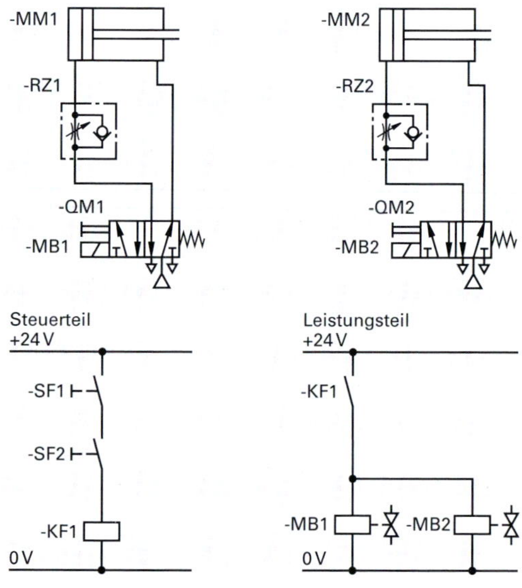

1 Elektropneumatischer Schaltplan der Spannsteuerung

Überwachungsprotokoll der Kühlschmierstoffe der Firma Metallfix

Maschine: Kreissäge
Füllvolumen: 17 l
Soll-pH-Wert: 8,9
Kühlschmierstoff: TERSIM KSS 890
Soll-Konzentration: 4%

Kontrolle von: / Grenzwerte: / Datum:	Konzentration 3,8 – 4,2 %	pH-Wert 8 – 9,5 (wöchentlich)	Nitritgehalt <20 mg/l (ppm) (wöchentlich)	Keimzahl (Richtwert) $<10^6$ Keime/ml (monatlich)	Bemerkungen	Unterschrift
08. März 2023	4,0 %	9,0	13 mg/l	$0{,}3 \cdot 10^6$ Keime/ml		[Unterschrift]
15. März 2023	4,5 %	8,8	14 mg/l	$0{,}4 \cdot 10^6$ Keime/ml		[Unterschrift]
22. März 2023	3,8 %	9,1	17 mg/l	$1{,}2 \cdot 10^6$ Keime/ml		[Unterschrift]
29. März 2023	4,2 %	9,5	25 mg/l	$0{,}2 \cdot 10^6$ Keime/ml		[Unterschrift]
05. April 2023	4,0 %	10,0	14 mg/l	$0{,}5 \cdot 10^6$ Keime/ml		[Unterschrift]

2 Überwachungsprotokoll der Kühlschmiermittel der Kreissäge

Sachwortverzeichnis

G

H

L

T

U

Z

Wichtige DIN-Normen und Bestimmungen (kurzgefasste Titel)

Bildquellenverzeichnis

Deutscher Industrie- und Handelskammertag e. V., 11052 Berlin: 010-1

Adobe Systems Software, Ireland Ltd., Adobe Stock, Dublin, Irland: 020-1 © Zerbor, 054-3 © srki66, 057-2 © SGappa, 066-1a © kerkezz, 066-1b © Sergey Ryzhov, 066-1c © medwedja, 066-1d © Marcel Paschertz, 068-1 © Ulf, 071-2 © Alterfalter, 072-1b © Jasen Wright, 076-1 © FedotovAnatoly, 082-2 © Dirk Hoffmann, 083-2a © cegli, 085-2 © xiaoliangge, 085-3 © kv_san, 085-4b © VLRS, 089-3 © Fotoschlick, 114-1 © Christian Schwier, 114-2 © Mulderphoto, 114-3 © zyabich, 117-3 © Nikolay, 119-1 © stockphotograf, 131-3 © Yaroslav 149-1 © mujec

Alzmetall GmbH, 83352 Altenmarkt: 091-1, 108-1

Artur Belz/CNC-Bearbeitungstechnik, 57482 Wenden: 070-1

Autorenfotos: 011-1, 058-1b, 070-2, 161-0, 163-2, 164-1, 167-1, 181-3, 181-4, 181-5, 182-2, 296-1, 301-1, 304-1, 304-3, 307-1, 308-1, 309-2, 311-1, 311-2, 312-1, 313-1, 313-4

BASF AG, 67063 Ludwigshafen: 094 Bilder Seite, 095 Bilder Seite

Bayer AG, 51373 Leverkusen: 094 Bilder Seite, 095 Bilder Seite

Carl Mahr, 73728 Esslingen: 070-2

Deutsches Kupferinstitut, 40547 Düsseldorf: 083-2b, 084-1, -2

Fa. Carl Mahr, Esslingen - seit 2013 Fa. Mahr GmbH, 37073 Göttingen: 024-1

Fa. Klaeger, Sägetechnik GmbH, 71394 Kernen im Remstal: 182-1, -4

Fa. Lutz GmbH & Co., Eugen, 75417 Mühlacker - zwischenzeitlich umfirmiert zur Fa. elumatec AG an gleichem Standort: 182-3

FAG Kugelfischer, 97421 Schweinfurt: 096-2c

Fotolia: 124-1

gfai tech GmbH, 12489 Berlin: 305-1, -2

Hahn & Kolb, 70469 Stuttgart: 073-1, 074-3

Hans-Jochen Layer, 71364 Winnenden: 221-1

Hoechst AG, 65926 Frankfurt: 094 Bilder Seite, 095 Bilder Seite, 096-2b

Holzmann Maschinen GmbH, Haslach (Österreich): 074-1

Iscar AG, 76275 Ettlingen: 087-4

item Industrietechnik und Maschinenbau GmbH, 42699 Solingen: 146-2

Krautkrämer GmbH, 50354 Hürth: 103-1

Krebsöge, 42477 Radevormwald: 087-2, -3

Krupp-Widia, 45145 Essen: 096-2d

Landeshauptstadt Dresden, Geschäftsbereich Ordnung und Sicherheit, Brand- und Katastrophenschutz, 01001 Dresden: 019-1

Lechler GmbH, 72555 Metzingen: 090-1

Metabowerke GmbH, 72622 Nürtingen: 055-1

Metaplas, Oerlikon (Schweiz): 073-3

Metrax GmbH, 76828 Rottweil: 019-2

Metzelaers Feuerverzinkerei, 42477 Radevormwald: 090-2

Profilbiegetechnik AG, Weinfelden (Schweiz): 073-2

SKF, 97421 Schweinfurt: 070-3

Stahl-Informationszentrum, 40237 Düsseldorf: 068-2, -3, 069-1, 072-1a, 074-2, 077-2, 088-2, 103-2

Stefan Nau GmbH, 72135 Dettenhausen: 096-2a

Thyssen-Krupp AG, 45063 Essen: 089-2

TorTec GmbH, 33142 Büren: 156-1

VAW Aluminium AG, 30453 Hannover: 085-1, 085-4a

Vereinigte Deutsche Elektrizizitätswerke, 60438 Frankfurt: 084-3

Vereinigte Deutsche Stahlwerke, 58791 Werdohl: 058-1a

Wacker Chemie, 84489 Burghausen: 095 Bilder unten

Zeichenbüro Verlag Europa Lehrmittel, 73760 Ostfildern: 011-2, 047-2, 219-1

ZwickRoell GmbH, 89079 Ulm: 100-1, 102-4

Weiterführende Literatur

Die im Folgenden aufgeführten Bücher zu den einzelnen Sachgebieten dieses Lehrbuches bilden nur eine kleine Auswahl der erhältlichen Fachbücher, Lehrbücher und Informationsschriften. Daneben versenden viele Firmen und Institutionen Broschüren mit speziellen Informationen zu bestimmten Themen.

Herr, H. u. a.; Formeln der Technik; Europa-Lehrmittel, Haan

Ignatowitz, Dr. E. Werkstofftechnik für Metallbauberufe; Europa-Lehrmittel, Haan

Kammer, C. u. a.; Werkstoffkunde für Praktiker; Europa-Lehrmittel, Haan

Kluge, M. u. a.; Metallbautechnik Arbeitsbuch Grundstufe; Europa-Lehrmittel, Haan

Köhler, F. u. a.; Metallbautechnik Arbeitsbuch Fachstufe 1; Europa-Lehrmittel, Haan

Köhler, F. u. a.; Prüfungsbuch Metallbautechnik; Europa-Lehrmittel, Haan

Köhler, F. u. a.; Technische Kommunikation Metallbau und Fertigungstechnik Lernfelder 1 – 4; Europa-Lehrmittel, Haan

Köhler, F. u. a.; Technische Kommunikation Metallbau und Fertigungstechnik Lernfelder 1 – 4, Arbeitsblätter; Europa-Lehrmittel, Haan

Lämmlin, G. u. a.; Metallbautechnik Fachbildung; Europa-Lehrmittel, Haan

Pahl, H.-J.; u. a.; Fenster-, Türen- und Fassadentechnik für Metallbauer und Holztechniker; Europa-Lehrmittel, Haan

Scheipers, P. u. a.; Handbuch der Metallbearbeitung; Europa-Lehrmittel, Haan

Steinmüller, A. u. a.; Tabellenbuch für Metallbautechnik; Europa-Lehrmittel, Haan

Weingärtner, A. u. a.; Formeln für Metallbauberufe; Europa-Lehrmittel, Haan

Weingärtner, A. u. a.; Prüfungsvorbereitung aktuell Abschlussprüfung Teil I und Teil II Metallbauer /-in und Konstruktionsmechaniker /-in; Europa-Lehrmittel, Haan

Weingärtner, A. u. a.; Technische Mathematik für Metallbauberufe

Notizen

EUROPA THEK

Metallbau- und Fertigungstechnik Grundbildung

Mit Animationen und Simulationen

DIGITAL+

EUROPA LEHRMITTEL

DIGITALES BUCH

FREISCHALTCODE

1-JAHRES-EINZELLIZENZ*

1. Registrieren/Anmelden auf **www.europathek.de**
2. Freischaltcode einlösen
3. **Metallbau und Fertigungstechnik Grundbildung** als digitales Buch **mit zahlreichen Animationen** und **Simulationen starten**

* Es entstehen keine direkten Folgekosten. Der Erwerb einer weiteren Lizenz im Anschluss an das 1. Jahr erfolgt nur auf aktiven Wunsch hin.

EUROPA
THEK

Weitere Informationen zur EUROPATHEK:
www.europa-lehrmittel.de/digital